KUSCH MATHEMATIK 2

Geometrie und Trigonometrie
Aufgabensammlung mit Lösungen

Passend zur 11.,
völlig neu bearbeiteten Auflage

Von Lothar Kusch
Theo Glocke

Bearbeitet von Theo Glocke
unter Mitarbeit der Verlagsredaktion

Cornelsen

Diese Aufgabensammlung enthält alle Aufgaben und Wiederholungsfragen aus dem Lehrbuch Kusch Mathematik 2. Daher dient sie gleichzeitig als Lösungsbuch zu **Kusch Mathematik 2, Geometrie und Trigonometrie, Best.-Nr. 413020**.
In diesem Falle findet man mithilfe der Marginalien – z. B. **52** – eine Aufgabe unter der gleichen Seitennummer wie im Lehrbuch.

Redaktion: Dr. Horst Wedell
Herstellung: Wolf-Dieter Stark

Einbandgestaltung: Wenzel Schmidt, Essen
Technische Zeichnungen: Wolfgang Mattern, Bochum
Ulrich Sengebusch, Geseke
Universitätsdruckerei H. Stürtz AG, Würzburg
Technische Umsetzung: Universitätsdruckerei H. Stürtz AG, Würzburg

www.cornelsen.de

1. Auflage, 2. Druck 2009

Druck: CS-Druck CornelsenStürtz, Berlin

ISBN 978-3-464-41392-0

Inhalt gedruckt auf säurefreiem Papier aus nachhaltiger Forstwirtschaft.

Vorwort

Diese **Aufgabensammlung** zur Geometrie und Trigonometrie ist gleichzeitig **Lösungsbuch** für die mehr als 1000 Übungs- und Konstruktionsaufgaben des Lehrbuchs Kusch Mathematik 2, Geometrie und Trigonometrie. Das Buch gibt zu jeder Aufgabe die Lösung mit ausführlicher Erläuterung des Lösungswegs an. Außerdem werden die gestellten Wiederholungsfragen ausführlich beantwortet.
Die Gliederung der Aufgabensammlung orientiert sich in der Abfolge an derjenigen des Lehrbuchs. Den Aufgabenkomplexen sind jeweils wichtige Lehrsätze und Definitionen bzw. Theorieteile vorangestellt. Sie fassen die für das Vorgehen wesentlichen mathematischen Grundlagen, welche im Lehrbuch umfassend dargestellt sind, kurz und übersichtlich zusammen. Des Weiteren wurden Sachverhalte aufgenommen, die das Lehrbuch ergänzen, z.B. die Erklärung der Ankreise eines Dreiecks, die Beschreibung ihrer wesentlichen Eigenschaften und entsprechenden quantitativen Beziehungen.
Das Buch kann unabhängig vom zugrunde liegenden Lehrbuch benutzt werden. Bei einer solchen Verwendung empfiehlt es sich, vor dem Lösen der Aufgaben die Antworten auf die Wiederholungsfragen durchzuarbeiten, die am Ende des jeweiligen Kapitels oder Abschnitts stehen. Für das tiefere Eindringen in Geometrie und Trigonometrie ist allerdings das Lehrbuch unerlässlich.
Das Buch ist nicht nur für ein systematisches Durcharbeiten von der ersten bis zur letzten Seite geeignet. Ein Inhaltsverzeichnis und das Stichwortverzeichnis ermöglichen es, interessierende Themen aufzufinden und die Aufgaben dazu zu bearbeiten. Hierzu sind allerdings in der Regel die geometrischen Grundkenntnisse und -fertigkeiten nötig, die in den Kapiteln 1 bis 5 der Aufgabensammlung vermittelt werden.
Wie im Lehrbuch wurde auch in dieser Aufgabensammlung die Zwei-Spalten-Darstellung gewählt. Sie ermöglicht es, in der linken Spalte die Lösungsschritte zu beschreiben und zu begründen, ohne den daneben in der rechten Spalte stehenden Lösungsweg selbst zu unterbrechen, oder für die in der rechten Spalte stehenden Lösungsfigur die Konstruktionsbeschreibung anzugeben. Das ist insbesondere für Selbstlerner ein nicht gering zu veranschlagender Vorteil. Das Buch kann aber auch in der Sekundarstufe der allgemein bildenden Schule und an berufsbildenden Schulen eingesetzt werden. Es kann wie das zugehörige Lehrbuch ohne umfangreiche geometrische Vorkenntnisse durchgearbeitet werden.
An der Erarbeitung des Manuskripts dieser Aufgabensammlung war die Verlagsredaktion maßgeblich beteiligt. Dafür gebührt ihr ein besonderer Dank.
Möge die Aufgabensammlung ebenso freundlich aufgenommen werden wie das zugehörige Lehrbuch. Anregungen zu ihrer Vervollkommnung sind stets willkommen.

Theo Glocke

Hinweise zur Benutzung des Buches

Wie im Lehrbuch werden auch in der Aufgabensammlung zur übersichtlichen Gestaltung und Gliederung des Textes die Zeichen • und ► verwendet. Mit • wird vorzugsweise der Inhalt der Merke- Kästen untergliedert, das Zeichen ► symbolisiert Denkanstöße der Art: „Beachten Sie!“, „Bedenken Sie!“ oder „Erinnern Sie sich!“. Es verweist aber auch auf vorher gelöste Aufgaben oder auf Abschnitte bzw. Seiten im Lehrbuch, wo man sich über die jeweils angesprochene geometrische Theorie näher informieren kann.

Bei Rechnungen mithilfe des Taschenrechners (TR) werden die vollen Stellen bis zum Endergebnis mitgeführt und zum Schluss sinnvoll gerundet.

Für die Ausführung der geometrischen Konstruktionen sind, soweit nicht ausdrücklich ausgeschlossen, die Skala eines Lineals und ein Winkelmesser zugelassen.
Solche Zeichnungen, die Strahlen oder Geraden enthalten, sind mit einem Grauraster unterlegt, das die jeweilige Begrenzung der Zeichenebene kenntlich macht.
Aus technischen Gründen konnten die Zeichnungen nicht alle mit den geforderten Seitenlängen ausgeführt werden. Die vorgenommenen Verkürzungen der Längenmaße sind in diesen Fällen angegeben.

Konstruktionsbeschreibungen sind formalisiert, d.h. in einer Art Kurzschrift geschrieben und sind seitlich durch einen Rotraster markiert.

Die verwendeten Kürzel sind:

$\overline{\mathrm{AB}}$	Zeichnen Sie die Strecke $\overline{\mathrm{AB}}$
$\lvert\overline{\mathrm{AB}}\rvert = c$	Zeichnen Sie die Strecke $\overline{\mathrm{AB}}$ mit der Länge c
$m\mathrm{e}[\mathrm{s}]$	Tragen Sie die Strecke e m-mal auf s ab
$^{\mid}\mathrm{AB}$	Zeichnen Sie den Strahl aus A durch B
PQ	Zeichnen Sie die Gerade PQ
$\mathrm{h(P)} \perp \mathrm{g}$	Zeichnen Sie die Gerade h durch P senkrecht zu g
$\mathrm{h(P)} \parallel \mathrm{g}$	Zeichnen Sie die Gerade h durch P parallel zu g
$\mathrm{s} \cap \mathrm{t} = \{\mathrm{C}\}$	Die Strahlen (Geraden) s und t schneiden sich in C
$\mathrm{K_B(B};r)$	Zeichnen Sie den Kreis $\mathrm{K_B}$ um B mit dem Radius r
$\mathrm{K(M};r) \cap \mathrm{s} = \{\mathrm{C}\}$	Der Kreis um M schneidet s in C
$\mathrm{K_1} \cap \mathrm{K_2} = \{\mathrm{C}\}$	Die Kreise $\mathrm{K_1}$ und $\mathrm{K_2}$ schneiden sich in C
$\sphericalangle\alpha$ an $\overline{\mathrm{AB}}$	Tragen Sie den Winkel $\sphericalangle\alpha$ an die Strecke $\overline{\mathrm{AB}}$ in A an
$\sphericalangle 52°$ an $\overline{\mathrm{AB}}$	Tragen Sie einen Winkel von 52° an $\overline{\mathrm{AB}}$ in A an
$\sphericalangle\beta, \beta = 60°$ an $\overline{\mathrm{AB}}$	Tragen Sie den Winkel β, der 60° groß ist, an $\overline{\mathrm{AB}}$ in A an
➡	Ergibt, führt auf

Nutzer des 1. und 2. Druckes des Grundbuches Kusch Mathematik 2, Geometrie und Trigonometrie, finden die Lösungen für die Aufgaben zum „Lehrsatz des Pythagoras“ aus Kapitel 11 im vorliegenden Lösungsbuch im Kapitel 10 unter der gleichen Überschrift und der Marginalie 184.

Den verwendeten Schreib- und Sprechweisen liegt die Norm DIN 1302 „Allgemeine mathematische Zeichen und Begriffe“ vom November 1999 zugrunde.

Inhalt

1 Grundlegende Begriffe

Eine Streckenlänge messen heißt, sie mit einer Mess- oder Einheitsstrecke zu vergleichen, also festzustellen, wie oft die Messstrecke in der zu messenden Strecke enthalten ist.

Die Länge der zu messenden Strecke wird durch ein Produkt aus einer Maßzahl und einer Maßeinheit, z. B. 25 cm, beschrieben. Eine Länge, die in einer bestimmten Maßeinheit gemessen wurde, zu der also ein Produkt aus einer Maßzahl und einer bestimmten Maßeinheit gehört, kann in ein Produkt mit einer anderen Maßeinheit umgerechnet werden. So sind z. B. 25 cm gleich 2,5 dm.

Rechnet man von einer Maßeinheit in eine kleinere um, benutzt also eine kürzere Vergleichsstrecke, so muss die ursprüngliche Maßzahl größer werden, denn die kleinere Messstrecke ist öfter in der zu messenden Strecke enthalten als die größere.

Um ein metrisches Längenmaß in das nächstkleinere Längenmaß umzurechnen, multipliziert man seine Maßzahl mit 10.

Rechnet man in eine größere Maßeinheit um, benutzt also eine längere Vergleichsstrecke, so muss die ursprüngliche Maßzahl kleiner werden, denn die längere Messstrecke ist weniger oft in der zu messenden Strecke enthalten.

Um ein metrisches Längenmaß in das nächstgrößere umzurechnen, dividiert man seine Maßzahl durch 10 oder multipliziert mit $\frac{1}{10}$.

Diese Feststellung ermöglicht es, die Umrechnungszahlen der gebräuchlichen metrischen Längenmaße ineinander zu bestimmen. Die nebenstehende Tabelle kann dabei gute Dienste leisten.

Zum Beispiel besteht zwischen Meter und Kilometer die Gleichung 1 km = 1 000 m.

► Die Längenmaße Dekameter (dkm) und Hektometer (hm) sind in Deutschland ungebräuchlich. Sie werden aber noch – wie allgemein die Vorsilben Deka für 10 und Hekto für 100 – in Österreich verwendet.

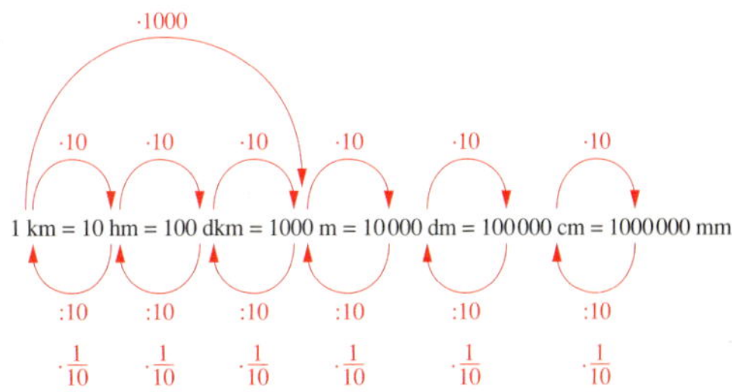

26

1. Verwandeln Sie in cm:

a) 145,7 m
36,20 m
0,51 m

Die Umrechnungszahl für m in cm ist $100(=10\cdot 10)$.

$145{,}7\ \text{m} = 145{,}7\cdot 10\cdot 10\ \text{cm} = 145{,}7\cdot 100\ \text{cm} = \underline{\underline{14570\ \text{cm}}}$

$36{,}20\ \text{m} = 36{,}20\cdot 100\ \text{cm} = \underline{\underline{3620\ \text{cm}}}$

$0{,}51\ \text{m} = 0{,}51\cdot 100\ \text{cm} = \underline{\underline{51\ \text{cm}}}$

b) 15,7 dm
0,31 dm
183 dm

Die Umrechnungszahl für dm in cm ist 10.

$15{,}7\ \text{dm} = 15{,}7\cdot 10\ \text{cm} = \underline{\underline{157\ \text{cm}}}$

$0{,}31\ \text{dm} = 0{,}31\cdot 10\ \text{cm} = \underline{\underline{3{,}1\ \text{cm}}}$

$183\ \text{dm} = 183\cdot 10\ \text{cm} = \underline{\underline{1830\ \text{cm}}}$

26 **c)** 357 mm
53 mm
1169 mm

Die Umrechnungszahl für mm in cm ist $\frac{1}{10}$.

$357\,\text{mm} = 357:10\,\text{cm} = \underline{\underline{35{,}7\,\text{cm}}}$
$53\,\text{mm} = 53:10\,\text{cm} = \underline{\underline{5{,}3\,\text{cm}}}$
$1169\,\text{mm} = 1169:10\,\text{cm} = \underline{\underline{116{,}9\,\text{cm}}}$

2. Verwandeln Sie in mm:

a) 0,14 m
0,09 m
1,56 m

Die Umrechnungszahl für m in mm ist 1000 $(= 10 \cdot 10 \cdot 10)$.

$0{,}14\,\text{m} = 0{,}14 \cdot 1000\,\text{mm} = \underline{\underline{140\,\text{mm}}}$
$0{,}09\,\text{m} = 0{,}09 \cdot 1000\,\text{mm} = \underline{\underline{90\,\text{mm}}}$
$1{,}56\,\text{m} = 1{,}56 \cdot 1000\,\text{mm} = \underline{\underline{1560\,\text{mm}}}$

b) 12,5 dm
43 dm
0,31 dm

Die Umrechnungszahl für dm in mm ist 100 $(= 10 \cdot 10)$.

$12{,}5\,\text{dm} = 12{,}5 \cdot 100\,\text{mm} = \underline{\underline{1250\,\text{mm}}}$
$43\,\text{dm} = 43 \cdot 100\,\text{mm} = \underline{\underline{4300\,\text{mm}}}$
$0{,}31\,\text{dm} = 0{,}31 \cdot 100\,\text{mm} = \underline{\underline{31\,\text{mm}}}$

c) 13,7 cm
183 cm
178,2 cm

Die Umrechnungszahl für cm in mm ist 10.

$13{,}7\,\text{cm} = 13{,}7 \cdot 10\,\text{mm} = \underline{\underline{137\,\text{mm}}}$
$183\,\text{cm} = 183 \cdot 10\,\text{mm} = \underline{\underline{1830\,\text{mm}}}$
$178{,}2\,\text{cm} = 178{,}2 \cdot 10\,\text{mm} = \underline{\underline{1782\,\text{mm}}}$

3. Eine 30 km lange Eisenbahnstrecke soll neu mit Schienen belegt werden. Es stehen 12 m lange Schienen zur Verfügung. Wie viele Schienen werden gebraucht?

Um die Anzahl der benötigten Schienen zu bestimmen, muss man feststellen, wie oft 12 m in 30 km enthalten sind. Dazu wandelt man die 30 km in m um und dividiert anschließend durch 12 m.

► $30\,\text{km} = 30 \cdot 1000\,\text{m} = 30000\,\text{m}$
$30000\,\text{m} : 12\,\text{m} = \underline{\underline{2500}}$

Für ein Gleis werden $2 \cdot 2500 = 5000$ Schienen benötigt.

► Dividieren heißt feststellen, wie oft der Divisor im Dividenden enthalten ist. ► Kusch, Lehrbuch Bd. 1, Abschnitt 1.6

Merke:

Um ein Altgradmaß in das nächstkleinere umzuwandeln, multipliziert man seine Maßzahl mit 60, um es in das nächstgrößere umzuwandeln, dividiert man durch 60 bzw. multipliziert mit $\frac{1}{60}$.

Diese Feststellung ermöglicht es, die Umrechnungszahlen von Grad, Minuten und Sekunden ineinander zu bestimmen.

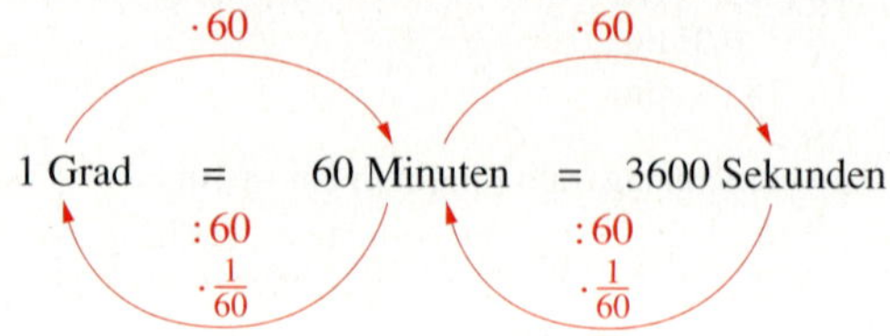

► Das **Altgradmaß** geht auf die Babylonier zurück. Es ordnet dem rechten Winkel die Maßzahl 90° (90 Grad) zu. Dieses Winkelmaß wird u.a. auch in der Trigonometrie verwendet. Daneben wird vor allem im Vermessungswesen das **Neugradmaß** benutzt. Hier entspricht dem rechten Winkel die Maßzahl 100^g (100 Gon). 26

4. Wandeln Sie nachstehende Winkelmaße in Minuten und Sekunden um:
a) 6° **b)** 4,5° **c)** 3,9° **d)** 4°20′5″

a) Die Umrechnungszahl von Grad in Minuten ist 60 oder von Grad in Sekunden ist 3600 (= 60 · 60).

$6° = 6 \cdot 60' = \underline{\underline{360'}}$
$6° = 6 \cdot 3600'' = \underline{\underline{21\,600''}}$

b) $\frac{5}{10}$ oder $\frac{1}{2}$ von 60′ sind 30′.

$4{,}5° = 4 \cdot 60' + 30' = \underline{\underline{270'}}$
$4{,}5° = 4 \cdot 3600'' + 30 \cdot 60'' = \underline{\underline{16200''}}$

c) $\frac{9}{10}$ von 60′ sind 54′; $54' = 54 \cdot 60''$.

$3{,}9° = 3 \cdot 60' + 54' = \underline{\underline{234'}}$
$3{,}9° = 3 \cdot 3600'' + 54 \cdot 60'' = \underline{\underline{14040''}}$

d) $5'' = \left(\frac{5}{60}\right)' = \left(\frac{1}{12}\right)'$

$4°20'5'' = 4 \cdot 60' + 20' + \left(\frac{1}{12}\right)' = \underline{\underline{260\tfrac{1}{12}'}}$
$4°20'5'' = 4 \cdot 3600'' + 20 \cdot 60'' + 5'' = \underline{\underline{15605''}}$

Wenn Minuten und Sekunden des Altgradmaßes in Grad umgewandelt werden sollen, können bei der Umrechnung auch Dezimalbrüche als Maßzahlen auftreten, da es sich bei den Minuten und Sekunden um Bruchteile von Grad handeln kann. Deren Stellen nach dem Komma werden durch die sog. **Dreisatzrechnung** bestimmt.

5. Wandeln Sie nachstehende Winkelmaße in Gradmaße um:

a) 15°40′

Man überlegt: 60′ entsprechen 1°. Also entspricht 1′ der 60ste Teil von 1°, also $\left(\frac{1}{60}\right)^\circ$. Demzufolge entsprechen 40′ das 40fache davon, also
$40 \cdot \left(\frac{1}{60}\right)^\circ = \left(\frac{40}{60}\right)^\circ = \left(\frac{2}{3}\right)^\circ = 0{,}\overline{6}°$.

15°40′ entsprechen also $15{,}\overline{6}°$.

► $0{,}\overline{6} = 0{,}666\ldots$

$60' = 1° \quad |:60$
$1' = \frac{1}{60}° \quad |\cdot 40$

$40' = 40 \cdot \left(\frac{1}{60}\right)^\circ = \left(\frac{2}{3}\right)^\circ = 0{,}\overline{6}°$

$15°40' = 15\tfrac{2}{3}° = \underline{\underline{15{,}\overline{6}°}}$

b) 1250′

Man überlegt: 60′ sind 1°. Wie oft ist 60 in 1250 enthalten? Das führt auf eine Divisionsaufgabe.

$1250 : 60 = 20{,}8\overline{3}$
$1250' = \underline{\underline{20{,}8\overline{3}°}}$

c) 7°55′30″

Man überlegt: 30″ sind 0,5′. Es sind also 7°55,5′ in Grad umzurechnen. ► Aufgabe a)

$55{,}5 : 60 = 0{,}925$
$7°55{,}5' = \underline{\underline{7{,}925°}}$

d) 3500″

Man überlegt wie bei Aufgabe a): 3600″ entsprechen 1°. 1″ entspricht also dem 3600sten Teil eines Grads, und 3500″ entsprechen also dem 3500fachen davon.

$3500'' = 3500 \cdot \left(\frac{1}{3600}\right)^\circ = \underline{\underline{0{,}97\overline{2}°}}$

26

6. Zeichnen Sie die folgenden Winkel mithilfe des Geodreiecks:

a) 45° **b)** 30° **c)** 25° **d)** 70° **e)** 120° **f)** 170°

Lösung: Man legt das Geodreieck mit der langen Seite so an einen Strahl mit dem Anfangspunkt S an, dass der Mittelpunkt auf S fällt, markiert am Winkelmesser des Geodreiecks das gewünschte Gradmaß und zeichnet den Strahl aus dem Anfangspunkt S durch den markierten Punkt.

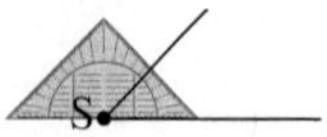

a) 45°

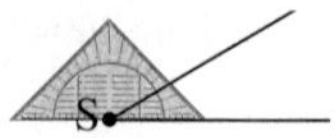

b) 30°

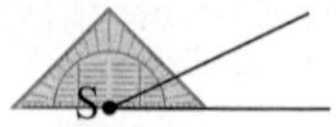

c) 25°

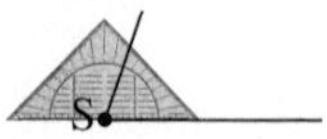

d) 70°

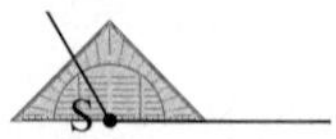

e) 120°

f) 170°

Wenn Winkelgrößen, die in Sekunden, Minuten und Grad gegeben sind, addiert werden sollen, addiert man zunächst die Sekunden, Minuten und Grade jeweils für sich. Erhält man dabei bei den Minuten oder Sekunden eine Summe von mehr als 60′ oder 60″, so rechnet man diese Größe in Grad bzw. Minuten um.

7. Addieren Sie die folgenden Winkelgrößen rechnerisch:

a) $$\begin{array}{r} 13^\circ 20' 12'' \\ 5^\circ 12' 6'' \\ \hline 18^\circ 32' 18'' \\ \hline\hline \end{array}$$

b) $$\begin{array}{r} 73^\circ 48' 19'' \\ 18^\circ 37' 20'' \\ \hline 91^\circ 85' 39'' \\ 92^\circ 25' 39'' \\ \hline\hline \end{array}$$

c) $$\begin{array}{r} 120^\circ\ 5' 45'' \\ 109^\circ\ 7' 53'' \\ \hline 229^\circ 12' 98'' \\ 229^\circ 13' 38'' \\ \hline\hline \end{array}$$

d) $$\begin{array}{r} 260^\circ 15' 37'' \\ 125^\circ 17' 48'' \\ \hline 385^\circ 32' 85'' \\ 385^\circ 33' 25'' \\ \hline\hline \end{array}$$

e) $$\begin{array}{r} 17^\circ\ 1'\ 2'' \\ 16^\circ 50' 55'' \\ \hline 33^\circ 51' 57'' \\ \hline\hline \end{array}$$

f) $$\begin{array}{r} 5^\circ\ 12'\ 7'' \\ 0^\circ\ 55' 45'' \\ 4^\circ\ 43' 20'' \\ \hline 9^\circ 110' 72'' \\ 9^\circ 111' 12'' \\ 10^\circ\ 51' 12'' \\ \hline\hline \end{array}$$

Wenn Winkelgrößen, die in Sekunden, Minuten und Grad gegeben sind, subtrahiert werden sollen, so subtrahiert man die Sekunden, Minuten und Grade zunächst jeweils für sich. Für den Fall, dass eine zu subtrahierende Größe (der Subtrahend) größer ist als die Größe, von welcher subtrahiert werden soll (der Minuend), muss man wie beim Rechnen mit rationalen Zahlen Einheiten von der nächsten Einheit „borgen“.

8. Subtrahieren Sie die folgenden Winkelgrößen rechnerisch:

a) $$\begin{array}{r} 15^\circ 25' 14'' \\ 7^\circ 14'\ 8'' \\ \hline 8^\circ 11'\ 6'' \\ \hline\hline \end{array}$$

b) $$\begin{array}{r} 75^\circ 50' 21'' \\ 20^\circ 39' 22'' \end{array} \quad \text{äquivalent zu} \quad \begin{array}{r} 75^\circ 49' 81'' \\ 20^\circ 39' 22'' \\ \hline 55^\circ 10' 59'' \\ \hline\hline \end{array}$$

c) $$\begin{array}{r} 120^\circ\ 7' 47'' \\ 111^\circ\ 9' 55'' \end{array} \quad \text{äquivalent zu} \quad \begin{array}{r} 120^\circ\ 6' 107'' \\ 111^\circ\ 9'\ 55'' \end{array} \quad \text{äquivalent zu} \quad \begin{array}{r} 119^\circ 66' 107'' \\ 111^\circ\ 9'\ 55'' \\ \hline 8^\circ 57'\ 52'' \\ \hline\hline \end{array}$$

d) $$\begin{array}{r} 262^\circ 17' 39'' \\ 127^\circ 19' 50'' \end{array} \quad \text{äquivalent zu} \quad \begin{array}{r} 262^\circ 16'\ 99'' \\ 127^\circ 19'\ 50'' \end{array} \quad \text{äquivalent zu} \quad \begin{array}{r} 261^\circ 76'\ 99'' \\ 127^\circ 19'\ 50'' \\ \hline 134^\circ 57'\ 49'' \\ \hline\hline \end{array}$$

e) $$\begin{array}{r} 21^\circ\ 4'\ 5'' \\ 19^\circ 53' 58'' \end{array} \quad \text{äquivalent zu} \quad \begin{array}{r} 21^\circ\ 3'\ 65'' \\ 19^\circ 53'\ 58'' \end{array} \quad \text{äquivalent zu} \quad \begin{array}{r} 20^\circ 63'\ 65'' \\ 19^\circ 53'\ 58'' \\ \hline 1^\circ 10'\ 7'' \\ \hline\hline \end{array}$$

f) $$\begin{array}{r} 6^\circ 13'\ 8'' \\ 0^\circ 56' 46'' \end{array} \quad \text{äquivalent zu} \quad \begin{array}{r} 6^\circ 12'\ 68'' \\ 0^\circ 56'\ 46'' \end{array} \quad \text{äquivalent zu} \quad \begin{array}{r} 5^\circ 72'\ 68'' \\ 0^\circ 56'\ 46'' \\ \hline 5^\circ 16'\ 22'' \\ \hline\hline \end{array}$$

9. Gegeben sind folgende Winkelmaße:

$\alpha = 59°\,22'\,13''; \beta = 39°\,24'\,36''; \gamma = 14°\,32'\,42''; \delta = 123°\,24'\,18''.$

Berechnen Sie die Werte:

a) $\beta + \gamma$ **b)** $\beta + \delta - \gamma$ **c)** $\alpha - (\gamma + \beta)$ **d)** $(\alpha + \beta) - (\delta - \alpha)$ **e)** $\alpha + \delta - \frac{\beta + \mathrm{R}}{3}$

f) $\frac{\delta}{2} - \left(2\gamma + \frac{\beta}{2}\right)$ **g)** $2\delta - \frac{\beta + \gamma}{2} - (\alpha + \mathrm{R})$ ► R bezeichnet die Größe eines rechten Winkels

Zu a) $39°\,24'\,36'' + 14°\,32'\,42'' = 53°\,56'\,78'' = \underline{\underline{53°\,57'\,18''}}$

Zu b) $39°\,24'\,36'' + 123°\,24'\,18'' - 14°\,32'\,42'' = \underline{\underline{148°\,16'\,12''}}$

Zu c) $59°\,22'\,13'' - (14°\,32'\,42'' + 39°\,24'\,36'') = 59°\,22'\,13'' - 53°\,57'\,18'' = \underline{\underline{5°\,24'\,55''}}$

Zu d) $(59°\,22'\,13'' + 39°\,24'\,36'') - (123°\,24'\,18'' - 59°\,22'\,13'') = 98°\,46'\,49'' - 64°\,2'\,5'' = \underline{\underline{34°\,44'\,44''}}$

Zu e) Zunächst wird der Term $\frac{\beta + \mathrm{R}}{3}$ berechnet.

$$\frac{39°\,24'\,36'' + 90°}{3} = \frac{129°\,24'\,36''}{3} = 43°\,8'\,12''$$

Es folgen die Berechnung der Summe $\alpha + \delta$ sowie anschließend die Lösung der Aufgabe.

$$59°\,22'\,13'' + 123°\,24'\,18'' = 182°\,46'\,31''$$
$$182°\,46'\,55'' - 43°\,8'\,12'' = \underline{\underline{139°\,38'\,19''}}$$

Zu f) Zunächst werden die Terme $\frac{\delta}{2}$ und $2\gamma + \frac{\beta}{2}$ berechnet.

$$123°\,24'\,18'' : 2 = 122°\,84'\,18'' : 2 = 61°\,42'\,9''$$
$$2(14°\,32'\,42'') = 28°\,64'\,84'' = 28°\,65'\,24'' = 29°\,5'\,24''$$
$$39°\,24'\,36'' : 2 = 38°\,84'\,36'' : 2 = 19°\,42'\,18''$$
$$29°\,5'\,24'' + 19°\,42'\,18'' = 48°\,47'\,42''$$

Bei der Lösung der Aufgabe muss wiederum mehrfach „geborgt" werden.

$$61°\,42''\,9'' - 48°\,47'\,42'' = 61°\,41'\,69'' - 48°\,47'\,42'' =$$
$$= 60°\,101'\,69'' - 48°\,47'\,42'' = \underline{\underline{12°\,54'\,27''}}$$

Zu g) Zunächst werden wieder die einzelnen Terme berechnet.

$$2 \cdot 123°\,24'\,18'' = 246°\,48'\,36''$$

$$39°\,24'\,36'' + 14°\,32'\,42'' = 53°\,56'\,78''$$
$$53°\,56'\,78'' : 2 = 52°\,116'\,78'' : 2 = 26°\,58'\,39''$$

$$59°\,22'\,13'' + 90° = 149°\,22'\,13''$$

Danach wird die Aufgabe gelöst.

$$246°\,48'\,36'' - 26°\,58'\,39'' - 149°\,22'\,13'' =$$
$$= 246°\,48'\,36'' - 175°\,80'\,52''$$
$$= 245°\,108'\,36'' - 175°\,80'\,52'' =$$
$$= 245°\,107'\,96'' - 175°\,80'\,52'' =$$
$$= \underline{\underline{70°\,27'\,44''}}$$

10. Berechnen Sie den kleineren Winkel, den die Zeiger einer Uhr einschließen um

a) 8.27 Uhr **b)** 11.51 Uhr **c)** 2.50 Uhr **d)** 15.42 Uhr **e)** 21.19 Uhr

Vorüberlegung:

1. Man kann sich das Ziffernblatt einer Uhr in 60 Punkte eingeteilt denken, von denen jeder vom großen Zeiger nach Ablauf einer Minute erreicht wird. Da bei einem vollen Umlauf der große Zeiger einen Vollwinkel, also 360° überstreicht, legt er von Punkt zu Punkt also einen Winkel der Größe 6° zurück. Ein Winkel, den der große Zeiger mit dem Strahl aus einem Drehpunkt durch den Punkt, welcher 0.00 Uhr entspricht, bildet, ist also leicht zu bestimmen. Man braucht nur die vollen Minuten zu wissen, die der große Zeiger anzeigt, und deren Anzahl mit 6° zu multiplizieren.

26 2. Der kleine Zeiger dreht sich in einer Stunde um 30°, weil er in 12 Stunden einen Vollwinkel überstreicht. Um zu wissen, welche Winkelgröße er mit dem Strahl aus seinem Drehpunkt durch den Punkt, der 0.00 Uhr entspricht, bildet, braucht man bei vollen Stunden, wenn also der große Zeiger auf 0.00 Uhr steht, nur deren Anzahl mit 30° zu multiplizieren. Steht jedoch der große Zeiger nicht auf 0.00 Uhr und der kleine also nicht auf einer vollen Stunde, kann man den Winkel berechnen, den der kleine Zeiger mit dem Punkt, welcher der letzten vollen Stunde entspricht, bildet. Das kann wieder mit Hilfe eines Dreisatzes geschehen: In 60 Minuten legt der kleine Zeiger einen Winkel von 30° zurück, in einer Minute also den 60-sten Teil $\left(\frac{30}{60}\right)^\circ$ und in x Minuten $x \cdot \left(\frac{30}{60}\right)^\circ$.

Bei der Berechnung der gesuchten Winkelgrößen muss man unterschiedlich vorgehen, je nachdem ob der kleine Zeiger dem großen im Uhrzeigersinn vorauseilt oder nicht.

Zu a) Der kleine Zeiger eilt dem großen voraus.

Man erhält die Größe des gesuchten Winkels σ als Differenz aus der Größe des Winkels α, den der kleine Zeiger mit 0.00 Uhr bildet, und der Größe des Winkels β, den der große Zeiger mit 0.00 Uhr bildet.

Winkel α des kleinen Zeigers:
$\alpha = 8 \cdot 30° + \left(\frac{30}{60}\right)^\circ \cdot 27 = 253{,}5°$
Winkel β des großen Zeigers:
$\beta = 27 \cdot 6° = 162°$

Der gesuchte Winkel beträgt 91,5°.

$\underline{\underline{\sigma}} = \alpha - \beta = 253{,}5° - 162° = \underline{\underline{91{,}5°}}$

Zu b) ► Rechnung wie bei a)

$\alpha = 11 \cdot 30° + 25{,}5° = 355{,}5°$; $\beta = 51 \cdot 6° = 306°$; $\underline{\underline{\sigma}} = \alpha - \beta = \underline{\underline{49{,}5°}}$

Zu c) ► Der große Zeiger eilt dem kleinen voraus.

$\alpha = 2 \cdot 30° + \left(\frac{30}{60}\right)^\circ \cdot 50 = 85°$; $\beta = 50 \cdot 6° = 300°$; um die Größe des kleineren der Winkel zwischen den Zeigern zu bestimmen, muss man in diesem Fall mit der Größe des Ergänzungswinkels von $\sphericalangle \beta$ zum Vollwinkel rechnen, also $\underline{\underline{\sigma}} = \alpha + (360° - \beta) = 85° + 60° = \underline{\underline{145°}}$.

Zu d) ► Der große Zeiger eilt dem kleinen voraus. ► Anstelle von 15 Uhr wird mit 3 Uhr gerechnet.

Hier muss die Größe des Winkels, den der kleine Zeiger mit 0.00 Uhr bildet, von der Größe des Winkels, den der große Zeiger mit 0.00 Uhr bildet, subtrahiert werden.

$\alpha = 3 \cdot 30° + 21° = 111°$; $\beta = 42 \cdot 6° = 252°$; $\underline{\underline{\sigma}} = \beta - \alpha = \underline{\underline{141°}}$

Zu e) ► Rechnung wie bei a)

$\alpha = 9 \cdot 30° + 9{,}5° = 279{,}5°$; $\beta = 19 \cdot 6° = 114°$; $\underline{\underline{\sigma}} = \alpha - \beta = \underline{\underline{165{,}5°}}$

Anmerkung: Ohne die Anschauung mithilfe des Ziffernblattes der Uhr zuhilfe zu nehmen, kann der mit den trigonometrischen Funktionen vertraute Leser die Winkelgröße σ auch unmittelbar mit dem Taschenrechner berechnen. Es gilt: $\sigma = \boxed{\cos^{-1}}\,[\cos(\alpha - \beta)]$

Merke:

Nebenwinkel ergänzen einander zu 180°.

11. Wie groß ist der Nebenwinkel β von:
a) $\alpha = 63°$ **b)** $\alpha = 118°$ **c)** $\alpha = 171°\,35'$ **d)** $\alpha = 72°\,12'$ **e)** $\alpha = 59°\,40'\,45''$ **f)** $\alpha = 117°\,42'\,53''$?

Zu a) $\beta = 180° - 63° = \underline{\underline{117°}}$ **Zu b)** $\beta = 180° - 118° = \underline{\underline{62°}}$ **Zu c)** $\beta = 180° - 171°\,35' = \underline{\underline{8°\,25'}}$
Zu d) $\beta = 180° - 72°\,12' = \underline{\underline{107°\,48'}}$ **Zu e)** $\beta = 180° - 59°\,40'\,45'' = \underline{\underline{120°\,19'\,15''}}$
Zu f) $\beta = 180° - 117°\,42'\,53'' = \underline{\underline{62°\,17'\,7''}}$

12. Gegeben ist das Winkelmaß $\alpha = 125°$; zeichnen Sie einen Winkel von 55°.

Der Winkel von 55° ergänzt den Winkel von 125° zu 180°, kann also als Nebenwinkel durch Verlängerung eines Schenkels des Winkels von 125° leicht gezeichnet werden.

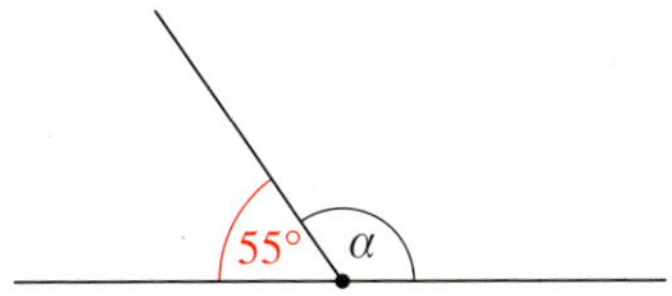

13. Bestimmen Sie an einer Windrose die Winkel zwischen folgenden Richtungen (Winkel im Uhrzeigersinn messen):

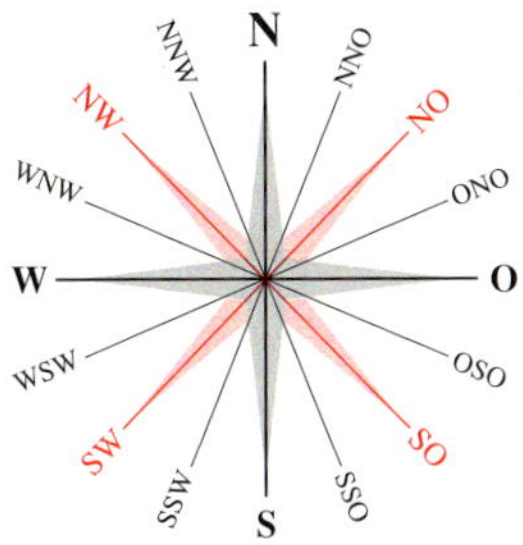

a) N–O: 90°

b) NO–SO: 90°

c) NW–S: 225°

d) SO–WNW: $45° + 90° + 22{,}5° = 157{,}5°$

e) NNO–SSO: $22{,}5° + 45° + 45° + 22{,}5° = 135°$

Merke:

Scheitelwinkel sind gleich groß, Nebenwinkel ergänzen einander zu 180°.

14. **a)** Wie heißen die Scheitelwinkel von $\alpha, \delta, \beta, \gamma + \delta, \beta + \gamma$?

b) Wie heißen die Nebenwinkel von $\beta, \delta, \beta + \gamma, \alpha_1 + \beta_1, \alpha_1 + \alpha + \beta$?

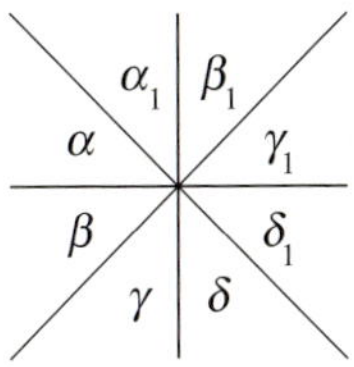

Zu a) $\delta_1, \alpha_1, \gamma_1, \alpha_1 + \beta_1, \beta_1 + \gamma_1$

Zu b) $\gamma + \delta + \delta_1$ und $\alpha + \alpha_1 + \beta_1$; $\delta_1 + \gamma_1 + \beta_1$ und $\gamma + \beta + \alpha$; $\delta + \delta_1$ und $\alpha + \alpha_1$, $\gamma_1 + \delta_1$ und $\alpha + \beta$; β_1 und γ.

15. Welcher Winkel ist **a)** um 20° kleiner, **b)** um 55° größer als sein Nebenwinkel?

Zu a)

x steht für ein Maß des gesuchten Winkels in Grad, $0° < x < 180°$. Dann steht $x + 20°$ für das Maß des größeren Nebenwinkels.
Der Nebenwinkel des Winkels von 80° beträgt 100°, ist also tatsächlich um 20° größer.

$$\begin{aligned} x + (x + 20°) &= 180° \\ 2x + 20° &= 180° \quad | -20° \\ 2x &= 160° \quad |:2 \\ \underline{\underline{x}} &\underline{\underline{= 80°}} \end{aligned}$$

Zu b)

x steht für ein Maß des gesuchten Winkels in Grad; $0° < x < 180°$. Dann steht $x - 55°$ für das Maß des kleineren Nebenwinkels.
Der Nebenwinkel des Winkels von 117,5° beträgt 62,5°, ist also tatsächlich um 55° kleiner.

$$\begin{aligned} x + (x - 55°) &= 180° \\ 2x - 55° &= 180° \quad | +55° \\ 2x &= 235° \quad |:2 \\ \underline{\underline{x}} &\underline{\underline{= 117{,}5°}} \end{aligned}$$

27 **16.** Berechnen Sie die fehlenden Winkel:

a) Meißelschneide

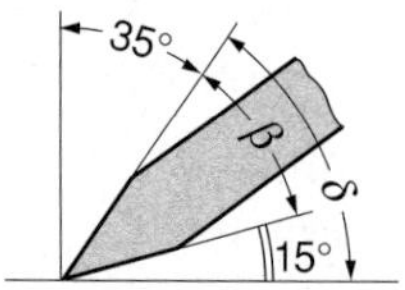

$\delta=?\quad \beta=?$

$\delta = 90° - 35° = 55°$
$\beta = 90° - (35° + 15°) = 40°$

b) Drehstahlspitze

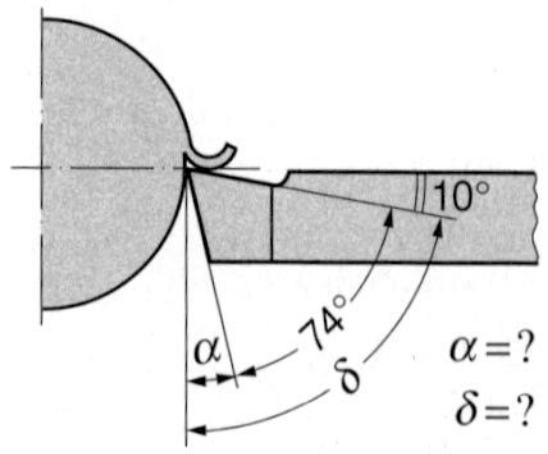

$\alpha=?$
$\delta=?$

$\alpha = 90° - (74° + 10°) = 6°$
$\delta = 90° - 10° = 80°$

c) Bohrerspitze

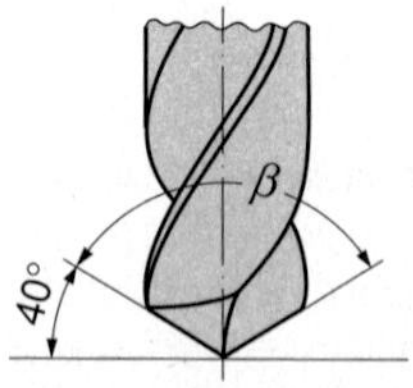

$\beta=?$

$\beta = 180° - 2 \cdot 40° = 100°$

d) Säge

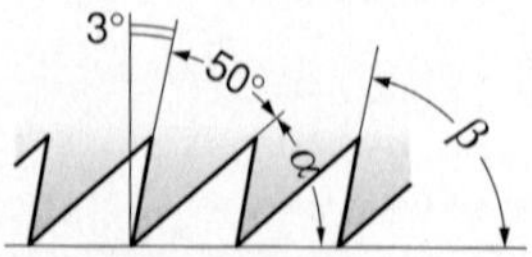

$\alpha=?\quad \beta=?$

$\alpha = 90° - (50° + 3°) = 37°$
$\beta = 50° + \alpha = 50° + 37° = 87°$

e) Gewinde

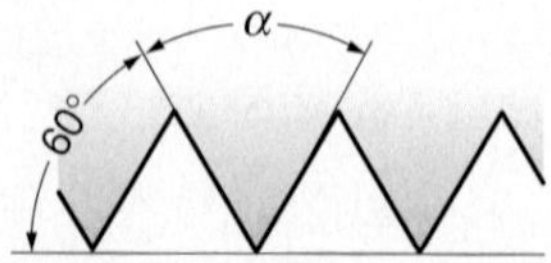

$\alpha=?$

$\alpha = 120° - 60° = 60°$

17. Berechnen Sie den Nebenwinkel:

a) $45°\,34'\,17''$ **b)** $81°\,28'\,39''$ **c)** $37°\,15'\,32''$ **d)** $7°\,17'\,1''$

Man erhält das Maß des Nebenwinkels als Differenz von 180° und dem Maß des gegebenen Winkels. Dabei nimmt man bei der Berechnung anstelle von 180° zweckmäßigerweise 179° 59′ 60″, weil die gegebenen Nebenwinkel sin Grad, Minuten und Sekunden angegeben sind.

a) $179°\,59'\,60'' - 45°\,34'\,17'' = \underline{\underline{134°\,25'\,43''}}$ **b)** $179°\,59'\,60'' - 81°\,28'\,39'' = \underline{\underline{98°\,31'\,21''}}$

c) $179°\,59'\,60'' - 37°\,15'\,32'' = \underline{\underline{142°\,44'\,28''}}$ **d)** $179°\,59'\,60'' - 7°\,17'\,1'' = \underline{\underline{172°\,42'\,59''}}$

18. Ein Winkel ist doppelt so groß wie sein Nebenwinkel. Wie groß ist er?

Für eine Größe des gesuchten Winkels steht x in Grad; $0° < x < 180°$. Dann steht $\frac{x}{2}$ für das Maß des halb so großen Nebenwinkels. Die Größe des Nebenwinkels zum berechneten Winkel beträgt 60°, und der berechnete Winkel ist doppelt so groß wie sein Nebenwinkel.

$$x + \frac{x}{2} = 180° \quad |\cdot 2$$
$$2x + x = 360°$$
$$3x = 360° \quad |:3$$
$$\underline{\underline{x = 120°}}$$

19. Zeichnen Sie die Senkrechte zu AB durch D. Errichten Sie in B die Senkrechte zu AB.

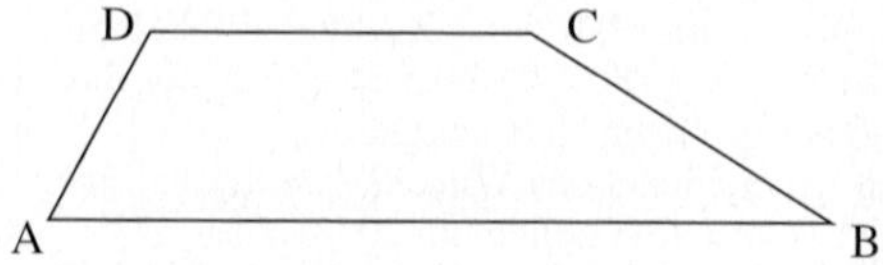

Man legt das Geodreieck so an, dass eine der zur langen Seite senkrechten Strecken auf AB liegt und verschiebt es so lange, bis die lange Seite an D bzw. an B anliegt.

► Es gibt jeweils genau eine Senkrechte zu AB durch B und durch D.

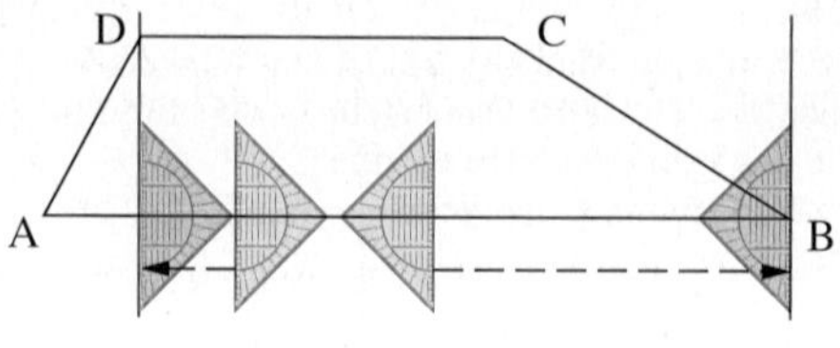

20. Zeichnen Sie die Parallele zu BC durch A.
Zeichnen Sie die Parallelen zu AC durch B und zu AB durch C.

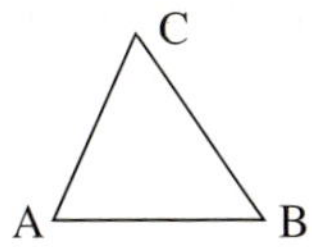

Man legt das Geodreieck mit einer kurzen Seite an BC an. An die andere kurze Seite legt man ein Lineal an und verschiebt das Geodreieck an diesem Lineal so lange, bis die andere kurze Seite an A anliegt. Dann zeichnet man entlang dieser kurzen Seite die Parallele zu BC durch A. Analog verfährt man bezüglich AC und AB.

► Es gibt jeweils genau eine der verlangten Parallelen.

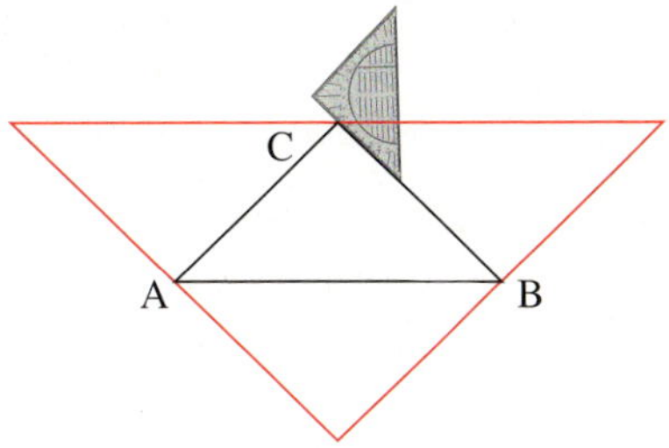

Wiederholungsfragen zu 1

1. Wie entsteht eine **Strecke** und wie bezeichnet man Strecken?

Zeichnet man mittels eines Zeichenstifts und eines Lineals oder eines Geodreiecks die Verbindungslinie zweier voneinander verschiedener Punkte A und B, so entsteht eine Strecke. Die beiden Punkte werden Anfangs- und Endpunkt der Strecke genannt. Sie dienen auch zur Bezeichnung der Strecke. Man schreibt z. B. $\overline{AB}$ und liest „Strecke $\overline{AB}$“. Mitunter werden Strecken auch durch kleine lateinische Buchstaben bezeichnet, etwa a, b, c, …

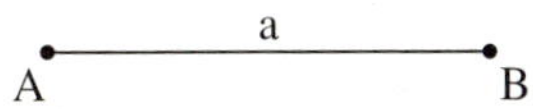

2. Wie entsteht eine **Gerade** und wie bezeichnet man Geraden?

Eine Gerade entsteht durch eine unbegrenzt gedachte Verlängerung einer Strecke über ihren Anfangs- und Endpunkt hinaus. Von einer Geraden kann immer nur ein endlicher Abschnitt gezeichnet werden. Geraden werden in der Regel durch kleine lateinische Buchstaben bezeichnet, etwa g, h, l, …, aber auch durch zwei auf ihnen liegende Punkte, z. B. AB, DE, MN, …

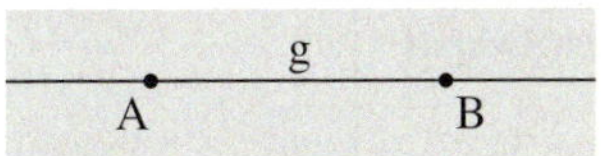

3. Wie viele Geraden gibt es durch 1 Punkt und durch 2 Punkte?

Durch einen Punkt können unendlich viele Geraden gehen. Durch zwei Punkte gibt es nur genau eine Gerade.

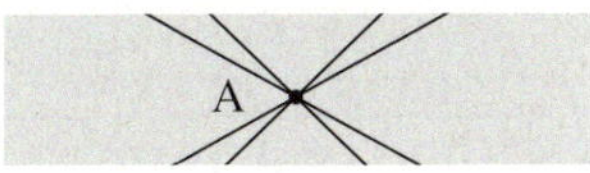

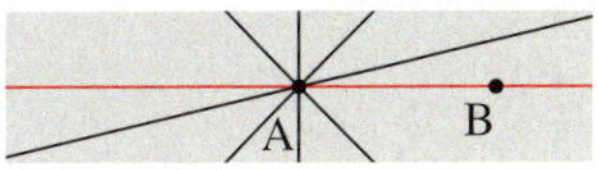

4. Wie misst man die **Längen** von Strecken?

Man misst die Länge einer Strecke, indem man sie mit einer Einheitsstrecke – das ist in der Regel eine Strecke von 1 cm Länge oder eine andere Einheit mit der Größenart Länge – vergleicht, d. h. feststellt, wie oft diese Einheitsstrecke in der zu messenden Strecke enthalten ist.
Man benutzt dazu die Messskala eines Lineals oder eines Geodreiecks.

5. Was versteht man unter einem **Strahl**?

Ein beliebiger Punkt S auf einer Geraden zerlegt diese in zwei **Halbgeraden** oder Strahlen.

28 **6.** Welche **Gemeinsamkeiten** und welche **Unterschiede** bestehen zwischen Gerade, Strahl und Strecke?

Gerade, Strahl und Strecke sind gerade Linien, d. h., man zeichnet sie mithilfe eines Lineals oder eines Geodreiecks.
Eine Strecke hat einen Anfangs- und einen Endpunkt, ein Strahl hat einen Anfangs- aber keinen Endpunkt, eine Gerade ist beiderseits unbegrenzt zu denken, hat also weder Anfangs- noch Endpunkt.

7. Was versteht man unter einem **Winkel**?

Eine Figur, die aus den Punkten eines Strahlenpaars mit gemeinsamem Anfangspunkt und den Punkten eines von diesem Strahlenpaar erzeugten Feldes der Ebene besteht, wird als **Winkel** bezeichnet. Von einem solchen Strahlenpaar werden stets zwei Felder, also auch zwei Winkel erzeugt. Wenn nichts anderes gesagt wird, ist stets der kleinere von beiden gemeint, wenn von einem Winkel zwischen zwei Strahlen die Rede ist.
Als Winkel zwischen zwei sich schneidenden Geraden werden die Winkel betrachtet, welche durch die Strahlen bestimmt sind, die auf diesen Geraden liegen und von ihrem Schnittpunkt ausgehen. Zwei sich schneidende Geraden tragen stets vier Strahlen bzw. Strahlenpaare. Sie erzeugen vier Winkel, von denen je zwei gleich groß sind. In der Regel meint man den kleineren der beiden Winkel, wenn von einem Winkel zwischen Geraden die Rede ist.
Als Winkel zwischen zwei Strecken mit einem gemeinsamen Anfangspunkt gelten entsprechend die Winkel, die von den Strahlen bestimmt sind, auf welchen die Strecken liegen und die vom gemeinsamen Anfangspunkt ausgehen.

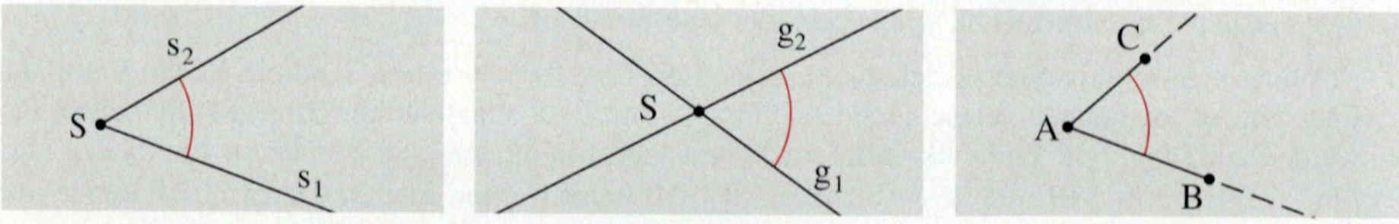

8. Wie misst man die **Größen** von Winkeln?

Winkel werden durch **Vergleich mit einem Einheitswinkel** gemessen. In der Regel ist das ein Winkel der Größe ein Grad, der 180-ste Teil eines gestreckten Winkels, welcher auf den Skalen der Winkelmesser oder der Geodreiecke benutzt wird.
$1°$ ist die Schreibweise für ein Grad. $1°$ wird in $60'$ (gelesen 60 Minuten), $1'$ wird in $60''$ (gelesen 60 Sekunden) unterteilt.

9. Was versteht man unter **Scheitel- und Nebenwinkeln**? Welche Eigenschaften haben sie?

Winkel, deren Winkelfelder einander gegenüberliegen, werden als **Scheitelwinkel** bezeichnet.

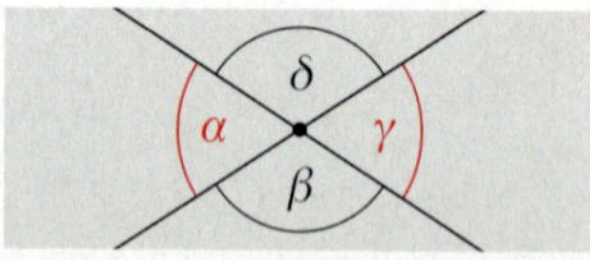

α und γ, β und δ: Scheitelwinkel

Winkel, deren Winkelfelder benachbart sind, heißen **Nebenwinkel**.

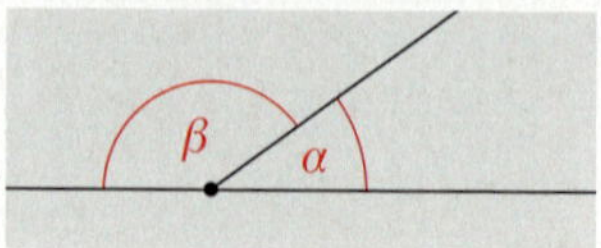

α und β: Nebenwinkel

Scheitelwinkel sind gleich groß, Nebenwinkel ergänzen einander zu $180°$.

10. Welchen Winkel bilden zwei zueinander senkrechte Geraden miteinander?

Zwei zueinander senkrechte Geraden schließen einen Winkel von $90°$ ein.

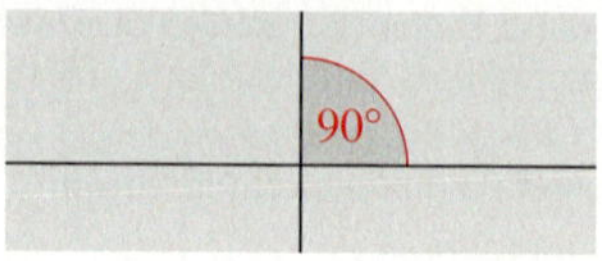

11. Was versteht man unter dem **Abstand** eines Punktes P von einer Geraden g?

Fällt man von P auf g das Lot und hat dies den Fußpunkt Q, so heißt die Länge der Strecke $\overline{PQ}$ der **Abstand** des Punktes P von der Geraden g.

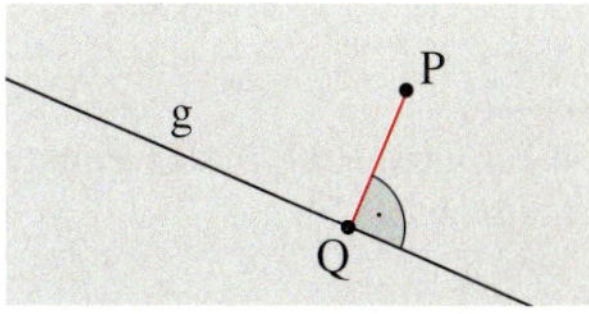

12. Wann sind zwei Geraden **parallel**?

Zwei Geraden heißen **parallel zueinander**, wenn sie auf einer dritten, sie schneidenden Geraden senkrecht stehen. Parallelen schneiden sich nicht und haben überall den gleichen Abstand voneinander.

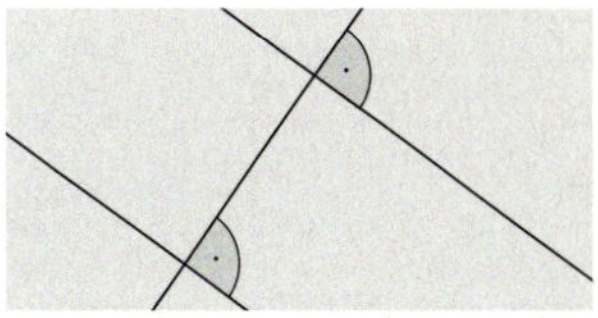

13. Wie viele Parallelen zu einer Geraden g gibt es durch einen Punkt P außerhalb von g?

Durch einen Punkt P außerhalb von g gibt es **genau eine** Parallele zu g.

14. Haben parallele Geraden gemeinsame Punkte?

Parallele Geraden schneiden einander nicht, dann haben sie keine gemeinsamen Punkte, oder sie fallen zusammen, dann haben sie alle ihre Punkte gemeinsam.

15. Was versteht man unter einem **Kreis**?

Alle Punkte einer Ebene, die von einem festen Punkt gleichweit entfernt sind, liegen auf einer **Kreislinie**, kurz auch Kreis genannt, um diesen Punkt.

16. Welcher Unterschied besteht zwischen **Kreislinie** und **Kreisfläche**?

Die Punkte im Inneren der Kreislinie und die Kreislinie selbst bilden die **Kreisfläche**. Die Kreislinie ist der **Rand** der Kreisfläche. Wenn aus dem jeweiligen Zusammenhang klar ersichtlich ist, was gemeint ist, kann man sowohl Kreislinie als auch Kreisfläche einfach als Kreis bezeichnen.

17. Welche weiteren Begriffe am Kreis kennen Sie?

Der feste Punkt, von dem alle Punke der Kreislinie oder -peripherie gleichweit entfernt sind, heißt der **Mittelpunkt** des Kreises. Strecken, die in einem Punkt der Peripherie beginnen und in einem anderen ihrer Punkte enden, heißen **Sehnen** des Kreises. Sehnen, die durch den Mittelpunkt gehen, heißen **Durchmesser**, die Strecken vom Mittelpunkt zu einem Punkt der Kreislinie heißen **Radien**.
Mit den Begriffen Durchmesser und Radius werden oft auch deren Längen bezeichnet.

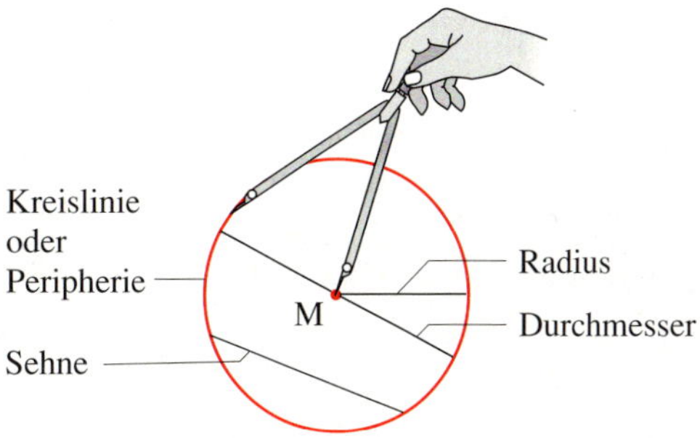

2 Winkel an geschnittenen Geraden

► g_1, g_2 von der Geraden h in den Punkten P_1 und P_2 geschnittene Geraden.

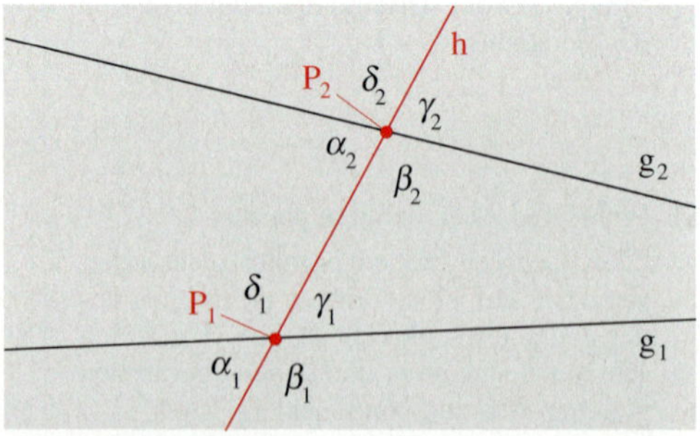

► Winkel, deren Winkelfelder einander gegenüber liegen, heißen Scheitelwinkel.

► Scheitelwinkel
Es gilt: $\alpha_1 = \gamma_1; \beta_1 = \delta_1; \alpha_2 = \gamma_2; \beta_2 = \delta_2$.

► Winkel, deren Winkelfelder benachbart sind, heißen Nebenwinkel.

► Nebenwinkel
Es gilt: $\alpha_1 + \beta_1 = 180°; \beta_1 + \gamma_1 = 180°;$
$\gamma_1 + \delta_1 = 180°; \delta_1 + \alpha_1 = 180°;$
$\alpha_2 + \beta_2 = 180°; \beta_2 + \gamma_2 = 180°;$
$\gamma_2 + \delta_2 = 180°; \delta_2 + \alpha_2 = 180°;$

Merke:

- Nebenwinkel ergänzen einander zu 180°.
- Scheitelwinkel sind gleich groß.

► Stufenwinkel liegen auf gleichen Seiten der schneidenden Geraden h und der geschnittenen Geraden.

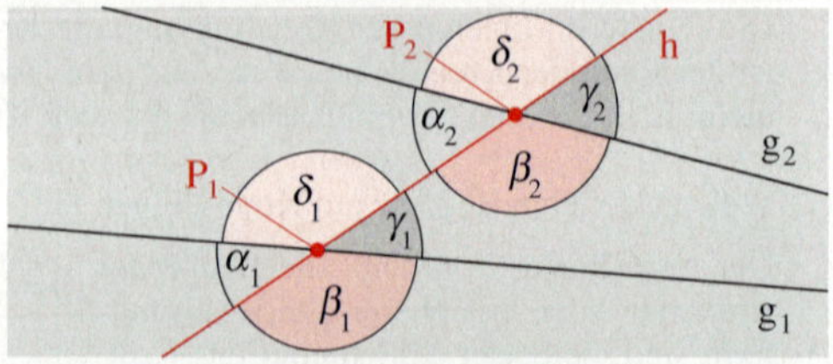

► Wechselwinkel liegen auf verschiedenen Seiten der schneidenden Geraden h und der geschnittenen Geraden.

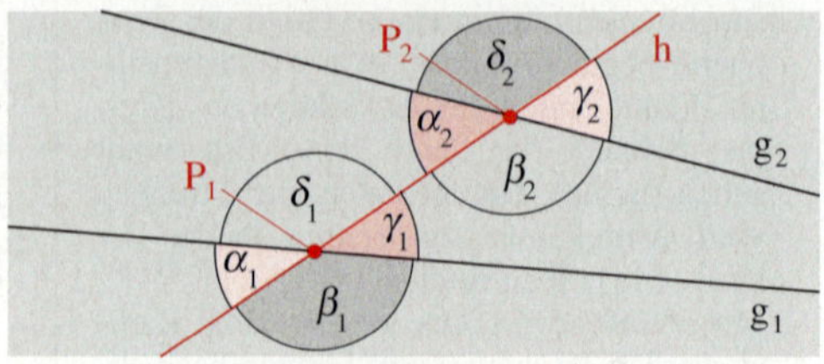

► Entgegengesetzt liegende Winkel liegen auf gleichen Seiten der schneidenden Geraden h und auf verschiedenen Seiten der geschnittenen Geraden.

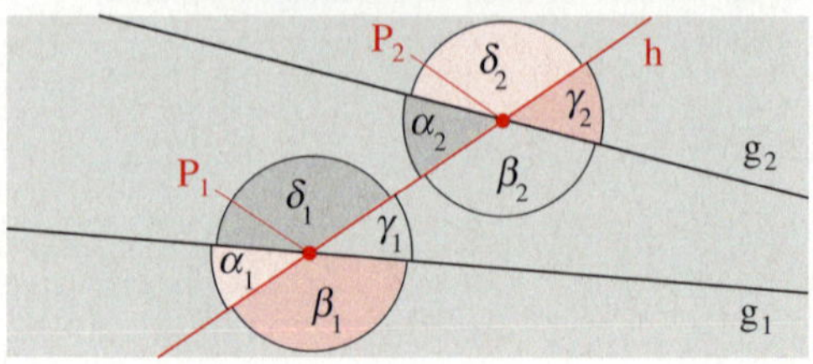

Merke:

- Stufenwinkel an geschnittenen Parallelen sind gleich groß.
- Wechselwinkel an geschnittenen Parallelen sind gleich groß.
- Entgegengesetzt liegende Winkel an geschnittenen Parallelen ergänzen einander zu 180°.

1. Verlängert man die Seiten eines Dreiecks über seine Eckpunke hinaus, so entstehen viele Paare von Stufen- und Wechselwinkeln sowie entgegengesetzt liegenden Winkeln.
Zählen Sie alle auf, die Sie erkennen.

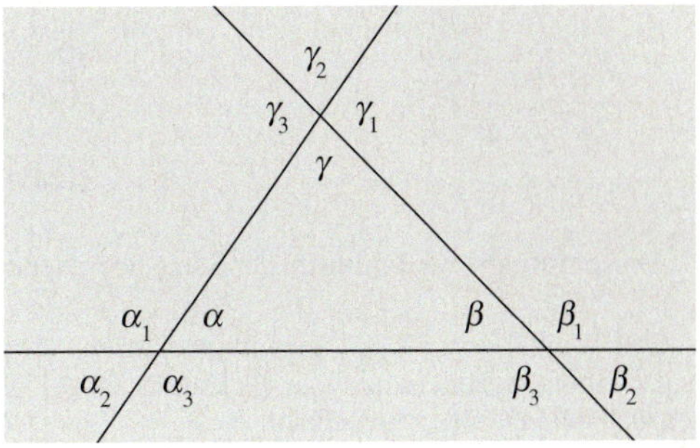

Stufenwinkel: $\{\alpha,\gamma_1\},\{\alpha_1,\gamma_2\},\{\alpha_2,\gamma_3\},\{\alpha_3,\gamma\},\{\beta,\gamma_3\},\{\beta_1,\gamma_2\},\{\beta_2,\gamma_1\},\{\beta_3,\gamma\}$
Wechselwinkel: $\{\alpha_1,\gamma\},\{\alpha,\gamma_3\},\{\alpha_2,\gamma_1\},\{\alpha_3,\gamma_2\},\{\beta,\gamma_1\},\{\beta_1,\gamma\},\{\beta_2,\gamma_3\},\{\beta_3,\gamma_2\}$
Entgegengesetzt liegende Winkel: $\{\alpha_1,\gamma_3\},\{\alpha,\gamma\},\{\alpha_2,\gamma_2\},\{\alpha_3,\gamma_1\},\{\beta,\gamma\},\{\beta_1,\gamma_1\},\{\beta_2,\gamma_2\},\{\beta_3,\gamma_3\}$

2. Nennen Sie Paare von
a) Nebenwinkeln,
b) Scheitelwinkeln,
c) Stufenwinkeln,
d) Wechselwinkeln,
e) entgegengesetzt liegenden Winkeln.

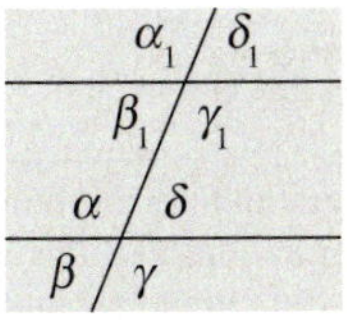

a) Jeder der in der obenstehenden Zeichnung angegebenen Winkel hat zwei Nebenwinkel. Analoge Zuordnungen bestehen für die mit den Indizes versehenen Winkel.

Zu α gehören β und δ, zu β gehören α und γ, zu γ gehören β und δ, zu δ gehören α und γ.
Zu α_1: β_1 und δ_1, zu β_1: α_1 und γ_1,
zu γ_1: β_1 und δ_1, zu δ_1: α_1 und γ_1.

b) Zu jedem in der Zeichnung angegebenen Winkel gehört ein Scheitelwinkel. Jedes Scheitelwinkelpaar kommt also zweimal vor. Sieht man von der Reihenfolge der Elemente in diesen Paarmengen ab, so muss es nur einmal aufgeschrieben werden.

Scheitelwinkelpaarmengen sind:
$\{\alpha,\gamma\},\{\beta,\delta\}$,
und entsprechend bei den Winkeln mit Indizes
$\{\alpha_1,\gamma_1\},\{\beta_1,\delta_1\}$.

c) Zu jedem in der Zeichnung angegebenen Winkel gehört ein Stufenwinkelpaar. Doppelt vorkommende Paarmengen sind nur einmal aufgeführt. ► b)

Stufenwinkelpaarmengen sind:
$\{\alpha,\alpha_1\},\{\beta,\beta_1\},\{\gamma,\gamma_1\},\{\delta,\delta_1\}$.

d) Zu jedem angegebenen Winkel gehört ein Wechselwinkelpaar. Doppelt vorkommende Paarmengen sind nur einmal aufgeführt.

Wechselwinkelpaarmengen sind:
$\{\alpha,\gamma_1\},\{\beta,\delta_1\},\{\gamma,\alpha_1\},\{\delta,\beta_1\}$.

e) Zu jedem angegebenen Winkel gehört ein entgegengesetzt liegender Winkel. Doppelt vorkommende Paarmengen sind nur einmal aufgeführt.

Paarmengen entgegengesetzt liegender Winkel sind:
$\{\alpha,\beta_1\},\{\beta,\alpha_1\},\{\gamma,\delta_1\},\{\delta,\gamma_1\}$.

34 **3.** Berechnen Sie die übrigen Winkel (die geschnittenen Geraden sind parallel):

a)

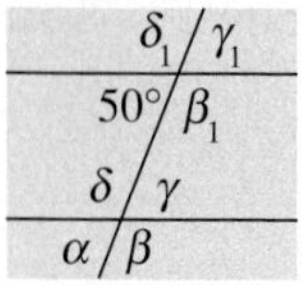

b)

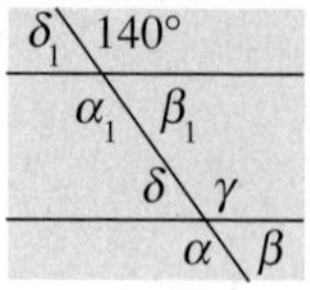

c)

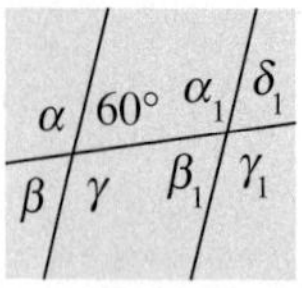

d)

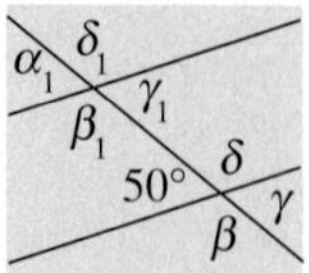

Diese Aufgabe wird mithilfe der Sätze über Neben-, Scheitel-, Stufen- und Wechselwinkel gelöst.

a) Der Winkel von 50° ist Nebenwinkel zu δ_1 und β_1 sowie Scheitelwinkel zu γ_1. Daraus lassen sich deren Größen berechnen.

$\gamma_1 = 50°$ (Scheitelwinkel)
$\beta_1 = \delta_1 = 130°$ (Nebenwinkel)
$\alpha = 50°$ (Stufenwinkel)
$\gamma = \gamma_1 = 50°$ (Stufenwinkel)
$\beta = \beta_1 = 130°, \delta = \delta_1 = 130°$ (Stufenwinkel)

In gleicher Wese werden die Aufgaben **b), c)** und **d)** gelöst. Man erhält

für b): $\alpha_1 = 140°, \beta_1 = \delta_1 = 40°, \alpha = \gamma = 140°, \beta = \delta = 40°$;
für c): $\beta = 60°, \alpha = \gamma = 120°, \beta_1 = \delta_1 = 60°, \alpha_1 = \gamma_1 = 120°$;
für d): $\gamma = 50°, \beta = \delta = 130°, \alpha_1 = \gamma_1 = 50°, \beta_1 = \delta_1 = 130°$.

4. Zwei parallel zueinander laufende Straßen werden von einer dritten Straße geradlinig gekreuzt. Die Größe eines der dadurch entstandenen Winkel ist bekannt.
Berechnen Sie die Größe der anderen Winkel.

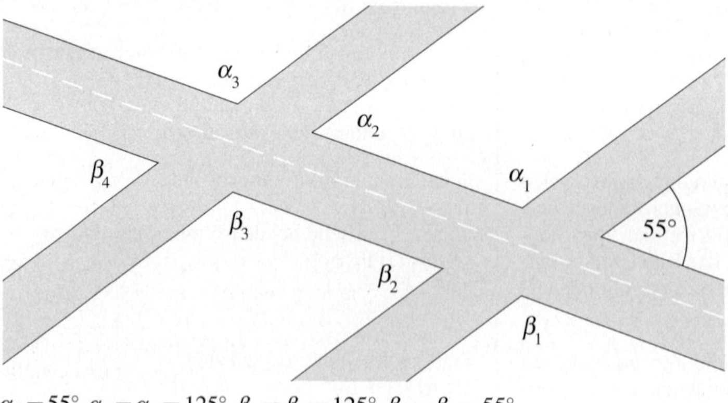

$\alpha_2 = 55°, \alpha_1 = \alpha_3 = 125°, \beta_1 = \beta_3 = 125°, \beta_2 = \beta_4 = 55°$

Wiederholungsfragen zu 2

1. Erläutern Sie die Begriffe Stufenwinkel, Wechselwinkel und entgegengesetzt liegende Winkel an geschnittenen Geraden.

Werden zwei Geraden g_1 und g_2 von einer dritten h geschnitten, entstehen an jedem Schnittpunkt von h mit g_1 und g_2 jeweils vier Winkel. Vergleicht man diese Winkel bezüglich ihrer Lage an der schneidenden und den geschnittenen Geraden, erhält man Verwandtschaften, welche spezielle Namen tragen.
Stufenwinkel liegen auf der gleichen Seite der Schneidenden und den gleichen Seiten der Geschnittenen;
Wechselwinkel liegen auf verschiedenen Seiten der Schneidenden und der Geschnittenen;
Entgegengesetzt liegende Winkel liegen auf der gleichen Seite der Schneidenden und auf verschiedenen Seiten der Geschnittenen.

2. Welche Eigenschaften haben Stufen-, Wechsel- und entgegengesetzt liegende Winkel, falls die geschnittene Geraden parallel sind?

Falls die geschnittenen Geraden parallel sind, gilt:
Stufen- und Wechselwinkel sind gleich groß,
entgegengesetzt liegende Winkel ergänzen einander zu 180°.

3. Was versteht man unter einem Lehrsatz?

Ein mathematischer Lehrsatz ist eine wahre Aussage über einen mathematischen Sachverhalt. Er drückt aus, was unter bestimmten Voraussetzungen oder Bedingungen für ein bestimmtes Objekt oder einen bestimmten Zusammenhang gilt.

4. Welche Bedeutung haben der Wenn-Satz und der Dann-Satz, wenn ein Lehrsatz in der Struktur „Wenn …, dann …“ vorliegt?

Den Inhalt des Wenn-Satzes nennt man die Voraussetzung, den Inhalt des Dann-Satzes die Behauptung des Lehrsatzes. Der Wenn-Satz beschreibt die Bedingungen, unter denen der Dann-Satz, also die Behauptung des jeweiligen Lehrsatzes gilt.

5. Wie bildet man die Umkehrung eines Lehrsatzes der Struktur „Wenn …, dann …“?

Enthält der Wenn-Satz nur eine Voraussetzung für das Zutreffen der Behauptung im Dann-Satz, so entsteht durch das Vertauschen von Voraussetzung und Behauptung eine neue Aussage, die so genannte Umkehrung des Lehrsatzes. Ist diese Umkehrung wieder eine wahre Aussage, so ist sie auch wieder ein mathematischer Lehrsatz. Nicht alle Umkehrungen aber sind wahr, d. h., nicht alle Umkehrungen sind Lehrsätze.
Enthält ein Wenn-Satz mehrere Voraussetzungen für das Zutreffen der Behauptung, dann entstehen durch Vertauschen jeweils einer Voraussetzung mit der Behauptung auch mehrere Umkehrungen. Jede von ihnen kann wahr oder falsch sein.
Wenn a, b und c für Aussagen stehen, so ist „Wenn a, dann b“ ein Satz und „Wenn b, dann a“ seine Umkehrung. Auch „Wenn a und b, dann c“ ist ein Satz, und „Wenn a und c, dann b“ ist eine mögliche Umkehrung.

3 Das Dreieck I

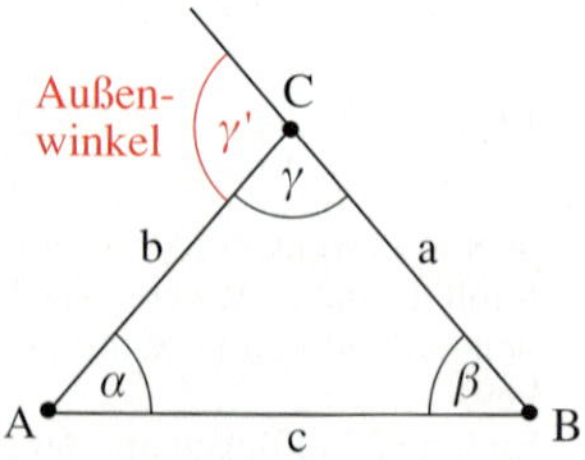

Liegen drei Punkte A, B, C einer Ebene nicht alle auf einer Geraden und verbindet man sie durch Strecken miteinander, so entsteht ein Dreieck. Die Punkte A, B, C sind die **Ecken** des Dreiecks. Die ihnen gegenüberliegenden **Seiten** werden mit den entsprechenden kleinen Buchstaben a, b, c benannt. Die **Innenwinkel** ∢CAB, ∢ABC, ∢BCA werden meist mit den kleinen griechischen Buchstaben α, β und γ bezeichnet. Verlängert man eine Seite über einen Eckpunkt hinaus, entsteht ein **Außenwinkel**, der also ein Nebenwinkel eines Dreiecksinnenwinkels ist.

Winkel im und am Dreieck

Merke:

- Die Summe der Größen der Innenwinkel eines Dreiecks beträgt 180°.
- Ein Außenwinkel eines Dreiecks ergänzt seinen anliegenden Innenwinkel zu 180°.
- Die Summe der drei Außenwinkel eines Dreiecks beträgt 360°.

51 **1.** Ein Dreieck hat folgende Winkelgrößen:

a) $\alpha = 40°$, $\beta = 70°$ **b)** $\beta = 37°$, $\gamma = 86°$ **c)** $\alpha = 110°$, $\gamma = 25°$ **d)** $\alpha = 37{,}5°$, $\beta = 69°25'$ **e)** $\gamma = 47°28'$, $\beta = 110°53'$

Wie groß ist der 3. Winkel?

Sind die Größen zweier Innenwinkel eines Dreiecks bekannt, so kann die Größe des dritten Innenwinkels als Differenz von 180° und der Summe der bekannten Größen berechnet werden.
Man bildet entweder die Summe der bekannten Größen und subtrahiert diese von 180°, oder man subtrahiert beide Größen direkt von 180°. Beim Subtrahieren muss man mitunter „borgen"

► Abschnitt 1.4

► $\frac{1}{2}°$ entspricht 30′

a)	b)	c)
180°	180°	180°
−40°	−37°	−110°
−70°	−86°	−25°
70°	57°	45°

d)

180°		179° 60′
−37,5°	äquivalent zu	−37° 30′
−69° 25′		−69° 25′
		73° 5′

e)

180°		178° 120′
47° 28′	äquivalent zu	−47° 28′
110° 53′		−110° 53′
		21° 39′

Aus der nebenstehenden Zeichnung sind die in den folgenden Berechnungen verwendeten Bezeichnungen abzulesen.
In diesen Rechnungen werden die Sätze über die Winkelsumme im Dreieck und über die Beziehung zwischen einem Außenwinkel und seinem zugehörigen Innenwinkel angewendet.

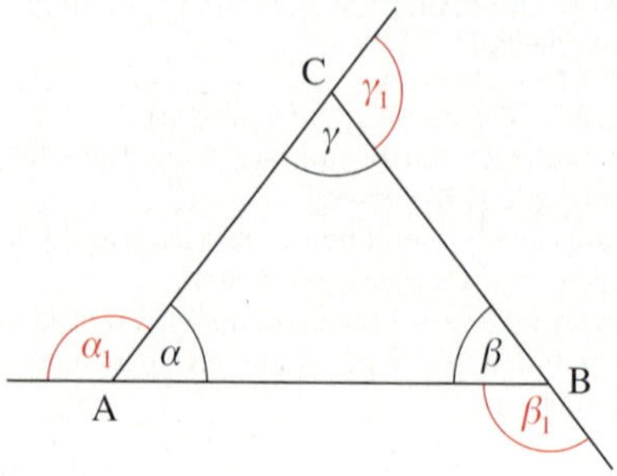

2. Ein Dreieck hat folgende Innen- und Außenwinkelgrößen:

a) $\alpha = 45^\circ$, $\beta_1 = 130^\circ$ **b)** $\alpha = 57^\circ$, $\gamma_1 = 85^\circ$ **c)** $\beta = 47^\circ$, $\alpha_1 = 75^\circ$ **d)** $\beta = 105^\circ$, $\gamma_1 = 130^\circ$ **e)** $\gamma = 77^\circ$, $\alpha_1 = 89^\circ$ **f)** $\gamma = 104^\circ 23'$, $\beta_1 = 127^\circ 54'$

Berechnen Sie die fehlenden Größen der Innen- und Außenwinkel.

a) Aus α wird α_1 berechnet.
Aus β_1 wird β berechnet.

$$\alpha_1 = 180^\circ - \alpha = 180^\circ - 45^\circ = \underline{\underline{135^\circ}} \qquad \beta = 180^\circ - \beta_1 = 180^\circ - 130^\circ = \underline{\underline{50^\circ}}$$

Für γ gilt: $\gamma = 180^\circ - \alpha - \beta$.
Aus γ wird γ_1 berechnet.

$$\gamma = 180^\circ - 45^\circ - 50^\circ = \underline{\underline{85^\circ}} \qquad \gamma_1 = 180^\circ - 85^\circ = \underline{\underline{95^\circ}}$$

b) Aus α wird α_1 berechnet.
Aus γ_1 wird γ berechnet.
Für β gilt: $\beta = 180^\circ - \alpha - \gamma$
Aus β wird β_1 berechnet.

$$\alpha_1 = 180^\circ - 57^\circ = \underline{\underline{123^\circ}} \qquad \gamma = 180^\circ - 85^\circ = \underline{\underline{95^\circ}}$$
$$\beta = 180^\circ - 57^\circ - 95^\circ = \underline{\underline{28^\circ}} \qquad \beta_1 = 180^\circ - 28^\circ = \underline{\underline{152^\circ}}$$

c) Aus β wird β_1 berechnet.
Aus α_1 wird α berechnet.
Für γ gilt: $\gamma = 180^\circ - \alpha - \beta$.
Aus γ wird γ_1 berechnet.

$$\beta_1 = 180^\circ - 47^\circ = \underline{\underline{133^\circ}} \qquad \alpha = 180^\circ - 75^\circ = \underline{\underline{105^\circ}}$$
$$\gamma = 180^\circ - 105^\circ - 47^\circ = \underline{\underline{28^\circ}} \qquad \gamma_1 = 180^\circ - 28^\circ = \underline{\underline{152^\circ}}$$

d) Aus β wird β_1 berechnet.
Aus γ_1 wird γ berechnet.
Für α gilt: $\alpha = 180^\circ - \beta - \gamma$.
Aus α wird α_1 berechnet.

$$\beta_1 = 180^\circ - 105^\circ = \underline{\underline{75^\circ}} \qquad \gamma = 180^\circ - 130^\circ = \underline{\underline{50^\circ}}$$
$$\alpha = 180^\circ - \beta - \gamma = \underline{\underline{25^\circ}} \qquad \alpha_1 = 180^\circ - 25^\circ = \underline{\underline{155^\circ}}$$

e) Aus γ wird γ_1 berechnet.
Aus α_1 wird α berechnet.
Für β gilt: $\beta = 180^\circ - \alpha - \gamma$.
Aus β wird β_1 berechnet.

$$\gamma_1 = 180^\circ - 77^\circ = \underline{\underline{103^\circ}} \qquad \alpha = 180^\circ - 89^\circ = \underline{\underline{91^\circ}}$$
$$\beta = 180^\circ - 91^\circ - 77^\circ = \underline{\underline{12^\circ}} \qquad \beta_1 = 180^\circ - 12^\circ = \underline{\underline{168^\circ}}$$

f) Aus γ wird γ_1 berechnet. ► $180^\circ = 179^\circ 60'$
Aus β_1 wird β berechnet.
Für α gilt: $\alpha = 180^\circ - \beta - \gamma$.
Aus α wird α_1 berechnet.

$$\gamma_1 = 179^\circ 60' - 104^\circ 23' = \underline{\underline{75^\circ 37'}} \qquad \beta = 179^\circ 60' - 127^\circ 54' = \underline{\underline{52^\circ 6'}}$$
$$\alpha = 179^\circ 60' - 52^\circ 6' - 104^\circ 23' = \underline{\underline{23^\circ 31'}}$$
$$\alpha_1 = 179^\circ 60' - 23^\circ 31' = \underline{\underline{156^\circ 29'}}$$

3. Ein Dreieck hat folgende Winkelgrößen:

a) $\beta = 20^\circ + \alpha$, $\gamma = 80^\circ + \beta$ **b)** $\gamma = 95^\circ + \alpha$, $\alpha = \beta - 10^\circ$ **c)** $\alpha = \gamma - 65^\circ$, $\beta = \gamma - 55^\circ$ **d)** $\beta = \alpha - 20^\circ$, $\alpha = 55^\circ + \gamma$

Wie groß sind die einzelnen Winkel?

Außer den beiden jeweils gegebenen Gleichungen in den drei Variablen α, β und γ steht als dritte Gleichung die Aussage des Satzes über die Summe der Innenwinkelgrößen im Dreieck zur Verfügung. Die dadurch entstehenden Systeme aus drei Gleichungen mit drei Variablen werden mithilfe der Einsetzungsmethode gelöst. ► Kusch, Lehrbuch Bd. 1, Abschnitt 2.4

a) Die Gleichungen (1), (2) und (3) bilden das Ausgangssystem.
In Gleichung (3) werden die durch (1) und (2) bestimmten Terme für β und γ eingesetzt.
In der entstehenden Gleichung wird nocheinmal β durch $20^\circ + \alpha$ ersetzt.
Die entstehende Gleichung in α wird nach den üblichen Umformungsregeln gelöst.
Mit dem für α errechneten Wert wird nun aus der Gleichung (1) β bestimmt und damit aus der Gleichung (2) γ.

$$\begin{aligned} \beta &= 20^\circ + \alpha && (1) \\ \gamma &= 80^\circ + \beta && (2) \\ \alpha + \beta + \gamma &= 180^\circ && (3) \end{aligned}$$
$$\begin{aligned} \alpha + 20^\circ + \alpha + 80^\circ + \beta &= 180^\circ \\ \alpha + 20^\circ + \alpha + 80^\circ + 20^\circ + \alpha &= 180^\circ \\ 3\alpha + 120^\circ &= 180^\circ \quad | -120^\circ \\ 3\alpha &= 60^\circ \quad | :3 \\ \alpha &= \underline{\underline{20^\circ}} \end{aligned}$$
$$\underline{\underline{\beta}} = 20^\circ + 20^\circ = \underline{\underline{40^\circ}}$$
$$\underline{\underline{\gamma}} = 80^\circ + 40^\circ = \underline{\underline{120^\circ}}$$

Die Innenwinkel dieses Dreiecks haben die Größen 20°, 40°, 120°. Deren Summe beträgt tatsächlich 180°, wie es sein muss.

51 **b)** Die Gleichungen (1), (2) und (3) bilden das Ausgangssystem.
Aus (2) folgt $\beta = \alpha + 10°$. In (3) wird β durch $\alpha + 10°$ ersetzt und γ durch $95° + \alpha$.
Die entstehende Gleichung in α wird nach den üblichen Umformungsregeln gelöst. Aus (1) und (2) werden nun β und γ bestimmt. Die Größen der Innenwinkel dieses Dreiecks sind 25°, 35° und 120°, deren Summe 180° ist.

$$\gamma = 95° + \alpha \quad (1)$$
$$\alpha = \beta - 10° \quad (2)$$
$$\alpha + \beta + \gamma = 180° \quad (3)$$
$$\alpha + \alpha + 10° + 95° + \alpha = 180°$$
$$3\alpha + 105° = 180° \quad | -105°$$
$$3\alpha = 75° \quad |:3$$
$$\underline{\underline{\alpha = 25°}}$$
$$\underline{\underline{\beta}} = 25° + 10° = \underline{\underline{35°}}$$
$$\underline{\underline{\gamma}} = 95° + 25° = \underline{\underline{120°}}$$

c) Die Gleichungen (1), (2) und (3) bilden das Ausgangssystem.
In (3) werden α und β durch die entsprechenden Terme aus (1) und (2) ersetzt.
Die entstehende Gleichung in γ wird nach den üblichen Umformungsregeln gelöst.
Aus (1) und (2) werden die Größen für α und β bestimmt. Man erhält für die Größen der Innenwinkel dieses Dreiecks 35°, 45° und 100°, deren Summe 180° beträgt.

$$\alpha = \gamma - 65° \quad (1)$$
$$\beta = \gamma - 55° \quad (2)$$
$$\alpha + \beta + \gamma = 180° \quad (3)$$
$$\gamma - 65° + \gamma - 55° + \gamma = 180°$$
$$3\gamma - 120° = 180° \quad | +120°$$
$$3\gamma = 300° \quad |:3$$
$$\underline{\underline{\gamma = 100°}}$$
$$\underline{\underline{\alpha}} = 100° - 65° = \underline{\underline{35°}}$$
$$\underline{\underline{\beta}} = 100° - 55° = \underline{\underline{45°}}$$

d) Die Gleichungen (1), (2) und (3) bilden das Ausgangssystem.
Aus (2) folgt $\gamma = \alpha - 55°$. In (3) werden β und γ durch die entsprechenden Terme ersetzt, und die entstehende Gleichung in α wird nach den üblichen Regeln gelöst. Aus (1) und (2) werden γ und β bestimmt. Die Größen der Innenwinkel dieses Dreiecks sind 30°, 65° und 85°, deren Summe 180° beträgt.

$$\beta = \alpha - 20° \quad (1)$$
$$\alpha = 55° + \gamma \quad (2)$$
$$\alpha + \beta + \gamma = 180° \quad (3)$$
$$\alpha + \alpha - 20° + \alpha - 55° = 180°$$
$$3\alpha - 75° = 180° \quad | +75°$$
$$3\alpha = 255° \quad |:3$$
$$\underline{\underline{\alpha = 85°}}$$
$$\underline{\underline{\beta}} = 85° - 20° = \underline{\underline{65°}}$$
$$\underline{\underline{\gamma}} = 85° - 55° = \underline{\underline{30°}}$$

52 **4.** Berechnen Sie die bezeichneten Winkel nachstehender Figuren:

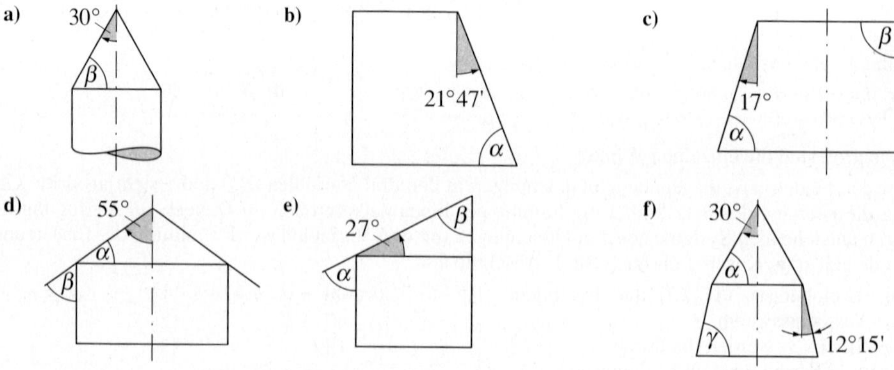

a) Die in der Figur eingezeichnete Symmetrieachse steht senkrecht auf der Grundseite des Dreiecks.

$$\beta = 180° - 90° - 30°$$
$$\underline{\underline{\beta = 60°}}$$

b) Verlängert man den freien Schenkel des Winkels von 21°47', so erhält man das Lot vom Scheitel des Winkels auf die Grundlinie der Figur. α und der Winkel von 21°47′ ergänzen deshalb einander zu 90°.

$$21°47' + \alpha = 90°$$
$$\alpha = 90° - 21°47'$$
$$\alpha = 89°60' - 21°47'$$
$$\underline{\underline{\alpha = 68°13'}}$$

52

c) Die Größe von α wird analog zur Aufgabe b) berechnet.
Aus Symmetriegründen gilt
$\beta = 90° + 17° = 107°$

$17° + \alpha = 90°$
$\alpha = 90° - 17°$
$\underline{\underline{\alpha = 73°}}$
$\underline{\underline{\beta = 107°}}$

d) Die eingezeichnete gestrichelte Linie ist die Symmetrieachse der Figur. Sie steht senkrecht auf der Basis des Dreiecks. ▶ Aufgabe a)
β ergänzt $\alpha + 90°$ zu $180°$.
Es gilt außerdem $\beta = 55°$ als Stufenwinkel an geschnittenen Parallelen.

$\alpha + 55° = 90°$
$\underline{\underline{\alpha = 35°}}$
$\beta + 90° + \alpha = 180°$
$\beta + 90° + 35° = 180°$
$\underline{\underline{\beta = 55°}}$

e) Für β gilt wieder: $\beta + 27° = 90°$.
α und β sind Stufenwinkel an geschnittenen Parallelen, also gleich groß.

$\beta + 27° = 90°$
$\underline{\underline{\beta = 63°}}$
$\underline{\underline{\alpha = \beta = 63°}}$

f) Die gestrichelte Linie ist Symmetrieachse der Figur und steht senkrecht auf der Basis des Dreiecks. Das Trapez unterhalb des Dreiecks ist gleichschenklig, der Winkel γ ist genauso groß wie der spiegelbildlich liegende Winkel.

$\alpha + 30° = 90°$
$\underline{\underline{\alpha = 60°}}$
$\gamma + 12°\,15' = 90°$
$\gamma = 89°\,60' - 12°\,15'$
$\underline{\underline{\gamma = 77°\,45'}}$

Konstruktion von Dreiecken aus Seiten und Winkeln – die Kongruenzsätze

Bei der Lösung aller folgenden Konstruktionsaufgaben sind neben den klassischen Zeichenwerkzeugen Zirkel und Lineal auch – wenn nicht ausdrücklich ausgeschlossen – die Skala des Lineals und der Winkelmesser, also z. B. das Geodreieck zugelassen. Ferner wird die Konstruktionsbeschreibung formalisiert in Kurzschrift angegeben. ▶ Vgl. Hinweise zur Benutzung des Buches

Merke:

- Zwei Figuren, die deckungsgleich aufeinander gelegt werden können, heißen kongruent zueinander. Man sagt, sie sind kongruente Figuren.
- Wenn zwei Dreiecke in den Längen aller entsprechenden Seiten übereinstimmen, dann sind die beiden Dreiecke zueinander kongruent.

1. Zeichnen Sie ein Dreieck mit den Maßen:

a) $a = 4$ cm	**b)** $a = 2{,}5$ cm	**c)** $a = 6$ cm	**d)** $a = 2{,}5$ cm
$b = 3$ cm	$b = 4$ cm	$b = 4{,}5$ cm	$b = 4{,}5$ cm
$c = 5$ cm	$c = 3$ cm	$c = 6{,}5$ cm	$c = 5{,}5$ cm

▶ Die Dreieckskonstruktionen dieser Aufgabe sind alle nach dem Kongruenzsatz SSS für Dreiecke eindeutig ausführbar. Die Dreiecksungleichungen sind erfüllt.

a) $|\overline{AB}| = c = 5$ cm
$K_B(B; r = 4\text{ cm})$
$K_A(A; r = 3\text{ cm})$
$K_A \cap K_B = \{C\}$
$\overline{AC}$ und $\overline{BC}$

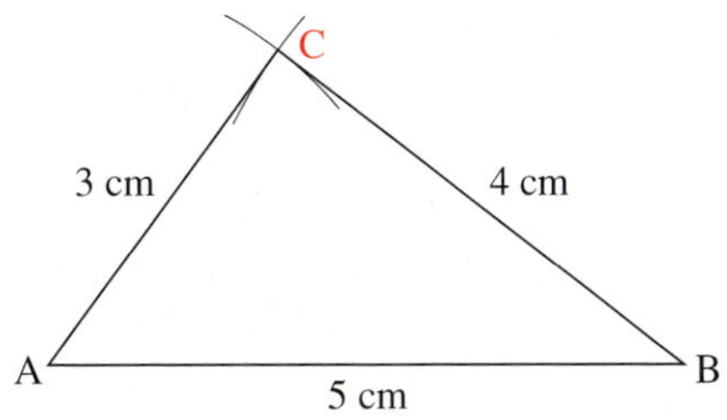

52

b) $|\overline{AB}| = c = 3\,cm$
$K_B(B; r = 2{,}5\,cm)$
$K_A(A; r = 4\,cm)$
$K_A \cap K_B = \{C\}$
$\overline{AC}$ und $\overline{BC}$

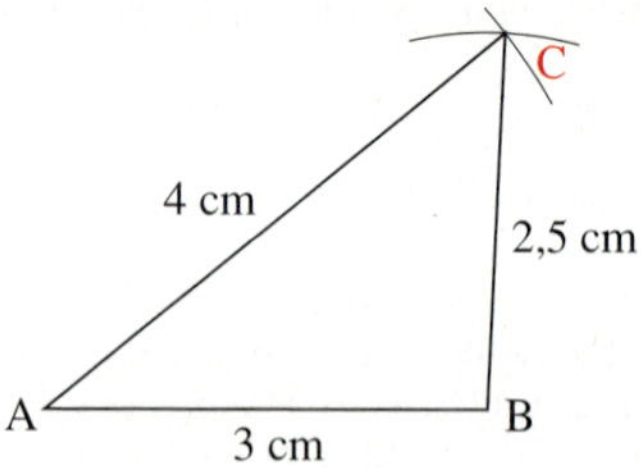

c) $|\overline{AB}| = c = 6{,}5\,cm$
$K_B(B; r = 6\,cm)$
$K_A(A; r = 4{,}5\,cm)$
$K_A \cap K_B = \{C\}$
$\overline{AC}$ und $\overline{BC}$

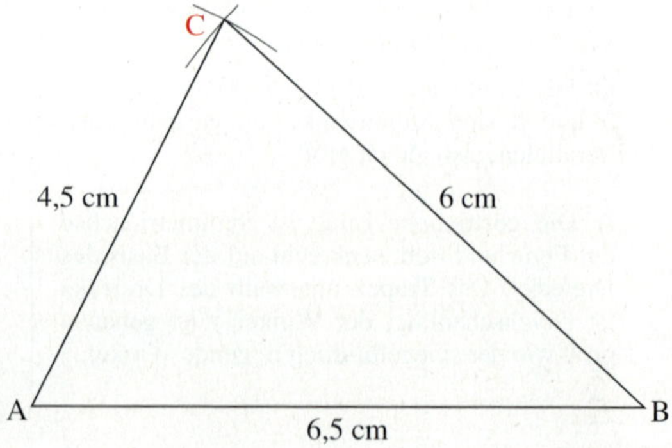

d) $|\overline{AB}| = c = 5{,}5\,cm$
$K_B(B; r = 2{,}5\,cm)$
$K_A(A; r = 4{,}5\,cm)$
$K_A \cap K_B = \{C\}$
$\overline{AC}$ und $\overline{BC}$

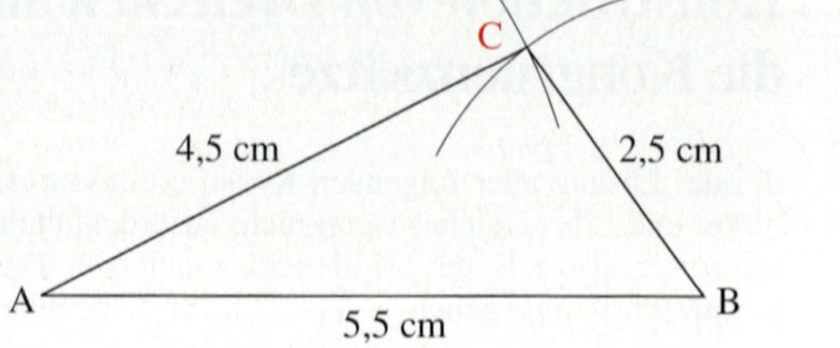

Merke:

Wenn zwei Dreiecke in den Längen zweier Seiten und der Größe des von ihnen eingeschlossenen Winkels übereinstimmen, dann sind sie zueinander kongruent.

2. Zeichnen Sie ein Dreieck mit den Maßen:

a) $b = 4{,}5\,cm$, $a = 7{,}4\,cm$, $\gamma = 75°$
b) $c = 5\,cm$, $a = 8{,}2\,cm$, $\beta = 40°$
c) $a = 6\,cm$, $b = 8{,}3\,cm$, $\gamma = 80°$
d) $b = 7{,}3\,cm$, $c = 9{,}4\,cm$, $\alpha = 125°$

► Die Konstruktionen dieser Aufgabe sind alle nach dem Kongruenzsatz SWS eindeutig ausführbar. In den Zeichnungen dazu sind die Längenmaße auf die Hälfte verkürzt, die Winkelgrößen aber wurden beibehalten.

a) $|\overline{BC}| = a = 7{,}4\,cm$
$\sphericalangle\gamma, \gamma = 75°$ an $\overline{CB}$ ➡ Strahl aus C
$|\overline{CA}| = b = 4{,}5\,cm$ auf Strahl aus C
$\overline{AB}$

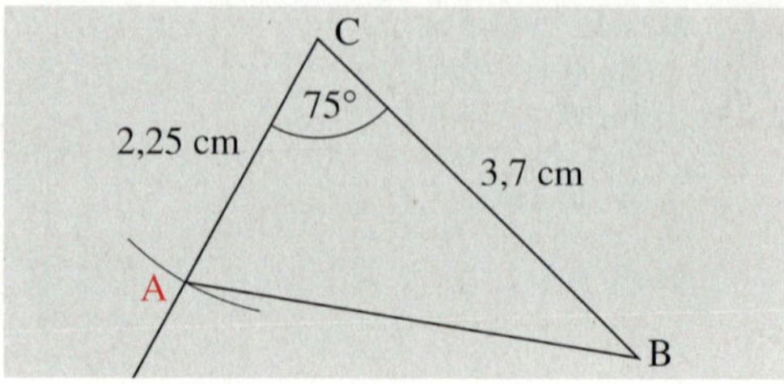

52

b) $|\overline{AB}| = c = 5\,\text{cm}$
$\sphericalangle\beta, \beta = 40°$ an $\overline{BA}$ ➡ Strahl aus B
$|\overline{BC}| = a = 8{,}2\,\text{cm}$ auf Strahl aus B
$\overline{AC}$

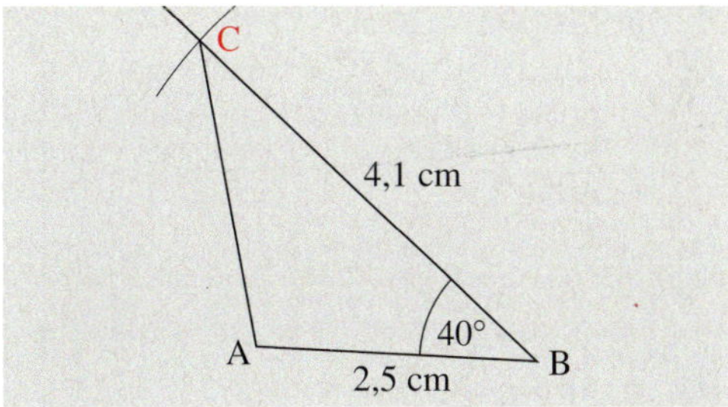

c) $|\overline{BC}| = a = 6\,\text{cm}$
$\sphericalangle\gamma, \gamma = 80°$ an $\overline{CB}$ ➡ Strahl aus C
$|\overline{CA}| = b = 8{,}3\,\text{cm}$ auf Strahl aus C
$\overline{AB}$

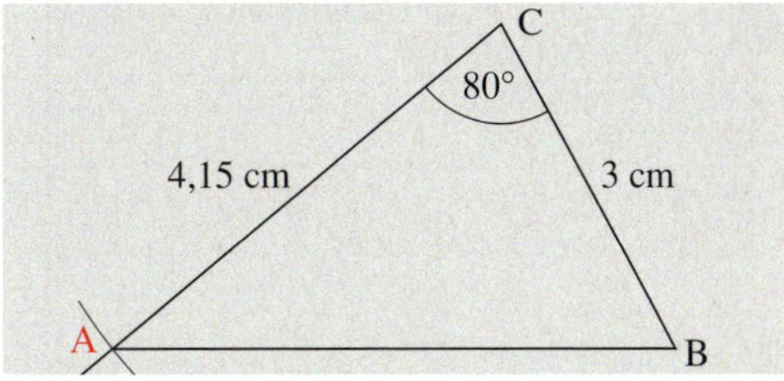

d) $|\overline{AB}| = c = 9{,}4\,\text{cm}$
$\sphericalangle\alpha, \alpha = 125°$ an $\overline{AB}$ ➡ Strahl aus A
$|\overline{AC}| = b = 7{,}3\,\text{cm}$
$\overline{CB}$

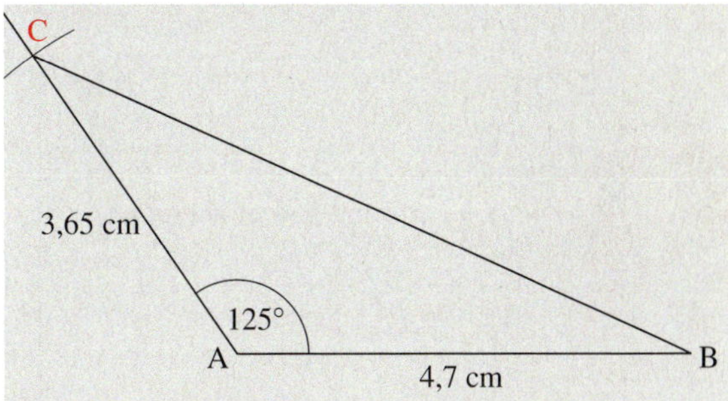

Merke:

Wenn zwei Dreiecke in den Längen zweier Seiten und der Größe des Winkels, welcher der größeren Seite gegenüberliegt, übereinstimmen, dann sind sie zueinander kongruent.

3. Zeichnen Sie ein Dreieck mit den Maßen:

a) $b = 11{,}3\,\text{cm}$	**b)** $a = 9{,}3\,\text{cm}$	**c)** $c = 3{,}8\,\text{cm}$	**d)** $c = 10{,}2\,\text{cm}$	**e)** $a = 13{,}8\,\text{cm}$
$c = 7{,}8\,\text{cm}$	$b = 4{,}2\,\text{cm}$	$b = 8{,}2\,\text{cm}$	$b = 5{,}3\,\text{cm}$	$c = 9{,}7\,\text{cm}$
$\beta = 113°$	$\alpha = 58°$	$\beta = 74°$	$\gamma = 51°$	$\alpha = 118°$

► Die Konstruktionen dieser Aufgabe sind alle nach dem Kongruenzsatz SsW eindeutig ausführbar. In den Zeichnungen dazu sind die Längenmaße auf die Hälfte verkürzt, die Winkelgrößen aber wurden beibehalten.

a) $|\overline{AB}| = c = 7{,}8\,\text{cm}$
$\sphericalangle\beta, \beta = 113°$ an $\overline{BA}$ ➡ Strahl s aus B
$K_A(A; r = 11{,}3\,\text{cm})$
$K_A \cap s = \{C\}$
$\overline{CA}$

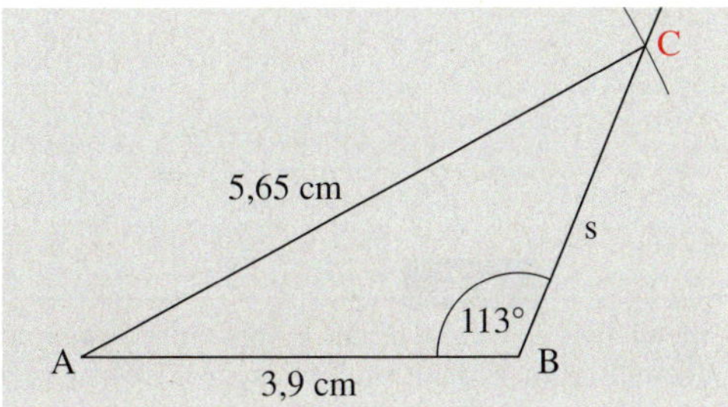

52

b) $|\overline{AC}| = b = 4{,}2\,\text{cm}$
$\sphericalangle\alpha, \alpha = 58°$ an $\overline{AC}$ ➡ Strahl s aus A
$K_C(C; r = 9{,}3\,\text{cm})$
$K_C \cap s = \{B\}$
$\overline{AB}$

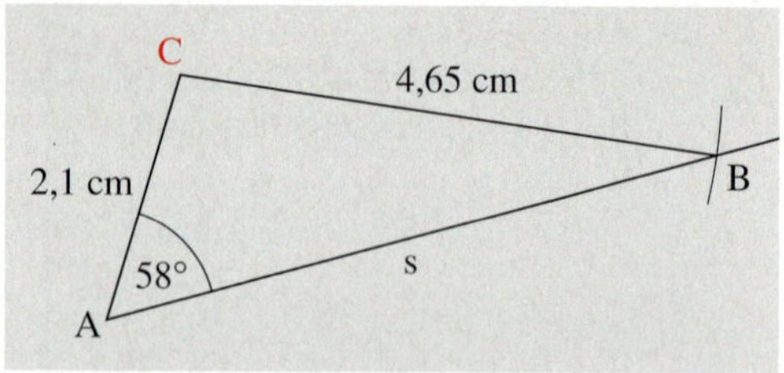

c) $\overline{AB} = c = 3{,}8\,\text{cm}$
$\sphericalangle\beta, \beta = 74°$ an $\overline{BA}$ ➡ Strahl s aus B
$K_A(A; r = 6\,\text{cm})$
$K_A \cap s = \{C\}$
$\overline{CB}$

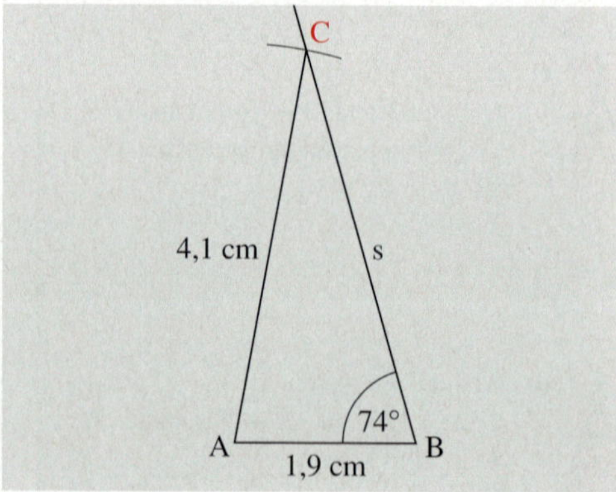

d) $|\overline{AC}| = b = 5{,}3\,\text{cm}$
$\sphericalangle\gamma, \gamma = 51°$ an $\overline{CA}$ ➡ Strahl s aus C
$K_A(A; r = 10{,}2\,\text{cm})$
$K_A \cap s = \{B\}$
$\overline{AB}$

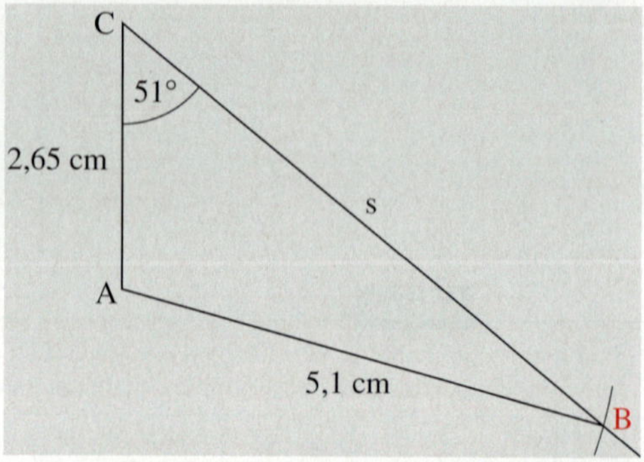

e) $|\overline{AB}| = c = 9{,}7\,\text{cm}$
$\sphericalangle\alpha, \alpha = 118°$ an $\overline{AB}$ ➡ Strahl s aus A
$K_B(B; r = 13{,}8\,\text{cm})$
$K_B \cap s = \{C\}$
$\overline{AC}$

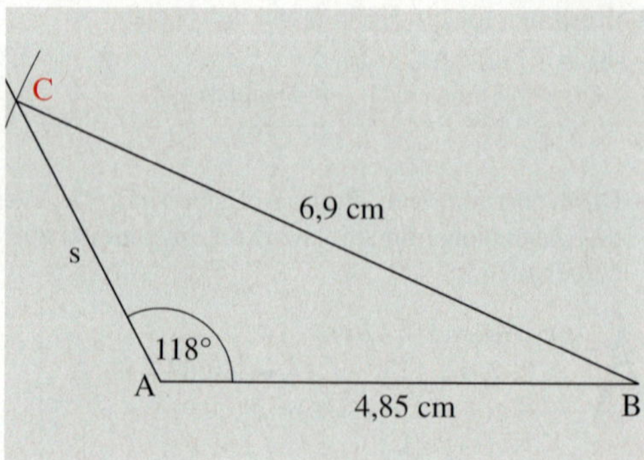

Merke:

Wenn zwei Dreiecke in der Länge einer Seite und den Größen der dieser Seite anliegenden Winkel übereinstimmen, dann sind sie zueinander kongruent.

52

4. Zeichnen Sie ein Dreieck mit den Maßen:

a) $b = 4{,}5\,\text{cm}$ $\alpha = 65°$ $\gamma = 75°$	**b)** $c = 5\,\text{cm}$ $\alpha = 115°$ $\beta = 42°$	**c)** $a = 6{,}2\,\text{cm}$ $\beta = 45°$ $\gamma = 81°$	**d)** $b = 7{,}3\,\text{cm}$ $\gamma = 22°$ $\alpha = 125°$	**e)** $c = 8{,}5\,\text{cm}$ $\alpha = 31°$ $\gamma = 48°$
f) $a = 8{,}7\,\text{cm}$ $\alpha = 59°$ $\beta = 53°$	**g)** $b = 5{,}2\,\text{cm}$ $\beta = 23°$ $\gamma = 36°$	**h)** $a = 6{,}7\,\text{cm}$ $\alpha = 66°$ $\gamma = 22°$		

► Alle Konstruktionen dieser Aufgabe sind nach dem Kongruenzsatz WSW eindeutig ausführbar. Bei allen Konstruktionen wurden die Längenmaße auf die Hälfte verkürzt, die Winkelgrößen aber beibehalten.

a) $|\overline{AC}| = b = 4{,}5\,\text{cm}$
$\sphericalangle\alpha, \alpha = 65°$ an $\overline{AB}$ ➡ Strahl s aus A
$\sphericalangle\gamma, \gamma = 75°$ an $\overline{CA}$ ➡ Strahl t aus C
$s \cap t = \{B\}$

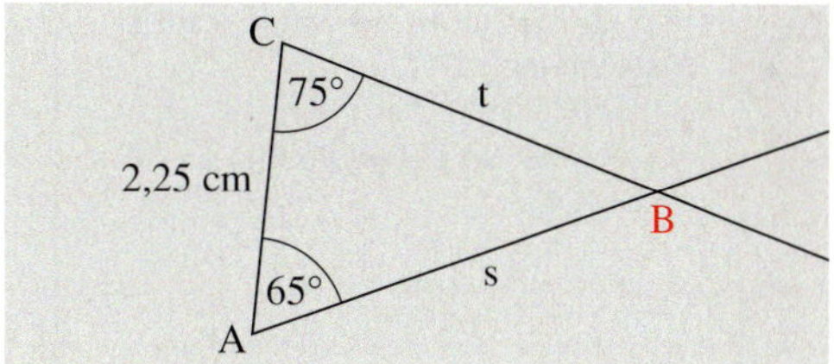

b) $|\overline{AB}| = c = 5\,\text{cm}$
$\sphericalangle\alpha, \alpha = 115°$ an $\overline{AB}$ ➡ Strahl s aus A
$\sphericalangle\beta, \beta = 42°$ an $\overline{BA}$ ➡ Strahl t aus B
$s \cap t = \{C\}$

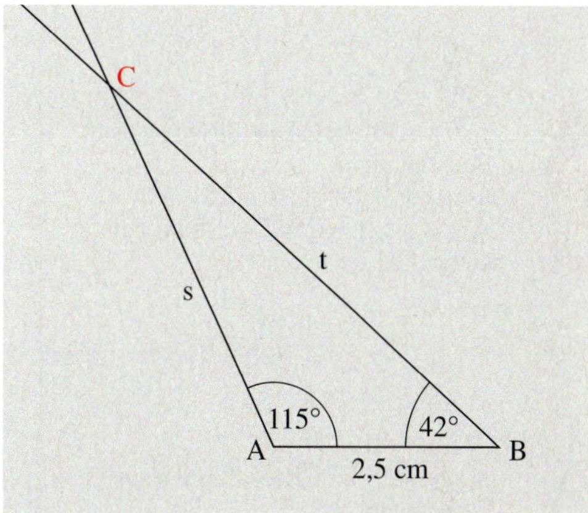

c) $|\overline{BC}| = a = 6{,}2\,\text{cm}$
$\sphericalangle\beta, \beta = 45°$ an $\overline{BC}$ ➡ Strahl s aus B
$\sphericalangle\gamma, \gamma = 81°$ an $\overline{CB}$ ➡ Strahl t aus C
$s \cap t = \{A\}$

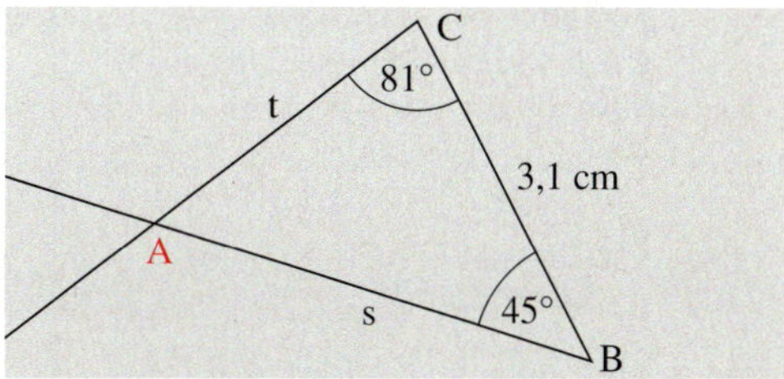

d) $|\overline{AC}| = b = 7{,}3\,\text{cm}$
$\sphericalangle\alpha, \alpha = 125°$ an $\overline{AC}$ ➡ Strahl s aus A
$\sphericalangle\gamma, \gamma = 22°$ an $\overline{CA}$ ➡ Strahl t aus C
$s \cap t = \{B\}$

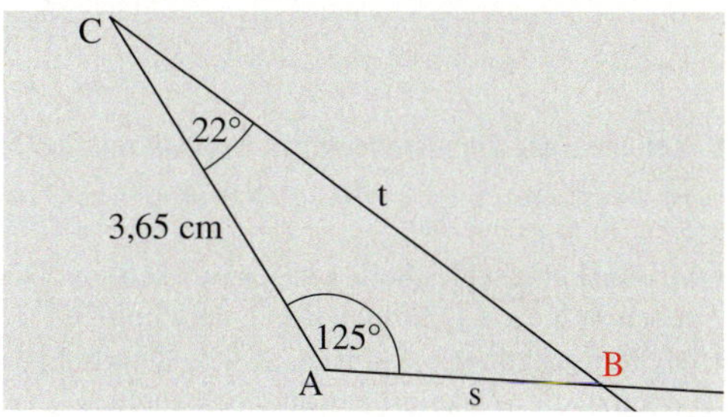

52 **e)** $|\overline{AB}| = c = 8{,}5\,\text{cm}$
$\sphericalangle\alpha, \alpha = 31°$ an $\overline{AB}$ ➡ Strahl s aus A
Berechnung β:
$\beta = 180° - 31° - 48° = 101°$
$\sphericalangle\beta, \beta = 101°$ an $\overline{BA}$ ➡ Strahl t aus B
$s \cap t = \{C\}$

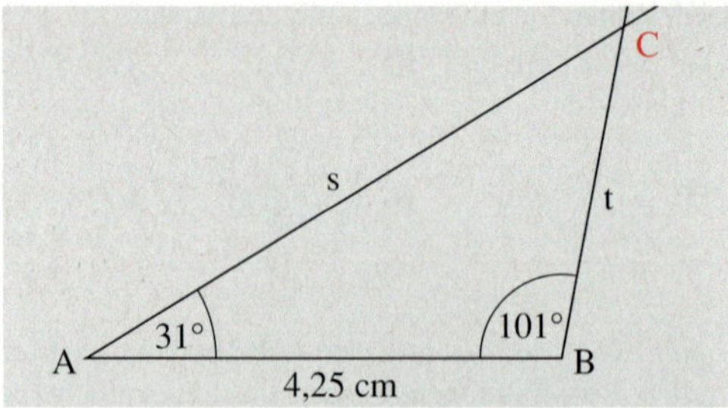

f) $|\overline{BC}| = a = 8{,}7\,\text{cm}$
$\sphericalangle\beta, \beta = 53°$ an $\overline{BC}$ ➡ Strahl s aus B
Berechnung γ:
$\gamma = 180° - 59° - 53° = 68°$
$\sphericalangle\gamma, \gamma = 68°$ an $\overline{CB}$ ➡ Strahl t aus C
$s \cap t = \{A\}$

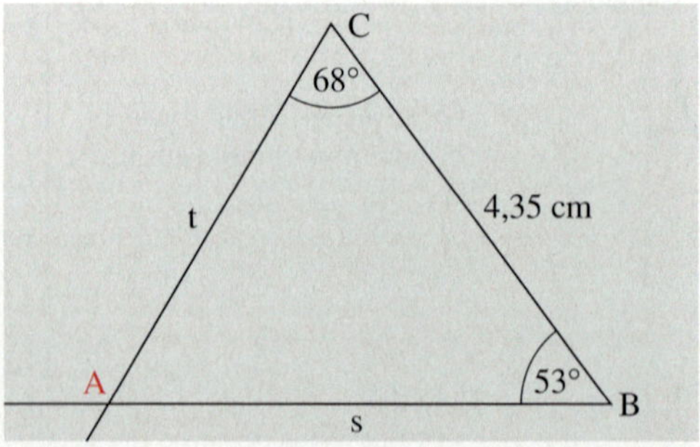

g) $|\overline{AC}| = b = 5{,}2\,\text{cm}$
$\sphericalangle\gamma, \gamma = 36°$ an $\overline{CA}$ ➡ Strahl s aus C
Berechnung α:
$\alpha = 180° - 23° - 36° = 121°$
$\sphericalangle\alpha, \alpha = 121°$ an $\overline{AC}$ ➡ Strahl t aus A
$s \cap t = \{B\}$

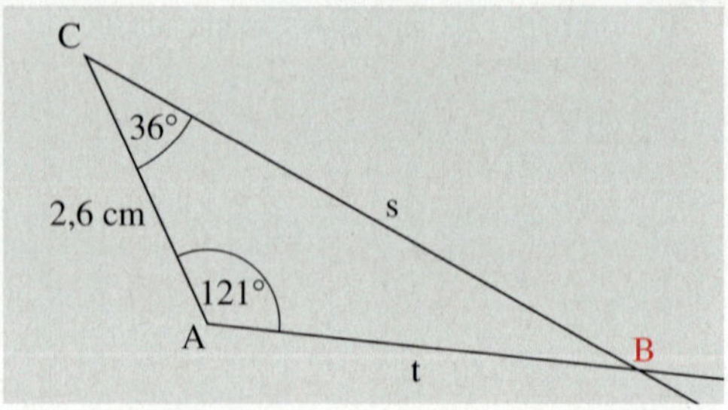

h) $|\overline{bC}| = a = 6{,}7\,\text{cm}$
$\sphericalangle\gamma, \gamma = 22°$ an $\overline{CB}$ ➡ Strahl s aus C
Berechnung β:
$\beta = 180° - 66° - 22° = 92°$
$\sphericalangle\beta, \beta = 92°$ an $\overline{BC}$ ➡ Strahl t aus B
$s \cap t = \{A\}$

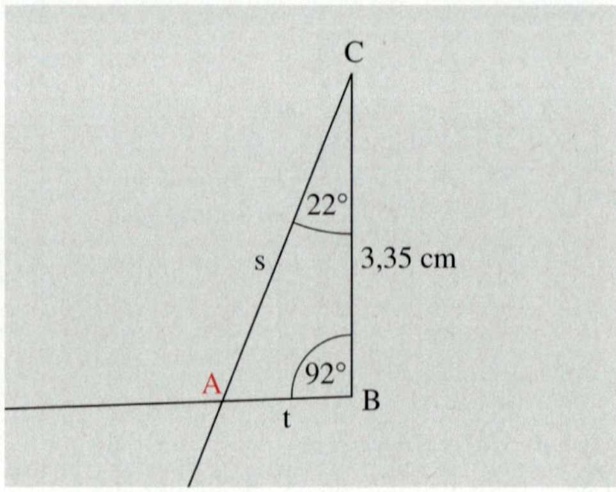

5. Zeichnen Sie ein gleichseitiges Dreieck mit den Maßen:
a) $b = 7{,}2\,\text{cm}$ **b)** $a = 9{,}4\,\text{cm}$ **c)** $a + b + c = 22{,}8\,\text{cm}$ **d)** $c + b = 19{,}6\,\text{cm}$

► Mit der Länge einer Seite eines gleichseitigen Dreiecks sind die Längen aller Seiten des Dreiecks gegeben. ► Kusch, Lehrbuch Bd. 2, Abschnitt 3.5

► Die Konstruktionen sind nach SSS eindeutig. In den Zeichnungen sind alle Längenmaße auf die Hälfte verkürzt, die Winkelgrößen aber beibehalten.

52

a) $|\overline{AC}| = b = 7{,}2\,\text{cm}$
$K_A(A; r = 7{,}2\,\text{cm})$
$K_C(C; r = 7{,}2\,\text{cm})$
$K_A \cap K_C = \{B\}$
$\overline{AB}$ und $\overline{CB}$

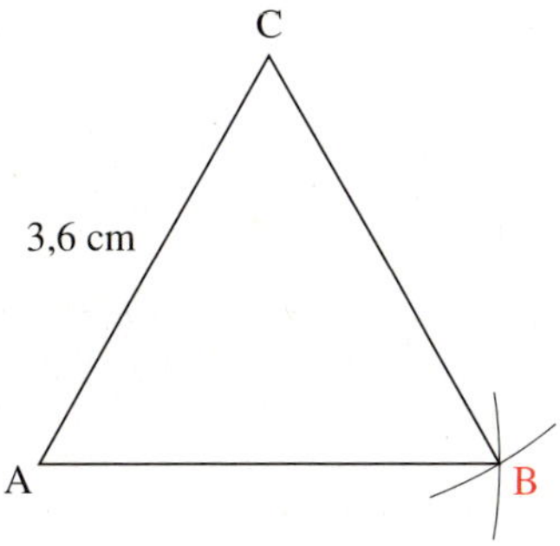

b) $|\overline{BC}| = a = 9{,}4\,\text{cm}$
$K_B(B; r = 9{,}4\,\text{cm})$
$K_C(C; r = 9{,}4\,\text{cm})$
$K_C \cap K_B = \{A\}$
$\overline{AB}$ und $\overline{AC}$

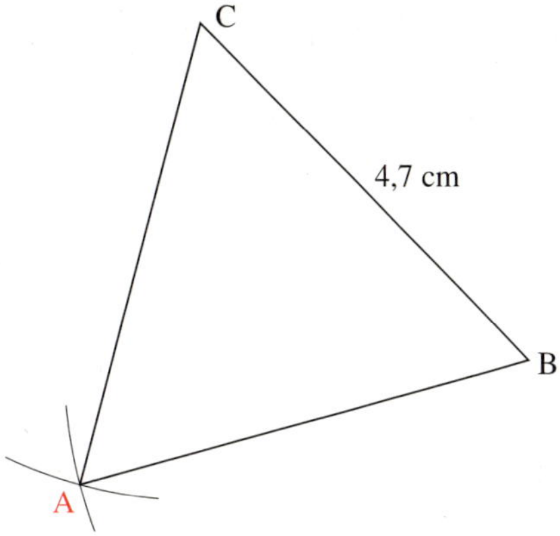

c) Wegen $a = b = c$ gilt: $3a = 22{,}8\,\text{cm}$, also $a = 7{,}6\,\text{cm}$.
$|\overline{BC}| = a = 7{,}6\,\text{cm}$
$K_B(B; r = 7{,}6\,\text{cm})$
$K_C(C; r = 7{,}6\,\text{cm})$
$K_C \cap K_B = \{A\}$
$\overline{AB}$ und $\overline{AC}$

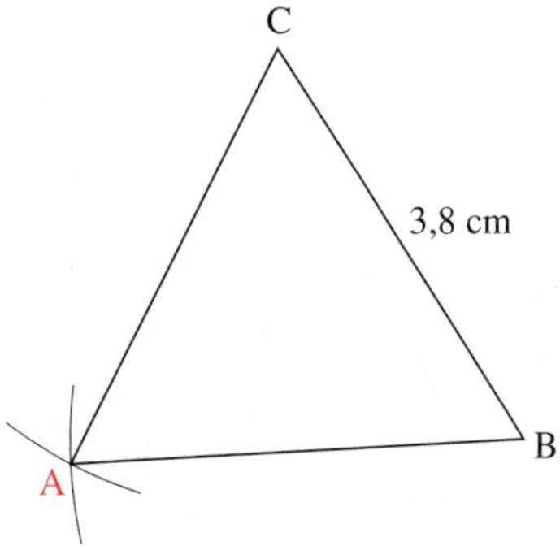

d) Wegen $c = b$ gilt: $2c = 19{,}6\,\text{cm}$, also $c = 9{,}8\,\text{cm}$.
$|\overline{AB}| = c = 9{,}8\,\text{cm}$
$K_A(A; r = 9{,}8\,\text{cm})$
$K_B(B; r = 9{,}8\,\text{cm})$
$K_A \cap K_B = \{C\}$
$\overline{AC}$ und $\overline{BC}$

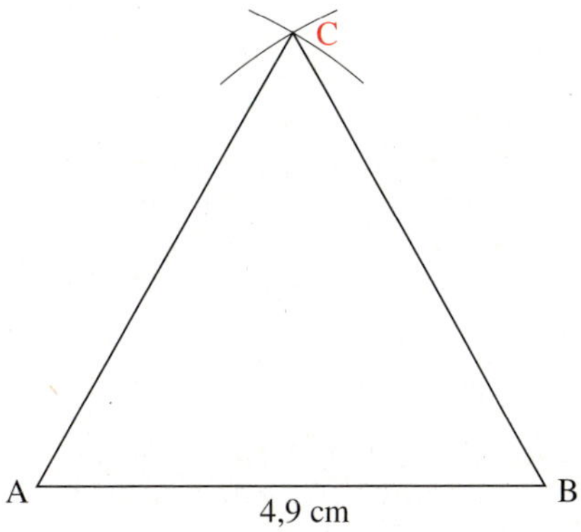

52 **6.** Zeichnen Sie ein gleichschenkliges Dreieck (Spitze bei C) mit den Maßen:

a) $c = 7{,}8\,\text{cm}$, $\alpha = 55°$ **b)** $a = 6{,}3\,\text{cm}$, $\beta = 49°$ **c)** $b = 7{,}2\,\text{cm}$, $c = 11{,}4\,\text{cm}$ **d)** $c = 8{,}4\,\text{cm}$, $\gamma = 76°$

Für gleichschenklige Dreiecke mit der Spitze bei C gilt $a = b$ und $\alpha = \beta$. ► Lehrbuch Kusch 2, Abschnitt 3.5

► Die geforderten Konstruktionen sind nach unterschiedlichen Kongruenzsätzen eindeutig ausführbar.

► In den folgenden Zeichnungen sind die Längenmaße auf die Hälfte verkürzt, die Winkelgrößen sind beibehalten.

a) $|\overline{AB}| = c = 7{,}8\,\text{cm}$
$\sphericalangle \alpha, \alpha = 55°$ an $\overline{AB}$ ➡ Strahl s aus A
$\beta = \alpha$, daher $\sphericalangle \beta$ an
$\overline{BA}$ ➡ Strahl t aus B
$s \cap t = \{C\}$
WSW

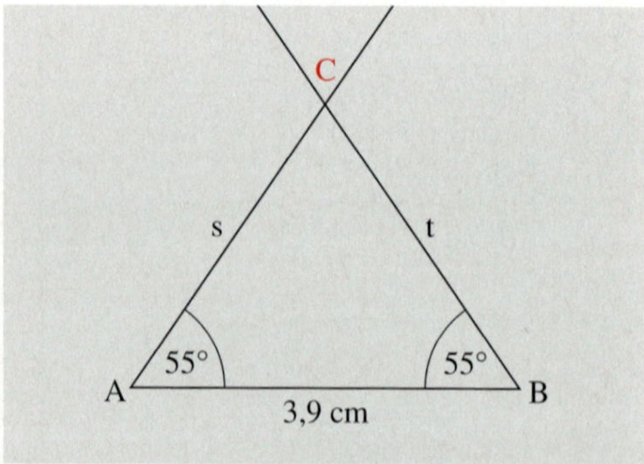

b) $|\overline{BC}| = a = 6{,}3\,\text{cm}$
$\sphericalangle \beta, \beta = 49°$ an $\overline{BC}$ ➡ Strahl s aus B
$b = a$, daher $K_C(C; r = 6{,}3\,\text{cm})$
$K_C \cap s = \{A\}$
$\overline{AC}$
SWS

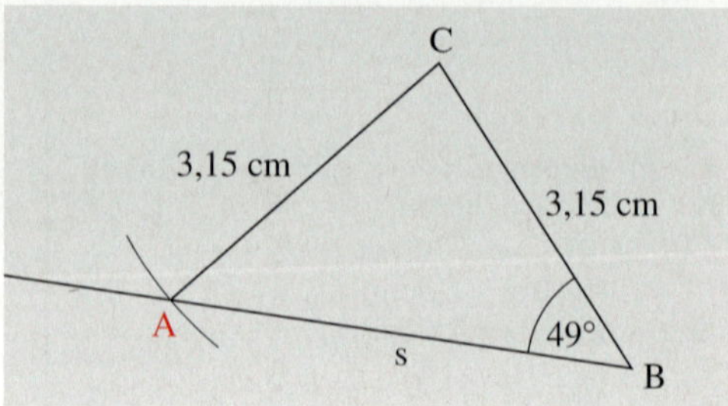

c) $|\overline{AB}| = c = 11{,}4\,\text{cm}$
$K_A(A; r = 7{,}2\,\text{cm})$
$a = b$, also $K_B(B; r = 7{,}2\,\text{cm})$
$K_B \cap K_A = \{C\}$
$\overline{AC}$ und $\overline{BC}$

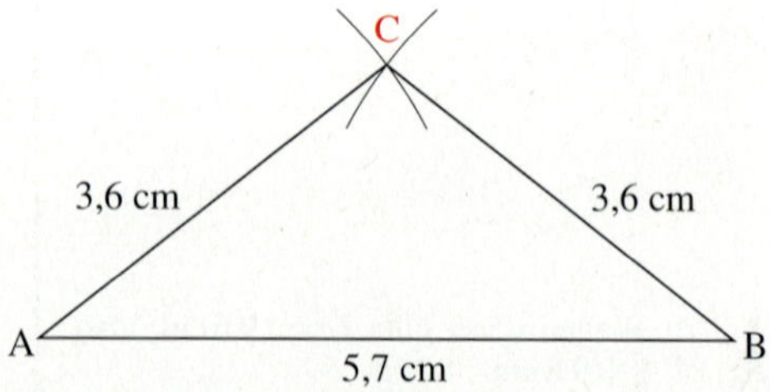

d) $|\overline{AB}| = c = 8{,}4\,\text{cm}$
Wegen $\alpha = \beta$ und $\alpha + \beta + \gamma = 180°$ können α und β berechnet werden:
$2\alpha + 76° = 180°$, also $\alpha = 52°$.
$\sphericalangle \alpha, \alpha = 52°$ an $\overline{AB}$ ➡ Strahl s aus A
$\sphericalangle \beta, \beta = 52°$ an $\overline{BA}$ ➡ Strahl t aus B
$s \cap t = \{C\}$
SSS

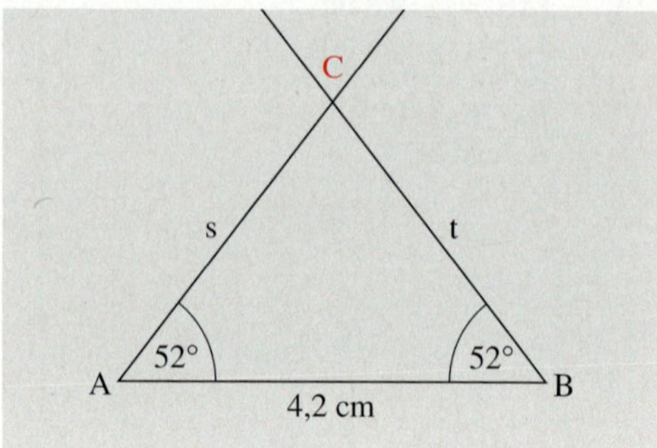

7. Zeichnen Sie ein bei γ rechtwinkliges Dreieck mit den Maßen:

a) $c = 9{,}8\,\text{cm}$, $b = 9{,}5\,\text{cm}$ **b)** $a = 7{,}8\,\text{cm}$, $\alpha = 53°$ **c)** $b = 4{,}5\,\text{cm}$, $\alpha = 48°$ **d)** $a = 10{,}8\,\text{cm}$, $c = 11{,}9\,\text{cm}$ **e)** $c = 10{,}7\,\text{cm}$, $\alpha = 34°$

Wenn $\gamma = 90°$, so liegt der Scheitel C von $\sphericalangle\gamma$ auf dem Halbkreis über $\overline{AB}$ (Thaleskreis).

► Lehrbuch Kusch 2, Abschnitt 3.5

► In den folgenden Zeichnungen sind die Längenmaße auf die Hälfte verkürzt, die Winkelgrößen sind beibehalten.

a) $|\overline{AB}| = c = 9{,}8\,\text{cm}$
Mitte M von $\overline{AB}$
$K_M(M; r = 4{,}9\,\text{cm})$
$K_A(A; r = 9{,}5\,\text{cm})$
$K_A \cap K_M = \{C\}$
$\overline{AC}$ und $\overline{BC}$

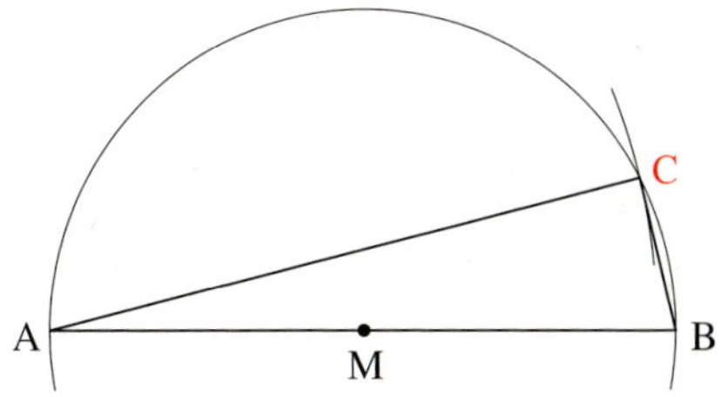

b) $|\overline{BC}| = a = 7{,}8\,\text{cm}$
$\sphericalangle\gamma, \gamma = 90°$ an $\overline{CB}$ ➡ Strahl s aus C
$\beta = 90° - \alpha$, also $\beta = 37°$
$\sphericalangle\beta, \beta = 37°$ an $\overline{BC}$ ➡ Strahl t aus B
$s \cap t = \{A\}$

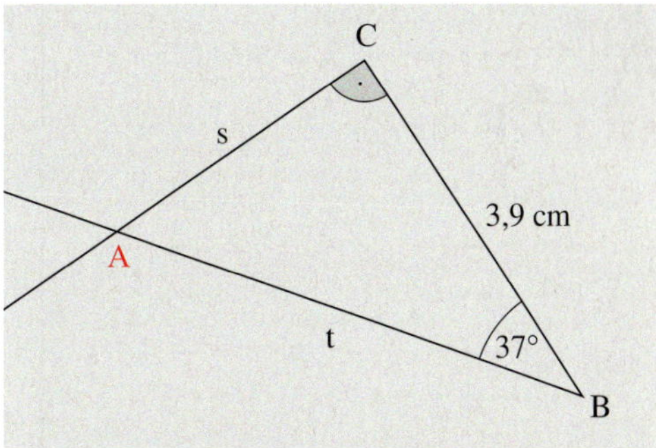

c) $|\overline{AC}| = b = 4{,}5\,\text{cm}$
$\sphericalangle\alpha, \alpha = 48°$ an $\overline{AC}$ ➡ Strahl s aus A
$\sphericalangle\gamma, \gamma = 90°$ an $\overline{CA}$ ➡ Strahl t aus C
$s \cap t = \{B\}$

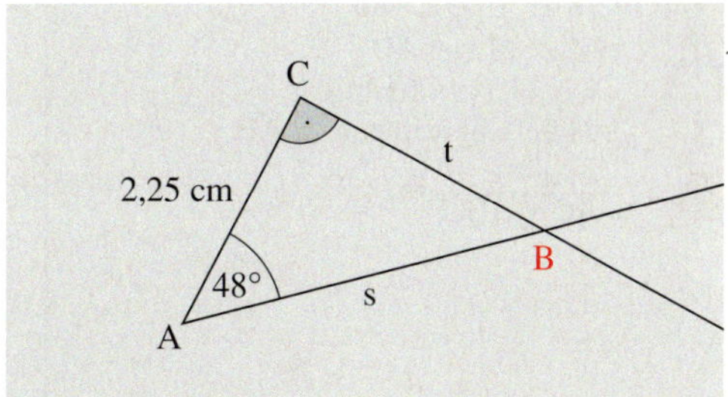

d) $|\overline{AB}| = c = 11{,}9\,\text{cm}$
Mitte M von $\overline{AB}$
$K_M(M; r = 5{,}95\,\text{cm})$
$K_B(B; r = 5{,}4\,\text{cm})$
$K_B \cap K_M = \{C\}$
$\overline{AC}$ und $\overline{BC}$

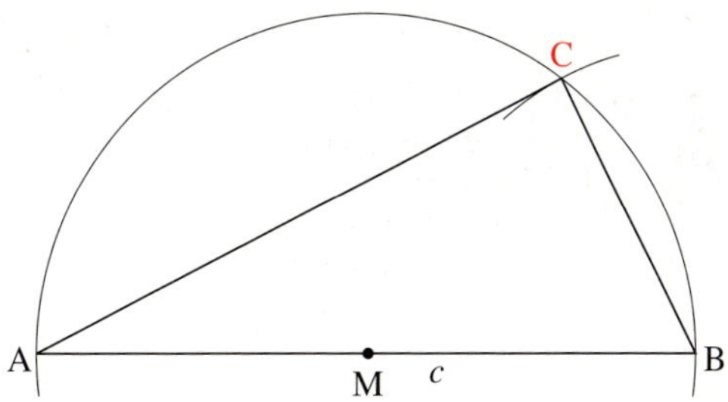

52 **e)** $|\overline{AB}| = c = 10{,}7\,\text{cm}$
Mitte M von $\overline{AB}$
$K_M(M; r = 5{,}35\,\text{cm})$
$\sphericalangle\alpha, \alpha = 34°$ an $\overline{AB}$ ➡ Strahl s aus A
$K_M \cap s = \{C\}$
$\overline{BC}$

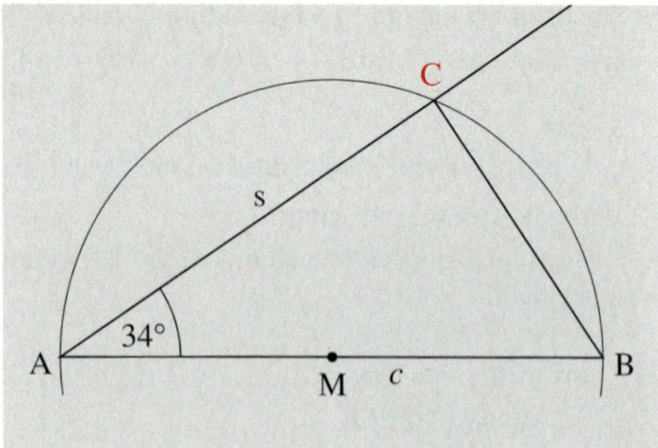

53 **8.** Zeichnen Sie ein rechtwinklig-gleichschenkliges Dreieck mit den Maßen:
a) $b = 5{,}3\,\text{cm}$ **b)** $c = 9{,}3\,\text{cm}$ **c)** $a = 6{,}1\,\text{cm}$

Wegen der Gleichschenkligkeit gilt $a = b$. Der rechte Winkel sei $\sphericalangle\gamma$. Dann gilt außerdem $\alpha = \beta = 45°$.

a) $|\overline{AC}| = b = 5{,}3\,\text{cm}$
$\sphericalangle\gamma, \gamma = 90°$ an $\overline{CA}$ ➡ Strahl s aus C
$K_C(C; r = 5{,}3\,\text{cm})$
$K_C \cap s = \{B\}$

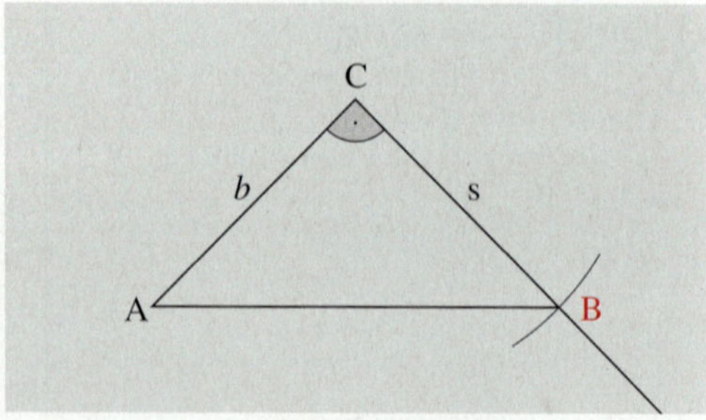

► Längenmaße auf die Hälfte verkürzt

b) $|\overline{AB}| = c = 9{,}3\,\text{cm}$
Mitte M von $\overline{AB}$
$K_M(M; r = 4{,}65\,\text{cm})$
Mittelsenkrechte m zu $\overline{AB}$
$K_M \cap m = \{C\}$
$\overline{AC}$ und $\overline{BC}$

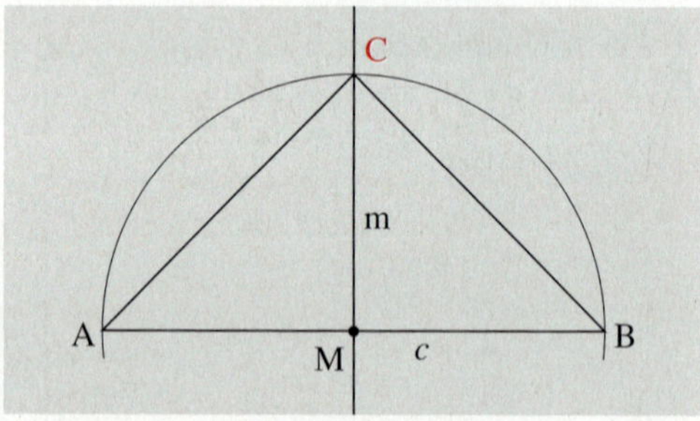

► Längenmaße auf die Hälfte verkürzt

c) $|\overline{BC}| = a = 6{,}1\,\text{cm}$
$\sphericalangle\gamma, \gamma = 90°$ an $\overline{CB}$ ➡ Strahl s aus C
$K_C(C; r = 6{,}1\,\text{cm})$
$K_C \cap s = \{A\}$
$\overline{AB}$

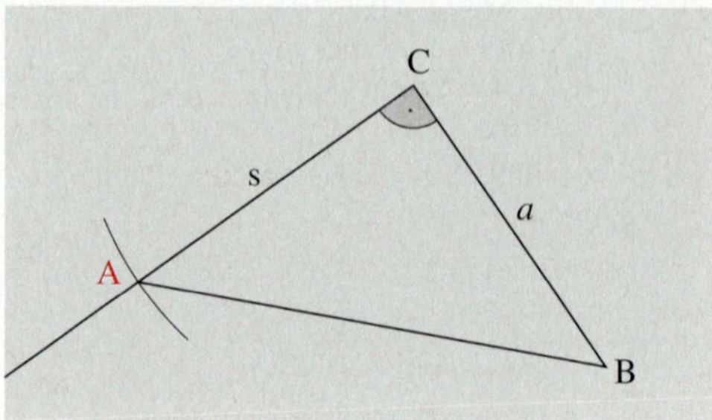

► Längenmaße auf die Hälfte verkürzt

9. Die Mittelpunkte zweier Bohrungen auf einer Blechplatte sind 93 mm voneinander entfernt. Wo liegt der Mittelpunkt der dritten Bohrung, wenn er von den beiden anderen 72 mm entfernt ist?

Der gesuchte Punkt C ist die Spitze eines gleichschenkligen Dreiecks $\triangle ABC$ mit der Basislänge $|\overline{AB}| = 93$ mm und der Länge der Schenkel $|\overline{AC}| = |\overline{BC}| = 72$ mm.

$|\overline{AB}| = 93\,\text{mm};\; K_A(A; r = 72\,\text{mm});\; K_B(B; r = 72\,\text{mm});\; K_A \cap K_B = \{C\}.$

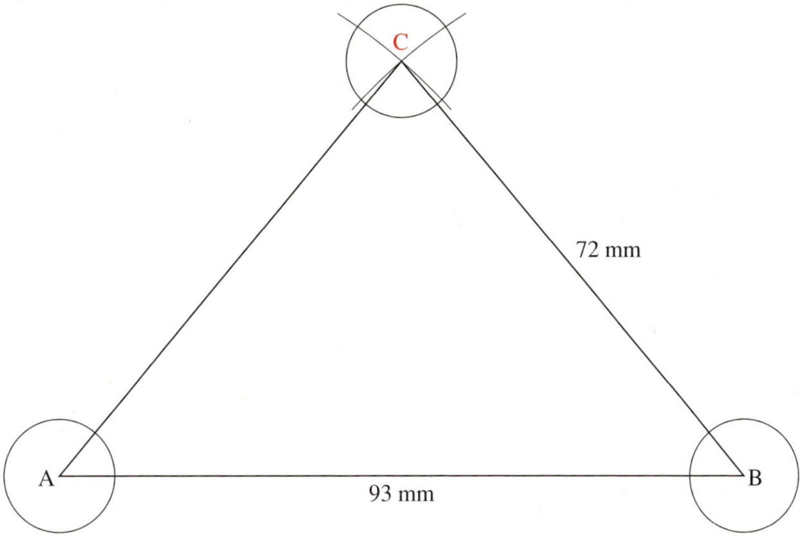

Wiederholungsfragen

1. Wie viele Außenwinkel hat ein Dreieck $\triangle ABC$? Welche Eigenschaften haben diese?

Verlängert man eine Dreiecksseite über einen Eckpunkt hinaus, entsteht ein Außenwinkel. Er ergänzt den anliegenden Innenwinkel zu 180°. Die Summe der Größen der Außenwinkel beträgt 360°.

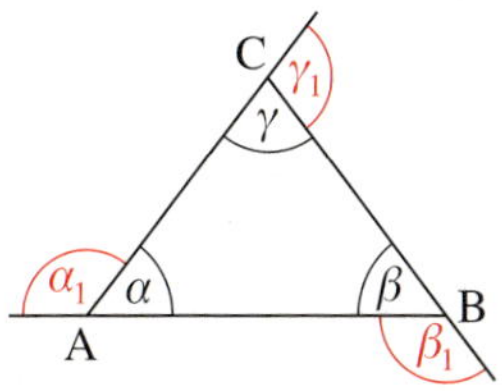

► $\alpha_1 + \beta_1 + \gamma_1 = 360°$

2. Nach welchen Gesichtspunkten können die Dreiecke eingeteilt werden, welche Typen von Dreiecken kennen Sie?

Dreiecke können eingeteilt werden
- nach der Größe ihrer Winkel: spitzwinklig, rechtwinklig, stumpfwinklig,
- nach der Länge ihrer Seiten: gleichseitig, gleichschenklig, ungleichschenklig.

3. Welche Inhalte haben die einzelnen Etappen der vorgestellten Schrittfolge zum Lösen geometrischer Konstruktionsaufgaben?

Man kann vier Etappen unterscheiden:
- Die Analyse der Konstruktionsaufgabe. Sie hat das klare Erkennen der gegebenen Voraussetzungen und der Bedingungen zum Ziel, denen die Lösungsfigur genügen muss. Man fertigt eine Planfigur an.
- Die Erarbeitung einer Lösungsidee und die Aufstellung eines Konstruktionsplanes. Ihr Inhalt ist die gedankliche Vorwegnahme der Konstruktion.

53 – Die Durchführung der Konstruktion als Zeichnung oder als Konstruktionsbeschreibung.
– Die Rückschau auf die Lösung. Sie untersucht die Fragen, ob die Konstruktion eindeutig ist, ob sie immer möglich ist, ob an der Konstruktion verallgemeinerungsfähige Vorgehensweisen erkennbar sind und ob die Lösungsfigur die geforderten Eigenschaften hat.

4. Was bedeutet die Aussage, das zwei ebene Figuren kongruent sind?

Zwei ebene Figuren heißen kongruent, wenn sie deckungsgleich aufeinander gelegt werden können. Kongruente oder deckungsgleiche Figuren stimmen in allen einander entsprechenden Stücken überein.

5. Wie lauten die Kongruenzsätze für Dreiecke?

Man kennt vier Kongruenzsätze für Dreiecke.
– Zwei Dreiecke sind kongruent, wenn sie in den Längen ihrer Seiten übereinstimmen. **SSS**
– Zwei Dreiecke sind kongruent, wenn sie in der Länge einer Seite und den Größen der dieser Seite anliegenden Winkel übereinstimmen. **WSW**
– Zwei Dreiecke sind kongruent, wenn sie in den Längen zweier Seiten und der Größe des von diesen Seiten eingeschlossenen Winkels übereinstimmen. **SWS**
– Zwei Dreiecke sind kongruent, wenn sie in den Längen zweier Seiten und der Größe des Winkels, welcher der größeren Seite gegenüber liegt, übereinstimmen. **SsW**

Eigenschaften gleichschenkliger und gleichseitiger Dreiecke

Das gleichschenklige Dreieck

Merke:

- In einem Dreieck liegen gleich großen Winkeln gleich lange Seiten gegenüber und umgekehrt.
- Wenn in einem Dreieck zwei Winkel gleich groß sind, so sind die den Winkeln gegenüberliegenden Seiten gleich lang, das Dreieck ist **gleichschenklig**.
- Die Basiswinkel eines gleichschenkligen Dreiecks sind gleich groß.
- Die Verbindungsgerade des Mittelpunkts der Basis mit der Spitze eines gleichschenkligen Dreiecks – die Seitenhalbierende der Basis –
  – halbiert den Winkel an der Spitze, ist also auch eine Winkelhalbierende,
  – steht senkrecht auf der Basis, ist also auch eine Höhe.

Mit anderen Worten: Die Seitenhalbierende der Basis eines gleichschenkligen Dreiecks ist gleichzeitig Mittelsenkrechte der Basis, Höhe auf der Basis und Winkelhalbierende des Winkels an der Spitze.

Lösen Sie die Aufgaben 1 bis 5 nur mithilfe einer Planfigur.

62 **1.** 45 m von einem Turm entfernt erscheint seine Spitze unter einem Winkel von 45°. Wie hoch ist er?

Die Skizze zur Aufgabe zeigt ein Dreieck $\triangle ABC$, das bei C einen rechten Winkel hat. Wegen $|\sphericalangle CAB| = 45°$ muss nach dem Innenwinkelsatz für Dreiecke auch $|\sphericalangle CBA| = 45°$ sein. In einem Dreieck liegen gleich großen Winkeln gleich lange Seiten gegenüber. Das Dreieck $\triangle ABC$ ist also rechtwinklig-gleichschenklig, und es gilt: $|\overline{AC}| = |\overline{BC}| = 45\,\text{m}$.
Der Turm ist 45 m hoch.

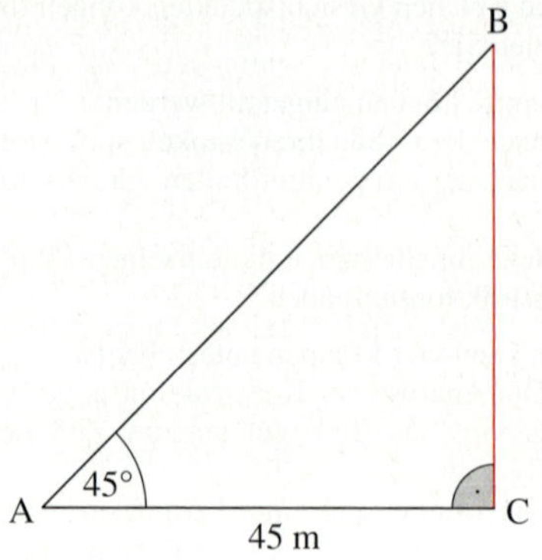

62

2. Ein Flugzeug visiert einen Flugplatz unter einem Winkel von 45° zur horizontalen Flugrichtung an. Nach 3 600 m Flug befindet es sich senkrecht über dem Flugplatz. In welcher Höhe fliegt das Flugzeug?

Die Skizze zur Aufgabe zeigt ein bei H rechtwinkliges Dreieck △PFH, wenn P für den Flugplatz, F für den 1. Standort des Flugzeugs und H für den 2. Standort senkrecht über P stehen. Mit der gleichen Begründung wie bei Aufgabe 1 gilt: $|\overline{PH}| = 3600\,\text{m}$.
Das Flugzeug fliegt in 3 600 m Höhe.

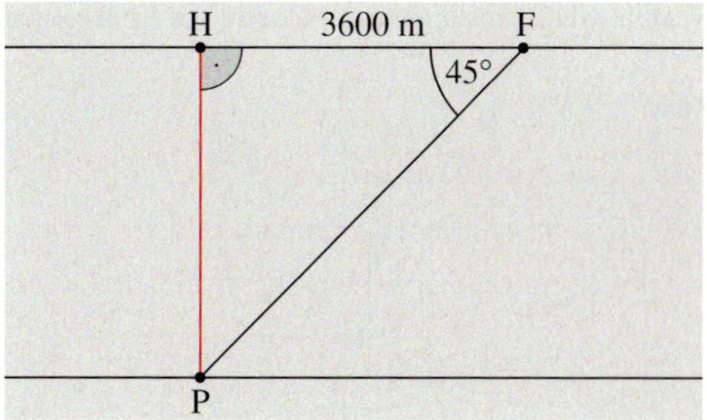

3. Ein Baum ist 28 m hoch. Wie weit ist die Entfernung vom Baum, wenn man seine Höhe mit dem Försterdreieck misst (Augenhöhe 1,7 m)?

Ein Försterdreieck ist ein rechtwinklig-gleichschenkliges Dreieck. Wegen der Augenhöhe von 1,70 m misst der Beobachter mit dem Försterdreieck eine Höhe von 28 m − 1,70 m, also 26,30 m, und das ist auch der Abstand des Messenden vom Baum.

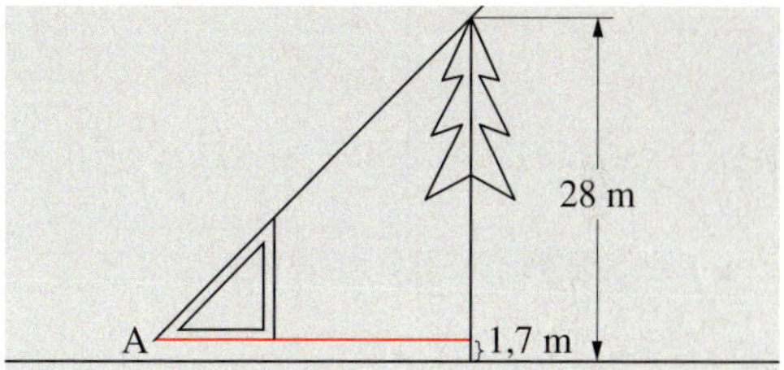

4. Ein Satteldach hat folgenden Neigungswinkel:

a) 50° **b)** 35° **c)** 60° **d)** 45°

Wie groß ist der Winkel, den beide Dachflächen bilden?

Der Aufriss eines Satteldachs ist in der Regel ein gleichschenkliges Dreieck. Unter den Neigungswinkeln versteht man die Winkel, welche die Dachflächen mit der Horizontalen bilden. Diese sind als Basiswinkel im gleichschenkligen Dreieck gleich groß.
Steht α für die Größe des gesuchten Winkels zwischen den Dachflächen, so gilt:
a) $\alpha = 80°$ **b)** $\alpha = 110°$ **c)** $\alpha = 60°$ **d)** $\alpha = 90°$

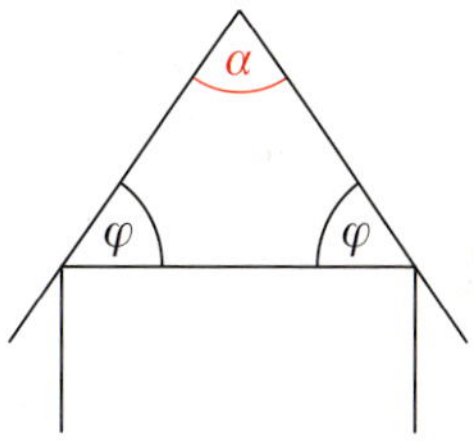

► $\alpha = 180° - 2 \cdot \varphi$

63

5. Eine Doppelleiter, deren Schenkel 2,5 m lang sind, wird so hingestellt, dass die Schenkel einen rechten Winkel bilden und ihre Fußspitzen 3,54 m voneinander entfernt sind. Wie hoch ist die Leiter jetzt (ohne Zeichnung)? Wie groß ist die Entfernung der Schenkelspitzen und die Leiterhöhe, wenn der Öffnungswinkel folgende Werte hat:

a) 25° **b)** 38° **c)** 45° **d)** 70° (1 m = 3 cm)?

Die gesuchte Höhe der Leiter erhält man wiederum durch Ausnützen der Eigenschaften eines rechtwinklig-gleichschenkligen Dreiecks. In der nebenstehenden Zeichnung ist △HBC ein solches Dreieck, und es gilt $|\overline{BH}| = |\overline{CH}|$. Die Höhe der Leiter ist daher die Hälfte der Entfernung ihrer Fußspitzen. Die Leiter ist also 1,77 m hoch.

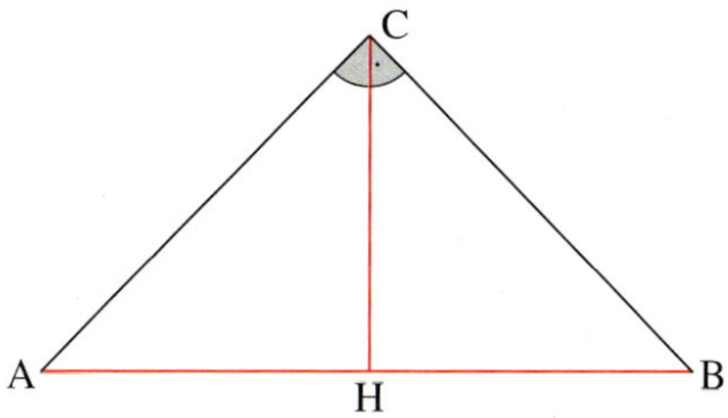

63 Die Lösungen zu **a)** bis **d)** entnimmt man den folgenden Zeichnungen, in denen 1 cm für $\frac{1}{2}$ m der wirklichen Längen steht.

Anmerkung: Je größer man das Verhältnis zwischen den Längen in der Zeichnung und den Längen der Realität wählt, desto genauer können die Ablesungen erfolgen.

Zu a)

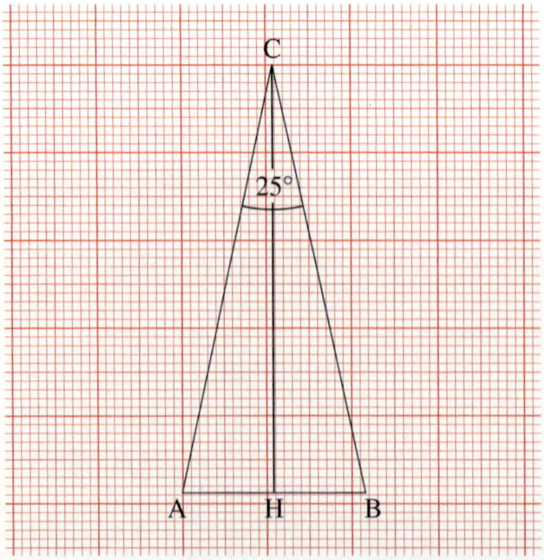

$|\overline{AB}| \approx 2{,}15$ cm, Entfernung der Fußspitzen $\approx 1{,}08$ m
$|\overline{HC}| \approx 4{,}9$ cm, Leiterhöhe $\approx 2{,}45$ m

Zu b)

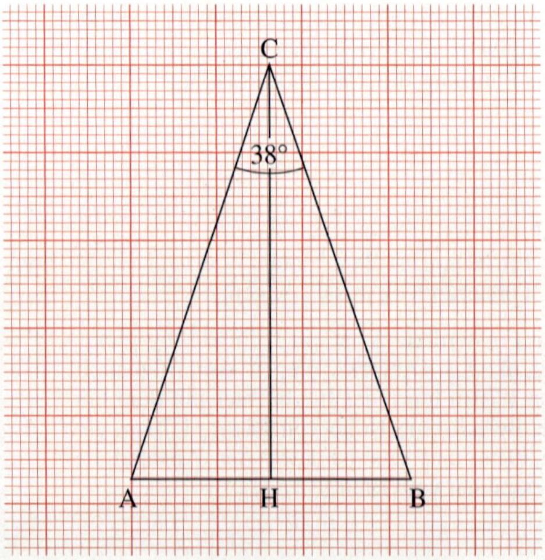

$|\overline{AB}| \approx 3{,}45$ cm, Entfernung der Fußspitzen $\approx 1{,}73$ m
$|\overline{HC}| \approx 4{,}8$ cm, Leiterhöhe $\approx 2{,}40$ m

Zu c)

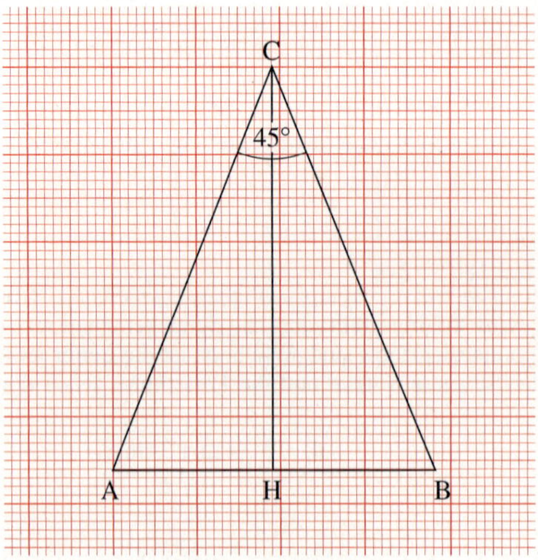

$|\overline{AB}| \approx 3{,}95$ cm, Entfernung der Fußspitzen $\approx 1{,}98$ m
$|\overline{HC}| \approx 4{,}6$ cm, Leiterhöhe $\approx 2{,}30$ m

Zu d)

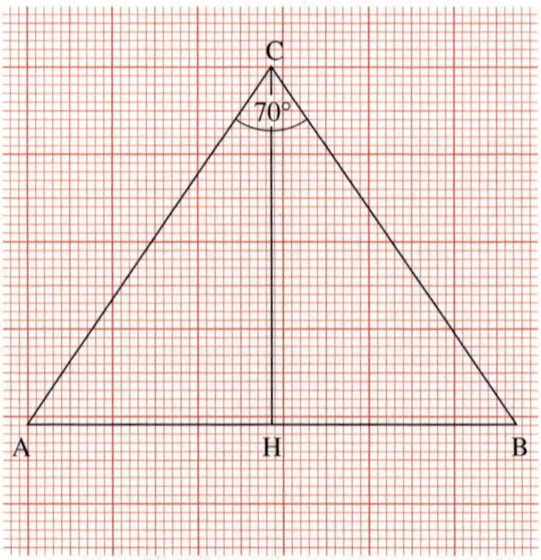

$|\overline{AB}| \approx 5{,}7$ cm, Entfernung der Fußspitzen $\approx 2{,}85$ m
$|\overline{HC}| \approx 4{,}1$ cm, Leiterhöhe $\approx 2{,}05$ m

63

6. Auf nebenstehender Figur gilt für das Winkelmaß $\alpha = 25°$. Die Standfläche des Werkstückes ist 52 cm lang. Wie hoch ist das Werkstück (10 cm ≙ 1 cm)?

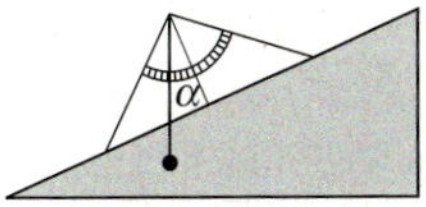

In der nebenstehenden Zeichnung sind l_1 und l_2 Lote auf die Schenkel $\overline{AB}$ und $\overline{AC}$ des Winkels ∢BAC. Dieser Winkel ist genau so groß wie der Winkel zwischen den Loten. Es gilt demzufolge: $|∢BAC| = 25°$.

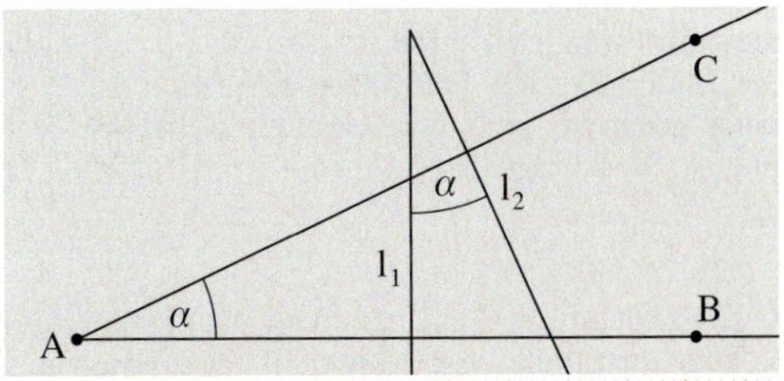

Um die gesuchte Höhe bestimmen zu können, muss man ein Dreieck △A′B′C′ konstruieren, für das wegen des gegebenen Maßstabs gilt: $|\overline{A'B'}| = 5{,}2\,cm$, $|∢C'A'B'| = 25°$ und $|∢A'B'C'| = 90°$.
Diese Konstruktion ist nach WSW eindeutig möglich.
Das Werkstück ist ungefähr 24 cm hoch.

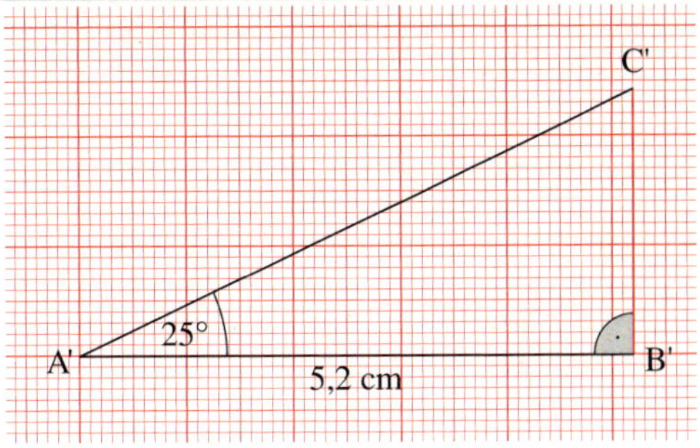

$|\overline{B'C'}| \approx 2{,}4\,cm$

Das gleichseitige Dreieck

Merke:

- Jedes gleichseitige Dreieck ist auch gleichschenklig, denn von jeder seiner Ecken gehen zwei gleich lange Seiten aus.
- In einem gleichseitigen Dreieck ist jeder Innenwinkel 60° groß.
- In einem gleichseitigen Dreieck ist jede Winkelhalbierende gleichzeitig auch Seitenhalbierende und Höhe.

Lösen Sie die Aufgaben 1 bis 4 nur mithilfe einer Planfigur.

1. Ein Beobachter steht im Zimmer und sieht die Fußbodenkante und die Deckenkante unter einem Winkel von 30° zur Horizontalen. Wie hoch ist das Zimmer, wenn die Augenhöhe des Beobachters 1,7 m beträgt? Wie groß ist die Entfernung vom Auge bis zu beiden Zimmerkanten?

In der Zeichnung entspricht A dem Auge des Beobachters, H dem Schnittpunkt der Horizontalen durch A mit der Zimmerwand, und B und C stehen für die Schnittpunkte der Sehstrahlen mit Zimmerboden bzw. -decke.
Die Planfigur zeigt: △ABC ist ein gleichseitiges Dreieck. $\overline{AH}$ halbiert $\overline{BC}$, daher ist die Zimmerhöhe das Doppelte der Augenhöhe: $|\overline{BC}| = 2 \cdot 1{,}7\,m$, also 3,4 m. Außerdem ist die Entfernung des Auges von den Zimmerkanten genau so groß wie die Zimmerhöhe: $|\overline{AC}| = |\overline{BC}| = 3{,}4\,m$.

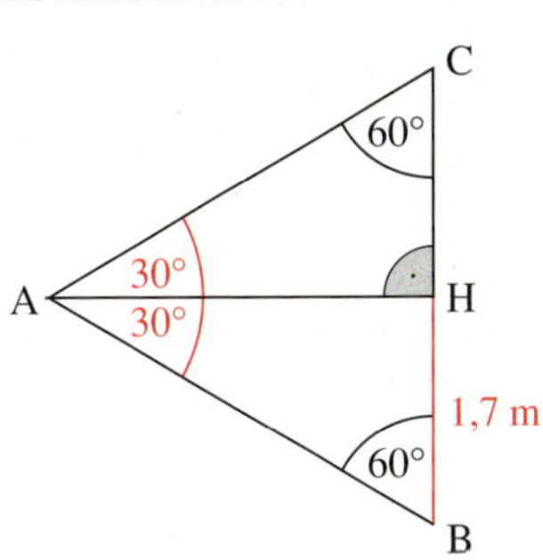

63

2. Wie groß ist die Fußspitzenentfernung der Leiter von der vorherigen Aufgabe 5, wenn der Öffnungswinkel 60° beträgt?

Im vorliegenden Fall bilden die Leiterschenkel und die horizontale Strecke zwischen ihren Enden ein gleichseitiges Dreieck, denn alle Innenwinkel sind je 60° groß.
Die Entfernung der Fußspitzen der Leiter ist daher genau so groß, wie ein Leiterschenkel lang ist. Sie beträgt also 2,5 m.

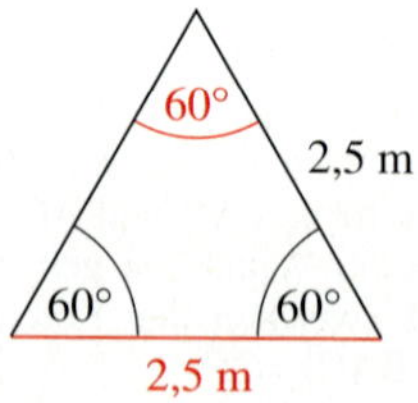

3. Ein Leuchtturm C erscheint von zwei Punkten A und B einer Straße am Strande unter folgenden Winkeln zur Straße: von A aus 60° (∢CAB), von B aus 60° (∢ABC). Die Entfernung beider Punkte beträgt 3,4 km. Wie weit sind A und B vom Leuchtturm entfernt?

Da die Winkel bei A und bei B je 60° groß sind, hat auch der Winkel bei C eine Größe von 60°. Das Dreieck $\triangle ABC$ ist also gleichseitig. Die Strecken $\overline{AC}$ und $\overline{BC}$ sind genau so lang wie die Strecke $\overline{AB}$, also sind die Punkte A und B je 3,4 km vom Leuchtturm entfernt.

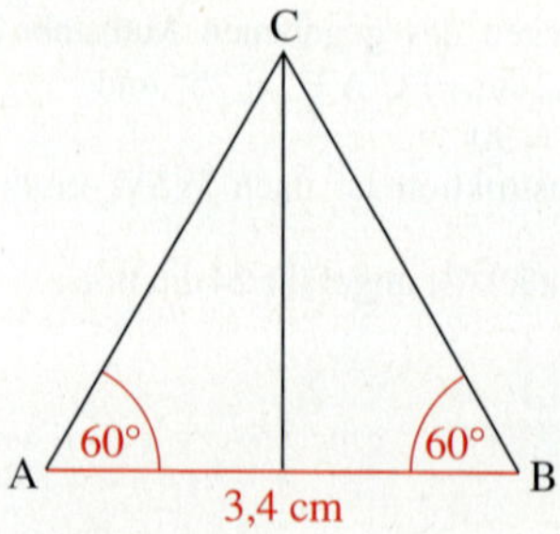

4. Ein Flugzeug, das in Richtung auf eine Ortschaft fliegt, sieht diese unter einem Winkel von 60° zur Horizontalen und nach dem Überfliegen des Ortes unter 120°. Die Entfernung zwischen den Messungen betrug 3 200 m. Wie weit war das Flugzeug bei beiden Messungen von der Ortschaft entfernt?

Stehen in der nebenstehenden Skizze P_1 und P_2 für die Standorte des Flugzeugs und O für den an- bzw. überflogenen Ort, so ist das Dreieck $\triangle P_1P_2O$ ein gleichseitiges, weil alle Innenwinkel 60° groß sind. Infolgedessen gilt $|\overline{P_1O}| = |\overline{P_2O}| = |\overline{P_1P_2}|$. Das Flugzeug war zum Zeitpunkt der Messungen also jeweils 3 200 m von der Ortschaft entfernt.

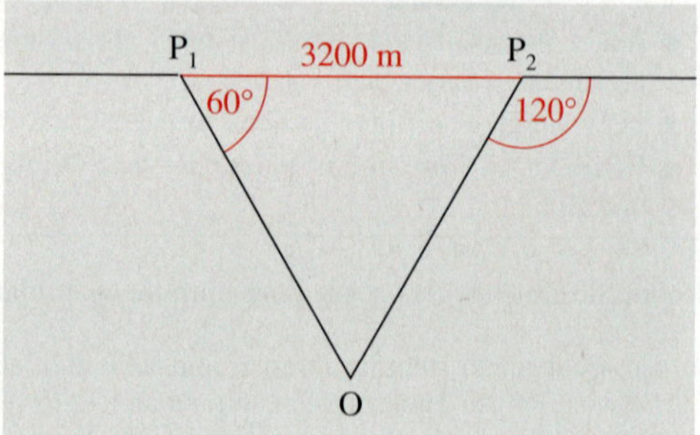

Wiederholungsfragen zu 3

1. Welche Eigenschaften hat ein gleichschenkliges und welche Eigenschaften hat ein gleichseitiges Dreieck?

Ein gleichschenkliges Dreieck hat mindestens zwei gleich lange Seiten. Diese werden Schenkel genannt. Sie schließen den Winkel an der Spitze ein. Ihm gegenüber liegt die Grundseite oder Basis des gleichschenkligen Dreiecks. Die Innenwinkel an der Basis sind gleich groß. Die Seitenhalbierende der Basis ist die Symmetrieachse des Dreiecks. Sie ist gleichzeitig Höhe, Mittelsenkrechte und Winkelhalbierende des Winkels an der Spitze.

Ein gleichseitiges Dreieck hat drei gleich lange Seiten. Es ist immer auch ein gleichschenkliges Dreieck. Seine Innenwinkel sind alle gleich groß, das Winkelmaß beträgt 60°. Jede Seitenhalbierende im gleichseitigen Dreieck ist eine Symmetrieachse. Jede Seitenhalbierende ist also zugleich Höhe, Mittelsenkrechte und Winkelhalbierende.

2. Was besagt der Satz des Thales?

Zeichnet man in einem Halbkreis über dem Durchmesser einen Winkel, dessen Scheitel auf dem Halbkreis liegt und dessen Schenkel in den Endpunkten des Durchmessers enden, so ist dieser Winkel ein rechter Winkel, d. h. sein Winkelmaß beträgt 90°.
In Kurzfassung: Der Winkel im Halbkreis ist ein rechter.

3. Welche Beziehung besteht zwischen der Basis eines gleichschenklig-rechtwinkligen Dreiecks und der Höhe auf die Basis?

Im gleichschenklig-rechtwinkligen Dreieck sind die Basiswinkel 45° groß. Die Höhe auf der Basis halbiert die Basis. Sie erzeugt zwei Teildreiecke, die ebenfalls gleichschenklig-rechtwinklig sind. Die Schenkel dieser Teildreiecke sind jeweils die Höhe und eine halbe Basis, d. h., die Höhe auf die Basis eines gleichschenklig rechtwinkligen Dreiecks ist halb so lang wie die Basis des Dreiecks.

4. Welche Beziehungen bestehen zwischen den Winkeln und den diesen Winkeln gegenüber liegenden Seiten eines Dreiecks?

Gleich großen Winkeln liegen gleich lange Seiten gegenüber und umgekehrt.
Dem größeren von zwei Winkeln liegt auch die längere von zwei Seiten gegenüber und umgekehrt.

5. Wie sind die Mittelsenkrechten der Dreiecksseiten erklärt?

Eine Gerade, die durch den Mittelpunkt einer Dreiecksseite geht und auf dieser Seite senkrecht steht, heißt Mittelsenkrechte dieser Seite.

6. Welche Aussagen kann man über die Mittelsenkrechten eines Dreiecks treffen?

Die Mittelsenkrechten eines Dreiecks schneiden sich in einem Punkt. Dieser ist der Mittelpunkt des Umkreises des Dreiecks.

7. Was versteht man unter dem Umkreis eines Dreiecks? Wo liegt sein Mittelpunkt?

Zu jedem Dreieck gibt es einen Kreis, der durch die Ecken des Dreiecks geht. Dies ist der Umkreis des Dreiecks. Sein Mittelpunkt ist der Schnittpunkt der Mittelsenkrechten der Dreiecksseiten.

8. Wie sind die Höhen in einem Dreieck erklärt?

Die Lotgerade durch eine Dreiecksecke auf die gegenüberliegende Seite oder deren Verlängerung heißt eine Höhe des Dreiecks. Oft wird auch nur die Strecke zwischen der Ecke und dem Schnittpunkt der Lotgeraden mit der Dreiecksseite als Höhe bezeichnet.

68

9. Welche Aussage kann man über die Höhen in einem Dreieck treffen?

Die Höhen in einem Dreieck schneiden sich in einem Punkt, der Höhenschnittpunkt genannt wird.

10. Welche Etappen und Strategien kann man beim Beweisen eines geometrischen Lehrsatzes unterscheiden?

Im vorliegenden Buch wurden folgende Etappen und Strategien beschrieben:

1. Etappe: Erfassen von Behauptung und Voraussetzungen. Hier ist eine Planfigur oder Skizze häufig sehr hilfreich.
2. Etappe: Finden einer Beweisidee. Hierbei helfen die Strategien des Rückwärts- und des Vorwärtsarbeitens. Beim Rückwärtsarbeiten geht man von der Behauptung aus und fragt nach Lehrsätzen, die eine gleiche oder ähnliche Behauptung haben. Beim Vorwärtsarbeiten sucht man durch Folgern aus den Voraussetzungen die Behauptung zu erschließen.
3. Etappe: Aufstellen eines Beweisplans. Häufig ist es vorteilhaft, sich zu überlegen, in welchen Schritten der Beweis ablaufen soll.
4. Etappe: Durchführung des Beweises. Hierbei unterscheidet man zwischen Feststellungen, die man im Verlauf des Beweises trifft, und deren Begründungen.

75

4 Geometrische Grundkonstruktionen mit Zirkel und Lineal

Untersuchungen darüber, welche geometrischen Konstruktionen durch alleinige Benutzung von Zirkel und Lineal (ohne dessen Messskala) gelöst werden können, nahmen in der Geschichte der Geometrie und des geometrischen Unterricht einen wichtigen Platz ein.

Verwenden Sie bei der Lösung der folgenden Aufgaben nur Zirkel und Lineal.

1. Konstruieren Sie das „3fache einer Strecke $\overline{AB}$".

Um eine Strecke $\overline{A'B'}$ mit dem Dreifachen der Länge der Strecke $\overline{AB}$ mit Zirkel und Lineal zu konstruieren, trägt man auf einem Strahl aus A′ die Strecke $\overline{AB}$ von A′ aus dreimal ab:

$\overline{A'C'}$; $K(A'; |\overline{AB}|)$; ➡ H′;
$K(H'; |\overline{AB}|)$ ➡ H″;
$K(H''; |\overline{AB}|)$ ➡ B′ mit $|\overline{A'B'}| = 3 \cdot |\overline{AB}|$

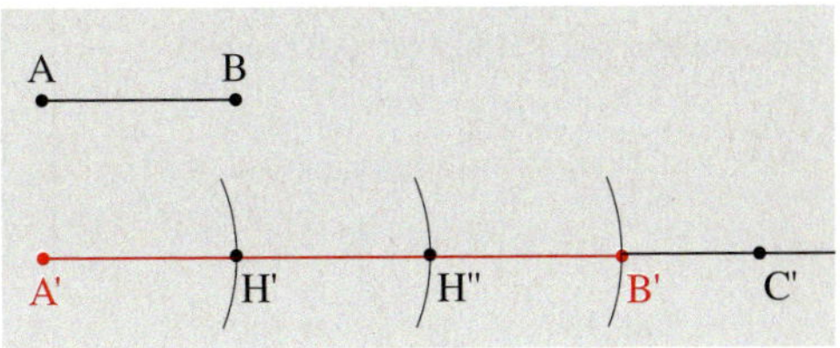

2. Teilen Sie eine Strecke von 10 cm Länge in 4 gleich lange Teile.

Man halbiert zunächst die gegebene Strecke und sodann ebenfalls die entstandenen Teilstrecken:

$K_1(A; r > 5\,\text{cm}) \cap K_2(B; r > 5\,\text{cm})$
$= \{P, Q\}$
$\overline{PQ}$;
$\overline{PQ} \cap \overline{AB} = \{R\}$ und $|\overline{AR}| = |\overline{RB}|$;
$K_3(A; r > 2{,}5\,\text{cm}) \cap K_4(R; r > 2{,}5\,\text{cm})$
$= \{M, S\}$
$\overline{MS}$;
$\overline{MS} \cap \overline{AB} = \{T\}$ und $|\overline{AT}| = |\overline{TR}|$.
Analog für die Halbierung von $\overline{RB}$.

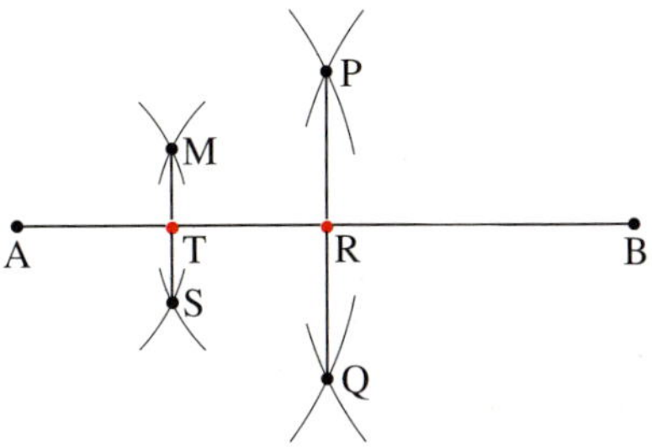

► Längenmaße auf die Hälfte verkürzt

3. Eine Strecke ist 11,5 cm lang. Konstruieren Sie die Punkte A, B, C und D, die $\frac{3}{4}$, $\frac{3}{8}$, $\frac{5}{8}$ und $\frac{7}{8}$ der Streckenlänge markieren.

Die Strecke heiße $\overline{PQ}$.
Man halbiert $\overline{PQ}$, erhält P′, halbiert die Teilstrecke $\overline{PP'}$, erhält $\overline{PP''}$ mit einem Viertel der Länge von $\overline{PQ}$, halbiert $\overline{PP''}$, erhält $\overline{PP'''}$ mit einem Achtel der Länge von $\overline{PQ}$. ► Aufgabe 2

Sodann setzt man an P auf $\overline{PQ}$ drei der konstruierten Viertel bzw. 3; 5 und 7 der konstruierten Achtel aneinander an. ► Aufgabe 1

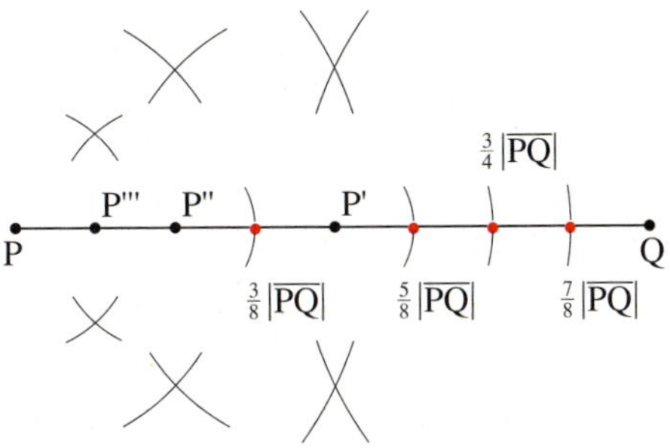

► Längenmaße auf die Hälfte verkürzt

75 **4.** Zwei Orte A und B liegen an einer Landstraße 2,6 km voneinander entfernt (200 m ≙ 1 cm). Von welcher Stelle, die zwischen A und B liegt, ist A dreimal (siebenmal) so weit entfernt wie B?

Wenn die gesuchte Stelle P heißt, gilt: $|\overline{AP}| = 3 \cdot |\overline{PB}|$ bzw. $|\overline{AP}| = 7 \cdot |\overline{PB}|$.
Man muss also $\overline{AB}$ in 4 bzw. 8 gleich lange Teilstrecken teilen. ► Aufgaben 2 und 3
► $|\overline{AP_1}| = 3 \cdot |\overline{P_1B}|$ und $|\overline{AP_2}| = 7 \cdot |\overline{P_2B}|$

76 **5.** An einer Landstraße liegt das Haus A. 230 m davon entfernt ist ein Brunnen. Der Verbindungsweg Brunnen – Haus bildet mit der Straße einen rechten Winkel. Konstruieren Sie den Ort (20 m ≙ 1 cm). An welcher Stelle sind $\frac{5}{8}$ des Weges zum Brunnen zurückgelegt?

Aus der Skizze zur Aufgabe entnimmt man: $AB \perp g$, wenn B für den Brunnen und g für die Straße stehen. $|\overline{AP}|$ soll $\frac{5}{8}$ von $|\overline{AB}|$ sein.

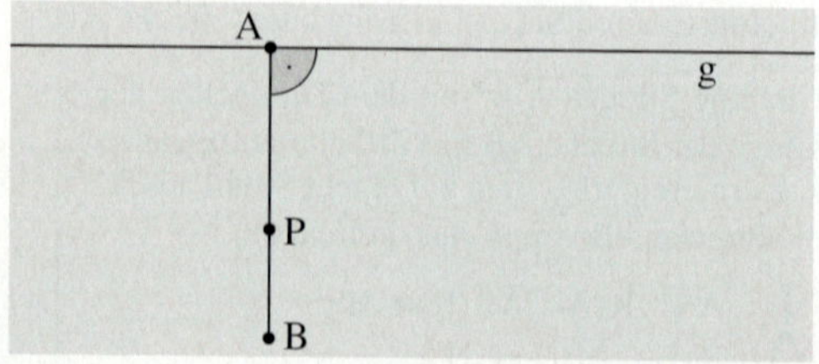

A auf g; $h(A) \perp g$; B auf h mit $|\overline{AB}| = 11{,}5$ cm. Sodann bestimmt man den achten Teil von $\overline{AB}$ und setzt auf $\overline{AB}$ von A aus 5 dieser Teilstrecken aneinander. ► Aufgaben 1 und 2

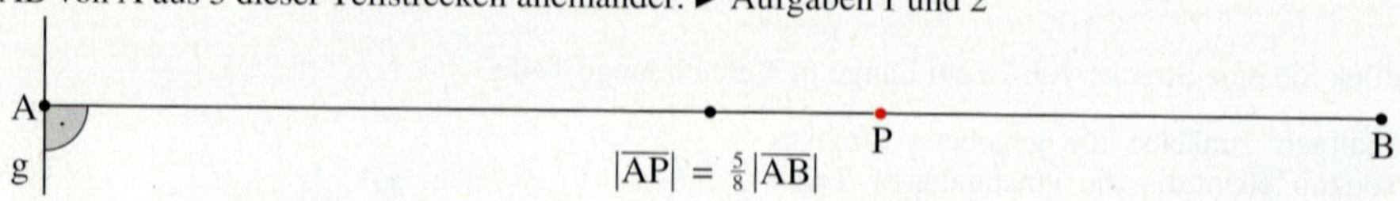

6. An einem Ort fließt ein Fluss in gerader Richtung vorbei. Zeichnen Sie den kürzesten Weg dorthin.

Die kürzeste Strecke vom Ort A zum Fluss f liegt auf dem Lot von A auf f.

$K_1(A; r) \cap f = \{P, Q\}$, r so groß gewählt, dass K mit f zwei Schnittpunkte hat;
$K_2(P; r_1) \cap K_3(Q; r_1) = \{O'\}$, $r_1 < r$, r_1 so gewählt, dass sich K_2 und K_3 schneiden.
$\overline{AO'} \cap f = \{O\}$.

$\overline{OA}$ steht für den kürzesten Weg.

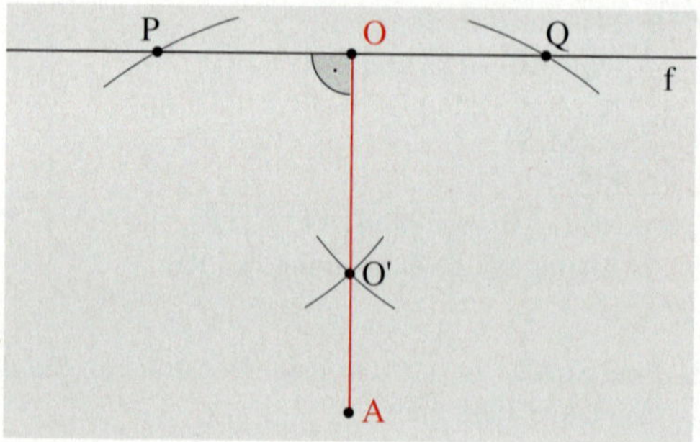

7. Teilen Sie einen rechten Winkel in drei gleich große Teile.

Man bestimmt zunächst einen 60° großen Teilwinkel ∢ASP des gegebenen rechten Winkels ∢ASB. Dieser wird sodann halbiert.

$K_1(S, r = |\overline{SA}|)$;
$K_2(A; r = |\overline{SA}|) \cap K_1 = \{P\}$;
$|∢ASP| = 60°$;
$K_3(A; r = |\overline{AP}|) \cap K_4(P; r = |\overline{AP}|) = \{Q\}$;
$|∢ASQ| = 30°$.

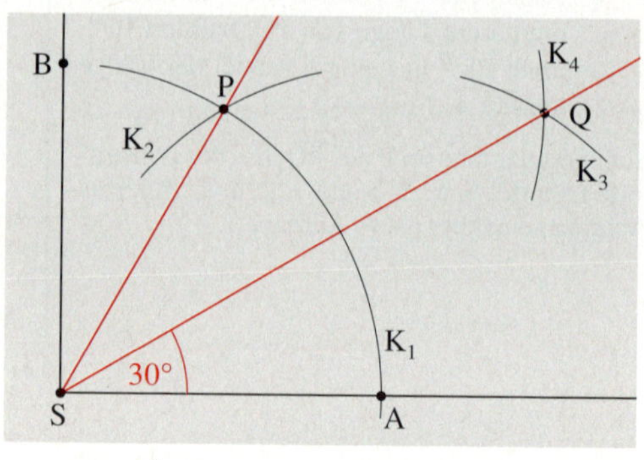

8. Teilen Sie einen stumpfen Winkel in 4 gleich große Teile. 76

Zunächst wird der gegebene Winkel halbiert, sodann die entstandenen Teilwinkel ebenfalls.

$K_1(S;r)=\{A,B\}$;
$K_2(A;r)\cap K_3(B;r)=\{P\}$;
$K_4(A;r)\cap K_5(P;r)=\{H_1\}$;
$K_6(B;r)\cap K_7(P;r)=\{H_2\}$.

$|\sphericalangle BSH_2|=|\sphericalangle H_2SP|=|\sphericalangle PSH_1|=|\sphericalangle H_1SA|$.

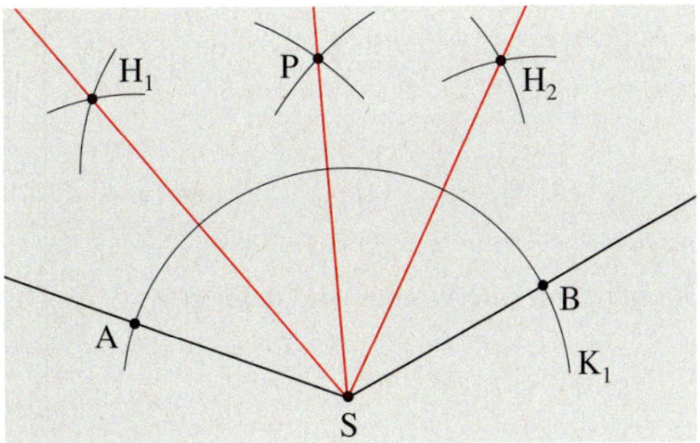

9. Zeichnen Sie von einem stumpfen Winkelmaß α folgende Teile:
a) $\frac{3}{4}\alpha$ **b)** $\frac{3}{8}\alpha$ **c)** $\frac{5}{8}\alpha$ **d)** $\frac{7}{8}\alpha$ **e)** $\frac{9}{8}\alpha$

Winkel $\sphericalangle\alpha$ wird halbiert, geviertelt und geachtelt. ► Aufgabe 8
Sodann werden 3 der Viertel, 3; 5; 7 und 9 der Achtel aneinander gesetzt.

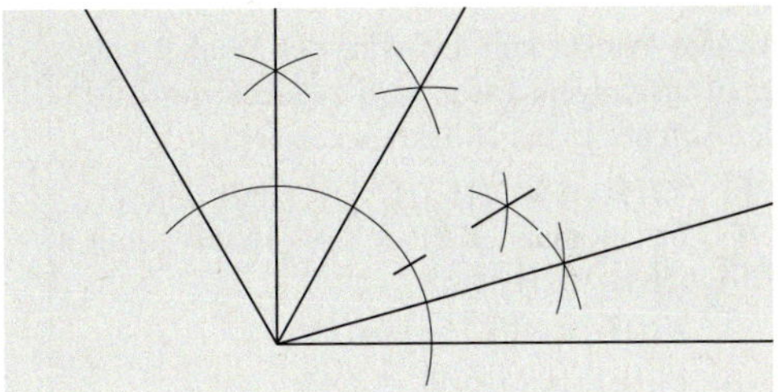

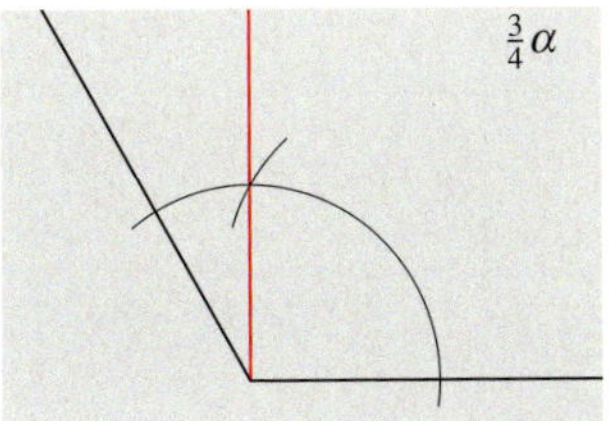

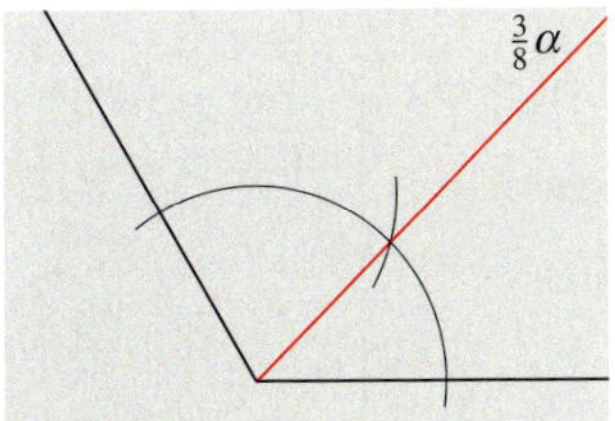

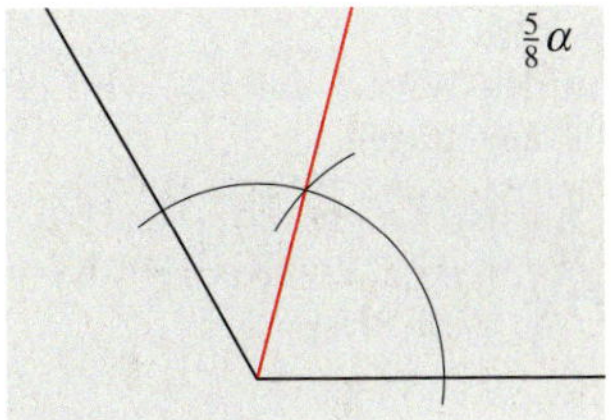

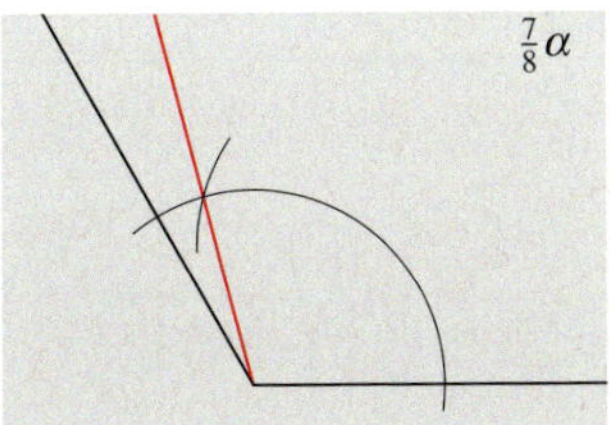

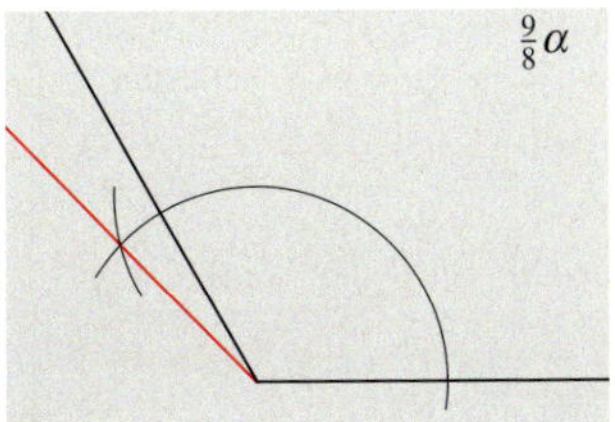

10. Zeichnen Sie folgende Winkelgrößen:
a) 90° **b)** 45° **c)** $22\frac{1}{2}°$ **d)** $67\frac{1}{2}°$ **e)** 135° **f)** $112\frac{1}{2}°$

a) 90°
Man zeichnet eine Gerade g mit einem Punkt P auf g. Durch P errichtet man die Senkrechte zu g. ► Aufgabe 5

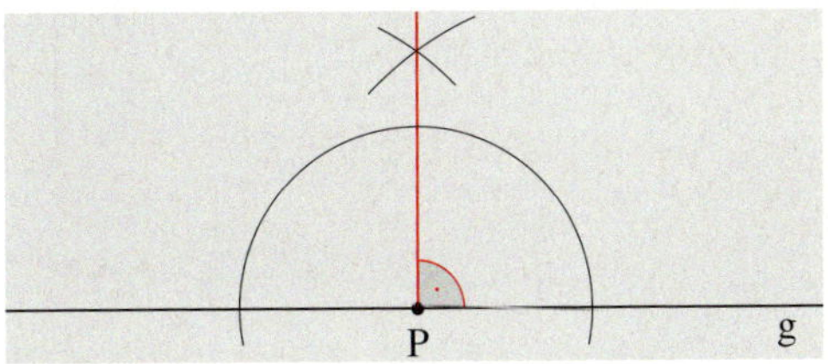

76

b) 45°
Der in a) erzeugte rechte Winkel wird halbiert.
► Aufgabe 8

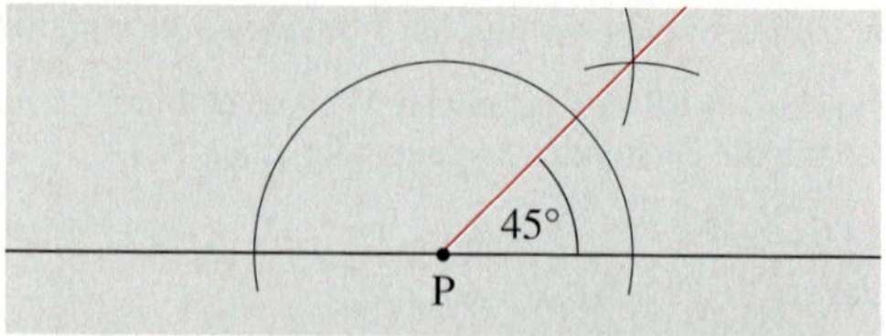

c) $22\frac{1}{2}°$
Der in b) erzeugte Winkel wird halbiert.

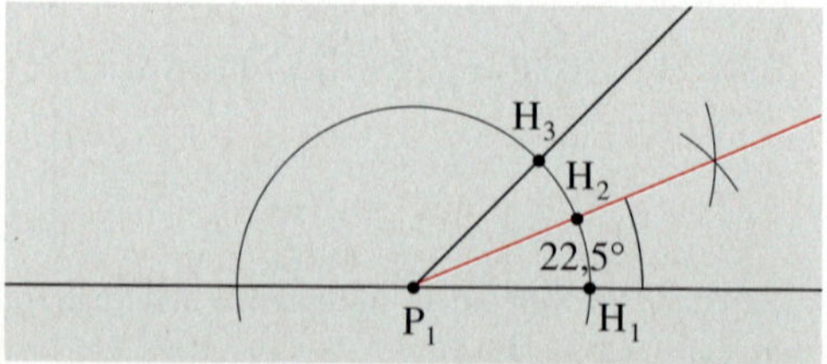

d) $67\frac{1}{2}°$
An den Winkel von 45° wird der Winkel von $22\frac{1}{2}°$ angetragen. Dazu wird zunächst im Bild der Aufgabe c) ein Hilfskreis gezeichnet:

$K_1(P_1; r) \Rightarrow \{H_1, H_2, H_3\}$; mit demselben Radius $K_2(P_2; r) \Rightarrow \{H_4, H_5\}$ mit $|\overline{H_4H_5}| = |\overline{H_1H_3}|$;
$K_3(H_5; r = |\overline{H_1H_2}|) \Rightarrow \{H_6\}$
$|\sphericalangle H_4P_2H_6| = 67\frac{1}{2}°$

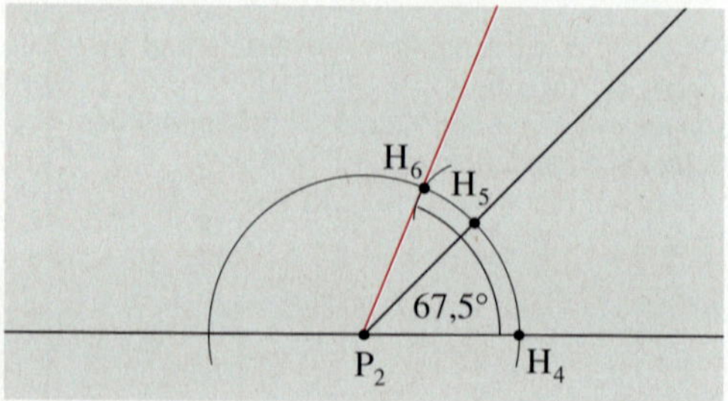

e) 135°
An den Winkel von 90° wird der Winkel von 45° angetragen.

$K_1(P; r) \Rightarrow \{H_1, H_2, H_3\}$;
$K_2(H_3; r = |\overline{H_1H_2}|) \cap K_1 = \{H_4\}$.
$|\sphericalangle H_1PH_4| = 135°$

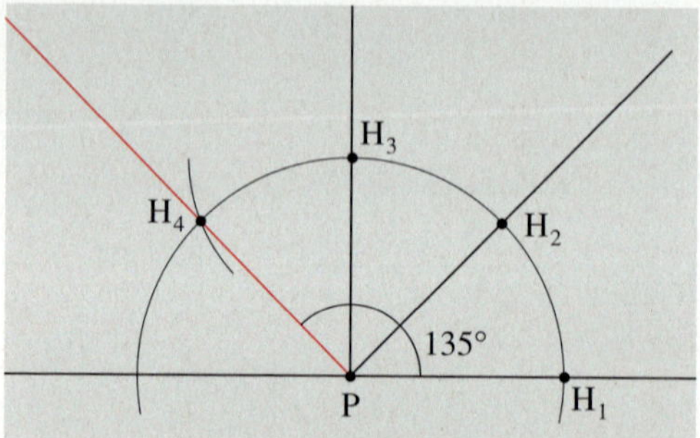

f) $112\frac{1}{2}°$
An den Winkel von 90° wird der Winkel von $22\frac{1}{2}°$ angetragen.

$K_1(P; r) \Rightarrow \{H_1, H_2, H_3\}$;
$K_2(H_3; r = |\overline{H_1H_2}|) \cap K_1 = \{H_4\}$.
$|\sphericalangle H_1PH_4| = 112\frac{1}{2}°$

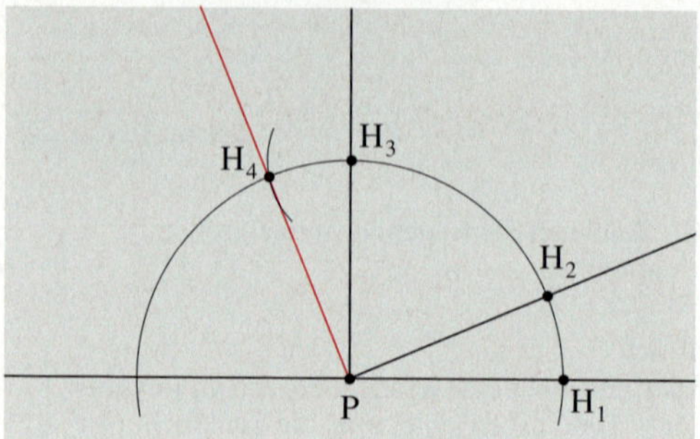

11. Zeichnen Sie von einer Kreisfläche vom Maß A folgende Teile:
a) $\frac{1}{4}A$ **b)** $\frac{1}{8}A$ **c)** $\frac{5}{8}A$ **d)** $\frac{7}{8}A$

Man erhält eine Kreisfläche vom Maß $\frac{1}{2}$ der Vollkreisfläche, wenn man in den Kreis einen Durchmesser zeichnet. Mithilfe des dazu senkrechten Durchmessers erzeugt man Flächen vom Maß $\frac{1}{4}$ der Kreisfläche, durch Halbieren des Winkels zwischen den Durchmessern $\frac{1}{8}$ der Kreisfläche.

a) $\frac{1}{4}A$
Dazu zeichnet man zwei zueinander senkrechte Durchmesser.

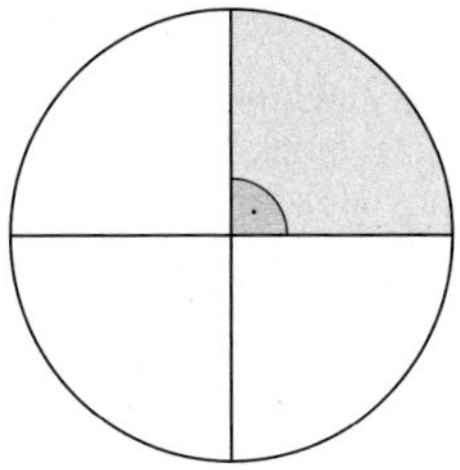

b) $\frac{1}{8}A$
Dazu halbiert man den in der Aufgabe a) entstandenen rechten Winkel.

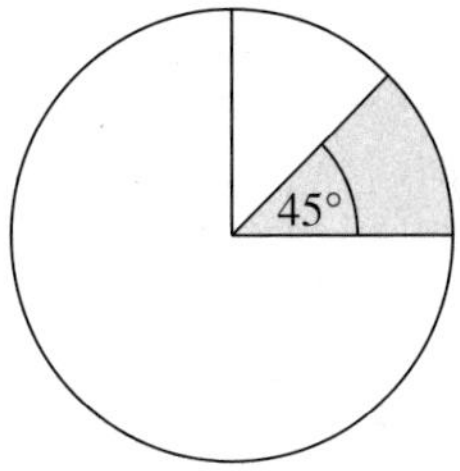

c) $\frac{5}{8}A$
Dazu trägt man an einen Durchmesser einen Winkel von 45° ein.
► Aufgabe 10 d)

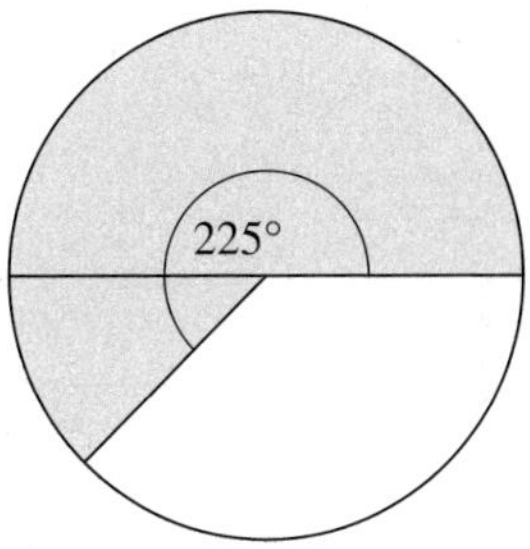

d) $\frac{7}{8}A$
Dazu subtrahiert man vom Vollwinkel einen Winkel von 45°.

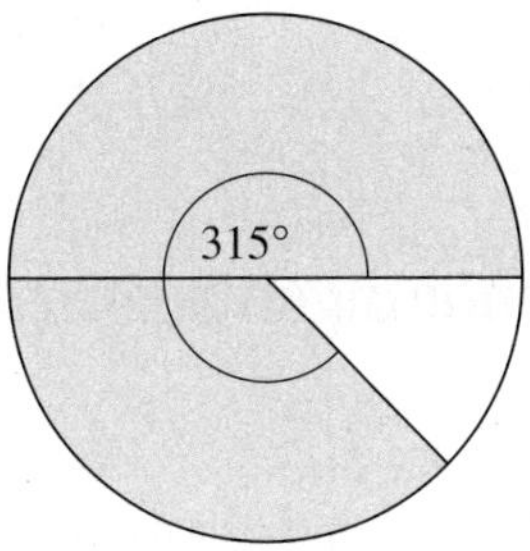

76

12. Verlässt man eine gerade Landstraße auf einem Feldweg in nordöstlicher Richtung unter einem Winkel von 45°, so stößt man nach 600 m auf eine an einem Fluss gelegene Badeanstalt. Der Fluss bildet mit dem Feldweg einen Winkel von 90°.

a) Zeichnen Sie den Verlauf des Flusses (100 m ≙ 1,5 cm).

b) An welcher Stelle schneidet der Fluss die Straße, wenn sein Lauf geradlinig ist?

c) Konstruieren Sie den kürzesten Weg von der Badeanstalt zur Landstraße und messen Sie seine Länge.

Um die verlangte Zeichnung anzufertigen, zeichnet man zunächst eine Gerade g und trägt an sie in einem beliebigen Punkt P einen Winkel von 45° an. ► Aufgabe 10 b). Auf dessen freiem Schenkel wird von P aus eine Strecke von 9 cm abgetragen: K(P; $r = 9$ cm) ➡ Q.
In Q wird an $\overline{PQ}$ ein rechter Winkel angetragen. Dessen freier Schenkel schneidet g in R. Das Dreieck △PQR ist rechtwinklig-gleichschenklig. Daher ist R 600 m von der Badeanstalt entfernt. Der kürzeste Weg von der Badeanstalt zur Landstraße aber wird vom Lot von Q auf g dargestellt. Unter Berücksichtigung des Maßstabs stellt man fest, dass er ungefähr 426 m lang ist.

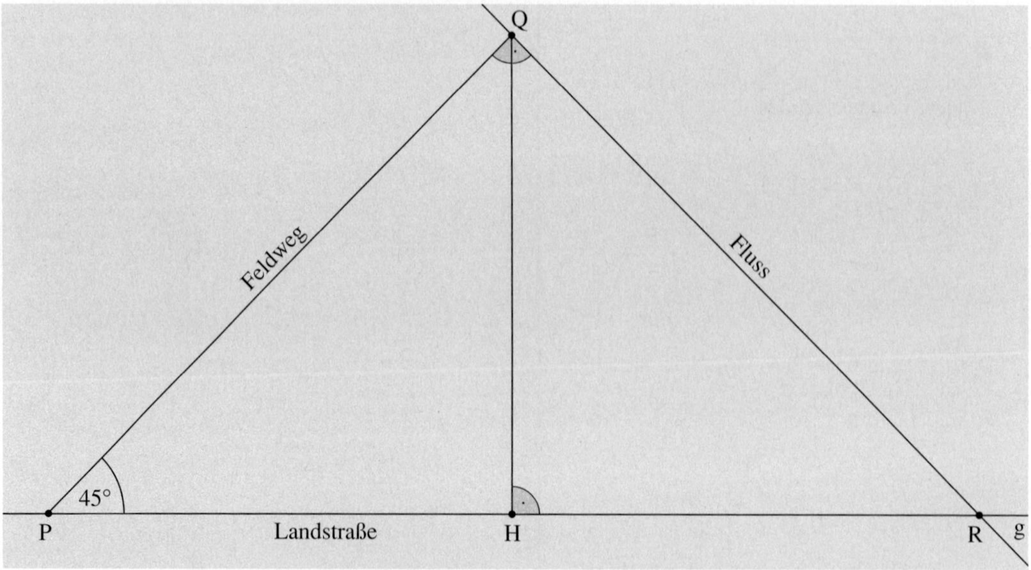

$|\overline{QH}| \approx 6{,}4$ cm. Der Weg ist ungefähr 426 m lang.

Wiederholungsfragen zu 4

1. Beschreiben und erklären Sie folgende Grundkonstruktionen:

a) Das Errichten einer Senkrechten h zu einer Geraden g durch einen Punkt P
– außerhalb von g,
– auf g.

b) Das Halbieren einer Strecke.

c) Das Halbieren eines Winkels.

d) Das Fällen eines Lotes von einem Punkt P auf einer Gerade g.

Bei allen diesen Grundkonstruktionen macht man sich die Eigenschaften gleichschenkliger Dreiecke zu Nutze, d. h., man führt sie auf die Konstruktion gleichschenkliger Dreiecke zurück. In einem gleichschenkligen Dreieck ist nämlich die Verbindungslinie der Spitze mit der Mitte der Basis, also die Seitenhalbierende, gleichzeitig Mittelsenkrechte der Basis und Höhe auf die Basis sowie Winkelhalbierende des Winkels an der Spitze. 76

Zu a) 1. Fall: P liegt nicht auf g. Man konstruiert ein gleichschenkliges Dreieck mit P als Spitze, dessen Basis auf g liegt.

Dazu zeichnet man einen Kreis um P, der g in den Punkten A und B schneidet. Um A und B zeichnet man Kreise, die durch P gehen und sich außerdem in P′ schneiden. Die Dreiecke △ABP und △ABP′ sind gleichschenklig und sogar kongruent. Die Strecke $\overline{PP'}$ erzeugt Dreiecke, von denen wiederum z. B. △AMP und △BMP kongruent sind. Deshalb sind die Winkel ∢AMP und ∢BMP kongruent und jeweils 90° groß, und PP′ ist die gesuchte Senkrechte.

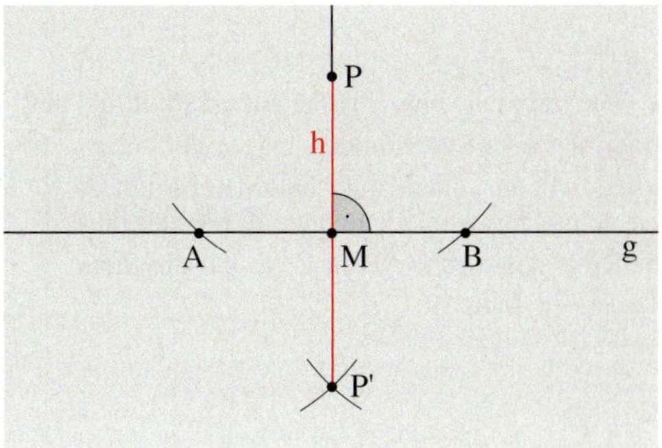

2. Fall: P liegt auf g.

Man erzeugt die Punkte A und B als Schnittpunkte von g mit einem Kreis um P. Sodann konstruiert man analog zum 1. Fall die Punkte C und C'.
CC′ ist die Senkrechte zu g durch P.

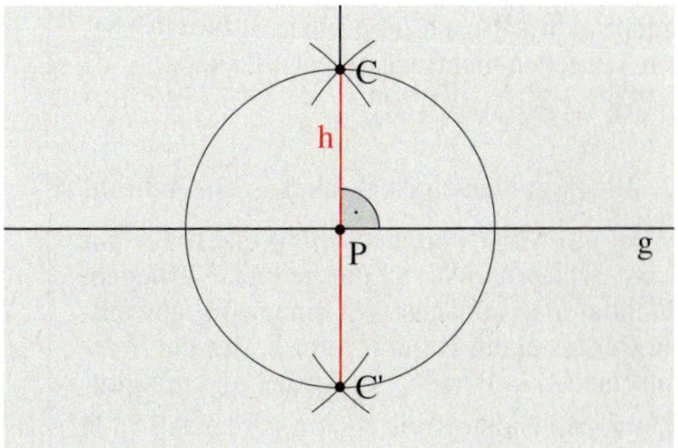

Zu b) Die im vorstehenden 2. Fall konstruierte Senkrechte zu g durch P ist auch Mittelsenkrechte zu $\overline{AB}$, halbiert also $\overline{AB}$.

Zu c) Die Mittelsenkrechte zur Basis eines gleichschenkligen Dreiecks halbiert auch den Winkel an der Spitze des Dreiecks. Also wird man im vorliegenden Fall die Winkelhalbierende als Mittelsenkrechte eines gleichschenkligen Dreieck zu konstruieren suchen.

Hat der gegebene Winkel den Scheitel P, so erzeugt ein Kreis um P auf den Schenkeln des Winkels die Punkte Q und R. △PQR ist gleichschenklig. Konstruiert man über $\overline{QR}$ ein weiteres gleichschenkliges Dreieck mit der Spitze P′, so ist die Gerade PP′ die gesuchte Winkelhalbierende.

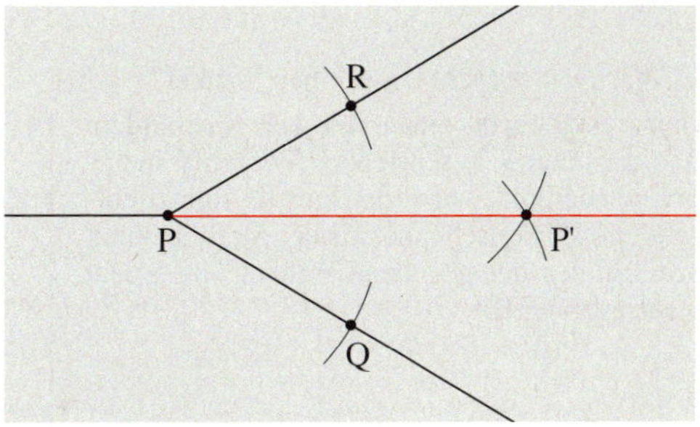

Zu d) Das Fällen des Lots von P auf g ist identisch mit der Konstruktion in a), Fall 1.

76 **2.** Was wissen Sie über die Entfernung aller Punkte der Mittelsenkrechten zur Strecke $\overline{AB}$ von den Punkten A und B?

Jeder Punkt der Mittelsenkrechten zur Strecke $\overline{AB}$ hat von A die gleiche Entfernung wie von B.

► $|\overline{AP}| = |\overline{BP}|$; $|\overline{AQ}| = |\overline{BQ}|$

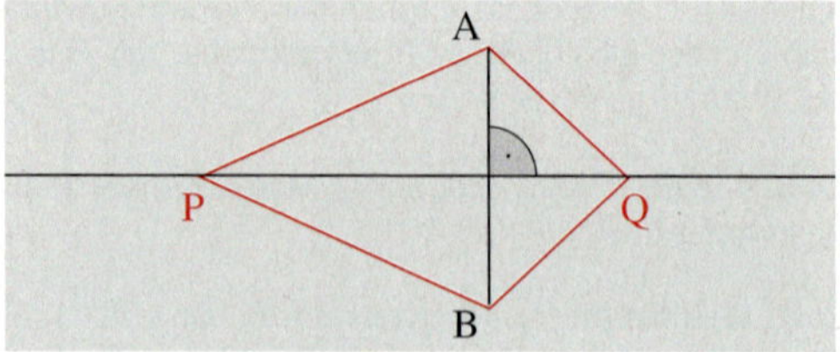

3. Wie trägt man eine Strecke auf einem Strahl ab?

Man trägt eine Strecke der Länge a auf einem Strahl $\overrightarrow{AB}$ ab, indem man einen Kreis um A mit dem Radius $r = a$ zeichnet. Schneidet dieser Kreis den Strahl $\overrightarrow{AB}$ in C, so hat die Strecke $\overline{AC}$ die Länge a.

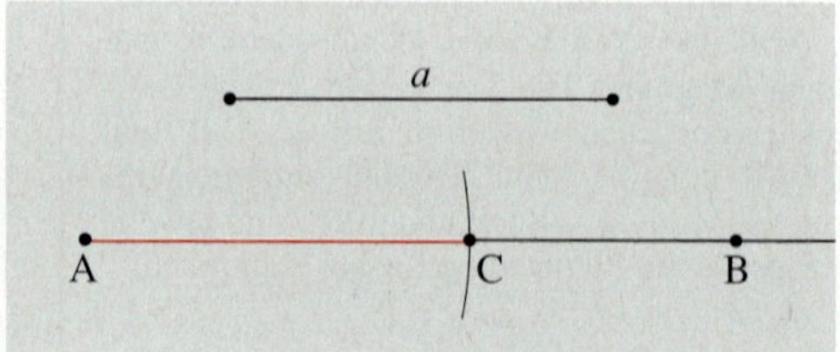

4. Wie „vervielfacht" man eine Strecke?

Man vervielfacht eine Strecke $\overline{AB}$ der Länge a, indem man sie nach dem unter 3. beschriebenen Vorgehen mehrfach aneinander setzt.

► $|\overline{AB}| = |\overline{BB_1}| = |\overline{B_1B_2}|$

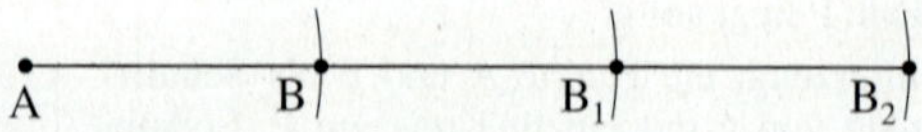

5. Wie trägt man einen Winkel an einen Strahl an?

Wenn ein Strahl $\overrightarrow{AB}$ und ein Winkel $\sphericalangle\alpha$ mit dem Scheitelpunkt S gezeichnet vorliegen, zeichnet man zunächst mit einem frei gewählten Radius einen Kreis K_1 um S, der die Winkelschenkel in P und Q schneidet, und mit gleichem Radius den Kreis K_2 um A, der $\overrightarrow{AB}$ in R schneidet. Sodann zeichnet man den Kreis K_3 um R mit dem Radius der Länge $|\overline{PQ}|$. Er schneidet K_2 in T_1 und T_2. Die Winkel $\sphericalangle RAT_1$ und $\sphericalangle RAT_2$ sind kongruent. Es gilt $|\sphericalangle RAT_1| = |\sphericalangle RAT_2| = \alpha$.

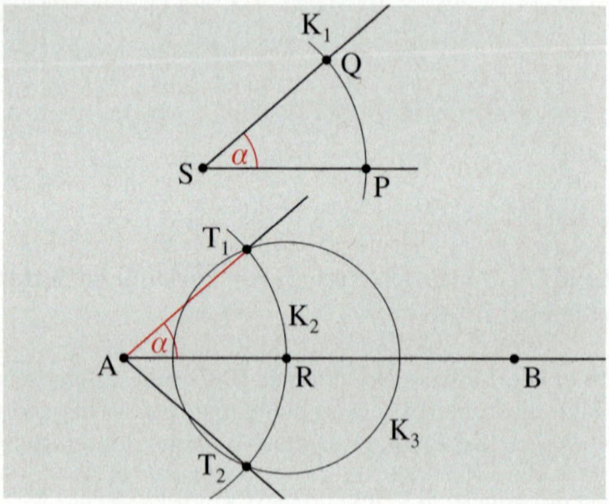

6. Wie „vervielfacht" man einen Winkel?

Man vervielfacht einen Winkel $\sphericalangle\alpha$, indem man das unter 5. beschriebene Vorgehen mehrfach wiederholt, wobei der jeweils zuletzt entstandene Winkelschenkel als der Strahl benutzt wird, an den der gegebene Winkel $\sphericalangle\alpha$ erneut angetragen wird.

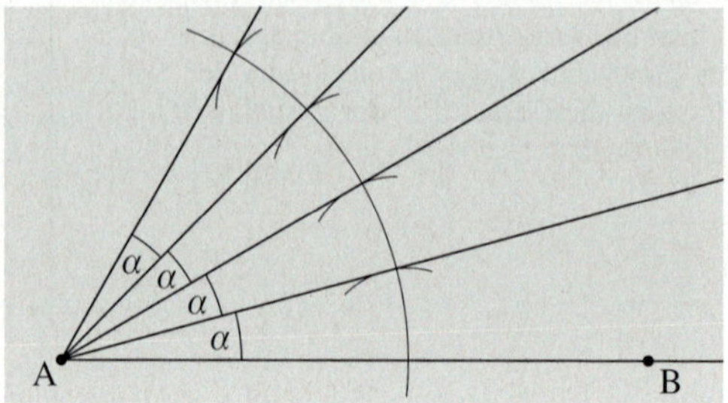

5 Bestimmungslinien – geometrische Örter

Wenn alle Punkte einer geraden oder gekrümmten Linie eine Eigenschaft besitzen, die nur jedem von ihnen und sonst keinem Punkt der Ebene zukommt, so nennt man diese Linie eine Bestimmungslinie oder auch geometrischen Ort für alle Punkte mit dieser Eigenschaft.

Solche geometrischen Örter sind z. B.:

Der geometrische Ort aller Punkte, die von einem gegebenen Punkt M die gleiche Entfernung *r* haben, ist der **Kreis** um M mit dem Radius *r*.

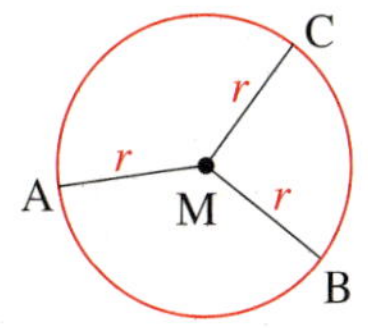

$|\overline{MA}| = |\overline{MB}| = |\overline{MC}|$

Der geometrische Ort aller Punkte, die von zwei gegebenen Punkten A und B gleichen Abstand haben, ist die **Mittelsenkrechte** der Strecke $\overline{AB}$.

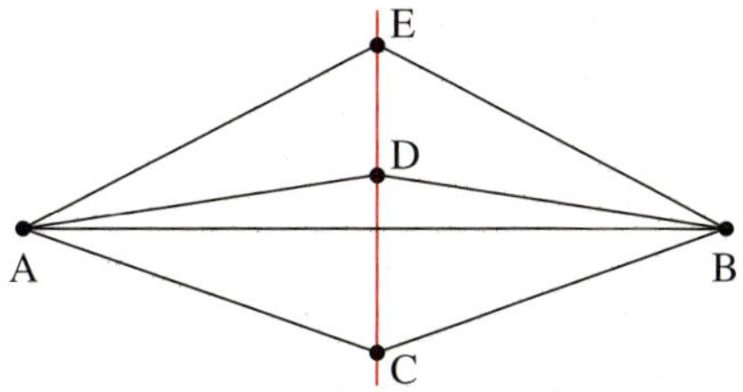

$|\overline{AC}| = |\overline{BC}|$; $|\overline{AD}| = |\overline{BD}|$; $|\overline{AE}| = |\overline{BE}|$

Der geometrische Ort aller Punkte, die von den Schenkeln eines Winkels gleichen Abstand haben, ist die **Winkelhalbierende** des Winkels.

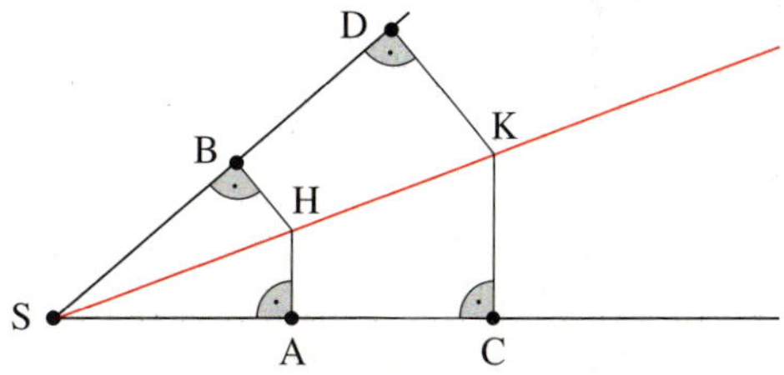

$|\overline{AH}| = |\overline{BH}|$; $|\overline{CK}| = |\overline{DK}|$

Der geometrische Ort aller Punkte, die von zwei parallelen Geraden g und h den gleichen Abstand haben, ist die **Mittelparallele** zu den Geraden g und h.

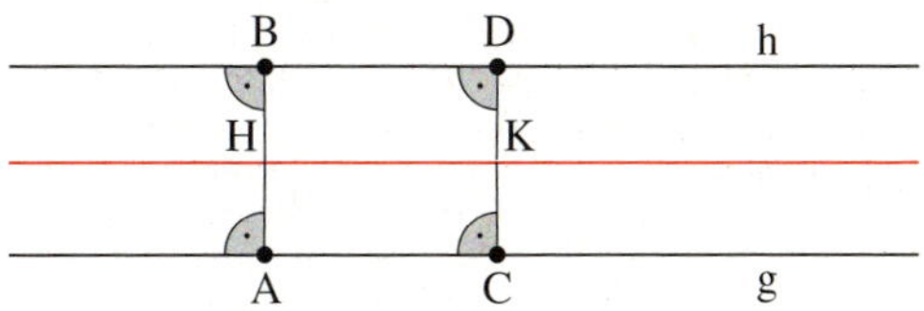

$|\overline{AH}| = |\overline{BH}|$; $|\overline{CK}| = |\overline{DK}|$

Der geometrische Ort der Mittelpunkte aller Strecken, deren Anfangs- und Endpunkt auf parallelen Geraden g und h liegen, ist die Mittelparallele zu g und h.

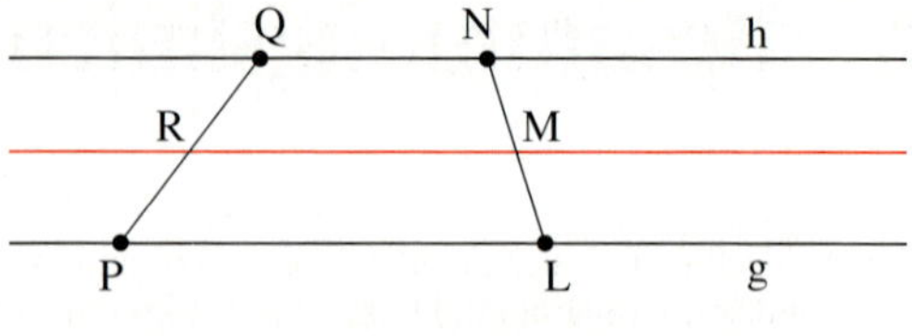

$|\overline{PR}| = |\overline{RQ}|; |\overline{LM}| = |\overline{MN}|$

Der geometrische Ort aller Punkte P, deren Verbindungsstrecken mit zwei festen Punkten A und B einen rechten Winkel bilden, ist der **Halbkreis** über $\overline{AB}$.

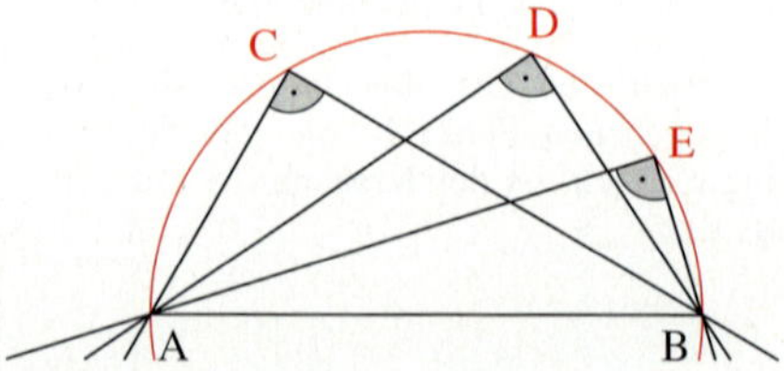

$|\sphericalangle ACB| = |\sphericalangle ADB| = |\sphericalangle AEB| = 90°$

79 **1.** Wo liegt der Punkt P, der von den Schenkeln eines Winkels der Größe α den Abstand 15 mm hat?
a) $\alpha = 35°$ **b)** $\alpha = 50°$ **c)** $\alpha = 70°$ **d)** $\alpha = 90°$

Heißen die Schenkel des gegebenen Winkels s_1 und s_2, so muss der gesuchte Punkt P folgende Bedingungen erfüllen:
1. P hat von s_1 einen Abstand von 15 mm.
2. P hat von s_2 einen Abstand von 15 mm.

Die Winkelschenkel liegen auf Geraden g_1 und g_2. ► Alle Punkte, die von einer Geraden gleichen Abstand haben, liegen auf einer Parallelen zu dieser Geraden. ► Zu einer Geraden gibt es zwei solcher Parallelen p_1 und p_2.

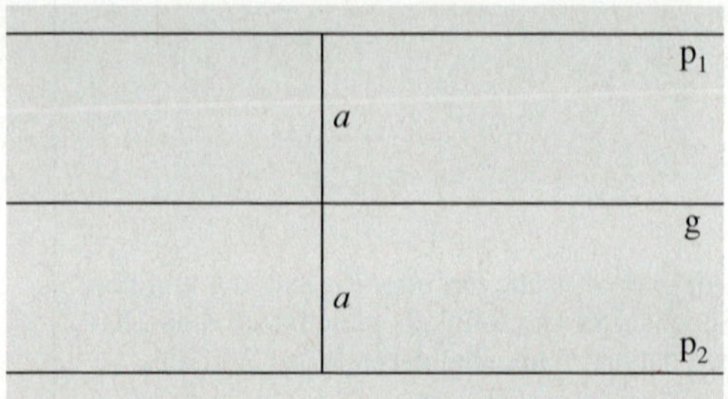

Zur Lösung der Aufgaben zeichnet man diejenigen Parallelen zu den Geraden, auf denen die Winkelschenkel liegen, die durch den Winkelraum gehen. Ihr Schnittpunkt ist der gesuchte Punkt. ► $a = 15$ mm

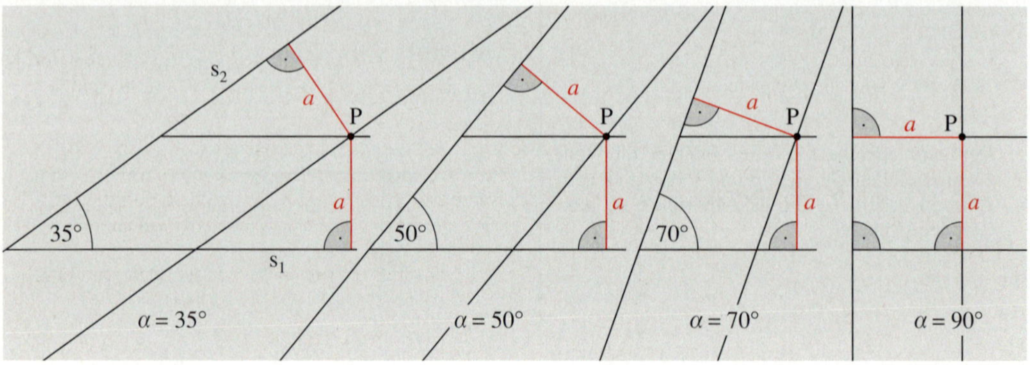

2. Zwei Straßen g_1 und g_2 schneiden sich unter einem Winkel α. Wo liegt der Punkt P, der von der Straße g_1 a Meter und von der Straße g_2 b Meter entfernt ist? Wie viele Punkte gibt es?
a) $\alpha = 45°$ **b)** $\alpha = 70°$ **c)** $\alpha = 90°$

Die gesuchten Punkte müssen wiederum zwei Bedingungen erfüllen:
1. Sie müssen von g_1 a Meter entfernt sein.
2. Sie müssen von g_2 b Meter entfernt sein.

In den Skizzen sind die Straßen durch die Geraden g_1 und g_2 dargestellt. Man denkt sich beide Parallelen zu jeder Straße gezeichnet. ► Aufgabe 1. Es entstehen vier Geraden, die sich in vier Punkten schneiden, welche alle die geforderten Bedingungen erfüllen.

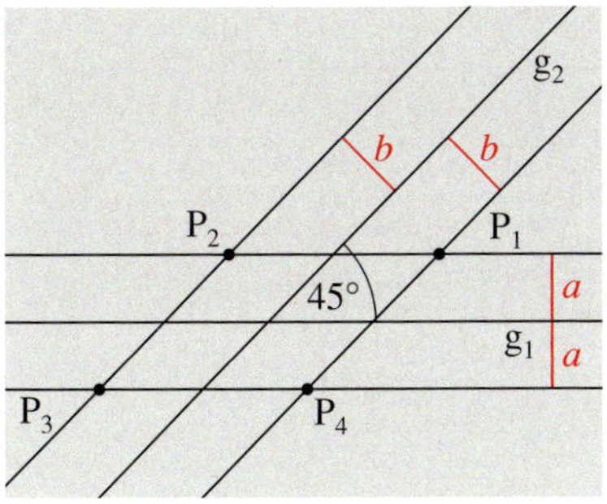

$\alpha = 45°$

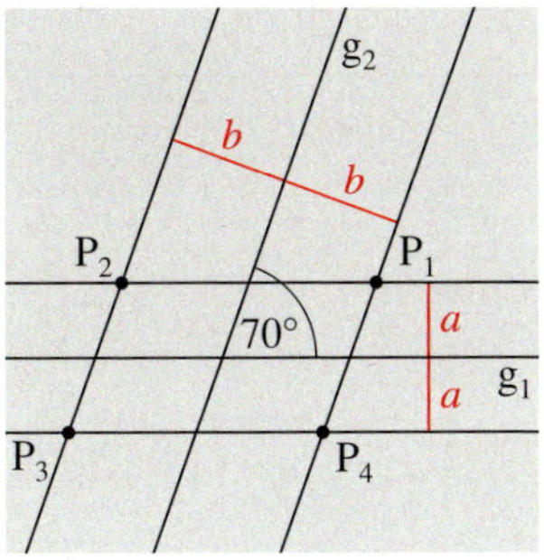

$\alpha = 70°$

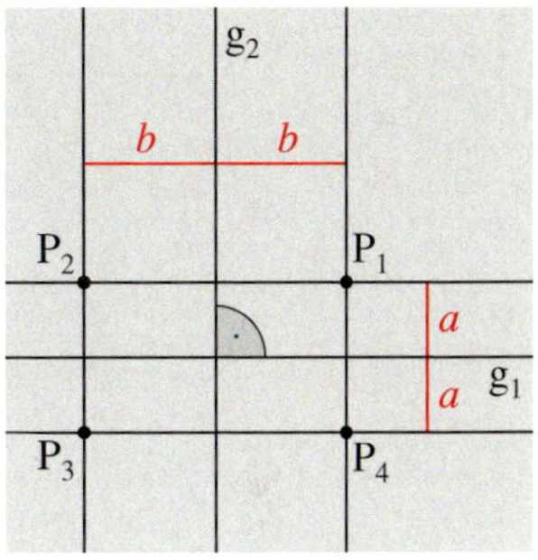

$\alpha = 90°$

3. Zwei Orte A und B sind 4 km voneinander entfernt. Es soll eine Straße gebaut werden, die an jeder Stelle von beiden Orten gleich weit entfernt ist. Wie verläuft sie ($500\,\text{m} \mathrel{\hat{=}} 1\,\text{cm}$)?

Jeder Punkt der zu bauenden Straße muss von den Orten A und B jeweils gleiche Entfernung haben. Veranschaulicht man die Orte durch Punkte und die Straße durch eine Gerade, so wird die gesuchte Straße durch die Mittelsenkrechte zu A und B dargestellt.

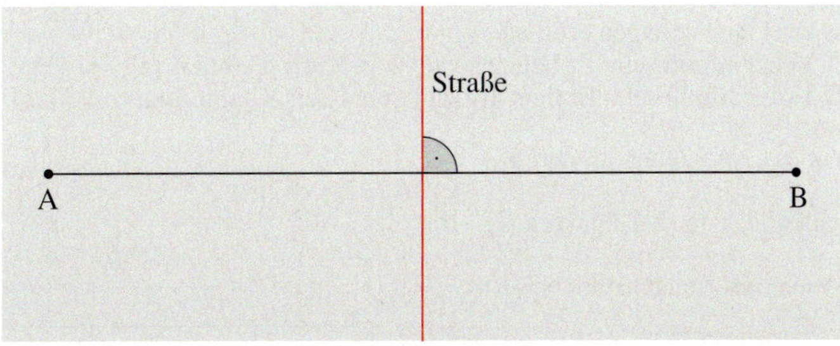

4. Eine Blechplatte besitzt zwei Bohrungen ($d_1 = 4\,\text{cm}, d_2 = 2\,\text{cm}$), deren Mittelpunkt 9 cm voneinander entfernt sind. Wo liegen die Punkte, die von der Peripherie einer jeden Bohrung 6 cm entfernt sind?

Die gesuchten Punkte müssen auf Kreisen um die Bohrungsmittelpunkte liegen, deren Radien die Längen $r_1 = 2\,\text{cm} + 6\,\text{cm}$, also 8 cm, und $r_2 = 1\,\text{cm} + 6\,\text{cm}$, also 7 cm, haben. Diese Kreise schneiden sich in den Punkten P_1 und P_2, denn die Summe der Längen der Radien ist größer als der Abstand der Bohrungsmittelpunkte voneinander. In der zugehörigen Zeichnung sind die Längenmaße auf die Hälfte reduziert.

Die Zeichnung finden Sie auf der nächsten Seite.

79 (Zeichnung zu Aufgabe 4 von voriger Seite)

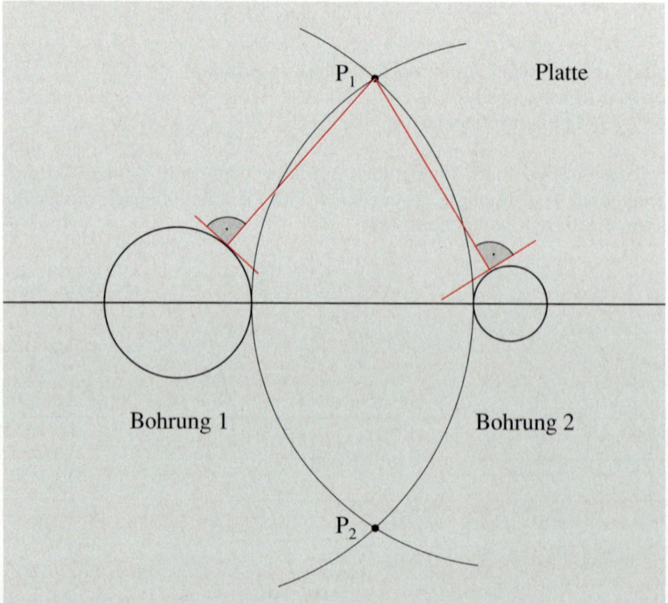

5. Zwei Dörfer A und B sind 5 km voneinander entfernt. Ein Sportplatz C soll in einer Entfernung von 3 km von beiden Orten gebaut werden. Wo muss er liegen? (1 km ≙ 1 cm.)

Die Dörfer werden in der Skizze durch die Punkte A und B, der Sportplatz durch den Punkt C dargestellt.

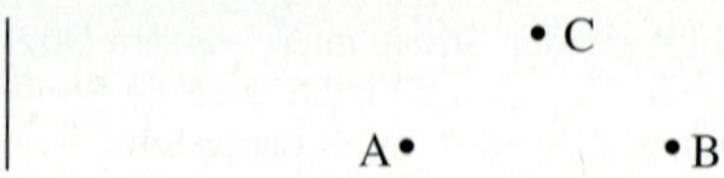

Der Punkt C muss zwei Bedingungen erfüllen:
1. Er muss von A 3 km entfernt sein. Er liegt also auf dem Kreis K_A um A mit $r = 3$ km.
2. Er muss von B 3 km entfernt sein. Er liegt also auf dem Kreis K_B um B mit $r = 3$ km.

C liegt sowohl auf K_A (A; 3 km) als auf K_B (B; 3 km).
Die Kreise schneiden sich in den Punkten C_1 und C_2.
Beide Punkte kommen als Standort des Sportplatzes infrage.

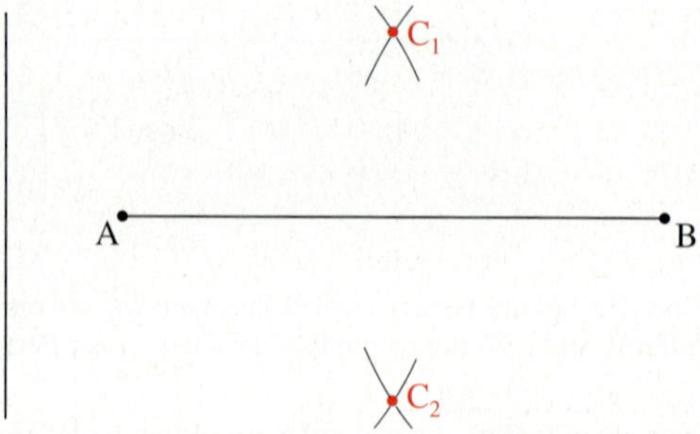

6. Ein Bauernhof liegt 600 m von einer Straße entfernt. Wo muss der Brunnen liegen, wenn er 400 m von der Straße und 300 m vom Hof entfernt sein soll? (100 m ≙ 1 cm.)

In der Skizze wird der Bauernhof durch den Punkt H, die Straße durch die Gerade g dargestellt.

Der Punkt B für den Brunnen muss folgende Bedingungen erfüllen:
1. B ist 400 m von g entfernt, liegt also auf einer der Parallelen zu g, die von g 400 m entfernt sind.
2. B ist 300 m von H entfernt, liegt also auf dem Kreis K_H (H; $r = 300\,\text{m}$).

Zu g wird die Parallele konstruiert, die zwischen H und g liegt und 4 cm von g entfernt ist. Um H wird der Kreis K_1 mit $r = 3$ cm gezeichnet.
K_1 schneidet die Parallele in den Punkten B_1 und B_2.
Beide Punkte kommen als Standorte des Brunnens infrage.

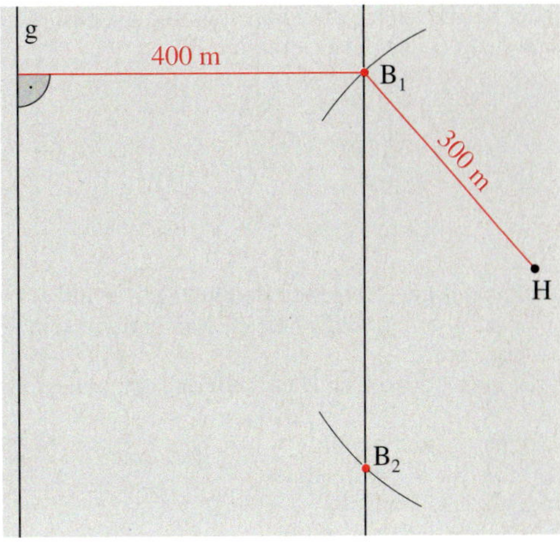

7. In eine Blechplatte werden 3 Löcher A, B und C so gebohrt, dass sie einen Winkel $\sphericalangle ABC$ von 55° bilden. Es soll nun ein 4. Loch D gebohrt werden, das gleich weit von A und B und 4 cm von C entfernt ist. Es ist $|\overline{AB}| = 6\,\text{cm}$ und $|\overline{BC}| = 8\,\text{cm}$. Wohin muss das Loch D kommen?

Die Skizze zeigt die Lage der Punkte A, B und C.
Für die Zeichnung wurden die Längenmaße auf die Hälfte verkleinert.

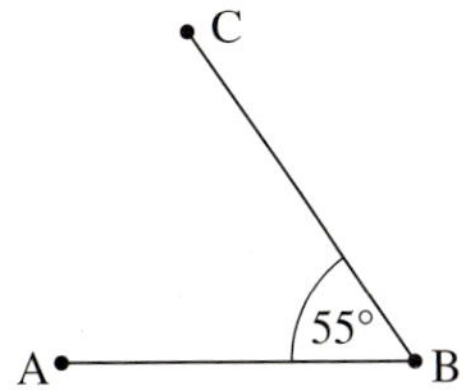

Für den Punkt D gelten die Bedingungen:
1. $|\overline{DA}| = |\overline{DB}|$, D liegt also auf der Mittelsenkrechten zu $\overline{AB}$.
2. D liegt 4 cm von C entfernt, liegt also auf dem Kreis K_1 um C mit $r = 4\,\text{cm}$.

Es wird das Dreieck $\triangle ABC$ mit $|\overline{AB}| = 3\,\text{cm}$, $|\overline{BC}| = 4\,\text{cm}$ und $|\sphericalangle ABC| = 55°$ und sodann die Mittelsenkrechte zu $\overline{AB}$ konstruiert.

Um C wird der Kreis K_2 mit $r = 2\,\text{cm}$ gezeichnet.
Er schneidet die Mittelsenkrechte in den Punkten D_1 und D_2. Beide kommen für die Bohrung des vierten Lochs infrage.

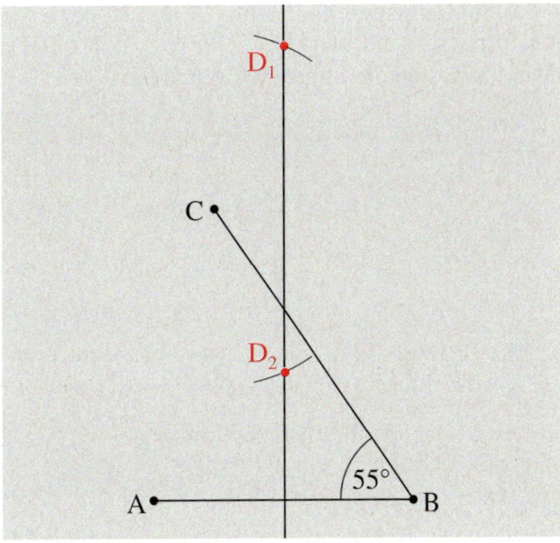

79 **8.** Zwei Straßen schneiden sich unter einem Winkel von 40°. 300 m von der Kreuzung entfernt steht auf einer der beiden Straßen ein Haus. Wo muss ein Briefkasten stehen, wenn er gleich weit von den Straßen und 150 m vom Haus entfernt sein soll? (100 m ≙ 2 cm.)

In der Skizze heißen die Straßen g_1 und g_2, das Haus heißt H und der Briefkasten B.

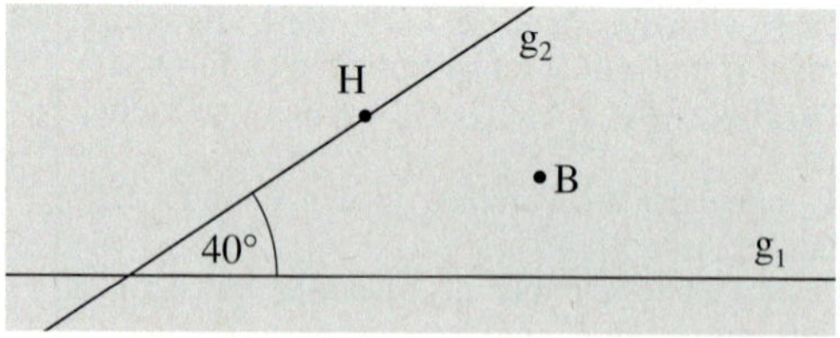

Der Punkt B muss folgende Bedingungen erfüllen:
1. Er muss von g_1 und g_2 gleich weit entfernt sein; er liegt also auf der Winkelhalbierenden des Winkels $\sphericalangle(g_1, g_2)$.
2. Er muss 150 m vom Haus entfernt sein; er liegt also auf dem Kreis K_1 um H mit $r = 150$ m.

Nachdem g_1 und g_2 mit $|\sphericalangle(g_1, g_2)| = 40°$ gezeichnet sind, wird die Winkelhalbierende dieses Winkels konstruiert.
► Lehrbuch Kusch 2, Kapitel 4
Auf g_2 wird der Punkt H mit $|\overline{SH}| = 6$ cm bestimmt. Der Kreis K_2 um H mit $r = 3$ cm schneidet die Winkelhalbierende in den Punkten B_1 und B_2. Beide Punkte kommen als Standort des Briefkastens infrage.

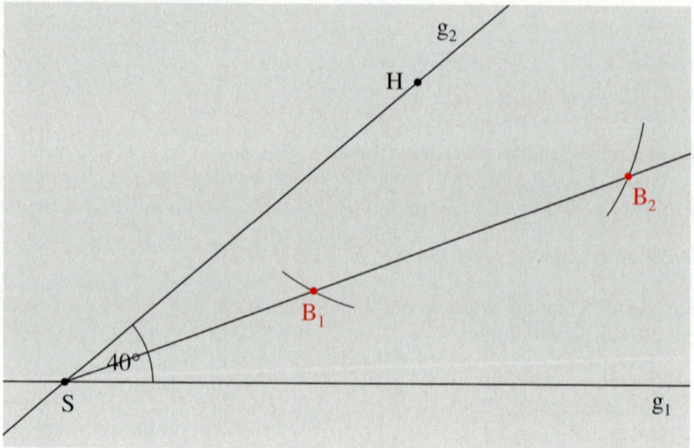

9. An einem Feldweg stehen im Abstand von 60 m zwei Bäume. Ein Beobachter steht im Feld 20 m vom Weg entfernt. Die Visierlinien von seinem Standpunkt nach beiden Bäumen bilden einen Winkel von 90°. Beschreiben Sie seinen Standort mathematisch.

In der Skizze heißen die Bäume A und B, der Standort des Beobachters C.
Visierlinien sind die Strecken $\overline{CA}$ und $\overline{CB}$.

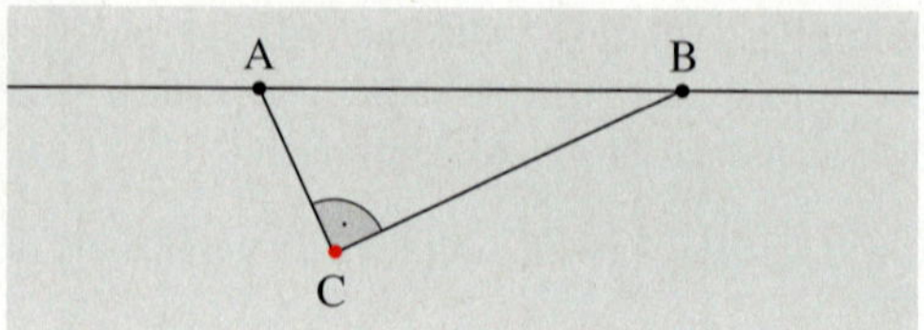

Für den Punkt C gelten die Bedingungen:
1. C ist 20 m vom Feldweg entfernt; C liegt also auf einer Parallelen zum Feldweg im Abstand von 20 m zum Feldweg.
2. Der Winkel, den die Visierlinien bei C bilden, ist ein rechter; C liegt also auf einem Halbkreis über $\overline{AB}$. ► Thaleskreis

Zunächst wird eine Gerade g gezeichnet, auf der eine Strecke $\overline{AB}$ von 6 cm Länge angegeben wird. ► 10 m ≙ 1 cm
Sodann wird im Abstand von 2 cm eine Parallele p zu g konstruiert. Sie wird mit dem Halbkreis über $\overline{AB}$ zum Schnitt gebracht, der auf der Seite von p liegt.
Es entstehen zwei Punkte C_1 und C_2, die beide als Standorte des Beobachters infrage kommen.

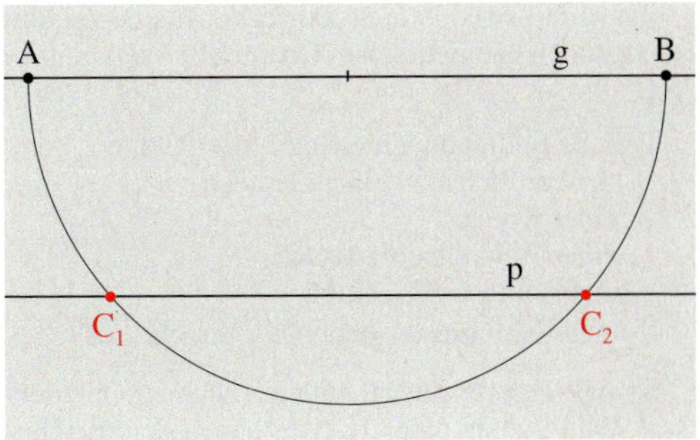

10. Drei Geländepunkte bilden den rechten Winkel ∢ACB. A ist 1600 m von B entfernt, C 700 m von A. Beschreiben Sie die Lage von C mathematisch. Wie groß ist die Entfernung von C bis B? (200 m ≙ 1 cm.)

Die Skizze zeigt ein bei C rechtwinkliges Dreieck, von dem die Längen $|\overline{AC}|$ und $|\overline{AB}|$ bekannt sind.

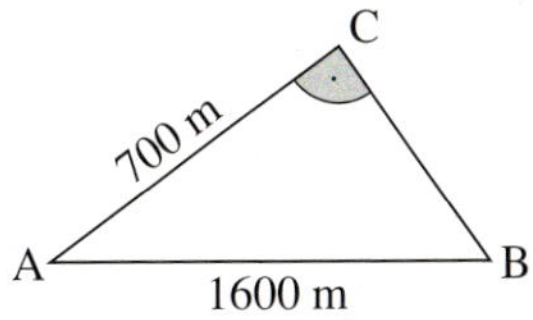

Der Punkt C muss die folgenden Bedingungen erfüllen:
1. C ist der Scheitelpunkt eines rechten Winkels, liegt also auf dem Halbkreis über $\overline{AB}$.
2. C liegt 700 m von A entfernt, also auf dem Kreis K_1 um A mit dem Radius 700 m.

Zunächst zeichnet man eine Strecke $\overline{A'B'}$ mit der Länge von 8 cm, halbiert sie und zeichnet einen Halbkreis über $\overline{A'B'}$. Sodann zeichnet man den Kreis K′ um A′ mit dem Radius $r = 3{,}5$ cm. Er schneidet den Halbkreis über $\overline{A'B'}$ im Punkt C′.

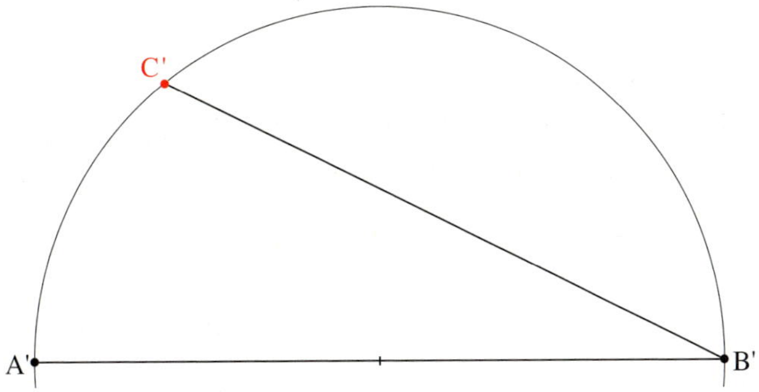

$|\overline{B'C'}| \approx 7{,}2$ cm. C ist ungefähr 1440 m von B entfernt.

79

Wiederholungsfragen zu 5

1. Was versteht man unter einem geometrischen Ort?

Wenn alle Punkte einer geraden oder gekrümmten Linie eine Eigenschaft besitzen, die nur jedem von ihnen und sonst keinem Punkt der Ebene zukommt, so nennt man diese Linie eine Bestimmungslinie oder auch geometrischen Ort für alle Punkte mit dieser Eigenschaft.

2. Welche Bedingungen erfüllen alle Punkte
- der Parallelen zu einer Geraden,
- eines Kreises,
- einer Winkelhalbierenden,
- einer Mittelsenkrechten,
- eines Halbkreises über einer Strecke $\overline{AB}$?

- Alle Punkte einer Parallelen zu einer Geraden haben den gleichen Abstand von dieser Geraden.
- Alle Punkte eines Kreises haben den gleichen Abstand von einem festen Punkt, dem Mittelpunkt des Kreises.
- Alle Punkte einer Winkelhalbierenden haben von den Schenkeln des Winkels jeweils gleichen Abstand.
- Alle Punkte einer Mittelsenkrechten zu den Punkten A und B haben von A und B jeweils gleichen Abstand.
- Alle Punkte eines Halbkreises über $\overline{AB}$ sind Scheitel eines rechten Winkels, dessen Schenkel durch A bzw. B gehen.

3. Was versteht man unter einer Mittelparallelen?

Die Mittelparallele zu zwei Geraden g und h ist der geometrische Ort aller Punkte, die von g und h gleich weit entfernt sind. Sie ist eine Symmetrieachse zu g und h.

6 Das Dreieck II

Im Folgenden sollen Dreiecke konstruiert werden, von denen nicht nur Längen von Seiten und Größen von Winkeln – also so genannte Hauptstücke – sondern auch Längen von Transversalen, den besonderen Linien im Dreieck, bekannt sind, wobei Höhen, Winkel- und Seitenhalbierende als Strecken aufgefasst werden. ► Kusch Lehrbuch 2, Abschnitt 3.1

Dabei wird hin und wieder von den Etappen zur Lösung von Konstruktionsaufgaben explizit Gebrauch gemacht, die sowieso implizit immer den vorgestellten Lösungen zugrunde liegen. Es sind dies:

1. **Analyse** der Konstruktionsaufgabe,
2. Erarbeitung einer **Lösungsidee** und Aufstellen eines **Konstruktionsplanes**,
3. **Durchführung** der Konstruktion,
4. **Rückschau** auf die Lösung.
   ► Lehrbuch Kusch 2, Abschnitt 3.4

Höhen

Merke:

Die Lotgerade durch eine Dreiecksecke auf die gegenüberliegende Seite oder deren Verlängerung heißt eine **Höhe** des Dreiecks. Jedes Dreieck $\triangle ABC$ besitzt drei Höhen h_a, h_b und h_c.

Ihre Lotfußpunkte auf den gegenüberliegenden Seiten bzw. deren Verlängerungen heißen **Höhenfußpunkte**. Sie werden mit H_a, H_b und H_c bezeichnet. Es ist üblich, auch nur die Strecken $\overline{AH_a}, \overline{BH_b}$ und $\overline{CH_c}$ als Höhen zu bezeichnen. Dann stehen h_a, h_b und h_c für diese Strecken bzw. h_a, h_b und h_c für deren Längen.

Höhen im Dreieck

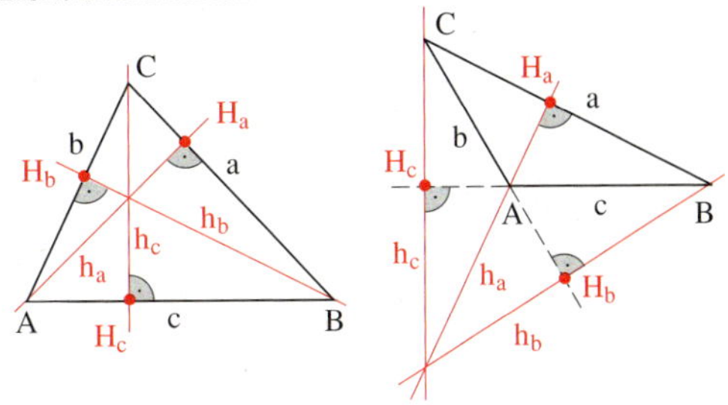

► h_a, h_b, h_c: Höhen
► H_a, H_b, H_c: Höhenfußpunkte
► $\overline{AH_a}, \overline{BH_b}, \overline{CH_c}$: Höhen

Konstruieren Sie Dreiecke aus folgenden Längen und Größen und bestimmen Sie die Anzahl der Lösungen: 91

1. $b = 7$ cm,	$c = 8$ cm,	$h_a = 6$ cm.
2. $a = 7{,}5$ cm,	$q = 3$ cm,	$\beta = 60°$ mit $q = \overline{BH_a}$.
3. $a = 6$ cm,	$b = 7{,}5$ cm,	$h_c = 4{,}5$ cm.
4. $a = 4{,}8$ cm,	$c = 5{,}8$ cm,	$h_a = 4{,}2$ cm.
5. $p = 2{,}6$ cm,	$q = 4{,}4$ cm,	$\beta = 55°$ mit $p = \overline{AH_c}$; $q = \overline{BH_c}$.
6. $c = 7{,}4$ cm,	$p = 3{,}2$ cm,	$q = 4{,}3$ cm mit $p = \overline{CH_b}$; $q = \overline{AH_b}$.

Zu 1:

Die Planfigur zeigt: Das Dreieck $\triangle ABC$ ist nicht unmittelbar auf Grund eines Kongruenzsatzes konstruierbar, denn weder sind drei Seiten (SSS) noch zwei Seiten und ein Winkel (SWS bzw. SsW) gegeben. Aber beide Teildreiecke $\triangle AH_aC$ und $\triangle AH_aB$ sind nach SsW eindeutig konstruierbar.

Planfigur

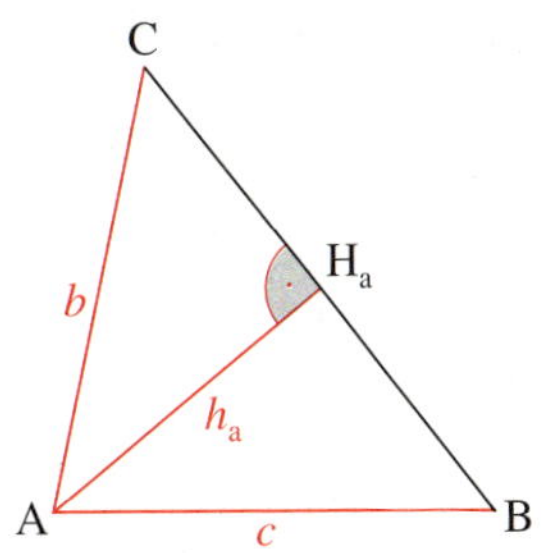

► Sollen Dreiecke mithilfe der Länge von Transversalen konstruiert werden, lassen sich in vielen Fällen Teildreiecke konstruieren.

91 **1. Etappe:** Vom Teildreieck $\triangle AH_aC$ kennt man b, h_a und den rechten Winkel bei H_a. Es lässt sich also nach SsW bis auf Kongruenz eindeutig konstruieren. Was weiß man über den Punkt B?

2. Etappe:
a) Der Punkt B liegt einerseits auf der Verlängerung g von $\overline{CH_a}$ über H_a hinaus.
b) Der Punkt B liegt andererseits auf dem Kreis K_A um A mit dem Radius c.
c) Der Punkt B ist also der Schnittpunkt von g und K_A.

3. Etappe:

$|\overline{AH_a}| = 6\,\text{cm}$
$h(H_a) \perp AH_a$
$K_1(A; r = 7\,\text{cm}); K_1 \cap h = \{C\}$
$K_2(A; r = 8\,\text{cm}); K_2 \cap h = \{B_1, B_2\}$.
$\overline{AC}$
$\overline{AB_1}$
$\overline{AB_2}$

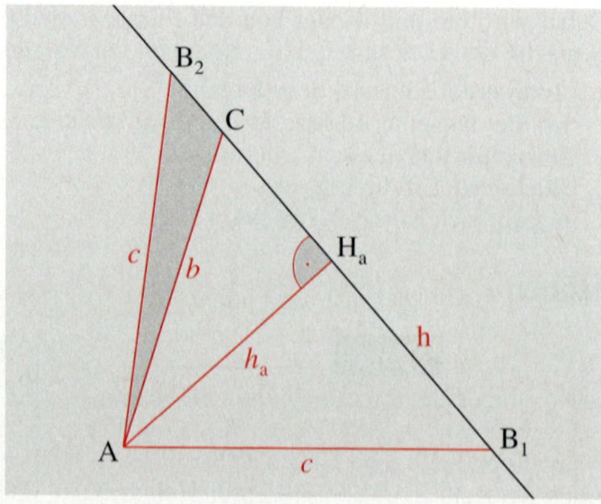

► Längenmaße verkürzt

4. Etappe: Die Aufgabe hat zwei Lösungen. Sowohl das Dreieck $\triangle AB_1C$ als auch das Dreieck $\triangle AB_2C$ enthält alle geforderten Stücke.
Anmerkung: Man könnte die Aufgabe auch mithilfe des Thaleskreises über $\overline{AB}$ lösen.

Zu 2:

1. Etappe: Vom Teildreieck $\triangle ABH_a$ kennt man $|\overline{BH_a}|$, den rechten Winkel bei H_a und den Winkel β. Es ist also nach WSW eindeutig konstruierbar.
Was weiß man über C?

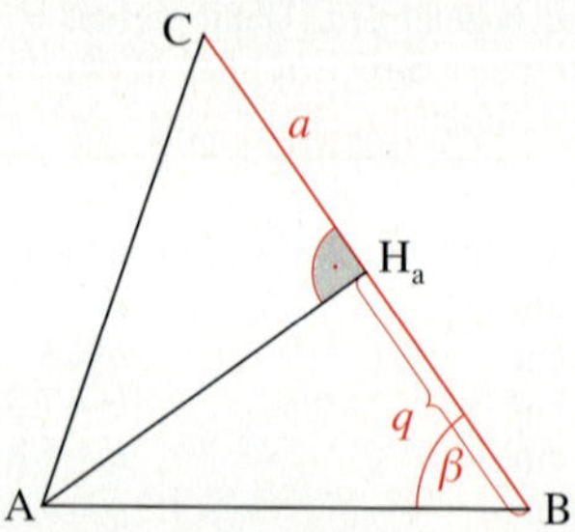

2. Etappe:
a) Der Punkt C liegt einerseits auf der Verlängerung g von $\overline{BH_a}$ über H_a hinaus.
b) Der Punkt C liegt andererseits auf dem Kreis $K_B(B; r = a)$
c) Der Punkt C ist also der Schnittpunkt von g und K_B.

3. Etappe:

$|\overline{BH_a}| = 3\,\text{cm}$
$\sphericalangle 90°$ an $\overline{H_aB}$
$\sphericalangle \beta$ an $\overline{BH_a} \rightarrow A$
$\overline{BH_a}$
$K_B(B; r = 7{,}5\,\text{cm}); \overline{BH_a} \cap K_B = \{C\}$
$\overline{AC}$

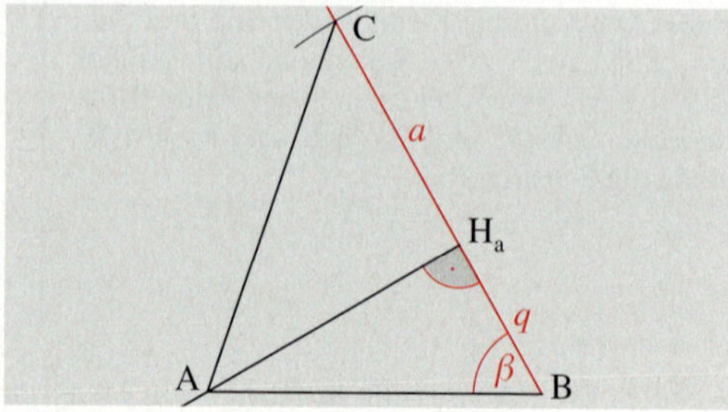

► Längenmaße auf die Hälfte verkürzt

4. Etappe:
Die Lösung ist eindeutig. K_B schneidet $\overline{BH_a}$ in genau einem Punkt.

Zu 3:

Die Planfigur zeigt: Vom Dreieck $\triangle AH_cC$ kennt man b, h_c und den rechten Winkel bei H_c. Es ist nach SsW eindeutig konstruierbar. Was weiß man über Punkt B?

Planfigur

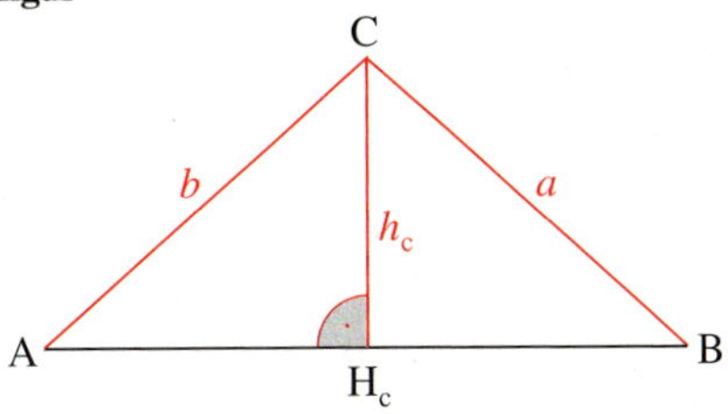

Der Punkt B liegt auf dem Strahl $\overline{AH_c}$ und auf dem Kreis K um C mit dem Radius $r=a$. Es ist also der Schnittpunkt von $\overline{AH_c}$ und K.

$|\overline{CH_c}|=4{,}5\,\text{cm}$; $g(H_c)\perp\overline{CH_c}$; $K_1(C; r=7{,}5\,\text{cm})$; $K_1\cap g=\{A\}$; $K_2(C; r=6\,\text{cm})$; $K_2\cap g=\{B_1, B_2\}$; $\overline{AB_1}, \overline{AB_2}$

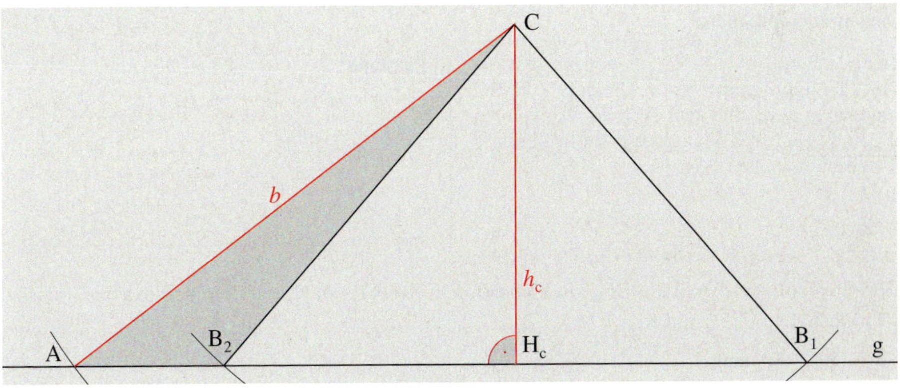

Die Aufgabe hat zwei Lösungen. Sowohl $\triangle AB_1C$ als auch $\triangle AB_2C$ enthalten alle geforderten Stücke.

Zu 4:

Die Planfigur zeigt: Vom Dreieck $\triangle ABH_a$ kennt man c, h_a und den rechten Winkel bei H_a. Es ist nach SsW eindeutig konstruierbar. Was weiß man über C?

Planfigur

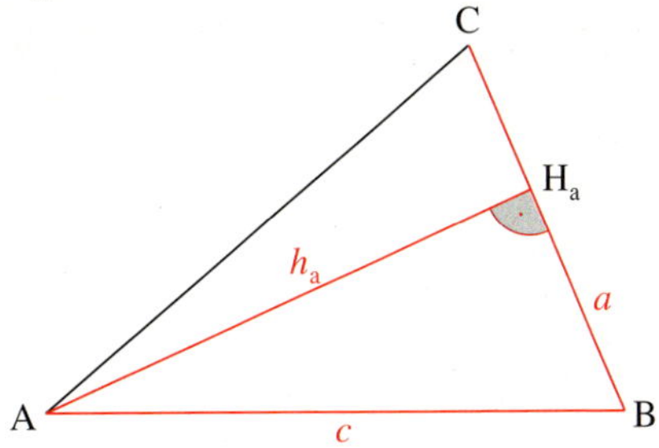

C liegt sowohl auf dem Strahl $\overline{BH_a}$ als auch auf dem Kreis K um B mit dem Radius $r=a$. Es ist also der Schnittpunkt von $\overline{BH_a}$ und K.

91 $|\overline{AH_a}| = 4{,}2\,\text{cm}$; $g(H_a) \perp \overline{AH_a}$; $K_A(A; r = 5{,}8\,\text{cm})$; $K_A \cap g = \{B\}$; $K_B(B; r = 4{,}8\,\text{cm})$;
$K_B \cap g = \{C_1, C_2\}$; $\overline{AC_1}, \overline{AC_2}$

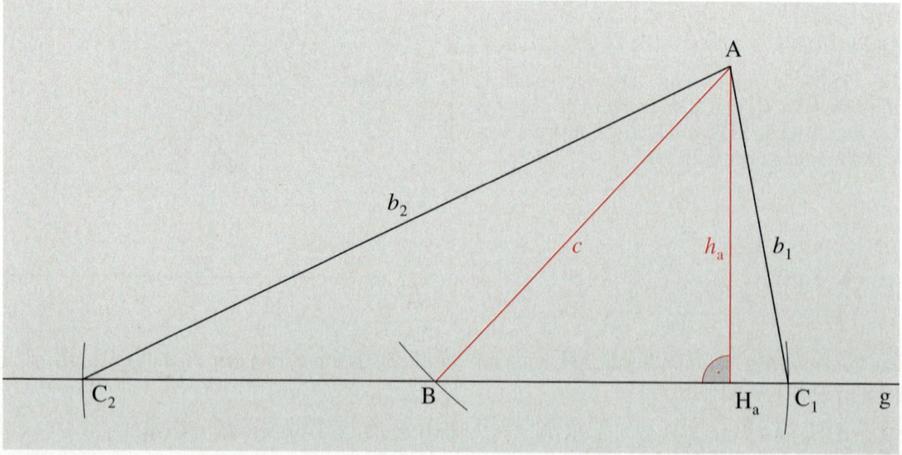

Die Aufgabe hat zwei Lösungen. Sowohl das Dreieck $\triangle ABC_1$ als auch das Dreieck $\triangle ABC_2$ enthalten alle geforderten Stücke.

Zu 5:
Die Planfigur zeigt: Vom Dreieck $\triangle H_cBC$ kennt man q, β und den rechten Winkel bei H_c. Es ist nach WSW eindeutig konstruierbar. Was weiß man über A?

Planfigur

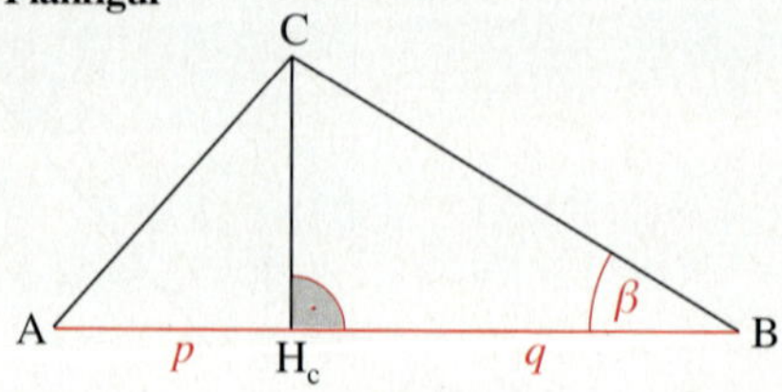

Der Punkt A liegt sowohl auf $\overleftarrow{BH_c}$ als auch auf dem Kreis K um H_c mit dem Radius $r = p$. Es ist also der Schnittpunkt von $\overleftarrow{BH_c}$ und K.

$|\overline{BH_c}| = 4{,}4\,\text{cm}$
$\sphericalangle \beta, \beta = 55°$ an $\overline{BH_c} \Rightarrow s_1$
$\sphericalangle 90°$ an $\overline{H_cB} \Rightarrow s_2$
$s_1 \cap s_2 = \{C\}$
$K_{H_c}(H_c; r = 2{,}6\,\text{cm})$
$K_{H_c} \cap \overleftarrow{BH_c} = \{A\}$
$\overline{AC}$

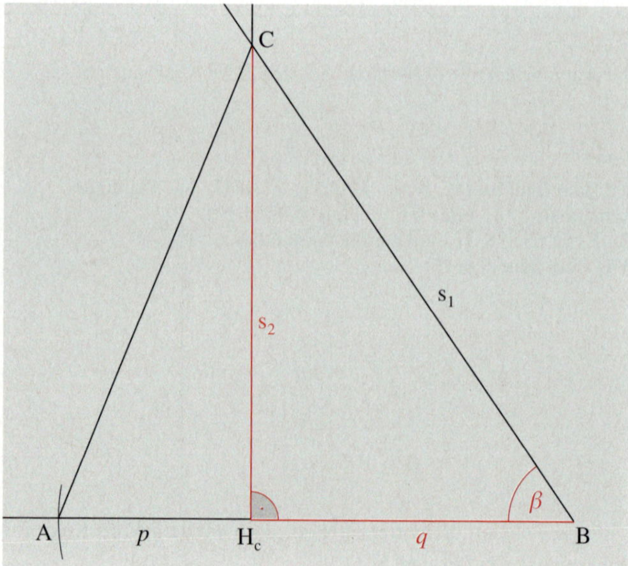

Das Dreieck $\triangle ABC$ ist bis auf Kongruenz eindeutige Lösung der Aufgabe.

Zu 6:
Die Planfigur zeigt: Vom Dreieck $\triangle ABH_b$ kennt man c, q und den rechten Winkel bei H_b. Es ist nach SsW eindeutig konstruierbar.
Was weiß man über C?

Planfigur

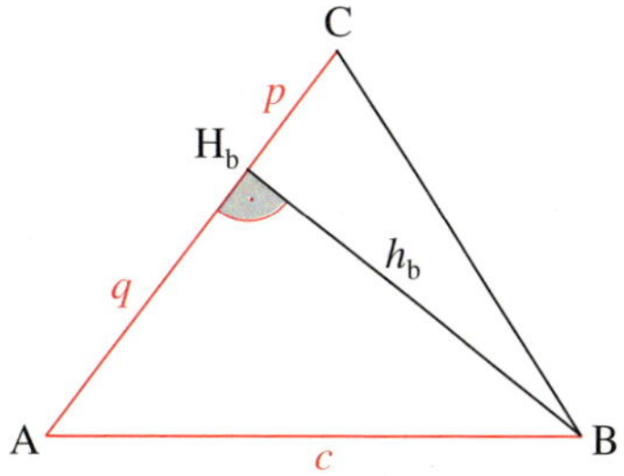

Der Punkt C liegt einerseits auf $\overrightarrow{AH_b}$, andererseits auf dem Kreis K um H_b mit dem Radius $r = p$. Es ist der Schnittpunkt von $\overrightarrow{AH_b}$ und K.

$|\overline{AH_b}| = q = 4{,}3\,\text{cm}$
$g(H_b) \perp \overline{AH_b}$
$K_A(A; r = 7{,}4\,\text{cm})$
$K_A \cap g = \{B\}$
$K_{H_b}(H_a; r = 3{,}2\,\text{cm})$
$K_{H_b} \cap \overrightarrow{AH_b} = \{C\}$

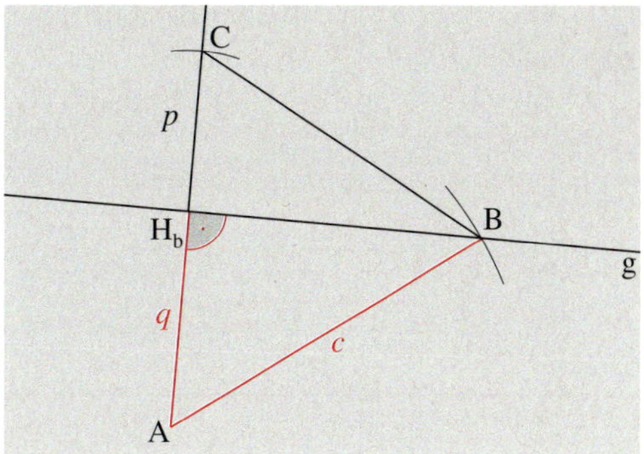

► Längenmaße verkürzt

Das Dreieck $\triangle ABC$ ist bis auf Kongruenz eindeutige Lösung der Aufgabe.

7. Konstruieren Sie ein gleichschenkliges Dreieck (Spitze bei C) aus den Längen:
a) $h_c = 5{,}5\,\text{cm}, a = 6{,}5\,\text{cm}$ **b)** $h_b = 5{,}8\,\text{cm}, b = 7\,\text{cm}$.

► In gleichschenkligen Dreiecken mit der Spitze bei C gilt $a = b$, und die Höhe h_c steht senkrecht auf c und halbiert c sowie den Winkel bei C.

Zu a):
Die Planfigur legt es nahe, diese Konstruktionsaufgabe ohne Heranziehung eines Teildreiecks zu lösen. Man kann $\overline{CH_c}$ zeichnen, die Senkrechte dazu durch H_c und den Kreis um C mit dem Radius $r = a$.

Planfigur

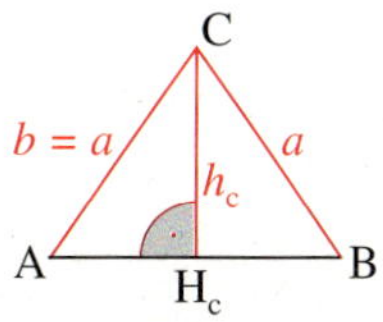

$|\overline{CH_c}| = 5{,}5\,\text{cm}$
$g(H_c) \perp \overline{CH_c}$
$K_C(C; r = 6{,}5\,\text{cm})$
$K_C \cap g = \{A, B\}$

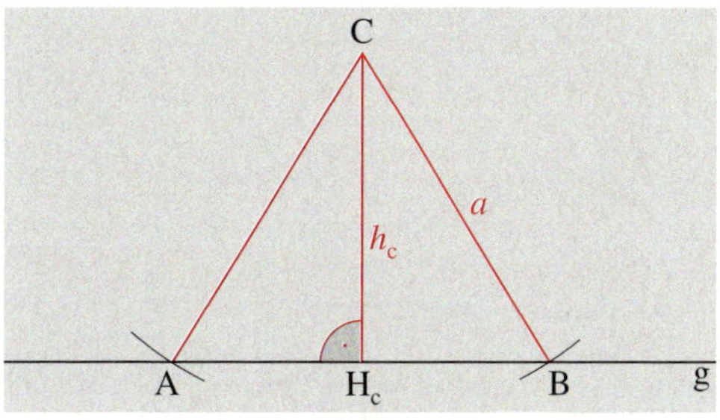

► Längenmaße auf die Hälfte verkürzt

Die Aufgabe ist bis auf Kongruenz eindeutig lösbar.

91 **Zu b):**

Die Planfigur zeigt: Vom Dreieck $\triangle BH_bC$ kennt man h_b, $|\overline{BC}| = a = b$ und den rechten Winkel bei H_b. Es ist nach SsW eindeutig konstruierbar.
Was weiß man über A?

Planfigur

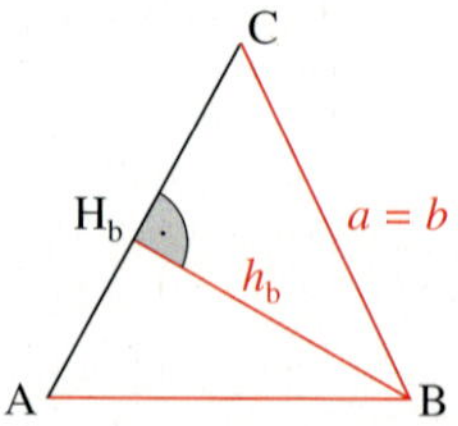

Der Punkt A liegt einerseits auf der Senkrechten s zu h_b und andererseits auf dem Kreis K um C mit dem Radius $r = b$. Es ist also der Schnittpunkt von s und K.

$|\overline{BH_b}| = h_b = 5{,}8\,\text{cm}; s(H_b) \perp \overline{BH_b}; K_B(B; r = 7\,\text{cm}); K_B \cap s = \{C\}; K_C(C; r = 7\,\text{cm});$
$K_C \cap s = \{A_1, A_2\}$.

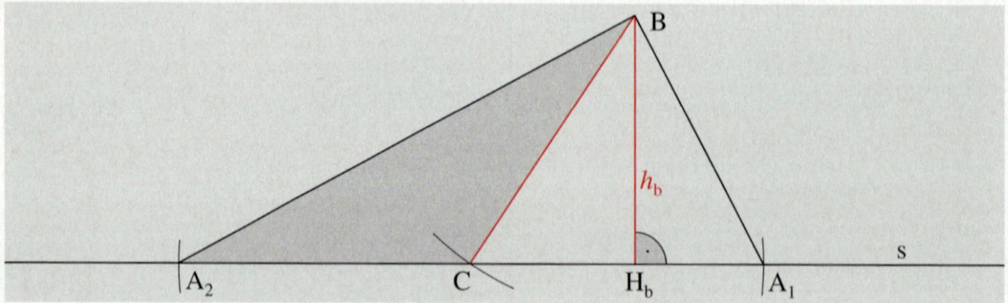

Die Aufgabe hat zwei Lösungen. Sowohl das Dreieck $\triangle A_1BC$ als auch das Dreieck $\triangle A_2BC$ enthalten alle geforderten Stücke.

8. Konstruieren Sie ein gleichseitiges Dreieck aus den Längen:
a) $h_b = 4{,}6\,\text{cm}$, **b)** $h_a = 3{,}9\,\text{cm}$.

► In gleichseitigen Dreiecken sind alle Seiten gleich lang, alle Innenwinkel gleich 60° und die Höhen gleichzeitig Winkel- und Seitenhalbierende.

Zu a):

Wegen der Eigenschaften eines gleichseitigen Dreiecks und seiner Höhen kann auch diese Aufgabe gelöst werden, ohne dass ein Teildreieck benutzt wird.

Planfigur

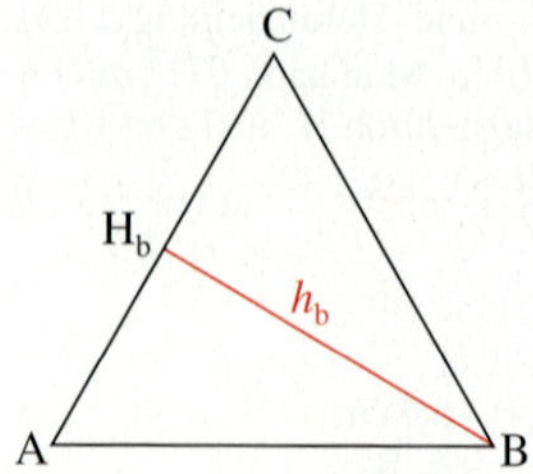

Man zeichnet die Höhe h_b von 4,6 cm Länge, konstruiert dazu die Senkrechte durch H_b und trägt in B an $\overline{BH_b}$ jeweils Winkel von 30° nach beiden Seiten von $\overline{BH_b}$ an. So erhält man als Schnittpunkte der Schenkel mit der Senkrechten durch H_b die Punkte A und C.

▶ Höhen im gleichseitigen Dreieck sind auch Winkelhalbierende

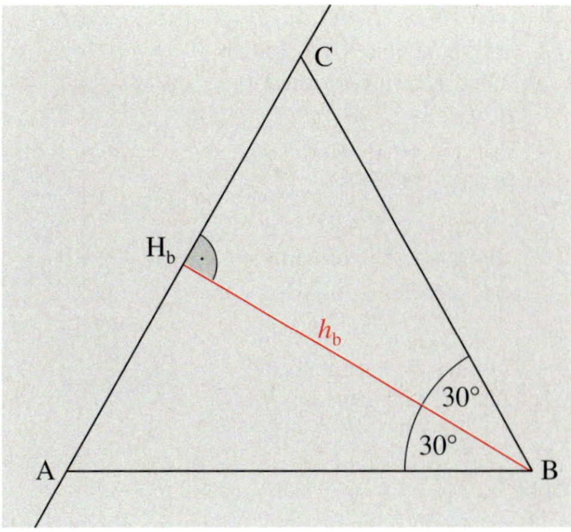

Die Aufgabe hat genau eine Lösung.

Zu b):

Die Lösung folgt dem Vorgehen wie unter a), nur dass die Konstruktion mit der Höhe h_a beginnt.

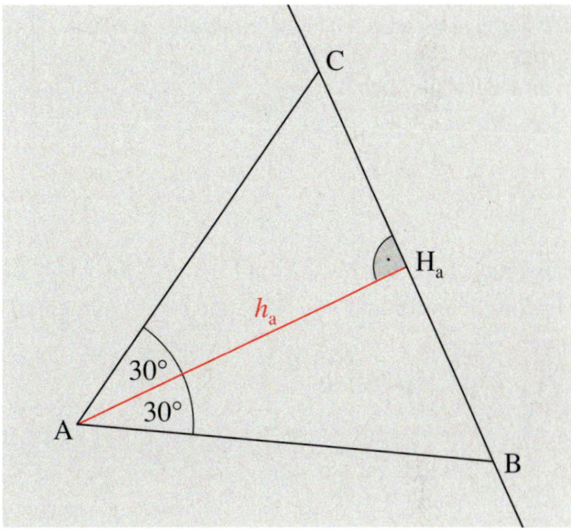

Auch diese Aufgabe hat genau eine Lösung.

9. Konstruieren Sie ein rechtwinkliges Dreieck aus den Längen:
a) $c = 7\,\text{cm}, h_c = 3\,\text{cm}$ **b)** $h_c = 3\,\text{cm}, h_a = 6{,}5\,\text{cm}$.

▶ Der rechte Winkel soll bei C liegen.
Liegt der Punkt C eines Dreiecks △ABC auf dem Halbkreis über $\overline{AB}$, so ist ∢ACB ein rechter.
▶ Satz des Thales

Zu a):

Die Planfigur legt die Benutzung des Satzes von Thales nahe. Die dem rechten Winkel gegenüberliegende Seite c (Hypotenuse) wird halbiert, über ihr der Halbkreis durch A und B gezeichnet und dieser durch eine Parallele zu c im Abstand h_c geschnitten.

Planfigur

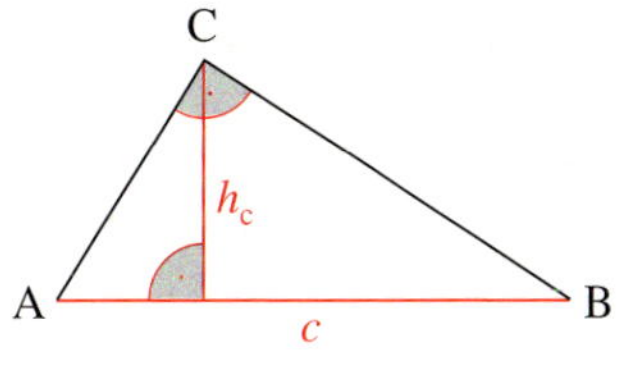

91

$|\overline{AB}| = c = 7\,\text{cm}$
Mitte M von $\overline{AB}$ ► Lehrbuch Kusch 2, Kapitel 4
$K(M; r = |\overline{AM}|)$
$h \parallel \overline{AB}$ im Abstand 3 cm
$h \cap K = \{C_1, C_2\}$

$\triangle ABC_1 \cong \triangle ABC_2$, weil symmetrisch zur Mittelsenkrechten von $\overline{AB}$.

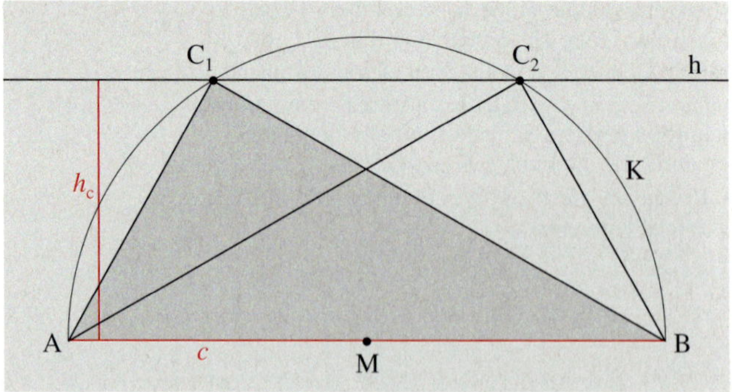

Die Aufgabe hat bis auf Kongruenz genau eine Lösung.

Zu b):

► Im rechtwinkligen Dreieck fallen die Höhen h_a und h_b mit den Seiten (Katheten) b und a zusammen.

Die Planfigur zeigt: Vom Dreieck $\triangle AH_cC$ kennt man $|\overline{AC}| = h_a, h_c$ und den rechten Winkel bei H_c. Es ist nach SsW eindeutig konstruierbar.
Was weiß man über B?

Planfigur

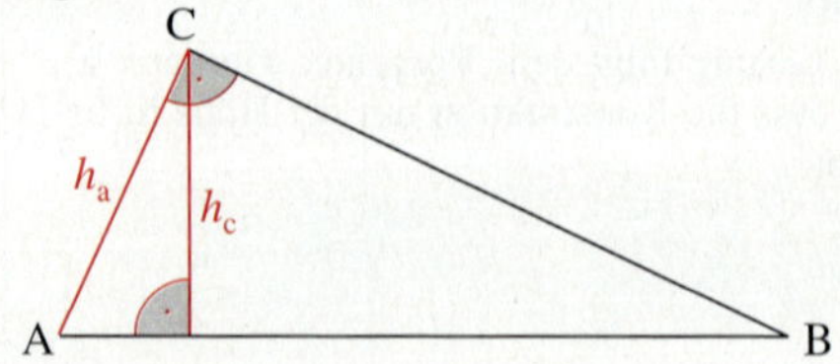

Der Punkt B liegt einerseits auf dem Strahl $\overrightarrow{AH_c}$, andererseits auf der Senkrechten zu $\overline{AC}$ durch C. Es ist also der Schnittpunkt von $\overrightarrow{AH_c}$ und der Senkrechten zu $\overline{AC}$ durch C.

$|\overline{CH_c}| = h_c = 3\,\text{cm}$; $g(H_c) \perp \overline{CH_c}$; $K(C; r = h_a = 6{,}5\,\text{cm})$; $K \cap g = \{A\}$; $\overrightarrow{AH_c}$; $h(C) \perp AC$; $h \cap g = \{B\}$.

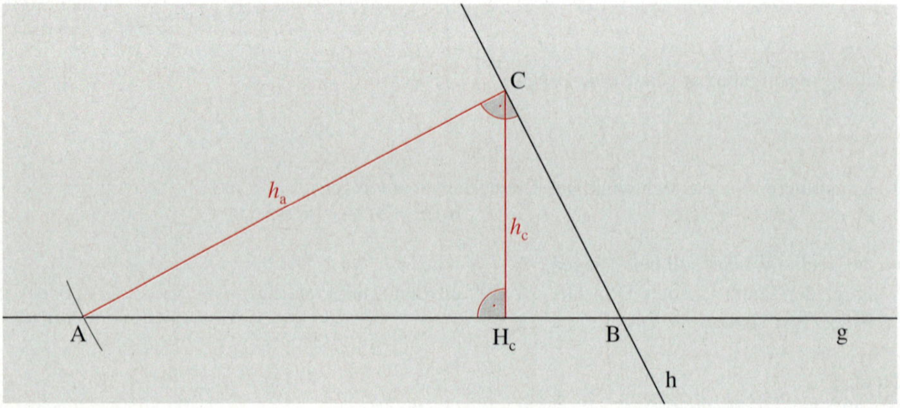

Die Aufgabe hat genau eine Lösung.

Lösen Sie die Aufgaben 10 … 15 durch maßstabsgerechtes Zeichnen und Entnehmen der Maße aus den Zeichnungen. Die Angabe 1 : 1 000 bedeutet z. B., dass 1 cm auf der Zeichnung 1 000 cm = 10 m in der Natur entsprechen sollen.

10. Wie hoch ist das Haus, wenn $|\overline{AB}| = 30\,\text{m}$, $\alpha = 60°$, $\beta = 42°$ ist? (Maßstab 1 : 1 000; $\sphericalangle\alpha$ und $\sphericalangle\beta$ Erhebungswinkel.)

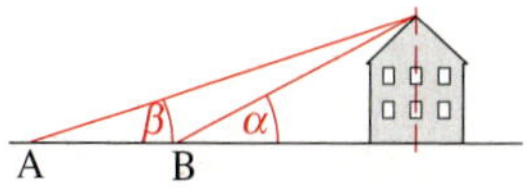

► Nennt man die Länge einer zu zeichnenden Bildstrecke l_B und die Länge der zugehörigen Originalstrecke l_O, so ist das Verhältnis $l_B : l_O$ dem vorgegebenen Maßstab gleich.

In der vorliegenden Aufgabe heißt die Originalstrecke $\overline{AB}$, die zugehörige Bildstrecke wird $\overline{A'B'}$ genannt. Dann gilt: $|\overline{A'B'}| : |\overline{AB}| = 1 : 1000$ und damit wegen $30\,\text{m} = 3000\,\text{cm}$:

$|\overline{A'B'}| = \dfrac{3000\,\text{cm}}{1000}$. Es ist also $|\overline{A'B'}| = 3\,\text{cm}$.

$|\overline{A'B'}| = 3\,\text{cm}$
$\sphericalangle\beta, \beta = 42°$ an $\overline{A'B'}$
$\sphericalangle\alpha, \alpha = 60°$ an $\overline{B'A'}$
➡ C′ (Giebel des Hauses)
Lot von C′ auf $\overline{A'B'}$ ➡ H
$|\overline{C'H}| \approx 5{,}6\,\text{cm}$

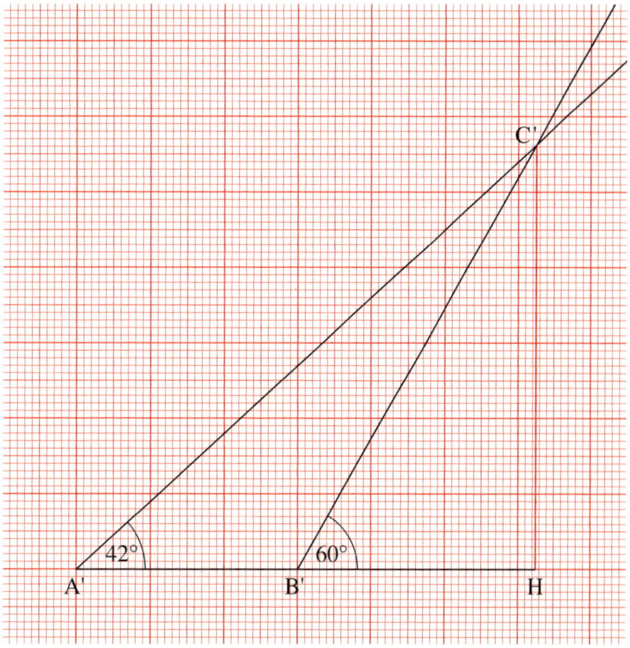

Das Haus ist ca. $1\,000 \cdot 5{,}6\,\text{cm}$, also 56 m hoch.

11. Ein Ballon steigt vom Punkt A senkrecht nach oben. Wie hoch ist er, wenn ein 120 m entfernter Beobachter ihn unter einem Erhebungswinkel von 62° sieht? (Maßstab 1 : 2 000.)

Aus der Skizze entnimmt man: Die Länge der Originalstrecke $\overline{DA}$ beträgt 120 m, das sind 12 000 cm. Heißt die zu zeichnende Strecke $\overline{D'A'}$, so gilt $|\overline{D'A'}| = \dfrac{12000\,\text{cm}}{2000} = 6\,\text{cm}$.

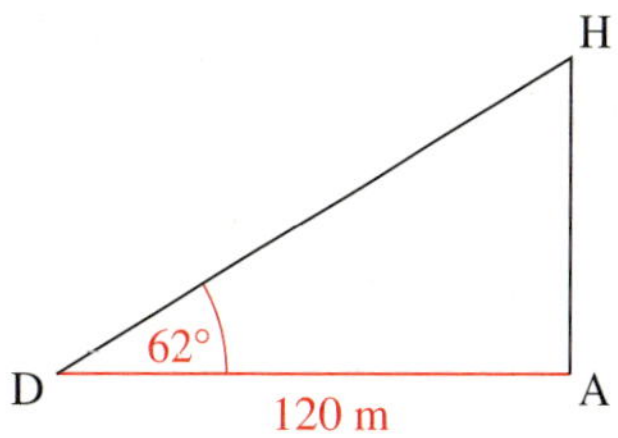

91

Konstruktion:

$|\overline{D'A'}| = 6\,cm$
$h(A') \perp \overline{D'A'}$
$\sphericalangle 62°$ an $\overline{D'A'} \Rightarrow H$
$|\overline{A'H}| \approx 11{,}3\,cm$

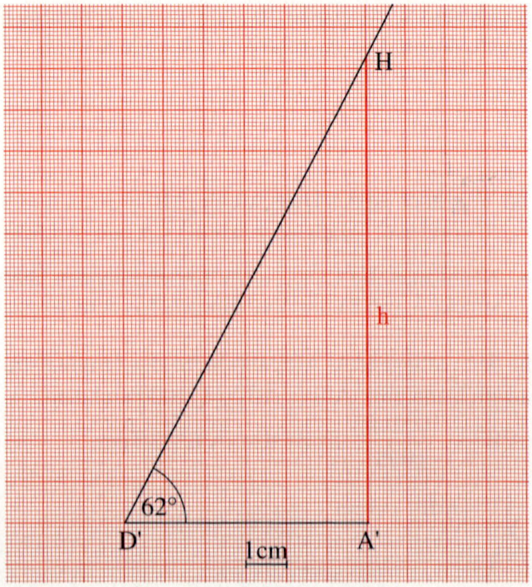

► Längenmaße auf die Hälfte verkürzt

Der Ballon ist ungefähr $2000 \cdot 11{,}3\,cm$, also 226 m hoch.

12. Um die Breite eines Flusses festzustellen, misst man von einer 400 m über dem Wasserspiegel liegenden Bergspitze nebenstehende Senkungswinkel: $\alpha = 25°$, $\beta = 40°$. (Maßstab 1 : 10 000.)

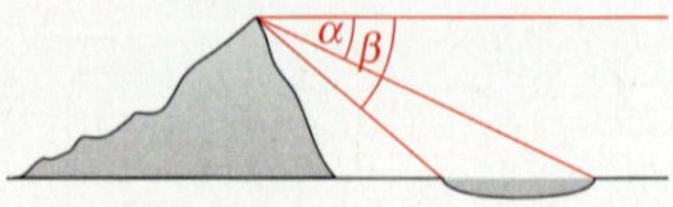

Für die Länge h' des zu zeichnenden Bildes der Höhe h der Bergspitze über dem Wasserspiegel erhält man wegen des vorgegebenen Maßstabs $h' = \dfrac{40000\,cm}{10000} = 4\,cm$.

$|\overline{AB}| = h' = 4\,cm$
$m(B) \perp \overline{AB}$
$n(A) \perp \overline{AB}$
$\sphericalangle \alpha, \alpha = 25°$ an m in $B \Rightarrow E$
$\sphericalangle \beta, \beta = 40°$ an m in $B \Rightarrow D$

$|\overline{DE}| \approx 3{,}8\,cm$
Der Fluss ist ungefähr $10000 \cdot 3{,}8\,cm$, also 380 m breit.

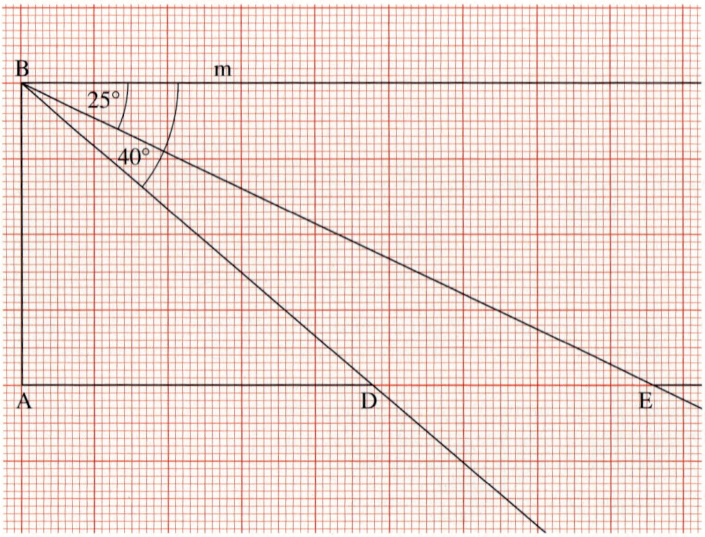

91

13. Ein Schulhof ist 55 m breit. Von der Dachspitze der Schule misst man nebenstehende Senkungswinkel: $\alpha = 18°, \beta = 54°$.

Wie hoch ist das Schulgebäude? (Maßstab 1 : 1 000.)

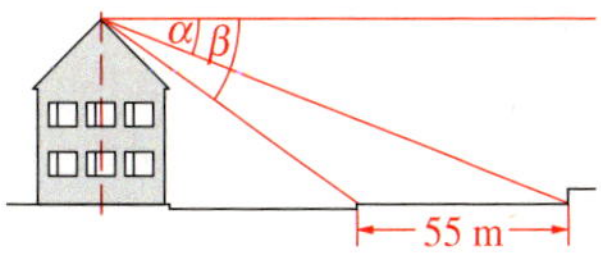

Für die Länge x der zu zeichnenden Bildstrecke der Breite des Schulhofs gilt wegen des vorgegebenen Maßstabs $x = \frac{5\,500\text{ cm}}{1\,000} = 5{,}5\text{ cm}$.

Der nebenstehenden Skizze zum Sachverhalt entnimmt man:
$|\sphericalangle ABC| = \alpha$ (Wechselwinkel an geschnittenen Parallelen)
$|\sphericalangle ACB| = \beta - \alpha$
$|\sphericalangle BAC| = \gamma = 180° - \beta$ (entgegengesetzt liegender Winkel zu β)

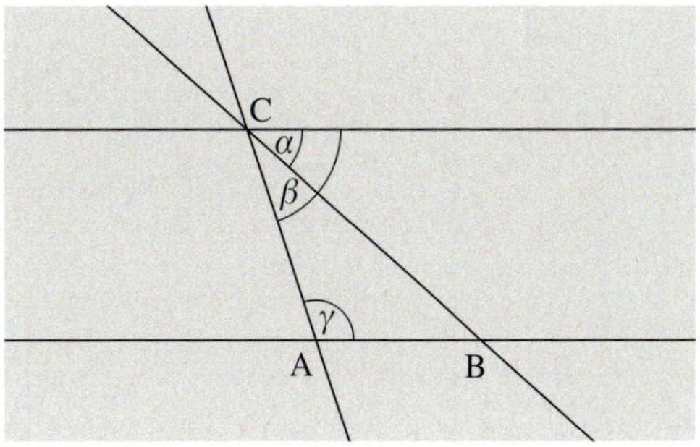

Konstruktion:

$|\overline{AB}| = x = 5{,}5\text{ cm}$
$\sphericalangle \gamma, \gamma = 126°$ an $\overline{AB} \Rightarrow s_1$
$\sphericalangle \alpha, \alpha = 18°$ an $\overline{BA} \Rightarrow s_2$
$s_1 \cap s_2 = \{C\}$
$h(C) \perp \overline{AB} \Rightarrow D$
$|\overline{CD}| \approx 2{,}4\text{ cm}$

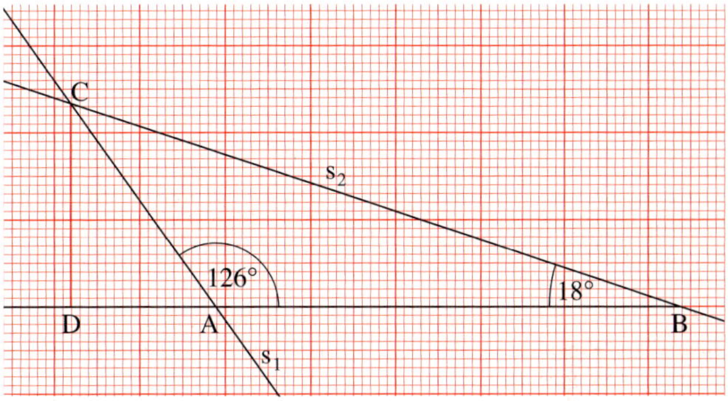

Die Höhe des Gebäudes beträgt ungefähr $1\,000 \cdot 2{,}4$ cm, also 24 m.

92

14. Von der Spitze des Eiffelturmes (300 m) sieht man die Spitze eines Schornsteins unter einem Senkungswinkel von 30° und die Standfläche unter einem Senkungswinkel von 35° zur Horizontalen. Wie hoch ist der Schornstein und wie weit ist er vom Eiffelturm entfernt? (Maßstab 1 : 5 000.)

In der nebenstehenden Skizze ist die Höhe des Eiffelturms mit $\overline{AB}$, die des Schornsteins mit $\overline{CD}$ bezeichnet. $\overline{AC}$ ist demnach die Entfernung des Schornsteins vom Turm. Für die zu zeichnende Höhe $\overline{A'B'}$ gilt
$|\overline{A'B'}| = \frac{30\,000\text{ cm}}{5\,000} = 6\text{ cm}$.

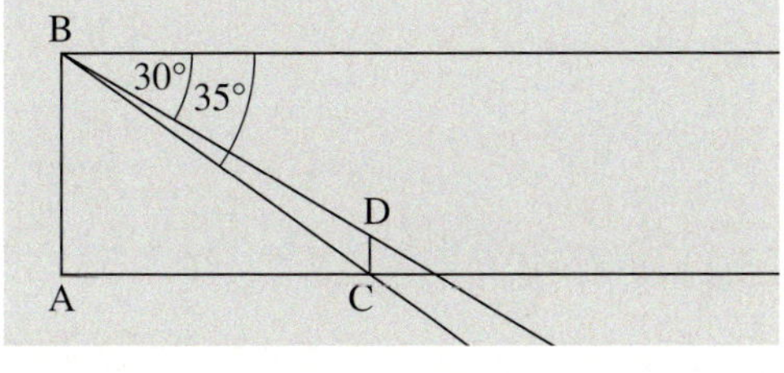

92

Konstruktion:
$|\overline{A'B'}| = 6\,\text{cm}$; $s(A') \perp \overline{A'B'}$; $\sphericalangle\,(90° - 35°)$ an $\overline{B'A'}$; ➡ C'; $\sphericalangle\,(90° - 30°)$ an $\overline{A'B'}$; $g(C') \parallel \overline{A'B'}$ ➡ D';
$|\overline{C'D'}| \approx 1{,}0\,\text{cm}$, $|\overline{A'C'}| \approx 8{,}5\,\text{cm}$

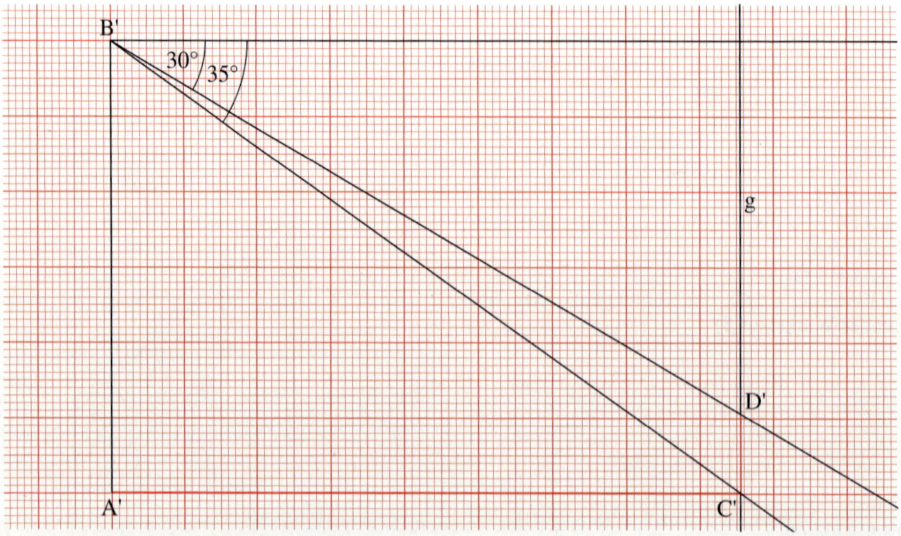

Der Schornstein ist also ungefähr 50 m hoch und 425 m vom Eiffelturm entfernt.

15. Zwei Wanderer A und B gehen von einem Gasthaus auf einen Fluss zu. Ihre Wege bilden einen Winkel von 65°. A erreicht nach 112 m und B nach 156 m das Ufer des Flusses. Wie weit ist das Gasthaus vom Fluss entfernt? Wie weit sind die beiden Wanderer am Flussufer voneinander entfernt? (Maßstab 1 : 2 000.)

In der nebenstehenden Skizze bezeichnen P die Gaststätte, R und Q die Punkte, an denen die Wanderer den Fluss, der als geradlinig angenommen wird, erreichen. $|\overline{PH}|$ bezeichnet die Entfernung des Gasthauses vom Fluss.

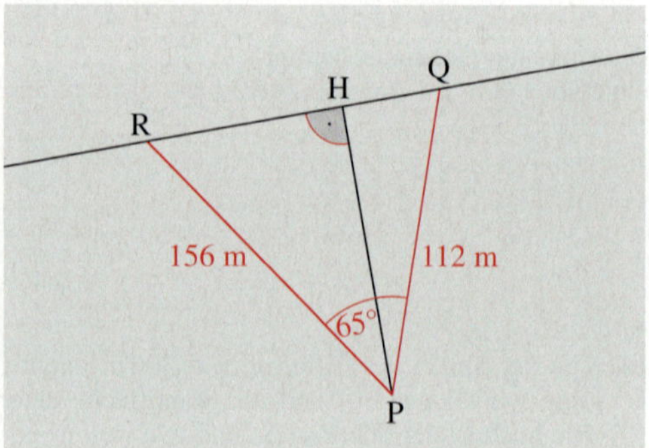

92

Für die Längen der Bildstrecken zu $\overline{PR}$ und $\overline{PQ}$ gilt:

$|\overline{P'R'}| = \frac{11\,200\,cm}{2000} = 5{,}6\,cm$,

$|\overline{P'Q'}| = \frac{15\,600\,cm}{2000} = 7{,}8\,cm$.

$|\overline{P'R'}| = 5{,}6\,cm$
$\sphericalangle 65°$ an $\overline{P'R'} \Rightarrow s$
$K(P'; r = 7{,}8\,cm) \Rightarrow Q'$
Lot von P' auf $\overline{Q'R'} \Rightarrow H'$
$\overline{P'H'} \approx 5{,}3\,cm$,
$\overline{Q'R'} \approx 7{,}4\,cm$

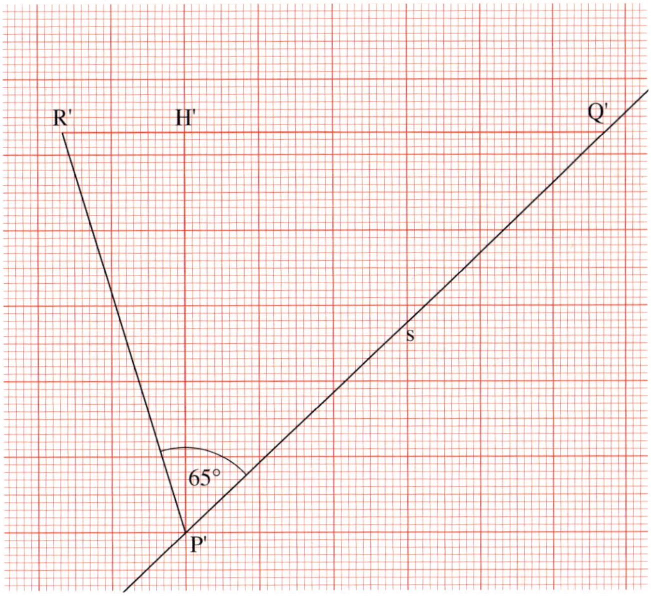

Das Gasthaus ist ungefähr 106 m vom Fluss entfernt, die beiden Wanderer sind ungefähr 148 m voneinander entfernt.

Winkelhalbierende

Merke:

Eine Gerade, die durch eine Dreiecksecke geht und den Dreieckswinkel an dieser Ecke halbiert, heißt eine **Winkelhalbierende** des Dreiecks. Jedes Dreieck besitzt drei Winkelhalbierende w_α, w_β und w_γ. Ihre Schnittpunkte mit den Dreiecksseiten heißen entsprechend W_α, W_β und W_γ. Es ist üblich, auch nur die drei Strecken $\overline{AW_\alpha}$, $\overline{BW_\beta}$ und $\overline{CW_\gamma}$ als Winkelhalbierende zu bezeichnen. Dann stehen w_α, w_β und w_γ für diese Strecken bzw. w_α, w_β und w_γ für deren Längen.

Winkelhalbierende im Dreieck

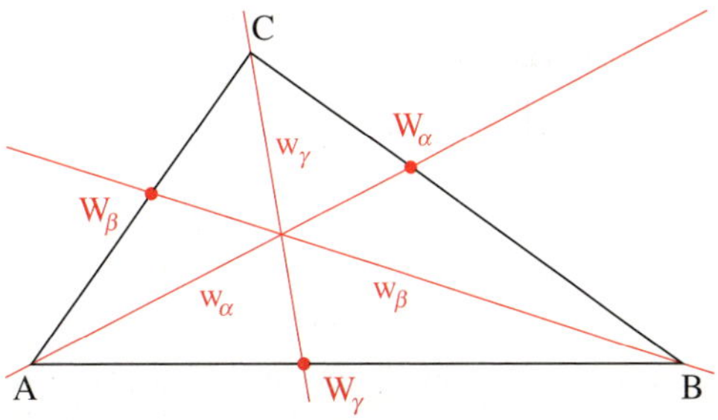

- w_α, w_β, w_γ: Winkelhalbierende
- W_α, W_β und W_γ: Schnittpunkte mit den Seiten
- $\overline{AW_\alpha}$, $\overline{BW_\beta}$, $\overline{CW_\gamma}$: Winkelhalbierende

Konstruieren Sie Dreiecke aus den Längen und Größen:

1. $b = 4{,}5\,cm$, $w_\alpha = 5{,}5\,cm$, $u = 3\,cm$ mit $u = \overline{W_\alpha C}$.
2. $w_\beta = 5\,cm$, $v = 3\,cm$, $\gamma = 70°$ mit $v = \overline{CW_\beta}$.
3. $w_\beta = 8\,cm$, $a = 7\,cm$, $\beta = 65°$.
4. $w_\gamma = 5{,}5\,cm$, $b = 6\,cm$, $v = 3\,cm$ mit $v = \overline{AW_\gamma}$.
5. $w_\gamma = 6\,cm$, $v = 3{,}5\,cm$, $\alpha = 65°$ mit $v = \overline{AW_\gamma}$.
6. $r = 2{,}5\,cm$, $\alpha = 70°$, $\gamma = 60°$.

92

Zu 1:

1. Etappe: Die Planfigur zeigt: Vom Dreieck $\triangle AW_\alpha C$ kennt man b, w_α und $|\overline{W_\alpha C}|$. Es ist nach SSS eindeutig konstruierbar.
Was weiß man über den Punkt B?

Planfigur

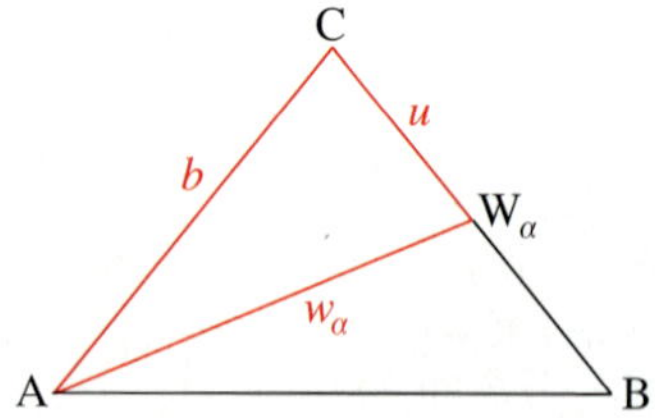

2. Etappe:

a) Der Punkt B liegt einerseits auf dem Strahl s_1 aus C durch W_α.
b) Verdoppelt man den Winkel $\sphericalangle CAW_\alpha$, so liegt der Punkt B andererseits auf dem freien Schenkel s_2 des verdoppelten Winkels.
c) Der Punkt B ist also der Schnittpunkt von s_1 und s_2.

3. Etappe:

$|\overline{AC}| = b = 4{,}5\,\text{cm}$; $K_A(A; r = w_\alpha = 5{,}5\,\text{cm})$; $K_C\,(C; r = u = 3\,\text{cm})$; $K_A \cap K_C = \{W_\alpha\}$; $\overleftarrow{CW_\alpha} = s_1$;
$|\sphericalangle CAW_\alpha|$ an $\overline{AW_\alpha} \Rightarrow s_2$
$s_1 \cap s_2 = \{B\}$

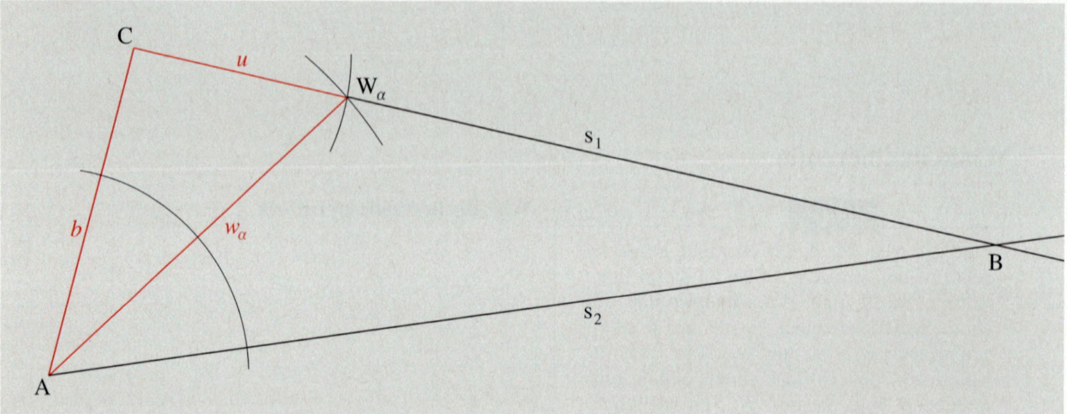

4. Etappe: Das Dreieck $\triangle ABC$ ist eindeutig konstruierbar.

Zu 2:

Das Teildreieck $\triangle BCW_\beta$ ist nach SsW eindeutig konstruierbar, denn man kennt $|\overline{BW_\beta}|$, $|\overline{CW_\beta}|$ und $\sphericalangle\gamma$.

Planfigur

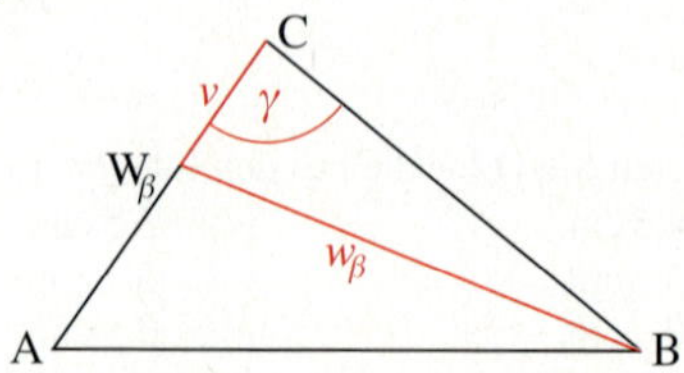

Der Punkt A liegt auf dem Strahl $\overleftarrow{CW_\beta} = s_1$ und dem freien Schenkel s_2 des Doppelten des Winkels $\sphericalangle CBW_\beta$.

92

$|\overline{CW_\beta}| = v = 3\,\text{cm}$
$\sphericalangle 70°$ an $\overline{CW_\beta}$
$K_{W_\beta}(W_\beta; r = w_\beta = 5\,\text{cm}) \rightarrow B$
$|\sphericalangle CBW_\beta|$ an $\overline{BW_\beta} \rightarrow s_2$
$\overline{CW_\beta} = s_1$
$s_1 \cap s_2 = \{A\}$

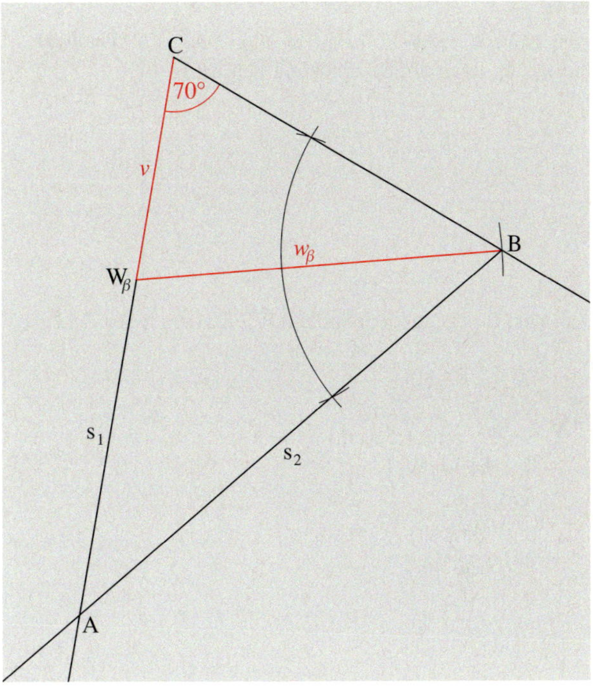

Das Dreieck $\triangle ABC$ ist eindeutig konstruierbar.

Zu 3:

Vom Dreieck $\triangle BCW_\beta$ kennt man a, w_β und $|\sphericalangle CBW_\beta| = 32{,}5°$. Es ist nach SWS eindeutig konstruierbar.

Planfigur

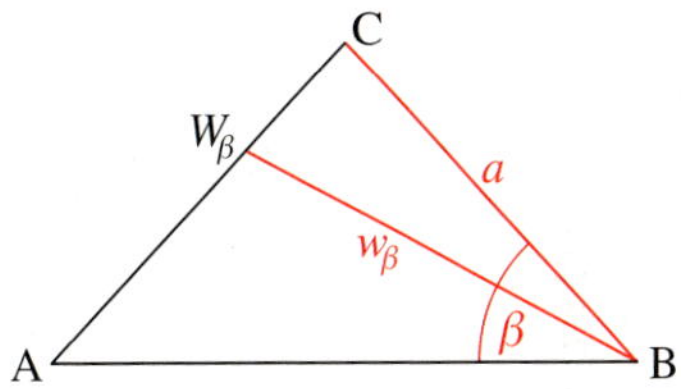

Der Punkt A liegt auf dem Strahl $\overline{CW_\beta}$ und dem freien Schenkel des Winkels β.

$|\overline{BC}| = a = 7\,\text{cm}$; $\sphericalangle 32{,}5°$ an $\overline{BC}$; $K(B; r = w_\beta = 8\,\text{cm}) \rightarrow W_\beta$; $\sphericalangle 65°$ an $\overline{BC} \rightarrow s_1$;
$\overline{CW_\beta} \rightarrow s_2$; $s_1 \cap s_2 = \{A\}$

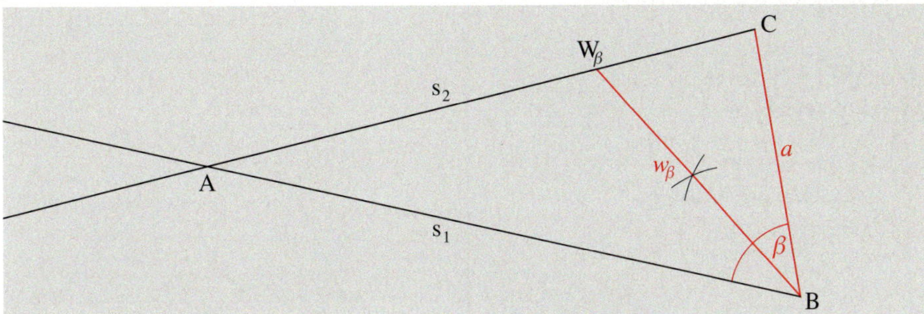

Das Dreieck $\triangle ABC$ ist eindeutig konstruierbar. ► Längenmaße auf die Hälfte verkürzt

92

Zu 4:

Vom Dreieck $\triangle AW_\gamma C$ kennt man b, $|\overline{AW_\gamma}|$ und w_γ. Es ist nach SSS eindeutig konstruierbar.

Planfigur

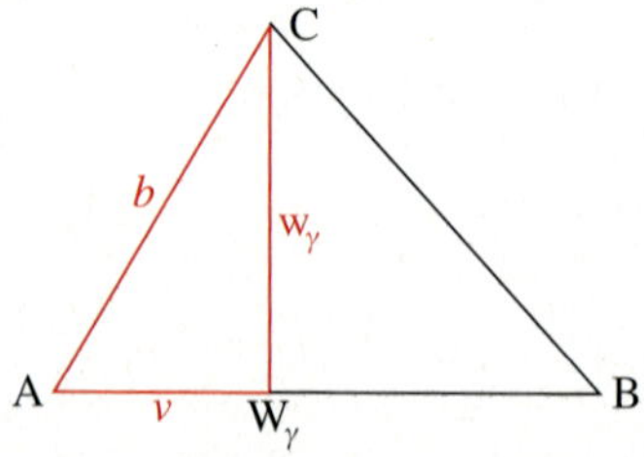

Der Punkt B liegt auf dem Strahl $\overrightarrow{AW_\gamma}$ und dem freien Schenkel des Doppelten des Winkels $\sphericalangle ACW_\gamma$.

$|\overline{AC}| = b = 6\,\text{cm}$
$K_A(A; r = v = 3\,\text{cm})$
$K_C(C; r = w_\gamma = 5{,}5\,\text{cm})$
$K_A \cap K_C = \{W_\gamma\}$
$\overrightarrow{AW_\gamma} = s_1$
$|\sphericalangle ACW_\gamma|$ an $\overline{CW_\gamma} \rightarrow s_2$
$s_1 \cap s_2 = \{B\}$

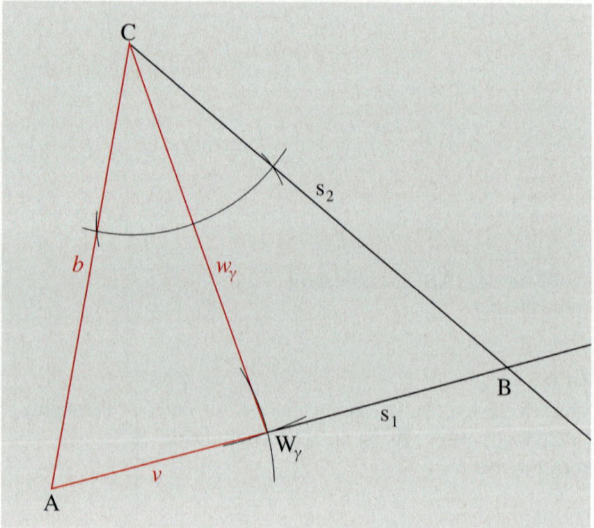

Das Dreieck $\triangle ABC$ ist eindeutig konstruierbar.

Zu 5:

Das Teildreieck $\triangle AW_\gamma C$ ist nach SsW eindeutig konstruierbar.

Der Punkt B liegt einerseits auf dem Strahl $\overrightarrow{AW_\gamma}$, andererseits auf dem freien Schenkel des verdoppelten Winkels $\sphericalangle ACW_\gamma$.

$|\overline{AW_\gamma}| = v = 3{,}5\,\text{cm}$
$\sphericalangle 65°$ an $\overline{AW_\gamma} \rightarrow s_1$
$K_{W_\gamma}(W_\gamma; r = w_\gamma = 6\,\text{cm})$
$K_{W_\gamma} \cap s_1 = \{C\}$
$|\sphericalangle ACW_\gamma|$ an $\overline{CW_\gamma} \rightarrow s_2$
$\overrightarrow{AW_\gamma} \cap s_2 = \{B\}$

Das Dreieck $\triangle ABC$ ist bis auf Kongruenz eindeutig konstruierbar.

Planfigur

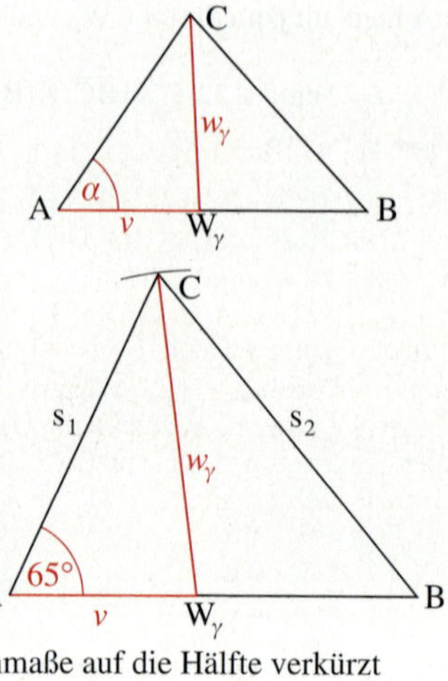

► Längenmaße auf die Hälfte verkürzt

Zu 6:

92

► Die Winkelhalbierenden eines Dreiecks schneiden sich in einem Punkt, dem Mittelpunk des Inkreises des Dreiecks. ► Lehrbuch Kusch 2, Abschnitt 6.1
r bezeichnet den Radius des Inkreises. Er ist bestimmt durch die Lote vom Schnittpunkt der Winkelhalbierenden auf die Dreiecksseiten.

Vom Dreieck $\triangle AL_aM$ kennt man $|\overline{L_aM}| = r$, $|\sphericalangle L_aAM| = \frac{1}{2}\alpha$ und den rechten Winkel bei L_a. Es ist nach WSW eindeutig konstruierbar. Hier soll eine andere Möglichkeit beschrieben werden. Sie macht davon Gebrauch, dass M auf einer Parallelen zu AB liegt, die den Abstand r von AB hat und dass man die Größe des Winkels $\sphericalangle CML_b$ berechnen kann. Sie beträgt $90° - \frac{1}{2}\gamma$, also 60°.

$\sphericalangle\alpha, \alpha = 70° \Rightarrow s_1$ und s_2.
w_α
$p \parallel s_1$ im Abstand r
$p \cap w_\alpha = \{M\}$
Lot von M auf $s_2 \Rightarrow L_b$
$\sphericalangle 60°$ an $ML_b \Rightarrow w_\gamma$
$w_\gamma \cap s_2 = \{C\}$
$|\sphericalangle L_bCM|$ an $\overline{CM} \Rightarrow s_3$
$s_1 \cap s_3 = \{B\}$

Planfigur

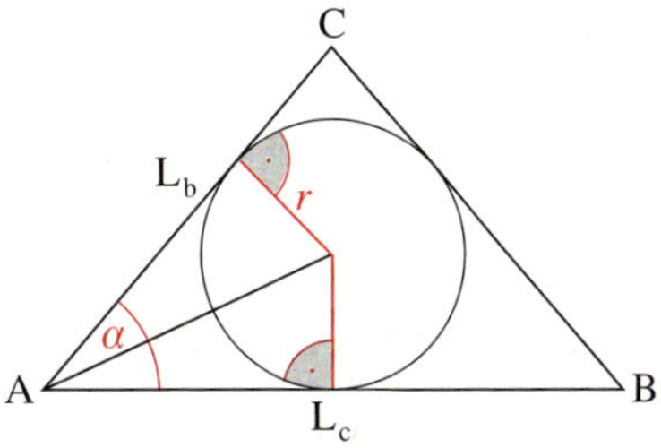

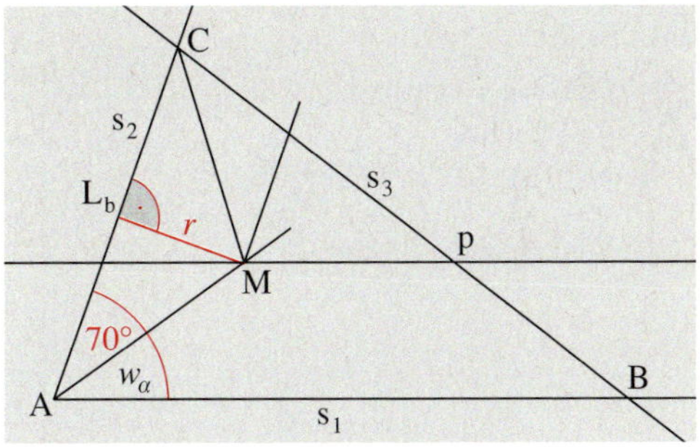

► Längenmaße auf die Hälfte verkürzt

Seitenhalbierende

Merke:

Die Verbindungsgerade einer Dreiecksecke mit der Mitte der gegenüberliegenden Seite heißt eine **Seitenhalbierende** des Dreiecks. Jedes Dreieck besitzt drei Seitenhalbierende s_a, s_b und s_c. Die Seitenmitten werden mit M_a, M_b und M_c bezeichnet. Es ist üblich, auch nur die Strecken $\overline{AM_a}, \overline{BM_b}$ und $\overline{CM_c}$ als Seitenhalbierende zu bezeichnen. Dann stehen s_a, s_b und s_c für diese Strecken bzw. s_a, s_b und s_c für deren Längen.

Seitenhalbierende im Dreieck

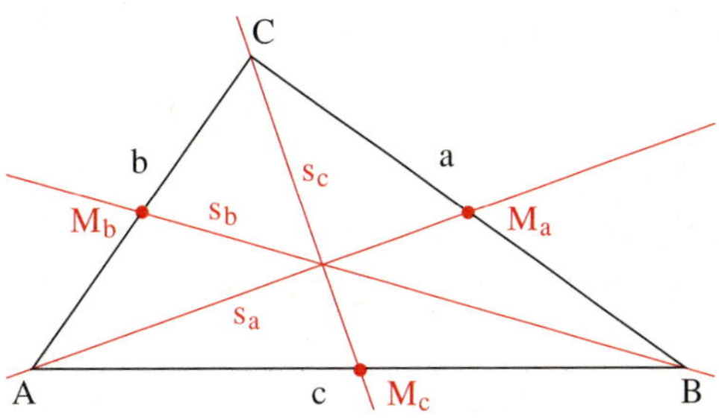

► s_a, s_b, s_c Seitenhalbierende
► M_a, M_b, M_c: Seitenmittenpunkte
► $\overline{AM_a}, \overline{BM_b}, \overline{CM_c}$: Seitenhalbierende

92 Konstruieren Sie Dreiecke aus den Längen und Größen:

1. $c = 7$ cm,	$s_a = 7{,}5$ cm,	$\beta = 65°$.
2. $c = 6{,}5$ cm,	$a = 4$ cm,	$s_c = 5$ cm.
3. $b = 5{,}5$ cm,	$c = 8$ cm,	$s_c = 4{,}2$ cm.
4. $h_a = 4{,}5$ cm,	$s_a = 5$ cm,	$b = 6$ cm.
5. $h_b = 7$ cm,	$s_c = 8$ cm,	$\alpha = 55°$.
6. $b = 5{,}5$ cm,	$s_a = 7{,}2$ cm,	$s_c = 4{,}2$ cm.
7. $a = 4{,}4$ cm,	$s_a = 8{,}1$ cm,	$s_c = 4{,}8$ cm.
8. $h_c = 4$ cm,	$s_a = 7{,}2$ cm,	$s_c = 4{,}5$ cm.

► In den folgenden Zeichnungen sind die Längenmaße auf die Hälfte verkürzt, die Winkelgrößen wurden beibehalten.

Zu 1:

Das Dreieck $\triangle ABM_a$ ist nach SsW eindeutig konstruierbar.
C erhält man durch Verdoppelung der Strecke $\overline{BM_a}$.

$|\overline{AB}| = c = 7$ cm
$\sphericalangle 65°$ an $\overline{BA}$
$K(A; r = s_a = 7{,}5\text{ cm}) \rightarrow M_a$

Verdoppelung $\overline{BM_a} \rightarrow C$

Das Dreieck $\triangle ABC$ ist eindeutig konstruierbar.

Planfigur

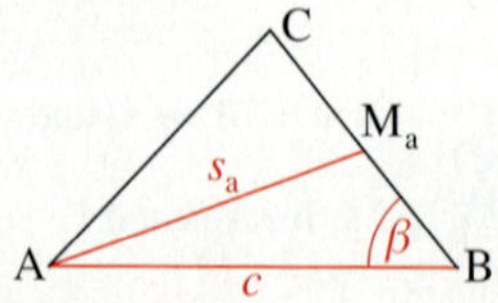

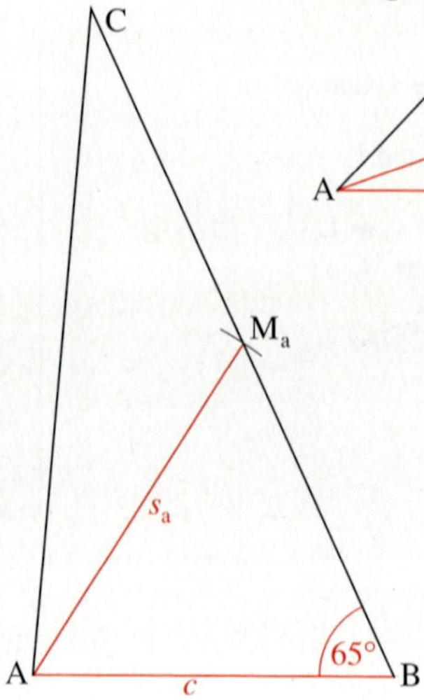

Zu 2:

Das Dreieck $\triangle BCM_c$ ist nach SSS eindeutig konstruierbar.
A erhält man durch Verdoppelung der Strecke $\overline{BM_c}$.

$|\overline{BC}| = a = 4$ cm
$K_C(C; r = s_c = 5\text{ cm})$
$K_B\left(B; r = \frac{1}{2}c = 3{,}25\text{ cm}\right)$
$K_C \cap K_B = \{M_c\}$
$\overline{BM_c}$ mit $|\overline{M_cA}| = |\overline{BM_c}|$
$\overline{AC}$

Das Dreieck $\triangle ABC$ ist eindeutig konstruierbar.

Planfigur

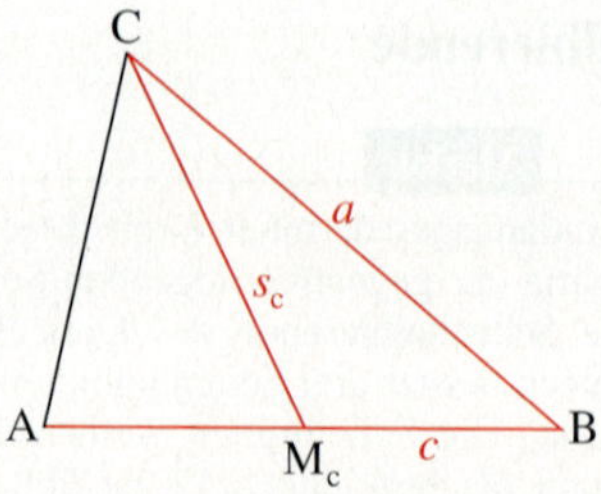

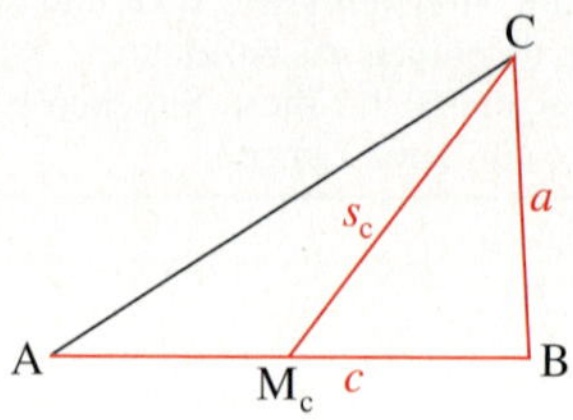

Zu 3:

Das Dreieck $\triangle AM_cC$ ist nach SSS eindeutig konstruierbar.
B erhält man durch Verdoppelung von $\overline{AM_c}$.

Planfigur

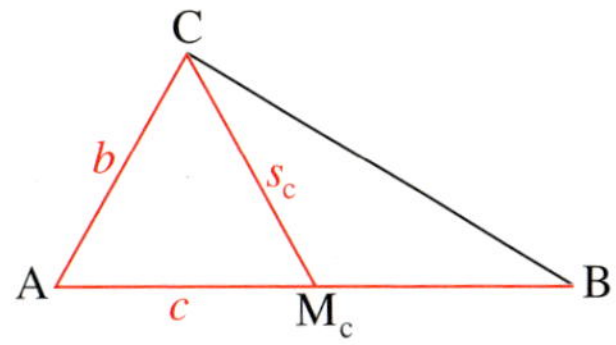

$|\overline{AC}| = b = 5{,}5\,\text{cm}$
$K_C\,(C; r = s_c = 4{,}2\,\text{cm})$
$K_A\,\left(A; r = \frac{1}{2}c = 4\,\text{cm}\right)$
$K_A \cap K_C = \{M_c\}$
B auf $\overrightarrow{AM}$ mit $|\overline{M_cB}| = |\overline{AM_c}|$

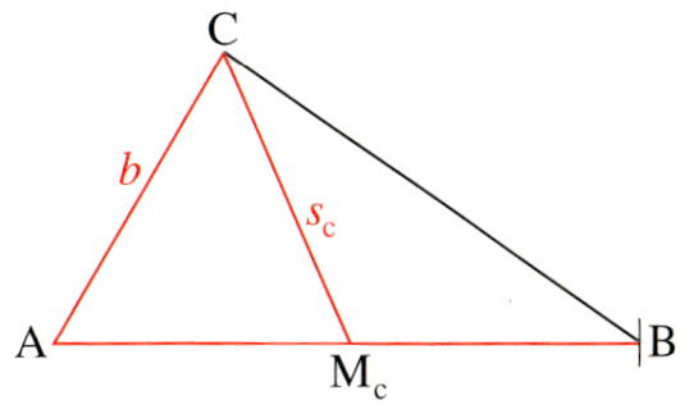

Das Dreieck $\triangle ABC$ ist eindeutig konstruierbar.

Zu 4:

Das Dreieck $\triangle AH_aC$ ist nach SsW eindeutig konstruierbar. M_a liegt auf dem Kreis um A mit $r = s_a$. B erhält man durch Verdoppelung von $\overline{CM_a}$.

Planfigur

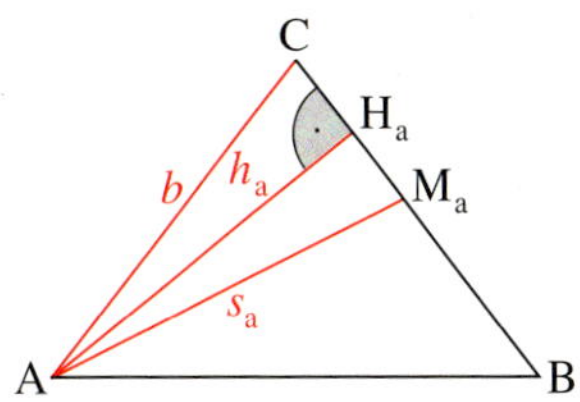

$|\overline{AH_a}| = h_a = 4{,}5\,\text{cm}$
$g(H_a) \perp h_a$
$K_1\,(A; r = b = 6\,\text{cm})$
$K_1 \cap g = \{C\}$
$\overline{AC}$
$K_2\,(A; r = s_a = 5\,\text{cm})$
$K_2 \cap \overrightarrow{CH_a} = \{M_{a_1}, M_{a_2}\}$
B_1 auf $\overrightarrow{CH_a}$ so, dass $|\overline{M_{a_1}B_1}| = |\overline{CM_{a_1}}|$
B_2 auf $\overrightarrow{CH_a}$ so, dass $|\overline{M_{a_2}B_2}| = |\overline{CM_{a_2}}|$

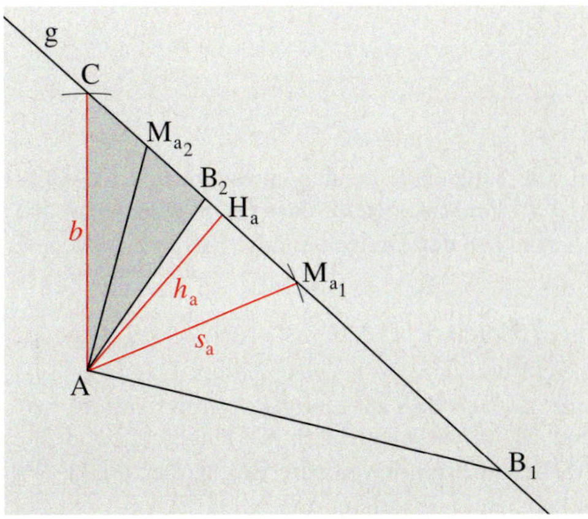

Die Dreiecke $\triangle AB_1C$ und $\triangle AB_2C$ enthalten alle geforderten Stücke, sind also Lösungen der Aufgabe.

92

Zu 5:

Im Dreieck $\triangle ABH_b$ kann $|\sphericalangle ABH_b|$ berechnet werden. Er ist $90° - 55°$, also 35° groß. Nun ist das Dreieck $\triangle ABH_b$ nach WSW eindeutig konstruierbar.

M_c ist die Mitte von $\overline{AB}$. Punkt C liegt auf dem Kreis K um M_c mit dem Radius $r = s_c$ und auf dem Strahl $\overrightarrow{AH_b}$.

Planfigur

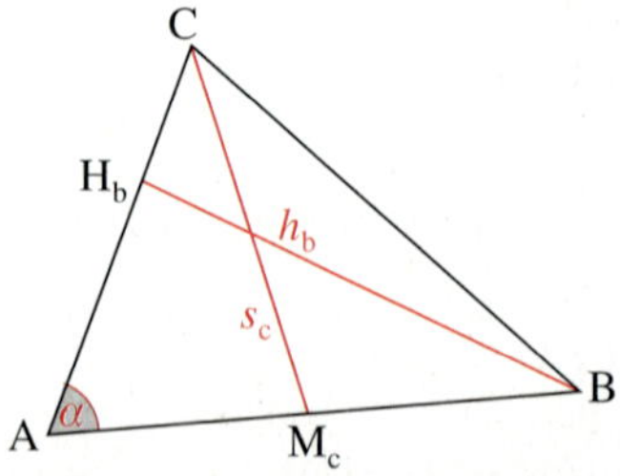

$|\overline{BH_b}| = h_b = 7\,\text{cm}$
$g(H_b) \perp h_b$
$\sphericalangle 35°$ an $\overline{BH_b} \Rightarrow A$
$\overline{AB}$ halbieren $\Rightarrow M_c$
$K_{M_c}(M_c; r = s_c = 8\,\text{cm})$
$K_{M_c} \cap g = \{C_1, C_2\}$
$\overline{BC_1}, \overline{BC_2}$

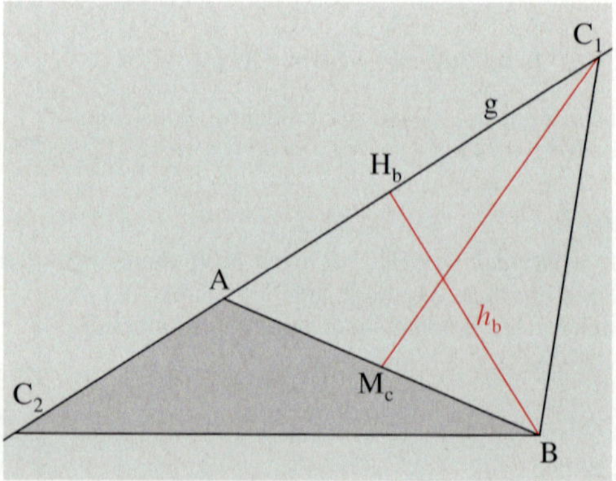

Die Dreiecke $\triangle ABC_1$ und $\triangle ABC_2$ enthalten alle geforderten Stücke, sind also Lösungen der Aufgabe

Zu 6:

► Die Seitenhalbierenden eines Dreiecks $\triangle ABC$ schneiden sich in einem Punkt S und werden von diesem Punkt so geteilt, dass die Strecken von den Ecken nach S doppelt so lang sind wie die Strecken von S zu den Dreiecksseiten: $|\overline{AS}| = 2 \cdot |\overline{SM_a}|$, $|\overline{BS}| = 2 \cdot |\overline{SM_b}|$, $|\overline{CS}| = 2 \cdot |\overline{SM_c}|$.

Im Teildreieck $\triangle ASC$ ist $|\overline{AS}| = \frac{2}{3} s_a$, also 4,8 cm und $|\overline{CS}| = \frac{2}{3} s_c$, also 2,8 cm. Das Dreieck ist nach SSS eindeutig konstruierbar. M_a und M_c erhält man durch Verlängerung von $\overline{AS}$ bzw. $\overline{CS}$ um jeweils die Hälfte. Der Punkt B liegt auf den Strahlen $\overrightarrow{AM_c}$ und $\overrightarrow{CM_a}$.

Planfigur

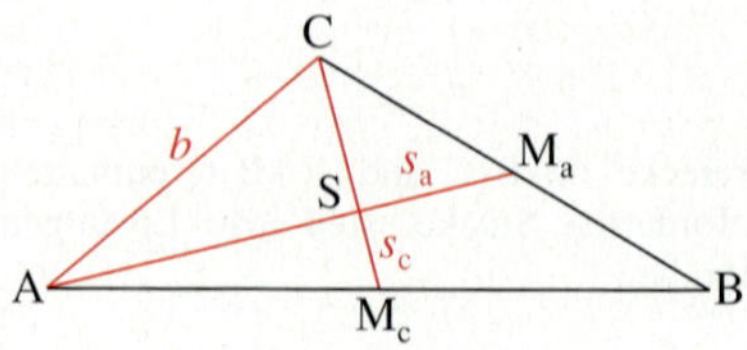

$|\overline{AC}| = b = 5{,}5\,\text{cm}$
$K_A(A; r = 4{,}8\,\text{cm})$
$K_C(C; r = 2{,}8\,\text{cm})$
$K_A \cap K_C = \{S\}$
Verlängerung von $\overline{AS}$ um seine halbe Länge $\Rightarrow M_a$
Verlängerung von $\overline{CS}$ um seine halbe Länge $\Rightarrow M_c$
$\overrightarrow{CM_a} \cap \overrightarrow{AM_c} = \{B\}$

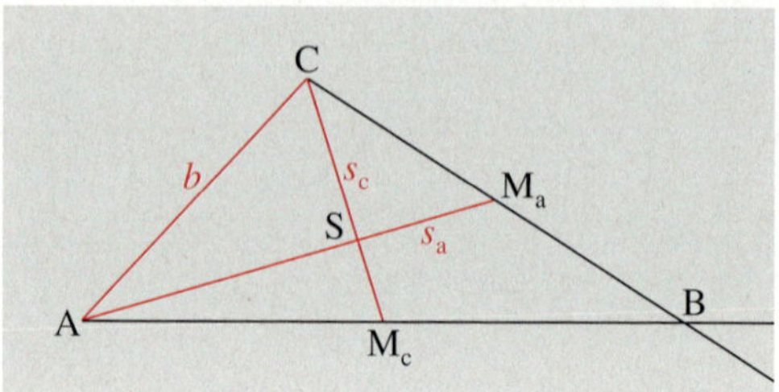

Das Dreieck $\triangle ABC$ ist eindeutig konstruierbar.

Zu 7:

Das Dreieck $\triangle CSM_a$ ist nach SSS eindeutig konstruierbar. B gewinnt man durch Verdoppelung von $\overline{CM_a}$, M_c erhält man durch Verlängerung von $\overline{CS}$ um die halbe Länge von $\overline{CS}$ und A liegt sowohl auf der Verbindungsgeraden BM_c als auch auf der Verlängerung von $\overline{M_aS}$.

$|\overline{CM_a}| = \frac{1}{2}a = 2{,}2\,\text{cm}$
$K_C\left(C; r = \frac{2}{3}s_c = 3{,}2\,\text{cm}\right)$
$K_{M_a}\left(M_a; r = \frac{1}{3}s_a = 2{,}7\,\text{cm}\right)$
$K_{M_a} \cap K_c = \{S\}$
Verdoppelung von $\overline{CM_a}$ ➡ B
Verlängerung von $\overline{M_aS}$ auf 8,1 cm ➡ A
$\overline{BA}, \overline{AC}$

$\triangle$ABC ist eindeutig konstruierbar.

Planfigur

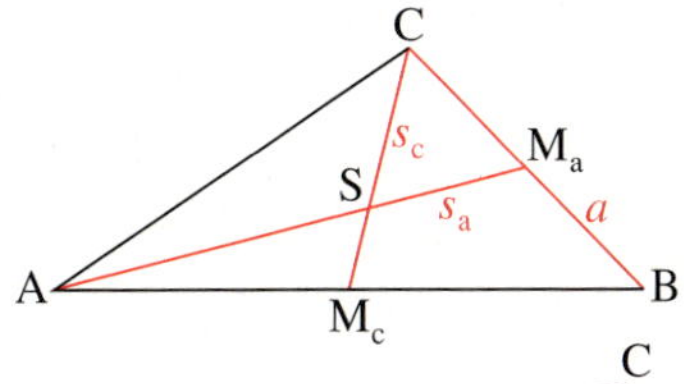

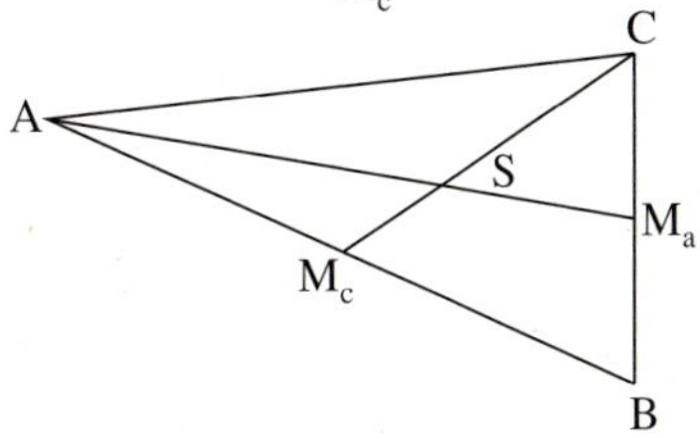

Zu 8:

Das Dreieck $\triangle CH_cM_c$ ist nach SsW eindeutig konstruierbar. Wegen $|\overline{CS}| = \frac{2}{3}s_c$ ist S bestimmt. A liegt auf $\overrightarrow{M_cH_c}$ und auf dem Kreis um S mit $r = \frac{2}{3}s_a$. M_a liegt auf S_a mit $|\overline{AM_a}| = s_a$. B liegt auf dem Strahl $\overrightarrow{CM_a}$ und auf dem Strahl $\overrightarrow{AM_c}$.

$|\overline{CH_c}| = h_c = 4\,\text{cm}$
$g(H_c) \perp CH_c$
$K_C(C; r = s_c = 4{,}5\,\text{cm})$
$K_C \cap g = \{M_c\}$
Punkt S durch $|\overline{CS}| = \frac{2}{3}s_c = 3\,\text{cm}$
$K_S\left(S; r = \frac{2}{3}s_a = 4{,}8\,\text{cm}\right)$
$K_s \cap g = \{A_1, A_2\}$
Auf $\overrightarrow{A_1S}$ liegt M_{a_1} mit $|\overline{A_1M_{a_1}}| = 7{,}2\,\text{cm}$
Auf $\overrightarrow{A_2S}$ liegt M_{a_2} mit $|\overline{A_2M_{a_2}}| = 7{,}2\,\text{cm}$
$\overrightarrow{CM_{a_1}} \cap \overrightarrow{A_1M_c} = \{B_1\}$
$\overrightarrow{CM_{a_2}} \cap \overrightarrow{A_2M_c} = \{B_2\}$

Die Dreiecke $\triangle A_1B_1C$ und $\triangle A_2B_2C$ enthalten alle geforderten Stücke, sind also Lösungen der Aufgabe.

Planfigur

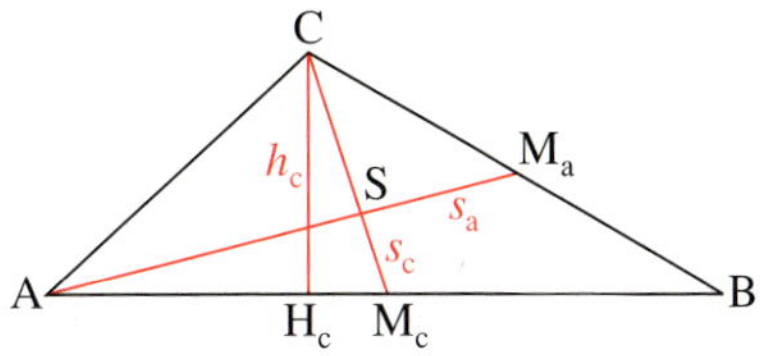

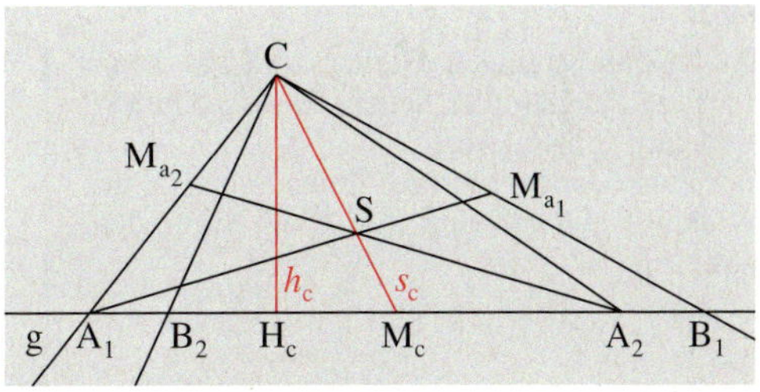

9. Konstruieren Sie ein gleichschenkliges Dreieck (Spitze bei C) aus den Längen $b = 6\,\text{cm}$, $s_a = 7{,}5\,\text{cm}$.

Mit b ist auch a bekannt und damit $|\overline{CM_a}|$. Das Dreieck $\triangle ACM_a$ ist nach SSS eindeutig konstruierbar. Für B gilt: $|\overline{CB}| = 2 \cdot |\overline{CM_a}|$.

$|\overline{BC}| = a = 6\,\text{cm}$
M_a als Mitte von $\overline{BC}$
$K_{M_a}(M_a; r = s_a = 7{,}5\,\text{cm})$
$K_C(C; r = b = 6\,\text{cm})$
$K_{M_a} \cap K_C = \{A\}$
$\overline{AB}, \overline{AC}$

Das Dreieck $\triangle$ABC ist eindeutig konstruierbar.

Planfigur

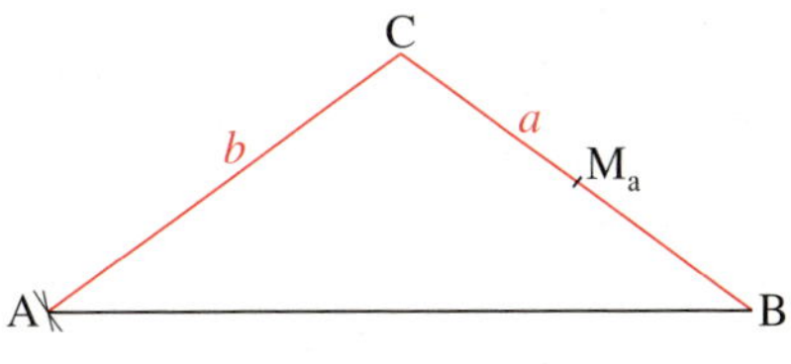

► Längenmaße auf die Hälfte verkürzt

92

Mittelsenkrechte

Merke:

- Eine Gerade, die durch die Mitte einer Dreiecksseite geht und auf dieser senkrecht steht, heißt eine **Mittelsenkrechte** des Dreiecks. Jedes Dreieck $\triangle ABC$ besitzt drei Mittelsenkrechte m_a, m_b und m_c. Die Seitenmitten werden entsprechend mit M_a, M_b und M_c bezeichnet.
- Die Mittelsenkrechten eines Dreiecks schneiden sich in einem Punkt, dem Mittelpunkt des Umkreises des Dreiecks.

Mittelsenkrechte im Dreieck

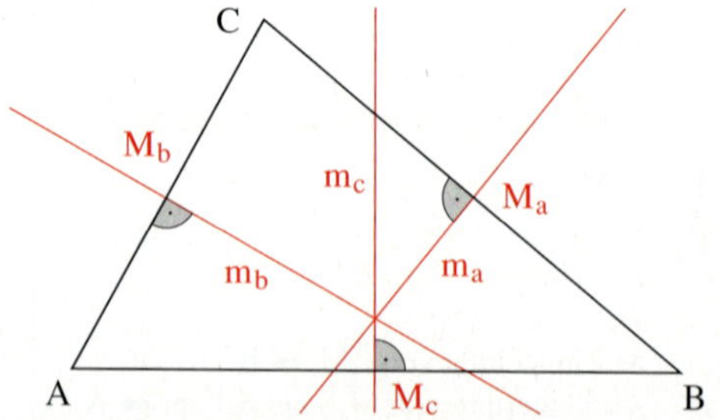

► Der Umkreis eines Dreiecks geht durch die Dreiecksecken. Wenn M seinen Mittelpunkt bezeichnet, sind also die Strecken $\overline{MA}$, $\overline{MB}$ und $\overline{MC}$ Radien des Umkreises und gleich lang. ► Lehrbuch Kusch 2, Abschnitt 3.6

Konstruieren Sie Dreiecke aus den Längen und Größen:

1. $a=6$ cm,	$R=4$ cm,	$\gamma=60°$.
2. $a=5$ cm,	$R=3{,}5$ cm,	$b=6$ cm.
3. $a=5{,}4$ cm,	$R=4{,}5$ cm,	$\beta=52°$.
4. $b=2{,}2$ cm,	$R=3$ cm,	$\gamma=100°$.
5. $c=5{,}5$ cm,	$R=4$ cm,	$\alpha=55°$.

► In den folgenden Zeichnungen sind die Längenmaße auf die Hälfte verkürzt, die Winkelgrößen wurden beibehalten.

Zu 1:

Im gleichschenkligen Dreieck $\triangle BCM$ kennt man die Längen aller Seiten. Es ist nach SSS eindeutig konstruierbar.
Der Punkt A liegt auf dem freien Schenkel des Winkels γ und auf dem Kreis K um M mit dem Radius R.

Planfigur

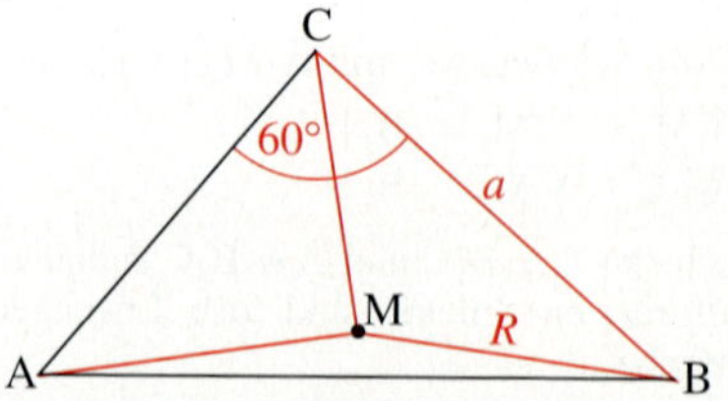

$|\overline{BC}|=a=6$ cm
$K_B(B; R=4$ cm$)$
$K_C(C; R=4$ cm$)$
$K_B \cap K_C=\{M\}$
$\sphericalangle 60°$ an $\overline{CB} \rightarrow s$
$K_M(M; R=4$ cm$)$
$K_M \cap s=\{A\}$
$\overline{AB}$

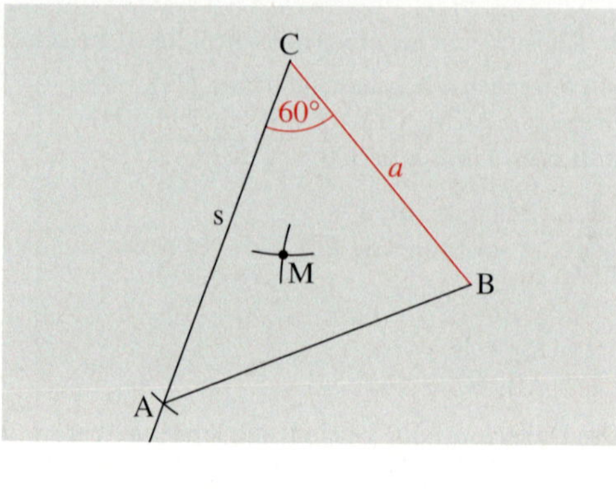

$\triangle ABC$ ist eindeutig konstruierbar.

Zu 2:

Das gleichschenklige Dreieck $\triangle ACM$ ist nach SSS eindeutig konstruierbar.
B liegt einerseits auf dem Kreis um M mit dem Radius R und andererseits auf dem Kreis um C mit dem Radius a.

Planfigur

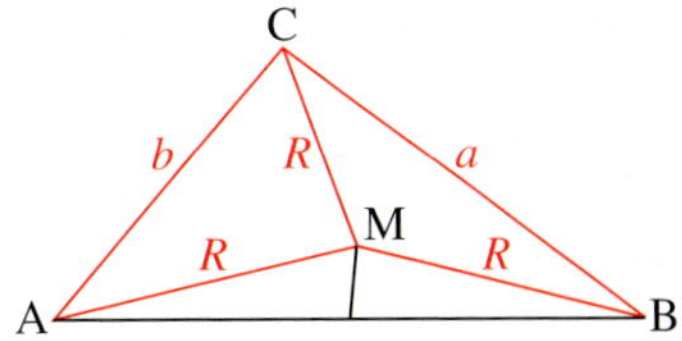

$|\overline{AC}| = b = 6\,\text{cm}$
$K_A(A; R = 3{,}5\,\text{cm})$
$K_C(C; R = 3{,}5\,\text{cm})$
$K_A \cap K_C = \{M\}$
$K_M\,(M; R = 3{,}5\,\text{cm})$
$K_2\,(C; r = a = 5\,\text{cm})$
$K_M \cap K_2 = \{B_1 B_2\}$
$\overline{BC}, \overline{AB}$

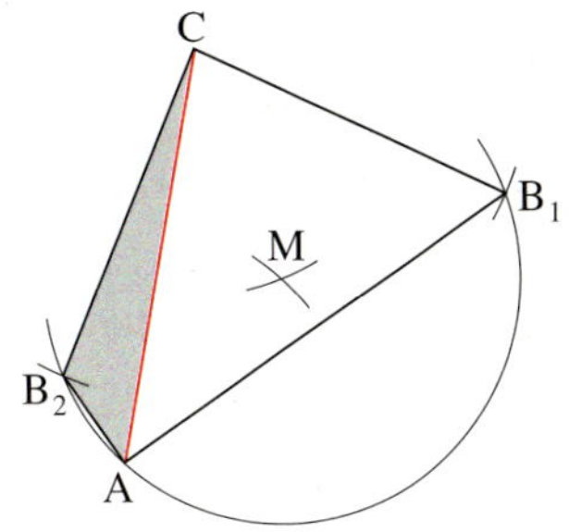

Die Dreiecke $\triangle AB_1C$ und $\triangle AB_2C$ sind Lösungen der Aufgabe, denn sie enthalten beide alle geforderten Stücke.

Zu 3:

Das gleichschenklige Dreieck $\triangle BCM$ ist nach SSS eindeutig konstruierbar.
Der Punkt A liegt einerseits auf dem Kreis um M mit dem Radius R, andererseits auf dem freien Schenkel des Winkels $\sphericalangle \beta$.

Planfigur

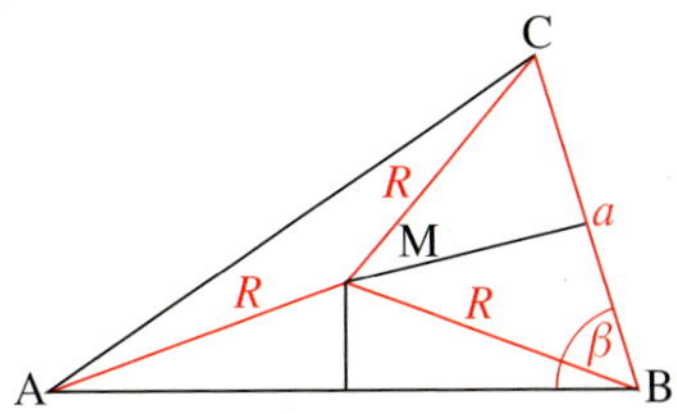

$|\overline{BC}| = a = 5{,}4\,\text{cm}$
$K_B(B; R = 4{,}5\,\text{cm})$
$K_C(C; R = 4{,}5\,\text{cm})$
$K_B \cap K_C = \{M\}$
$K_M(M; R = 4{,}5\,\text{cm})$
$\sphericalangle 52°$ an $\overline{BC} \rightarrow s$
$K_M \cap s = \{A\}$
$\overline{AC}$

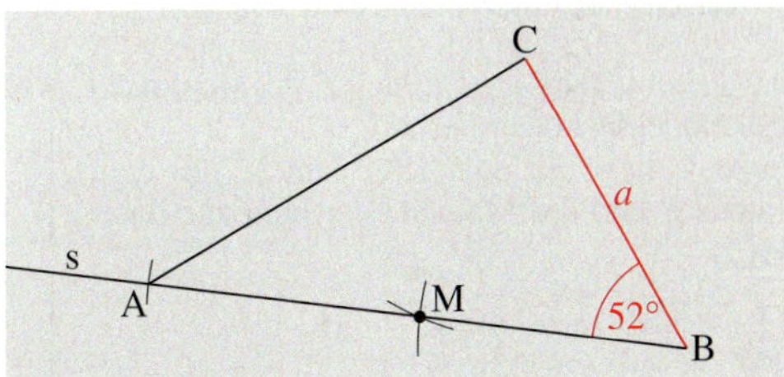

$\triangle ABC$ ist eindeutig konstruierbar.

Zu 4:

Das gleichschenklige Dreieck $\triangle AMC$ ist nach SSS eindeutig konstruierbar.
B liegt auf dem Kreis um M mit dem Radius R und dem freien Schenkel des Winkels $\sphericalangle \gamma$.

Planfigur

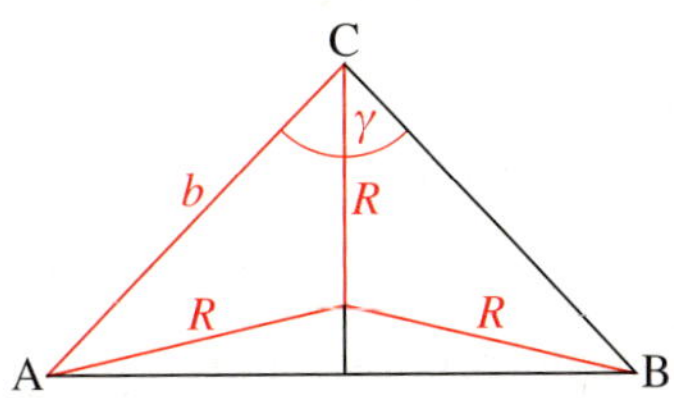

92

$|\overline{AC}| = b = 2{,}2\,\text{cm}$
$K_A(A; R = 3\,\text{cm})$
$K_C(C; R = 3\,\text{cm})$
$K_A \cap K_C = \{M\}$
$K_M(M; R = 3\,\text{cm})$
$\sphericalangle 100°$ an $\overline{CA} \Rightarrow s$
$K_M \cap s = \{B\}$
$\overline{AB}$

△ABC ist eindeutig konstruierbar.

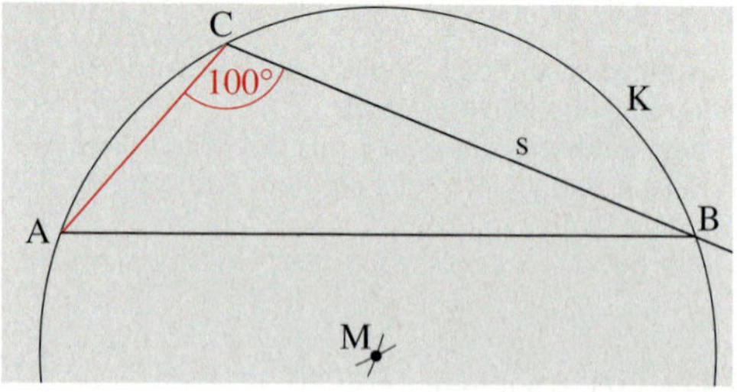

Zu 5:
Das gleichschenklige Dreieck △ABM ist nach SSS eindeutig konstruierbar.
C liegt auf dem Kreis um M mit dem Radius R und dem freien Schenkel des Winkels $\sphericalangle\alpha$.

$|\overline{AB}| = c = 5{,}5\,\text{cm}$
$K_A(A; R = 4\,\text{cm})$
$K_B(B; R = 4\,\text{cm})$
$K_A \cap K_B = \{M\}$
$K_M(M; R = 4\,\text{cm})$
$\sphericalangle 55°$ an $\overline{AB} \Rightarrow s$
$K_M \cap s = \{C\}$
$\overline{AC}$

△ABC ist eindeutig konstruierbar.

Planfigur

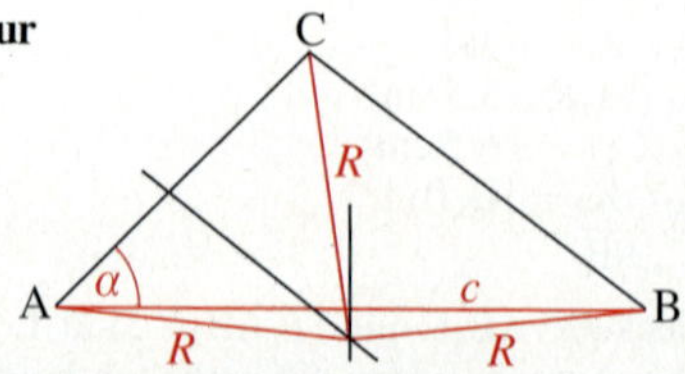

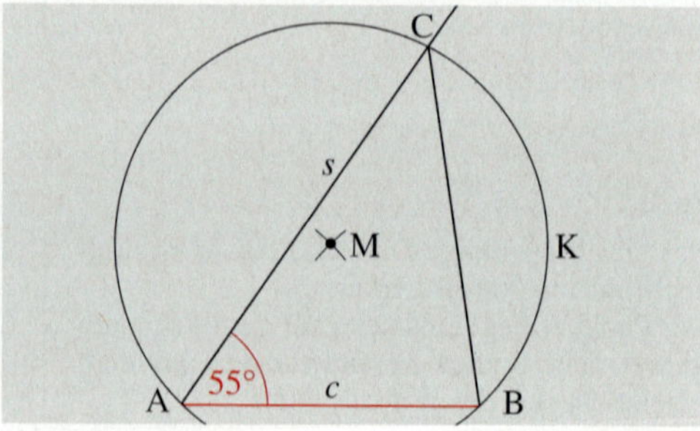

6. Konstruieren Sie ein gleichschenkliges Dreieck aus den Längen $c = 7\,\text{cm}$, $R = 4{,}5\,\text{cm}$.

► Im gleichschenkligen Dreieck ist die Mittelsenkrechte zur Basis gleichzeitig Höhe auf die Basis und Halbierende des Winkels an der Spitze.

Das gleichschenklige Dreieck △ABM ist nach SSS eindeutig konstruierbar.
Punkt C liegt auf dem Kreis um M mit dem Radius R und der Mittelsenkrechten zur Basis $\overline{AB}$.

$|\overline{AB}| = c = 7{,}6\,\text{cm}$
$K_A(A; R = 4{,}5\,\text{cm})$
$K_B(B; R = 4{,}5\,\text{cm})$
$K_A \cap K_B = \{M\}$
$K_M(M; R = 4{,}5\,\text{cm})$
Mittelsenkrechte m zu $\overline{AB}$
$m \cap K_M = \{C\}$
$\overline{AC}, \overline{BC}$

△ABC ist eindeutig konstruierbar.

Planfigur

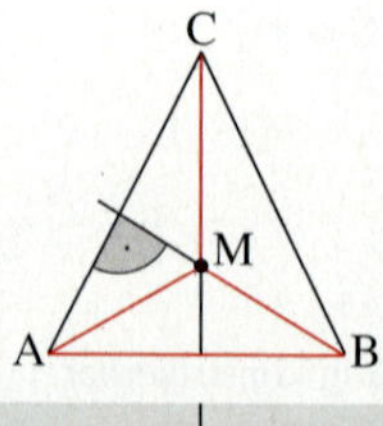

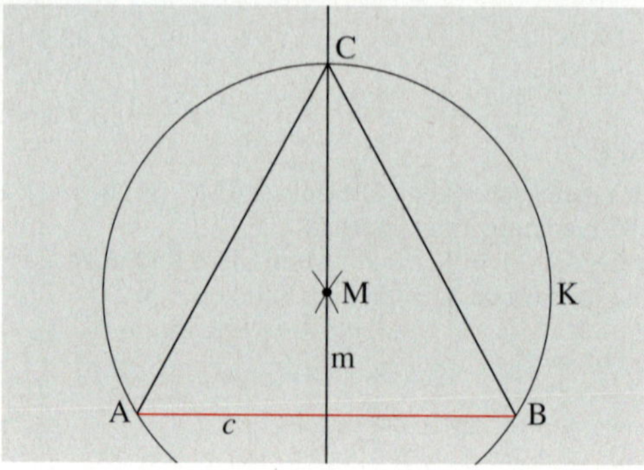

7. Konstruieren Sie ein rechtwinkliges Dreieck aus den Längen $b=6\,\text{cm}$, $R=4\,\text{cm}$.

Das gleichschenklige Dreieck $\triangle$AMC ist nach SSS eindeutig konstruierbar.
B liegt auf dem Kreis um M mit dem Radius R und auf dem freien Schenkel des rechten Winkels bei C.

$|\overline{AC}|=b=6\,\text{cm}$
$K_A(A; R=4\,\text{cm})$
$K_C(C; R=4\,\text{cm})$
$K_A \cap K_C=\{M\}$
$K_M(M; R=4\,\text{cm})$
$\sphericalangle 90°$ an $\overline{CA} \rightarrow$ s
$K_M \cap s=\{B\}$
$\overline{AB}$

$\triangle$ABC ist eindeutig konstruierbar.

Planfigur

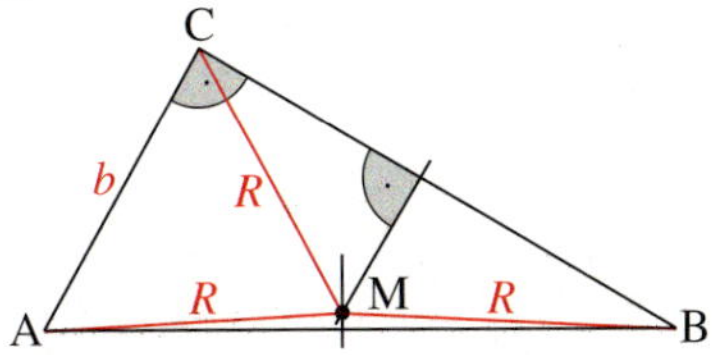

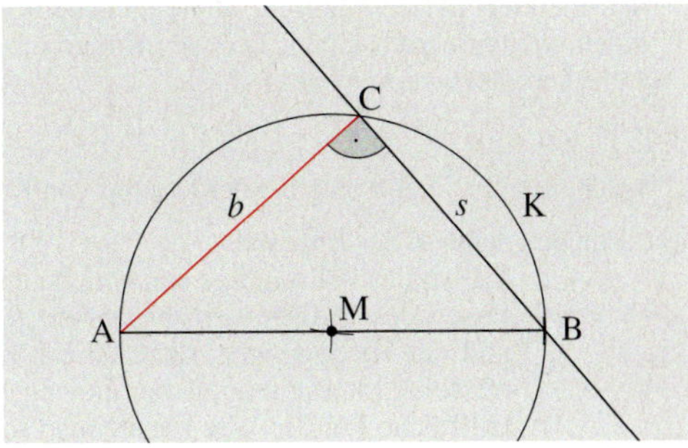

Wiederholungsfragen zu 6

1. Wie sind die Winkelhalbierenden eines Dreiecks erklärt?

Winkelhalbierende eines Dreiecks sind Geraden, die durch die Ecken des Dreiecks gehen und jeweils den Winkel an dieser Ecke halbieren. Mitunter bezeichnet man auch die auf diesen Geraden liegenden Strecken von der Ecke bis zur gegenüberliegenden Seite als Winkelhalbierende.

2. Welche Aussagen kann man über die Winkelhalbierenden eines Dreiecks treffen?

Die Winkelhalbierenden eines Dreiecks schneiden sich in einem Punkt. Dieser Punkt ist der Mittelpunkt des Inkreises, dessen Radius bestimmt wird von den (gleich langen) Loten vom Schnittpunkt auf die Dreiecksseiten, der also die Dreiecksseiten in den Fußpunkten der Lote berührt.

3. Welcher Kreis heißt Inkreis eines Dreiecks, welcher Umkreis?

Der Inkreis eines Dreiecks ist der Kreis um den Schnittpunkt der Winkelhalbierenden des Dreiecks, dessen Radius bestimmt wird durch die Lote vom Schnittpunkt auf die Dreiecksseiten.

Der Umkreis eines Dreiecks ist der Kreis um den Schnittpunkt der Mittelsenkrechten des Dreiecks. Er geht durch die Ecken des Dreiecks. sein Radius wird bestimmt durch die (gleich langen) Strecken vom Schnittpunkt zu den Dreiecksecken.

4. Wie sind die Seitenhalbierenden eines Dreiecks erklärt?

Die Seitenhalbierenden eines Dreiecks sind die Verbindungsgeraden der Dreiecksecken mit den Mitten der gegenüberliegenden Seiten. Mitunter werden auch die Strecken zwischen den Ecken und den Mitten der Seiten als Seitenhalbierende bezeichnet.

92

5. Welche Aussagen kann man über die Seitenhalbierenden eines Dreiecks treffen?

Die Seitenhalbierenden eines Dreiecks schneiden sich in einem Punkt. Die Abschnitte auf den Strecken zwischen Ecken und Seitenmitten, die durch den Schnittpunkt der Seitenhalbierenden bestimmt sind, bilden alle das gleiche Verhältnis. Es verhalten sich die Abschnitte von den Ecken zum Schnittpunkt zu den Abschnitten vom Schnittpunkt zu den Seiten wie $2:1$.

6. Wie kann man an die Konstruktion von Dreiecken herangehen, wenn nicht nur Längen von Seiten und Größen von Winkeln, sondern auch Längen von Transversalen gegeben sind?

Man markiert in der Planfigur alle gegebenen Stücke. In der Regel kann man dann ein Teildreieck finden, welches nach einem der vier Kongruenzsätze eindeutig konstruiert und das zum gesuchten Dreieck ergänzt werden kann.

7. Welche Etappen kann man bei der Lösung von Konstruktionsaufgaben unterscheiden?

1. Etappe: **Analyse** der Aufgabe.
Sie hat das vollständige sprachliche und begriffliche Verstehen der Aufgabe so wie das Erfassen des Problems, insbesondere das klare Erkennen der gegebenen Voraussetzungen und der Bedingungen, denen die Lösungsfigur genügen muss, zum Inhalt. Dazu fertigt man eine Planfigur an, in der die gegebenen Stücke markiert werden.
Hilfreiche Fragen: Was könnte man sofort zeichnen? Was fehlt dann noch? Welche Bedingungen muss das Fehlende erfüllen?

2. Etappe: Die Erarbeitung einer **Lösungsidee** und das Aufstellen eines **Konstruktionsplanes**.
Ihr Inhalt ist die gedankliche Vorwegnahme der Konstruktion.
Hilfreiche Fragen: Mit welchem Vorgehen erhält man die gesuchten Stücke so, dass diese den erkannten Bedingungen genügen? Welche Konstruktionsschritte müssen in welcher Reihenfolge durchgeführt werden?

3. Etappe: Die **Durchführung** der Konstruktion als Zeichnung oder als Konstruktionsbeschreibung.

4. Etappe: Die **Rückschau** auf die Lösung.
Sie dient dem Bewusstmachen gewisser allgemeiner Vorgehensweisen – welches Herangehen hat sich bewährt? Sie dient aber auch der Klärung der Frage, ob die konstruierte Figur die Eigenschaften besitzt, die sie laut Aufgabenstellung haben soll (Beweis der Konstruktion). Und schließlich muss man sich mit der Frage beschäftigen, ob die durchgeführte Konstruktion immer möglich ist und ob es genau eine oder vielleicht mehrere Lösungen gibt (Determination).

7 Vierecke und Vielecke

Merke:

Wenn vier Punkte A, B, C und D, von denen nicht drei auf einer Geraden liegen, so in einer Ebene liegen, dass die Strecken $\overline{AB}, \overline{BC}, \overline{CD}$ und $\overline{DA}$ außer ihren Endpunkten A, B, C und D keine weiteren gemeinsamen Punkte haben und die Diagonalen $\overline{AC}$ und $\overline{BD}$ mit Ausnahme ihrer Endpunkte ganz im Inneren der Figur liegen, so bilden die Punkte A, B, C und D und die Strecken $\overline{AB}, \overline{BC}, \overline{CD}$ und $\overline{DA}$ ein (konvexes) **Viereck** ABCD.

Die Strecken $\overline{AB}, \overline{BC}, \overline{CD}$ und $\overline{DA}$ bilden zusammen mit den Punkten des Inneren des Vierecks ABCD seine **Fläche**.

Man bezeichnet die Strecken $\overline{AB}, \overline{BC}, \overline{CD}$ und $\overline{DA}$ auch als **Rand** des Vierecks.

Viereck ABCD

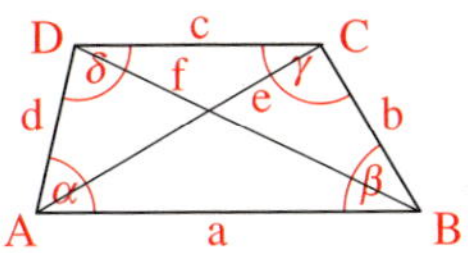

- ▶ A, B, C, D: Ecken des Vierecks
  a, b, c, d: Seiten des Vierecks
  α, β, γ, δ: Innenwinkel des Vierecks
  e, f: Diagonalen des Vierecks

Ein Viereck, dessen Diagonalen ganz in seinem Inneren liegen, heißt **konvexes Viereck** oder **konvex**, andernfalls heißt es **nicht konvex**. Ganz allgemein gilt: Mit je zwei Punkten M und N, die im Inneren eines konvexen Vierecks liegen, liegen auch alle Punkte der Strecke $\overline{MN}$ in seinem Inneren.

Konvexes Viereck

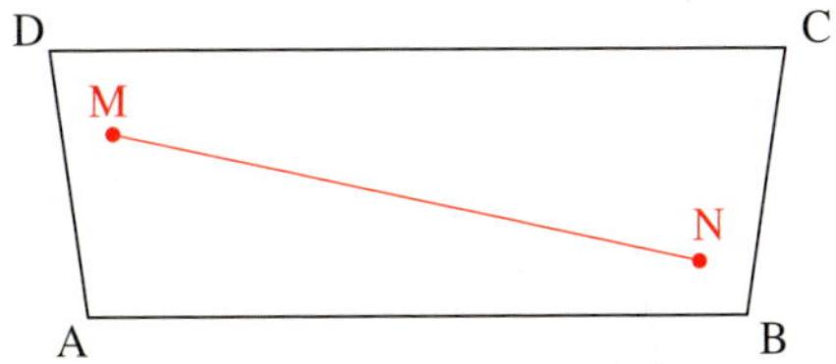

- ▶ Nur konvexe Vierecke sollen als Lösungen der folgenden Aufgaben gelten.
- ▶ Im Unterschied zu den Dreiecken werden die Seiten der Vierecke nach den Eckpunkten benannt, die Anfangspunkte dieser Seiten sind, wenn man sich das Viereck so umlaufen denkt, dass dessen Inneres zur Linken liegt.

Merke:

Zur Konstruktion eines allgemeinen Vierecks benötigt man 5 Stücke (z. B. Seiten- oder Diagonallängen, Winkelgrößen).

Allgemeine Vierecke

Konstruieren Sie ein Viereck aus:

1.	$a = 6\,\text{cm}$	$b = 3\,\text{cm}$	$c = 5{,}5\,\text{cm}$	$d = 5\,\text{cm}$	$e = 6{,}5\,\text{cm}$
2.	$a = 6{,}8\,\text{cm}$	$b = 3{,}3\,\text{cm}$	$d = 8\,\text{cm}$	$e = 9\,\text{cm}$	$f = 7{,}2\,\text{cm}$
3.	$a = 6\,\text{cm}$	$c = 6{,}8\,\text{cm}$	$f = 7{,}5\,\text{cm}$	$\alpha = 126°$	$\beta = 60°$
4.	$a = 5\,\text{cm}$	$d = 6\,\text{cm}$	$e = 6{,}4\,\text{cm}$	$f = 7{,}7\,\text{cm}$	$\delta = 77°$

121

121

5. $a = 4{,}8\,\text{cm}$	$e = 5{,}3\,\text{cm}$	$f = 6{,}4\,\text{cm}$	$\alpha = 122°$	$\beta = 40°$
6. $b = 4{,}6\,\text{cm}$	$c = 5{,}5\,\text{cm}$	$\alpha = 70°$	$\beta = 125°$	$\delta = 95°$
7. $c = 6{,}3\,\text{cm}$	$e = 8{,}8\,\text{cm}$	$f = 4{,}6\,\text{cm}$	$\alpha = 60°$	$\delta = 110°$

► Die Konstruktionen bei den Aufgaben 2, 3, 4, 6 und 7 sind mit auf die Hälfte verkürzten Längenmaßen ausgeführt. Winkelgrößen blieben erhalten.

Zu 1: Das Dreieck $\triangle ABC$ ist nach dem Kongruenzsatz SSS eindeutig konstruierbar.
Was weiß man über den Punkt D?
D liegt einerseits auf dem Kreis K_1 um A mit $r = d = 5\,\text{cm}$ und andererseits auf dem Kreis K_2 um C mit $r = c = 5{,}5\,\text{cm}$. D ist also der Schnittpunkt von K_1 und K_2.

Planfigur

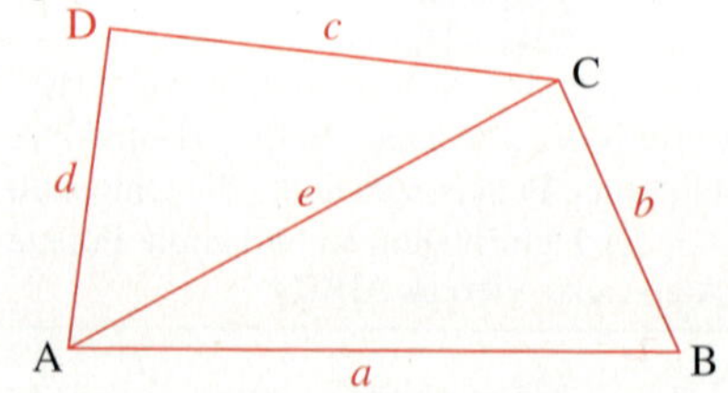

$|\overline{AB}| = a = 6\,\text{cm}$
$K_3\,(A; r = e = 6{,}5\,\text{cm})$
$K_4\,(B; r = b = 3\,\text{cm})$
$K_3 \cap K_4 = \{C\}$
$\overline{BC}$
$K_1\,(A; r = d = 5\,\text{cm})$
$K_2\,(C; r = c = 5{,}5\,\text{cm})$
$K_1 \cap K_2 = \{D\}$
$\overline{AD}$ und $\overline{CD}$

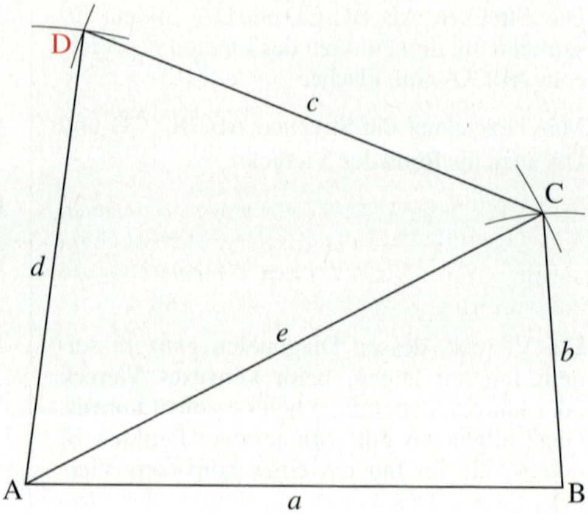

Viereck ABCD ist das verlangte.

Zu 2: Das Dreieck $\triangle ABC$ ist nach SSS eindeutig konstruierbar. Der Punkt D liegt sowohl auf dem Kreis K_3 um A mit $r = d = 8\,\text{cm}$ als auch auf dem Kreis K_4 um B mit $r = f = 7{,}2\,\text{cm}$.

Planfigur

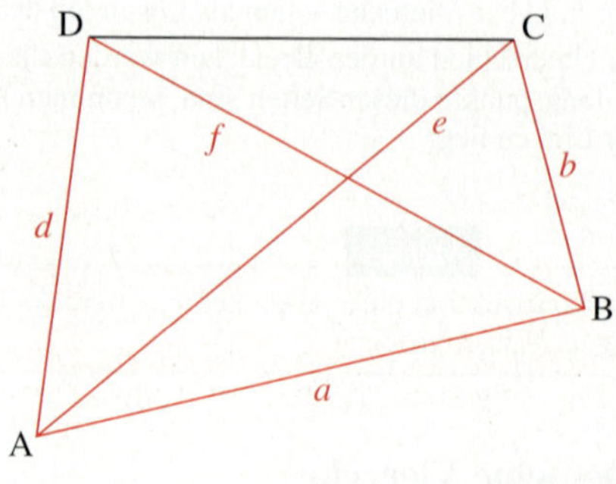

121

$|\overline{AB}| = a = 6{,}8\,\text{cm}$
$K_1\ (A; r = e = 9\,\text{cm})$
$K_2\ (B; r = b = 3{,}3\,\text{cm})$
$K_1 \cap K_2 = \{C\}$
$\overline{BC}$
$K_3\ (A; r = d = 8\,\text{cm})$
$K_4\ (B; r = f = 7{,}2\,\text{cm})$
$K_3 \cap K_4 = \{D_1, D_2\}$
$\overline{CD_1}, \overline{CD_2}$ und $\overline{AD_1}, \overline{AD_2}$

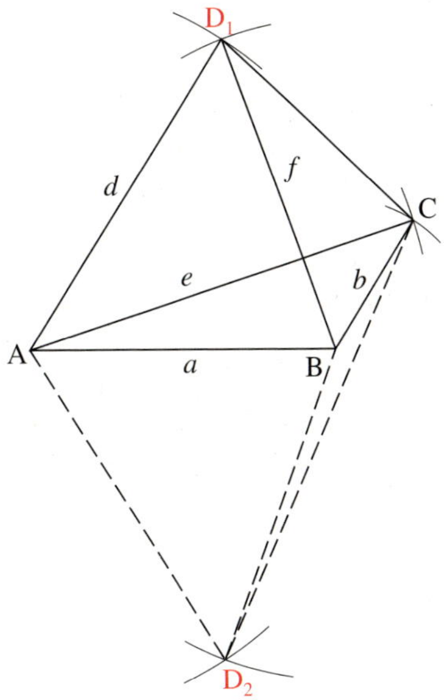

Das Viereck $ABCD_2$ ist nicht konvex. Nur Viereck $ABCD_1$ ist eine Lösung der Aufgabe.

Zu 3: Das Dreieck $\triangle ABD$ ist wegen $f > a$ nach SsW eindeutig konstruierbar. Der Punkt C liegt auf dem freien Schenkel des Winkels $\sphericalangle \beta$ und auf dem Kreis K um D mit $r = c = 6{,}8\,\text{cm}$.

Planfigur

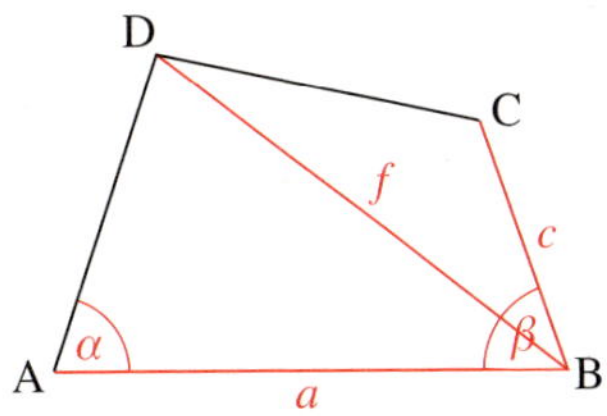

$\overline{AB} = a = 6\,\text{cm}$
$\sphericalangle \alpha, \alpha = 126°$ an $\overline{AB} \Rightarrow s_1$
$K_1\ (B; r = f = 7{,}5\,\text{cm})$
$K_1 \cap s_1 = \{D\}$
$\sphericalangle \beta, \beta = 60°$ an $\overline{BA} \Rightarrow s_2$
$K_2\ (D; r = c = 6{,}8\,\text{cm})$
$K_2 \cap s_2 = \{C_1, C_2\}$
$\overline{DC_1}, \overline{DC_2}$

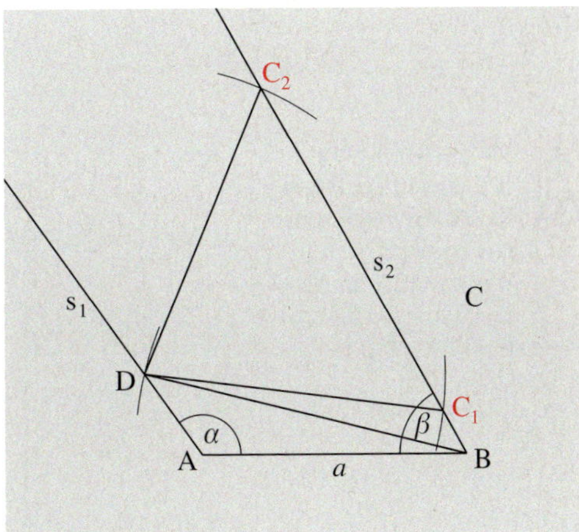

Wegen $c < f$ ist das Dreieck $\triangle ABC$ nicht nach SsW eindeutig konstruierbar. Die Aufgabe hat zwei Lösungen.

121

Zu 4: Das Dreieck $\triangle ABD$ ist nach SSS eindeutig konstruierbar.
Punkt C liegt auf dem freien Schenkel des Winkels $\sphericalangle\delta$ und auf dem Kreis um A mit dem Radius $r=e$.

Planfigur

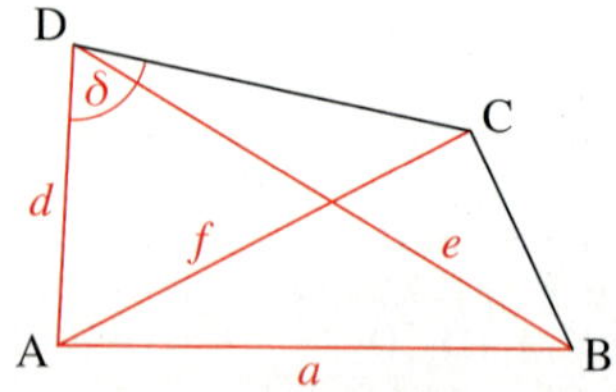

$|\overline{AB}|=a=5\,\text{cm}$
$K_1\,(A; r=d=6\,\text{cm})$
$K_2\,(B; r=f=7{,}7\,\text{cm})$
$K_1 \cap K_2 = \{D\}$
$\overline{AD}$
$\sphericalangle\delta, \delta=77°$ an $\overline{DA} \Rightarrow s$
$K_3\,(A; r=e=6{,}4\,\text{cm})$
$K_3 \cap s = \{C\}$
$\overline{BC}$

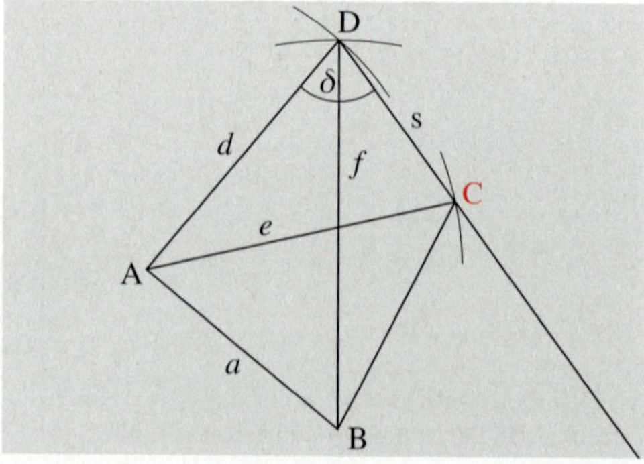

Viereck ABCD ist das verlangte.

Zu 5: Das Dreieck $\triangle ABC$ ist wegen $e>a$ nach SsW eindeutig konstruierbar.
Punkt D liegt sowohl auf dem freien Schenkel des Winkels $\sphericalangle\alpha$ als auch auf dem Kreis um B mit dem Radius $r=f$.

Planfigur

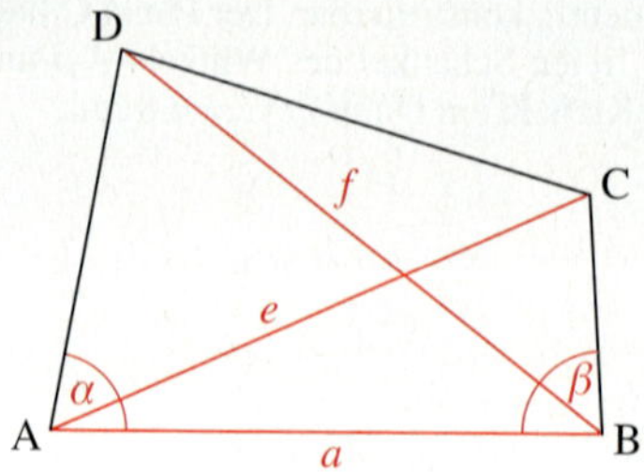

$|\overline{AB}|=a=4{,}8\,\text{cm}$
$\sphericalangle\beta, \beta=40°$ an $\overline{BA} \Rightarrow s_1$
$K_1\,(A; r=e=5{,}3\,\text{cm})$
$K_1 \cap s_1 = \{C\}$
$\sphericalangle\alpha, \alpha=122°$ an $\overline{AB} \Rightarrow s_2$
$K_2\,(B; r=f=6{,}4\,\text{cm})$
$K_2 \cap s_2 = \{D\}$
$\overline{CD}$

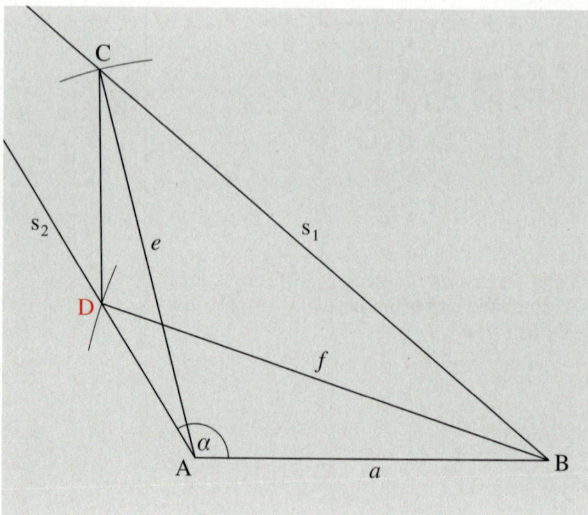

Viereck ABCD ist das verlangte.

121

Zu 6: Die Größe des Winkels γ lässt sich berechnen: $\gamma = 360° - 70° - 125° - 95°$, also $\gamma = 70°$.

► Die Winkelsumme im Viereck beträgt 360°. Damit ist das Dreieck $\triangle$BCD nach SWS eindeutig konstruierbar.
Punkt A liegt auf dem freien Schenkel des Winkels $\sphericalangle \beta$ und auf dem freien Schenkel des Winkels $\sphericalangle \delta$.

Planfigur

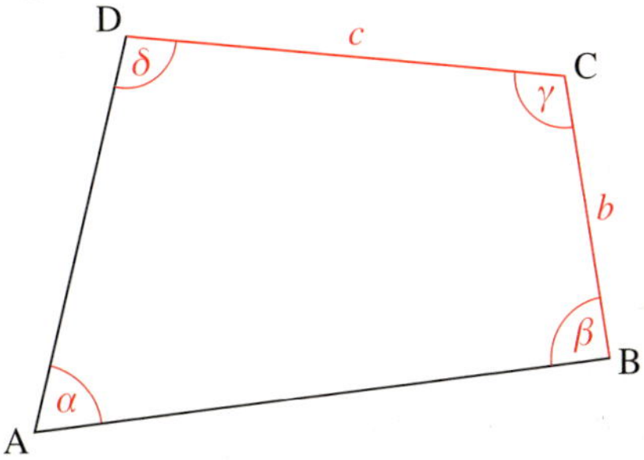

$|\overline{BC}| = b = 4{,}6\,\text{cm}$
$\sphericalangle 70°$ an $\overline{CB} \Rightarrow s_1$
$|\overline{CD}| = c = 5{,}5\,\text{cm}$ auf $s_1 \Rightarrow$ D
$\sphericalangle \beta, \beta = 125°$ an $\overline{BC} \Rightarrow s_2$
$\sphericalangle \delta, \delta = 95°$ an $\overline{DC} \Rightarrow s_3$
$s_2 \cap s_3 = \{A\}$

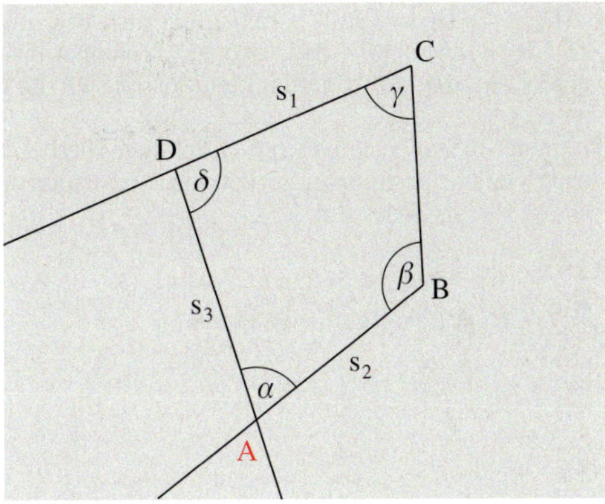

Viereck ABCD ist das verlangte.

Zu 7: Das Dreieck $\triangle$ACD ist nach SsW eindeutig konstruierbar.
Der Punkt B liegt sowohl auf dem freien Schenkel des Winkels $\sphericalangle \alpha$ als auch auf dem Kreis um D mit dem Radius $r = f$.

Planfigur

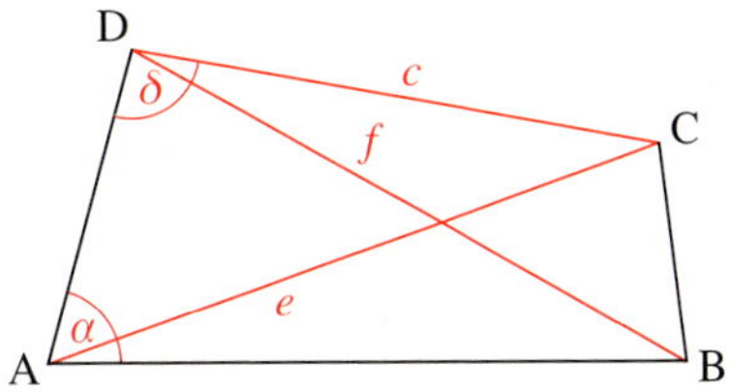

$|\overline{CD}| = c = 6{,}3\,\text{cm}$
$\sphericalangle \delta, \delta = 110°$ an $\overline{DC} \Rightarrow s_1$
$K_1\,(C; r = e = 8{,}8\,\text{cm})$
$K_1 \cap s_1 = \{A\}$
$\sphericalangle \alpha, \alpha = 60°$ an $\overline{AD} \Rightarrow s_2$
$K_2\,(D; r = f = 4{,}6\,\text{cm})$
$K_2 \cap s_2 = \{B\}$
$\overline{BC}$

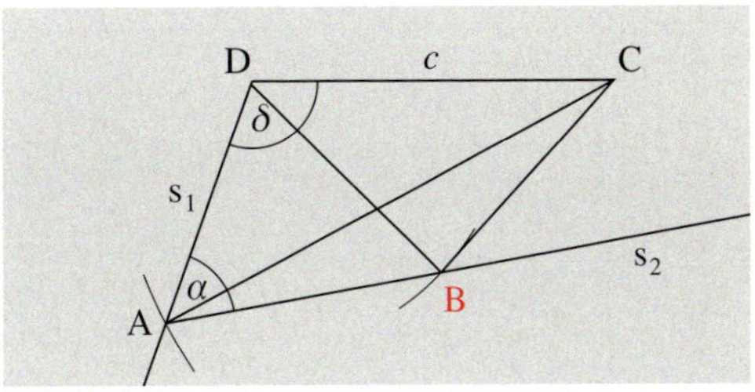

Viereck ABCD ist das verlangte.

121

8. Von einem Bergsee soll eine Rohrleitung zu einem Kraftwerk gelegt werden. Es werden folgende Strecken und Winkel gemessen:

$|\overline{AD}| = 250\,m, \alpha = 42°$
$|\overline{DC}| = 350\,m, \beta = 30°$
$|\overline{CB}| = 120\,m, \gamma = 59°$

Bestimmen Sie die Länge und das Gefälle der Rohrleitung.

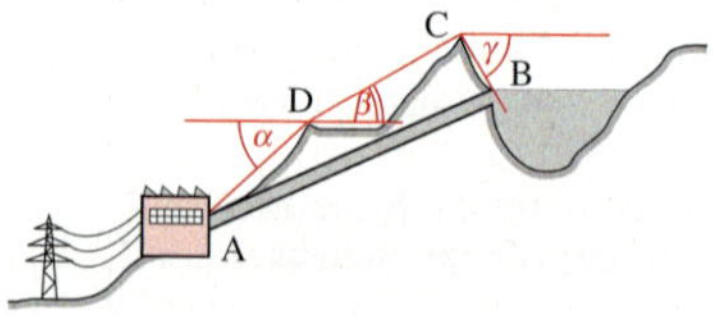

Die Bezeichnungen in der Skizze verweisen auf das Viereck ABCD. Von diesem kennt man die Längen der Seiten $\overline{AD}$, $\overline{DC}$ und $\overline{CB}$. Die Länge der Seite $\overline{AB}$ ist zu bestimmen. An der Figur lassen sich außerdem die Größen zweier Winkel des Vierecks ABCD berechnen. So gilt für den Winkel $\sphericalangle ADC$: $|\sphericalangle ADC| = (180° - 42°) + 30°$, also 168° und für den Winkel $\sphericalangle DCB$:
$|\sphericalangle DCB| = 180° - 30° - 59°$, also 91°. Zeichnet man 1 cm für 5 000 cm, so kann nun ABCD konstruiert werden. Aus der konstruierten Figur lassen sich die geforderten Angaben entnehmen.

Die in der Skizze gezeichneten Hilfslinien durch C und D sind als waagerecht anzunehmen. Um das gesuchte Gefälle bestimmen zu können, konstruiert man die Parallele zu diesen Hilfslinien durch A und fällt auf sie von B das Lot.

$|\overline{AD}| = 5\,cm$; $\sphericalangle\, 168°$ an $\overline{DA} \Rightarrow s_1$; $\overline{DC} = 7{,}0\,cm$ auf $s_1 \Rightarrow C$; $\sphericalangle\, 91°$ an $\overline{CD} \Rightarrow s_2$;
$|\overline{CB}| = 2{,}4\,cm$ auf $s_2 \Rightarrow B$; $\overline{AB}$

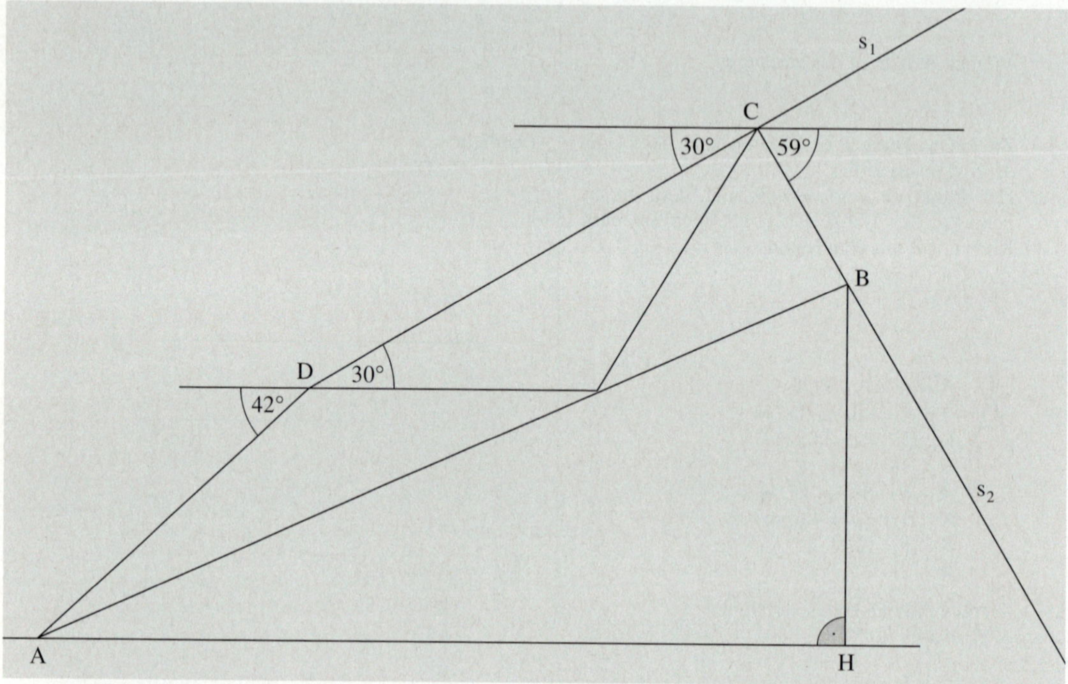

Bezeichnet man den Fußpunkt des Lotes von B auf die Parallele durch A als H, so entnimmt man der Zeichnung $|\overline{AB}| = 11{,}9\,cm$, $|\overline{BH}| = 4{,}4\,cm$, $|\overline{AH}| = 11\,cm$.

Die Rohrleitung ist ungefähr 595 m lang. Ihr Gefälle ist durch das Verhältnis des Höhenunterschieds zwischen Anfang und Ende der Rohrleitung zum waagerechten Abstand von Anfang und Ende der Rohrleitung bestimmt, beträgt daher $4{,}4 : 11{,}0 = 0{,}4$, also etwa 40 %.

121

9. Von der Sohle eines 380 m tiefen Schachtes soll ein Stollen zur Sohle eines 350 m tiefen Schachtes vorgetrieben werden. Bestimmen Sie die Länge und die Steigung des Stollens, wenn die Mündungen beider Schächte 630 m voneinander entfernt sind und auf gleicher Höhe liegen.

In der nebenstehenden Skizze bezeichnen D und C die Mündungen der beiden Schächte, A die Sohle des längeren und B die Sohle des kürzeren Schachtes. Da die Mündungen auf gleicher Höhe liegen, sind die Winkel $\sphericalangle ADC$ und $\sphericalangle BCD$ rechte Winkel. Das Viereck ABCD kann aus diesen Angaben konstruiert werden.

► Gezeichnet sind 1 cm für 5 000 cm.

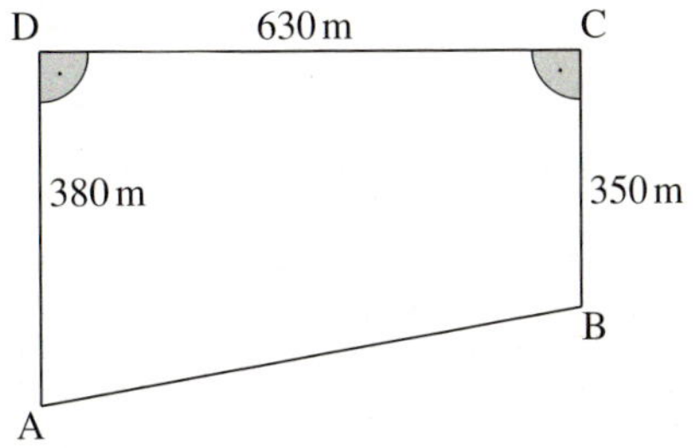

Um die gesuchte Steigung bestimmen zu können, konstruiert man die Parallele zu $\overline{DC}$ durch A und fällt auf sie von B das Lot.

$|\overline{DC}| = 12{,}6\,\text{cm}$; $\sphericalangle\, 90°$ an $\overline{DC} \Rightarrow s_1$; $\overline{DA} = 7{,}6\,\text{cm}$ auf $s_1 \Rightarrow A$; $\sphericalangle\, 90°$ an $\overline{CD} \Rightarrow s_2$;
$|CB| = 7{,}0\,\text{cm}$ auf $s_2 \Rightarrow B$

Bezeichnet man den Fußpunkt des Lotes von B auf die Parallele zu $\overline{DC}$ durch A als H, so entnimmt man der Zeichnung $|\overline{AB}| = 12{,}6\,\text{cm}$, $|\overline{BH}| = 0{,}6\,\text{cm}$ und $|\overline{AH}| = 12{,}5\,\text{cm}$.

Der Stollen ist also ungefähr 630 m lang. Seine Steigung, die ebenfalls durch das Verhältnis des Höhenunterschieds zur waagerechten Entfernung von Stolleneingang und -ausgang bestimmt ist (► voranstehende Aufgabe), beträgt $0{,}6 : 12{,}5 = 0{,}048$, das sind 4,8 %.

121 **Trapeze**

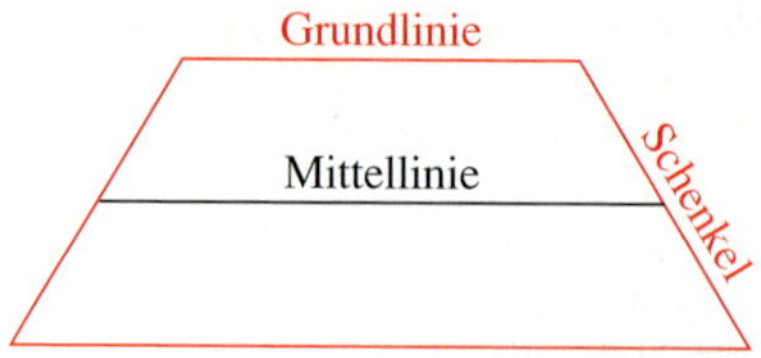

Das Trapez ist ein spezielles Viereck. Es unterscheidet sich von einem allgemeinen Viereck dadurch, dass die Seiten eines Paares von Gegenseiten parallel sind. Die parallelen Seiten werden Grundlinien, die nicht parallelen Seiten werden Schenkel genannt. Unter der Mittellinie eines Trapezes versteht man die Verbindungsstrecke der Mitten der Schenkel. Zur Konstruktion eines Trapezes benötigt man wegen der von vornherein geltenden Parallelität zweier Seiten ein Bestimmungsstück weniger als zur Konstruktion eines allgemeinen Vierecks, also nur 4 Bestimmungsstücke.

Merke:

- Die einem Schenkel eines Trapezes anliegenden Innenwinkel ergänzen einander zu 180°.
- Die Länge m der Mittellinie eines Trapezes berechnet sich aus den Längen der Grundlinien a und c zu $\boldsymbol{m = \frac{a+c}{2}}$.

Die Lösungen der folgenden Konstruktionsaufgaben stützen sich auf die vorstehenden Eigenschaften. Dabei wurden die Längenmaße auf die Hälfte verkürzt, die Winkelgrößen beibehalten.

Konstruieren Sie ein Trapez aus:

1.	$a=7\,\text{cm}$	$b=5\,\text{cm}$	$e=3{,}5\,\text{cm}$	$\alpha=70°$
2.	$a=6{,}5\,\text{cm}$	$b=4{,}5\,\text{cm}$	$c=3\,\text{cm}$	$e=3{,}8\,\text{cm}$
3.	$a=6\,\text{cm}$	$b=3{,}5\,\text{cm}$	$d=3\,\text{cm}$	$h=2{,}5\,\text{cm}$
4.	$a=6{,}8\,\text{cm}$	$b=4{,}6\,\text{cm}$	$f=6{,}5\,\text{cm}$	$\alpha=70°$
5.	$a=3{,}8\,\text{cm}$	$c=4{,}8\,\text{cm}$	$f=5{,}3\,\text{cm}$	$\beta=115°$
6.	$a=6{,}5\,\text{cm}$	$c=3{,}7\,\text{cm}$	$e=4{,}5\,\text{cm}$	$f=7\,\text{cm}$
7.	$a=7{,}3\,\text{cm}$	$b=5{,}6\,\text{cm}$	$c=3{,}5\,\text{cm}$	$d=4{,}6\,\text{cm}$
8.	$a=7\,\text{cm}$	$b=4{,}6\,\text{cm}$	$d=3{,}6\,\text{cm}$	$m=6\,\text{cm}$
9.	$a=4{,}2\,\text{cm}$	$b=3{,}6\,\text{cm}$	$m=6{,}5\,\text{cm}$	$\beta=75°$
10.	$c=4\,\text{cm}$	$m=4{,}5\,\text{cm}$	$\gamma=130°$	$\delta=100°$

Zu 1: Das Dreieck $\triangle ABC$ ist nach SSS eindeutig konstruierbar.
Der Punkt D liegt einerseits auf der Parallelen zu $\overline{AB}$ durch C, andererseits auf dem freien Schenkel des Winkels $\sphericalangle\alpha$.

$|\overline{AB}| = a = 7\,\text{cm}$
$K_1\,(A; r = e = 3{,}5\,\text{cm})$
$K_2\,(B; r = b = 5\,\text{cm})$
$K_1 \cap K_2 = \{C\}$
$\sphericalangle\alpha, \alpha = 70°$ an $\overline{AB} \rightarrow s$
$h(C) \parallel \overline{AB}$
$h \cap s = \{D\}$
$\overline{BC}$

Trapez ABCD ist das verlangte.

Planfigur

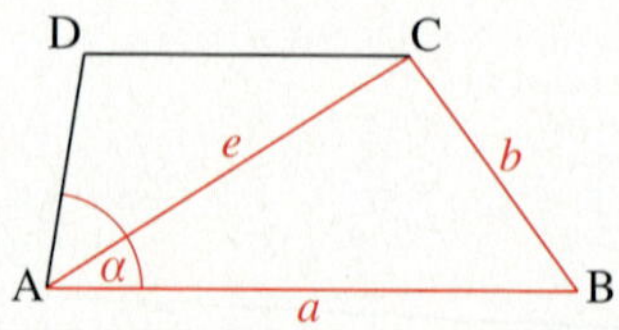

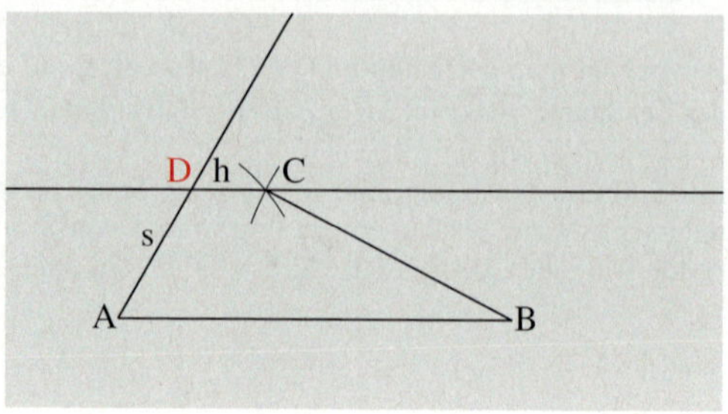

Zu 2: Das Dreieck △ABC ist nach SSS eindeutig konstruierbar.
Der Punkt D liegt auf der Parallelen zu $\overline{AB}$ durch C und ist 3 cm von C entfernt.

Planfigur

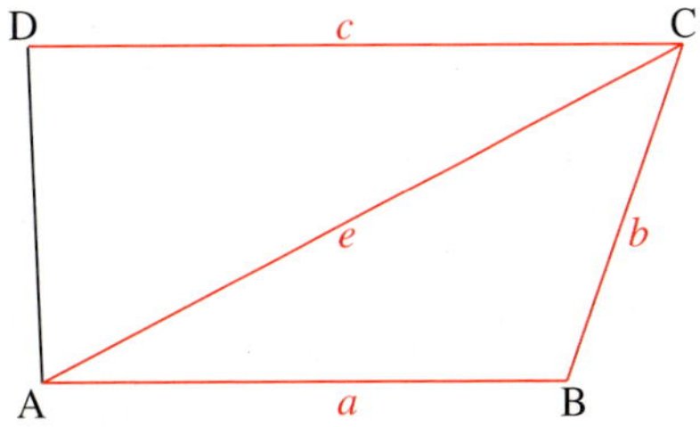

$|\overline{AB}| = a = 6{,}5\,\text{cm}$
$K_1\ (A; r = e = 3{,}8\,\text{cm})$
$K_2\ (B; r = b = 4{,}5\,\text{cm})$
$K_1 \cap K_2 = \{C\}$
$g(C) \parallel \overline{AB}$
$|\overline{CD}| = c = 3\,\text{cm}$ auf g ➡ D
$\overline{BC}, \overline{DA}$

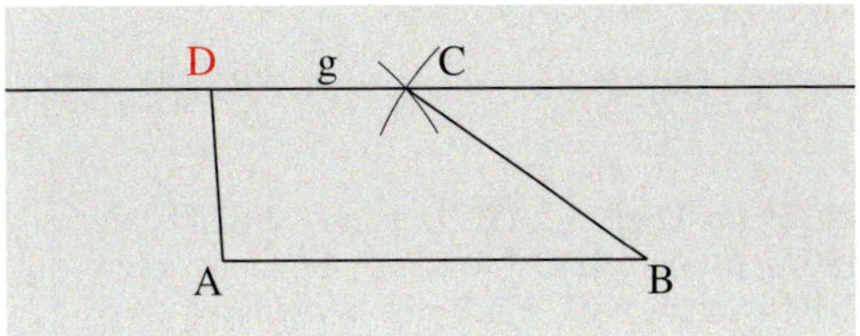

Trapez ABCD ist das verlangte.

Zu 3: Das Dreieck △AHD ist nach SsW eindeutig konstruierbar. Den Punkt B erhält man durch Verlängerung von $\overline{AH}$. Der Punkt C liegt auf der Parallelen zu $\overline{AB}$ durch D und auf dem Kreis um B mit $r = b$.

Planfigur

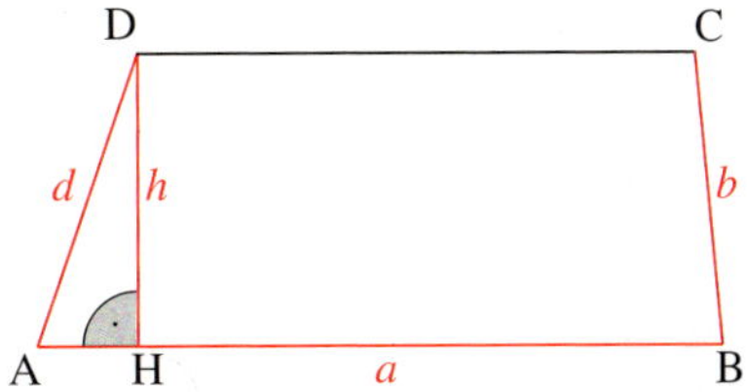

$|\overline{DH}| = h = 2{,}5\,\text{cm}$
$\sphericalangle 90°$ an $\overline{HD}$ ➡ s
$K_1\ (D; r = d = 3\,\text{cm})$
$K_1 \cap s = \{A\}$
$\overline{AD}$
Auf $\overline{AH}$: $\overline{AB} = a = 6\,\text{cm}$
$g(D) \parallel \overline{AB}$
$K_2\ (B; r = b = 3{,}5\,\text{cm})$
$K_2 \cap g =)\{C_1, C_2\}$
$\overline{BC_1}, \overline{BC_2}, \overline{C_1D}, \overline{C_2D}$

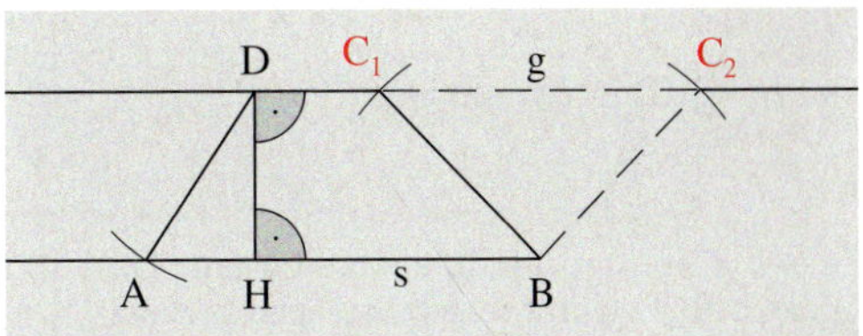

Beide Trapeze ABC_1D und ABC_2D sind Lösungen der Konstruktionsaufgabe.

Zu 4: Aus den gegebenen Stücken ist das Dreieck △ABD nicht eindeutig konstruierbar, denn $\sphericalangle\alpha$ liegt der kleineren Seite gegenüber. Es gibt zwei Lösungen. Der Punkt C liegt bei beiden auf der Parallelen zu $\overline{AB}$ und auf dem Kreis um B mit $r = b$.

Planfigur

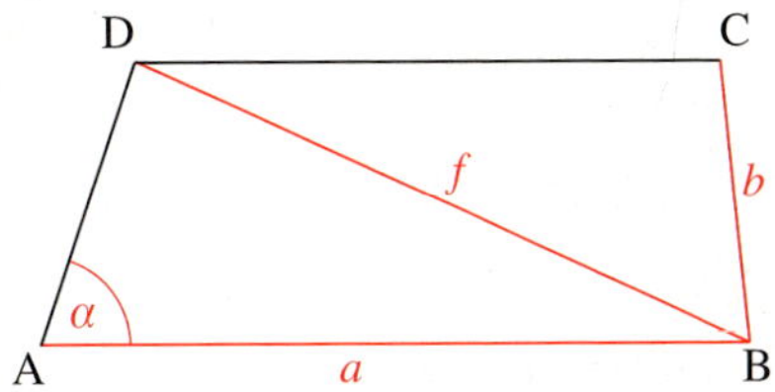

121

$|\overline{AB}| = a = 6{,}8\,\text{cm}$
$\sphericalangle\alpha, \alpha = 70°$ an $\overline{AB} \Rightarrow s$
$K_1\,(B; r = f = 6{,}5\,\text{cm})$
$K_1 \cap s = \{D_1, D_2\}$
$g(D_1) \parallel \overline{AB}$
$K_2\,(B; r = b = 4{,}6\,\text{cm})$
$K_2 \cap g = \{C_{11}, C_{12}\}$
$h(D_2) \parallel \overline{AB}$
$K_3\,(B; r = b = 4{,}6\,\text{cm})$
$K_3 \cap h = \{C_{21}, C_{22}\}$
$\overline{BC_{11}}, \overline{BC_{12}}, \overline{BC_{21}}, \overline{BC_{22}}$

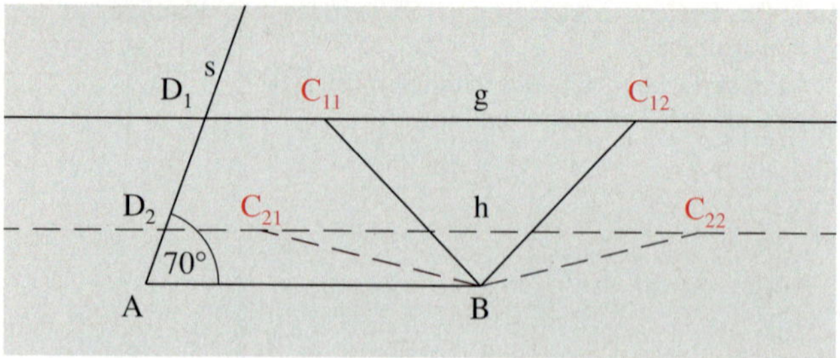

Die Aufgabe hat die vier Lösungen $ABC_{11}D_1$, $ABC_{12}D_1$, $ABC_{21}D_2$ und $ABC_{22}D_2$.

Zu 5: Im Dreieck $\triangle BCD$ kann $|\sphericalangle BCD|$ als $180° - \beta$ berechnet werden. Sodann kann $\triangle BCD$ nach SsW eindeutig konstruiert werden.
Der Punkt A liegt auf der Parallelen zu $\overline{CD}$ mit $|\overline{BA}| = a$.

Planfigur

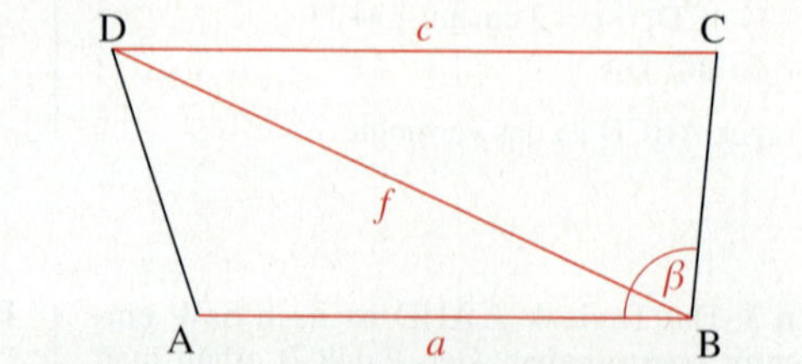

$|\overline{CD}| = c = 4{,}8\,\text{cm}$
$\sphericalangle\gamma, \gamma = 65°$ an $\overline{CD} \Rightarrow s$
$K_1\,(D; r = f = 5{,}3\,\text{cm})$
$K_1 \cap s = \{B\}$
$\overline{CB}$
$g(B) \parallel \overline{CD}$
$|\overline{BA}| = a = 3{,}8$ cm auf $g \Rightarrow A$
$\overline{AD}$

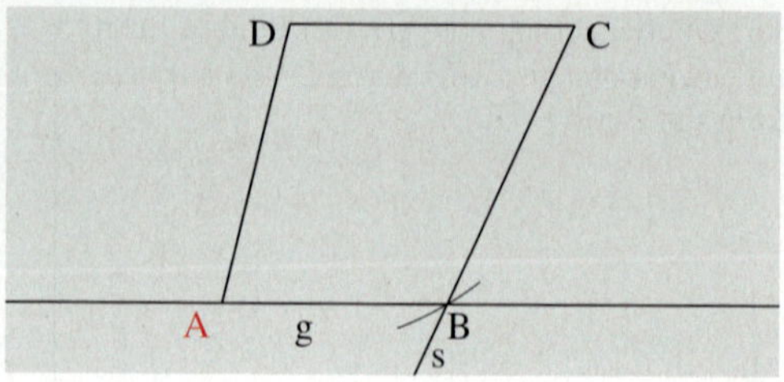

Trapez ABCD ist das verlangte.

Zu 6: Ein Kunstgriff führt auf die Lösung: Das Trapez ABCD wird wie nebenstehend gezeichnet zum Parallelogramm AD′A′D ergänzt. Dann ist das Dreieck $\triangle AD'C$ nach SSS eindeutig konstruierbar, denn $|\overline{AD'}| = a + c$, $|\overline{AC}| = e$ und $|\overline{D'C}| = f$. Punkt B ist durch $|\overline{AB}| = a$ bestimmt, D liegt auf der Parallelen zu $\overline{AD'}$ durch C.

Planfigur

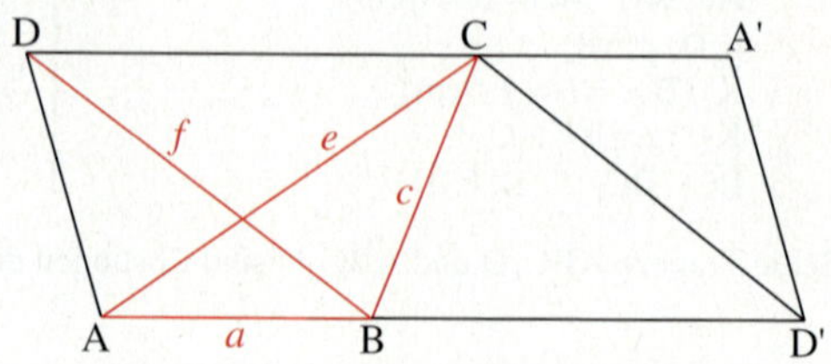

$|\overline{AD'}| = a + c = 10{,}2\,\text{cm}$
$K_1\,(A; r = e = 4{,}5\,\text{cm})$
$K_2\,(D'; r = f = 7\,\text{cm})$
$K_1 \cap K_2 = \{C\}$
$g(C) \parallel \overline{AD'}$
$|\overline{CD}| = c = 3{,}7$ cm auf g
$|\overline{AB}| = a = 6{,}5$ cm auf $\overline{AD'}$
$\overline{AD}$

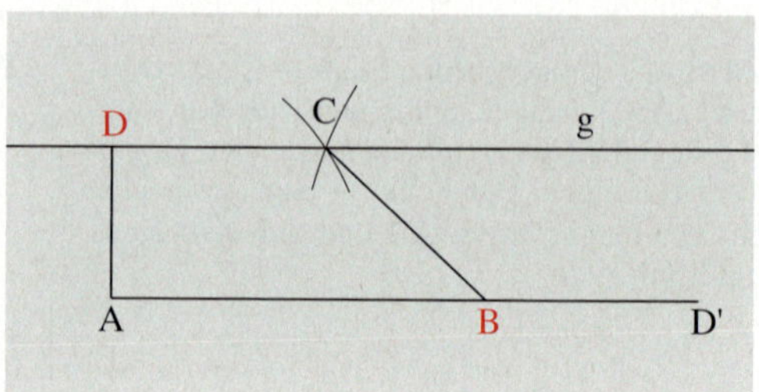

Trapez ABCD ist das verlangte.

Zu 7: In nebenstehender Zeichnung ist P der Schnittpunkt von $\overline{DC}$ und der Parallelen zu $\overline{AD}$ durch B. Im Dreieck $\triangle BPC$ ist $|\overline{CP}| = a - c$, $|\overline{BP}| = d$ und $|\overline{BC}| = b$. Es ist also nach SSS eindeutig konstruierbar. D liegt auf der Verlängerung von $\overline{PC}$ und A auf der Parallelen zu $\overline{PD}$ durch B.

Planfigur

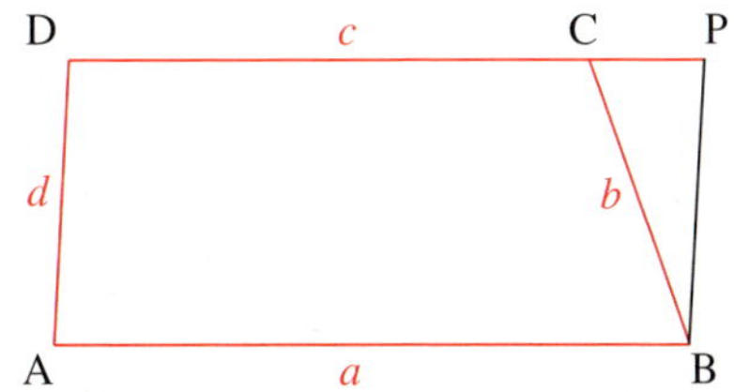

$|\overline{BC}| = b = 5{,}6\,\text{cm}$
$K_1\ (B; r = d = 4{,}6\,\text{cm})$
$K_2\ (C; r = a - c = 3{,}8\,\text{cm})$
$K_1 \cap K_2 = \{P\}$
$\overline{PC}$, $|\overline{CD}| = c = 3{,}5\,\text{cm}$
$g(B) \parallel \overline{CD}$
Auf g: $|\overline{BA}| = a = 7{,}3\,\text{cm}$
$\overline{AD}$

Trapez ABCD ist das verlangte.

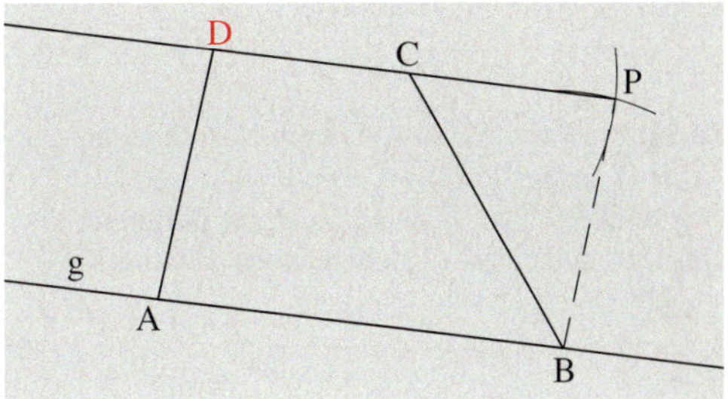

Zu 8:

Wegen $m = \dfrac{a+c}{2}$ ist $c = 2m - a$. Damit sind im Dreieck $\triangle AD'D$ die Längen aller Seiten bekannt, denn es ist $|\overline{AD'}| = a - c$ und $|\overline{D'D}| = b$. Es ist also nach SSS eindeutig konstruierbar. B liegt auf der Verlängerung von $|\overline{AD'}|$ und C auf der Parallelen durch B zu $|\overline{DD'}|$.

Planfigur

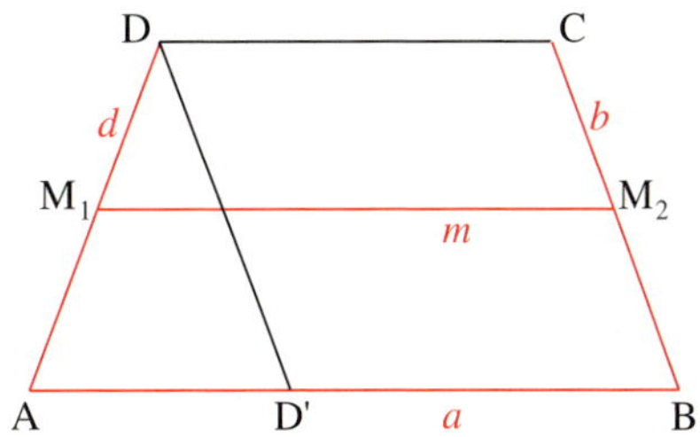

$|\overline{AD'}| = a - c = a - (2m - a) = 2\,\text{cm}$
$K_1\ (A; r = d = 3{,}6\,\text{cm})$
$K_2\ (D'; r = b = 4{,}6\,\text{cm})$
$K_1 \cap K_2 = \{D\}$
$\overline{AD}$
Verlängerung von $\overline{AD'}$ zu
$|\overline{AB}| = a = 7\,\text{cm}$.
Mitte von $\overline{AD}$: M_1
$g(M_1) \parallel \overline{AB}$ und darauf
$|\overline{M_1M_2}| = m = 6\,\text{cm}$.
$\overline{BM_2}$; darauf $|\overline{BC}| = b = 4{,}6\,\text{cm}$.
$\overline{CD}$

Trapez ABCD ist das verlangte.

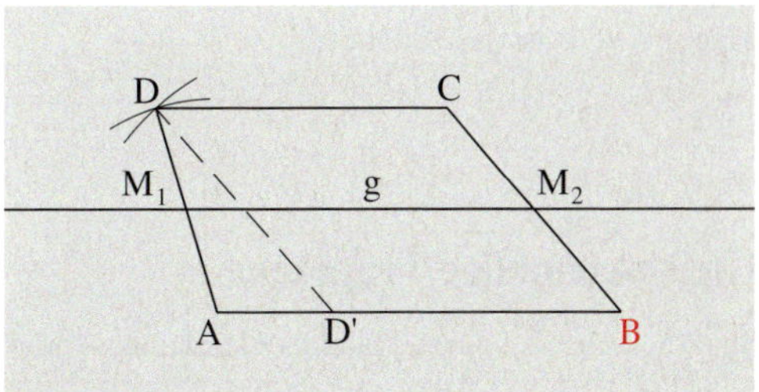

Zu 9: Das Dreieck $\triangle ABC$ ist nach SWS eindeutig konstruierbar. M_1 liegt auf der Parallelen zu $\overline{AB}$ durch M_2. D erhält man durch Verdoppelung von $\overline{AM_1}$.

Planfigur

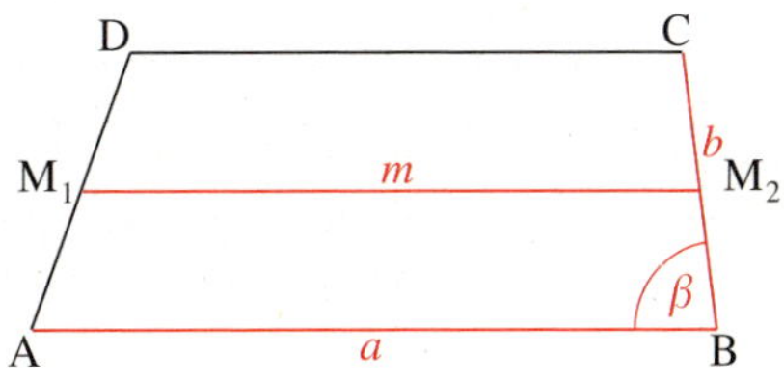

121

$|\overline{AB}| = a = 4{,}2\,\text{cm}$
$\sphericalangle\beta, \beta = 75°$ an $\overline{BA} \rightarrow s$
$|\overline{BC}| = b = 3{,}6\,\text{cm}$ auf s
M_2: Mitte von $\overline{BC}$
$g(M_2) \parallel \overline{AB}$
$|\overline{M_1M_2}| = m = 6{,}5$ cm auf g
$\overline{AM_1}$ verdoppeln $\rightarrow$ D
$\overline{CD}$

Trapez ABCD ist das verlangte.

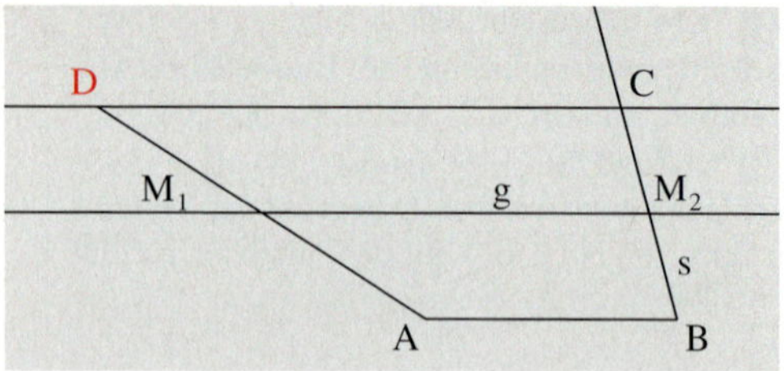

Zu 10: Die Parallele zu $\overline{AD}$ durch M_2 schneidet $\overline{AB}$ in H, und es gilt $|\overline{AH}| = m$.
Die Winkelgrößen α und β sind als Differenz von 180° und δ bzw. γ zu berechnen. Für a gilt: $a = 2m - c$.

Planfigur

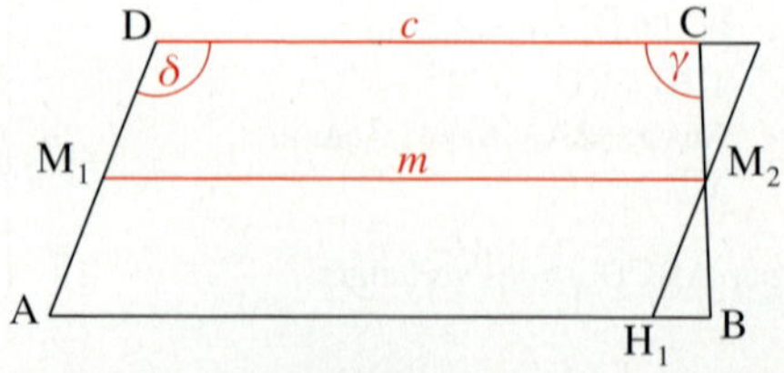

$|\overline{AB}| = a = 5\,\text{cm}$
$\sphericalangle\alpha, \alpha = 80°$ an $\overline{AB} \rightarrow s_1$
$\sphericalangle\beta, \beta = 50°$ an $\overline{BA} \rightarrow s_2$
$\overline{AH_1}$ auf $\overline{AB}$ so, dass $|\overline{AH_1}| = m = 4{,}5\,\text{cm}$
$g(H_1) \parallel \overline{AD}$
$g \cap s = \{M_2\}$
$\overline{BM_2}$ verdoppeln $\rightarrow$ C
$h(C) \parallel \overline{AB}$
$|\overline{CD}| = c = 4$ cm auf h $\rightarrow$ D
$\overline{AD}$

Trapez ABCD ist das verlangte.

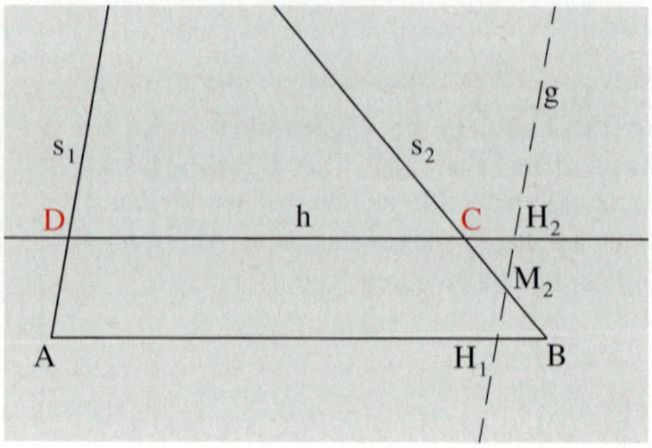

Gleichschenklige Trapeze

Sind die Schenkel eines Trapezes gleich lang, spricht man von einem gleichschenkligen Trapez. Gleichschenklige Trapeze haben eine Symmetrieachse. Es ist dies die Gerade durch die Mitten der Grundlinien. Die Verlängerungen der Schenkel schneiden sich auf der Symmetrieachse.

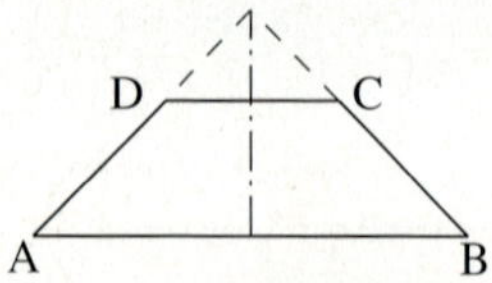

► $|\overline{AD}| = |\overline{BC}|$

Merke:

- Die Innenwinkel an den Schenkeln sind paarweise gleich groß: $\alpha = \beta, \delta = \gamma$.
- Die Diagonale sind gleich lang.

Die Lösungen der Aufgaben 11 bis 15 stützen sich auf die vorstehenden Eigenschaften.

122

Konstruieren Sie ein gleichschenkliges Trapez aus:

11.	$a=6{,}5\,\text{cm}$	$d=3\,\text{cm}$	$\beta=65°$	**13.** $a=6{,}2\,\text{cm}$	$m=4{,}2\,\text{cm}$	$\alpha=85°$
12.	$a=7\,\text{cm}$	$b=4{,}5\,\text{cm}$	$f=5{,}5\,\text{cm}$	**14.** $a=5{,}6\,\text{cm}$	$c=3{,}6\,\text{cm}$	$d=4\,\text{cm}$
				15. $a=4{,}4\,\text{cm}$	$f=7{,}5\,\text{cm}$	$m=6{,}2\,\text{cm}$

Zu 11: Das Dreieck $\triangle ABC$ ist nach SWS eindeutig konstruierbar, denn es ist $b=d$.
Der Punkt D liegt auf der Parallelen zu $\overline{AB}$ durch C und auf dem Kreis um A mit dem Radius $r=d$.

Planfigur

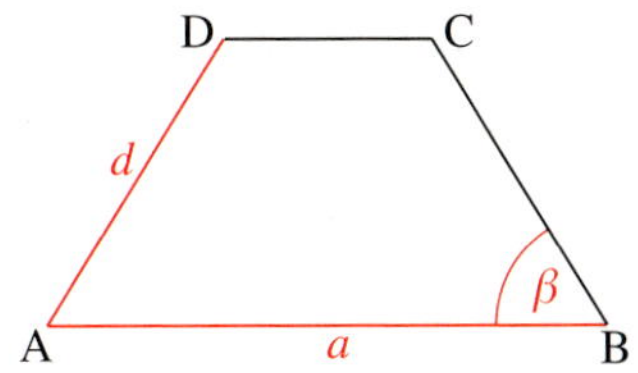

$|\overline{AB}|=a=6{,}5\,\text{cm}$
$\measuredangle\beta, \beta=65°$ an $\overline{BA} \rightarrow s$
C auf s mit $|\overline{BC}|=d=3\,\text{cm}$
$g(C) \parallel \overline{AB}$
$K(A; r=d=3\,\text{cm})$
$K \cap s=\{D\}$
$\overline{AD}$

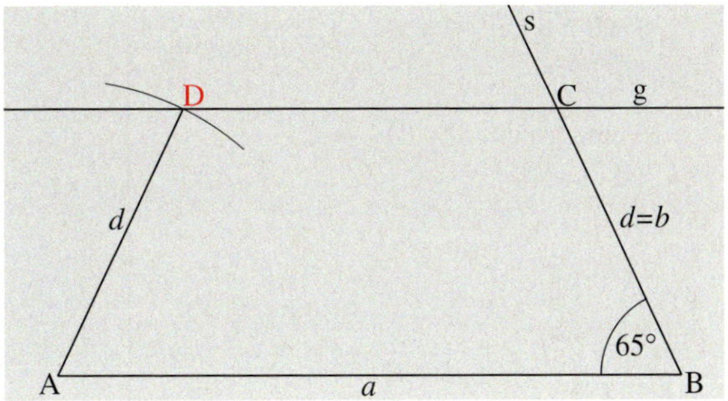

Trapez ABCD ist das verlangte.

Zu 12: Das Dreieck $\triangle ABC$ ist wegen $d=b$ nach SSS eindeutig konstruierbar.
Der Punkt C liegt auf der Parallelen zu $\overline{AB}$ durch D und auf dem Kreis um B mit $r=b=4{,}5\,\text{cm}$.

Planfigur

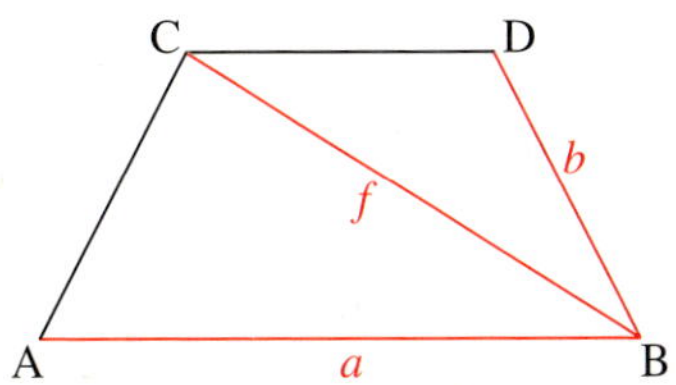

$|\overline{AB}|=a=7\,\text{cm}$
$K_1\,(A; r=b=4{,}5\,\text{cm})$
$K_2\,(B; r=f=5{,}5\,\text{cm})$
$K_1 \cap K_2=\{D\}$
$g(D) \parallel \overline{AB}$
$K_3\,(B; r=b=4{,}5\,\text{cm})$
$K_3 \cap g=\{C\}$
$\overline{AD}, \overline{BC}$

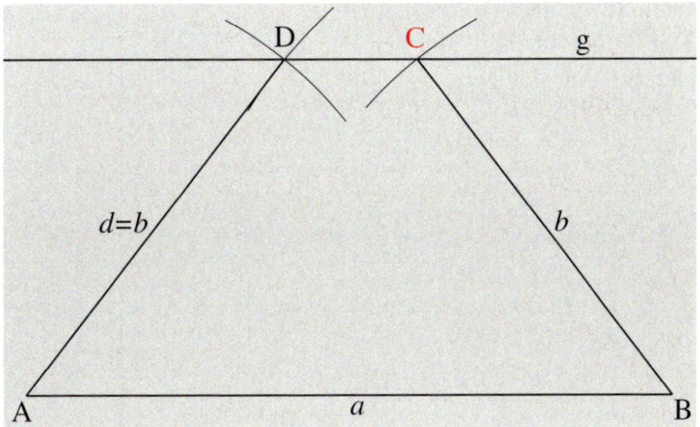

Trapez ABCD ist das verlangte.

122

Zu 13: Zur Lösung wird auf $\overline{AB}$ der Punkt P mit $|\overline{AP}| = m$ benutzt. Die Parallele zu $\overline{AD}$ durch P schneidet den Schenkel $\overline{BC}$ im Punkt M_2, der die Mitte von $\overline{BC}$ darstellt. Durch Verdoppelung von $\overline{BM_2}$ erhält man C. D ist der Schnittpunkt des Schenkels des Winkels $\sphericalangle\alpha$ und der Parallelen zu $\overline{AB}$ durch C.

Planfigur

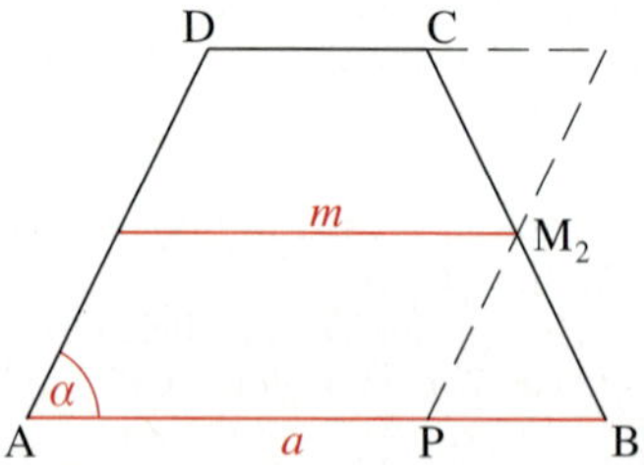

$|\overline{AB}| = a = 6{,}2\,\text{cm}$
$\sphericalangle\alpha, \alpha = 85°$ an $\overline{AB} \rightarrow s_1$
$\sphericalangle\beta, \beta = \alpha = 85°$ an $\overline{BA} \rightarrow s_2$
P auf $\overline{AB}$ mit $|\overline{AP}| = m = 4{,}2\,\text{cm}$
$g(P) \parallel s_1$
$g \cap s_2 = \{M_2\}$
Verdoppelung von $\overline{BM_2} \rightarrow C$
$h(C) \parallel \overline{AB}$
$h \cap s_1 = \{D\}$

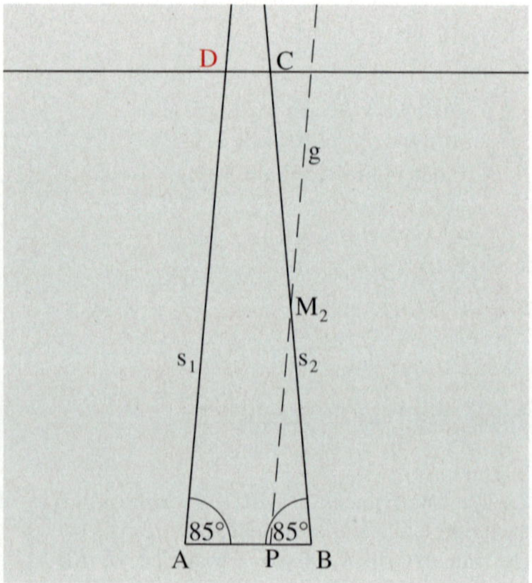

Trapez ABCD ist das verlangte.

► Längenmaße verkürzt

Zu 14: Das Dreieck $\triangle APD$ mit $\overline{DP} \parallel \overline{BC}$ ist wegen $|\overline{AP}| = a - c$, $|\overline{DP}| = b = d$ und $|\overline{DA}| = d$ nach SSS eindeutig konstruierbar.
Der Punkt C liegt auf der Parallelen zu $\overline{AB}$ durch D mit $|\overline{DC}| = c$.

Planfigur

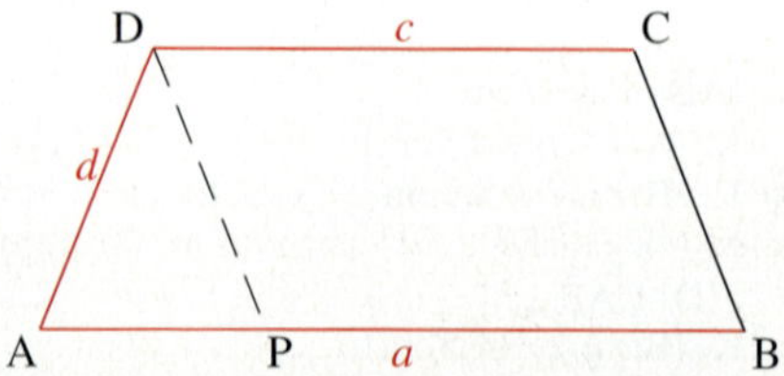

$|\overline{AP}| = a - c = 2\,\text{cm}$
$K_1\,(A; r = d = 4\,\text{cm})$
$K_2\,(P; r = b = d = 4\,\text{cm})$
$K_1 \cap K_2 = \{D\}$
B auf $\overline{AP}$ so, dass $|\overline{AB}| = a = 5{,}6\,\text{cm}$
$g(D) \parallel \overline{AB}$
$h(B) \parallel \overline{DP}$
$g \cap h = (C)$
$\overline{AD}$

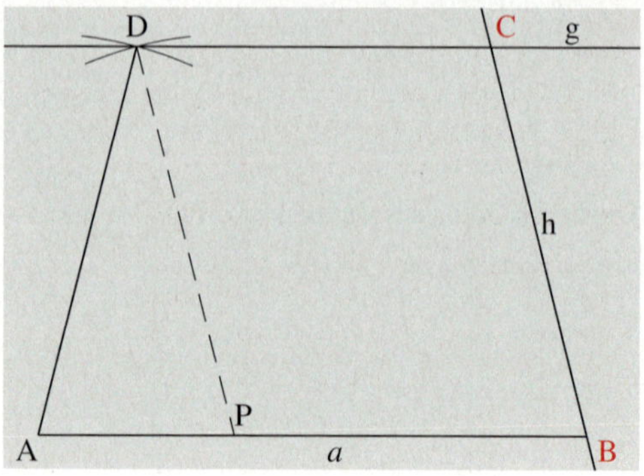

Trapez ABCD ist das verlangte.

Zu 15: Als Konstruktionshilfe wird das Parallelogramm AD′A′D benutzt, das nebenstehend gezeichnet ist. Hier gilt $|\overline{BD'}| = c$, $|\overline{CA'}| = a$ und $|\overline{CD'}| = f$, wobei c aus $2m - a$ berechnet werden kann. Das Dreieck $\triangle AD'C$ ist nach SSS eindeutig konstruierbar. B ist durch $|\overline{AB}| = a$ bestimmt, D liegt auf der Parallelen zu $\overline{AB}$ durch C mit $|\overline{CD}| = c$.

Planfigur

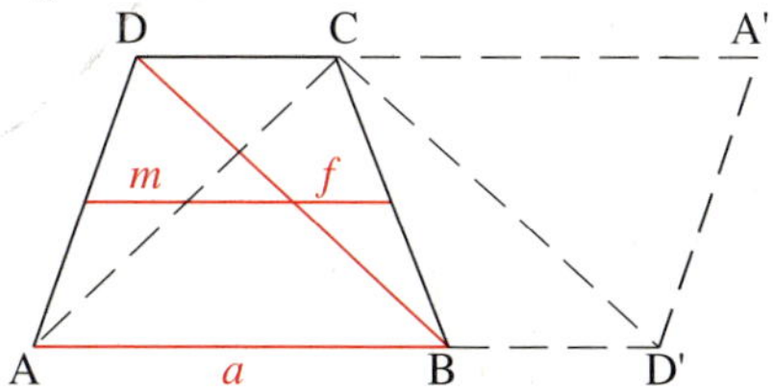

$|\overline{AD'}| = a + c = 12{,}4\,\text{cm}$
$K_1\,(A; r = e = f = 7{,}5\,\text{cm})$
$K_2\,(D'; r = f = 7{,}5\,\text{cm})$
$K_1 \cap K_2 = \{C\}$
B auf $\overline{AD'}$ mit $|\overline{AB}| = a = 4{,}4\,\text{cm}$
$g(C) \parallel \overline{AB}$
$\overline{CD}$ auf g mit $|\overline{CD}| = c = 8\,\text{cm}$
$\overline{AD}, \overline{BC}$

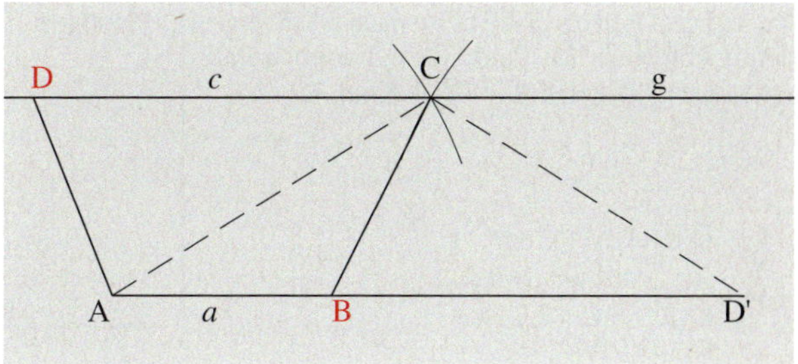

Trapez ABCD ist das verlangte.

► Längenmaße verkürzt

Parallelogramme

Das Parallelogramm ist ein spezielles Viereck und ein spezielles Trapez. Es ist dadurch bestimmt, dass die Seiten beider Gegenseitenpaare parallel sind.
In einem Parallelogramm ABCD gilt also: a ∥ c und b ∥ d. Die auf den Lotgeraden von einer Seite auf die dazu parallele Seite liegenden Strecken zwischen den Seiten oder deren Längen heißen Höhen.

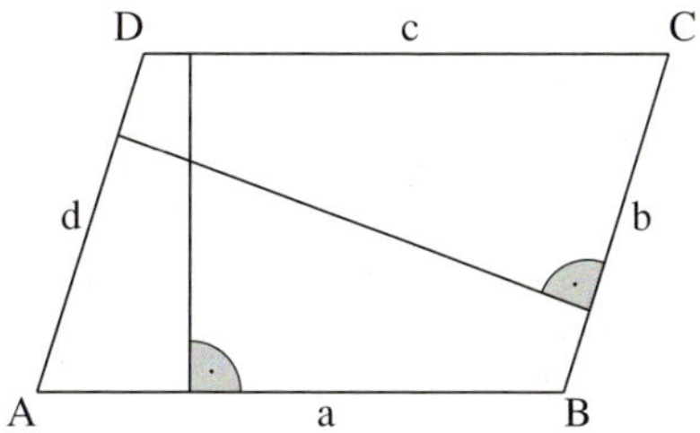

Wegen der von vornherein geltenden Parallelität der Seiten beider Gegenseitenpaare benötigt man zur Konstruktion eines Parallelogramms nur 3 Bestimmungsstücke.

Merke:

- Gegenseiten im Parallelogramm sind gleich lang.
- Die an einer Seite anliegenden Winkel ergänzen einander zu 180°.
- Einander gegenüberliegende Winkel sind gleich groß.
- Die Diagonalen halbieren einander.

Die Lösungen der folgenden Konstruktionsaufgaben stützen sich auf die vorstehenden Eigenschaften.

Konstruieren Sie ein Parallelogramm aus:

1. $a = 6{,}8\,\text{cm}$	$d = 3{,}7\,\text{cm}$	$\alpha = 83°$
2. $a = 6{,}3\,\text{cm}$	$b = 4{,}2\,\text{cm}$	$f = 7{,}5\,\text{cm}$
3. $a = 7\,\text{cm}$	$h = 4{,}5\,\text{cm}$	$e = 8\,\text{cm}$
4. $a = 6{,}2\,\text{cm}$	$b = 3{,}9\,\text{cm}$	$\delta = 75°$
5. $a = 6{,}5\,\text{cm}$	$f = 9\,\text{cm}$	$\delta = 110°$
6. $b = 4{,}2\,\text{cm}$	$e = 6\,\text{cm}$	$f = 7\,\text{cm}$

122 **7.** $a=5{,}5\,\text{cm}$	$d=4\,\text{cm}$	$f=4{,}5\,\text{cm}$
8. $a=7\,\text{cm}$	$h=3{,}5\,\text{cm}$	$\gamma=40°$
9. $c=6{,}5\,\text{cm}$	$f=5{,}6\,\text{cm}$	$\sphericalangle(\text{e},\text{f})=140°$
10. $d=4\,\text{cm}$	$e=6{,}6\,\text{cm}$	$\sphericalangle(\text{e},\text{f})=105°$
11. $h_a=4\,\text{cm}$	$h_b=3{,}2\,\text{cm}$	$\alpha=70°$

► Im Folgenden wurden die Längenmaße in den Zeichnungen auf die Hälfte verkürzt, die Winkelgrößen beibehalten.

Zu 1: Das Dreieck $\triangle$ABD ist nach SWS eindeutig konstruierbar. Punkt C liegt auf den Parallelen zu $\overline{\text{AD}}$ durch B und $\overline{\text{AB}}$ durch D.

$|\overline{\text{AB}}|=a=6{,}8\,\text{cm}$
$\sphericalangle\alpha, \alpha=83°$ an $\overline{\text{AB}} \Rightarrow$ s
$\text{K}(\text{A}; r=d=3{,}7\,\text{cm})$
$\text{K}\cap\text{s}=\{\text{D}\}$
$\text{g(D)} \parallel \overline{\text{AB}}$
$\text{h(B)} \parallel \overline{\text{AD}}$
$\text{g}\cap\text{h}=\{\text{C}\}$
$\overline{\text{AD}}$

Parallelogramm ABCD ist das verlangte.

Planfigur

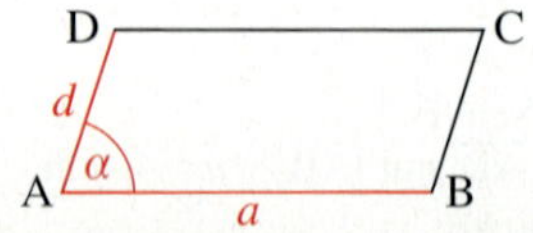

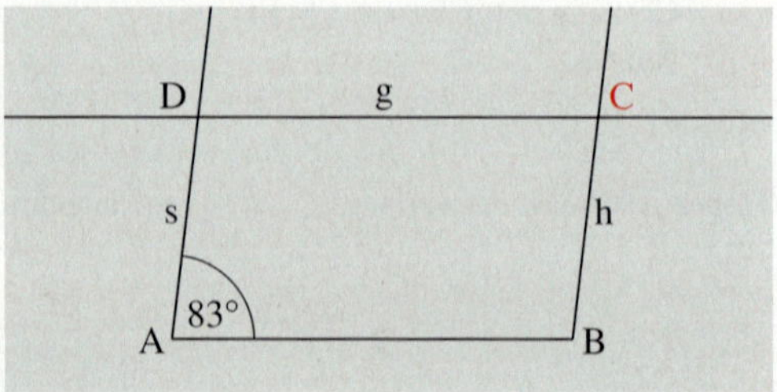

Zu 2: Das Dreieck $\triangle$ABD ist wegen $d=b$ nach SSS eindeutig konstruierbar.
Punkt C liegt auf der Parallelen zu $\overline{\text{AB}}$ durch D und der Parallelen zu $\overline{\text{AD}}$ durch B.

$|\overline{\text{AB}}|=a=6{,}3\,\text{cm}$
$\text{K}_1\,(\text{A}; r=d=4{,}2\,\text{cm})$
$\text{K}_2\,(\text{B}; r=f=7{,}5\,\text{cm})$
$\text{K}_1\cap\text{K}_2=\{\text{D}\}$
$\text{g(D)} \parallel \overline{\text{AB}}$
$\text{h(B)} \parallel \overline{\text{AD}}$
$\text{g}\cap\text{h}=\{\text{C}\}$
$\overline{\text{AD}}$

Parallelogramm ABCD ist das verlangte.

Planfigur

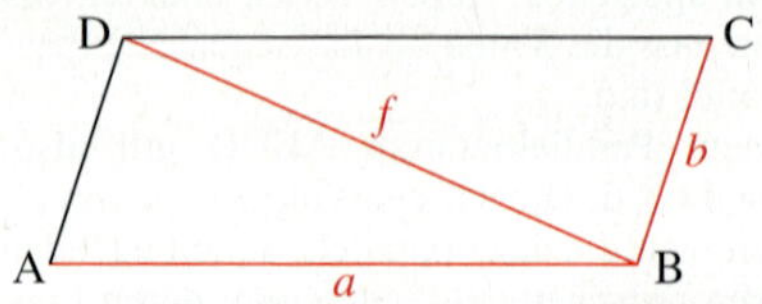

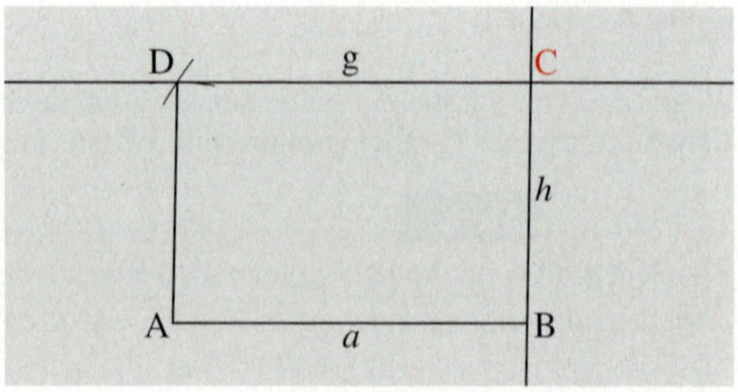

Zu 3: Man zeichnet zunächst $\overline{\text{AB}}$. Die Punkte C und D liegen auf einer Parallelen zu $\overline{\text{AB}}$, die von $\overline{\text{AB}}$ den Abstand h hat. Punkt D liegt außerdem auf dem Kreis um A mit $r=e$.

Planfigur

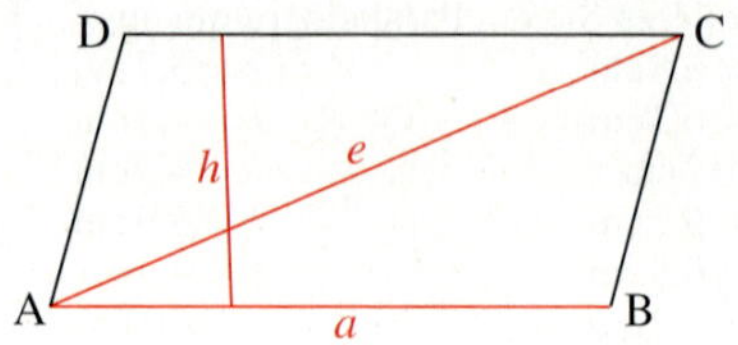

122

$|\overline{AB}| = a = 7\,\text{cm}$
$g(A) \perp \overline{AB}$
$\overline{AP}$ auf g mit $|\overline{AP}| = h = 4{,}5\,\text{cm}$
$p(P) \parallel \overline{AB}$
$K(A; r = e = 8\,\text{cm})$
$K \cap p = \{C\}$
$\overline{BC}$
$q(A) \parallel \overline{BC}$
$q \cap p = \{D\}$

Parallelogramm ABCD ist das verlangte.

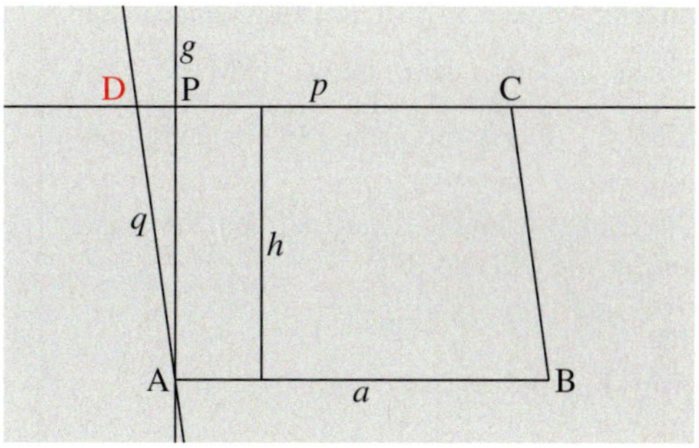

Zu 4: Das Dreieck $\triangle ABC$ ist wegen $|\sphericalangle\beta| = |\sphericalangle\delta|$ nach SWS eindeutig konstruierbar.
Punkt D liegt auf der Parallelen zu $\overline{AB}$ durch C und der Parallelen zu $\overline{BC}$ durch A.

Planfigur

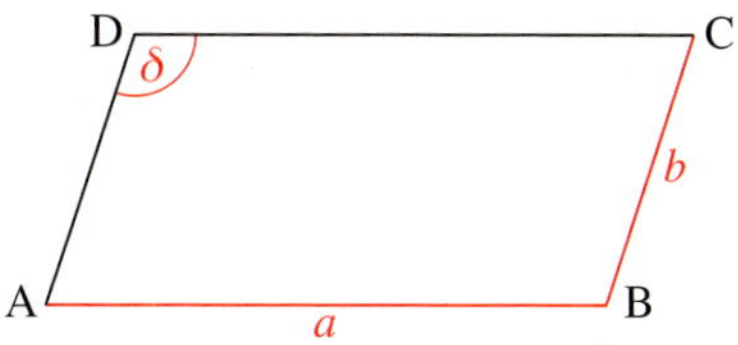

$|\overline{AB}| = a = 6{,}2\,\text{cm}$
$\sphericalangle\beta, \beta = 75°$ an $\overline{BA} \Rightarrow s$
$\overline{BC}$ auf s mit $|\overline{BC}| = b = 3{,}9\,\text{cm}$
$g(C) \parallel \overline{AB}$
$h(A) \parallel \overline{BC}$
$g \cap h = \{D\}$

Parallelogramm ABCD ist das verlangte.

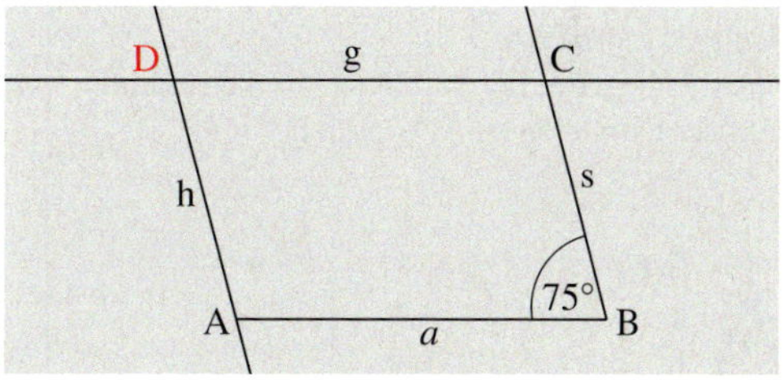

Zu 5: Das Dreieck $\triangle ABD$ ist, weil auch α wegen $\alpha = 180° - \delta$ bekannt ist, nach SsW eindeutig konstruierbar.
Der Punkt C liegt auf der Parallelen zu $\overline{AB}$ durch D und der Parallelen zu $\overline{AD}$ durch B.

Planfigur

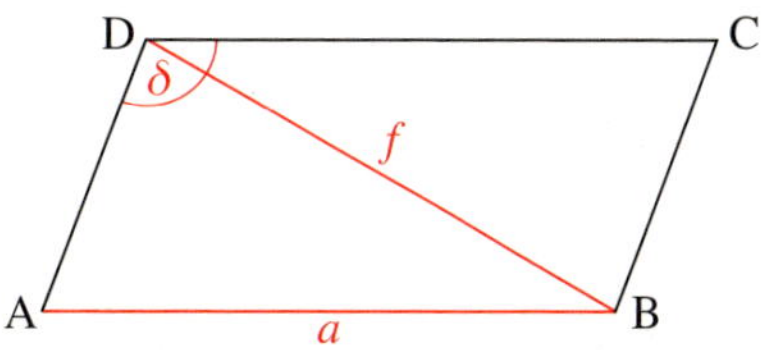

$|\overline{AB}| = a = 6{,}5\,\text{cm}$
$\sphericalangle\alpha, \alpha = 70°$ an $\overline{AB} \Rightarrow s$
$K(B; r = f = 9\,\text{cm})$
$K \cap s = \{D\}$
$g(D) \parallel \overline{AB}$
$h(B) \parallel \overline{AD}$
$g \cap h = \{C\}$

Parallelogramm ABCD ist das verlangte.

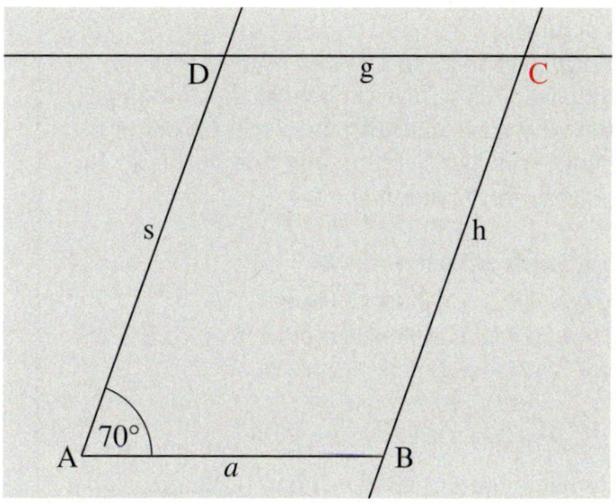

122

Zu 6: Im Dreieck $\triangle$BMC sind die Längen aller Seiten bekannt, denn es ist $|\overline{BM}| = \frac{f}{2}$ und $|\overline{CM}| = \frac{e}{2}$. Es ist also nach SSS eindeutig konstruierbar.
Die Punkte A und D liegen auf den Verlängerungen von $\overline{CM}$ und $\overline{BM}$.

$|\overline{BC}| = b = 4{,}2\,\text{cm}$
$K_1\left(B; r = \frac{f}{2} = 3{,}5\,\text{cm}\right)$
$K_2\left(C; r = \frac{e}{2} = 3\,\text{cm}\right)$
$K_1 \cap K_2 = \{M\}$
Verdoppeln von $\overline{CM}$ ➡ A
Verdoppeln von $\overline{BM}$ ➡ D
$\overline{AB}, \overline{CD}, \overline{DA}$

Parallelogramm ABCD ist das verlangte.

Planfigur

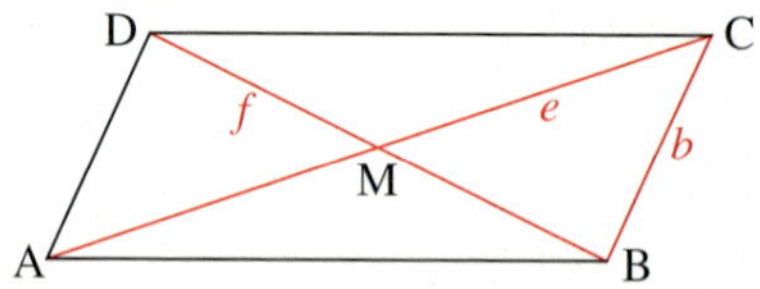

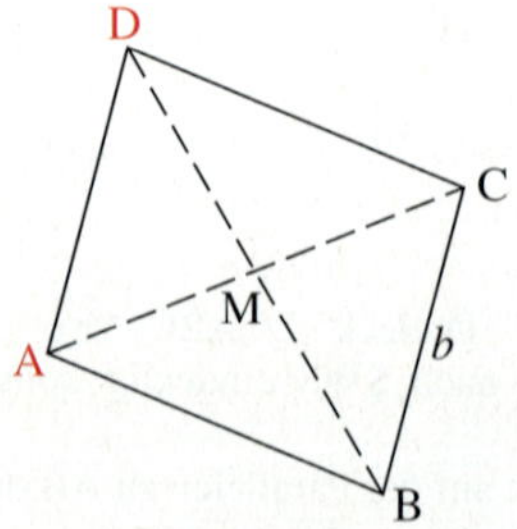

Zu 7: Das Dreieck $\triangle$ABD ist nach SSS eindeutig konstruierbar.
Punkt C liegt auf der Parallelen zu $\overline{AB}$ durch D und der Parallelen zu $\overline{AD}$ durch B.

$|\overline{AB}| = a = 5{,}5\,\text{cm}$
$K_1\,(A; r = d = 4\,\text{cm})$
$K_2\,(B; r = f = 4{,}5\,\text{cm})$
$K_1 \cap K_2 = \{D\}$
$\overline{AD}$
$g(D) \parallel \overline{AB}$
$h(B) \parallel \overline{AD}$
$g \cap h = \{C\}$

Parallelogramm ABCD ist das verlangte.

Planfigur

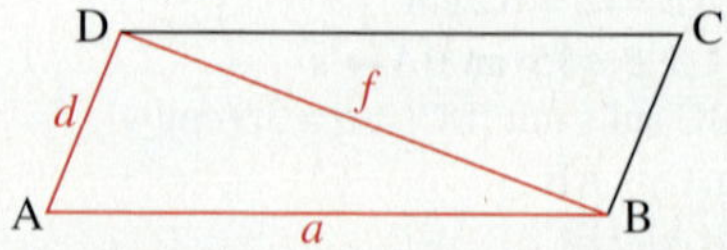

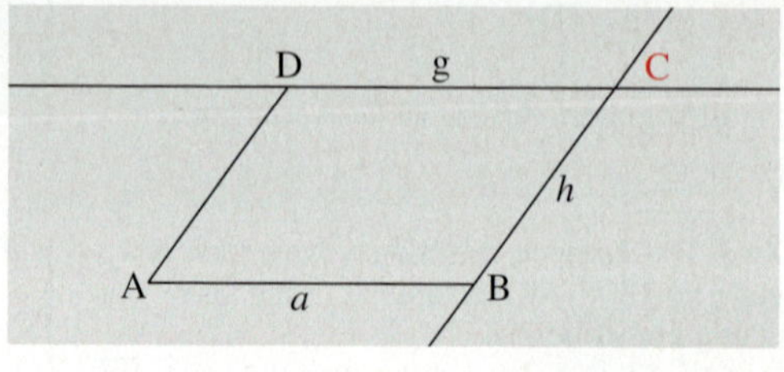

Zu 8: Zunächst kann man $\overline{CD}$ mit $|\overline{CD}| = c = a$ zeichnen.
Trägt man in C an $\overline{CD}$ den Winkel $\sphericalangle\gamma$ an, so schneidet sein freier Schenkel die Parallele p zu c, die von c den Abstand h hat, im Punkt B.
Punkt A ist der Schnittpunkt von p mit der Parallelen zu $\overline{BC}$ durch D.

$|\overline{CD}| = c = a = 7\,\text{cm}$
$\sphericalangle\gamma, \gamma = 40°$ an $\overline{CD}$ ➡ s
$p \parallel \overline{CD}$ im Abstand h
$p \cap s = \{B\}$
$g(D) \parallel \overline{BC}$
$g \cap p = \{A\}$

Parallelogramm ABCD ist das verlangte.

Planfigur

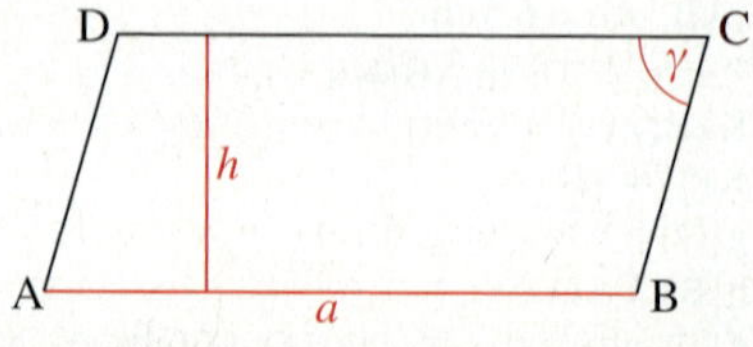

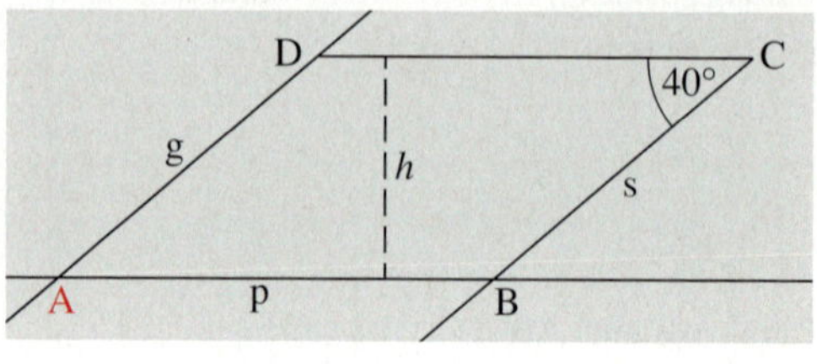

122

Zu 9: Das Dreieck $\triangle$DMC ist nach SsW eindeutig konstruierbar.
Die Punkte A und B erhält man durch Verdoppelung von $\overline{\mathrm{CM}}$ bzw. $\overline{\mathrm{DM}}$.

$|\overline{\mathrm{DM}}| = \frac{f}{2} = 2{,}8\,\mathrm{cm}$
$\sphericalangle(\mathrm{e,f}), |\sphericalangle(\mathrm{e,f})| = 140°$ an $\overline{\mathrm{MD}} \Rightarrow \mathrm{s}$
$\mathrm{K}(\mathrm{D}; r = c = 6{,}5\,\mathrm{cm})$
$\mathrm{K} \cap \mathrm{s} = \{\mathrm{C}\}$
Verdoppeln von $\overline{\mathrm{CM}} \Rightarrow \mathrm{A}$
Verdoppeln von $\overline{\mathrm{DM}} \Rightarrow \mathrm{B}$
$\overline{\mathrm{AB}}, \overline{\mathrm{BC}}, \overline{\mathrm{CD}}, \overline{\mathrm{DA}}$

Parallelogramm ABCD ist das verlangte.

Planfigur

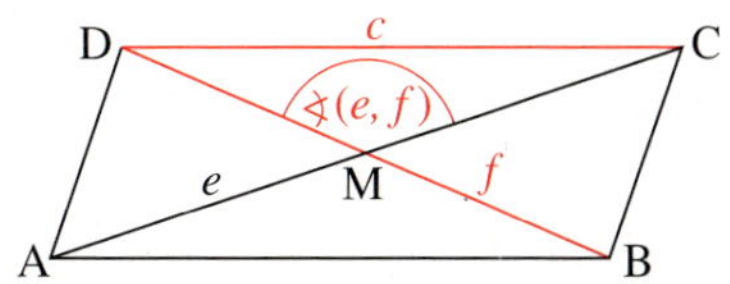

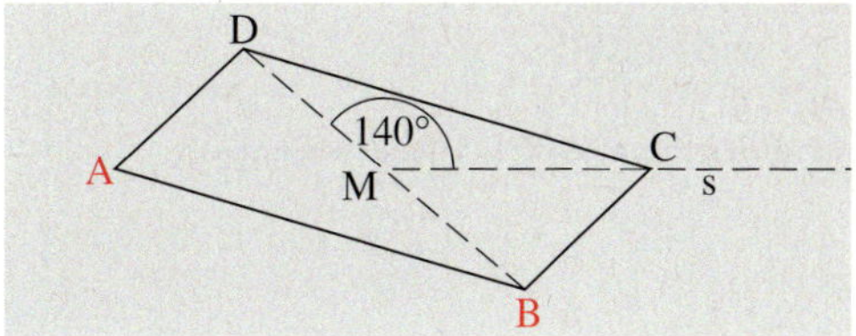

Zu 10: Das Dreieck $\triangle$AMD ist nach SsW eindeutig konstruierbar. Den Punkt C erhält man durch Verdoppelung von $\overline{\mathrm{AM}}$. Punkt B liegt auf der Parallelen zu $\overline{\mathrm{CD}}$ durch A und der Parallelen zu $\overline{\mathrm{AD}}$ durch C.

$|\overline{\mathrm{AM}}| = \frac{e}{2} = 3{,}3\,\mathrm{cm}$
$\sphericalangle(\mathrm{f,e}), |\sphericalangle(\mathrm{f,e})| = 180° - 105° = 75°$ an $\overline{\mathrm{MA}} \Rightarrow \mathrm{s}$
$\mathrm{K}(\mathrm{A}; r = d = 4\,\mathrm{cm})$
$\mathrm{K} \cap \mathrm{s} = \{\mathrm{D}\}$
$\overline{\mathrm{AD}}$
Verdoppeln von $\overline{\mathrm{AM}} \Rightarrow \mathrm{C}$
$\overline{\mathrm{DC}}$
$\mathrm{g(A)} \parallel \overline{\mathrm{DC}}$
$\mathrm{h(C)} \parallel \overline{\mathrm{AD}}$
$\mathrm{g} \cap \mathrm{h} = \{\mathrm{B}\}$

Parallelogramm ABCD ist das verlangte.

Planfigur

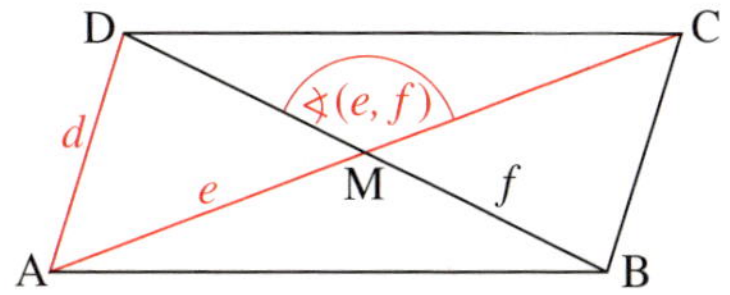

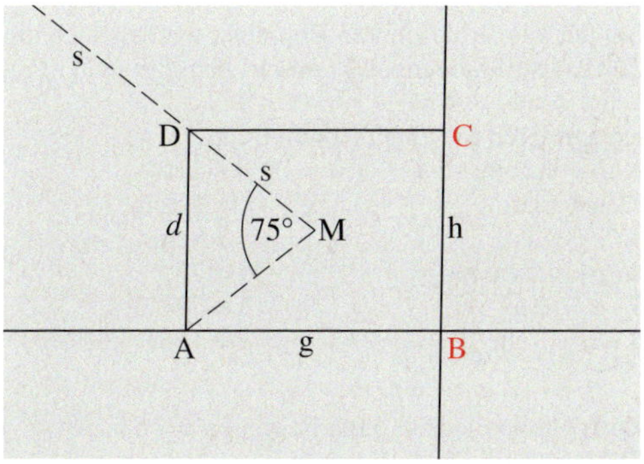

Zu 11: Im Dreieck $\triangle$APD ist $\overline{\mathrm{PD}}$ Höhe auf $\overline{\mathrm{AB}}$. Es ist nach WSW eindeutig konstruierbar, denn $|\sphericalangle \mathrm{ADP}|$ ist $90° - \alpha$.
Punkt B liegt auf der Verlängerung von $\overline{\mathrm{AP}}$ und auf der Parallelen p zu $\overline{\mathrm{AD}}$ im Abstand h_b.
Punkt C liegt auf p und auf der Parallelen zu $\overline{\mathrm{AB}}$ durch D.

Planfigur

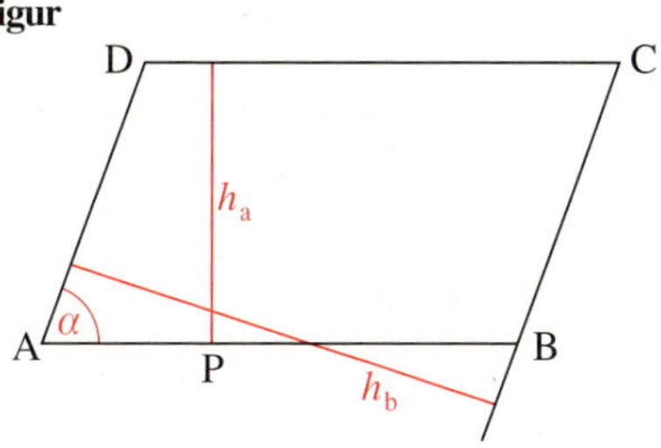

122

$|\overline{DP}| = h_a = 4\,\text{cm}$
$\sphericalangle 90°$ an $\overline{PD} \Rightarrow s_1$
$90° - 70° = 20°$, $\sphericalangle 20°$ an $\overline{DP} \Rightarrow s_2$
$s_1 \cap s_2 = \{A\}$
Verlängerung von $\overline{AP} \Rightarrow s_3$
$p \parallel \overline{AD}$ im Abstand $h_b = 3{,}2\,\text{cm}$
$p \cap s_3 = \{B\}$
$g(D) \parallel \overline{AB}$
$g \cap p = \{C\}$

Parallelogramm ABCD ist das verlangte.

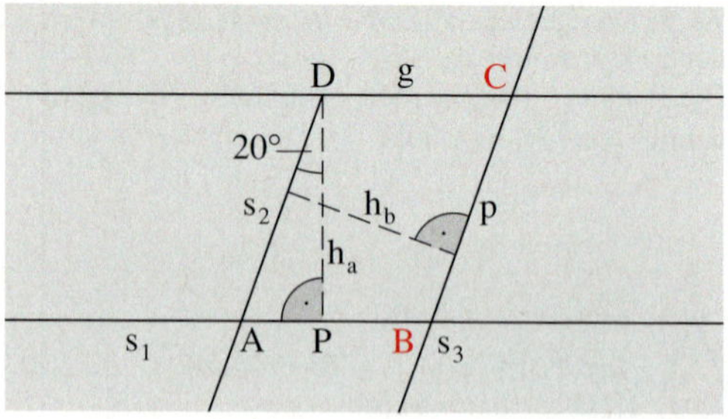

Rhomben

Der Rhombus, auch Raute genannt, ist ein spezielles Viereck und ein spezielles Parallelogramm. Er ist dadurch bestimmt, dass die Längen aller Seiten gleich sind.
Er hat alle Eigenschaften eines Parallelogramms.

Merke:

Die Diagonalen eines Rhombus stehen senkrecht aufeinander und halbieren die Innenwinkel.

Bei der Konstruktion von Rhomben werden auch die vorstehenden Eigenschaften angewandt.
Zur Konstruktion eines Rhombus benötigt man nur noch 2 Bestimmungsstücke.

Konstruieren Sie einen Rhombus aus:

1.	$b = 4{,}2\,\text{cm}$	$\beta = 110°$
2.	$a = 5\,\text{cm}$	$f = 4{,}5\,\text{cm}$
3.	$c = 6\,\text{cm}$	$f = 5\,\text{cm}$
4.	$f = 5{,}5\,\text{cm}$	$\alpha = 75°$
5.	$e = 6\,\text{cm}$	$\delta = 60°$
6.	$h_a = 3\,\text{cm}$	$\beta = 115°$

Zu 1: Das Dreieck $\triangle ABC$ ist wegen $a = b$ nach SWS eindeutig konstruierbar.
Punkt D liegt auf der Parallelen zu $\overline{AB}$ durch C und der Parallelen zu $\overline{BC}$ durch A.

Planfigur

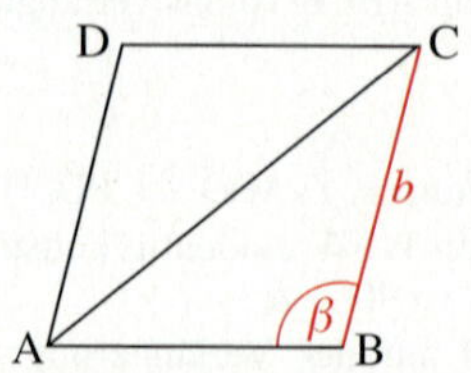

$|\overline{AB}| = a = b = 4{,}2\,\text{cm}$
$\sphericalangle \beta, \beta = 110°$ an $\overline{BA} \Rightarrow s$
C auf s so, dass $|\overline{BC}| = b = 4{,}2\,\text{cm}$
$g(C) \parallel \overline{AB}$
$h(A) \parallel \overline{BC}$
$g \cap h = \{D\}$

Rhombus ABCD ist der verlangte.

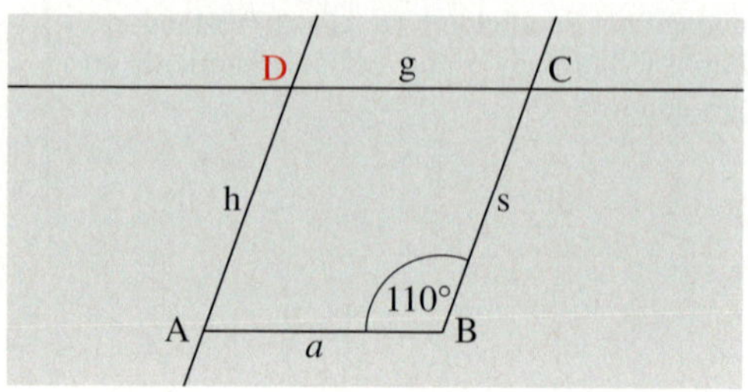

122

Zu 2: Das Dreieck $\triangle ABD$ ist wegen $d = a$ nach SSS eindeutig konstruierbar.
Punkt C liegt auf den Parallelen zu $\overline{AB}$ und $\overline{AD}$ durch $\overline{D}$ und $\overline{B}$.

Planfigur

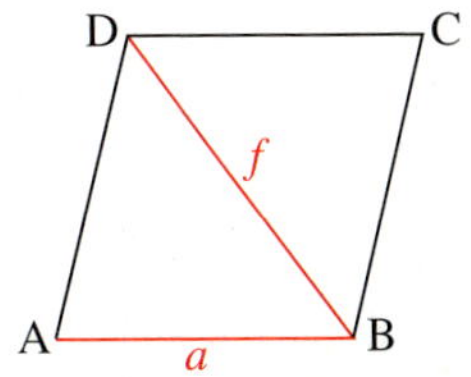

$|\overline{AB}| = a = 5\,\text{cm}$
$K_1\,(A; r = d = 5\,\text{cm})$
$K_2\,(B; r = f = 4{,}5\,\text{cm})$
$K_1 \cap K_2 = \{D\}$
$\overline{AD}$
$g(D) \parallel \overline{AB}$
$h(B) \parallel \overline{AD}$
$g \cap h = \{C\}$

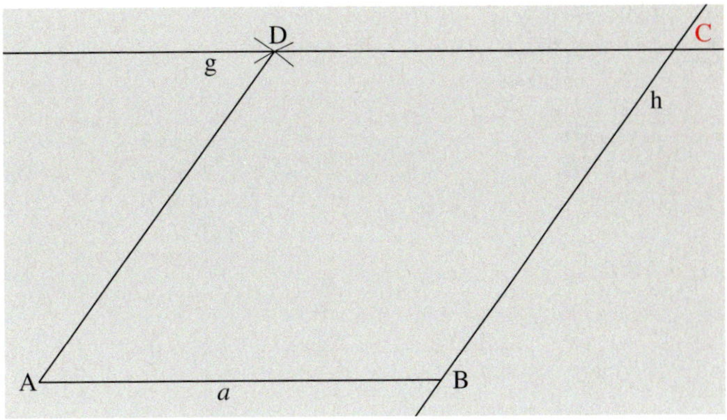

Rhombus ABCD ist der verlangte.

Zu 3: Wegen $a = c = d$ ist das Dreieck $\triangle ABD$ nach SSS eindeutig konstruierbar.
Punkt C liegt auf den Parallelen zu $\overline{AB}$ durch D und $\overline{AD}$ zu $\overline{B}$.

Planfigur

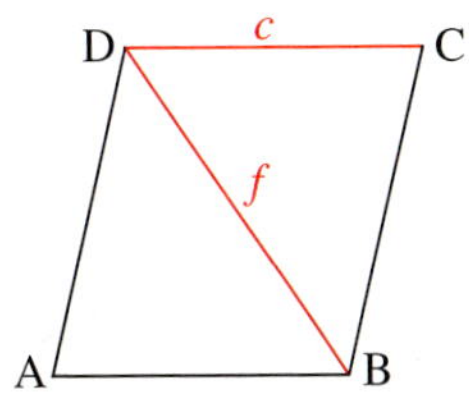

$|\overline{AB}| = a = 6\,\text{cm}$
$K_1\,(A; r = d = 6\,\text{cm})$
$K_2\,(B; r = f = 5\,\text{cm})$
$K_1 \cap K_2 = \{D\}$
$\overline{AD}$
$g(D) \parallel \overline{AB}$
$h(B) \parallel \overline{AD}$
$g \cap h = \{C\}$

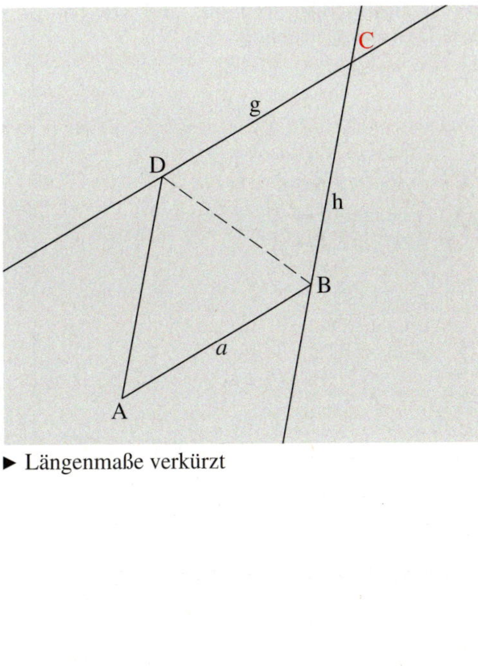

► Längenmaße verkürzt

Rhombus ABCD ist der verlangte.

122

Zu 4: Das Dreieck $\triangle ABD$ ist gleichschenklig. Die Größe des Winkels an der Spitze ist bekannt, die Größe der Winkel an der Basis lässt sich berechnen. Man erhält $\frac{180° - \alpha}{2} = 52{,}5°$. Damit ist Dreieck $\triangle ABD$ nach WSW eindeutig konstruierbar. Punkt C liegt auf den Parallelen zu $\overline{AB}$ und $\overline{AD}$ durch $\overline{D}$ und $\overline{B}$.

Planfigur

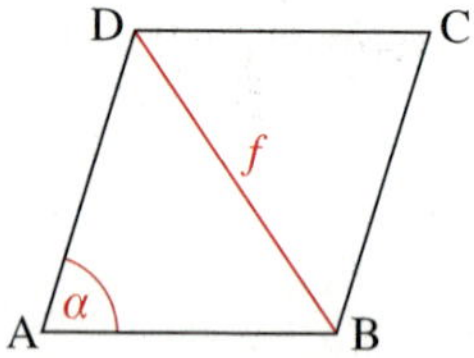

$|\overline{BD}| = f = 5{,}5\,cm$
$\sphericalangle 52{,}5°$ an $\overline{BD} \rightarrow s_1$
$\sphericalangle 52{,}5°$ an $\overline{DB} \rightarrow s_2$
$s_1 \cap s_2 = \{A\}$
$g(D) \parallel \overline{AB}$
$h(B) \parallel \overline{AD}$
$g \cap h = \{C\}$

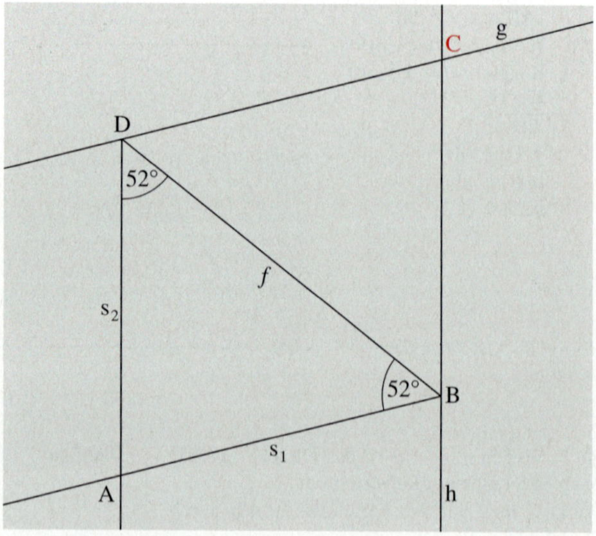

Rhombus ABCD ist der verlangte.

Zu 5: Die Vorüberlegungen zu 4. treffen sinngemäß auch hier zu. Für die Größe der Winkel an der Basis erhält man 60°, das Dreieck $\triangle ACD$ ist also gleichseitig.

Planfigur

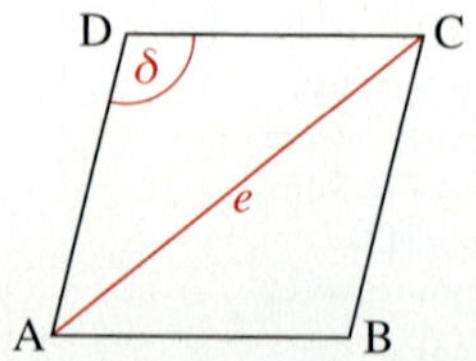

$|\overline{AC}| = e = 6\,cm$
$\sphericalangle 60°$ an $\overline{AC} \rightarrow s_1$
$\sphericalangle 60°$ an $\overline{CA} \rightarrow s_2$
$s_1 \cap s_2 = \{D\}$
$g(A) \parallel \overline{CD}$
$h(C) \parallel \overline{AD}$
$g \cap h = \{B\}$

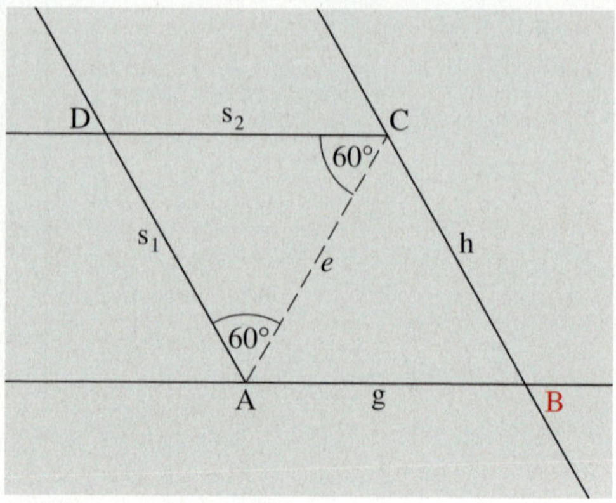

► Längenmaße verkürzt

Rhombus ABCD ist der verlangte.

122

Zu 6: Für den Winkel $\sphericalangle\alpha$ im Dreieck $\triangle$APD gilt $\alpha = 180° - \beta$ und $|\sphericalangle ADP| = 90° - \alpha$. Damit lässt sich das Dreieck nach WSW eindeutig konstruieren.
Punkt B liegt auf der Verlängerung von $\overline{AP}$ so, dass $|\overline{AB}| = |\overline{AD}|$ ist. Punkt C liegt auf den Parallelen zu $\overline{AB}$ durch D und $\overline{AD}$ durch B.

Planfigur

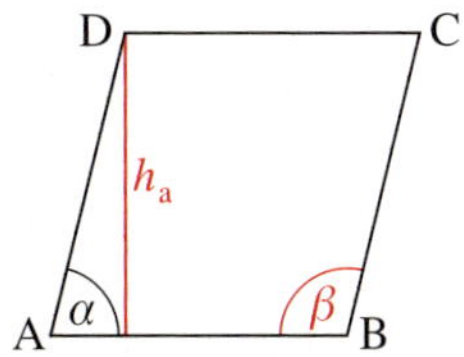

$|\overline{DP}| = h_a = 3\,\text{cm}$
$\sphericalangle 90°$ an $\overline{PD}$ ➡ s_1
$\sphericalangle 25$ an $\overline{DP}$ ➡ s_2
$s_1 \cap s_2 = \{A\}$
$\overline{AB}$ auf Verlängerung von $\overline{AP}$ mit $|\overline{AB}| = |\overline{AD}|$
$g(D) \parallel \overline{AB}$
$h(B) \parallel \overline{AD}$
$g \cap h = \{C\}$

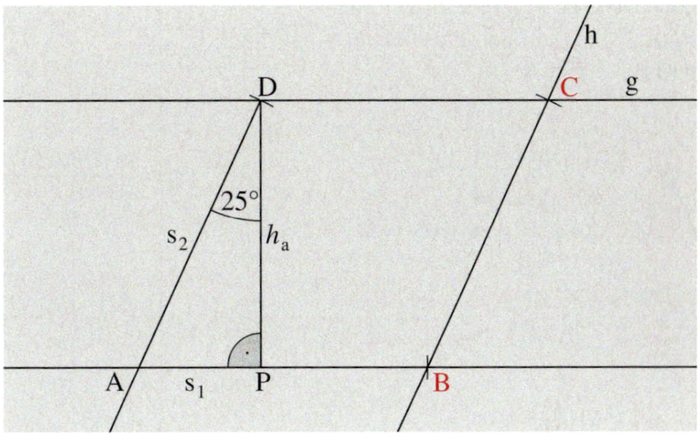

Rhombus ABCD ist der verlangte.

Rechtecke

Ein Rechteck ist ein spezielles Parallelogramm. Seine Gegenseiten sind parallel und gleich lang. Alle Innenwinkel sind rechte Winkel. Es hat alle Eigenschaften eines Parallelogramms, aber auch weitere, in denen sich seine spezifische Besonderheit ausdrückt.

Merke:

Im Rechteck sind die Diagonalen gleich lang.

Zur Konstruktion eines Rechtecks benötigt man wie beim Rhombus 2 Bestimmungsstücke.

1. Beweisen Sie: Wenn in einem Parallelogramm die Diagonalen gleich lang sind, dann ist es ein Rechteck.

Als Beweisfigur dient das Parallelogramm ABCD, das durch die Diagonalen in die Dreiecke $\triangle$ABC und $\triangle$BCD eingeteilt ist.
Da die Winkel $\sphericalangle\beta$ und $\sphericalangle\gamma$ einer Seite des Parallelogramms anliegen, gilt: $\beta + \gamma = 180°$.
Kann man zeigen, dass $\beta = \gamma$, so muss jeder dieser Winkel 90° groß ein.
Das gelingt, wenn man nachweist, dass β und γ gleichliegende Winkel in kongruenten Dreiecken sind.
Mit β und γ sind wegen der Parallelität der Gegenseiten des Parallelogramms auch die Winkel α und δ jeweils 90° groß, das Parallelogramm ABCD ist also ein Rechteck.

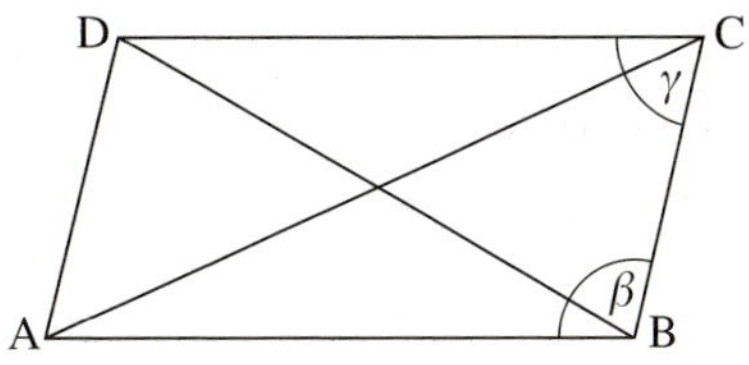

$\triangle ABC \cong \triangle BCD$, denn
$|\overline{BC}| = |\overline{BC}|$,
$|\overline{AB}| = |\overline{DC}|$ nach Voraussetzung,
$|\overline{AC}| = |\overline{BD}|$ nach Voraussetzung.
$\beta = \gamma$ als gleichliegende Winkel in den kongruenten Dreiecken $\triangle$ABC und $\triangle$BCD.
Wegen $\beta + \gamma = 180°$ und $\beta = \gamma$ gilt $\beta = 90°$ und $\gamma = 90°$.

122 Konstruieren Sie ein Rechteck aus:

2.	$a = 5{,}3\,\text{cm}$	$d = 4{,}2\,\text{cm}$
3.	$c = 6\,\text{cm}$	$f = 6{,}8\,\text{cm}$
4.	$e = 6{,}5\,\text{cm}$	$b = 4\,\text{cm}$
5.	$f = 7\,\text{cm}$	$\sphericalangle(e, f) = 110°$
6.	$e = 6{,}6\,\text{cm}$	$\sphericalangle(e, f) = 140°$

Zu 2: Das Dreieck $\triangle ABC$ ist wegen $b = d$ nach SWS eindeutig konstruierbar.
Punk D liegt auf den Parallelen zu $\overline{AB}$ durch C und $\overline{BC}$ durch A.

Planfigur

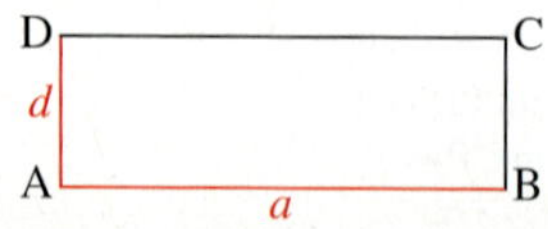

$|\overline{AB}| = a = 5{,}3\,\text{cm}$
$\sphericalangle 90°$ an $\overline{BA} \rightarrow s$
C auf s so, dass $|\overline{BC}| = b = 4{,}2\,\text{cm}$
$g(C) \parallel \overline{AB}$
$h(A) \parallel \overline{BC}$
$g \cap h = \{D\}$

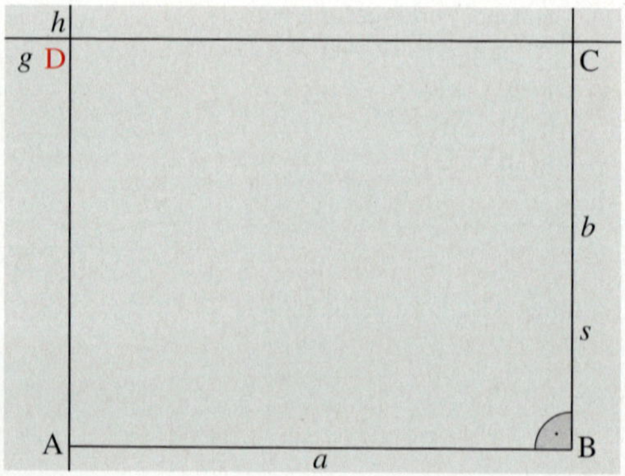

Rechteck ABCD ist das verlangte.

Zu 3: Das Dreieck $\triangle ABC$ ist wegen $a = c$ und $e = f$ nach SsW eindeutig konstruierbar.
Punkt D liegt auf den Parallelen zu $\overline{AB}$ und $\overline{BC}$ durch D und A.

Planfigur

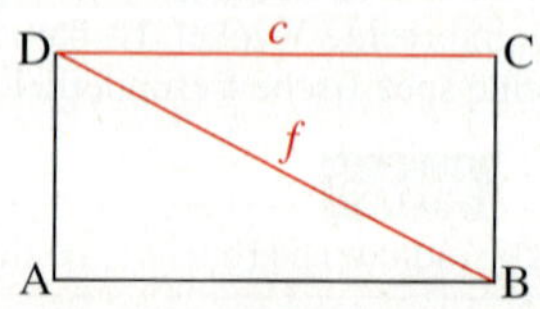

$|\overline{AB}| = a = c = 6\,\text{cm}$
$\sphericalangle 90°$ an $\overline{BA} \rightarrow s$
$K(A; e = f = 6{,}8\,\text{cm})$
$K \cap s = \{C\}$
$g(C) \parallel \overline{AB}$
$h(A) \parallel \overline{BC}$
$g \cap h = \{D\}$

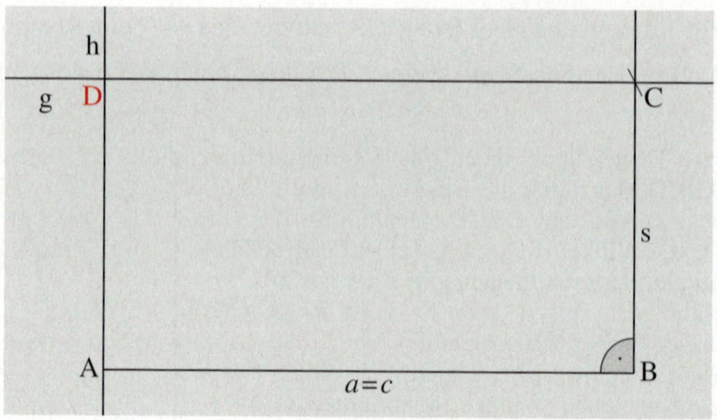

Rechteck ABCD ist das verlangte.

Zu 4: Das Dreieck △ABC ist nach SsW eindeutig konstruierbar.
Punkt D liegt auf den Parallelen zu $\overline{AB}$ und $\overline{BC}$ durch C und A.

Planfigur

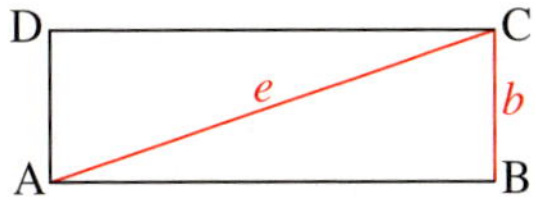

$|\overline{BC}| = b = 4\,\text{cm}$
$\sphericalangle 90°$ an $\overline{BC}$ ➡ s
K (C; $r = e = 6{,}5\,\text{cm}$)
$K \cap s = \{A\}$
$g(C) \parallel \overline{AB}$
$h(A) \parallel \overline{BC}$
$g \cap h = \{D\}$

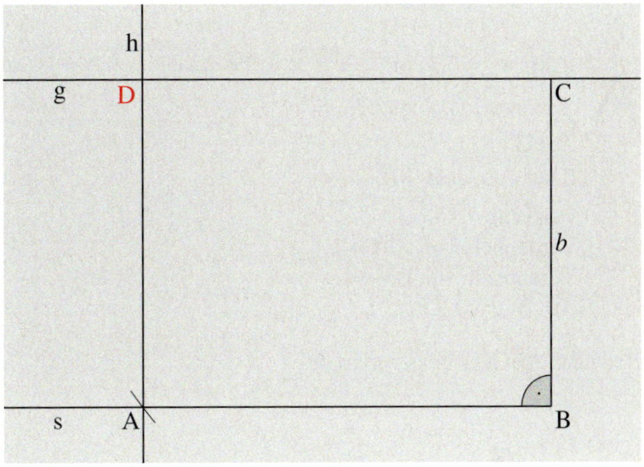

Rechteck ABCD ist das verlangte.

Zu 5: Die Diagonalen im Rechteck sind gleich lang und halbieren einander. Das Dreieck △ABM ist nach SWS eindeutig konstruierbar. Die Punkte C und D erhält man durch Verdoppeln der halben Diagonalen.

Planfigur

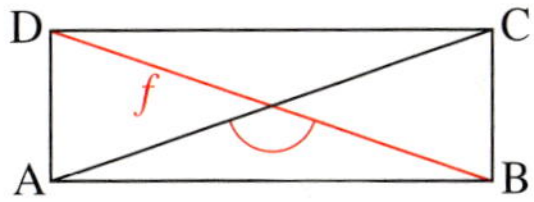

$|\overline{AM}| = \frac{e}{2} = 3{,}5\,\text{cm}$
$\sphericalangle(e, f), |\sphericalangle(e, f)| = 110°$ an $\overline{MA}$ ➡ s
B auf s so, dass $|\overline{MB}| = \frac{f}{2}$
$= 3{,}5\,\text{cm}$
Verdoppeln von $\overline{AM}$ ➡ C
Verdoppeln von $\overline{MB}$ ➡ D
$\overline{AB}, \overline{BC}, \overline{CD}, \overline{DA}$

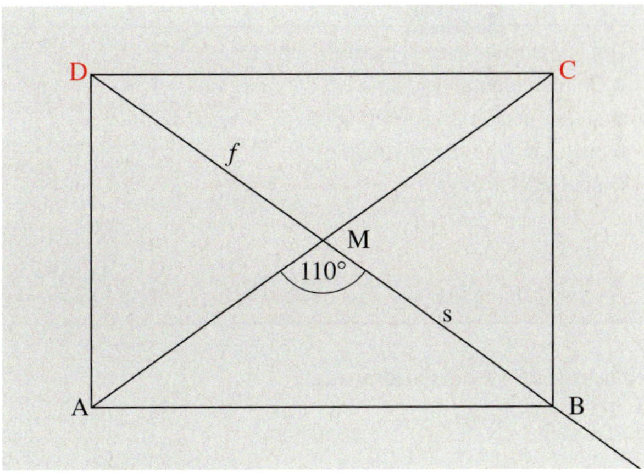

Rechteck ABCD ist das verlangte.

122 **Zu 6:** Die Konstruktion des verlangten Rechtecks erfolgt analog dem Vorgehen unter 5.

Planfigur

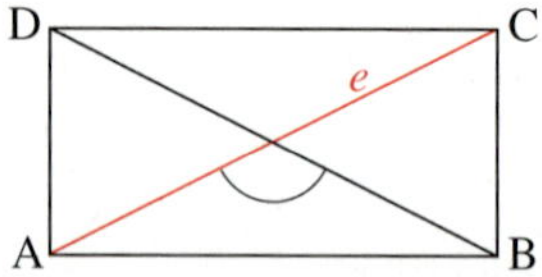

$|\overline{AM}| = \frac{e}{2} = 3{,}3\,\text{cm}$
$\sphericalangle(e, f)$, $|\sphericalangle(e, f)| = 140°$ an $\overline{MA}$ ➡ s
B auf s so, dass $|\overline{MB}| = \frac{f}{2} = 3{,}3\,\text{cm}$
Verdoppeln von $\overline{AM}$ ➡ C
Verdoppeln von $\overline{BM}$ ➡ D
$\overline{AB}$, $\overline{BC}$, $\overline{CD}$, $\overline{DA}$

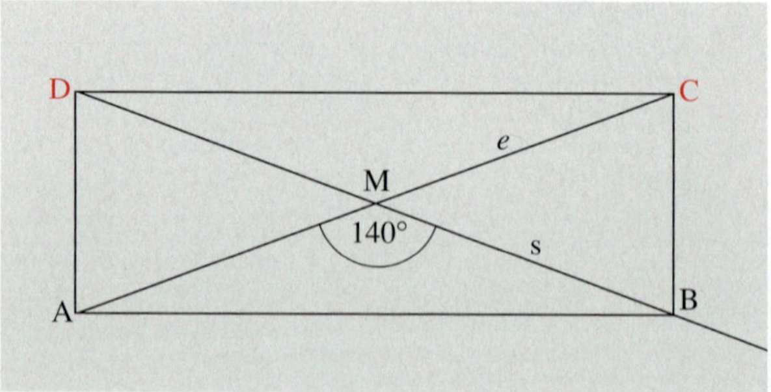

Rechteck ABCD ist das verlangte.

Quadrate

Das Quadrat hat vier gleich lange Seiten und vier gleich große Innenwinkel von je 90°. Es ist also sowohl ein spezieller Rhombus – gleich lange und parallele Gegenseiten – als auch ein spezielles Rechteck – alle Innenwinkel sind 90° groß. Da Rhomben und Rechtecke spezielle Parallelogramme sind, ist das Quadrat also auch ein spezielles Parallelogramm. Es hat infolgedessen alle Eigenschaften von Parallelogrammen, Rhomben und Rechtecken.
Zur Konstruktion eines Quadrats benötigt man nur noch 1 Bestimmungsstück.

Merke:

Die Diagonalen eines Quadrats ABCD
- halbieren einander,
- stehen senkrecht aufeinander,
- halbieren die Innenwinkel,
- sind gleich lang.

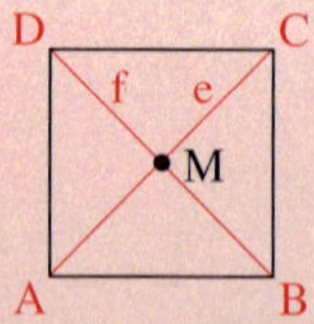

► $|\overline{AM}| = |\overline{MC}|$; $|\overline{BM}| = |\overline{MD}|$; $e \perp f$; $e = f$;
$|\sphericalangle ABM| = |\sphericalangle CBM|$; $|\sphericalangle BCM| = |\sphericalangle DCM|$;
$|\sphericalangle CDM| = |\sphericalangle ADM|$; $|\sphericalangle DAM| = |\sphericalangle BAM|$.

Konstruieren Sie ein Quadrat aus:
1. $a = 5\,\text{cm}$
2. $f = 6\,\text{cm}$

Zu 1: Man zeichnet die Seite $\overline{AB}$, trägt in den Endpunkten rechte Winkel an und auf deren freien Schenkeln die Länge a ab.

Planfigur

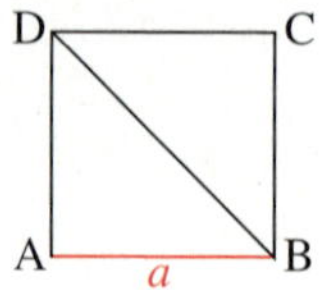

122

$|\overline{AB}| = a = 5\,\text{cm}$
$\sphericalangle 90°$ an $\overline{AB} \Rightarrow s_1$
$\sphericalangle 90°$ an $\overline{BA} \Rightarrow s_2$
Auf s_1 Punkt D so, dass $|\overline{AD}| = a = 5\,\text{cm}$
Auf s_2 Punkt C so, dass $|\overline{BC}| = a = 5\,\text{cm}$
$\overline{CD}$

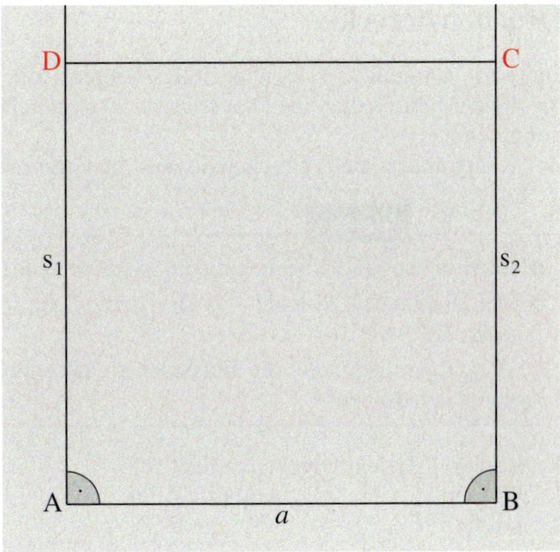

Quadrat ABCD ist das verlangte.

Zu 2: Man zeichnet die Diagonale e mit der Länge $e = f$, halbiert sie und konstruiert durch den Mittelpunkt die Senkrechte zu e. Auf ihr trägt man nach beiden Seiten von dem Mittelpunkt die halbe Länge von f ab.

Planfigur

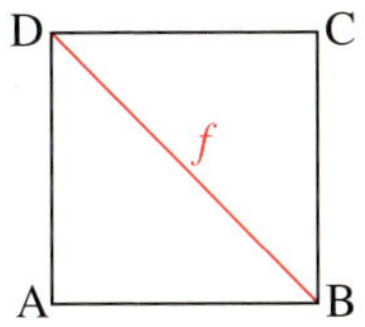

$|\overline{AC}| = e = f = 6\,\text{cm}$
Mitte M von $\overline{AC}$
$h(M) \perp \overline{AC}$
$K\left(M; r = \frac{f}{2}\right)$
$K \cap h = \{D, B\}$
$\overline{AB}, \overline{BC}, \overline{CD}, \overline{DA}$

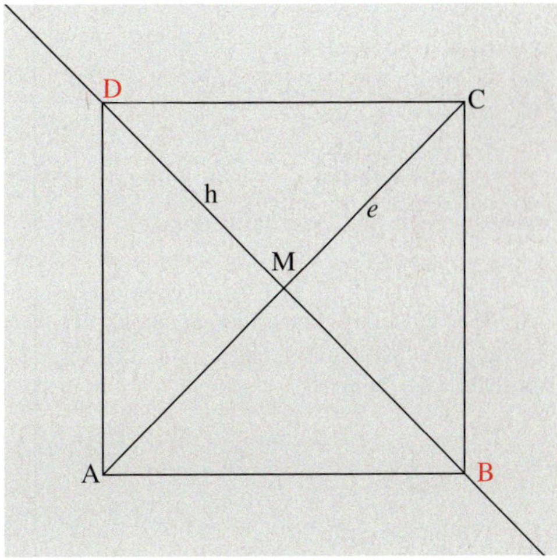

Quadrat ABCD ist das verlangte.

122

Drachenvierecke

Das Drachenviereck ist ein spezielles Viereck, das genau zwei Paar gleich langer benachbarter Seiten hat. Es wird durch die eine Diagonale in zwei gleichschenklige Dreiecke geteilt, durch die andere in zwei kongruente.
Zur Konstruktion eines Drachenvierecks benötigt man 3 Bestimmungsstücke.

Merke:

- Im Drachenviereck stehen die Diagonalen senkrecht aufeinander.
- Die Diagonalen zerlegen das Drachenviereck in zwei gleichschenklige und zwei kongruente Teildreiecke.
- Diejenige Diagonale, die Basis der gleichschenkligen Teildreiecke ist, wird von der anderen Diagonalen halbiert.

Konstruieren Sie ein Drachenviereck aus:

1. $b = 6\,\text{cm}$ $d = 4\,\text{cm}$ $f = 7\,\text{cm}$

2. $a = 5\,\text{cm}$ $e = 6\,\text{cm}$ $f = 7\,\text{cm}$

► Im Folgenden wurden die Längenmaße in den Zeichnungen auf die Hälfte verkürzt, die Winkelgrößen beibehalten.

Zu 1: Mit b und d sind auch a und c bekannt. Das Dreieck $\triangle ABD$ ist nach SSS eindeutig konstruierbar, $\triangle BCD$ ist zu $\triangle ABD$ kongruent.

Planfigur

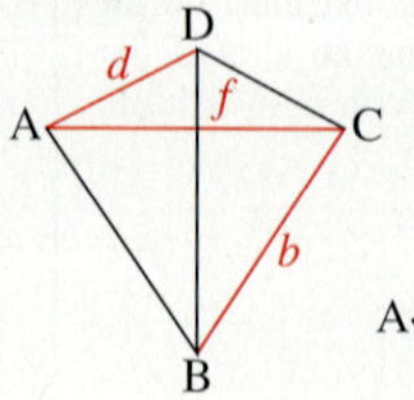

$|\overline{BD}| = f = 7\,\text{cm}$
$K_1\,(B; r = b = 6\,\text{cm})$
$K_2\,(D; r = d = 4\,\text{cm})$
$K_1 \cap K_2 = \{A, C\}$
$\overline{AB}, \overline{BC}, \overline{CD}, \overline{DA}$

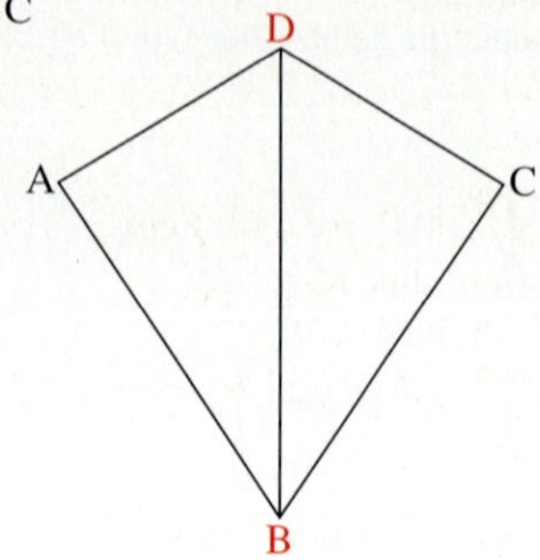

Drachenviereck ABCD ist das verlangte.

Zu 2: Das Dreieck $\triangle ABC$ ist wegen $a = b$ nach SSS eindeutig konstruierbar. Punkt D liegt auf der Mittelsenkrechten von $\overline{AC}$ so, dass $|\overline{DB}| = f = 7\,\text{cm}$ ist.

Planfigur

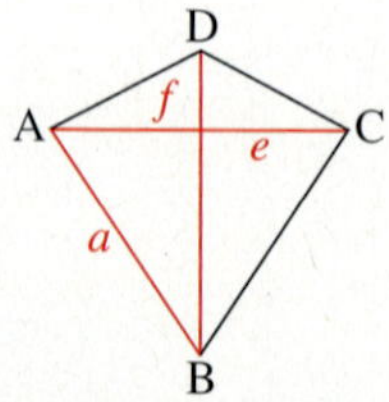

$|\overline{AC}| = e = 6\,\text{cm}$
$K_1\,(A; r = a = 5\,\text{cm})$
$K_2\,(C; r = b = a = 5\,\text{cm})$
$K_1 \cap K_2 = \{B\}$
$h(B) \perp \overline{AC}$
D auf h so, dass $|\overline{BD}| = f = 7\,\text{cm}$ ist.
$\overline{AB}, \overline{BC}, \overline{CD}, \overline{DA}$

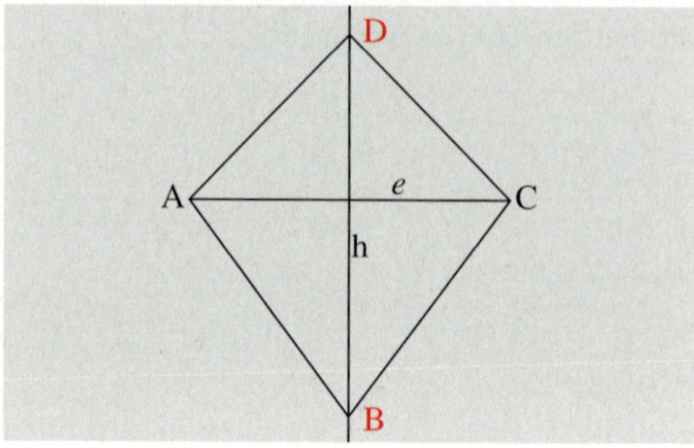

Drachenviereck ABCD ist das verlangte.

Konstruktionsbeschreibungen

1. Beschreiben Sie die Reihenfolge der Konstruktionsschritte, wenn von einem allgemeinen Viereck die folgenden Stücke bekannt sind:
a) $a, b, \alpha, \beta, \gamma$ **b)** $a, e, \alpha, \beta, \delta$ **c)** a, b, c, d, α **d)** $a, b, e, \beta, \sphericalangle AMB, M = e \cap f$
Gibt es immer genau eine Lösung?

Zu a: Das Dreieck $\triangle ABC$ ist nach SWS eindeutig konstruierbar. Danach trägt man $\sphericalangle\alpha$ an $\overline{AB}$ und $\sphericalangle\gamma$ an $\overline{CB}$ so an, dass die freien Schenkel in den Winkelraum von $\sphericalangle\beta$ zeigen. Sie schneiden sich dann in D, falls $\alpha+\beta+\gamma<360°$ ist.
Die Aufgaben haben dann genau eine Lösung.

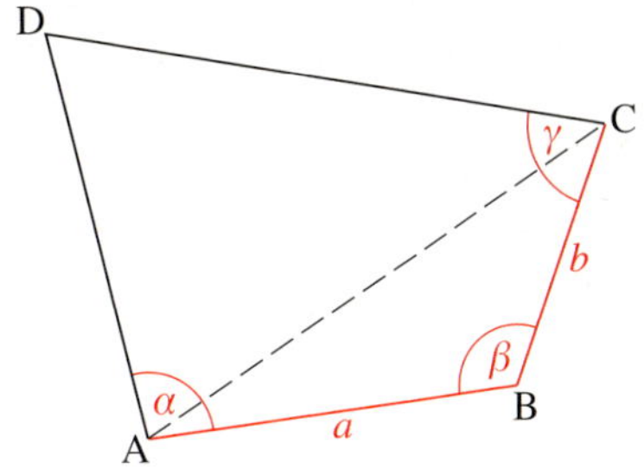

Zu b: Betrachtet man das Dreieck $\triangle ABC$, so erkennt man zwei Fälle: Für $e>a$ ist das Dreieck nach SsW eindeutig konstruierbar. In diesem Fall hat die Konstruktionsaufgabe genau eine Lösung, die man wie folgt erhält: Man konstruiert das Dreieck $\triangle ABC$, trägt dann $\sphericalangle\alpha$ an $\overline{AB}$ und $\sphericalangle\gamma$ mit $\gamma=360°-\alpha-\beta-\delta$ an $\overline{CB}$ so an, dass die freien Schenkel in den Winkelraum von $\sphericalangle\beta$ zeigen. Diese schneiden sich in D.
Im Fall $e<a$ gibt es für das Dreieck $\triangle ABC$ entweder zwei nicht kongruente Lösungen – dann führt die Konstruktion auch auf zwei nicht kongruente Vierecke – oder eine – dann ist die Aufgabe eindeutig lösbar – oder keine Lösung. Für $e=a$ entsteht kein Dreieck, also auch kein Viereck.

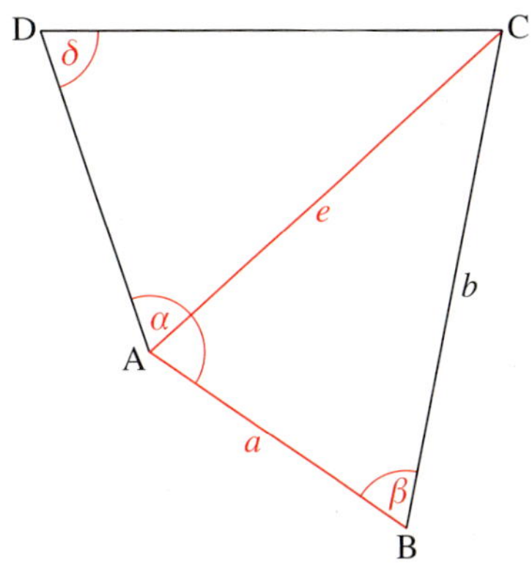

Zu c: Das Dreieck $\triangle ABC$ ist nach SWS eindeutig konstruierbar. Vom Dreieck $\triangle BCD$ kennt man damit drei Seiten, es ist also nach SSS ebenfalls eindeutig konstruierbar.
Die Aufgaben haben genau eine Lösung.

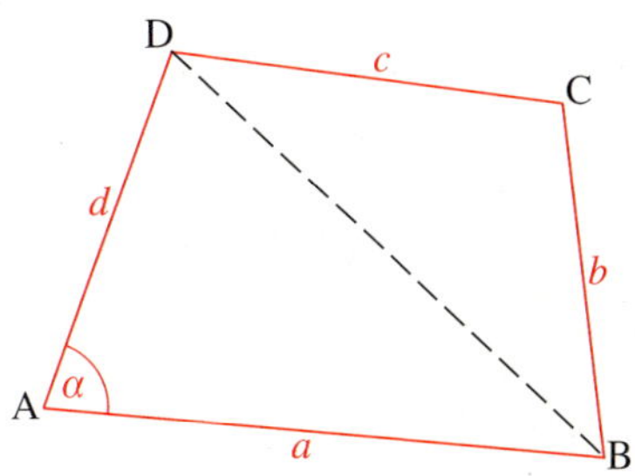

Zu d: Das Dreieck $\triangle ABC$ ist durch die Vorgabe der drei Seitenlängen a, b, e und der Winkelgröße β überbestimmt, so dass es in der Regel nicht konstruierbar ist.
Die Konstruktionsaufgaben haben keine Lösung.

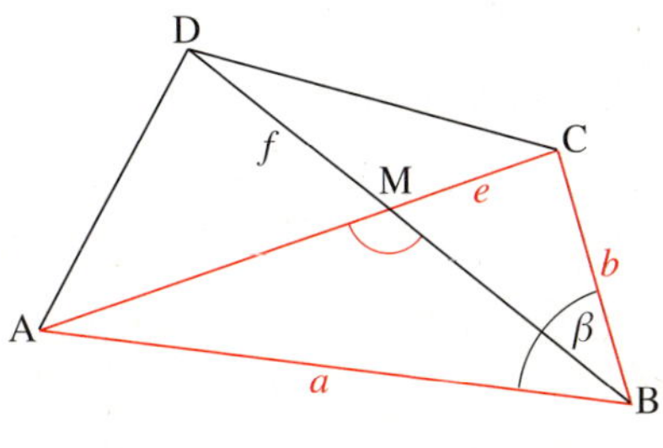

123

2. Beschreiben Sie die Reihenfolge der Konstruktionsschritte, wenn von einem Trapez die folgenden Stücke bekannt sind:

a) c, m, γ, δ **b)** a, c, α, β

Gibt es immer genau eine Lösung?

Zu a: Die Länge a kann aus $a = 2m - c$ berechnet werden. Man bestimmt P so, dass $|\overline{AP}| = m$. Bezeichnet M_2 die Mitte von $\overline{BC}$, so ist das Dreieck $\triangle PBM$ wegen $|\overline{PB}| = a - m$, $|\sphericalangle M_2PB| = 180° - \delta$ und $|\sphericalangle PBM_2| = 180° - \gamma$ nach WSW eindeutig konstruierbar. Durch Verdoppelung von $\overline{BM_2}$ erhält man Punkt C. D liegt auf der Parallelen zu $\overline{BP}$ durch C, und es gilt $|\overline{CD}| = c$.

Trägt man $\sphericalangle\delta$ an $\overline{DC}$ so an, dass sein freier Schenkel auf die Verlängerung von $\overline{BP}$ über P hinaus zeigt, schneidet er diese Verlängerung im Punkt A.

Die Aufgaben sind eindeutig lösbar.

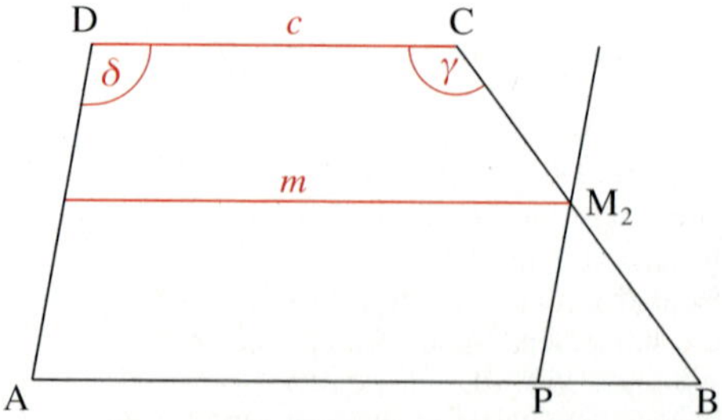

Zu b: Das Dreieck $\triangle PBC$ ist wegen $|\overline{PB}| = a - c$ nach WSW eindeutig konstruierbar. A liegt auf der Verlängerung von $\overline{BP}$ mit $|\overline{BA}| = a$. Man trägt $\sphericalangle\alpha$ an $\overline{AB}$ an. Die Parallele zu $\overline{AB}$ durch C schneidet den freien Schenkel von $\sphericalangle\alpha$ in D.

Die Aufgaben sind eindeutig lösbar.

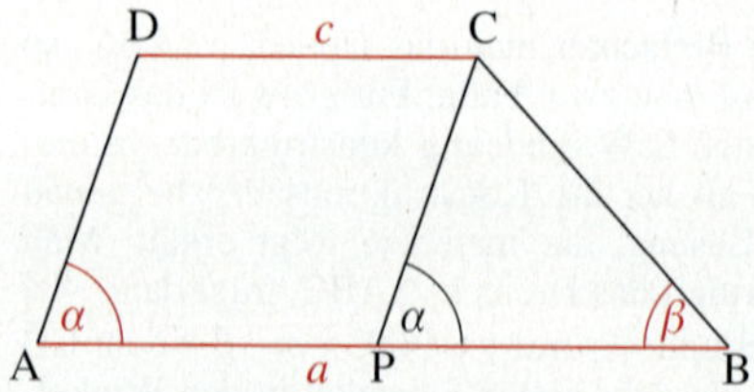

3. Warum kann aus den Stücken a, b, β, γ nicht eindeutig ein Trapez konstruiert werden?

Wegen der Parallelität von $\overline{CD}$ und $\overline{AB}$ ist durch den Winkel $\sphericalangle\beta$ der Winkel $\sphericalangle\gamma$ schon mitbestimmt. Vom gesuchten Trapez sind also faktisch nur 3 Bestimmungsstücke gegeben, damit ist es aber nicht eindeutig konstruierbar.

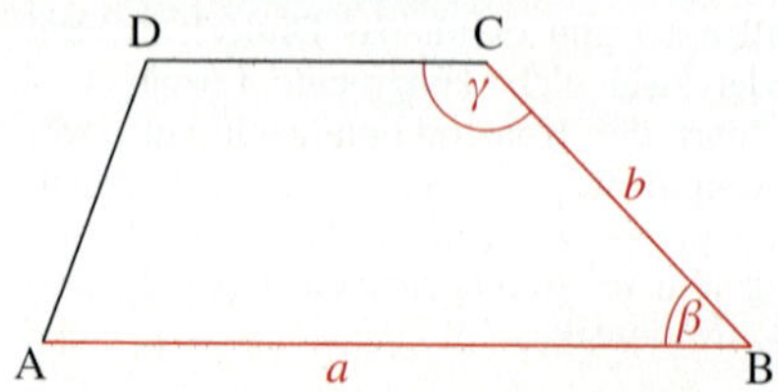

4. Beschreiben Sie die Reihenfolge der Konstruktionsschritte, wenn von einem Parallelogramm die folgenden Stücke bekannt sind:

a) a, b, h_a **b)** $a, \frac{e}{2}, \frac{f}{2}$

Gibt es immer genau eine Lösung?

Zu a: Das Dreieck $\triangle BHC$ ist nach SsW eindeutig konstruierbar, falls $b > h_a$. Auf der Verlängerung von $\overline{HB}$ über B hinaus zeichnet man $\overline{AB}$ so, dass $|\overline{AB}| = a$. Der Punkt D liegt dann auf der Parallelen zu $\overline{AB}$ durch C und der Parallelen zu $\overline{BC}$ durch A.

In diesem Falle gibt es genau eine Lösung.

Im Fall $b < h_a$ gibt es für Dreieck $\triangle BHC$ zwei nicht kongruente Lösungen, eine oder keine Lösung. In einem Parallelogramm kommt dieser Fall aber nicht vor. Gilt $b = h_a$, so ist das Parallelogramm ein Rechteck.

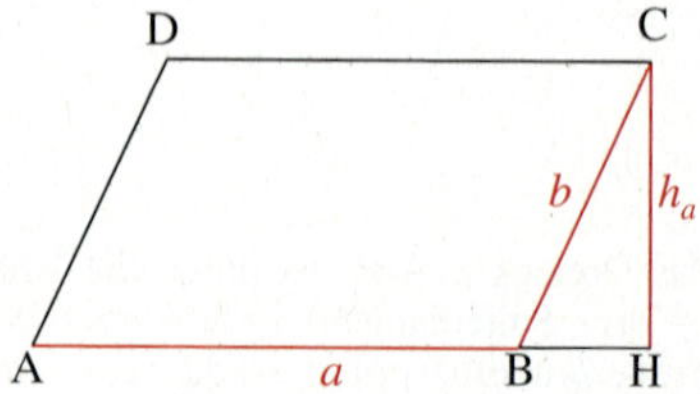

Zu b: Das Dreieck $\triangle$AMB ist nach SSS eindeutig konstruierbar.
Durch Verdoppelung von $\overline{\text{AM}}$ erhält man C, durch Verdoppelung von $\overline{\text{BM}}$ erhält man D.
Die Aufgaben haben genau eine Lösung.

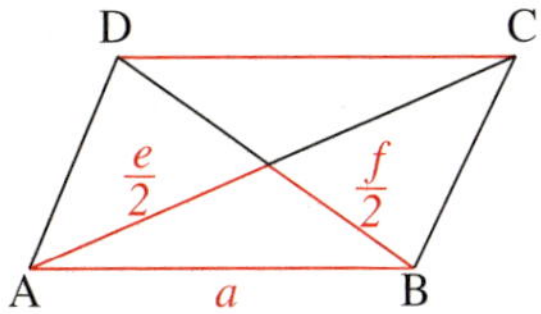

5. Warum kann aus den Stücken *a*, *b*, *c* nicht eindeutig ein Parallelogramm konstruiert werden?

Wegen der gleichen Länge der Gegenseiten eines Parallelogramms ist durch die Länge *a* die Länge *c* gleich mit bestimmt. Faktisch sind also nur 2 Bestimmungsstücke gegeben. Damit ist ein Parallelogramm nicht eindeutig bestimmt. Es müsste noch die Größe eines Winkels oder die Länge einer Diagonalen gegeben sein.

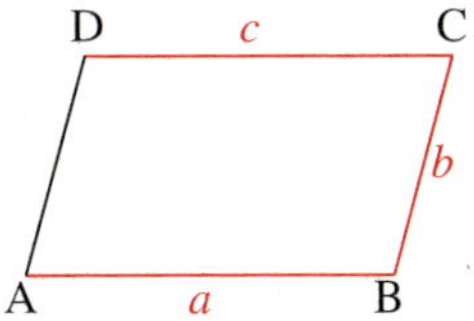

6. Beschreiben Sie die Reihenfolge der Konstruktionsschritte, wenn von einem Rhombus die folgenden Stücke bekannt sind:

a) e, f **b)** h_a, α

Zu a: Man zeichnet $|\overline{\text{AC}}| = e$. Ist M der Mittelpunkt der Strecke $\overline{\text{AC}}$, so konstruiert man die Senkrechte zu $\overline{\text{AC}}$ durch M und trägt auf ihr zu beiden Seiten von $\overline{\text{AC}}$ jeweils $\frac{f}{2}$ ab.
Die Aufgaben haben genau eine Lösung.

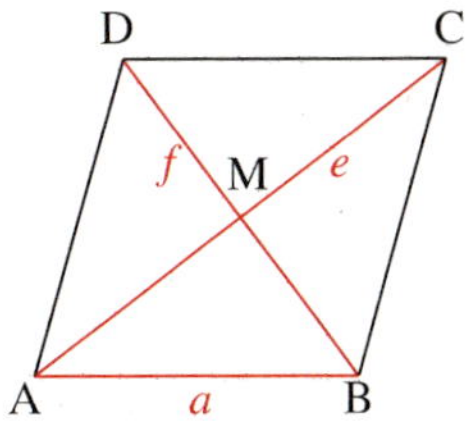

Zu b: Für $\alpha < 90°$ ist das Dreieck $\triangle$AHD nach WSW eindeutig konstruierbar. Der Punkt B liegt auf der Verlängerung von $\overline{\text{AH}}$ über H hinaus so, dass $|\overline{\text{AB}}| = |\overline{\text{AD}}|$. Der Punkt C liegt auf der Parallelen zu $\overline{\text{AB}}$ durch D und der Parallelen zu $\overline{\text{AD}}$ durch B.
Die Aufgaben haben für $\alpha < 90°$ genau eine Lösung. Für $\alpha = 90°$ ist der Rhombus ein Quadrat.
Für $\alpha > 90°$ muss das Dreieck $\triangle$AHD mit einem Winkel $\sphericalangle$HAD von $\alpha - 90°$ konstruiert werden. Es gibt auch hier genau eine Lösung.

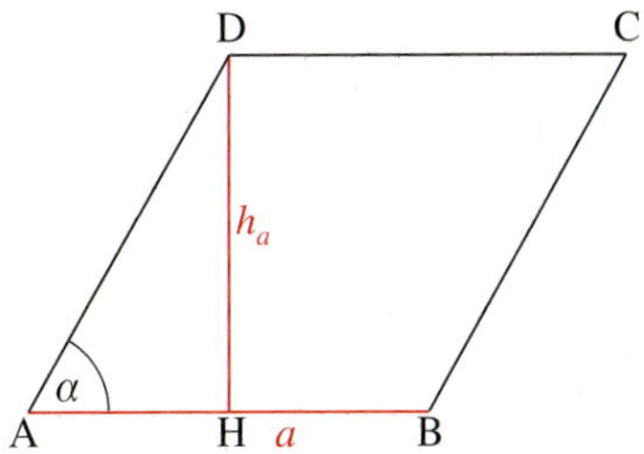

123

Wiederholungsfragen zu 7

1. Nennen Sie die verschiedenen Vierecksarten und die sie definierenden Eigenschaften.

Verbindet man vier Punkte A, B, C und D einer Ebene, von denen keine drei auf einer Geraden liegen, der Reihe nach durch Strecken miteinander, so entsteht ein Viereck. Haben die Strecken $\overline{AB}$, $\overline{BC}$, $\overline{CD}$ und $\overline{DA}$ außer ihren Endpunkten A, B, C und D keine weiteren gemeinsamen Punkte und liegen die Diagonalen $\overline{AC}$ und $\overline{BD}$ mit Ausnahme ihrer Endpunkte ganz im Inneren des Vierecks, so bilden die Punkte A, B, C und D die Strecken $\overline{AB}$, $\overline{BC}$, $\overline{CD}$ und $\overline{DA}$ ein **konvexes** Viereck. Kommen einem konvexen Viereck außer der Konvexität keine weiteren Eigenschaften zu, nennt man es ein **allgemeines** Viereck.

Spezielle Vierecke sind:

a) Das Trapez. Es besitzt ein Paar paralleler Gegenseiten.
b) Das gleichschenklige Trapez. Es besitzt ein Paar paralleler Gegenseiten und seine Schenkel sind gleich lang.
c) Das Parallelogramm. Es besitzt zwei Paar paralleler Gegenseiten, die außerdem gleich lang sind.
d) Das Rechteck. Es besitzt zwei Paar paralleler und gleich langer Gegenseiten, alle Innenwinkel sind 90° groß.
e) Der Rhombus (die Raute). Er besitzt zwei Paar paralleler Gegenseiten, alle seine Seiten sind gleich lang.
f) Das Quadrat. Es besitzt zwei Paar paralleler Gegenseiten, alle Seiten sind gleich lang, alle Innenwinkel sind 90° groß.
g) Das Drachenviereck. Es hat genau zwei Paar gleich langer benachbarter Seiten.

2. Aus wie viel Stücken sind die verschiedenen Vierecke eindeutig konstruierbar?

Zur eindeutigen Konstruktion eines allgemeinen Vierecks benötigt man 5 Bestimmungsstücke. Bei speziellen Vierecken verringert sich durch das Hinzutreten von Eigenschaften diese Anzahl.
Trapez: 1 zusätzliche Eigenschaft – 4 Bestimmungsstücke zur Konstruktion.
Gleichschenkliges Trapez, Parallelogramm, Drachenviereck: 3 Bestimmungsstücke.
Rechteck und Rhombus: 2 Bestimmungsstücke.
Quadrat: 1 Bestimmungsstück.

3. Nennen Sie die Lehrsätze über das Trapez, das gleichschenklige Trapez, das Parallelogramm, das Rechteck, den Rhombus und das Quadrat.

a) Die einem Schenkel eines Trapezes anliegenden Innenwinkel ergänzen einander zu 180°. Die Länge m der Mittellinie eines Trapezes berechnet sich aus den Längen a und c seiner Grundlinien zu $m = \frac{a+c}{2}$.
b) Das gleichschenklige Trapez hat alle Eigenschaften des allgemeinen Trapezes. Außerdem sind die einer Grundlinie anliegenden Innenwinkel gleich groß.
c) Das Parallelogramm besitzt alle Eigenschaften eines allgemeinen Trapezes. Außerdem gilt:
Die einer beliebigen Seite anliegenden Innenwinkel ergänzen einander zu 180°.
Gegenüberliegende Innenwinkel sind gleich groß.
Die Diagonalen halbieren einander.
Gegenseiten sind gleich lang.
d) Das Rechteck hat alle Eigenschaften eines Parallelogramms. Außerdem gilt:
Alle Innenwinkel sind 90° groß.
Die Diagonalen sind gleich lang.
e) Der Rhombus hat alle Eigenschaften eines Parallelogramms. Außerdem gilt:
Die Diagonalen stehen senkrecht aufeinander und halbieren die Innenwinkel.
f) Das Quadrat hat alle Eigenschaften eines Parallelogramms. Außerdem gilt:
Die Diagonalen sind gleich lang, stehen senkrecht aufeinander und halbieren die Innenwinkel.

4. Veranschaulichen Sie die Verwandtschaft von Parallelogramm, Rechteck, Rhombus und Quadrat durch eine Grafik.

Rechteck und Rhombus sind spezielle Parallelogramme, das Quadrat ist ein spezielles Parallelogramm, aber auch ein spezielles Rechteck – ein Rechteck mit vier gleich langen Seiten – und ein spezieller Rhombus – ein Rhombus mit vier rechten Winkeln.

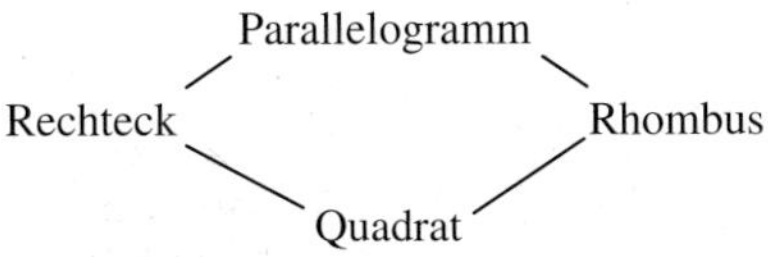

5. Warum gelten die Lehrsätze über das Parallelogramm auch für das Rechteck, den Rhombus und das Quadrat?

Die Eigenschaften des Parallelogramms folgen aus der Parallelität seiner Gegenseiten.
Diese Parallelität ist bei Rechteck, Rhombus und Quadrat ebenfalls gegeben, es sind spezielle Parallelogramme und somit gelten alle Lehrsätze über das Parallelogramm auch für sie.

6. Warum sind alle Parallelogramme auch Trapeze?

Das Trapez ist erklärt als Viereck mit einem Paar paralleler Gegenseiten. Das Parallelogramm besitzt ein Paar paralleler Gegenseiten, ist also auch ein Trapez.

7. Was versteht man unter einem n-Eck?

Werden n Punkte einer Ebene (n steht für eine natürliche Zahl größer als 2), von denen nicht drei auf einer Geraden liegen, in der bei der Definition eines Vierecks beschriebenen Art und Weise durch Strecken miteinander verbunden, erhält man ein n-Eck, auch Vieleck genannt. Auch n-Ecke sind konvex, wenn alle ihre Diagonalen ganz im Inneren des n-Ecks liegen.

8 Axialsymmetrische ebene Figuren

Eine Figur F, für die es eine Gerade g so gibt, dass die durch g erzeugten Teilfiguren aufeinander fallen, wenn man F entlang dieser Geraden faltet, heißt axialsymmetrisch oder symmetrisch bezüglich der Geraden g. Diese wird Symmetrieachse oder Spiegelgerade genannt, denn würde man einen Spiegel auf sie stellen, fiele das Spiegelbild der einen Teilfigur mit der anderen Teilfigur zusammen. Man nennt deshalb symmetrische Figuren auch spiegelgleich.

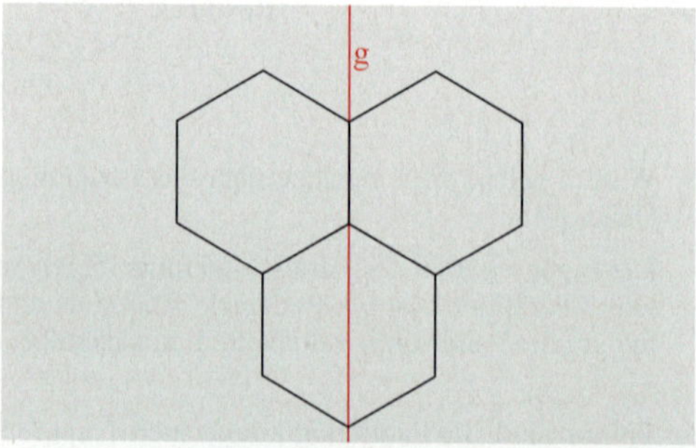

Aber auch eine Figur aus zwei getrennt liegenden Teilfiguren, die beim Falten entlang einer Geraden g genau aufeinander fallen, wird als axialsymmetrische Figur bezeichnet.

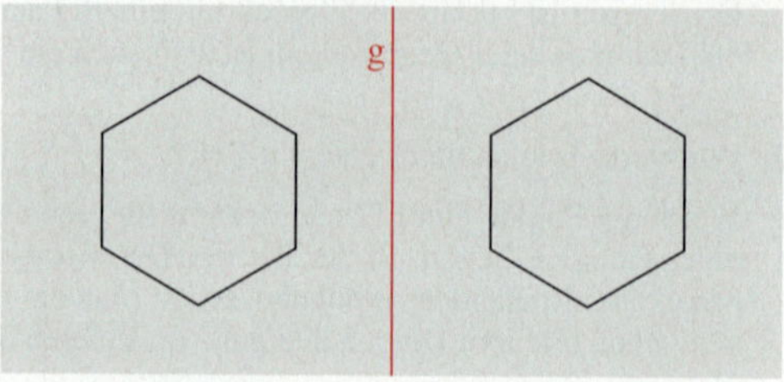

Die Punkte, die beim Falten entlang einer Symmetrieachse aufeinander fallen, heißen **einander entsprechende Punkte**. Steht P für einen Punkt, wird der ihm entsprechende Punkt, sein Bild- oder Spiegelpunkt, häufig mit P′ bezeichnet. Analoge Bezeichnungen wählt man meist für eine Gerade h und die ihr entsprechende Gerade h′.

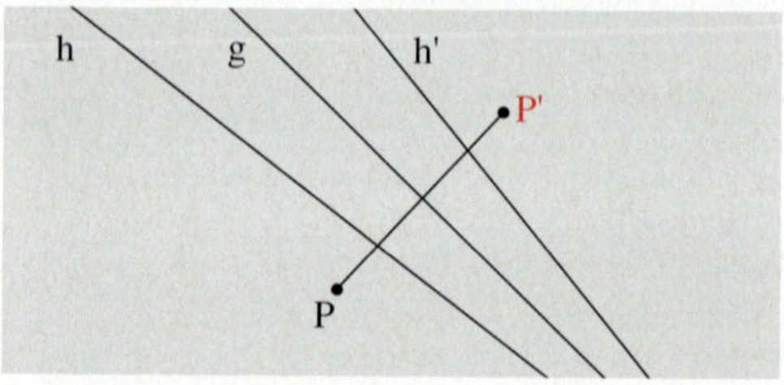

Merke:

- Sind A und A′ einander entsprechende Punkte bei axialer Symmetrie und ist g die Symmetrieachse der Figur, so gilt:
  $\overline{AA'} \perp g$,
  g halbiert $\overline{AA'}$.
- Sind A′ und B′ Bildpunkte von A und B bei Spiegelung an einer Geraden g, so gilt: $|\overline{AB}| = |\overline{A'B'}|$, d.h. Originalstrecke $\overline{AB}$ und Bildstrecke $\overline{A'B'}$ sind gleich lang.
- Sind A′, B′ und C′ Bildpunkte von A, B und C bei einer Spiegelung an einer Geraden g, so gilt: $|\sphericalangle BAC| = |\sphericalangle B'A'C'|$, d.h. Originalwinkel und Bildwinkel sind gleich groß.

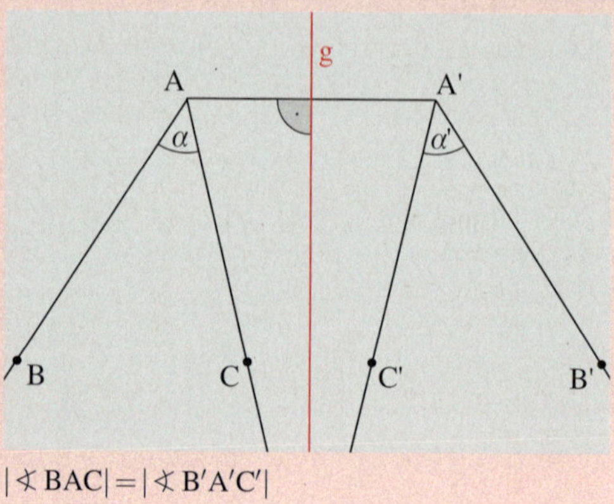

$|\sphericalangle BAC| = |\sphericalangle B'A'C'|$

1. Markieren Sie auf einem Zeichenblatt einen Punkt P und zeichnen Sie eine Gerade g. Konstruieren Sie den zu P symmetrischen Punkt P′.

Der gesuchte Punkt P′ liegt auf der Lotgeraden h von P auf g. Es ist $|\overline{TP'}| = |\overline{PT}|$, wenn T den Schnittpunkt von h mit g bezeichnet.

$h(P) \perp g \rightarrow T$
P′ auf h so, dass $|\overline{TP'}| = |\overline{PT}|$

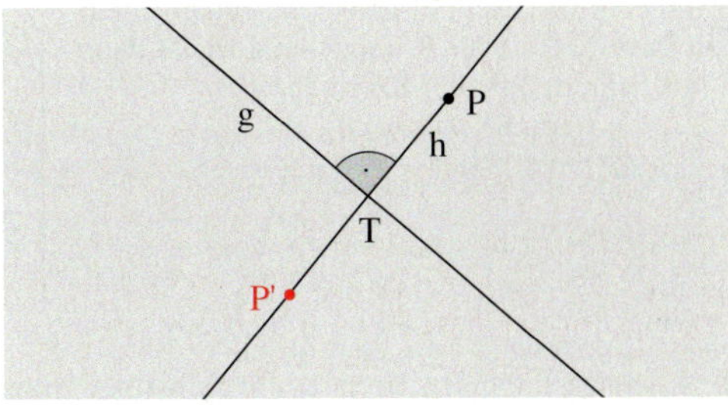

2. Zeichnen Sie eine Strecke $\overline{AB}$ und eine Gerade g, welche
a) $\overline{AB}$ nicht schneidet,
b) $\overline{AB}$ in C schneidet.
Konstruieren Sie die zu $\overline{AB}$ bezüglich der Geraden g symmetrische Strecke $\overline{A'B'}$.

Zu a) Die Strecke $\overline{AB}$ ist durch ihre Endpunkte eindeutig bestimmt.
Man konstruiert die dazu symmetrischen Punkte A′ und B′. Die Strecke $\overline{A'B'}$ ist zur Strecke $\overline{AB}$ symmetrisch.
► Aufgabe 1

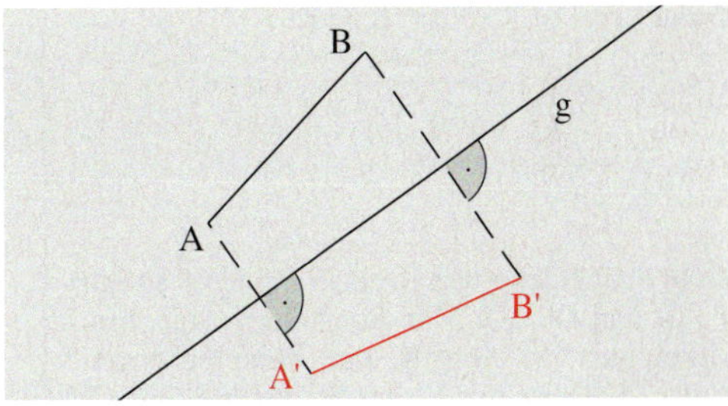

Zu b) Jeder Punkt P einer Symmetrieachse ist zu sich selbst symmetrisch, d. h. P′ = P.
Schneidet die Strecke $\overline{AB}$ die Symmetrieachse g in C, so gilt C′ = C. Man braucht also nur zu einem der Punkte A oder B den symmetrischen Punkt zu konstruieren, dann ist die zu $\overline{AB}$ symmetrische Strecke $\overline{A'B'}$ bestimmt, wenn man bedenkt, dass $|\overline{A'B'}| \cong |\overline{AB}|$.
► Symmetrische Figuren sind kongruent.

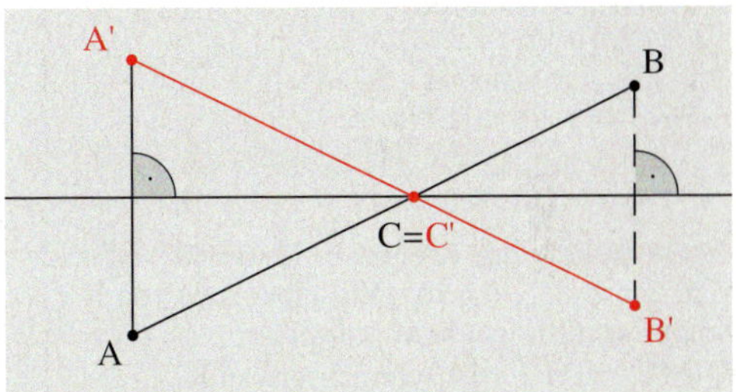

3. Zeichnen Sie ein Dreieck △ABC mit selbst gewählten Seitenlängen und konstruieren Sie das dazu symmetrische Dreieck △A′B′C′, wenn die Symmetrieachse g
a) durch A geht
b) keinen Punkt mit dem Dreieck △ABC gemeinsam hat.

Zu a) Wegen A′ = A müssen nur die den Ecken B und C entsprechenden Punkte B′ und C′ konstruiert werden.
► Aufgabe 1

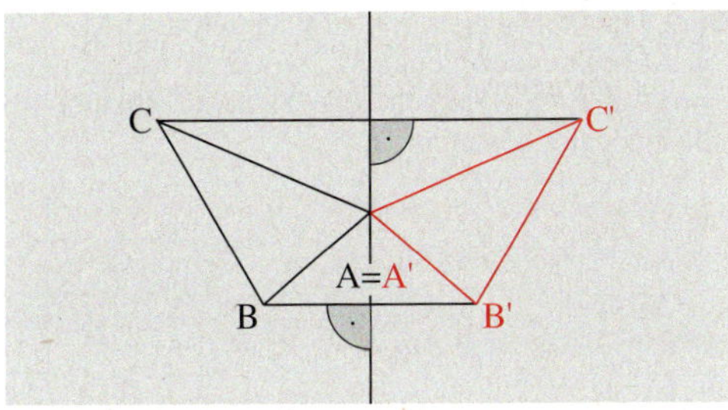

128 **Zu b)** Entweder man konstruiert die entsprechenden Punkte zu A, B und C oder man bestimmt nur für zwei Eckpunkte die entsprechenden Punkte, etwa für A und B, und findet dann C′ als Schnittpunkt der Kreise $K_1(A; r=b)$ und $K_2(B; r=a)$.
► $\triangle A'B'C' \cong \triangle ABC$

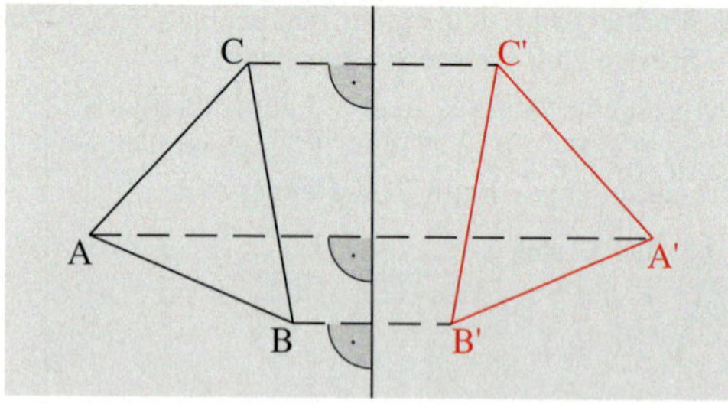

4. Zeichnen Sie einen Kreis K mit selbst gewähltem Radius und konstruieren Sie den dazu symmetrischen Kreis K′, wenn die Symmetrieachse g
a) durch den Kreismittelpunkt geht **b)** eine Sekante ist **c)** eine Tangente ist
d) den Kreis nicht berührt oder schneidet.

Zu a) Geht g durch den Mittelpunkt des Kreises, so ist g Symmetrieachse des Kreises, denn faltet man entlang g, fallen die durch g erzeugten Halbkreise aufeinander. Der zu K symmetrische Kreis ist K selbst: K′ = K.

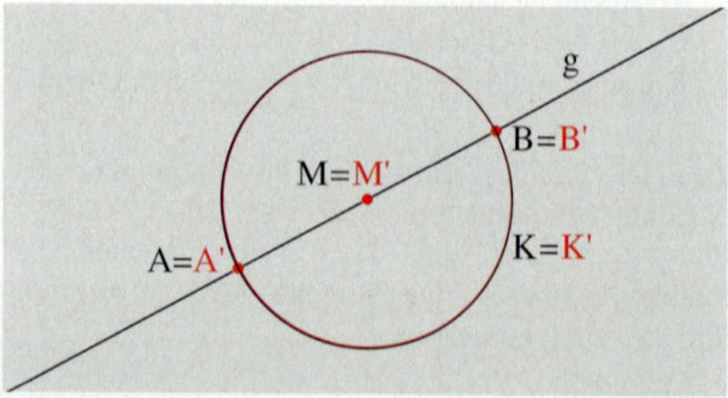

Zu b) Schneidet g den Kreis in P und Q, so gilt P′ = P und Q′ = Q. Man konstruiert dann zum Mittelpunkt M von K den entsprechenden Punkt M′. Der Kreis K′ um M′ durch P′ und Q′ ist symmetrisch zum Kreis K.

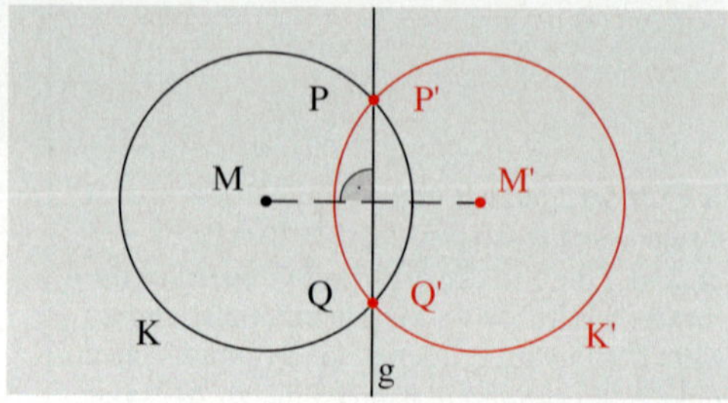

Zu c) Berührt g den Kreis K in T, so ist T′ = T. Man konstruiert den zum Mittelpunkt M von K gehörenden Bildpunkt M′ von K′.
$K'(M'; r=|\overline{M'T'}|)$ ist symmetrisch zu K.

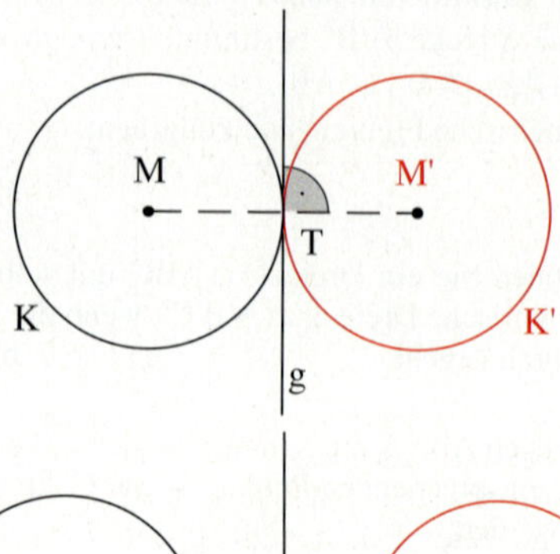

Zu d) Man konstruiert den zum Mittelpunkt M von K gehörenden Punkt M′, wodurch wegen $r'=r$ der zu K symmetrische Kreis K′ ebenfalls eindeutig bestimmt ist.

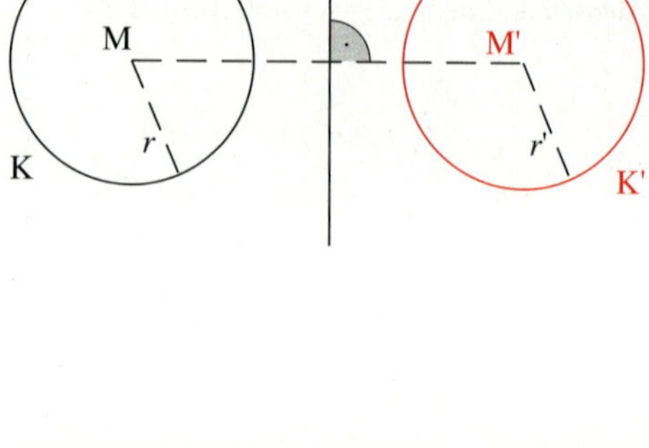

5. Stellen sie eine axialsymmetrische Figur durch eine so genannte Klexografie her, indem Sie ein Blatt Papier falten, in die Falte einen Klecks Tinte oder Farbe geben, das Blatt zusammenfalten und den Klecks ausstreichen. 128

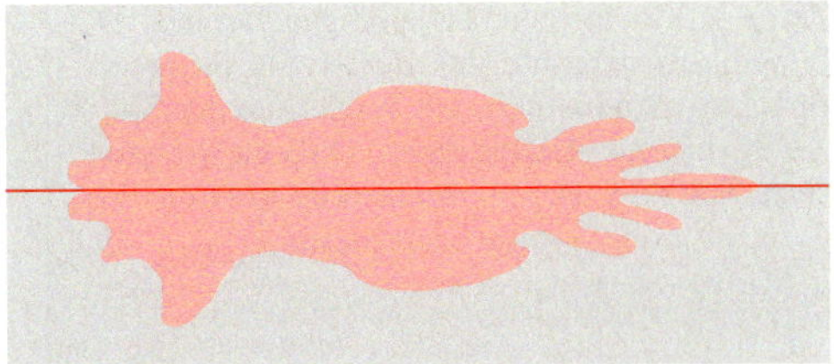

Wiederholungsfragen zu 8

1. Wann heißt eine ebene Figur axialsymmetrisch oder spiegelgleich?

Eine ebene Figur heißt axialsymmetrisch oder spiegelgleich, wenn es in ihrer Ebene eine Gerade g so gibt, dass die durch g erzeugten Teilfiguren aufeinander fallen, wenn man F entlang dieser Geraden faltet. Auch eine Figur aus zwei getrennt liegenden Teilfiguren, die beim Falten entlang einer Geraden genau aufeinander fallen, wird als axialsymmetrische oder spiegelgleiche Figur bezeichnet.

2. Was weiß man über die Verbindungsstrecke zweier bei axialer Symmetrie einander entsprechender Punkte?

Bezeichnen A und A′ die einander entsprechenden Punkte und g die Symmetrieachse, so gilt:

$\overline{AA'} \perp g$
g halbiert $\overline{AA'}$.

3. Kann eine ebene Figur mehr als eine Symmetrieachse haben?

Das ist möglich. In einem Quadrat z. B. sind sowohl die Verbindungslinien der Mitten gegenüberliegender Seiten als auch die Diagonalen Symmetrieachsen, denn wenn man das Quadrat entlang dieser Geraden faltet, fallen die Teilrechtecke bzw. die Teildreiecke genau aufeinander.

4. Wie viele Symmetrieachsen hat
a) eine Strecke $\overline{AB}$ **b)** ein Winkel ∢PQS **c)** ein gleichseitiges Dreieck △ABC
d) die Figur zweier paralleler Geraden g und h **e)** ein Kreis K?

Zu a) Die Gerade AB ist eine Symmetrieachse zur Strecke $\overline{AB}$, denn mit A′ = A und B′ = B ist $\overline{AB}$ bezüglich $\overline{AB}$ zu sich selbst symmetrisch. Auch die Mittelsenkrechte m zu $\overline{AB}$ ist eine Symmetrieachse, denn es gilt m halbiert $\overline{AB}$ und $\overline{AB} \perp m$.

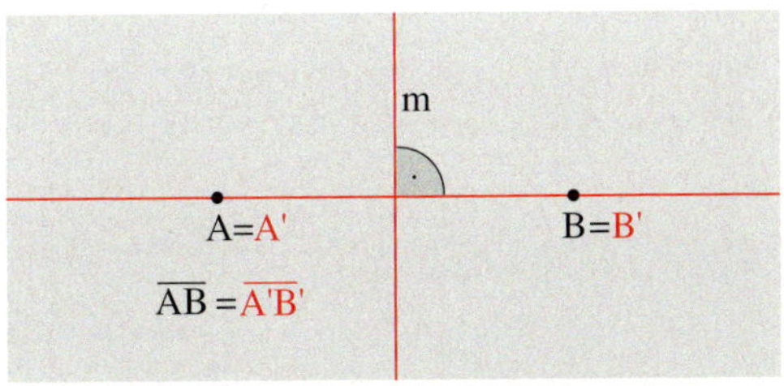

Zu b) Die Halbierende des Winkels ist die Symmetrieachse des Winkels ∢PSQ, denn S′ = S und beim Falten entlang der Winkelhalbierenden fallen die Winkelschenkel aufeinander.

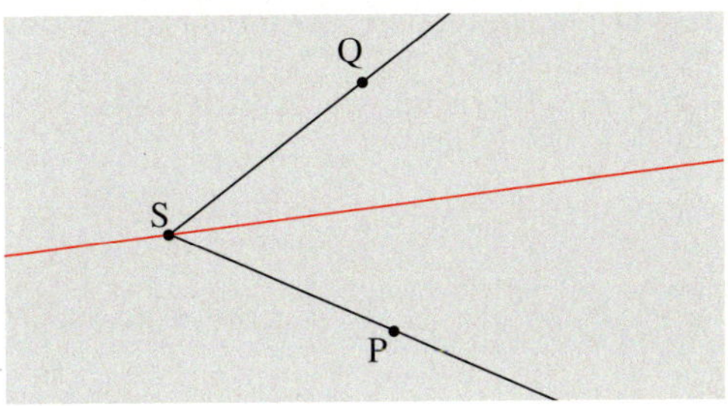

128

Zu c) In einem gleichschenkligen Dreieck ist die Mittelsenkrechte zur Basis eine Symmetrieachse – sie halbiert den Winkel an der Spitze. In einem gleichseitigen Dreieck ist jede Ecke Spitze eines gleichschenkligen Dreiecks, es hat also drei Symmetrieachsen.

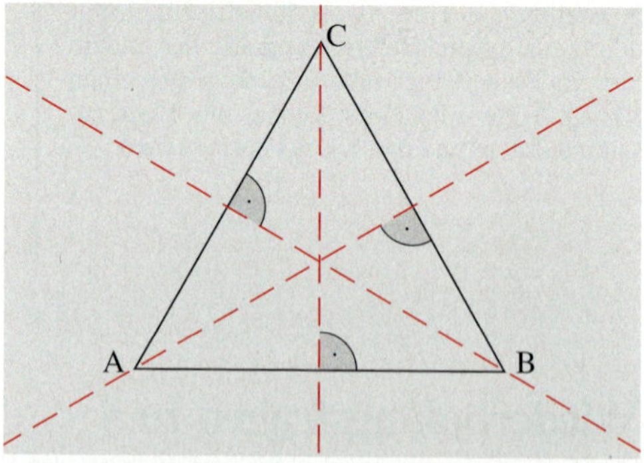

Zu d) Die Figur zweier paralleler Geraden g und h, die auch Streifen genannt wird, hat sehr viele Symmetrieachsen: Alle zu den Geraden g und h senkrechten Geraden sind Symmetrieachsen, denn die durch eine jede solche Senkrechte erzeugten Teilstreifen fallen aufeinander, wenn man entlang ihr faltet. Das sind unendlich viele Symmetrieachsen. Außerdem ist die Mittelparallele des Streifens auch eine Symmetrieachse, denn auch wenn man an ihr entlang faltet, fallen die Teilstreifen aufeinander.

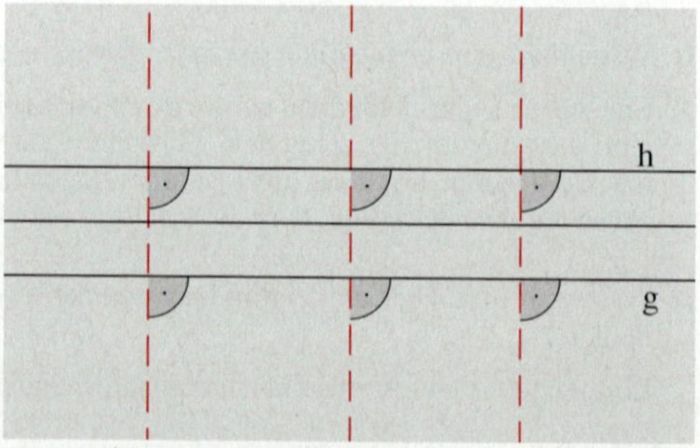

Zu e) Der Kreis hat unendlich viele Symmetrieachsen – jeder Durchmesser ist eine solche. Faltet man entlang eines Durchmessers, fallen die Halbkreise über dem Durchmesser aufeinander.

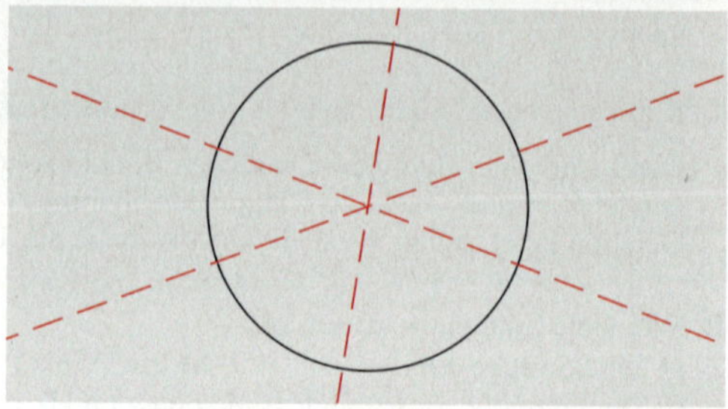

9 Der Kreis

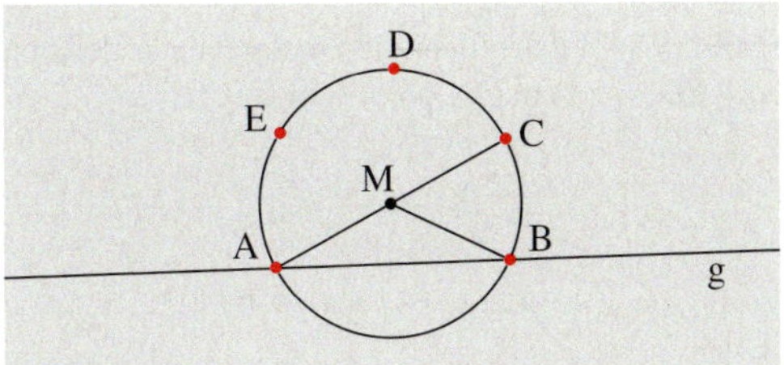

Ein Kreis ist der geometrische Ort für alle die Punkte, die von einem festen Punkt – dem Mittelpunkt M des Kreises – den gleichen Abstand haben. Schneidet eine Gerade g den Kreis in zwei Punkten A und B, so heißt g eine **Sekante** und die Strecke $\overline{AB}$ eine **Sehne** des Kreises. Geht eine Sehne $\overline{AC}$ durch den Mittelpunkt M eines Kreises, so ist $\overline{AC}$ ein **Durchmesser** und $\overline{AM}$ bzw. $\overline{CM}$ sind **Radien** des Kreises.

Merke:

- Die Mittelsenkrechte einer Sehne geht durch den Mittelpunkt des Kreises.
- Durch zwei Punkte gehen unendlich viele Kreise, deren Mittelpunkte auf der Mittelsenkrechten der gegebenen Punkte liegen.
- Durch drei nicht auf einer Geraden liegende Punkte A, B und C geht genau ein Kreis. Sein Mittelpunkt ist der Schnittpunkt der Mittelsenkrechten zu $\overline{AB}$ und $\overline{BC}$.
- Gleich lange Sehnen eines Kreises haben vom Mittelpunkt des Kreises gleichen Abstand.
- Sehnen gleichen Abstands vom Mittelpunkt eines Kreises sind gleich lang.

Kreis und Sehne

1. Zeichnen Sie einen Kreis durch Umfahren eines runden Gegenstandes und suchen Sie seinen Mittelpunkt. 147

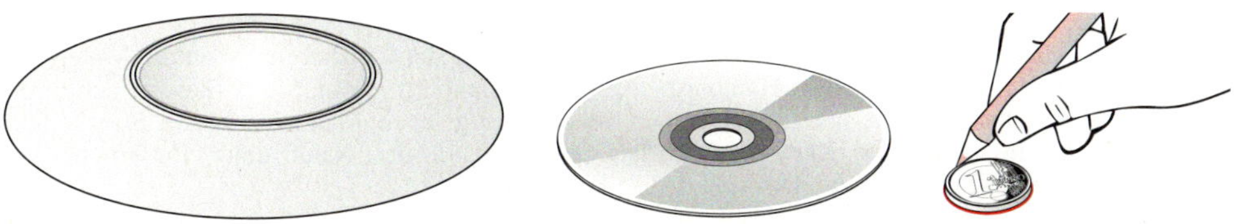

Hat man den Kreis durch Umfahren z. B. des Randes einer Tasse gezeichnet, so wählt man auf ihm drei Punkte und konstruiert zu den damit gegebenen beiden Sehnen die Mittelsenkrechten.

► Lehrbuch Kusch 2, Kapitel 4

Sie schneiden sich im gesuchten Mittelpunkt.

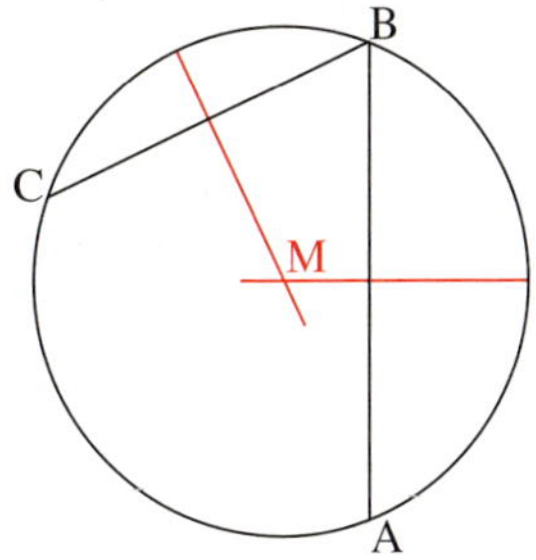

147 **2.** Drei Orte A, B und C haben folgende Entfernungen:

$$|\overline{AB}| = 7500\,\text{m},\ |\overline{AC}| = 5200\,\text{m},\ |\overline{BC}| = 5900\,\text{m}.$$

Wo liegt der Punkt, der von allen Orten gleich weit entfernt ist? Wie groß ist die Entfernung?

Zeichnet man 1 cm für 100 000 cm, so verdeutlicht die untenstehende Zeichnung die Lage der Orte A, B und C. Es gilt: $|\overline{AB}| = 7{,}5\,\text{cm}$, $|\overline{AC}| = 5{,}2\,\text{cm}$, $|\overline{BC}| = 5{,}9\,\text{cm}$.

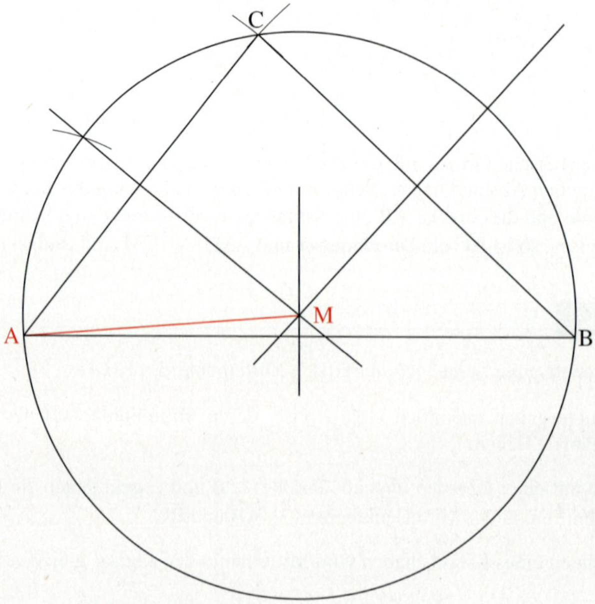

Durch A, B und C ist ein Kreis K eindeutig bestimmt. Sein Mittelpunkt M ist der Schnittpunkt der Mittelsenkrechten zu $\overline{AB}$ und $\overline{AC}$. M ist der Punkt, der von A, B und C gleich weit entfernt ist. Man misst z. B. $|\overline{MA}|$ und errechnet mit Hilfe des verwendeten Maßstabs die gesuchte Entfernung. Sie beträgt $3{,}8\,\text{cm} \cdot 100\,000$. Das sind 380 000 cm oder 3 800 m.

3. An welcher Stelle ist man von Hamburg, Berlin und Köln gleich weit entfernt? Wie groß ist die Entfernung? Benutzen Sie eine Landkarte.

Auf einer Landkarte, auf der beispielsweise 1 cm für 187 500 cm steht, konstruiert man die Mittelsenkrechten zu den Verbindungsstrecken Hamburg – Berlin und Hamburg – Köln. Sie schneiden sich in der Nähe von Sondershausen, zwischen Göttingen und Mühlhausen gelegen. Man misst für die Strecke Sondershausen – Berlin auf dieser Karte 13 cm. Das entspricht in der Natur einer Entfernung von $13\,\text{cm} \cdot 187\,500$, also 24 375 000 cm. Das sind 243,75 km.

4. Ein Kreis ($r = 2{,}7\,\text{cm}$) soll durch einen Punkt P einer Geraden g gehen und auf ihr die Sehne mit $s = 4{,}2\,\text{cm}$ abschneiden.

Die Planfigur zeigt: Das Dreieck $\triangle PQM$ ist ein gleichschenkliges Dreieck, das nach SSS konstruiert werden kann. Mit dem Punkt M hat man den Mittelpunkt des Kreises, der durch P geht, gefunden.

Planfigur

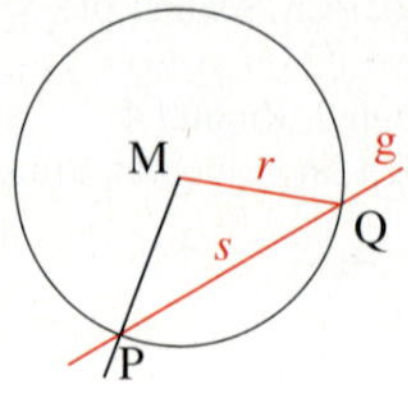

g; auf g wählt man $\overline{PQ}$ mit
$|\overline{PQ}| = 4{,}2\,cm$;
$K_1(P; r = 2{,}7\,cm)$
$K_2(Q; r = 2{,}7\,cm)$
$K_1 \cap K_2 = \{M_1, M_2\}$.

Die Kreise durch P und Q um M_1 und M_2 sind beide Lösungen.

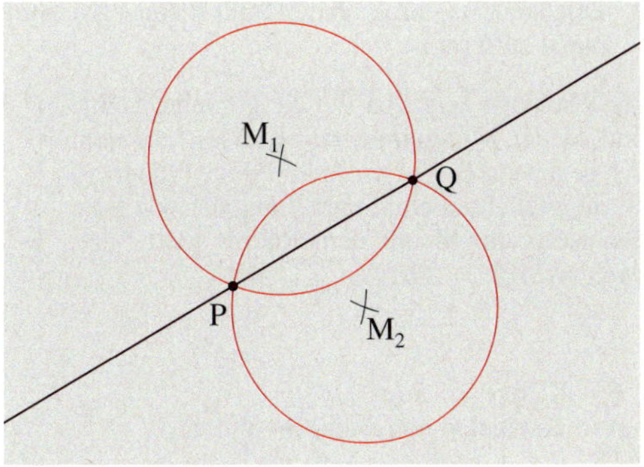

► Längenmaße auf die Hälfte verkürzt

Kreis und Tangente

Merke:

- Der Winkel zwischen einer Tangente und ihrem Berührungsradius beträgt 90°.
- Die auf einer Tangente im Berührungspunkt errichtete Senkrechte geht durch den Mittelpunkt des Kreises.
- Das vom Mittelpunkt eines Kreises auf eine Tangente gefällte Lot geht durch den Berührungspunkt.

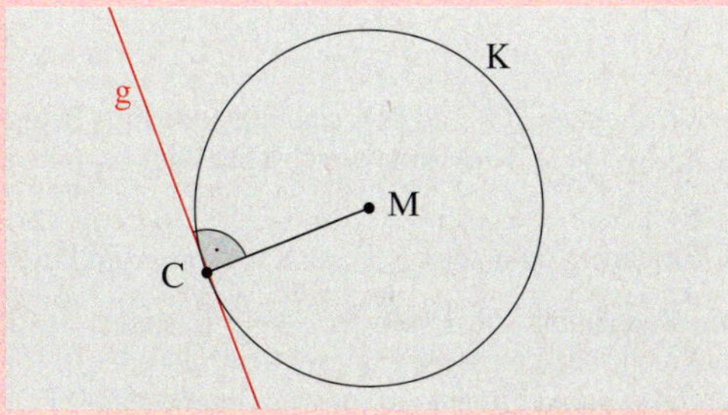

1. Zeichnen Sie einen Kreis $(r = 2{,}5\,cm)$, der eine Gerade im Punkt P berührt.

Sind die Gerade g und auf ihr der Punkt P wie nebenstehend gezeichnet vorgegeben, so liegt der Mittelpunkt des Kreises, zu dem g Tangente ist, auf der Senkrechten zu g durch P.
$h(P) \perp g$
Diejenigen Punkte auf h, die von g 2,5 cm entfernt sind, sind Mittelpunkt von Kreisen, welche die geforderten Bedingungen erfüllen.

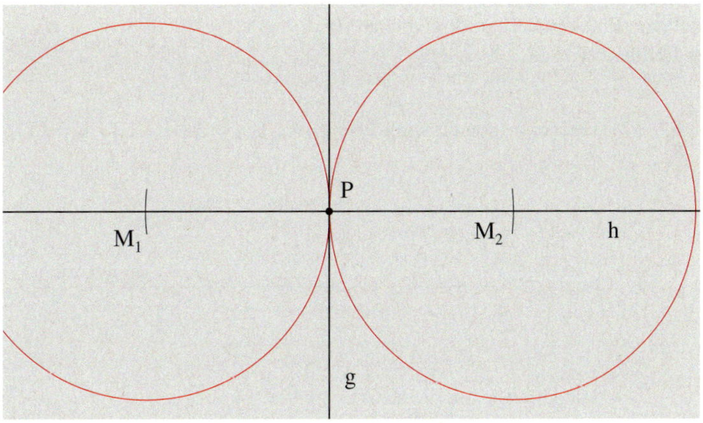

147

2. Zeichnen Sie durch einen Punkt P eines Kreisbogens ($r = 2{,}5\,\text{cm}$) eine Sehne, die 1,5 cm vom Mittelpunkt entfernt ist.

Die Planfigur zeigt: Ist $\overline{PQ}$ die gesuchte Sehne und M der Mittelpunkt des Kreises, auf dem der gegebene Bogen mit dem Punkt P liegt, so ist die gesuchte Sehne eine Tangente von P an den Kreis um M mit dem Radius $r = 1{,}5\,\text{cm}$, denn $|\sphericalangle MHP| = 90°$.

Planfigur

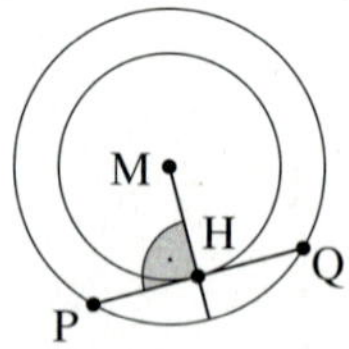

K(M; $r = 1{,}5\,\text{cm}$)
Tangenten von P an K ➡ T_1 und T_2.
▸ Lehrbuch Kusch 2, Abschnitt 9.1
Verdoppelung von $\overline{PT_1}$ ➡ Q_1
Verdoppelung von $\overline{PT_2}$ ➡ Q_2

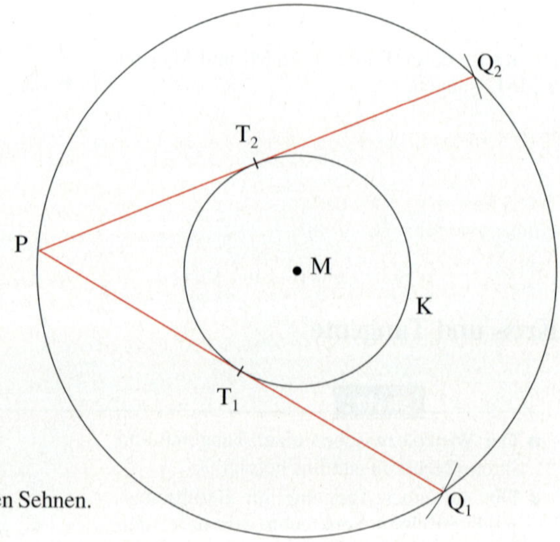

Beide Strecken $\overline{PQ_1}$ und $\overline{PQ_2}$ sind die gesuchten Sehnen.
$\triangle PQ_1M$ und $\triangle PQ_2M$ sind gleichschenklig.

3. Zeichnen Sie an einen Kreis ($r = 3\,\text{cm}$) vom Punkt P die Tangenten.

Die Tangenten von P an den Kreis K stehen senkrecht auf den Berührungsradien, also den Strecken vom Mittelpunkt zu den Berührungspunkten T_1 und T_2 der Tangenten. Die Dreiecke $\triangle MPT_1$ und $\triangle MPT_2$ sind also bei T_1 und T_2 rechtwinklig. Die Scheitel dieser rechten Winkel liegen sowohl auf dem Kreis K als auch auf dem Halbkreis (Thaleskreis) über $\overline{MP}$.
▸ Lehrbuch Kusch 2, Abschnitt 9.1

Planfigur

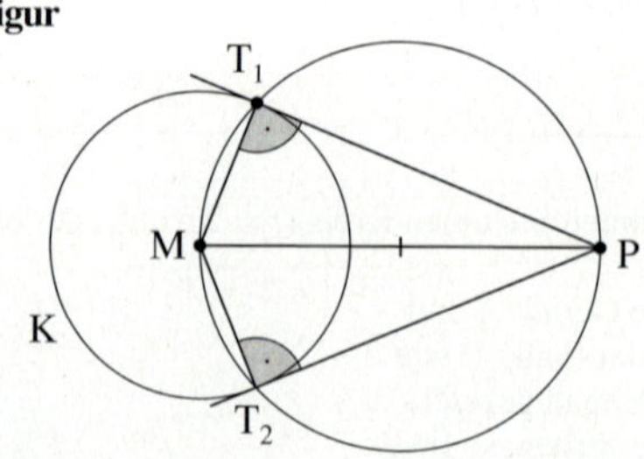

$\overline{PM}$; Halbierungspunkt von $\overline{PM}$ ➡ H; $K_1(H; r = |\overline{MH}|)$; $K_1 \cap K = \{T_1, T_2\}$; $\overline{PT_1}$ und $\overline{PT_2}$

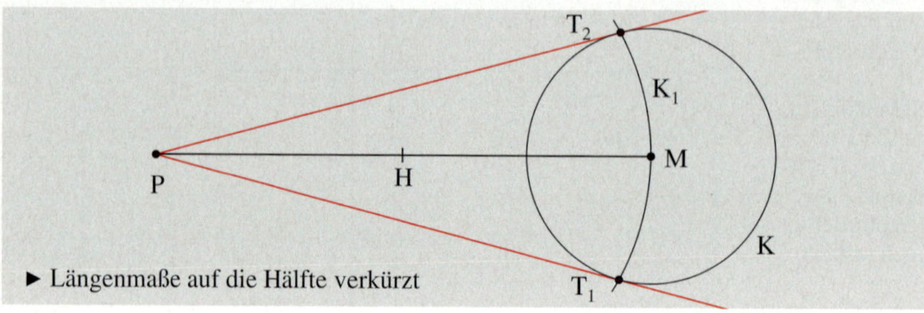

▸ Längenmaße auf die Hälfte verkürzt

4. Von einem Kreis kennt man die Richtung der Tangente und seinen Mittelpunkt. Zeichnen Sie den Kreis. Wie lang ist sein Durchmesser?

Berührungsradius und Tangente t bilden einen rechten Winkel. Fällt man von M auf t das Lot, erhält man also den Berührungspunkt T. Der Kreis um M durch T hat den Radius $|\overline{MT}|$.

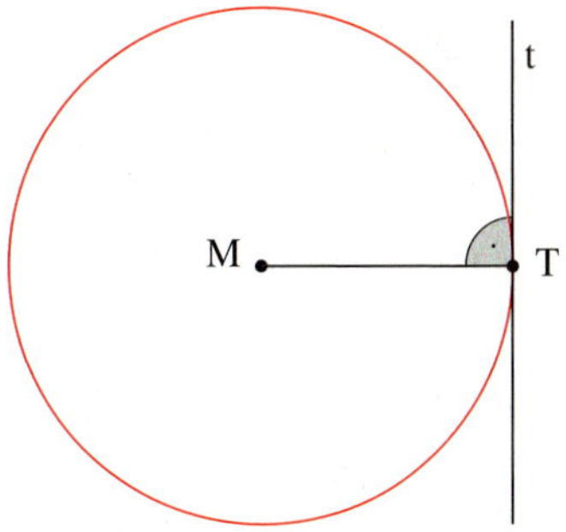

5. Zeichnen Sie in einen Kreis ($r = 4\,\text{cm}$) gleich lange Sehnen ($s = 3\,\text{cm}$). Wo liegen die Halbierungspunkte aller Sehnen?

Die Halbierungspunkte H_i der Sehnen s_i werden durch die Mittelsenkrechten der Sehnen bestimmt. Gleich lange Sehnen haben gleichen Abstand vom Mittelpunkt des Kreises. Die Strecken $\overline{MH_i}$ sind daher gleich lang und kürzer als 4 cm, d. h., die Halbierungspunkte liegen auch auf einem Kreis um M, der ganz im Inneren des gegebenen Kreises liegt.

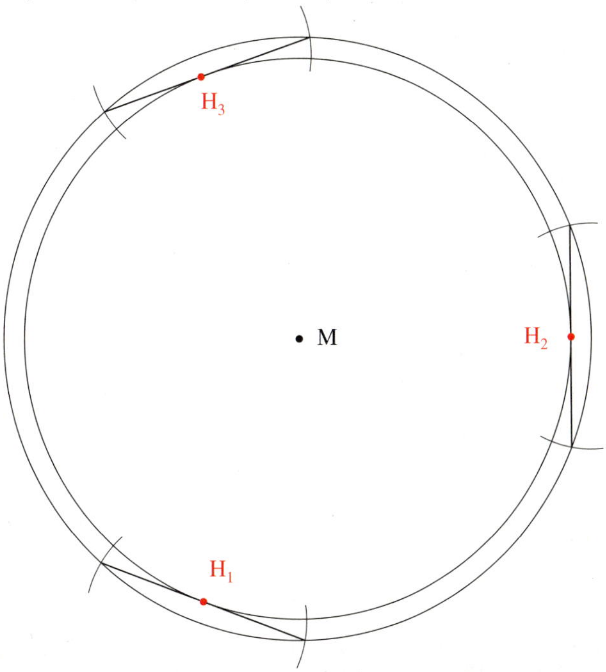

6. Zeichnen Sie verschieden große Kreise, die eine Gerade g im Punkt A berühren. Wo liegen die Mittelpunkte aller dieser Kreise?

Wenn h die Gerade durch A senkrecht zu g bezeichnet, so ist jeder Punkt auf h Mittelpunkt eines Kreises, der g in A berührt.

Es gibt also unendlich viele unterschiedlich große Kreise, die g in A berühren.

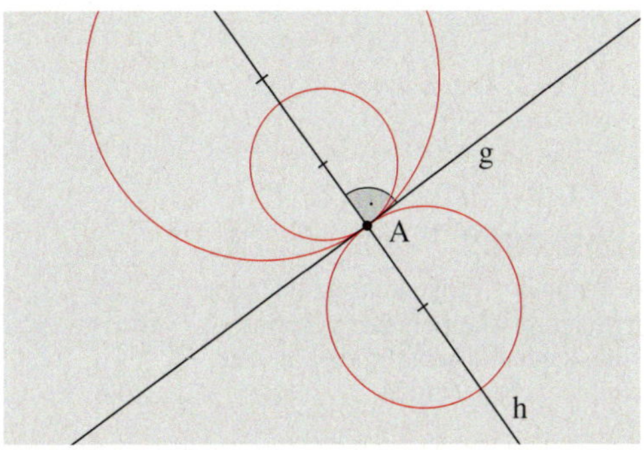

147

7. Zwei Kreise (r_1 und r_2) schneiden von einer Geraden zwei Sehnen von der Länge s_1 und s_2 ab. Zeichnen Sie Kreise und Gerade.

Die Planfigur zeigt: Die Mittelpunkte der gesuchten Kreise sind die Spitzen gleichschenkliger Dreiecke über den Sehnen, deren Schenkel die Länge r_1 bzw. r_2 haben.

Planfigur

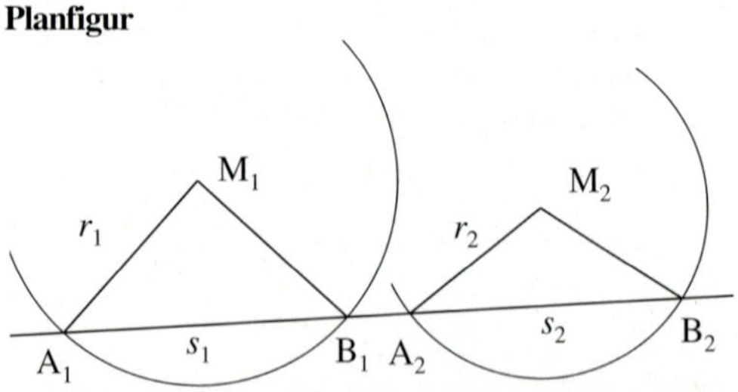

Man zeichnet die Strecken $\overline{A_1B_1}$ und $\overline{A_2B_2}$ auf g. Sodann zeichnet man Kreise um A_1 und B_1 mit dem Radius $r = r_1$ und um A_2 und B_2 mit dem Radius $r = r_2$. Die Kreise schneiden sich jeweils in zwei, auf verschiedenen Seiten der Geraden liegenden Punkten, die Mittelpunkte der zu zeichnenden Kreise sind.

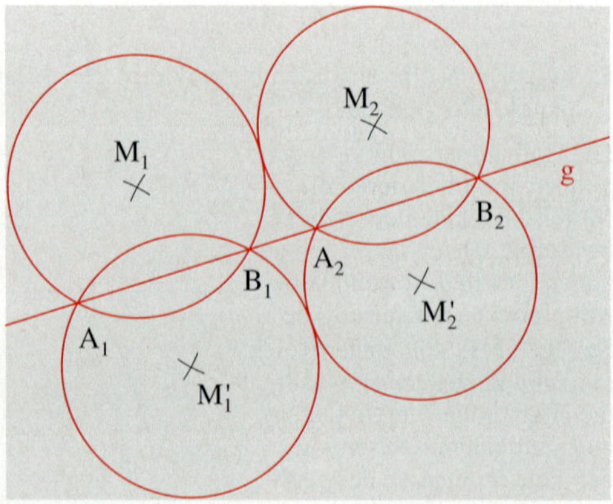

8. An einen Kreis ($r = 2{,}5\,\text{cm}$) sollen von einem Punkt P, der 3,5 cm vom Mittelpunkt entfernt ist, die Tangenten gezeichnet werden. Wie lang sind die Tangentenstrecken?

Man zeichnet den Kreis und konstruiert die Tangenten von P an den Kreis. Anschließend misst man deren Länge.
Das Dreieck $\triangle MPT_1$ ist nach SsW eindeutig konstruierbar. Es ist rechtwinklig bei T_1, die Längen von $\overline{MP}$ und $\overline{MT_1}$ sind bekannt. Außerdem ist $|\overline{PT_1}| = |\overline{PT_2}|$.

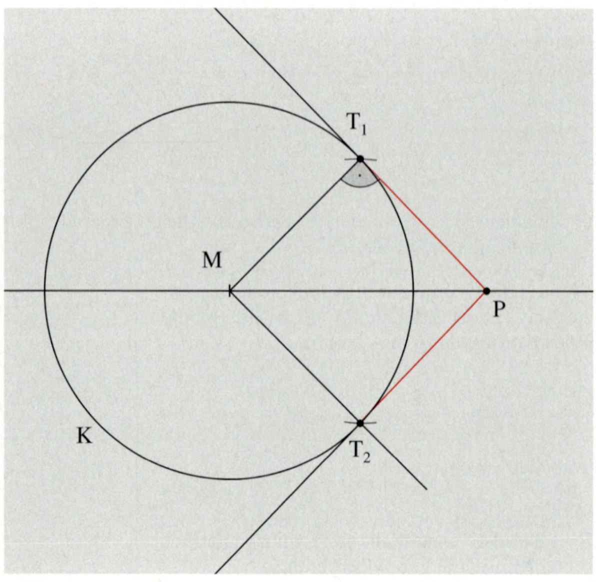

Man misst: $|\overline{PT_1}| = |\overline{PT_2}| \approx 2{,}4\,\text{cm}$

► Wenn der Tangentensatz oder der pythagoreische Lehrsatz bekannt sind, kann die Antwort auch rechnerisch gegeben werden.

9. Wie lang sind die Tangentenstrecken an einen Kreis ($r = 3\,\text{cm}$), wenn beide Tangente einen Winkel von 50° bilden?

Man kann die Tangenten an den gegebenen Kreis konstruieren und ihre Länge aus der Zeichnung entnehmen. Die Planfigur zeigt: Das Dreieck $\triangle MPT_1$ ist nach WSW eindeutig konstruierbar, denn man kennt den rechten Winkel bei T_1 und kann den Winkel bei M berechnen: $|\sphericalangle PMT| = 90° - 25°$, also 65°. Sodann kann $\overline{PT_1}$ gemessen werden.

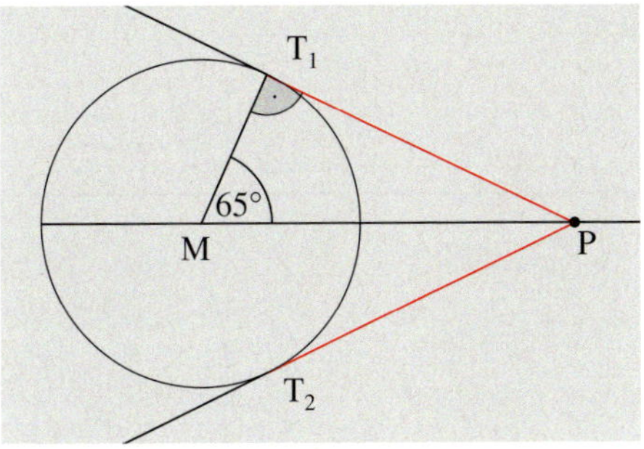

► Längenmaße auf die Hälfte verkürzt

Planfigur

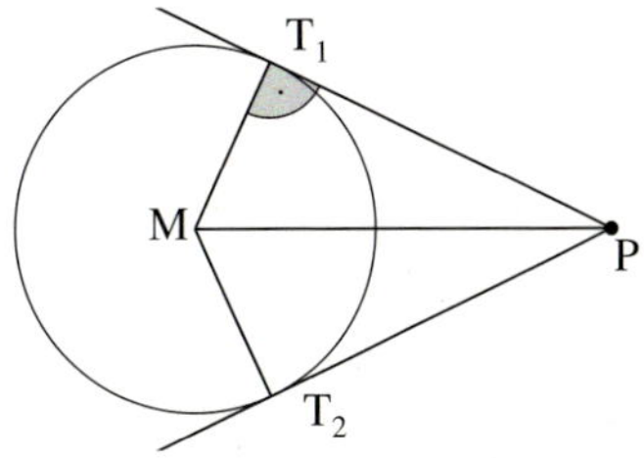

► $|\overline{PT_1}| = |\overline{PT_2}| \approx 6{,}4\,\text{cm}$

10. Ein Ballon ($D = 12\,\text{m}$) wird unter einem Sehwinkel von 12° gesehen. Wie weit ist der Beobachter ungefähr entfernt?

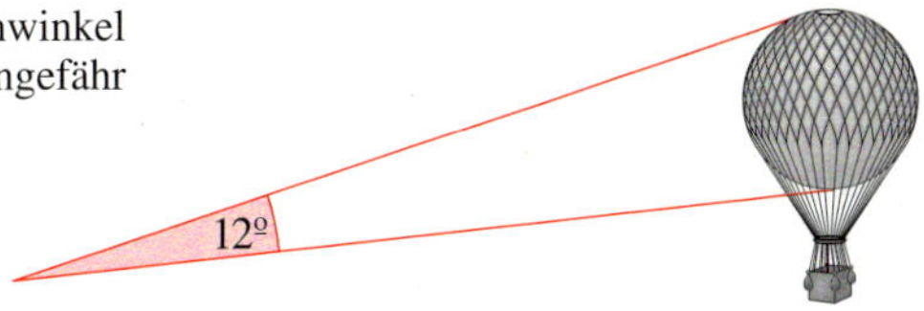

Die Planfigur geht davon aus, dass 12° der Winkel zwischen den Tangenten an den Ballonkörper ist. In der Zeichnung wird 1 cm für 400 cm in der Natur verwendet. Bezeichnen S den Standpunkt des Beobachters, T_1 und T_2 die Berührungspunkte der Tangenten an den Kreis mit dem Mittelpunkt M und dem Radius von 1,5 cm, nimmt man weiterhin die Länge $|\overline{ST_1}|$ als ungefähre Entfernung des Beobachters, so misst man in der Konstruktion ungefähr 14,2 cm, was in der Realität ungefähr 56,8 m bedeutet.

Planfigur

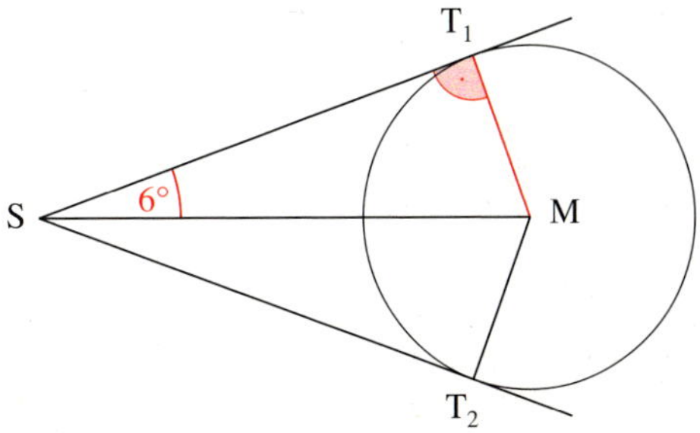

$|\overline{MT_1}| = r = 1{,}5\,\text{cm}$; $\sphericalangle 90°$ an $\overline{T_1M} \Rightarrow s$; $\sphericalangle 84°$ an $\overline{MT_2} \Rightarrow s_1$; $s_1 \cap s = S$; $|\overline{ST_1}| \approx 14{,}2\,\text{cm}$
Der Beobachter ist also ungefähr 56,8 m vom Ballon entfernt.

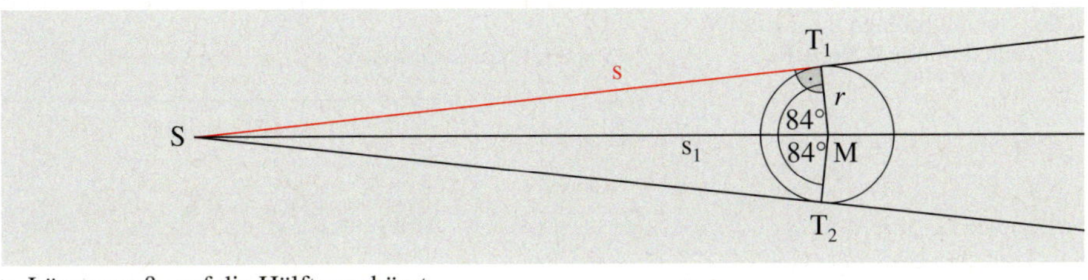

► Längenmaße auf die Hälfte verkürzt

147 **11.** Wie lang ist ungefähr der Durchmesser eines runden Wasserturms, wenn man ihn aus 100 m Entfernung unter einem Sehwinkel von 14° sieht?

Um die Länge des Durchmessers zu bestimmen, bestimmt man zunächst die Länge des Radius $\overline{MT_1}$. Dazu konstruiert man unter der vereinfachenden Annahme, dass $|\overline{ST_1}| = 100\,\text{m}$ ist, das Dreieck $\triangle ST_1M$, indem man 1 cm für 100 cm zeichnet.

Planfigur

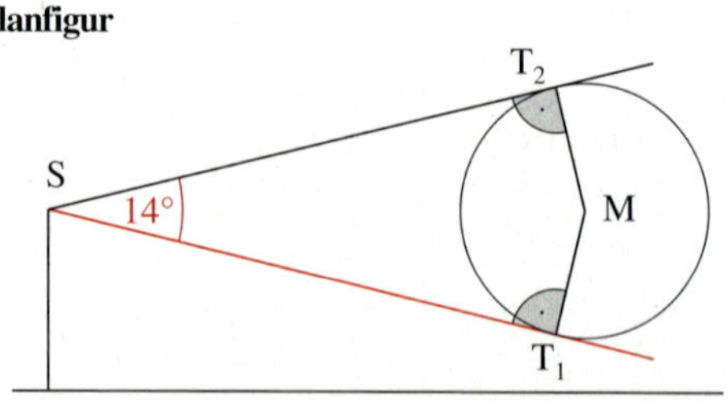

$|\overline{ST_1}| = 10\,\text{cm}$; $\measuredangle\, 90°$ an $\overline{T_1S} \Rightarrow s_1$; $\measuredangle\, 7°$ an $\overline{ST_1} \Rightarrow s_2$; $s_1 \cap s_2 = \{M\}$

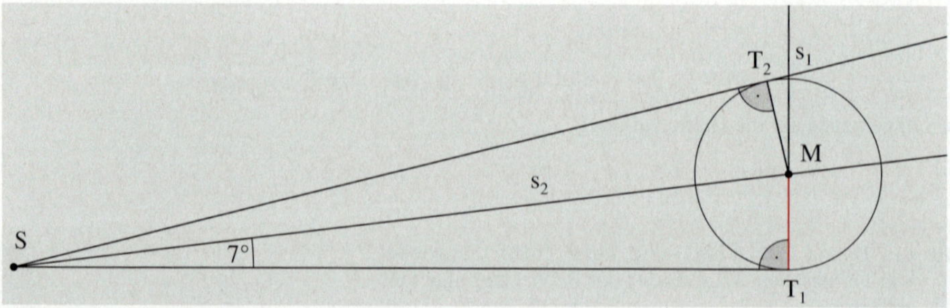

Man misst $|\overline{MT_1}| \approx 1{,}2\,\text{cm}$.
Der Wasserturm hat einen Durchmesser von ungefähr 24 m.

12. Konstruieren Sie die inneren Tangenten an zwei Kreise, deren Radien unterschiedlich lang sind.

Bei der Konstruktion der äußeren Tangenten an zwei Kreise mit unterschiedlich langen Radien wurden als Zwischenschritt die Tangenten an einen Hilfskreis vom Mittelpunkt des Kreises mit dem kleineren Radius aus konstruiert. Dieser Hilfskreis hatte denselben Mittelpunkt wie der Kreis mit dem größeren Radius, sein Durchmesser hatte die Länge $r_1 - r_2$, wenn r_1 die Länge des größeren, r_2 die Länge des kleineren Radius bezeichnen. ► Lehrbuch Kusch 2, Abschnitt 9.1
Ein ähnliches Vorgehen führt auch jetzt zum Ziel.

Dieses Mal zeichnet man einen Hilfskreis K_H um M_1 mit dem Radius $r = r_1 + r_2$. Sodann konstruiert man die Tangenten an K_H aus M_2 und verschiebt sie parallel bis zu den Schnittpunkten ihrer Berührungsradien mit dem Kreis K_1.

Planfigur

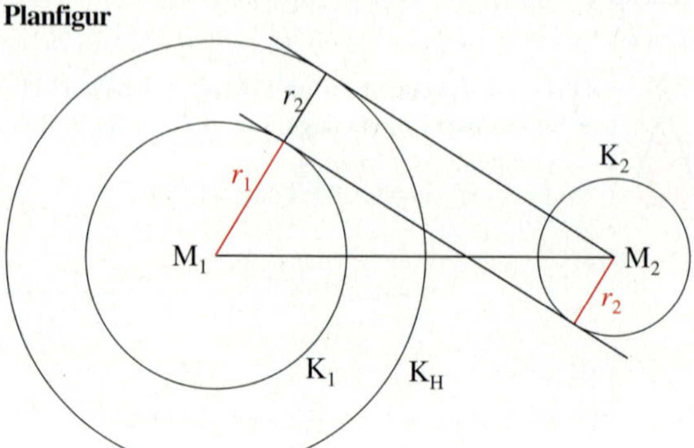

$K_1(M_1; r_1)$
$K_2(M_2; r_2)$
$K_H(M_1; r = r_1 + r_2)$
Tangenten aus M_2 an K_H ➡
$\overline{M_2T_1}$ und $\overline{M_2T_2}$
$\overline{M_1T_1} \cap K_1 = \{H_1\}$ und $\overline{M_1T_2} \cap K_1 = \{H_2\}$
$t_1(H_1) \parallel M_2T_1$
$t_2(H_2) \parallel M_2T_2$

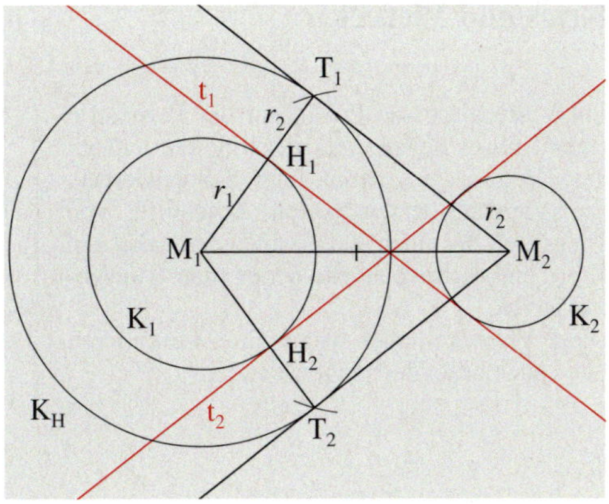

13. Überlegen Sie, ob die Radien zweier Kreise, an die sowohl die äußeren als auch die inneren Tangenten konstruiert werden sollen, auch gleich lang sein können.

Die Berührungsradien der äußeren Tangenten gehen senkrecht zu M_1M_2 durch M_1 bzw. M_2. Die Gerade M_1M_2 ist Mittelparallele zu den äußeren Tangenten, also die Symmetrieachse der Gesamtfigur.

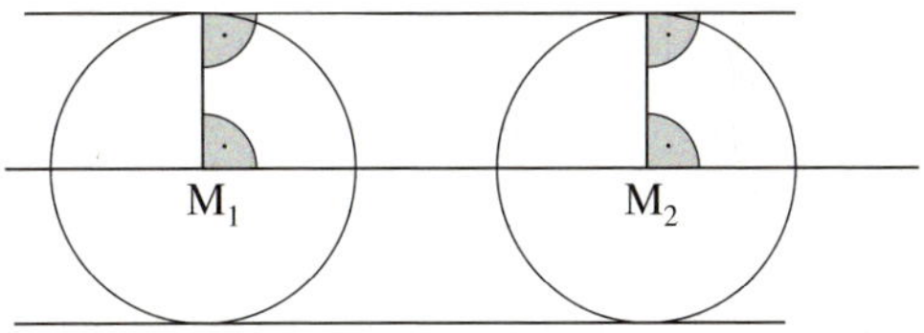

$g(M_1) \perp \overline{M_1M_2}$
$h(M_2) \perp \overline{M_1M_2}$
$g \cap K_1(M) = \{T_1, T_2\}$
$h \cap K_2(M) = \{T_3, T_4\}$

T_1T_3 und T_2T_4 sind die gesuchten äußeren Tangenten.

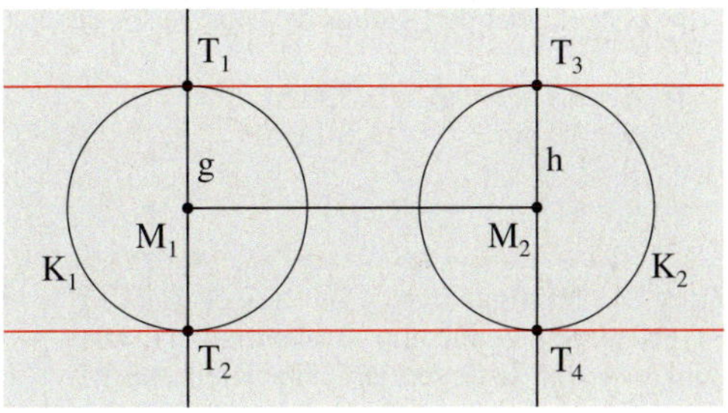

Die inneren Tangenten sind symmetrisch bezüglich der Mittelsenkrechten zu den Mittelpunkten der Kreise. Ist M der Mittelpunkt der Strecke $\overline{M_1M_2}$, so sind wegen der Symmetrie die Tangenten von M an K_1 gleichzeitig Tangenten an K_2.

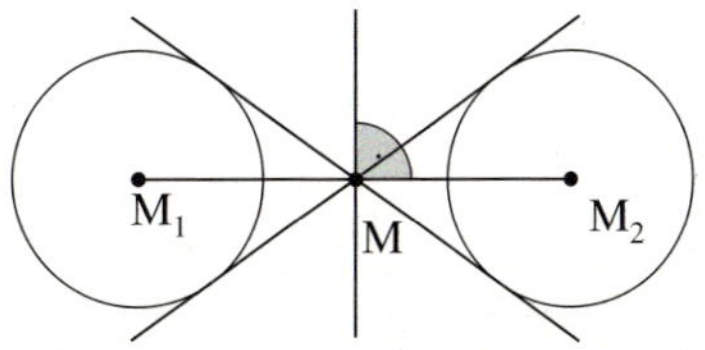

M als Mitte von $\overline{M_1M_2}$
t_1 als Tangente von M an K_1
t_2 als Tangente von M an K_1
t_1 und t_2 sind gleichzeitig Tangenten an K_2.

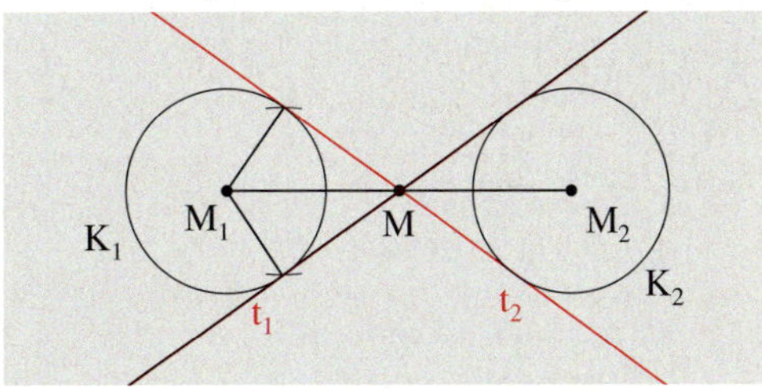

An zwei Kreise mit gleich langen Radien können sowohl äußere als auch innere Tangenten konstruiert werden.

Kreis und Viereck

Ein Viereck, dessen Ecken auf der Peripherie eines Kreises liegen und dessen Seiten Sehnen des Kreises sind, nennt man **Sehnenviereck**. Ein Viereck, dessen Seiten Abschnitte von Tangenten an einen Kreis sind, dem also ein Kreis einbeschrieben ist, nennt man **Tangentenviereck**.
Diese Vierecke haben wegen ihrer besonderen Lage auch besondere Eigenschaften.

Sehnenviereck

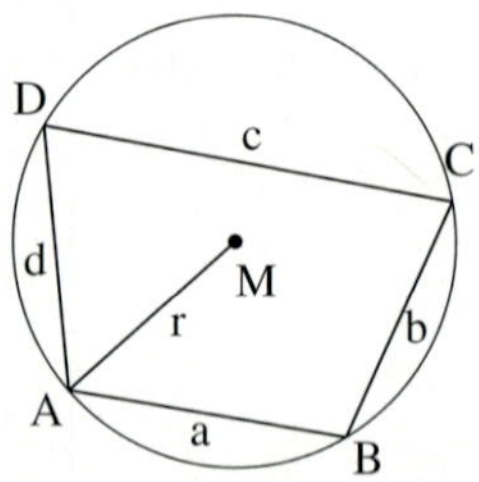

Tangentenviereck

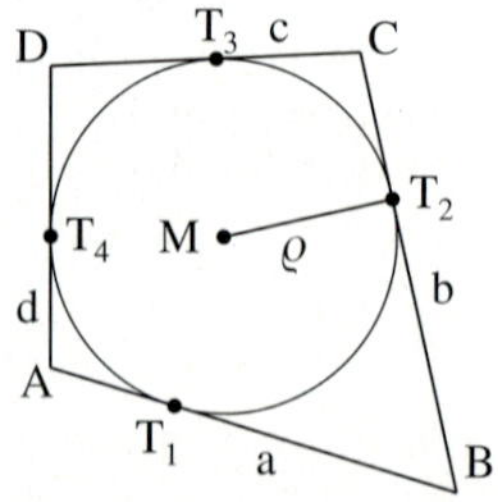

Merke:

- Gegenüberliegende Winkel im Sehnenviereck sind zusammen 180° groß.
- Die Summen der Längen gegenüberliegender Seiten im Tangentenviereck sind gleich.

148 **1.** Zeichnen Sie ein Sehnenviereck aus

a)	**b)**	**c)**	**d)**	**e)**
$b = 4{,}2\,\text{cm}$	$c = 2{,}2\,\text{cm}$	$a = 7{,}4\,\text{cm}$	$a = 5{,}7\,\text{cm}$	$b = 3\,\text{cm}$
$d = 3{,}5\,\text{cm}$	$r = 2{,}3\,\text{cm}$	$c = 5{,}5\,\text{cm}$	$c = 4{,}2\,\text{cm}$	$d = 5\,\text{cm}$
$r = 3{,}2\,\text{cm}$	$\alpha = 52°$	$d = 5{,}4\,\text{cm}$	$d = 3{,}5\,\text{cm}$	$\beta = 95°$
$\beta = 74°$	$\beta = 98°$	$f = 8{,}5\,\text{cm}$	$\beta = 75°$	$\gamma = 110°$

► r bezeichnet den Radius des Umkreises des Sehnenvierecks.

f)	**g)**
$a = 5{,}7\,\text{cm}$	$a = 5{,}4\,\text{cm}$
$d = 3{,}5\,\text{cm}$	$f = 6{,}1\,\text{cm}$
$\beta = 65°$	$\alpha = 73°$
$\gamma = 115°$	$\beta = 94°$

Zu a) Die Planfigur zeigt: Das Dreieck $\triangle BCM$ ist nach SSS eindeutig konstruierbar. Die Punkte A und D liegen auf dem Kreis um M durch B und C, A außerdem auf einem Schenkel des Winkels $\sphericalangle\beta$ und D auf dem Kreis um A mit $r = d$.

Planfigur

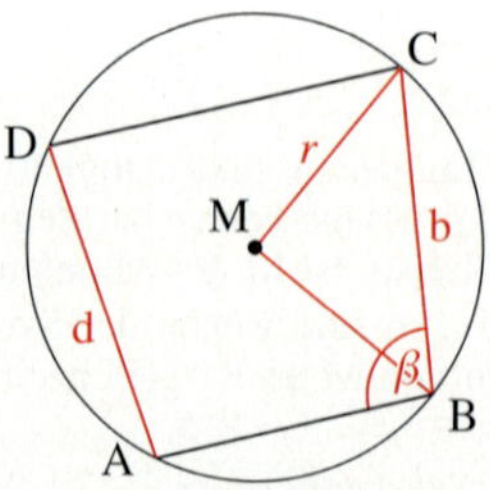

$|\overline{BC}| = b = 4{,}2\,\text{cm}$
$K_1(B; r = 3{,}2\,\text{cm})$
$K_2(C; r = 3{,}2\,\text{cm})$
$K_1 \cap K_2 = \{M\}$
$K_3(M; r = 3{,}2\,\text{cm})$
$\sphericalangle\beta, \beta = 74°$ an $\overline{BC} \rightarrow s$
$s \cap K_3 = \{A\}$
$K_4(A; r = d = 3{,}5\,\text{cm})$
$K_4 \cap K_3 = \{D\}$
$\overline{CD}, \overline{DA}$

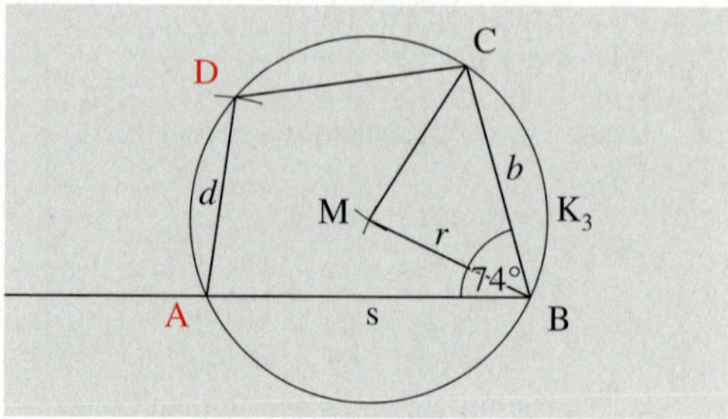

► Längenmaße auf die Hälfte verkürzt

148

Zu b) Das Dreieck $\triangle CDM$ ist nach SSS eindeutig konstruierbar. Für den Winkel δ gilt: $\delta = 180° - \beta$. Punkt A liegt auf dem freien Schenkel von δ und dem Kreis um M. Punkt B liegt auf dem freien Schenkel des Winkels α und dem Kreis um M.

Planfigur

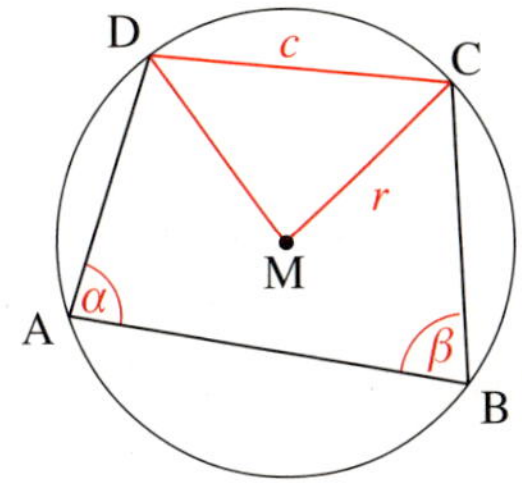

$|\overline{CD}| = c = 2{,}2\,\text{cm}$
$K_1(C; r = 2{,}3\,\text{cm})$
$K_2(D; r = 2{,}3\,\text{cm})$
$K_1 \cap K_2 = \{M\}$
$K_3(M; r = 2{,}3\,\text{cm})$
$\sphericalangle\delta, \delta = 82°$ an $\overline{DC} \rightarrow s_1$
$s_1 \cap K_3 = \{A\}$
$\sphericalangle\alpha, \alpha = 52°$ an $\overline{AD} \rightarrow s_2$
$s_2 \cap K_3 = \{B\}$
$\overline{BC}$

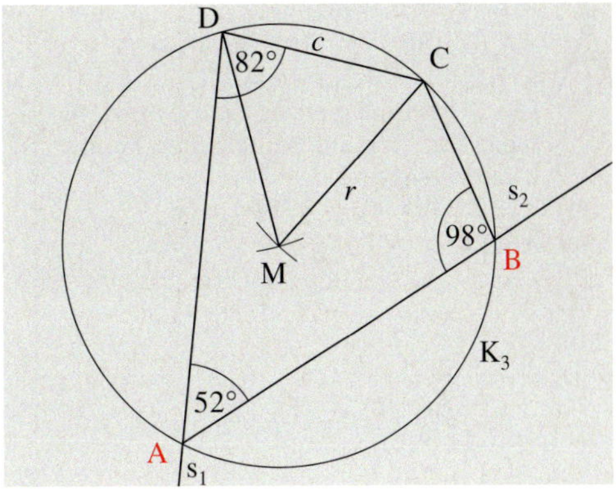

Zu c) Das Dreieck $\triangle ABD$ ist nach SSS eindeutig konstruierbar. Punkt C liegt auf dem Umkreis des Dreiecks und dem Kreis um D mit dem Radius $r = c$.

Planfigur

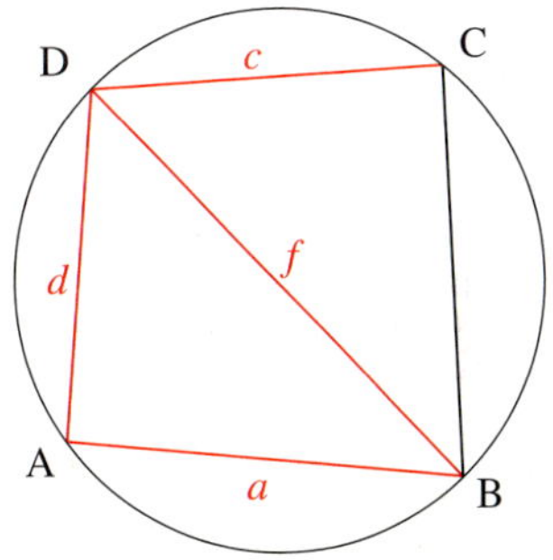

$|\overline{AB}| = a = 7{,}4\,\text{cm}$
$K_1(A; r = d = 5{,}4\,\text{cm})$
$K_2(B; r = f = 8{,}5\,\text{cm})$
$K_1 \cap K_2 = \{D\}$
$\overline{AD}$
Die Mittelsenkrechten zu a und d schneiden sich im Mittelpunkt des Umkreises K_3.
$K_4(D; r = c = 5{,}5\,\text{cm})$
$K_3 \cap K_4 = \{C\}$
$\overline{BC}, \overline{CD}$

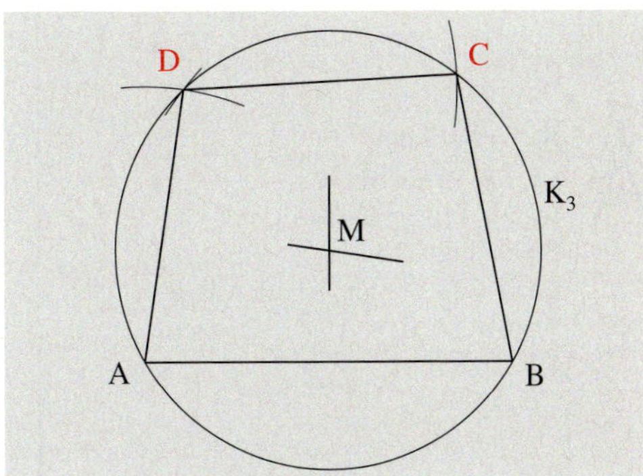

► Längenmaße auf die Hälfte verkürzt

148

Zu d) Das Dreieck $\triangle$ACD ist nach SWS eindeutig konstruierbar, weil $\delta = 180° - \beta$. Punkt B liegt auf dem Umkreis zu $\triangle$ACD und auf dem Kreis um A mit dem Radius $r = a$.

Planfigur

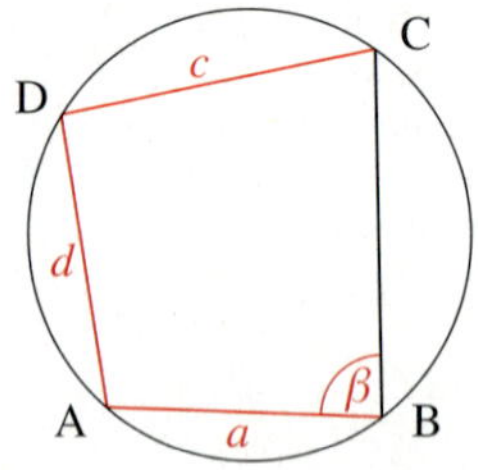

$|\overline{AD}| = d = 3{,}5\,\text{cm}$
$\sphericalangle\delta, \delta = 180° - \beta = 105°$ an $\overline{DA} \rightarrow$ s
$K_1(D; r = c = 4{,}2\,\text{cm}) \cap s = \{C\}$
Die Mittelsenkrechten zu d und c schneiden sich im Mittelpunkt M des Umkreises K_2.
$K_2 \cap K_3(A; r = a = 5{,}7\,\text{cm}) = \{B\}$
$\overline{AB}, \overline{BC}$

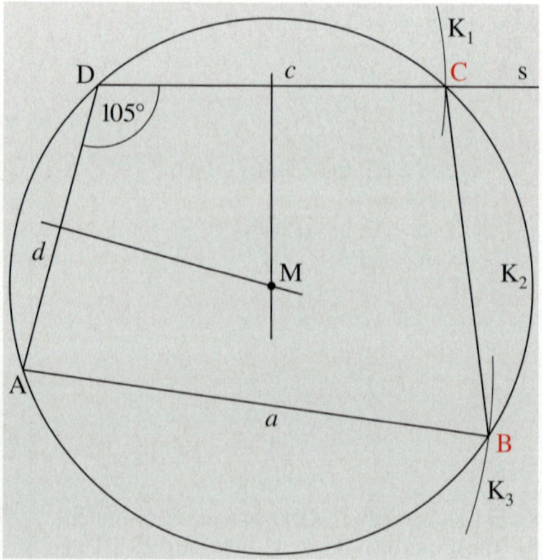

Zu e) Man beginnt die Konstruktion mit der Seite b, an die man die Winkel $\sphericalangle\beta$ und $\sphericalangle\gamma$ anträgt. In einem beliebigen Punkt A′ des freien Schenkels von $\sphericalangle\beta$ trägt man an $\overline{A'B'}$ den Winkel $\sphericalangle\alpha$, der $180° - \gamma$ groß ist, an. Auf dessen freiem Schenkel wird D′ mit $|\overline{A'D'}| = d$ bestimmt. Punkt D liegt auf dem freien Schenkel von $\sphericalangle\gamma$ und der Parallelen zu $\overline{A'B}$ durch D′.

Planfigur

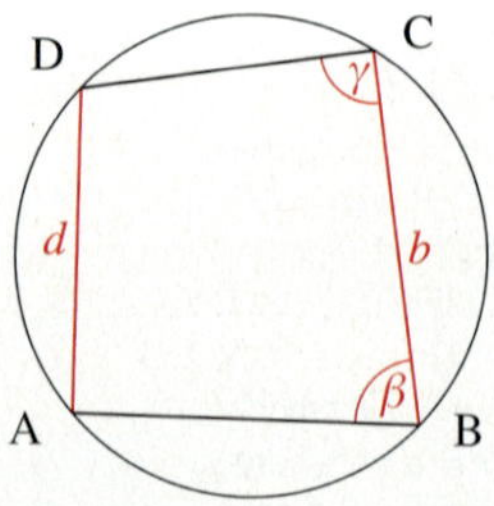

$|\overline{BC}| = b = 3\,\text{cm}$
$\sphericalangle\beta, \beta = 95°$ an $\overline{BC} \rightarrow s_1$
$\sphericalangle\gamma, \gamma = 110°$ an $\overline{CB} \rightarrow s_2$
A′ beliebig auf s_1
$\sphericalangle\alpha, \alpha = 180° - \gamma = 70°$ an $\overline{A'B} \rightarrow s_3$,
D′ auf s_3 so, dass $\overline{A'D'} = d = 5\,\text{cm}$
$g(D') \parallel \overline{A'B}$
$g \cap s_2 = \{D\}$
$h(D) \parallel \overline{A'D'}$
$h \cap s_1 = \{A\}$

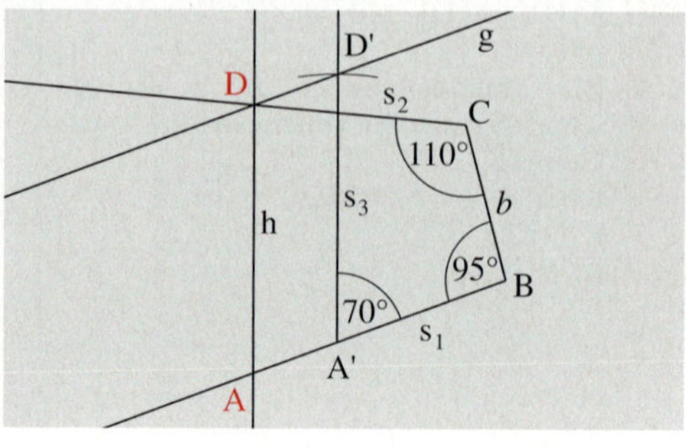

148

Zu f) Das Dreieck $\triangle ABD$ ist wegen $\alpha = 180° - \gamma$ nach SWS eindeutig konstruierbar. Punkt C liegt auf dem Umkreis zu $\triangle ABD$ und auf dem freien Schenkel von $\sphericalangle \beta$.

Planfigur

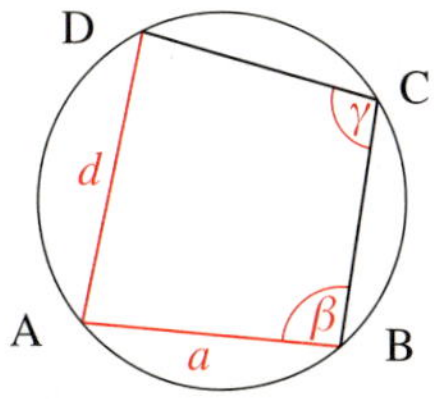

$|\overline{AB}| = a = 5{,}7\,\text{cm}$
$\sphericalangle \alpha, \alpha = 180° - \gamma = 65°$ an $\overline{AB} \Rightarrow s_1$
D auf s_1 so, dass $|\overline{AD}| = d = 3{,}5\,\text{cm}$
Die Mittelsenkrechten zu a und d schneiden sich im Mittelpunkt M des Umkreises K.
$\sphericalangle \beta, \beta = 65°$ an $\overline{BA} \Rightarrow s_2$
$s_2 \cap K = \{C\}$
$\overline{CD}$

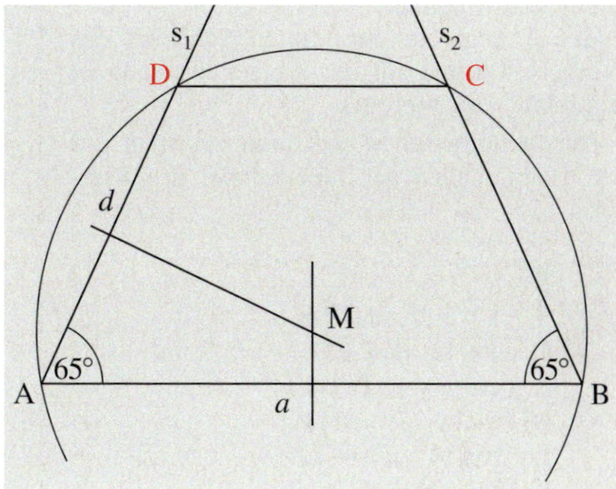

Zu g) Das Dreieck $\triangle ABD$ ist nach SsW eindeutig konstruierbar. Punkt C liegt auf dem Umkreis zu $\triangle ABD$ und auf dem freien Schenkel des Winkels $\sphericalangle \beta$.

Planfigur

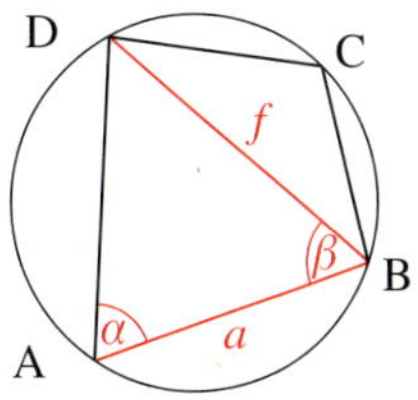

$\overline{AB} = a = 5{,}4\,\text{cm}$
$\sphericalangle \alpha, \alpha = 73°$ an $\overline{AB} \Rightarrow s_1$
$K_1(B; r = f = 6{,}4\,\text{cm})$
$K_1 \cap s_1 = \{D\}$
Die Mittelsenkrechten zu a und d schneiden sich im Mittelpunkt M des Umkreises K_2.
$\sphericalangle \beta, \beta = 94°$ an $\overline{BA} \Rightarrow s_2$
$s_2 \cap K_2 = \{C\}$
$\overline{CD}$

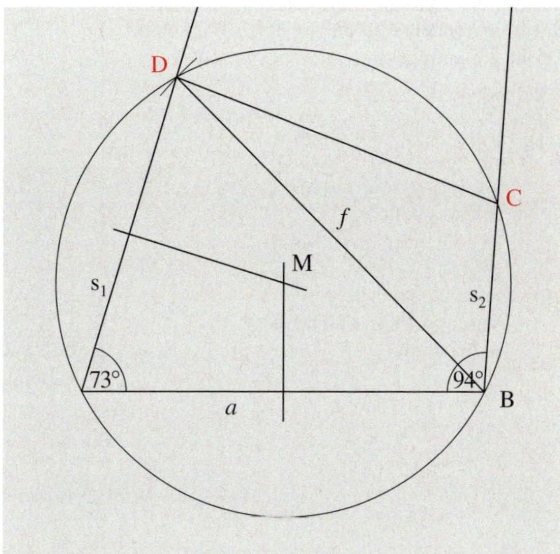

148

2. Zeichnen Sie ein Tangentenviereck aus

a)	**b)**	**c)**	**d)**	**e)**
$b = 5{,}2\,\text{cm}$	$b = 3\,\text{cm}$	$a = 3{,}8\,\text{cm}$	$b = 6{,}4\,\text{cm}$	$e = 7{,}1\,\text{cm}$
$c = 5{,}7\,\text{cm}$	$\beta = 108°$	$b = 4{,}6\,\text{cm}$	$f = 10{,}2\,\text{cm}$	$\varrho = 2{,}6\,\text{cm}$
$\beta = 95°$	$\gamma = 98°$	$c = 6{,}6\,\text{cm}$	$\varrho = 3{,}4\,\text{cm}$	$\alpha = 124°$
$\gamma = 100°$	$\delta = 100°$	$f = 7{,}9\,\text{cm}$	$\beta = 84°$	$\beta = 84°$

► ϱ bezeichnet den Radius des Inkreises des Tangentenvierecks.

Zu a) Das Dreieck $\triangle$BCD ist nach SWS eindeutig konstruierbar.
Punkt A liegt auf dem freien Schenkel des Winkels $\sphericalangle\beta$ und auf der Tangente von D an den Inkreis des Vierecks.

► Der Mittelpunkt M des Inkreises liegt auf den Halbierenden der Innenwinkel des Vierecks

$|\overline{BC}| = b = 5{,}2\,\text{cm}$
$\sphericalangle\gamma, \gamma = 100°$ an $\overline{CB} \Rightarrow s_1$
D auf s_1 so, dass $\overline{CD} = c = 5{,}7\,\text{cm}$
$\sphericalangle\beta, \beta = 95°$ an $\overline{BC} \Rightarrow s_2$
w_β, w_γ; $w_\beta \cap w_\gamma = \{M\}$
Lot von M auf b $\Rightarrow$ L
$K(M; r = |\overline{ML}|)$
Tangente t von D an K
$t \cap s_2 = \{A\}$

Planfigur

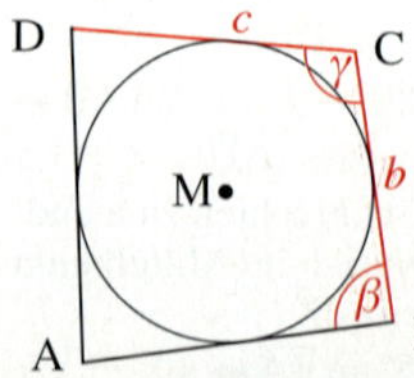

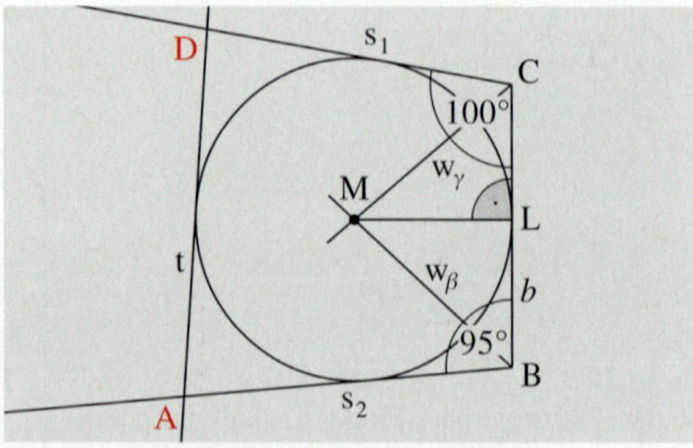

► Längenmaße auf die Hälfte verkürzt

Zu b) Beginnt man mit b und den Winkeln $\sphericalangle\beta$ und $\sphericalangle\gamma$, so kann man mithilfe der Winkelhalbierenden von $\sphericalangle\beta$ und $\sphericalangle\gamma$ den Mittelpunkt M des Inkreises finden. Der Winkel $\sphericalangle$CDM ist halb so groß wie Winkel $\sphericalangle\delta$. Das nutzt man aus, indem man an einem beliebigen Punkt H des freien Schenkels von $\sphericalangle\gamma$ einen Winkel der Größe $\frac{1}{2} \cdot \delta$ anträgt.

$|\overline{BC}| = b = 3\,\text{cm}$
$\sphericalangle\beta, \beta = 108°$ an $\overline{BC} \Rightarrow s_1$
$\sphericalangle\gamma, \gamma = 98°$ an $\overline{CB} \Rightarrow s_2$
w_β, w_γ; $w_\beta \cap w_\gamma = \{M\}$
H auf s_2 beliebig
$|\sphericalangle\frac{1}{2} \cdot \delta| = 50°$ an $\overline{HC} \Rightarrow s_3$
$g(M) \parallel s_3$
$g \cap s_2 = \{D\}$
Verdoppelung $\sphericalangle$CDM $\Rightarrow s_4$
$s_4 \cap s_1 = \{A\}$

Planfigur

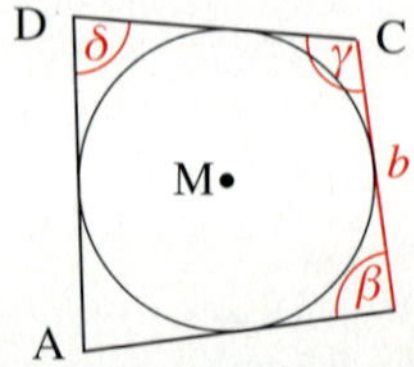

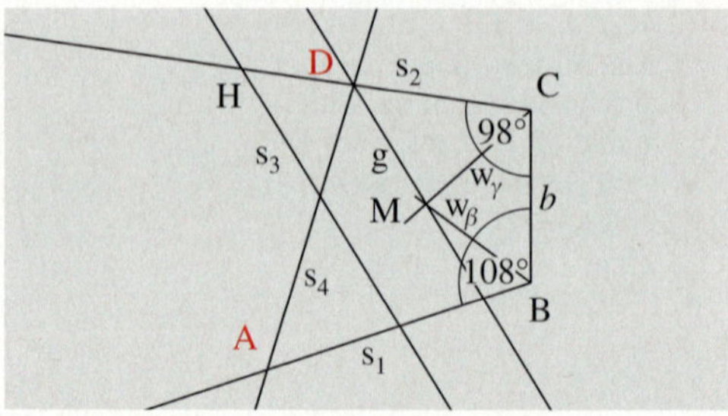

► Längenmaße auf die Hälfte verkürzt

148

Zu c) Das Dreieck $\triangle$BCD ist nach SSS eindeutig konstruierbar. Aus $b+d=a+c$ kann d berechnet werden. Damit ist auch das Dreieck $\triangle$ABD nach SSS eindeutig konstruierbar.

► $4{,}6\,\text{cm}+d=10{,}4\,\text{cm} \Rightarrow d=5{,}8\,\text{cm}$

Planfigur

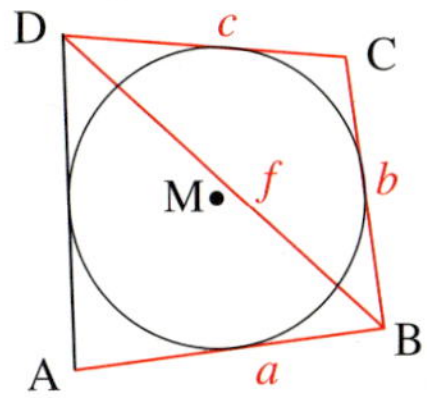

$|\overline{BD}|=f=7{,}9\,\text{cm}$
$K_1(D; r=c=6{,}6\,\text{cm})$
$K_2(B; r=b=4{,}6\,\text{cm})$
$K_1 \cap K_2=\{C\}$
$K_3(D; r=d=5{,}8\,\text{cm})$
$K_4(B; r=a=3{,}8\,\text{cm})$
$K_3 \cap K_4=\{A\}$
$\overline{AB}, \overline{BC}, \overline{CD}, \overline{DA}$

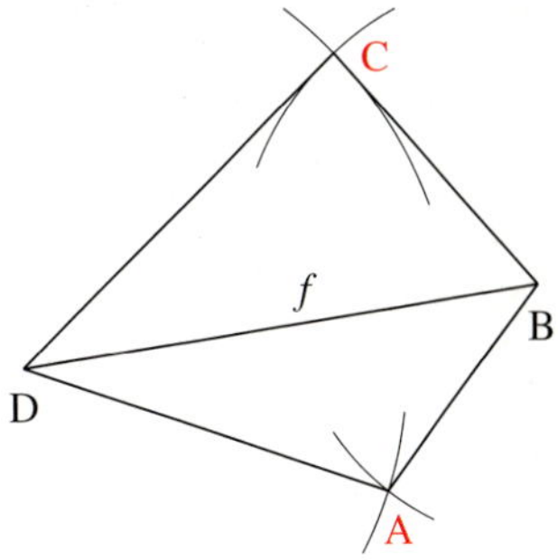

► Längenmaße auf die Hälfte verkürzt

Zu d) Hier macht man sich zunutze, dass der Mittelpunkt M des Inkreises von den Seiten des Tangentenvierecks den Abstand ϱ hat. Hat man $\overline{BC}$ und $\sphericalangle\beta$ gezeichnet, kann man dann M bestimmen und mithilfe der Tangenten an den Inkreis auch die Punkte D und A.

Planfigur

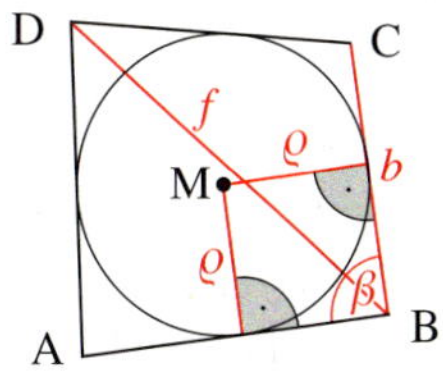

$|\overline{BC}|=b=6{,}4\,\text{cm}$
$\sphericalangle\beta, \beta=84°$ an $\overline{BC}$ ➡ s
g $\parallel$ $\overline{BC}$ mit Abstand ϱ
h $\parallel$ s mit Abstand ϱ
$g \cap h=\{M\}$; $K_1(M; r=\varrho)$
Tangente t_1 an K_1 aus C
$K_2(B; r=f=10{,}2\,\text{cm})$
$K_2 \cap t_1=\{D\}$
Tangente t_2 an K_1 aus D
$t_2 \cap s=\{A\}$

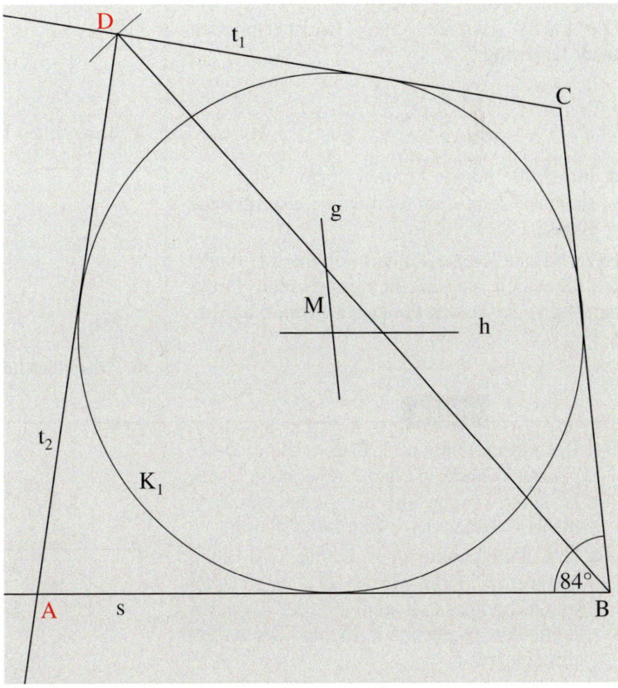

148 **Zu e)** Wie in Aufgabe d) arbeitet man mit Parallelen zu den Schenkeln des Winkels $\sphericalangle\beta$, um M zu bestimmen. Danach trägt man $\sphericalangle\alpha$ in einem beliebigen Punkt eines Schenkels von $\sphericalangle\beta$ an, dessen freien Schenkel man so verschiebt, dass er Tangente an den Inkreis ist.

$\sphericalangle\beta$ mit Scheitel B ➡ s_1 und s_2;
g ∥ s_1 mit Abstand ϱ; h ∥ s_2 mit Abstand ϱ; $g \cap h = \{M\}$; $K_1(M; r=\varrho)$;
H beliebig auf s_1; $\sphericalangle\alpha, \alpha = 124°$ an $\overline{HB}$ ➡ s_3; $l(M) \perp s_3$; $l \cap K_1 = \{L\}$;
m(L) ∥ s_3; $m \cap s_1 = \{A\}$;
$K_2(A; r = e = 7{,}1\,\text{cm})$; $K_2 \cap s_2 = \{C\}$;
Tangente t von C an K_1; $t \cap m = \{D\}$.

Planfigur

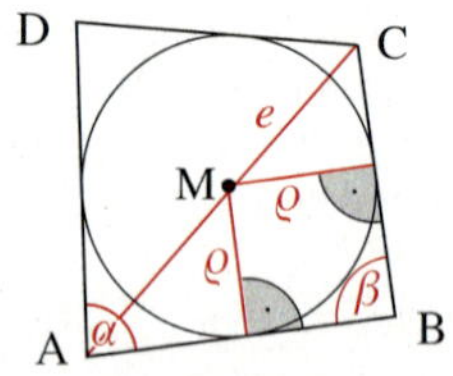

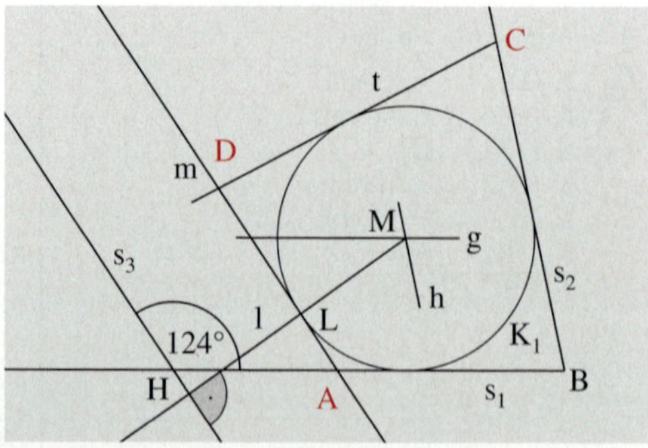

► Längenmaße auf die Hälfte verkürzt

Kreis und Kreis

Kreise können verschiedene Lagen zueinander einnehmen:

- Sie können den gleichen Mittelpunkt haben, dann heißen sie **konzentrische Kreise**.

Die Fläche zwischen zwei Kreisperipherien heißt **Kreisring**.

► Konzentrische Kreise

- Ihre Mittelpunkte können voneinander verschieden sein, dann heißen sie **exzentrische Kreise**.

Exzentrische Kreise können sich in zwei Punkten schneiden, sie können sich in einem Punkt berühren oder keinen Punkt gemeinsam haben.

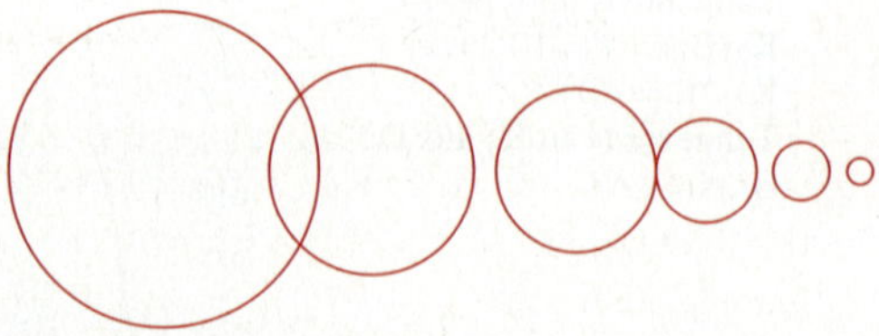

► Exzentrische Kreise

Merke:

- Die Mittelpunkte aller Kreise, die eine gegebene Gerade in einem gegebenen Punkt berühren, liegen auf der Senkrechten zu dieser Geraden durch den festen Punkt.
- Die Mittelpunkte aller Kreise, die einen gegebenen Kreis in einem gegebenen Punkt berühren, liegen auf der Geraden durch den gegebenen Punkt und den Kreismittelpunkt.

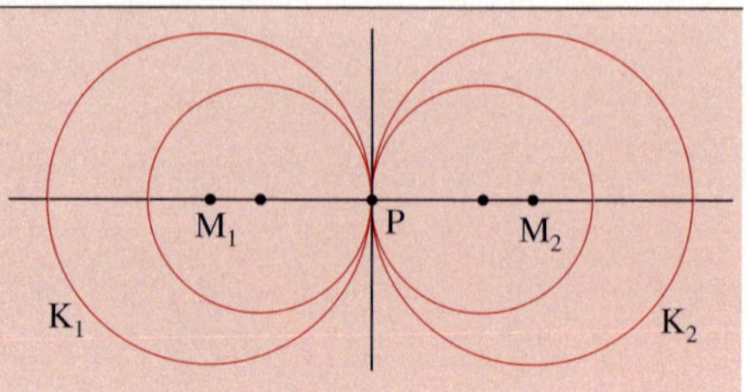

148

1. Zeichnen Sie einen Kreis ($r_1 = 2\,\text{cm}$), der einen anderen Kreis ($r_2 = 1\,\text{cm}$) im Punkt P berührt.

Der Kreis K_2 mit dem Mittelpunkt M_2 und dem Radius $r_2 = 1\,\text{cm}$ sei gezeichnet. Man zeichnet nun den Strahl aus M durch P und bestimmt auf ihm Punkt M_1 so, dass $|\overline{PM_1}| = r_1 = 2\,\text{cm}$ gilt.

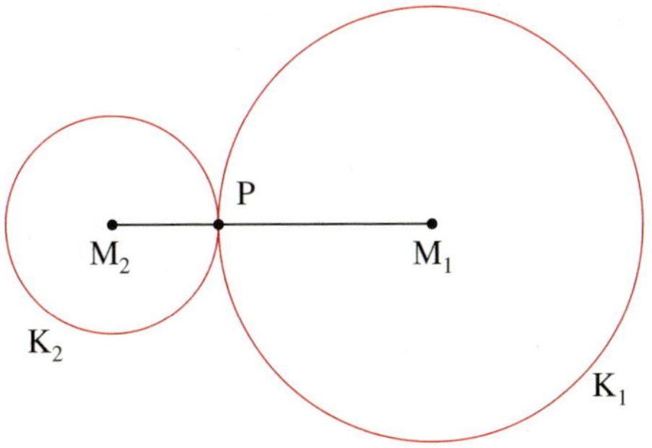

2. Gegeben ist ein Kreis ($r = 2\,\text{cm}$) und auf seinem Umfang ein Punkt A, außerdem ein Punkt B außerhalb des Kreises. Zeichnen Sie den Kreis, der A berührt und durch B geht.

Da der gesuchte Kreis den gegebenen Kreis mit dem Mittelpunkt M_1 in A berührt, muss sein Mittelpunkt M_2 auf dem Strahl aus M durch A liegen.
Außerdem liegt M_2 auf der Mittelsenkrechten der Sehne $\overline{AB}$.
M_2 ist also der Schnittpunkt von Strahl und Mittelsenkrechter.

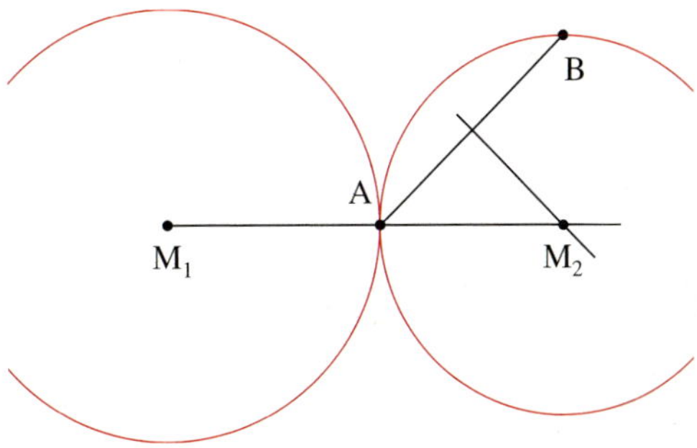

3. Gegeben sind zwei Kreise ($r_1 = 2\,\text{cm}$ und $r_2 = 1\,\text{cm}$). Ihre Mittelpunkte sind 6 cm voneinander entfernt. Zeichnen Sie den Kreis, der beide Kreise berührt. Wie lang ist sein Halbmesser?

Wenn M_1 und M_2 die Mittelpunkte der gegebenen Kreise und P und Q die Schnittpunkte von $\overline{M_1M_2}$ mit den beiden Kreisen bezeichnen, so liegt der Mittelpunkt des gesuchten Kreises in der Mitte der Strecke $\overline{PQ}$. Demzufolge gilt:

$$r_3 = \frac{6\,\text{cm} - 2\,\text{cm} - 1\,\text{cm}}{2} = 1{,}5\,\text{cm}.$$

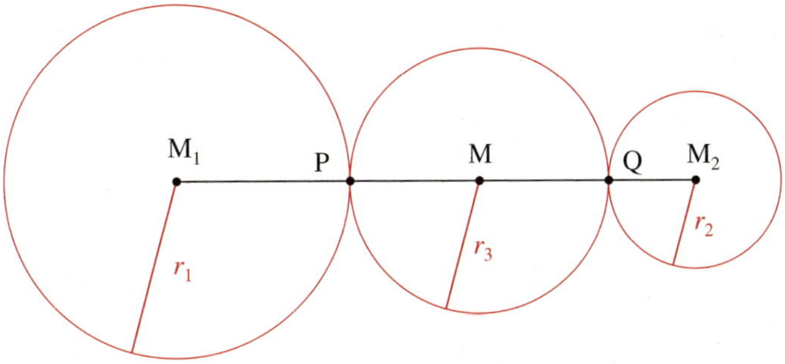

148

4. Gegeben sind zwei Kreise $(r_1 = 2{,}5\,\text{cm}, r_2 = 1{,}5\,\text{cm})$. Ihre Mittelpunkte sind 5 cm voneinander entfernt. Zeichnen Sie an beide Kreise
a) die gemeinsamen äußeren Tangenten,
b) die gemeinsamen inneren Tangenten.
c) Wie lang sind die Tangentenstrecken?

M_1 bezeichnet den Mittelpunkt des Kreises K_1 mit dem Radius $r_1 = 2{,}5\,\text{cm}$, M_2 analog den Mittelpunkt von K_2 mit $r_2 = 1{,}5\,\text{cm}$. Man konstruiert die gesuchten Tangenten mithilfe zweier Hilfskreise um M_1. Für die äußeren Tangenten benutzt man den Kreis K_3, um M_1 mit dem Radius $r_3 = r_1 - r_2 = 1\,\text{cm}$. Man konstruiert die Tangenten von M_2 an K_3 und verschiebt diese parallel „nach außen" um die Strecke, deren Länge durch r_2 gegeben ist. Für die inneren Tangenten benutzt man den Kreis K_4 um M_1 mit $r_4 = r_1 + r_2 = 4\,\text{cm}$. Man konstruiert die Tangenten von M_2 an K_4 und verschiebt diese parallel „nach innen" um die Strecke, deren Länge durch r_2 gegeben ist.

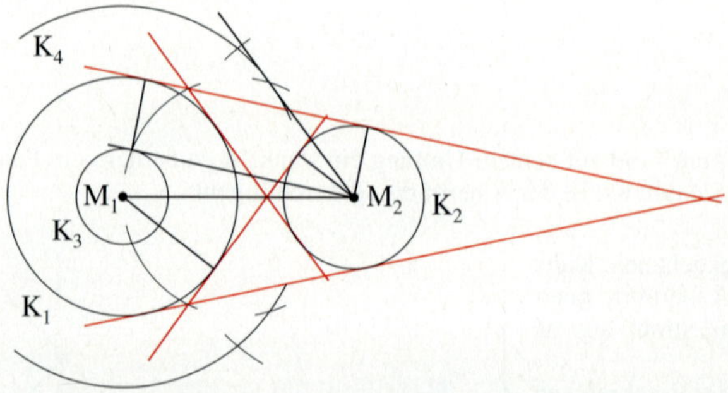

► Längenmaße auf die Hälfte verkürzt

Die äußeren Tangentenstrecken sind ungefähr 4,9 cm lang, die inneren ungefähr 3 cm.

5. Zwei Punkte A und B sind 6 cm voneinander entfernt. Zeichnen Sie die Geraden, die von Punkt A 3,5 cm und von Punkt B 2 cm entfernt sind.

Die Punkte, die von A 3,5 cm entfernt sind, liegen auf dem Kreis K_1 um A mit dem Radius $r_1 = 3{,}5\,\text{cm}$. Die Punkte, die von B 2 cm entfernt sind, liegen auf dem Kreis K_2 um B mit dem Radius $r_2 = 2\,\text{cm}$. Die äußeren Tangenten an K_1 und K_2 sind die gesuchten Geraden, denn die Berührungsradien beider Kreise stehen senkrecht auf ihnen und liefern so den verlangten Abstand.

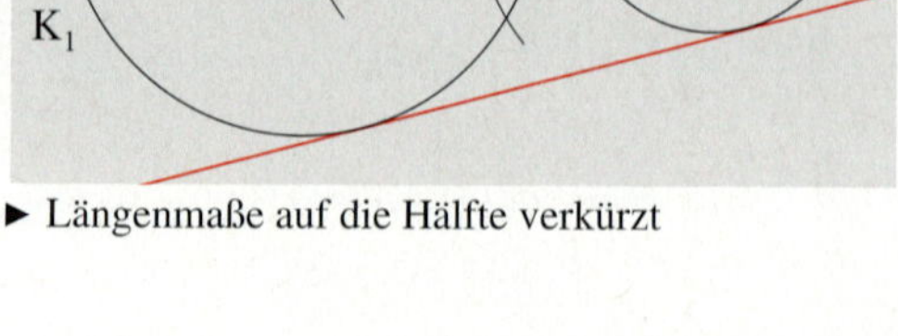

► Längenmaße auf die Hälfte verkürzt

6. Die Mittelpunkte zweier Kreise ($r_1 = 2\,\text{cm}, r_2 = 1{,}5\,\text{cm}$) sind 10 cm voneinander entfernt. Von welchem Punkt auf der Verbindungsstrecke der Kreismittelpunkte sieht man beide Kreise unter dem gleichen Winkel? 148

Vorüberlegung: Ist P ein frei gewählter Punkt auf M_1M_2 und stehen T_1 und T_2 für die Berührungspunkte der Tangenten von P an den einen und T_3 und T_4 für die Berührungspunkte der Tangenten aus P an den anderen Kreis, so soll gelten:
$|\sphericalangle T_1PT_2| = |\sphericalangle T_3PT_4|$.
Winkel, die den gleichen Scheitel haben, sind dann stets gleich groß, wenn sie Scheitelwinkel sind.
Ist P der Schnittpunkt der inneren Tangenten an die beiden Kreise, so ist diese Bedingung erfüllt.

Planfigur

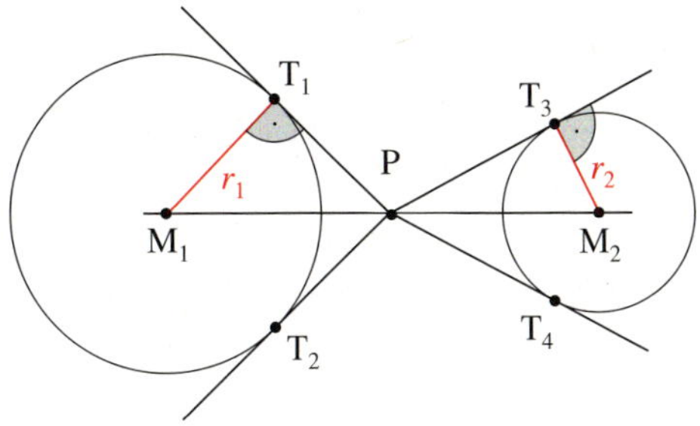

Man konstruiert die inneren Tangenten an die beiden Kreise. ► Aufgabe 4.
Sie schneiden sich in P und es gilt $|\sphericalangle T_1PT_2| = |\sphericalangle T_3PT_4|$.

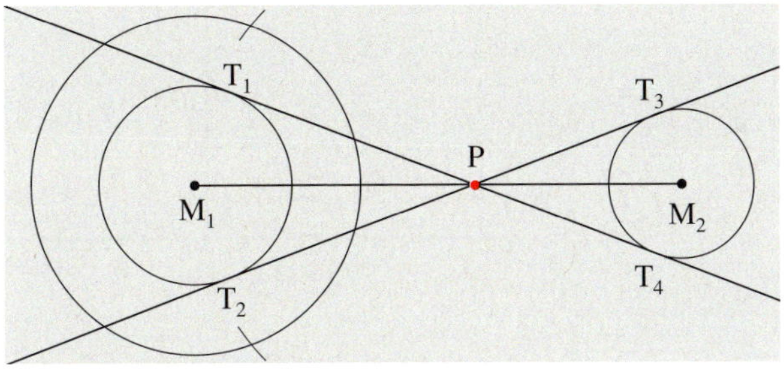

► Längenmaße auf die Hälfte verkürzt

7. Vor einer runden Lichtquelle ($r_1 = 1{,}7\,\text{cm}$) befindet sich ein runder Körper ($r_2 = 0{,}7\,\text{cm}$). Beide Mittelpunkte sind 9,5 cm voneinander entfernt. Konstruieren Sie den Kern- und Halbschatten.

Der Bereich des Halbschattens wird durch die inneren Tangenten zwischen Lichtquelle und Körper hinter dem Körper begrenzt.
Innerhalb dieses Bereichs liegt der Kernschatten, welcher durch die äußeren Tangenten eingegrenzt wird.

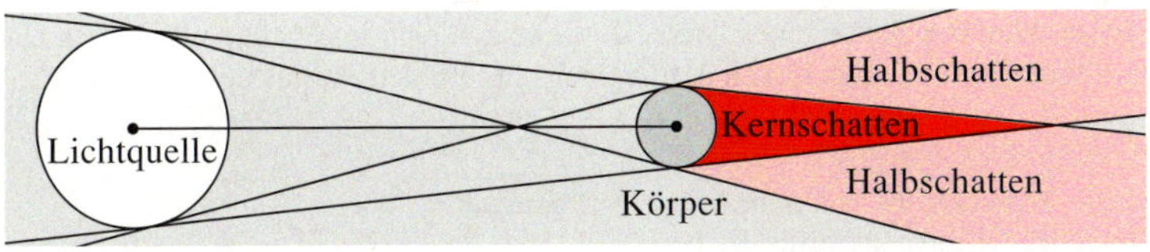

► Längenmaße auf die Hälfte verkürzt

148 **8.** Eine Schleifscheibe soll mit einer Transmission aus dem Nebenraum angetrieben werden. In welcher Höhe müssen in die Wand Löcher gebrochen werden?

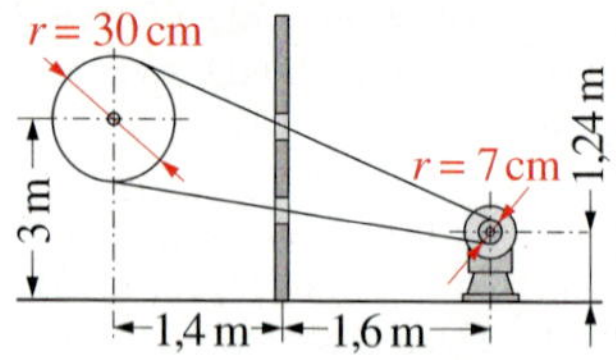

Um die gefragten Höhen bestimmen zu können, fertigt man eine maßstäbliche Zeichnung an.
Wählt man 1 cm in der Zeichnung für 50 cm in der Natur, so gelten die Maße:
3 m ≙ 6 cm; 1,6 m ≙ 3,2 cm;
1,4 m ≙ 2,8 cm
1,24 m ≙ 2,48 cm; 0,30 m ≙ 0,6 cm;
0,07 m ≙ 0,14 cm.

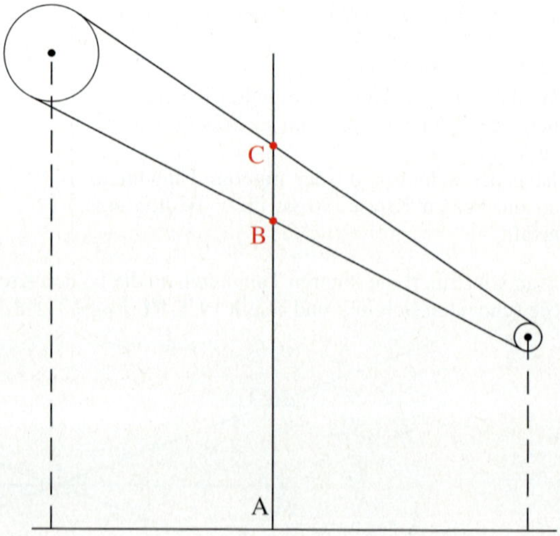

Der nebenstehenden Zeichnung entnimmt man:
$|\overline{AB}| = 3{,}9$ cm und $|\overline{AC}| = 4{,}9$ cm.
In ungefähr 2 m und 2,4 m Höhe müssen Löcher in die Wand gebrochen werden.

9. Zeichnen Sie ein Dreieck aus

a) $h_b = 4{,}5$ cm
$\varrho = 1{,}5$ cm
$\beta = 30°$

b) $\varrho = 1{,}3$ cm
$h_c = 4{,}3$ cm
$\gamma = 45°$

c) c, r, ϱ

d) a, r, ϱ

► ϱ: Radius des Inkreises
► r: Radius des Umkreises

► Die Winkelhalbierenden eines Dreiecks schneiden sich im Mittelpunkt seines Inkreises, die Lote vom Mittelpunkt auf die Dreiecksseiten liefern den Radius des Inkreises.

► Die Mittelsenkrechten der Seiten eines Dreiecks schneiden sich im Mittelpunkt seines Umkreises, die Strecken vom Mittelpunkt zu den Ecken des Dreiecks liefern den Radius des Umkreises.

Zu a) Da man die Winkelgröße β kennt, kann man den Mittelpunkt M_i des Inkreises K_i bestimmen, indem man Parallelen zu den Winkelschenkeln im Abstand ϱ zeichnet. Sie schneiden sich im Mittelpunkt M_i des Inkreises. Der Fußpunkt H_b der Höhe h_b liegt auf einem Kreis K_1 um B mit dem Radius h_b. Die Seiten a und c liegen auf den Schenkeln von $\sphericalangle\beta$, die Seite b liegt auf den gemeinsamen Tangenten an K_i und K_1.

Planfigur

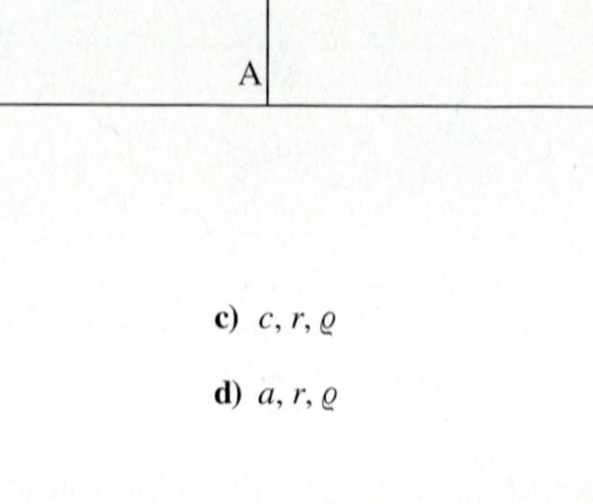

148

$\sphericalangle\beta, \beta = 30°$
$\Rightarrow s_1$ und s_2
$g \parallel s_1$ im Abstand
$\varrho = 1{,}5\,\text{cm}$
$h \parallel s_2$ im Abstand
$\varrho = 1{,}5\,\text{cm}$
$g \cap h = \{M_i\}$,
Mittelpunkt des
Inkreises K_i
$K_1(B; r = h_b = 4{,}5\,\text{cm})$
t_1 als gemeinsame
Tangente an
K_i und K_1
$t_1 \cap s_1 = \{A\}$;
$t_1 \cap s_2 = \{C\}$
t_2 als zweite gemeinsame Tangente
von K_i und K_1
$t_2 \cap s_2 = \{A'\}$;
$t_2 \cap s_1 = \{C'\}$

$\triangle ABC \cong \triangle A'BC'$

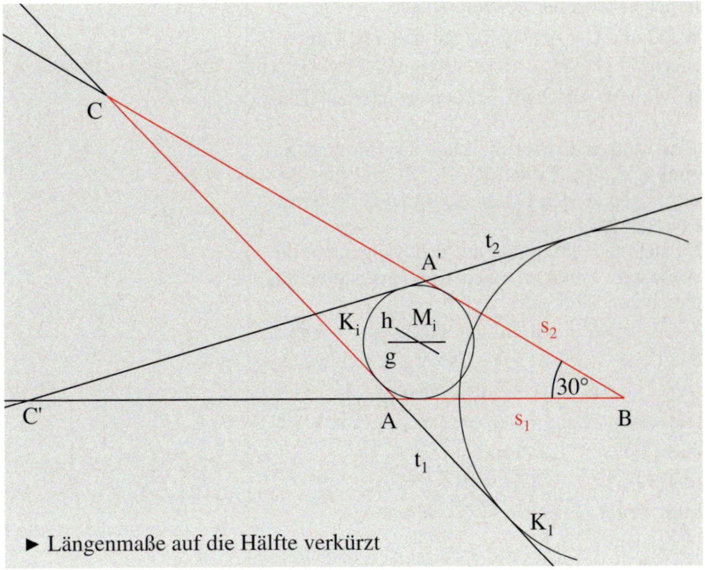

► Längenmaße auf die Hälfte verkürzt

Zu b) Die Konstruktion verläuft nach den gleichen Überlegungen wie diejenige zu a).

$\sphericalangle\gamma, \gamma = 45° \Rightarrow s_1$ und s_2
$g \parallel s_2$ im Abstand $\varrho = 1{,}3\,\text{cm}$
$h \parallel s_1$ im Abstand $\varrho = 1{,}3\,\text{cm}$
$g \cap h = \{M_i\}$, Mittelpunkt des Inkreises K_i
$K_1(C; r = h_c = 4{,}3\,\text{cm})$
t_1 als gemeinsame Tangente an K_i und K_1
$t_1 \cap s_1 = \{A\}$, $t_1 \cap s_2 = \{B\}$
t_2 als zweite gemeinsame Tangente an K_i und K_1
$t_2 \cap s_1 = \{A'\}$; $t_2 \cap s_2 = \{B'\}$

$\triangle ABC \cong \triangle A'B'C$

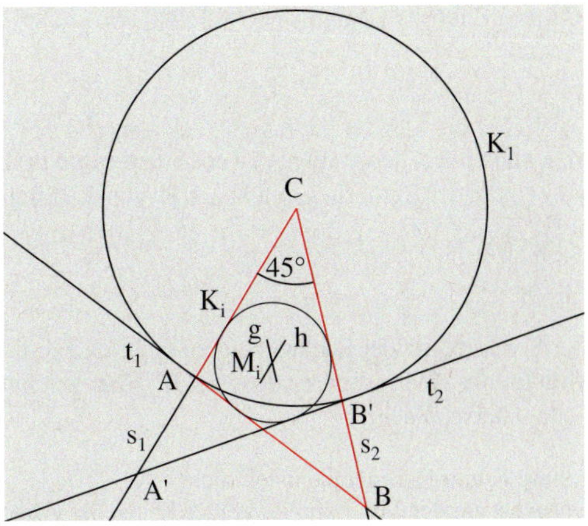

Zu c) Der Planfigur entnimmt man: Das Dreieck $\triangle ABM$ ist gleichschenklig. Seine Grundseite hat die Länge c, die Schenkel haben die Länge r. Es kann nach SSS eindeutig konstruiert werden. Alle Peripheriewinkel über dem Bogen $\overset{\frown}{AB}$ sind gleich groß. Aus den Längen c und r kann die Winkelgröße des Winkels $\sphericalangle\gamma$ daher eindeutig bestimmt werden.

► Lehrbuch Kusch 2, Abschnitt 9.3

Um den Punkt C bestimmen zu können, kann man die folgenden Überlegungen nutzen: Dreiecksseiten können als Abschnitte auf den äußeren und inneren Tangenten zweier Kreise aufgefasst werden.

► Vgl. Abschnitt „Kreis und Kreis", Zeichnung zu Aufgabe 4.

Planfigur

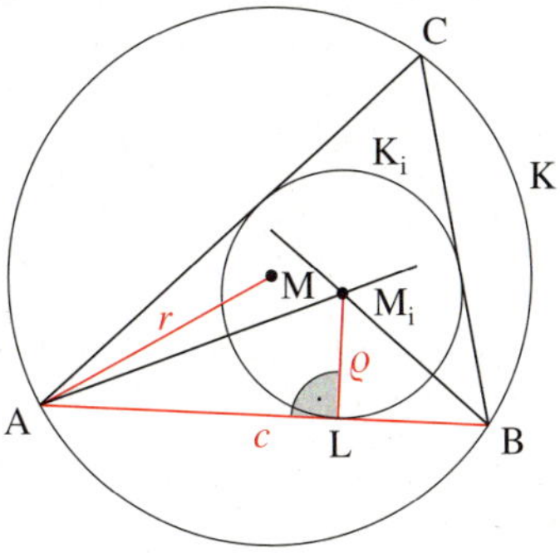

148

In nebenstehender Zeichnung sind

- $\overline{BC}$ und $\overline{CA}$ Abschnitte auf äußeren Tangenten,
- $\overline{AB}$ ein Abschnitt auf einer inneren Tangente.

Was weiß man über die Lage der Berührungspunkte T_a, T_b, T_c und Z_a, Z_b, Z_c und ihre Beziehungen zu den Ecken A, B und C des Dreiecks $\triangle ABC$?

Da stets die Abschnitte auf den Tangenten, die von einem Punkt an einen Kreis gezogen sind, gleich lang sind, gilt:

$|\overline{CAZ_c}| = |\overline{CZ_b}| = |\overline{CZ_a}| = |\overline{CBZ_c}| = \frac{1}{2}(a+b+c)$.

Setzt man $s = \frac{1}{2}(a+b+c)$, so ergibt sich wegen

$|\overline{AZ_c}| = |\overline{AZ_b}| = |\overline{CAZ_c}| - b$ also $|\overline{AZ_c}| = s - b$

und analog $|\overline{BZ_c}| = s - a$. ► $|\overline{AZ_c}| + |\overline{BZ_c}| = c$.

Aus $|\overline{T_bZ_b}| = |\overline{T_aZ_a}|$ und $|\overline{T_bZ_b}| + |\overline{T_aZ_a}| =$

$|\overline{AT_c}| + |\overline{AZ_c}| + |\overline{BT_c}| + |\overline{BZ_c}| = 2c$

folgt weiter $|\overline{T_bZ_b}| = |\overline{T_aZ_a}| = c$ und

$|\overline{CT_b}| = |\overline{CT_a}| = |\overline{CZ_a}| - |\overline{T_aZ_a}| = s - c$.

Diese Überlegungen gelten entsprechend auch für die beiden anderen Seiten:

$|\overline{BT_a}| = |\overline{BT_c}| = s - b$ und $|\overline{AT_b}| = |\overline{AT_c}| = s - a$.

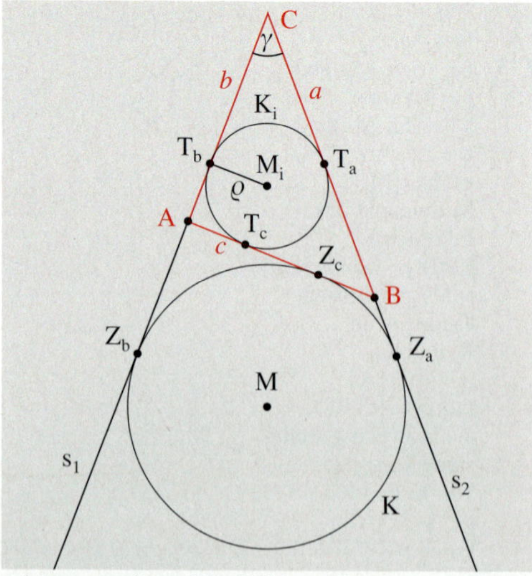

► Längenmaße auf die Hälfte verkürzt

Das liefert die Idee für die Lösung der Aufgabe 9c).

Man konstruiert den Winkel $\sphericalangle\gamma$ aus c und r und in ihm den Berührkreis K_i vom Radius ϱ.

Von einem der Berührungspunkte, z. B. von T_a, trägt man die Strecke $\overline{T_aZ_a}$ auf s_2 ab.

► $|\overline{T_aZ_a}| = |\overline{T_bZ_b}| = c$

Der Schnittpunkt der Senkrechten zu s_2 durch Z_a mit der Winkelhalbierenden des Winkels $\sphericalangle\gamma$ liefert den Mittelpunkt eines weiteren Kreises K. Man zeichnet den Kreis $K(M; r = |\overline{MZ}|)$. Jetzt muss man drei Fälle unterscheiden:

1. Fall: K und K_i schneiden sich nicht.

Der Abstand der Mittelpunkte beider Kreise ist größer als die Summe der Längen ihrer Radien. Man konstruiert die inneren Tangenten an K und K_i. Der jeweils „innere" Tangentenabschnitt hat dann die Länge c. Man kann zwei Dreiecke der verlangten Art zeichnen, die jeweils durch Spiegelung an der Winkelhalbierenden von $\sphericalangle\gamma$ ineinander überführt werden.

2. Fall: K und K_i berühren sich in einem Punkt.

Der Abstand der Mittelpunkte beider Kreise ist gleich der Summe der Längen ihrer Radien. Es gibt eine innere Tangente. Die Senkrechte zur Verbindungsgeraden der Mittelpunkte von K und K_i ist die einzige innere Tangente an K und K_i, und es gibt genau ein Dreieck $\triangle ABC$, in dem $|\overline{AB}| = c$ ist.

3. Fall: K und K_i schneiden sich in zwei Punkten.

Es gibt keine inneren Tangenten und kein Lösungsdreieck.

Anmerkung: Der Kreis K in den voranstehenden Fällen 1 und 2 ist ein so genannter **Ankreis** des Dreiecks $\triangle ABC$ zur Seite c, denn:

Ankreise sind Kreise, die eine Dreiecksseite, aber außerdem die Verlängerungen der beiden anderen Dreiecksseiten berühren.

Entsprechend gibt es Ankreise zu den Seiten a und b.

148

Ein Dreieck $\triangle ABC$ hat nicht nur einen Um- und einen Inkreis, sondern auch drei Ankreise. Sie haben die **Eigenschaften**:

- Die Winkelhalbierende eines Innenwinkels eines Dreiecks und die Halbierende der beiden Außenwinkel, die nicht Nebenwinkel dieses Innenwinkels sind, schneiden sich im Mittelpunkt des Ankreises zu der dem Innenwinkel gegenüberliegenden Seite.
- Die Strecke von einer Ecke des Dreiecks bis zum Berührungspunkt des Ankreises mit der Gegenseite dieser Ecke hat die Länge des halben Umfangs des Dreiecks.
- Die Strecke von einer Ecke des Dreiecks bis zum Berührungspunkt des Inkreises ist gleich der Differenz aus der Länge des halben Umfangs und der Länge der Gegenseite.

Zu d) Diese Konstruktionsaufgabe ist in der gleichen Weise wie die voranstehende Aufgabe 9c) zu lösen. Dabei wird hier der Ankreis zur Seite a, und nicht wie in Aufgabe 9c) der Ankreis zur Seite c, und entsprechend die Beziehung $|\overline{T_bZ_b}| = a$ verwendet.

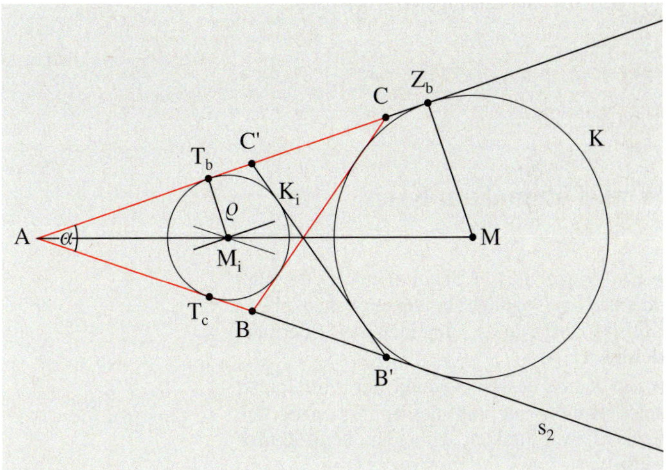

Man konstruiert analog zur Aufgabe 9c) den Winkel $\sphericalangle \alpha$ mithilfe von a und r mit den Schenkeln s_1 und s_2 sowie den Berührkreis K_i mit dem Radius ϱ und den Berührungspunkten T_b und T_c.
Von T_b aus trägt man auf s_1 die Strecke $\overline{T_bZ_b}$ ab.
Der Schnittpunkt der Senkrechten zu s_1 durch Z_b mit der Winkelhalbierenden des Winkels $\sphericalangle \alpha$ liefert den Mittelpunkt M des Ankreises K zur Seite a.
Man zeichnet den Kreis $K(M; r = |\overline{Z_bM}|)$ und muss nun wieder die drei Fälle unterscheiden, die bei der Aufgabe 9c) beschrieben wurden. Oben stehend ist der Fall gezeichnet, dass es zwei innere Tangenten an die Kreise K und K_i gibt.

149

10. Zeichnen Sie ein Tangentenviereck aus $b = 7{,}1$ cm; $d = 4{,}7$ cm; $\beta = 70°$, $\gamma = 85°$.

Ergänzt man in der Planfigur das Tangentenviereck zum Dreieck $\triangle BCE$, so erkennt man den Sachverhalt wieder, der der zeichnerischen Behandlung der Aufgaben 9 zugrunde liegt.

Planfigur

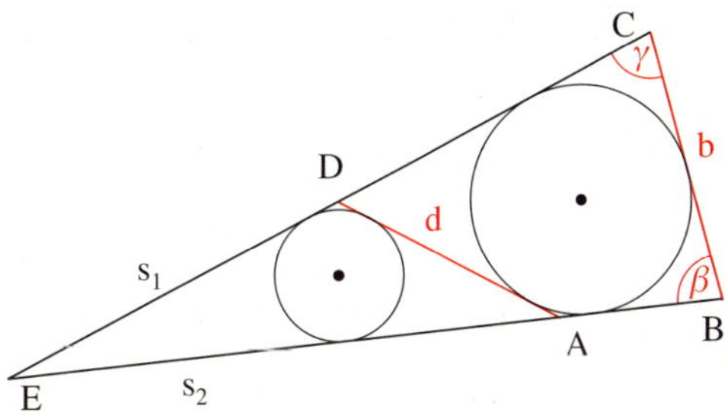

149

$|\overline{BC}| = b = 7{,}1\,\text{cm}$
$\sphericalangle\beta, \beta = 70°$ an $\overline{BC} \rightarrow s_1$
$\sphericalangle\gamma, \gamma = 85°$ an $\overline{CB} \rightarrow s_2$
w_β und w_γ
$w_\beta \cap w_\gamma = \{M_1\}$
$g(M_1) \perp s_1$ und $g \cap s_1 = \{F\}$
$h(M_1) \perp s_2$ und $h \cap s_2 = \{G\}$
$K_1(M_1; r = |\overline{M_1F}|)$
H auf s_1 so, dass $|\overline{FH}| = d$
K auf s_2 so, dass $|\overline{GK}| = d$
$m(H) \perp s_1$ und $n(K) \perp s_2$
$m \cap n = \{M_2\}$ und $K_2(M_2; r = |\overline{M_2H}|)$

K_1 schneidet K_2 nicht, es gibt zwei innere Tangenten an K_1 und K_2. Die Vierecke ABCD und A'BCD' sind Lösungen der Aufgabe.

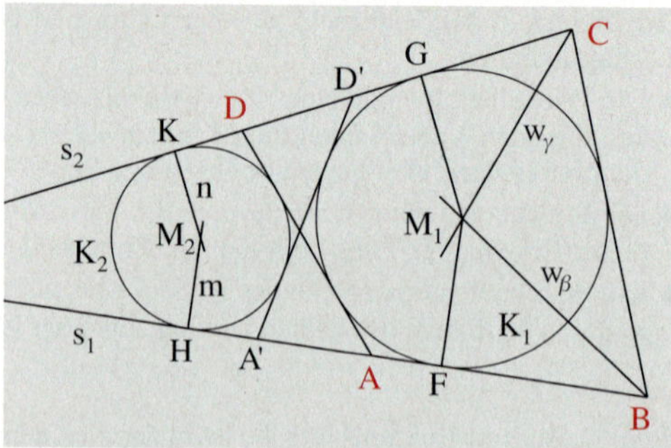

► Längenmaße auf die Hälfte verkürzt

Winkel im und am Kreis

► Ein Winkel, dessen Scheitel auf der Peripherie eines Kreises liegt und dessen Schenkel den Kreis in zwei Punkte schneiden, heißt **Peripheriewinkel**.

► Ein Kreis, dessen Scheitel der Mittelpunkt eines Kreises ist und dessen Schenkel den Kreis in zwei Punkten schneiden, heißt **Zentriwinkel**.

► Die Schnittpunkte der Schenkel von Peripherie- und zugehörigem Zentriwinkel sind die Endpunkte einer Sehne des Kreises, und sie bestimmen einen **Bogen** des Kreises.

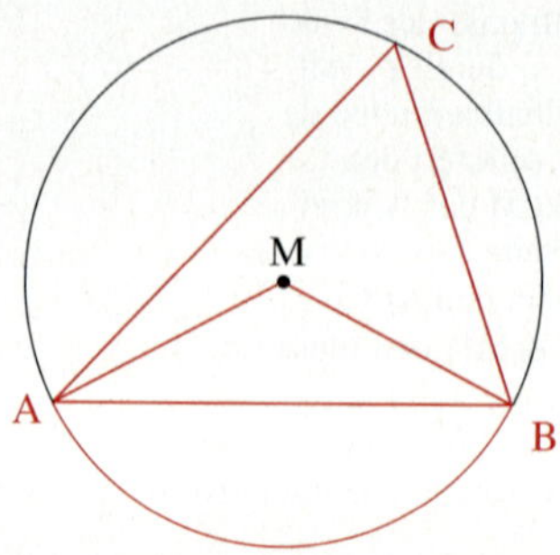

$\sphericalangle$ACB: Peripheriewinkel; $\sphericalangle$AMB: Zentriwinkel; $\overset{\frown}{AB}$: Bogen

Merke:

- Der Zentriwinkel über dem Bogen $\overset{\frown}{AB}$ ist doppelt so groß wie der Peripheriewinkel über dem gleichen Bogen. ► **Zentri-Peripheriewinkelsatz**
- Alle Peripheriewinkel über dem Bogen $\overset{\frown}{AB}$ sind gleich groß. ► **Peripheriewinkelsatz**
- Alle Peripheriewinkel über einem Durchmesser sind rechte Winkel. ► **Thales-Satz**

1. Zeichnen Sie den Ortskreis, in dem c Sehne und γ Umfangswinkel ist:

a) $c = 4\,\text{cm}$, $\gamma = 50°$
b) $c = 6{,}5\,\text{cm}$, $\gamma = 80°$
c) $c = 3{,}5\,\text{cm}$, $\gamma = 140°$
d) $c = 5{,}5\,\text{cm}$, $\gamma = 45°$

► Ein Ortskreis ist der geometrische Ort für alle Punkte, von denen aus eine Sehne $\overline{AB}$, die zu dem Bogen $\overset{\frown}{AB}$ gehört, unter ein und demselben Winkel erscheint. Es ist also der Kreis, der den Bogen $\overset{\frown}{AB}$ enthält, denn dessen Peripheriewinkel erfüllen die genannte Bedingung.

Zu a) Wenn zu der Sehne $\overline{AB}$ von 4 cm Länge der Bogen $\widehat{AB}$ gehört und über $\widehat{AB}$ der Peripheriewinkel von 50° steht, so ist der zu $\widehat{AB}$ gehörende Zentriwinkel 100° groß. Das Dreieck aus dem Mittelpunkt M des Kreises und den Punkten A und B ist gleichschenklig, denn $\overline{AM}$ und $\overline{BM}$ sind Radien des Kreises. Also sind die Winkel bei A und B gleich groß. Es gilt
$|\sphericalangle MAB| = |\sphericalangle MBA| = \frac{1}{2}(180° - 100°) = 40°$.

$|\overline{AB}| = c = 4\,\text{cm}$
$\sphericalangle 40°$ an $\overline{AB} \Rightarrow s_1$; $\sphericalangle 40°$ an $\overline{BA} \Rightarrow s_2$
$s_1 \cap s_2 = \{M\}$ und $K(M; r = |\overline{AM}|)$

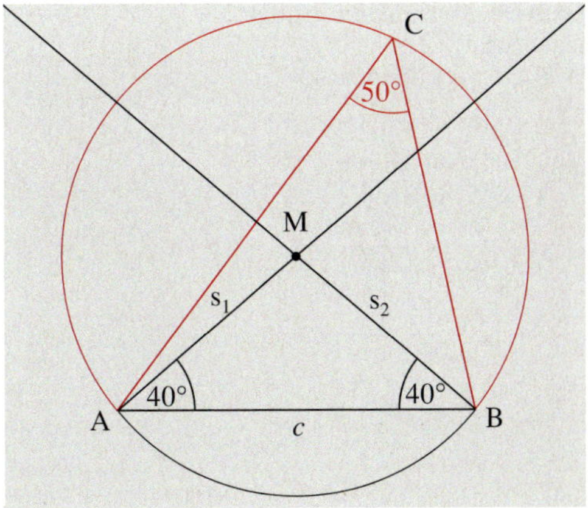

Zu b) Die Konstruktion erfolgt analog zu a).
$|\sphericalangle MAB| = |\sphericalangle MBA| = 10°$

$|\overline{AB}| = c = 6{,}5\,\text{cm}$
$\sphericalangle 10°$ an $\overline{AB} \Rightarrow s_1$, $\sphericalangle 10°$ an $\overline{BA} \Rightarrow s_2$
$s_1 \cap s_2 = \{M\}$ und
$K(M; r = |\overline{AM}|)$

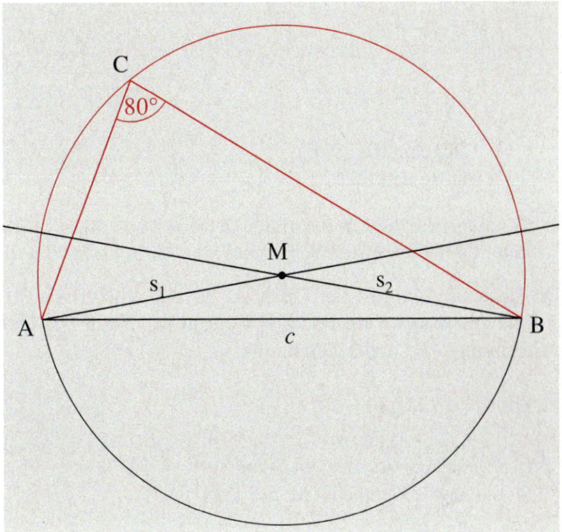

Zu c) Die Konstruktion erfolgt analog zu a). Man muss dabei bedenken, dass ein stumpfer Peripheriewinkel über dem größeren der beiden von A und B erzeugten Kreisbögen steht.
Für $\sphericalangle AMB$ gilt: $|\sphericalangle AMB| = 360° - 280° = 80°$.
$|\sphericalangle MAB| = |\sphericalangle MBA| = \frac{1}{2}(180° - 80°) = 50°$.

$|\overline{AB}| = c = 3{,}5\,\text{cm}$
$\sphericalangle 50°$ an $\overline{AB} \Rightarrow s_1$, $\sphericalangle 50°$ an $\overline{BA} \Rightarrow s_2$
$s_1 \cap s_2 = \{M\}$ und $K(M; r = |\overline{AM}|)$

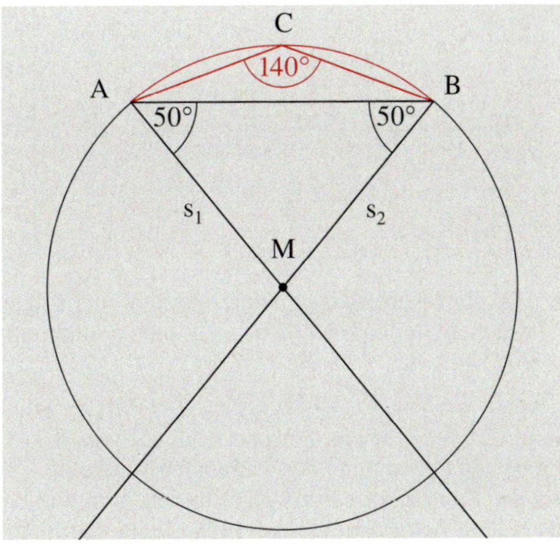

149

Zu d) Die Konstruktion erfolgt analog zu a).
$|\sphericalangle MAB| = |\sphericalangle MBA| = 45°$

$|\overline{AB}| = c = 5{,}5\,cm$
$\sphericalangle 45°$ an $\overline{AB} \rightarrow s_1$,
$\sphericalangle 45°$ an $\overline{BA} \rightarrow s_2$
$s_1 \cap s_2 = \{M\}$ und
$K(M; r = |\overline{AM}|)$

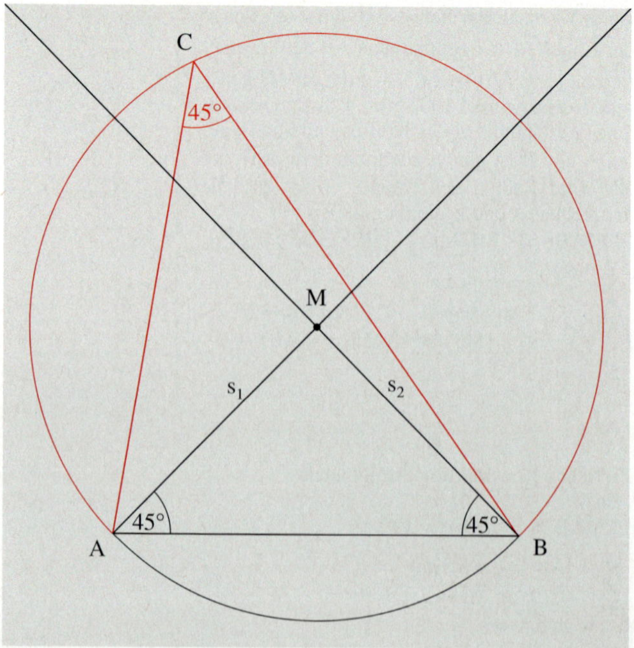

► Längenmaße auf die Hälfte verkürzt

2. Zeichnen Sie die Linie, auf der sich ein Kunstmaler aufhalten muss, wenn er ein 45 m langes Gebäude unter dem günstigsten Sehwinkel von 30° betrachten will.

Die gesuchte Linie ist der Ortskreis für die Winkel von 30°. Seine Konstruktion erfolgt in Analogie zu Aufgabe 1, wobei 1 cm für 20 000 cm in der Natur gewählt wird. Dann entsprechen 45 m in der Natur 2,25 cm für $|\overline{AB}|$ in der Zeichnung.

$|\sphericalangle MAB| = |\sphericalangle MBA| = 60°$
$|\overline{AB} = 2{,}25\,cm|$
$60°$ an $\overline{AB} \rightarrow s_1$, $60°$ an $\overline{BA} \rightarrow s_2$
$s_1 \cap s_2 = \{M\}$ und $K(M; r = |\overline{AM}|)$

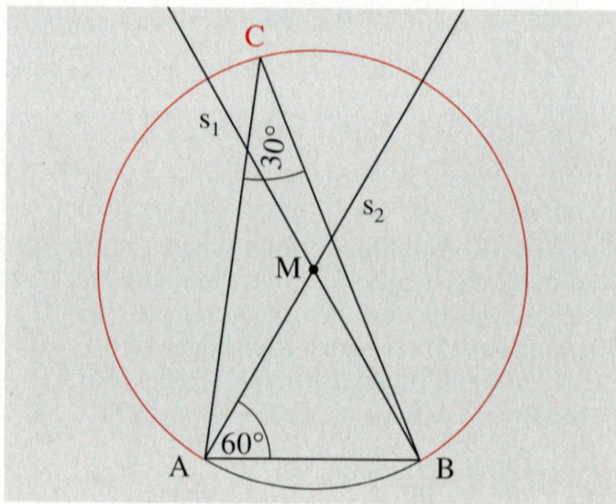

3. Ein gleichschenkliges Trapez besteht aus folgenden Stücken: $a = 7\,cm$, $c = 5\,cm$ und $h = 3\,cm$. Von welchen Stellen im Trapez sieht man a unter einem Winkel von 120° und c unter einem Winkel von 70°?

Gesucht werden der Ortskreis zur Seite $\overline{AB}(= a)$ für den Peripheriewinkel von 120° und der Ortskreis zur Seite $\overline{CD}(= c)$ für den Peripheriewinkel von 70°. Von den Schnittpunkten beider Kreise aus sieht man die beiden Seiten unter den verlangten Winkeln.
Bei der Konstruktion muss man für den stumpfen Peripheriewinkel bedenken, dass er über dem größeren der beiden zu $\overline{AB}$ gehörenden Bögen steht. Ansonsten erfolgt die Konstruktion wie in Aufgabe 1.

149

Zunächst wird das gleichschenklige Trapez ABCD konstruiert.

$|\overline{AB}| = a = 7\,\text{cm}$
H_1 als Mitte von $\overline{AB}$
$g(H_1) \perp \overline{AB}$
H_2 auf g so, dass $|\overline{H_1H_2}| =$
$= h = 3\,\text{cm}$
$m(H_2) \parallel \overline{AB}$
C auf m so, dass $|\overline{H_2C}| =$
$= 2{,}5\,\text{cm}$ und D so, dass
$|\overline{H_2D}| = 2{,}5\,\text{cm}$
Sodann werden die Ortskreise konstruiert.
$|\sphericalangle AM_1B| = 360° - 240° =$
$= 120°$
$|\sphericalangle M_1AB| = |\sphericalangle M_1BA| =$
$= \frac{1}{2}(180° - 120°) = 30°$
$\sphericalangle 30°$ an $\overline{AB} \Rightarrow s_1$, $\sphericalangle 30°$
$=$ an $\overline{BA} \Rightarrow s_2$
$s_1 \cap s_2 = \{M_1\}$
$K_1(M_1; r = |\overline{AM_1}|)$
$|\sphericalangle CM_2D| = 140°$
$|\sphericalangle CDM| = |\sphericalangle DCM| = 20°$
$\sphericalangle 20°$ an $\overline{CD} \Rightarrow s_3$, $\sphericalangle 20°$
$=$ an $\overline{DC} \Rightarrow s_4$
$s_3 \cap s_4 = \{M_2\}$
$K_2(M_2; r = |\overline{CM_2}|)$
$K_1 \cap K_2 = \{P_1, P_2\}$

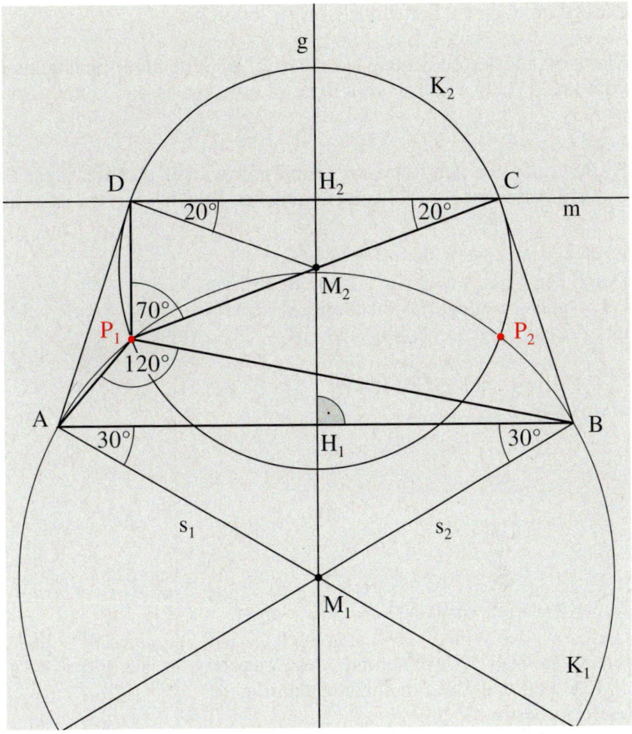

Von P_1 und P_2 aus erscheinen $\overline{AB}$ und $\overline{BC}$ unter den verlangten Winkeln.

4. Drei im Gelände weithin sichtbare Punkte bilden laut Messtischblatt ein Dreieck mit den Seitenlängen $|\overline{AB}| = 700\,\text{m}$, $|\overline{BC}| = 630\,\text{m}$ und $|\overline{CA}| = 800\,\text{m}$. Ein im Gelände stehender Wanderer sieht die Strecken $\overline{AB}$ unter einem Sehwinkel von 86° und $\overline{BC}$ unter einem Sehwinkel von 58°. An welcher Stelle im Gelände befindet sich der Wanderer? Wie weit ist er von den drei Punkten entfernt?

Es sind die Ortskreise zu $\overline{AB}$ für einen Peripheriewinkel von 86° und für $\overline{BC}$ für einen Peripheriewinkel von 58° zu konstruieren. Es wird 1 cm für 10 000 cm gezeichnet, d. h., für 100 m in der Natur steht 1 cm in der Zeichnung. Zunächst wird das Dreieck $\triangle ABC$ mit den Seitenlängen $c = 7\,\text{cm}$, $a = 6{,}3\,\text{cm}$ und $b = 8\,\text{cm}$ nach SSS konstruiert. Sodann erfolgt die Konstruktion der Ortskreise.

$|\sphericalangle M_1AB| = |\sphericalangle M_1BA| =$
$= \frac{1}{2}(180° - 172°) = 4°$
4° an $\overline{AB} \Rightarrow s_1$
4° an $\overline{BA} \Rightarrow s_2$
$s_1 \cap s_2 = M_1$
$K_1(M_1; r = |\overline{AM_1}|)$
$|\sphericalangle M_2CB| = |\sphericalangle M_2BC| =$
$= \frac{1}{2}(180° - 116°) = 32°$
32° an $\overline{BC} \Rightarrow s_3$
32° an $\overline{CB} \Rightarrow s_4$
$s_3 \cap s_4 = M_2$
$K_2(M_2; r = \overline{CM_2})$
$K_1 \cap K_2 = \{B, P\}$

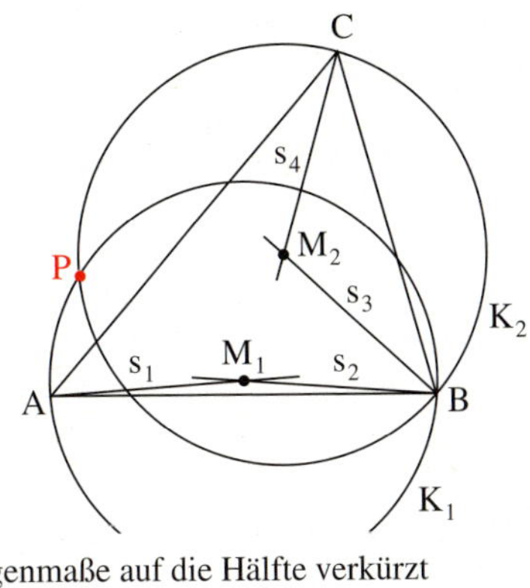

► Längenmaße auf die Hälfte verkürzt

149 *Noch zu Aufgabe 4:* ► Der Wanderer steht im Punkt P. Im Punkt B kann er nicht stehen, weil er die Strecke $\overline{AB}$ unter einem Sehwinkel von 86° erblickt.

Man liest aus der Zeichnung auf der vorigen Seite unter Beachtung des Maßstabs ab: Der Wanderer steht vom Punkt A etwa 210 m, vom Punkt B etwa 690 m und vom Punkt C etwa 620 m entfernt.

5. Beweisen Sie den Lehrsatz: „Ein Zentriwinkel $\sphericalangle\alpha$ über dem Bogen $\widehat{AB}$ ist doppelt so groß wie ein Peripheriewinkel $\sphericalangle\gamma$ über dem gleichen Bogen“ für den Fall, dass $\sphericalangle\alpha$ überstumpf ist.

Es ist also zu zeigen, dass $\alpha = 2\gamma$ ist.
Durch den Radius $\overline{MC}$ wird $\sphericalangle$ in die Teilwinkel γ_1 und γ_2 zerlegt. Da die Dreiecke $\triangle AMC$ und $\triangle BMC$ gleichschenklig sind, ist

$|\sphericalangle CAM| = \gamma_1$ und $|\sphericalangle CBM| = \gamma_2$;
► $|\sphericalangle ACB| = \gamma$

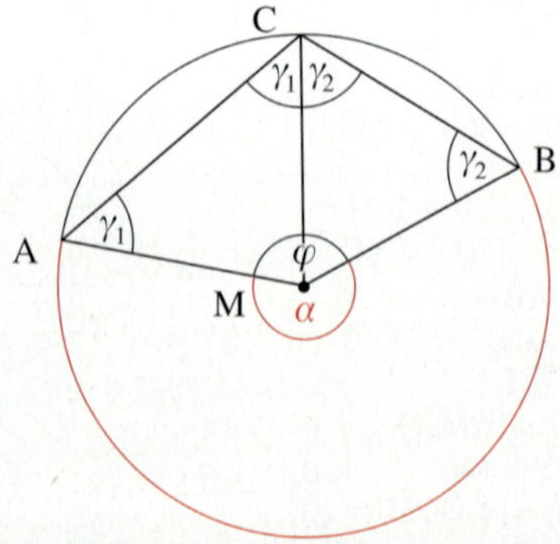

Außerdem weiß man, dass $\varphi = 360° - \alpha$ ist.
Die Größe des Winkels φ ist aber auch als Differenz aus der Winkelsumme des Vierecks AMBC und den anderen Innenwinkeln dieses Vierecks bestimmt.

$$\gamma_1 + \gamma_2 = \gamma$$
$$\varphi = 360° - \alpha$$
$$\varphi = 360° - \gamma_1 - \gamma_2 - \gamma$$
$$= 360° - (\gamma_1 + \gamma_2) - \gamma$$
$$= 360° - 2\gamma$$
$$360° - \alpha = 360° - 2\gamma$$
$$\Rightarrow \underline{\underline{\alpha = 2\gamma}}$$

Wiederholungsfragen zu 9

1. Erklären Sie die Begriffe Sekante, Sehne und Tangente.

Eine Gerade, die einen Kreis in zwei Punkten schneidet, heißt Sekante.
Die von einem Kreis aus einer seiner Sekanten herausgeschnittene Strecke ist eine Sehne.
Eine Gerade, die einen Kreis in genau einem Punkt berührt, heißt Tangente.

2. Erklären Sie die Begriffe Zentriwinkel, Peripheriewinkel und Sehnentangentenwinkel.

Zwei Radien eines Kreises bilden zwei Winkel, deren Scheitel der Mittelpunkt des Kreises ist. Diese Winkel heißen Mittelpunkts- oder Zentriwinkel. Um einen davon eindeutig zu kennzeichnen, gibt man den Kreisbogen an, über dem er steht.

Ein Winkel, dessen Scheitel auf der Peripherie eines Kreises liegt und dessen Schenkel den Kreis in zwei Punkten schneiden, ist ein Umfangs- oder Peripheriewinkel.

Einen Winkel, dessen einer Schenkel eine Tangente an einen Kreis und dessen anderer Schenkel eine Sehne dieses Kreises ist, nennt man Sehnentangentenwinkel.

3. In welchem Punkt treffen sich die Mittelsenkrechten zweier nicht paralleler Sehnen eines Kreises? **149**

Die Mittelsenkrechten zweier nicht paralleler Sehnen eines Kreises schneiden sich im Mittelpunkt dieses Kreises.

4. Was wissen Sie über gleich lange Sehnen eines Kreises?

Gleich lange Sehnen eines Kreises haben vom Mittelpunkt des Kreises gleichen Abstand.

5. Durch wie viele Punkte ist ein Kreis eindeutig bestimmt?

Ein Kreis ist durch drei Punkte eindeutig bestimmt.

6. Wie viele Tangenten an einen Kreis gibt es von einem Punkt außerhalb des Kreises?

Von einem Punkt außerhalb eines Kreises gibt es zwei Tangenten an diesen Kreis.

7. Wie groß ist der Winkel zwischen einer Tangente und dem zugehörigen Berührungsradius?

Eine Tangente steht auf dem zugehörigen Berührungsradius senkrecht, der Winkel ist also 90° groß.

8. Wie werden die Tangenten von einem Punkt außerhalb eines Kreises an den Kreis konstruiert?

Man verbindet den gegebenen Punkt mit dem Mittelpunkt des Kreises, halbiert diese Strecke und zeichnet um den Halbierungspunkt den Thaleskreis, d. h. einen Kreis, dessen Radius gleich der Länge der halben Strecke vom gegebenen Punkt bis zum Kreismittelpunkt ist.
Die Geraden durch die Schnittpunkte des Thaleskreises mit dem gegebenen Kreis und dem gegebenen Punkt sind die Tangenten an den Kreis.

9. Wo liegen die Mittelpunkte der Kreise, die zwei gegebene Gerade berühren?

Wenn die gegebenen Geraden einen Winkel miteinander bilden, so liegen die Mittelpunkte aller Kreise, die sie berühren, auf der Halbierenden dieses Winkels.
Sind die gegebenen Geraden parallel, so liegen die Mittelpunkte aller Kreise, die sie berühren, auf der Mittelparallele der gegebenen Geraden.

10. Erklären Sie die Begriffe Sehnenviereck und Tangentenviereck.

Ein Viereck, dessen Ecken auf der Peripherie eines Kreises liegen und dessen Seiten Sehnen dieses Kreises sind, nennt man Sehnenviereck. Ein Sehnenviereck hat gewissermaßen einen Umkreis.
Wenn vier Tangenten an einen Kreis die Seiten eines Vierecks sind, so nennt man dieses Viereck Tangentenviereck. Dem Tangentenviereck ist gewissermaßen ein Kreis einbeschrieben.

11. Wann besitzt ein Viereck einen Inkreis, wann einen Umkreis?

Ein Viereck besitzt genau dann einen Inkreis, ist also ein Tangentenviereck, wenn die Summen der Längen der Gegenseiten gleich sind.
Ein Viereck besitzt genau dann einen Umkreis, ist also Sehnenviereck, wenn die gegenüberliegenden Winkel zusammen 180° groß sind.

12. Welche Beziehung besteht zwischen einem Zentriwinkel und den Peripheriewinkeln über dem gleichen Bogen?

Der Zentriwinkel ist doppelt so groß wie jeder Peripheriewinkel über dem gleichen Bogen.

13. Wie groß ist der Peripheriewinkel über einem Viertelkreis?

Der Zentriwinkel über dem Bogen eines Viertelkreises ist 90° groß. Die zu diesem Bogen gehörenden Peripheriewinkel sind also 45° groß.

149 **14.** Wie lautet der Peripheriewinkelsatz?

Alle Peripheriewinkel über dem gleichen Bogen sind gleich groß.

15. Wie wird der Kreis gezeichnet, in dem $\overline{AB}$ eine Sehne und $\sphericalangle \beta$ ein zum Bogen $\overset{\frown}{AB}$ gehörender Peripheriewinkel ist?

Über $\overline{AB}$ als Basis wird das gleichschenklige Dreieck konstruiert, dessen Basiswinkel die Größe $\frac{180^\circ - 2\beta}{2}$ haben.

Die Spitze des Dreiecks ist der Mittelpunkt des Kreises, der durch A und B geht.

16. Erläutern Sie den Sehnentangentenwinkelsatz.

Der Satz lautet: Der Sehnentangentenwinkel, welcher den Kreisbogen $\overset{\frown}{AB}$ einschließt, ist genauso groß wie der Peripheriewinkel über dem gleichen Bogen.
Man erkennt das, wenn man sich vorstellt, dass der Scheitel eines Peripheriewinkels über dem Bogen $\overset{\frown}{AB}$ sich immer mehr einem der Bogenendpunkte nähert. Dann fällt der eine Schenkel des Peripheriewinkels auf die Sehne $\overline{AB}$, der andere auf die Tangente an den Kreis in A oder B.

17. Welche Lage können zwei Kreise zueinander haben? Erläutern Sie die Begriffe „konzentrische Kreise“ und „exzentrische Kreise“.

Wenn zwei Kreise einen gemeinsamen Mittelpunkt haben, nennt man sie konzentrisch, haben sie keinen gemeinsamen Mittelpunkt, so nennt man sie exzentrisch.
Konzentrische Kreise haben keine gemeinsamen Punkte. Exzentrische Kreise können keinen Punkt, einen oder zwei Punkte gemeinsam haben.

18. Wie viele gemeinsame Tangenten haben zwei Kreise, die sich weder schneiden noch berühren?

Liegt der eine Kreis ganz außerhalb des anderen Kreises, haben beide vier gemeinsame Tangenten – zwei äußere und zwei innere.
Liegt der eine Kreis ganz im Inneren des anderen, gibt es keine gemeinsamen Tangenten.

Lagemöglichkeit zweier Kreise
Übersicht zu den Fragen 17 und 18.
***m* steht für den Abstand der Mittelpunkte M_1 und M_2 der Kreise K_1 und K_2 mit den Radien r_1 und r_2**

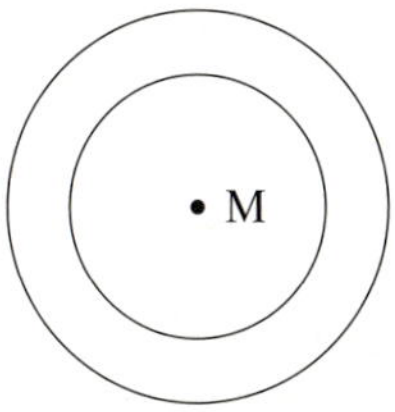	$m = 0$ Konzentrische Kreise
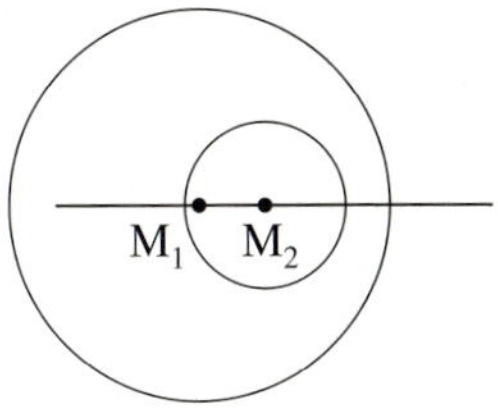	$0 < m < r_1 - r_2$ K_2 liegt innerhalb K_1
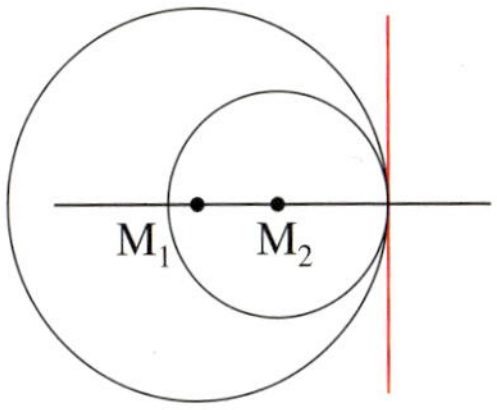	$m = r_1 - r_2$ Berührung von innen, eine äußere Tangente
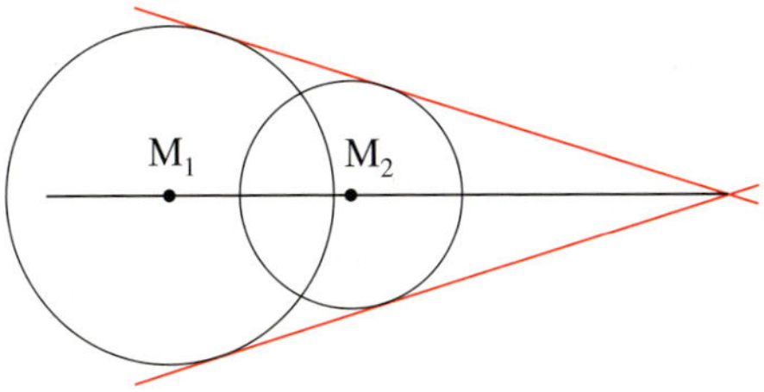	$r_1 - r_2 < m < r_1 + r_2$ Kreise schneiden sich, zwei äußere Tangenten
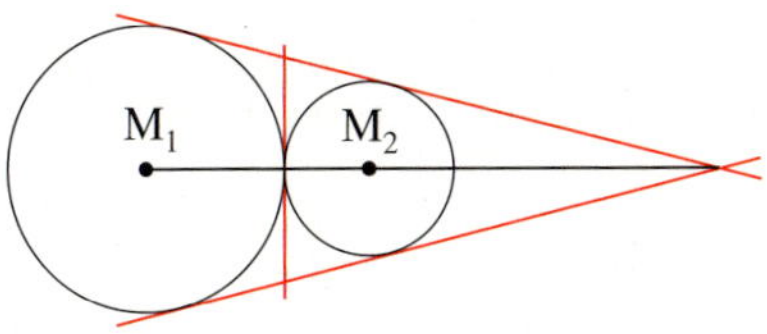	$m = r_1 + r_2$ Berührung von außen, zwei äußere, eine innere Tangente
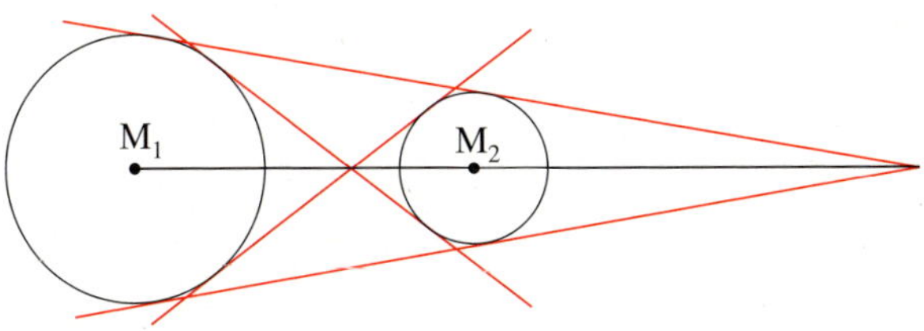	$r_1 + r_2 < m$ Kreise liegen außerhalb voneinander, zwei äußere und zwei innere Tangenten

10 Streckenverhältnisse und Ähnlichkeit ebener Figuren

Streckenverhältnisse und Streckenteilung

Wenn auf Landkarten der Maßstab 1 : 100 000 oder 1 : 1 000 000 angegeben ist, so bedeutet das: 1 cm auf der Karte entsprechen 100 000 cm oder 1 km bzw. 1 000 000 cm oder 10 km in der Natur (Verkleinerung). Wenn für ein Mikroskop der Maßstab 1 000 : 1 angegeben ist, so bedeutet das: 10 mm im mikroskopischen Bild entsprechen 0,01 mm des betrachteten Objekts (Vergrößerung).
Der Maßstab beschreibt das **Verhältnis der Längen zweier Strecken** zueinander:
Die Länge einer Strecke auf der Karte verhält sich zur Länge der entsprechenden Strecke in der Natur z. B. wie 1 : 100 000, oder: Die Länge einer Strecke im mikroskopischen Bild verhält sich zur Länge der entsprechenden Strecke vor dem Objektiv des Mikroskops wie 1 000 : 1.

Maßstab einer Landkarte

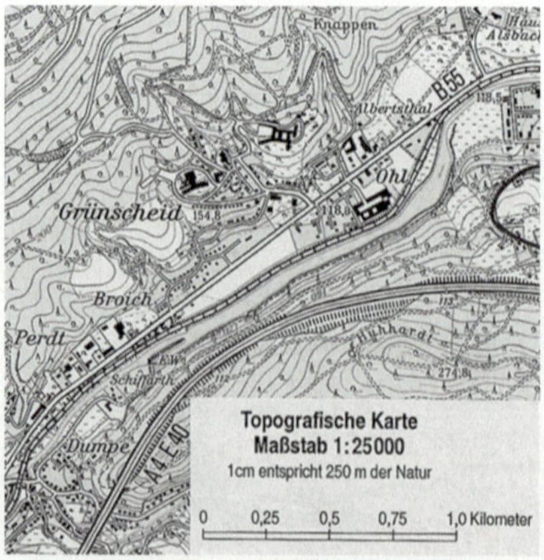

Messtischblatt; Maßstab 1 : 25 000

Merke:

Unter dem Verhältnis der Längen zweier Strecken $\overline{AB}$ und $\overline{CD}$ zueinander versteht man den Quotienten der Maßzahlen ihrer Längen. $\frac{|\overline{AB}|}{|\overline{CD}|}$. ► **Streckenverhältnis**

Das Verhältnis der Längen zweier Strecken zueinander ist also ein Quotient. Es kann sowohl mit einem Doppelpunkt, wie beim Maßstab üblich – 1 : 100 000 – als auch mit einem Bruchstrich – $\frac{1}{100000}$ – geschrieben werden.

Das Verhältnis der Längen zweier Strecken

Steht a für 3 cm, b für 6 cm, so gilt für das Verhältnis a zu b:

$$a:b=\frac{a}{b}=\frac{3\,\text{cm}}{6\,\text{cm}}=\frac{3}{6}=\frac{1}{2}=0{,}5.$$

In der Mathematik spricht man häufig abkürzend statt vom Verhältnis der Längen zweier Strecken zueinander einfach vom Verhältnis der Strecken bzw. dem **Streckenverhältnis**. In dieser Weise wird auch im Folgenden verfahren.

Die Erklärung des Streckenverhältnisses gilt auch für den Fall, dass die Strecken $\overline{AP}$ und $\overline{PB}$ auf derselben Geraden liegen und P die Strecke $\overline{AB}$ teilt. Man spricht dann von **innerer Teilung** der Strecke $\overline{AB}$ durch P im Verhältnis $\frac{|\overline{AP}|}{|\overline{PB}|}$.
Liegt P außerhalb von $\overline{AB}$ über A oder B hinaus, sagt man, die Strecke $\overline{AB}$ ist durch P im Verhältnis $\frac{|\overline{AP}|}{|\overline{PB}|}$ **äußerlich geteilt**.

Innere Teilung einer Strecke

Äußere Teilung einer Strecke

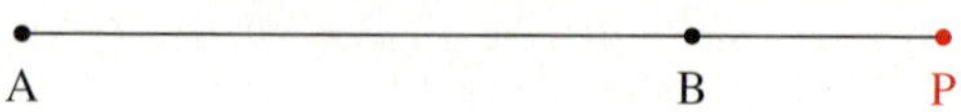

Über die Gleichheit von Streckenverhältnissen machen die **Strahlensätze** Aussagen, die sowohl für Anwendungen auf praktische als auch für Anwendungen auf rein geometrische Sachverhalte wie Beweise oder Konstruktionsaufgaben wichtig sind.

Ein **Zweistrahl** ist die Figur zweier von einem Punkt ausgehender Strahlen, die von zwei parallelen Geraden in vier Punkten geschnitten werden.

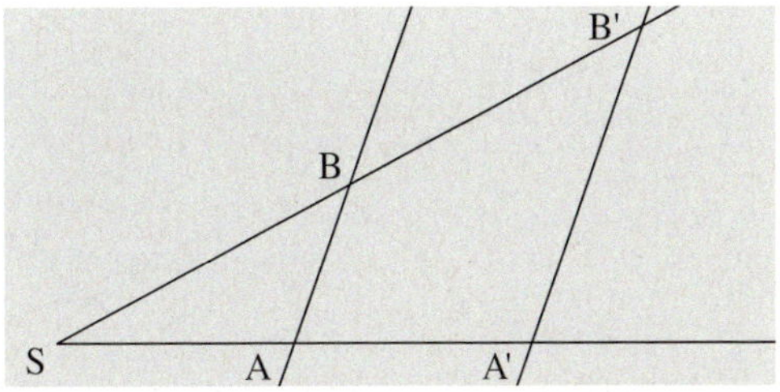

Merke:

Wird ein Zweistrahl aus S von zwei parallelen Geraden, von denen keine durch S geht, in den Punkten A und A′ und B und B′ geschnitten, so verhalten sich zwei Abschnitte auf dem einen Strahl wie die gleich liegenden Abschnitte auf dem anderen Strahl.

- Wenn $\overline{AB} \parallel \overline{A'B'}$, dann $|\overline{SA}| : |\overline{SA'}| = |\overline{SB}| : |\overline{SB'}|$.
- Wenn $\overline{AB} \parallel \overline{A'B'}$, dann $|\overline{SA}| : |\overline{AA'}| = |\overline{SB}| : |\overline{BB'}|$.

► **1. Strahlensatz**

Wird ein von einem Punkt S ausgehender Zweistrahl von zwei parallelen Geraden, von denen keine durch S geht, in den Punkten A und B bzw. A′ und B′ geschnitten, so verhalten sich die von S ausgehenden Abschnitte auf jedem Strahl wie die zugehörigen Abschnitte auf den schneidenden Parallelen.

- Wenn $\overline{AB} \parallel \overline{A'B'}$, dann $|\overline{SA}| : |\overline{SA'}| = |\overline{AB}| : |\overline{A'B'}|$.
- Wenn $\overline{AB} \parallel \overline{A'B'}$, dann $|\overline{SB}| : |\overline{SB'}| = |\overline{AB}| : |\overline{A'B'}|$.

► **2. Strahlensatz**

1. Teilen Sie eine Strecke $\overline{AB}$ mit $|\overline{AB}| = 11$ cm innen im Verhältnis: 181

a) 3 : 2 **b)** 4 : 3 **c)** 7 : 4
d) 5 : 4 **e)** 3,5 : 2,5 **f)** 1,7 : 2,3

► Zur Lösung dieser Aufgaben wird man zweckmäßigerweise die Aussage $|\overline{SA}| : |\overline{AA'}| = |\overline{SB}| : |\overline{BB'}|$ des 1. Strahlensatzes in einer angepassten Fassung benutzen.

Für jeden Zweistrahl gilt:
$|\overline{AP}| : |\overline{PB}| = |\overline{AQ}| : |\overline{QR}|$

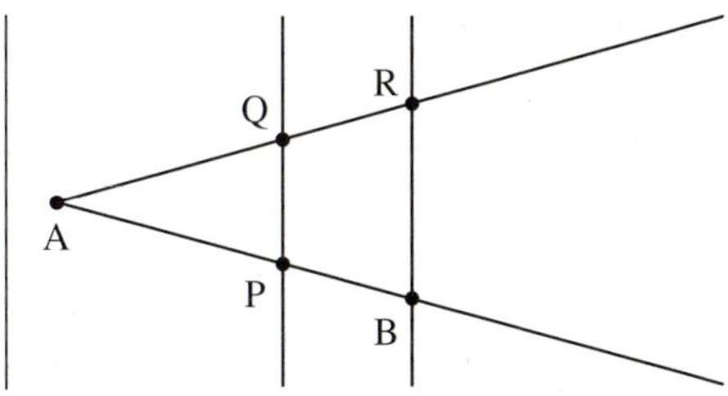

Man trägt im Punkt A an $\overline{AB}$ einen Winkel $\sphericalangle\alpha$ von frei gewählter Größe (z. B. 45°) mit dem freien Schenkel s an. Ist $m{:}n$ das gegebene Verhältnis, so trägt man auf s eine beliebige Einheitsstrecke e (z. B. der Länge 1 cm) $m+n$-mal ab. Den Endpunkt R von $(m+n)\cdot$e verbindet man mit B und zeichnet durch den Endpunkt Q von $m\cdot$e die Parallele zu $\overline{BR}$.

181 **Zu a)** $|\overline{AB}| = 11\,\text{cm}$; 5e[s]; 5. Teilpunkt R, 3. Teilpunkt Q; RB; g(Q) ∥ RB; $g \cap \overline{AB} = \{P\}$ und $|\overline{AP}| : |\overline{PB}| = 3:2$

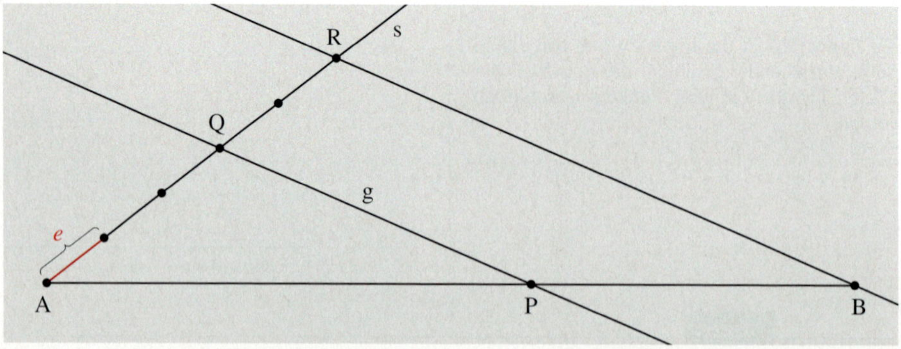

Zu b)

$|\overline{AB}| = 11\,\text{cm}$
7e[s]
7. Teilpunkt R, 4. Teilpunkt Q
RB
g(Q) ∥ RB, $g \cap \overline{AB} = \{P\}$
$|\overline{AP}| : |\overline{PB}| = 4:3$

Zu c)

$|\overline{AB}| = 11\,\text{cm}$
11e[s]
11. Teilpunkt R, 7. Teilpunkt Q
RB
g(Q) ∥ RB, $g \cap \overline{AB} = \{P\}$
$|\overline{AP}| : |\overline{PB}| = 7:4$

Zu d)

$|\overline{AB}| = 11\,\text{cm}$
9e[s]
9. Teilpunkt R, 5. Teilpunkt Q
RB
g(Q) ∥ RB, $g \cap \overline{AB} = \{P\}$
$|\overline{AP}| : |\overline{PB}| = 5:4$

Zu e)

$|\overline{AB}| = 11\,\text{cm}$
6e[s]
6. Teilpunkt R, 3,5ter Teilpunkt Q
RB
g(Q) ∥ RB, $g \cap \overline{AB} = \{P\}$
$|\overline{AP}| : |\overline{PB}| = 3{,}5:2{,}5$

Zu f)

$|\overline{AB}| = 11\,\text{cm}$
4e[s]
4. Teilpunkt R, 1,7ter Teilpunkt Q
RB
g(Q) ∥ RB, $g \cap \overline{AB} = \{P\}$
$|\overline{AP}| : |\overline{PB}| = 1{,}7:2{,}3$

2. Teilen Sie eine Strecke $\overline{AB}$ mit $|\overline{AB}| = 8\,\text{cm}$ außen im Verhältnis: 181

a) 5:2 **b)** 9:4 **c)** 3:1 **d)** 6:2 **e)** 5:1

► Zur Lösung dieser Aufgaben kann man den 2. Strahlensatz benutzen. Man zeichnet aus A und B unter einem frei gewählten Winkel zueinander parallele Hilfsstrahlen s_1 und s_2. Ist $m:n$ das gegebene Verhältnis, so trägt man auf dem Strahl aus A m-mal eine geeignet gewählte Einheitsstrecke e (z.B. $|e| = 0{,}5\,\text{cm}$) ab, wodurch man einen Punkt Q erhält, und auf dem Strahl aus B entsprechend n solcher Einheitsstrecken, was auf Punkt R führt. Der Schnittpunkt von QR mit AB ist der gesuchte Teilpunkt.

► Bei der äußeren Teilung muss man beachten, dass der Teilpunkt P links von A liegt, wenn das Teilverhältnis kleiner als 1 ist, und rechts von B, wenn das Teilverhältnis größer als 1 ist.

Zu a)

► Wegen $5:2 > 1$ liegt P rechts von B; $|\overline{AB}| = 8\,\text{cm}$; $5e[s_1] \Rightarrow Q$, $2e[s_2] \Rightarrow R$; QR und $QR \cap AB = \{P\}$; $|\overline{AP}| : |\overline{PB}| = 5:2$

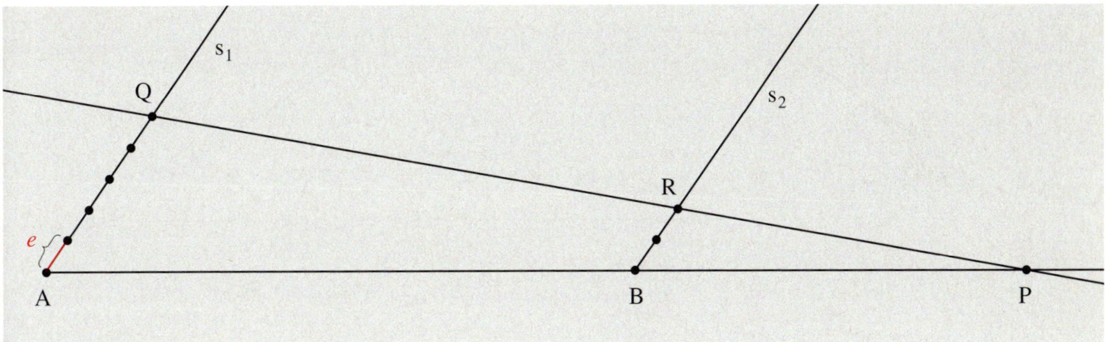

Zu b)

► Wegen $9:4 > 1$ liegt P rechts von B
$|\overline{AB}| = 8\,\text{cm}$
$9e[s_1] \Rightarrow Q$, $4e[s_2] \Rightarrow R$
QR und $QR \cap AB = \{P\}$
$|\overline{AP}| : |\overline{PB}| = 9:4$

Zu c)

► Wegen $3:1 > 1$ liegt P rechts von B
$|\overline{AB}| = 8\,\text{cm}$
$3e[s_1] \Rightarrow Q$, $1e[s_2] \Rightarrow R$
QR und $QR \cap AB = \{P\}$
$|\overline{AP}| : |\overline{PB}| = 3:1$

Zu d)

► Wegen $6:2 > 1$ liegt P rechts von B
$|\overline{AB}| = 8\,\text{cm}$
$6e[s_1] \Rightarrow Q$, $2e[s_2] \Rightarrow R$
QR und $QR \cap AB = \{P\}$
$|\overline{AP}| : |\overline{PB}| = 6:2$

Zu e)

► Wegen $5:1 > 1$ liegt P rechts von B
$|\overline{AB}| = 8\,\text{cm}$
$5e[s_1] \Rightarrow Q$, $1e[s_2] \Rightarrow R$
QR und $QR \cap AB = \{P\}$
$|\overline{AP}| : |\overline{PB}| = 5:1$

► Wird eine Strecke $\overline{AB}$ innen und außen im gleichen Verhältnis $m:n$ geteilt, so sagt man, sie ist **harmonisch** geteilt. Ist P_1 der innere und P_2 der äußere Teilpunkt, so heißen die Punkte A; B; P_1 und P_2 **harmonische Punkte**, und es gilt:

$|\overline{AP_1}| : |\overline{P_1B}| = |\overline{AP_2}| : |\overline{P_2B}| = m:n.$

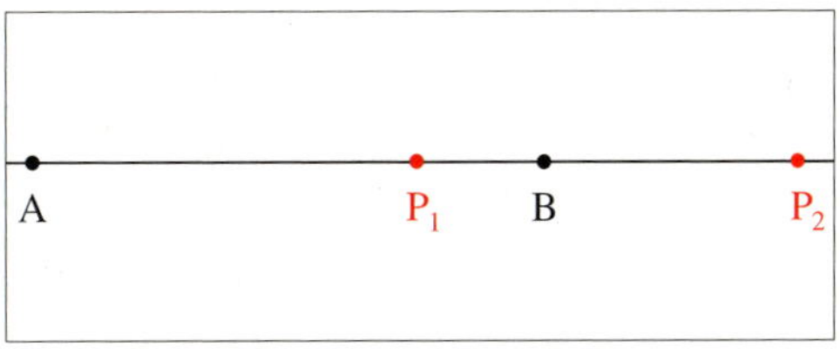

Zur Konstruktion der Teilpunke für ein bestimmtes harmonisches Teilverhältnis werden der 1. Strahlensatz für den inneren Teilpunkt und der 2. Strahlensatz für den äußeren Teilpunkt verwendet.

181 **3.** Teilen Sie eine Strecke $\overline{AB}$ mit $|\overline{AB}| = 10\,\text{cm}$ harmonisch im Verhältnis:
a) 15 : 3 **b)** 8 : 3 **c)** 4 : 1 **d)** 3 : 1 **e)** 7 : 3

Zu a) $|\overline{AB}| = 10\,\text{cm}$; $18e[s_1]$; 18. Teilpunkt R, 15. Teilpunkt Q; RB, $g(Q) \parallel RB$, $g \cap AB = \{P_1\}$; $3e[s_2] \Rightarrow S, QS \cap AB = \{P_2\}$; $|\overline{AP_1}| : |\overline{P_1B}| = |\overline{AP_2}| : |\overline{P_2B}|$; ► $s_2 \parallel s_1$

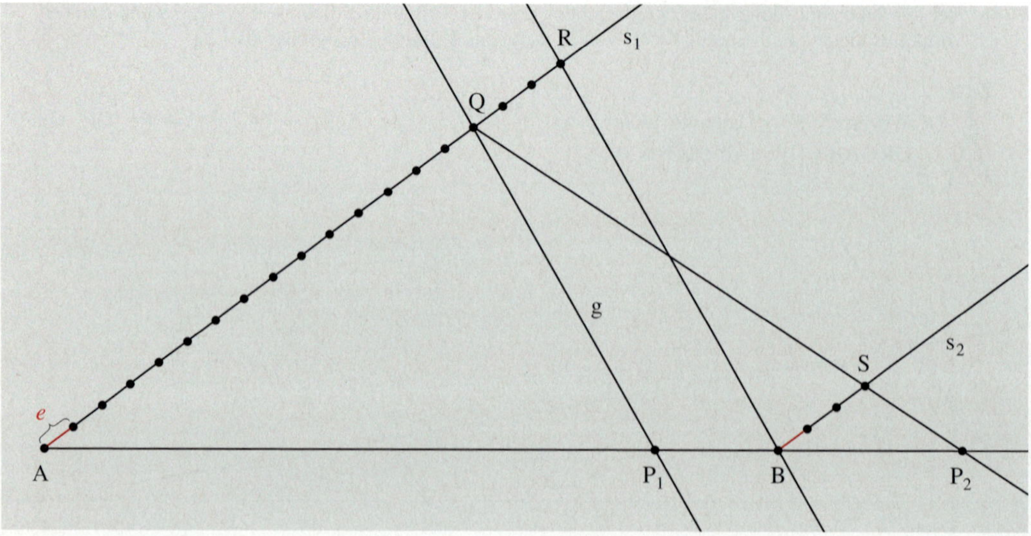

Zu b)
$|\overline{AB}| = 10\,\text{cm}$
$11e[s_1]$
11. Teilpunkt R, 3. Teilpunkt Q
RB, $g(Q) \parallel RB$, $g \cap \overline{AB} = \{P_1\}$
$3e[s_2] \Rightarrow S$, $QS \cap AB = \{P_2\}$
$|\overline{AP_1}| : |\overline{P_1B}| = |\overline{AP_2}| : |\overline{P_2B}|$

Zu c)
$|\overline{AB}| = 10\,\text{cm}$
$5e[s_1]$, 5. Teilpunkt R, 1. Teilpunkt Q
RB, $g(Q) \parallel RB$, $g \cap \overline{AB} = \{P_1\}$
$1e[s_2] \Rightarrow S$, $QS \cap AB = \{P_2\}$
$|\overline{AP_1}| : |\overline{P_1B}| = |\overline{AP_2}| : |\overline{P_2B}|$

Zu d)
$|\overline{AB}| = 10\,\text{cm}$
$4e[s_1]$, 4. Teilpunkt R, 1. Teilpunkt Q
RB, $g(Q) \parallel RB$, $g \cap \overline{AB} = \{P_1\}$
$1e[s_2] \Rightarrow S$, $QS \cap AB = \{P_2\}$
$|\overline{AP_1}| : |\overline{P_1B}| = |\overline{AP_2}| : |\overline{P_2B}|$

Zu e)
$|\overline{AB}| = 10\,\text{cm}$
$10e[s_1]$, 10. Teilpunkt R, 3. Teilpunkt Q
RB, $g(Q) \parallel RB$, $g \cap \overline{AB} = \{P_1\}$
$3e[s_2] \Rightarrow S$, $QS \cap AB = \{P_2\}$
$|\overline{AP_1}| : |\overline{P_1B}| = |\overline{AP_2}| : |\overline{P_2B}|$

Den Konstruktionen zur Lösung der folgenden Aufgabe 4 liegt wieder der 1. Strahlensatz zugrunde, so wie in Aufgabe 1. Wenn das gegebene Verhältnis $m:n:r$ lautet, wird auf einem Hilfsstrahl aus Punkt A eine Einheitsstrecke e (z. B. $|e| = 0{,}5\,\text{cm}$) $m+n+r$-mal abgetragen. Wenn zu $(m+n+r)\cdot e$ der Punkt R gehört, so wird R mit B verbunden, und durch die Punkte $(m+n)\cdot e$ und $m \cdot e$ werden Parallelen zu RB gezeichnet. Sie erzeugen auf $\overline{AB}$ die verlangten Teilpunkte.

4. Teilen Sie eine Strecke $\overline{AB}$ mit $|\overline{AB}| = 9\,\text{cm}$ innen im Verhältnis:
a) 2 : 3 : 4 **b)** 3 : 4 : 5 **c)** 2 : 3 : 5 **d)** 3 : 5 : 6

Zu a) $|\overline{AB}| = 9\,cm$; 9e[s], 9. Teilpunkt (TP) R, 5. TP. Q, 2. TP. S; RB, g(Q) ∥ RB, h(S) ∥ RB; 181
$g \cap \overline{AB} = \{P_2\}$; $h \cap \overline{AB} = \{P_1\}$; $|\overline{AP_1}| : |\overline{P_1P_2}| : |\overline{P_2B}| = 2:3:4$

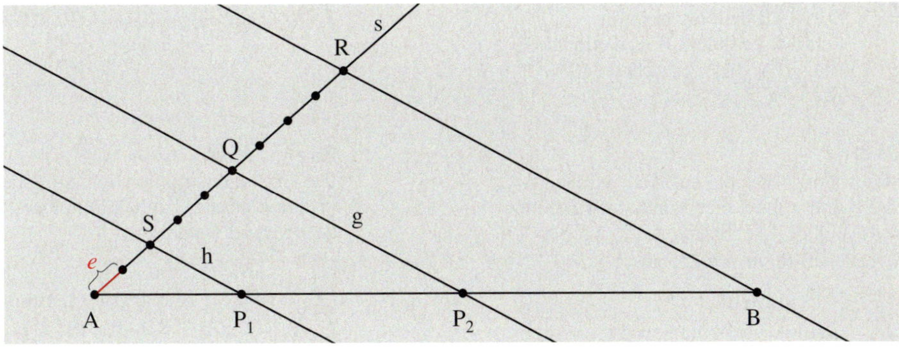

Zu b)

$|\overline{AB}| = 9\,cm$
12e[s], 12. TP. R, 7. TP. Q, 3. TP. S
RB, g[Q] ∥ RB, h(S) ∥ RB
$g \cap \overline{AB} = \{P_2\}$, $h \cap \overline{AB} = \{P_1\}$
$|\overline{AP_1}| : |\overline{P_1P_2}| : |\overline{P_2B}| = 3:4:5$

Zu c)

$|\overline{AB}| = 9\,cm$
10e[s], 10. TP. R, 5. TP. Q, 2. TP. S
RB, g[Q] ∥ RB, h(S) ∥ RB
$g \cap \overline{AB} = \{P_2\}$, $h \cap \overline{AB} = \{P_1\}$
$|\overline{AP_1}| : |\overline{P_1P_2}| : |\overline{P_2B}| = 2:3:5$

Zu d)

$|\overline{AB}| = 9\,cm$
14e[s], 14. TP. R, 8. TP. Q, 3. TP. S
RB, g[Q] ∥ RB, h(S) ∥ RB
$g \cap \overline{AB} = \{P_2\}$, $h(S) \cap \overline{AB} = \{P_1\}$
$|\overline{AP_1}| : |\overline{P_1P_2}| : |\overline{P_2B}| = 3:5:6$

In der folgenden Aufgabe 5 sollen die Punkte C und D auf der Strecke $\overline{AB}$ in der Reihenfolge A, C, D, B liegen. Zur Konstruktion der das verlangte Verhältnis realisierenden Punkte C bzw. D wird wieder der 1. Strahlensatz herangezogen.

5. Teilen Sie eine Strecke $\overline{AB}$ mit $|\overline{AB}| = 12\,cm$ innen durch die Punkte C und D so, dass folgende Proportionen entstehen:

a) $\frac{|\overline{AC}|}{|\overline{CD}|} = \frac{2}{3}$ **b)** $\frac{|\overline{AC}|}{|\overline{AD}|} = \frac{2}{3}$ **c)** $\frac{|\overline{AC}|}{|\overline{CB}|} = \frac{4}{3}$ **d)** $\frac{|\overline{CD}|}{|\overline{DB}|} = \frac{2}{5}$ **e)** $\frac{|\overline{AD}|}{|\overline{AB}|} = \frac{4}{7}$

Zu a) Man wählt D beliebig zwischen A und B auf $\overline{AB}$ und wendet die Grundkonstruktion von Aufgabe 1 (1. Strahlensatz) auf die Strecke $\overline{AD}$ für $m:n = 2:3$ an.

$|\overline{AB}| = 12\,cm$; D auf $\overline{AB}$ beliebig gewählt; C auf $\overline{AD}$ so, dass $|\overline{AC}| : |\overline{CD}| = 2:3$ ► Aufgabe 1

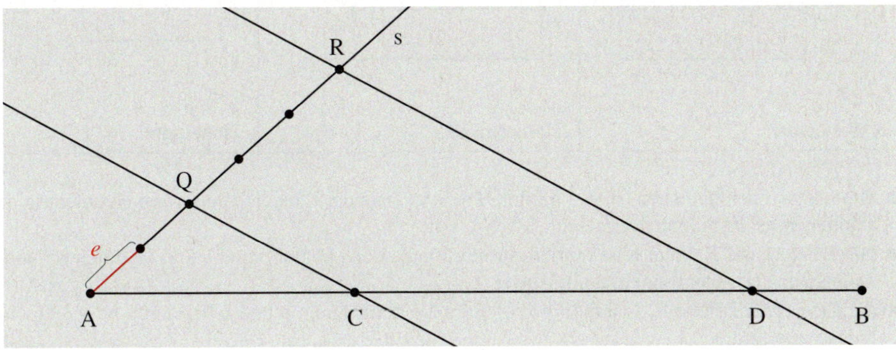

181 **Zu b)**

Analog a)
$|\overline{AB}| = 12\,\text{cm}$
D auf $\overline{AB}$ beliebig gewählt
3e[s], 3. Teilpunkt R, 2. Teilpunkt Q
RD, g(Q) ∥ RD, $g \cap \overline{AD} = \{C\}$
$|\overline{AC}| : |\overline{AD}| = 2:3$

Zu c)

Analog a)
$|\overline{AB}| = 12\,\text{cm}$
C auf $\overline{AB}$ so, dass $|\overline{AC}| : |\overline{CB}| = 4:3$

Zu d)

Man wählt C beliebig auf $\overline{AB}$ zwischen A und B und wendet die Grundkonstruktion von Aufgabe 1 (1. Strahlensatz) auf die Strecke $\overline{CB}$ für $m:n = 2:5$ an.

$|\overline{AB}| = 12\,\text{cm}$
C auf $\overline{AB}$ beliebig gewählt
D auf $\overline{CB}$ so, dass $|\overline{CD}| : |\overline{DB}| = 2:5$

Zu e)

Die Grundkonstruktion von Aufgabe 1 (1. Strahlensatz) kann unmittelbar angewendet werden.

$|\overline{AB}| = 12\,\text{cm}$
7e[s], 7. Teilpunkt R, 4. Teilpunkt Q
RB, g(Q) ∥ RB, $g \cap \overline{AB} = \{D\}$
$|\overline{AD}| : |\overline{AB}| = 4:7$

► Eine Zahl oder Größe c ist **mittlere Proportionale** der Zahlen oder Größen a und b, wenn $a:c = c:b$ oder, was dasselbe ist, $c^2 = a \cdot b$ gilt.
Die mittlere Proportionale c von a und b ist auch das geometrische Mittel von a und b, denn es gilt $c = \sqrt{a \cdot b}$.

Am rechtwinkligen Dreieck bestehen folgende Beziehungen:

Merke:

Stehen c für die Länge der Hypotenuse, a und b für die Längen der Katheten eines rechtwinkligen Dreiecks, h für die Länge der Höhe h_c und p und q für die Längen der a und b anliegenden Hypotenusenabschnitte, so gelten die Gleichungen: $b^2 = c \cdot q$, $a^2 = c \cdot p$ **(Kathetensätze)** und $h^2 = p \cdot q$ **(Höhensatz)**.

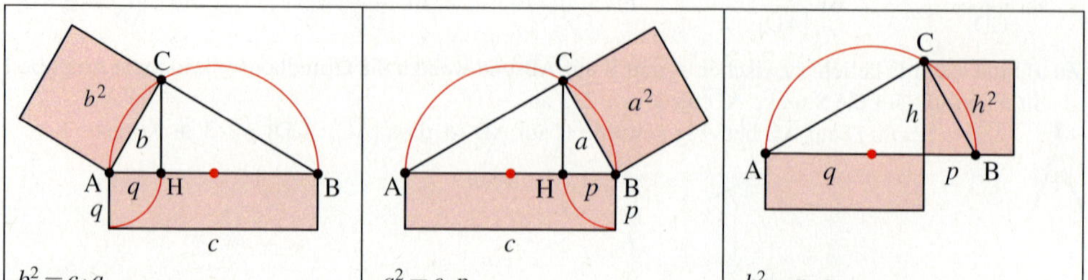

$b^2 = c \cdot q$ **Kathetensatz** | $a^2 = c \cdot p$ **Kathetensatz** | $h^2 = p \cdot q$ **Höhensatz**

- Die Länge a der Kathete a ist also mittlere Proportionale der Längen c und p von Hypotenuse und dem a anliegenden Hypotenusenabschnitt. Ebenso gilt:
- Die Länge b der Kathete b ist mittlere Proportionale der Längen c und q von Hypotenuse und dem b anliegenden Hypotenusenabschnitt, sowie
- die Länge h der Höhe h_c ist mittlere Proportionale der Längen p und q der durch h_c erzeugten Hypotenusenabschnitte.

6. Konstruieren Sie das geometrische Mittel zweier Strecken und prüfen Sie das Ergebnis rechnerisch nach: 181

a) $a = 6\,\text{cm}$, $b = 3\,\text{cm}$ **b)** $a = 4\,\text{cm}$, $b = 3\,\text{cm}$ **c)** $a = 2\,\text{cm}$, $b = 5\,\text{cm}$ **d)** $a = 5\,\text{cm}$, $b = 3\,\text{cm}$ **e)** $a = 3{,}5\,\text{cm}$, $b = 4{,}8\,\text{cm}$

► Das geometrische Mittel $c = \sqrt{a \cdot b}$ der Größen a und b ist auch die mittlere Proportionale zu a und b. Die mittlere Proportionale zweier Streckenlängen kann mithilfe eines Kathetensatzes $\left(b = \sqrt{c \cdot q}\right.$ oder $\left.a = \sqrt{c \cdot p}\right)$ konstruktiv ermittelt werden. Auch der Höhensatz $\left(h = \sqrt{p \cdot q}\right)$ ist dazu geeignet.

Zu a)

1. Lösung mit einem **Kathetensatz**:

$|\overline{AB}| = 6\,\text{cm}$
H auf $\overline{AB}$ mit $|\overline{AH}| = 3\,\text{cm}$
Thaleskreis K über $\overline{AB}$
$g(H) \perp \overline{AB}$ und $g \cap K = \{C\}$
$|\overline{AC}|$ ist mittlere Proportionale zu $|\overline{AB}|$ und $|\overline{AH}|$.

2. Lösung mit dem **Höhensatz**:

$|\overline{AB}| = 9\,\text{cm}$
H auf $\overline{AB}$ mit $|\overline{AH}| = 3\,\text{cm}$
Thaleskreis K über $\overline{AB}$
$g(H) \perp \overline{AB}$ und $g \cap K = \{C\}$
$|\overline{HC}|$ ist mittlere Proportionale zu $|\overline{AH}|$ und $|\overline{HB}|$.

In beiden Fällen führt die gleiche Anzahl von Konstruktionsschritten zum Ziel. Man liest für die mittlere Proportionale $|\overline{AC}|$ beim Kathetensatz bzw. $|\overline{HC}|$ beim Höhensatz die Länge 4,2 cm ab.
Die **Rechnung** bestätigt diesen Wert:
$\sqrt{6 \cdot 3} = \sqrt{18} \approx 4{,}2.$

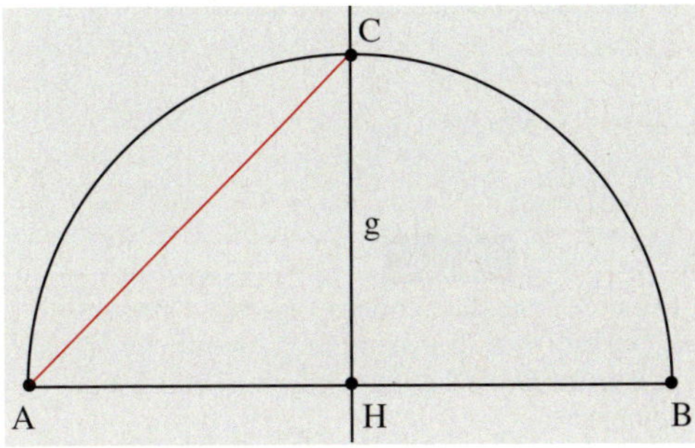

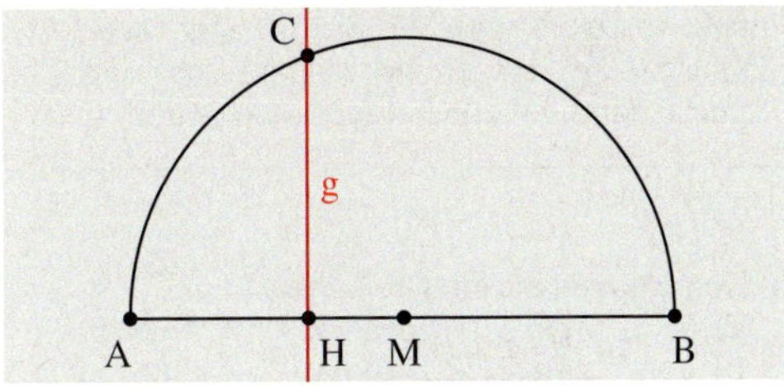

► Längenmaße auf die Hälfte verkürzt

In den folgenden vier Aufgaben wird stets ein Kathetensatz dergestalt angewendet, dass die größere der gegebenen Längen für die Länge der Hypotenuse $\overline{AB}$ und die kleinere für die Länge des Hypotenusenabschnitts $\overline{AH}$ steht. Auf die Mitteilung der Konstruktionsvorschriften, die analog der zur Aufgabe a) sind, wird verzichtet.

Zu b)

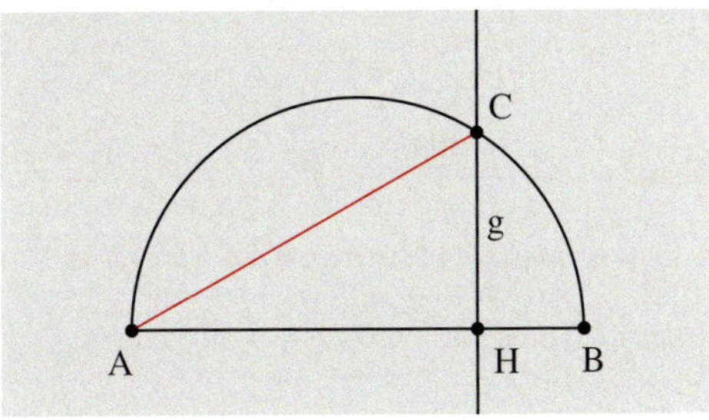

$\sqrt{4 \cdot 3} = \sqrt{12} \approx 3{,}5$

Zu c)

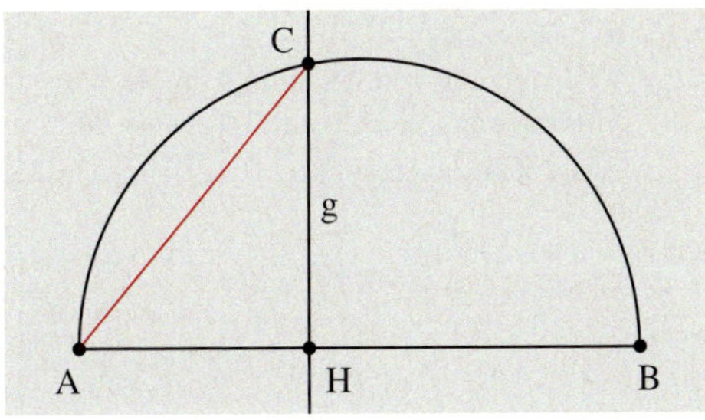

$\sqrt{2 \cdot 5} = \sqrt{10} \approx 3{,}2$

181 **Zu d)**

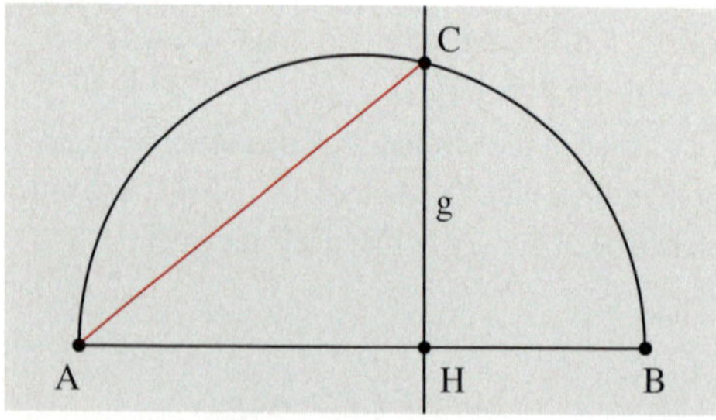

$\sqrt{5 \cdot 3} = \sqrt{15} \approx 3{,}9$

Zu e)

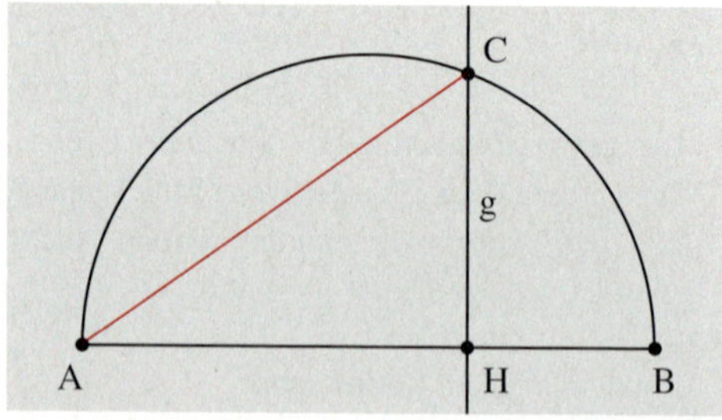

$\sqrt{3{,}5 \cdot 4{,}8} = \sqrt{16{,}8} \approx 4{,}1$

Merke:

Die Seitenhalbierenden eines Dreiecks schneiden sich in einem Punkt, dem Schwerpunkt des Dreiecks. Er wird meist mit S bezeichnet.
Die Seitenhalbierenden werden vom Schwerpunkt so geteilt, dass die Strecke von S zur Dreiecksecke doppelt so lang ist wie die Strecke von S zur zugehörigen Seitenmitte.

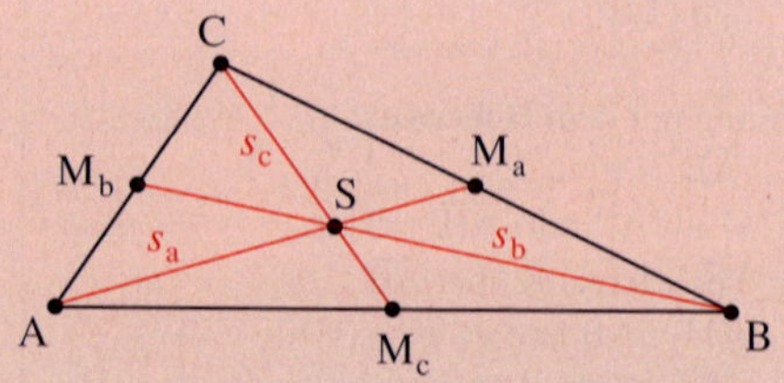

7. Konstruieren Sie ein Dreieck aus:
a) $b = 7\,\text{cm}$ $s_a = 6{,}9\,\text{cm}$ $s_c = 3{,}9\,\text{cm}$
b) $a = 4\,\text{cm}$ $s_a = 7{,}8\,\text{cm}$ $s_c = 4{,}5\,\text{cm}$
c) $h_c = 4{,}5\,\text{cm}$ $s_a = 6{,}9\,\text{cm}$ $s_c = 5{,}2\,\text{cm}$

Zu a) Die Planfigur zeigt: Das Teildreieck $\triangle$ASC ist nach SSS eindeutig konstruierbar, denn die Längen von $\overline{AS}$ und $\overline{CS}$ betragen $\frac{2}{3}$ der Längen von s_a und s_c.

$|\overline{AC}| = b = 7\,\text{cm}$
$K_1(A;\ r = \frac{2}{3} s_a = 4{,}6\,\text{cm})$
$K_2(C;\ r = \frac{2}{3} s_c = 2{,}6\,\text{cm})$
$K_1 \cap K_2 = \{S\}$
Verlängerung von $\overline{AS}$ auf 6,9 cm ➡ M_a
Verlängerung von $\overline{CS}$ auf 3,9 cm ➡ M_c
$AM_c \cap CM_a = \{B\}$

$\triangle$ABC ist das verlangte.

Planfigur

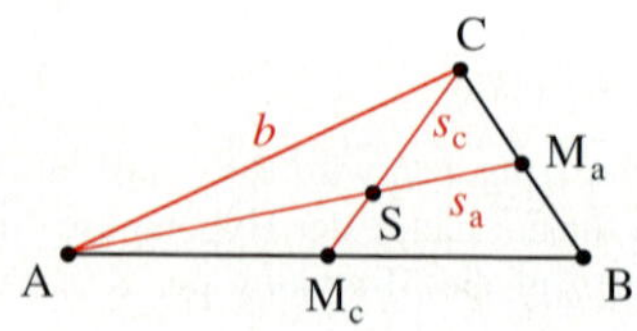

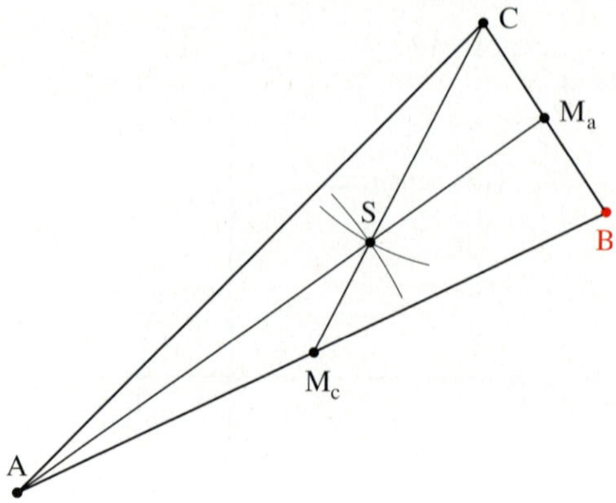

181

Zu b) Das Dreieck $\triangle CSM_a$ ist nach SSS eindeutig konstruierbar, denn $|\overline{CS}| = \frac{2}{3}s_c$, $|\overline{CM_a}| = \frac{1}{2}a$ und $|\overline{SM_a}| = \frac{1}{3}s_a$.

Planfigur

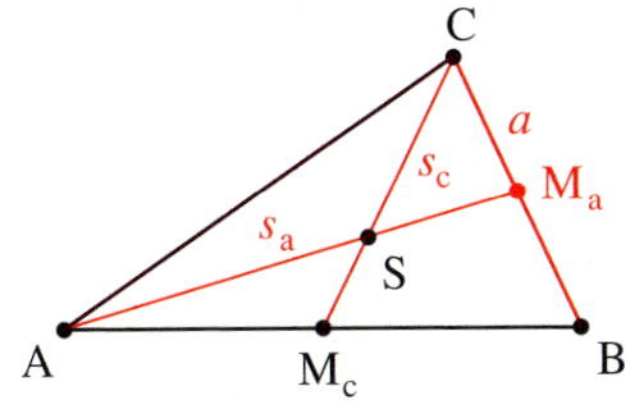

$|\overline{CS}| = \frac{2}{3}s_c = 3\,\text{cm}$
$K_1(S;\ r = \frac{1}{3}s_a = 2{,}6\,\text{cm})$
$K_2(C;\ r = \frac{1}{2}a = 2\,\text{cm})$
$K_1 \cap K_2 = \{M_a\}$
Verlängerung von $\overline{CS}$ auf 4,5 cm ➡ M_c
Verlängerung von $\overline{CM_a}$ auf 4 cm ➡ B
Verlängerung von $\overline{M_aS}$ auf 7,8 cm ➡ A

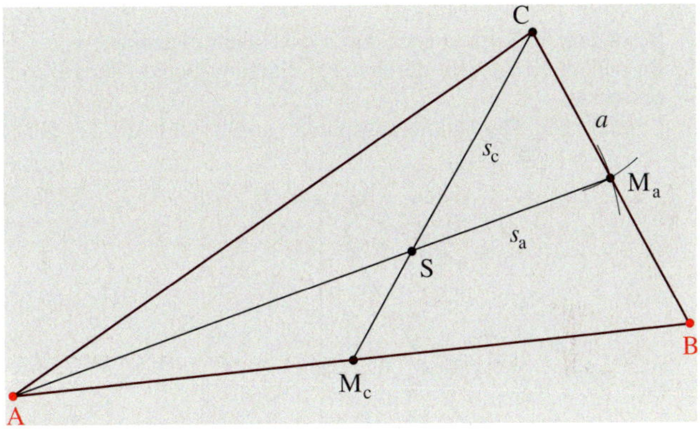

$\triangle$ABC ist das verlangte.

Zu c) Das Dreieck $\triangle CH_cM_c$ ist nach SsW eindeutig konstruierbar, denn s_c ist länger als h_c.

Planfigur

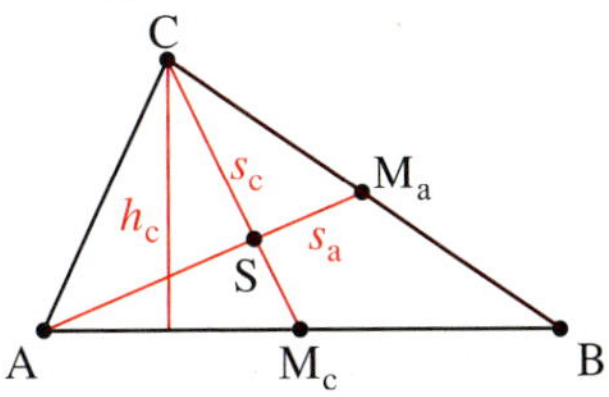

$|\overline{CH_c}| = h_c = 4{,}5\,\text{cm}$
$g(H_c) \perp \overline{CH_c}$
$K_1(C;\ r = s_c = 5{,}2\,\text{cm})$
$K_1 \cap g = \{M_c\}$
S auf $\overline{CM_c}$ so, dass $|\overline{CS}| = \frac{2}{3}s_c = 3{,}47\,\text{cm}$
$K_2(S;\ r = \frac{2}{3}s_a = 4{,}6\,\text{cm})$
$K_2 \cap g = \{A\}$
M_a auf AS so, dass $|\overline{AM_a}| = s_a = 6{,}9\,\text{cm}$
$CM_a \cap g = \{B\}$

$\triangle$ABC ist das verlangte.

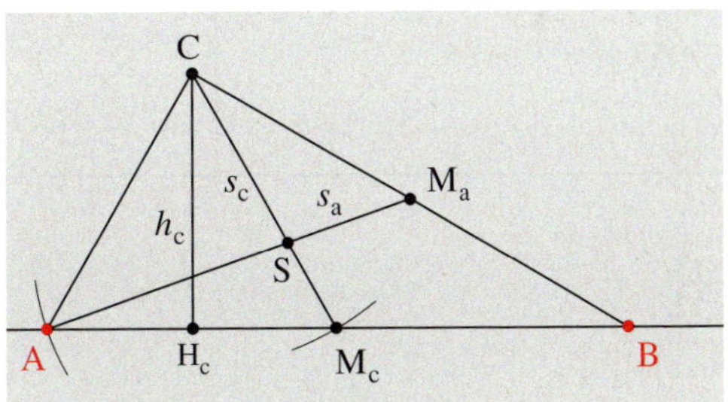

► Längenmaße auf die Hälfte verkürzt

181

8. Konstruieren Sie folgende Punkte eines Dreiecks:
a) Mittelpunkte der drei Seiten
b) Fußpunkte der drei Höhen
c) Mittelpunkte der Höhenabschnitte $\overline{CH}$; $\overline{AH}$; $\overline{BH}$ (H: Schnittpunkt der Höhen)
Zeichnen Sie den Kreis, der durch die Mittelpunkte der drei Seiten geht **(Feuerbach'scher Kreis)**. Welche Besonderheit tritt auf? Verbinden Sie den Höhenschnittpunkt mit dem Umkreismittelpunkt und halbieren Sie diese Verbindungsstrecke. Welche Besonderheit tritt auf?

$\triangle$ABC mit beliebigen Seitenlängen: M_a, M_b, M_c: Mitten der Seiten a, b, c; h_a, h_b, h_c: Höhen im Dreieck; H_a, H_b, H_c: Fußpunkte der Höhen; H: Schnittpunkt der Höhen; M: Mittelpunkt des Umkreises zu $\triangle$ABC; F: Mittelpunkt des Kreises durch M_a, M_b und M_c, des Feuerbachkreises K_F.

1. Besonderheit: K_F geht auch durch die Höhenfußpunkte.
2. Besonderheit: K_F geht durch die Halbierungspunkte der Höhenabschnitte zwischen H und den Dreiecksecken.
3. Besonderheit: Der Halbierungspunkt von $\overline{MH}$ ist F, d. h., es gilt $|\overline{MH}| = 2|\overline{MF}|$.

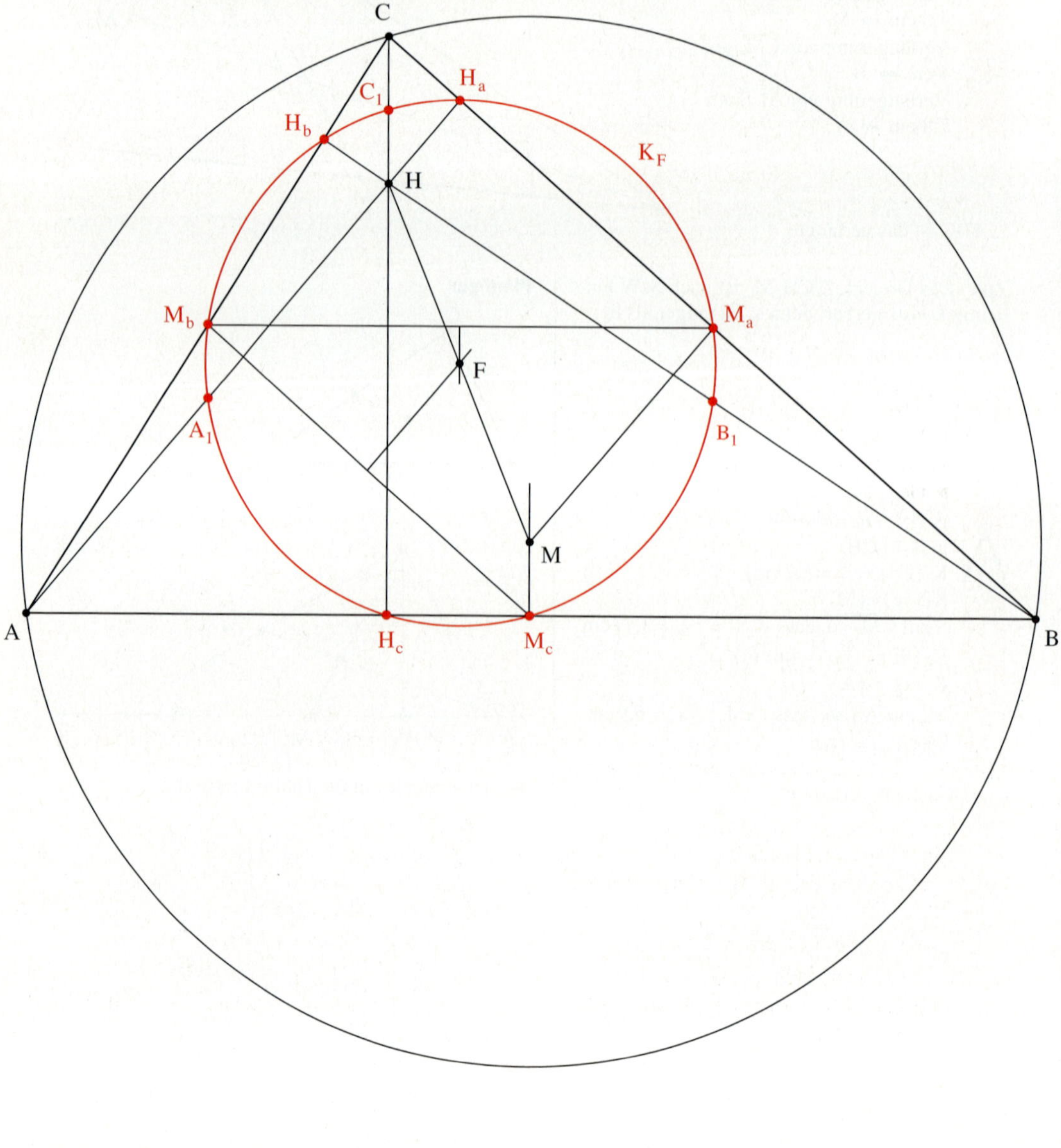

Strahlensätze

Sind von den 4 Gliedern einer Proportion $a:b=c:d$ drei bekannt, z.B. a, b, c, so kann das 4. Glied berechnet werden. Dieses Glied heißt **4. Proportionale.** ► In $a:b=c:x$ oder $a:b=x:c$ ist x die 4. Proportionale.

1. Bestimmen Sie zeichnerisch für die Proportion $a:b=c:d$ die vierte Proportionale (d) und prüfen Sie das Ergebnis rechnerisch nach: 182

a) $a=2\,\text{cm}$	**b)** $a=4\,\text{cm}$	**c)** $a=5\,\text{cm}$	**d)** $a=4\,\text{cm}$	**e)** $a=3\,\text{cm}$
$b=3\,\text{cm}$	$b=3\,\text{cm}$	$b=3\,\text{cm}$	$b=5\,\text{cm}$	$b=7\,\text{cm}$
$c=4\,\text{cm}$	$c=6\,\text{cm}$	$c=2\,\text{cm}$	$c=3\,\text{cm}$	$c=5\,\text{cm}$

► Die Konstruktion kann sowohl mithilfe des 1. als auch des 2. Strahlensatzes erfolgen.

Zu a)

Anwendung des 1. Strahlensatzes:

Strahlen s_1 und s_2 aus S
Auf s_1: A so, dass $|\overline{SA}|=a=2\,\text{cm}$ und B so, dass $|\overline{SB}|=b=3\,\text{cm}$
Auf s_2: C so, dass $|\overline{SC}|=c=4\,\text{cm}$
$g(B)\parallel\overline{AC}$ und $g\cap s_2=\{D\}$

$|\overline{SD}|$ ist 4. Proportionale zu $|\overline{SA}|$, $|\overline{SB}|$ und $|\overline{SC}|$.
Aus der Zeichnung entnimmt man:
$|\overline{SD}|=6\,\text{cm}$. Das wird durch die Rechnung bestätigt: $2:3=4:x$, also $2x=12$ und $x=6$.
► Lehrbuch Kusch 1, Abschnitt 2.3.6

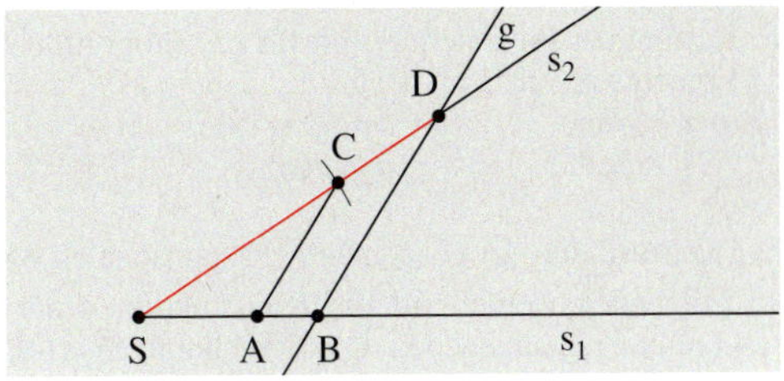

► Längenmaße auf die Hälfte verkürzt

Anwendung des 2. Strahlensatzes:

Strahlen s_1 und s_2 aus S
Auf s_1: A so, dass $|\overline{SA}|=a=2\,\text{cm}$ und B so, dass $|\overline{SB}|=b=3\,\text{cm}$
$K(A;\ r=c=4\,\text{cm})$ und $K\cap s_2=\{C\}$
► Gegebenenfalls $\sphericalangle(s_1\,s_2)$ verkleinern
$g(B)\parallel\overline{AC}$ und $g\cap s_2=\{D\}$

$|\overline{BD}|$ ist 4. Proportionale zu $|\overline{SA}|$, $|\overline{SB}|$ und $|\overline{AC}|$
Aus der Zeichnung entnimmt man:
$|\overline{BD}|=6\,\text{cm}$. Das wird durch die Rechnung bestätigt: $2:3=4:x$, also $2=12$ und $x=6$.

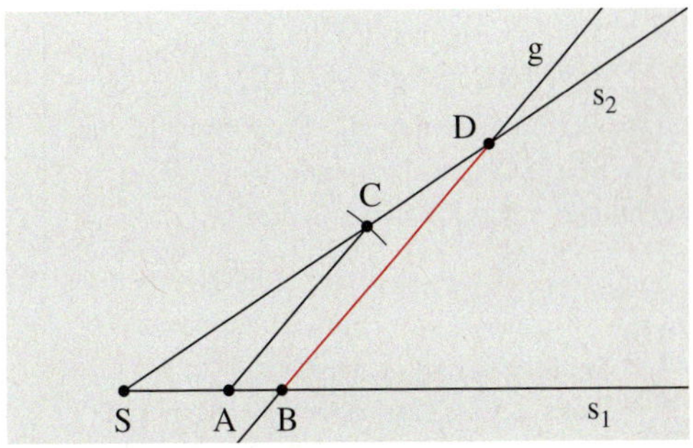

► Längenmaße auf die Hälfte verkürzt

Im Folgenden werden für die Konstruktionen zur Aufgabe 1 lediglich die Konstruktionsvorschriften mithilfe des 1. Strahlensatzes angegeben. Die Berechnungen erfolgen nach obenstehendem Muster.

Zu b)

Strahlen s_1 und s_2 aus S
Auf s_1: A so, dass $|\overline{SA}|=4\,\text{cm}$ und B so, dass $|\overline{SB}|=3\,\text{cm}$
Auf s_2: C so, dass $|\overline{SC}|=6\,\text{cm}$
$g(B)\parallel\overline{AC}$ und $g\cap s=\{D\}$

$|\overline{SD}|=4{,}5\,\text{cm}$ ist die gesuchte 4. Proportionale.
$4:3=6:x \Rightarrow x=4{,}5$

Zu c)

Strahlen s_1 und s_2 aus S
Auf s_1: A so, dass $|\overline{SA}|=5\,\text{cm}$ und B so, dass $|\overline{SB}|=3\,\text{cm}$
Auf s_2: C so, dass $|\overline{SC}|=2\,\text{cm}$
$g(B)\parallel\overline{AC}$ und $g\cap s=\{D\}$

$|\overline{SD}|=1{,}2\,\text{cm}$ ist die gesuchte 4. Proportionale.
$5:3=2:x \Rightarrow x=1{,}2$

182 **Zu d)**

Strahlen s_1 und s_2 aus S
Auf s_1: A so, dass $|\overline{SA}| = 4\,cm$ und B so, dass $|\overline{SB}| = 5\,cm$
Auf s_2: C so, dass $|\overline{SC}| = 3\,cm$
$g(B) \parallel \overline{AC}$ und $g \cap s = \{D\}$

$|\overline{SD}| = 3{,}7\,cm$ ist die gesuchte 4. Proportionale.
$4:5 = 3:x \Rightarrow x = 3{,}75$

Zu e)

Strahlen s_1 und s_2 aus S
Auf s_1: A so, dass $|\overline{SA}| = 3\,cm$ und B so, dass $|\overline{SB}| = 7\,cm$
Auf s_2: C so, dass $|\overline{SC}| = 5\,cm$
$g(B) \parallel \overline{AC}$ und $g \cap s = \{D\}$

$|\overline{SD}| = 11{,}6\,cm$ ist die gesuchte 4. Proportionale.
$3:7 = 5:x \Rightarrow x = 11{,}6$

- Sind von einer Proportion $a:b = c:d$ drei Glieder bekannt, z. B. a, b und c, von denen zwei, z. B. b und c gleich sind, so kann das 4. Glied berechnet werden. Dieses Glied heißt in diesem besonderen Fall **3. Proportionale**.
- In $a:b = b:x$ oder $b:a = x:b$ ist x die 3. Proportionale.

2. Bestimmen Sie zeichnerisch für die Proportion $a:b = b:c$ die 3. Proportionale c und prüfen Sie das Ergebnis rechnerisch nach:

a) $a = 4\,cm$, $b = 3\,cm$ **b)** $a = 5\,cm$, $b = 2\,cm$ **c)** $a = 3\,cm$, $b = 2\,cm$ **d)** $a = 5\,cm$, $b = 3\,cm$ **e)** $a = 7\,cm$, $b = 3\,cm$

Zur Konstruktion der gesuchten 3. Proportionalen wird wie in Aufgabe 1 der 1. Strahlensatz verwendet. Im Folgenden werden für die Konstruktionen der Aufgabe 2b) bis 2e) lediglich die Konstruktionsbeschreibungen angegeben. Die Berechnungen erfolgen wie in Aufgabe 2a).

Zu a)

Strahlen s_1 und s_2 aus S
Auf s_1: A so, dass $|\overline{SA}| = a = 4\,cm$ und B so, dass $|\overline{SB}| = b = 3\,cm$
Auf s_2: C so, dass $|\overline{SC}| = b = 3\,cm$
$g(B) \parallel \overline{AC}$ und $g \cap s_2 = \{D\}$

$|\overline{SD}| = 2{,}2\,cm$ ist die 3. Proportionale zu $|\overline{SA}|$, $|\overline{SB}|$, $|\overline{SC}|$.
Rechnung: $4:3 = 3:x \Rightarrow x = \frac{9}{4} = 2{,}25$

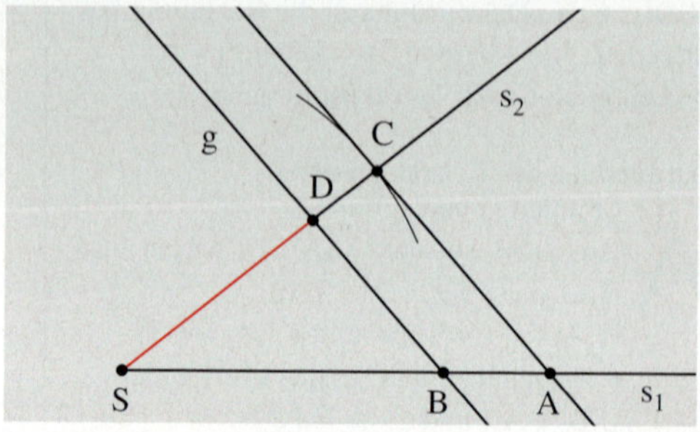

Zu b)

Strahlen s_1 und s_2 aus S
Auf s_1: A so, dass $|\overline{SA}| = a = 5\,cm$ und B so, dass $|\overline{SB}| = b = 2\,cm$
Auf s_2: C so, dass $|\overline{SC}| = b = 2\,cm$
$g(B) \parallel \overline{AC}$ und $g \cap s_2 = \{D\}$

$|\overline{SD}|$ ist 3. Proportionale zu $|\overline{SA}|$, $|\overline{SB}|$, $|\overline{SC}|$.
$5:2 = 2:x \Rightarrow x = \frac{4}{5} = 0{,}8$

Zu c)

Strahlen s_1 und s_2 aus S
Auf s_1: A so, dass $|\overline{SA}| = a = 3\,cm$ und B so, dass $|\overline{SB}| = b = 2\,cm$
Auf s_2: C so, dass $|\overline{SC}| = b = 2\,cm$
$g(B) \parallel \overline{AC}$ und $g \cap s_2 = \{D\}$

$|\overline{SD}|$ ist 3. Proportionale zu $|\overline{SA}|$, $|\overline{SB}|$, $|\overline{SC}|$.
$3:2 = 2:x \Rightarrow x = \frac{4}{3} = 1{,}3$

Zu d)

Strahlen s_1 und s_2 aus S
Auf s_1: A so, dass $|\overline{SA}| = a = 5\,cm$ und B so, dass $|\overline{SB}| = b = 3\,cm$
Auf s_2: C so, dass $|\overline{SC}| = b = 3\,cm$
$g(B) \parallel \overline{AC}$ und $g \cap s_2 = \{D\}$

$|\overline{SD}|$ ist 3. Proportionale zu $|\overline{SA}|$, $|\overline{SB}|$, $|\overline{SC}|$.
$5:3 = 3:x \Rightarrow x = \frac{9}{5} = 1{,}8$

Zu e)

Strahlen s_1 und s_2 aus S
Auf s_1: A so, dass $|\overline{SA}| = a = 7\,cm$ und B so, dass $|\overline{SB}| = b = 3\,cm$
Auf s_2: C so, dass $|\overline{SC}| = b = 3\,cm$
$g(B) \parallel \overline{AC}$ und $g \cap s_2 = \{D\}$

$|\overline{SD}|$ ist 3. Proportionale zu $|\overline{SA}|$, $|\overline{SB}|$, $|\overline{SC}|$.
$7:3 = 3:x \Rightarrow x = \frac{9}{7} \approx 1{,}29$

3. Bestimmen Sie zeichnerisch für die Proportion $a:c=c:b$ die mittlere Proportionale (c) und prüfen Sie das Ergebnis rechnerisch nach: 182

a) $a=2\,\text{cm}$ $b=8\,\text{cm}$	**b)** $a=4\,\text{cm}$ $b=3\,\text{cm}$	**c)** $a=5\,\text{cm}$ $b=2\,\text{cm}$	**d)** $a=6\,\text{cm}$ $b=5\,\text{cm}$	**e)** $a=7\,\text{cm}$ $b=4\,\text{cm}$

Die mittlere Proportionale wird aus der Proportion $a:c=c:b$ bestimmt. Es ist $c^2=a\cdot b$, also $|c|=\sqrt{ab}$ oder $c=\pm\sqrt{ab}$. Da die Variablen a, b und c für Streckenlängen stehen, die positive Maßzahlen haben, kommt als Lösung für c nur das positive Vorzeichen vor der Wurzel in Betracht. Zur Konstruktion wird der Kathetensatz in der Form $|\overline{AC}|^2=|\overline{AB}|\cdot|\overline{AH}|$ benutzt, wobei stets die größere Länge für $|\overline{AB}|$ und die kleinere für $|\overline{AH}|$ genommen wird.

Zu a)

$|\overline{AB}|=8\,\text{cm}$
$|\overline{AH}|=2\,\text{cm}$
Thaleskreis K über $\overline{AB}$
$g(H)\perp\overline{AB}$, $g\cap K=\{C\}$

Man entnimmt der Zeichnung: $|\overline{AC}|=4\,\text{cm}$.
$|\overline{AC}|=4\,\text{cm}$ ist mittlere Proportionale zu $|\overline{AB}|$ und $|\overline{AH}|$.
Rechnung: $8:c=c:2 \Rightarrow c^2=16 \Rightarrow c=4$

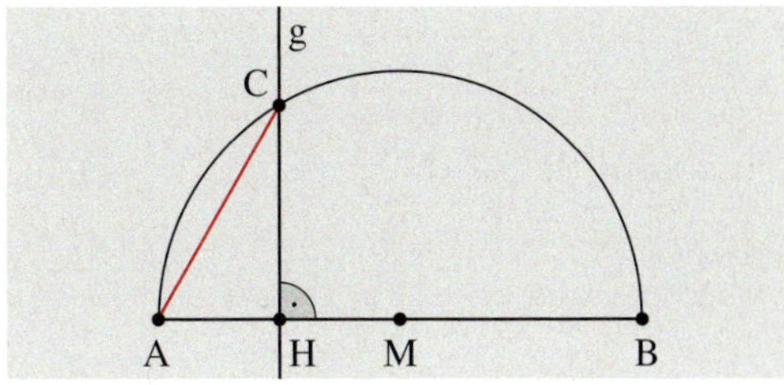

► Längenmaße auf die Hälfte verkürzt

Für die folgenden Lösungen zur Aufgabe 3 werden nur die Konstruktionsbeschreibungen und die Berechnungen angegeben.

Zu b)

$|\overline{AB}|=4\,\text{cm}$
$|\overline{AH}|=3\,\text{cm}$
Thaleskreis K über $\overline{AB}$
$g(H)\perp\overline{AB}$, $g\cap K=\{C\}$

$|\overline{AC}|$ ist mittlere Proportionale zu $|\overline{AB}|$ und $|\overline{AH}|$.
$4:c=c:3 \Rightarrow c\approx 3{,}46$

Zu c)

$|\overline{AB}|=5\,\text{cm}$
$|\overline{AH}|=2\,\text{cm}$
Thaleskreis K über $\overline{AB}$
$g(H)\perp\overline{AB}$, $g\cap K=\{C\}$

$|\overline{AC}|$ ist mittlere Proportionale zu $|\overline{AB}|$ und $|\overline{AH}|$.
$5:c=c:2 \Rightarrow c\approx 3{,}16$

Zu d)

$|\overline{AB}|=6\,\text{cm}$
$|\overline{AH}|=5\,\text{cm}$
Thaleskreis K über $\overline{AB}$
$g(H)\perp\overline{AB}$, $g\cap K=\{C\}$

$|\overline{AC}|$ ist mittlere Proportionale zu $|\overline{AB}|$ und $|\overline{AH}|$.
$6:c=c:5 \Rightarrow c\approx 5{,}48$

Zu e)

$|\overline{AB}|=7\,\text{cm}$
$|\overline{AH}|=4\,\text{cm}$
Thaleskreis K über $\overline{AB}$
$g(H)\perp\overline{AB}$, $g\cap K=\{C\}$

$|\overline{AC}|$ ist mittlere Proportionale zu $|\overline{AB}|$ und $|\overline{AH}|$.
$7:c=c:4 \Rightarrow c\approx 5{,}29$

4. Lösen Sie folgende Gleichungen durch Zeichnung:

a) $\frac{3}{4}=\frac{9}{x}$ **b)** $\frac{6}{4}=\frac{x}{2}$ **c)** $\frac{10}{x}=\frac{2}{1}$ **d)** $\frac{3}{5}=\frac{x}{8}$ **e)** $5x=24$

Schreibt man die vorstehenden Gleichungen als Proportionen, so erkennt man, dass jeweils eine 4. Proportionale konstruiert werden soll. Diese Konstruktionen erfolgen mithilfe des 1. Strahlensatzes.

► Aufgabe 1.

182

Zu a)

► $3:4=9:x$; Strahlen s_1 und s_2 aus S; auf s_1: A so, dass $|\overline{SA}|=3\,\text{cm}$ und B so, dass $|\overline{SB}|=4\,\text{cm}$; auf s_2: C so, dass $|\overline{SC}|=9\,\text{cm}$; $g(B) \parallel \overline{AC}$; $g \cap s_2=\{D\}$. $|\overline{SD}|$ ist die gesuchte 4. Proportionale mit $|\overline{SD}|=12\,\text{cm}$.

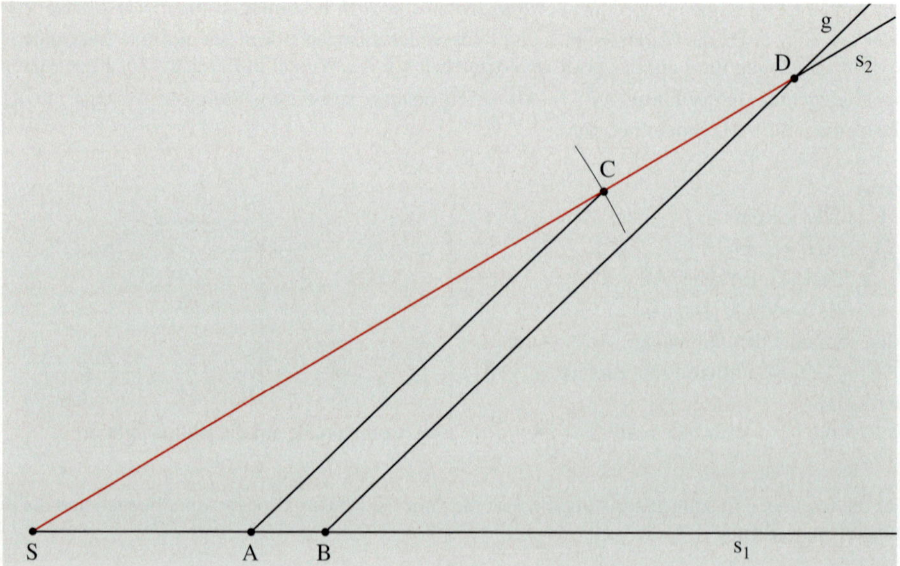

Zu b)

$6:4=x:2$

Strahlen s_1 und s_2 aus S
Auf s_1: A so, dass $|\overline{SA}|=6\,\text{cm}$ und B so, dass $|\overline{SB}|=4\,\text{cm}$.
Auf s_2: D so, dass $|\overline{SD}|=2\,\text{cm}$
$g(A) \parallel \overline{BD}$, $g \cap s_2=\{C\}$

$|\overline{SC}|$ ist die gesuchte 4. Proportionale mit $|\overline{SC}|=3\,\text{cm}$.

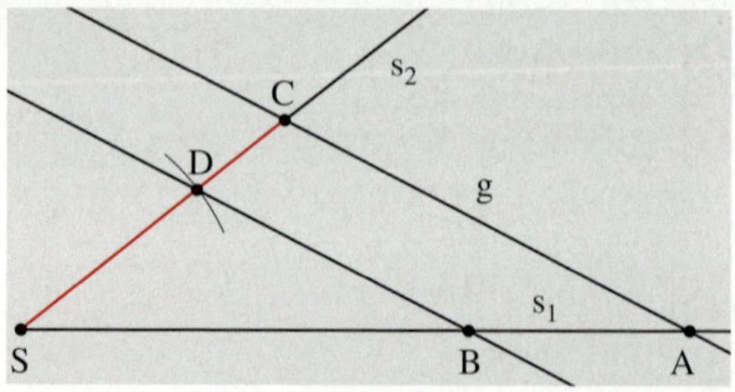

Zu den Aufgaben 2c) bis 2e) werden nur die Konstruktionsbeschreibungen angegeben. Sie werden analog zu 2b) gelöst.

Zu c)

$10:2=x:1$

Strahlen s_1 und s_2 aus S
Auf s_1: A so, dass $|\overline{SA}|=10\,\text{cm}$ und B so, dass $|\overline{SB}|=2\,\text{cm}$.
Auf s_2: D so, dass $|\overline{SD}|=1\,\text{cm}$
$g(A) \parallel \overline{BD}$, $g \cap s_2=\{C\}$

$|\overline{SC}|$ ist die gesuchte 4. Proportionale mit $|\overline{SC}|=5\,\text{cm}$.

Zu d)

$3:5=x:8$

Strahlen s_1 und s_2 aus S
Auf s_1: A so, dass $|\overline{SA}|=3\,\text{cm}$ und B so, dass $|\overline{SB}|=5\,\text{cm}$.
Auf s_2: D so, dass $|\overline{SD}|=8\,\text{cm}$
$g(A) \parallel \overline{BD}$, $g \cap s_2=\{C\}$

$|\overline{SC}|$ ist die gesuchte 4. Proportionale mit $|\overline{SC}|=4{,}8\,\text{cm}$.

Zu e) Die Gleichung $5x=24$ kann als Proportion $3:5=x:8$ geschrieben werden. Die Konstruktion ist mit der unter d) identisch.

5. Zeichnen Sie die Strecken a, b, c mit den Längen a, b, c so, dass gilt:

a) $a=\frac{b\cdot c}{a}$ **b)** $c=\frac{a^2}{b}$

Zu a) Multipliziert man beide Seiten der Gleichung mit a, so sieht man, dass a mittlere Proportionale zu b und c ist: $a^2=b\cdot c$. Mithilfe eines Katheten- oder des Höhensatzes kann a also aus b und c konstruiert werden.

Zu b) Multipliziert man beide Seiten der Gleichung mit b, so erhält man wieder den unter a) beschriebenen Fall.

6. Der Schatten eines Mannes (1,70 m) ist 2,60 m lang. Wie lang ist zu gleicher Zeit der Schatten eines 25 m hohen Hauses?

In der Skizze sind Mann und Haus vereinfacht als Strecken dargestellt. Man erkennt die Figur des 2. Strahlensatzes. Es gilt also:
$2{,}6:1{,}7=x:25$. Hieraus erhält man:
$1{,}7x=2{,}6\cdot 25$, also $x=38{,}24$.
Der Schatten des Hauses ist etwa 38,24 m lang.

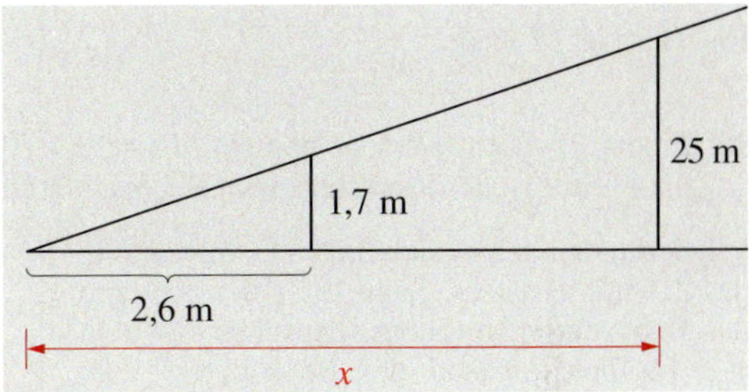

7. Ein 12 cm langer Füllfederhalter wird 45 cm vom Auge entfernt gehalten. Ein 320 m langes Schiff wird durch ihn gerade verdeckt. Wie weit ist das Schiff entfernt?

Die Skizze zeigt, dass der Sachverhalt des 2. Strahlensatzes erfüllt ist: Es verhält sich die halbe Länge des Füllfederhalters zur halben Länge des Schiffes wie der Abstand des Federhalters zum Abstand des Schiffes jeweils vom Standort des Beobachters.

Das Schiff ist 1200 m vom Standort des Beobachters entfernt.

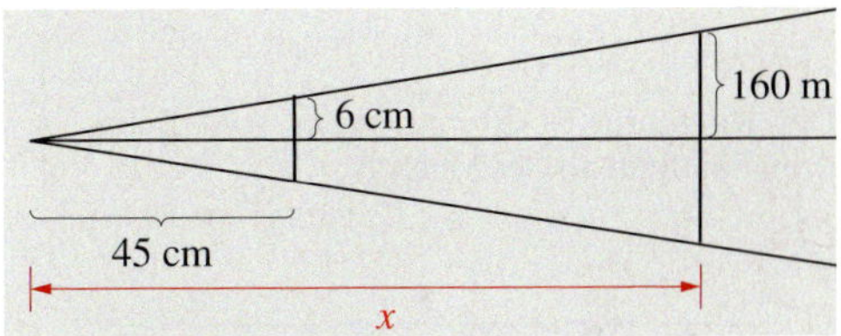

$0{,}06\,\text{m}:160\,\text{m}=0{,}45\,\text{m}:x$

$\underline{\underline{x}}=\frac{0{,}45\,\text{m}\cdot 160\,\text{m}}{0{,}06}=\underline{\underline{1200\,\text{m}}}$

8. Ein kugelförmiger Gasbehälter von 36 m Durchmesser wird von einer Münze mit 21 mm Durchmesser verdeckt, wenn man diese 30 cm vom Auge weghält. Wie weit ist der Gasbehälter entfernt?

Wie in Aufgabe 7 wird der 2. Strahlensatz zur Lösung herangezogen. Es verhält sich die halbe Länge des Münzdurchmessers zur halben Länge des Gasbehälterdurchmessers wie der Abstand der Münze zum Abstand des Behälters jeweils vom Standort des Betrachters.

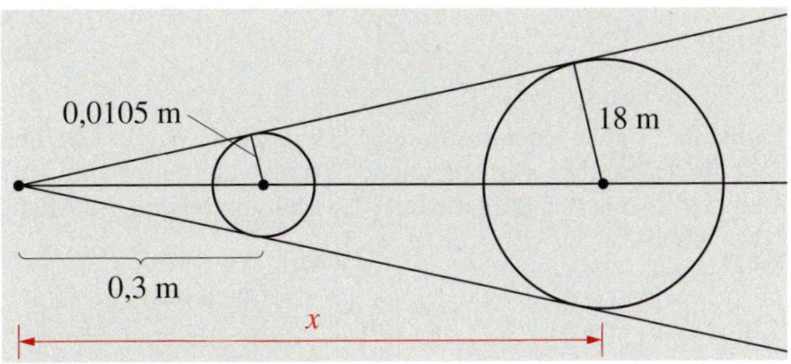

Der Gasbehälter ist ungefähr 514,29 m vom Betrachter entfernt.

$0{,}0105\,\text{m}:18\,\text{m}=0{,}3\,\text{m}:x$

$\underline{\underline{x}}=\frac{0{,}3\,\text{m}\cdot 18\,\text{m}}{0{,}0105}=\underline{\underline{514{,}29\,\text{m}}}$

182 **9.** Ein Fotograf steht der Mitte eines Hauses gegenüber. Der Film ist 5 cm von der Linse entfernt. Wie lang ist das Haus, wenn er 25 m davon entfernt gestanden hat und auf dem Bild das Haus 7 cm lang ist?

Die schematische Skizze führt auf den Sachverhalt des 2. Strahlensatzes. Es verhält sich der Abstand des Films von der Linse zum Abstand des Fotografen vom Haus wie die halbe Breite des Bildes zur halben Länge des Hauses.

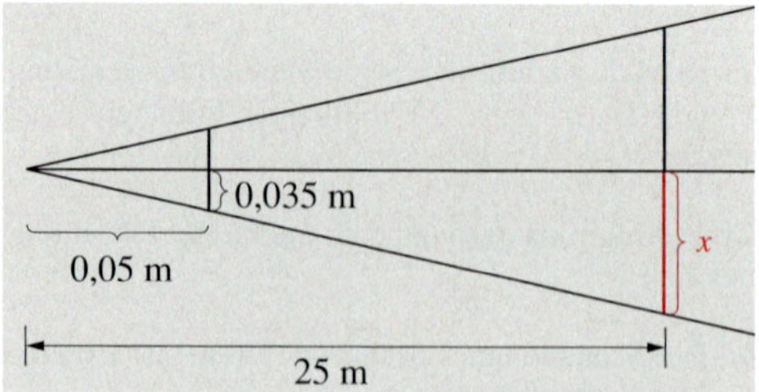

$0{,}05\,\text{m} : 25\,\text{m} = 0{,}035\,\text{m} : x$

$\underline{\underline{x = 17{,}5\,\text{m}}}$

Das Haus ist 35 lang.

10. Einem Beobachter erscheinen ein Mensch (1,70 m) und ein Kirchturm (34 m) gleich groß. Wievielmal weiter ist der Kirchturm vom Beobachter entfernt als der Mensch?

Wiederum handelt es sich um eine Anwendung des 2. Strahlensatzes. Steht a für den Abstand des Beobachters von dem Menschen, so steht $x \cdot a$ für den Abstand des Beobachters vom Kirchturm. Gleich groß erscheinen beide dem Beobachter, wenn der Sehstrahl über den Kopf des Menschen auch die Spitze des Kirchturms trifft.

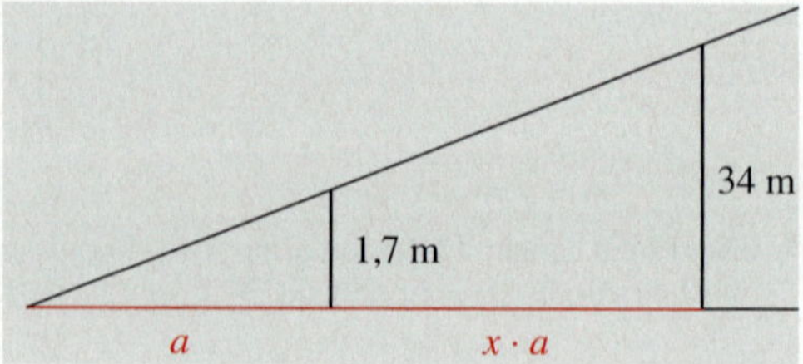

$a : x \cdot a = 1{,}7\,\text{m} : 34\,\text{m}$

$1 : x = 1{,}7\,\text{m} : 34\,\text{m}$

$\underline{\underline{x = 20}}$

Der Kirchturm ist 20-mal weiter vom Beobachter entfernt als der Mensch.

11.

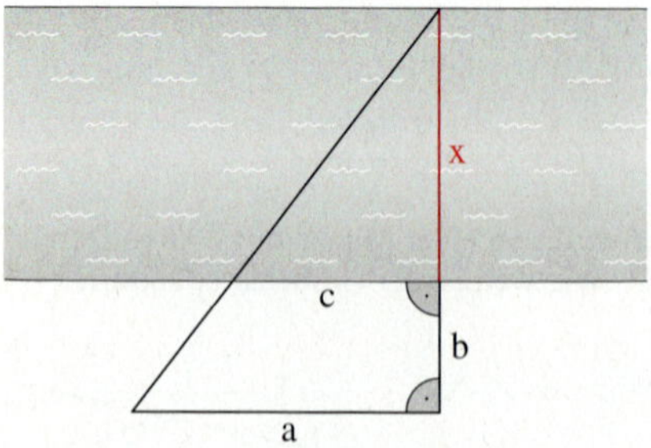

Um die Breite x eines Flusses zu bestimmen, misst man die Strecken a, b und c. Berechnen Sie den Wert für x.

	a)	b)	c)
a	20 m	30 m	a
b	10 m	5 m	b
c	13 m	26 m	c

Es handelt sich wiederum um eine Anwendung des 2. Strahlensatzes. Dabei ist allerdings zu beachten, dass die der Strecke a entsprechende Strecke auf dem Strahl, auf dem b liegt, die Länge $x + b$ hat. Beginnt man die Lösung der Aufgabe mit c), so hat man damit ein Muster für a) und b).

Zu c)

$c : a = x : (x + b)$

$ax = c \cdot (x + b)$

$ax - cx = bc$

$x(a - c) = bc$ ► $a \neq c$

$\underline{\underline{x = \dfrac{bc}{a - c}}}$

Zu a)

$\underline{\underline{x}} = \dfrac{10\,\text{m} \cdot 13\,\text{m}}{20\,\text{m} - 13\,\text{m}} = \underline{\underline{18{,}57\,\text{m}}}$

Zu b)

$\underline{\underline{x}} = \dfrac{5\,\text{m} \cdot 26\,\text{m}}{30\,\text{m} - 26\,\text{m}} = \underline{\underline{32{,}5\,\text{m}}}$

182

12. Hält man eine Erbse von 6 mm Durchmesser 70 cm vom Auge entfernt, so verdeckt sie gerade den Vollmond ($d = 3476\,\text{km}$). Wie weit ist der Mond zum Zeitpunkt der Messung vom Beobachter entfernt?

Es verhält sich die Länge des halben Durchmessers der Erbse zur Länge des halben Durchmessers des Mondes wie die Entfernung des Erbsenmittelpunktes zu der Entfernung des Mondmittelpunktes vom Auge.

Skizze

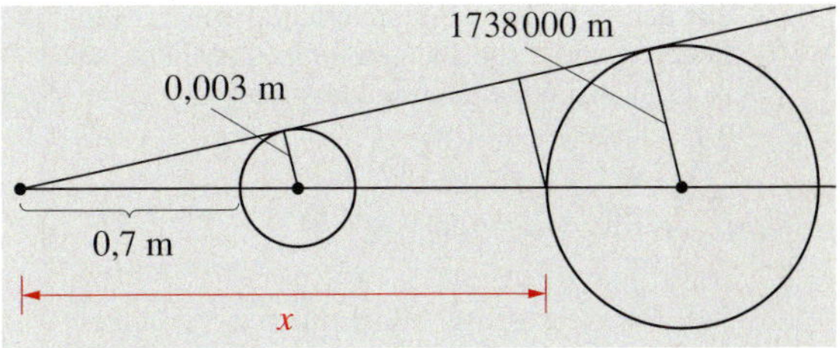

Der Mond ist ca. 400000 km vom Beobachter entfernt.

$0{,}003\,\text{m} : 1738000\,\text{m} = (0{,}7\,\text{m} + 0{,}003\,\text{m}) : (x + 1738000\,\text{m})$
$\underline{\underline{x = 403969{,}13\,\text{km}}}$

Ähnliche Dreiecke

Zwei Dreiecke heißen ähnlich, wenn gleich liegende Winkel und die Längenverhältnisse entsprechender Seiten gleich groß sind.

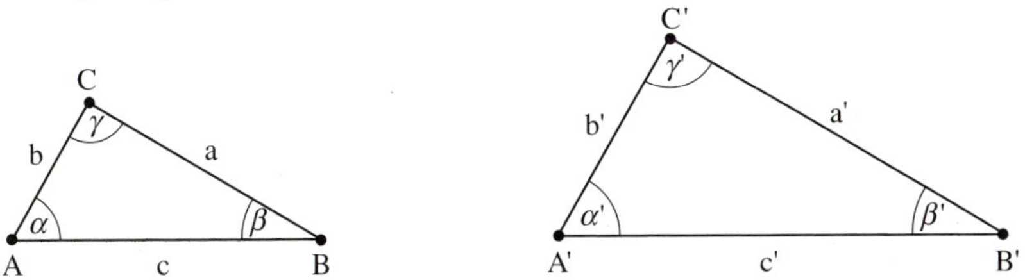

► Die Quotienten $c' : c, b' : b$ und $a' : a$ sind gleich groß. Ihr Wert ist der Ähnlichkeitsfaktor der ähnlichen Dreiecke. Er wird meist mit k bezeichnet und gibt an, mit welcher Zahl man die Längen von c, b und a multiplizieren muss, um die Längen von c', b' und a' zu erhalten. Es gilt also z. B. $c' = k \cdot c$.

Es gibt Kriterien – analog zu den Kongruenzsätzen – nach denen man entscheiden kann, ob zwei Dreiecke einander ähnlich sind oder nicht. Sie werden Ähnlichkeitssätze genannt.

Merke:

- Zwei Dreiecke sind einander ähnlich, wenn sie in den Größen zweier gleich liegender Winkel übereinstimmen. ► **1. Ähnlichkeitssatz** oder **Hauptähnlichkeitssatz**
- Zwei Dreiecke, die im Längenverhältnis zweier Seiten und der Größe des eingeschlossenen Winkels übereinstimmen, sind einander ähnlich. ► **2. Ähnlichkeitssatz**
- Zwei Dreiecke, die im Längenverhältnis aller drei Seiten übereinstimmen, sind einander ähnlich. ► **3. Ähnlichkeitssatz**
- Zwei Dreiecke, die im Längenverhältnis zweier Seiten und der Größe des den größeren Seiten gegenüberliegenden Winkels übereinstimmen, sind einander ähnlich. ► **4. Ähnlichkeitssatz**

183 **1.** Konstruieren Sie ähnliche Dreiecke aus:

a) $a:c = 4:3$, $\beta = 55°$ **b)** $a:b = 3:2$, $\gamma = 45°$ **c)** $\alpha = 50°$, $\beta = 70°$ **d)** $a:b:c = 1{,}5:2{,}5:3{,}5$

Zu a) Wählt man für ein erstes Dreieck $\triangle ABC$ mit den gegebenen Seitenverhältnissen für die Seiten a und c die Längen 4 cm und 3 cm, so ist es nach SWS eindeutig konstruierbar.

$|\overline{AB}| = c = 3\,\text{cm}$
$\sphericalangle\beta, \beta = 55°$ an $\overline{BA}$
$|\overline{BC}| = a = 4\,\text{cm}$

Jede Parallele zu $\overline{AC}$ bildet mit den Verlängerungen oder Verkürzungen von c und a Dreiecke, die nach dem Hauptähnlichkeitssatz zu $\triangle ABC$ und untereinander ähnlich sind.

► Auch Parallele zu $\overline{BC}$ oder $\overline{AB}$ führen auf ähnliche Dreiecke.

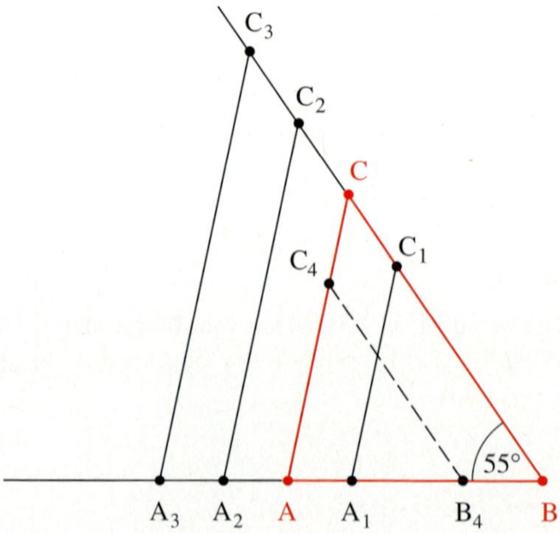

Zu b) Hier beginnt man mit der Konstruktion des $\triangle ABC$ mit $a = 3\,\text{cm}$, $b = 2\,\text{cm}$ und $\sphericalangle\gamma, \gamma = 45°$.

$|\overline{AC}| = b = 2\,\text{cm}$
$\sphericalangle\gamma, \gamma = 45°$ an $\overline{CA}$
$|\overline{CB}| = a = 3\,\text{cm}$.

► Parallelen zu $\overline{AB}, \overline{BC}$ oder $\overline{CA}$.

► Aufgabe a)

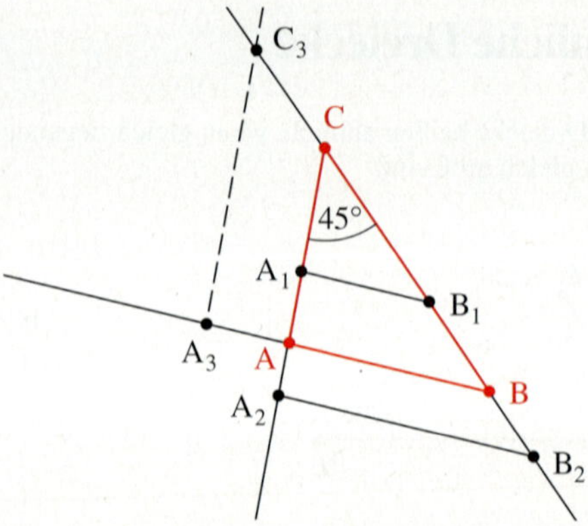

Zu c)

$|\overline{AB}|$ mit frei gewählter Länge
$\sphericalangle\alpha, \alpha = 50°$ an $\overline{AB} \Rightarrow s_1$
$\sphericalangle\beta, \beta = 70°$ an $\overline{BA} \Rightarrow s_2$
$s_1 \cap s_2 = \{C\}$

Jede Parallele zu $\overline{AB}$ erzeugt nach dem Hauptähnlichkeitssatz ähnliche Dreiecke.

► Auch Parallele zu $\overline{BC}$ oder $\overline{AC}$ erzeugen ähnliche Dreiecke.

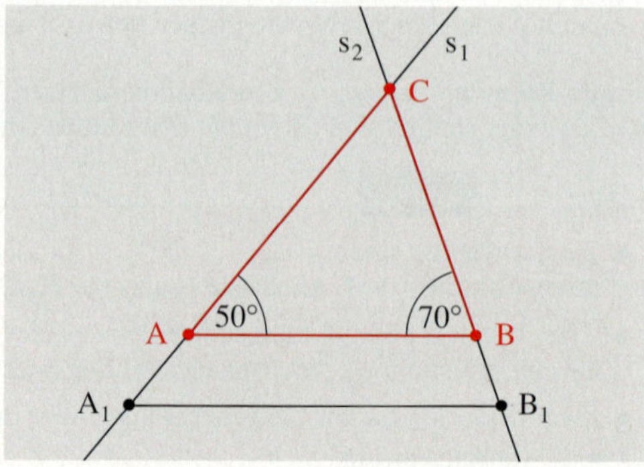

183

Zu d) Man wählt für die Seiten a, b und c z. B. die Längen 1,5 cm, 2,5 cm und 3,5 cm und kann so ein nach SSS bestimmtes Dreieck konstruieren.

$|\overline{AB}| = c = 3{,}5\,\text{cm}$
$K_1(A;\ r = b = 2{,}5\,\text{cm})$
$K_2(B;\ r = a = 1{,}5\,\text{cm})$
$K_1 \cap K_2 = \{C\}$
$\overline{AC}$ und $\overline{AB}$

Jede Parallele zu $\overline{BC}$ erzeugt mit $\overrightarrow{AC}$ und $\overrightarrow{AB}$ ähnliche Dreiecke (Hauptähnlichkeitsgesetz).

► Auch die Strahlen $\overrightarrow{CA}$ und $\overrightarrow{CB}$ oder $\overrightarrow{BA}$ und $\overrightarrow{BC}$ sind verwendbar.

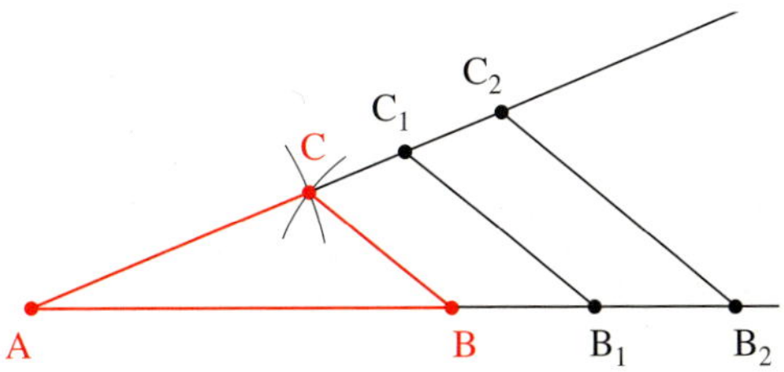

2. Ein Dreieck hat die Seitenlängen 5,4 cm für a, 4,8 cm für b und 6,3 cm für c. Bestimmen Sie durch Zeichnung und Rechnung, wie lang die entsprechenden Seiten eines ähnlichen Dreiecks sind, wenn für den Ähnlichkeitsfaktor k gilt: $k = \frac{1}{3}$.

► Der Ähnlichkeitsfaktor k gibt an, mit welcher Zahl die Seitenlängen eines Dreiecks $\triangle ABC$ multipliziert werden müssen, um die Seitenlängen eines ähnlichen Dreiecks $\triangle A'B'C'$ zu erhalten: $a' = k \cdot a,\ b' = k \cdot b,\ c' = k \cdot c$.

► Zwei Dreiecke $\triangle ABC$ und $\triangle A'B'C'$ sind in **Ähnlichkeitslage**, wenn zwei einander entsprechende Winkel übereinander liegen und einander entsprechende Seiten parallel sind. Ähnliche Dreiecke lassen sich immer in Ähnlichkeitslage bringen.

Die rechnerische Lösung macht von den voranstehenden Gleichungen Gebrauch. Dabei ist $k = \frac{1}{3}$ sowie $a = 5{,}4$ cm, $b = 4{,}8$ cm und $c = 6{,}3$ cm zu setzen.

$$a' = \tfrac{1}{3} \cdot 5{,}4\,\text{cm} = 1{,}8\,\text{cm}$$
$$b' = \tfrac{1}{3} \cdot 4{,}8\,\text{cm} = 1{,}6\,\text{cm}$$
$$c' = \tfrac{1}{3} \cdot 6{,}3\,\text{cm} = 2{,}1\,\text{cm}$$

Vorüberlegung zur zeichnerischen Lösung:
Das zu konstruierende Dreieck $\triangle A'B'C'$ wird in Ähnlichkeitslage zum konstruierten $\triangle ABC$ gebracht. In der nebenstehenden Zeichnung gilt: $A' = A$, b' liegt auf b sowie c' auf c.

$\triangle ABC$ nach SSS

$\overline{AC}$ in 3 gleich lange Strecken teilen ➡ C', C''
$g(C') \parallel \overline{BC},\ g \cap \overline{AB} = \{B'\}$

$\triangle A'B'C'$ ist das verlangte.

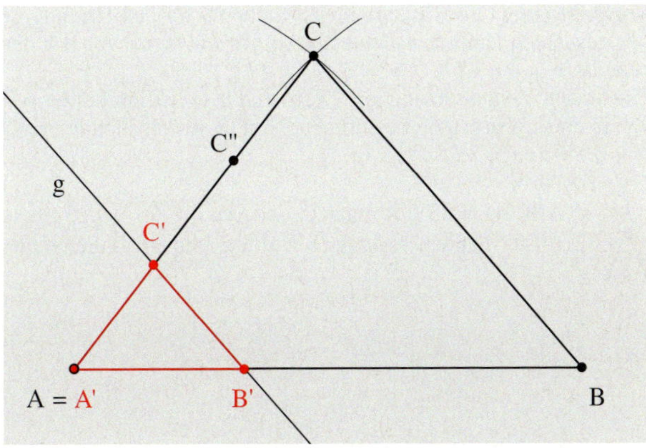

3. Untersuchen Sie rechnerisch, ob Dreiecke mit den angegebenen Längen einander ähnlich sind:

a) $a = 3$ cm $\quad b = 4$ cm $\quad c = 6$ cm
$a' = 4{,}5$ cm $\quad b' = 6$ cm $\quad c' = 9$ cm

b) $c = 6{,}4$ cm $\quad h = 3{,}2$ cm $\quad a = 4{,}8$ cm
$c' = 3{,}2$ cm $\quad h = 1{,}6$ cm $\quad a' = 3{,}6$ cm

Zu a)
Aus $a' = k \cdot a$ folgt $4{,}5\,\text{cm} = k \cdot 3\,\text{cm}$, also $k = 1{,}5$. Es gilt aber auch $6\,\text{cm} = 1{,}5 \cdot 4\,\text{cm}$, $9\,\text{cm} = 6\,\text{cm} \cdot 1{,}5$.
Die beiden Dreiecke sind ähnlich.

Zu b)
Aus $c' = k \cdot c$ folgt $3{,}2\,\text{cm} = k \cdot 6{,}4\,\text{cm}$, also $k = 0{,}5$. Es gilt auch $1{,}6\,\text{cm} = 0{,}5 \cdot 3{,}2$ cm, aber nicht $3{,}6\,\text{cm} = 0{,}5 \cdot 4{,}8\,\text{cm}$.
Die beiden Dreiecke sind nicht ähnlich.

183

4. In ein Dreieck $\triangle ABC$ soll eine zu $\overline{AB}$ parallele Strecke mit der Länge $\frac{|\overline{AB}|}{3}$ gezeichnet werden.

Die Planfigur legt folgende Vorüberlegung nahe (Vorwärtsarbeiten): Wenn $\overline{A'B'} \parallel \overline{AB}$ und $\overline{A'B'} = \frac{1}{3}|\overline{AB}|$, d.h., wenn also die Proportion $|\overline{A'B'}| : |\overline{AB}| = 1:3$ gilt, so ist nach dem 2. Strahlensatz auch $|\overline{CA'}| : |\overline{CA}| = 1:3$ oder $|\overline{CA'}| = \frac{1}{3}|\overline{CA}|$.

Planfigur

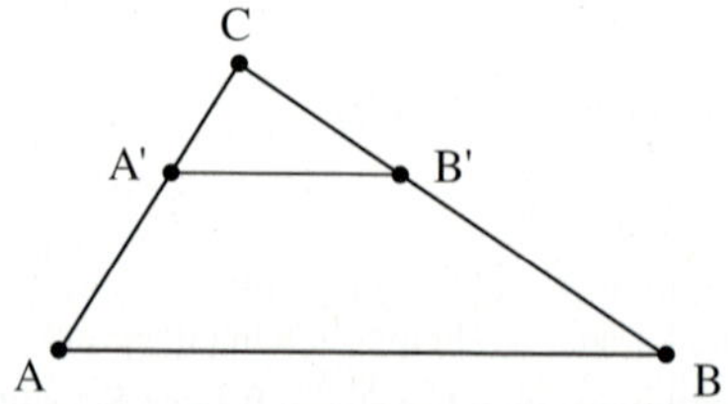

$\triangle ABC$ mit beliebig gewählten Längen der Seiten
A′ auf $\overline{CA}$ so, dass $|\overline{CA'}| = \frac{1}{3}|\overline{CA}|$
$g(A') \parallel \overline{AB}, g \cap \overline{CB} = B'$

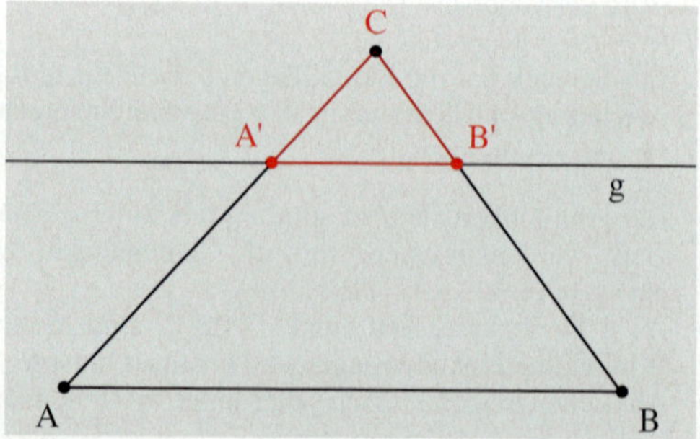

$\overline{A'B'}$ hat die gewünschte Länge.

5. Ein Dreieck hat die Seitenlängen 7 cm für a, 5 cm für b und 11 cm für c. Schneiden Sie durch eine Parallele zu $\overline{AB}$ ein ähnliches Dreieck ab, dessen Umfang 8 cm kürzer ist als der des ursprünglichen Dreiecks.

Vorüberlegung (Vorwärtsarbeiten): Stehen u für den Umfang des ursprünglichen und u' für den Umfang des gesuchten ähnlichen Dreiecks, so gilt $u' = k \cdot u$, wobei k der Ähnlichkeitsfaktor für die beiden Dreiecke ist. ► $u = a + b + c$, $u' = ka + kb + kc$.
Es ist nach Voraussetzung $u = 23\,\text{cm}$ und u' soll 8 cm kürzer sein, also $u' = 15\,\text{cm}$. Hieraus lässt sich k zu $k = 15\,\text{cm} : 23\,\text{cm} \approx 0{,}65$ bestimmen. Nun lässt sich auch b' berechnen:
$b' = 0{,}65 \cdot 5\,\text{cm} = 3{,}25\,\text{cm}$.

$\triangle ABC$ nach SSS; A′ nach $\overline{CA}$ so, dass $|\overline{CA'}| = 3{,}25\,\text{cm}$; $g(A') \parallel \overline{AB}, g \cap CB = \{B'\}$.
$\triangle A'B'C'$ hat den verlangten Umfang und ist ähnlich dem Dreieck $\triangle ABC$.

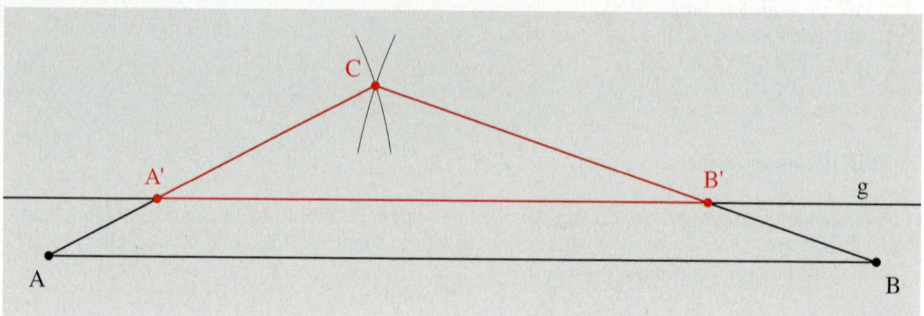

6. Konstruieren Sie ein Dreieck aus:

a) $a:b=3:2$, $c=7\,\text{cm}$, $\gamma=60^\circ$

b) $a:b=4:3$, $h_a=5{,}5\,\text{cm}$, $\gamma=95^\circ$

c) $a:b=5:3$, $s_c=4{,}5\,\text{cm}$, $\gamma=85^\circ$

d) $a:b:c=4:3:5$, $h_c=5\,\text{cm}$

e) $a:b:c=3:2:4$, $s_a=5{,}5\,\text{cm}$

f) $a:b:c=20:40:50$, $w_\beta=5{,}5\,\text{cm}$

g) $h_b:c=3:5$, $\gamma=85^\circ$, $s_c=4{,}5\,\text{cm}$

h) $h_b:h_c=3:2$, $a=6\,\text{cm}$, $\alpha=75^\circ$

i) $c:w_\beta=5:3$, $h_b=4{,}5\,\text{cm}$, $\beta=65^\circ$

Vorüberlegung zu den Aufgaben a) bis c): Man wird zunächst jeweils ein Dreieck zeichnen, das den verlangten Winkel γ hat und dessen Seiten a und b im verlangten Verhältnis stehen, etwa indem man z. B. 3 cm für a und 2 cm für b nimmt. Sodann sucht man die zu diesen Dreiecken ähnlichen so, dass die noch nicht berücksichtigte Forderung erfüllt ist.

Zu a)

$\triangle$ABC nach SWS aus:
$a=3\,\text{cm}$
$b=2\,\text{cm}$
$\sphericalangle\gamma, \gamma=60^\circ$

In diesem Dreieck hat c nicht die verlangte Länge.
Die Analyse des zur Planfigur ergänzten Dreiecks verweist auf den 2. Strahlensatz.

Planfigur

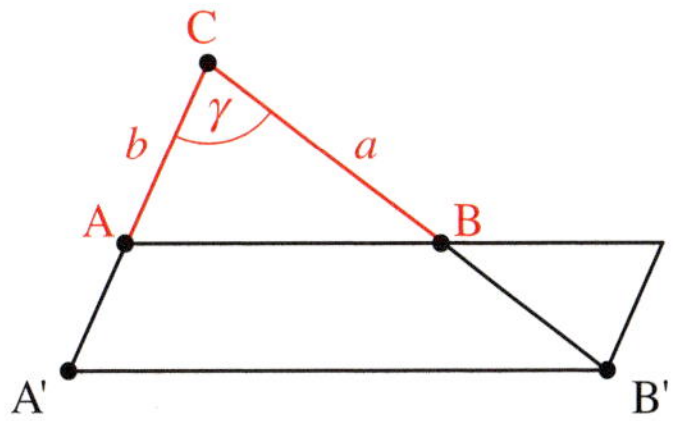

P auf $\overline{AB}$ so, dass $|\overline{AP}|=7\,\text{cm}$
$g(P) \parallel \overline{AC}$, $g \cap \overline{CB}=\{B'\}$
$h(B') \parallel \overline{AB}$, $h \cap \overline{CA}=\{A'\}$

$\triangle A'B'C'$ ist das verlangte, denn es gilt:
$|\overline{CA}|:|\overline{CA'}|=|\overline{CB}|:|\overline{CB'}|$, also durch Vertauschung der Außenglieder auch
$|\overline{CB'}|:|\overline{CA'}|=|\overline{CB}|:|\overline{CA}|$, und wegen
$|\overline{A'B'}|=|\overline{AP}|$ hat $\overline{A'B'}$ die Länge von 7 cm.

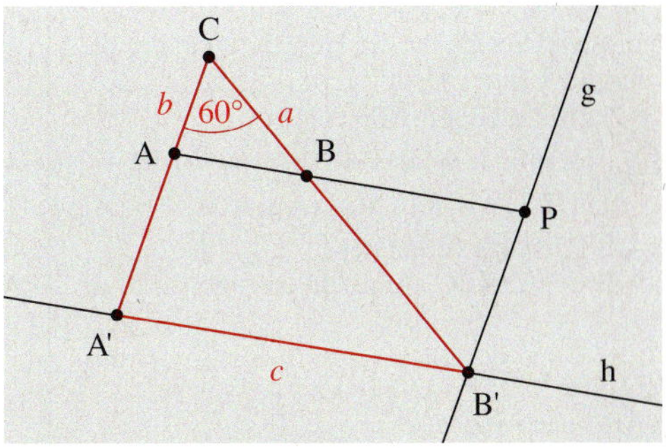

► Längenmaße auf die Hälfte verkürzt

Zu b)

$\triangle$ABC nach SWS aus:
$a=4\,\text{cm}$
$b=3\,\text{cm}$
$\sphericalangle\gamma, \gamma=95^\circ$

In diesem Dreieck hat h_a nicht die verlangte Länge. Daher:

$g \parallel a$ im Abstand h_a, $g \cap \overline{CA}=\{A'\}$
$h(A') \parallel \overline{AB}$, $h \cap \overline{CB}=\{B'\}$

Damit ist $|\overline{CA}|:|\overline{CA'}|=|\overline{CB}|:|\overline{CB'}|$ und
$|\overline{CA}|:|\overline{CB}|=|\overline{CA'}|:|\overline{CB'}|$.
$\triangle A'B'C'$ ist das verlangte.

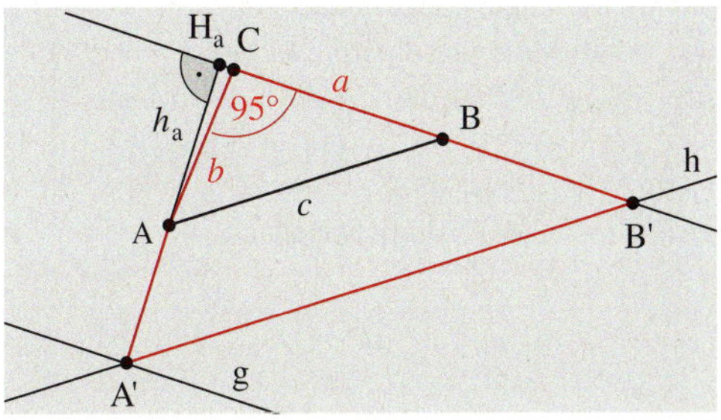

► Längenmaße auf die Hälfte verkürzt

183 **Zu c)**

$\triangle ABC$ nach SWS aus:
$a = 5\,\text{cm}$
$b = 3\,\text{cm}$
$\sphericalangle\gamma, \gamma = 85°$

In diesem Dreieck hat s_c nicht die verlangte Länge. Daher:

M als Mitte von $\overline{AB}$
M′ auf $\overline{CM}$ so, dass $|\overline{CM'}| = s_c = 4{,}5\,\text{cm}$
$g(M') \parallel \overline{AB}, g \cap \overline{CA} = \{A'\}, g \cap \overline{CB} = \{B'\}$

Damit ist $|\overline{CA'}| : |\overline{CB'}| = |\overline{CA}| : |\overline{CB}|$ und
$|\overline{CM}| : |\overline{CM'}| = |\overline{MB}| : |\overline{M'B'}|$ und
$= |\overline{MA}| : |\overline{M'A'}|$.
Wegen $|\overline{MB}| = |\overline{MA}|$ ist also auch
$|\overline{M'B'}| = |\overline{M'A'}|$
$\triangle A'B'C'$ ist das verlangte.

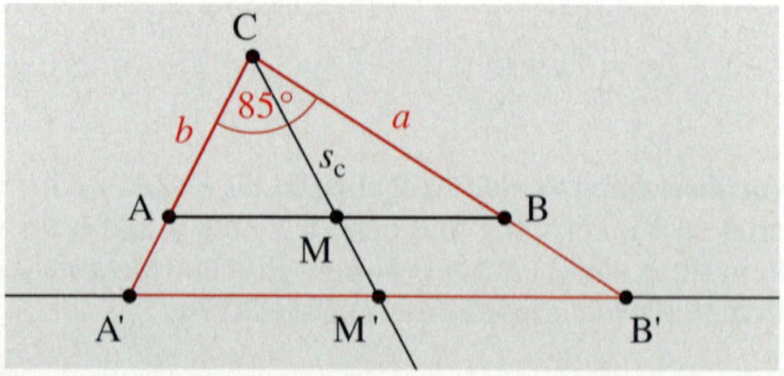

► Längenmaße auf die Hälfte verkürzt

Vorüberlegung zu den Aufgaben d) bis f): Man konstruiert zunächst nach SSS ein $\triangle ABC$, dessen Seiten im verlangten Verhältnis stehen. Sodann sucht man die zu diesen Dreiecken ähnlichen so, dass die noch nicht berücksichtigte Forderung erfüllt ist.

Zu d)

$\triangle ABC$ nach SSS aus:
$a = 4\,\text{cm}$
$b = 3\,\text{cm}$
$c = 5\,\text{cm}$

In diesem Dreieck hat die Höhe h_c nicht die gewünschte Länge. Also:

$g(C) \perp \overline{AB}, g \cap \overline{AB} = \{H\}$
H′ auf $\overline{CH}$ so, dass $|\overline{CH'}| = h_c = 5\,\text{cm}$
$h(H') \parallel \overline{AB}, h \cap \overline{CA} = \{A'\}, h \cap \overline{CB} = \{B'\}$

$\triangle A'B'C'$ ist das verlangte.
$\triangle A'B'C' \sim \triangle ABC$ (Ähnlichkeitslage)

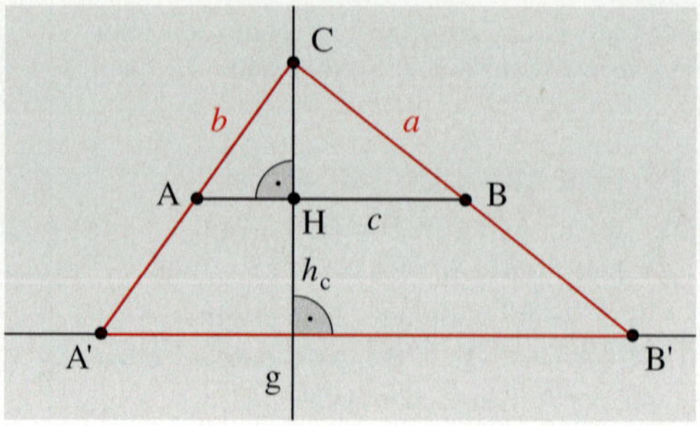

► Längenmaße auf die Hälfte verkürzt

Zu e)

$\triangle ABC$ nach SSS aus:
$a = 3\,\text{cm}$
$b = 2\,\text{cm}$
$c = 4\,\text{cm}$

In diesem Dreieck hat die Seitenhalbierende s_a nicht die verlangte Länge. Daher:

M als Mitte von a, $\overline{AM}$
M′ auf $\overline{AM}$ so, dass $|\overline{AM'}| = s_a = 5{,}5\,\text{cm}$
$g(M') \parallel \overline{BC}, g \cap \overline{AC} = \{C'\}, g \cap \overline{AB} = \{B'\}$

$\triangle AB'C'$ ist das verlangte.
$\triangle AB'C' \sim \triangle ABC$ (Ähnlichkeitslage)

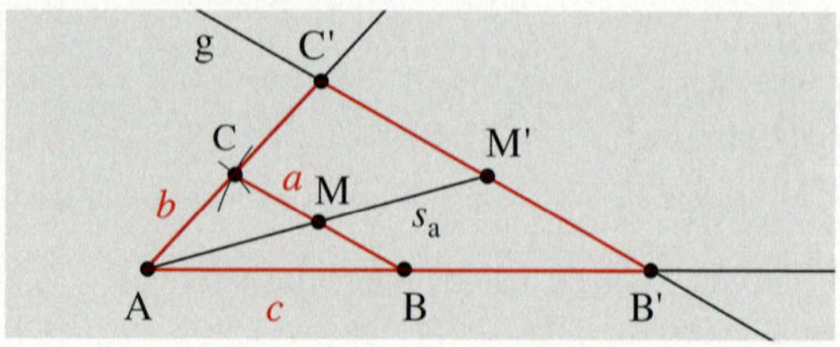

► Längenmaße auf die Hälfte verkürzt

183

Zu f)

$\triangle ABC$ nach SSS aus:
$a = 2\,\text{cm}$
$b = 4\,\text{cm}$
$c = 5\,\text{cm}$

In diesem Dreieck hat w_β nicht die verlangte Länge. Daher:

w_β als Winkelhalbierende
Auf w_β W′ so, dass $|\overline{BW'}| = w_\beta = 5{,}5\,\text{cm}$
$g(W') \parallel \overline{AC}$, $g \cap \overline{BA} = \{A'\}$, $g \cap \overline{BC} = \{C'\}$

$\triangle AB'C'$ ist das verlangte.
$\triangle A'BC' \sim \triangle ABC$ (Ähnlichkeitslage)

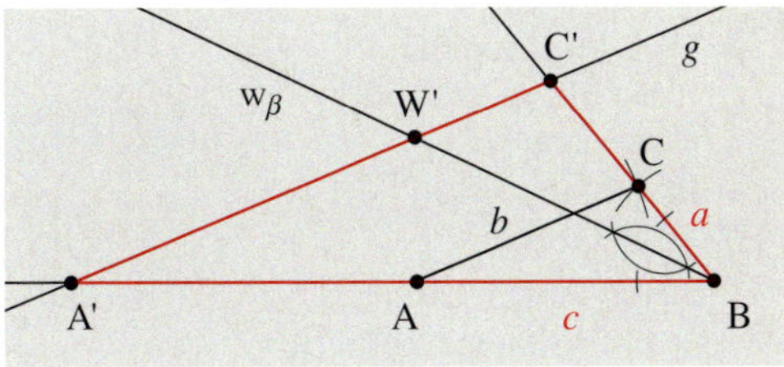

► Längenmaße auf die Hälfte verkürzt

Vorüberlegung zu den Aufgaben g) bis i): Man konstruiert zunächst ein Teildreieck, in dem die gegebenen Stücke im verlangten Verhältnis stehen. Sodann sucht man das Dreieck zu vervollständigen, indem man die anderen Vorgaben ausnutzt.

Zu g)

Das Teildreieck $\triangle ABH_b$ ist nach SsW konstruierbar.

Planfigur

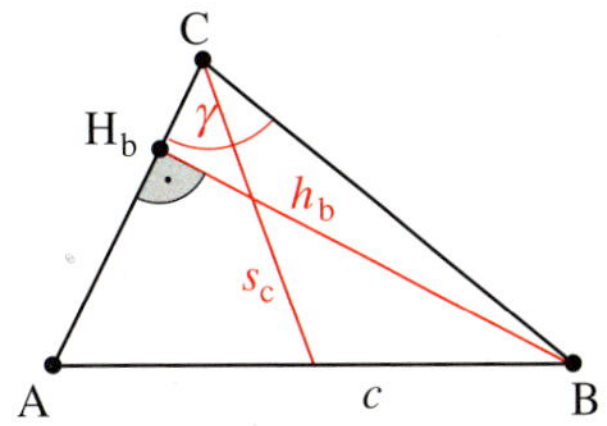

$\triangle ABH_b$ nach SsW aus:
$h_b = 3\,\text{cm}$
$\sphericalangle AH_bB$, $|\sphericalangle AH_bB| = 90° \Rightarrow s_1$
$K(B;\, r = c = 5\,\text{cm})$, $K \cap s_1 = \{A\}$
$\sphericalangle \gamma, \gamma = 85°$ an $\overline{AC}$ im selbst gewählten Punkt S $\Rightarrow s_2$
$g(B) \parallel s_2$, $g \cap \overline{AH_b} = \{C\}$
M als Mitte von $\overline{AB}$
M_c auf $\overline{CM}$ so, dass $|\overline{CM_c}| = s_c = 4{,}5\,\text{cm}$
$h(M_c) \parallel \overline{AB}$, $h \cap \overline{CA} = \{A'\}$, $h \cap \overline{CB} = \{B'\}$

$\triangle A'B'C'$ ist das verlangte.
$\triangle A'B'C \sim \triangle ABC$ (Ähnlichkeitslage)

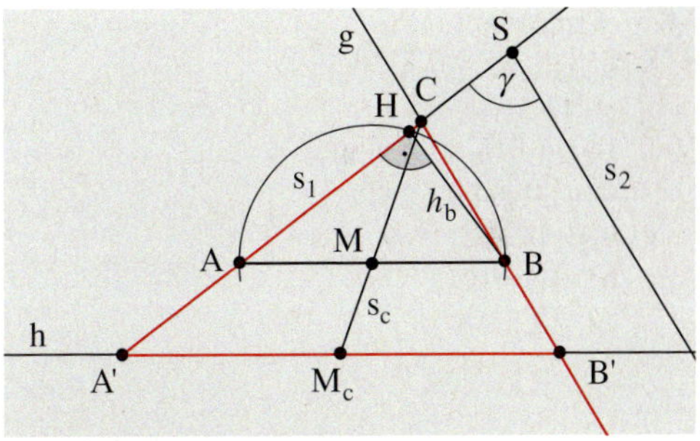

► Längenmaße auf die Hälfte verkürzt

Zu h)

Teildreieck $\triangle AH_cC$ nach WSW aus:
$h_c = 2\,\text{cm}$
$|\sphericalangle AH_cC| = 90°$
$|\sphericalangle ACH_c| = (90° - 75°) = 15°$

Planfigur

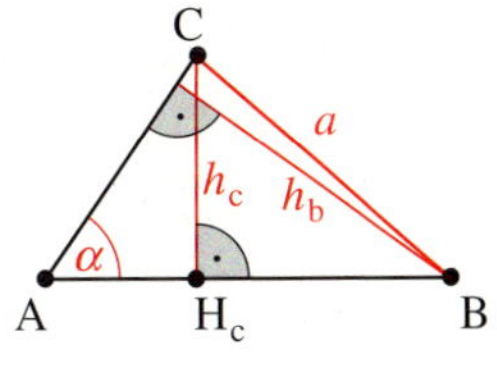

183 Sodann:

$g \parallel \overline{AC}$ im Abstand $h_b = 3\,\text{cm}$
$g \cap \overline{AH_c} = \{B\}$
M als Mitte von $\overline{BC}$
H′ auf $\overline{MC}$ so, dass $|\overline{MH'}| = = \frac{1}{2}a = 3\,\text{cm}$
H″ auf $\overline{MB}$ so, dass $|\overline{MH''}| = = \frac{1}{2}a = 3\,\text{cm}$
$h(H') \parallel \overline{AM}$, $h \cap \overline{AC} = \{C'\}$
$m(H'') \parallel \overline{AM}$, $m \cap \overline{AB} = \{B'\}$
Wegen $|\overline{AC}| : |\overline{AC'}| = |\overline{AB}| : |\overline{AB'}|$ ist auch $h'_c : h_c = h'_b : h_b$.

$\triangle AB'C'$ ist das verlangte.

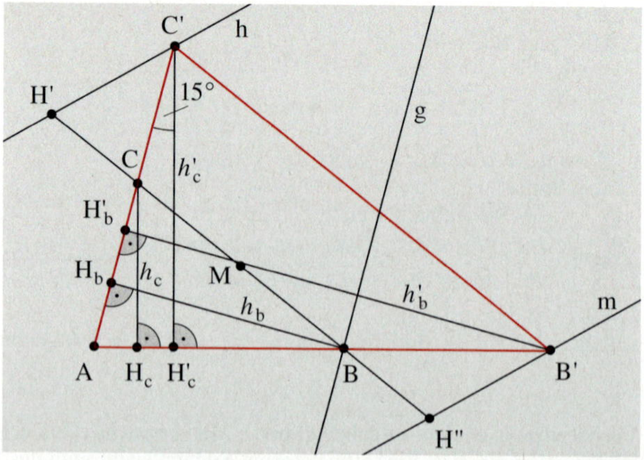

Zu i)
Teildreieck $\triangle ABW_\beta$ nach SWS aus:
$c = 5\,\text{cm}$
$w_\beta = 3\,\text{cm}$
$|\sphericalangle ABW_\beta| = 32{,}5°$

Planfigur

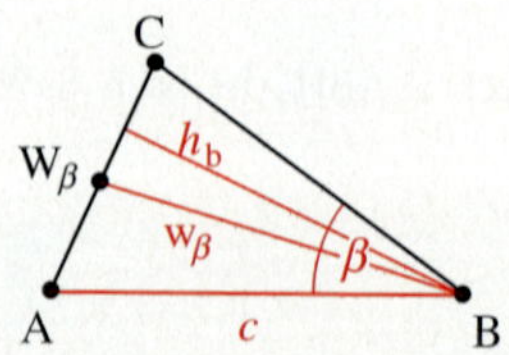

Sodann:

Verdoppeln von $\sphericalangle ABW \Rightarrow C$
$g(B) \perp \overline{AC}$, $g \cap \overline{AC} = = \{H_b\}$
H'_b auf $\overline{BH_b}$ so, dass $|\overline{BH'_b}| = 4{,}5\,\text{cm}$
$h(H'_b) \parallel \overline{AC}$,
$h \cap \overline{BC} = \{C'\}$,
$h \cap \overline{BA} = \{A'\}$

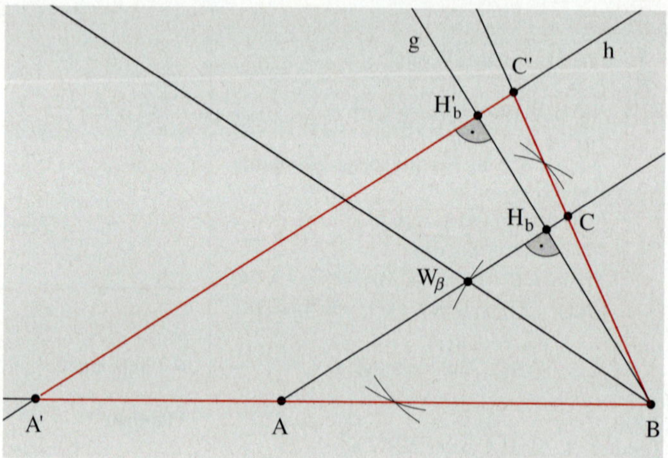

$\triangle A'BC'$ ist das verlangte
$\triangle ABC \sim \triangle A'BC'$ (Ähnlichkeitslage)

7. Konstruieren Sie ein gleichschenkliges Dreieck aus (c: Länge der Grundseite): 183

a) $b:c=3:5$, $h_b=4\,\text{cm}$ **b)** $b:h_a=7:4$, $h_c=8{,}5\,\text{cm}$ **c)** $c:h_c=3:4$, $s_c=6\,\text{cm}$

Zu a)
$\triangle$ABC aus:
$c=5\,\text{cm}$
$a=b=3\,\text{cm}$

Sodann:
$h(B)\perp\overline{AC}$, $h\cap\overline{AC}=\{H_b\}$
H'_b auf $\overline{BH_b}$ so,
dass $|\overline{BH'_b}|=4\,\text{cm}$
$g(H'_b)\parallel\overline{AC}$,
$g\cap\overline{BC}=\{C'\}$,
$g\cap\overline{BA}=\{A'\}$
$\triangle$A'BC' ist das verlangte
$\triangle A'BC'\sim\triangle ABC$ (Ähnlichkeitslage)

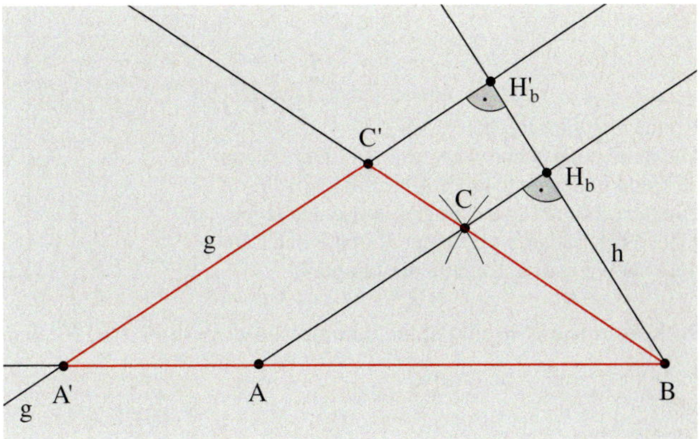

Zu b)
Konstruktion ohne Teildreieck.
$|\overline{AC}|=b=7\,\text{cm}$
$p\parallel\overline{AC}$ im Abstand von 4 cm
$K(C;\ r=a=b=7\,\text{cm})$
$K\cap p=\{B, B_1\}$ ► Die Aufgabe hat zwei Lösungen. Nebenstehend sind nur die Konstruktionsschritte für Punkt B beschrieben, die Konstruktion für B_1 kann analog erfolgen.
$\overline{AB}$; $h(C)\perp\overline{AB}$; H_c auf h so, dass
$|\overline{CH_c}|=8{,}5\,\text{cm}$; $g(H_c)\parallel\overline{AB}$
$g\cap\overline{CA}=\{A'\}$, $g\cap\overline{CB}=\{B'\}$
$\triangle$A'B'C ist das verlangte.
$\triangle A'B'C\sim\triangle ABC$ (Ähnlichkeitslage)

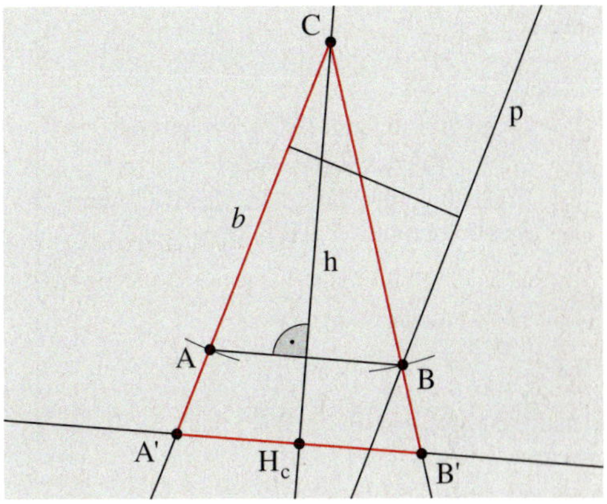

► Längenmaße auf die Hälfte verkürzt

Zu c)
Ein gleichschenkliges Dreieck $\triangle$ABC aus $c=3\,\text{cm}$ und $h_c=4\,\text{cm}$ ist eindeutig konstruierbar. Allerdings hat s_a nicht die verlangte Länge. Dabei ist zu beachten, dass im gleichschenkligen Dreieck die Höhe auf die Basis gleich der Seitenhalbierenden der Basis ist.

Sodann:
H'_c auf $\overline{CH_c}$ so, dass $|\overline{CH'}|=s_c=6\,\text{cm}$
$g(H'_c)\parallel\overline{AB}$, $g\cap\overline{CA}=\{A'\}$,
$g\cap\overline{CB}=\{B'\}$
$\triangle$A'B'C' ist das verlangte
$\triangle A'B'C'\sim\triangle ABC$ (Ähnlichkeitslage)

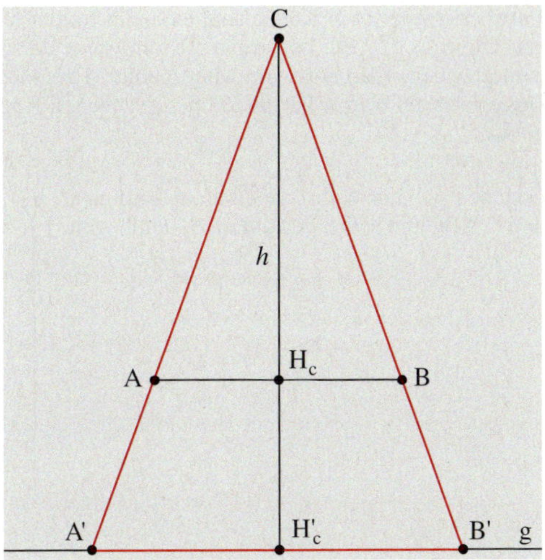

183 **8.** Konstruieren Sie ein Rechteck aus $c:f=3:5$ und $d=4\,\text{cm}$.

Dreieck △BCD nach SsW aus:
$|\overline{CD}|=c=3\,\text{cm}$
$|\sphericalangle DCB|=90°$
$|\overline{DB}|=f=5\,\text{cm}$

Ergänzung zum Rechteck ABCD
Die Seite d hat schon die verlangte Länge, denn 3:4 und 5 sind pythagoreische Zahlen, d.h., in einem rechtwinkligen Dreieck mit einer Hypotenuse der Länge 5 und einer Kathete der Länge 3 hat die andere Kathete die Länge 4.

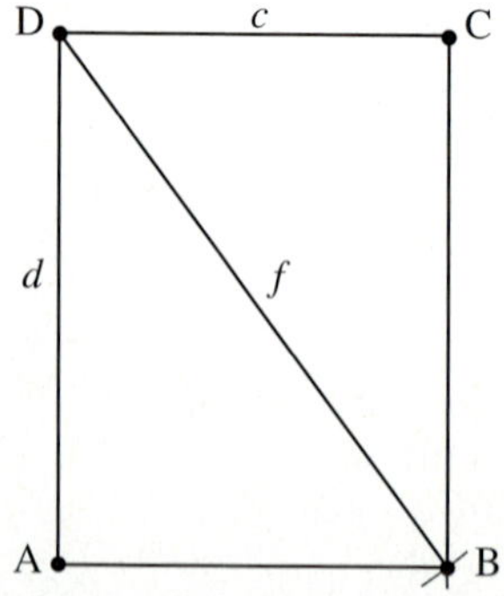

9. Konstruieren Sie ein Parallelogramm aus $c:d=3:4, \delta=120°$ und $e=6\,\text{cm}$.

Parallelogramm ABCD aus:
$a=c=1{,}5\,\text{cm}$
$b=d=2\,\text{cm}$
$\delta=120°$
Die Diagonale e hat noch nicht die verlangte Länge.

Sodann:

C′ auf $\overrightarrow{AC}$ so, dass $|\overline{AC'}|=e=6\,\text{cm}$
$g(C') \parallel \overline{BC}$, $g \cap \overrightarrow{AB}=\{B'\}$
Ergänzung des Dreiecks △AB′C′ zum Parallelogramm △AB′C′D′.

Es ist $|\overline{AB}|:|\overline{AB'}|=|\overline{BC}|:|\overline{B'C'}|$ nach 2. Strahlensatz

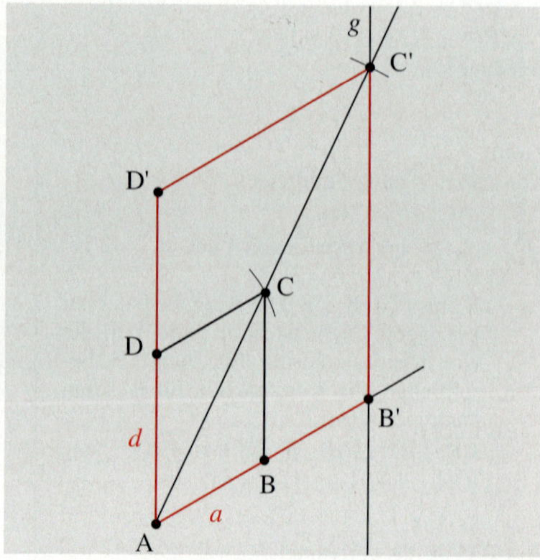

10. Zeichnen Sie in einen Kreis, dessen Radius Sie beliebig gewählt haben, ein Dreieck △A′B′C′, das einem gegebenen Dreieck △ABC ähnlich ist.

Vorüberlegung: Zwei Kreise sind einander immer ähnlich. Wenn man also den Umkreis K_2 des gegebenen Dreiecks △ABC konstruiert, K_2 mitsamt dem einbeschriebenen Dreieck als konzentrischen Kreis zum gegebenen Kreis K_1 um Mittelpunkt M zeichnet und sodann die Strecken vom Mittelpunkt zu den Dreiecksecken bis zur Peripherie des gegebenen Kreises verlängert (oder verkürzt), hat man die Aufgabe gelöst.

Gegeben K_1 mit selbst gewähltem Radius R und △ABC mit selbst gewählten Seitenlängen.

Ausgangsfiguren

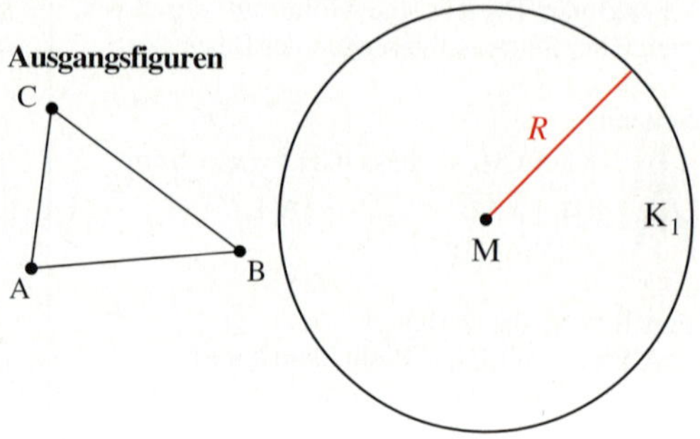

Umkreis K_2 mit Radius r und Dreieck $\triangle ABC$

Umkreis zu △ABC

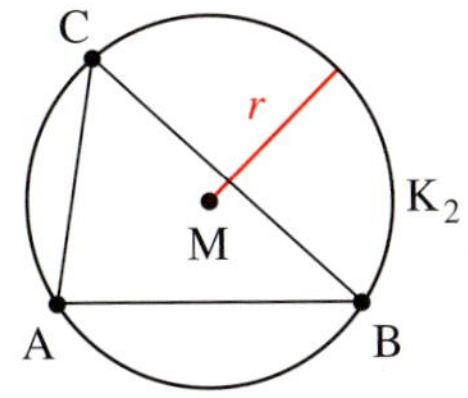

K_2 konzentrisch zu K_1
$\overline{MA} \cap K_1 = \{A'\}$
$\overline{MB} \cap K_1 = \{B'\}$
$\overline{MC} \cap K_1 = \{C'\}$

Konstruktion des zu △ABC ähnlichen Dreiecks

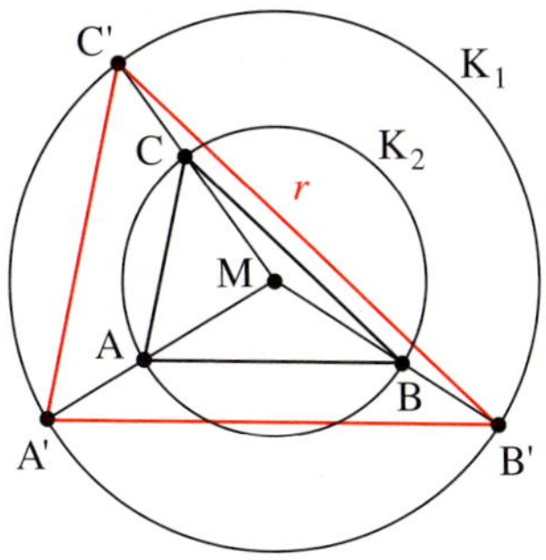

$\triangle A'B'C' \sim \triangle ABC$, denn einander entsprechende Seiten stehen im gleichen Verhältnis zueinander wie die Radien der Kreise, also wie $R:r$.

11. In ein Dreieck $\triangle ABC$ mit den Längen 4 cm für a, 5 cm für b und 7 cm für c ist ein größtmögliches Quadrat einzuzeichnen.

Einzeichnen heißt hier, die Ecken des Quadrates müssen auf den Seiten des Dreiecks liegen. Die Planfigur zeigt: Wenn man probeweise ein Quadrat DEFG so in das Dreieck $\triangle ABC$ einzeichnet, dass D und E auf $\overline{AB}$ und G auf $\overline{AC}$ liegen, liegt F i. Allg. nicht auf $\overline{BC}$. Man kann aber mithilfe des 2. Strahlensatzes ein zu DEFG ähnliches Quadrat konstruieren, dessen Ecken alle auf den Dreiecksseiten liegen.

Planfigur

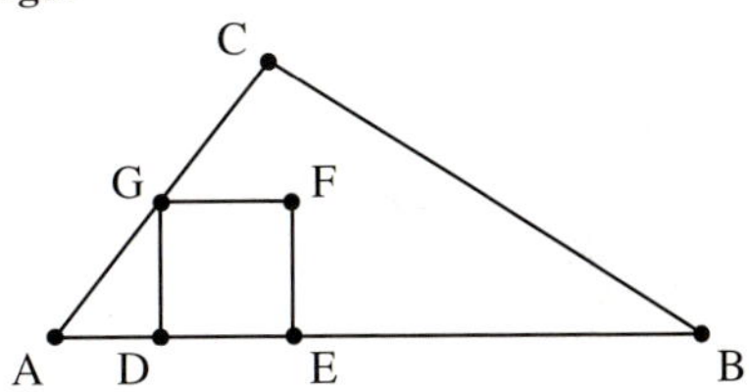

$\overline{AF} \cap \overline{BC} = \{F'\}$
$g(F') \parallel \overline{EF}$, $g \cap \overline{AB} = \{E'\}$
$h(F') \parallel \overline{FG}$, $h \cap \overline{AC} = \{G'\}$
$m(G') \parallel \overline{DG}$, $m \cap \overline{AB} = \{D'\}$

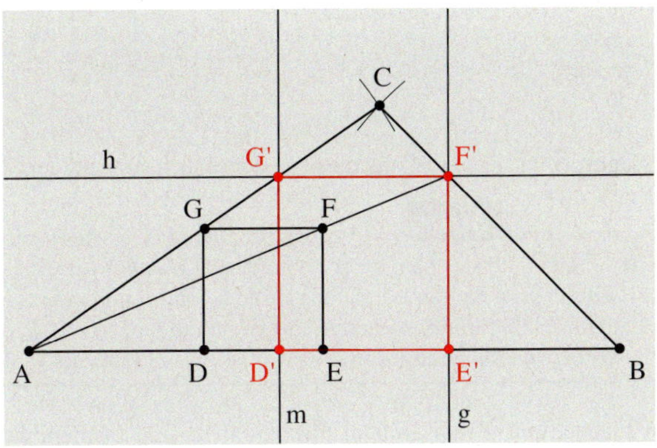

$D'E'F'G' \sim DEFG$, denn Quadrate sind untereinander alle ähnlich.

183 **12.** In das Dreieck von Aufgabe 11 ist ein Rechteck einzuzeichnen, dessen Seitenlängen im Verhältnis 3 : 2 stehen.

Vorbemerkung: Die Konstruktion verläuft analog der in Aufgabe 11.

Man zeichnet probeweise ein Rechteck DEFG, dessen Seiten im Verhältnis 3 : 2 stehen und dessen Ecken außer F auf den Dreiecksseiten liegen.

$\overline{AF} \cap \overline{BC} = \{F'\}$
$g(F') \parallel \overline{EF}$, $g \cap \overline{AB} = \{E'\}$
$h(F') \parallel \overline{FG}$, $h \cap \overline{AC} = \{G'\}$
$m(G') \parallel \overline{DG}$, $m \cap \overline{AB} = \{D'\}$

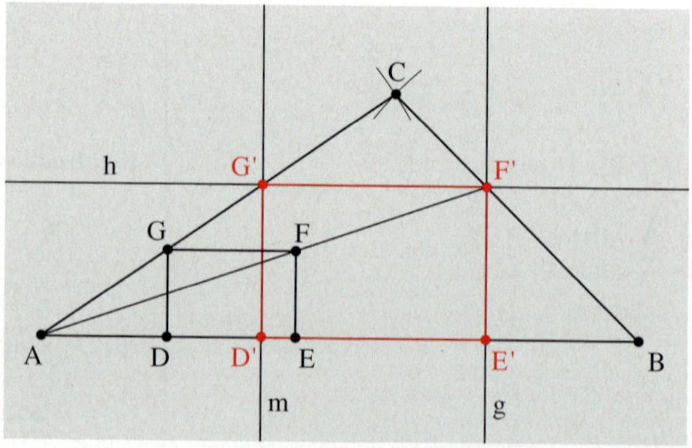

$D'E'F'G' \sim DEFG$ nach dem 2. Strahlensatz

Ähnlichkeit am rechtwinkligen Dreieck

Die Höhe h_c auf die Hypotenuse eines rechtwinkligen Dreiecks $\triangle ABC$ erzeugt zwei Teildreiecke, die sowohl untereinander als auch zum Ausgangsdreieck ähnlich sind. Steht H_c für den Fußpunkt von h_c, so gilt also:
$\triangle AH_cC \sim \triangle CH_cB$, $\triangle ACH_c \sim \triangle ABC$, $\triangle CBH_c \sim \triangle ABC$.

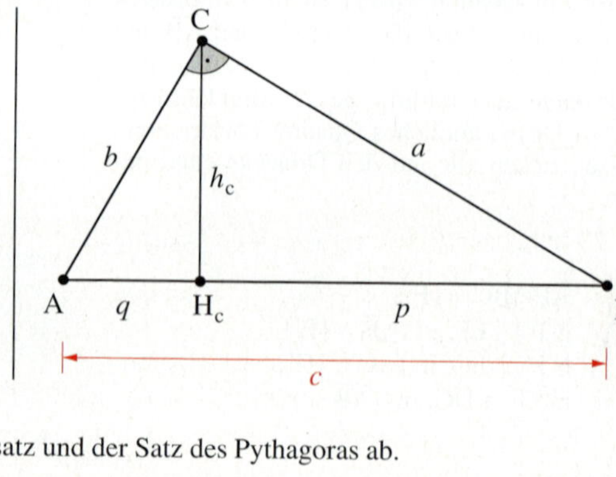

Daraus leiten sich die Kathetensätze, der Höhensatz und der Satz des Pythagoras ab.

Merke:

- Stehen c für die Länge der Hypotenuse, a und b für die Längen der Katheten eines rechtwinkligen Dreiecks, h für die Länge der Höhe h_c und p und q für die Längen der a und b anliegenden Hypotenusenabschnitte, so gelten die Gleichungen: $a^2 = c \cdot p$, $b^2 = c \cdot q$ **(Kathetensätze, Satz des Euklid)**, $h^2 = p \cdot q$ **(Höhensatz)** sowie $a^2 + b^2 = c^2$ **(Lehrsatz des Pythagoras)**.

► Flächen mit gleich großem Flächeninhalt sind flächeninhaltsgleich. Man nennt sie oft – wenn auch mathematisch nicht ganz korrekt – einfach **flächengleich**.

Die geometrischen Interpretationen dieser Sätze lauten:

Das Quadrat über einer Kathete eines rechtwinkligen Dreiecks ist flächengleich dem Rechteck aus der Hypotenuse und dem der Kathete anliegende Hypotenusenabschnitt.

► Satz des Euklid

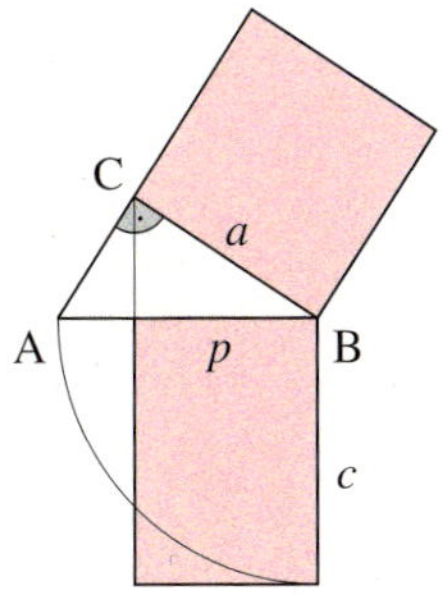

$a^2 = c \cdot p$

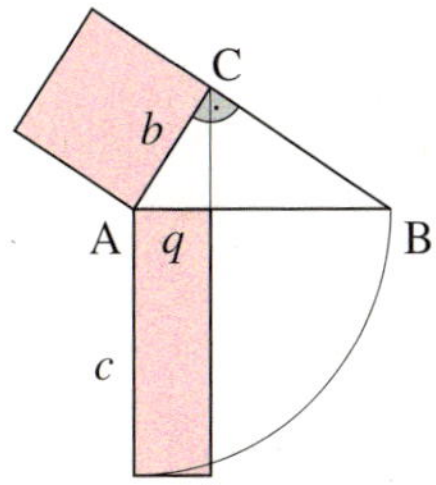

$b^2 = c \cdot q$

Das Quadrat über der Höhe eines rechtwinkligen Dreiecks auf die Hypotenuse ist flächengleich dem Rechteck aus den Hypotenusenabschnitten.

► Höhensatz

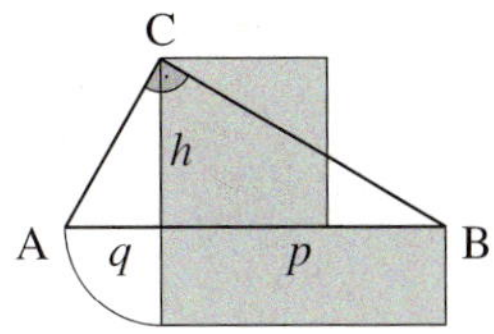

$h^2 = p \cdot q$

Im rechtwinkligen Dreieck ist die Summe der Flächeninhalte der Kathetenquadrate dem Flächeninhalt des Hypotenusenquadrats gleich.

► Satz des Pythagoras

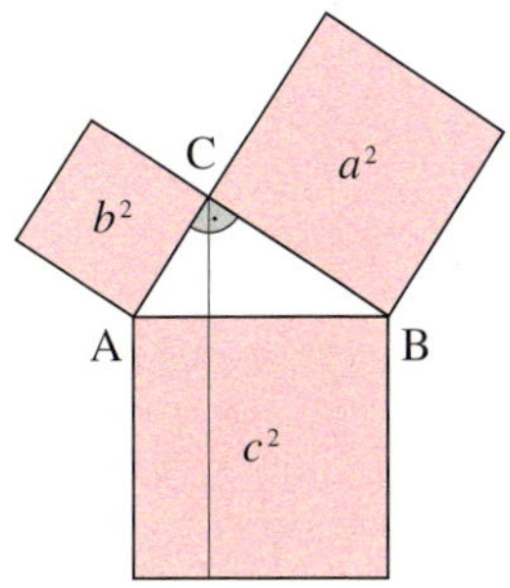

$a^2 + b^2 = c^2$

1. Lösen Sie durch Berechnung und Zeichnung:
a) Wie lang ist a, wenn $c = 7$ cm und $p = 3$ cm ist? 183
b) Wie lang ist b, wenn $c = 6$ cm und $q = 4$ cm ist?
c) Wie lang ist q, wenn $c = 4{,}5$ cm und $b = 3{,}5$ cm ist?
d) Wie lang ist c, wenn $a = 5$ cm und $p = 4$ cm ist?
e) Wie lang ist p, wenn $c = 8$ cm und $a = 5{,}5$ cm ist?
f) Wie lang ist c, wenn $b = 4{,}5$ cm und $q = 3$ cm ist?
g) Wie lang ist h, wenn $p = 3$ cm und $q = 2{,}5$ cm ist?
h) Wie lang ist p, wenn $h = 4$ cm und $q = 3{,}5$ cm ist?

Zu a)
Rechnung:
Die Lösung verwendet die Formel $a^2 = c \cdot p$, in der 7 cm für c und 3 cm für p gesetzt wird.

$a^2 = c \cdot p$
$c = 7,\ p = 3$
$a^2 = 21$
$a = \sqrt{21}$
$\underline{\underline{a \approx 4{,}6}}$

Anmerkung: Die Rechnungen erfolgen hier und im Folgenden ohne cm-Angabe.

183

$|\overline{AB}| = c = 7\,\text{cm}$
Halbkreis K über $\overline{AB}$
H auf $\overline{AB}$ so, dass $|\overline{BH}| = p = 3\,\text{cm}$
$g(H) \perp \overline{AB}$, $g \cap K = \{C\}$
$|\overline{CB}| = a$

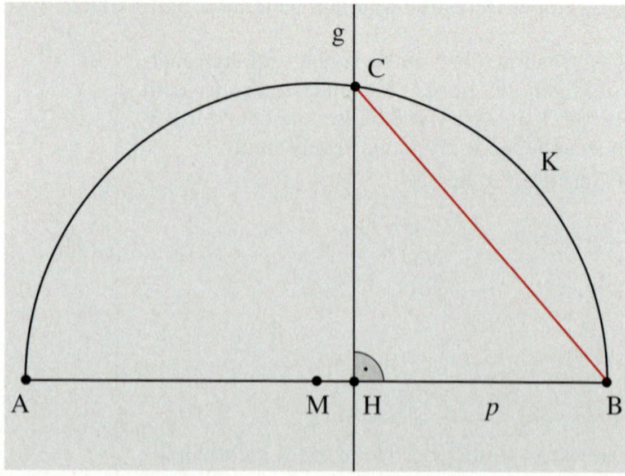

Die Messung liefert $a \approx 4{,}6\,\text{cm}$

Zu b)
Rechnung:
$b^2 = c \cdot q$
$c = 6,\ q = 4$

$b^2 = c \cdot q$
$b^2 = 6 \cdot 4$
$b = \sqrt{24}$
$\underline{\underline{b \approx 4{,}9}}$

$|\overline{AB}| = c = 6\,\text{cm}$
Halbkreis K über $\overline{AB}$
H auf $\overline{AB}$ so, dass $|\overline{AH}| = q = 4\,\text{cm}$
$g(H) \perp \overline{AB}$, $g \cap K = \{C\}$
$|\overline{CA}| = b$

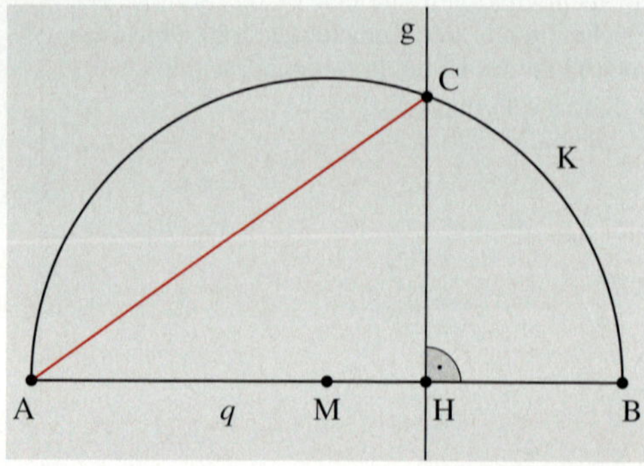

Die Messung liefert $b \approx 4{,}9\,\text{cm}$

Zu c)
Rechnung:
$b^2 = c \cdot q$
$q = \dfrac{b^2}{c}$, $b = 3{,}5$, $c = 4{,}5$

$q = \dfrac{b^2}{c}$
$\underline{\underline{q}} = \dfrac{12{,}25}{4{,}5} \approx \underline{\underline{2{,}7}}$

$|\overline{AB}| = c = 4{,}5\,\text{cm}$
Halbkreis K über $\overline{AB}$
$K_1(A;\ r = b = 3{,}5\,\text{cm})$, $K_1 \cap K = \{C\}$
$g(C) \perp \overline{AB}$, $g \cap \overline{AB} = \{H\}$
$|\overline{AH}| = q$

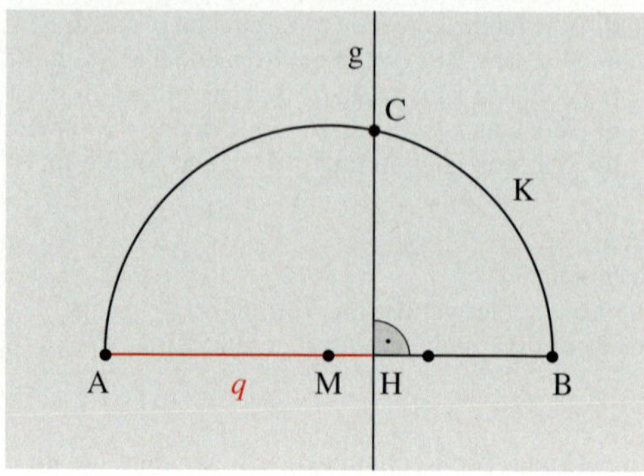

Die Messung liefert $q \approx 2{,}7\,\text{cm}$

Zu d) 183

Rechnung:

$a^2 = c \cdot p$

$c = \frac{a^2}{p}$, $a = 5$, $p = 4$

$c = \frac{a^2}{p}$

$\underline{\underline{c}} = \frac{25}{4} = \underline{\underline{6{,}25}}$

$|\overline{HB}| = p = 4\,\text{cm}$
$\sphericalangle 90°$ an $\overline{HB} \Rightarrow s_1$
$K(B;\ r = a = 5\,\text{cm})$,
$K \cap s_1 = \{C\}$
$\sphericalangle 90°$ an $\overline{CB} \Rightarrow s_2$,
$s_2 \cap \overline{BH} = \{A\}$
$|\overline{AB}| = c$

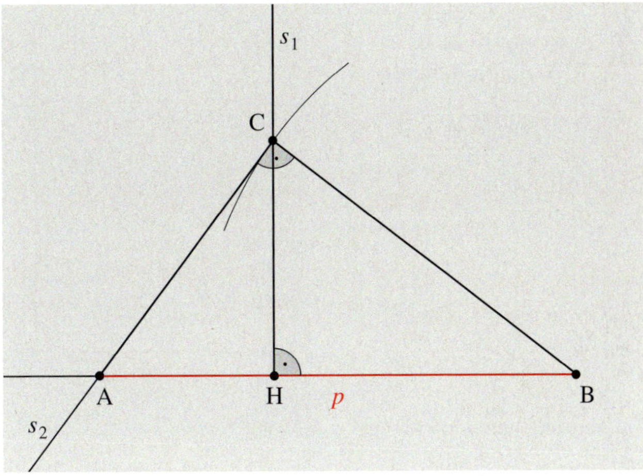

Die Messung liefert $c \approx 6{,}2\,\text{cm}$

Zu e) 184

Rechnung:

$a^2 = c \cdot p$

$p = \frac{a^2}{c}$, $a = 5{,}5$, $c = 8$

$p = \frac{a^2}{c}$

$\underline{\underline{c}} = \frac{30{,}25}{8} \approx \underline{\underline{3{,}8}}$

$|\overline{AB}| = c = 8\,\text{cm}$
Halbkreis K_1 über $\overline{AB}$
$K_2(B;\ r = a = 5{,}5\,\text{cm})$,
$K_1 \cap K_2 = \{C\}$
$g(C) \perp \overline{AB}$, $g \cap \overline{AB} = \{H\}$
$|\overline{BH}| = p$

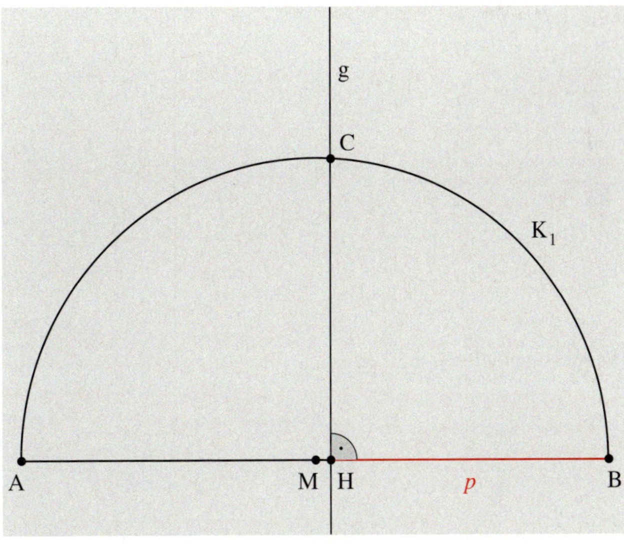

Die Messung liefert $p \approx 3{,}8\,\text{cm}$

184

Zu f)
Rechnung:

$b^2 = c \cdot q$

$c = \frac{b^2}{q}$, $b = 4{,}5$, $q = 3$

$c = \frac{b^2}{q}$

$\underline{\underline{c}} = \frac{20{,}25}{3} = \underline{\underline{6{,}75}}$

$|\overline{AH}| = q = 3\,\text{cm}$
$\sphericalangle 90°$ an $\overline{HA} \Rightarrow s_1$
$K(A;\ r = b = 4{,}5\,\text{cm})$,
$K \cap s_1 = \{C\}$
$\sphericalangle 90°$ an $\overline{CA} \Rightarrow s_2$,
$s_2 \cap \overline{AH} = \{B\}$
$|\overline{AB}| = c$

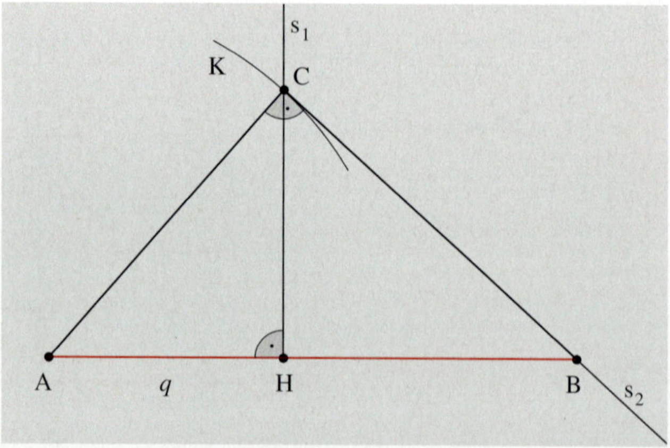

Die Messung liefert $c \approx 6{,}7\,\text{cm}$

Zu g)
Rechnung:

$h^2 = p \cdot q$
$p = 3$
$q = 2{,}5$

$h^2 = p \cdot q$
$h^2 = 7{,}5$
$h = \sqrt{7{,}5}$
$\underline{\underline{h \approx 2{,}7}}$

Auf
$\overline{AB}$: $|\overline{AH}| = q = 2{,}5\,\text{cm}$, $|\overline{HB}| = p = 3\,\text{cm}$
Halbkreis K über $\overline{AB}$
$g(H) \perp \overline{AB}$, $g \cap K = \{C\}$
$|\overline{HC}| = h$

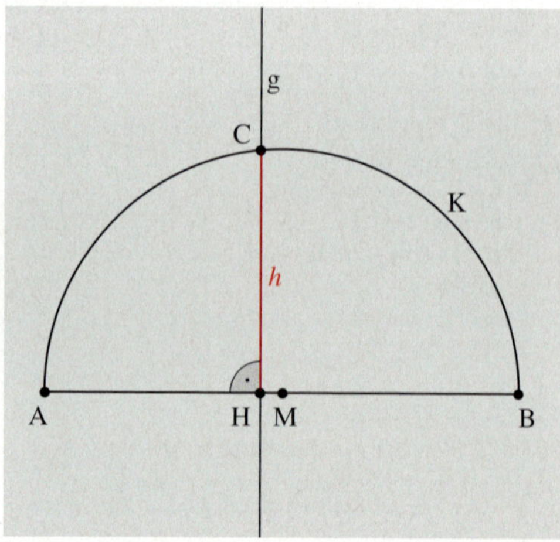

Die Messung liefert $h \approx 2{,}7\,\text{cm}$

184

Zu h)
Rechnung:

$h^2 = p \cdot q$

$p = \frac{h^2}{q}$, $h = 4$, $q = 3{,}5$

$p = \frac{h^2}{q}$

$\underline{\underline{p}} = \frac{16}{3{,}5} \approx \underline{\underline{4{,}6}}$

$|\overline{AH}| = q = 3{,}5\,\text{cm}$
$\sphericalangle 90°$ an $\overline{HA}$, ➡ s_1
C auf s_1 so, dass $|\overline{HC}| = $
$= h = 4\,\text{cm}$
$\sphericalangle 90°$ an $\overline{CA}$ ➡ s_2,
$s_2 \cap \overline{AH} = \{B\}$
$|\overline{HB}| = p$

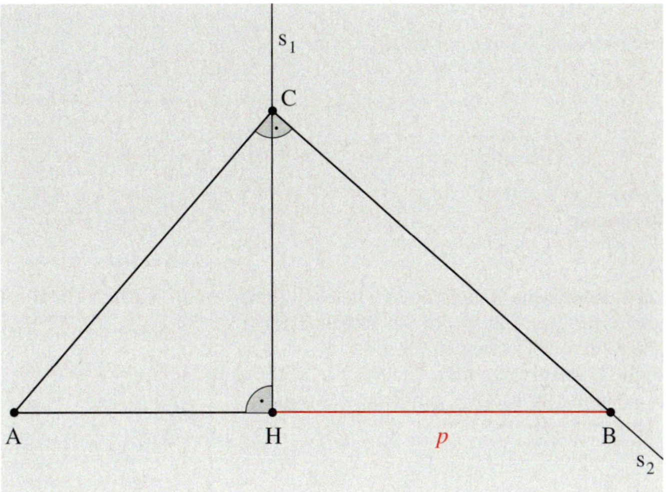

Die Messung liefert $p \approx 4{,}6\,\text{cm}$

► Unter dem geometrischen Mittel g zweier Zahlen für a und b versteht man den Term $\sqrt{a \cdot b}$; es ist also $g = \sqrt{a \cdot b}$.

Die rechnerische Lösung der Aufgaben unter 2. führt auf ein System aus zwei Gleichungen mit zwei Variablen. ► Lehrbuch Kusch 1, Abschnitt 2.4

Zur Lösung dieses Systems wird im Folgenden das Einsetzungsverfahren benutzt. Wegen der Gleichung $S = a + b$ kann a durch $S - b$ ausgedrückt werden. Dieser Term wird dann für a in $g = \sqrt{a \cdot b}$ eingesetzt. Die für b entstehende Gleichung 2. Grades wird auf Normalform $b^2 - Sb + g^2 = 0$ gebracht und mittels der Lösungsformel gelöst. ► Lehrbuch Kusch 1, Abschnitt 5.1

Die konstruktive Lösung macht vom Höhensatz Gebrauch. Die Gleichung $h^2 = p \cdot q$ oder $h = \sqrt{p \cdot q}$ zeigt, dass h das geometrische Mittel von p und q ist.

2. Von zwei Zahlen kennt man die Summe S und das geometrische Mittel g. Wie groß sind beide Zahlen? (Lösung durch Berechnung und Zeichnung.)

a) $S = 6$, $g = 3$ **b)** $S = 10$, $g = 4$ **c)** $S = 8{,}5$, $g = 3{,}6$ **d)** $S = 14{,}5$, $g = 5$

Zu a)
Rechnerische Lösung:

Aus $S = a + b$ wird a isoliert, der Term für a in $g = \sqrt{a \cdot b}$ eingesetzt. Sodann wird aus $a = S - b$ der Wert für b bestimmt.

$S = 6$, $g = 3$

Die quadratische Gleichung in b liefert als einzige Lösung 3 für b.

$a = 6 - b \Rightarrow a = 3$; 3 ist die einzige Lösung für a.

Das Lösungspaar 3 für a und 3 für b erfüllt die Ausgangsgleichungen.

$6 = a + b$

$3 = \sqrt{a \cdot b}$

$a = 6 - b$

$3 = \sqrt{(6 - b)\,b}$

$3 = \sqrt{6b - b^2}$ | quadrieren

$9 = 6b - b^2$ | $-6b + b^2$

$b^2 - 6b + 9 = 0$ ► Lösungsformel

$b_{1,2} = 3 \pm \sqrt{9 - 9}$

$\underline{\underline{b_{1,2} = 3}}$

184

$|\overline{AB}| = a + b = 6\,\text{cm}$
Halbkreis K über $\overline{AB}$
Parallele m zu c im Abstand 3 cm
► $g \mathrel{\hat{=}} h$
m berührt K in C
Lot l von C auf $\overline{AB}, l \cap \overline{AB} = \{H\}$
$|\overline{AH}| = a, |\overline{HB}| = b$
Die Messung liefert $a = 3\,\text{cm}$, $b = 3\,\text{cm}$.

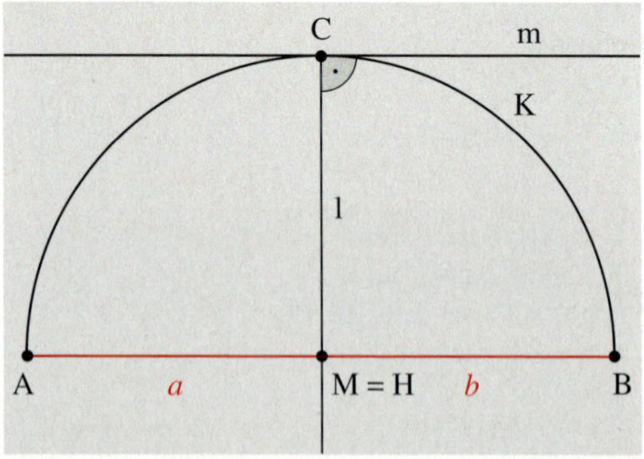

Zu b)
Rechnung:
$S = 10$
$g = 4$
Die quadratische Gleichung in b liefert 8 für b_1 und 2 für b_2. Aus $a = 10 - b$ folgen 2 für a_1 und 8 für a_2 als Lösungen für a.
Beide Lösungspaare für a und b mit $a_1 = 2$, $b_1 = 8$ und $a_2 = 8, b_1 = 2$ erfüllen die Ausgangsgleichungen.

$a = 10 - b$
$4 = \sqrt{(10-b)\,b}$ | quadrieren
$16 = 10b - b^2$ | $-10b + b^2$
$b^2 - 10b - 16 = 0$ ► Lösungsformel
$b_{1,2} = 5 \pm \sqrt{25 - 16}$
$b_{1,2} = 5 \pm 3$
$\underline{\underline{b_1 = 8}}$
$\underline{\underline{b_2 = 2}}$
$a_1 = 10 - b_1 \Rightarrow \underline{\underline{a = 2}}$
$a_2 = 10 - b_2 \Rightarrow \underline{\underline{a = 8}}$

$|\overline{AB}| = a + b = 10\,\text{cm}$; Halbkreis K über $\overline{AB}$; Parallele m zu c im Abstand 4 cm ► $g \mathrel{\hat{=}} h$; $m \cap K = \{C, C'\}$; Lote von C und C′ auf $\overline{AB}$ ➡ H und H′

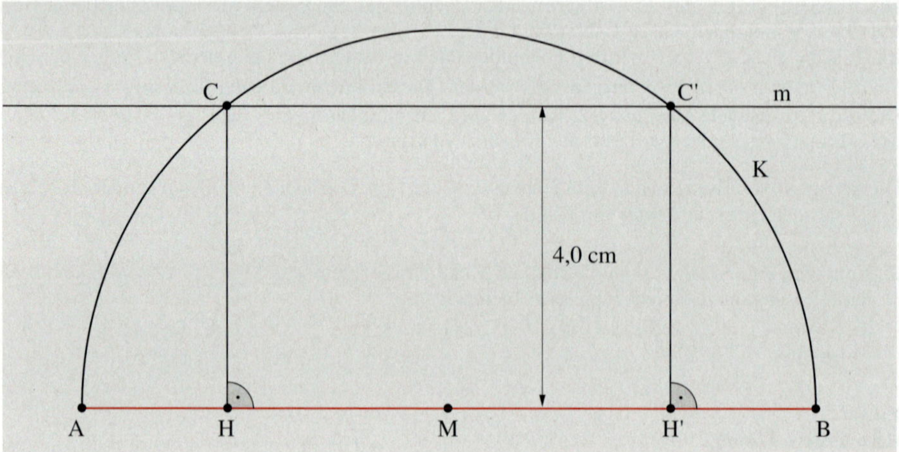

Die Längen der entstandenen Abschnitte $\overline{AH}$ und $\overline{HB}$ bzw. $\overline{AH'}$ und $\overline{H'B}$ entsprechen den Größen für a und b.

184

Zu c)
Rechnung:
$S = 8{,}5$
$g = 3{,}6$
Die quadratische Gleichung in b liefert 6,51 für b_1 und 1,99 für b_2.
Aus $a = 10 - b$ folgen für a_1 und a_2:
$a_1 = 1{,}99$, $a_2 = 6{,}51$
Beide Lösungspaare für a und b mit $a_1 = 1{,}99$ und $b_1 = 6{,}51$ sowie $a_2 = 6{,}51$ und $b_2 = 1{,}99$ erfüllen die Ausgangsgleichungen.

$a = 8{,}5 - b$
$3{,}6 = \sqrt{(8{,}5 - b)\,b}$
$3{,}6 = \sqrt{8{,}5b - b^2}$ | quadrieren
$12{,}96 = 8{,}5b - b^2$ | $-8{,}5b + b^2$
$b^2 - 8{,}5b + 12{,}96 = 0$ ► Lösungsformel
$b_{1,2} = 4{,}25 \pm \sqrt{18{,}0625 - 12{,}96}$
$b_{1,2} \approx 4{,}25 \pm 2{,}26$
$\underline{\underline{b_1 \approx 6{,}51}}$
$\underline{\underline{b_2 \approx 1{,}99}}$

$|\overline{AB}| = a + b = 8{,}5\,\text{cm}$; Halbkreis K über $\overline{AB}$; Parallele m zu $\overline{AB}$ im Abstand 3,6 cm ► $g \mathrel{\hat{=}} h$; $m \cap K = \{C, C'\}$; Lote von C und C′ auf $\overline{AB}$ ➡ H und H′

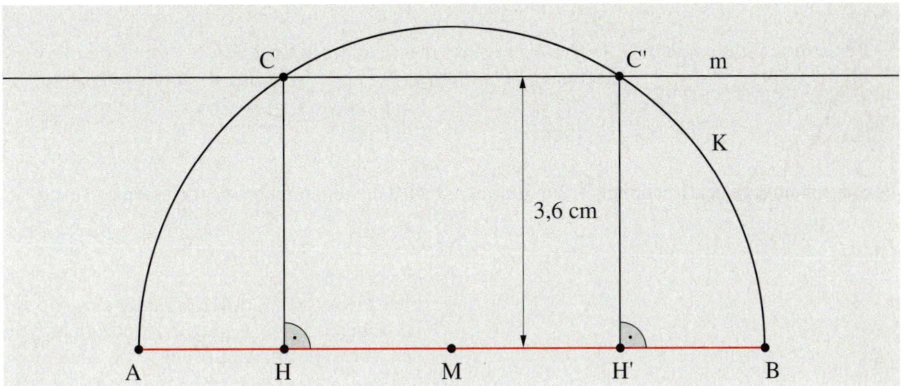

Die Längen der entstandenen Abschnitte $\overline{AH}$ und $\overline{HB}$ bzw. $\overline{AH'}$ und $\overline{H'B}$ entsprechen den Größen für a und b.

Zu d)
Rechnung:
$S = 14{,}5$
$g = 5$
Die quadratische Gleichung in b liefert 12,5 für b_1 und 2 für b_2.
Aus $a = 14{,}5 - b$ folgt
$a_1 = 2$ und $a_2 = 12{,}5$
Beide Lösungspaare für a und b mit $a_1 = 2$ und $b_1 = 12{,}5$ sowie $a_2 = 12{,}5$ und $b_2 = 2$ erfüllen die Ausgangsgleichungen.

$a = 14{,}5 - b$
$5 - \sqrt{(14{,}5 - b)\,b}$
$5 = \sqrt{14{,}5b - b^2}$ | quadrieren
$25 = 14{,}5b - b^2$ | $-14{,}5b + b^2$
$b^2 - 14{,}5b + 25 = 0$ ► Lösungsformel
$b_{1,2} = 7{,}25 \pm \sqrt{52{,}625 - 25}$
$= 7{,}25 \pm 5{,}25$
$\underline{\underline{b_1 = 12{,}5}}$
$\underline{\underline{b_2 = 2}}$

► Längenmaße auf die Hälfte verkürzt
$|\overline{AB}| = a + b = 7{,}25\,\text{cm}$
Halbkreis K über $\overline{AB}$
Parallele m zu $\overline{AB}$ im Abstand 2,5 cm ► $g \mathrel{\hat{=}} h$
$m \cap K = \{C, C'\}$
Lote von C und C′ auf $\overline{AB}$ ➡ H und H′

Die Längen der entstandenen Abschnitte $\overline{AH}$ und $\overline{HB}$ bzw. $\overline{AH'}$ und $\overline{H'B}$ entsprechen den Größen für a und b.

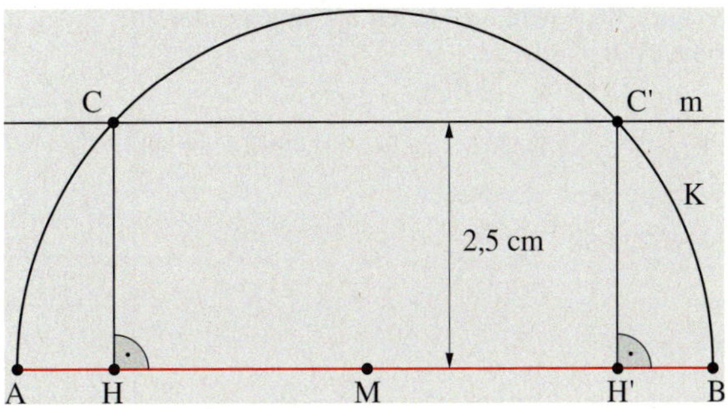

184

Lehrsatz des Pythagoras

Die nachfolgenden Rechnungen basieren auf der pythagoreischen Formel $a^2+b^2=c^2$, worin a und b für die Längen der Katheten, c für die Länge der Hypotenuse des bei C rechtwinkligen Dreiecks $\triangle$ABC stehen.

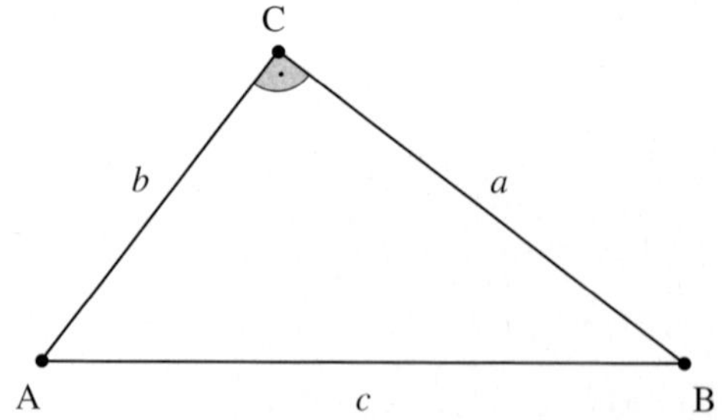

3. Berechnen Sie die fehlende Seitenlängen eines rechtwinkligen Dreiecks.

a) $a=3\,\text{cm}$, $b=4\,\text{cm}$, $c=?$

b) $a=6\,\text{cm}$, $b=?$, $c=10\,\text{cm}$

c) $a=?$, $b=12\,\text{cm}$, $c=15\,\text{cm}$

d) $a=b=18{,}38\,\text{cm}$, $c=?$, $h=?$

Vorbemerkung: In den Rechnungen zur Aufgabe 3 wird die cm-Angabe weggelassen.

Zu a)

$c^2=a^2+b^2$
$a=3$
$b=4$

$c^2=9+16$
$c^2=25 \Rightarrow c=|5|$, d.h. $c=5$ oder $c=-5$

Da Längen keine negativen Maßzahlen haben können, folgt als einzige Lösung

$\underline{\underline{c=5}}$

Zu b)

$c^2=a^2+b^2 \Rightarrow b^2=c^2-a^2$
$c=10$
$a=6$

$b^2=100-36$
$b^2=64$
$\underline{\underline{b=8}}$ ► Aufgabe a)

Zu c)

$c^2=a^2+b^2 \Rightarrow a^2=c^2-b^2$
$c=15$
$b=12$

$a^2=225-144$
$a^2=81$
$\underline{\underline{a=9}}$ ► Aufgabe a)

Zu d)

Das Dreieck $\triangle$ABC ist rechtwinklig bei C und gleichschenklig, weil $a=b$.
c wird mithilfe des Satzes von Pythagoras berechnet, für h wird der Höhensatz angewendet, denn es ist $p=q=\frac{1}{2}c$.

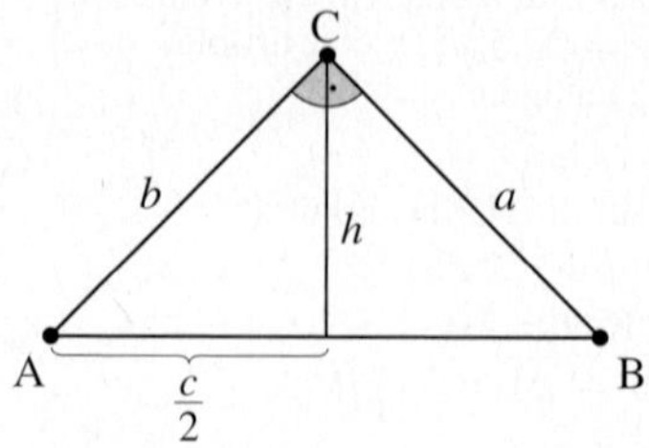

$c^2=a^2+b^2$
$a=b=18{,}38$

$c^2=18{,}38^2+18{,}38^2$
$c^2=675{,}6488$
$\underline{\underline{c\approx 26}}$ ► Aufgabe a)

$p=q\approx 13$

$h^2\approx 13\cdot 13$
$\underline{\underline{h\approx 13}}$

4. Verdoppeln Sie ein gegebenes Quadrat ($a = 4\,\text{cm}$) zeichnerisch.

Anmerkung: Mit „verdoppeln" ist hier gemeint, dass ein gegebenes Quadrat in ein anderes mit doppelt so großem Flächeninhalt umgewandelt werden soll.

Bei einem Quadrat mit der Seitenlänge a hat eine Diagonale die Länge $\sqrt{2} \cdot a$.
Es gilt: $e = f = \sqrt{2} \cdot a$.

Zeichnet man daher über einer der Diagonalen des gegebenen Quadrats das Quadrat, hat seine Fläche die Größe $A = (\sqrt{2} \cdot a)^2$, also $A = 2 \cdot a^2$.

Die Fläche des Quadrats über der Diagonale eines gegebenen Quadrats ist also doppelt so groß wie die Fläche des gegebenen Quadrats.

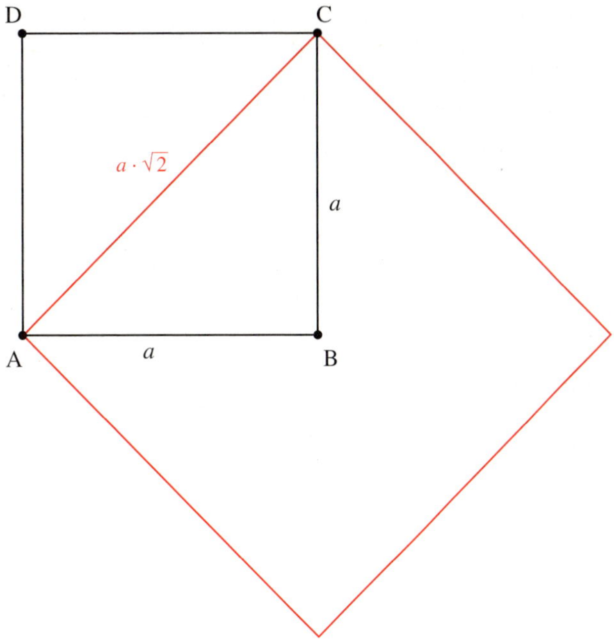

5. Berechnen Sie die Höhe h_c eines gleichschenkligen Dreiecks.

a) $c = 6\,\text{cm}$, $b = 4\,\text{cm}$ **b)** $c = 8\,\text{cm}$, $b = 10\,\text{cm}$ **c)** $c = 12\,\text{cm}$, $b = 8\,\text{cm}$ **d)** c, b

Vorbemerkung: In den Aufgaben a) bis c) sind immer b und c gegeben und h_c ist gesucht. Löst man also zuerst die Aufgabe d), so hat man einen Term für h_c, in den man die in a) bis c) gegebenen Längen nur einzusetzen braucht. Hierbei wird $a = b$ angenommen.

Zu d)
Aus der nebenstehenden Figur entnimmt man: h_c ist die Länge einer Kathete im rechtwinkligen Dreieck $\triangle$AHC. Weil $a = b$ und somit h_c die Seite c halbiert, folgt:
$h^2 = b^2 - \left(\frac{c}{2}\right)^2$.

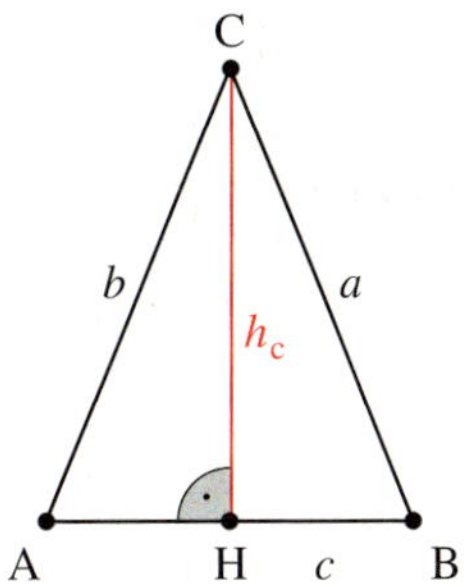

184 **Zu a)**
$c = 6\,\text{cm}$
$b = 4\,\text{cm}$
$h_c^2 = 16\,\text{cm} - 9\,\text{cm}^2$
$\quad = 7\,\text{cm}^2$
$|h_c| \approx 2{,}65\,\text{cm}$; weil die Länge einer Strecke keine negative Maßzahl habe kann, ist also
$\underline{\underline{h_c \approx 2{,}65\,\text{cm}}}$.

Zu b)
$c = 8\,\text{cm}$
$b = 10\,\text{cm}$
$h^2 = 100\,\text{cm}^2 - 16\,\text{cm}^2$
$\quad = 84\,\text{cm}^2$
$\underline{\underline{h \approx 9{,}17\,\text{cm}}}$ ► Aufgabe a)

Zu c)
$c = 12\,\text{cm}$
$b = 8\,\text{cm}$
$h_c^2 = 64\,\text{cm} - 36\,\text{cm}^2$
$\quad = 28\,\text{cm}^2$
$\underline{\underline{h_c \approx 5{,}3\,\text{cm}}}$ ► Aufgabe a)

6. Ein Satteldach ist 11 m (9,50 m) breit und 6 m (4,80 m) hoch. Wie lang sind die Dachsparren?

In der Skizze sind die Dachsparren die Seiten eines gleichschenkligen Dreiecks. Sie sind Hypotenusen der kongruenten Dreiecke △AHC und △HBC.
Steht s für deren Länge, so gilt also:
$s^2 = \left(\frac{11}{2}\right)^2 \text{m}^2 + 6^2\,\text{m}^2$
$\quad = 66{,}25\,\text{m}^2$
$\underline{\underline{s \approx 8{,}14\,\text{m}}}$ ► Aufgabe 5 a)

Analog: $s^2 = 4{,}75^2\,\text{m}^2 + 4{,}80^2\,\text{m}^2$
$\underline{\underline{s \approx 6{,}75\,\text{m}}}$

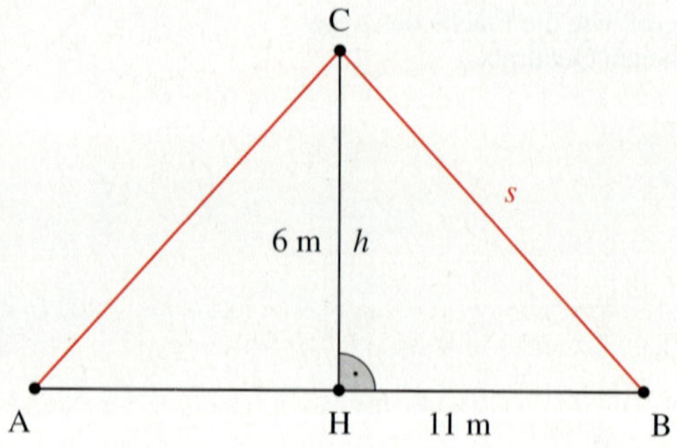

7. Ein Satteldach hat 7,50 m (6,40 m) lange Sparen und ist 9,40 m (8 m) breit. Wie hoch ist der Giebel?

An der Skizze zur Aufgabe 6 liest man ab: $h^2 = s^2 - \left(\frac{c}{2}\right)^2$, wenn c für die Breite des Dachs und s für die Länge der Sparren steht.

► $s = 7{,}50\,\text{m}$, $c = 9{,}40\,\text{m}$
$h^2 = 56{,}25\,\text{m}^2 - 22{,}09\,\text{m}^2$
$\underline{\underline{h \approx 5{,}84\,\text{m}}}$ ► Aufgabe 5 a)

► $s = 6{,}40\,\text{m}$, $c = 8\,\text{m}$
$h^2 = 40{,}96\,\text{m}^2 - 16\,\text{m}^2$
$\underline{\underline{h \approx 5\,\text{m}}}$ ► Aufgabe 5 a)

8. Berechnen Sie die Längen s der Streben.

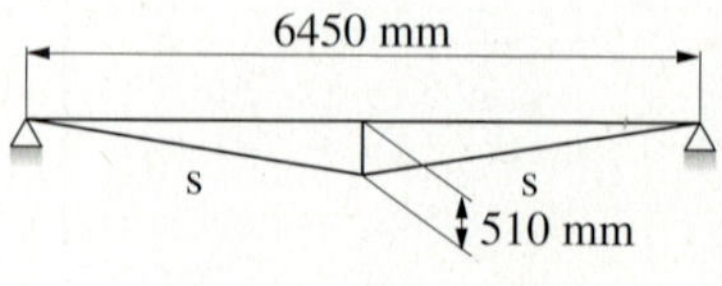

s ist jeweils die Länge einer Hypotenuse eines rechtwinkligen Dreiecks mit den Längen der Katheten von 3225 mm und 510 mm.
► $6450\,\text{mm} : 2 = 3225\,\text{mm}$

$s^2 = 10400625\,\text{mm}^2 + 260100\,\text{mm}^2$
$\quad = 10660725\,\text{mm}^2$
$\underline{\underline{s \approx 3265\,\text{mm}}}$ ► Aufgabe 5 a)

9. Wie viel Meter Zaun sind für dieses Grundstück notwendig? 184

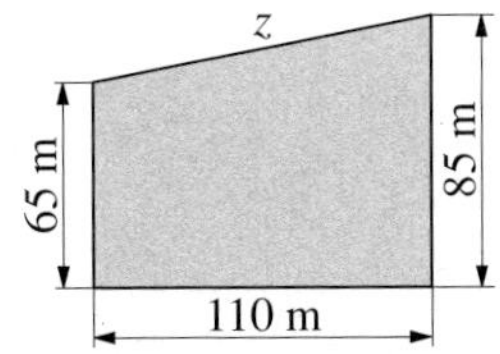

Zeichnet man die Parallele zur Grundseite des Trapezes durch die obere linke Ecke, so erhält man ein rechtwinkliges Dreieck mit den Kathetenlängen 110 m und 20 m.
► $85\,\text{m} - 65\,\text{m} = 20\,\text{m}$

Die fehlende Seitenlänge z kann nun mithilfe des pythagoreischen Lehrsatzes berechnet werden. Die benötigte Zaunlänge l ist die Summe aller Seitenlängen des Grundstücks.

$z^2 = 12\,100\,\text{m}^2 + 400\,\text{m}^2$
$z \approx 111{,}80\,\text{m}$ ► Aufgabe 5 a)
$l = 111{,}80\,\text{m} + 110\,\text{m} + 85\,\text{m} + 65\,\text{m}$
$= \underline{\underline{371{,}80\,\text{m}}}$

10. Berechnen Sie den Umfang des gleichschenkligen Trapezes in m.

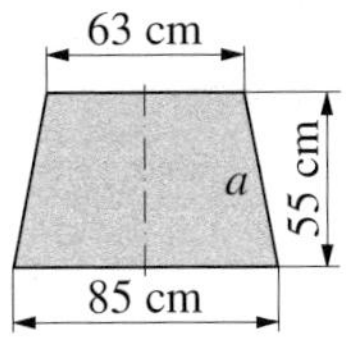

Fällt man von der rechten oberen Ecke das Lot auf die Grundseite der Figur, so erhält man ein rechtwinkliges Dreieck, dessen Katheten die Längen 55 cm und 11 cm haben.
► $\frac{85\,\text{cm} - 63\,\text{cm}}{2} = 11\,\text{cm}$. Die Länge a seiner Hypotenuse wird gesucht.

Die fehlende Hypotenusenlänge a wird mithilfe des Pythagoras berechnet.
Der Umfang u des Trapezes ist die Summe der Längen seiner Seiten.

$a^2 = 3025\,\text{cm}^2 + 121\,\text{cm}^2$
$a \approx 56{,}09\,\text{cm}$ ► Aufgabe 5 a)
$u = 2 \cdot 56{,}09\,\text{cm} + 85\,\text{cm} + 63\,\text{cm}$
$= 260{,}18\,\text{cm} \approx \underline{\underline{2{,}6\,\text{m}}}$

11. Berechnen Sie den Radius r des Kreisbogens.

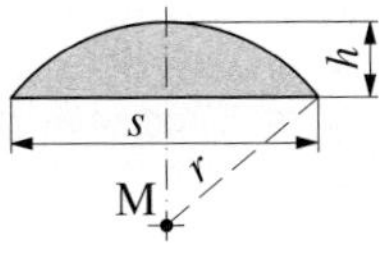

Der Radius r ist Hypotenuse in einem rechtwinkligen Dreieck, dessen eine Kathete die Länge $\frac{1}{2}s$ und dessen andere Kathete die Länge $r-h$ hat.

Die Länge r des Radius r kann also mithilfe des pythagoreischen Lehrsatzes berechnet werden.

$r^2 = \left(\frac{s}{2}\right)^2 + (r-h)^2$

$r^2 = \frac{s^2}{4} + r^2 - 2rh + h^2 \quad | -r^2 + 2rh$

$2rh - \frac{s^2}{4} + h^2 \quad |:2h,\ h \neq 0$

$r = \frac{s^2}{8h} + \frac{h}{2} = \underline{\underline{\frac{4h^2 + s^2}{8h}}}$

184

12. Wie lang ist der Radius des Bogens? Alle Maße sind in m angegeben.

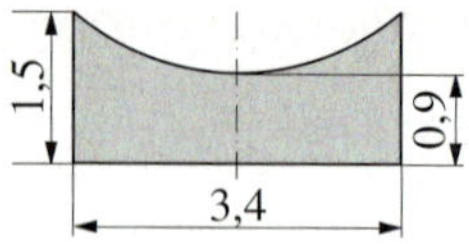

Ergänzt man die Ausgangsfigur zu untenstehender Skizze, so erkennt man, dass r Hypotenuse im rechtwinkligen Dreieck $\triangle$AHM ist, dessen eine Kathete die Länge 1,7 m und dessen andere Kathete die Länge $r - 0{,}6\,\text{m}$ hat.
► $1{,}5\,\text{m} - 0{,}9\,\text{m} = 0{,}6\,\text{m}$

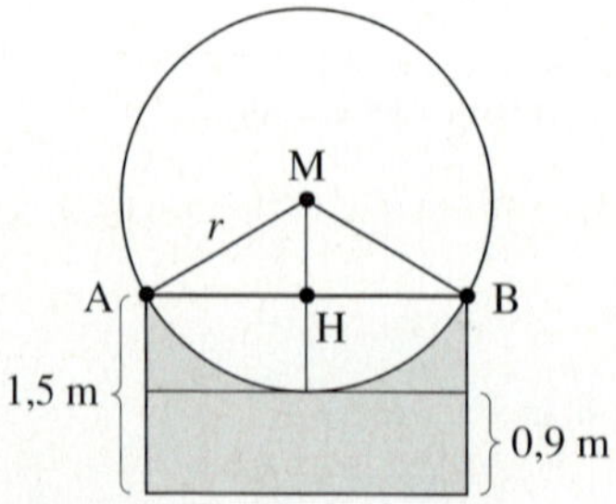

Der Radius des Bogens ist ungefähr 2,7 m lang.

$r^2 = 1{,}7^2\,\text{m}^2 + (r - 0{,}6\,\text{m})^2$
$r^2 = 2{,}89\,\text{m}^2 + r^2 - r \cdot 1{,}2\,\text{m} + 0{,}36\,\text{m}^2$
Nach Subtraktion von r^2 und Addition von $r \cdot 1{,}2\,\text{m}$ erhält man:
$r \cdot 1{,}2\,\text{m} = 3{,}25\,\text{m} \quad |: 1{,}2\,\text{m}$
$\underline{\underline{r \approx 2{,}7\,\text{m}}}$

Ähnlichkeit am Kreis

Alle Kreise sind einander ähnlich.

Merke:

- Schneiden sich zwei Sehnen eines Kreises, so ist das Produkt der Längen der Abschnitte auf der einen Sehne gleich dem Produkt der Längen der Abschnitte auf der anderen Sehne.
  ► **Sehnensatz** ► $|\overline{AS}| \cdot |\overline{SC}| = |\overline{DS}| \cdot |\overline{SB}|$
- Schneiden sich zwei Sekanten eines Kreises, so ist das Produkt der Längen der Abschnitte auf der einen Sekante gleich dem Produkt der Längen der Abschnitte auf der anderen Sekante.
  ► **Sekantensatz** ► $|\overline{EA}| \cdot |\overline{EB}| = |\overline{ED}| \cdot |\overline{EC}|$
- Schneiden sich eine Sekante und eine Tangente eines Kreises in einem Punkt außerhalb des Kreises, so ist das Produkt der Längen der Abschnitte auf der Sekante gleich dem Quadrat der Länge des Abschnitts auf der Tangente. ► **Tangentensatz** ► $|\overline{EA}| \cdot |\overline{EB}| = (|\overline{ET}|)^2$

Zum Sehnen- und Sekantensatz

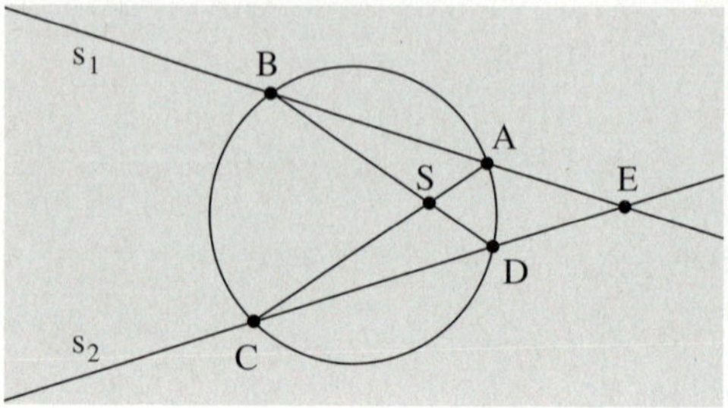

Zum Tangentensatz

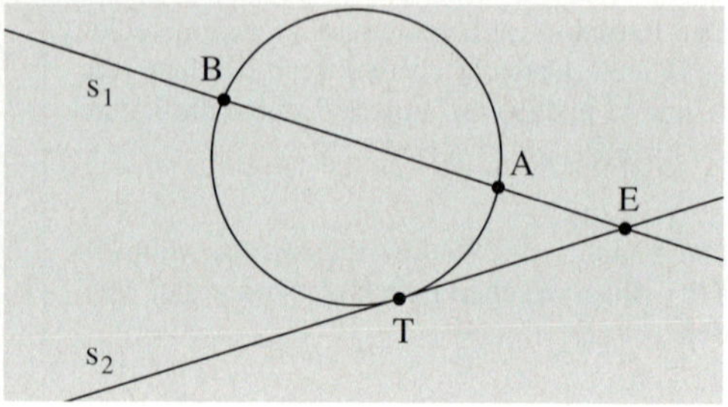

1. Zeichnen Sie mithilfe des Sehnensatzes zwei flächengleiche Rechtecke. 184

Nach dem Sehnensatz gilt in den Bezeichnungen der nebenstehenden Planfigur:
$|\overline{AS}| \cdot |\overline{SC}| = |\overline{DS}| \cdot |\overline{SB}|$, unabhängig von Länge und Lage der Sehnen $\overline{AC}$ und $\overline{BD}$.
Nimmt man jeweils $\overline{AS}$, $\overline{SC}$ und $\overline{DS}$, $\overline{SB}$ als Seiten zweier Rechtecke, so ist das Rechteck aus den Abschnitten auf der einen Sehne dem Rechteck aus den Abschnitten auf der anderen Sehne flächengleich.

Planfigur

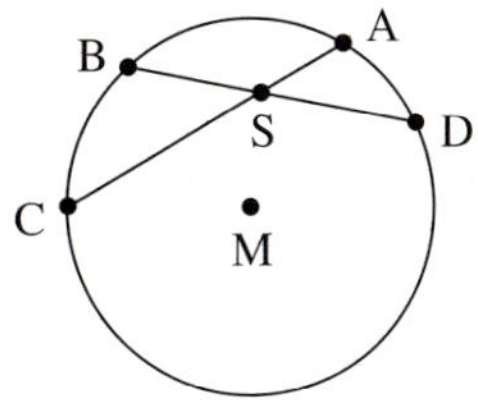

Kreis K mit selbstgewähltem Radius r
$\overline{AC}$ mit A, C $\in$ K
$\overline{BD}$ mit B, D $\in$ K
$\overline{AC} \cap \overline{BD} = \{S\}$
Rechteck R_1 aus $|\overline{AS}|$ und $|\overline{SC}|$
Rechteck R_2 aus $|\overline{DS}|$ und $|\overline{SB}|$
$|\overline{AS}| \cdot |\overline{SC}| = |\overline{DS}| \cdot |\overline{SB}|$

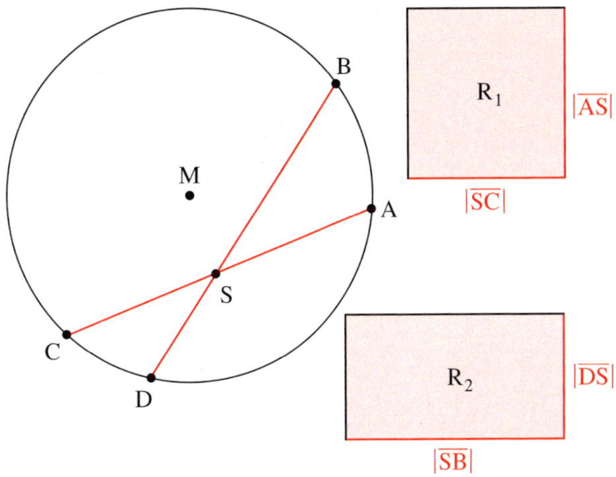

2. Ein Rechteck hat die Seiten a und b mit $a = 4\,\text{cm}$ und $b = 3\,\text{cm}$. Zeichnen Sie ein anderes flächengleiches Rechteck und ein flächengleiches Quadrat.

► Zur Konstruktion des flächengleichen Rechtecks wird der Sekantensatz, zur Konstruktion des flächengleichen Quadrats wird der Tangentensatz verwendet.

Zunächst wird eine Stecke $\overline{EAB}$ mit $|\overline{EA}| = 3\,\text{cm}$, $|\overline{EB}| = 4\,\text{cm}$ und sodann ein Kreis gezeichnet, der $\overline{AB}$ als Sehne von 1 cm Länge hat.
Irgendeine andere Sekante an diesen Kreis liefert als Abschnitte $\overline{EC}$ und $\overline{ED}$, die als Seiten eines zum gegebenen Rechteck flächengleichen Rechtecks verwendet werden können. Die Tangente von E an den Kreis liefert schließlich mit dem Abschnitt $\overline{ET}$ die Seite des gesuchten flächengleichen Quadrats.

$\overline{EAB}$ mit $|\overline{EA}| = 3\,\text{cm}$, $|\overline{EB}| = 4\,\text{cm}$
Mittelsenkrechte m zu $\overline{AB}$
M auf m beliebig
$K(M;\, r = |\overline{MA}|)$
g(E) mit g $\cap$ K $= \{C, D\}$
Tangente von E an K,
Berührungspunkt T

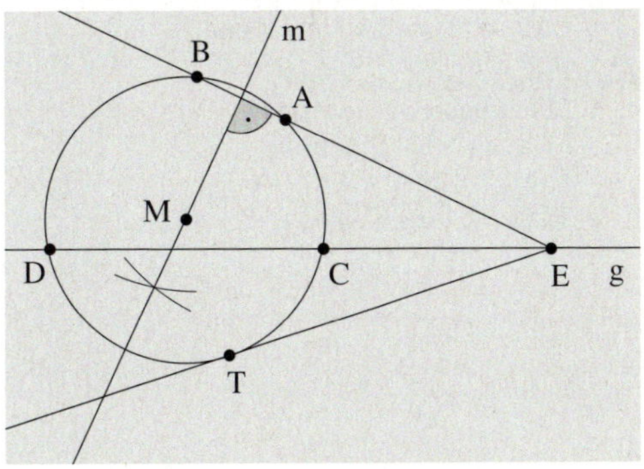

184 Rechteck aus $|\overline{EC}|$ und $|\overline{ED}|$

Quadrat mit Seitenlänge $|\overline{ET}|$

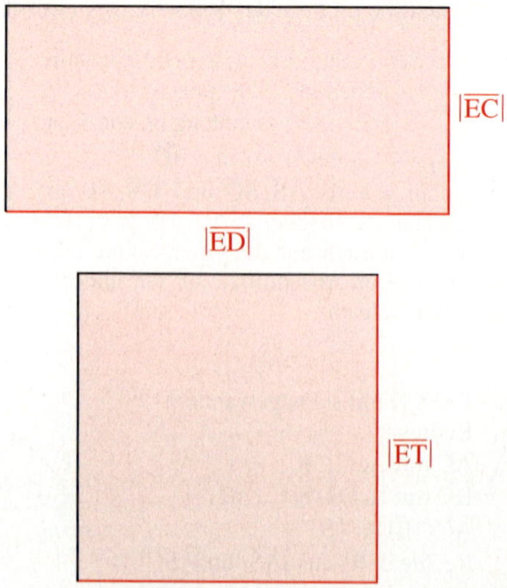

185 **3.** Zeichnen Sie mithilfe des Sekantensatzes zwei flächengleiche Rechtecke.

► Aufgabe 2.

K(M; *r* selbst gewählt)
E außerhalb K
g(E) mit $g \cap K = \{A, B\}$
h(E) mit $h \cap K = \{C, D\}$
Rechteck R_1 mit den Seitenlängen $|\overline{EA}|$ und $|\overline{EB}|$, Rechteck R_2 mit den Seitenlängen $|\overline{EC}|$ und $|\overline{ED}|$.

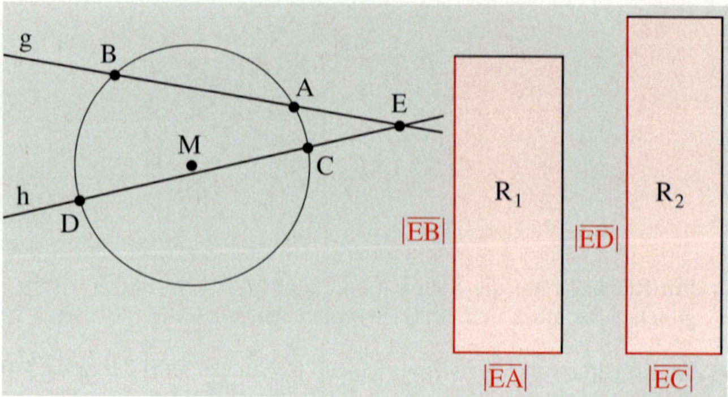

R_1 ist flächengleich R_2.

4. Verwandeln Sie mithilfe des Tangentensatzes ein Rechteck mit dem Umfang von 20 cm in ein flächengleiches Quadrat.

Das Rechteck könnte die Seitenlängen 4 cm und 6 cm haben, denn $2 \cdot 4\,\text{cm} + 2 \cdot 6\,\text{cm} = 20\,\text{cm}$.
► Aufgabe 2.

$\overline{EAB}$ so, dass $|\overline{EA}| = 4\,\text{cm}$ und $|\overline{EB}| = 6\,\text{cm}$
Mittelsenkrechte m zu $\overline{AB}$
M auf m beliebig gewählt
$K(M;\, r = |\overline{MA}|)$
Tangente t aus E an K, $t \cap K = \{T\}$

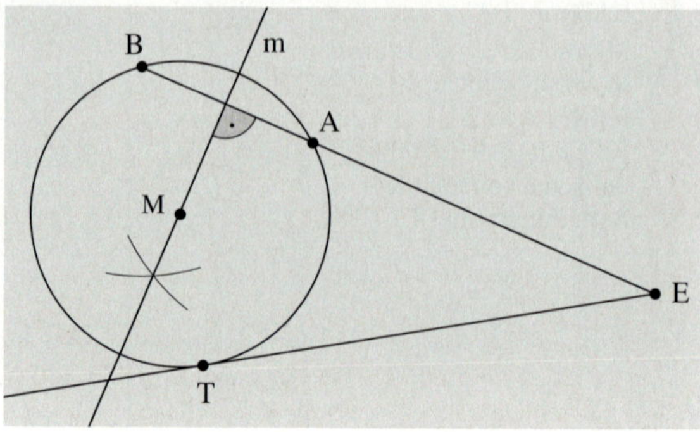

Quadrat mit der Seitenlänge $|\overline{ET}|$

5. Ein Berg erhebt sich 1 200 m aus dem Flachland. Wie weit kann man von seiner Spitze ins Land blicken? (Radius der Erde 6 370 km; Lösung durch Rechnung).

Die Skizze verweist auf den Tangentensatz, denn gesucht ist die Länge des Tangentenabschnitts $\overline{ET}$ und gegeben sind die Sekantenabschnitte $\overline{EA}$ und $\overline{EB}$.

$|\overline{ET}|^2 = |\overline{EA}| \cdot |\overline{EB}|$

$|\overline{ET}|^2 = 1{,}2\,\text{km} \cdot 12\,740\,\text{km}$

$|\overline{ET}|^2 = 15\,288\,\text{km}^2$ ► $|\overline{ET}| > 0\,\text{km}$

$|\overline{ET}| \approx 123{,}645\,\text{km}$

Man kann ungefähr 123,645 km ins Land schauen.

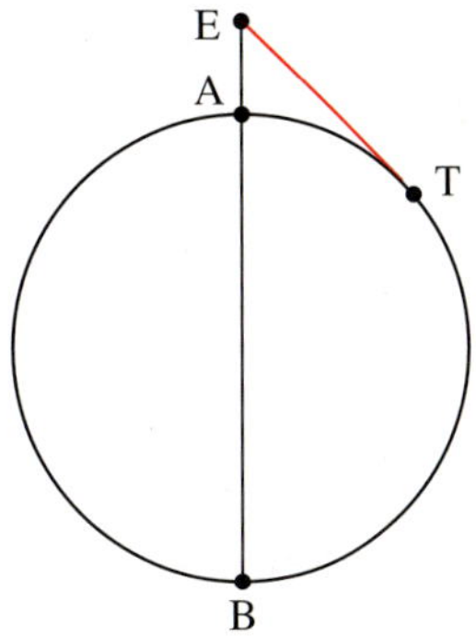

6. Wie hoch müsste ein Leuchtturm sein, wenn man ihn aus 25 km Entfernung sehen soll? (Lösung durch Rechnung).

Die Skizze zeigt, dass der Tangentensatz zur Berechnung der Höhe des Leuchtturms benutzt werden kann. Jetzt sind die Länge des Tangentenabschnitts $\overline{ET}$ von der Turmspitze E an die Erdoberfläche und der Durchmesser der Erde gegeben.

$|\overline{EA}| \cdot 12\,740\,\text{km} = 25^2\,\text{km}^2$

$|\overline{EA}| = \dfrac{625\,\text{km}^2}{12\,740\,\text{km}} \approx 0{,}049\,\text{km}$

Der Leuchtturm muss ungefähr 49 m hoch sein.

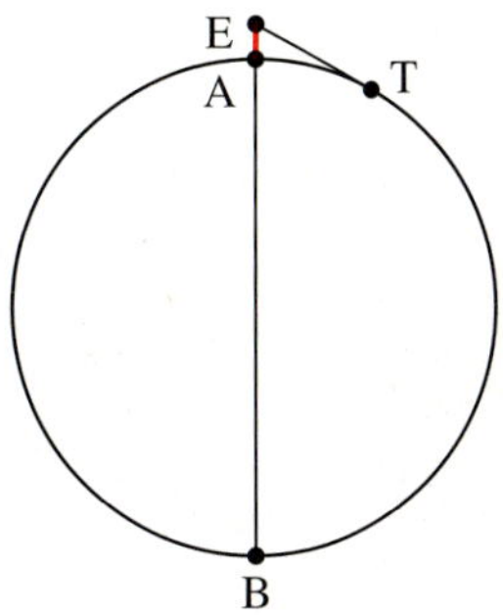

7. Teilen Sie eine Strecke a mit $a = 11$ cm stetig. Prüfen Sie das Ergebnis durch Rechnung nach.

► Teilt ein Punkt P die Strecke $\overline{AB}$ stetig, so gilt: $|\overline{PB}| : |\overline{AP}| = |\overline{AP}| : |\overline{AB}|$, d. h., es verhält sich die kleinere Strecke zur größeren wie die größere zur ganzen Strecke.

► Lehrbuch Kusch 2, Abschnitt 10.4

185 $|\overline{AB}| = a = 11\,\text{cm}$; $g(B) \perp \overline{AB}$; C auf g so gewählt, dass $|\overline{BC}| = \frac{1}{2}a$;
$\overline{AC}$; $K_1\left(C;\, r = \frac{1}{2}a\right)$; $K_1 \cap \overline{AC} = \{D\}$; $K_2\left(A;\, r = |\overline{AD}|\right)$; $K_2 \cap \overline{AB} = \{P\}$.

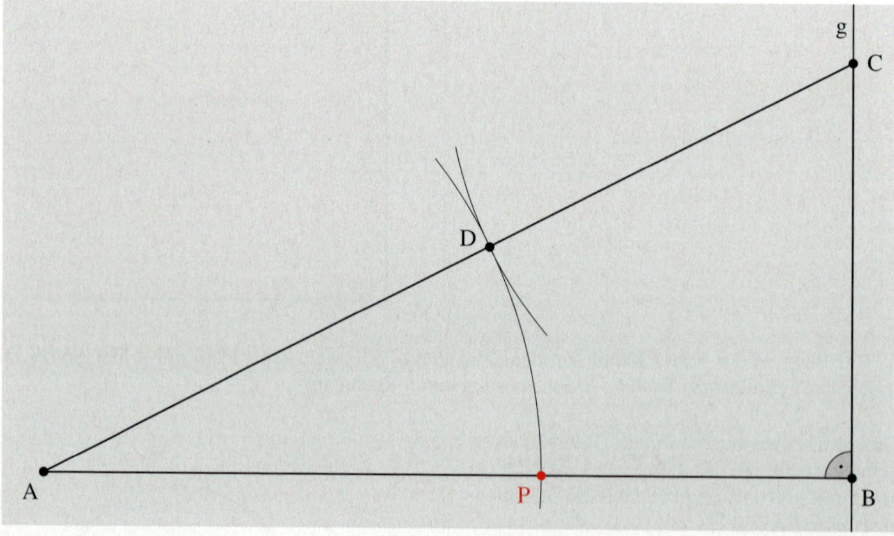

Rechnung:

► Lehrbuch Kusch 2, Abschnitt 10.1

$$\underline{\underline{|\overline{AP}|}} = \frac{\sqrt{5}-1}{2} \cdot a \approx \underline{\underline{6{,}8\,\text{cm}}}$$

8. Zeichnen Sie ein Rechteck mit einem Umfang von 22 cm, dessen Seiten dem Goldenen Schnitt entsprechen.

Wenn die Seiten des gesuchten Rechtecks a und b heißen und b die kleinere der Seiten ist, so soll also gelten: $b : a = a : (a+b)$, d. h., a soll mittlere Proportionale zu b und $a+b$ sein. Das bedeutet aber auch, dass eine Strecke $\overline{AB}$ der Länge $a+b = 11\,\text{cm}$ durch einen Punkt P im Goldenen Schnitt so geteilt werden soll, dass $\overline{AP} = \text{a}$.

Sowohl Rechnung als auch Konstruktion entsprechen dem Vorgehen in Aufgabe 7.

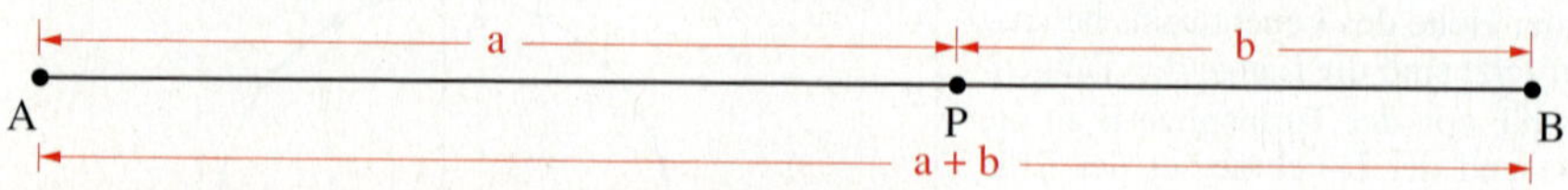

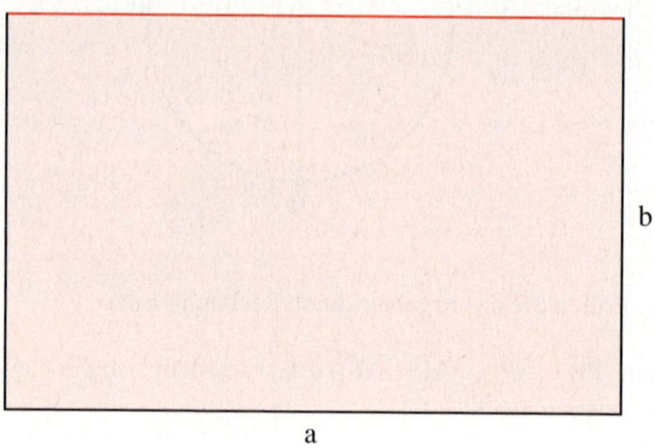

185

9. Zeigen Sie: Berührt eine Tangente aus E einen Kreis K im Punkt T und schneidet eine Sekante durch E diesen Kreis in den Punkten A und B, so gilt: $|\overline{ET}|^2 = |\overline{EA}| \cdot |\overline{EB}|$.

Die Beweisidee beim Beweis des Sehnen- und Sekantensatzes war es, nach ähnlichen Dreiecken zu suchen und die einander entsprechenden Seiten festzustellen. Dies wird auch jetzt versucht. Es gelingt mithilfe des Satzes über Sehnentangentenwinkel.

► Der Sehnentangentenwinkel, welcher den Kreisbogen $\overset{\frown}{AT}$ einschließt, ist genau so groß wie der Peripheriewinkel über dem gleichen Bogen. ► Lehrbuch Kusch 2, Abschnitt 9.3

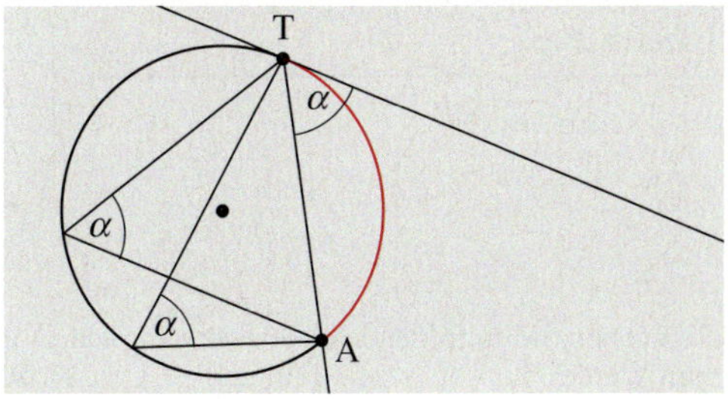

Betrachtet wird der Kreisbogen $\overset{\frown}{AT}$: Nach dem vorstehenden Satz ist $|\sphericalangle ATE| = |\sphericalangle EBT|$.
Die Dreiecke $\triangle BET$ und $\triangle AET$ stimmen in den Größen von zwei Winkeln, in der Zeichnung α und β genannt, überein, sind also nach dem Hauptähnlichkeitssatz einander ähnlich.
► Lehrbuch Kusch 2, Abschnitt 10.3
Der Seite $\overline{EA}$ im Dreieck $\triangle ATE$ entspricht die Seite $\overline{EB}$ im Dreieck $\triangle EBT$, die Seite $\overline{ET}$ liegt in beiden Dreiecken. Also gilt:
$|\overline{EA}| : |\overline{ET}| = |\overline{ET}| : |\overline{EB}|$ und damit
$|\overline{ET}|^2 = |\overline{EA}| \cdot |\overline{EB}|$, was zu zeigen war.

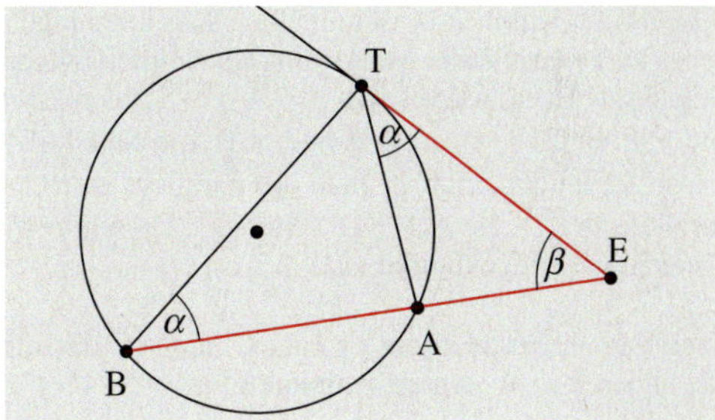

10. Konstruieren Sie die mittlere Proportionale zu den Streckenlängen $|\overline{EA}|$ und $|\overline{EB}|$ mithilfe des Tangentensatzes.

Gesucht ist eine Strecke $\overline{ET}$, für die $|\overline{EA}| : |\overline{ET}| = |\overline{ET}| : |\overline{EB}|$ gilt, oder – anders ausgedrückt – für die $|\overline{ET}|^2 = |\overline{EA}| \cdot |\overline{EB}|$ ist. Das ist gerade die Aussage des Tangentensatzes.

$\overline{EB}$, auf $\overline{EB}$ Punkt A mit $|\overline{EA}|$
Mittelsenkrechte m zu $\overline{AB}$
P auf m selbst gewählt
$K(P; r = |\overline{PB}|)$
Tangente an K aus E
Berührungspunkt T
$|\overline{ET}|^2 = |\overline{EA}| \cdot |\overline{EB}|$

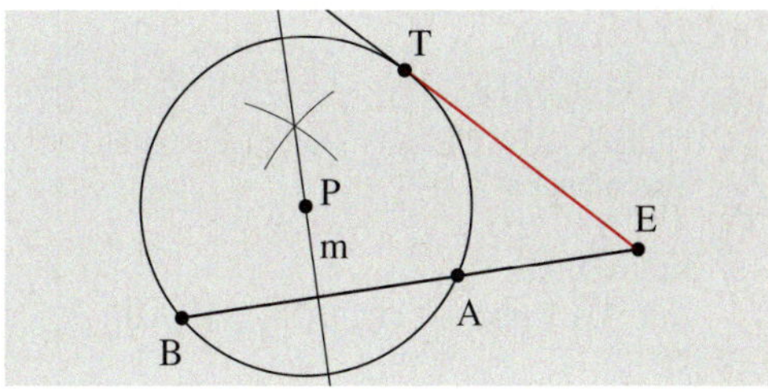

185 Ähnliche Vielecke

Merke:

Zwei Vielecke heißen ähnlich, wenn ihre Winkel der Reihe nach gleich groß sind und entsprechende Seiten ebenfalls in gleicher Reihenfolge ein gleiches Längenverhältnis haben.

Ähnliche Parallelogramme

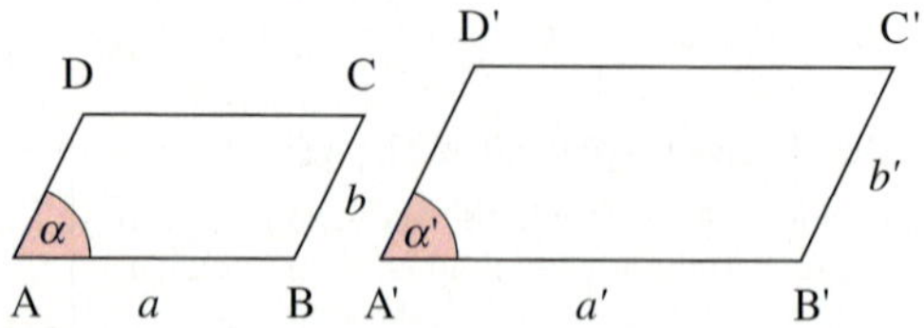

► $\alpha = \alpha', a : b = a' : b'$
$\Rightarrow$ ABCD ~ A'B'C'D'

1. Zeichnen Sie zu folgenden Vielecken ähnliche Vielecke:
a) Viereck **b)** Fünfeck **c)** Sechseck **d)** Siebeneck

Vorüberlegung: Auch ähnliche Vielecke lassen sich immer in Ähnlichkeitslage bringen.
► Lehrbuch Kusch 2, Abschnitt 10.6. Das kann man ausnutzen, um zu einem gegebenen Vieleck ein ähnliches zu konstruieren. Man wählt als Ähnlichkeitspunkt beider Vielecke einen Eckpunkt des Ausgangsvielecks, z. B. A, sodass also $A = A'$ ist. Sodann zeichnet man die Strecken von A zu den Vielecksecken und teilt eine von A ausgehende, z. B. die Seite $\overline{AB}$, im gegebenen (oder beliebigen) Verhältnis. Durch diesen Teilpunkt zeichnet man die Parallele zu $\overline{BC}$, die $\overline{AC}$ in C′ schneidet. Durch C′ zeichnet man die Parallele zu $\overline{CD}$, die $\overline{AD}$ in D′ schneidet. Dieses Verfahren setzt man so lange fort, bis man auf der letzten Vieleckseite angekommen ist.

Nach dem 1. Strahlensatz erzeugt C′ auf $\overline{AC}$ dasselbe Verhältnis wie B′ auf $\overline{AB}$, und dies gilt auch für alle anderen so erzeugten Teilpunkte.

Zu a)

Viereck ABCD mit selbst gewählten Seitenlängen
$A' = A$
$\overline{AC}, \overline{AD}$
Auf $\overline{AB}$ Punkt B′ mit $|\overline{AB'}| = k \cdot |\overline{AB}|$, $k \notin \{0; 1\}$
$g_1(B') \parallel \overline{BC}$, $g_1 \cap \overline{AC} = \{C'\}$
$g_2(C') \parallel \overline{CD}$, $g_2 \cap \overline{AD} = \{D'\}$

A′B′C′D′ ~ ABCD

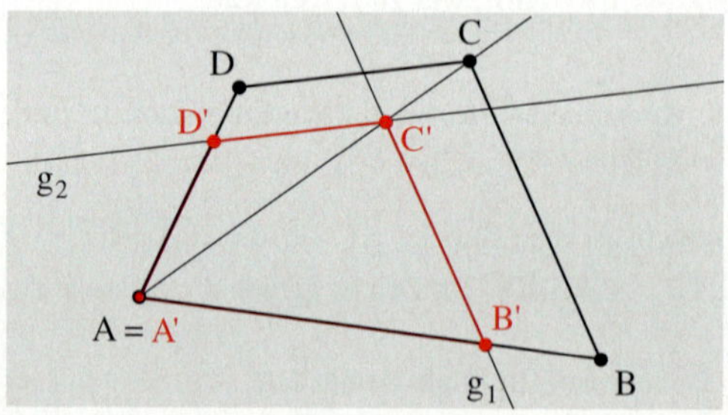

Zu b)

Fünfeck ABCDE mit selbst gewählten Seitenlängen
$A' = A$
$\overline{AC}, \overline{AD}, \overline{AE}$
Auf $\overline{AB}$ Punkt B′ mit $|\overline{AB'}| = k \cdot |\overline{AB}|$; $k \notin \{0; 1\}$
$g_1(B') \parallel \overline{BC}$, $g_1 \cap \overline{AC} = \{C'\}$
$g_2(C') \parallel \overline{CD}$, $g_2 \cap \overline{AD} = \{D'\}$
$g_3(D') \parallel \overline{DE}$, $g_3 \cap \overline{AE} = \{E'\}$

A′B′C′D′E′ ~ ABCDE

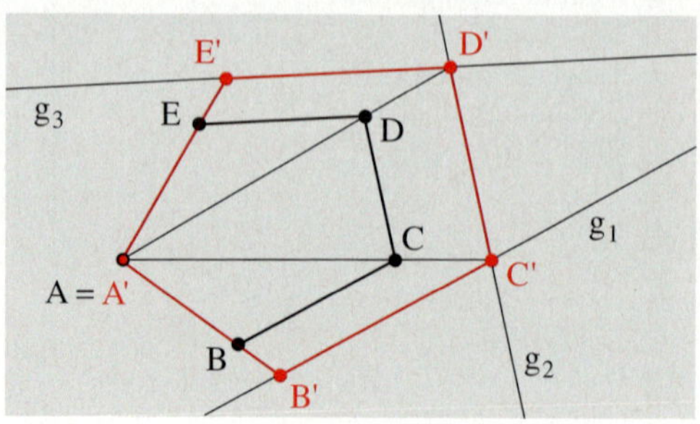

Die Aufgaben c) und d) werden in gleicher Weise gelöst.

Zu c)

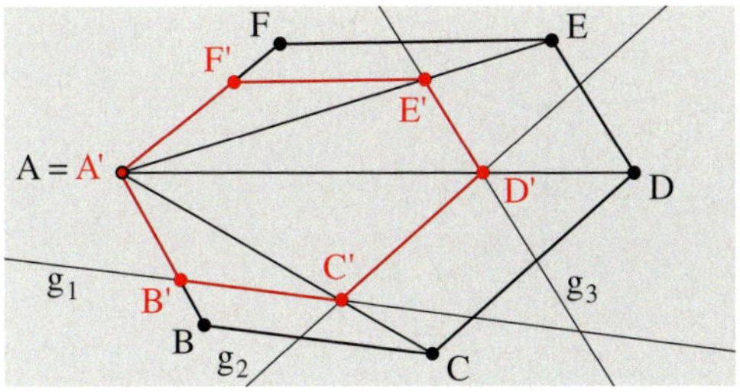

Zu d)

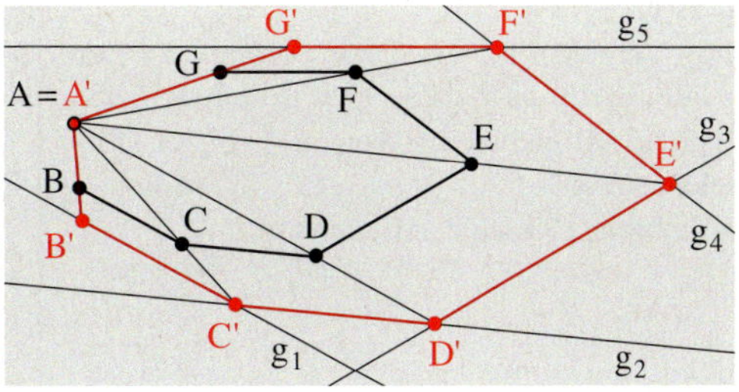

2. Vergrößern Sie ein gegebenes Fünfeck im Maßstab:
a) 2 : 1 **b)** 3 : 1 **c)** 3 : 2 **d)** 4 : 3

Es sollen zum gegebenen Fünfeck ähnliche konstruiert werden, deren Seitenlängen mit den entsprechenden Seitenlängen des gegebenen Fünfecks die angegebenen Verhältnisse bilden, in Aufgabe a) sollen also die Seiten des neuen Fünfecks doppelt so lang sein wie die Seiten des alten. Da die Innenwinkel des gesuchten Fünfecks denen des gegebenen gleich sein müssen, könnte man also aus den bekannten Seitenlängen und Winkelgrößen das gesuchte Fünfeck irgendwo in der Zeichenebene konstruieren. Es scheint jedoch zweckmäßig zu sein, auch hier auf die in Aufgabe 1 verwendete Ähnlichkeitslage und die dort angewandte Konstruktionsmethode zurück zu greifen.

Zu a)

Fünfeck ABCDE mit selbst gewählten Seitenlängen
$A' = A$
$\overrightarrow{AC}, \overrightarrow{AD}$
Auf $\overrightarrow{AB}$ Punkt B′ so, dass
$|\overline{AB'}| = 2 \cdot |\overline{AB}|$
$g_1(B') \parallel \overline{BC}$, $g_1 \cap |\overrightarrow{AC}| = \{C'\}$
$g_2(C') \parallel \overline{CD}$, $g_2 \cap \overrightarrow{AD} = \{D'\}$
$g_3(D') \parallel \overline{DE}$, $g_3 \cap \overrightarrow{AE} = \{E'\}$

A′B′C′D′E′ ist das gesuchte Fünfeck.

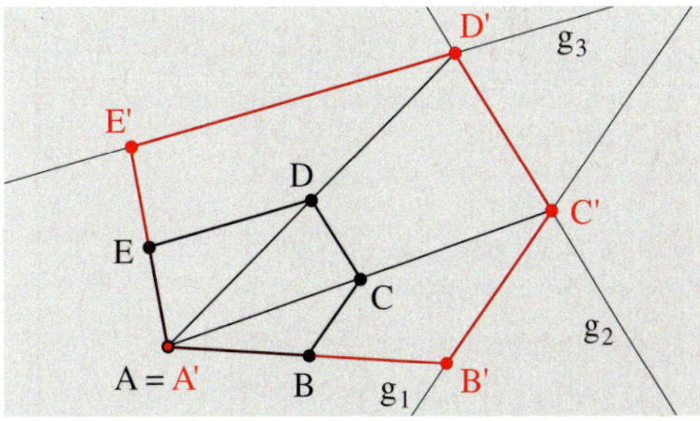

Zu b)

Das Vorgehen ist wie das in Aufgabe a), nur dass jetzt der Ähnlichkeitsfaktor 3 verwendet wird, d. h. z. B. $|\overline{AB'}| = 3 \cdot |\overline{AB}|$.

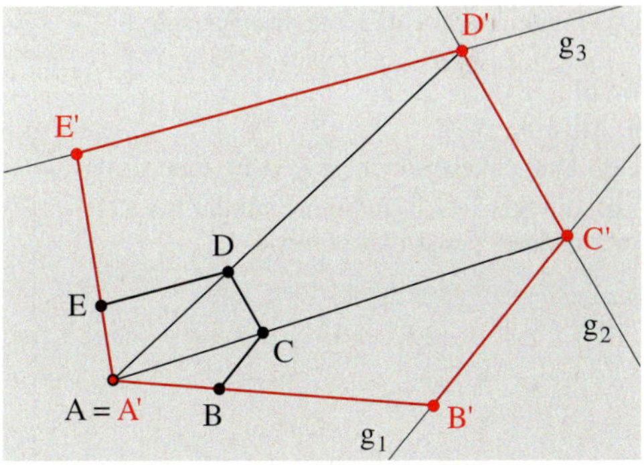

Zu c)

▶ 3 : 2 = 1,5

Das Vorgehen ist wie das in Aufgabe a). Der Ähnlichkeitsfaktor ist 1,5. Es ist also z. B. $|\overline{AB'}| = 1{,}5 \cdot |\overline{AB}|$, mit anderen Worten: z. B. an die Strecke $\overline{AB}$ muss die halbe Strecke $\overline{AB}$ noch einmal angesetzt werden.

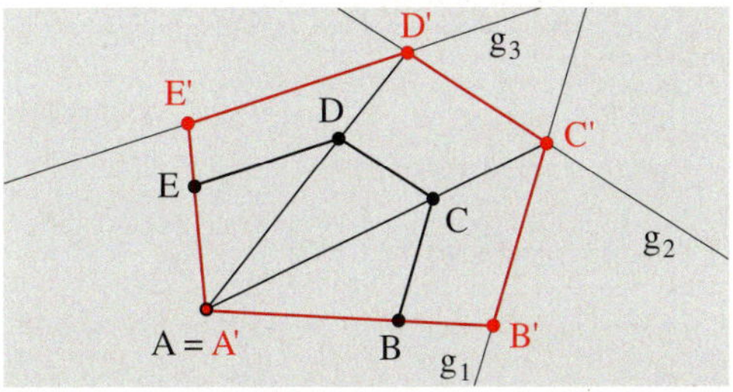

185

Zu d)

▶ $4:3=1,\overline{3}$

Das Vorgehen ist wie das in Aufgabe a). Der Ähnlichkeitsfaktor ist $\frac{4}{3}$. Man drittelt z. B. die Strecke $\overline{AB}$ und setzt sodann eines dieser Drittel an $\overline{AB}$ an.

▶ Lehrbuch Kusch 2, Abschnitt 10.2

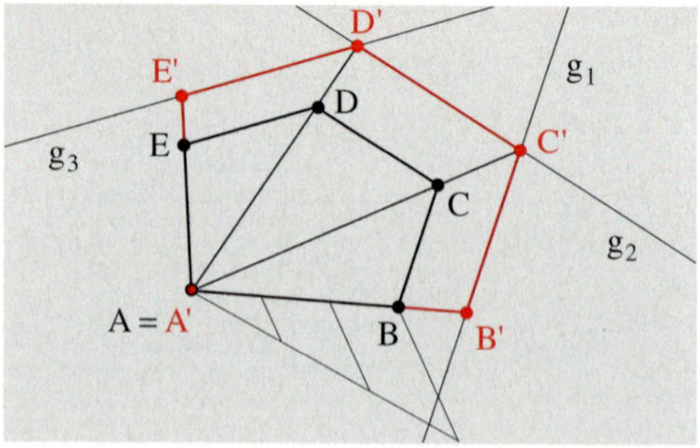

3. Verkleinern Sie ein gegebenes Fünfeck im Maßstab:
a) 1 : 2 **b)** 1 : 3 **c)** 2 : 3 **d)** 3 : 5

Die Konstruktionen orientieren sich an dem Vorgehen, das bei den Aufgaben 1 und 2 verwendet und beschrieben wurde. Die Seiten der gesuchten Fünfecke sind kürzer als die des gegebenen Fünfecks. Ihre Länge beträgt z. B. in Aufgabe a) die Hälfte, in Aufgabe d) drei Fünftel der Längen des gegebenen Fünfecks. Die gesuchten Längen werden durch Teilen der Seitenlängen der Ausgangsfigur bzw. ihrer vom Eckpunkt A ausgehenden Diagonalen gefunden.

Zu a)

Fünfeck ABCDE mit selbst gewählten Seitenlängen
A′ = A
$\overline{AC}$, $\overline{AD}$
Auf $\overline{AB}$ Punkt B′ so, dass
$|\overline{AB'}|=\frac{1}{2}|\overline{AB}|$
▶ Lehrbuch Kusch 2, Kapitel 4
$g_1(B') \parallel \overline{BC}$, $g_1 \cap \overline{AC}=\{C'\}$
$g_2(C') \parallel \overline{CD}$, $g_2 \cap \overline{AD}=\{D'\}$
$g_3(D') \parallel \overline{DE}$, $g_3 \cap \overline{AE}=\{E'\}$

Das Fünfeck A′B′C′D′E′ ist das gesuchte.

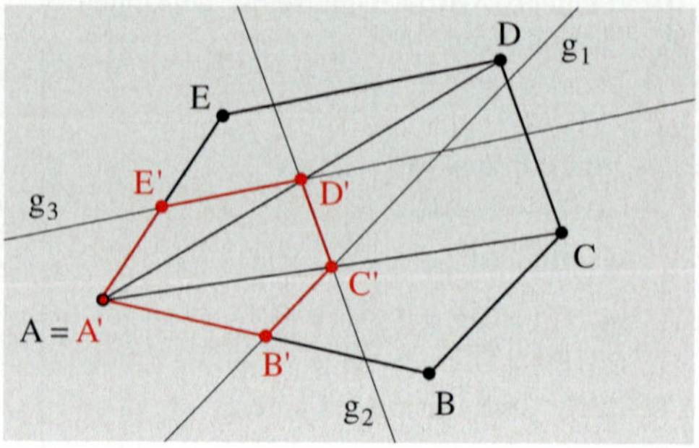

Zu b)

▶ Aufgabe a)

Der Ähnlichkeitsfaktor ist $\frac{1}{3}$, d. h., man drittelt z. B. die Stecke $\overline{AB}$ und fährt mit der bei a) beschriebenen Konstruktion fort.

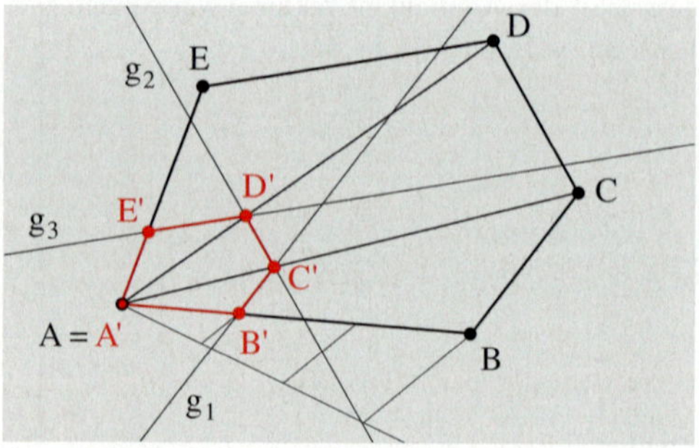

185

Zu c)

► Aufgabe a)

Man drittelt z. B. die Seite $\overline{AB}$. Am Endpunkt des zweiten Drittels beginnt man mit der Konstruktion der Parallelen.

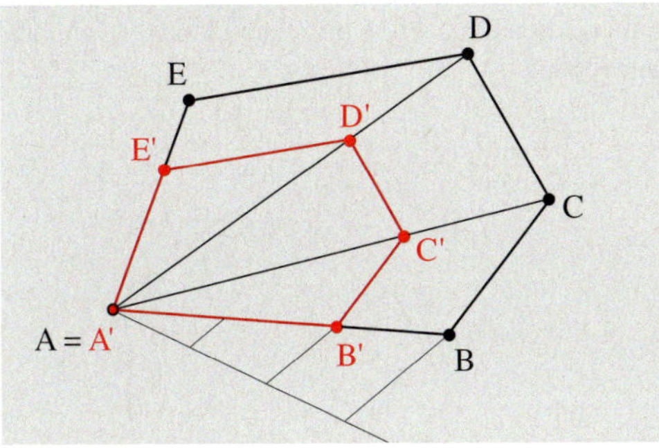

Zu d)

► Aufgabe a)

Die Strecke $\overline{AB}$ wird in fünf gleiche Abschnitte geteilt. Am Endpunkt der dritten Teilstrecke beginnt man mit der Konstruktion der Parallelen.

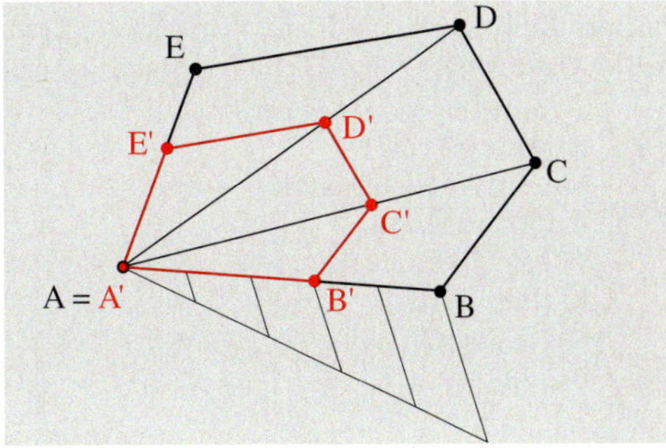

4. Wann sind Rhomben, wann Trapeze untereinander ähnlich?

Ein Rhombus hat vier gleich lange Seiten. Zwei Rhomben ABCD und A′B′C′D′ stimmen also im Verhältnis entsprechender Seiten immer überein, denn es ist stets

$|\overline{A'B'}| : |\overline{AB}| =$
$= |\overline{B'C'}| : |\overline{BC}| = |\overline{C'D'}| : |\overline{CD}| = |\overline{D'A'}| : |\overline{DA}|$.

Nach dem Satz über die Ähnlichkeit von Vielecken sind sie aber nur dann einander ähnlich, wenn sie außerdem in mindestens einem Paar entsprechender Innenwinkel übereinstimmen.

Die Bedingungen für die Ähnlichkeit von Vielecken vereinfachen sich in Bezug auf Trapeze nur dann, wenn es sich um gleichschenklige Trapeze handelt. Diese sind einander ähnlich, wenn sie im Verhältnis von Grundseite und Schenkel sowie in der Größe von mindestens einem Paar entsprechender Innenwinkel übereinstimmen.

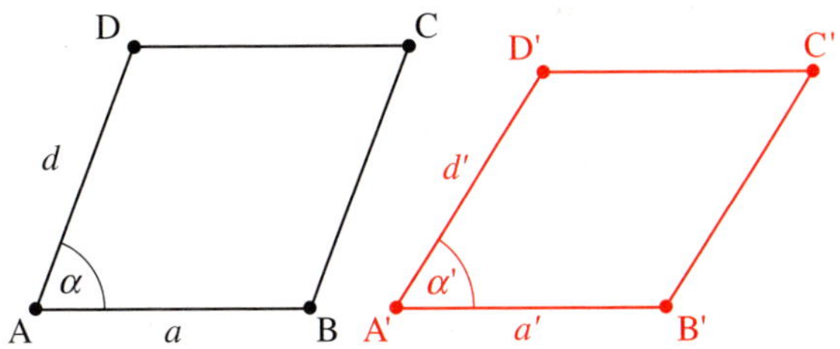

ABCD $\not\sim$ A′B′C′D′; $\alpha \neq \alpha'$

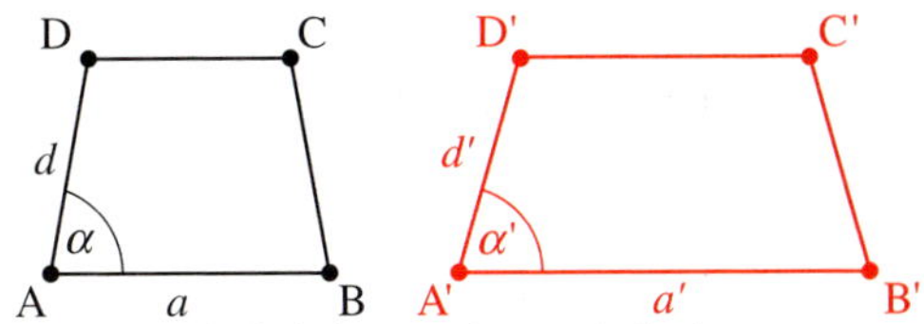

ABCD $\not\sim$ A′B′C′D′; $\alpha \neq \alpha'$; $a : d \neq a' : d'$

Regelmäßige Vielecke

► Ein Vieleck heißt **regelmäßig**, wenn alle seine Seiten gleich lang und alle seine Winkel gleich groß sind.

► Regelmäßige Vielecke haben einen umbeschriebenen und einen einbeschriebenen Kreis, die den gleichen Mittelpunkt haben, der auch Mittelpunkt des Vielecks ist.

Verbindet man irgend zwei Ecken eines regelmäßigen Vielecks mit seinem Mittelpunkt, so bilden diese Verbindungsstrecken mit der zwischen den Eckpunkten liegenden Seite ein gleichschenkliges Dreieck. Liegen beide Punkte nebeneinander, so ist dieses Dreieck ein sog. **Bestimmungsdreieck**. Die am Mittelpunkt, also an der Spitze des Bestimmungsdreiecks liegenden Winkel dieser Dreiecke sind alle gleich groß, für ein n-Eck also $360° : n$.

185 ► In den Zeichnungen zu den Aufgaben 1 bis 7 sind die Längenmaße auf die Hälfte verkürzt, die Winkelgrößen bleiben unverändert.

1. Zeichnen Sie in einen Kreis ($r = 4\,\text{cm}$) ein regelmäßiges (d. h. gleichseitiges) Dreieck.

Der am Mittelpunkt liegende Winkel des Bestimmungsdreiecks ist 360° : 3, also 120° groß. Man zeichnet in einen Kreis K mit dem Radis 4 cm also ein Bestimmungsdreieck △ABM mit einem Winkel von 120° bei M. Danach trägt man $\overline{AB}$ von B aus noch einmal auf K ab.

$K_1(M;\ r = 4\,\text{cm})$
$\overline{MA}$ mit A beliebig auf K_1
∢ 120° an $\overline{MA}$ ➡ s
$s \cap K_1 = (B)$
$K_2(B{:}\ r = |\overline{AB}|)$
$K_2 \cap K_1 = \{C\}$
$\overline{BC}$, $\overline{AC}$

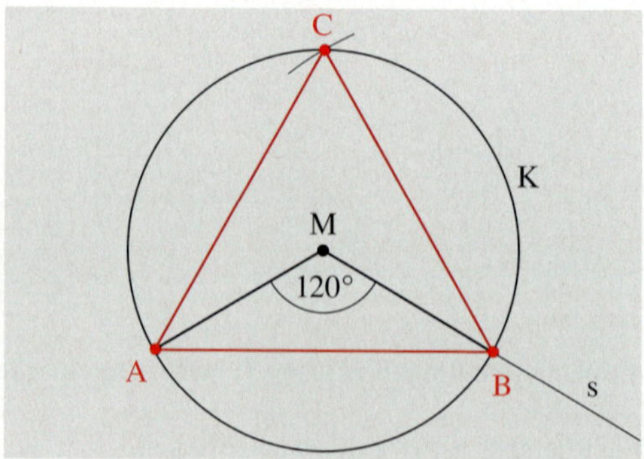

△ABC ist das verlangte.

2. Zeichnen Sie in einen Kreis ($r = 5\,\text{cm}$)
a) ein regelmäßiges Achteck, **b)** ein regelmäßiges Zwölfeck.

Zu a) Man kann analog zur Aufgabe 1 vorgehen über ein Bestimmungsdreieck mit einem Winkel von 360° : 8, also 45° an der Spitze. Eine andere Möglichkeit geht von einem Quadrat aus: Man zeichnet ein Quadrat in den Kreis, halbiert eine Seite, zeichnet den Strahl aus dem Mittelpunkt durch die Seitenmitte und trägt die Strecke zwischen Schnittpunkt des Strahls mit dem Kreis und der nächstgelegenen Quadratecke noch 3-mal auf dem Kreis ab.

$K(M;\ r = 5\,\text{cm})$
d_1 als Durchmesser von K,
$d_1 \cap K = (A, C)$
$d_2 \perp d_1,\ d_2 \cap K = (B, D)$
P als Mitte von $\overline{AB}$
$\overline{MP} \cap K = \{E\}$
$\overline{EB}$ und $\overline{EA}$
$\overline{EB}$ von B, C und D aus auf K abtragen
Punkte F, G und H

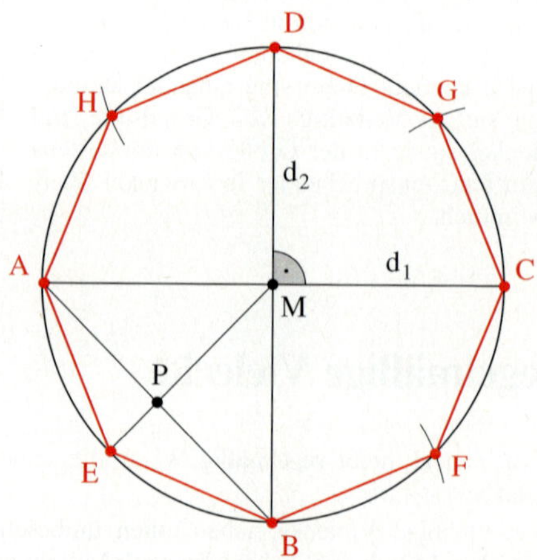

AEBFCGDH ist das gesuchte Achteck.

Zu b) Man kann auch hier analog zur Aufgabe 1 über ein Bestimmungsdreieck mit einem Winkel von 30° an der Spitze vorgehen. Man kann aber auch von einem regelmäßigen 6-Eck ausgehen, das leicht zu zeichnen ist, weil seine Seitenlänge der Länge des Radius gleich ist, und wie bei Aufgabe a) durch Halbierung einer Seite zum Ziel kommen. Hier ist die Analogie zu Aufgabe 1 gewählt. 185

K(M; $r = 5\,\text{cm}$)
$\overline{MA}$ mit A beliebig auf K
$\sphericalangle 30°$ an $\overline{MA}$ ➡ s
$s \cap K = \{B\}$
$\overline{AB}$ von B aus 10-mal auf K abtragen.

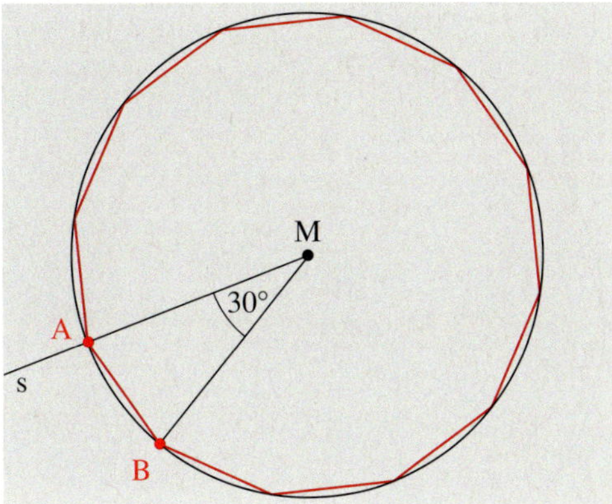

3. Zeichnen Sie in einen Kreis ($r = 4{,}5\,\text{cm}$) mithilfe des Mittelpunktswinkels ein regelmäßiges Siebeneck.

Der Winkel an der Spitze des Bestimmungsdreiecks – der Mittelpunktswinkel – ist 360° : 7, also annähernd 51,43° groß. Für diese Aufgabe kann also nur eine Näherungslösung angegeben werden, die sich eines Mittelpunktswinkels von 52° bedient.

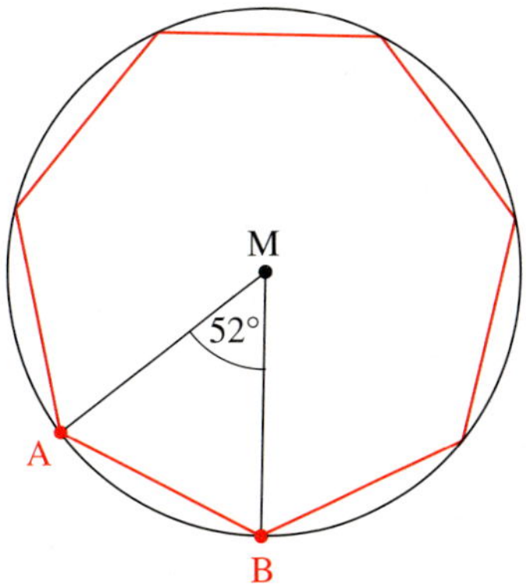

185 **4.** Zeichnen Sie in einen Kreis ($r = 5{,}5\,\text{cm}$)
a) ein regelmäßiges Zehneck, **b)** ein regelmäßiges Sechseck.

Zu a) Die Lösung benutzt den Mittelpunktswinkel von 36°.

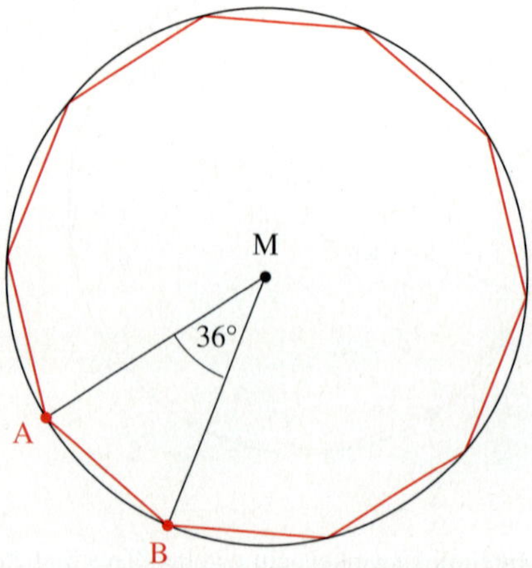

Zu b) ► Lehrbuch Kusch 2, Abschnitt 10.7
Alle Winkel in den Bestimmungsdreiecken sind 60° groß, die Dreiecke also gleichseitig.

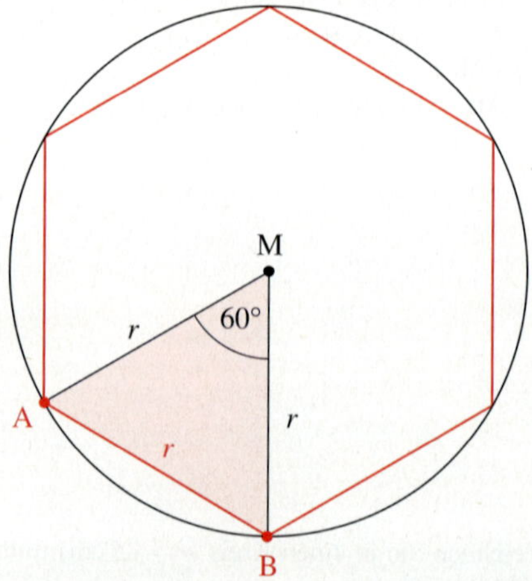

5. Zeichnen Sie in ein regelmäßiges Fünfeck ($r = 4{,}5\,\text{cm}$) die Diagonalen. (Die entstehende Figur heißt **Pentagramm** ≙ Sternfünfeck.)

Der Mittelpunktswinkel des Bestimmungsdreiecks beträgt 72°. Konstruktion wie unter Aufgabe 1.

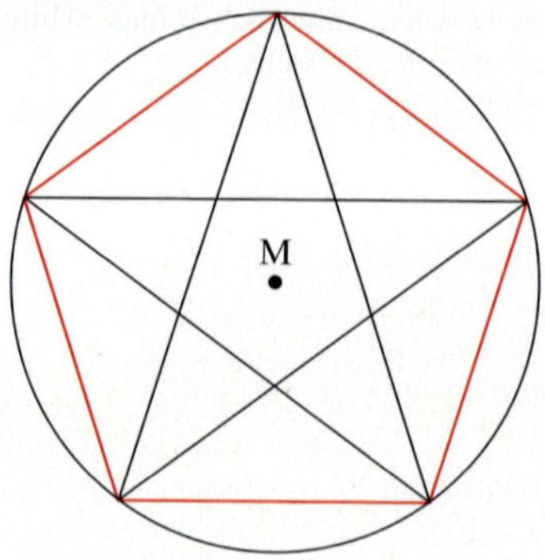

6. Der Durchmesser eines Kreises ist 12 cm. Wie lang ist die Seite eines einbeschriebenen regelmäßigen Neunecks?

Die Aufgabe ist rechnerisch mit den bis jetzt zur Verfügung stehenden mathematischen Mitteln nicht lösbar.

Die gesuchte Seitenlänge wird der Zeichnung unter Beachtung des Maßstabs entnommen.
$|\overline{AB}| \approx 4\,\text{cm}$

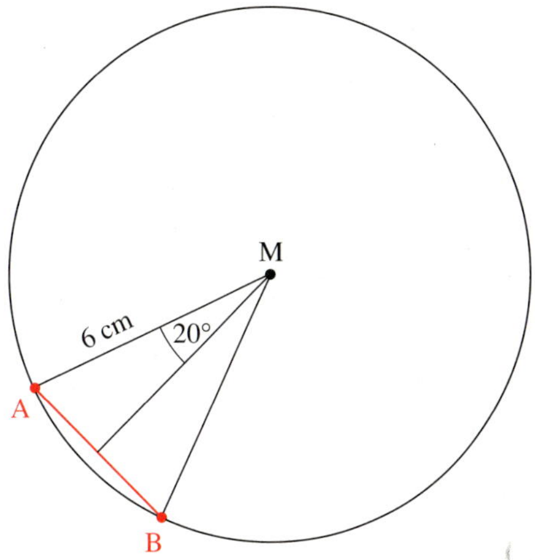

7. Aus einer Blechtafel 50 cm × 80 cm soll ein regelmäßiges Sechseck geschnitten werden, bei dem der Abstand gegenüberliegender Seiten 50 cm beträgt. Wie viel Prozent beträgt der Abfall?

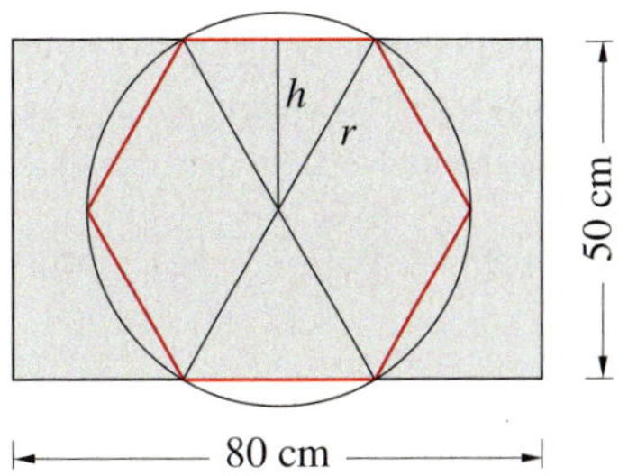

Wegen der Forderung, dass der Abstand gegenüberliegender Seiten 50 cm betragen soll, liegt ein Paar Gegenseiten auf dem „Rand" des Blechs. Die Höhe im hier gleichseitigen Bestimmungsdreieck ist also 25 cm lang. Sie halbiert die Grundseite des Bestimmungsdreiecks. Nach dem Satz des Pythagoras gilt:

$h^2 = r^2 - \left(\frac{r}{2}\right)^2 = \frac{3r^2}{4}$.

► Die Seitenlänge eines regelmäßigen Sechsecks ist der Länge seines Umkreisradius gleich.

Hieraus gewinnt man:

$r^2 = \frac{4h^2}{3}$, also $r = \frac{2h}{\sqrt{3}}$. ► $h > 0$

$$r = \frac{2 \cdot 25\,\text{cm}}{\sqrt{3}} = 28{,}87\,\text{cm}$$

Für den Flächeninhalt A_Δ eines Bestimmungsdreiecks gilt:

$A_\Delta = \frac{r \cdot h}{2}$.

$$A_\Delta = \frac{28{,}87\,\text{cm} \cdot 25\,\text{cm}}{2} = 360{,}875\,\text{cm}^2$$

Für den Flächeninhalt A_S des Sechsecks gilt:
$A_S = 6 \cdot A_\Delta$.

$$A_S = 6 \cdot 360{,}875\,\text{cm}^2 = 2\,165{,}25\,\text{cm}^2$$

Der Flächeninhalt A_B der Blechtafel berechnet sich aus $A_B = a \cdot b$.

$$A_B = 50\,\text{cm} \cdot 80\,\text{cm} = 4000\,\text{cm}^2$$

Der Abfall A_D ist die Differenz aus A_B und A_S.

$$A_D = 4000\,\text{cm}^2 - 2\,165{,}25\,\text{cm}^2 = 1\,834{,}75\,\text{cm}^2$$

Für den prozentualen Anteil $p\%$ des Abfalls an dem Flächeninhalt des Blechs gilt:

$p : 100 = A_D : A_B$ oder $p = \frac{100 \cdot A_D}{A_B}$.

► $p\% = \frac{p}{100}$

$$p = \frac{100 \cdot 1\,834{,}75}{4000} = 45{,}87$$

Der Abfall beträgt ungefähr 45,87 %.

185 **8.** Schneiden Sie aus einem Quadrat das größte regelmäßige Achteck heraus.

So viele Achteckseiten wie möglich müssen auf den Quadratseiten liegen. Zeichnet man den Kreis um den Diagonalenschnittpunkt, der die Quadratseiten berührt, hat man alle vier Seiten erfasst. Die Diagonalen schneiden den Kreis in den Punkten H_1, H_2, H_3 und H_4. Die Tangenten an den Kreis in den Punkten $H_1 \cdots H_4$ schneiden die Quadratseiten in den Punkten A, B, C, D, E, F, G und H. Wegen der vielfachen Symmetrien der Figur sind die Seiten des Achtecks ABCDEFGH gleich lang. Es ist also regelmäßig und das größte, das in das Quadrat eingezeichnet werden kann.

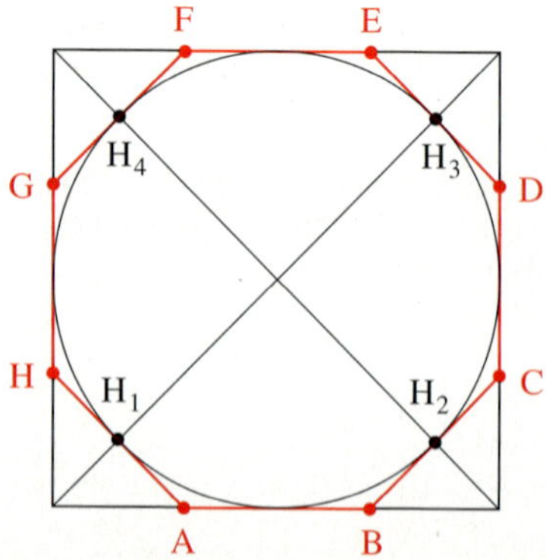

186 Wiederholungsfragen zu 10

Streckenverhältnisse, Strahlensätze

1. Was versteht man unter dem Verhältnis zweier Strecken $\overline{AB}$ und $\overline{CD}$?

Unter dem Verhältnis der Längen zweier Strecken $\overline{AB}$ und $\overline{CD}$, kurz auch Verhältnis der Strecken $\overline{AB}$ und $\overline{CD}$ genannt, versteht man den Quotienten der Maßzahlen ihrer Längen:
$|\overline{AB}| : |\overline{CD}|$ oder $\frac{|\overline{AB}|}{|\overline{CD}|}$.

2. Wo kann ein Punkt P liegen, der eine Strecke $\overline{AB}$ im Inneren oder im Äußeren teilt?

Der Punkt P kann sowohl auf der Strecke $\overline{AB}$ selbst als auch auf der Verlängerung von $\overline{AB}$ über A oder über B hinaus liegen.

3. Welche Beziehung hat die stetige Teilung einer Strecke zum Goldenen Schnitt?

Stetige Teilung und Goldener Schnitt sind Bezeichnungen für ein und denselben Sachverhalt. Eine Strecke $\overline{AB}$ wird durch einen Punkt P im Goldenen Schnitt geteilt, wenn $|\overline{PB}| : |\overline{AP}| = |\overline{AP}| : |\overline{AB}|$, d.h., wenn $\overline{AB}$ durch P stetig geteilt wird.

4. Welche Möglichkeiten der Konstruktion des Goldenen Schnitts einer Strecke $\overline{AB}$ gibt es?

a) Unter Ausnutzung der Beziehung
$|\overline{AP}| = \frac{\sqrt{5}-1}{2} \cdot |\overline{AB}|$
durch Kreise um C mit dem Radius $r = \frac{1}{2}|\overline{AB}|$, wodurch D entsteht, und um D mit dem Radius $r = |\overline{AD}|$, wodurch P entsteht.

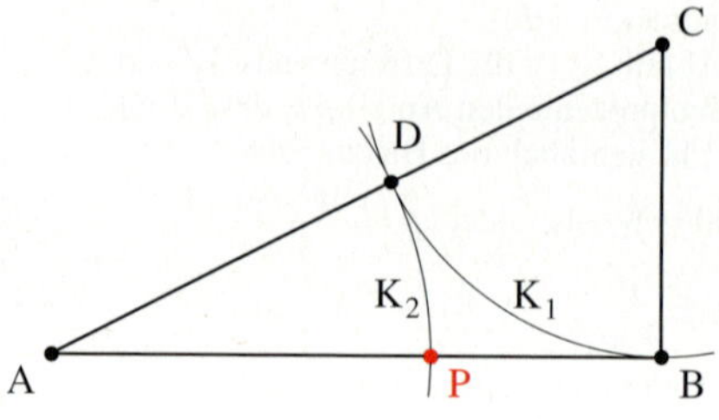

b) Unter Ausnutzung der Beziehung
$|\overline{ET}|^2 = |\overline{EC}| \cdot |\overline{ED}|$ bzw.
$|\overline{EC}| : |\overline{ET}| = |\overline{ET}| : |\overline{ED}|$ ► Tangentensatz

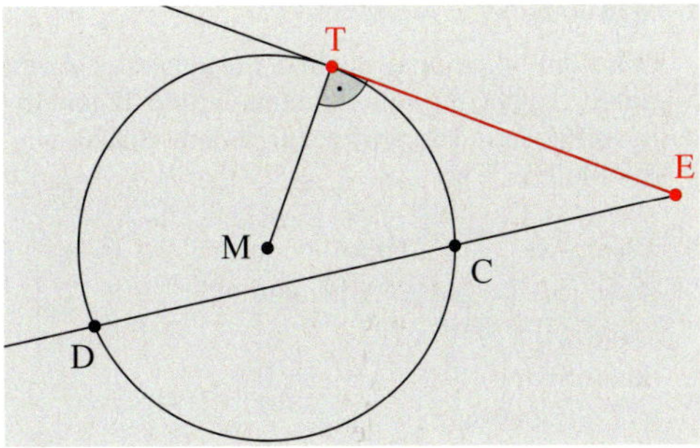

c) Unter Ausnutzung der Beziehung $h^2 = p \cdot q$
► Höhensatz am rechtwinkligen Dreieck

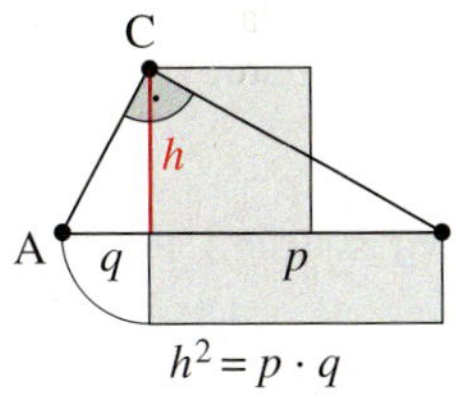

5. Was versteht man unter der harmonischen Teilung einer Strecke?

Eine Strecke $\overline{AB}$ wird durch die Punkte P und Q harmonisch geteilt, wenn $|\overline{AP}| : |\overline{PB}| = |\overline{AQ}| : |\overline{QB}|$ ist, d. h., wenn sie innen und außen im gleichen Verhältnis geteilt ist.

6. Wie heißen der 1. Strahlensatz und seine Umkehrung?

Wird ein Zweistrahl aus S von zwei parallelen Geraden, von denen keine durch S geht, in den Punkten A und A′ sowie B und B′ geschnitten, so verhalten sich zwei Abschnitte auf dem einen Strahl wie die gleich liegenden Abschnitte auf dem anderen Strahl:

Wenn $\overline{AB} \parallel \overline{A'B'}$, dann $|\overline{SA}| : |\overline{SA'}| = |\overline{SB}| : |\overline{SB'}|$ und
wenn $\overline{AB} \parallel \overline{A'B'}$, dann $|\overline{SA}| : |\overline{AA'}| = |\overline{SB}| : |\overline{BB'}|$ ► 1. Strahlensatz

Wird ein von einem Punkt S ausgehender Zweistrahl von zwei Geraden so geschnitten, dass das Verhältnis zweier Abschnitte auf dem einen Strahl dem Verhältnis der gleich liegenden Abschnitte auf dem anderen Strahl gleich ist, so sind die schneidenden Geraden parallel.

Wenn $|\overline{SA}| : |\overline{SA'}| = |\overline{SB}| : |\overline{SB'}|$, dann $\overline{AB} \parallel \overline{A'B'}$ und
wenn $|\overline{SA}| : |\overline{AA'}| = |\overline{SB}| : |\overline{BB'}|$, dann $\overline{AB} \parallel \overline{A'B'}$. ► Umkehrung des 1. Strahlensatzes

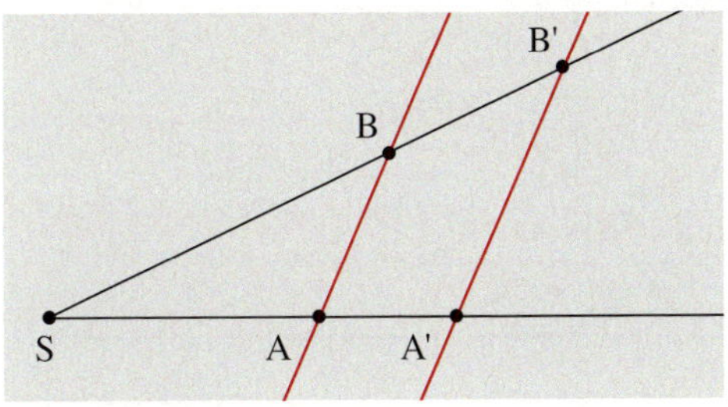

1. Strahlensatz

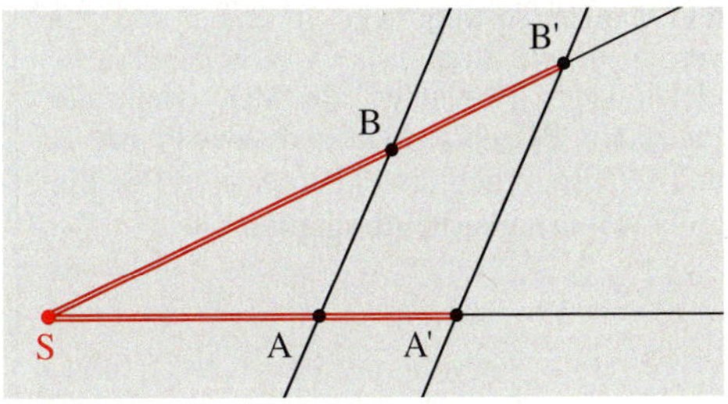

Umkehrung des 1. Strahlensatzes

186 **7.** Wie heißt der 2. Strahlensatz?

Wird ein von einem Punkt S ausgehender Zweistrahl von zwei parallelen Geraden, von denen keine durch S geht, in den Punkten A und B sowie A′ und B′ geschnitten, so verhalten sich die von S ausgehenden Abschnitte auf jedem Strahl wie die zugehörigen Abschnitte auf den schneidenden Parallelen:

Wenn $\overline{AB} \parallel \overline{A'B'}$, dann
$|\overline{SA}| : |\overline{SA'}| = |\overline{AB}| : |\overline{A'B'}|$ und
wenn $\overline{AB} \parallel \overline{A'B'}$,
dann $|\overline{SB}| : |\overline{SB'}| = |\overline{AB}| : |\overline{A'B'}|$.
► 2. Strahlensatz

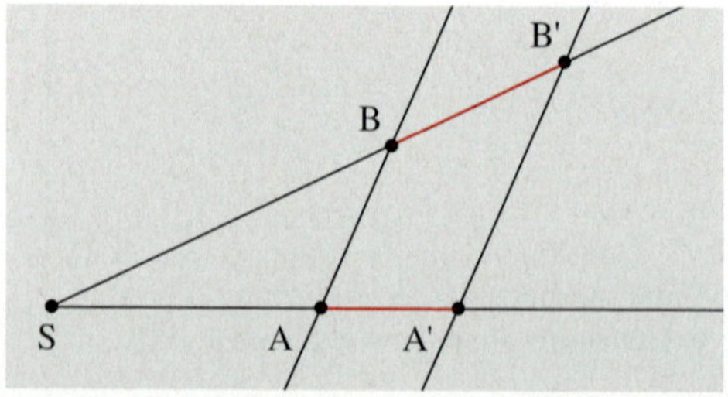

8. Wie konstruiert man die 4. Proportionale *d* zu den Strecken a, b und c?

a) Mithilfe des 1. Strahlensatzes:
Die Glieder *a* und *b* der Proportion $a{:}b = c{:}d$ werden auf dem einen Strahl, das Glied *c* auf dem zweiten Strahl von S aus abgetragen. Die Parallele zu der Verbindungsgeraden der Endpunkte von a und c durch den Endpunkt von b schneidet den zweiten Strahl im Endpunkt der gesuchten 4. Proportionale.

Konstruktion der 4. Proportionalen

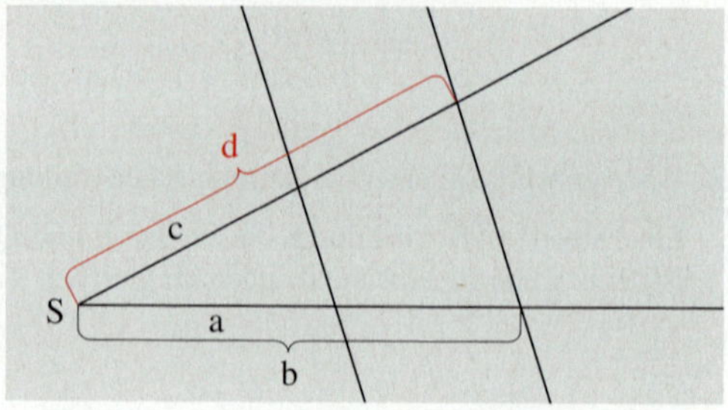

b) Mithilfe des 2. Strahlensatzes:
Die Glieder *a* und *b* werden auf dem einen Strahl abgetragen. Der Kreis um den Endpunkt von a mit dem Radius *c* schneidet den zweiten Strahl in den Punkten C_1 und C_2. Man verbindet den Endpunkt von a mit einem der Punkte C_1 oder C_2 und zeichnet die Parallele zu dieser Verbindungslinie. Sie schneidet den zweiten Strahl im Endpunkt der 4. Proportionale.

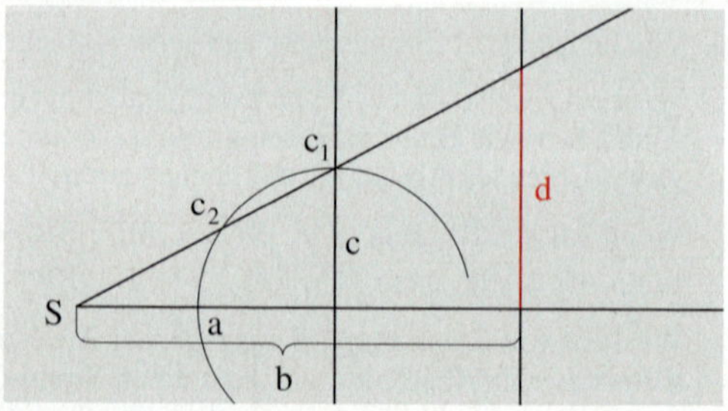

9. Wie teilt man eine Strecke konstruktiv in *n* gleiche Abschnitte? $n \in \mathbb{N}$

Soll die Strecke $\overline{AB}$ in *n* gleiche Abschnitte geteilt werden, so trägt man auf einem von $\overline{AB}$ verschiedenen Strahl aus A *n* beliebig aber gleich lange Abschnitte ab. Man erhält die Punke $P_1, P_2, \cdots P_n$. Man verbindet P_n mit B und zeichnet durch die P_i Parallele zu $\overline{PB}$. Sie teilen $\overline{AB}$ in *n* gleiche Abschnitte.

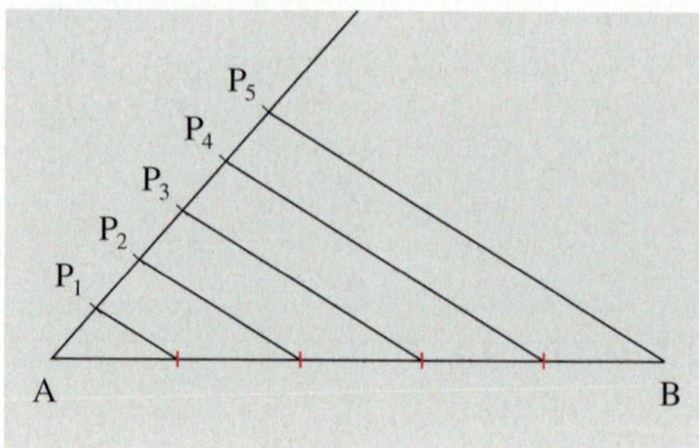

Ähnliche Figuren

186

1. Wann sind zwei Vielecke, wann zwei Dreiecke einander ähnlich?

Zwei Vielecke sind ähnlich, wenn ihre Winkel der Reihe nach gleich sind und entsprechende Seiten ebenfalls in gleicher Reihenfolge ein gleiches Längenverhältnis haben. Dreiecke sind ähnlich, wenn die Längenverhältnisse entsprechender Seiten und die Größen entsprechender Winkel gleich sind.

2. Beschreiben Sie die so genannte Ähnlichkeitslage von zwei Dreiecken.

Zwei Dreiecke befinden sich in Ähnlichkeitslage, wenn sich die Schenkel eines Winkels decken und die anderen Seiten zueinander parallel sind.

3. Wie lauten die vier Ähnlichkeitssätze für Dreiecke?

- Zwei Dreiecke sind einander ähnlich, wenn sie in den Größen zweier gleich liegender Winkel übereinstimmen. ► Hauptähnlichkeitssatz
- Zwei Dreiecke, die im Längenverhältnis zweier Seiten und der Größe des eingeschlossenen Winkels übereinstimmen, sind einander ähnlich.
- Zwei Dreiecke, die im Längenverhältnis aller drei Seiten übereinstimmen, sind einander ähnlich.
- Zwei Dreiecke, die im Längenverhältnis zweier Seiten und der Größe des den größeren Seiten gegenüberliegenden Winkels übereinstimmen, sind einander ähnlich.

4. Was wissen Sie über die Ähnlichkeit von gleichseitigen Dreiecken und Kreisen?

Die Innenwinkel gleichseitiger Dreiecke sind alle 60° groß. Nach dem Hauptähnlichkeitssatz sind also alle gleichseitigen Dreiecke untereinander ähnlich.
Alle Kreise sind untereinander ähnlich, denn alle Streckenlängen in den Kreisen verhalten sich zueinander wie die Radien der Kreise.

5. In welchem Verhältnis stehen die Seiten eines Dreiecks zu den zugehörigen Höhen?

Die Längen zweier Dreieckshöhen verhalten sich umgekehrt zueinander wie die Längen der zugehörigen Seiten.

6. In welchem Verhältnis stehen die Transversalen zweier ähnlicher Dreiecke zueinander?

In ähnlichen Dreiecken stehen die Längen entsprechender Transversalen im gleichen Verhältnis wie die Längen entsprechender Seiten zueinander.

7. Wie lauten der Höhensatz, der Satz des Euklid und der Satz des Pythagoras am rechtwinkligen Dreieck?

- Das Quadrat über der Höhe eines rechtwinkligen Dreiecks auf die Hypotenuse ist flächengleich dem Rechteck aus den Hypotenusenabschnitten. ► Höhensatz
- Das Quadrat über einer Kathete eines rechtwinkligen Dreiecks ist flächengleich dem Rechteck aus der Hypotenuse und dem der Kathete anliegenden Hypotenusenabschnitt. ► Satz des Euklid
- Im rechtwinkligen Dreieck ist die Summe der Flächen der Kathetenquadrate der Fläche des Hypotenusenquadrats gleich. ► Satz des Pythagoras

8. Wie kann man die mittlere Proportionale zweier Strecken a und b konstruieren?

Man konstruiert ein rechtwinkliges Dreieck, in dem a und b Hypotenusenabschnitte und h die Höhe auf c sind. Nach dem Höhensatz gilt dann $h^2 = a \cdot b$, h ist also mittlere Proportionale zu a und b.

186

9. Was versteht man unter dem geometrischen Mittel der Streckenlängen a und b?

Das geometrische Mittel der Zahlen bzw. Größen a und b ist der Term $\sqrt{a \cdot b}$. Für die Länge h der Höhe h auf die Hypotenuse eines rechtwinkligen Dreiecks gilt $h^2 = p \cdot q$ oder $h = \sqrt{p \cdot q}$, h ist also das geometrische Mittel von p und q.

10. Welche Proportionen gelten am Kreis für die Abschnitte auf zwei sich schneidenden Sehnen, auf zwei sich schneidenden Sekanten und für die Abschnitte auf einer sich mit einer Tangente schneidenden Sekante und dem Tangentenabschnitt?

- Das Produkt aus den Längen der Abschnitte auf der einen Sehne ist gleich dem Produkt der Längen der Abschnitte auf der anderen Sehne. ► Sehnensatz
- Das Produkt der Längen der Abschnitte auf der einen Sekante ist gleich dem Produkt der Längen der Abschnitte auf der anderen Sekante, jeweils gemessen vom Schnittpunkt aus. ► Sekantensatz
- Das Produkt der Längen der Abschnitte auf der Sekante ist gleich dem Quadrat der Länge des Tangentenabschnitts, jeweils gemessen vom Schnittpunkt aus. ► Tangentensatz

11. Wann nehmen zwei ähnliche Vielecke eine perspektive Lage zueinander ein?

Eine perspektive Lage zweier ähnlicher Vielecke liegt vor, wenn alle einander entsprechenden Seiten parallel zueinander sind und die Verbindungsstrecken entsprechender Punkte durch einen Punkt, den Ähnlichkeitspunkt der Vielecke gehen. Die Ähnlichkeitslage ist eine spezielle perspektive Lage.

12. Was versteht man unter einem regelmäßigen Vieleck?

Ein Vieleck heißt regelmäßig, wenn alle seine Seiten gleich lang und alle seine Winkel gleich groß sind.

Regelmäßige Vielecke haben einen ein- und einen umbeschriebenen Kreis, deren Mittelpunkte zusammenfallen und gleichzeitig der Mittelpunkt des Vielecks sind.

11 Der Flächeninhalt ebener Figuren

Flächeninhaltsberechnungen

Eine vorgegebene Fläche messen heißt, sie mit einem Einheitsquadrat zu vergleichen, d. h. festzustellen, wie oft die Fläche des Einheitsquadrats in ihr enthalten ist, sie also mit Einheitsquadraten auszufüllen oder zu parkettieren.

Beträgt die Länge der Seiten des Einheitsquadrats 1 m, so hat das Quadrat den Flächeninhalt $1\ m^2$, ist eine Seite 1 cm lang, so ist die Fläche $1\ cm^2$ groß. Die gebräuchlichsten Maßeinheiten für Flächeninhalte sind $1\ km^2$, $1\ m^2$, $1\ dm^2$, $1\ cm^2$ und $1\ mm^2$. Früher wurden außerdem die Maßeinheiten Ar (meist mit a bezeichnet) und Hektar (ha) benutzt.

1 a ist der Inhalt einer Quadratfläche der Seitenlänge 10 m, also $1\ a = 10\ m \cdot 10\ m = 100\ m^2$.
1 ha ist der Inhalt einer Fläche von 100 a, also $1\ ha = 100 \cdot 100\ m^2 = 10000\ m^2$. Das entspricht dem Inhalt einer Quadratfläche der Seitenlänge 100 m.

Rechnet man von einer Maßeinheit in eine kleinere um, so muss die neue Maßzahl größer als die ursprüngliche sein, rechnet man in eine größere Maßeinheit um, so muss die neue Maßzahl kleiner sein als die ursprüngliche.

Für die Umrechnung einer Maßeinheit in eine andere bedient man sich in der Rechenpraxis oft der so genannten Umrechnungszahlen.

Die nebenstehenden Schemata zeigen: Die Umrechnungszahl für benachbarte Einheiten beträgt 100, sie beträgt 10 000 für die Umrechnung von cm^2 in m^2 und für die Umrechnung von m^2 in ha sowie 1 000 000 für die Umrechnung von m^2 in km^2.

Um von der Maßzahl einer Einheit zur Maßzahl ihrer nächstgrößeren Einheit überzugehen, dividiert man sie durch die betreffende Umrechnungszahl oder multipliziert sie mit dem Kehrwert der Umrechnungszahl.

Geht man von einer größeren zur nächstkleineren Maßeinheit, so multipliziert man mit der betreffenden Umrechnungszahl.

In den Schemata sind diese Operationen durch Pfeile angedeutet.

$$1\ m^2 \xrightarrow{\cdot 100} 100\ dm^2 \xrightarrow{\cdot 100} 10000\ cm^2 \xrightarrow{\cdot 100} 1000000\ mm^2$$

(Rückwärts jeweils $: 100$ bzw. $\cdot \frac{1}{100}$)

$$1\ km^2 \xrightarrow{\cdot 100} 100\ ha \xrightarrow{\cdot 100} 10000\ a \xrightarrow{\cdot 100} 1000000\ m^2$$

(Rückwärts jeweils $: 100$ bzw. $\cdot \frac{1}{100}$)

$$1\ ha \xrightarrow{\cdot 10000} 10000\ m^2 \xrightarrow{\cdot 10000} 100000000\ cm^2$$

(Rückwärts jeweils $: 10000$ bzw. $\cdot \frac{1}{10000}$)

199

1. Verwandeln Sie in cm^2:

a)	**b)**	**c)**	**d)**
1537 mm^2	3,56 dm^2	3,526 m^2	0,00125 a
350 mm^2	153 dm^2	0,0291 m^2	1,562 m^2
150 mm^2	0,56 dm^2	3,00 m^2	17,25 dm^2

Zu a)
Da von einer kleineren in eine größere Einheit umgerechnet werden soll, ist zu dividieren. Umrechnungszahl ist 100.

$1537\ mm^2 : 100 = 15{,}37\ cm^2$
$350\ mm^2 : 100 = 3{,}5\ cm^2$
$150\ mm^2 : 100 = 1{,}5\ cm^2$

Zu b)
Da von einer größeren in eine kleinere Einheit umgerechnet werden soll, ist zu multiplizieren. Umrechnungszahl ist 100.

$3{,}56\ dm^2 \cdot 100 = 356\ cm^2$
$153\ dm^2 \cdot 100 = 15\,300\ cm^2$
$0{,}56\ dm^2 \cdot 100 = 56\ cm^2$

Zu c)
Da von einer größeren in eine kleinere Einheit umgerechnet werden soll, ist zu multiplizieren. Umrechnungszahl ist $100 \cdot 100 = 10000$.

$3{,}526\ m^2 \cdot 10000 = 35\,260\ cm^2$
$0{,}0291\ m^2 \cdot 10000 = 291\ cm^2$
$3{,}00\ m^2 \cdot 10000 = 30000\ cm^2$

Zu d)
Da von einer größeren in eine kleinere Einheit umgerechnet werden soll, ist zu multiplizieren. Im ersten Beispiel ist die Umrechnungszahl $100 \cdot 100 \cdot 100 \cdot 100 = 100000000$, im zweiten 10 000 und im dritten 100.

$0{,}00125\ a \cdot 100000000 = 125000\ cm^2$
$1{,}562\ m^2 \cdot 10000 = 15\,620\ cm^2$
$17{,}25\ dm^2 \cdot 100 = 1\,725\ cm^2$

200

2. Verwandeln Sie in m^2:

a)	**b)**	**c)**	**d)**
1567,8 mm^2	1567,6 cm^2	354,3 dm^2	15,67 a
36700 mm^2	98765 cm^2	3670 dm^2	3,68 ha
1765 mm^2	1565 cm^2	136 dm^2	0,027 km^2

Zu a)
Da von einer kleineren in eine größere Einheit umgerechnet werden soll, muss dividiert werden. Umrechnungszahl ist
$100 \cdot 100 \cdot 100 = 1000000$.

$1567\ mm^2 : 1000000 = 0{,}0015678\ m^2$
$36700\ mm^2 : 1000000 = 0{,}0367\ m^2$
$1765\ mm^2 : 1000000 = 0{,}001765\ m^2$

Zu b)
Es muss wieder dividiert werden. Umrechnungszahl ist 10 000.

$1567{,}6\ cm^2 : 10000 = 0{,}15676\ m^2$
$98\,765\ cm^2 : 10000 = 9{,}8765\ m^2$
$1565\ cm^2 : 10000 = 0{,}1565\ m^2$

Zu c)
Es muss wieder dividiert werden. Umrechnungszahl ist 100.

$354{,}3\ dm^2 : 100 = 3{,}543\ m^2$
$3670\ dm^2 : 100 = 36{,}70\ m^2$
$136\ dm^2 : 100 = 1{,}36\ m^2$

Zu d)
Da von eine größeren in eine kleinere Einheit umgerechnet werden soll, ist zu multiplizieren. Umrechnungszahl ist 100.

$15{,}67\ a \cdot 100 = 1567\ m^2$

Es ist mit 10 000 zu multiplizieren.

$3{,}68\ ha \cdot 10000 = 36\,800\ m^2$

Es ist mit 1 000 000 zu multiplizieren.

$0{,}027\ km^2 \cdot 1000000 = 27000\ m^2$

3. Verwandeln Sie in ha:

a) $3987{,}4\ m^2$; $3650\ m^2$; $1675{,}62\ m^2$ **b)** $0{,}789\ km^2$; $1{,}764\ km^2$; $15{,}684\ km^2$ **c)** $10{,}374\ a$; $1376\ a$; $9{,}806\ a$ 200

Zu a)
Da von einer kleineren in eine größere Einheit umgerechnet werden soll, muss dividiert werden. Umrechnungszahl ist 10 000.

$3987{,}4\ m^2 : 10000 = 0{,}3984\ ha$
$3650\ m^2 : 10000 = 0{,}3650\ ha$
$1675{,}62\ m^2 : 10000 = 0{,}167562\ ha$

Zu b)
Da von einer größeren in eine kleinere Einheit umgerechnet werden soll, muss multipliziert werden. Umrechnungszahl ist 100.

$0{,}789\ km^2 \cdot 100 = 78{,}9\ ha$
$1{,}764\ km^2 \cdot 100 = 176{,}4\ ha$
$15{,}684\ km^2 \cdot 100 = 1568{,}4\ ha$

Zu c)
Es muss dividiert werden.
Umrechnungszahl ist 100.

$10{,}374\ a : 100 = 0{,}10374\ ha$
$1376\ a : 100 = 13{,}76\ ha$
$9{,}806\ a : 100 = 0{,}09806\ ha$

4. Verwandeln Sie in dm^2:

a) $3156{,}4\ m^2$; $15000\ m^2$ **b)** $346{,}5\ a$; $1{,}095\ a$ **c)** $0{,}156\ ha$; $13{,}674\ ha$ **d)** $0{,}05\ km^2$; $1{,}009\ km^2$

Zu a)
Da von einer größeren in eine kleinere Einheit umgerechnet werden soll, muss multipliziert werden. Umrechnungszahl ist 100.

$3156{,}4\ m^2 \cdot 100 = 315640\ dm^2$
$15000\ m^2 \cdot 100 = 1500000\ dm^2$

Zu b)
Es muss multipliziert werden.
Umrechnungszahl ist 10 000.

$346{,}5\ a \cdot 10000 = 3465000\ dm^2$
$1{,}095\ a \cdot 10000 = 10950\ dm$

Zu c)
Es muss multipliziert werden.
Umrechnungszahl ist 1 000 000.

$0{,}156\ ha \cdot 1000000 = 156000\ dm^2$
$13{,}674\ ha \cdot 1000000 = 13674000\ dm^2$

Zu d)
Es muss multipliziert werden.
Die Umrechnungszahl ist $100 \cdot 100 \cdot 100 \cdot 100$, also $100000000 = 10^8$.

$0{,}05\ km^2 \cdot 10^8 = 5000000\ dm^2$
$1{,}009\ km^2 \cdot 10^8 = 100900000\ dm^2$

200

Merke:

Stehen a und b für die in derselben Maßeinheit gemessenen Maßzahlen der Längen der Seiten eines Rechtecks, so gilt für die Maßzahl A seines Flächeninhalts: $\boldsymbol{A = a \cdot b}$, gemessen im Quadrat der Längeneinheit der Seiten.

Unter Anwendung der Regeln für das Rechnen mit Größen gelangt man zu denselben Ergebnissen. ► Lehrbuch Kusch 1, Abschnitt 1.6.4. Deshalb kann die folgende Aussage gleichberechtigt verwendet werden:

Merke:

- Stehen a und b für die Seitenlängen eines Rechtecks, so gilt für dessen Flächeninhalt A:
$$\boldsymbol{A = a \cdot b}.$$
- Hat ein Quadrat die Seitenlänge a, so gilt für seinen Flächeninhalt $\boldsymbol{A = a^2}$.

In den folgenden Aufgaben bedeuten die Maßzahlen ohne Bezeichnung mm.
Ist bei einer Fläche eine Maßeinheit angegeben, so gilt sie für alle Maße.
Die Flächen sind nicht maßstäblich gezeichnet.

► In den Aufgaben 5 bis 12 wird aus Vereinfachungsgründen nur mit den Maßzahlen gerechnet.

5.

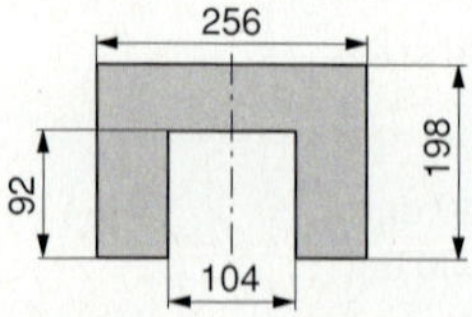

Berechnen Sie u in cm
A in cm^2

6.

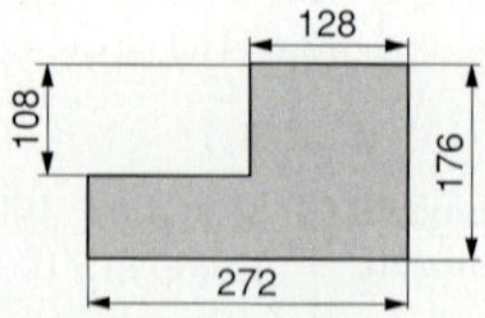

Berechnen Sie u in cm
A in cm^2

7.

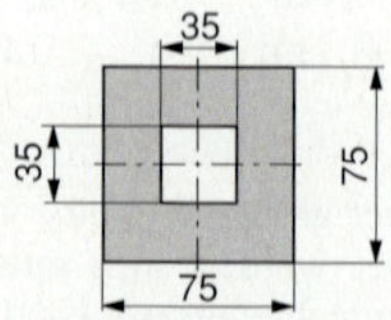

Berechnen Sie A in cm^2

Zu 5.

Die gerasterte Fläche kann aufgefasst werden als die Figur dreier aneinander gesetzter Rechtecke mit den Seitenlängen 256 und $198 - 92$ sowie zweimal 92 und $\frac{1}{2}(256 - 104)$.
Die Fläche ist 411,2 cm^2 groß.
Aus den gegebenen Maßen lässt sich die Länge des Umfangs u berechnen.
Der Umfang beträgt 109,2 cm.

$$A = 256(198 - 92) + 2 \cdot \left(\frac{265 - 104}{2} \cdot 92\right)$$
$$= 27136 + 13984$$
$$= 41120$$
$41120\ mm^2 = \underline{\underline{411{,}2\ cm^2}}$ ► Umrechnungszahl 100

$$u = 2 \cdot 256 + 2 \cdot 198 + 2 \cdot 92$$
$$= 1092$$
$1092\ mm = \underline{\underline{109{,}2\ cm}}$ ► Umrechnungszahl 10

Zu 6.

Die gerasterte Fläche setzt sich zusammen aus zwei Rechtecken mit den Seitenlängen 272 und $176 - 108$ sowie 128 und 108.
Die Fläche ist 323,2 cm^2 groß.
Aus den angegebenen Längen errechnet sich auch die Länge des Umfangs u der Figur.
Der Umfang beträgt 89,6 cm.

$$A = 272(176 - 108) + 128 \cdot 108$$
$$= 18496 + 13824$$
$$= 32320$$
$32320\ mm^2 = \underline{\underline{323{,}2\ cm^2}}$

$$u = 2 \cdot 272 + 2 \cdot 176$$
$$= 896$$
$896\ mm = \underline{\underline{89{,}6\ cm}}$

Zu 7.

Die Größe der gerasterten Fläche ergibt sich als Differenz der Flächengrößen des großen und des in ihm liegenden kleinen Quadrats. Sie beträgt 44 cm^2.

$$A = 75^2 - 35^2$$
$$= 4400$$
$4400\ mm^2 = \underline{\underline{44\ cm^2}}$

200

8.

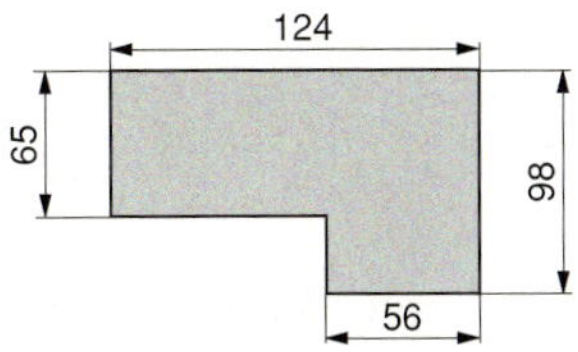

Berechnen Sie u in cm
A in cm^2

9.

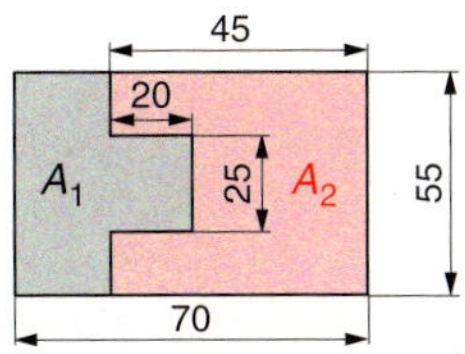

Berechnen Sie A_1 in cm^2
A_2 in cm^2

Zu 8.

Die gerasterte Figur kann als Zusammensetzung zweier Rechtecke mit den Seitenlängen 56 und 98 sowie 65 und $124-56$ aufgefasst werden. Der Flächeninhalt beträgt 99,08 cm^2. Die Länge des Umfangs u ergibt sich aus den angegebenen Maßen.
Sie beträgt 44,4 cm.

$$A = 56 \cdot 98 + 65 \cdot (124 - 56) = 5488 + 4420 = 9908$$

$$9908\ mm^2 = \underline{\underline{99{,}08\ cm^2}}$$

$$u = 2 \cdot 124 + 2 \cdot 98 = 444$$

$$444\ mm^2 = \underline{\underline{44{,}4\ cm}}$$

Zu 9.

Die Größe der gerasterten Fläche wird aus der Zusammensetzung zweier Rechtecke mit den Seitenlängen 55 und $70-45$ sowie 20 und 25 berechnet.
A_2 ist die Differenz der Größe des Flächeninhalts des Rechtecks mit den Seitenlängen 55 und 70 sowie A_1.

$$A_1 = 55 \cdot (70 - 45) + 20 \cdot 25 = 1375 + 500 = 1875$$

$$1875\ mm^2 = \underline{\underline{18{,}75\ cm^2}}$$

$$A_2 = 55 \cdot 70 - A_1 = 3850 - 1875 = 1975$$

$$1975\ mm^2 = \underline{\underline{19{,}75\ cm^2}}$$

10. Berechnen Sie Werkstatt, Lager, Büro in m^2.

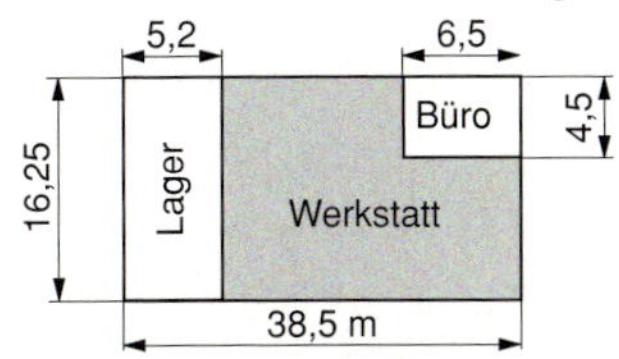

Die Grundflächen A_L des Lagers und A_B des Büros lassen sich unmittelbar aus den gegebenen Maßen berechnen.
Die Grundfläche A_W der Werkstatt ergibt sich als Differenz aus der Gesamtfläche A_G und den Grundflächen von Büro und Lager.
Die Größe des Lagers beträgt 84,5 m^2.
Die Größe des Büros beträgt 29,25 m^2.
Die Größe der Werkstatt beträgt 511,875 m^2.

$$A_L = 5{,}2 \cdot 16{,}25 = \underline{\underline{84{,}5}}$$

$$A_B = 6{,}5 \cdot 4{,}5 = \underline{\underline{29{,}25}}$$

$$A_G = 38{,}5 \cdot 16{,}25 = 625{,}625$$

$$A_W = 625{,}625 - 29{,}25 - 84{,}5 = \underline{\underline{511{,}875}}$$

200

11.

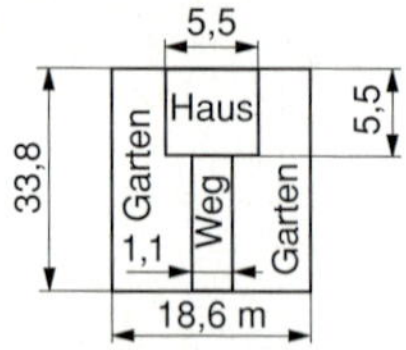

Berechnen Sie
1. das ganze Grundstück,
2. das Gartenhaus,
3. den Weg,
4. den Garten.

12.

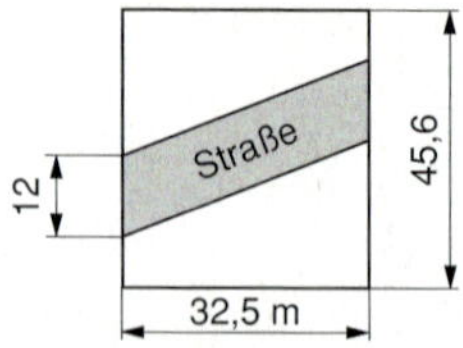

Berechnen Sie
1. das ganze Grundstück,
2. den Verlust durch die Straße,
3. den Rest des Grundstückes.

Zu 11.
Die Größen der Gesamtgrundfläche und die von Haus und Weg lassen sich unmittelbar aus den angegebenen Längen berechnen.
Die Größe der Grundfläche des Gartens erhält man als Differenz aus der Grundstücksgröße und den Größen von Haus und Weg.
Das Grundstück ist 628,68 m^2, das Haus 30,25 m^2, der Weg 31,13 m^2 und der Garten 567,3 m^2 groß.

$A_{Gr} = 18{,}6 \cdot 33{,}8 = \underline{\underline{628{,}68}}$

$A_H = 5{,}5^2 = \underline{\underline{30{,}25}}$

$A_W = 1{,}1 \cdot (33{,}8 - 5{,}5) = \underline{\underline{31{,}13}}$

$A_G = 628{,}68 - 30{,}25 - 31{,}13$
$= \underline{\underline{567{,}3}}$

Zu 12.
► Parallelogramme mit gleich langen Grundseiten und Höhen haben den gleichen Flächeninhalt.
Die Grundfläche der Straße ist ein Parallelogramm mit der Länge der Grundseite 12 m und der Länge der Höhe 32,5 m.
Das Grundstück ist 1482 m^2, die Straße 390 m^2 und das Restgrundstück 1092 m^2 groß.

$A_G = 32{,}5 \cdot 45{,}6 = \underline{\underline{1482}}$

$A_P = 12 \cdot 32{,}5 = \underline{\underline{390}}$

$A_R = 1482 - 390$
$= \underline{\underline{1092}}$

201

13. Berechnen Sie die fehlenden Größen eines rechtwinkligen Dreiecks △ABC. Der rechte Winkel liegt bei C.

Für die Fläche A eines Dreiecks gilt $A = \frac{g \cdot h}{2}$, wobei g für die Länge der Grundseite und h für die Länge der Höhe auf die Grundseite stehen.

	a	*b*	*A*
1.	2 m	1,5 m	
2.	3,6 m	2,75 m	
3.	6,24 m		15,6 m^2
4.		3,97 m	7,98 m^2

Für das rechtwinklige Dreieck wird daraus, wenn man a als Grundseite und demzufolge b als Höhe nimmt,

$$A = \frac{a \cdot b}{2}.$$

Diese Formel stellt man zur Berechnung von a oder b nach a oder b um.

$$a = \frac{2A}{b},\ b = \frac{2A}{a}.$$

Zu 1. $A = \frac{2\ \text{m} \cdot 1{,}5\ \text{m}}{2} = \underline{\underline{1{,}5\ \text{m}^2}}$

Zu 2. $A = \frac{3{,}6\ \text{m} \cdot 2{,}75\ \text{m}}{2} = \underline{\underline{4{,}95\ \text{m}^2}}$

Zu 3. $b = \frac{2 \cdot 15{,}6\ \text{m}^2}{6{,}24} = \underline{\underline{5\ \text{m}}}$

Zu 4. $a = \frac{2 \cdot 7{,}98\ \text{m}}{3{,}97} = \underline{\underline{4{,}02\ \text{m}}}$

14. Berechnen Sie A in cm^2.

Bei der Figur handelt es sich um ein Trapez mit den Grundlinien von 103 mm und 58 mm Länge, dessen Höhe 110 mm beträgt.
Die Flächenformel für das Trapez lautet $A = \frac{a+c}{2} h$, wenn a und c für die parallelen Grundseitenlängen und h für die Länge der Höhe stehen.
Die Fläche des Trapezes hat $88{,}75\ cm^2$.

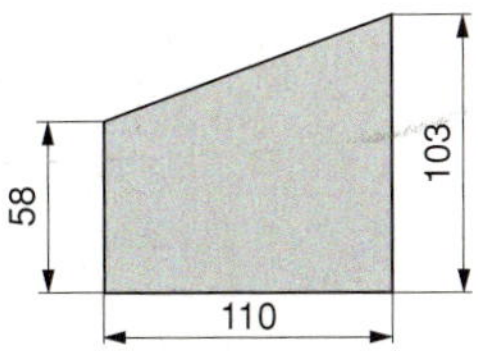

$$A = \frac{103\ mm + 58\ mm}{2} \cdot 110\ mm$$
$$= 8875\ mm^2$$
$$8875\ mm^2 = \underline{\underline{88{,}75\ cm^2}}$$

15. Berechnen Sie A in m^2.

Die Figur besteht aus einem Rechteck mit den Seitenlängen 3,3 m und 1,2 m sowie einem rechtwinkligen Dreieck mit den Kathetenlängen 1,2 m und 1,6 m.

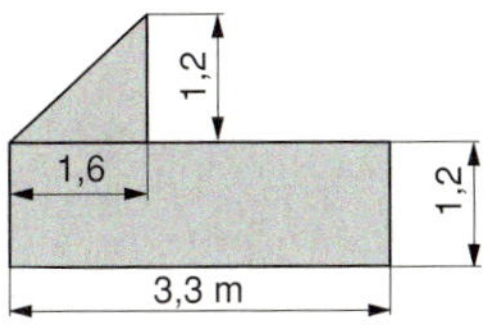

$A_1 = a \cdot b$,

$A_2 = \frac{g \cdot h}{2}$.

$A = A_1 + A_2$

$$A_1 = 3{,}3\ m \cdot 1{,}2\ m = 3{,}96\ m^2$$
$$A_2 = \frac{1{,}2\ m \cdot 1{,}6\ m}{2} = 0{,}96\ m^2$$
$$A_1 + A_2 = \underline{\underline{4{,}92\ m^2}}$$

16. Berechnen Sie die fehlenden Größen eines Trapezes.

Die Formel für den Flächeninhalt A eines Trapezes lautet $A = \frac{a+c}{2} \cdot h$, wenn a und c für die Längen der parallelen Grundseiten und h für die Höhe des Trapezes stehen.

A	a	c	h
	5,25 m	3,6 m	4,6 m
	8,7 m	6,5 m	5,25 m
8,75 cm^2	40 cm	30 cm	
3240 cm^2	75 cm	60 cm	
0,86 m^2		0,95 m	0,8 m
3,815 m^2	2,5 m		1,75 m

$$\underline{\underline{A}} = \frac{5{,}25\ m + 3{,}6\ m}{2} \cdot 4{,}6\ m = \underline{\underline{20{,}355\ m^2}}$$
$$\underline{\underline{A}} = \frac{8{,}7\ m + 6{,}5\ m}{2} \cdot 5{,}25\ m = \underline{\underline{39{,}9\ m^2}}$$

Man kann diese Formel nach h umstellen:

$h = \frac{2A}{a+c}$ oder auch nach a oder c.

Aus $\frac{2A}{h} = a + c$ folgt

$a = \frac{2A}{h} - c$ und

$c = \frac{2A}{h} - a$.

$$\underline{\underline{h}} = \frac{2 \cdot 8{,}75\ cm^2}{40\ cm + 30\ cm} = \underline{\underline{0{,}25\ cm}}$$
$$\underline{\underline{h}} = \frac{2 \cdot 3240\ cm^2}{75\ cm + 60\ cm} = \underline{\underline{48\ cm}}$$
$$\underline{\underline{a}} = \frac{2 \cdot 0{,}86\ m^2}{0{,}8\ m} - 0{,}95\ m = \underline{\underline{1{,}2\ m}}$$
$$\underline{\underline{c}} = \frac{2 \cdot 3{,}815\ m^2}{1{,}75\ m} - 2{,}5\ m = \underline{\underline{1{,}86\ m}}$$

201

17.

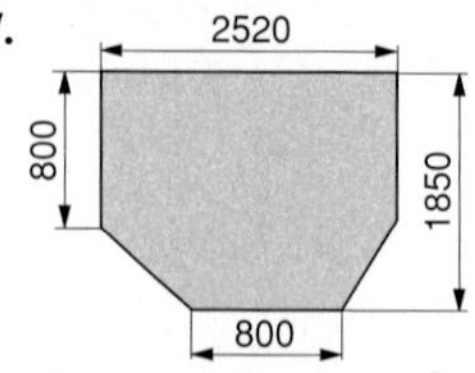

Berechnen Sie A in m^2

18.

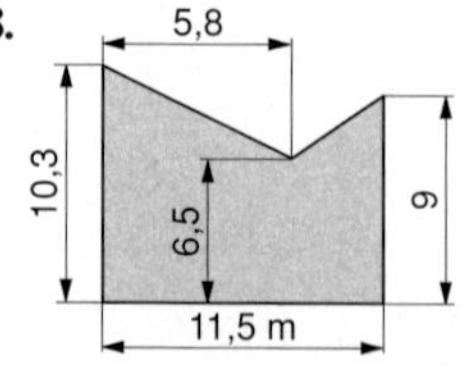

Berechnen Sie A in m^2

19.

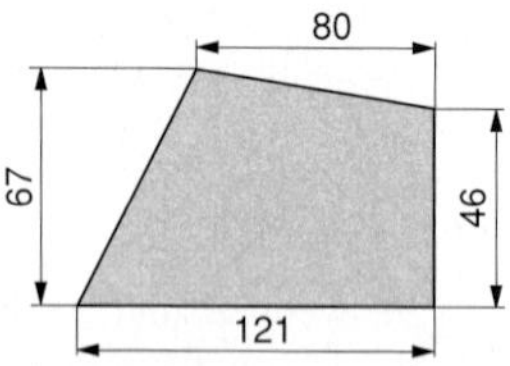

Berechnen Sie A in m^2

Zu 17.
Die Figur ist aus einem Rechteck mit den Seitenlängen 2520 mm und 800 mm sowie einem Trapez mit den Grundseitenlängen 2520 mm und 800 mm zusammengesetzt.

Die Figur ist 3,759 m^2 groß.

$$A_1 = 2520\text{ mm} \cdot 800\text{ mm} = 2016000\text{ mm}^2$$

$$A_2 = \frac{2520\text{ mm} + 800\text{ mm}}{2} \cdot 1050\text{ mm} = 1743000\text{ mm}^2$$

$$\underline{\underline{A_1 + A_2}} = 3759000\text{ mm} = \underline{\underline{3{,}759\text{ m}^2}}$$

Zu 18.
Die Figur besteht aus zwei Trapezen mit den Grundseitenlängen 10,3 m und 6,5 m bzw. 9 m und 6,5 m.

Die Figur hat einen Flächeninhalt von 92,895 m^2.

$$A_1 = \frac{10{,}3\text{ m} + 6{,}5\text{ m}}{2} \cdot 5{,}8\text{ m} = 48{,}72\text{ m}^2$$

$$A_2 = \frac{9\text{ m} + 6{,}5\text{ m}}{2} \cdot (11{,}5 - 5{,}8)\text{ m} = 44{,}175\text{ m}^2$$

$$\underline{\underline{A_1 + A_2 = 92{,}895\text{ m}^2}}$$

Zu 19.
Die Figur besteht aus einem Rechteck mit den Seitenlängen 46 mm und 80 mm sowie zwei Dreiecken mit den Längen der Grundlinien 80 mm und den Längen der Höhen (67 – 46) mm bzw. 41 mm und 67 mm.
Die Figur hat einen Flächeninhalt von 0,0058935 m^2.

$$A_1 = 80\text{ mm} \cdot 46\text{ mm} = 3680\text{ mm}^2$$

$$A_2 = \frac{80\text{ mm} \cdot 21\text{ mm}}{2} = 840\text{ mm}^2$$

$$A_3 = \frac{41\text{ mm} \cdot 67\text{ mm}}{2} = 1373{,}50\text{ mm}^2$$

$$\underline{\underline{A_1 + A_2 + A_3}} = 5893{,}5\text{ mm}^2 = \underline{\underline{0{,}0058935\text{ m}^2}}$$

20.

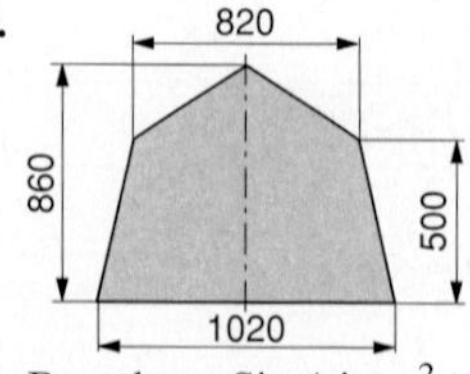

Berechnen Sie A in m^2

21.

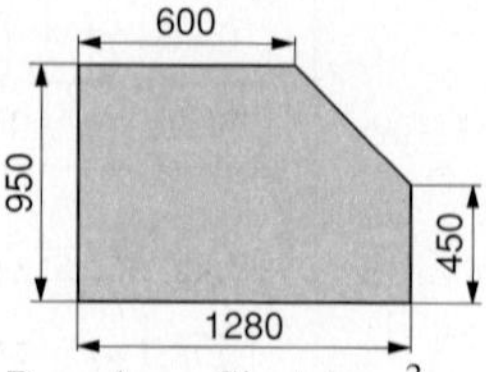

Berechnen Sie A in m^2

22.

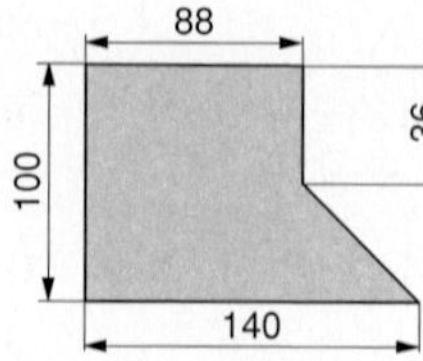

Berechnen Sie A in m^2

Zu 20.
Die Figur besteht aus einem Trapez mit den Grundseitenlängen 1020 mm und 820 mm sowie einem Dreieck mit der Länge der Grundseite von 820 mm und der Länge der Höhe von 360 mm.

Die Figur hat einen Flächeninhalt von 0,6076 m^2.

$$A_1 = \frac{1020\text{ mm} + 820\text{ mm}}{2} \cdot 500\text{ mm} = 460000\text{ mm}^2$$

$$A_2 = \frac{820\text{ mm} \cdot 360\text{ mm}}{2} = 147600\text{ mm}^2$$

$$\underline{\underline{A_1 + A_2}} = 607600\text{ mm}^2 = \underline{\underline{0{,}6076\text{ m}^2}}$$

201

Zu 21.
Die Figur besteht aus einem Rechteck mit den Seitenlängen 1 280 mm und 450 mm sowie einem Trapez mit den Grundseitenlängen 1 280 mm und 600 mm.
Die Figur hat einen Flächeninhalt von 1,046 m².

$$A_1 = 1280 \text{ mm} \cdot 450 \text{ mm} = 576000 \text{ mm}^2$$
$$A_2 = \frac{1280 \text{ mm} + 600 \text{ mm}}{2} \cdot 500 \text{ mm} = 470000 \text{ mm}^2$$
$$\underline{\underline{A_1 + A_2}} = 1046000 \text{ mm}^2 = \underline{\underline{1{,}046 \text{ m}^2}}$$

Zu 22.
Die Figur besteht aus einem Rechteck mit den Seitenlängen 88 mm und 100 mm sowie einem rechtwinkligen Dreieck mit den Längen der Katheten 52 mm und 64 mm. Ihr Flächeninhalt beträgt 0,010464 m².

$$A_1 = 88 \text{ mm} \cdot 100 \text{ mm} = 8800 \text{ mm}^2$$
$$A_2 = \frac{52 \text{ mm} \cdot 64 \text{ mm}}{2} = 1664 \text{ mm}^2$$
$$\underline{\underline{A_1 + A_2}} = 10464 \text{ mm}^2 = \underline{\underline{0{,}010464 \text{ m}^2}}$$

23.

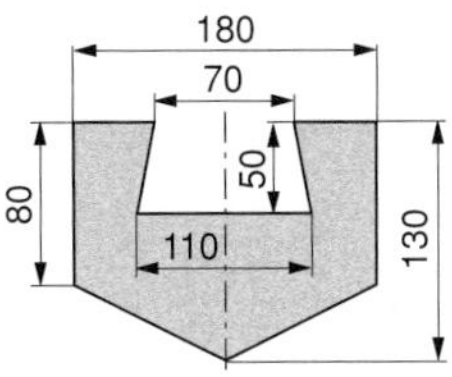

Berechnen Sie
1. A von 12 Blechen in m²
2. Gewicht der Bleche in N
(1 m² ≙ 156 N)

24.

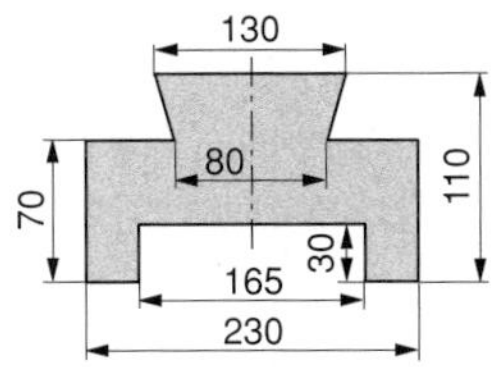

Berechnen Sie
1. A von 25 Blechen in m²
2. Gewicht der Bleche in N
(1 m² ≙ 76,5 N)

25.

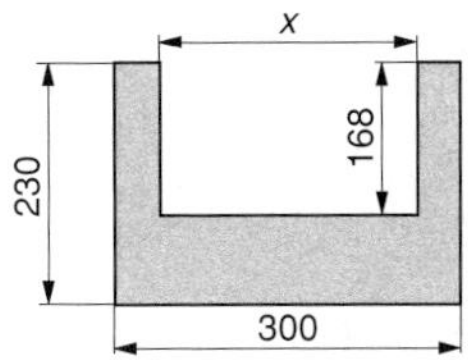

Der Inhalt der gerasterten Fläche beträgt $A = 480 \text{ cm}^2$. Berechnen Sie x.

Zu 23.
Das Blech ist zusammengesetzt aus einem Rechteck mit den Seitenlängen 180 mm und 80 mm sowie einem Dreieck mit der Länge der Grundseite 180 mm und der Länge der Höhe 50 mm. Aus dem Blech ist ein Trapez mit den Grundseitenlängen 110 mm und 70 mm ausgeschnitten.

Der Flächeninhalt eines Blechs:
$$A_1 = 180 \text{ mm} \cdot 80 \text{ mm} = 14400 \text{ mm}^2 = 0{,}0144 \text{ m}^2$$
$$A_2 = \frac{180 \text{ mm} \cdot 50 \text{ mm}}{2} = 4500 \text{ mm}^2 = 0{,}0045 \text{ m}^2$$
$$A_3 = \frac{110 \text{ mm} + 70 \text{ mm}}{2} \cdot 50 \text{ mm} = 4500 \text{ mm}^2 = 0{,}0045 \text{ m}^2$$
$$A_1 + A_2 - A_3 = 0{,}0144 \text{ m}^2$$

Der Flächeninhalt von 12 Blechen beträgt 0,1728 m².

Der Flächeninhalt von 12 Blechen:
$$12 \cdot 0{,}0144 \text{ m}^2 = \underline{\underline{0{,}1728 \text{ m}^2}}$$

Das Gewicht der 12 Bleche beträgt ungefähr 26,96 N.

Das Gewicht von 12 Blechen in N:
$$0{,}1728 \text{ m}^2 \cdot 156 \frac{\text{N}}{\text{m}^2} = \underline{\underline{26{,}9568 \text{ N}}}$$

Zu 24.
Die Figur besteht aus einem Rechteck mit den Seitenlängen 230 mm und 70 mm, aus dem ein Rechteck mit den Seitenlängen von 165 mm und 30 mm ausgeschnitten ist. Außerdem ist ein Trapez mit den Grundseitenlängen 130 mm und 80 mm angesetzt.

Der Flächeninhalt eines Bleches beträgt 0,01535 m².

Der Flächeninhalt eines Blechs:
$$A_1 = 230 \text{ mm} \cdot 70 \text{ mm} = 16100 \text{ mm}^2 = 0{,}0161 \text{ m}^2$$
$$A_2 = 165 \text{ mm} \cdot 30 \text{ mm} = 4950 \text{ mm}^2 = 0{,}00495 \text{ m}^2$$
$$A_3 = \frac{130 \text{ mm} + 80 \text{ mm}}{2} \cdot 40 \text{ mm} = 4200 \text{ mm}^2 = 0{,}0042 \text{ mm}^2$$
$$A_1 - A_2 + A_3 = 0{,}01535 \text{ m}^2$$

201 Der Flächeninhalt von 25 Blechen beträgt 0,38375 m^2.

Das Gewicht der 25 Bleche beträgt ungefähr 29,36 N.

Der Flächeninhalt von 25 Blechen:

$25 \cdot 0{,}01535\ m^2 = \underline{\underline{0{,}38375\ m^2}}$

Das Gewicht von 25 Blechen in N:

$0{,}38375\ m^2 \cdot 76{,}5\ \frac{N}{m^2} = \underline{\underline{29{,}356875\ N}}$

Zu 25.
Die gerasterte Fläche ist entstanden aus dem großen Rechteck mit den Seitenlängen 300 mm und 230 mm durch Ausschneiden eines Rechtecks mit den Seitenlängen 168 mm und x. Daraus ergibt sich eine Ausgangsgleichung.

$$30 \cdot 23\ cm^2 - x \cdot 16{,}8\ cm = 480\ cm^2 \quad | -690\ cm^2$$
$$-x \cdot 16{,}8\ cm = -210\ cm^2 \quad |: 16{,}8\ cm$$
$$\underline{\underline{x = 12{,}5\ cm}}$$

Die gesuchte Länge ist 12,5 cm.

202 **26.**

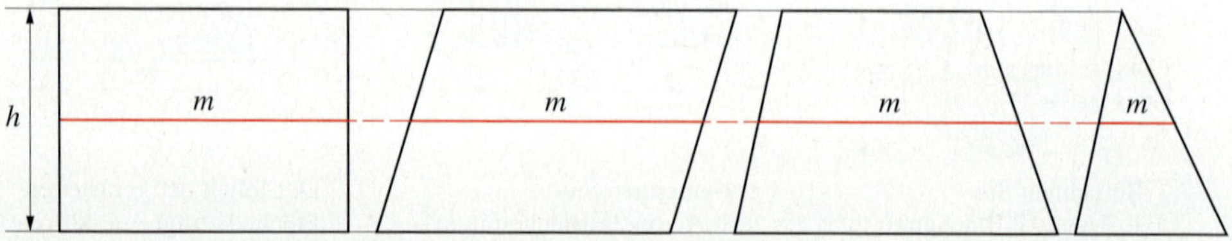

Steht m, wie vorstehend gezeichnet, für die Länge der Verbindungsstrecke der Mittelpunkte zweier gegenüberliegender Seiten eines Rechtecks oder eines Parallelogramms oder für die Länge der Mittellinie in einem Trapez oder einem Dreieck, und haben alle diese Figuren eine Höhe gleicher Länge h, so ist die Größe A des Flächeninhalts dieser Figuren durch eine einzige Formel bestimmt: $A = m \cdot h$.
Begründen Sie diese Aussage!

Für das **Rechteck**: Die Flächeninhaltsformel lautet $A = a \cdot b$. Im vorliegenden Fall ist $a = m$ und $b = h$, also gilt $A = m \cdot h$.

Für das **Parallelogramm**: Die Flächeninhaltsformel lautet $A = a \cdot h$. Im vorliegenden Fall ist $a = m$, also gilt $A = m \cdot h$.

Für das **Trapez**: Die Flächeninhaltsformel lautet $A = \frac{a+c}{2} \cdot h$.

Setzt man an das Ausgangstrapez ein kongruentes so an, dass die Seite a auf der Verlängerung von $\overline{DC}$ über C hinaus und die Seite c auf der Verlängerung von $\overline{AB}$ über B hinaus zu liegen kommt, so entsteht ein Parallelogramm mit den Seitenlängen $a + c$ und der Länge h der Höhe.

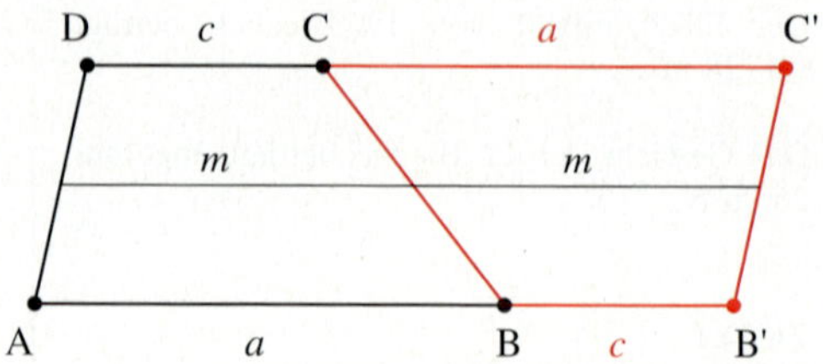

Die Mittellinie dieses Parallelogramms hat einerseits die Länge $2 \cdot m$ und andererseits die Länge $a + c$. Also ist $m = \frac{1}{2}(a + c)$, und damit erhält man für den Flächeninhalt des Trapezes $A = m \cdot h$.

Für das **Dreieck**: Die Flächeninhaltsformel lautet $A = \frac{g \cdot h}{2}$. Da m die Verbindungslinie der Seitenmitten ist, ist m $\parallel$ g (g Grundseite des Dreiecks) und nach dem 2. Strahlensatz halb so lang wie g, also $m = \frac{g}{2}$. Also gilt für den Inhalt der Dreiecksfläche $A = m \cdot h$.

Flächenverwandlungen 202

Merke:

- Parallelogramme mit gleich langen Grundseiten und gleich langen Höhen haben den gleichen Flächeninhalt.
- Der Flächeninhalt eines Dreiecks, dessen Grundseite und die zugehörige Höhe genau so lang sind wie die Grundseite und die Höhe eines Parallelogramms, ist halb so groß wie der Flächeninhalt des Parallelogramms.
- Der Flächeninhalt eines Trapezes mit der Länge *m* der Mittellinie und der Länge *h* der Höhe ist genau so groß wie der Flächeninhalt eines Parallelogramms mit der Grundseitenlänge *m* und der Länge *h* der Höhe.

► Flächen mit gleich großem Flächeninhalt sind flächeninhaltsgleich. Man nennt sie oft – wenn auch mathematisch nicht ganz korrekt – einfach **flächengleich** (Aufgaben 1–13).

1. Ein Parallelogramm hat die Stücke $a = 4$ cm, $\beta = 110°$, $b = 6$ cm. Zeichnen Sie ein flächengleiches Parallelogramm, in dem
a) $b = 7{,}5$ cm **b)** $\beta = 70°$ **c)** $d = 6{,}5$ cm **d)** $\alpha = 90°$ ist.

Zu a)

► Alle Parallelogramme mit der gleichen Grundseite und der gleichen Höhe sind flächengleich.

Man konstruiert also zu dem gegebenen ein Parallelogramm, in dem *a* und *h* mit dem gegebenen übereinstimmen, *b* aber 7,5 cm lang ist.

Ausgangsparallelogramm

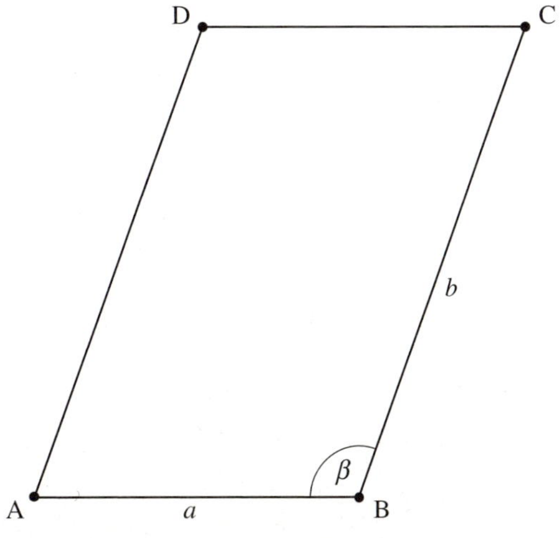

Parallelogramm ABCD
$K(B; r = b = 7{,}5\text{ cm})$
$K \cap DC = \{C_1, C_2\}$
D_1 so, dass $\overline{AD_1} \parallel \overline{BC_1}$ oder
D_2 so, dass $\overline{AD_2} \parallel \overline{BC_2}$

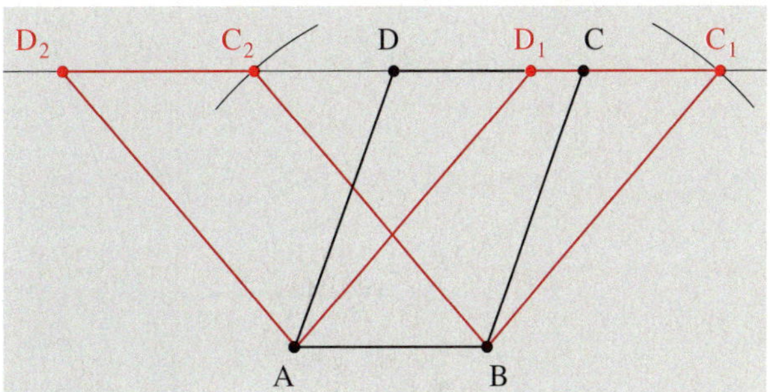

► Längenmaße auf die Hälfte verkürzt

Die Parallelogramme ABCD, ABC_1D_1 und ABC_2D_2 sind flächengleich.

202

Zu b)

Parallelogramm ABCD
a und h bleiben gleich,
$\sphericalangle\beta$ wird verändert.
$\sphericalangle\beta, \beta = 70°$ an $\overline{BA} \rightarrow s$
$s \cap DC = \{C_1\}$
D_1 so, dass $\overline{AD_1} \parallel \overline{BC_1}$

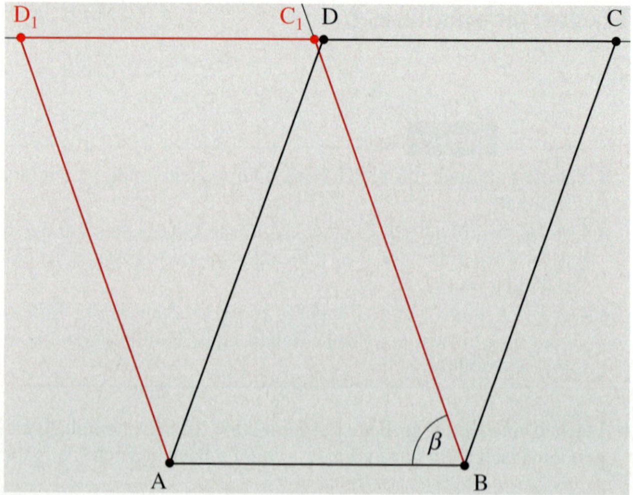

Die Parallelogramme ABCD und ABC_1D_1 sind flächengleich.

Zu c)

Parallelogramm ABCD
a und h bleiben gleich,
d wird verändert.
Im Parallelogramm gilt $d = b$.
$K(B; r = d = b = 6{,}5\text{ cm})$
$K \cap DC = \{C_1, C_2\}$
D_1 so, dass $\overline{AD_1} \parallel \overline{BC_1}$ oder
D_2 so, dass $\overline{AD_2} \parallel \overline{BC_2}$

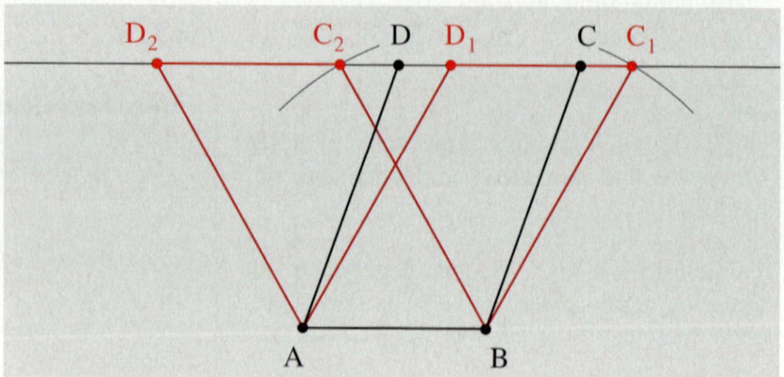

Die Parallelogramme ABCD, ABC_1D_1 und ABC_2D_2 sind flächengleich.

► Längenmaße auf die Hälfte verkürzt

Zu d)

Parallelogramm ABCD
a und h bleiben gleich,
$\sphericalangle\alpha$ wird verändert.
$\sphericalangle\alpha, \alpha = 90°$ an $\overline{AB} \rightarrow s$
$s \cap DC = \{D_1\}$
C_1 so, dass $\overline{BC_1} \parallel \overline{AD_1}$

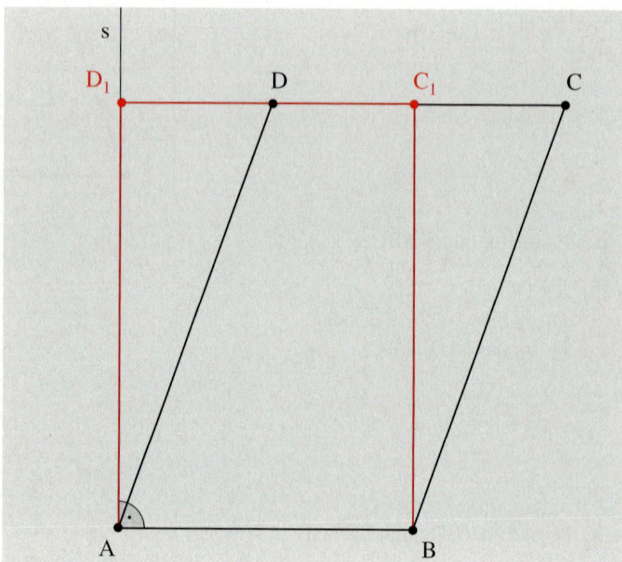

Die Parallelogramme ABCD und ABC_1D_1 sind flächengleich.

2. Ein Dreieck hat die Stücke $a=4{,}5$ cm, $b=7$ cm, $c=6{,}5$ cm. Zeichnen Sie ein flächengleiches Parallelogramm, in dem **202**
a) $\alpha=60°$ **b)** $\beta=120°$ **c)** $a=6$ cm **d)** $a=b$ ist.

Die Analyse der nebenstehenden Figur zeigt: Zeichnet man durch C eine Parallele g zur Grundseite des gegebenen Dreiecks und durch B eine Parallele p zur Seite $\overline{AC}$, die g in D schneidet, so ist der Flächeninhalt des Parallelogramms ABDC doppelt so groß wie der Flächeninhalt des Dreiecks $\triangle$ABC.

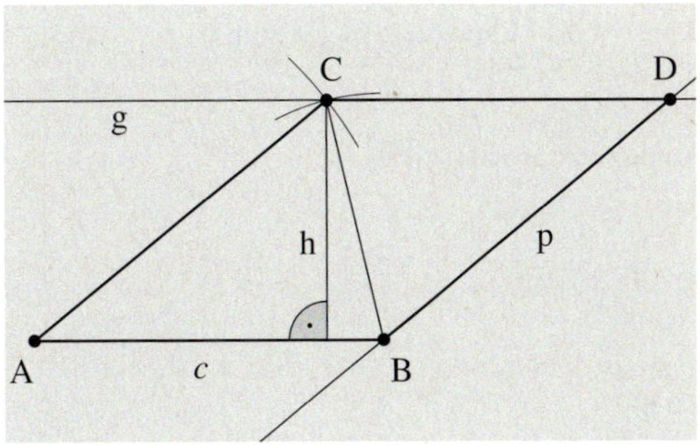

Allgemein kann man feststellen: Jedes Paar paralleler Geraden durch A und B erzeugt mit g ein Parallelogramm, dessen Flächeninhalt doppelt so groß ist wie der des Dreiecks mit der Grundseite c und der Höhe h.

Um ein flächengleiches Parallelogramm zu erzeugen, kann man eine Parallele zu a oder zu b durch die Mitte der Grundlinie c benutzen oder eine Parallele zu c durch die Mitte der Höhe.
Im 1. Fall gilt für den Flächeninhalt der Parallelogrammfläche $A=\frac{c}{2}\cdot h$, im 2. Fall $A=c\cdot\frac{h}{2}$, also stets $A=\frac{c\cdot h}{2}$.

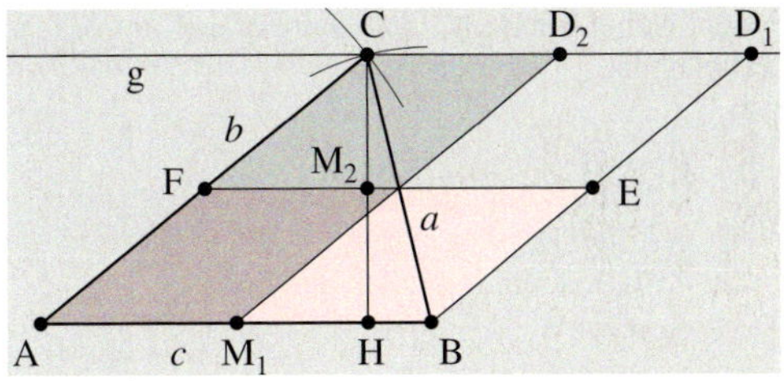

Zu a)

$\triangle$ABC, g $\parallel \overline{AB}$
c und h unverändert, $\sphericalangle\alpha$ wird verändert.
$\sphericalangle\alpha, \alpha=60°$ an $\overline{AB}$ ➡ s
s$\cap$g$=\{$D$\}$
p(B) $\parallel \overline{AD}$; p(B)$\cap$g$=\{C_1\}$
$A_{ABC_1D}=2A_\triangle$
M als Mitte von c, m(M) $\parallel \overline{AD}$
m$\cap$g$=\{C_2\}$
$A_{AMC_2D}=A_\triangle$

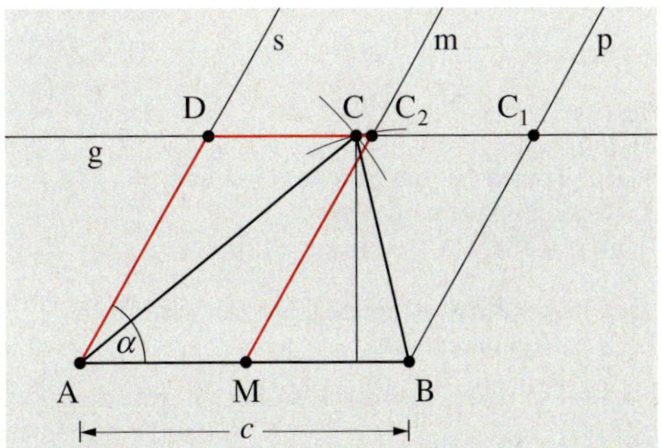

► Längenmaße auf die Hälfte verkürzt

Zu b)

$\triangle$ABC, g $\parallel \overline{AB}$
c und h unverändert, $\sphericalangle\beta$ wird verändert.
$\sphericalangle\beta, \beta=120°$ an $\overline{BA}$ ➡ s
s$\cap$g$=$D
M als Mitte von c, m(M) $\parallel \overline{BD}$
m$\cap$g$=\{C_1\}$
$A_{MBDC_1}=A_\triangle$

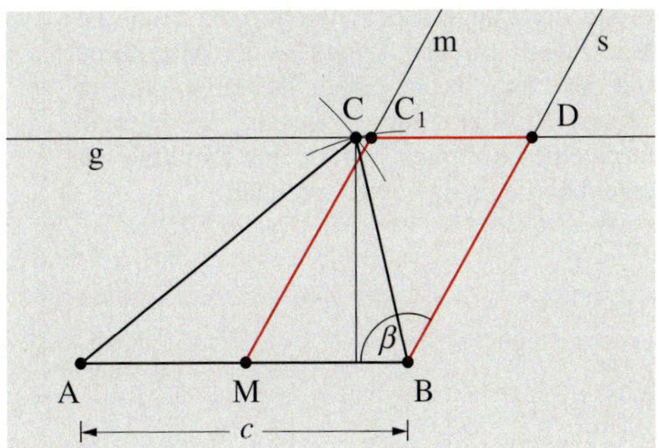

► Längenmaße auf die Hälfte verkürzt

202 **Zu c)**

$\triangle ABC$, $g \parallel \overline{AB}$
c und h unverändert, a wird verändert.
$K(B; r=a=6\text{ cm})$
$K \cap g = \{D_1, D_2\}$
M als Mitte von c, $m_1(M) \parallel \overline{BD_1}$
$m_1 \cap g = \{C_1\}$
$A_{MBD_1C_1} = A_{\triangle}$

Analog mit $m_2(M) \parallel \overline{BD_2}$

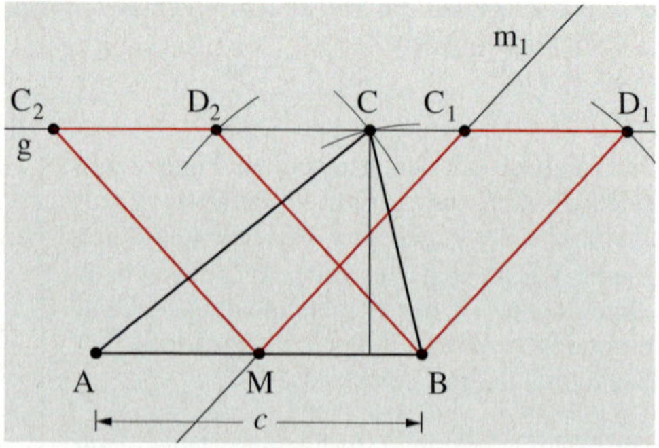

► Längenmaße auf die Hälfte verkürzt

Zu d)
Das Dreieck $\triangle ABC$ ist gleichschenklig. Das ermöglicht vereinfachte Konstruktionen, wobei ebenfalls c und h unverändert bleiben.
Z. B.:

$g(C) \parallel \overline{AB}$
H als Fußpunkt der Höhe auf c
$p(A) \parallel \overline{CH}$, $p \cap g = \{D\}$
AHCD ist ein Rechteck und
$A_{AHCD} = A_{\triangle}$

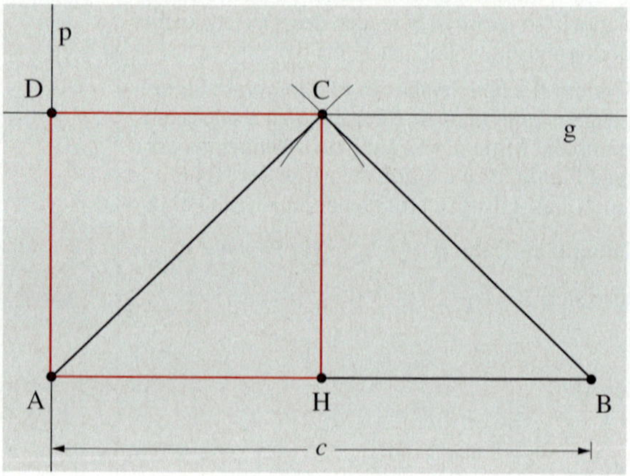

3. Ein Trapez hat die Stücke $a=4$ cm, $\alpha=75°$, $c=3$ cm, $d=6{,}5$ cm. Zeichnen Sie ein flächengleiches Parallelogramm, in dem
a) $\alpha=105°$ **b)** $\beta=120°$ **c)** $d=6$ cm **d)** $b=d$ ist.

Der Flächeninhalt A eines Trapezes wird nach den Formeln berechnet:
$A=\frac{a+c}{2}\cdot h$ oder $A=m\cdot h$, wobei m für die Länge der Mittellinie und h für die Höhe des Trapezes stehen.
Ein Parallelogramm mit der Länge m einer Seite und der Länge h der zugehörigen Höhe ist dem Trapez mit der Länge m der Mittellinie und der Länge h der Höhe flächengleich. Ein solches Parallelogramm entsteht, wenn man durch einen Endpunkt von m eine Parallele zur gegenüberliegenden Seite zeichnet.

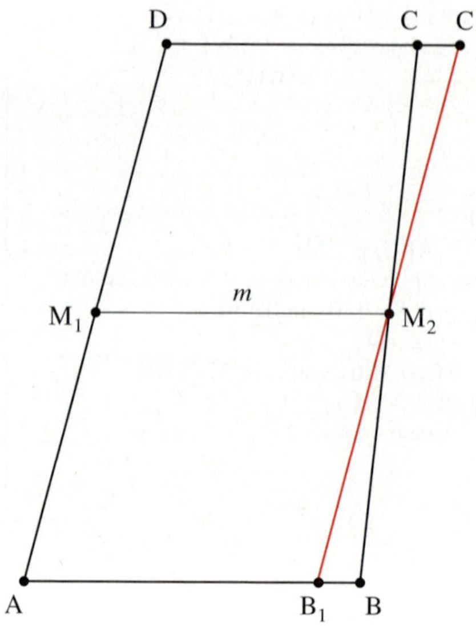

Zu a)

Trapez ABCD, $\overline{M_2M_2} = m$ als Mittellinie, *m* und *h* werden beibehalten. 202
$g(M_2) \parallel \overline{AD}$, $g \cap \overline{DC} = \{C_1\}$ und $g \cap \overline{AB} = \{B_1\}$; $\sphericalangle\alpha, \alpha = 105°$ an $\overline{AB}$ ➡ s; $s \cap \overline{CD} = \{D_1\}$,
$p(B_1) \parallel \overline{AD_1}$, $p \cap CD = \{C_2\}$

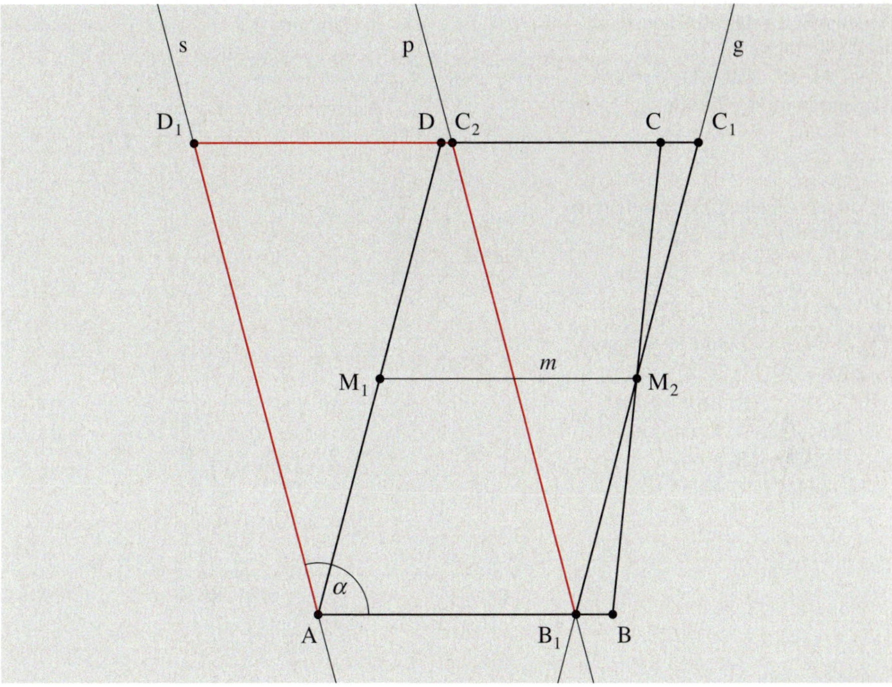

Das Parallelogramm $AB_1C_2D_1$ ist flächengleich dem Trapez ABCD.

Zu b)
Die Konstruktion folgt zunächst den Schritten unter a). Anstelle von $\sphericalangle\alpha$ wird aber dann der Winkel $\sphericalangle\beta$ verändert, sodann wie unter a) weiter verfahren.

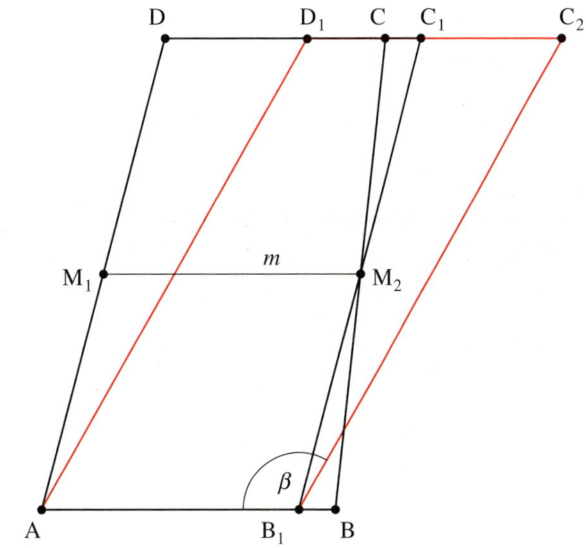

202 **Zu c)** Die Länge der gegebenen Seite d soll verändert werden, d. h., das bisher benutzte Trapez mit m und h muss verändert werden. Durch die Verkürzung von d wird auch h_1 kleiner als h. Das gesuchte Parallelogramm soll flächengleich sein, also muss die zu ihm gehörende Länge m_1 größer sein als m.

Lösung mithilfe einer Berechnung:
Trapez ABCD, dazu flächengleich das Parallelogramm AB_1C_1D
D_1 auf $\overline{AD}$ so, dass $|\overline{AD_1}| = 6$ cm
Man entnimmt der Zeichnung:
$m = 3{,}5$ cm,
$h = 6{,}2$ cm und
$h_1 = 5{,}8$ cm.
Mit diesen Angaben kann m_1 berechnet werden: $m \cdot h = m_1 \cdot h_1$, also

$$m_1 = \frac{3{,}5\text{ cm} \cdot 6{,}2\text{ cm}}{5{,}8\text{ cm}} = 3{,}74\text{ cm}$$

M_1 als Mitte von $\overline{AD_1}$,
$g(M_1) \parallel \overline{AB}$ und M_2 auf g so, dass $|\overline{M_1M_2}| = 3{,}74$ cm
$p(D_1) \parallel \overline{AB}$, $\overline{BM_2} \cap p = \{C_2\}$
$l(M_2) \parallel \overline{AD}$, $l \cap \overline{D_1C_2} = \{C_3\}$,
$l \cap \overline{AB} = \{B_2\}$

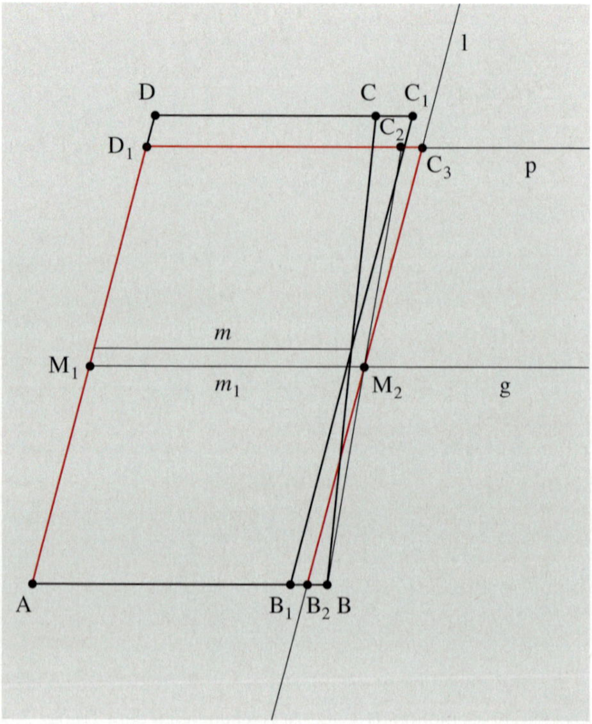

Parallelogramm $AB_2C_3D_1$ ist flächengleich dem Trapez ABC_2D_1.

Für eine rein zeichnerische Lösung muss ein bisher nicht behandelter Lehrsatz voran gestellt werden. Er wird hier ohne Beweis mitgeteilt.

Zeichnet man durch einen beliebigen Punkt P einer Diagonale eines Parallelogramms ABCD die Parallelen zu den Seiten des Parallelogramms, so entstehen vier Parallelogramme. Die beiden, die durch die Diagonale nicht geschnitten werden, nennt man **Ergänzungsparallelogramme**.

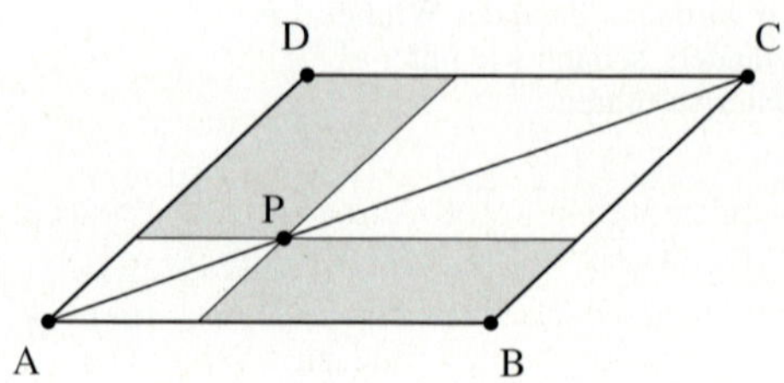

Merke:

Ergänzungsparallelogramme haben gleichen Flächeninhalt.

Daraus ergibt sich die rein zeichnerische Lösung der Aufgabe.

202

Es muss zum Parallelogramm AB_1C_1D aus der voranstehenden Zeichnung zur rechnerischen Lösung ein flächengleiches Parallelogramm als Ergänzungsparallelogramm konstruiert werden.
Über dieses weiß man, dass eine Seite 6 cm lang sein muss.

Parallelogramm AB_1C_1D

Auf $\overline{DA}$ Punkt A_1 so, dass $|\overline{AA_1}| = 6$ cm
$A_1B_1 \cap \overline{DC_1} = \{C_4\}$
$g(C_4) \parallel \overline{DA}$, $p(A_1) \parallel \overline{DC_4}$, $p \cap g = \{B_2\}$
$\overline{C_1B_1} \cap \overline{A_1B_2} = \{A_2\}$
$\overline{AB_1} \cap g = \{C_3\}$

Das Parallelogramm $A_2B_2C_3B_1$ ist flächengleich dem Parallelogramm AB_1C_1D.

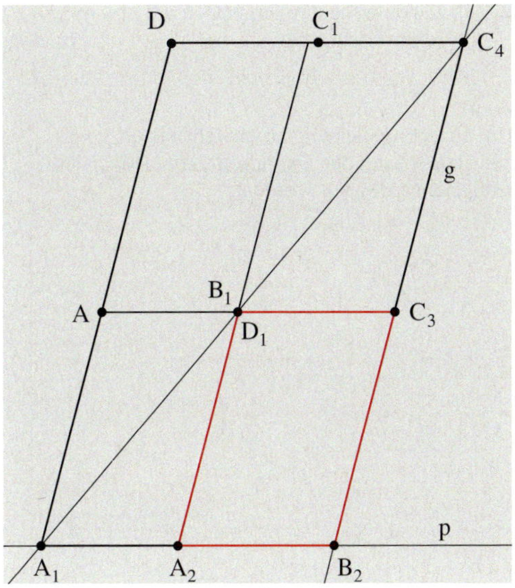

► Längenmaße auf die Hälfte verkürzt

Zu d)
Ein Trapez aus a, $\sphericalangle\alpha$, $d = b$ und c ist überbestimmt. Verzichtet man auf die Angabe $c = 3$ cm, so kann man aus a, $\sphericalangle\alpha$, b und d eindeutig ein gleichschenkliges Trapez konstruieren. Dies ist symmetrisch zur Mittellinie seiner Grundseiten.

$|\overline{AB}| = a = 4$ cm
$\sphericalangle\alpha, \alpha = 75°$ an $\overline{AB}$ und $\sphericalangle\beta, \beta = 75°$ an $\overline{BA}$
D und C auf den Winkelschenkeln so, dass $|\overline{AD}| = |\overline{BC}|$
Durch die Mitte von $\overline{BC}$ die Parallele zu $\overline{AD}$. Sie erzeugt auf $\overline{DC}$ bzw. $\overline{AB}$ die Punkte C_1 bzw. B_1.

$A_{ABCD} = A_{AB_1C_1D}$

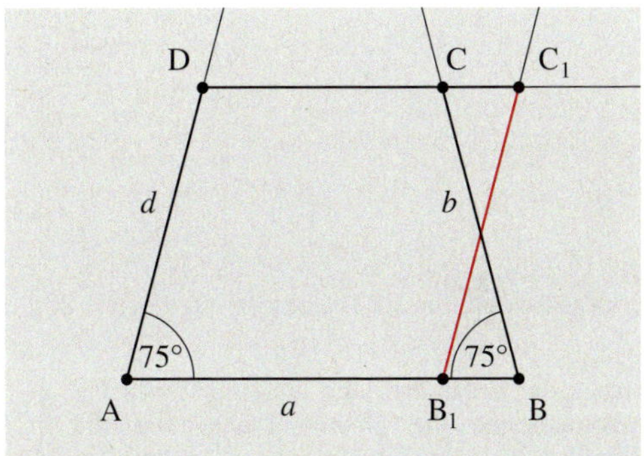

4. Teilen Sie ein Rechteck ($a = 8$ cm, $b = 6$ cm) in 4 gleiche Teile.

Man halbiert zunächst die Seite $\overline{AB} = a$ und erhält die Seitenmitte M. Sodann halbiert man $\overline{AM}$ und $\overline{BM}$, so dass die Seite a in 4 gleich lange Abschnitte eingeteilt ist. Zeichnet man durch die Teilpunkte die Parallelen zu Seite $\overline{BC} = b$, so erhält man 4 flächengleiche Rechtecke. Für jedes der entstandenen Rechtecke gilt die Flächeninhaltsformel:

$A = \frac{a}{4} \cdot b$, d. h., das Ausgangsrechteck ist in vier flächengleiche Teile eingeteilt.

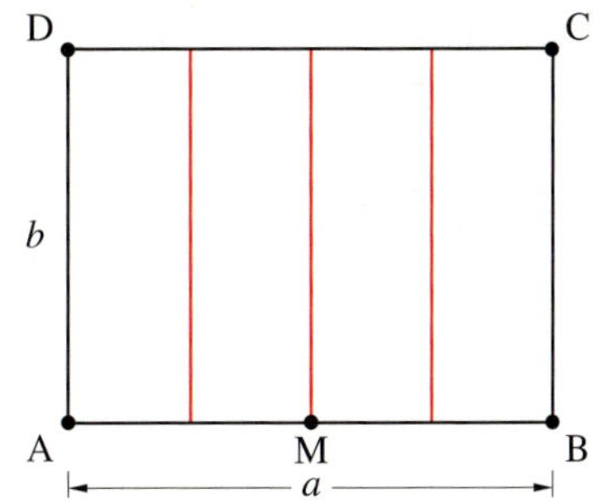

► Längenmaße auf die Hälfte verkürzt

202 **5.** Verwandeln Sie ein Dreieck ($a = 5$ cm, $\alpha = 70°$, $\beta = 60°$) in ein flächengleiches mit
a) halber Grundseite, **b)** doppelter Grundseite.

Zu a)
Um Flächengleichheit zu gewährleisten, muss bei Halbierung der Grundseite die Höhe des Dreiecks verdoppelt werden:

$$A = \frac{\frac{g}{2} \cdot 2h}{2} = \frac{g \cdot h}{2}.$$

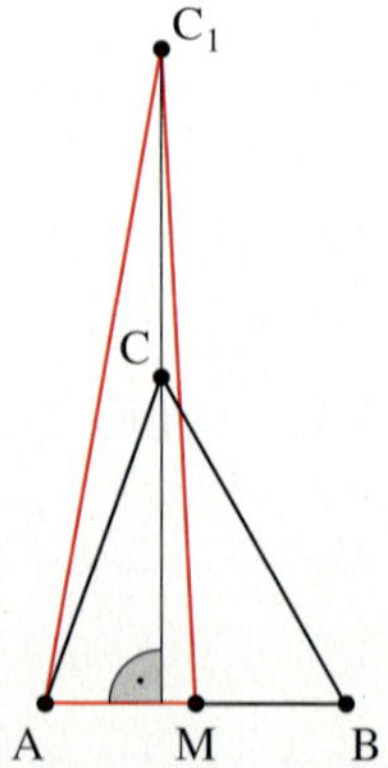

► Längenmaße auf die Hälfte verkürzt

Zu b)
Um Flächengleichheit zu gewährleisten, muss bei Verdoppelung der Grundseite die Höhe des Dreiecks halbiert werden.

$$A = \frac{2 \cdot g \cdot \frac{h}{2}}{2} = \frac{g \cdot h}{2}.$$

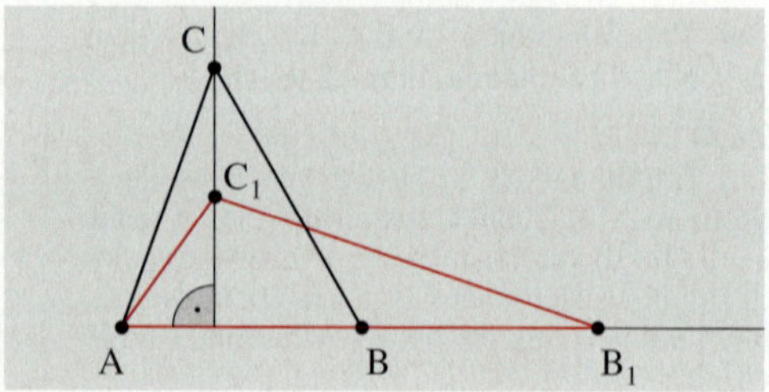

► Längenmaße auf die Hälfte verkürzt

6. Verwandeln Sie ein Dreieck ($c = 6$ cm, $\alpha = 80°$, $a = 7$ cm) in ein flächengleiches Parallelogramm.

Haben die Grundseite und die Höhe eines Parallelogramms die gleiche Länge wie die Grundseite und die Höhe eines Dreiecks, so hat das Parallelogramm den doppelten Flächeninhalt des Dreiecks. Macht man die Grundseite des Parallelogramms halb so lang wie die des Dreiecks, so erhält man den geforderten Flächeninhalt.

► $|\overline{AD}| = \frac{1}{2}|\overline{AB}|$, $\overline{ED} \parallel \overline{AC}$

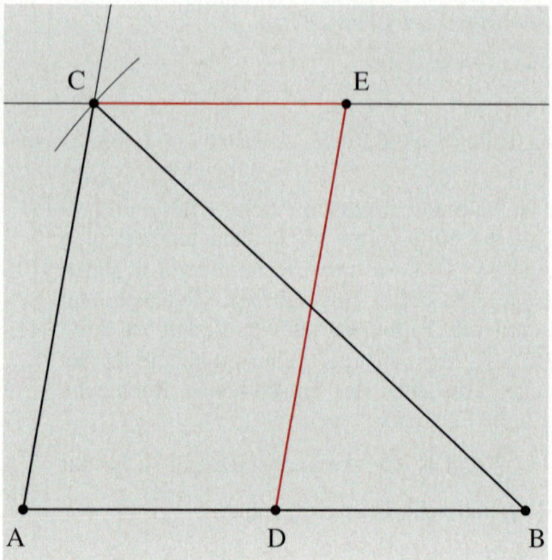

202

7. Verwandeln Sie ein Parallelogramm ($a = 7$ cm, $b = 3{,}5$ cm, $\alpha = 70°$) in ein flächengleiches Dreieck mit gleicher Grundseite.

Wenn die Grundseiten von Parallelogramm und Dreieck die gleiche Länge haben, muss die Höhe des Dreiecks doppelt so lang sein wie die des Parallelogramms. Dann sind beide Figuren flächengleich.

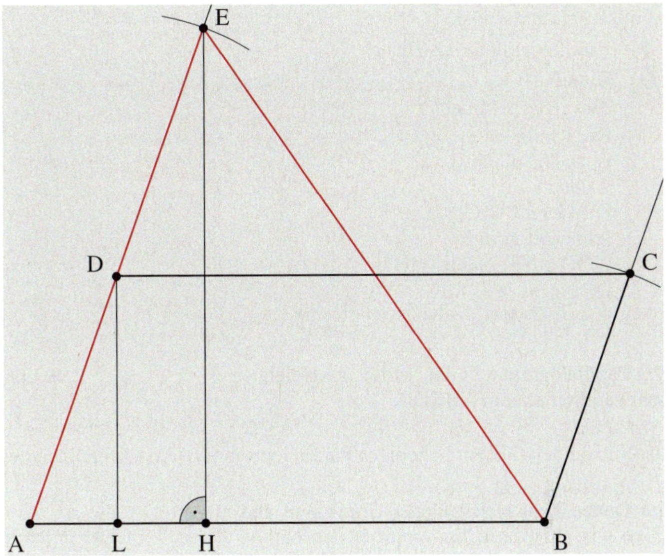

► $|\overline{HE}| = 2 \cdot |\overline{LD}|$

8. Ein trapezförmiges Grundstück ($a = 75$ m, $b = 55$ m, $d = 50$ m, $\alpha = 70°$) soll in ein flächengleiches rechteckiges Grundstück verwandelt werden.

Man zeichnet die Senkrechten zu den Grundseiten durch die Mittelpunkte M_1 und M_2 der Schenkel des Trapezes. Die Senkrechten schneiden a bzw. deren Verlängerung in E und F und c bzw. deren Verlängerung in G und H. $\triangle EAM_2$ ist flächengleich $\triangle HDM_2$, analog für $\triangle BFM_1$ und $\triangle CGM_1$. Deshalb ist das Rechteck EFGH flächengleich dem Trapez ABCD.

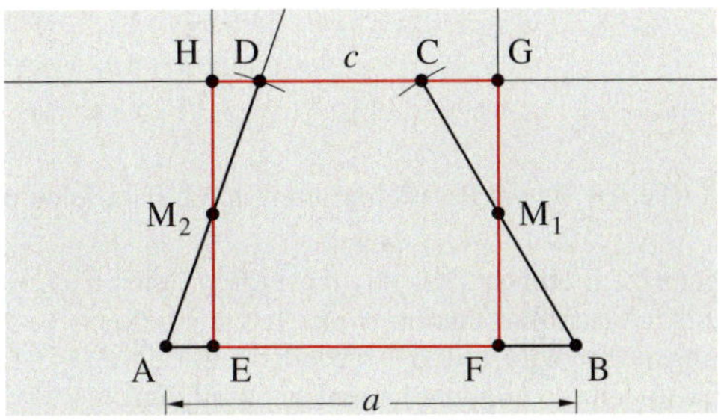

► 1 cm ≙ 20 m

9. Ein Parallelogramm ($a = 4{,}5$ cm, $b = 6$ cm, $\beta = 65°$) soll in ein flächengleiches verwandelt werden, in dem **a)** $a = 5{,}5$ cm **b)** $a = 4$ cm ist.

Zu a)

Parallelogramm ABCD
Verlängere $\overline{BC}$ über B und C hinaus
$K(A; r = a = 5{,}5 \text{ cm})$
$K \cap BC = \{B_1 B_2\}$
$\overline{AB_1}$ und $g(D) \parallel AB_1$
$g \cap BC = \{C_1\}$
$\overline{AB_2}$ und $p(D) \parallel AB_2$
$p \cap BC = \{C_2\}$

$A_{ABCD} = A_{AB_1C_1D} = A_{AB_2C_2D}$

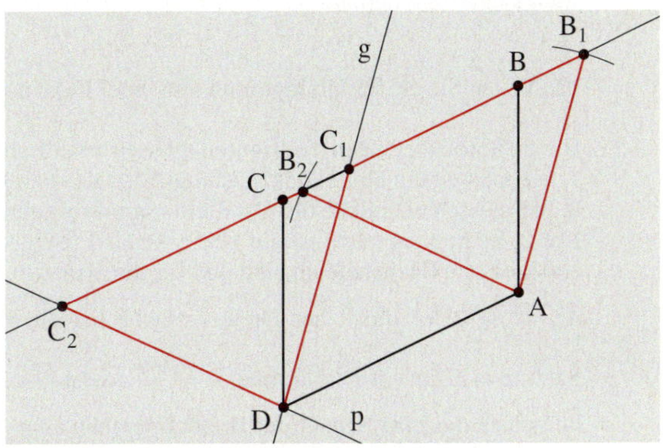

► Längenmaße auf die Hälfte verkürzt

202

Zu b)
Diese Aufgabe wird analog zu 3c) mithilfe der Ergänzungsparallelogramme gelöst.

Parallelogramm ABCD
B_1 auf $\overline{AB}$ so, dass $|\overline{BB_1}| = 4$ cm
Die Parallelen g_1, g_2, g_3 zu AD durch B_1, B und A
Die Gerade B_1C; sie schneidet g_3 in E
$g_4(E) \parallel AB$, $g_1 \cap g_4 = \{G\}$
$\overline{DC} \cap g_1 = \{F\}$,
$g_1 \cap g_2 = \{H\}$

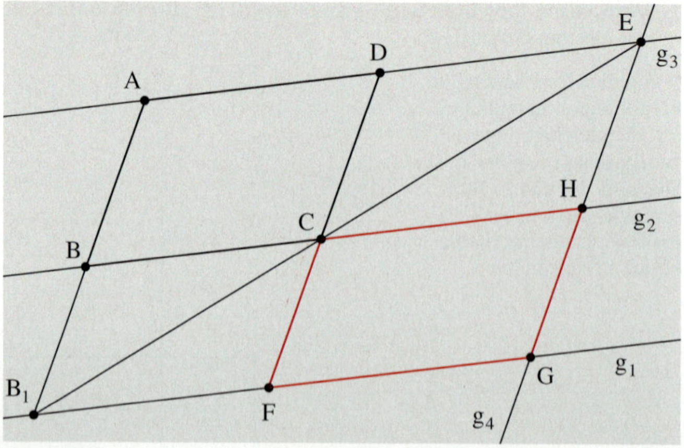

Das Parallelogramm FGHC ist flächengleich dem Parallelogramm ABCD.

► Längenmaße auf die Hälfte verkürzt

10. Verwandeln Sie ein beliebiges Parallelogramm in ein flächengleiches Dreieck.

Ein Dreieck mit gleich langer Grundseite und Höhe wie ein Parallelogramm hat den halben Flächeninhalt des Parallelogramms. Damit es gleichen Flächeninhalt hat, verdoppelt man also die Länge der Höhe oder die der Grundseite.

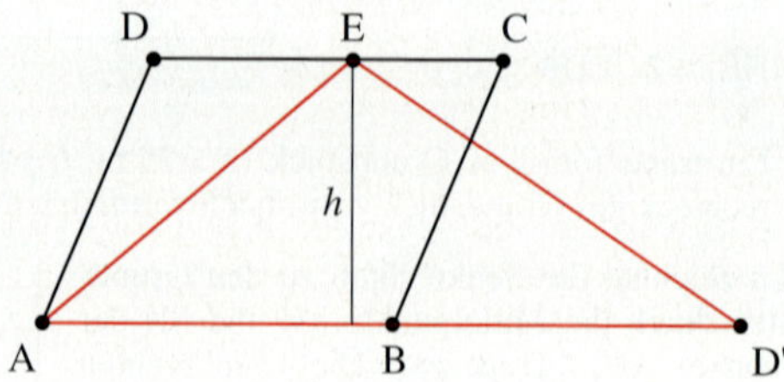

11. Teilen Sie ein Parallelogramm durch Parallelen in 5 flächengleiche Teile.

Auf einem Hilfsstrahl s aus A werden 5 gleich lange Abschnitte markiert. Der letzte Markierungspunkt wird mit B verbunden, und durch die anderen Teilpunkte werden Parallelen zu dieser Verbindungsgeraden gezeichnet. Sie schneiden $\overline{AB}$ in 4 Punkten. Durch diese Punkte werden die Parallelen zu $\overline{AD}$ bezeichnet. Sie erzeugen 5 flächengleiche Teile des Ausgangsparallelogramms.

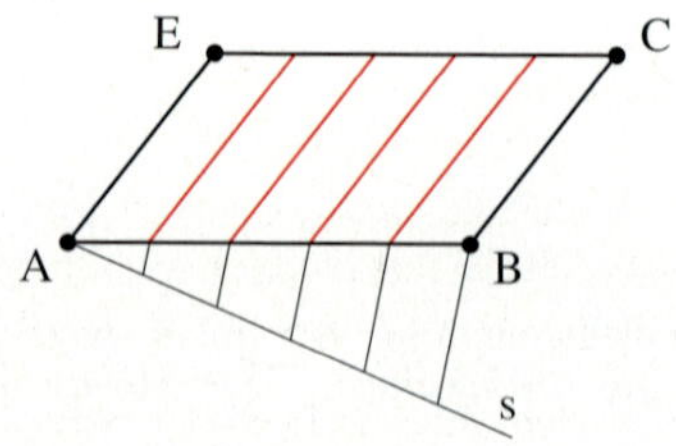

12. Teilen Sie ein Parallelogramm von einer Ecke aus in 3 flächengleiche Teile.

Die zu konstruierenden Teilfiguren müssen zwei Bedingungen erfüllen:
1. Sie müssen ein Drittel des Flächeninhalts des Parallelogramms haben.
2. Sie müssen eine Ecke des Parallelogramms als eine Ecke haben.
Die 2. Bedingung verweist auf Dreiecke als Lösungsfiguren. Kann man das Parallelogramm in Dreiecke zerlegen, die flächengleich sind und für die also gilt:
$A_\triangle = \frac{1}{3} A_P$? Der Inhalt der Dreiecksfläche hat die Formel $A = \frac{g \cdot h}{2}$, der des Parallelogramms $A = a \cdot h$.
Setzt man a für g, so erhält man $A = \frac{a \cdot h}{2}$, dieses Dreieck wäre also zu groß. Wählt man für g aber $\frac{a}{2}$, so kürzt sich die 2 im Nenner der Dreiecksformel weg.

$|\overline{AE}| = \frac{2a}{3}$. Dann folgt für den Flächeninhalt des Dreiecks $\triangle$AED: $A_1 = \frac{2a \cdot h}{3 \cdot 2} = \frac{a \cdot h}{3}$.

Kann man ein Dreieck finden, in dem die Höhe zwei Drittel der Höhe des Parallelogramms hat?

Punkt F auf $\overline{BC}$ so, dass $|\overline{CF}| = \frac{2|\overline{CB}|}{3}$. Die Gerade $g \perp DC$ durch F schneidet $\overline{DC}$ in H und $\overleftarrow{AB}$ in G, und es ist $|\overline{GH}| = h$. Nach dem 1. Strahlensatz gilt: $|\overline{HF}| = \frac{2 \cdot h}{3}$. Damit ist der Flächeninhalt A_2 des Dreiecks $\triangle$CDF:

$A_2 = \frac{a \cdot 2h}{2 \cdot 3} = \frac{a \cdot h}{3}$. Somit ist auch klar, dass die Fläche DEBF ein Drittel der Parallelogrammfläche darstellt.

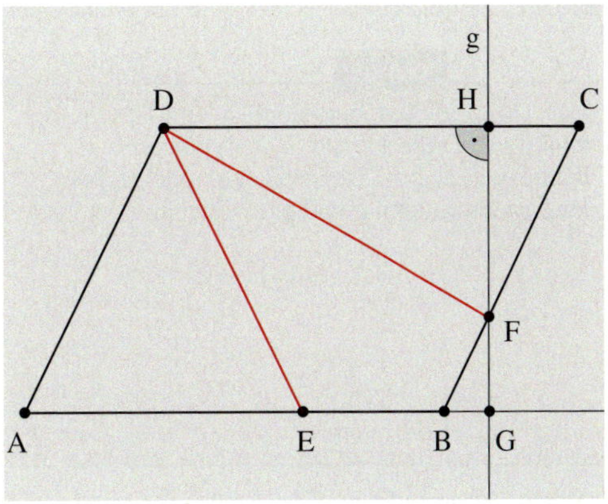

13. Verwandeln Sie in ein flächengleiches gleichschenklig-rechtwinkliges Dreieck
a) ein Quadrat **b)** ein Rechteck **c)** ein Dreieck

Zu a)
Die Diagonale e zerlegt ein Quadrat in zwei flächengleiche Dreiecke. Setzt man das eine wie nebenstehend gezeichnet an das andere an, so erhält man ein gleichschenklig-rechtwinkliges Dreieck, das den Flächeninhalt des Quadrats hat.

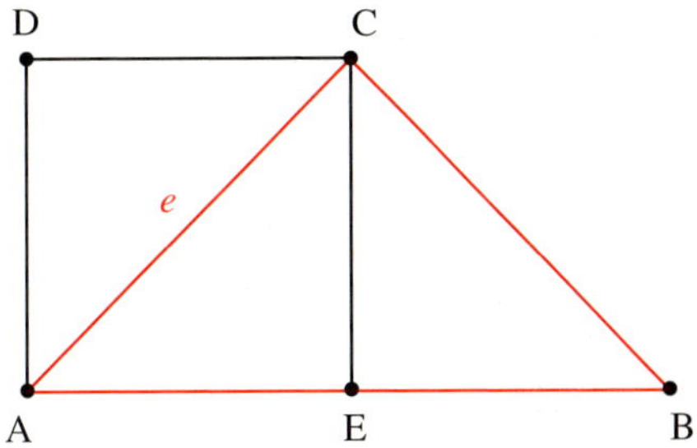

Zu b)
Das zu konstruierende Dreieck soll dem Rechteck flächengleich und außerdem rechtwinklig und gleichschenklig sein. Die ersten beiden Bedingungen sind leicht zu realisieren: Man verlängert die Seite b eines Rechtecks ABCD um sich selbst und verbindet den so erhaltenen Punkt E mit A. Das Dreieck $\triangle$ABE hat den Flächeninhalt $\frac{a \cdot 2b}{2} = a \cdot b$, ist also dem Rechteck ABCD flächengleich und hat bei B einen rechten Winkel.
Aber es ist nicht gleichschenklig. In Aufgabe a) wurde ein Quadrat in ein rechtwinklig-gleichschenkliges Dreieck mit gleichem Flächeninhalt verwandelt. Man wird also versuchen, das Rechteck ABCD in ein flächengleiches Quadrat und dieses dann nach dem Muster von Aufgabe a) in ein flächengleiches Dreieck zu verwandeln.

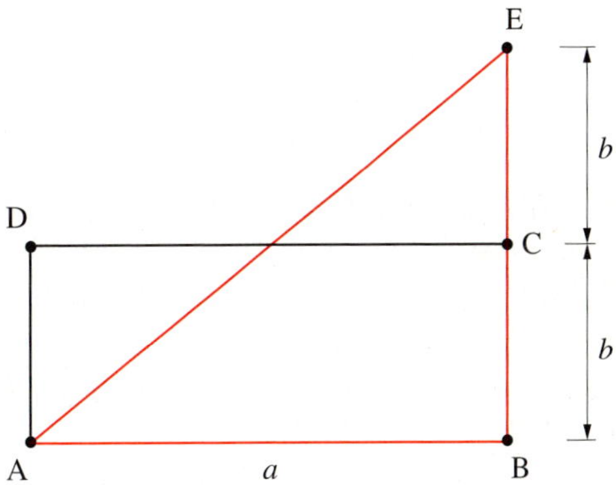

202 Die Umwandlung eines Rechtecks in ein flächengleiches Quadrat gelingt mithilfe des **Höhensatzes**:

Merke:

Das Quadrat über der Höhe h eines rechtwinkligen Dreiecks auf die Hypotenuse ist flächengleich dem Rechteck aus den Hypotenusenabschnitten q und p:
$h^2 = p \cdot q$.

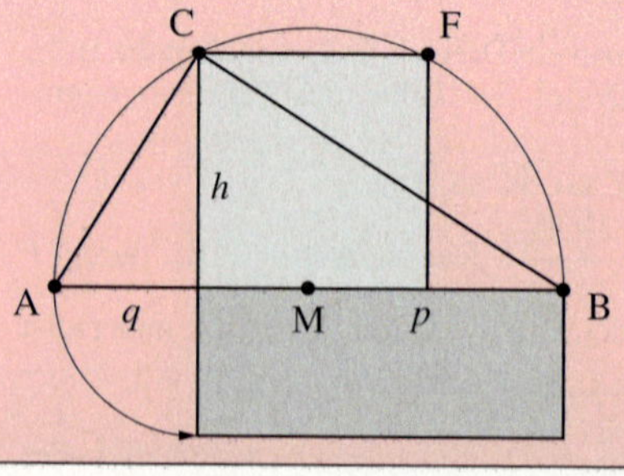

1. Schritt: Umwandlung eines Rechtecks in ein flächengleiches Quadrat.

Man konstruiert das rechtwinklige Dreieck $\triangle ABC$ mit $c = p + q$, wobei p und q für die Längen der Seiten des gegebenen Rechtecks stehen.
$|AB| = p + q$ mit $q = |\overline{AB_1}|$
M als Mitte von $\overline{AB}$, Thaleskreis K um M
$g(B_1) \perp \overline{AB}$, $g \cap K = \{C\}$
$|\overline{B_1C}| = h = \sqrt{p \cdot q}$

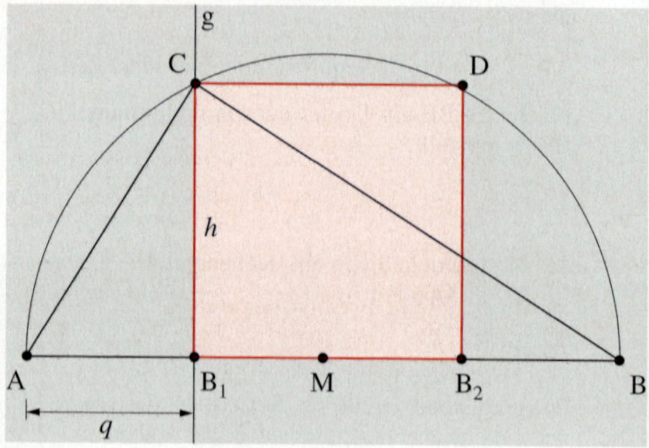

Das Quadrat über h ist dem Rechteck aus p und q flächengleich.

2. Schritt: Nach dem Muster der Aufgabe a) wird das Quadrat über h in das gesuchte rechtwinklig-gleichschenklige Dreieck umgewandelt.

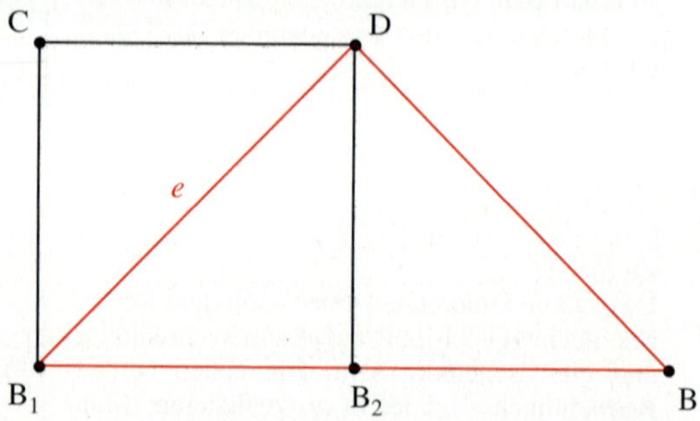

Zu c)
Hier sind analoge Überlegungen anzustellen wie bei Aufgabe b). Man kann leicht ein beliebiges Dreieck in ein flächengleiches rechtwinkliges verwandeln, dieses wird i. Allg. aber nicht gleichschenklig sein. Deshalb erzeugt man ein zu diesem rechtwinkligen Dreieck flächengleiches Rechteck, zu diesem mithilfe des Höhensatzes ein flächengleiches Quadrat, aus dem schließlich wie in Aufgabe a) ein entsprechendes rechtwinklig-gleichschenkliges Dreieck gewonnen werden kann.

1. Schritt: Umwandlung des Dreiecks $\triangle ABC_1$ mit einem rechten Winkel bei A.

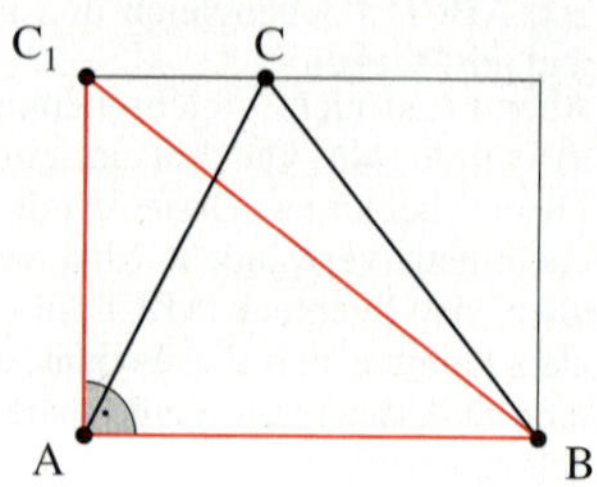

2. Schritt: Ergänzung des Dreiecks $\triangle ABC_1$ zum Rechteck $ABDC_1$, dessen Flächeninhalt doppelt so groß ist wie der des Dreiecks $\triangle ABC$.

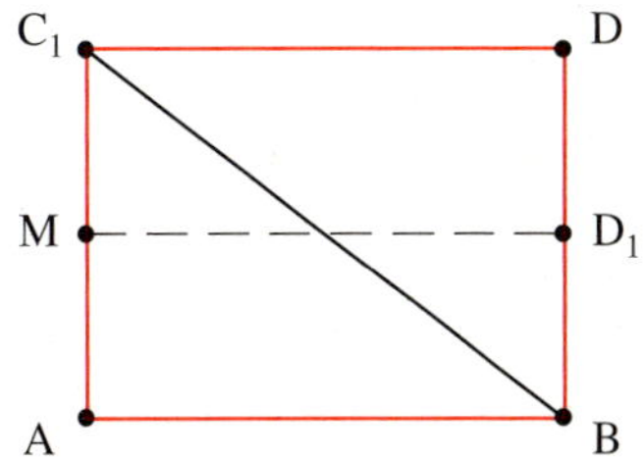

3. Schritt: Halbierung des Rechtecks $ABDC_1$ durch Halbierung der Seiten $\overline{AC_1}$ mit M und $\overline{BD}$ mit D_1 als Mittelpunkte. Der Flächeninhalt des Rechtecks ABD_1M ist dem des Ausgangsdreiecks gleich.

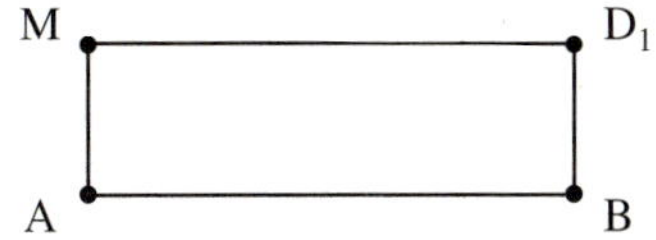

4. Schritt: Mithilfe des Höhensatzes Umwandlung des halbierten Rechtecks ABD_1M in ein flächengleiches Quadrat.

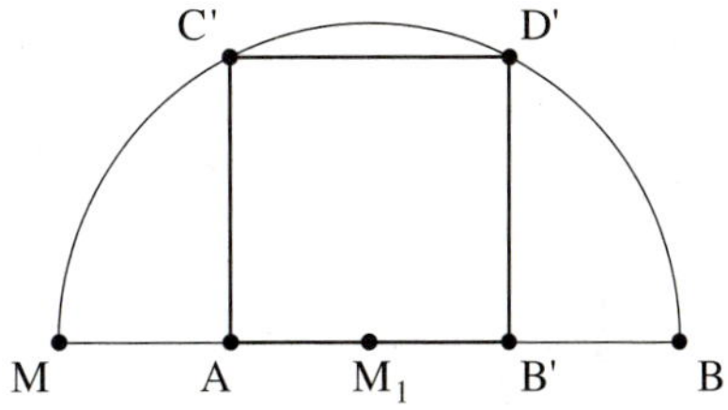

5. Schritt: Wie in a) Zerlegung der Quadratfläche durch eine Diagonale in zwei Dreiecke und geeignetes Aneinandersetzen dieser Dreiecke.

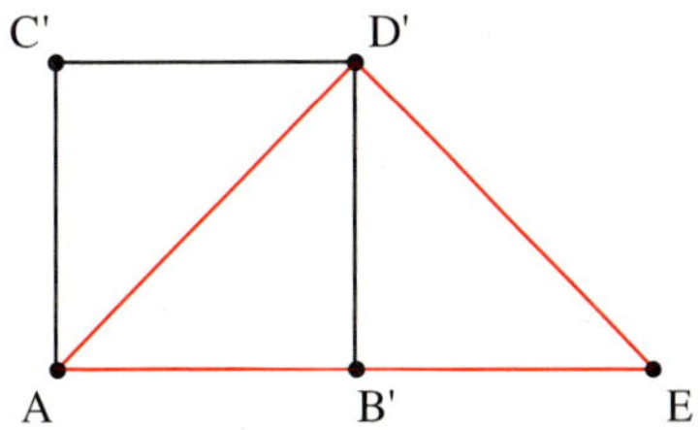

> **Hinweis:**
> Für Nutzer des 1. und 2. Druckes des Grundbandes Kusch Mathematik 2, Geometrie und Trigonometrie, werden die Aufgaben zum Lehrsatz des Euklid nach der Aufgabe 22 behandelt.

14. Verwandeln Sie ein Dreieck $\triangle ABC$ in ein flächengleiches gleichschenkliges Dreieck $\triangle ABC'$.

Dreiecke sind flächengleich, wenn sie in den Längen ihrer Grundlinien und Höhen übereinstimmen. In gleichschenkligen Dreiecken ist die Höhe auf die Grundseite gleichzeitig Mittelsenkrechte der Grundseite.

$g(C) \parallel \overline{AB}$
M als Mitte von $\overline{AB}$
$h(M) \perp \overline{AB}$
$h \cap g = \{C'\}$

Das Dreieck $\triangle ABC'$ ist gleichschenklig und die Dreiecke $\triangle ABC'$ und $\triangle ABC$ sind flächengleich.

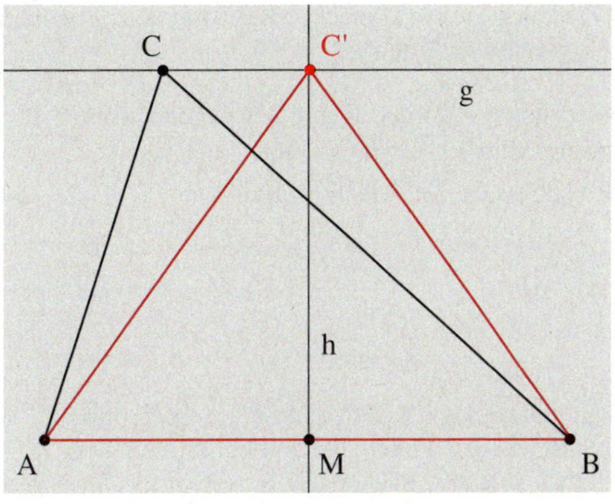

202 **15.** Zeichnen Sie ein Quadrat, dessen Flächeninhalt gleich der Summe der Flächeninhalte zweier gegebener Quadrate mit den Seitenlängen 2 cm und 1,5 cm ist.

Nach dem Lehrsatz des Pythagoras ist die Summe der Flächeninhalte der Kathetenquadrate eines rechtwinkligen Dreiecks gleich dem Flächeninhalt des Quadrats über der Hypotenuse des Dreiecks.

$\triangle$ABC aus $a = 2$ cm, $b = 1{,}5$ cm, $|\sphericalangle\gamma| = 90°$.

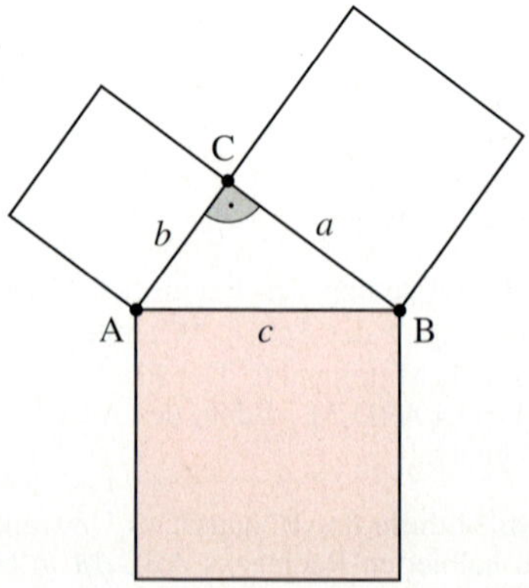

Für $|\overline{AB}|^2 = c^2$ gilt: $c^2 = a^2 + b^2$

16. Ein Quadrat hat einen Flächeninhalt von 9 cm^2, ein anderes von 4 cm^2. Zeichnen Sie ein Quadrat, dessen Flächeninhalt gleich der Differenz der Flächeninhalte dieser beiden Quadrate ist.

Die Seiten des Quadrats mit dem Flächeninhalt von 9 cm^2 haben die Länge 3 cm, die Seiten des anderen Quadrats sind 2 cm lang.

► Aufgabe 15.

Wenn das Quadrat mit der größeren Seitenlänge ein Quadrat über der Hypotenuse eines rechtwinkligen Dreiecks ist und das Quadrat mit der kleineren Seitenlänge ein Quadrat über einer Kathete, so hat das Quadrat über der anderen Kathete den verlangten Flächeninhalt.

$\triangle$ABC aus $c = 3$ cm, $b = 2$ cm, $|\sphericalangle\gamma| = 90°$.

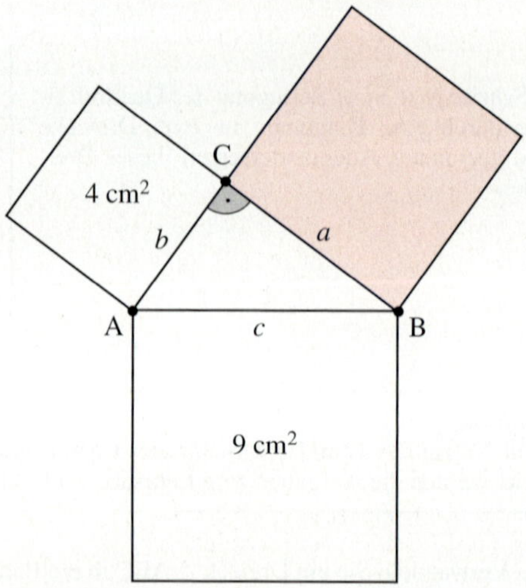

Für $|\overline{BC}|^2 = a^2$ gilt: $a^2 = c^2 - b^2$.

203 **17.** Teilen Sie ein Dreieck $\triangle$ABC mit den Seitenlängen $a = 5$ cm, $b = 4$ cm und $c = 6$ cm in vier flächengleiche Teildreiecke.

Die Punkte P, Q und R auf $\overline{AB}$ werden so bestimmt, dass $|\overline{AP}| = |\overline{PQ}| = |\overline{QR}| = |\overline{RB}|$.

► Halbierung von $\overline{AB}, \overline{AQ}, \overline{QB}$

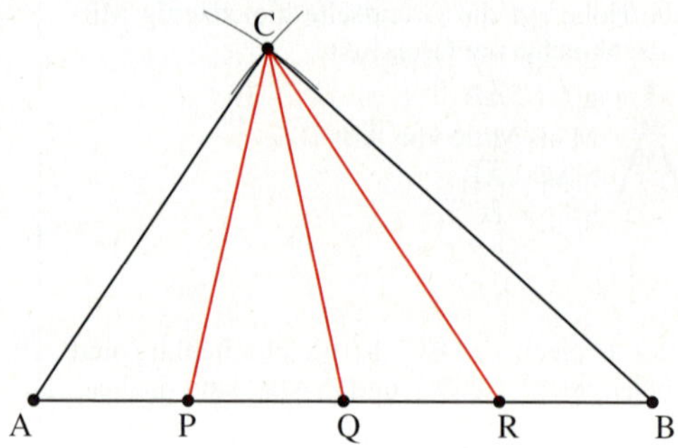

Die Dreiecke $\triangle$APC, $\triangle$PQC, $\triangle$QRC und $\triangle$RBC haben gleich lange Grundlinien und Höhen, sind also flächengleich.

18. Teilen Sie ein frei gewähltes Parallelogramm ABCD durch Strahlen, die von der Ecke D ausgehen, in sechs flächengleiche Teilfiguren.

Die Punkte P und Q werden auf $\overline{AB}$ so bestimmt, dass $|\overline{AP}| = |\overline{PQ}| = |\overline{QB}|$. Analog soll für die Punkte R und S auf $\overline{BC}$ gelten: $|\overline{BR}| = |\overline{RS}| = |\overline{SC}|$. Die Dreiecke $\triangle APD$, $\triangle PQD$ und $\triangle QBD$ haben gleich lange Grundseiten und Höhen, besitzen also den gleichen Flächeninhalt. Da die Summe ihrer Flächeninhalte gleich dem halben Flächeninhalt des Parallelogramms ist, hat jedes einzelne Dreieck ein Sechstel des Parallelogramminhalts.

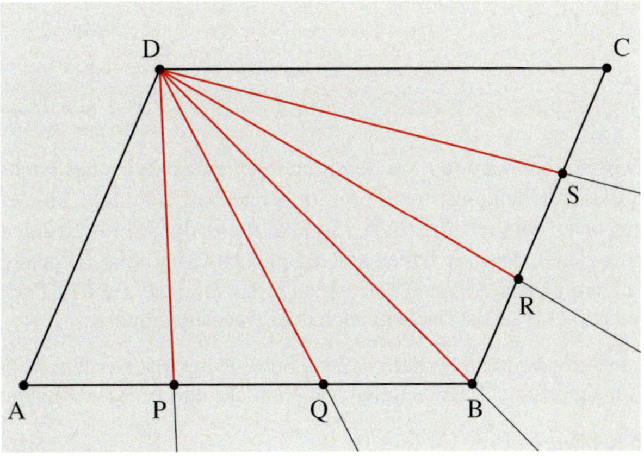

Analoges erhält man für die Dreiecke $\triangle BRD$, $\triangle RSD$ und $\triangle SCD$.

19. Teilen Sie ein Trapez ABCD in vier flächengleiche Teile.

Man teilt die parallelen Seiten des Trapezes in je vier gleich lange Abschnitte und verbindet die einander entsprechenden Teilpunkte. Es entstehen 4 „Teiltrapeze". Ihre parallelen Seiten sind alle entweder $\frac{1}{4}a$ oder $\frac{1}{4}c$ lang, d.h., ihre Mittellinien sind gleich lang. Da auch ihre Höhen jeweils gleiche Länge haben, sind die 4 Teiltrapeze von gleichem Flächeninhalt.

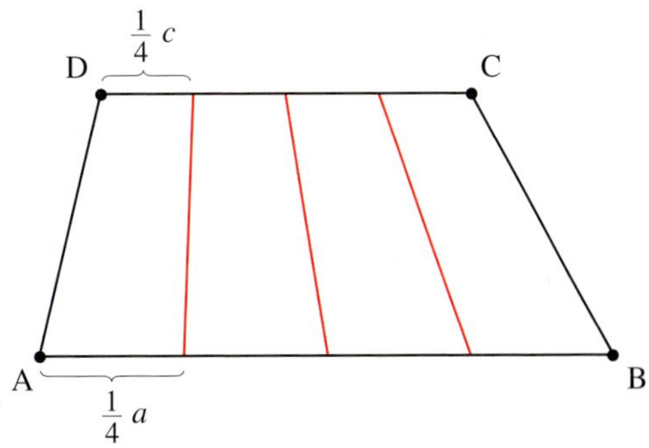

20. Verwandeln Sie ein regelmäßiges Sechseck ABCDEF mit $s = 3$ cm in ein flächengleiches Rechteck.

Die Gerade g durch die gegenüberliegenden Ecken B und E ist eine Symmetrieachse des Sechsecks. Zeichnet man durch die Mitten D′, E′, A′ und B′ der Seiten $\overline{DE}$ und $\overline{EF}$ sowie $\overline{AB}$ und $\overline{BC}$ je eine Senkrechte zu g, so schneiden diese die Verlängerungen der Seiten $\overline{CD}$ und $\overline{AF}$ in den Punkten M_1, M_2, M_3 und M_4 und das Rechteck $M_1M_2M_3M_4$ ist flächengleich dem Sechseck.

► $\triangle DD'M_3 \cong \triangle EGD'$;
$\{G\} = g \cap \overline{D'E'}$
und analog für die anderen entsprechenden Dreiecke.

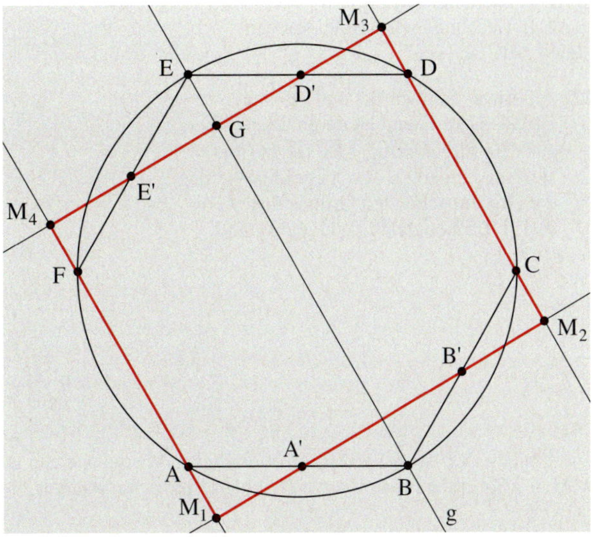

203 **21.** Verwandeln Sie das nebenstehende Fünfeck in ein flächengleiches Dreieck.

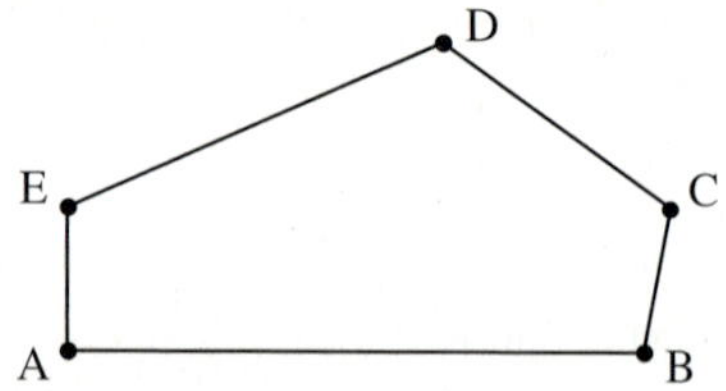

Das Fünfeck wird in zwei Schritten in ein flächengleiches Dreieck verwandelt. Eine Ecke, z. B. D, bildet mit der Verbindungsstrecke der ihr benachbarten Punkte, im Beispiel $\overline{EC}$, ein Dreieck. Verschiebt man D auf einer Parallelen g zu $\overline{EC}$, so sind die dadurch entstehenden Dreiecke mit dem Dreieck $\triangle ECD$ flächengleich, denn sie haben alle die gleiche Grundlinie $\overline{EC}$ und gleich lange Höhen. Schneidet g die Verlängerung von $\overline{AE}$ in E′, so ist auch das Dreieck $\triangle ECE'$ flächengleich dem Dreieck $\triangle ECD$, und das Viereck ABCE′ ist flächengleich dem Ausgangsfünfeck.

Die Aufgabe kann deshalb in zwei Schritten gelöst werden: Man beginnt mit der Konstruktion eines zum Ausgangsfünfeck flächengleichen Vierecks und verwandelt dann dieses in ein flächengleiches Dreieck.

1. Schritt:

$g(D) \parallel \overline{EC}$
$g \cap \overline{AE} = \{E'\}$

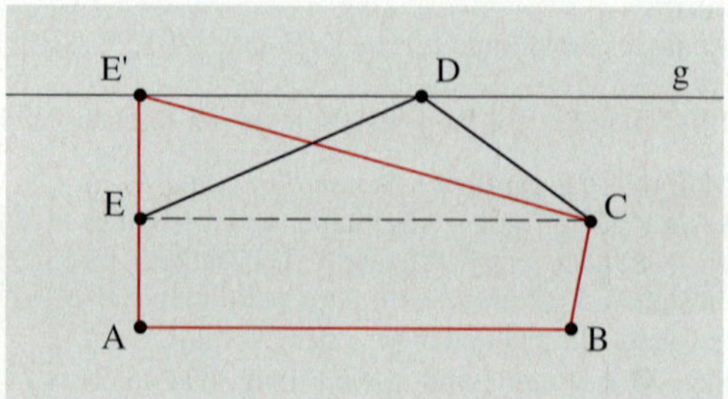

$\triangle ECE'$ flächengleich $\triangle ECD$
ABCE′ flächengleich ABCDE

2. Schritt:

$h(B) \parallel \overline{AC}$
$h \cap \overline{E'C} = \{C'\}$

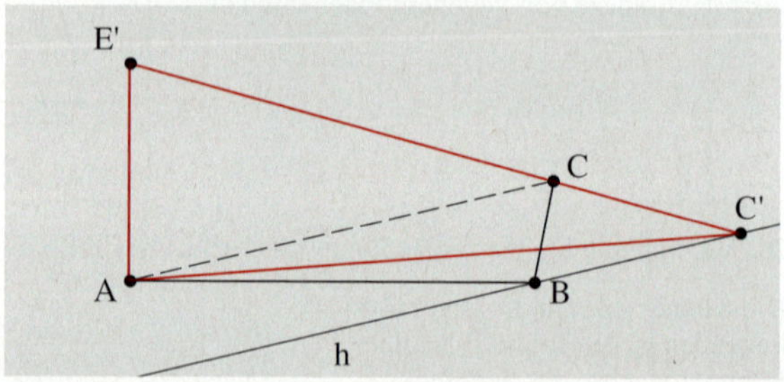

$\triangle ACC'$ flächengleich $\triangle ACB$
$\triangle AC'E'$ flächengleich ABCE′ flächengleich ABCDE

22. An zwei Straßen g und h liegen zwei Grundstücke G und H, deren Grenzlinien aus dem Streckenzug $\overline{ABCDE}$ besteht. Der Streckenzug soll so begradigt werden, dass die entstehenden Grundstücke G′ und H′ flächengleich zu G und H sind.

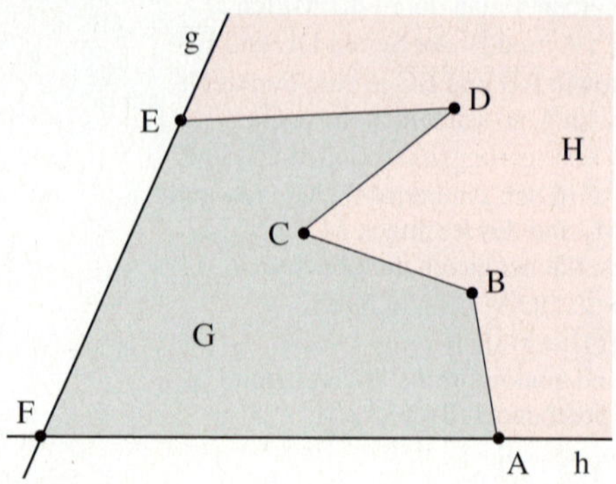

Die Lösung der Aufgabe erfolgt in ähnlicher Weise wie die der Aufgabe 21. Das Sechseck ABCDEF wird in 3 Schritten in ein flächengleiches Dreieck verwandelt.

1. Schritt:

$g(D) \parallel \overline{CE}$
$g \cap \overline{FE} = \{E'\}$

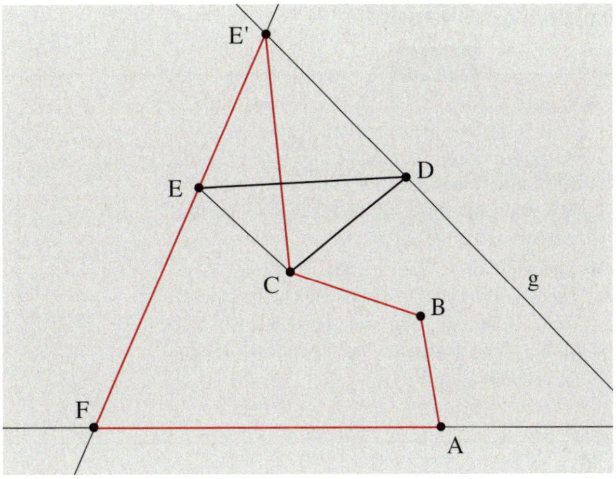

$\triangle$ECD flächengleich $\triangle$ECE′
ABCDEF flächengleich ABCE'F

2. Schritt:

$h(B) \parallel \overline{AC}$
$h \cap \overline{FA} = \{B'\}$

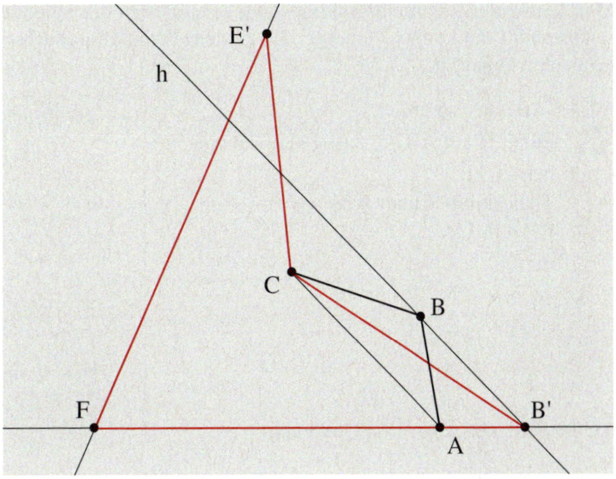

$\triangle$ACB flächengleich $\triangle$ACB′
FB′CE′ flächengleich ABCE′F
flächengleich ABCDEF

3. Schritt:

$m(C) \parallel \overline{B'E'}$
$m \cap \overline{FE'} = \{F'\}$

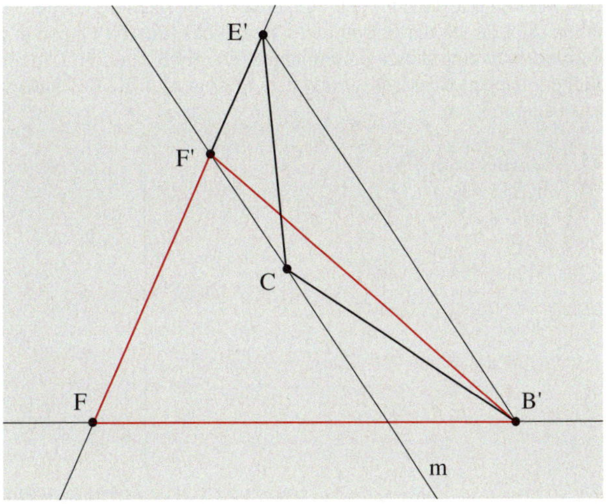

$\triangle$B′E′C flächengleich $\triangle$B′E′F′
$\triangle$FB′F′ flächengleich FB′CE′
flächengleich
ABCE′F flächen-
gleich ABCDEF

203 Lehrsatz des Euklid

Merke:

- Stehen c für die Länge der Hypotenuse, a und b für die Längen der Katheten eines rechtwinkligen Dreiecks und p und q für die Längen der a und b anliegenden Hypotenusenabschnitte, so gelten die Gleichungen $\boldsymbol{b^2 = c \cdot q}$ und $\boldsymbol{a^2 = c \cdot p}$.
- Das Quadrat über einer Kathete eines rechtwinkligen Dreiecks ist flächengleich dem Rechteck aus der Hypotenuse und dem der Kathete anliegenden Hypotenusenabschnitt.

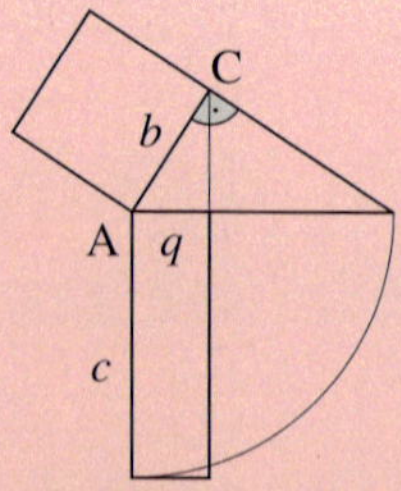

$\boldsymbol{b^2 = c \cdot q}$

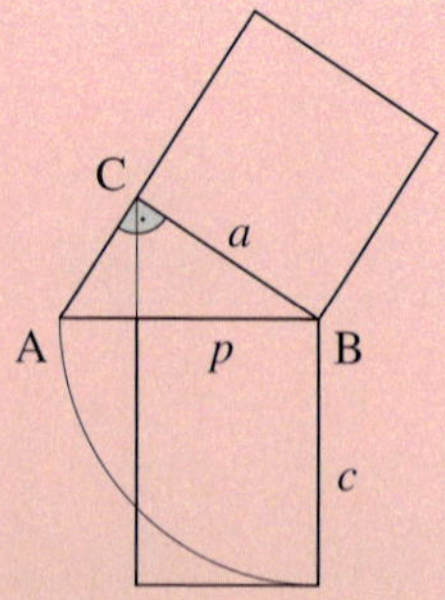

$\boldsymbol{a^2 = c \cdot p}$

1. Verwandeln Sie ein Rechteck ($a = 6$ cm, $b = 3$ cm) in ein flächengleiches Quadrat.

Man konstruiert ein rechtwinkliges Dreieck, in dem die Hypotenuse die Länge 6 cm und ein Hypotenusenabschnitt die Länge 3 cm hat. Die zu dem Hypotenusenabschnitt gehörende Kathete ist eine Seite des gesuchten Quadrats.

$|\overline{AB}| = c = 6$ cm
Punkt H auf $\overline{AB}$ so, dass $|\overline{AH}| = 3$ cm
$h(H) \perp \overline{AB}$
Thaleskreis K über $\overline{AB}$
$K \cap h = \{C\}$

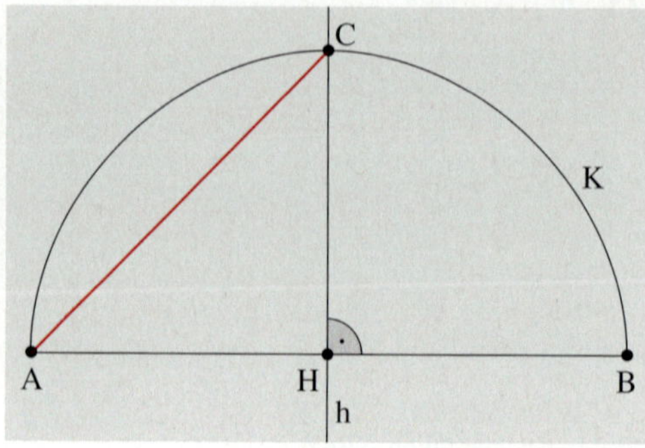

$\overline{AC}$ ist Seite des gesuchten Quadrats.

2. Verwandeln Sie ein Dreieck ($c = 7$ cm, $\alpha = 75°$, $b = 6$ cm) in ein flächengleiches Quadrat.

Man verwandelt das Dreieck zunächst in ein flächengleiches rechtwinkliges Dreieck. Dessen Katheten haben die Längen der Seiten eines Rechtecks, dessen Fläche doppelt so groß ist wie die Dreiecksfläche. Halbiert man eine dieser Seitenlängen, so erhält man die Längen der Seiten eines zum Ausgangsdreieck flächengleichen Rechtecks, zu welchem man mithilfe des Satzes von Euklid ein flächengleiches Quadrat konstruieren kann.

$\triangle ABC$ nach SWS
$h(A) \perp AB$,
$g(C) \parallel AB$,
$h \cap g = \{C_1\}$
M als Mitte von $\overline{AC_1}$

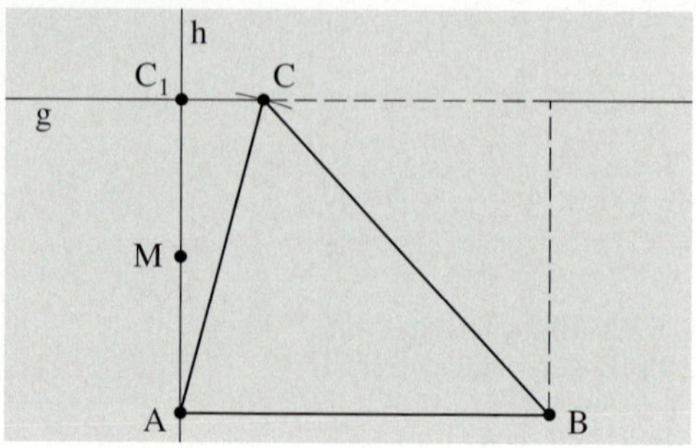

► Längenmaße auf die Hälfte verkürzt

$|\overline{A'B'}| = c = 7$ cm 203
H′ auf $\overline{A'B'}$ so, dass $|\overline{A'H'}| = |\overline{AM}|$
$h'(H') \perp A'B'$
Thaleskreis über $\overline{A'B'}$
$h' \cap K = \{C'\}$

$\overline{A'C'}$ ist Seite des gesuchten Quadrats.

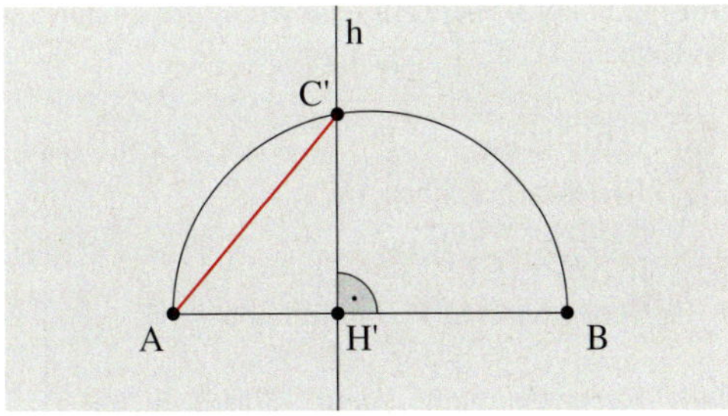

► Längenmaße auf die Hälfte verkürzt

3. Verwandeln Sie ein Trapez ($m = 4$ cm, $h = 3$ cm) in ein flächengleiches Quadrat.

Der Flächeninhalt des Trapezes beträgt 12 cm² nach der Formel $A = m \cdot h$. Der Flächeninhalt des Rechtecks soll gleich groß sein. Für die Seiten des Rechtecks kann also gelten $a = 4$ cm und $b = 3$ cm. Dieses Rechteck wird mithilfe des Satzes von Euklid in ein Quadrat verwandelt.

$|\overline{AB}| = 4$ cm
H auf $\overline{AB}$ so, dass $|\overline{AH}| = 3$ cm
Senkrechte zu $\overline{AB}$ durch H schneidet Thaleskreis über $\overline{AB}$ in C.

Das Quadrat über $\overline{AC}$ ist dem gegebenen Trapez ABCD flächengleich.

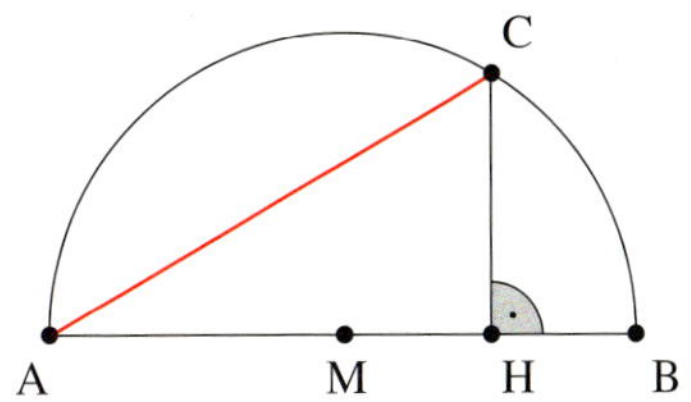

4. Verwandeln Sie ein Quadrat ($a = 3$ cm) in ein flächengleiches Rechteck, in dem
a) $a = 3$ cm **b)** $a = 5$ cm ist.

Zu a) Man konstruiert ein rechtwinkliges Dreieck △ABC, dessen Kathete $\overline{AC}$ die Länge 4 cm und dessen Hypotenusenabschnitt $\overline{AH}$ die Länge 3 cm hat.

Teildreieck △AHC nach SsW aus
$|\overline{AH}| = 3$ cm
$\sphericalangle 90°$ an $\overline{HA}$ ➡ s_1
$K(A; r = 4 \text{ cm}), K \cap s_1 = \{C\}$
$\sphericalangle 90°$ an $\overline{CA}$ ➡ s_2
$s_2 \cap \overline{AH} = \{B\}$

Das Rechteck mit dem Flächeninhalt $|\overline{AB}| \cdot |\overline{AH}|$ ist flächengleich dem Quadrat über der Kathete $\overline{AC}$ mit $|\overline{AC}| = 4$ cm.

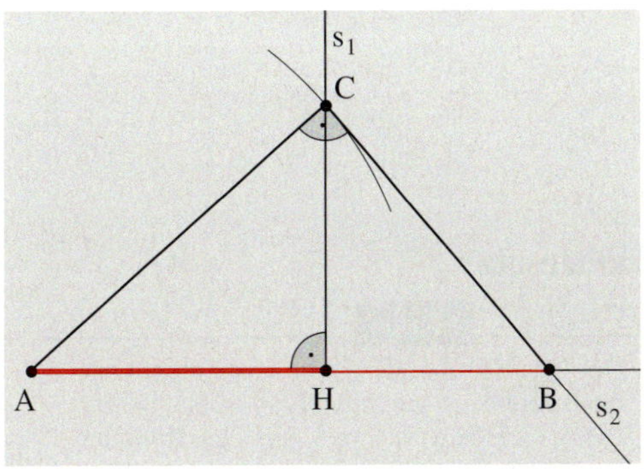

203

Zu b) Man konstruiert ein rechtwinkliges Dreieck $\triangle ABC$, dessen Hypotenuse die Länge 5 cm und dessen Kathete $\overline{AC}$ die Länge 4 cm hat.

$|\overline{AB}| = 5$ cm
Thaleskreis K über $\overline{AB}$
$K_1(A; r = 4$ cm$)$
$K_1 \cap K = \{C\}$
Höhe von C auf $\overline{AB}$ mit Fußpunkt H

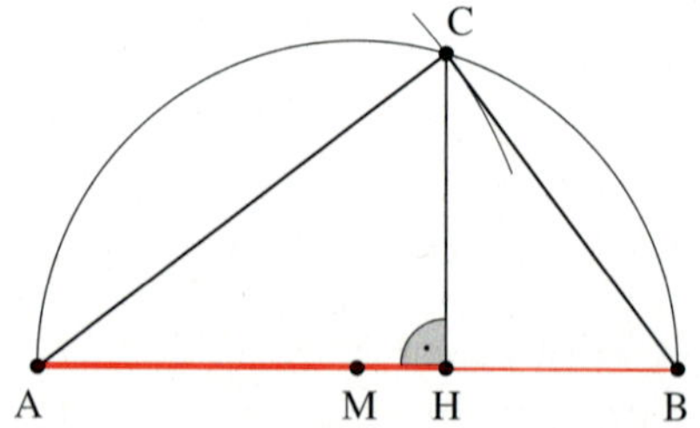

Das Rechteck mit dem Flächeninhalt $|\overline{AB}| \cdot |\overline{AH}|$ ist flächengleich dem Quadrat über der Kathete $\overline{AC}$ mit $|\overline{AC}| = 4$ cm.

5. Verwandeln Sie ein Quadrat ($a = 3{,}5$ cm) in ein flächengleiches Dreieck.

Die Diagonale e teilt das Quadrat in zwei flächengleiche rechtwinklige Dreiecke. Man setzt das eine davon an das andere so an, dass Kathete auf Kathete liegt.

Quadrat ABCD mit $a = 3{,}5$ cm
Diagonale e
$\triangle ACD$ an $\triangle ABC$ so, dass $\overline{CD}$ auf $\overline{BC}$ fällt.

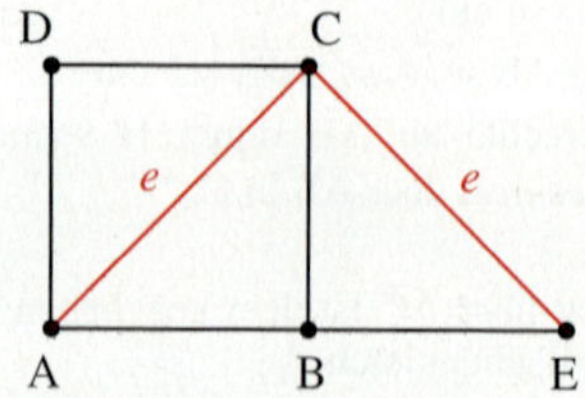

Das Dreieck $\triangle AEC$ ist dem Quadrat ABCD flächengleich.

► Längenmaße auf die Hälfte verkürzt

> **Hinweis:**
> Nutzer des 1. und 2. Druckes des Grundbandes Kusch Mathematik 2, Geometrie und Trigonometrie, finden die Lösungen für die Aufgaben zum Lehrsatz des Pythagoras aus Kapitel 11 im vorliegenden Lösungsbuch im Kapitel 10 unter der gleichen Überschrift und der Marginalie **184**.

Höhensatz

Merke:

Das Quadrat über der Höhe eines rechtwinkligen Dreiecks auf die Hypotenuse ist flächengleich dem Rechteck aus den Hypotenusenabschnitten:

$h^2 = p \cdot q$ ► **Höhensatz**

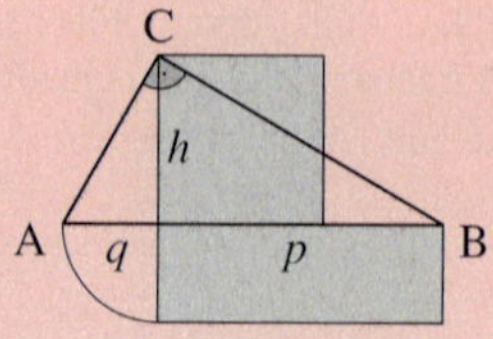

1. Verwandeln Sie folgende Rechtecke mithilfe des Höhensatzes in flächengleiche Quadrate: 203

a) $a = 6$ cm	**b)** $a = 8{,}5$ cm	**c)** $a = 4{,}3$ cm
$b = 2$ cm	$b = 3{,}5$ cm	$b = 6{,}5$ cm

Die Längen der Rechteckseiten werden als Längen der Hypotenusenabschnitte eines rechtwinkligen Dreiecks verwendet. Da dann $a + b = c$ ist, kann das rechtwinklige Dreieck über c mithilfe des Thaleskreises konstruiert werden. Dessen Höhe auf c hat die Länge der gesuchten Quadratseite.

Zu a)

$|\overline{AB}| = a + b = 8$ cm
H auf $\overline{AB}$ so,
dass $|\overline{AH}| = a = 6$ cm
M als Mitte von $\overline{AB}$
Thaleskreis K über $\overline{AB}$
$g(H) \perp \overline{AB}$
$g \cap K = \{C\}$
Quadrat über $\overline{HC}$

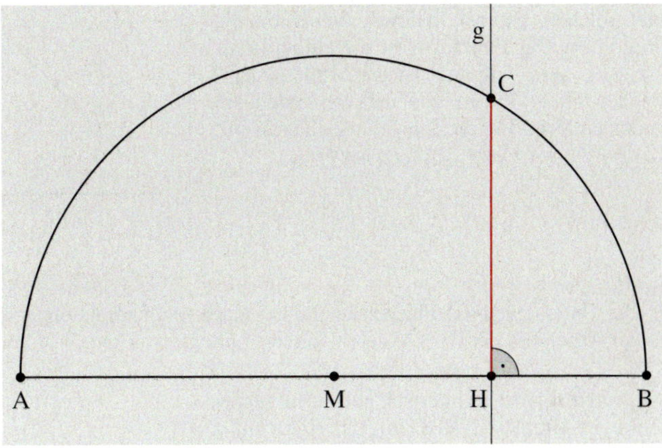

Zu b)

$|\overline{AB}| = a + b = 12$ cm
H auf $\overline{AB}$ so, dass $|\overline{AH}| = a = 8{,}5$ cm
M als Mitte von $\overline{AB}$
Thaleskreis K über $\overline{AB}$
$g(H) \perp \overline{AB}$
$g \cap K = \{C\}$
Quadrat über $\overline{HC}$

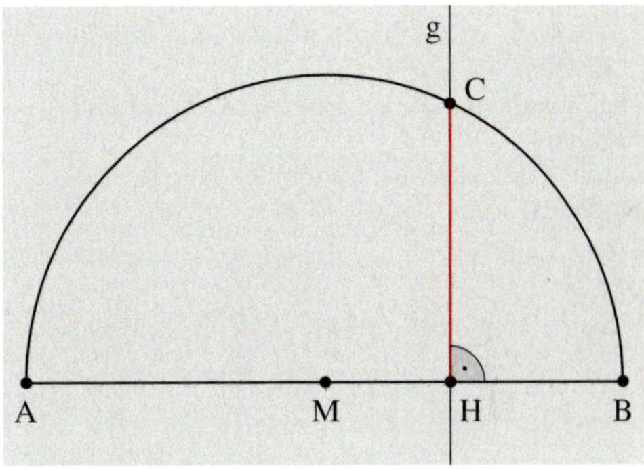

► Längenmaße auf die Hälfte verkürzt

Zu c)

$|\overline{AB}| = a + b = 10{,}8$ cm
H auf $\overline{AB}$ so, dass $|\overline{AH}| = a = 4{,}3$ cm
M als Mitte von $\overline{AB}$
Thaleskreis K über $\overline{AB}$
$g(H) \perp \overline{AB}$
$g \cap K = \{C\}$
Quadrat über $\overline{HC}$

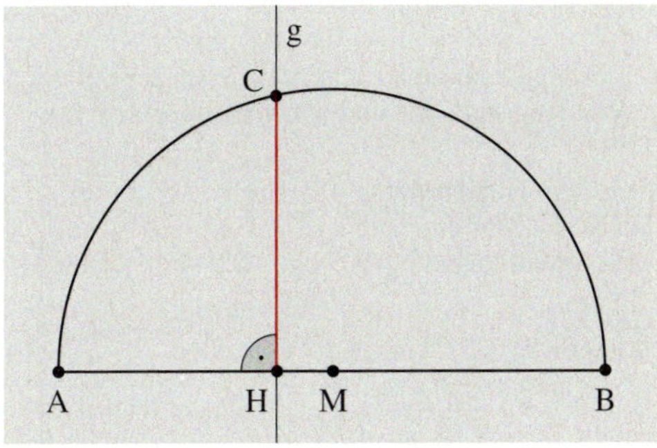

► Längenmaße auf die Hälfte verkürzt

203 **2.** Ein Funkturm ist unter anderem durch zwei gleich lange Seile nach entgegengesetzten Seiten abgesichert. Die Enden der Seile am Erdboden sind 264 m voneinander entfernt. Wie hoch ist der Turm, wenn die Seilenden an den Spitzen einen rechten Winkel bilden und der Durchhang der Seile vernachlässigt wird?

Die Skizze zeigt, dass die Seile mit dem als eben angenommenen Erdboden ein gleichschenklig-rechtwinkliges Dreieck bilden. In einem solchen Dreieck halbiert die Höhe die Grundlinie. Der Funkturm ist die Höhe dieses Dreiecks. Sein Fußpunkt ist die Mitte der Hypotenuse, also 132 m von den Seilenden am Boden entfernt. Für die Länge h des Turms gilt $h = \sqrt{132\text{ m} \cdot 132\text{ m}}$, also ist $h = 132$ m.

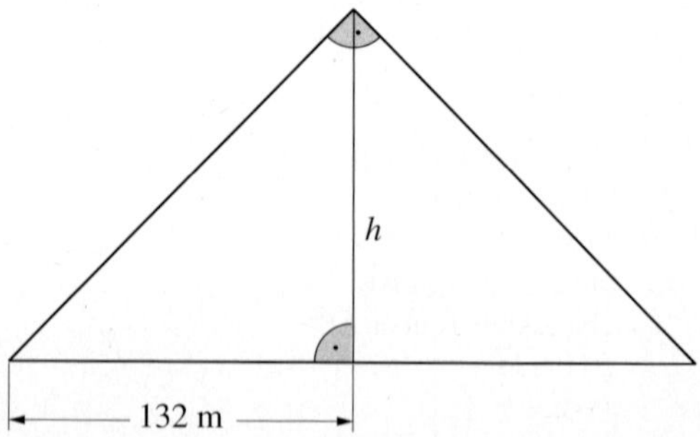

3. Der Unterschied der Flächeninhalte der Kathetenquadrate eines rechtwinkligen Dreiecks ist 119 cm², der Abschnitt, der der kleineren Kathete anliegt, ist 5 cm. Wie lang ist die Hypotenuse?

Die Aufgabe wird rechnerisch gelöst. Im rechtwinkligen Dreieck △ABC mit der Höhe auf c gelten wegen der Ähnlichkeit der Dreiecke △ABC, △AHC und △BHC die Gleichungen: $b^2 = h^2 + q^2$, $a^2 = h^2 + p^2$. ► Lehrbuch Kusch 2, Abschnitt 10.4

Nach Voraussetzung ist $a^2 - b^2 = 119\text{ cm}^2$ und $q = 5$ cm.

Hieraus lässt sich die Länge der Hypotenuse berechnen.

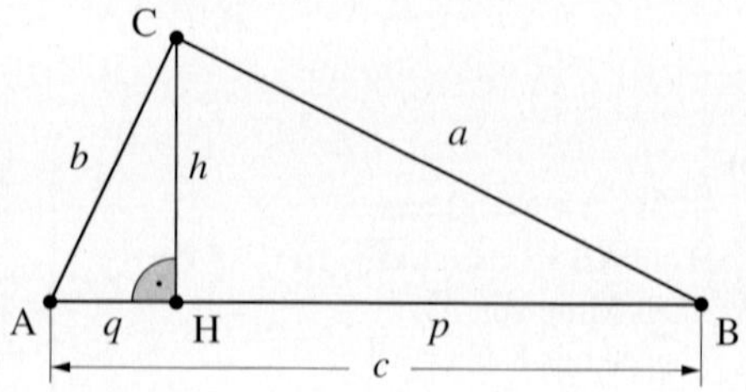

$a^2 = h^2 + p^2$

$b^2 = h^2 + q^2$

$a^2 - b^2 = h^2 + p^2 - (h^2 + q^2)$

$a^2 - b^2 = p^2 - q^2$ ► $a^2 - b^2 = 119\text{ cm}^2$

$p^2 - q^2 = 119\text{ cm}^2$ ► $q = 5$ cm

$p^2 = 119\text{ cm}^2 + 25\text{ cm}^2$

$p = 12$ cm

$\underline{\underline{c}} = 5\text{ cm} + 12\text{ cm} = \underline{\underline{17\text{ cm}}}$

Die Hypotenuse ist 17 cm lang.

4. Der Hypotenusenabschnitt, welcher der Seite a anliegt, ist 3,5 cm, die Höhe des Dreiecks ist 4,2 cm. Wie lang sind b, c, und wie groß ist A?

Nach dem Höhensatz ist $4{,}2^2\text{ cm}^2 = 3{,}5\text{ cm} \cdot q$, also ist $q = 5{,}04$ cm.

Für c erhält man: $\underline{\underline{c}} = 3{,}5\text{ cm} + 5{,}04\text{ cm}$, also $\underline{\underline{8{,}54\text{ cm}}}$.

Für b gilt: $b^2 = 5{,}04\text{ cm} \cdot 8{,}54\text{ cm}$, also $\underline{\underline{b}} \approx \underline{\underline{6{,}56\text{ cm}}}$.

Für A gilt $\underline{\underline{A}} = \dfrac{8{,}54\text{ cm} \cdot 4{,}2\text{ cm}}{2} \approx \underline{\underline{17{,}93\text{ cm}^2}}$

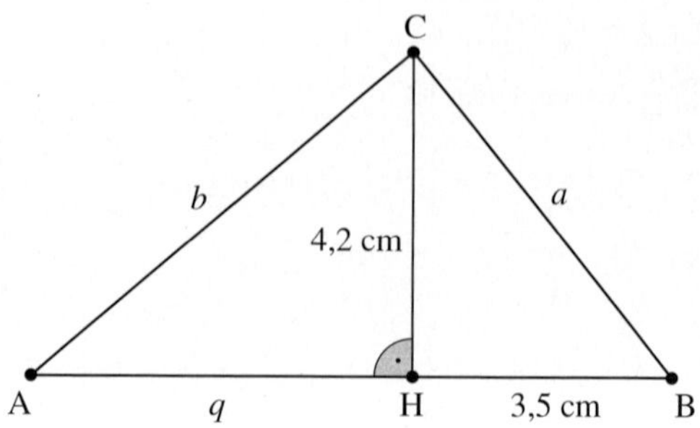

Satz des Heron

203

Seit der griechischen Antike ist eine Formel bekannt, die es ermöglicht, den Flächeninhalt eines Dreiecks aus den Längen seiner Seiten, also ohne die Länge einer Höhe, zu berechnen. Stehen a, b und c für die Längen der Dreiecksseiten und s für den halben Umfang des Dreiecks, also $s=\frac{(a+b+c)}{2}$, so lautet die Formel des Heron $A=\sqrt{s(s-a)(s-b)(s-c)}$.

Hat man auf diese Weise den Flächeninhalt eines Dreiecks berechnet, so kann man mithilfe der Formel $A=\frac{g\cdot h}{2}$ auch die Längen der Höhen auf die Dreiecksseiten ermitteln. Stellt man die Formel nach h um, so erhält man $h=\frac{2A}{g}$.

1. Berechnen Sie 1. den Flächeninhalt, 2. die Höhe h_c folgender Dreiecke:

a) $a=5$ cm	**b)** $a=3{,}1$ cm	**c)** $a=12{,}5$ cm	**d)** $a=3{,}9$ cm
$b=7$ cm	$b=5{,}4$ cm	$b=\ \ 8{,}6$ cm	$b=4{,}7$ cm
$c=8$ cm	$c=2{,}5$ cm	$c=15{,}5$ cm	$c=7{,}3$ cm

Anmerkung: Im Folgenden wird ohne Mitführung der Längeneinheit gerechnet.

Zu a)

Aus den Seitenlängen folgt $s=\frac{5+7+8}{2}=10$

Damit kann die obige Formel angewendet werden.

$$\underline{\underline{A}}=\sqrt{10\cdot(10-5)(10-7)(10-8)}=\sqrt{10\cdot5\cdot3\cdot2}=\sqrt{300}\approx\underline{\underline{17{,}32}}$$

Das Dreieck hat einen Flächeninhalt von ungefähr 17,32 cm².

Setzt man nun entsprechend in die umgestellte Formel für h ein, so ergibt sich 4,33 cm als Länge von h_c.

$$\underline{\underline{h_c}}=\frac{2\cdot17{,}32}{8}=\underline{\underline{4{,}33}}$$

Zu b)

Für s erhält man: $s=\frac{3{,}1+5{,}4+2{,}5}{2}=5{,}5$

$$\underline{\underline{A}}=\sqrt{5{,}5\cdot2{,}4\cdot0{,}1\cdot3}=\sqrt{3{,}96}\approx\underline{\underline{1{,}99}}$$

Das Dreieck hat einen Flächeninhalt von ungefähr 2 cm².

Setzt man in die Formel für h ein, so ergibt sich 1,6 cm als Länge von h_c.

$$\underline{\underline{h_c}}=\frac{2\cdot2}{2{,}5}=\underline{\underline{1{,}6}}$$

Zu c)

Für s erhält man: $s=\frac{12{,}5+8{,}6+15{,}5}{2}=18{,}3$

$$\underline{\underline{A}}=\sqrt{18{,}3\cdot5{,}8\cdot9{,}7\cdot2{,}8}=\sqrt{2882{,}76}\approx\underline{\underline{53{,}69}}$$

Das Dreieck hat einen Flächeninhalt von ungefähr 53,69 cm².

Setzt man in die Formel für h ein, so ermittelt man 6,93 cm als Länge von h_c.

$$\underline{\underline{h_c}}=\frac{2\cdot53{,}69}{15{,}5}=\underline{\underline{6{,}93}}$$

Zu d)

Für s ermittelt man: $s=\frac{3{,}9+4{,}7+7{,}3}{2}$, also $s=7{,}95$.

$$\underline{\underline{A}}=\sqrt{7{,}95\cdot4{,}05\cdot3{,}25\cdot0{,}65}=\sqrt{68{,}02}\approx\underline{\underline{8{,}25}}$$

Der Flächeninhalt des Dreiecks beträgt ungefähr 8,25 cm².

Setzt man in die Formel für h ein, so ergibt sich 2,26 cm als Länge von h_c.

$$\underline{\underline{h_c}}=\frac{2\cdot8{,}25}{7{,}3}=\underline{\underline{2{,}26}}$$

Aufgaben zur Wiederholung

204 **1.** Ein gerader Weg ist 23,4 cm lang und 6 m breit. Er soll mit quadratischen Platten von 16 cm Seitenlänge ausgelegt werden. Wie viele Platten sind notwendig, wenn für Abfall 5% gerechnet wird?

Zunächst berechnet man den Flächeninhalt des rechteckigen Weges. Er wird durch den Flächeninhalt einer Platte dividiert. So erhält man die Anzahl der verlegten Platten. Da mit 5% Abfall gerechnet wurde, entspricht diese Anzahl 95% der gekauften Platten.

Es sind 5774 Platten notwendig.

$A = a \cdot b$

$23{,}4\ \text{m} \cdot 6\ \text{m} = 140{,}40\ \text{m}^2$

$140{,}4\ \text{m}^2 : 0{,}0256\ \text{m}^2 = 5484{,}375$

$5484{,}375 : x = 95 : 100$

$x = 5773{,}0263$

2. Um ihre Felder zu begradigen, tauschen zwei Landwirte eine rechteckige Wiese gegen einen rechteckigen Acker. Die Wiese ist 112 m lang und 45 m breit. Wie breit muss der 76 m lange Acker sein, wenn die Größe beider Flächen gleich sein soll?

Der Flächeninhalt der Wiese wird berechnet und durch die Länge des Ackers dividiert. Der Acker muss ungefähr 66,32 m breit sein.

$A = a \cdot b$

$112\ \text{m} \cdot 45\ \text{m} : 76\ \text{m} \approx 66{,}32\ \text{m}$

3. Ein quadratisches Grundstück hat einen Umfang von 512 m. Der Besitzer will es gegen ein rechteckiges Stück Land von gleicher Größe eintauschen. Wie lang wird das Grundstück sein, wenn die Breite 84 m betragen soll?

Ein Quadrat hat vier gleich lange Seiten, d. h., die Länge einer Seite ist der vierte Teil seines Umfangs. Wenn man die Länge einer Seite kennt, kann man den Flächeninhalt berechnen. Dessen Maßzahl muss man durch 84 m dividieren, um die Länge des einzutauschenden Grundstücks zu berechnen.

$U = 4 \cdot a$

$a = 512\ \text{m} : 4 = 128\ \text{m}$

$A = a^2$

$A = 16384\ \text{m}^2$

$16384\ \text{m}^2 : 84\ \text{m} \approx 195\ \text{m}$

Das Grundstück muss ungefähr 195 m lang sein.

4. Ein Gärtner will ein 8 m langes Beet für Gemüse anlegen und 280 Pflanzen einsetzen. Wie breit wird das Beet werden, wenn man für jede Pflanze 400 cm^2 Bodenfläche rechnet?

Der Bodenbedarf einer Pflanze wird in m^2 umgerechnet. Multipliziert man diese Größe mit der Anzahl der Pflanzen, erhält man den gesamten Bodenbedarf. Die Breite des Beetes erhält man durch Dividieren der Gesamtfläche durch 8 m. Das Beet wird 1,4 m breit.

Umrechnungszahl cm^2 in m^2: 10000

$400\ \text{cm}^2 : 10000 = 0{,}04\ \text{m}^2$

$280 \cdot 0{,}04\ \text{m}^2 = 11{,}2\ \text{m}^2$

$11{,}2\ \text{m}^2 : 8\ \text{m} = 1{,}4\ \text{m}$

5. An einem Neubau werden von einer Firma folgende Glaserarbeiten ausgeführt:
12 Fenster mit je 3 Scheiben, 120 cm × 110 cm
25 Fenster mit je 4 Scheiben, 60 cm × 55 cm
7 Fenster mit je 2 Scheiben, 160 cm × 110 cm.
Wie viel m^2 Glas werden in Rechnung gestellt?

Zunächst wird der Glasbedarf pro Fenstergröße berechnet, anschließend die Summe festgestellt. Dabei werden cm gleich in m umgerechnet. Umrechnungszahl ist 100.
106 m^2 Glas werden in Rechnung gestellt.

$12 \cdot 3 \cdot 1{,}20\ \text{m} \cdot 1{,}10\ \text{m} = 47{,}52\ \text{m}^2$

$25 \cdot 4 \cdot 0{,}60\ \text{m} \cdot 0{,}55\ \text{m} = 33{,}00\ \text{m}^2$

$7 \cdot 2 \cdot 1{,}60\ \text{m} \cdot 1{,}10\ \text{m} = 24{,}64\ \text{m}^2$

Summe: $105{,}16\ \text{m}^2$

6. Ein Acker von 2,5 ha soll mit Kalisalz gedüngt werden. Wie viel kg Salz muss der Landwirt bestellen, wenn man für 1 m^2 Land 25 g Kalisalz rechnet?

2,5 ha werden in m^2 umgerechnet, Umrechnungszahl ist 10000.

Durch Multiplikation mit $25\frac{g}{m^2}$ und anschließende Division durch 1000 wird der Kalibedarf errechnet.

$2{,}5\,ha = 25000\ m^2$

$25000\ m^2 \cdot 25\frac{g}{m^2} = 625000\,g$

$625000\,g = \underline{\underline{625\,kg}}$

Der Landwirt muss 625 kg Kalisalz bestellen.

7. Eine Gartenanlage hat die Gestalt eines Rhombus; sein Umfang beträgt 268 m, seine Breite 53 m.

a) Wie groß ist die Gartenanlage?

b) Wie groß wäre bei gleichem Flächeninhalt der Umfang eines Quadrates?

Die Länge einer Seite erhält man aus dem Umfang des Rhombus. Die Fläche eines Rhombus wird wie die eines Parallelogramms nach der Formel $A = g \cdot h$ berechnet.

Die Länge einer Seite eines Quadrats von gleichem Flächeninhalt erhält man durch Wurzelziehen.

$268\ m : 4 = 67\ m$

$\underline{\underline{A}} = 67\ m \cdot 53\ m = \underline{\underline{3551\ m^2}}$

$\sqrt{3551\ m^2} \approx 59{,}59\ m$

$\underline{\underline{u}} = 59{,}59\ m \cdot 4 \approx \underline{\underline{238{,}36\ m}}$

Die Gartenanlage ist 3551 m^2 groß. Der Umfang eines flächengleichen Quadrats ist ungefähr 238,36 m.

8. Ein Werkstattgelände hat eine Straßenfront von 178 m. An beiden Enden verläuft die Tiefe senkrecht zur Straßenfront und ist 163 m bzw. 125 m lang. Berechnen Sie den Flächeninhalt des Geländes.

Das Werkstattgelände hat die Form eines Trapezes. Für dessen Fläche gilt die Formel $A = \frac{a+c}{2} \cdot h$. Die Straßenfront entspricht der Höhe, die Tiefenstrecken entsprechen den parallelen Seiten des Trapezes.

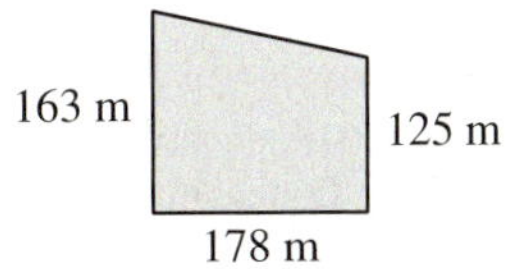

$\underline{\underline{A}} = \frac{163\ m + 125\ m}{2} \cdot 178\ m = \underline{\underline{25632\ m^2}}$

9. Ein Parallelogramm ($a = 7$ cm, $b = 4{,}5$ cm, $\alpha = 60°$) soll in ein flächengleiches Rechteck mit derselben Seite a verwandelt werden.

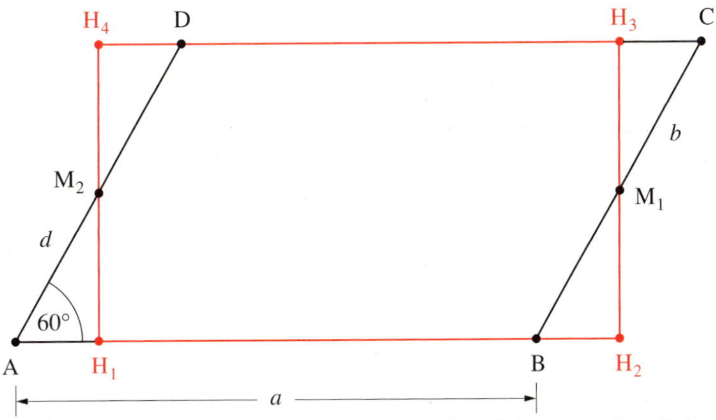

Die Senkrechten zur Seite a durch die Mitten M_1 und M_2 von b und d erzeugen jeweils kongruente Dreiecke $\triangle AH_1M_2$ und $\triangle DH_4M_2$ sowie $\triangle H_2BM_1$ und $\triangle CH_3M_1$. Das Rechteck $H_1H_2H_3H_4$ ist also flächengleich dem Parallelogramm ABCD.

204 **10.** Ein Parallelogramm ($a=6$ cm, $b=4$ cm, $\alpha=50°$) soll in ein flächengleiches anderes verwandelt werden ($a'=7$ cm, $\alpha=65°$).

Man konstruiert zunächst zum Parallelogramm ABCD ein flächengleiches ABC′D′, in dem $\alpha=65°$ ist. Dazu trägt man $\sphericalangle\alpha$ an $\overline{AB}$ in A an und bringt seinen freien Schenkel mit der Verlängerung von $\overline{CD}$ im Punkt D′ zum Schnitt. Die Parallele zu $\overline{AD'}$ durch B schneidet $\overline{DC}$ in C′. Da in beiden Parallelogrammen die Grundlinien und Höhen gleich lang sind, sind sie flächengleich.

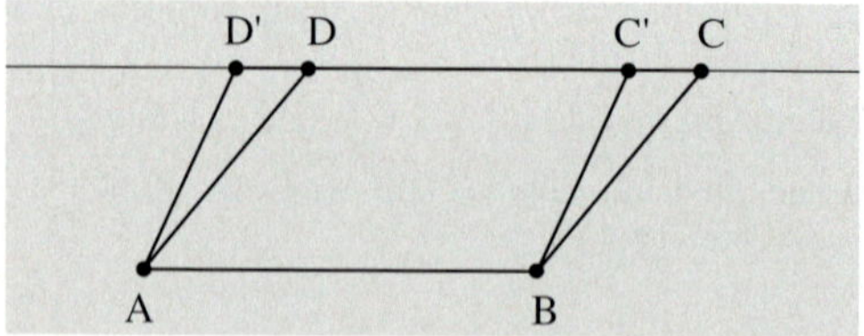

► Längenmaße auf die Hälfte verkürzt

Das gesuchte Parallelogramm mit der Länge der Grundlinie a′ erhält man als Ergänzungsparallelogramm zu ABC′D′.
► Aufgabe 3c, Flächenverwandlungen

E auf $\overline{AB}$ so,
dass $|\overline{BE}|=7$ cm
g(E) ∥ BC′
$\overline{EC'} \cap \overline{AD'} = \{F\}$
h(F) ∥ $\overline{AE}$, $h \cap \overline{BC'} = \{G\}$,
$h \cap g = \{H\}$
$\overline{D'C'} \cap g = \{I\}$

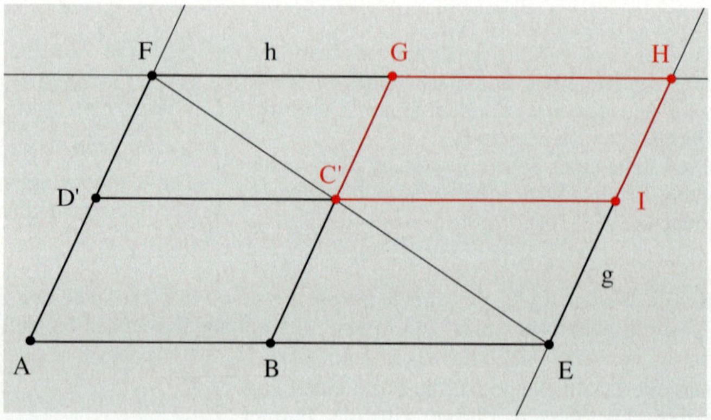

Das Parallelogramm IHGC′ ist flächengleich dem Parallelogramm ABC′D′ und damit auch dem Parallelogramm ABCD. ► Längenmaße auf die Hälfte verkürzt

11. Berechnen Sie den Halbmesser des Umkreises eines gleichseitigen Dreiecks mit der Seitenlänge a.

Im Umkreis sind die Dreiecksseiten Sehnen, deren Mittelsenkrechten sich im Mittelpunkt des Umkreises schneiden.
In nebenstehender Zeichnung schneidet die Mittelsenkrechte zu a den Umkreis in D. $\overline{DB}$ ist Seite eines regelmäßigen Sechsecks und deshalb genau so lang wie der Radius r des Umkreises.
Wenn E für die Mitte von $\overline{MD}$ steht, so kann auf das Dreieck △BED der pythagoreische Lehrsatz angewendet werden.

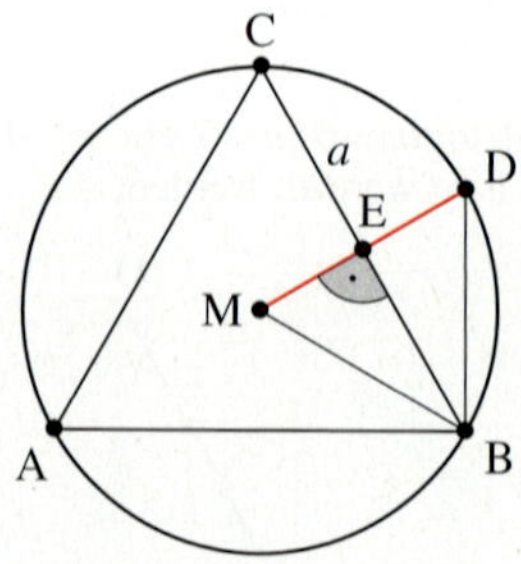

$|\overline{BD}|^2 = |\overline{ED}|^2 + |\overline{BE}|^2$ ► $|\overline{BD}| = r$, $|\overline{BE}| = \frac{1}{2}a$, $|\overline{ED}| = \frac{1}{2}r$

$r^2 = \frac{r^2}{4} + \frac{a^2}{4} \Rightarrow \frac{3}{4}r^2 = \frac{a^2}{4} \Rightarrow r^2 = \frac{a^2}{3}$ ► $r>0$, $a>0$

$$r = \frac{a}{\sqrt{3}} = \frac{a}{3}\sqrt{3}$$

12. Berechnen Sie mit Variablen Flächeninhalt A und Radius r von folgenden regelmäßigen Vielecken: 204
a) Dreieck **b)** Quadrat **c)** Sechseck.

Zu a) Für das gleichseitige Dreieck folgt aus $h^2 = a^2 - \left(\frac{a}{2}\right)^2$ für h: $h = \frac{a}{2}\sqrt{3}$
Damit erhält man wegen $A = \frac{g \cdot h}{2}$:
$\underline{\underline{A}} = a \cdot \frac{a}{2}\sqrt{3} : 2 = \underline{\underline{\frac{a^2}{4}\sqrt{3}}}.$
Für r entnimmt man Aufgabe 11: $r = \frac{a}{3}\sqrt{3}$.

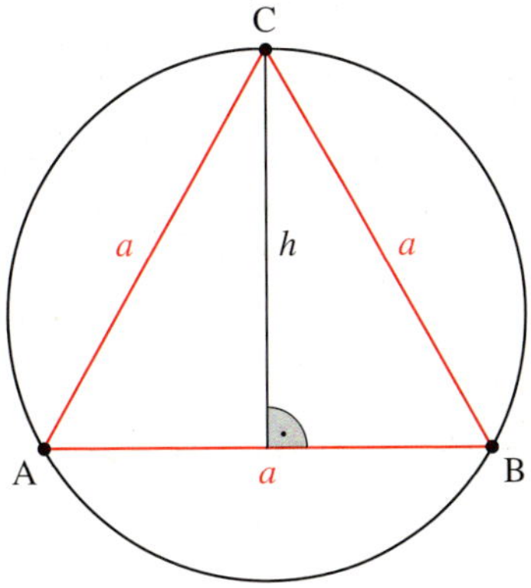

Zu b) Für das Quadrat gilt:
$e^2 = a^2 + a^2$, also $e = a \cdot \sqrt{2}$.
$\underline{\underline{r}} = \frac{e}{2} = \underline{\underline{\frac{a}{2}\sqrt{2}}}.$
$\underline{\underline{A = a^2}}.$

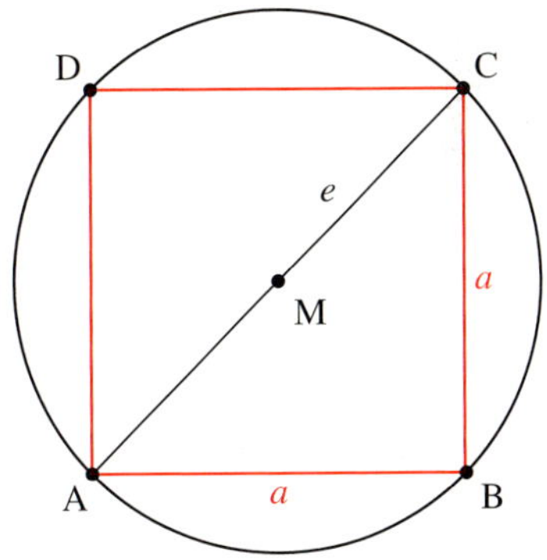

Zu c) Steht s für die Länge der Seiten eines regelmäßigen Sechsecks, so ist $r = s$. ► Das Bestimmungsdreieck ist gleichseitig.
Für die Länge der Höhe in einem Bestimmungsdreieck gilt:
$h = \frac{s}{2}\sqrt{3}$ und für den Flächeninhalt des Sechsecks also $\underline{\underline{A}} = 6 \cdot \frac{s \cdot s}{2 \cdot 2}\sqrt{3} = \underline{\underline{\frac{3s^2}{2}\sqrt{3}}}.$

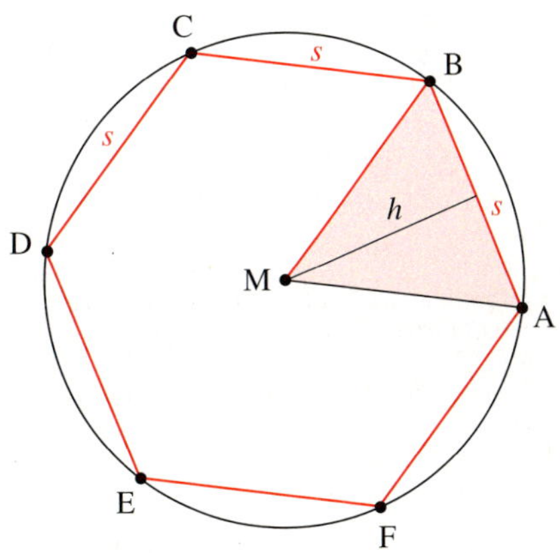

204 **13.** Berechnen Sie zunächst allgemein und danach mit Zahlen:

a) Seitenlänge und Flächeninhalt eines Quadrates, dessen Diagonale e die Länge 7 cm hat,
b) Länge der Diagonale e eines Rechtecks mit den Seitenlängen $a = 4{,}5$ cm und $b = 3{,}8$ cm,
c) Seitenlänge a eines Rhombus mit den Diagonalenlängen $e = 6$ cm und $f = 5$ cm,
d) Seitenlänge a und b eines gleichschenkligen Dreiecks mit der Grundseitenlänge $c = 5{,}6$ cm und der Länge der Höhe $h_c = 4{,}5$ cm.

Zu a)
Für die Länge e der Diagonalen nach Pythagoras
$e^2 = a^2 + a^2$, also $e^2 = 2a^2$ und
$\underline{\underline{a}} = \frac{e}{\sqrt{2}} = \underline{\underline{\frac{e}{2}\sqrt{2}}}$. Daraus folgt für den Flächeninhalt $\underline{\underline{A}} = a^2 = \underline{\underline{\frac{e^2}{2}}}$. Steht e für 7 cm, wird
$\underline{\underline{a \approx 4{,}95\text{ cm}}}$ und $\underline{\underline{A = 24{,}5\text{ cm}^2}}$.

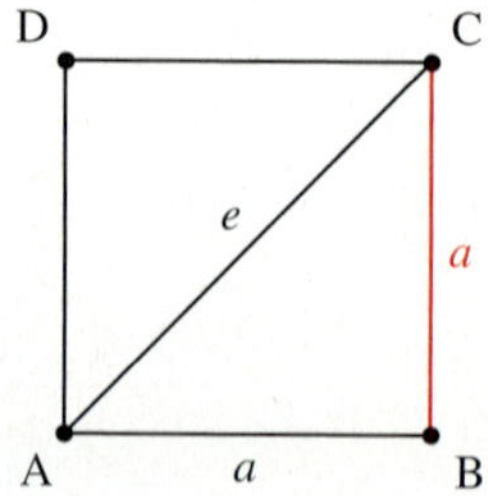

Zu b)
Wieder nach Pythagoras ist
$e^2 = a^2 + b^2$, also $e = \sqrt{a^2 + b^2}$. Stehen 4,5 cm für a und 3,8 cm für b, so folgt
$e = \sqrt{34{,}96\text{ cm}^2}$, also $\underline{\underline{e \approx 5{,}89\text{ cm}}}$.

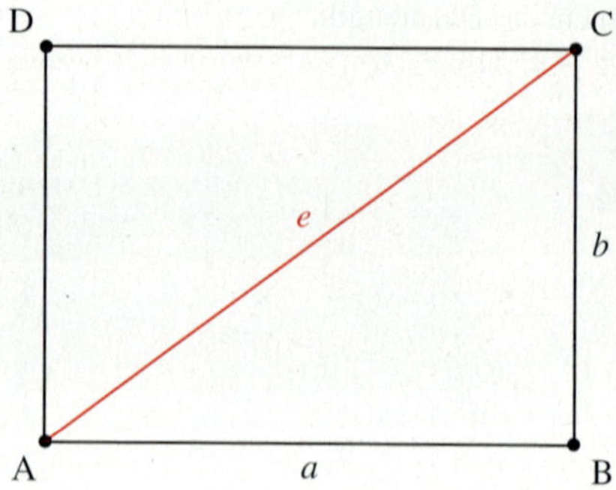

Zu c)
Die Diagonalen eines Rhombus stehen senkrecht aufeinander und halbieren einander.
Daraus folgt:
$$a^2 = \left(\frac{e}{2}\right)^2 + \left(\frac{f}{2}\right)^2 = \frac{e^2 + f^2}{4}, \text{ also}$$
$$\underline{\underline{a = \frac{\sqrt{e^2 + f^2}}{2}}}.$$
Für $e = 6$ cm und $f = 5$ cm erhält man:
$$a = \frac{\sqrt{61\text{ cm}^2}}{2}, \text{ also } \underline{\underline{a \approx 3{,}9\text{ cm}}}.$$

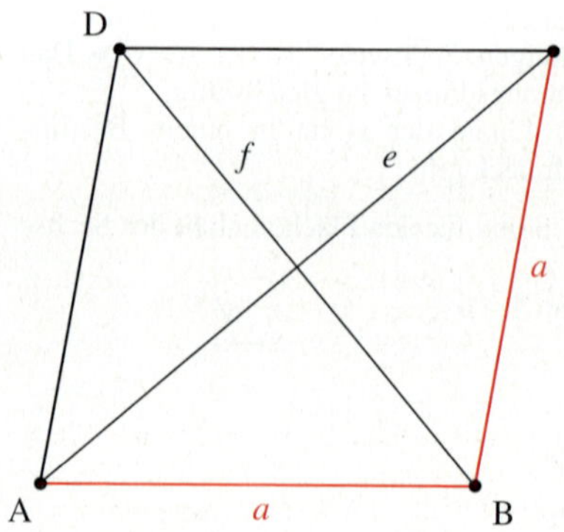

Zu d) 204

Im gleichschenkligen Dreieck ist $a=b$, und nach Pythagoras ist

$$a^2=h^2+\left(\frac{c}{2}\right)^2\text{, also } \underline{\underline{a=\frac{\sqrt{4h^2+c^2}}{2}}}.$$

Für $c=5{,}6$ cm und $h=4{,}5$ cm erhält man

$$\underline{\underline{a}}=b=\frac{\sqrt{112{,}36\ \text{cm}^2}}{2}=\underline{\underline{5{,}3\ \text{cm}}}$$

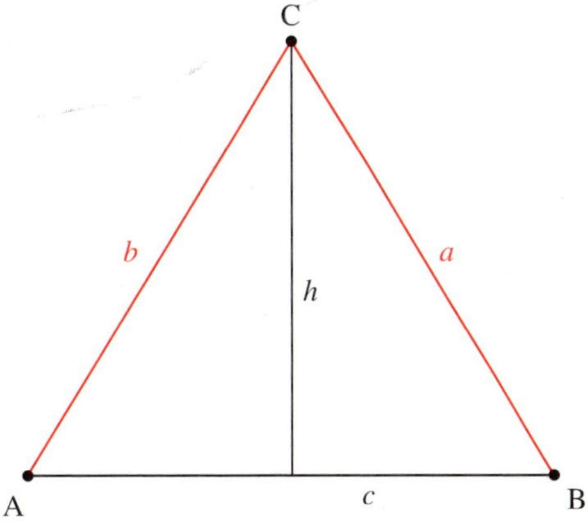

Bei den folgenden Aufgaben 14 bis 21 sollte man nicht versuchen, Aussagen über Umfang oder Flächen- 205
inhalt eines Kreises anzuwenden, wenn auch in allen Aufgaben Kreise vorkommen. Es kommt immer darauf an, Strecken zu finden, deren Längen durch die gegebenen und die gesuchten Stücke beschrieben werden können und die rechtwinklige Dreiecke bilden, auf welche der Lehrsatz des Pythagoras angewendet werden kann.

14.

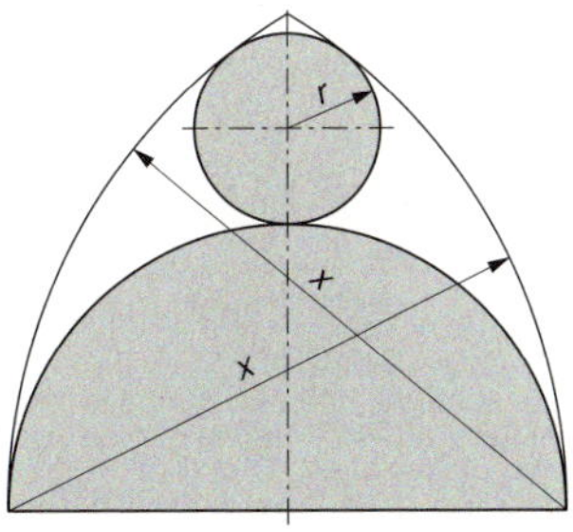

Berechnen Sie x zunächst mit der Variablen r und danach für $r=3{,}2$ cm.

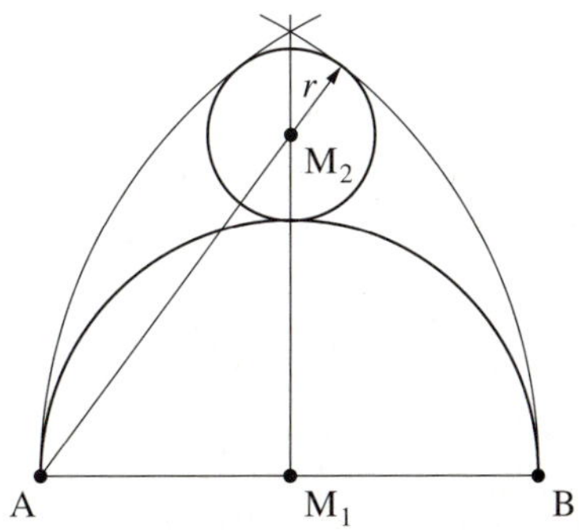

Bezeichnet man den Durchmesser des großen Kreises mit $\overline{AB}$, seinen Mittelpunkt mit M_1 und den Mittelpunkt des kleinen Kreises mit M_2, so kann man auf das Dreieck $\triangle AM_1M_2$ den pythagoreischen Lehrsatz anwenden. Es gilt $|\overline{AM_2}|=x-r$, $|\overline{AM_1}|=\frac{x}{2}$, $|\overline{M_1M_2}|=\frac{x}{2}+r$.

$$(x-r)^2=\left(\frac{x}{2}\right)^2+\left(\frac{x}{2}+r\right)^2$$

Auf die Ausgangsgleichung werden die binomischen Formeln angewandt.
Der Term r^2 wird auf beiden Seiten subtrahiert.

$$x^2-2rx+r^2=\frac{x^2}{4}+\frac{x^2}{4}+rx+r^2 \quad |-r^2$$

Auf der linken Seite wird x ausgeklammert.

$$\frac{x^2}{2}-3rx=0 \Rightarrow x\left(\frac{x}{2}-3r\right)=0$$

Ein Produkt ist gleich 0, wenn mindestens einer seiner Faktoren 0 ist. Die Gleichung $x=0$ hat keine Bedeutung, da $x>0$ gilt. Es ist also $x=6r$ bzw. $x=19{,}2$ cm.

$$x=0 \text{ oder } \frac{x}{2}=3r\text{, also } \underline{\underline{x=6r}}$$

205

15.

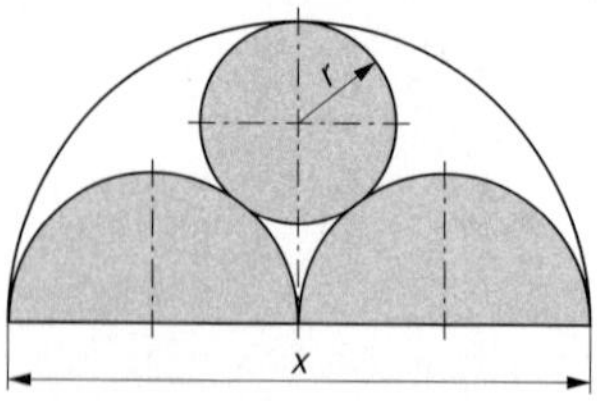

Berechnen Sie x zunächst mit der Variablen r und danach für $r = 2{,}5$ cm.

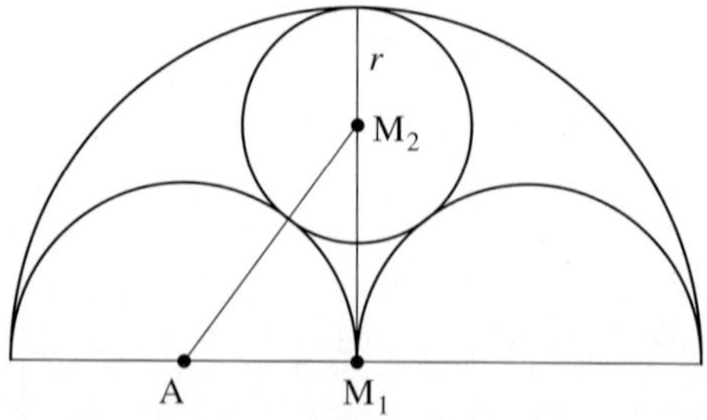

Der Mittelpunkt des linken Halbkreises ist A, der Mittelpunkt des großen Halbkreises ist M_1, der Mittelpunkt des kleinen Kreises ist M_2.
Das Dreieck $\triangle AM_1M_2$ ist bei M_1 rechtwinklig.
Es ist: $|\overline{AM_1}| = \frac{x}{4}$, $|\overline{M_1M_2}| = \frac{x}{2} - r$ und $|\overline{AM_2}| = \frac{x}{4} + r$.

$$\left(\frac{x}{4} + r\right)^2 = \left(\frac{x}{2} - r\right)^2 + \left(\frac{x}{4}\right)^2$$

Die binomischen Formeln werden auf die Ausgangsgleichung angewandt.

Die Terme $\left(\frac{x}{4}\right)^2$ und r^2 können subtrahiert werden.

$$\left(\frac{x}{4}\right) + \frac{rx}{2} + r^2 = \frac{x^2}{4} - rx + r^2 + \left(\frac{x}{4}\right)^2$$

Die Variable x wird ausgeklammert. Die Faktoren des Produkts werden gleich 0 gesetzt.

$$\frac{x^2}{4} - \frac{3rx}{2} = 0 \Rightarrow x\left(\frac{x}{4} - \frac{3r}{2}\right) = 0$$

Die Gleichung $x = 0$ hat keine Bedeutung, da $x > 0$ gilt. Also gilt: $x = 6r$ bzw. $\underline{\underline{x = 15\text{ cm}}}$.

Aus $\frac{x}{5} - \frac{3r}{2} = 0$ folgt $\underline{\underline{x = 6r}}$

16.

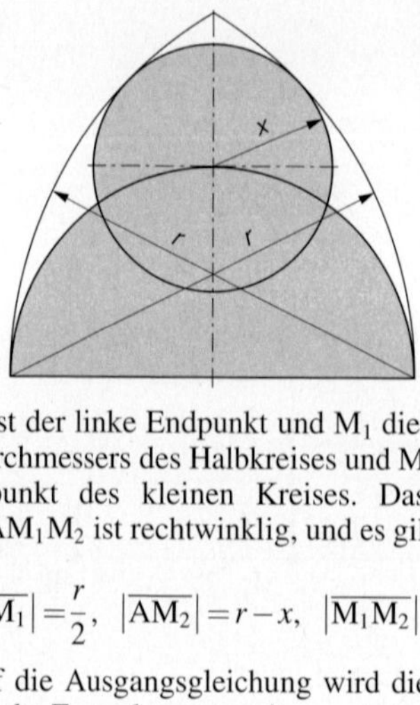

Berechnen Sie x zunächst mit der Variablen r und danach für $r = 8$ cm.

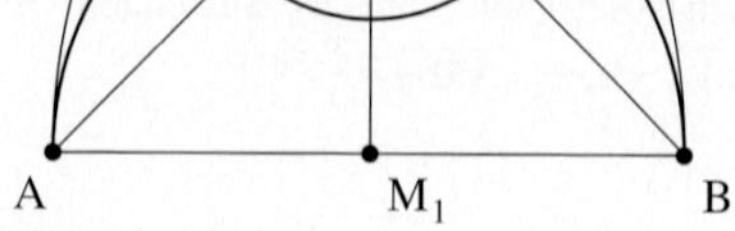

A ist der linke Endpunkt und M_1 die Mitte des Durchmessers des Halbkreises und M_2 der Mittelpunkt des kleinen Kreises. Das Dreieck $\triangle AM_1M_2$ ist rechtwinklig, und es gilt:

$$|\overline{AM_1}| = \frac{r}{2},\quad |\overline{AM_2}| = r - x,\quad |\overline{M_1M_2}| = \frac{r}{2}.$$

Auf die Ausgangsgleichung wird die 2. Binomische Formel angewandt.

$$(r - x)^2 = \left(\frac{r}{2}\right)^2 + \left(\frac{r}{2}\right)^2$$

$\frac{r^2}{2}$ wird subtrahiert und die Gleichung nach x geordnet. Die Lösungen der entstandenen quadratischen Gleichung werden mithilfe der Lösungsformel bestimmt. ► Lehrbuch Kusch 1, Abschnitt 5.1

$$r^2 - 2rx + x^2 = \frac{r^2}{4} + \frac{r^2}{4} \quad ► \quad \frac{r^2}{4} + \frac{r^2}{4} = \frac{r^2}{2}$$

$$x^2 - 2rx + \frac{r^2}{2} = 0$$

$$x_{1,2} = r \pm \sqrt{r^2 - \frac{r^2}{2}}$$

Da x nicht größer sein kann als r, kommt das Zeichen + vor der Wurzel nicht infrage, also gilt $x = r\left(1 - \frac{1}{\sqrt{2}}\right)$ bzw. $\underline{\underline{x}}$ ungefähr $\underline{\underline{2{,}3\text{ cm}}}$.

$$\underline{\underline{x_1 = r - \frac{r}{\sqrt{2}}}} \text{ oder } \underline{\underline{x = r\left(1 - \frac{1}{\sqrt{2}}\right)}}$$

17.

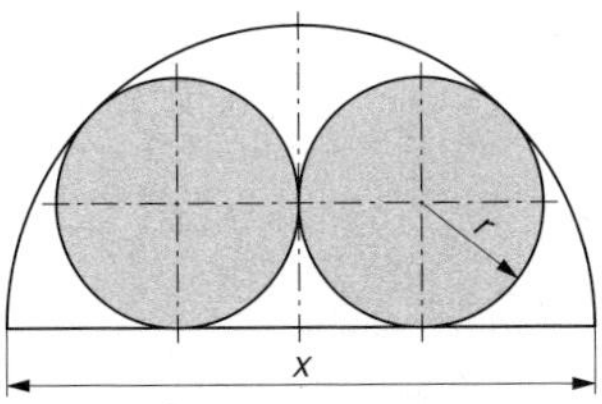

Berechnen Sie x zunächst mit der Variablen r und danach für $r = 1{,}75$ cm.

18.

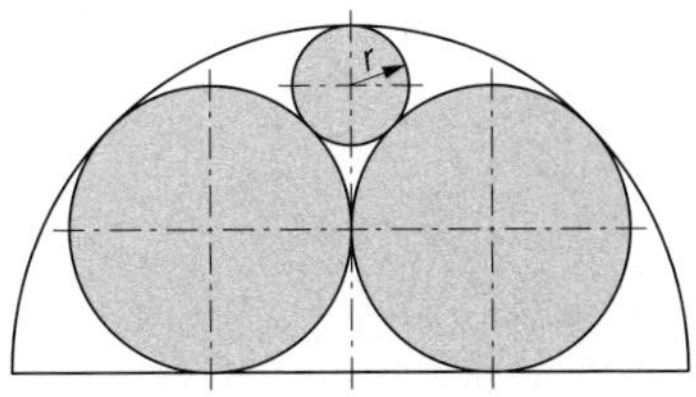

Berechnen Sie x zunächst mit der Variablen r und danach für $r = 17$ mm.

Zu 17. M ist die Mitte des Durchmessers des Halbkreises, M_1 der Mittelpunkt des rechten kleinen Kreises und B der Berührungspunkt von Durchmesser und kleinem Kreis.
Dann ist: $|\overline{MB}| = r$, $|\overline{BM_1}| = r$ und $|\overline{M_1M}| = \frac{x}{2} - r$. Auf das Dreieck $\triangle MBM_1$ kann der pythagoreische Lehrsatz angewendet werden.
Auf die Ausgangsgleichung wird die 2. Binomische Formel angewendet.
Der Term $2r^2$ wird subtrahiert.
Nach der Multiplikation mit 4 wird die Lösungsformel für quadratische Gleichungen angewendet.
Das Minuszeichen vor der Wurzel hat hier keine geometrische Bedeutung, weil x nicht negativ sein kann.
Also gilt: $x = 2r(1 + \sqrt{2})$ bzw. $x \approx \underline{\underline{8{,}5 \text{ cm}}}$.

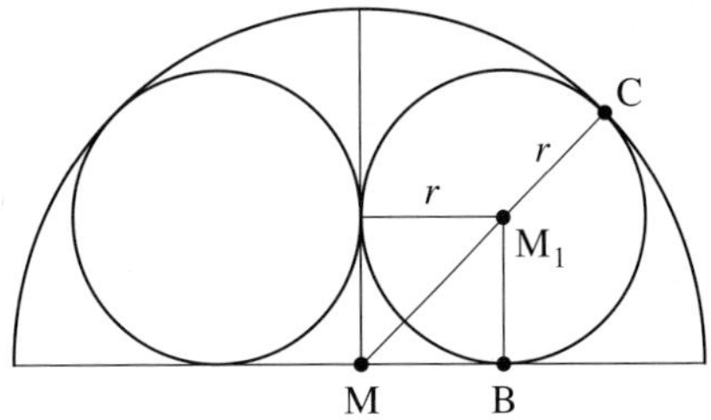

$$\left(\frac{x}{2} - r\right)^2 = r^2 + r^2$$
$$\frac{x^2}{4} - rx + r^2 = 2r^2$$
$$\frac{x^2}{4} - rx - r^2 = 0 \Rightarrow x^2 - 4rx - 4r^2 = 0$$
$$x_{1,2} = 2r \pm \sqrt{4r^2 + 4r^2} \blacktriangleright \sqrt{8r^2} = 2r\sqrt{2}, \text{ weil } r > 0$$
$$x_1 = 2r + 2r\sqrt{2}$$
$$\underline{\underline{x_1 = 2r(1 + \sqrt{2})}}$$

Zu 18. M_1 ist der Mittelpunkt des rechten kleinen Kreises, M_2 der Mittelpunkt des oberen kleinen Kreises und A der Berührungspunkt der beiden kongruenten Kreise.
Das Dreieck $\triangle AM_1M_2$ ist bei A rechtwinklig und es gilt:
$|\overline{AM_1}| = r$, $|\overline{AM_2}| = r$ und $|\overline{M_1M_2}| = r + x$.

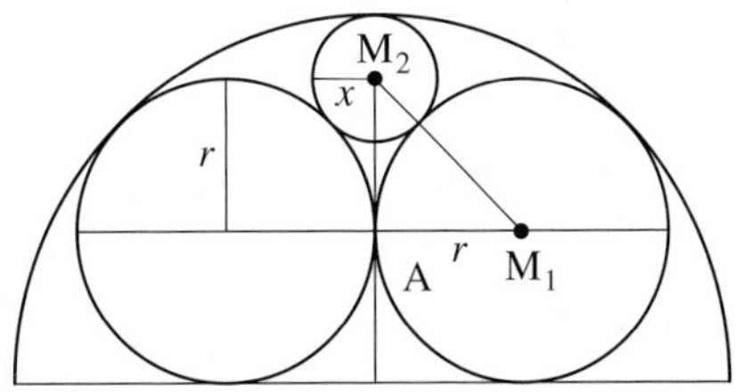

Nach Pythagoras erhält man die Ausgangsgleichung, die nach Anwendung einer binomischen Formel nach x umgestellt wird. Die Lösungsformel einer quadratischen Gleichung wird angewendet. Das Minuszeichen vor der Wurzel hat keine geometrische Bedeutung, weil x nicht negativ sein kann. Man erhält also: $x = r(\sqrt{2} - 1)$ bzw. $\underline{\underline{x \approx 7 \text{ mm}}}$.

$$(r + x)^2 = r^2 + r^2$$
$$r^2 + 2rx + x^2 = 2r^2$$
$$x^2 + 2rx - r^2 = 0$$
$$x_{1,2} = -r \pm \sqrt{r^2 + r^2}$$
$$x_1 = -r + r\sqrt{2}$$
$$\underline{\underline{x_1 = r(\sqrt{2} - 1)}}$$

205

19.

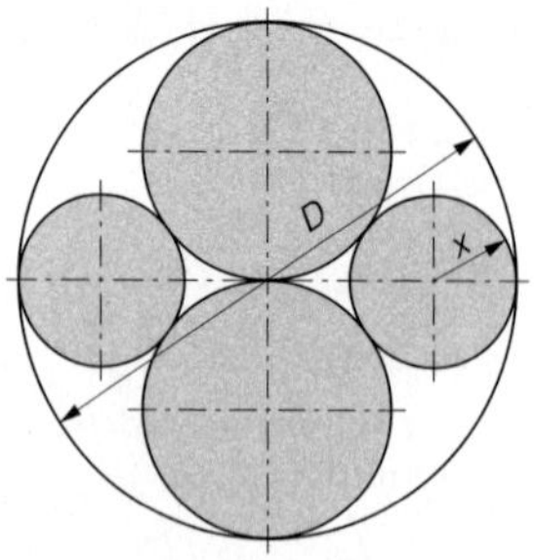

Berechnen Sie x zunächst mit der Variablen D und danach für $D = 12$ cm.

20.

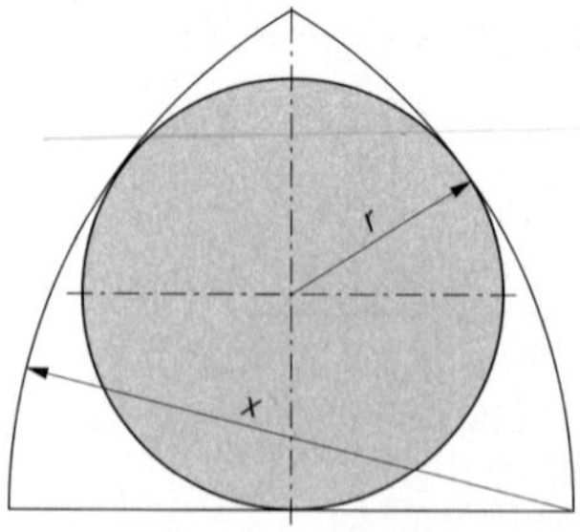

Berechnen Sie x zunächst mit der Variablen r und danach für $r = 1{,}9$ cm.

Zu 19. M ist der Mittelpunkt des großen Kreises, M_1 der des rechten kleineren Kreises und M_2 der des oberen kleinen Kreises.
Das Dreieck $\triangle MM_1M_2$ ist rechtwinklig bei M, die Radiuslänge x kann mithilfe des pythagoreischen Lehrsatzes berechnet werden.

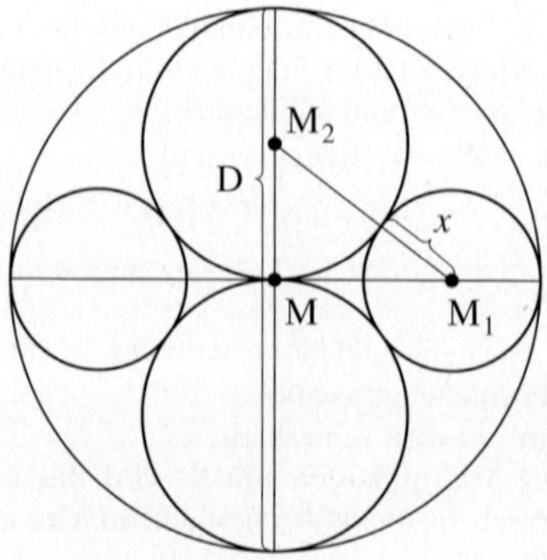

Es ist $|\overline{MM_2}| = \frac{D}{4}$, $|\overline{MM_1}| = \frac{D}{2} - x$ und $|\overline{M_1M_2}| = \frac{D}{4} + x$.

$$\left(\frac{D}{4}+x\right)^2 = \left(\frac{D}{4}\right)^2 + \left(\frac{D}{2}-x\right)^2$$

Die Binome werden ausgerechnet.

$$\left(\frac{D}{4}\right)^2 + \frac{Dx}{2} + x^2 = \left(\frac{D}{4}\right)^2 + \frac{D^2}{4} - Dx + x^2$$

Auf beiden Seiten werden x^2 und $\left(\frac{D}{4}\right)^2$ subtrahiert.

Die entstandene Gleichung wird nach x umgestellt.

$$\frac{3Dx}{2} = \frac{D^2}{4} \Rightarrow x = \frac{D^2}{4} \cdot \frac{2}{3D}$$

$$\underline{\underline{x = \frac{D}{6}}}$$

Es ist also $x = \frac{D}{6}$ bzw. $\underline{\underline{x = 2\text{ cm.}}}$

Zu 20. M ist die Mitte der Strecke $\overline{AB}$ und M_1 der Mittelpunkt des Kreises.
Das Dreieck $\triangle AMM_1$ ist rechtwinklig bei M.
Es ist $|\overline{AM}| = \frac{x}{2}$, $|\overline{AM_1}| = x - r$, $|\overline{M_1M_2}| = r$.

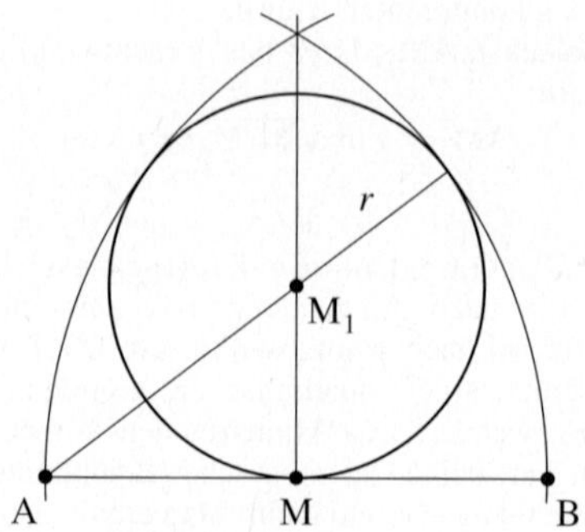

Die Ausgangsgleichung wird mithilfe des Lehrsatzes des Pythagoras gewonnen.

$$(x-r)^2 = r^2 + \left(\frac{x}{2}\right)^2$$

Nach der Auflösung des Binoms wird r^2 auf beiden Seiten subtrahiert und die Gleichung nach x umgestellt.

$$x^2 - 2rx + r^2 = r^2 + \frac{x^2}{4}$$

Die Variable x kann ausgeklammert werden. 205

$\frac{3}{4}x^2 - 2rx = 0$

$x\left(\frac{3}{4}x - 2r\right) = 0 \Rightarrow x = 0$ oder $\frac{3}{4}x = 2r$

Ein Produkt ist gleich 0, wenn mindestens einer seiner Faktoren gleich 0 ist. Die Gleichung $x = 0$ liefert keine Lösung der Aufgabe, weil $x > 0$ vorausgesetzt ist.
Aus der anderen Gleichung folgt:
$x = \frac{8}{3}r$ bzw. $\underline{\underline{x \approx 5{,}07\ \text{cm}}}$

$\frac{3}{4}x = 2r$

$\underline{\underline{x = \frac{8}{3}r}}$

21. 206

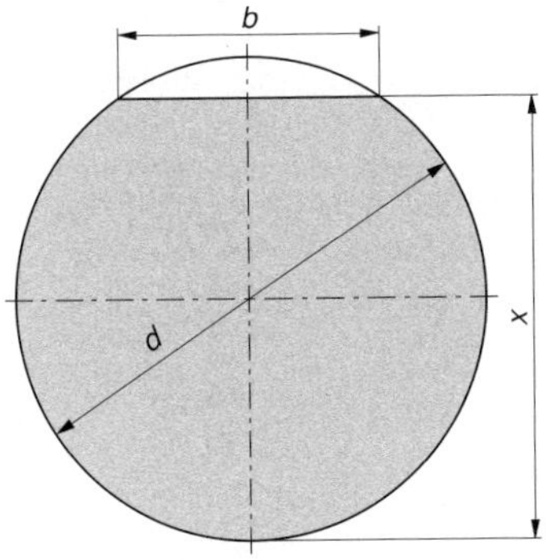

Eine Welle soll abgeflacht werden.
Berechnen Sie das Maß x zunächst mit Variablen und danach für $d = 70$ mm und $b = 38$ mm.

22.

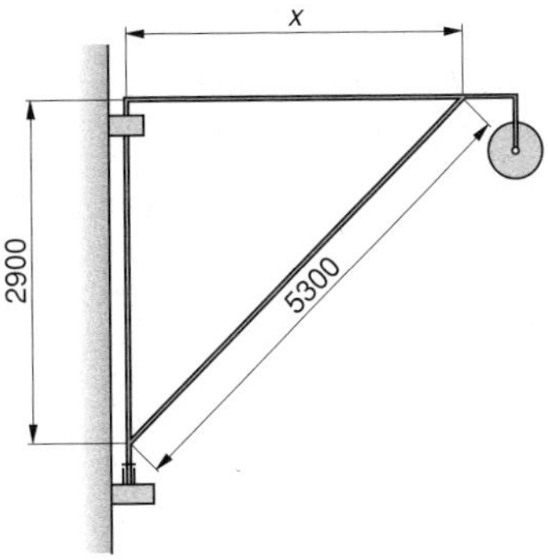

Berechnen Sie die Länge x der Strebe des Drehkranes.

Zu 21. $\overline{AB}$ und $\overline{CD}$ sind Sehnen im Kreis mit dem Durchmesser d, die sich im Punkt E schneiden. Für ihre Abschnitte gilt:

$|\overline{AE}| = x,\ |\overline{AB}| = d,\ |\overline{CE}| = |\overline{ED}| = \frac{b}{2}.$

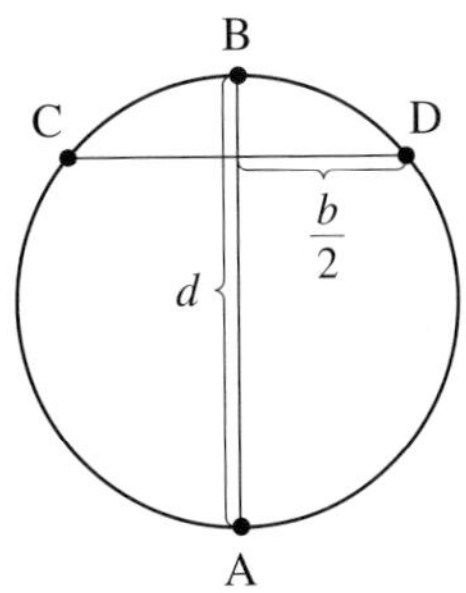

Auf diese Abschnitte wendet man den Sehnensatz an: Schneiden sich zwei Sehnen eines Kreises, so ist das Produkt der Längen der Abschnitte auf der einen Sehne gleich dem Produkt der Längen der Abschnitte auf der anderen Seite.

▶ Lehrbuch Kusch 2, Abschnitt 10.5

$\frac{b}{2} \cdot \frac{b}{2} = (d - x) \cdot x$

Die Klammer wird ausmultipliziert, die Gleichung wird nach x umgestellt.

$\frac{b^2}{4} = dx - x^2$

$x^2 - dx + \frac{b^2}{4} = 0$

Das Minuszeichen in der Lösungsformel für quadratische Gleichungen ist hier nicht von Bedeutung, weil wie in der Zeichnung angegeben „von oben“ abgeflacht werden soll.

$x_{1,2} = \frac{d}{2} \pm \sqrt{\frac{d^2}{4} - \frac{b^2}{4}}$

Also gilt:

$x = \frac{d}{2} + \frac{1}{2}\sqrt{d^2 - b^2}$ bzw. $\underline{\underline{x \approx 64{,}39\ \text{mm.}}}$

$\underline{\underline{x_1 = \frac{d}{2} + \frac{1}{2}\sqrt{d^2 - b^2}}}$

Zu 22. x ist die Länge einer Kathete des rechtwinkligen Dreiecks, das von dem Ausleger, der Strebe und der Höhe des Krans gebildet wird. Die Strebe des Drehkrans ist ungefähr 4,44 m lang.

$x^2 = 5300^2 - 2900^2$

$x^2 = 19680000$

$\underline{\underline{x = 4436{,}2146}}$

206

23.

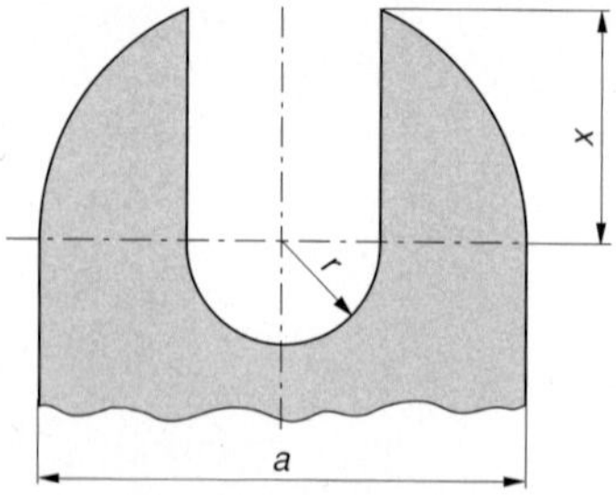

Berechnen Sie das Maß x der Ausfräsung zunächst mit Variablen und danach für $a=46$ mm und $r=15$ mm.

24.

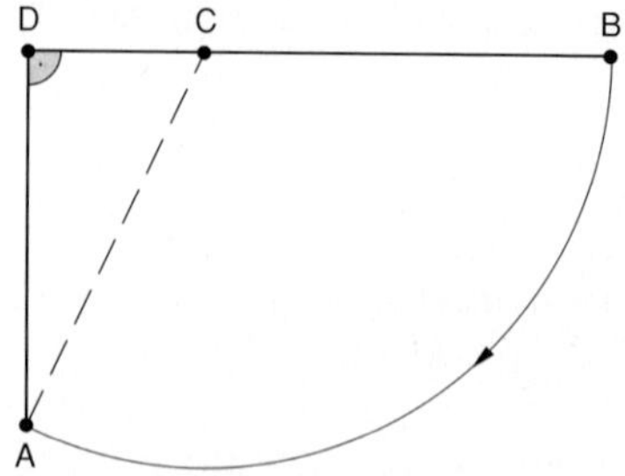

Ein rechtwinkliges Gestänge besteht aus den Stäben $\overline{AD}$ und $\overline{DB}$. Es soll in Punkt C ein Gelenk erhalten, damit nach dem Zusammenklappen Punkt B mit A zusammenfällt. Berechnen Sie $|\overline{DC}|$ zunächst mit Variablen und danach für $|\overline{AD}|=52$ cm und $|\overline{DB}|=80$ cm.

Zu 23. Das Dreieck $\triangle ABC$ ist bei B rechtwinklig, und es gilt:
$|\overline{AB}|=r$, $|\overline{BC}|=x$ und $|\overline{AC}|=\frac{a}{2}$.

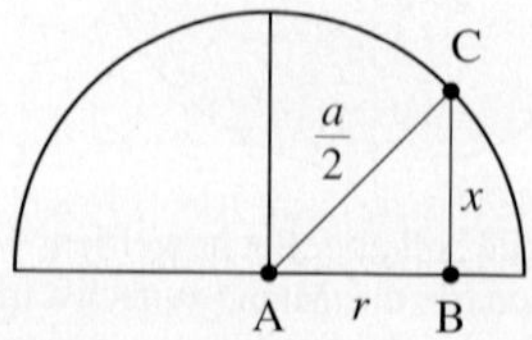

Die Ausgangsgleichung wird nach x umgestellt.
Es ist $x=\frac{1}{2}\sqrt{a^2-4r^2}$ bzw. $\underline{\underline{x=17{,}44 \text{ mm}}}$.

$$\left(\frac{a}{2}\right)^2=x^2+r^2$$

$$x^2=\frac{a^2}{4}-r^2 \blacktriangleright \frac{a^2}{4}-r^2=\frac{a^2-4r^2}{4}$$

$$\underline{\underline{x=\tfrac{1}{2}\sqrt{a^2-4r^2}}}$$

Zu 24. Das Dreieck $\triangle ACD$ ist rechtwinklig bei D.
In der mithilfe des Satzes des Pythagoras aufgestellten Gleichung kann $|\overline{AC}|$ durch die Differenz von $|\overline{DB}|$ und $|\overline{DC}|$ ersetzt werden:
$|\overline{AC}|=|\overline{DB}|-|\overline{DC}|$

Man erhält $|\overline{DC}|=\dfrac{|\overline{DB}|^2-|\overline{AD}|^2}{2|\overline{DB}|}$ bzw.
$\underline{\underline{|\overline{DC}|=23{,}1 \text{ cm}}}$.

$$|\overline{DC}|^2=|\overline{AC}|^2-|\overline{AD}|^2 \blacktriangleright |\overline{AC}|=|\overline{DB}|-|\overline{DC}|$$

$$|\overline{DC}|^2=|\overline{DB}|^2-2|\overline{DB}|\cdot|\overline{DC}|+|\overline{DC}|^2-|\overline{AD}|^2$$

$$2|\overline{DB}|\cdot|\overline{DC}|=|\overline{DB}|^2-|\overline{AD}|^2$$

$$\underline{\underline{|\overline{DC}|=\frac{|\overline{DB}|^2-|\overline{AD}|^2}{2|\overline{DB}|}}}$$

206

25.

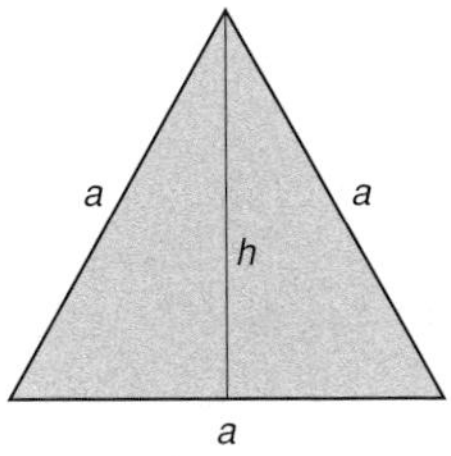

Ein Dreikantstahl hat die Höhe h.
Berechnen Sie die Querschnittsfläche A aus der Höhe.

Der pythagoreische Lehrsatz wird auf eins der durch die Höhe der Schnittfigur erzeugten rechtwinkligen Dreiecke angewendet.
Durch Umstellung nach a wird a durch die Länge h der Höhe ausgedrückt.
Die Formel für den Flächeninhalt eines Dreiecks lautet $A = \frac{g \cdot h}{2}$.
g steht für a. Damit kann A in Abhängigkeit von h ausgedrückt werden.

$$h^2 = a^2 - \left(\frac{a}{2}\right)^2 \Rightarrow h = \frac{a}{2}\sqrt{3}$$

$$a = \frac{2h}{\sqrt{3}}$$

$$\underline{\underline{A}} = \frac{2h}{\sqrt{3}} \cdot \frac{h}{2}$$

$$= \frac{h^2}{\sqrt{3}} = \underline{\underline{\frac{h^2}{3}\sqrt{3}}}$$

26. Vom Dreikantstahl der Aufgabe 25 ist die Querschnittsfläche A bekannt. Berechnen Sie die Seitenlänge a aus dem Flächeninhalt:
a) mit der Variablen A,
b) für $A = 4330{,}125\ \text{mm}^2$.

Für die Schnittfigur der Aufgabe 25 nimmt die Formel $A = \frac{g \cdot h}{2}$ für den Flächeninhalt des Dreiecks die Gestalt
$A = \frac{a}{2} \cdot \frac{a\sqrt{3}}{2} = \frac{a^2}{4}\sqrt{3}$ an. Da A bekannt ist, kann a berechnet werden. Es ist
$a = \frac{2}{\sqrt{3}} \cdot \sqrt{A \cdot \sqrt{3}}$ bzw. $a \approx 100$ mm.

$$A = \frac{a^2}{4}\sqrt{3} \quad | \cdot 4 \,|: \sqrt{3}$$

$$a^2 = \frac{4A}{\sqrt{3}} \quad | \cdot \frac{\sqrt{3}}{\sqrt{3}}$$

$$a^2 = \frac{4A\sqrt{3}}{3}$$

$$\underline{\underline{a = \frac{2}{\sqrt{3}} \cdot \sqrt{A\sqrt{3}}}}$$

207

27.

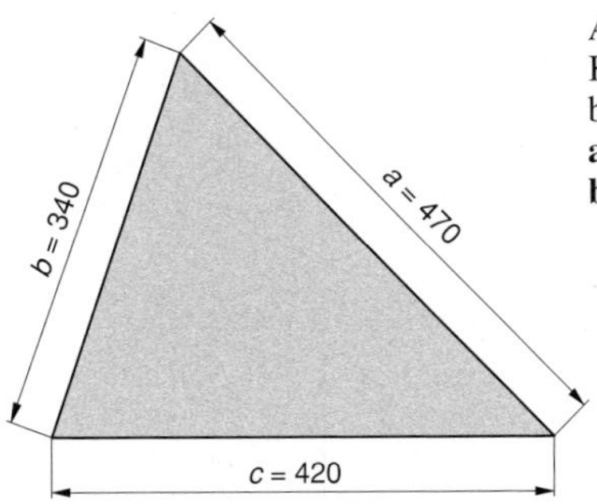

Aus einer dreieckigen Blechplatte soll eine möglichst große Kreisscheibe geschnitten werden. Der Durchmesser d ist zu berechnen:
a) mithilfe von Variablen,
b) für die angegebenen Werte in mm.

Die gesuchte Kreisscheibe ist durch den Inkreis der dreieckigen Blechplatte gegeben. Um dessen Radius ϱ zu bestimmen, kann man sich der Feststellungen bedienen, die im Abschnitt Kreis und Kreis, Aufgabe 9c) getroffen wurden.) ► Seite 144

206

Steht s für den halben Umfang des Dreiecks, so gilt in den Bezeichnungen der nebenstehenden Figur für die Flächeninhalte der durch die Radien erzeugten Drachenvierecke:

$A_1 = (s-a) \cdot \varrho$

$A_2 = (s-b) \cdot \varrho$

$A_3 = (s-c) \cdot \varrho$

Der Flächeninhalt A des Dreiecks ist also $A = A_1 + A_2 + A_3$

Hieraus kann ϱ berechnet werden.

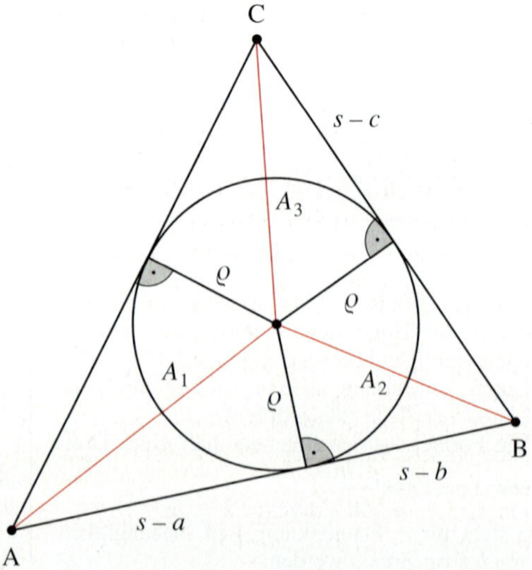

Wegen $s = \frac{a+b+c}{2}$ kann aus dem Term für ϱ die Variable s eliminiert werden:

$$3s-a-b-c = \frac{3a+3b+3c}{2} - a - b - c$$
$$= \frac{3a+3b+3c-2a-2b-2c}{2}$$
$$= \frac{a+b+c}{2}$$

$A = \varrho \cdot [(s-a)+(s-b)+(s-c)]$

$A = \varrho \cdot [3s-a-b-c]$

$\varrho = \frac{A}{3s-a-b-c}$

$\varrho = \frac{2A}{a+b+c}$

Für $d = 2\varrho$ erhält man also

$$\underline{\underline{d = \frac{4A}{a+b+c}}}$$

Da die Längen der Dreiecksseiten gegeben sind, kann man den Flächeninhalt mithilfe der Formel von Heron berechnen:

$A = \sqrt{s(s-a)(s-b)(s-c)}$

$\underline{\underline{A}} = \sqrt{615 \text{ mm} \cdot 145 \text{ mm} \cdot 275 \text{ mm} \cdot 195 \text{ mm}}$

$= \underline{\underline{69\,152{,}074 \text{ mm}^2}}$

$\underline{\underline{d}} = \frac{4 \cdot 69\,152{,}074 \text{ mm}^2}{1230 \text{ mm}} = \underline{\underline{224{,}88 \text{ mm}}}$

28. Aus einer quadratischen Blechplatte sollen zwei gleiche und möglichst große Kreisscheiben geschnitten werden. Berechnen Sie den Durchmesser d der Kreisscheiben:

a) mit der Variablen a,

b) für $a = 10$ cm.

Eine Diagonale des Quadrats ist länger als eine Parallele zu einer Quadratseite. Auf die Diagonale lassen sich größere Kreise legen als auf die Parallele zur Quadratseite. Man wird die Mittelpunkte der gesuchten Kreise also auf eine Diagonale legen. Die Kreise werden dann so groß wie möglich sein, wenn sie sich im Mittelpunkt S des Quadrats, also im Diagonalenschnittpunkt berühren und wenn sie gleichzeitig je zwei Quadratseiten berühren. Ist M der Mittelpunkt des Kreises K und r dessen Radius, so kann man die Länge der Strecke $\overline{DM}$ bestimmen.

Planfigur

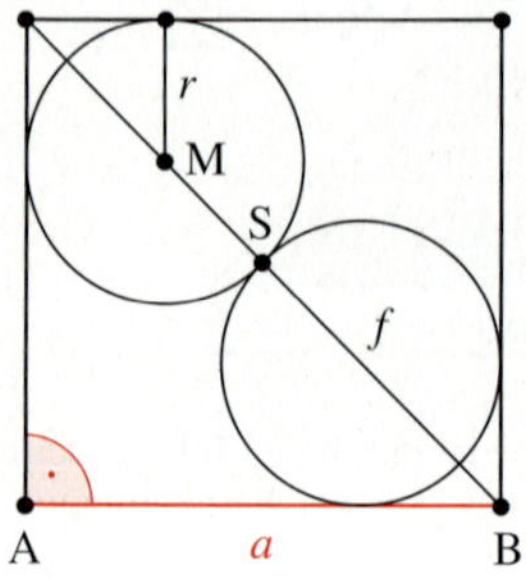

► $|\overline{DB}| = f$

207

$$f = a\sqrt{2}$$

$$|\overline{DS}| = \frac{f}{2} = \frac{a\sqrt{2}}{2}$$

$$|\overline{DM}| = |\overline{DS}| - r = \frac{a}{2}\sqrt{2} - r$$

Aus dem Dreieck $\triangle$DME lässt sich nun r mithilfe des Satzes von Pythagoras berechnen.

$$\left(\frac{a}{2}\sqrt{2} - r\right)^2 = r^2 + r^2$$

Die entstandene quadratische Gleichung wird nach r^2 umgestellt.

$$\frac{a^2}{2} - a\sqrt{2}\,r + r^2 = 2r^2$$

$$r^2 + a\sqrt{2}\,r - \frac{a^2}{2} = 0$$

Die Lösungsformel für quadratische Gleichungen wird angewendet.

$$r_{1,2} = -\frac{a}{2}\sqrt{2} \pm \sqrt{\frac{a^2}{2} + \frac{a^2}{2}}$$

Das Minuszeichen vor der Wurzel hat keine geometrische Bedeutung, da eine Länge nicht negativ sein kann.

$$\underline{\underline{r_1}} = -\frac{a}{2}\sqrt{2} + a = \underline{\underline{a\left(1 - \tfrac{1}{2}\sqrt{2}\right)}}$$

Für die Länge d des Durchmessers gilt also $d = 2a\left(1 - \frac{1}{2}\sqrt{2}\right)$ bzw. ungefähr $\underline{\underline{5{,}86\text{ cm}}}$

29. Berechnen Sie den Flächeninhalt des Grundstückes.

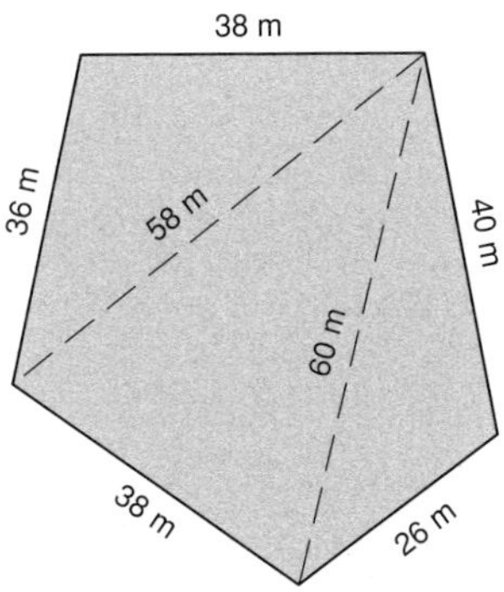

Das Grundstück ist durch drei Dreiecke bestimmt, deren Seitenlängen bekannt sind. Um ihre Flächeninhalte zu berechnen, kann man also die Formel des Heron benutzen.

Deren Summe ist der gesuchte Flächeninhalt.

$$A = \sqrt{s(s-a)(s-b)(s-c)}$$

$$A_1 = \sqrt{66\text{ m} \cdot 28\text{ m} \cdot 30\text{ m} \cdot 8\text{ m}} = 665{,}97297\text{ m}^2$$

$$A_2 = \sqrt{78\text{ m} \cdot 20\text{ m} \cdot 40\text{ m} \cdot 18\text{ m}} = 1\,059{,}8316\text{ m}^2$$

$$A_3 = \sqrt{63\text{ m} \cdot 23\text{ m} \cdot 3\text{ m} \cdot 37\text{ m}} = 401{,}04738\text{ m}^2$$

Er beträgt etwa $2\,126{,}852\text{ m}^2$.

207

30. Aus einer runden Blechscheibe ($d = 460$ mm) soll eine rechteckige Blechplatte ausgeschnitten werden. Die eine Seite der Blechplatte misst 400 mm. Wie lang ist die andere Seite der Blechplatte?

In den Bezeichnungen der nebenstehenden Zeichnung ist $|\overline{AB}| = a = 400$ mm und $|\overline{AC}| = e = 460$ mm lang.

Planfigur

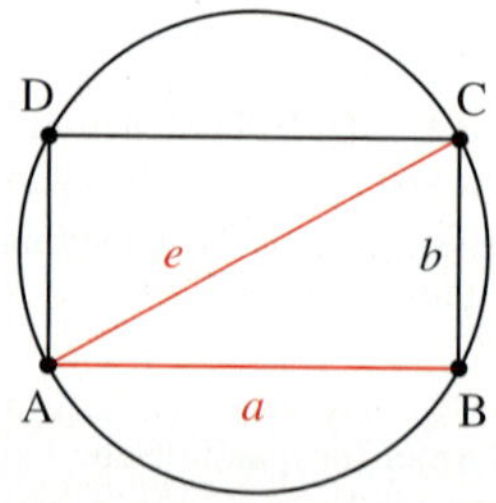

Auf das Dreieck $\triangle ABC$ wird der pythagoreische Lehrsatz angewendet, um $|\overline{BC}| = b$ zu berechnen.
b ist ungefähr 227,2 mm lang.

$$b^2 = 460^2\ \text{mm}^2 - 400^2\ \text{mm}^2$$
$$= 51\,600\ \text{mm}^2$$

$$\underline{\underline{b = 227{,}15633\ \text{mm}}}$$

Wiederholungsfragen zu 11

1. Was heißt es, eine Fläche zu messen?

Um die Größe einer Fläche, ihren Flächeninhalt, zu bestimmen, vergleicht man sie mit einer geeigneten Vergleichsfläche, einem sog. Einheitsquadrat. Man stellt fest, wie oft die Fläche eines solchen Einheitsquadrats in der zu messenden Fläche enthalten ist. Man schöpft die zu messende Fläche also mit Einheitsquadraten aus, man parkettiert sie mit Einheitsquadraten.
Für viele Figuren gibt es Formeln, nach denen ihre Flächeninhalte ermittelt werden können.

2. Wann sind zwei Vielecke ergänzungsgleich, wann zerlegungsgleich?

Kongruente Figuren sind immer flächengleich. Aber es gibt auch Figuren, die, obschon nicht kongruent, so doch flächengleich sind.
Wenn zwei Vielecke, die nicht kongruent sind, durch Hinzufügen kongruenter Teilfiguren in kongruente Vielecke verwandelt werden können, so heißen sie ergänzungsgleich.
Wenn zwei nicht kongruente Vielecke in paarweise kongruente Teilfiguren zerlegt werden können, so heißen sie zerlegungsgleich.

3. Wie lauten die Formeln zur Berechnung der Flächeninhalte der Vierecke?

Stehen in einem **Trapez** a und c für die Längen der zueinander parallelen Seiten und h für den Abstand dieser Seiten voneinander, also die Länge der Höhe des Trapezes, so berechnet man seinen Flächeninhalt A nach der Formel $\boldsymbol{A = \frac{a+c}{2} \cdot h}$. Der Term $\frac{a+c}{2}$ steht für die Länge der Mittellinie des Trapezes, d. h. für die Länge der Verbindungsstrecke der Mittelpunkte der Schenkel des Trapezes.
Im **Parallelogramm** und im **Rhombus** sind alle Gegenseiten jeweils parallel zueinander und damit auch gleich lang. Wegen $a = c$ erhält man aus der Trapezformel für den Flächeninhalt von Parallelogramm und Rhombus die Formel $\boldsymbol{A = a \cdot h}$.
Das **Rechteck** ist ein spezielles Parallelogramm, die Seite b ist auch Höhe, d. h., die Formel für den Flächeninhalt des Rechtecks entsteht aus der für das Parallelogramm, wenn man b für h setzt: $\boldsymbol{A = a \cdot b}$.
Das **Quadrat** ist ein spezielles Rechteck, seine Seiten sind alle gleich lang. Wegen $\boldsymbol{a = b}$ erhält man für seinen Flächeninhalt also $\boldsymbol{A = a^2}$.
Die Flächeninhalte von Vielecken, für die es keine Formeln gibt, bestimmt man in der Regel dadurch, dass man ihre Flächen in Dreiecke oder Trapeze zerlegt.

4. Welche Möglichkeiten kennen Sie, um den Flächeninhalt eines Dreiecks zu bestimmen?

Eine erste Möglichkeit bedient sich der Länge einer Seite und der Länge der zugehörigen Höhe.
Stehen c für die Länge der Seite c und h_c für die Länge der Höhe von C auf c, so gilt:

$A = \frac{c \cdot h_c}{2}$.

Analoge Ausdrücke gelten für die anderen Dreiecksseiten und ihre zugehörigen Höhen.

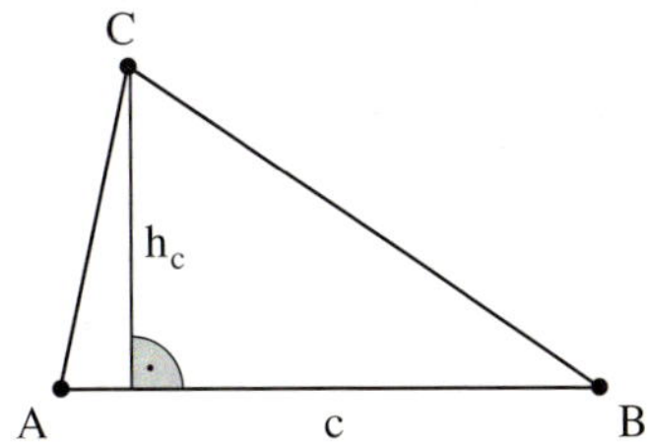

Man fasst diese drei Formeln in der Form $A = \frac{g \cdot h}{2}$ zusammen.
Hierbei steht g für die Länge der gewählten Grundseite und h für die Länge der zugehörigen Höhe.
Eine zweite Möglichkeit benutzt die Längen aller drei Seiten. Das ist die Formel von Heron:
$A = \sqrt{s \cdot (s-a) \cdot (s-b) \cdot (s-c)}$, wobei s für die halbe Länge des Umfangs der Dreiecke steht, also:
$s = \frac{a+b+c}{2}$.

5. Wie kann die Verwandlung von Vielecken in flächengleiche Vielecke erfolgen?

Verwandlungen eines Vielecks in ein flächengleiches können sowohl auf der Grundlage der Flächeninhaltsformeln als auch der Kathetensätze und des Höhensatzes am rechtwinkligen Dreieck vorgenommen werden.

Für die Verwandlung eines Trapezes in ein flächengleiches Trapez, eines Parallelogramms in ein flächengleiches Parallelogramm und eines Dreiecks in ein flächengleiches Dreieck gilt:

Zwei **Trapeze** sind flächengleich, wenn ihre Mittellinien und Höhen jeweils gleicher Länge sind. Hält man z. B. bei einem Trapez die Seite a fest und verschiebt die Seite $\overline{CD}$ auf der Geraden CD in $\overline{C'D'}$, ohne die Länge zu verändern, so ist das Trapez ABC′D′ flächengleich dem Trapez ABCD.

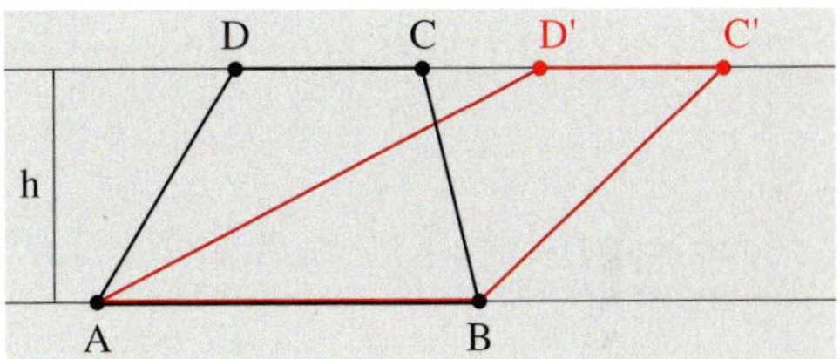

Ändert man die Längen a und c in a' und c', achtet aber darauf, dass $a' + b' = a + b$, so sind beide Trapeze ebenfalls flächengleich.

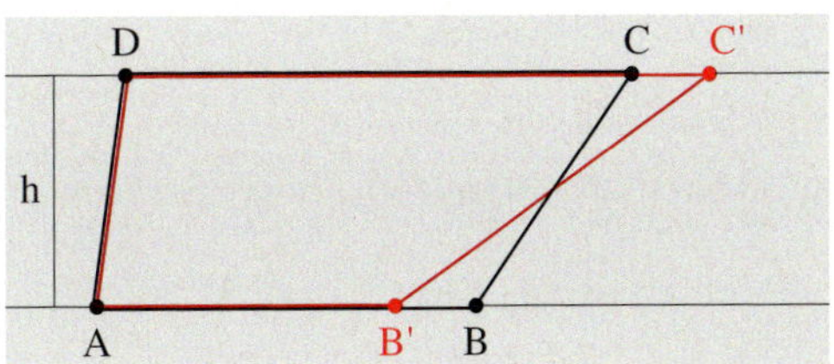

In gleicher Weise kann man bei allen **Parallelogrammen** (also auch bei Rechtecken, Rhomben und Quadraten) die Seite $\overline{CD}$ auf der Geraden CD verschieben, ohne dass der Flächeninhalt sich ändert, wenn nur $|\overline{C'D'}| = |CD|$ bleibt.

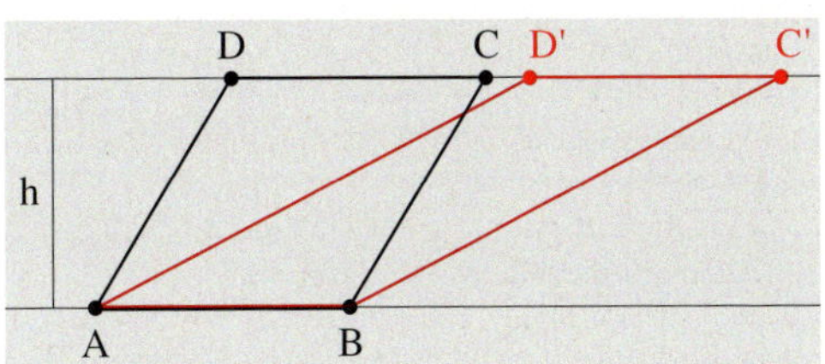

207 Dasselbe gilt für die Spitze C eines **Dreiecks** $\triangle ABC$. Wandert sie auf einer Parallelen zu AB durch A und bleibt $|\overline{AB}|$ fest, so sind alle entstehenden Dreiecke flächengleich.

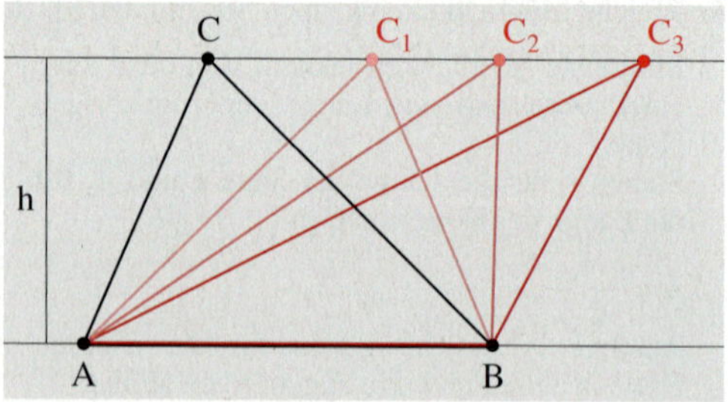

Für die flächengleiche Umwandlung von Rechtecken in Quadrate und umgekehrt nutzt man die Kathetensätze oder den Höhensatz.
Beide Sätze machen Aussagen über Flächengleichheit von Rechtecken und Quadraten. Ist z. B. der Flächeninhalt eines Quadrats – also die Länge *a* seiner Seiten – gegeben, kann mithilfe des Höhensatzes ein flächengleiches Rechteck konstruiert werden. Auch jeder der Kathetensätze führt zum Ziel, wenn man die Länge einer Seite des zu konstruierenden Rechtecks kennt.
Die Umwandlung eines Rechtecks in ein flächengleiches Quadrat gelingt ebenfalls mithilfe der genannten Sätze. Bei Verwendung des Höhensatzes liefern die Längen der Rechteckseiten die Längen der Hypotenusenabschnitte, bei Verwendung eines Kathetensatzes liefern die Längen der Rechteckseiten die Längen der Hypotenuse und des der Kathete anliegenden Hypotenusenabschnitts.

12 Berechnungen am Kreis

Die Länge einer Strecke wird durch Vergleichen mit einer Einheitsstrecke gemessen. Die Länge einer Kreislinie, der Umfang eines Kreises lässt sich nicht auf die gleiche Weise bestimmen. Man nähert sich der Länge der Kreislinie an, indem man die Längen der Seiten solcher regelmäßigen Vielecke, die dem Kreis ein- und umbeschrieben sind, berechnet. Je mehr Ecken diese Vielecke haben, um so besser nähert man sich dem Umfang an. Bei diesem Vorgehen stellt man fest, dass zwischen dem Durchmesser eines Kreises und seinem Umfang direkte Proportionalität besteht. Der Proportionalitätsfaktor wird mit π bezeichnet und ist ein unendlicher nichtperiodischer Dezimalbruch, dessen erste Stellen 3,1415926 lauten.
In ähnlicher Weise bestimmt man mithilfe der Flächeninhalte ein- und umbeschriebener Vielecke auch den Flächeninhalt eines Kreises, der ebenfalls mithilfe von π berechnet wird. Unter einem Kreisbogen versteht man den Teil einer Kreislinie, der von einem Zentriwinkel des Kreises ausgeschnitten wird.

Merke:

- Der Umfang u eines Kreises mit der Länge r des Radius und der Länge d des Durchmessers wird nach der Formel berechnet:

$$\boldsymbol{u = 2\pi \cdot r} \text{ oder } \boldsymbol{u = \pi \cdot d}.$$

- Für die Länge b des Bogens, den ein Zentriwinkel α aus der Peripherie eines Kreises mit einem Radius der Länge r bzw. einem Durchmesser der Länge d ausschneidet, gilt:

$$\boldsymbol{b = \frac{\alpha}{180^\circ}\pi \cdot r} \text{ bzw. } \boldsymbol{b = \frac{\alpha}{360^\circ}\pi \cdot d}.$$

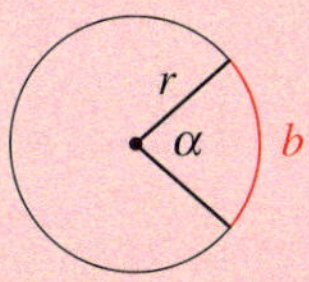

- Der Flächeninhalt A eines Kreises mit einem Radius der Länge r bzw. einem Durchmesser der Länge d wird nach der Formel berechnet:

$$\boldsymbol{A = \pi \cdot r^2} \text{ bzw. } \boldsymbol{A = \frac{\pi}{4} d^2}.$$

Kreisumfang

Anmerkung: In den folgenden Rechnungen können nur Näherungswerte ermittelt werden. Die Ergebnisse werden zudem sinnvoll gerundet. Trotzdem soll das Gleichheitszeichen verwendet werden.

1. Berechnen Sie den Umfang eines Kreises, wenn
a) $d = 16\,\text{cm}$ **b)** $d = 27\,\text{cm}$ **c)** $d = 12{,}3\,\text{cm}$ **d)** $r = 3{,}7\,\text{cm}$ ist. 218

Der Umfang u eines Kreises kann nach der Formel $u = 2\pi \cdot r$ oder nach der Formel $u = \pi \cdot d$ berechnet werden.
Man setzt für d oder r die jeweils angegebenen Werte in die Formeln ein.

a) $u = \pi \cdot 16\,\text{cm} = \underline{\underline{50{,}27\,\text{cm}}}$

b) $u = \pi \cdot 27\,\text{cm} = \underline{\underline{84{,}82\,\text{cm}}}$

c) $u = \pi \cdot 12{,}3\,\text{cm} = \underline{\underline{38{,}64\,\text{cm}}}$

d) $u = \pi \cdot 7{,}4\,\text{cm} = \underline{\underline{23{,}25\,\text{cm}}}$

218 **2.** Wie lang ist der Durchmesser eines Baumes, wenn
a) $u = 4{,}35\,\text{m}$ **b)** $u = 1{,}25\,\text{m}$ **c)** $u = 85\,\text{cm}$ **d)** $u = 3{,}75\,\text{m}$ ist?

Stellt man die Formel $u = \pi \cdot d$ nach der Variablen d um, so erhält man die Möglichkeit, d aus u zu berechnen:
$d = \frac{u}{\pi}$.
Man setzt für u jeweils die gegebenen Werte ein.

a) $d = 4{,}35\,\text{m} : \pi$
$= \underline{\underline{1{,}38\,\text{m}}}$

b) $d = 1{,}25\,\text{m} : \pi$
$= \underline{\underline{0{,}40\,\text{m}}}$

c) $d = 85\,\text{cm} : \pi$
$= \underline{\underline{27{,}06\,\text{cm}}}$

d) $d = 3{,}75\,\text{m} : \pi$
$= \underline{\underline{1{,}19\,\text{m}}}$

3. Ein Rad hat einen Durchmesser von 80 cm. Wie viele Umdrehungen macht es auf einer Strecke von 1,5 km?

Man beantwortet die Frage, indem man feststellt, wie oft der Umfang des Rades in 1,5 km enthalten ist. Den Umfang ermittelt man aus der Formel $u = \pi \cdot d$.

$u = \pi \cdot 0{,}8\,\text{m}$
$= 2{,}51\,\text{m}$
$1\,500\,\text{m} : 2{,}51\,\text{m} = 597{,}61$
Das Rad macht fast 600 Umdrehungen.

4. Der Minutenzeiger einer Turmuhr ist 3,65 m lang. Welchen Weg hat die äußerste Spitze in
a) 24 Stunden **b)** 365 Tagen zurückgelegt?

Der Weg, den die Spitze bei einer vollen Umdrehung zurücklegt, entspricht dem Umfang des Kreises, den die Turmuhr bildet.
Diesen Weg legt die Spitze in 24 Stunden 24-mal zurück.

In 365 Tagen legt die Spitze den Weg eines Tages 365-mal zurück.
Der Minutenzeiger legt an einem Tag mehr als 550 m und in einem Jahr fast 201 km zurück.

$u = 2\pi \cdot r$
$= 22{,}93\,\text{m}$

$s_1 = 24 \cdot 22{,}93\,\text{m}$
$= \underline{\underline{550{,}41\,\text{m}}}$

$s_2 = 365 \cdot 550{,}41\,\text{m}$
$= 200\,898{,}57\,\text{m} = \underline{\underline{200{,}899\,\text{km}}}$

5. Welchen Weg hat die Spitze eines 5 mm langen Sekundenzeigers in 10 Jahren (1 Jahr = 365 Tage) zurückgelegt?

Der Weg, den die Spitze bei einer Umdrehung zurücklegt, entspricht dem Umfang des kreisförmigen Ziffernblattes.
Diesen Weg legt die Spitze in einer Stunde 60-mal, an einem Tag also $24 \cdot 60$-mal, in einem Jahr $365 \cdot 24 \cdot 60$-mal und in 10 Jahren $10 \cdot 365 \cdot 24 \cdot 60$-mal zurück. Es sind dies mehr als 165 km.

$u = 2\pi \cdot r$
$= 0{,}01\,\text{m} \cdot \pi$
$= 0{,}031415\,\text{m}$
$s = 10 \cdot 365 \cdot 24 \cdot 60 \cdot 0{,}031415$
$= 165\,122{,}11\,\text{m}$
$= \underline{\underline{165{,}122\,\text{km}}}$

6. Ein Fußgänger hat eine Geschwindigkeit von $5\,\frac{\text{km}}{\text{h}}$. In welcher Zeit überquert er einen runden Platz, der einen Umfang von 420 m hat? 218

Aus dem Umfang des Platzes wird zunächst sein Durchmesser berechnet.	$u = \pi \cdot d \Rightarrow d = u : \pi$ $d = 420\,\text{m} : \pi = 133{,}69\,\text{m}$
Die Geschwindigkeit des Fußgängers wird in Meter pro Sekunde umgerechnet.	$5\,\frac{\text{km}}{\text{h}} = \frac{5000\,\text{m}}{3600\,\text{s}}$
Steht x für die gesuchte Zeit, so lässt sich eine Gleichung angeben, aus der x berechnet werden kann.	$\frac{5000\,\text{m}}{3600\,\text{s}} \cdot x = 133{,}69\,\text{m}$
Der Fußgänger benötigt etwa 1,5 Minuten.	$\underline{\underline{x = 96{,}26\,\text{s}}}$

7. Ein Auto hat eine Geschwindigkeit von $75\,\frac{\text{km}}{\text{h}}$ und einen Raddurchmesser von 680 mm.

a) Wievielmal haben sich die Räder in 1,5 Stunden gedreht?
b) Wie lange dauert eine Radumdrehung?

Zu a) Zunächst wird der Umfang des Rades berechnet.	$u = \pi \cdot 0{,}68\,\text{m} = 2{,}14\,\text{m}$
Sodann wird die Länge s der Strecke ermittelt, die das Auto in 1,5 Stunden zurücklegt.	$s = 1{,}5\,\text{h} \cdot 75000\,\frac{\text{m}}{\text{h}} = 112500\,\text{m}$
Schließlich stellt man fest, wie oft der Radumfang in der Länge der Fahrstrecke enthalten ist. Die Räder haben sich ungefähr 52 570-mal gedreht.	$\frac{112500\,\text{m}}{2{,}14\,\text{m}} = \underline{\underline{52570{,}09}}$
Zu b) Wenn x für die gesuchte Zeit steht, ergibt sich eine Proportion aus der Überlegung: In 3 600 Sekunden hat das Auto 75 000 m zurückgelegt. Wie viel Sekunden braucht es, um 2,14 m zurückzulegen?	$3600\,\text{s} : 75000\,\text{m} = x : 2{,}14\,\text{m}$
Eine Radumdrehung dauert etwa 0,10 Sekunden.	$\underline{\underline{x}} = \frac{3600\,\text{s} \cdot 2{,}14\,\text{m}}{75000\,\text{m}} = \underline{\underline{0{,}10\,\text{s}}}$

8. Auf einen Spulenkörper (Außendurchmesser = 65 mm) wurde eine Lage Kupferdraht (Durchmesser 2 mm) aufgewickelt. Welche Länge hat der Draht, wenn der Spulenkörper 17 cm lang ist?

Zunächst stellt man fest, wie viele Windungen nebeneinander auf dem Spulenkörper Platz haben.	$170\,\text{mm} : 2\,\text{mm} = 85$
Sodann berechnet man die Länge einer Windung und schließlich die Länge des aufgewickelten Drahtes.	$\pi \cdot 65\,\text{mm} = 204{,}20\,\text{mm}$ $85 \cdot 204{,}20\,\text{mm} = 17357{,}30\,\text{mm}$
Der Draht ist 17,36 m lang.	$= \underline{\underline{17{,}36\,\text{m}}}$

9. Zeichnen Sie einen Kreis ($r = 5\,\text{cm}$) und messen Sie den Umfang mithilfe eines Stechzirkels (1 cm abtragen). Welchen Wert π ergibt diese Messung?

Der Versuch ergibt 32-mal das volle Abtragen zuzüglich etwa einem Drittel der Zirkelspanne, d. h., das Abtragen erfolgt ungefähr 32,3-mal. Daraus ergibt sich als Näherungswert für π:
$32{,}3\,\text{cm} : 10\,\text{cm} = 3{,}23$. ► $d = 10\,\text{cm}$

218 **10.** Wie lang ist das gestreckte Rinneisen?
(Maße sind in mm angegeben.)

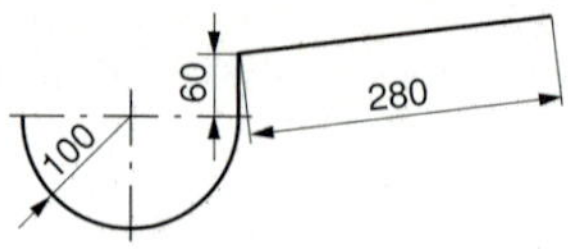

Die Längen zweier Strecken und eines Halbkreisbogens sind zu addieren.
Das Rinneisen ist ungefähr 654 mm lang.

Länge des Halbkreises: $u = \pi \cdot r = 314\,\text{mm}$
$314\,\text{mm} + 280\,\text{mm} + 60\,\text{mm} = \underline{\underline{654\,\text{mm}}}$

11. Wie viel Meter Rohr werden für die Rohrarbeiten gebraucht?
(Maße sind in m angegeben.)

a)

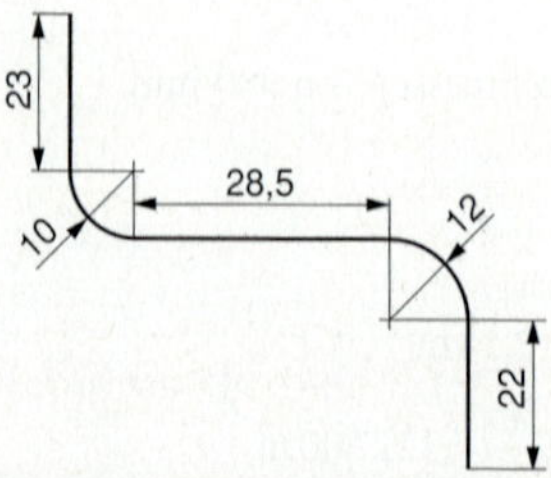

b)

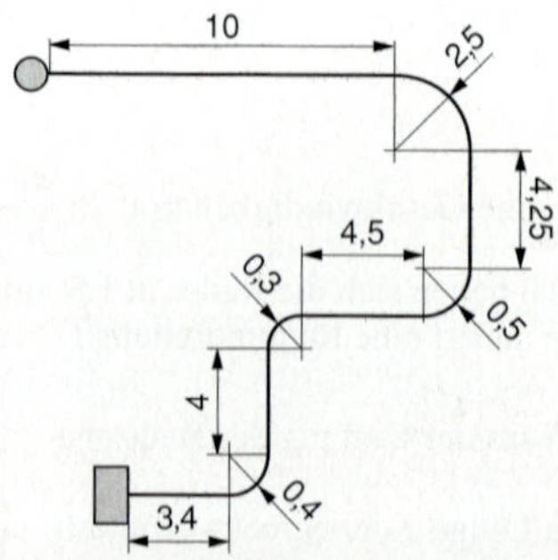

Zu a) Die Längen dreier Strecken und zweier Viertelkreisbögen sind zu addieren.
Die Längen der Viertelkreisbögen werden aus $u = \pi \cdot \frac{r}{2}$ ermittelt.
Es werden ca. 108 m Rohr gebraucht.

$23\,\text{m} + 28{,}5\,\text{m} + 22\,\text{m} = 73{,}5\,\text{m}$

$u_1 = \pi \cdot 5\,\text{m}$, $u_2 = \pi \cdot 6\,\text{m}$
$u_1 + u_2 = \pi(5\,\text{m} + 6\,\text{m}) = 34{,}56\,\text{m}$
$73{,}5\,\text{m} + 34{,}56\,\text{m} = \underline{\underline{108{,}06\,\text{m}}}$

Zu b) Es sind die Längen von fünf Strecken und vier Viertelkreisbögen zu addieren.
Die Längen der Viertelkreisbögen werden wie unter a) ermittelt.
Es werden ca. 32 m Rohr gebraucht.

$10\,\text{m} + 4{,}25\,\text{m} + 4{,}5\,\text{m} + 4\,\text{m} + 3{,}4\,\text{m} = 26{,}15\,\text{m}$
$u = \pi \cdot (1{,}25\,\text{m} + 0{,}25\,\text{m} + 0{,}15\,\text{m} + 0{,}2\,\text{m})$
$= 5{,}82\,\text{m}$
$26{,}15\,\text{m} + 5{,}82\,\text{m} = \underline{\underline{31{,}97\,\text{m}}}$

Kreisfläche

- ► Wenn d bekannt ist, können u und A nach den entsprechenden Formeln berechnet werden.
- ► Wenn u bekannt ist, kann zunächst d als $d = \frac{u}{\pi}$ und mit d sodann A berechnet werden.
- ► Wenn A bekannt ist, kann zunächst d als $d^2 = \frac{4A}{\pi}$, also $d = 2\sqrt{\frac{A}{\pi}}$, und sodann u berechnet werden.

1. Berechnen Sie die fehlenden Größen eines Kreises:

	a)	b)	c)	d)	e)	f)
d	6 cm	15 mm				
u			84,451 cm	173,42 cm		
A					881,41 cm²	330 m²

Zu a)
$u = \pi \cdot 6\,\text{cm} = 18{,}85\,\text{cm}$
$A = \pi \cdot 9\,\text{cm}^2 = 28{,}27\,\text{cm}^2$ 218

Zu b)
$u = \pi \cdot 15\,\text{mm} = 47{,}12\,\text{mm}$
$A = \pi \cdot 7{,}5\,\text{mm}^2 = 176{,}72\,\text{mm}^2$

Zu c)
$d = 84{,}451\,\text{cm} : \pi = 26{,}88\,\text{cm}$
$A = \pi \cdot 13{,}44^2\,\text{cm}^2 = 567{,}48\,\text{cm}^2$

Zu d)
$d = 173{,}42\,\text{cm} : \pi = 55{,}20\,\text{cm}$
$A = \pi \cdot 27{,}6^2\,\text{cm}^2 = 2393{,}14\,\text{cm}^2$

Zu e)
$d = 2 \cdot 280{,}56152\,\text{cm}^2 = 33{,}50\,\text{cm}$
$u = \pi \cdot 33{,}50\,\text{cm} = 105{,}24\,\text{cm}$

Zu f)
$d = 2 \cdot 105{,}04226\,\text{m}^2 = 20{,}50\,\text{m}$
$u = \pi \cdot 20{,}50\,\text{m} = 64{,}40\,\text{m}$

Merke:

Hat der äußere zweier konzentrischer Kreise einen Durchmesser der Länge D und der innere einen Durchmesser der Länge d, so gilt für den Flächeninhalt A des Kreisringes:

$$A = \frac{\pi}{4}\left(D^2 - d^2\right).$$

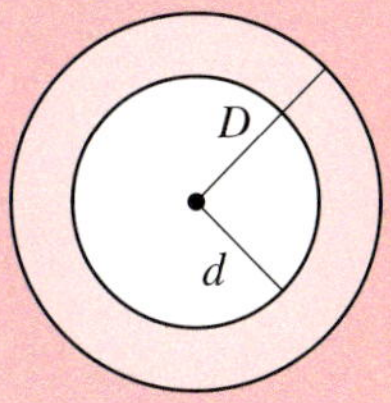

2. Berechnen Sie den Flächeninhalt folgender Kreisringe: 219

	a)	b)	c)
d	4 cm	2,9 cm	58 mm
D	7 cm	9,4 cm	118 mm
A			

Zu a) In die Formel für den Flächeninhalt eines Kreisringes werden 4 cm für d und 7 cm für D eingesetzt.

$A = 0{,}7853981\,(49\,\text{cm}^2 - 16\,\text{cm}^2) = 25{,}92\,\text{cm}^2$

Zu b) Wie in Aufgabe a) werden 2,9 cm für d und 9,4 cm für D eingesetzt.

$A = 0{,}7853981\,\left(88{,}36\,\text{cm}^2 - 8{,}41\,\text{cm}^2\right)$
$= 62{,}79\,\text{cm}^2$

Zu c) Wie in Aufgabe a) werden 58 mm für d und 118 mm für D eingesetzt.

$A = 0{,}7853981\,\left(13924\,\text{mm}^2 - 3364\,\text{mm}^2\right)$
$= 8293{,}80\,\text{mm}^2$

219 **3.** Hat eine rechteckige (21 cm × 32 cm) oder eine runde Blechplatte (Durchmesser = 22 cm) mehr Masse, wenn beide aus dem gleichen Material hergestellt sind?

► Wenn beide Stücke aus dem gleichen Material sind, braucht man zum Vergleich ihrer Massen nur die Flächeninhalte zu vergleichen, denn auch ihre Dicke ist als gleich vorauszusetzen.

Der Flächeninhalt A_R des Rechtecks wird nach der Formel $A_R = a \cdot b$ berechnet.

$A_R = 21\,\text{cm} \cdot 32\,\text{cm} = 672\,\text{cm}^2$

Für A_K des Kreises gilt $A_K = \frac{\pi}{4} \cdot d^2$.

$A_R = \pi \cdot 121\,\text{cm}^2 = 380{,}13271\,\text{cm}^2$

Da $A_K < A_R$, hat die rechteckige Platte mehr Masse als die runde.

Ist in den Aufgaben 4 bis 6 bei einer Fläche eine Maßangabe gemacht, so gilt sie für die ganze Fläche. Die Flächen sind nicht maßstäblich gezeichnet.

4. Berechnen Sie den Flächeninhalt und den Umfang der folgenden Blechstücke:

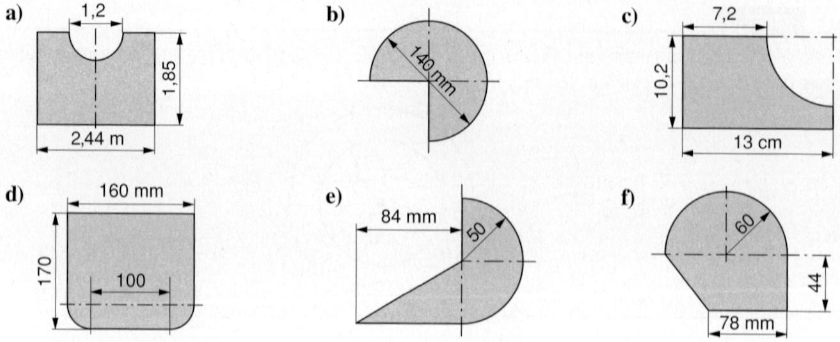

Zu a) Aus einem Rechteck ist ein Halbkreis ausgeschnitten. Der Umfang des Halbkreises ist $\pi \cdot r$, seine Fläche $\frac{\pi}{2} \cdot r^2$.

$\underline{\underline{u}} = 2{,}44\,\text{m} + 2 \cdot 1{,}85\,\text{m} + (2{,}44 - 1{,}2)\,\text{m} + \pi \cdot 0{,}6\,\text{m}$
$= \underline{\underline{9{,}265\,\text{m}}}$

$\underline{\underline{A}} = 2{,}44 \cdot 1{,}85\,\text{m}^2 - \pi \cdot 0{,}6^2\,\text{m}^2 : 2 = \underline{\underline{3{,}949\,\text{m}^2}}$

Zu b) Aus einem Vollkreis ist ein Viertelkreis ausgeschnitten. Der Umfang des Restkreises ist $0{,}75 \cdot \pi \cdot d$, seine Fläche $0{,}75 \cdot \pi \cdot r^2$.

$\underline{\underline{u}} = 0{,}75 \cdot \pi \cdot 140\,\text{mm} + 2 \cdot 70\,\text{mm}$
$= \underline{\underline{469{,}87\,\text{mm}}}$

$\underline{\underline{A}} = 0{,}75 \cdot \pi \cdot 70^2\,\text{mm}^2 = \underline{\underline{11\,545{,}35\,\text{mm}^2}}$

Zu c) Aus einem Rechteck ist ein Viertelkreis ausgeschnitten. Dessen Radius ist 13 cm − 7,2 cm, also 5,8 cm.

$\underline{\underline{u}} = 13\,\text{cm} + 10{,}2\,\text{cm} + 7{,}2\,\text{cm} + (10{,}2 - 5{,}8)\,\text{cm}$
$+ \pi \cdot 5{,}8\,\text{cm} : 2$
$= \underline{\underline{43{,}91\,\text{cm}}}$

$\underline{\underline{A}} = 13\,\text{cm} \cdot 10{,}2\,\text{cm} - \pi \cdot 5{,}8^2\,\text{cm}^2 : 4$
$= \underline{\underline{106{,}18\,\text{cm}^2}}$

Zu d) Der Radius der Viertelkreise ist (160 − 100) mm : 2, also 30 mm. Außer diesen Viertelkreisen sind in der Figur zwei Rechtecke erkennbar.

$\underline{\underline{u}} = 160\,\text{mm} + 2 \cdot (170 - 30)\,\text{mm} + 100\,\text{mm} + \pi \cdot 30\,\text{mm}$
$= \underline{\underline{634{,}25\,\text{mm}}}$

$\underline{\underline{A}} = 160 \cdot 140\,\text{mm}^2 + 100 \cdot 30\,\text{mm}^2 + \pi \cdot 30^2\,\text{mm}^2 : 2$
$= \underline{\underline{26813{,}72\,\text{mm}^2}}$

219

Zu e) An ein rechtwinkliges Dreieck ist ein Halbkreis angesetzt. Für die Hypotenuse s des Dreiecks ist $s = \sqrt{84^2\,\text{mm}^2 + 50^2\,\text{mm}^2}$, also 97,95 mm, sein Flächeninhalt $84 \cdot 25\,\text{mm}^2$, also $2\,100\ \text{mm}^2$

$$\underline{u} = 97{,}75\,\text{mm} + 84\,\text{mm} + 50\,\text{mm} + \pi \cdot 50\,\text{mm}$$
$$= \underline{\underline{388{,}83\,\text{mm}}}$$
$$\underline{\underline{A}} = 2\,100\,\text{mm}^2 + \pi \cdot 50^2\,\text{mm}^2 : 2$$
$$= \underline{\underline{6026{,}99\,\text{mm}^2}}$$

Zu f) Auf ein Trapez ist ein Halbkreis aufgesetzt.

Der Flächeninhalt des Trapezes ist

$$A_T = \frac{120\,\text{mm} + 78\,\text{mm}}{2} \cdot 44\,\text{mm},\ \text{also}$$

$4\,356\ \text{mm}^2$. Der schräge Schenkel des Trapezes liegt in einem rechtwinkligen Dreieck mit den Kathetenlängen 44 mm und $(120 - 78)$ mm, also 42 mm. Daraus errechnet sich seine Länge s: $s = \sqrt{42^2\,\text{mm}^2 + 44\,\text{mm}^2}$, also 60,83 mm.

$$\underline{\underline{A}} = 4\,356\,\text{mm}^2 + \pi \cdot 60^2\,\text{mm}^2 : 2$$
$$= \underline{\underline{10010{,}87\,\text{mm}^2}}$$

$$\underline{\underline{u}} = 60{,}83\,\text{mm} + 78\,\text{mm} + 44\,\text{mm} + \pi \cdot 60\,\text{mm}$$
$$= \underline{\underline{371{,}33\,\text{mm}}}$$

5. Wie groß ist der Flächeninhalt des Ofenbleches (runde Fläche) und wie viel Prozent Abfall entsteht?

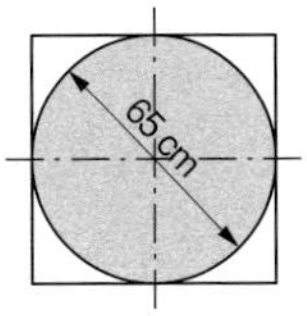

Um den prozentualen Abfall bestimmen zu können, muss man nicht nur den Flächeninhalt A_B des Ofenblechs sondern auch den des Quadrats A_Q berechnen.
Es sind 21,46% Abfall.

$$A_B = \pi \cdot 32{,}5^2\,\text{cm}^2 = 3\,318{,}31\,\text{cm}^2$$
$$A_Q = 65^2\,\text{cm}^2 = 4\,225\,\text{cm}^2$$
$$A_Q - A_B = 906{,}69\,\text{cm}^2 \quad ▶\ \text{Abfall}$$
$$906{,}69\,\text{cm}^2 : 4\,225\,\text{cm}^2 = x : 100$$
$$\underline{\underline{x = 21{,}46}} \quad ▶\ x\% = \frac{x}{100}$$

6. a) Wie groß ist nebenstehend gezeichneter Sportplatz?
b) Wie teuer ist der Bau der Aschenbahn, wenn 1 m² 100 € kostet?

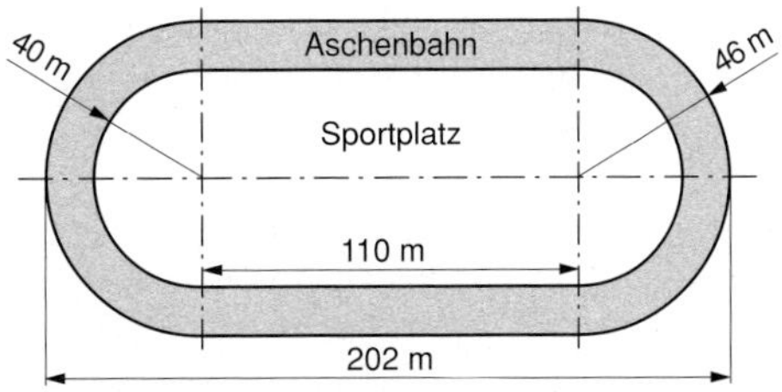

Zu a) Die Fläche A_S des Sportplatzes besteht aus einem Rechteck und zwei kongruenten Halbkreisen.

$$\underline{\underline{A_S}} = 110\,\text{m} \cdot 80\,\text{m} + \pi \cdot 40^2\,\text{m}^2$$
$$= \underline{\underline{13\,826{,}55\,\text{m}^2}}$$

Zu b) Die Fläche A_A der Aschenbahn ist aus zwei kongruenten Kreis-Halbringen und zwei Rechtecken zusammengesetzt.
Der Bau der Aschenbahn kostet 294 106 €.

$$\underline{\underline{A_A}} = \pi \cdot (92^2\,\text{m}^2 - 80^2\,\text{m}^2) : 4 + 110\,\text{m} \cdot 6\,\text{m} \cdot 2$$
$$= 2941{,}06\,\text{m}^2$$
$$2941{,}06\,\text{m}^2 \cdot \frac{100\,€}{\text{m}^2} = \underline{\underline{294\,106\,€}}$$

219 **7.** Eine rechteckige Blechplatte ($85\,\text{cm} \times 55\,\text{cm}$) wird an den Ecken abgerundet ($r = 6\,\text{cm}$). Wie viel verliert sie an Gewicht, wenn 1 m^2 des Bleches 235 N wiegt?

Die Skizze zeigt: Von dem rechteckigen Blech werden vier kongruente Flächen abgeschnitten, deren Flächeninhalt je als Differenz einer Quadratfläche von 36 cm^2 und einem Viertelkreis vom Radius 6 cm bestimmt werden kann. Die Umrechnungszahl von cm^2 zu m^2 beträgt 10 000. Nun kann das Gewicht der abgeschnittenen Flächen zu 0,72615 N berechnet werden.

$$A = 4 \cdot \left(36\,\text{cm}^2 - \pi \cdot \frac{36\,\text{cm}^2}{4}\right) = 30{,}90\,\text{cm}^2$$

$$30{,}90\,\text{cm}^2 = 0{,}003090\,\text{m}^2$$

$$0{,}00309\,\text{m}^2 \cdot \frac{235\,\text{N}}{\text{m}^2} = \underline{\underline{0{,}72615\,\text{N}}}$$

8. Aus einer quadratischen Blechplatte ($a = 24\,\text{cm}$) sollen ein Kreis oder vier Kreise ausgeschnitten werden. Wann ist der Abfall geringer? Wie groß ist der Abfall in Prozent, bezogen auf die Ausgangsfläche?

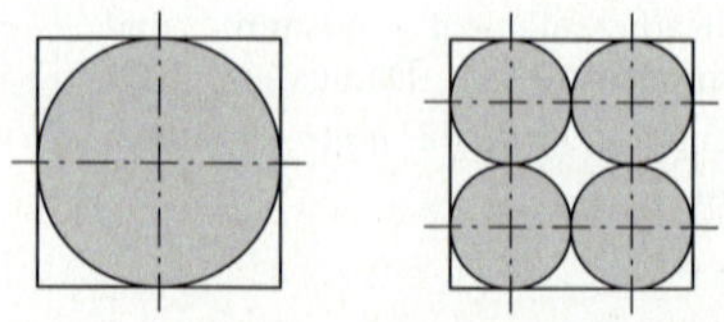

Das Quadrat hat in beiden Fällen denselben Flächeninhalt A_Q. Davon muss im 1. Fall der Flächeninhalt A_K des Kreises, im zweiten Fall die Summe A_V der Flächeninhalte der vier kleineren Kreise subtrahiert werden.
Es stellt sich heraus, dass der Abfall in beiden Fällen gleich groß ist.
Er beträgt 21,46%.

$$A_Q = 576\,\text{cm}^2$$
$$A_K = \pi \cdot 576\,\text{cm}^2 : 4$$
$$= 452{,}39\,\text{cm}^2$$
$$A_V = 4 \cdot \pi \cdot 12^2\,\text{cm}^2 : 4$$
$$= 452{,}39\,\text{cm}^2$$
$$576\,\text{cm}^2 - 452{,}39\,\text{cm}^2 = 123{,}61\,\text{cm}^2$$
$$123{,}61 : 576 = x : 100$$
$$\underline{\underline{x = 21{,}46}} \qquad \blacktriangleright\ x\% = \frac{x}{100}$$

Merke:

Für den Flächeninhalt eines Kreissektors mit dem Zentriwinkel α in einem Kreis mit einem Radius der Länge r bzw. Durchmesser der Länge d und der Bogenlänge b gilt:

$$A = \frac{\alpha}{360^\circ} \cdot \pi \cdot r^2 \quad \text{oder} \quad A = \frac{\alpha}{360^\circ} \cdot \pi \frac{d^2}{4} \quad \text{bzw.} \quad A = \frac{b \cdot d}{4}.$$

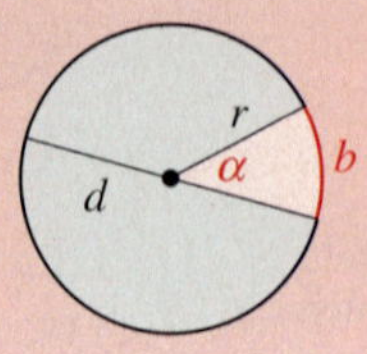

9. Wie groß ist der Flächeninhalt und die größte Dicke der gerasterten Fläche ($a = 5\,\text{cm}$)? 220

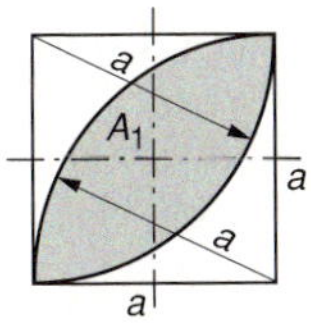

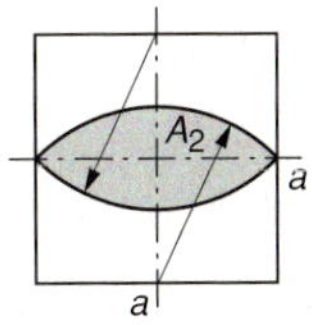

Zu Figur 1:
Subtrahiert man vom Flächeninhalt A_Q des Quadrats den Flächeninhalt A_K des Viertelkreises um B, so erhält man den Inhalt A_R der Restfläche R_1.

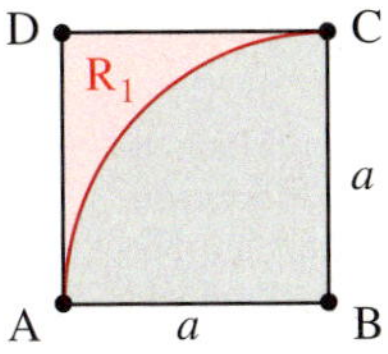

$$A_K = \frac{\pi}{4} a^2$$

$$A_R = a^2 - \frac{\pi}{4} a^2 = a^2\left(1 - \frac{\pi}{4}\right)$$

Analog erhält man durch Subtrahieren der Fläche des Viertelkreises um D den Inhalt A_S der Restfläche R_2. Es ist $A_R = A_S$.

Den Inhalt A_F der gerasterten Fläche erhält man durch Subtraktion von A_R und A_S von A_Q. Er beträgt 14,27 cm^2.

$$A_F = a^2 - 2a^2\left(1 - \frac{\pi}{4}\right) \quad \blacktriangleright\ a = 5\,\text{cm}$$

$$\underline{\underline{A_F}} = 25\,\text{cm}^2 - 50\,\text{cm}^2 \cdot 0{,}215$$
$$= \underline{\underline{14{,}27\,\text{cm}^2}}$$

Die halbe größte Dicke der gerasterten Figur ist durch die Differenz der Längen von Radius a und der halben Diagonale des Quadrats gegeben. Die Dicke d insgesamt ist also das Doppelte davon.

$$d = \left(a - \frac{a}{2}\sqrt{2}\right) \cdot 2 = a\left(2 - \sqrt{2}\right) \quad \blacktriangleright\ a = 5\,\text{cm}$$
$$\underline{\underline{d = 2{,}93\,\text{cm}}}$$

Zu Figur 2:
Verbindet man die Endpunkte der Kreisbögen mit der Mitte der Grundseite des Quadrats, so entsteht ein Kreissektor mit einem Zentriwinkel von 90°.

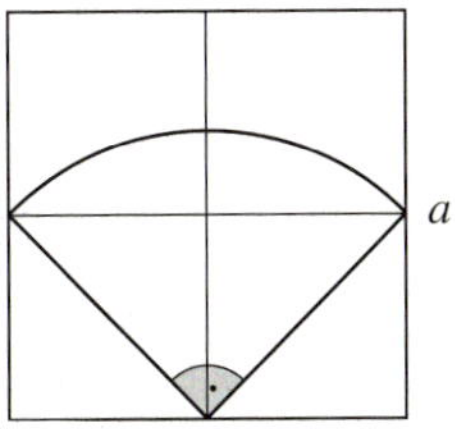

$$\blacktriangleright\ r = \frac{a}{2}\sqrt{2}$$

Subtrahiert man vom Flächeninhalt A_S des Kreissektors den Flächeninhalt $A_\triangle$ des rechtwinkligen Dreiecks aus den Endpunkten der Bögen und dem Mittelpunkt der Grundseite, so erhält man den halben Flächeninhalt der gerasteren Figur.

$$A_S = \frac{90°}{360°} \cdot \pi \cdot \left(\frac{a}{2}\sqrt{2}\right)^2$$

$$A_\triangle = \frac{1}{2}\left(\frac{a}{2}\sqrt{2}\right)^2$$

Nach einigen Umformungen und der Verdoppelung von $A_S - A_\triangle$ erhält man den Term für den Inhalt A der gerasterten Fläche.

$$A_S - A_\triangle = \frac{1}{4} \cdot \pi \left(\frac{a}{2}\sqrt{2}\right)^2 - \frac{1}{2}\left(\frac{a}{2}\sqrt{2}\right)^2$$
$$= \frac{1}{2} \cdot \left(\frac{a}{2}\sqrt{2}\right)^2 \cdot \left(\frac{\pi}{2} - 1\right)$$

$$\blacktriangleright\ \frac{a}{2}\sqrt{2} = \sqrt{\frac{a^2}{2}}$$

$$A = \frac{a^2}{2}\left(\frac{\pi}{2} - 1\right) \quad \blacktriangleright\ a = 5\,\text{cm}$$

Die Fläche hat einen Inhalt von 7,13 cm^2.

$$\underline{\underline{A = 7{,}13\,\text{cm}^2}}$$

Die halbe größte Dicke der gerasterten Fläche wird als Differenz der Länge des Radius und der halben Länge der Quadratseite ermittelt. Die Figur ist 2,07 cm dick.

$$\frac{d}{2} = \frac{a}{2}\sqrt{2} - \frac{a}{2} \Rightarrow d = a\left(\sqrt{2} - 1\right)$$

$$\underline{\underline{d = 2{,}07\,\text{cm}}} \quad \blacktriangleright\ a = 5\,\text{cm}$$

220 **10.** Berechnen Sie die Flächeninhalte A_2 und A_3 der beiden mondsichelähnlichen Figuren. Vergleichen Sie ihn mit dem Flächeninhalt A_1 des Dreiecks ($a = 36\,\text{cm}$, $c = 85\,\text{cm}$).

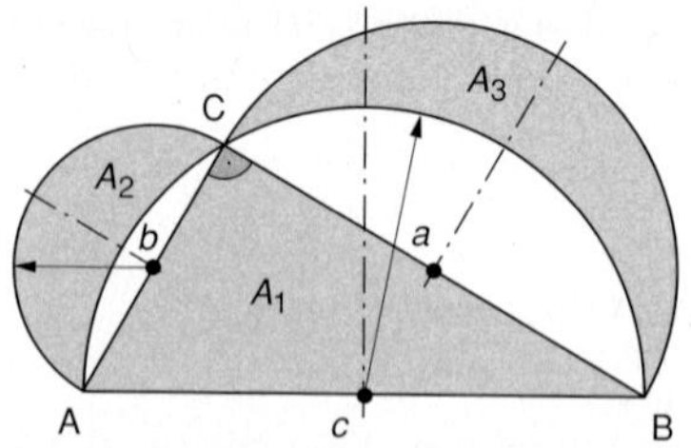

Man erhält die Summe $A_2 + A_3$ der Flächeninhalte A_2 und A_3, wenn man zu den Flächeninhalten A_a und A_b der Halbkreise über den Katheten a und b des rechtwinkligen Dreiecks den Flächeninhalt des rechtwinkligen Dreiecks addiert und von dieser Summe den Flächeninhalt des Halbkreises über der Hypotenuse subtrahiert.
Da nur a und c gegeben sind, muss mithilfe des Lehrsatzes des Pythagoras zunächst b errechnet werden.
Die mondsichelähnlichen Figuren haben zusammen denselben Flächeninhalt wie das zugrundeliegende rechtwinklige Dreieck.
► Die „Möndchen des Hippokrates".

$b^2 = c^2 - a^2$

$b = \sqrt{7225\,\text{cm}^2 - 1296\,\text{cm}^2}$
$= 77\,\text{cm}$

$A_b = \pi \cdot \left(\frac{77}{2}\right)^2 \text{cm}^2 : 2 = 2328{,}3129\,\text{cm}^2$

$A_a = \pi \cdot 18^2\,\text{cm}^2 : 2 = 508{,}93801\,\text{cm}^2$

$A_\triangle = 77\,\text{cm} \cdot 36\,\text{cm} : 2 = 1386\,\text{cm}^2$

$A_c = \pi \cdot \left(\frac{85}{2}\right)^2 \text{cm}^2 : 2 = 2837{,}2509\,\text{cm}^2$

$A_a + A_b + A_\triangle - A_c = 1386{,}000\,\text{cm}^2$

11.

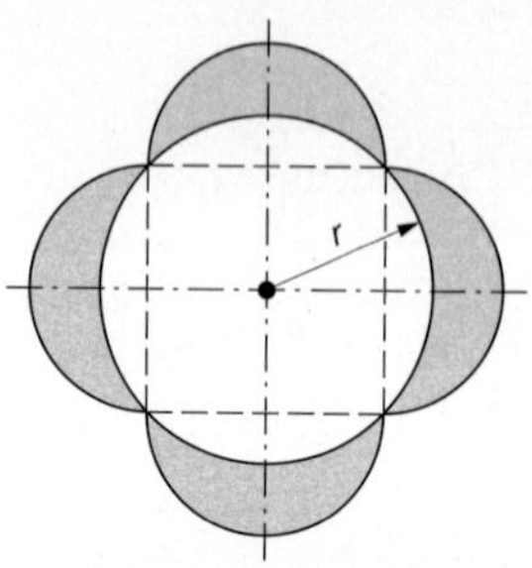

Wie groß ist der Flächeninhalt der vier mondsichelähnlichen Figuren? Vergleichen Sie ihn mit dem Flächeninhalt des Quadrates ($r = 0{,}5\,\text{dm}$).

12.

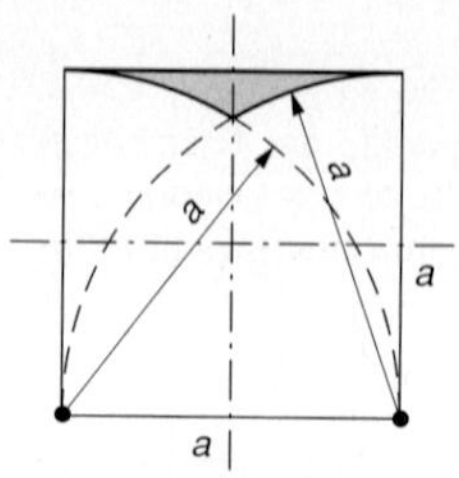

Berechnen Sie den Flächeninhalt der gerasterten Fläche
a) mit der Variablen a,
b) für $a = 12\,\text{cm}$.

Zu 11. Um den Flächeninhalt der mondsichelähnlichen Figuren zu ermitteln, bestimmt man zunächst den Inhalt A_V der vier Halbkreise über den Quadratseiten und addiert dazu A_Q des Quadrats.
Von dieser Summe subtrahiert man den Flächeninhalt des Vollkreises A_K mit dem Radius r. Für die Länge a der Quadratseite erhält man wegen
$r = \frac{a}{2}\sqrt{2}$ die Beziehung $a = \frac{2r}{\sqrt{2}}$.

$A_V = 4 \cdot \pi \cdot \frac{r^2}{4} = \pi r^2$

$A_Q = \left(\frac{2r}{\sqrt{2}}\right)^2 = 2r^2$

$A_K = \pi \cdot r^2$

$A_V + A_Q - A_K = 2r^2$

Der Flächeninhalt der mondsichelähnlichen Figuren ist dem des Quadrats gleich, und wegen $r = 0{,}5\,\text{dm}$ ist A_M gleich $0{,}5\,\text{dm}^2$.

220

Zu 12. Bezeichnet man den Schnittpunkt der Viertelkreisbögen mit C, so gilt mit den Bezeichnungen der nebenstehenden Figur, dass $\triangle ABC$ gleichseitig ist, weil alle seine Seiten die Länge a haben. Alle seine Innenwinkel sind also 60° groß. Daraus folgt, dass der Winkel $\sphericalangle CBD$ 30° groß ist, nämlich $90° - 60°$.

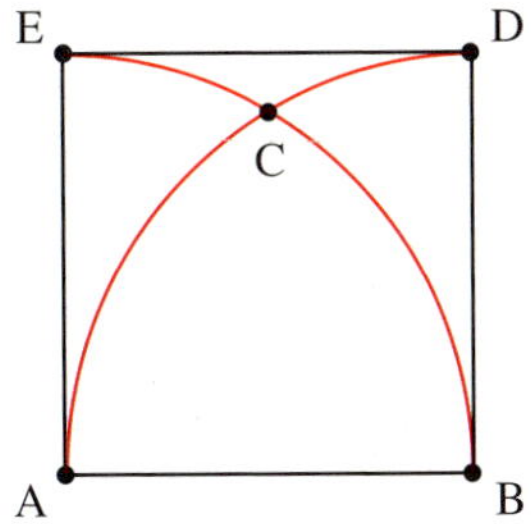

Nun kann die Fläche A_S des Kreisausschnitts BCD berechnet werden. Der Sektor ACE hat den gleichen Flächeninhalt. Den Flächeninhalt A_R der gerasterten Fläche erhält man, wenn man vom Flächeninhalt A_Q des Quadrats das Doppelte des Flächeninhalts eines Kreissektors und den Flächeninhalt $A_\triangle$ des Dreiecks $\triangle ABC$ subtrahiert.

Wegen $a = 12\,\text{cm}$ ist A gleich $\underline{\underline{6{,}25\,\text{cm}^2}}$.

$$A_S = \frac{30°}{360°} \cdot \pi \cdot a^2 = \frac{\pi a^2}{12}$$

$$A_\triangle = \frac{a^2}{4}\sqrt{3}$$

$$\underline{\underline{A_R}} = a^2 - \frac{\pi a^2}{6} - \frac{a^2}{4}\sqrt{3}$$

$$= \underline{\underline{a^2\left(1 - \frac{\pi}{6} - \frac{1}{4}\sqrt{3}\right)}}$$

Kreisteile

1. Berechnen Sie die fehlenden Maße eines Kreisausschnitts:

	a)	b)	c)	d)	e)	f)
d	12 cm	3,7 cm		75 mm		
α	65°	190°			35°	
b			75 mm		90 mm	195 mm
A			24 cm²	32 cm²		68 cm²

Zu a) Da d und α gegeben sind, kann man zunächst A berechnen und sodann aus A und d auch b.

$$\underline{\underline{A}} = \frac{65°}{360°} \cdot \pi \cdot \frac{144\,\text{cm}^2}{4} = \underline{\underline{20{,}42\,\text{cm}^2}} \qquad \Big| \qquad 20{,}42\,\text{cm}^2 = \frac{b \cdot 12\,\text{cm}}{4} \Rightarrow \underline{\underline{b = 6{,}80\,\text{cm}}}$$

Zu b) Hier führt dasselbe Vorgehen zur Lösung wie unter a)

$$\underline{\underline{A}} = \frac{190°}{360°} \cdot \pi \cdot \frac{13{,}69\,\text{cm}^2}{4} = \underline{\underline{5{,}67\,\text{cm}^2}} \qquad \Big| \qquad 5{,}67\,\text{cm}^2 = \frac{b \cdot 3{,}7\,\text{cm}}{4} \Rightarrow \underline{\underline{b = 6{,}13\,\text{cm}}}$$

Zu c) Aus A und b kann d berechnet werden und aus A und d dann α.

$$24\,\text{cm}^2 = \frac{7{,}5\,\text{cm} \cdot d}{4} \Rightarrow \underline{\underline{d = 12{,}8\,\text{cm}}} \qquad \Big| \qquad 24\,\text{cm}^2 = \frac{\alpha}{360°} \cdot \pi \cdot \frac{163{,}84\,\text{cm}^2}{4} \Rightarrow \underline{\underline{\alpha = 67{,}14°}}$$

Zu d) Aus A und d kann b berechnet werden und sodann α aus A und d.

$$32\,\text{cm}^2 = \frac{b \cdot 7{,}5\,\text{cm}}{4} \Rightarrow \underline{\underline{b = 17{,}07\,\text{cm}}} \qquad \Big| \qquad 32\,\text{cm}^2 = \frac{\alpha}{360°} \cdot \pi \cdot \frac{56{,}25\,\text{cm}^2}{4} \Rightarrow \underline{\underline{\alpha = 260{,}76°}}$$

220 **Zu e)** A und d sind nicht bekannt. Beide Variablen kommen in den unten stehenden Formeln (1) und (2) für den Flächeninhalt eines Kreissektors vor. Diese Formeln bilden zwei Gleichungen mit zwei Variablen, die nach den einschlägigen Regeln gelöst werden können.

► Lehrbuch Kusch, Band 1, Abschnitt 2.4

Hat man d berechnet, kann dann auch A bestimmt werden.

$$A = \frac{9\,\text{cm} \cdot d}{4} \quad (1)$$

$$A = \frac{35°}{360°} \cdot \pi \cdot \frac{d^2}{4} \quad (2)$$

Durch Gleichsetzen der rechten Seiten von (1) und (2) erhält man $\frac{9\,\text{cm}}{4} \cdot d = \frac{0{,}3054326}{4} \cdot d^2$.

$$\frac{9\,\text{cm}}{4} \cdot d = \frac{0{,}3054326}{4} \cdot d^2. \quad (3)$$

Weil es sich um einen Kreisausschnitt handelt, ist $d \neq 0$. Deshalb kann man die Gleichung (3) durch d teilen und sie sodann nach d auflösen.

$$\underline{\underline{d}} = \frac{9\,\text{cm} \cdot 4}{4 \cdot 0{,}3054326} = \underline{\underline{29{,}47\,\text{cm}}}$$

Hiermit lässt sich nun auch der Flächeninhalt A bestimmen.

Er beträgt 66,30 cm².

$$A = \frac{35°}{360°} \cdot \pi \cdot \frac{868{,}27\,\text{cm}^2}{4} = \underline{\underline{66{,}30\,\text{cm}^2}}$$

Zu f) Aus A und b kann d berechnet werden, aus A und d sodann auch α.

$$68\,\text{cm}^2 = \frac{19{,}5\,\text{cm} \cdot d}{4} \Rightarrow \underline{\underline{d = 13{,}95\,\text{cm}}}$$

$$68\,\text{cm}^2 = \frac{\alpha}{360°} \cdot \pi \cdot \frac{194{,}57\,\text{cm}^2}{4} \Rightarrow \underline{\underline{\alpha = 160{,}19°}}$$

Merke:

Für den Flächeninhalt A eines Kreisabschnitts mit der Länge h der Höhe, der Länge s der ihn begrenzenden Sehne und den Längen r bzw. d des Radius bzw. des Durchmessers des Kreises gilt:

$$\mathbf{A} = \frac{\alpha}{360°} \cdot \pi \cdot \frac{d^2}{4} - \frac{s}{2}\left(\frac{d}{2} - h\right)$$

$$= \frac{b \cdot d}{4} - \frac{s}{2}\left(\frac{d}{2} - h\right) \quad \blacktriangleright\ b\text{: Länge des Bogens}$$

$$= \frac{\mathbf{b \cdot r}}{\mathbf{2}} - \frac{\mathbf{s(r-h)}}{\mathbf{2}}. \quad \blacktriangleright\ r = \frac{d}{2}$$

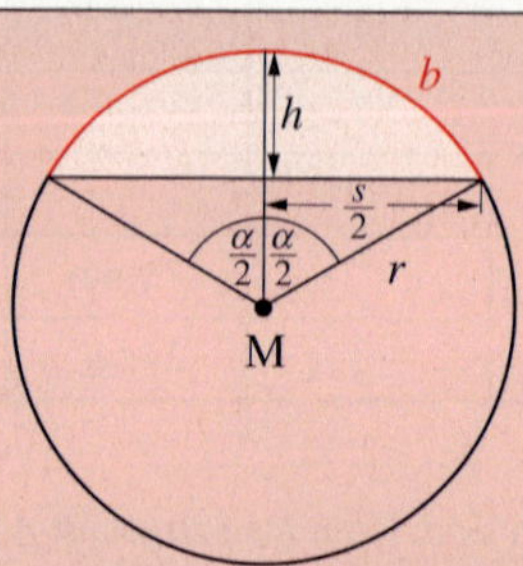

► $b = \frac{\alpha}{180°} \cdot \pi \cdot r$; α in Grad gemessen

Anmerkung:

Bei technischen Problemen wird für die Berechnung des Flächeninhalts eines Kreisabschnitts mitunter die Näherungsformel

$$\mathbf{A_N \approx \tfrac{2}{3} s \cdot h}$$

angewendet, die für $h < \frac{1}{3} r$ hinreichend genau ist.

Eine Abschätzung, mit welchem Fehler man bei der Anwendung dieser Näherungsformel rechnen muss, bedient sich trigonometrischer Funktionen. Für den Leser, der mit solchen Funktionen vertraut ist, wird sie kurz skizziert:

Sowohl s als auch h und A können als Funktionen des Zentriwinkel α, gemessen im Bogenmaß x, dargestellt werden. ► $x = \frac{\alpha}{180°} \cdot \pi$

$$\frac{s}{2} = r \cdot \sin\frac{x}{2} \Rightarrow s = 2r\sin\frac{x}{2}; \quad \frac{r-h}{r} = \cos\frac{x}{2} \Rightarrow h = r\left(1 - \cos\frac{x}{2}\right).$$

Setzt man diese Terme in der Formel für den Flächeninhalt eines Kreisabschnitts für s und h und bedenkt, dass $r = \frac{1}{2}d$, so erhält man nach entsprechender Umrechnung:

$$A = \frac{r^2}{2}(x \cdot \sin x).$$

Setzt man diese Terme analog in der Näherungsformel für s und h ein, so erhält man nach einiger Rechnung

$$A_\text{N} = \frac{r^2}{2}\left(\frac{8}{3}\sin\frac{x}{2} - \frac{4}{3}\sin x\right).$$

Zeichnet man z.B. für $r = \sqrt{2}$, also $\frac{1}{2}r^2 = 1$, die Graphen der Funktionen und A_N, so stellt man fest, dass beide Graphen im Intervall [0; 1,682] (im Gradmaß [0°; 96,38°]) übereinstimmen bzw. sehr nahe beieinander liegen. In diesem Intervall gilt $h < \frac{1}{3}r$.
Zwischen den beiden Funktionen besteht im Intervall [0; 1,682] an der Stelle $x = 1{,}682$ die größte Differenz der Funktionswerte. Sie beträgt 0,0258.
Für Radien, für die $r \neq \sqrt{2}$ ist, beträgt die Abweichung der Funktionswerte an der Stelle $x = 1{,}682$ entsprechend $\frac{1}{2}r^2 \cdot 0{,}0258$.
Die Näherungsformel liefert also umso genauere Werte, je kleiner die Längen der Radien der zugrunde liegenden Kreise sind.

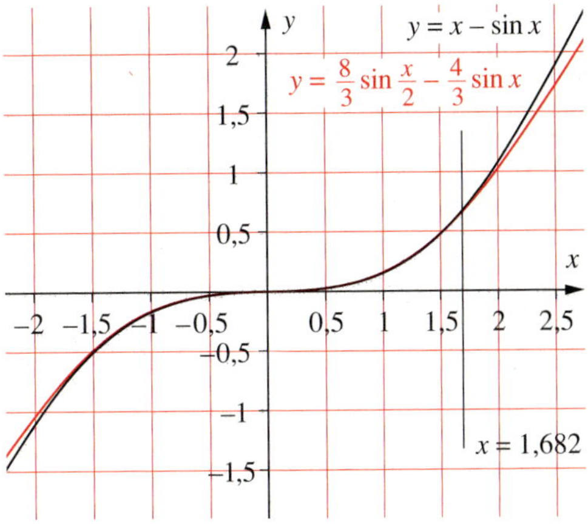

2. Berechnen Sie den Flächeninhalt eines Kreisabschnitts näherungsweise.

a) $s = 12\,\text{cm}$, $h = 4\,\text{cm}$ **b)** $s = 45\,\text{mm}$, $h = 13\,\text{mm}$

Zu a) In die Näherungsformel werden für s und h die angegebenen Werte gesetzt.

$A \approx \frac{2}{3} \cdot 12\,\text{cm} \cdot 4\,\text{cm} = \underline{\underline{32\,\text{cm}^2}}$

Zu b) Lösung wie Aufgabe a)

$A \approx \frac{2}{3} \cdot 45\,\text{mm} \cdot 13\,\text{mm} = \underline{\underline{390\,\text{mm}^2}}$

3. Berechnen Sie den Flächeninhalt eines Kreisabschnitts näherungsweise, wenn gegeben sind:

a) $d = 150\,\text{mm}$, $s = 75\,\text{mm}$ **b)** $d = 5\,\text{cm}$, $h = 2\,\text{cm}$

Zu a) Um die Näherungsformel anwenden zu können, muss zunächst h berechnet werden. Das gelingt mithilfe des pythagoreischen Lehrsatzes aus dem Dreieck △MAB der nebenstehenden Skizze. Man erhält:

$(r-h)^2 + \left(\frac{s}{2}\right)^2 = r^2$, also mit den gegebenen Werten $(75-h)^2 + 37{,}5^2 = 75^2$ ► Rechnung ohne Maßeinheiten.

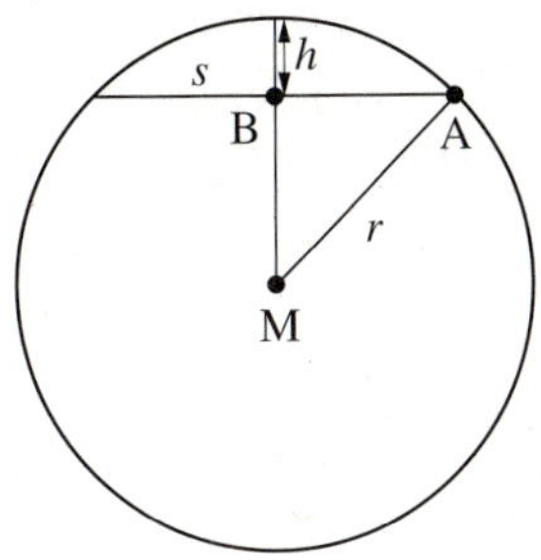

Nach Auflösung der quadratischen Gleichung nach h erhält man als geometrisch sinnvollen Wert $h = 10{,}05\,\text{mm}$.

$A \approx \frac{2}{3} \cdot 75\,\text{mm} \cdot 10{,}05\,\text{mm}$

$A \approx 502{,}5\,\text{mm} = \underline{\underline{5{,}025\,\text{cm}^2}}$

220

Zu b) Jetzt muss s aus demselben rechtwinkligen Dreieck wie h berechnet werden. Man erhält:

$r^2 = (r-h)^2 + \left(\frac{s}{2}\right)^2$ und nach Einsetzen der gegebenen Werte und Auflösung der quadratischen Gleichung nach s: $\underline{\underline{s \approx 4{,}8989\,\text{cm}}}$.

$A \approx \frac{2}{3} \cdot 4{,}9\,\text{cm} \cdot 2\,\text{cm}$

$\underline{\underline{A \approx 6{,}53\,\text{cm}^2}}$

4. Von einem Kreisabschnitt kennt man $d = 4\,\text{cm}$ und $\alpha = 90°$. Berechnen Sie den Abschnitt.

Den Flächeninhalt des Kreisabschnitts erhält man als Differenz der Flächeninhalte des zugehörigen Sektors und des zugehörigen Dreiecks.

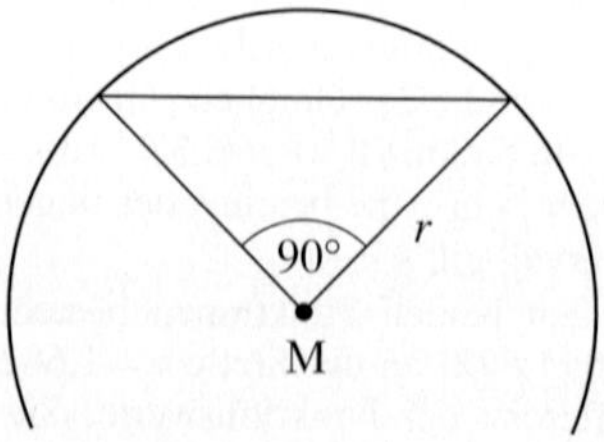

$$A_S = \frac{90°}{360°} \cdot \pi \cdot 4\,\text{cm}^2 = \pi\,\text{cm}^2$$

$$A_\triangle = \frac{2\,\text{cm} \cdot 2\,\text{cm}}{2} = 2\,\text{cm}^2$$

$$A_S - A_\triangle = \pi\,\text{cm}^2 - 2\,\text{cm}^2$$

$$\underline{\underline{A_S - A_\triangle \approx 1{,}1415\,\text{cm}^2}}$$

Aufgaben zur Wiederholung

221

1.

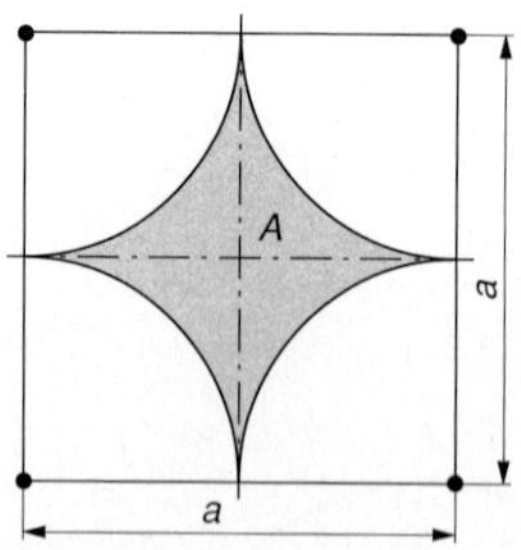

Berechnen Sie den Flächeninhalt A
a) allgemein mit a,
b) für $a = 70\,\text{cm}$.

2.

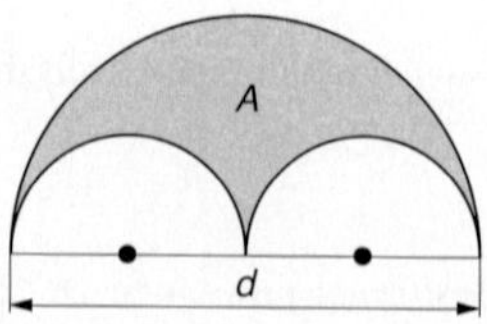

Berechnen Sie den Flächeninhalt A
a) allgemein mit d,
b) für $d = 50\,\text{cm}$.

Zu 1.
Man erhält den Flächeninhalt A der gerasterten Fläche, wenn man vom Flächeninhalt A_Q des Quadrats den Flächeninhalt der vier Viertelkreise, also den Flächeninhalt A_K des Kreises mit dem Radius $\frac{1}{2}a$ subtrahiert.
Für $a = 70\,\text{cm}$ erhält man $\underline{\underline{A = 1051{,}55\,\text{cm}^2}}$.

$$A_Q = a^2$$

$$A_K = \pi \cdot \frac{a^2}{4}$$

$$\underline{\underline{A = a^2\left(1 - \frac{\pi}{4}\right)}}$$

Zu 2. 221

Man erhält den Flächeninhalt A der gerasterten Fläche, wenn man vom Flächeninhalt A_H des Halbkreises mit dem Durchmesser d den Flächeninhalt A_K der beiden kleinen Halbkreise, also den Flächeninhalt des Kreises mit dem Durchmesser $\frac{1}{2}d$ subtrahiert.

Für $d = 50\,\text{cm}$ erhält man $\underline{\underline{A_G = 390{,}87\,\text{cm}^2}}$.

$$A_H = \frac{\pi}{2} \cdot \frac{d^2}{4}$$

$$A_K = \pi \cdot \frac{d^2}{16}$$

$$\underline{\underline{A = \frac{\pi d^2}{8} \cdot \left(1 - \frac{1}{2}\right) = \frac{\pi d^2}{16}}}$$

3.

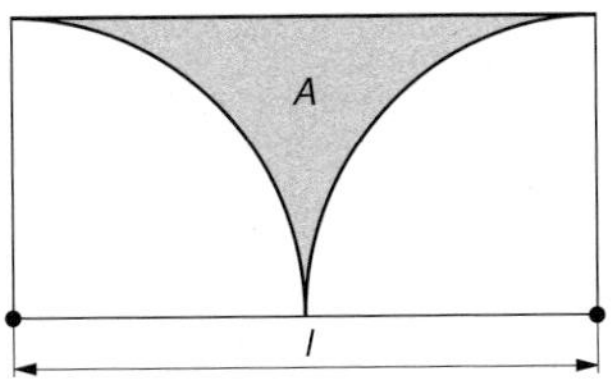

Berechnen Sie den Flächeninhalt A

a) allgemein mit l,

b) für $l = 16\,\text{cm}$.

4.

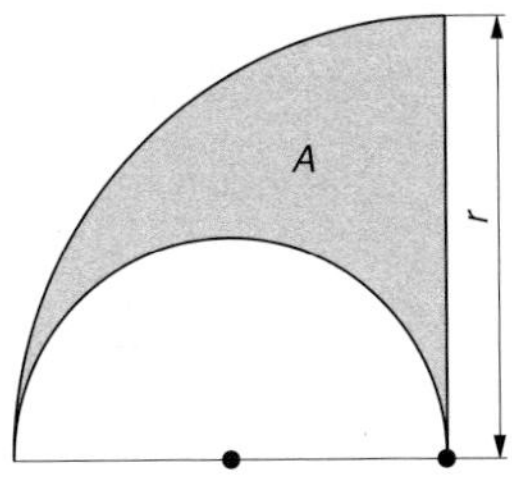

Berechnen Sie den Flächeninhalt A

a) allgemein mit r,

b) für $r = 32\,\text{cm}$.

Zu 3.

Man erhält den Flächeninhalt A der gerasterten Fläche, wenn man vom Flächeninhalt A_R des Rechtecks den Flächeninhalt A_K der beiden Viertelkreise subtrahiert.

Für $l = 16\,\text{cm}$ erhält man $\underline{\underline{A = 27{,}47\,\text{cm}^2}}$.

$$A_R = l \cdot \frac{l}{2}$$

$$A_K = 2 \cdot \pi \cdot \frac{1}{4} \cdot \left(\frac{l}{2}\right)^2$$

$$\underline{\underline{A}} = \frac{l^2}{2} - \pi \cdot \frac{l^2}{4} \cdot \frac{1}{2} = \underline{\underline{\frac{l^2}{2}\left(1 - \frac{\pi}{4}\right)}}$$

Zu 4.

Man erhält den Flächeninhalt A der gerasterten Fläche, wenn man vom Flächeninhalt A_V des Viertelkreises mit dem Radius r den Flächeninhalt A_H des Halbkreises mit dem Radius $\frac{1}{2}r$ subtrahiert.

Für $r = 32\,\text{cm}$ erhält man $\underline{\underline{A = 402{,}123\,\text{cm}^2}}$.

$$A_V = \frac{\pi}{4} r^2$$

$$A_H = \pi \cdot \frac{r^2}{4} \cdot \frac{1}{2}$$

$$\underline{\underline{A = \frac{\pi r^2}{4}\left(1 - \frac{1}{2}\right) = \frac{\pi r^2}{8}}}$$

5.

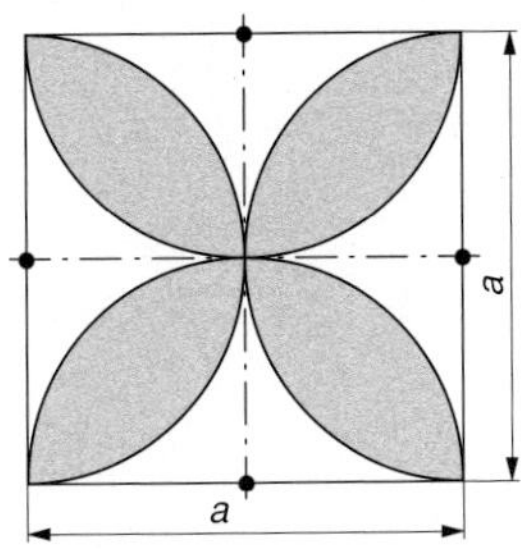

Berechnen Sie die gerasterte Fläche

a) allgemein mit a,

b) für $a = 40\,\text{cm}$.

6.

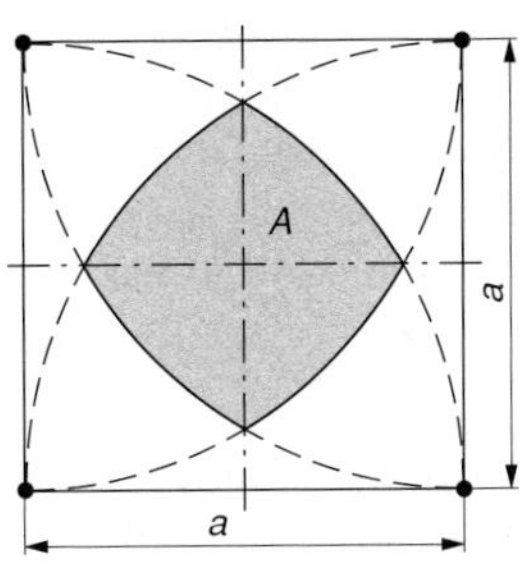

Berechnen Sie den Flächeninhalt A

a) allgemein mit a,

b) für $a = 20\,\text{cm}$.

221

Zu 5.

Es genügt, die Rasterfläche in einem der vier kleinen Quadrate zu berechnen.
Dazu wird vom Flächeninhalt A_B des kleinen Quadrats zunächst der Flächeninhalt A_S eines Kreissektors subtrahiert.

$$A_Q = \left(\frac{a}{2}\right)^2$$

$$A_S = \frac{90°}{360°} \cdot \pi \cdot \frac{a^2}{2} = \frac{\pi}{16} a^2$$

Man erhält den Inhalt A_R einer der Restflächen.

$$A_R = A_K - A_S = \frac{a^2}{4} - \frac{\pi a^2}{16} = \frac{a^2}{4}\left(1 - \frac{\pi}{4}\right)$$

Subtrahiert man das Doppelte dieses Wertes von A_Q, so erhält man den Flächeninhalt A der gerasterten Fläche im kleinen Quadrat.

$$A = \frac{a^2}{4} - 2 \cdot \frac{a^2}{4}\left(1 - \frac{\pi}{4}\right)$$
$$= \frac{a^2}{2} \cdot \left[\frac{1}{2} - \left(1 - \frac{\pi}{4}\right)\right]$$
$$= \frac{a^2}{4}\left(\frac{\pi}{2} - 1\right)$$

Der so ermittelte Wert wird vervierfacht.

$$\underline{\underline{A = a^2\left(\frac{\pi}{2} - 1\right)}}$$

Für $a = 40\,\text{cm}$ erhält man $\underline{\underline{A = 913{,}274\,\text{cm}^2}}$.

Zu 6.

Mit den Beziehungen der nebenstehenden Zeichnung erhält man den Inhalt A der gerasterten Fläche, wenn man von der Quadratfläche A_Q die Fläche A_D der Figur CDM 4-mal subtrahiert und ebenso 4-mal die Fläche A_S der Figur MND.

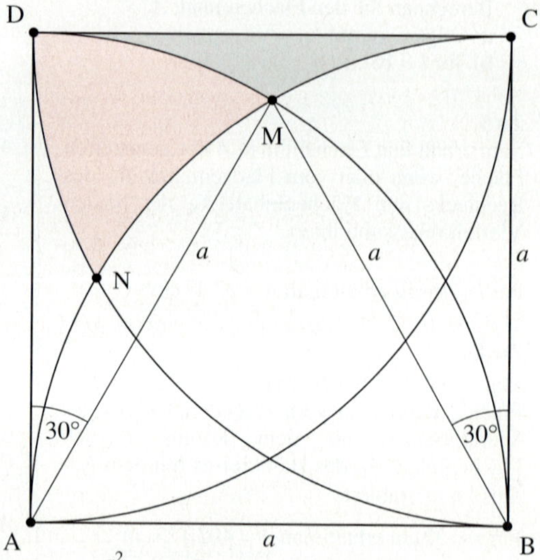

Zur Berechnung von A_D benutzt man das Dreieck $\triangle$ABM. Es ist gleichseitig, also ist sein Flächeninhalt $A_\triangle = \frac{a^2}{4} \cdot \sqrt{3}$. Da seine Innenwinkel 60° groß sind, sind die Winkel $\sphericalangle$MAD und $\sphericalangle$MBC je 30° groß. Durch die Seiten $\overline{AM}$ und $\overline{BM}$ sind Kreissektoren entstanden, deren Flächeninhalte A_A je $A_A = \frac{30°}{360°} \cdot \pi \cdot a^2$, also $\frac{\pi}{12} a^2$ groß sind.

Man erhält nun A_D als $A_D = A_R - A_\triangle - 2 \cdot A_A$.

$$A_D = a^2 - \frac{a^2}{4}\sqrt{3} - \frac{\pi}{6} a^2$$

Den Flächeninhalt der Figur MND erhält man, wenn man von der Quadratfläche die Fläche A_V des Viertelkreises um B und 2-mal die Fläche der Figur CDM subtrahiert:

$A_S = A_Q - A_V - 2 \cdot A_D$.

$$A_S = a^2 - \frac{\pi}{4} a^2 - 2\left(a^2 - \frac{a^2}{4}\sqrt{3} - \frac{\pi}{6} a^2\right)$$
$$= -a^2 + \frac{a^2}{2}\sqrt{3} + \frac{\pi}{12} a^2$$

Nun kann A berechnet werden:

$A = A_Q - 4 \cdot A_D - 4 \cdot A_S$.

$$\underline{\underline{A}} = a^2 - 4\left(a^2 - \frac{a^2}{4}\sqrt{3} - \frac{\pi}{6} a^2\right) - 4\left(-a^2 + \frac{a^2}{2}\sqrt{3} + \frac{\pi}{12} a^2\right)$$
$$= a^2 - 4a^2 + a^2\sqrt{3} + \frac{2}{3}\pi a^2 + 4a^2 - 2a^2\sqrt{3} - \frac{\pi}{3} a^2$$
$$= a^2 - a^2\sqrt{3} + \frac{\pi}{3} a^2$$
$$\underline{\underline{= a^2\left(1 - \sqrt{3} + \frac{\pi}{3}\right)}}$$

Für $a = 20\,\text{cm}$ erhält man $\underline{\underline{A = 126{,}059\,\text{cm}^2}}$.

7. Berechnen Sie den Flächeninhalt A 221
a) allgemein mit Variablen,
b) für $R = 20\,\text{cm}, r = 8\,\text{cm}$.
c) Vergleichen Sie A mit dem Flächeninhalt des Kreises um M.

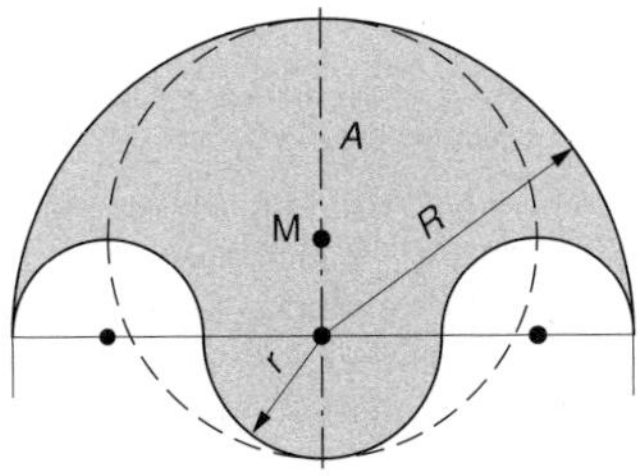

Zu a) Vom Flächeninhalt A_H des Halbkreises mit dem Radius R ist zweimal der Flächeninhalt der Halbkreise mit dem Durchmesser $R - r$, also der Flächeninhalt A_K des Kreises mit dem Radius $\frac{R-r}{2}$ zu subtrahieren und der Flächeninhalt A_L des Halbkreises mit dem Radius r zu addieren.

$$A_H = \frac{\pi}{2} R^2$$

$$A_K = \pi \left(\frac{R-r}{2}\right)^2$$

$$A_L = \frac{\pi}{2} r^2$$

$$A = \frac{\pi}{2} R^2 - \pi \left(\frac{R^2 - 2Rr + r^2}{4}\right) + \frac{\pi}{2} r^2$$
$$= \frac{\pi}{2} R^2 + \frac{\pi}{2} r^2 - \frac{\pi}{4} (R^2 - 2Rr + r^2)$$
$$= \frac{\pi}{4} (R^2 + 2Rr + r^2) = \underline{\underline{\frac{\pi}{4} (R+r)^2}}$$

Zu b) Für $R = 20\,\text{cm}$ und $r = 8\,\text{cm}$ erhält man $\underline{\underline{A = 615{,}752\,\text{cm}^2}}$.

Zu c) Der Kreis um M hat den Durchmesser $d = R + r$. Sein Flächeninhalt ist genauso groß wie derjenige der Rasterfläche.

$$\underline{\underline{A}} = \pi \cdot \frac{R + r^2}{2} = \underline{\underline{\frac{\pi}{4} (R+r)^2}}$$

8. 222

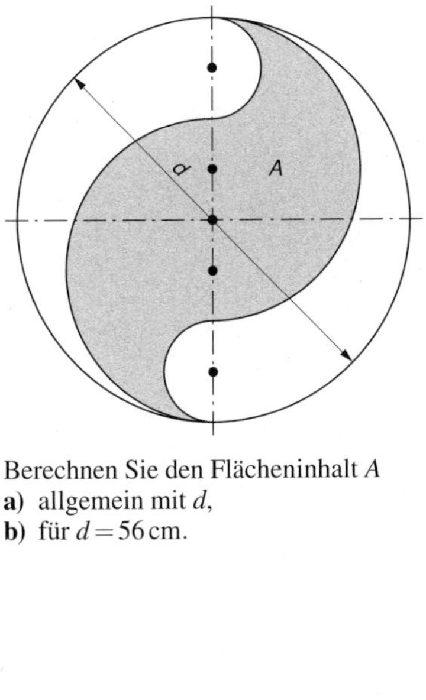

Berechnen Sie den Flächeninhalt A
a) allgemein mit d,
b) für $d = 56\,\text{cm}$.

9.

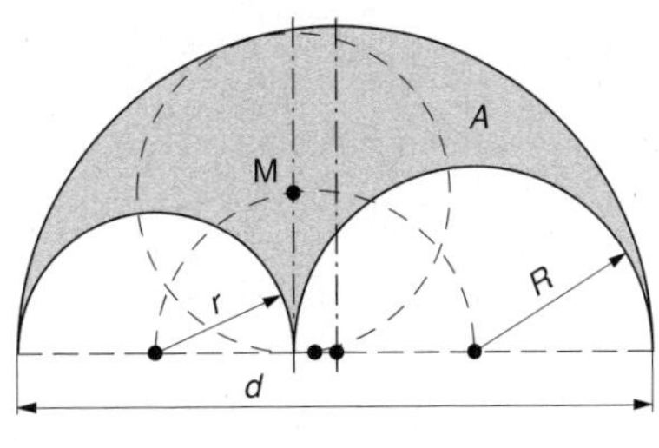

Berechnen Sie den Flächeninhalt A
a) allgemein mit Variablen,
b) für $d = 10\,\text{cm}, r = 2\,\text{cm}$.
c) Vergleichen Sie A mit dem Flächeninhalt des Kreises um M.

222 **Zu 8.**

Zu a) Man kann den Flächeninhalt A einer der nicht gerasterten Sicheln berechnen: Vom Flächeninhalt des Halbkreises mit dem Durchmesser d wird der Flächeninhalt des Halbkreises mit dem Durchmesser $\frac{3}{8}d$ subtrahiert und der Flächeninhalt des kleinen Halbkreises mit dem Durchmesser $\frac{1}{4}d$ addiert. Die andere Sichel hat den gleichen Flächeninhalt.
Um den Inhalt A der gerasterten Fläche zu bestimmen, subtrahiert man vom Flächeninhalt des Kreises mit dem Durchmesser d das Doppelte des Flächeninhalts der Sichel.

$$A=\frac{\pi}{2}\cdot\frac{d^2}{4}-\frac{\pi}{2}\left(\frac{3d}{8}\right)^2+\frac{\pi}{2}\cdot\frac{d^2}{64}$$
$$=\frac{\pi}{2}\left(\frac{d^2}{4}-\frac{9d^2}{64}+\frac{d^2}{64}\right)$$
$$=\frac{\pi}{2}\cdot\frac{d^2}{8}$$
$$\underline{\underline{A}}=\pi\cdot\frac{d^2}{4}-\pi\cdot\frac{d^2}{8}=\underline{\underline{\pi\cdot\frac{d^2}{8}}}$$

Zu b) Für $d=56\,\text{cm}$ erhält man:
$\underline{\underline{A=1\,231{,}504\,\text{cm}^2}}$.

Zu 9.

Zu a) Vom Flächeninhalt des Halbkreises mit dem Radius d werden die Flächeninhalte der Halbkreise mit den Radien R und r subtrahiert.
Wegen $d=2(R+r)$ ist $R=\frac{d}{2}-r$. Damit kann der Flächeninhalt der gerasterten Fläche auch mit d und r ausgedrückt werden.

$$A=\frac{\pi}{2}\cdot\frac{d^2}{4}-\frac{\pi}{2}R^2-\frac{\pi}{2}r^2 \;\blacktriangleright\; d=2(R+r)$$
$$\underline{\underline{A}}=\frac{\pi}{2}\left(R^2+2Rr+r^2-R^2-r^2\right)=\underline{\underline{\pi\cdot Rr}}$$
$$\underline{\underline{A}}=\pi r\left(\frac{d}{2}-r\right)=\underline{\underline{\frac{\pi r}{2}(d-2r)}}$$

Zu b) Für $d=10\,\text{cm}$ und $r=2\,\text{cm}$ erhält man $A=18{,}85\,\text{cm}^2$.

Zu c) Für den Radius m des Kreises um M gilt nach dem Höhensatz $m^2=2r\cdot 2R$, also $m=2Rr$.
Die Fläche A_M dieses Kreises ist genau so groß wie die gerasterte Fläche.

$$\underline{\underline{A_M=\pi\cdot Rr}}$$

10.

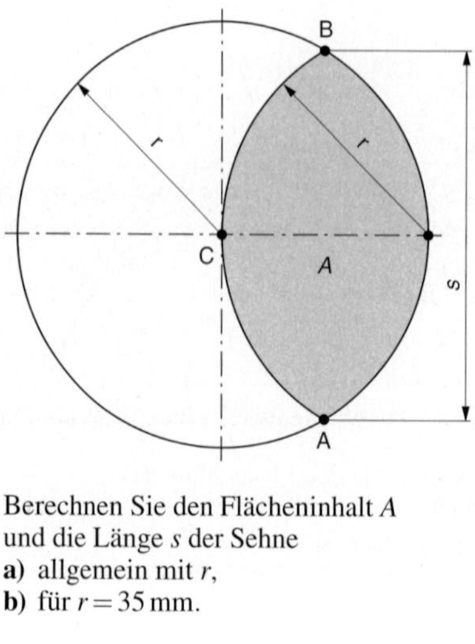

Berechnen Sie den Flächeninhalt A und die Länge s der Sehne
a) allgemein mit r,
b) für $r=35\,\text{mm}$.

11.

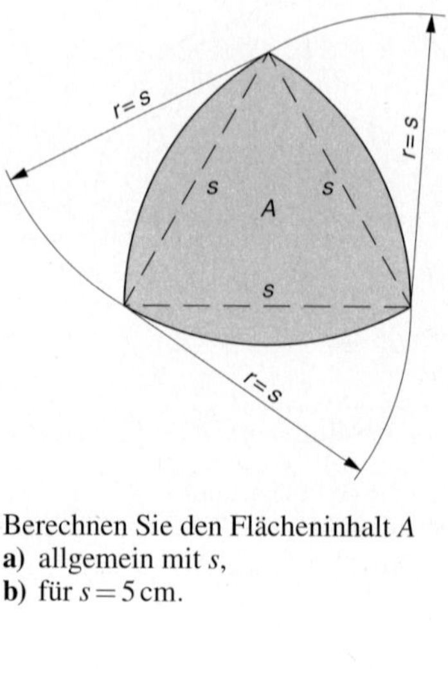

Berechnen Sie den Flächeninhalt A
a) allgemein mit s,
b) für $s=5\,\text{cm}$.

222

Zu 10.
Die senkrechte Symmetrieachse der gerasterten Fläche erzeugt einen Kreissektor. Wenn man von der Fläche dieses Sektors den Inhalt der Fläche des Dreiecks $\triangle ABC$ subtrahiert, erhält man den halben Inhalt der gerasterten Fläche.

▶ Das Dreieck $\triangle ABC$ ist gleichschenklig. Es ist nach dem pythagoreischen Lehrsatz $|\overline{AB}| = s = r\sqrt{3}$, die Fläche des Dreiecks hat die Größe $\frac{r^2}{4}\sqrt{3}$.

$$A = \frac{120^\circ}{360^\circ} \cdot \pi \cdot r^2 - \frac{r^2}{4}\sqrt{3}$$

$$A = \frac{1}{3} \cdot \pi \cdot r^2 - \frac{r^2}{4}\sqrt{3}$$

$$2A = r^2 \left(\frac{2\pi}{3} - \frac{\sqrt{3}}{2}\right)$$

Für $r = 35$ mm erhält man $\underline{\underline{A = 1504{,}75\,\text{mm}^2}}$, $\underline{\underline{s = 60{,}62\,\text{mm}}}$.

Zu 11.
Man bestimmt den Flächeninhalt der drei Kreissektoren mit dem Zentriwinkel 60° und dem Radius $r = s$.

$$A = \frac{60^\circ}{360^\circ} \cdot \pi \cdot s^2 = \frac{\pi}{6} s^2$$

Subtrahiert man davon den Flächeninhalt $A_\triangle$ des gleichseitigen Dreiecks mit der Seitenlänge s zweimal, erhält man den Flächeninhalt der gerasterten Fläche.
Für $s = 5$ cm erhält man $\underline{\underline{A = 17{,}62\,\text{cm}^2}}$.

$$A_\triangle = \frac{s^2}{4}\sqrt{3}$$

$$\underline{\underline{3A - 2A_\triangle}} = \frac{\pi}{2}s^2 - \frac{s^2}{2}\sqrt{3} = \underline{\underline{\frac{s^2}{2}\left(\pi - \sqrt{3}\right)}}$$

Wiederholungsfragen zu 12

1. Wie lauten die Formeln zur Berechnung des Umfangs und des Flächeninhalts eines Kreises mit dem Radius r bzw. dem Durchmesser d?

Für den Umfang u lauten die Formeln:
$\boldsymbol{u = 2\pi \cdot r}$ und $\boldsymbol{u = \pi \cdot d}$.
Für den Flächeninhalt A lauten die Formeln:
$\boldsymbol{A = \pi \cdot r^2}$ und $\boldsymbol{A = \frac{\pi}{4} \cdot d^2}$.

2. Wie kann man die Zahl π berechnen?

Der Umfang eines Kreises ist der Länge seines Durchmessers proportional. Der Proportionalitätsfaktor ist π. Man bestimmt ihn näherungsweise, indem man die Kreislinie von innen und von außen durch regelmäßige Vielecke annähert, deren Umfänge man berechnen kann. Mit wachsender Anzahl der Ecken der Vielecke nähern sich die Quotienten aus den Längen der Umfänge und der Länge der zugehörigen Durchmesser einander und π an.

3. Wie lauten die Formeln für die Länge eines Kreisbogens und den Flächeninhalt eines Kreisausschnitts und wie kann man sie herleiten?

Die Länge eines zum Zentriwinkel $\boldsymbol{\alpha}$ gehörenden Kreisbogens b ist der Größe des Zentriwinkel proportional. Aus der Proportion $\boldsymbol{\alpha : 360^\circ = b : 2\pi r}$ erhält man die Formel $\boldsymbol{b = \frac{\alpha}{180^\circ} \pi \cdot r}$ bzw. wegen $d = 2r$ auch $\boldsymbol{b = \frac{\alpha}{360^\circ} \pi \cdot d}$.

222 In analoger Weise erhält man aus der Proportion $\alpha : 360° = A : \pi r^2$ für den Flächeninhalt A eines Kreises mit dem Radius r die Formeln:

$\boldsymbol{A = \frac{\alpha}{300°} \pi \cdot r^2}$ bzw. wegen $d = 2r$ auch $\boldsymbol{A = \frac{\alpha}{360°} \pi \cdot \frac{d^2}{4}}$.

Weil $\frac{\alpha}{360°} \pi \cdot d = b$, gilt auch $\boldsymbol{A = \frac{b \cdot d}{4}}$.

4. Was versteht man unter einem Kreisring? Wie berechnet man seine Fläche?

Zwei konzentrische Kreise bilden einen Kreisring. Den Inhalt A der Fläche zwischen den Kreislinien berechnet man nach der Formel:

$\boldsymbol{A = \frac{\pi}{4} (D^2 - d^2)}$, wobei D für den Durchmesser des äußeren und d für den Durchmesser des inneren Kreises stehen.

5. Was versteht man unter einem Kreisabschnitt?

Die von einem Kreisbogen und der zugehörigen Sehne begrenzte Fläche heißt Kreisabschnitt. Man berechnet ihren Inhalt, indem man vom Flächeninhalt des zugehörigen Sektors den Flächeninhalt des Dreiecks aus der Sehne und den zu ihren Endpunkten führenden Radien subtrahiert.

13 Berechnungen an Körpern

Geometrische Körper sind allseitig durch ebene oder gekrümmte Flächen von dem Raum abgegrenzt, in dem sie liegen. Hier werden nur solche Körper berechnet, die man sich entweder dadurch erzeugt denken kann, dass ein ebenes Flächenstück, das von einer geschlossenen Kurve oder einem Streckenzug umrandet ist, parallel zu sich in den Raum verschoben wird oder dadurch, dass man alle Punkte des Randes mit einem Punkt verbindet, der außerhalb des Flächenstücks liegt.
Die Formeln für das Volumen von Körpern mit kongruenten Grund- und Deckflächen haben alle die Gestalt $V = \text{Grundfläche} \cdot \text{Höhe}$. Die Volumenformeln für die Körper, die eine Spitze haben, haben im Nenner eine 3:

$$V = \frac{\text{Grundfläche} \cdot \text{Höhe}}{3}.$$

Gerade Körper sind solche, deren Seitenflächen senkrecht zu Grund- und Deckfläche sind bzw. deren Spitze senkrecht über dem Mittelpunkt einer regelmäßigen Grundfläche liegt. Solche Grundflächen werden entweder von Kreisen oder Ellipsen berandet oder von n-Ecken, deren Eckpunkte alle auf demselben Kreis oder derselben Ellipse liegen.
Quader haben kongruente Rechtecke als Grund- und Deckfläche, Prismen irgendwelche kongruenten Vielecke. Grund- und Deckflächen eines Zylinders sind Kreise.
Diejenigen Flächen an einem Körper, die Grund- und Deckfläche oder Grundfläche und Spitze miteinander verbinden, sind Seiten- oder Mantelflächen des Körpers. Die Oberfläche eines Körpers besteht aus den Mantelflächen und den Grund- und Deckflächen.

Merke:

- Stehen a, b und c für die Längen der Kanten eines Quaders, so gilt für sein Volumen V, seine Oberfläche O und die Länge d seiner Raumdiagonalen:
$$V = a \cdot b \cdot c, \quad O = 2(ab + bc + ca), \quad d = \sqrt{a^2 + b^2 + c^2}.$$
- Steht a für die Kantenlänge eines Würfels, so gilt für dessen Volumen V, seinen Oberflächeninhalt O und die Länge d einer seiner Raumdiagonalen:
$$V = a^3, \quad O = 6 \cdot a^2, \quad d = \sqrt{3a^2} = \sqrt{3} \cdot a.$$
- Für das Volumen V eines Prismas oder eines Zylinders mit dem Grundflächeninhalt A und der Länge h der Höhe gilt: $V = A \cdot h$.
Hat der Grundkreis des Zylinders einen Radius der Länge r bzw. einen Durchmesser der Länge d, so gilt für sein Volumen: $V = \pi r^2 h$ bzw. $V = \pi \frac{d^2}{4} h$.

Gerade Körper

(Alle Maße sind in mm)

259

1. Profileisen (Baustahl)
$\left(\varrho = 7{,}8 \frac{\text{kg}}{\text{dm}^3}\right)$

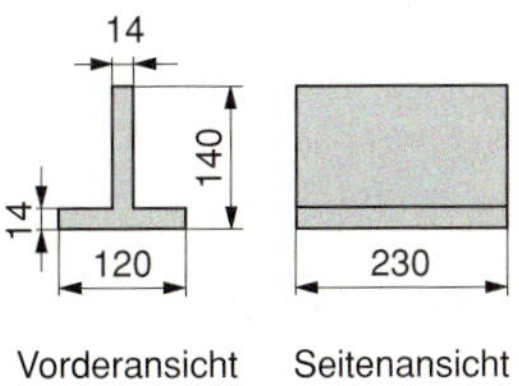

Gesucht: Masse in kg

2. Lochscheibe (Stahl)
$\left(\varrho = 7{,}8 \frac{\text{kg}}{\text{dm}^3}\right)$

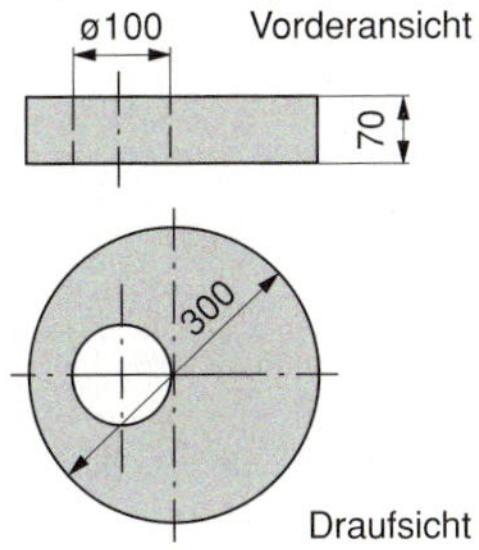

Gesucht: Masse in kg

3. Führungsplatte (Gusseisen)
$\left(\varrho = 7{,}3 \frac{\text{kg}}{\text{dm}^3}\right)$

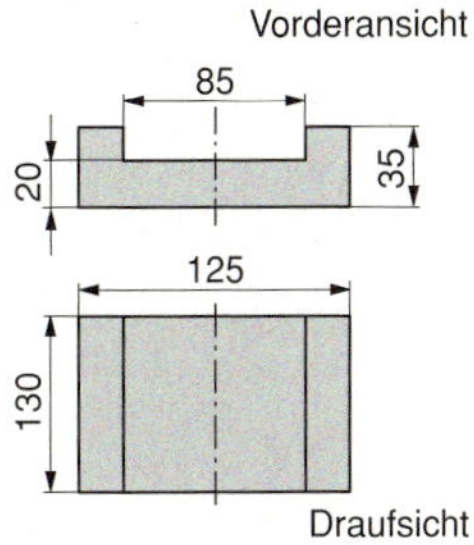

Gesucht: Masse in kg

259

Zu 1. Der Profilstahl ist aus zwei Quadern zusammengesetzt. Beide sind 14 mm stark und 230 mm lang. Der eine ist 120 mm breit, der andere 140 mm − 14 mm = 126 mm.
Für die Masse m gilt: $m = V \cdot \varrho$.

Das Profileisen hat eine Masse von ungefähr 6,179 kg.

$$V_1 = 120 \cdot 14 \cdot 230\,\text{mm}^3 = 386\,400\,\text{mm}^3$$
$$V_2 = 126 \cdot 14 \cdot 230\,\text{mm}^3 = 405\,720\,\text{mm}^3$$
$$792\,120\,\text{mm}^3 = 0{,}7922120\,\text{dm}^3$$
$$\underline{\underline{m}} = 0{,}792120\,\text{dm}^3 \cdot 7{,}8\,\frac{\text{kg}}{\text{dm}^3} = \underline{\underline{6{,}178536\,\text{kg}}}$$

Zu 2. Die Lochscheibe hat einen Durchmesser von 300 mm und eine Dicke von 70 mm. Aus ihr ist ein Loch von 100 mm Durchmesser ausgebohrt.

Die Lochscheibe hat eine Masse von ungefähr 34,306 kg.

$$V_1 = \pi \cdot \frac{300^2}{4} \cdot 70\,\text{mm}^3 = 4\,948\,008{,}4\,\text{mm}^3$$
$$V_2 = \pi \cdot \frac{100^2}{4} \cdot 70\,\text{mm}^3 = 549\,778{,}71\,\text{mm}^3$$
$$4\,398\,229{,}7\,\text{mm}^3 = 4{,}3982297\,\text{dm}^3$$
$$\underline{\underline{m}} = 4{,}3982297\,\text{dm}^3 \cdot 7{,}8\,\frac{\text{kg}}{\text{dm}^3} = \underline{\underline{34{,}306192\,\text{kg}}}$$

Zu 3. Die Führungsplatte besteht aus einer Grundplatte von 125 mm Breite, 130 mm Tiefe und 20 mm Höhe sowie zwei Führungsschienen von je 20 mm Breite und 15 mm Höhe.

Die Platte hat eine Masse von ungefähr 2,942 kg.

$$V_1 = 125 \cdot 130 \cdot 20\,\text{mm}^3 = 325\,000\,\text{mm}^3$$
$$V_2 = 2(20 \cdot 130 \cdot 15)\,\text{mm}^3 = 78\,000\,\text{mm}^3$$
$$403\,000\,\text{mm}^3 = 0{,}403\,\text{dm}^3$$
$$\underline{\underline{m}} = 0{,}403\,\text{dm}^3 \cdot 7{,}3\,\frac{\text{kg}}{\text{dm}^3} = \underline{\underline{2{,}9419\,\text{kg}}}$$

260

4. Bolzen (Stahl) $\left(\varrho = 7{,}8\,\frac{\text{kg}}{\text{dm}^3}\right)$

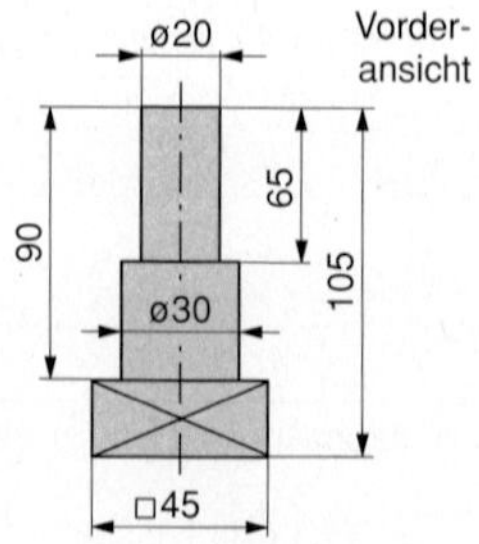

Gesucht: Masse in kg

5. Gleitstück (Gusseisen) $\left(\varrho = 7{,}3\,\frac{\text{kg}}{\text{dm}^3}\right)$

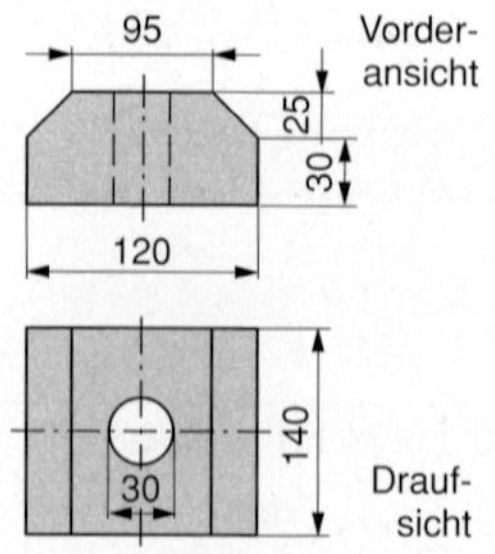

Gesucht: Masse in kg

6. Messingbuchse $\left(\varrho = 8{,}6\,\frac{\text{kg}}{\text{dm}^3}\right)$

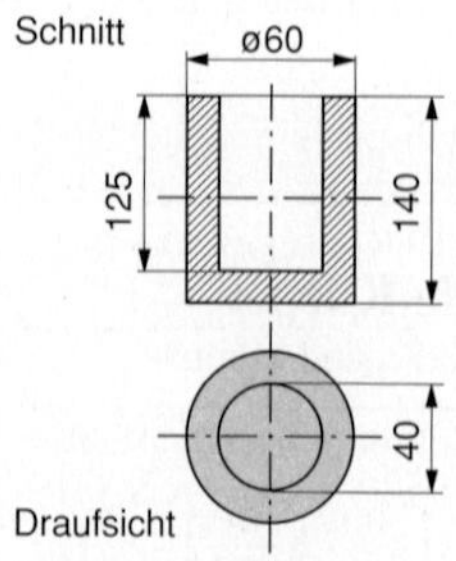

Gesucht: Masse in kg

Zu 4. Auf einer quadratischen Grundplatte von 45 mm Kantenlänge stehen zwei Zylinder von 30 mm und 20 mm Durchmesser und 25 mm bzw. 65 mm Höhe.

Der Bolzen wiegt ungefähr 0,534 kg.

$$V_1 = 45^2 \cdot 15\,\text{mm}^3 = 30\,375\,\text{mm}^2$$
$$V_2 = \pi \cdot \frac{30^2}{4} \cdot 25\,\text{mm}^3 = 17\,671{,}459\,\text{mm}^3$$
$$V_3 = \pi \cdot \frac{20^2}{4} \cdot 65\,\text{mm}^3 = 20\,420{,}352\,\text{mm}^3$$
$$68\,466{,}811\,\text{mm}^3 = 0{,}068466811\,\text{dm}^3$$
$$\underline{\underline{m}} = 0{,}068466811\,\text{dm}^3 \cdot 7{,}8\,\frac{\text{kg}}{\text{dm}^3} = \underline{\underline{0{,}534\,\text{kg}}}$$

260

Zu 5. Auf einem Quader von 120 mm Breite, 140 mm Tiefe und 30 mm Dicke sitzt ein Prisma mit trapezförmiger Grundfläche. Die lange Seite dieses Trapezes ist 120 mm, die dazu parallele Seite ist 95 mm und die Höhe 25 mm groß. Die Tiefe des Prismas beträgt 140 mm. Dieser Körper hat eine Bohrung von 30 mm Durchmesser 55 mm Höhe.

$$V_1 = 120 \cdot 140 \cdot 30\,\text{mm}^3 = 504\,000\,\text{mm}^3$$

$$V_2 = \frac{120+95}{2}\,25 \cdot 140\,\text{mm}^3 = 376\,250\,\text{mm}^3$$

$$V_3 = \pi \cdot \frac{30^2}{4} \cdot 55\,\text{mm}^3 = 38\,877{,}209\,\text{mm}^3$$

$$841\,372{,}79\,\text{mm}^3 = 0{,}84137279\,\text{dm}^3$$

Das Gleitstück hat eine Masse von ungefähr 6,142 kg.

$$\underline{\underline{m}} = 0{,}84137279\,\text{dm}^3 \cdot 7{,}3\,\frac{\text{kg}}{\text{dm}^3} = \underline{\underline{6{,}142\,\text{kg}}}$$

Zu 6. Die Messingbuchse hat einen kreisförmigen Boden von 60 mm Durchmesser und 15 mm Dicke. Auf ihm steht ein Hohlzylinder mit dem Außendurchmesser von 60 mm und dem Innendurchmesser von 40 mm sowie 125 mm Höhe.

$$V_1 = \pi \cdot \frac{60^2}{4} \cdot 15\,\text{mm}^3 = 42\,411{,}50\,\text{mm}^3$$

$$V_2 = \pi \cdot \frac{60^2}{4} \cdot 125\,\text{mm}^3 - \pi \cdot \frac{40^2}{4} \cdot 125\,\text{mm}^3 = 196\,349{,}54\,\text{mm}^3$$

$$238\,761{,}04\,\text{mm}^3 = 0{,}23876104\,\text{dm}^3$$

Die Buchse hat eine Masse von ungefähr 2,053 kg.

$$\underline{\underline{m}} = 0{,}23876104\,\text{dm}^3 \cdot 8{,}6\,\frac{\text{kg}}{\text{dm}^3} = \underline{\underline{2{,}053\,\text{kg}}}$$

7. Flansch (Gusseisen) $\left(\varrho = 7{,}3\,\frac{\text{kg}}{\text{dm}^3}\right)$

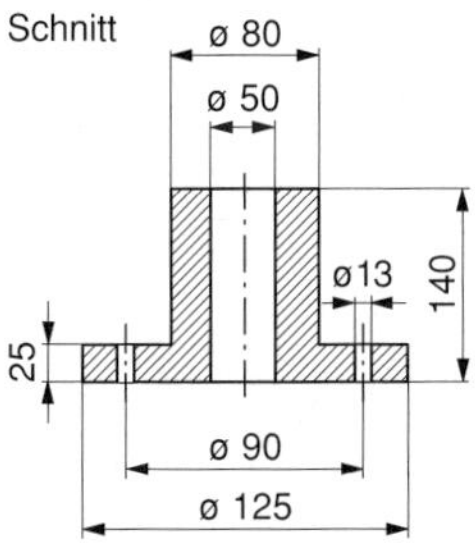

Flansch hat 4 Bohrungen
Gesucht: Masse in kg

8. Lagerbock (Gusseisen) $\left(\varrho = 7{,}3\,\frac{\text{kg}}{\text{dm}^3}\right)$

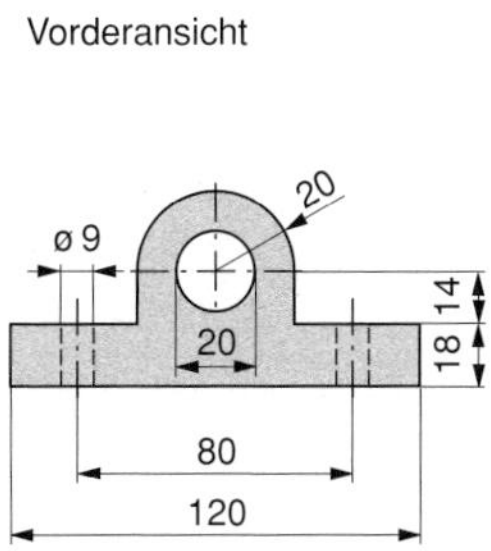

Breite: 35; 2 Löcher
Gesucht: Masse in kg

9. Seiltrommel (Gusseisen) $\left(\varrho = 7{,}3\,\frac{\text{kg}}{\text{dm}^3}\right)$

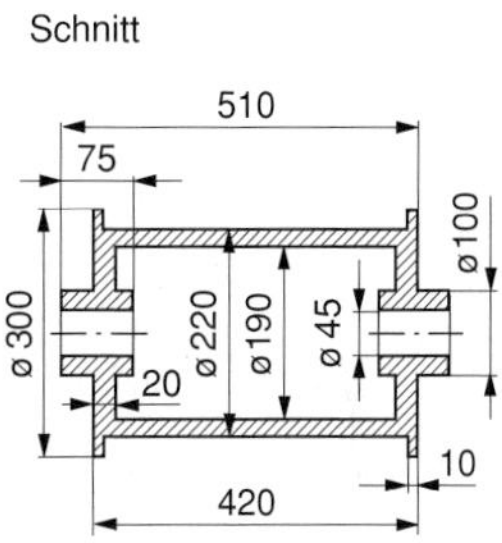

Gesucht: Masse in kg

Zu 7. Der Flansch hat eine Grundplatte mit dem Durchmesser 125 mm, die vier Bohrungen mit dem Durchmesser 13 mm und eine mit dem Durchmesser 50 mm aufweist bei einer Dicke von 25 mm.
Auf der Grundplatte steht ein zylindrisches Rohr mit dem Außendurchmesser 80 mm und dem Innendurchmesser 50 mm sowie der Höhe 115 mm.

$$V_1 = \pi \cdot \frac{125^2}{4} \cdot 25\,\text{mm}^3 = 306\,796{,}15\,\text{mm}^3$$

$$V_2 = 4 \cdot \pi \cdot \frac{13^2}{4} \cdot 25\,\text{mm}^3 = 13\,273{,}229\,\text{mm}^2$$

$$V_3 = \pi \cdot \frac{50^2}{4} \cdot 25\,\text{mm}^3 = 49\,087{,}385\,\text{mm}^3$$

$$V_4 = V_1 - V_2 - V_3 = 244\,435{,}55\,\text{mm}^3$$

$$V_5 = \pi\left(\frac{80^2}{4} - \frac{50^2}{4}\right) \cdot 115\,\text{mm}^3 = 352\,251{,}08\,\text{mm}^3$$

$$V_4 + V_5 = 596\,686{,}63\,\text{mm}^3 = 0{,}59668663\,\text{dm}^3$$

Der Flansch hat eine Masse von ungefähr 4,356 kg.

$$\underline{\underline{m}} = 0{,}59668663\,\text{dm}^3 \cdot 7{,}3\,\frac{\text{kg}}{\text{dm}^3} = \underline{\underline{4{,}356\,\text{kg}}}$$

260 **Zu 8.** Der Lagerbock hat einen Quader mit den Abmessungen $120 \times 18 \times 35\,\text{mm}^3$ als Grundplatte. Sie hat zwei Bohrungen mit dem Durchmesser 9 mm. Auf ihr steht ein Körper, der aus einem Quader von 14 mm Dicke besteht, aus dem eine halbkreisförmige Rinne mit dem Durchmesser 20 mm ausgeschnitten ist. Auf ihm sitzt ein halbkreisförmiges Stück mit dem Außendurchmesser von 40 mm und dem Innendurchmesser von 20 mm.

Der Lagerbock hat eine Masse von ungefähr 0,759 kg.

$$V_1 = 120 \cdot 18 \cdot 35\,\text{mm}^3 - \pi \cdot \frac{9^2}{4} \cdot 18 \cdot 2\,\text{mm}^3$$
$$= 73\,309{,}779\,\text{mm}^3$$

$$V_2 = 40 \cdot 14 \cdot 35 - \pi \frac{20^2}{4} \cdot 35 : 2\,\text{mm}^3 = 14\,102{,}213\,\text{mm}^3$$

$$V_3 = \pi \left(\frac{40^2}{4} - \frac{20^2}{4} \right) \cdot 35 : 2\,\text{mm}^3 = 16493{,}362\,\text{mm}^3$$

$$V_1 + V_2 + V_3 = 103\,905{,}35\,\text{mm}^3 = 0{,}10390535\,\text{dm}^3$$

$$\underline{\underline{m}} = 0{,}10390535\,\text{dm}^3 \cdot 7{,}3\,\frac{\text{kg}}{\text{dm}^3} = \underline{\underline{0{,}759\,\text{kg}}}$$

Zu 9. Die Seiltrommel ist ein vielfach zusammengesetzter Körper. Grundbestandteil ist ein Rohr von 420 mm Länge, einem Außendurchmesser von 220 mm und einem Innendurchmesser von 190 mm.
An ihm sind rechts und links Scheiben von 190 mm Durchmesser und 20 mm Dicke angebracht, die zentrisch durchbohrt sind mit einem Durchmesser von 100 mm. In diesen Bohrungen stecken zwei Rohrstücke mit einem Außendurchmesser von 100 mm und einem Innendurchmesser von 45 mm sowie einer Länge von 75 mm. Auf dem Trommelrand sitzen noch zwei Scheiben mit einem Außendurchmesser von 300 mm und einem Innendurchmesser von 220 mm sowie einer Dicke von 10 mm.
Die Kabeltrommel hat eine Masse von ungefähr 47,233 kg.

$$V_1 = \pi \cdot \left(\frac{220^2}{4} - \frac{190^2}{4} \right) \cdot 420\,\text{mm}^3 = 4\,057\,366{,}9\,\text{mm}^3$$

$$V_2 = \pi \cdot \left(\frac{190^2}{4} - \frac{100^2}{4} \right) \cdot 20 \cdot 2\,\text{mm}^3 = 819955{,}68\,\text{mm}^3$$

$$V_3 = \pi \cdot \left(\frac{100^2}{4} - \frac{45^2}{4} \right) \cdot 75 \cdot 2\,\text{mm}^3 = 939\,532{,}55\,\text{mm}^3$$

$$V_4 = \pi \cdot \left(\frac{300^2}{4} - \frac{220^2}{4} \right) \cdot 10 \cdot 2\,\text{mm}^3 = 653\,451{,}28\,\text{mm}^3$$

$$V_1 + V_2 + V_3 + V_4 = 6470306{,}4\,\text{mm}^3$$

$$6476306{,}4\,\text{mm}^3 = 6{,}4763064\,\text{dm}^3$$

$$\underline{\underline{m}} = 6{,}4703064\,\text{dm}^3 \cdot 7{,}3\,\frac{\text{kg}}{\text{dm}^3} = \underline{\underline{47{,}233\,\text{kg}}}$$

10. Ein Schwimmbassin ist 15,5 m lang, 8,4 m breit und 3 m hoch mit Wasser gefüllt. Wie viel Liter (m^3) fasst es?

Das Bassin ist ein Quader. Sein Volumen wird nach der Formel $V = a \cdot b \cdot c$ berechnet.
Das Bassin fasst 390,6 m³ bzw. 390 600 l.

$$\underline{\underline{V}} = 15{,}5 \cdot 8{,}4 \cdot 3\,\text{m}^3 = \underline{\underline{390{,}6\,\text{m}^3}}$$
$$390{,}6\,\text{m}^3 = 390600\,\text{l}$$

11. Wie lang sind die Flächen- und Körperdiagonale in einem Würfel mit der Kante a?

Die Flächendiagonale d wird aus dem Dreieck $\triangle$ABC mithilfe des pythagoreischen Lehrsatzes bestimmt.

$$d^2 = a^2 + a^2$$
$$\underline{\underline{d = a\sqrt{2}}}$$

Die Raumdiagonale D wird aus dem Dreieck $\triangle$ACE ebenfalls nach Pythagoras berechnet.

$$D^2 = a^2 + 2a^2$$
$$\underline{\underline{D = a\sqrt{3}}}$$

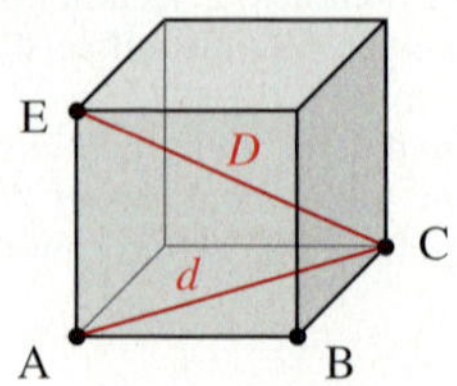

260

12. Ein Gartenweg von 35 m Länge und 0,9 m Breite soll 10 cm hoch mit Kohlenasche bedeckt werden. Wie viel m^3 sind erforderlich?

Das Volumen des Belags erhält man mithilfe der Volumenformel für einen Quader.
Es sind 3,15 m^3 Asche erforderlich.

$$V = 35 \cdot 0{,}9 \cdot 0{,}1\,m^3 = 3{,}15\,m^3$$

13. Der zylindrische Kessel eines Sprengwagens hat einen Umfang von 6,28 m und eine Höhe von 1,5 m. Wie viel Liter (m^3) fasst er?

Zunächst ermittelt man aus der Formel für den Umfang eines Kreises den Durchmesser des Kessels. Hierbei wird der Einfachheit halber mit $\pi = 3{,}14$ gerechnet.
Sodann wird das Volumen des Zylinders nach der Formel $V = \pi \cdot \frac{d^2}{4} \cdot h$ berechnet.
Der Sprengwagen fasst 4,71 m^3 bzw. 4710 l.

$$u = \pi \cdot d$$
$$d = \frac{u}{\pi} \Rightarrow d = \frac{6{,}28}{3{,}14} = 2$$
$$V = \pi \cdot 1{,}5\,m^3 \Rightarrow V = 4{,}71\,m^3$$
$$4{,}71\,m^3 = 4710\,l$$

14. Litermaße haben nach Vorschrift einen Durchmesser von 86 mm. Wie hoch müssen sie sein?

Das Volumen des Zylinders ist gegeben. Aus der Volumenformel lässt sich die Höhe ermitteln.
Das Maß muss 17,22 cm hoch sein.

$$1000\,cm^3 = \pi \cdot \frac{8{,}6^2\,cm^2}{4} \cdot h$$
$$h = \frac{4 \cdot 1000\,cm^3}{73{,}96\,cm^2 \cdot \pi} = 17{,}22\,cm$$

15. Ein Behälter von 800 mm Durchmesser wird mit 200 l Wasser gefüllt. Wie hoch steht das Wasser?

Wie in Aufgabe 14 wird die Höhe aus der Volumenformel berechnet.
Das Wasser steht ungefähr 40 cm hoch.

$$200\,000\,cm^3 = \pi \cdot \frac{80^2\,cm^2}{4} \cdot h$$
$$h = 39{,}79\,cm$$

16. Ein rechteckiger Härtebehälter ist innen 650 mm lang, 340 mm breit und 730 mm hoch. Er soll bis 150 mm unter Oberkante mit Härteöl gefüllt werden.
a) Wie viel Liter Öl sind notwendig?
b) Welche Masse hat das Öl? $\left(\varrho = 0{,}92\,\frac{kg}{dm^3}\right)$.

Zunächst wird das Volumen des Härteöls nach der Volumenformel des Quaders berechnet, sodann seine Masse nach der Formel $m = V \cdot \varrho$ bestimmt. Es sind 128,18 Liter Öl nötig, deren Masse etwa 118 kg beträgt.

$$V = 65 \cdot 34 \cdot 58\,cm^3 = 128\,180\,cm^3 = 128{,}18\,dm^3$$
$$m = 128{,}18\,dm^3 \cdot 0{,}92\,\frac{kg}{dm^3} = 117{,}926\,kg$$

260

17. Eine Welle von 40 mm Durchmesser ist 800 mm lang und soll aus einem Vierkantstahl 50 mm × 50 mm geschmiedet werden. Wie lang ist der Vierkantstahl zu wählen, wenn zur Länge des Stahls 50 mm für Abbrand zugeschlagen werden?

Das Volumen der Welle wird nach der Formel für das Volumen eines Zylinders berechnet. Dieses Volumen muss auch der Stahl haben, seine Länge ergibt sich als Quotient aus dem errechneten Volumen und dem Inhalt der Grundfläche des Stahls. Der Abbrand muss dazu addiert werden. Der Vierkant muss etwa 45,2 cm lang sein.

$$\underline{\underline{V}} = \pi \cdot \frac{40^2}{4} \cdot 800\,\text{mm}^3 = \underline{\underline{1\,005\,309{,}6\,\text{mm}^3}}$$

$$\frac{1\,005\,309{,}6\,\text{mm}^3}{50 \cdot 50\,\text{mm}} = 402{,}124\,\text{mm}$$

$$402{,}124\,\text{mm} + 50\,\text{mm} = \underline{\underline{452{,}124\,\text{mm}}}$$

18. In einem Härtebehälter von 1 m Länge, 0,6 m Breite und 0,3 m Höhe werden 120 l Härteöl eingegossen. Wie hoch reicht der Ölspiegel?

Die Grundfläche G des Behälters ist $10 \cdot 6\,\text{dm}^2$. Wie groß muss die Höhe h sein, damit $G \cdot h = 120\,\text{dm}^3$? Der Ölspiegel reicht 0,2 m hoch.

$$120\,\text{dm}^3 = 60\,\text{dm} \cdot h$$

$$\underline{\underline{h}} = \frac{120\,\text{dm}^3}{60\,\text{dm}} = \underline{\underline{2\,\text{dm}}}$$

19. Berechnen Sie die Masse eines Rundstahls von 40 mm Durchmesser und 1,5 m Länge $\left(\varrho = 7{,}85\,\frac{\text{kg}}{\text{dm}^3}\right)$. Wie viele solcher Stäbe kann ein Lastwagen mit 3 t Ladefähigkeit befördern?

Zunächst wird das Volumen des Rundstahls berechnet.

$$V = \pi \cdot \frac{0{,}4^2}{4} \cdot 15\,\text{dm}^3 = 1{,}8849556\,\text{dm}^3$$

Nun wird die Masse m bestimmt nach der Formel $m = V \cdot \varrho$.

$$m = 1{,}8849556\,\text{dm}^3 \cdot 7{,}85\,\frac{\text{kg}}{\text{dm}^3} = 14{,}796\,\text{kg}$$

Schließlich wird festgestellt, wie oft 14,796 kg in 3 t enthalten sind. Der LKW kann 203 solcher Stäbe befördern.

$$3000\,\text{kg} : 14{,}796\,\text{kg} = \underline{\underline{202{,}75}}$$

261

20. Aus einer Blechtafel (1 m × 1,5 m) werden 33 Scheiben (200 mm Durchmesser) ausgeschnitten.

a) Wie viel Prozent beträgt der Abfall (Verschnitt)?

b) Welche Masse haben die Scheiben, wenn das Blech 1,4 mm dick ist? $\left(\varrho = 7{,}85\,\frac{\text{kg}}{\text{dm}^3}\right)$.

Die Flächeninhalte A_B des Blechs und der Scheiben A_S müssen berechnet werden, um den Anteil des Verschnitts bestimmen zu können.

$$A_B = 1 \cdot 1{,}5\,\text{m}^2 = 1{,}5\,\text{m}^2$$

$$A_S = \pi \cdot \frac{200^2}{4} \cdot 33\,\text{mm}^2 = 1\,036\,725{,}6\,\text{mm}^2 = 103{,}67256\,\text{dm}^3 = 1{,}0367257\,\text{m}^2$$

Der Abfall beträgt $0{,}4632744\,\text{m}^2$.

$$A_B - A_S = 0{,}4632744\,\text{m}^2$$

Aus einer Proportion wird der prozentuale Anteil berechnet. 30,88% des Blechs sind Verschnitt. ► $x\% = \frac{x}{100}$

$$0{,}4632744 : 1{,}5 = x : 100$$

$$\underline{\underline{x = 30{,}88}}$$

Um die Masse m der Scheiben zu ermitteln, muss zunächst ihr Volumen berechnet werden. Sie beträgt 11,394 kg.

$$V = A_S \cdot 0{,}014\,\text{dm} = 1{,}45141\,\text{dm}^3$$

$$\underline{\underline{m}} = 1{,}45141\,\text{dm}^3 \cdot 7{,}85\,\frac{\text{kg}}{\text{dm}^3} = \underline{\underline{11{,}394\,\text{kg}}}$$

21. Aus einem Block von 80 mm × 80 mm × 1500 mm wird ein Flachstahl von 15 mm × 30 mm gewalzt. Wie lang wird der Flachstahl? 261

Das Volumen des Blocks wird bestimmt. Dasselbe Volumen muss der Flachstahl haben, dessen Grundfläche $15 \cdot 30\,\text{mm}^2$ ist.

$$V = 80 \cdot 80 \cdot 150\,\text{mm}^3 = 9600000\,\text{mm}^3$$
$$9600000\,\text{mm}^3 = 15 \cdot 30\,\text{mm}^2 \cdot x$$
$$\underline{\underline{x}} = 21333{,}3\,\text{mm}$$
$$= \underline{\underline{21{,}3\,\text{m}}}$$

Der Flachstahl wird 21,3 m lang.

22. Welche Masse hat ein Ring mit 120 mm Außendurchmesser, der aus Flachstahl 16 mm × 6 mm hergestellt wird? $\left(\varrho = 7{,}85\,\dfrac{\text{kg}}{\text{dm}^3}\right)$.

Wenn der Außendurchmesser 120 mm ist, so ist der Innendurchmesser $120\,\text{mm} - 2 \cdot 16\,\text{mm}$, also 88 mm. Nun lässt sich das Volumen V des Ringes berechnen.

$$V = \pi \cdot \left(\frac{120^2}{4} - \frac{88^2}{4}\right) \cdot 6\,\text{mm}^3 = 31365{,}661\,\text{mm}^3$$
$$= 0{,}031365566\,\text{dm}^3$$

Aus dem Volumen bestimmt man die Masse des Rings. Sie beträgt 0,246 kg.

$$\underline{\underline{m}} = 0{,}031365661\,\text{dm}^3 \cdot 7{,}85\,\frac{\text{kg}}{\text{dm}^3} = \underline{\underline{0{,}246\,\text{kg}}}$$

23. Ein Augenlager von 100 mm Breite mit einer zylindrischen Bohrung von 80 mm Durchmesser soll mit Lagermetall ausgegossen werden. Der Durchmesser der fertig bearbeiteten Lagerbohrung beträgt 60 mm. Für die Bearbeitung ist eine Spantiefe von 3 mm vorgesehen. Der Abbrand beim Einschmelzen des Lagermetalls beträgt 7% $\left(\varrho = 9{,}4\,\dfrac{\text{kg}}{\text{dm}^3}\right)$. Wie viel Lagermetall muss man einschmelzen?

Der Lagerblock ist ein Quader von 100 mm Länge. Die nebenstehende Skizze zeigt seine Vorderansicht. Der dort zu sehende Ring steht für das einzuschmelzende Lagermetall. Sein Außendurchmesser beträgt 80 mm, sein Innendurchmesser $60\,\text{mm} - 2 \cdot 3\,\text{mm}$, also 54 mm.

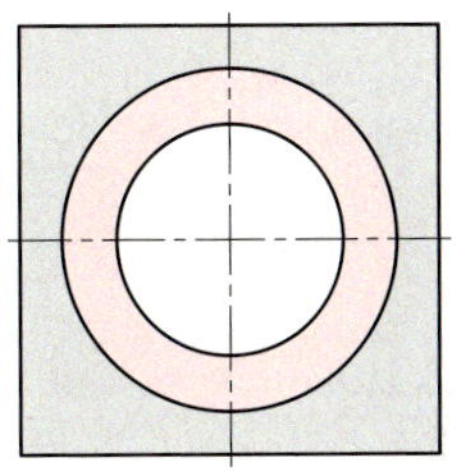

Nun lässt sich das Volumen des Lagermetalls berechnen und damit dann auch dessen Masse.

$$V = \pi \cdot \left(\frac{80^2}{4} - \frac{54^2}{4}\right) \cdot 100\,\text{mm}^3 = 273632{,}72\,\text{mm}^3$$
$$= 0{,}27363272\,\text{dm}^3$$

$$m = 0{,}27363272\,\text{dm}^3 \cdot 9{,}4\,\frac{\text{kg}}{\text{dm}^3} = 2{,}572\,\text{kg}$$

Zu der errechneten Masse müssen 7% Abbrand addiert werden.
Man muss 2,752 kg Lagermetall einschmelzen.

$$\frac{2{,}572\,\text{kg} \cdot 7}{100} = 0{,}18\,\text{kg}$$
$$2{,}572\,\text{kg} + 0{,}18\,\text{kg} = \underline{\underline{2{,}752\,\text{kg}}}$$

24. Ein gusseisernes Rohr $\left(\varrho = 7{,}3\,\dfrac{\text{kg}}{\text{dm}^3}\right)$ hat einen Außendurchmesser von 25 mm und eine Wandstärke s von 3 mm. Welche Masse hat das laufende Meter?

Zunächst wird das Volumen eines Rohrstücks von 1 m Länge berechnet.

$$V = \pi \cdot \left(\frac{25^2}{4} \cdot \frac{19^2}{4}\right) \cdot 1000\,\text{mm}^3 = 207345{,}12\,\text{mm}^3$$
$$= 0{,}20734512\,\text{dm}^3$$

Hieraus erhält man dessen Masse. Sie beträgt 1,514 kg.

$$\underline{\underline{m}} = 0{,}20734512\,\text{dm}^3 \cdot 7{,}3\,\frac{\text{kg}}{\text{dm}^3} = \underline{\underline{1{,}514\,\text{kg}}}$$

261 **25.** Eine Rolle Eisendraht $\left(\varrho = 7{,}8\,\frac{\text{kg}}{\text{dm}^3}\right)$ hat eine Masse von 12 kg. Wie lang ist der Draht, wenn seine Dicke 2 mm beträgt?

Aus $m = V \cdot \varrho$ kann man V berechnen, wenn m und ϱ gegeben sind.
Der Draht ist ein sehr langer Zylinder von kleinem Durchmesser. Sein Volumen wird nach der Formel $V = A \cdot h$ bestimmt, wenn A für den Inhalt der Grundfläche steht. V ist bekannt, A kann berechnet werden.
Somit ist h aus $V = A \cdot h$ bestimmbar.
Der Draht ist ungefähr 490 m lang.

$$12\,\text{kg} = V \cdot 7{,}8\,\frac{\text{kg}}{\text{dm}^3} \Rightarrow V = 1{,}5384615\,\text{dm}^3$$

$$A = \pi \cdot \frac{0{,}02^2}{4}\,\text{dm}^2 = 0{,}00031415\,\text{dm}^2$$

$$\underline{\underline{h}} = \frac{1{,}5384615\,\text{dm}^3}{0{,}00031415\,\text{dm}^2} = 4897{,}99\,\text{dm}$$

$$= \underline{\underline{489{,}8\,\text{m}}}$$

26. 200 m Kupferdraht $\left(\varrho = 8{,}8\,\frac{\text{kg}}{\text{dm}^3}\right)$ haben eine Masse von 5,54 kg. Wie dick ist er?

Wie in Aufgabe 25 wird das Volumen aus der Masse berechnet.
In $V = A \cdot h$ sind jetzt V und h bekannt, A kann also berechnet werden.
Aus $A = \pi \cdot \frac{d^2}{4}$ kann nun d berechnet werden.
Der Draht ist 2 mm dick.

$$5{,}54\,\text{kg} = V \cdot 8{,}8\,\frac{\text{kg}}{\text{dm}^3} \Rightarrow V = 0{,}6295454\,\text{dm}^3$$

$$0{,}6295454\,\text{dm}^3 = A \cdot 2000\,\text{dm}$$

$$A = 0{,}00031477273\,\text{dm}^2$$

$$0{,}00031477273\,\text{dm}^2 = \pi \cdot \frac{d^2}{4} \Rightarrow \underline{\underline{d}} = 0{,}02\,\text{dm} = \underline{\underline{2\,\text{mm}}}$$

27. 50 m Kupferdraht $\left(\varrho = 8{,}8\,\frac{\text{kg}}{\text{dm}^3}\right)$ haben eine Masse von 1,5 kg. Um die elektrische Leitfähigkeit zu verbessern, wird er mit 45 g Silber $\left(\varrho = 10{,}5\,\frac{\text{kg}}{\text{dm}^3}\right)$ versilbert.

a) Wie dick ist der Kupferdraht?
b) Wie stark ist die aufgebrachte Silberschicht?

Wie in Aufgabe 25 wird das Volumen aus der Masse berechnet, um sodann die Dicke feststellen zu können. In $V = A \cdot h$ sind dann V und h bekannt, A kann also berechnet werden.
Aus A wiederum erhält man d.
Der Kupferdraht ist 2,08 mm dick.

$$1{,}5\,\text{kg} = V \cdot 8{,}8\,\frac{\text{kg}}{\text{dm}^3} \Rightarrow V = 0{,}1704545\,\text{dm}^3$$

$$0{,}1704545\,\text{dm}^3 = A \cdot 500\,\text{dm} \Rightarrow A = 0{,}0003409\,\text{dm}^2$$

$$0{,}0003409\,\text{dm}^2 = \pi \cdot \frac{d^2}{4} \Rightarrow \underline{\underline{d}} = 0{,}0208\,\text{dm} = \underline{\underline{2{,}08\,\text{mm}}}$$

Nun muss die Mantelfläche des Drahtes $O = u \cdot h$, wobei u für den Umfang des Drahtes steht, berechnet werden.

$$u = \pi \cdot d \Rightarrow u = 0{,}0654513\,\text{dm}$$

$$O = 0{,}0654513 \cdot 500\,\text{dm}^2 = 32{,}725662\,\text{dm}^2$$

$$32{,}725662\,\text{dm}^2 = 327\,256{,}62\,\text{mm}^2$$

Sodann bestimmt man das Volumen der Silberschicht, um schließlich deren Dicke bestimmen zu können.

$$0{,}45\,\text{kg} = V \cdot 10{,}5\,\frac{\text{kg}}{\text{dm}^3} \Rightarrow V = 0{,}0042857143\,\text{dm}^3$$

$$0{,}0042857\,\text{dm}^3 = 4285{,}7143\,\text{mm}^3$$

Man erhält sie als Quotient aus dem Volumen des Silbers und dem Inhalt der Oberfläche des Drahtes.
Die Silberschicht ist 0,013 mm dick.

$$\frac{4285{,}7143\,\text{mm}^3}{327\,256{,}62\,\text{mm}^2} = \underline{\underline{0{,}013\,\text{mm}}}$$

28. Eine 1 Stein starke Mauer ist 8,32 m lang, 24 cm breit und 5,60 m hoch. Wie viele Mauersteine und wie viel Mörtel sind erforderlich? (410 Ziegel und 204 l Mörtel für 1 m³.)

Das Volumen der Mauer wird berechnet.

$V = 8{,}32 \cdot 0{,}24 \cdot 5{,}60\,\text{m}^3 = 11{,}18208\,\text{m}^3$

Die Anzahl der benötigten Steine erhält man als Produkt aus dem Volumen und der Anzahl der Ziegel pro m³. Es werden 4585 Steine gebraucht.

$11{,}18208\,\text{m}^3 \cdot 410 \cdot \frac{1}{\text{m}^3} = \underline{\underline{4584{,}6528}}$

Analog wird die Anzahl der Liter Mörtel berechnet. Es werden 2282 l Mörtel benötigt.

$11{,}18208\,\text{m}^3 \cdot 204\,\frac{1}{\text{m}^3} = \underline{\underline{2281{,}1443\,\text{l}}}$

29. Ein Haus mit rechtwinkligem und gleichschenkligem Satteldach hat folgende Abmaße: Länge 9,50 m, Breite 11,20 m, Höhe bis zum Giebel 8,30 m. Wie teuer wird das Haus ungefähr kommen, wenn 1 m³ umbauter Raum 350 € kostet?

Wegen der Beschaffenheit des Satteldaches kann man feststellen, dass der Giebel $\frac{1}{2} \cdot 11{,}20$ m, also 5,60 m über der Oberkante des Hauses liegt. (Die Skizze zeigt: $|\overline{AC}| = |\overline{BC}|$ und $|\overline{AM}| = |\overline{MC}|$.)

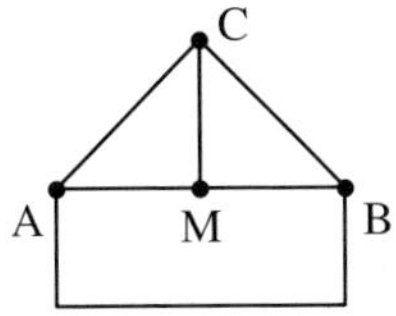

Das Volumen des umbauten Raums erhält man als Summe des Volumens eines Quaders und eines dreiseitigen Prismas, dessen Grundfläche ein gleichschenkliges Dreieck ist.

$V_1 = 11{,}20 \cdot 9{,}50 \cdot (8{,}30 - 5{,}60)\,\text{m}^3 = 287{,}28\,\text{m}^3$

$V_2 = \frac{11{,}20 \cdot 5{,}60}{2} \cdot 9{,}50\,\text{m}^3 = 297{,}92\,\text{m}^2$

Multipliziert man das Volumen mit dem Preis für 1 m³, erhält man den ungefähren Hauspreis. Er beträgt 204 820 €.

$V_1 + V_2 = 585{,}20\,\text{m}^3$

$585{,}20\,\text{m}^3 \cdot 350\,\frac{€}{\text{m}^3} = \underline{\underline{204\,820\,€}}$

30. Ein Ziegelstein $\left(\varrho = 1{,}8\,\frac{\text{kg}}{\text{dm}^3}\right)$ hat folgende Abmessungen: Länge 24 cm, Breite 11,5 cm, Höhe 7,1 cm.

a) Welche Masse hat er?

b) Wie viele Ziegelsteine braucht man für eine Mauer von 12 m Länge, 24 cm Breite und 3,6 m Höhe (siehe Aufgabe 28)?

c) Welchen Druck übt die Mauer auf 1 cm² Bodenfläche aus? $\left(\text{Mauerwerk: } \varrho = 1{,}95\,\frac{\text{kg}}{\text{dm}^3}.\right)$

Zunächst werden das Volumen eines Ziegelsteins und seine Masse berechnet. Ein Ziegelstein hat eine Masse von 3,527 kg.

$V = 2{,}4 \cdot 1{,}15 \cdot 0{,}71\,\text{dm}^3 = 1{,}9596\,\text{dm}^3$

$\underline{\underline{m}} = 1{,}9596\,\text{dm}^3 \cdot 1{,}8\,\frac{\text{kg}}{\text{dm}^3} = \underline{\underline{3{,}527\,\text{kg}}}$

Das Volumen der Mauer wird berechnet und die Anzahl der notwendigen Ziegelsteine ermittelt. Es sind 4251 Steine nötig.

$V = 12 \cdot 0{,}24 \cdot 3{,}6\,\text{m}^2 = 10{,}368\,\text{m}^3$

$10{,}368\,\text{m}^3 \cdot 410\,\frac{1}{\text{m}^3} = \underline{\underline{4250{,}88}}$

Die Masse der errichteten Mauer und ihre Bodenfläche werden ermittelt, um den Druck auf 1 cm² ausrechnen zu können. Man erhält ihn, wenn man die Masse durch den Inhalt der Bodenfläche dividiert.

$m = 10\,368\,\text{dm}^3 \cdot 1{,}95\,\frac{\text{kg}}{\text{dm}^3} = 20\,217{,}6\,\text{kg}$

$A = 1200 \cdot 24\,\text{cm}^2 = 28\,800\,\text{cm}^2$

Er beträgt 6,88 N.

$\frac{20\,217{,}6\,\text{kg}}{28\,800\,\text{cm}^2} = 0{,}702\,\frac{\text{kg}}{\text{cm}^2} = \underline{\underline{6{,}88\,\text{N}}}$

261 **31.** Ein Kanal ist auf der Sohle 32 m breit, die Entfernung beider Ufer beträgt 40 m, die Wassertiefe 4,20 m. Wie viel m^3 Wasser strömen in 24 Stunden an einer Stelle vorbei, wenn die Strömungsgeschwindigkeit $35\,\frac{\text{m}}{\text{h}}$ ist?

Der Querschnitt des Kanals ist ein Trapez.

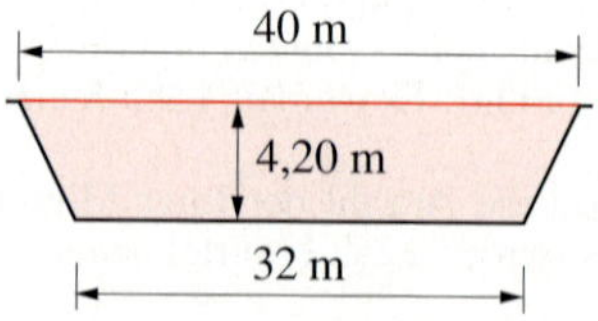

Dessen Flächeninhalt wird nach der Formel $A = \frac{a+c}{2} \cdot h$ berechnet. Um zu bestimmen, wie viel m^3 Wasser in 24 Stunden an einer bestimmten Stelle vorbeifließen, muss dieser Flächeninhalt mit $24 \cdot 35\,\frac{\text{m}}{\text{h}}$ multipliziert werden.

$$A = \frac{40+32}{2} \cdot 4{,}20\,\text{m}^2 = 151{,}2\,\text{m}^2$$

$$151{,}2\,\text{m}^2 \cdot 24 \cdot 35\,\frac{\text{m}}{\text{h}} = \underline{\underline{127\,008\,\frac{\text{m}^3}{\text{h}}}}$$

An dieser Stelle fließen in 24 Stunden 127 008 m^3 Wasser vorbei.

32. Ein Brunnen soll 12 m tief ausgeschachtet werden. Zum Schutz gegen das Erdreich wird er 38 cm stark ausgemauert. Die Mauer ragt 0,5 m aus dem Erdboden heraus. Der Innendurchmesser des Brunnens beträgt 2,10 m.

a) Wie viel m^3 Erdreich sind auszuschachten?

b) Wie viele Ziegelsteine sind notwendig? ($1\,\text{m}^3 = 380$ Steine.)

c) Wie viel m^3 (Liter) Wasser sind in dem Brunnen, wenn der Wasserspiegel 4,20 m von der Oberkante entfernt ist?

Um das Volumen des auszuschachtenden Erdreichs berechnen zu können, muss man bedenken, dass der Durchmesser 2,10 m + 0,76 m beträgt. Es müssen mehr als 77 m^3 ausgehoben werden.

$$\underline{\underline{V}} = \pi \cdot \frac{2{,}86\,\text{m}^2}{4} \cdot 12\,\text{m} = \underline{\underline{77{,}091\,\text{m}^3}}$$

Um die Anzahl der benötigten Ziegelsteine angeben zu können, muss das Volumen des „Rohrs" aus Steinen berechnet und beachtet werden, dass die Mauer 0,5 m aus dem Erdboden heraus ragt.

$$V = \pi \cdot \left(\frac{2{,}86^2}{4} - \frac{2{,}10^2}{4}\right) \cdot 12{,}5\,\text{m}^3 = 37{,}008\,\text{m}^3$$

Man braucht 14 064 Steine.

$$37{,}008\,\text{m}^3 \cdot 380\,\frac{1}{\text{m}^3} = \underline{\underline{14\,063{,}025}}$$

Wenn das Wasser 4,20 m von der Oberkante entfernt steht, ist es 12,5 m − 4,20 m, also 8,30 m hoch. Damit ist das Volumen zu berechnen. Es sind 28,748 m^3 oder 28 748 l.

$$\underline{\underline{V}} = \pi \cdot \frac{2{,}10^2}{4} \cdot 8{,}3\,\text{m}^3 = \underline{\underline{28{,}748\,\text{m}^3}}$$

$$28{,}748\,\text{m}^3 = \underline{\underline{28\,748\,\text{l}}}$$

Spitze Körper

► Als spitze Körper werden hier gerade und schiefe Pyramiden und Kreiskegel (kurz: Kegel) betrachtet.

Merke:

- Für das Volumen V von geraden und schiefen Pyramiden und Kegeln gilt: $\boldsymbol{V=\frac{A\cdot h}{3}}$, wenn A für die Größe des Grundflächeninhalts und h für die Länge der Höhe stehen.
- Für das Volumen V eines Kegels gilt wegen $A=\frac{\pi d^2}{4}=\pi r^2$ auch: $\boldsymbol{V=\frac{\pi d^2 h}{12}=\frac{\pi r^2 h}{3}}$.

1. Eine Pyramide hat eine quadratische Grundfläche ($a=240\,\text{m}$) und ist 151 m hoch. 261
a) Wie viel m^3 Mauerwerk enthält das Bauwerk?
b) Wie viele Mauersteine und wie viel m^3 Mörtel wären für solch einen Bau notwendig? ($1\,\text{m}^3$ Mauerwerk $=380$ Ziegel und 300 l Mörtel.)

Das Volumen der Pyramide wird nach der Formel $V=\frac{a^2\cdot h}{3}$ berechnet.

Daraus erhält man durch entsprechende Multiplikationen die anderen geforderten Angaben.

Es wären 1 101 696 000 Mauersteine und 869 760 m^3 Mörtel notwendig.

$$\underline{\underline{V}}=\frac{240^2\,\text{m}^2\cdot 151\,\text{m}}{3}=\underline{\underline{2\,899\,200\,\text{m}^3}}$$

$$2\,899\,200\,\text{m}^3\cdot 380\,\frac{1}{\text{m}^3}=\underline{\underline{1\,101\,696\,000}}$$

$$2\,899\,200\,\text{m}^3\cdot 300\,\frac{\text{l}}{\text{m}^3}=869\,760\,000\,\text{l}=\underline{\underline{869\,760\,\text{m}^3}}$$

2. Aus 1 mm starkem Zinkblech $\left(\varrho=7{,}1\,\frac{\text{kg}}{\text{dm}^3}\right)$ soll eine rechteckige Pyramide (Grundfläche $65\,\text{mm}\times 110\,\text{mm}$, Höhe 300 mm) hergestellt werden. Welche Masse hat sie?

Der Inhalt A_1 der Grundfläche wird berechnet. Die Höhen s_1 und s_2 der Seitenflächen werden mithilfe des pythagoreischen Lehrsatzes aus den Längen der Höhe und der Seiten der Grundfläche berechnet. Die Seitenflächen sind gleichschenklige Dreiecke, von denen die gegenüberliegenden kongruent sind, also auch gleichen Flächeninhalt haben.

$$A_1=65\cdot 110\,\text{mm}=7\,150\,\text{mm}^2$$

$$s_1=\sqrt{300^2\,\text{mm}^2+55^2\,\text{mm}^2}=305\,\text{mm}$$

$$s_2=\sqrt{300^2\,\text{mm}^2+32{,}5^2\,\text{mm}^2}=301{,}76\,\text{mm}$$

$$A_2=2\cdot\left(\frac{110\cdot 305}{2}\right)\text{mm}^2=33\,550\,\text{mm}^2$$

$$A_3=2\cdot\left(\frac{65\cdot 301{,}76}{2}\right)\text{mm}^2=19\,614{,}40\,\text{mm}^2$$

Die Summe $A_1+A_2+A_3$ ergibt den Inhalt der Oberfläche der Pyramide. Diese Summe multipliziert mit der Blechstärke ergibt das Volumen des zu verarbeitenden Blechs. Nun kann dessen Masse m berechnet werden. Sie beträgt 0,428 kg.

$$A_1+A_2+A_3=60\,314{,}76\,\text{mm}^2$$

$$V=60\,314{,}76\,\text{mm}^2\cdot 1\,\text{mm}=60\,314{,}76\,\text{mm}^3=0{,}06031476\,\text{dm}^3$$

$$\underline{\underline{m}}=0{,}06031476\,\text{dm}^3\cdot 7{,}1\,\frac{\text{kg}}{\text{dm}^3}=\underline{\underline{0{,}428\,\text{kg}}}$$

3. Ein Sandberg hat Kegelform und bedeckt bei einer Höhe von 2 m eine Kreisfläche mit dem Durchmesser 6 m. Wie viel m^3 Sand sind vorhanden? 262

Für das Volumen eines Kreiskegels gilt $V=\frac{A\cdot h}{3}$ mit $A=\pi\cdot\frac{d^2}{4}$.

$$A=\pi\cdot\frac{36}{4}\,\text{m}^2=28{,}274334\,\text{m}^2$$

$$\underline{\underline{V}}=\frac{28{,}27433\cdot 2}{3}\,\text{m}^3=\underline{\underline{18{,}850\,\text{m}^3}}$$

262 **4.** Ein kegelförmiger Sandhaufen hat am Boden einen Umfang von 15 m. Die Mantelhöhe misst 2,8 m. Wie viel t Sand sind vorhanden? $\left(\varrho = 1{,}5\,\frac{\text{kg}}{\text{dm}^3}.\right)$

Um die Formeln für Grundfläche und Volumen anwenden zu können, müssen zunächst der Durchmesser und die Höhe h des Kegels berechnet werden. Man erhält h mithilfe des Lehrsatzes des Pythagoras aus der Mantelhöhe und dem halben Durchmesser.
Sodann bestimmt man den Grundflächeninhalt und das Volumen des Kegels.

$$u = \pi \cdot d \Rightarrow d = 4{,}775\,\text{m}$$
$$h = \sqrt{2{,}8\,\text{m}^2 - 2{,}387^2\,\text{m}^2}$$
$$= 1{,}464\,\text{m}$$
$$A = \pi \cdot \frac{4{,}775^2}{4}\,\text{m}^2 = 17{,}908\,\text{m}^2$$
$$V = \frac{17{,}908 \cdot 1{,}464}{3}\,\text{m}^3 = 8{,}739\,\text{m}^3$$

Nun kann die Masse des Sandes berechnet werden.
Sie beträgt 13,109 t.

$$\underline{\underline{m}} = 8739\,\text{dm}^3 \cdot 1{,}5\,\frac{\text{kg}}{\text{dm}^3} = 13\,108{,}656\,\text{kg}$$
$$= \underline{\underline{13{,}109\,\text{t}}}$$

5. Ein kegelförmiges Zelt ohne Boden soll 8 m^2 Boden bedecken und 2,5 m hoch sein. Wie viel m^2 Zeltstoff werden gebraucht?

► Wird ein Kegelmantel von der Grundfläche zur Spitze hin aufgeschnitten und abgewickelt, so erhält man einen Kreisausschnitt. Dessen Fläche wird nach der Formel $M = \pi \cdot r \cdot s$ berechnet, wobei r für den Radius des Kegels und s für die Länge der Mantelhöhe stehen.

Da die Größe A der Grundfläche bekannt ist, kann d aus A berechnet werden.

$$8\,\text{m}^2 = \pi \cdot \frac{d^2}{4} \Rightarrow d = 3{,}1915\,\text{m}$$

s kann mithilfe des pythagoreischen Lehrsatzes aus r und h berechnet werden.

$$s = 2{,}5^2\,\text{m}^2 + 1{,}596^2\,\text{m}^2$$
$$= 2{,}966\,\text{m}$$

Die Mantelfläche wird nach der Formel $M = \pi \cdot r \cdot s$ berechnet. Es werden ungefähr 15 m^2 Stoff gebraucht.

$$\underline{\underline{M}} = \pi \cdot 2{,}966 \cdot 1{,}596\,\text{m}^2 = \underline{\underline{14{,}871\,\text{m}^2}}$$

6. Die Pyramide des Cheops hat einen Rauminhalt von rund 2 899 200 m^3. Wie hoch ist sie, wenn die Kante a der quadratischen Grundfläche 240 m lang ist? Berechnen Sie den Flächeninhalt ihres Mantels.

Für das Volumen der quadratischen Pyramide gilt $V = \frac{a^2 \cdot h}{3}$. Da a und V bekannt sind, kann h berechnet werden. Die Pyramide ist 151 m hoch.

$$2\,899\,200\,\text{m}^3 = \frac{240^2\,\text{m}^2 \cdot h}{3} \Rightarrow \underline{\underline{h = 151\,\text{m}}}$$

Der Mantel besteht aus vier kongruenten Dreiecken, deren Grundseiten 240 m lang sind und deren Höhe H mithilfe des pythagoreischen Lehrsatzes aus h und a berechnet werden kann.
Der Flächeninhalt des Mantels beträgt 92 580,292 m^2.

$$H = \sqrt{151^2\,\text{m}^2 + 120^2\,\text{m}^2}$$
$$H = 192{,}876\,\text{m}$$
$$\underline{\underline{A}} = 4 \cdot \frac{240 \cdot 192{,}876}{2}\,\text{m}^2 = \underline{\underline{92\,580{,}292\,\text{m}^2}}$$

7. Der Achsenschnitt eines Kegels ist ein gleichseitiges Dreieck, dessen Seite 8 cm lang ist. Wie groß ist der Rauminhalt des Kegels? 262

Die Höhe des Kegels ist der Höhe auf die Grundseite im gleichseitigen Dreieck gleich. Deren Länge ist nach Pythagoras berechenbar.

$$h = \sqrt{64\,\text{cm}^2 - 16\,\text{cm}^2} = 6{,}928\,\text{cm}$$

Der Durchmesser des Kegels entspricht der Grundseite des gleichseitigen Dreiecks. Er ist also 8 cm groß.
Der Rauminhalt beträgt 116,083 cm^3

$$\underline{\underline{V}} = \pi \cdot \frac{16 \cdot 6{,}928}{3}\,\text{cm}^3 = \underline{\underline{116{,}083\,\text{cm}^3}}$$

8. Der Mantelflächeninhalt eines Kegels, dessen Achsenschnitt ein gleichseitiges Dreieck ist, beträgt 103,5 dm^2. Wie groß ist der Rauminhalt des Kegels?

Die Formel für den Mantelflächeninhalt lautet $M = \pi \cdot r \cdot s$, wobei hier $s = 2r$ ist.

$$103{,}5\,\text{dm}^2 = \pi \cdot 2r^2$$

Da M bekannt ist, kann r berechnet werden.

$$r = \frac{103{,}5\,\text{dm}^2}{\pi \cdot 2} = 4{,}059\,\text{dm}$$

Die Höhe des Kegels ist der Höhe im gleichseitigen Dreieck gleich, also $h = r\sqrt{3}$.

$$h = 4{,}059\,\text{dm} \cdot \sqrt{3} = 7{,}030\,\text{dm}$$

Nun kann das Volumen bestimmt werden. Es beträgt 121,29 dm^2.

$$\underline{\underline{V}} = \frac{\pi \cdot 4{,}059^2 \cdot 7{,}030}{3}\,\text{dm}^2 = \underline{\underline{121{,}29\,\text{dm}^2}}$$

9. Ein Weinglas (Kelchglas) hat einen oberen Innendurchmesser d von 11 cm und eine Höhe h von 16 cm. Wie hoch steht der Wein im Glas, wenn man 280 cm^3 hineinfüllt?

Füllt man nur 280 cm^3 in das Glas, hat der so entstehende Kegel sowohl einen kleineren Radius y als auch eine kleinere Höhe x als das ganze Glas.

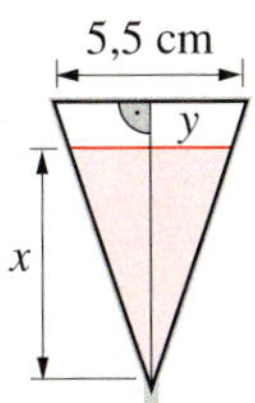

Der 2. Strahlensatz liefert eine Proportion, die x und y mit r und h verknüpft.

$$x : h = y : r \Rightarrow y = \frac{rx}{h} = \frac{5{,}5}{16}x$$

Diese Proportion löst man nach y auf und setzt den erhaltenen Wert in die Gleichung ein, die das Volumen des kleineren Kegels beschreibt.

$$280\,\text{cm}^3 = \frac{\pi \cdot y^2 \cdot x}{3}$$

Man erhält eine Gleichung dritten Grades mit der Variablen x. Man stellt sie nach x^3 um und zieht die 3. Wurzel.

$$280\,\text{cm}^3 = \frac{\pi \cdot 5{,}5^2\,\text{cm}^2 \cdot x^2 \cdot x}{3 \cdot 16^2\,\text{cm}^2}$$

$$x^3 = 2262{,}7887\,\text{cm}^3$$

$$\underline{\underline{x}} = \sqrt[3]{2262{,}7887\,\text{cm}^3} = \underline{\underline{13{,}128\,\text{cm}}}$$

Der Wein steht 13,128 cm hoch im Glas.

262

10. Ein Kelchglas hat ein gleichseitiges Dreieck als Achsenschnitt. Wie hoch muss es mindestens sein, wenn es $\frac{1}{4}$ Liter Wein fassen soll?

Das Volumen des Kelchglases wird nach der Formel $V = \frac{\pi \cdot r^2 \cdot h}{3}$ berechnet. Hier ist V bekannt.

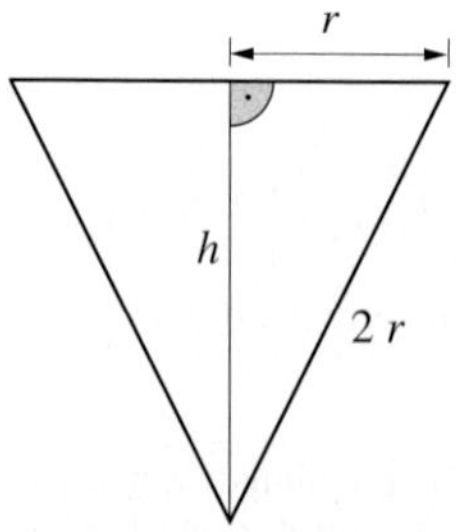

Weil der Achsenschnitt ein gleichseitiges Dreieck ist, gibt es nach Pythagoras eine Beziehung zwischen r und h. Man drückt r durch h aus und berechnet h mithilfe der Formel.

$$h^2 = 4r^2 - r^2$$

$$h = r\sqrt{3} \Rightarrow r = \frac{h}{\sqrt{3}}$$

Man setzt $250\,\text{cm}^3$ für V, stellt die Gleichung nach h^3 um und zieht die dritte Wurzel.

$$250\,\text{cm}^3 = \frac{\pi \cdot h^2 \cdot h}{3 \cdot 3}$$

$$h^3 = \frac{9 \cdot 250\,\text{cm}^3}{\pi} = 716{,}19724\,\text{cm}^3$$

Das Glas muss mindestens 8,95 cm hoch sein.

$$\underline{\underline{h = 8{,}95\,\text{cm}}}$$

11. Der Achsenschnitt eines Trichters ist ein gleichseitiges Dreieck. Wie hoch muss der Trichter mindestens sein, wenn er 3,256 kg Quecksilber $\left(\varrho = 13{,}6\,\frac{\text{kg}}{\text{dm}^3}\right)$ fassen soll?

Da eine Masse und deren Dichte bekannt sind, kann das zugehörige Volumen berechnet werden.

$$m = V \cdot \varrho$$

$$3{,}256\,\text{kg} = V \cdot 13{,}6\,\frac{\text{kg}}{\text{dm}^3} \Rightarrow V = 0{,}2394117\,\text{dm}^3$$

In der Formel für das Volumen eines Kegels kommen dessen Radius r und Höhe h vor. Da der Achsenschnitt ein gleichseitiges Dreieck ist, besteht zwischen r und h eine Beziehung nach Pythagoras.

$$h = r \cdot \sqrt{3} \quad \text{bzw.} \quad r = \frac{h}{\sqrt{3}}$$

Setzt man in der Formel für V für r den Term mit h ein, so kann man h berechnen.

$$V = \pi \cdot \frac{r^2 \cdot h}{3} = \pi \cdot \frac{h^2 \cdot h}{3 \cdot 3}$$

Der Trichter muss mindestens 8,82 cm hoch sein.

$$0{,}2394117\,\text{dm}^3 = \pi \cdot \frac{h^3}{9} \Rightarrow \underline{\underline{h = 0{,}882\,\text{dm}}}$$

12. Ein Gefäß hat Kegelform. Seitenlinie und Durchmesser sind gleich lang (35 cm). Wie viel Quecksilber $\left(\varrho = 13{,}6\,\frac{\text{kg}}{\text{dm}^3}\right)$ fasst das Gefäß?

Aus den Längen von Seitenlinie und Radius kann die Länge der Höhe des Kegels mithilfe des pythagoreischen Lehrsatzes errechnet werden.

$h = r \cdot \sqrt{3}$ ► Aufgabe 11

Nun kann das Volumen bestimmt werden.

$$V = \frac{\pi \cdot 17{,}5^2\,\text{cm}^2 \cdot 30{,}311\,\text{cm}}{3} = 9720{,}831\,\text{cm}^3$$

$$= 9{,}720832\,\text{dm}^3$$

Hieraus erhält man die Masse des Quecksilbers. Sie beträgt 132,203 kg.

$$\underline{\underline{m}} = 9{,}720832\,\text{dm}^3 \cdot 13{,}6\,\frac{\text{kg}}{\text{dm}^3} = \underline{\underline{132{,}203\,\text{kg}}}$$

13. Ein hölzerner Kegel hat 144 g Masse und folgende Maße: $d = 8\,\text{cm}$, $h = 18\,\text{cm}$. Wie groß ist die Dichte des Holzes?

Mithilfe von d und h wird das Volumen berechnet.

$$V = \frac{\pi \cdot 16\,\text{cm}^2 \cdot 18\,\text{cm}}{3} = 301{,}593\,\text{cm}^3$$

Nun kann aus V und m die Dichte bestimmt werden.

$$0{,}144\,\text{kg} = 0{,}301593\,\text{dm}^3 \cdot \varrho$$

Sie beträgt $0{,}477\,\frac{\text{kg}}{\text{dm}^3}$.

$$\underline{\underline{\varrho = 0{,}477\,\frac{\text{kg}}{\text{dm}^3}}}$$

14. Die Decke eines Turmzimmers hat Kegelform ($d = 5{,}2$ m, $h = 2{,}8$ m). Die Wand des Zimmers ist 4 m hoch. Wie viel € kostet der Anstrich von Decke und Wand, wenn für 1 m² 7,50 € gefordert werden?

Die Wand des Zimmers ist die Mantelfläche eines Zylinders.

$M = u \cdot h$ ► u = Umfang des Grundkreises

$$M_1 = \pi \cdot 5{,}2\,\text{m} \cdot 4\,\text{m} = 65{,}345\,\text{m}^2$$

Die Decke des Turmzimmers ist die Mantelfläche eines Kegel.

$M = \pi \cdot r \cdot s$ ► s = Länge der Seitenfläche

s kann mithilfe des Pythagoras aus Radius und Höhe des Turmzimmers berechnet werden.

$$s = \sqrt{2{,}8^2\,\text{m}^2 + 2{,}6^2\,\text{m}^2} = 3{,}82\,\text{m}$$

$$M_2 = \pi \cdot 2{,}6\,\text{m} \cdot 3{,}82\,\text{m} = 31{,}210\,\text{m}^2$$

Die gesamte Fläche ist $M_1 + M_2$.

$$M_1 + M_2 = 96{,}55\,\text{m}^2$$

Der Anstrich kostet ungefähr 725 €.

$$96{,}555\,\text{m}^2 \cdot 7{,}50\,\frac{\text{l}}{\text{m}^2} = \underline{\underline{724{,}17\,€}}$$

15. Einer geraden quadratischen Pyramide ($a = 21\,\text{cm}$, $h = 73\,\text{cm}$) ist ein Kegel einbeschrieben. Wie groß ist die Oberfläche des Kegels?

Die Oberfläche des Kegels besteht aus seinem Grundkreis und seinem Mantel.

$$O = A + M$$

$$A = \pi \cdot r^2; \quad M = \pi \cdot r \cdot s$$

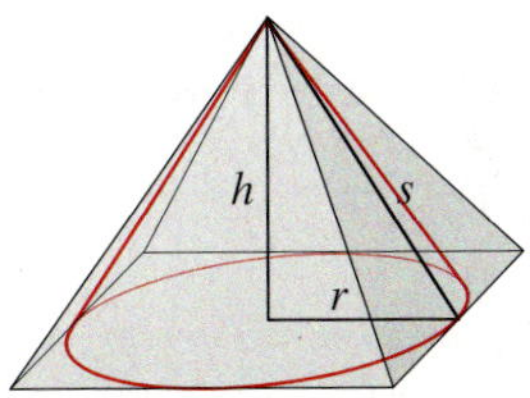

Um den Mantel berechnen zu können, muss die Länge s der Seitenlinie bestimmt werden.

$$s = \sqrt{73^2\,\text{cm}^2 + 10{,}5^2\,\text{cm}^2}$$

$$s = 73{,}75\,\text{cm}$$

Die Oberfläche beträgt $2\,779{,}1733\,\text{cm}^2$.

$$\underline{\underline{O}} = \pi \cdot 10{,}5^2\,\text{cm}^2 + \pi \cdot 10{,}5\,\text{cm} \cdot 73{,}75\,\text{cm} = \underline{\underline{2779{,}1733\,\text{cm}^2}}$$

262

16. Einem geraden Kegel ($d = 25\,\text{cm}$, $h = 16\,\text{cm}$) ist eine quadratische Pyramide einbeschrieben. Berechnen Sie den Oberflächeninhalt der Pyramide.

Die Oberfläche der Pyramide besteht aus einem Quadrat als Grundfläche und 4 flächengleichen Dreiecken als Seitenflächen.

$$O = A_Q + 4 \cdot A_\triangle$$
$$A_Q = a^2$$
$$A_\triangle = \frac{a \cdot s}{2}$$

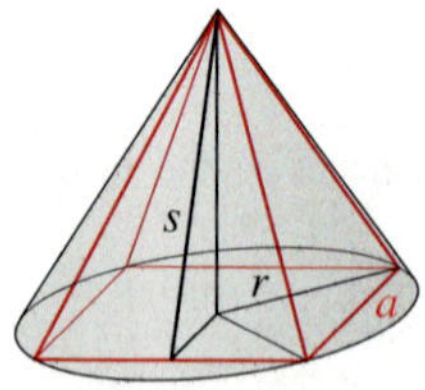

Um deren Inhalt berechnen zu können, müssen die Längen a der Quadratseite und s der Höhe einer Seitenfläche berechnet werden.

$$a^2 = r^2 + r^2 = 2r^2 \Rightarrow a = r\sqrt{2} = 17{,}68\,\text{cm}$$
$$s^2 = h^2 + \left(\frac{a}{2}\right)^2 \quad \Rightarrow s = 18{,}28\,\text{cm}$$

Die Oberfläche beträgt 958,96 cm^2.

$$\underline{\underline{O}} = 646{,}38\,\text{cm}^2 + 312{,}58\,\text{cm}^2 = \underline{\underline{958{,}96\,\text{cm}^2}}$$

17. Eine Säule ($d = 15\,\text{cm}$, $h = 51\,\text{cm}$) besteht aus Holz. Aus ihr soll mit möglichst wenig Abfall ein Kegel gedreht werden.

a) Wie groß ist der Rauminhalt des Kegels?

b) Welche Masse hat der Abfall des Holzes $\left(\varrho = 0{,}65\,\frac{\text{kg}}{\text{dm}^3}\right)$?

Die Volumina V_1 der Säule und V_2 des Kegels können aus den gegebenen Werten berechnet werden. Der Rauminhalt des Kegels beträgt 3004,148 cm^3.

$$V_1 = \pi \cdot 7{,}5^2\,\text{cm}^2 \cdot 51\,\text{cm} = 9012{,}444\,\text{cm}^3$$
$$\underline{\underline{V_2}} = \frac{\pi \cdot 7{,}5^2\,\text{cm}^2 \cdot 51\,\text{cm}}{3} = \underline{\underline{3004{,}148\,\text{cm}^3}}$$

Der Abfall ist die Differenz aus dem Volumen der Säule und des Kegels.

$$9012{,}444\,\text{cm}^3 - 3004{,}148\,\text{cm}^3 = 6008{,}296\,\text{cm}^3$$

Nun kann man die Masse des Abfalls bestimmen. Sie beträgt 3,905 kg.

$$\underline{\underline{m}} = 6{,}008296\,\text{dm}^3 \cdot 0{,}65\,\frac{\text{kg}}{\text{dm}^3} = \underline{\underline{3{,}905\,\text{kg}}}$$

18. Berechnen Sie den Oberflächeninhalt und den Rauminhalt eines Oktaeders ($a = 14\,\text{cm}$). (Ein Oktaeder wird von 8 gleichseitigen Dreiecken begrenzt.) Siehe nebenstehende Abbildung.

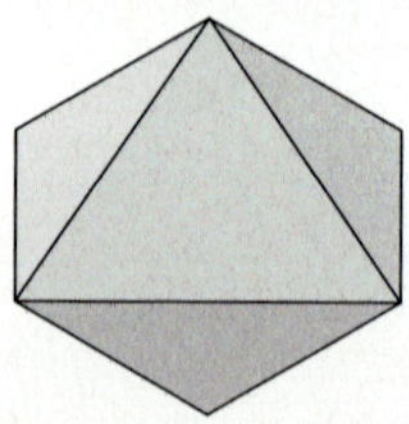

Die Oberfläche des Oktaeders besteht aus 8 kongruenten flächengleichen gleichseitigen Dreiecken. Deren Grundseite ist 14 cm, die Länge h ihrer Höhen ist $\frac{a}{2}\sqrt{3}$.

$$O = 8 \cdot \frac{a \cdot a\sqrt{3}}{2 \cdot 2} = 8 \cdot \frac{a^2}{4}\sqrt{3} = 2a^2\sqrt{3}$$
$$\underline{\underline{O}} = 2 \cdot 14^2\,\text{cm}^2\sqrt{3} = \underline{\underline{678{,}964\,\text{cm}^2}}$$

Das Volumen setzt sich aus den Volumina zweier rauminhaltsgleicher quadratischer Pyramiden zusammen.

$$V = 2 \cdot \left(\frac{a^2 \cdot H}{3}\right) \blacktriangleright H = \text{Höhe der Pyramide}$$

Deren Höhe H ergibt sich aus $H^2 = a^2 - \left(\frac{a}{2}\sqrt{2}\right)^2$ als $H = \frac{a}{2}\sqrt{2}$.

$$V = 2 \cdot \left(\frac{a^2 \cdot a \cdot \sqrt{2}}{3 \cdot 2}\right) = \frac{a^3\sqrt{2}}{3}$$

Der Oktaeder hat einen Oberflächeninhalt von 678,964 cm^2 und einen Rauminhalt von 1 293,534 cm^3.

$$\underline{\underline{V}} = \frac{(14\,\text{cm})^3 \cdot \sqrt{2}}{3} = \underline{\underline{1\,293{,}534\,\text{cm}^3}}$$

19. In einen Würfel ($a = 12\,\text{cm}$) ist eine doppelseitige Pyramide so einbeschrieben, dass ihre Ecken mit den Mittelpunkten der Würfelflächen zusammenfallen. Berechnen Sie den Rauminhalt und den Oberflächeninhalt der doppelseitigen Pyramide. 262

Die doppelseitige Pyramide ABCDEF (vgl. nebenstehende Zeichnung) setzt sich aus zwei kongruenten quadratischen vierseitigen Pyramiden zusammen. Um deren Volumina bestimmen zu können, braucht man die Länge l der Quadratseite und die Länge h der Höhe der Pyramiden. Von h weiß man, dass sie aus Symmetriegründen gleich $\frac{1}{2}a$ ist. l kann mithilfe des Pythagoras berechnet werden.

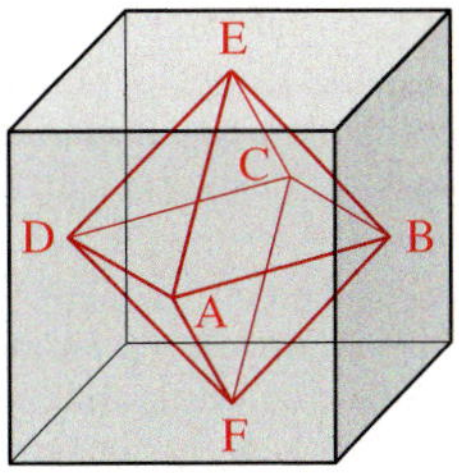

Betrachtet man dazu den Schnitt durch ABCD, so erkennt man:

$$l^2 = \sqrt{\left(\frac{a}{2}\right)^2 + \left(\frac{a}{2}\right)^2} = \sqrt{2 \cdot \left(\frac{a}{2}\right)^2},$$

also $l = \frac{a}{2}\sqrt{2}$.

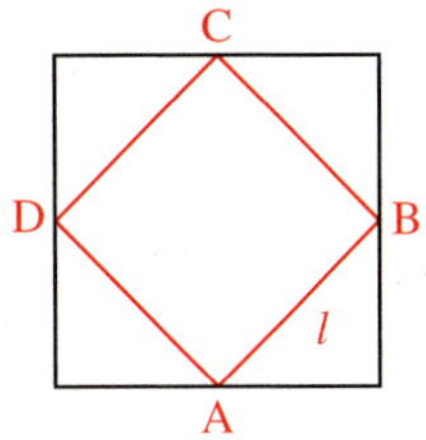

Auch für die Länge k der von A, B, C und D nach E und F verlaufenden Kanten der Doppelpyramide gilt:

$$k^2 = \sqrt{\left(\frac{a}{2}\right)^2 + \left(\frac{a}{2}\right)^2} = \sqrt{2 \cdot \left(\frac{a}{2}\right)^2},$$

also $k = \frac{a}{2}\sqrt{2}$.

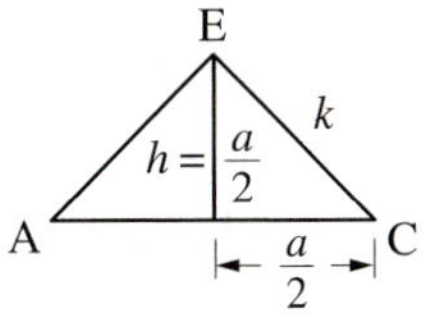

Das heißt aber, k ist genau so lang wie l, die Doppelpyramide ist ein Oktaeder.
V und O können nach den in Aufgabe 18 ermittelten Formeln berechnet werden.

$$V = \frac{a^3\sqrt{2}}{3} \quad \blacktriangleright\ a \text{ steht für } l = \frac{a}{2}\sqrt{2}$$

$$\underline{\underline{V}} = \frac{a^3 \cdot 2 \cdot \sqrt{2} \cdot \sqrt{2}}{8 \cdot 3} = \frac{a^3}{6} = \underline{\underline{288\,\text{cm}^3}}$$

Die Doppelpyramide hat einen Rauminhalt von 288 cm³ und einen Oberflächeninhalt von 249,415 cm².

$$O = 2a^2\sqrt{3} \quad \blacktriangleright\ a \text{ steht für } l = \frac{a}{2}\sqrt{2}$$

$$\underline{\underline{O}} = 2 \cdot \frac{a^2}{2}\sqrt{3} = \underline{\underline{249{,}415\,\text{cm}^2}}$$

20. Der Oberflächeninhalt eines Oktaeders beträgt 100 cm². Wie groß ist sein Rauminhalt?

Aus der Formel für den Oberflächeninhalt eines Oktaeders kann die Länge a seiner Kanten berechnet werden.

$$O = 2a^2\sqrt{3}$$

$$a^2 = \frac{O}{2\sqrt{3}} = 28{,}868\,\text{cm}^2 \Rightarrow a = 5{,}373\,\text{cm}$$

Damit wird sein Volumen berechnet. Es beträgt 73,115 cm³.

$$\underline{\underline{V}} = \frac{a^3\sqrt{2}}{3} = \underline{\underline{73{,}115\,\text{cm}^3}}$$

262

21. Ein Oktaeder ($a = 12\,\text{cm}$) wird an beiden Spitzen gleichmäßig abgestumpft. Die Eckkanten sind nachher nur noch halb so lang.

a) Wie groß sind Rauminhalt und Oberflächeninhalt des abgestumpften Körpers?

b) Wie groß ist der Rauminhalt der abgeschnittenen Stücke?

Ein Oktaeder ist eine Doppelpyramide. Von jeder dieser Pyramide wird die Spitze, also eine kleinere Pyramide abgeschnitten. Kennt man deren Volumen und Oberflächeninhalt, können auch Volumen und Oberflächeninhalt des Restkörpers berechnet werden.

Die Länge H der Höhe der „großen" Pyramide erhält man aus der Kantenlänge und der Länge der halben Diagonale der Grundfläche, die ein Quadrat ist.

$$H^2 = a^2 - \left(\frac{d}{2}\right)^2 \blacktriangleright d = a\sqrt{2} \Rightarrow \frac{d}{2} = \frac{a}{2}\sqrt{2}$$

$$= a^2 - \frac{a^2}{4}\cdot 2 \Rightarrow H = \frac{a}{2}\sqrt{2}$$

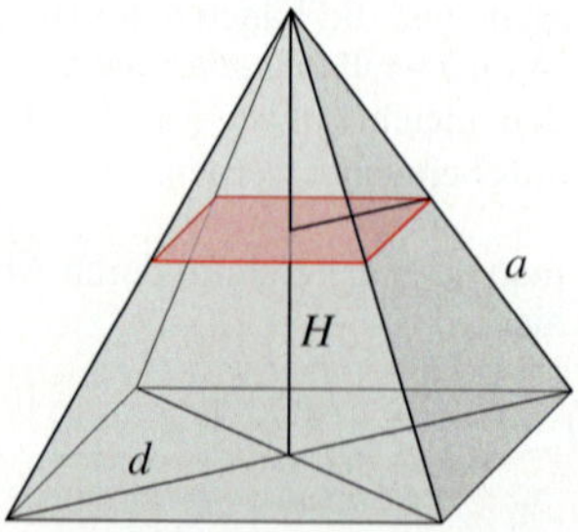

Die Länge h der Höhe der kleinen Pyramide erhält man mithilfe des Strahlensatzes.

▶ Lehrbuch Kusch Band 2, Abschnitt 10.2

$$6\,\text{cm} : 12\,\text{cm} = h : H$$

$$h = \frac{H}{2} \Rightarrow h = \frac{a}{4}\sqrt{2} \Rightarrow h = 4{,}243\,\text{cm}$$

Zu b) Nun kann das Volumen der abgeschnittenen Pyramiden berechnet werden.

$$\underline{\underline{V}} = 2\cdot\left(\frac{6^2\,\text{cm}^2\cdot 4{,}243\,\text{cm}}{3}\right) = \underline{\underline{101{,}832\,\text{cm}^3}}$$

Zu a) Das Volumen des Restkörpers ist die Differenz aus den Volumina des Oktaeders und der abgeschnittenen Pyramiden.
Es beträgt 712,755 cm^3.

$$V_O = \frac{a^3\sqrt{2}}{3} = 814{,}587\,\text{cm}^3$$

$$\underline{\underline{V_O - V = 712{,}755\,\text{cm}^3}}$$

Analog wird der Oberflächeninhalt des Restkörpers berechnet. Dabei muss man bedenken, dass durch das Abschneiden zwei neue Flächen entstanden sind, deren Inhalte berücksichtigt werden müssen.

Um die Inhalte der Oberflächen der kleinen Pyramiden berechnen zu können, muss die Länge s der Flächenhöhe der Seitenflächen bestimmt werden.

$$s^2 = h^2 + \left(\frac{6}{2}\right)^2\,\text{cm}^2 = 27\,\text{cm}^2 \Rightarrow s = 5{,}20\,\text{cm}$$

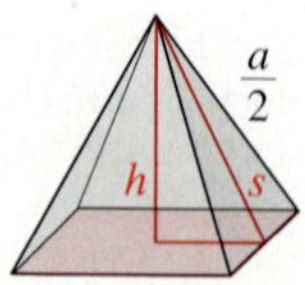

Nun wird zunächst der Inhalt einer Dreiecksfläche bestimmt, der sodann mit 8 multipliziert werden muss.
Der Oberflächeninhalt des Oktaeders wird nach der Formel berechnet.
Die neu entstandenen Flächen sind Quadrate mit dem Flächeninhalt von je 36 cm^2.
Der Oberflächeninhalt des Restkörpers ist die Differenz der Inhalte der Oktaederoberfläche und der Mantelflächen der kleinen Pyramiden, zu der 72 cm^2 addiert werden müssen.
Er beträgt 446,031 cm^2.

$$A_\triangle = \frac{6\,\text{cm}\cdot 5{,}20\,\text{cm}}{2} = 15{,}6\,\text{cm}^2$$

$$O_M = 8\cdot 15{,}6\,\text{cm}^2 = 124{,}8\,\text{cm}^2$$

$$O_O = 2a^2\sqrt{3} = 498{,}831$$

$$\underline{\underline{O_R}} = 498{,}831\,\text{cm}^2 - 124{,}8\,\text{cm}^2 + 72\,\text{cm}^2$$

$$= \underline{\underline{446{,}031\,\text{cm}^2}}$$

22. In einen Würfel ($a = 12\,\text{cm}$) ist ein Tetraeder so einbeschrieben, dass dessen Kanten die Flächendiagonalen des Würfels sind. Wie groß sind Rauminhalt und Oberflächeninhalt des Tetraeders?

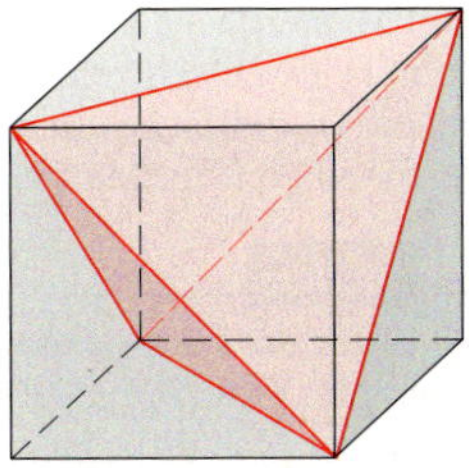

Ein Tetraeder ist eine dreiseitige Pyramide, die von 4 kongruenten gleichseitigen Dreiecken begrenzt wird. Die Länge k der Kanten ist der Länge der Flächendiagonalen des Würfels gleich, also $k = a\sqrt{2}$.

Die Länge h der Flächenhöhe eines gleichseitigen Dreiecks mit der Seitenlänge a ist $h = \frac{a}{2}\sqrt{3}$.

Man errechnet zunächst den Flächeninhalt eines der 4 Dreiecke.

$$A = \frac{a}{2} \cdot \frac{a}{2}\sqrt{3} = \frac{a^2}{4}\sqrt{3}$$

Daraus ergibt sich die Formel für den Oberflächeninhalt des Tetraeders.
Für $a = 12\,\text{cm}$ erhält man $498{,}856\,\text{cm}^2$ für den Oberflächeninhalt.

$$O = 4 \cdot \frac{a^2}{4}\sqrt{3} = a^2\sqrt{3} \Rightarrow \underline{\underline{O = 498{,}856\,\text{cm}^2}}$$

Um die Länge H der Höhe der Pyramide zu berechnen, muss berücksichtigt werden, dass sich die Abschnitte auf den Höhen im Dreieck wie 2 : 1 verhalten, gerechnet vom Eckpunkt an.

$$H^2 = a^2 - \frac{a^2}{9} \cdot 3 \Rightarrow H = a \cdot \sqrt{\frac{2}{3}}$$

► $\frac{2}{3}h = \frac{2 \cdot a \cdot \sqrt{3}}{3 \cdot 2} = \frac{a}{3}\sqrt{3}$

Auch für das Volumen des Tetraeders erhält man eine Formel, in die dann 12 cm für a gesetzt wird.
Das Volumen beträgt $576{,}045\,\text{cm}^3$.

$$V = \frac{a^2}{4} \cdot \sqrt{3} \cdot \frac{H}{3}$$

$$V = \frac{a^2}{4} \cdot \sqrt{3} \cdot \frac{a}{3} \cdot \sqrt{\frac{2}{3}}$$

$$V = \frac{a^3}{12}\sqrt{2} \Rightarrow \underline{\underline{V = 576{,}045\,\text{cm}^3}}$$

Stumpfe Körper

Pyramiden- und Kegelstümpfe sind gewissermaßen „Reste", die entstehen, wenn man von Pyramiden oder Kegeln durch einen Schnitt parallel zur Grundfläche eine kleine Pyramide oder einen kleinen Kegel abschneidet. Das bedeutet, dass man bei der Berechnung ihres Volumens auf die Formeln zurückgreifen kann, die für die Volumina von Pyramide und Kegel aufgestellt wurden.

Merke:

- Stehen A_1 und A_2 für den Flächeninhalt von Grund- bzw. Deckfläche eines Pyramiden- oder Kegelstumpfs und h für die Länge seiner Höhe, so gilt für sein Volumen V:

$$\boldsymbol{V = \frac{h}{3}\left(A_1 + \sqrt{A_1 \cdot A_2} + A_2\right).}$$

- Stehen D und d bzw. R und r für die Längen der Durchmesser bzw. Radien der Grund- und Deckflächen eines Kreiskegelstumpfs und h für die Länge seiner Höhe, so gilt für sein Volumen V:

$$\boldsymbol{V = \frac{\pi \cdot h}{12}(D^2 + Dd + d^2)} \text{ bzw. } \boldsymbol{V = \frac{\pi \cdot h}{3}(R^2 + Rr + r^2).}$$

- Gelegentlich wird eine sog. **Faustformel** zur Berechnung der Volumina von Pyramiden- und Kegelstumpf verwendet. Stehen A_1 und A_2 für die Inhalte von Grund- und Deckfläche, so lautet sie:

$$\boldsymbol{V \approx \frac{A_1 + A_2}{2} \cdot h.}$$

Oberfläche und Mantelfläche eines Pyramidenstumpfs müssen in Abhängigkeit von der Form der Grundfläche des Stumpfs jeweils einzeln berechnet werden. Die Seitenflächen sind immer Trapeze, die kongruent sind, wenn die Grundfläche ein regelmäßiges Vieleck ist.
Anders ist das für einen Kegelstumpf, denn Grund- und Deckfläche sind immer Kreise.

Merke:

Stehen *D* und *d* für die Längen von Grundkreisdurchmesser und Deckkreisdurchmesser eines geraden Kreiskegelstumpfes bzw. *R* und *r* für die Längen deren Radien und *s* für seine Seitenlänge, so gilt für den Inhalt *M* seiner Mantelfläche

$$M=\frac{\pi s}{2}(D+d) \text{ bzw. } M=\pi s(R+r).$$

(Alle Maße sind in mm)

263

1. Ankerschraube (Stahl)

$\left(\varrho=7{,}8\,\frac{\text{kg}}{\text{dm}^3}\right)$

Vorderansicht

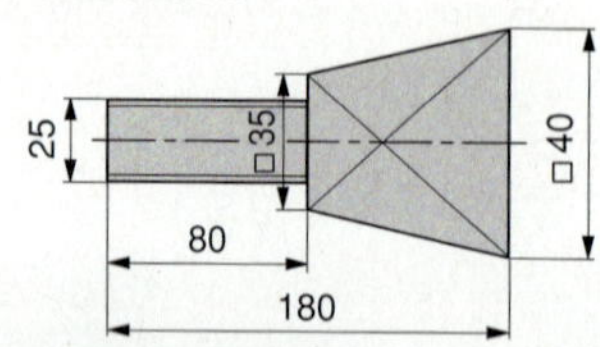

Gesucht: Masse in kg

2. Abschrot (Stahl)

$\left(\varrho=7{,}8\,\frac{\text{kg}}{\text{dm}^3}\right)$

Vorderansicht

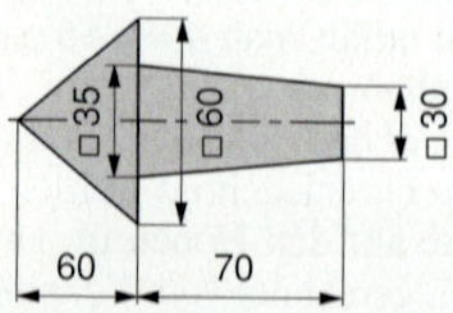

Gesucht: Masse in kg

3. Ankerklotz (Gusseisen)

$\left(\varrho=7{,}3\,\frac{\text{kg}}{\text{dm}^3}\right)$

Schnitt

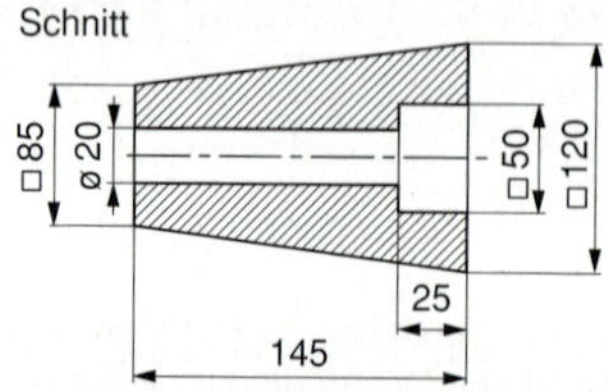

Gesucht: Masse in kg

4. Konusbuchse (Gusseisen)

$\left(\varrho=7{,}3\,\frac{\text{kg}}{\text{dm}^3}\right)$

Schnitt

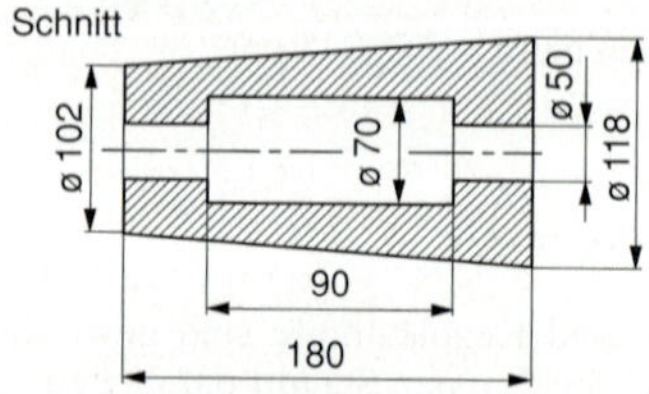

Gesucht: Masse in kg

Zu 1. Die Schraube besteht aus einem Zylinder und einem quadratischen Pyramidenstumpf.

Zunächst wird das Volumen des Zylinders berechnet.

$$V_1=\pi\cdot\frac{d^2}{4}\cdot h \Rightarrow V_1=39\,269{,}908\text{ mm}^3$$

Sodann wird das Volumen des Pyramidenstumpfs berechnet, wobei berücksichtigt wird, dass dessen Grund- und Deckflächen Quadrate sind.

$$V_2=\frac{h}{3}\left(A_1+\sqrt{A_1\cdot A_2}+A_2\right)$$

$$V_2=\frac{100}{3}\left(40^2+\sqrt{40^2\cdot 35^2}+35^2\right)\text{ mm}^3$$

$$V_2=140\,833{,}33\text{ mm}^3$$

Das Volumen der Ankerschraube ist durch V_1+V_2 gegeben.

$$V_1+V_2=180\,103{,}24\text{ mm}^3$$
$$=0{,}18010324\text{ dm}^3$$

Man erhält als Masse der Schraube 1,405 kg.

$$\underline{\underline{m}}=0{,}18010334\text{ dm}^3\cdot 7{,}8\,\frac{\text{kg}}{\text{dm}^3}$$
$$=\underline{\underline{1{,}405\text{ kg}}}$$

Zu 2. Der Körper besteht aus einer quadratischen Pyramide und einem quadratischen Pyramidenstumpf.

Zunächst wird das Volumen der quadratischen Pyramide berechnet.

$V_1 = \frac{a^2 \cdot h}{3} \Rightarrow V_1 = 72000\,\text{mm}^3$

Es folgt die Berechnung des quadratischen Pyramidenstumpfs.

$V_2 = \frac{70}{3}\left(1225 + \sqrt{1225 \cdot 900} + 900\right)\text{mm}^3$
$= 74083{,}33\,\text{mm}^3$

Das Volumen des Abschrots ist die Summe $V_1 + V_2$.

$V_1 + V_2 = 146083{,}33\,\text{mm}^3$
$= 0{,}146083\,\text{dm}^3$

$\underline{\underline{m}} = 0{,}146083\,\text{dm}^3 \cdot 7{,}8\,\frac{\text{kg}}{\text{dm}^3}$
$= \underline{\underline{1{,}139\,\text{kg}}}$

Die Masse des Körpers beträgt 1,139 kg.

Zu 3. Der Körper besteht aus einem Pyramidenstumpf, aus dem ein Zylinder und ein Quader ausgefräst sind.

Zunächst wird das Volumen des quadratischen Pyramidenstumpfs berechnet.

$V_1 = \frac{145}{3}\left(120^2 + \sqrt{120^2 \cdot 85^2} + 85^2\right)\text{mm}^3$
$= 1538208{,}33\,\text{mm}^3$

Sodann wird das Volumen des Quaders bestimmt und schließlich das Volumen des Zylinders.

$V_2 = 50^2 \cdot 25\,\text{mm}^3 = 62500\,\text{mm}^3$

$V_3 = \pi \cdot \frac{20^2}{4} \cdot 120\,\text{mm}^3 = 37699{,}112\,\text{mm}^3$

Man erhält das Volumen des Ankerklotzes als $V_1 - V_2 - V_3$.

$V_1 - V_2 - V_3 = 1438009{,}2\,\text{mm}^3$

$V_1 - V_2 - V_3 = 1{,}438009\,\text{dm}^3$

$\underline{\underline{m}} = 1{,}438009\,\text{dm}^3 \cdot 7{,}3\,\frac{\text{kg}}{\text{dm}^3} = \underline{\underline{10{,}497\,\text{kg}}}$

Die Masse des Klotzes beträgt 10,497 kg.

Zu 4. Der Körper besteht aus einem Kegelstumpf, aus dem ein größerer und zwei kleinere Zylinder ausgeschnitten sind.

Zunächst wird das Volumen des Kegelstumpfs berechnet.

$V_1 = \frac{\pi \cdot 180}{12}\left(118^2 + 118 \cdot 102 + 102^2\right)\text{mm}^3$
$= 1713613{,}1\,\text{mm}^3$

Es folgt die Berechnung des Volumens des größeren Zylinders.

$V_2 = \pi \cdot \frac{70^2}{4} \cdot 90\,\text{mm}^3 = 346360{,}59\,\text{mm}^3$

Die Berechnung des Volumens der zwei kleineren Zylinder ermöglicht die Bestimmung des Volumens der Konusbuchse als $V_1 - V_2 - V_3$ und die Berechnung ihrer Masse.
Sie beträgt 8,691 kg.

$V_3 = 2 \cdot \pi \cdot \left(\frac{50^2}{4} \cdot 45\right)\text{mm}^3 = 176714{,}59\,\text{mm}^3$

$V_1 - V_2 - V_3 = 1190537{,}9\,\text{mm}^3$
$= 1{,}1905379\,\text{dm}^3$

$\underline{\underline{m}} = 1{,}1905379 \cdot 7{,}3\,\frac{\text{kg}}{\text{dm}^3} = \underline{\underline{8{,}691\,\text{kg}}}$

5. Ein Eimer ($d = 21\,\text{cm}$, $D = 32\,\text{cm}$, $h = 34\,\text{cm}$) wird mit Wasser gefüllt. Wie viel Liter fasst er?

Der Eimer ist ein Kegelstumpf, dessen Volumen nach der entsprechenden Formel berechnet wird.
Er fasst ungefähr 19 Liter.

$\underline{\underline{V}} = \frac{\pi \cdot 34}{12}\left(32^2 + 32 \cdot 21 + 21^2\right)\text{cm}^3$
$= \underline{\underline{19021{,}82\,\text{cm}^3}}$

263 **6.** Der Stamm einer Tanne hat die Form eines Kegelstumpfs ($d = 9\,\text{cm}$, $D = 2{,}1\,\text{dm}$, $h = 17{,}75\,\text{m}$).
a) Wie viel Festmeter Holz enthält er?
b) Welche Masse hat er? $\left(\varrho = 0{,}75\,\frac{\text{kg}}{\text{dm}^3}.\right)$

Zunächst wird das Volumen berechnet.

Es beträgt ungefähr $0{,}33\,\text{m}^3$.

$$V = \frac{\pi \cdot 177{,}5}{12}\left(2{,}1^2 + 2{,}1 \cdot 0{,}9 + 0{,}9^2\right)\text{dm}^3 = 330{,}39737\,\text{dm}^3$$

Sodann wird die Masse bestimmt.

Die Masse beträgt ungefähr 247,8 kg.

$$\underline{\underline{m}} = 330{,}39737\,\text{dm}^3 \cdot 0{,}75\,\frac{\text{kg}}{\text{dm}^3} = \underline{\underline{247{,}798\,\text{kg}}}$$

7. Eine Steinsäule hat die Gestalt eines Kegelstumpfs ($D = 1{,}5\,\text{m}$, $d = 0{,}8\,\text{m}$, $h = 15\,\text{m}$). Welche Masse hat die Säule, wenn sie aus Sandstein besteht? $\left(\varrho = 2{,}4\,\frac{\text{kg}}{\text{dm}^3}.\right)$

Zunächst wird das Volumen der Säule berechnet.
Es beträgt $16\,061{,}392\,\text{dm}^3$.

$$\underline{\underline{V}} = \frac{\pi \cdot 15}{12}\left(1{,}5^2 + 1{,}5 \cdot 0{,}8 + 0{,}8^2\right)\text{m}^3 = \underline{\underline{16{,}061392\,\text{m}^3}}$$

Nun kann die Masse errechnet werden.
Sie beträgt ungefähr 38,547 t.

$$\underline{\underline{m}} = 16061{,}392\,\text{dm}^3 \cdot 2{,}4\,\frac{\text{kg}}{\text{dm}^3} = \underline{\underline{38\,547{,}342\,\text{kg}}}$$

8. Das Gewicht eines Sicherheitsventils hat die Form eines abgestumpften Kegels ($d = 100\,\text{mm}$, $D = 140\,\text{mm}$). Wie lang muss es sein, wenn es 14,6 kg Masse besitzt $\left(\varrho = 7{,}3\,\frac{\text{kg}}{\text{dm}^3}\right)$?

Mithilfe der gegebenen Masse und der Dichte kann das Volumen des Ventils berechnet werden.

$$m = V \cdot \varrho$$

$$V = \frac{m}{\varrho} \Rightarrow V = \frac{14{,}6}{7{,}3}\,\text{dm}^3 \Rightarrow V = 2\,\text{dm}^3$$

Aus dem Volumen und den Längen der beiden Durchmesser kann nun die Länge des Ventils errechnet werden.
Sie beträgt 175,22 mm.

$$2000000\,\text{mm}^3 = \frac{\pi \cdot h}{12}\left(140^2 + 140 \cdot 100 + 100^2\right)\text{mm}^3$$

$$\underline{\underline{h = 175{,}22\,\text{mm}}}$$

9. Ein Blumentopfuntersatz aus Kupfer $\left(\varrho = 8{,}8\,\frac{\text{kg}}{\text{dm}^3}\right)$ von 3 mm Dicke und 20 mm Höhe hat die Gestalt eines Kegelstumpfes. Die äußeren Durchmesser d und D sind 10 cm und 14,5 cm lang. Welche Masse hat der Untersatz?

Hier stehen gewissermaßen zwei Kegelstümpfe ineinander. Der innere hat eine um 3 mm kleinere Höhe und um jeweils 6 mm kleinere innere und äußere Durchmesser als der äußere.

Vom Volumen V_1 des äußeren Untersatzes wird das Volumen V_2 des inneren Untersatzes (der leer ist) subtrahiert.

$$V_1 = \frac{\pi \cdot 2}{12}\left(14{,}5^2 + 14{,}5 \cdot 10 + 10^2\right)\text{cm}^3 = 238{,}368\,\text{cm}^3$$

$$V_2 = \frac{\pi \cdot 1{,}7}{12}\left(13{,}9^2 + 13{,}9 \cdot 9{,}4 + 9{,}4^2\right)\text{cm}^3 = 183{,}467\,\text{cm}^3$$

$$V_1 - V_2 = 54{,}901\,\text{cm}^3$$

Sodann wird die Masse des Blumentopfuntersatzes berechnet. Sie beträgt 483 g.

$$\underline{\underline{m}} = 0{,}054901\,\text{dm}^3 \cdot 8{,}8\,\frac{\text{kg}}{\text{dm}^3} = \underline{\underline{0{,}483\,\text{kg}}}$$

10. Ein Pyramidenstumpf hat eine quadratische Grundfläche mit der Seitenlänge a und eine quadratische Deckfläche mit der Seitenlänge b. Stellen Sie eine Formel für sein Volumen auf, wenn außerdem h für die Länge seiner Höhe steht.

In der allgemeinen Formel für das Volumen eines Pyramidenstumpfes wird a^2 für A_1 und b^2 für A_2 gesetzt.

$$V = \frac{h}{3}\left(a^2 + \sqrt{a^2 b^2} + b^2\right)$$

$$\underline{\underline{V = \frac{h}{3}\left(a^2 + ab + b^2\right)}}$$

11. Sowohl für das Volumen des Kegel- wie auch des Pyramidenstumpfs gilt:
$V = \frac{A_1}{3}(h+x) - \frac{A_2}{3}x$, wenn A_1 für den Inhalt der Grundfläche, A_2 für den Inhalt der Deckfläche, h für die Länge der Höhe des Stumpfs und x für die Länge der Höhe der abgeschnittenen Spitze stehen.
Aus der Anwendung der Strahlensätze auf die jeweiligen Körper ergibt sich: $A_1 : A_2 = (h+x)^2 : x^2$.
Eliminieren Sie aus den Gleichungen die Variable x und vergleichen Sie das Ergebnis mit den Formeln für die Volumina von Pyramiden- und Kegelstumpf.

Zunächst wird aus der Volumenformel die Variable x isoliert.

$$V = \frac{A_1}{3}(h+x) - \frac{A_2}{3}x$$

1. Schritt: Multiplikation mit 3

$$3V = A_1(h+x) - A_2 x$$

2. Schritt: Ausmultiplizieren der Klammer

$$3V = A_1 x - A_2 x + A_1 h$$

3. Schritt: Ausklammern von x

$$3V = x(A_1 - A_2) + A_1 h$$

4. Schritt: Umstellen nach x

$$x = \frac{3V - A_1 h}{A_1 - A_2} \qquad (1)$$

Nun wird x aus der Proportion isoliert.

$$A_1 : A_2 = (h+x)^2 : x^2$$

1. Schritt: Die Produkte aus Innen- und Außengliedern werden gleichgesetzt.

$$A_1 x^2 = A_2\left(h^2 + 2hx + x^2\right)$$

2. Schritt: Die Klammer wird ausmultipliziert.

$$= A_2 h^2 + A_2 2hx + A_2 x^2$$

3. Schritt: Die Gleichung wird nach x geordnet.

$$x^2(A_1 - A_2) - 2xhA_2 - h^2 A_2 = 0$$

4. Schritt: Die Gleichung kann durch $A_1 - A_2$ wegen $A_1 > A_2$ und damit $A_1 - A_2 \neq 0$ dividiert und die Lösungsformel für quadratische Gleichungen angewandt werden.

$$x_{1,2} = \frac{hA_2}{A_1 - A_2} \pm \sqrt{\frac{h^2 A_2^2}{(A_1 - A_2)^2} + \frac{h^2 A_2 (A_1 - A_2)}{(A_1 - A_2)^2}}$$

5. Zwischenschritt: Der Wurzelterm wird vereinfacht.

$$\sqrt{\frac{h^2 A_2^2 + h^2 A_2 (A_1 - A_2)}{(A_1 - A_2)^2}} = \sqrt{\frac{h^2 A_1 A_2}{(A_1 - A_2)^2}} = \frac{h\sqrt{A_1 A_2}}{A_1 - A_2}$$

Man erhält dann insgesamt

$$x_{1,2} = \frac{hA_2}{A_1 - A_2} \pm \frac{h \cdot \sqrt{A_1 A_2}}{A_1 - A_2}$$

6. Wegen $A_1 > A_2$ ist $\sqrt{A_1 A_2} > A_2$.
Da x als Länge nicht negativ sein kann, kommt in der Formel für $x_{1,2}$ somit nur das $+$-Zeichen in Betracht.

$$x = \frac{hA_2 + h\sqrt{A_1 A_2}}{A_1 - A_2} \qquad (2)$$

7. Schritt: Die Terme (1) und (2) für x werden gleichgesetzt, die Gleichung wird mit $A_1 - A_2$ multipliziert und nach V umgestellt.

$$3V - hA_1 = hA_2 + h\sqrt{A_1 A_2}$$

$$3V = h\left(A_1 + \sqrt{A_1 A_2} + A_2\right)$$

Man erhält die bekannte Volumenformel für Pyramiden- und Kegelstumpf.

$$V = \frac{h}{3}\left(A_1 + \sqrt{A_1 A_2} + A_2\right)$$

Kugel

Eine Kugel ist ein Körper, dessen Punkte auf seiner Oberfläche von einem festen Punkt, dem Mittelpunkt der Kugel, alle den gleichen Abstand haben.
Die Verbindungsstrecken des Mittelpunkts mit Punkten der Oberfläche sind die Radien der Kugel. Die Verbindungsstrecken zweier Punkte der Oberfläche, die durch den Mittelpunkt gehen, sind Durchmesser der Kugel.

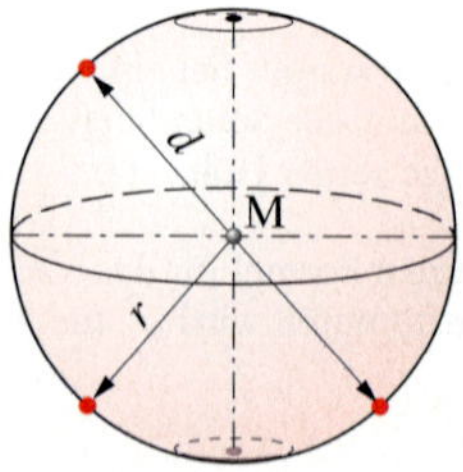

Merke:

- Stehen d bzw. r für die Längen von Durchmesser bzw. Radius einer Kugel, so gilt für deren Volumen V:
$$\boldsymbol{V=\frac{\pi}{6}d^3} \text{ bzw. } \boldsymbol{V=\frac{4}{3}\pi r^3}.$$
- Stehen d bzw. r für die Längen von Durchmesser bzw. Radius einer Kugel, so gilt für deren Oberflächeninhalt O:
$$\boldsymbol{O=\pi d^2} \text{ bzw. } \boldsymbol{O=4\pi r^2}.$$

264 **1.** Wie groß ist die Oberfläche der Erde, wenn man sie als Kugel mit $r=6370\,\text{km}$ betrachtet? Wie viel Tonnen wiegt sie, wenn $\varrho=5{,}56\,\frac{\text{kg}}{\text{dm}^3}$ ist?

In die Formel für den Inhalt der Oberfläche wird der gegebene Wert für r eingesetzt.

$$\underline{\underline{O}}=4\pi r^2$$
$$=46370^2\,\text{km}^2=\underline{\underline{5{,}0990436\cdot 10^8\,\text{km}^2}}$$

Entsprechend wird das Volumen berechnet.

$$\underline{\underline{V}}=\frac{4}{3}\pi r^3$$
$$=\underline{\underline{1{,}0826969\cdot 10^{12}\,\text{km}^3}}$$

► $\frac{\text{kg}}{\text{dm}^3}=\frac{10^9\,\text{t}}{\text{km}^3}$

Nun kann die Masse berechnet werden.

Sie beträgt $6{,}0197949\cdot 10^{21}$ t.

$$\underline{\underline{m}}=1{,}0826969\cdot 10^{12}\,\text{km}^3\cdot 5{,}561\,\frac{10^9\,\text{t}}{\text{km}^3}$$
$$=\underline{\underline{6{,}0197949\cdot 10^{21}\,\text{t}}}$$

2. Der Mond hat einen Halbmesser von 1 740 km, die Sonne einen solchen von 700 000 km.
a) Wie viele Monde könnte man theoretisch (bei gleicher Massendichte) aus der Erde herstellen?
b) Wie viele Erden könnte man theoretisch (bei gleicher Massendichte) aus der Sonne herstellen?

Zunächst wird das Volumen des Mondes berechnet.

$$V=\frac{4}{2}\pi r^3=2{,}2066647\cdot 10^{10}\,\text{km}^3$$

Das Volumen der Erde ist aus Aufgabe 1 bekannt. Es muss durch das Volumen des Mondes dividiert werden. Man könnte fast 50 Monde aus der Erde herstellen.

$$\frac{1{,}0826969\cdot 10^{12}\,\text{km}^3}{2{,}2066647\cdot 10^{10}\,\text{km}^3}=\underline{\underline{49{,}064858}}$$

Nun wird das Volumen der Sonne berechnet.

$$V=1{,}436755\cdot 10^{18}\,\text{km}^3$$

Es muss durch das Volumen der Erde dividiert werden.
Man könnte aus der Sonnenmasse 1 327 015 Erden herstellen.

$$\frac{1{,}436755\cdot 10^{18}\,\text{km}^3}{1{,}0826969\cdot 10^{12}\,\text{km}^3}=\underline{\underline{1327015}}$$

264

3. Welche Masse hat eine Kugel mit $r=0{,}25\,\text{m}$:

a) aus Kork $\left(\varrho=0{,}23\,\frac{\text{kg}}{\text{dm}^3}\right)$ **b)** aus Holz $\left(\varrho=0{,}75\,\frac{\text{kg}}{\text{dm}^3}\right)$

c) aus Eisen $\left(\varrho=7{,}3\,\frac{\text{kg}}{\text{dm}^3}\right)$ **d)** aus Gold $\left(\varrho=19{,}3\,\frac{\text{kg}}{\text{dm}^3}\right)$

Zunächst wird das Volumen der Kugel bestimmt, dabei wird 2,5 dm für r gesetzt.

$$V=\frac{4}{3}\pi r^3=65{,}45\,\text{dm}^3$$

Zu a)

$\varrho=0{,}23\,\frac{\text{kg}}{\text{dm}^3}$

$$\underline{\underline{m}}=65{,}45\,\text{dm}^3\cdot 0{,}23\,\frac{\text{kg}}{\text{dm}^3}=\underline{\underline{15{,}053\,\text{kg}}}$$

Zu b)

$\varrho=0{,}75\,\frac{\text{kg}}{\text{dm}^3}$

$$\underline{\underline{m}}=65{,}45\,\text{dm}^3\cdot 0{,}75\,\frac{\text{kg}}{\text{dm}^3}=\underline{\underline{49{,}087\,\text{kg}}}$$

Zu c)

$\varrho=7{,}3\,\frac{\text{kg}}{\text{dm}^3}$

$$\underline{\underline{m}}=65{,}45\,\text{dm}^3\cdot 7{,}3\,\frac{\text{kg}}{\text{dm}^3}=\underline{\underline{477{,}783\,\text{kg}}}$$

Zu d)

$\varrho=19{,}3\,\frac{\text{kg}}{\text{dm}^3}$

$$\underline{\underline{m}}=65{,}45\,\text{dm}^3\cdot 19{,}3\,\frac{\text{kg}}{\text{dm}^3}=\underline{\underline{1\,263{,}182\,\text{kg}}}$$

4. Wie viele Schrotkörner ($d=1{,}5\,\text{mm}$) kann man aus 2 kg Blei $\left(\varrho=11{,}4\,\frac{\text{kg}}{\text{dm}^3}\right)$ herstellen? (Schmelzverluste: 15%)

Beim Schmelzvorgang gehen 15% des Bleies verloren, es bleiben 85%, das sind 1,7 kg übrig.

$$85:100=2\,\text{kg}:x$$
$$x=1{,}7\,\text{kg}$$

Das Volumen von 1,7 kg Blei erhält man aus der Formel $V=\frac{m}{\varrho}$.

$$V=\frac{1{,}7\,\text{kg}}{11{,}4\,\frac{\text{kg}}{\text{dm}^3}}=0{,}1491288\,\text{dm}^3$$

Nun muss das Volumen eines Schrotkorns bestimmt und festgestellt werden, wie oft dies im Volumen des Bleis enthalten ist.

$$V=\frac{\pi}{6}d^3=1{,}7671459\,\text{mm}^3$$

► $1\,\text{dm}^3=1\,000\,000\,\text{mm}^3$

$$\frac{149\,122{,}8\,\text{mm}^3}{1{,}7671459\,\text{mm}^3}=\underline{\underline{84\,386{,}243}}$$

Man kann 84 386 Schrotkugeln erzeugen.

5. Eine Kugel hat einen Umfang von 70 cm. Wie groß ist **a)** ihr Oberflächenmaß, **b)** ihr Rauminhalt, **c)** eine Quadratseite, wenn der Inhalt der Quadratfläche gleich dem Inhalt der Kugeloberfläche ist?

Der Umfang einer Kugel ist eine Kreislinie. Aus ihm kann der Radius berechnet werden.

$$u=2\pi r$$
$$r=\frac{70\,\text{cm}}{2\pi}=11{,}141\,\text{cm}$$

Zu a)

Nun wird der Oberflächeninhalt der Kugel berechnet.

$$O=4\pi r^2$$
$$\underline{\underline{O=1\,559{,}718\,\text{cm}^2}}$$

Zu b)

Sodann bestimmt man das Volumen.

$$\underline{\underline{V}}=\tfrac{4}{3}\pi r^3=\underline{\underline{5\,792{,}4345\,\text{cm}^3}}$$

264 **Zu c)**

Die Länge der Quadratseite ergibt sich als Wurzel aus dem Oberflächeninhalt, weil dieser gleich dem Flächeninhalt des Quadrats sein soll.

$$a=\sqrt{1559{,}718\,\text{cm}^2}$$
$$\underline{\underline{a=39{,}493\,\text{cm}}}$$

6. Wie hoch muss ein Zylinder sein, der den gleichen Rauminhalt und den gleichen Durchmesser wie eine Kugel haben soll?

Da die Volumina von Zylinder und Kugel gleich sein sollen, können die rechten Seiten der Formeln für das Volumen von Zylinder und Kugel gleichgesetzt werden. Aus dieser Gleichung kann h berechnet werden.
Die Länge der Höhe des Zylinders muss $\frac{2}{3}$ der Länge des Durchmessers der Kugel betragen.

$$\pi\frac{d^2}{4}\cdot h=\pi\cdot\frac{d^3}{6} \quad |:\pi \quad |\cdot 4 \quad |:d^2$$
$$h=\frac{4d^3}{6d^2} \Rightarrow \underline{\underline{h=\frac{2}{3}d}}$$

7. Eine Kugel mit dem Durchmesser d von 60 cm sinkt 30 cm tief ins Wasser ein. Wie groß ist ihre Dichte?

Für die Dichte gilt: $\varrho=\frac{m}{V}$.

Da die Kugel 30 cm tief einsinkt, verdrängt sie also die Hälfte ihres Volumens V an Wasser.
Die Dichte von Wasser ist $1\,\frac{\text{kg}}{\text{dm}^3}$. Die Masse m der Halbkugel beträgt $\varrho\cdot V$, also

$m=1\,\frac{\text{kg}}{\text{dm}^3}\cdot V_1$ ► $V_1=\frac{1}{2}V$

Damit kann die Dichte der Kugel bestimmt werden.

$$\varrho=m\cdot V$$
$$\varrho=\frac{\frac{1}{2}V\cdot 1\,\frac{\text{kg}}{\text{dm}^3}}{V}=\frac{1}{2}\,\frac{\text{kg}}{\text{dm}^3}$$
$$\underline{\underline{\varrho=0{,}5\,\frac{\text{kg}}{\text{dm}^3}}}$$

8. Eine halbe Hohlkugel hat einen Außendurchmesser von 25 cm und eine Wandstärke von 5 mm. Wie viel Liter Wasser fasst sie?

Der Innendurchmesser der Halbkugel beträgt 24 cm. Damit wird das Volumen des Inneren der Halbkugel berechnet.
Die Halbkugel fasst 3,619 Liter.

$$\frac{V}{2}=\frac{\pi}{12}d^3$$
$$\frac{V}{2}=3619{,}115\,\text{cm}^3=\underline{\underline{3{,}619\,\text{dm}^3}}$$

9. Ein zylindrischer Ring von 20 mm Durchmesser soll durch ein Presswerkzeug in eine Kugel von 30 mm Durchmesser umgeformt werden. Auf welche Länge ist der Rohling abzuschneiden?

Das Volumen des Rohlings muss dem Volumen der Kugel gleich sein. Aus dieser Gleichung kann die Länge h der Höhe des Rohlings berechnet werden.
Sie beträgt 45 mm.

$$\pi\cdot\frac{20^2\,\text{mm}^2}{4}\cdot h=\frac{\pi}{6}\cdot 30^3\,\text{mm}^3 \quad |:\pi \quad |:20^2 \quad |\cdot 4$$
$$h=\frac{30^3\cdot 4\,\text{mm}^3}{20^2\cdot 6\,\text{mm}^2}=\underline{\underline{45\,\text{mm}}}$$

264

10. Der Mond hat einen Durchmesser von 3 474 km, der Mars einen solchen von 6 780 km. Wie viele Monde lassen sich theoretisch aus dem Mars formen? Wie verhalten sich die Oberflächen zueinander?

Zunächst werden die Volumina V_1 des Mondes und V_2 des Mars berechnet.

$$V_1 = \frac{\pi}{6} \cdot 3474^3\,\text{km}^3$$

$$V_2 = \frac{\pi}{6} \cdot 6780^3\,\text{km}^3$$

Sodann wird festgestellt, wie oft V_1 in V_2 enthalten ist. Das sind mehr als 7-mal.

$$V_2 : V_1 = \frac{6780^3\,\text{km}^3}{3474^3\,\text{km}^3} = \underline{\underline{7{,}434}}$$

Nun werden die Oberflächen beider Gestirne berechnet.

$$O_1 = \pi \cdot 3747^2\,\text{km}^2$$

$$O_2 = \pi \cdot 6780^2\,\text{km}^2$$

Der Quotient $O_1 : O_2$ wird gebildet und zu 1 ins Verhältnis gesetzt.

$$3474^2 : 6780^2 = 1 : x$$

Die Oberflächen verhalten sich wie 1 zu 3,809.

$$\underline{\underline{x}} = \frac{6780^2}{3474^2} = \underline{\underline{3{,}809}}$$

11. Eine Kugel aus Holz hat $\left(\varrho = 0{,}75\,\frac{\text{kg}}{\text{dm}^3}\right)$ die Masse 2 kg. Wie groß sind Durchmesser und Oberflächeninhalt der Kugel?

Aus der Gleichung $m = V \cdot \varrho$ kann V und aus V schließlich d berechnet werden.

$$2\,\text{kg} = V \cdot 0{,}75\,\frac{\text{kg}}{\text{dm}^3}$$

$$V = 2{,}666\,\text{dm}^3$$

$$2{,}666\,\text{dm}^3 = \frac{\pi}{6} \cdot d^3$$

$$d^3 = \frac{2{,}66\,\text{dm}^3 \cdot 6}{\pi} = 5{,}09295\,\text{dm}^3$$

Der Durchmesser beträgt 17,21 cm.

$$\underline{\underline{d}} = 1{,}721\,\text{dm} = \underline{\underline{17{,}21\,\text{cm}}}$$

Das ist die Voraussetzung dafür, auch den Oberflächeninhalt bestimmen zu können.

$$O = \pi \cdot \text{d}^2$$

Die Oberfläche hat einen Inhalt von 929,949 cm².

$$\underline{\underline{O = 929{,}949\,\text{cm}^2}}$$

12. Wie groß sind Durchmesser und Mantelflächeninhalt eines Zylinders, der aus einer Bleikugel umgegossen wurde? Zylinder und Kugel sollen gleich hoch sein.

Die Volumina beider Körper sind gleich groß. Die rechten Seiten der entsprechenden Formeln werden gleichgesetzt.

$$\frac{\pi}{6} \cdot D^3 = \frac{\pi}{4} \cdot d^2 h \quad |:\pi \quad |\cdot 4 \quad |:6$$

Stehen D für den Durchmesser der Kugel und h für die Höhe des Zylinders, so soll $D = h$ sein. Durch Umstellung der Gleichung nach d kann d berechnet werden.

$$d^2 = \frac{D^3 \cdot 4}{D \cdot 6} = \frac{2D^2}{3}$$

► $\sqrt{\frac{2}{3}} = \frac{\sqrt{2}}{\sqrt{3}} \cdot \frac{\sqrt{3}}{\sqrt{3}} = \frac{\sqrt{6}}{3}$

$$\underline{\underline{d}} = \sqrt{\frac{2}{3}}\,D = \underline{\underline{\frac{\sqrt{6}}{3}\,D}}$$

► $M = u \cdot h$ und $u = \pi d$

Für die Länge d des Durchmessers des Zylinders gilt $d = \frac{\sqrt{6}}{3} D$, für den Inhalt M der Mantelfläche $M = \pi \frac{\sqrt{6}}{3} D^2$. ► $D = h$

$$\underline{\underline{M}} = \pi d h = \pi h \frac{\sqrt{6}}{3} D = \underline{\underline{\pi \frac{\sqrt{6}}{3} D^2}}$$

264 **13.** Eine Hohlkugel fasst 560 cm³ Wasser. Welche Wanddichte hat sie, wenn der äußere Durchmesser 12 cm beträgt?

Aus dem Volumen des Inneren der Hohlkugel wird der Innendurchmesser errechnet.

$$V = \frac{\pi}{6} d^3 = 560\,\text{cm}^3$$

$$d^3 = \frac{6 \cdot 560\,\text{cm}^3}{\pi} = 1069{,}5212\,\text{cm}^3$$

Die Wanddicke s ist gleich der Hälfte der Differenz aus äußerem und inneren Durchmesser. Sie beträgt 89 mm.

$$d = 10{,}226\,\text{cm}$$

$$\underline{\underline{s}} = \frac{12\,\text{cm} - 10{,}226\,\text{cm}}{2} = \underline{\underline{0{,}89\,\text{cm}}}$$

14. Aus 0,75 kg einer Metallmischung kann man 14 Kugeln von 2 cm Durchmesser gießen. Wie groß ist die Dichte der Legierung?

Zunächst bestimmt man das Volumen der 14 Kugeln.

$$V = 14 \cdot \frac{\pi}{6} \cdot 4\,\text{cm}^2 \Rightarrow V = 58{,}643\,\text{cm}^3$$

► $58{,}643\,\text{cm}^3 = 0{,}058643\,\text{dm}^3$

Dann errechnet man aus der Formel für die Masse eines Körpers die Dichte.

$$0{,}75\,\text{kg} = 0{,}058643\,\text{dm}^3 \cdot \varrho$$

Sie beträgt $12{,}79\,\frac{\text{kg}}{\text{dm}^3}$.

$$\underline{\underline{\varrho}} = \frac{0{,}75\,\text{kg}}{0{,}058643\,\text{dm}^3} = \underline{\underline{12{,}79\,\frac{\text{kg}}{\text{dm}^3}}}$$

15. Ein Ballon von 12 m innerem Durchmesser wird mit Wasserstoff gefüllt $\left(\varrho = 0{,}09\,\frac{\text{kg}}{\text{dm}^3}\right)$.

a) Wie viel m³ Wasserstoff im Normalzustand sind nötig?

b) Welche Masse hat das Gas?

c) Welche Tragkraft hat die Füllung? (1 l Luft: $m = 1{,}29\,\text{g}$)

Die Tragkraft ergibt sich als Differenz aus der Masse der Luft, die der Ballon hätte, wäre er mit Luft gefüllt, und der Masse des mit Wasserstoff gefüllten Ballons.

Zu a) Das innere Volumen des Ballons wird berechnet.
Es sind also rund 905 m³ Wasserstoff zur Füllung des Ballons nötig.

$$\underline{\underline{V}} = \frac{\pi}{6} \cdot 12^3\,\text{m}^3 = \underline{\underline{904{,}779\,\text{m}^3}}$$

Zu b) Die Masse wird bestimmt.

► $905\,\text{m}^3 = 905\,000\,\text{dm}^3$

Sie beträgt 81,450 kg.

$$m = 905\,000\,\text{dm}^3 \cdot 0{,}09\,\frac{\text{g}}{\text{dm}^3}$$

$$\underline{\underline{m = 81\,450\,\text{g}}}$$

Zu c) Nun wird die Masse der möglichen Luftfüllung berechnet und von ihr die Masse der tatsächlichen Wasserstoffgas-Füllung subtrahiert.

$$m_L = 905\,000\,\text{dm}^3 \cdot 1{,}29\,\frac{\text{g}}{\text{dm}^3}$$

$$m_G = 905\,000\,\text{dm}^3 \cdot 0{,}09\,\frac{\text{g}}{\text{dm}^3}$$

Die Tragkraft des Ballons beträgt 1 086 kg.

$$\underline{\underline{m_L - m_G}} = 905\,000\,(1{,}29\,\text{g} - 0{,}09\,\text{g}) = \underline{\underline{1\,086\,000\,\text{g}}}$$

16. Einer Kugel ist ein Würfel ($a = 20\,\text{cm}$) einbeschrieben. Welchen Rauminhalt hat die Kugel?

Der Durchmesser d der Kugel entspricht der Raumdiagonale des Würfels. Für diese gilt $D = a\sqrt{3}$, wenn a für die Kantenlänge des Würfels steht.
Der Würfel hat ein Volumen von 21,766 dm³.

$$V = \frac{\pi}{6} \cdot \left(a\sqrt{3}\right)^3 = \frac{\pi}{6}\,34{,}641^3\,\text{cm}^3$$

$$\underline{\underline{V}} = 21\,765{,}592\,\text{cm}^3 = \underline{\underline{21{,}766\,\text{dm}^3}}$$

17. Sechs gleich große Kugeln wurden in einen zylinderförmigen Wasserbehälter (Innendurchmesser $= 21\,\text{cm}$) hineingeworfen und tauchten im Wasser vollständig unter. Wie groß ist der Durchmesser der Kugeln, wenn das Wasser um $2\frac{1}{3}\,\text{cm}$ stieg? 264

► Das Volumen der 6 Kugeln ist dem Volumen des verdrängten Wassers gleich.

Das Volumen der 6 Kugeln wird berechnet. d steht für die Länge des Durchmessers der Kugeln.

$$V = 6 \cdot \frac{\pi}{6} d^3 \Rightarrow V = \pi \cdot d^3$$

Das Volumen des über den Ausgangszustand erhöhten Wasserspiegels wird berechnet.

$$V = \frac{\pi}{4} \cdot 21^2\,\text{cm}^2 \cdot \frac{7}{3}\,\text{cm}$$

Beide Volumina werden gleich gesetzt.

$$\pi \cdot d^3 = \pi \cdot 257{,}25\,\text{cm}^3 \quad |:\pi$$

$$d^3 = 257{,}25\,\text{cm}^3$$

Die Kugeln haben einen Durchmesser von 6,36 cm.

$$\underline{\underline{d = 6{,}36\,\text{cm}}}$$

Kugelteile

Wird eine Kugel durch eine Ebene oder mehrere Ebenen geschnitten, entstehen Kugelteile, deren Rauminhalte und Oberflächeninhalte berechnet werden können.

1. Der **Kugelabschnitt**

Merke:

- Stehen d bzw. r für die Längen von Durchmesser bzw. Radius einer Kugel und h für die Länge der Höhe eines Abschnitts dieser Kugel, so gilt für das Volumen V dieses Kugelabschnitts:

  $$\boldsymbol{V = \frac{\pi h^2}{6}(3d - 2h)} \text{ bzw. } \boldsymbol{V = \frac{\pi h^2}{3}(3r - h)}.$$

  Die gekrümmte Oberfläche eines Kugelabschnitts nennt man **Kugelhaube, Kugelkappe** oder **Kalotte**.

- Für den Oberflächeninhalt O einer Kugelhaube gelten die Formeln:

  $\boldsymbol{O = \pi d h}$ bzw. $\boldsymbol{O = 2\pi r h}$.

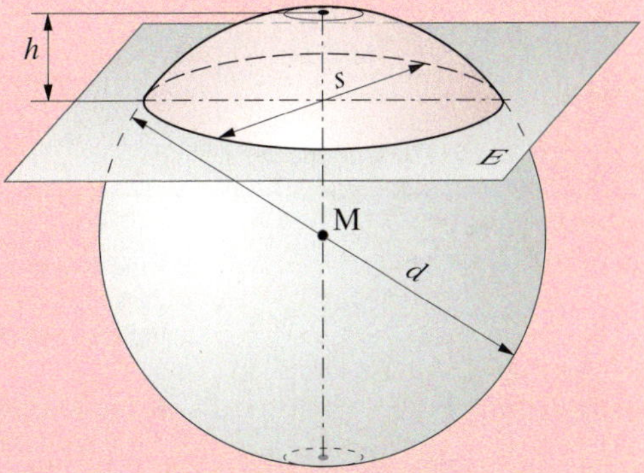

2. Der **Kugelausschnitt**

Merke:

Stehen d bzw. r für die Längen von Durchmesser bzw. Radius einer Kugel und h für die Länge der Höhe des Ausschnitts über der Schnittebene, so gilt für das Volumen V dieses Kugelausschnitts:

$$\boldsymbol{V = \frac{\pi d^2 h}{6}} \text{ bzw. } \boldsymbol{V = \frac{2\pi r^2 h}{3}}.$$

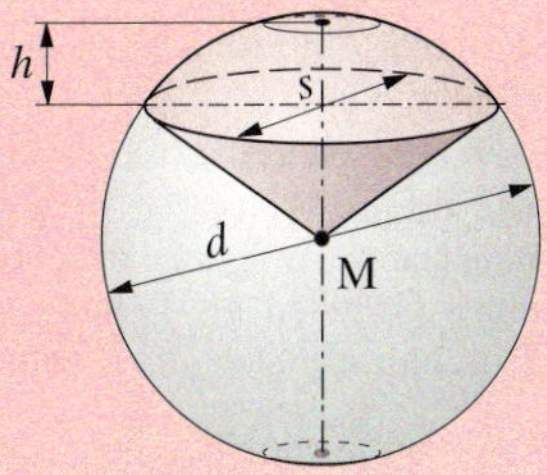

264

3. Die **Kugelschicht**

Merke:

Stehen d_1 für die Länge des Durchmessers des Grundkreises, d_2 für die Länge des Durchmessers des Deckkreises einer Kugelschicht und h für die Länge ihrer Höhe, so gelten für das Volumen und den Inhalt der Oberfläche der Kugelschicht:

$$V = \frac{\pi h}{24}\left(3d_1^2 + 3d_2^2 + 4h^2\right) \text{ und } O = \pi d h.$$

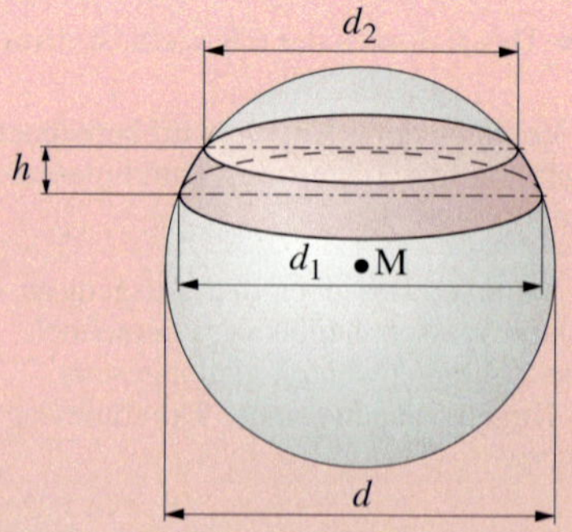

4. Der **Kugelkeil**

Merke:

Stehen α für die Größe des Öffnungswinkels und d für die Länge des Durchmessers einer Kugel, so gelten für Volumen und Oberflächeninhalt eines Kugelkeils:

$$V = \frac{\alpha}{360°} \cdot \frac{\pi d^3}{6} \text{ und } O = \frac{\alpha}{360°} \cdot \pi d^2.$$

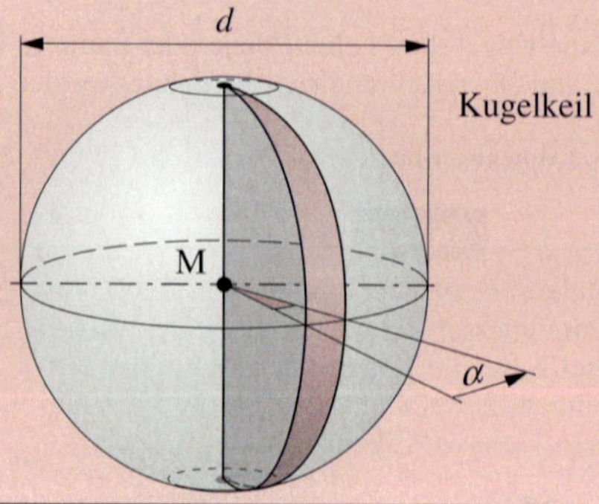

1.

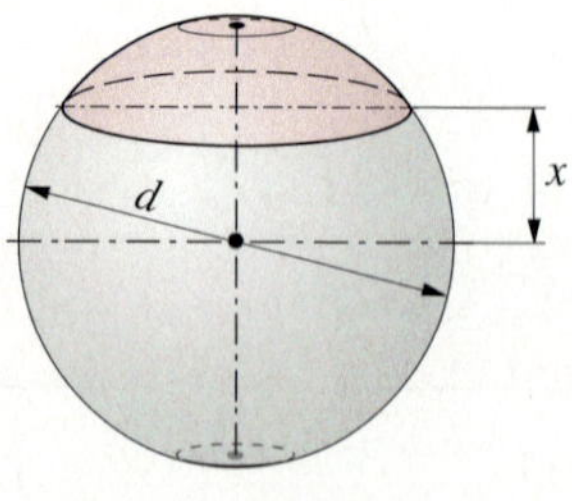

Eine Kugel mit dem Durchmesser d soll so geschnitten werden, dass sich die Oberflächeninhalte der Kugelhauben wie $1:5$ verhalten. Berechnen Sie den Abstand x.

► Die Kugelteile sind beides Kugelhauben. Steht h für die Länge der Höhe des einen, so ist $d - h$ die Länge der Höhe des anderen.

Die Oberflächeninhalte beider Hauben werden bestimmt und zueinander ins Verhältnis gesetzt.	$O_1 = \pi \cdot d \cdot h$ $O_2 = \pi \cdot d \cdot (d-h)$
Aus $O_1 : O_2 = 1:5$ folgt die Ausgangsgleichung zur Bestimmung von h.	$\pi d(d-h) = 5 \cdot \pi d h \quad \vert : \pi$
► Ein Produkt ist gleich 0, wenn mindestens einer seiner Faktoren 0 ist.	$d^2 - dh = 5dh$ $d^2 - 6dh = 0$
Die algebraische Lösung $d = 0$ scheidet aus geometrischen Gründen als Lösung aus, weil für einen Durchmesser stets $d > 0$ gelten muss.	$d(d-6h) = 0$ $h = \frac{d}{6}$
Der Abstand x ist $\frac{d}{2} - h$. Der Abstand hat die Länge $\frac{d}{3}$.	$\underline{\underline{x}} = \frac{d}{2} - \frac{d}{6} = \underline{\underline{\frac{d}{3}}}$

2. 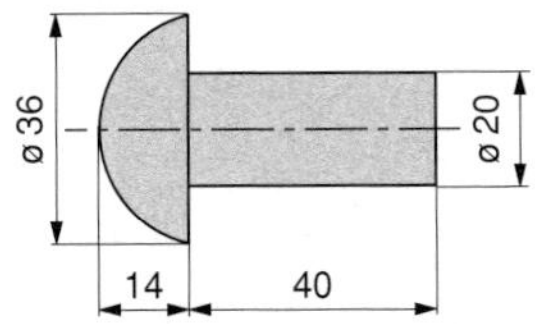

Welche Masse haben 120 Nieten aus Stahl ($\varrho = 7{,}8\,\text{g}\,\text{cm}^{-3}$) nach nebenstehender Zeichnung?

Die Nieten sind aus einem Kugelabschnitt und einem Zylinder zusammengesetzt. Um das Volumen des Kugelabschnitts berechnen zu können, muss der Durchmesser der Kugel errechnet werden. Dazu wird der Lehrsatz über die Sehnenabschnitte eines Kreises verwendet.
► Lehrbuch Kusch 2, Abschnitt 10.5

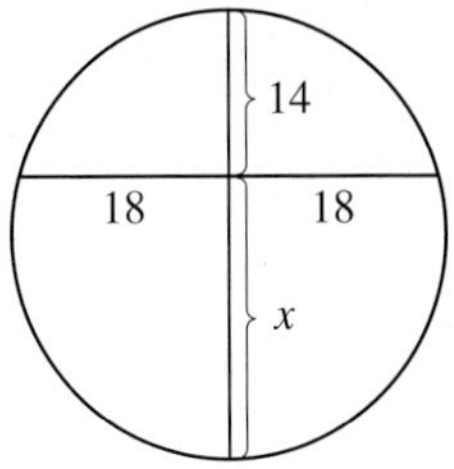

$x \cdot 14\,\text{mm} = 18 \cdot 18\,\text{mm}^2$
$x = 23{,}14\,\text{mm}$
$d = 37{,}14\,\text{mm}$

Nun wird das Volumen V_1 des Kugelabschnitts berechnet.

$$V_1 = \frac{\pi \cdot 14^2\,\text{mm}^2}{6}(111{,}42\,\text{mm} - 28\,\text{mm})$$

$$V_1 = 8\,561{,}0075\,\text{mm}^3$$

Es folgt das Volumen V_2 des Zylinders.

$$V_2 = \frac{\pi}{4} \cdot 20^2\,\text{mm}^2 \cdot 40\,\text{mm}$$

$$V_2 = 12\,566{,}371\,\text{mm}^3$$

Die Summe $V_1 + V_2$ ergibt das Volumen der Niete.

$$V_1 + V_2 = 21\,127{,}349\,\text{mm}^3 = 21{,}127349\,\text{cm}^3$$

Das 120fache davon ist das Volumen aller 120 Nieten.

$$120 \cdot 21{,}127349 = 2535{,}282\,\text{cm}^3$$

Nun wird die Masse der 120 Nieten wie üblich berechnet.
120 Nieten haben eine Masse von 19,775 kg.

$$\underline{\underline{m}} = 2535{,}282\,\text{cm}^3 \cdot 7{,}8\,\frac{\text{g}}{\text{cm}^3} = \underline{\underline{19775{,}198\,\text{g}}}$$

3. Ein Kugelabschnitt ist 6 cm hoch und hat einen Rauminhalt V von $5\,000\,\text{cm}^3$. Berechnen Sie den Durchmesser d der dazugehörigen Kugel:
a) mithilfe von Variablen,
b) für die angegebenen Werte.

Zu a)
Die Formel für den Rauminhalt eines Kugelabschnitts wird nach d umgestellt.

$$V = \frac{\pi h^2}{6}(3d - 2h) \quad | \cdot 6 \; | \pi h^2$$

$$\frac{6V}{\pi h^2} = 3d - 2h \quad | + 2h$$

$$3d - \frac{6V}{\pi h^2} + 2h \quad | : 3$$

$$\underline{\underline{d}} = \frac{6V}{3\pi h^2} + \frac{2h}{3} = \underline{\underline{\frac{6V + 2\pi h^3}{3\pi h^2}}}$$

Zu b)
Für $h = 6\,\text{cm}$ und $V = 5000\,\text{cm}^3$ erhält man 92,419 cm für d.

$$d = \frac{30000\,\text{cm}^3 + 1\,357{,}168\,\text{cm}^3}{339{,}292\,\text{cm}^2}$$

$$\underline{\underline{d = 92{,}419\,\text{cm}}}$$

265 **4.** Ein Hohlspiegel ist 2 cm tief und gehört zu einer Kugel mit dem Durchmesser d von 15 cm Länge. Er ist mit einer Silberschicht belegt, die 0,1 mm dick ist. Berechnen Sie die Masse der Silberschicht $\left(\varrho = 10{,}5\,\frac{\text{g}}{\text{cm}^3}\right)$.

Der Hohlspiegel ist eine Kugelhaube, deren Oberfläche nach der Formel $O = \pi d h$ berechnet wird.

$O = 94{,}24778\,\text{cm}^2$

Das Volumen der Silberschicht wird berechnet und schließlich mit der Dichte multipliziert.

$V = 9424{,}778\,\text{mm}^2 \cdot 0{,}1\,\text{mm} = 942{,}4778\,\text{mm}^3$

$942{,}4778\,\text{mm}^3 = 0{,}9424778\,\text{cm}^3$

Die Silberschicht hat eine Masse von 9,896 g.

$\underline{\underline{m}} = 0{,}9424778\,\text{cm}^3 \cdot 10{,}5\,\frac{\text{g}}{\text{cm}^3} = \underline{\underline{9{,}896\,\text{g}}}$

5. Ein Kuppeldach hat die Form einer Kugelhaube. Die Höhe der Kuppel beträgt 8 m und der Durchmesser der Grundfläche 32 m. Berechnen Sie:
a) den Flächeninhalt des Daches,
b) den Rauminhalt der Kuppel.

Zunächst muss der Durchmesser der zugehörigen Kugel berechnet werden. Dazu wird der Sehnensatz verwendet. ▸ Aufgabe 2.

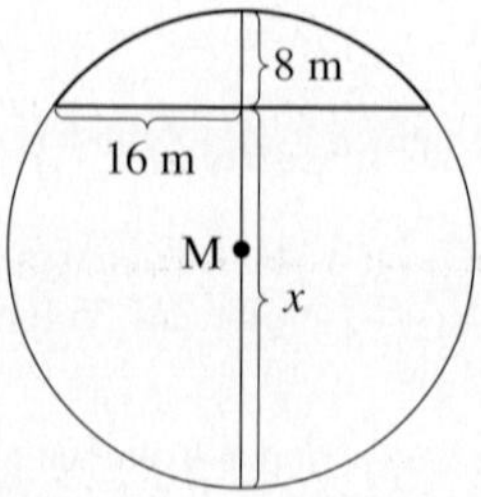

Da $x = 32\,\text{m}$, ist $d = 32\,\text{m} + 8\,\text{m}$, also 40 m lang.

$8\,\text{m} \cdot x = 16\,\text{m} \cdot 16\,\text{m} \Rightarrow x = 32\,\text{m}$

Zu a) Nun kann der Oberflächeninhalt berechnet werden. Er beträgt 1 005,3096 m².

$\underline{\underline{O}} = \pi \cdot 40\,\text{m} \cdot 8\,\text{m} = \underline{\underline{1\,005{,}3096\,\text{m}^2}}$

Zu b) Der Rauminhalt der Kuppel ist als Rauminhalt eines Kugelabschnitts zu berechnen. Er beträgt 3 485,074 m³.

$\underline{\underline{V}} = \frac{\pi h}{6}(120\,\text{m} - 16\,\text{m}) = \underline{\underline{3485{,}074\,\text{m}^3}}$

6. Berechnen Sie die Masse der abgebildeten Bikonkavlinse $\left(\varrho = 3{,}5\,\frac{\text{g}}{\text{cm}^3}\right)$

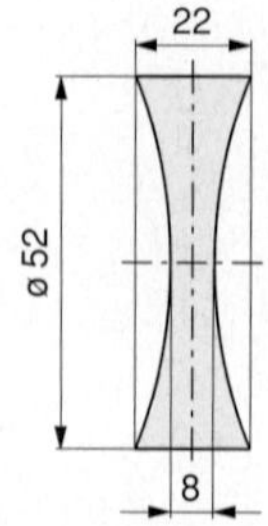

▸ Vom Rauminhalt eines Zylinders mit dem Durchmesser der Länge 52 mm und der Höhe der Länge 22 mm wird der Rauminhalt zweier Kugelabschnitte abgezogen.

Das Volumen des Zylinders wird berechnet.

$V_1 = \frac{\pi}{4}\,52^2\,\text{mm}^2 \cdot 22\,\text{mm} = 46\,721{,}766\,\text{mm}^3$

Sodann wird wie in Aufgabe 2 der Durchmesser der Kugel bestimmt.

$7\,\text{mm} \cdot x = 26\,\text{mm} \cdot 26\,\text{mm} \Rightarrow x = 96{,}57\,\text{mm}$
$d = 96{,}57\,\text{mm} + 7\,\text{mm} = 103{,}57\,\text{mm}$

Nun kann das Volumen der Kugelabschnitte bestimmt werden.

$V_2 = 2 \cdot \left[\frac{\pi \cdot 49\,\text{mm}^2}{6}(296{,}71\,\text{mm} - 14\,\text{mm})\right]$

Vom Volumen des Zylinders wird das Volumen der beiden Kugelabschnitte subtrahiert, sodann die Masse der Bikonkavlinse bestimmt. Sie beträgt 110,24 g.

$V_2 = 15\,224{,}985\,\text{mm}^3$

$V_1 - V_2 = 31\,496{,}781\,\text{mm}^3 = 31{,}497\,\text{cm}^3$

$\underline{\underline{m}} = 31{,}497\,\text{cm}^3 \cdot 3{,}5\,\frac{\text{g}}{\text{cm}^3} = \underline{\underline{110{,}24\,\text{g}}}$

7. Eine Schale hat die Form eines Kugelabschnitts. Sie hat eine Innenhöhe von 6 cm und kann 2 l Wasser aufnehmen. Berechnen Sie:
a) ihren Innendurchmesser *s*,
b) den Durchmesser *d* der zugehörigen Innenkugel.

Aus dem Volumen und der Innenhöhe des Kugelabschnitts kann der Durchmesser der zugehörigen Kugel berechnet werden.

$2\,\text{dm}^3 = \frac{\pi \cdot 0{,}36\,\text{dm}^2}{6}(3d - 1{,}2\,\text{dm}) \quad | \cdot 6 \,|: \pi \,| \cdot 0{,}36\,\text{dm}^2$

$3d - 1{,}2\,\text{dm} = 10{,}611\,\text{dm} \quad | +1{,}2\,\text{dm} \,| : 3$

Er beträgt 39,37 cm.

$\underline{\underline{d = 3{,}937\,\text{dm}}}$

Mithilfe des Sehnensatzes wird nun die Länge des Innendurchmessers berechnet.
► Aufgabe 2.

$\frac{s}{2} \cdot \frac{s}{2} = (39{,}37\,\text{cm} - 6\,\text{cm}) \cdot 6\,\text{cm}$

Der Innendurchmesser ist 28,30 cm lang.

$\frac{s}{2} = \sqrt{200{,}22\,\text{cm}^2} \Rightarrow \underline{\underline{s}} = 2 \cdot 14{,}15\,\text{cm} = \underline{\underline{28{,}30\,\text{cm}}}$

8. Eine Stahlkugel von 40 cm Durchmesser wird mit einem Bohrer ($d = 20\,\text{cm}$) durchbohrt. Die Bohrerachse geht durch den Mittelpunkt der Kugel. Welche Masse hat der verbleibende Restkörper $\left(\varrho = 7{,}8\,\frac{\text{g}}{\text{cm}^3}\right)$?

► Vom Volumen der Kugel ist das Volumen des durch den Bohrer erzeugten Zylinders und das Volumen der beiden Kugelabschnitte, die auf dem Zylinder sitzen, zu subtrahieren.

Die nebenstehende Zeichnung zeigt den senkrechten Schnitt durch die Kugelmitte.

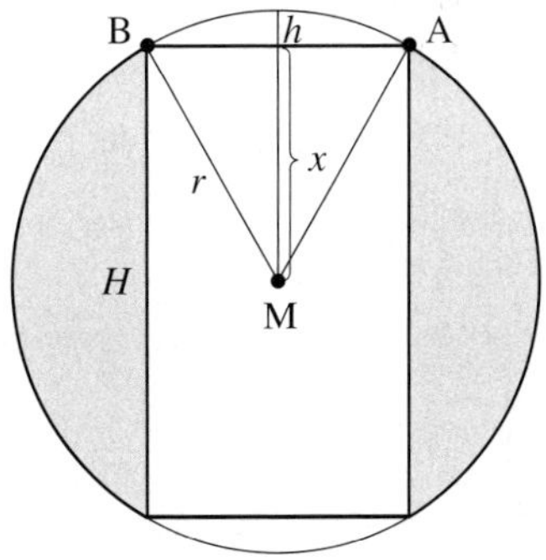

Das Dreieck △MAB ist gleichseitig, alle Seiten sind 20 cm lang. Für die Länge *x* seiner Höhe gilt $x = \frac{r}{2}\sqrt{3}$, für die Länge *h* der Höhe des Kugelabschnitts demzufolge $h = r - \frac{r}{2}\sqrt{3}$.

$h = r\left(1 - \frac{1}{2}\sqrt{3}\right)$

$h = 2{,}679\,\text{cm}$

Die Länge *H* der Höhe des Zylinders ist $H = 2x$.

$H = 2x = 34{,}64\,\text{cm}$

Das Volumen der Kugel wird berechnet.

$V_K = \frac{\pi}{6} d^3 = 33\,510{,}322\,\text{cm}^3$

Das Volumen des Zylinders wird berechnet.

$V_Z = \frac{\pi}{4} \cdot 20^2\,\text{cm}^2 \cdot 34{,}64\,\text{cm} = 10\,882{,}477\,\text{cm}^3$

265

Das Volumen der beiden Kugelabschnitte wird berechnet.

$V_A = 2 \cdot \frac{\pi h^2}{6}(3d - 2h) = 861{,}931\,\text{cm}^3$

Das Volumen des Restkörpers entsteht durch Subtraktion der Volumina von Zylinder und Kugelabschnitten vom Kugelvolumen.

$V_R = 21765{,}914\,\text{cm}^3$

Schließlich wird die Masse des Restkörpers bestimmt. Sie beträgt rund 169,774 kg.

$\underline{\underline{m}} = 21765{,}914\,\text{cm}^3 \cdot 7{,}8\,\frac{\text{g}}{\text{cm}^3} = \underline{\underline{169774{,}13\,\text{g}}}$

9. Der Oberflächeninhalt einer Kugelhaube soll doppelt so groß sein wie der Flächeninhalt der ebenen Grundfläche, die sie bedeckt. Berechnen Sie:
a) die Abhängigkeit zwischen s und h,
b) die Höhe h, wenn s für 48 cm steht.

Die Formeln für den Oberflächeninhalt O der Kugelhaube und des Flächeninhalts A des Grundkreises der Haube sind bekannt. Das liefert die Ausgangsgleichung, wenn man bedenkt, dass $O = 2A$ ist.

$O = 2A$

$\pi \cdot d \cdot h = 2\left(\pi \cdot \frac{s^2}{4}\right) \quad | : \pi$

$\Rightarrow dh = \frac{s^2}{2} \qquad (1)$

Zu a)
Da s für die Länge des Durchmessers des Grundkreises steht, ist wie in Aufgabe 2 der Sehnensatz anwendbar.

$\left(\frac{s}{2}\right)^2 = h(d-h) \Rightarrow hd = \frac{s^2}{4} + h^2$

Setzt man in Gleichung (1) den so bestimmten Term für hd, so kann man h in Abhängigkeit von s berechnen.

$\frac{s^2}{4} + h^2 = \frac{s^2}{2}$

$h^2 = \frac{s^2}{4}$, also $s^2 = 4h^2$ und $h = \frac{s}{2}$

Zu b)
Damit ist nun auch h zu berechnen, wenn s für 48 cm steht.
h ist 24 cm lang.

$h = \frac{s}{2} \Rightarrow \underline{\underline{h = 24\,\text{cm}}}$

10. Eine Kugel aus Holz ($d = 30\,\text{cm}$) schwimmt im Wasser von 4 °C. Der aus dem Wasser ragende Teil der Kugel hat eine Höhe von 6 cm. Berechnen Sie die Dichte des Holzes:
a) für die angegebenen Werte,
b) mithilfe von Variablen.

► Der unter Wasser liegende Teil der Kugel ist ein Kugelabschnitt mit der Höhe von 24 cm.

Zu a) Das Volumen des größeren der beiden Kugelabschnitte wird berechnet.

$V = \frac{\pi h^2}{6}(3d - 2h)$

Seine Masse beträgt 12,669 kg wegen der Dichte $1\,\frac{\text{kg}}{\text{dm}^3}$.

$V = 12666{,}902\,\text{cm}^3 = 12{,}6669\,\text{dm}^3$

Hieraus und aus dem Volumen der Kugel errechnet sich die Dichte des Holzes.

$12{,}6669\,\text{kg} = 14{,}137167\,\text{dm}^3 \cdot \varrho$

Sie beträgt $0{,}896\,\frac{\text{kg}}{\text{dm}^3}$.

$\underline{\underline{\varrho = 0{,}896\,\frac{\text{kg}}{\text{dm}^3}}}$

Zu b) Die Rechnung mit Variablen verläuft analog.

$m = \frac{\pi h^2}{6}(3d - 2h) \cdot 1\,\frac{\text{kg}}{\text{dm}^3}$

Die Masse des unter Wasser liegenden Teils der Kugel erhält man als Produkt aus dessen Volumen und der Dichte.

$\varrho = \frac{\pi h^2}{6}(3d - 2h)\,\text{kg} : \frac{\pi}{6} d^3\,\text{dm}^3$

Die Dichte des Körpers erhält man als Quotient aus der Masse und seinem Volumen.

$\underline{\underline{\varrho = \frac{h^2}{d^3}(3d - 2h)\,\frac{\text{kg}}{\text{dm}^3}}}$

11. Eine Kugel hat einen Rauminhalt von $8\,000\ \text{cm}^3$. Ein davon abgetrenntes Kugelsegment besitzt eine Höhe von 5 cm. Berechnen Sie den Durchmesser *s* der Segmentgrundfläche: **265**

a) für die angegebenen Werte,
b) mithilfe von Variablen.

► Aus dem Volumen kann man *d* bestimmen und aus *d* mithilfe des Sehnensatzes *s*.

Zunächst wird *d* berechnet.
Aus dem Sehnensatz entnimmt man
$d=\frac{s^2}{4h}+h$ ► Aufgabe 2.

$$d=\sqrt[3]{\frac{6\cdot 8000\,\text{cm}^3}{\pi}} \Rightarrow d=24{,}8\,\text{cm}$$

$$\frac{s^2}{4h}=d-h$$

Zu a) Der Durchmesser der Segmentgrundfläche beträgt 19,899 cm.

$$s^2=19{,}8\,\text{cm}\cdot 20\,\text{cm} \Rightarrow \underline{\underline{s=19{,}899\,\text{cm}}}$$

Zu b) Die Berechnung mit Variablen folgt diesem Vorgehen.
Der errechnete Term wird dem für *d* aus dem Sehnensatz hergeleiteten Term gleichgesetzt.

$$d=\sqrt[3]{\frac{6V}{\pi}}$$

$$\frac{s^2}{4h}+h=\sqrt[3]{\frac{6V}{\pi}} \quad |-h$$

$$\frac{s^2}{4h}=\sqrt[3]{\frac{6V}{\pi}}-h \quad |\cdot 4h$$

$$s^2=4h\cdot\left(\sqrt[3]{\frac{6V}{\pi}}-h\right)$$

$$\underline{\underline{s=2\sqrt{h\cdot\sqrt[3]{\frac{6V}{\pi}}-h^2}}}$$

12. Berechnen Sie den Rauminhalt eines Kugelausschnitts aus *h* und *s*: **266**

a) mithilfe von Variablen,
b) für $h=5\,\text{cm}$ und $s=20\,\text{cm}$.

► In der Formel $V=\frac{\pi d^2 h}{6}$ für das Volumen eines Kugelausschnitts muss *d* durch *s* ausgedrückt werden.

Zu a) Die mithilfe des Sehnensatzes gewonnene Relation zwischen *s*, *h* und *d* wird nach *d* umgestellt. ► Aufgabe 11.

$$hd=\frac{s^2}{4}+h^2 \Rightarrow d=\frac{s^2}{4h}+h$$

Zu b) Setzt man 5 cm für *h* und 20 cm für *s*, so erhält man das Volumen des Kugelausschnitts zu $\underline{\underline{1\,636{,}25\,\text{cm}^3}}$.

$$\underline{\underline{V=\frac{\pi h}{6}\left(\frac{s^2}{4h}+h\right)^2}}$$

13. Berechnen Sie den Rauminhalt eines Kugelausschnitts aus *d* und *s*:

a) mithilfe von Variablen,
b) für $d=20\,\text{cm}$ und $s=16\,\text{cm}$.

► In der Formel für das Volumen eines Kugelausschnitts muss *h* durch *s* ausgedrückt werden. Dazu wird die in Aufgabe 12 verwendete Relation erneut angewendet.

266

Zu a) Umstellen der durch den Sehnensatz bestimmten Relation nach h.

Da h nicht größer als d sein kann, muss das „–“-Zeichen verwendet werden.

Nun kann die modifizierte Formel aufgeschrieben werden.

$$s^2 = 4h(d-h)$$
$$s^2 = 4hd - 4h^2 \Rightarrow 4h^2 - 4hd + s^2 = 0$$
$$h_{1,2} = \frac{d}{2} \pm \sqrt{\frac{d^2 - s^2}{4}}$$
$$h = \frac{d - \sqrt{d^2 - s^2}}{2}$$
$$\underline{\underline{V = \frac{\pi d^2 \left(d - \sqrt{d^2 - s^2}\right)}{12}}}$$

Zu b) Für $d = 20\,\text{cm}$ und $h = 16\,\text{cm}$ erhält man als Volumen des Kugelausschnitts $\underline{\underline{837{,}76\,\text{cm}^3}}$.

14. Von einer Kugel aus Stahl soll ein Kugelausschnitt herausgedreht werden. Die Kugel verliert 25% an Masse. Berechnen Sie den Durchmesser s der Ausdrehung an der Oberfläche der Kugel:
a) mithilfe von Variablen,
b) für $d = 64\,\text{cm}$.

► Da die Dichte von Kugel und Ausdrehung gleich sind, brauchen bloß die Volumina berücksichtigt zu werden.

Zu a) Das Volumen V_A des herausgedrehten Ausschnitts ist gleich ein Viertel des Volumens V_K der Kugel.
Aus der gewonnenen Gleichung wird die Höhe h des Ausschnitts berechnet.
Für das gesuchte s gilt: $\left(\frac{s}{2}\right)^2 = h(h-d)$
► Aufgabe 11.

Zu b) Wegen $h = \frac{d}{4}$ lässt sich nun s berechnen, denn d ist gegeben. Seine Länge beträgt 55,43 cm.

$$V_A = \frac{1}{4} V_K \Rightarrow \frac{\pi d^2 h}{6} = \frac{\pi d^3}{4 \cdot 6}$$
$$\frac{h}{6} = \frac{d}{24} \Rightarrow h = \frac{d}{4}$$
$$\frac{s^2}{4} = h(h-d) \blacktriangleright h = \frac{d}{4}$$
$$\frac{s^2}{4} = \frac{d^2}{4} - \frac{d^2}{16} \Rightarrow s^2 = \frac{3d^2}{4}$$
$$\underline{\underline{s = \frac{d}{2}\sqrt{3}}} \Rightarrow \underline{\underline{s = 55{,}43\,\text{cm}}}$$

15.

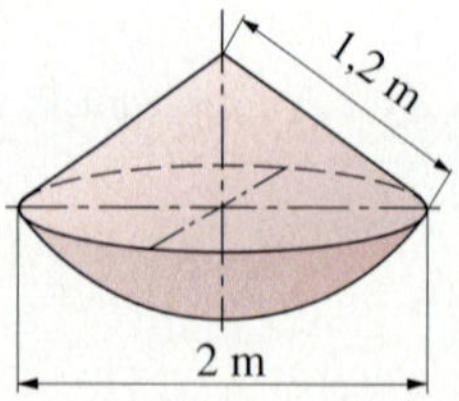

Nebenstehender Körper aus Stahlblech hat die Form eines Kugelausschnittes. Er soll dreimal mit Farbe angestrichen werden. Wie teuer wird der Anstrich, wenn der Preis 9 € für einen m^2 beträgt?

Die Oberfläche dieses Körpers besteht aus dem Mantel eines Kegels mit der Länge r des Radius und der Länge s der Seite sowie aus der der Oberfläche einer Haube, deren zugehöriger Kugeldurchmesser die Länge d und deren Höhe die Länge h hat.

r steht für 1 m und s steht für 1,2 m.

Aus der Zeichnung entnimmt man, dass d für $2 \cdot 1{,}2\,\text{m}$, also für 2,4 m steht. Die Länge für h muss berechnet werden. Es gilt wie in den voranstehenden Aufgaben $r^2 = h(d-h)$.

$$M = \pi \cdot r \cdot s$$
$$M = 3{,}77\,\text{m}$$
$$1\,\text{m}^2 = h(2{,}4\,\text{m} - h)$$
$$h^2 - h \cdot 2{,}4\,\text{m} + 1\,\text{m}^2 = 0$$
$$h_{1,2} = 1{,}2\,\text{m} \pm \sqrt{1{,}44\,\text{m}^2 - 1\,\text{m}^2}$$

266

Da h nicht größer sein kann als 1,2 m, gilt das „–“-Zeichen vor der Wurzel.

$h = 1{,}2\,\text{m} - 0{,}66\,\text{m}$

$h = 0{,}54\,\text{m}$

Mit der Länge h kann nun die Oberfläche der Haube berechnet werden.

$O = \pi \cdot d \cdot h$

$O = 4{,}072\,\text{m}^2$

Die Summe von O und M wird bestimmt.

$O + M = 7{,}842\,\text{m}^2$

Da die Oberfläche des Körpers dreimal gestrichen werden soll, muss diese Summe mit 3 multipliziert werden.

$3(O + M) = 23{,}525\,\text{m}^2$

Den Preis der Arbeiten erhält man durch Multiplikation mit $9\,\frac{€}{\text{m}^2}$.

Er beträgt 211,72 €.

$9\,\frac{€}{\text{m}^2} \cdot 23{,}525\,\text{m}^2 = \underline{\underline{211{,}72\,€}}$

16. Eine Kugelschicht ist 10,5 cm hoch. Die Durchmesser ihrer Begrenzungskreise betragen 43 cm und 56 cm. Berechnen Sie:
a) den Rauminhalt der Kugelschicht,
b) den Oberflächeninhalt der Kugelzone, wenn der Durchmesser der dazugehörigen Kugel 60 cm beträgt.

► Kugelzone ist eine andere Bezeichnung für die Kugelschicht.

In der Formel für das Volumen der Kugelschicht werden 10,5 cm für h, 56 cm für d_1 und 43 cm für d_2 gesetzt.

$$V = \frac{\pi \cdot h}{24}\left(3d_1^2 + 3d_2^2 + 4h^2\right)$$

Der Rauminhalt beträgt 21 160,989 cm³.

$$\underline{\underline{V = 21\,160{,}989\,\text{cm}^3}}$$

► In der Formel für den Oberflächeninhalt der Kugelschicht steht d für die Länge des Durchmessers der Kugel.

$$O = \pi \cdot d \cdot h$$

Der Oberflächeninhalt beträgt 1979,203 cm².

$$\underline{\underline{O = 1979{,}203\,\text{cm}^2}}$$

17.

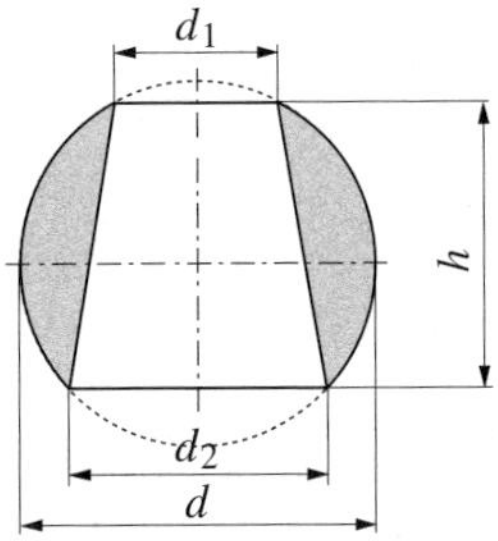

Eine Kugel wird kegelig durchbohrt. Berechnen Sie den Rauminhalt des Restkörpers:
a) mithilfe von Variablen,
b) für $d_1 = 7\,\text{cm}$, $d_2 = 15\,\text{cm}$, $h = 16\,\text{cm}$.

Zu a) Das Volumen des Restkörpers erhält man als Differenz aus dem Volumen der Kugelschicht mit den Längen d_1 und d_2 der Durchmesser der begrenzenden Kreise und der Länge h der Höhe sowie dem Volumen des Kegelstumpfs mit eben diesen Längen.

$$V_1 = \frac{\pi h}{24}\left(3d_1^2 + 3d_2^2 + 4h^2\right)$$

$$V_2 = \frac{\pi h}{12}\left(d_1^2 + d_1 d_2 + d_2^2\right)$$

$$= \frac{\pi h}{24}\left(2d_1^2 + 2d_1 d_2 + 2d_2^2\right)$$

Durch Erweiterung von $\frac{\pi h}{12}$ mit 2 erhält man $\frac{\pi h}{24}$, sodass der Term mit π ausgeklammert und die Subtraktion vollzogen werden kann.

$$\underline{\underline{V_1 - V_2 = \frac{\pi h}{24}\left(d_1^2 + d_2^2 - 2d_1 d_2 + 4h^2\right)}}$$

Zu b) Mit den für d_1, d_2 und h angegebenen Werten erhält man für das Volumen des Restkörpers $\underline{\underline{2278{,}702\,\text{cm}^3}}$.

$$\underline{\underline{V_1 - V_2 = \frac{\pi h}{24}\left[(d_2 - d_1)^2 + 4h^2\right]}}$$

266 **18.**

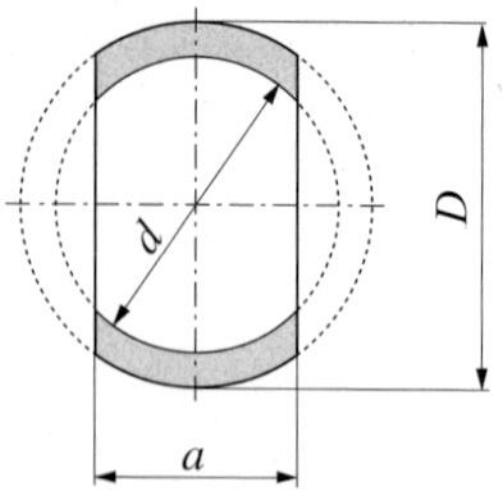

Eine Hohlkugel wird beidseitig eben abgefräst. Berechnen Sie den Rauminhalt des Restkörpers:

a) mithilfe von Variablen,

b) für $D = 50\,\text{cm}$, $d = 35\,\text{cm}$, $a = 20\,\text{cm}$.

Zunächst muss das Volumen der Hülle der Hohlkugel berechnet werden. Dazu muss vom Volumen der Kugel mit der Länge D des Durchmessers das Volumen der Kugel mit der Länge d des Durchmessers subtrahiert werden.
Die abgefrästen Körper können als Differenz der Volumina zweier Kugelabschnitte mit D und d und den Längen H und h der Höhen berechnet werden. Dabei gilt:

$$H = \frac{D-a}{2} \quad \text{und} \quad h = \frac{d-a}{2}.$$

Zu a) Da H und h berechnet werden können, können auch die Längen S und s der Grundkreisdurchmesser der Kugelabschnitte bestimmt werden. ► Aufgabe 2.

$$h(d-h) = \frac{s^2}{4} \quad ► \quad \frac{s^2}{4} = \frac{d^2}{4} - \frac{a^2}{4}$$

$$s = \sqrt{d^2 - a^2}$$

Eine analoge Rechnung ergibt den Term für die Länge von S.

$$S = \sqrt{D^2 - a^2}$$

Nun wird das Gesamtvolumen V_K der Hohlkugel bestimmt.

$$V_K = \frac{\pi}{6}\left(D^3 - d^3\right)$$

Es folgt die Bestimmung des Volumens V_1 des Kugelabschnitts mit der Länge D des Durchmessers und der Länge H der Höhe.

$$V_1 = \frac{\pi}{6} \cdot \left(\frac{D-a}{2}\right)^2 \cdot \left(3D - 2 \cdot \frac{D-a}{2}\right)$$

Die Umformung dieses Ausdrucks führt zu einer kürzeren Form.

$$V_1 = \frac{\pi}{6} \cdot \frac{2D^3 - 3aD^2 + a^3}{4}$$

Eine analoge Rechnung ergibt einen analogen Ausdruck für das Volumen V_2 des Kugelabschnitts mit der Länge h der Höhe und der Länge d des Durchmessers.

$$V_2 = \frac{\pi}{6} \cdot \frac{2d^3 - 3ad^2 + a^3}{4}$$

Nun muss die Differenz von V_1 und V_2 bestimmt und, da zwei Teile abgefräst werden, mit 2 multipliziert werden.

$$V_1 - V_2 = \frac{\pi}{6}\left(\frac{2D^3 - 3aD^2 + a^3}{4} - \frac{2d^3 - 3ad^2 + a^3}{4}\right)$$

$$= \frac{\pi}{6} \frac{2(D^3 - d^3) - 3a(D^2 - d^2)}{4}$$

$$2 \cdot (V_1 - V_2) = \frac{\pi}{6}\left(D^3 - d^3 - \frac{3a}{2}\left(D^2 - d^2\right)\right)$$

Nun kann das Volumen V_R des Restkörpers als Differenz der schon bestimmten Volumina ermittelt werden.

► $\frac{1}{6} \cdot \frac{3}{2} = \frac{1}{4}$

$$V_R = V_K - 2(V_1 - V_2)$$

$$= \frac{\pi}{6}\left[D^3 - d^3 - \left(D^3 - d^3\right) + 3a\frac{D^2 - d^2}{2}\right]$$

$$= \frac{\pi}{6} 3a \frac{D^2 - d^2}{2}$$

$$= \frac{\pi}{4}\left(aD^2 - ad^2\right)$$

Zu b)
Setzt man für a, D und d die vorgegebenen Werte ein, erhält man für das Volumen des Restkörpers $\underline{\underline{20027{,}653\,\text{cm}^3}}$.

19. 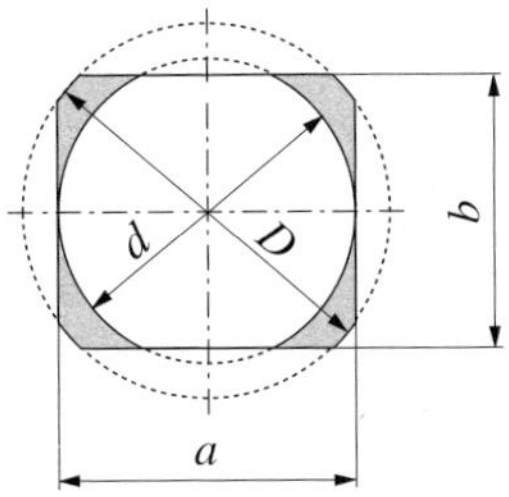

Eine Hohlkugel wird an vier Flächen nach nebenstehender Zeichnung eben abgefräst. Berechnen Sie den Rauminhalt des Restkörpers: 266
a) mithilfe von Variablen,
b) für $D = 19\,\text{cm}$, $d = 17{,}5\,\text{cm}$, $a = 15\,\text{cm}$, $b = 16\,\text{cm}$.

Zunächst muss das Volumen der Hülle der Hohlkugel berechnet werden. ► Aufgabe 18.
Sodann werden die Volumina derjenigen Teile der Hülle berechnet, die oben bzw. unten und links bzw. rechts abgefräst werden.

Zu a) Zur Bestimmung des Volumens der Hülle wird vom Volumen der Kugel mit der Länge D des Durchmessers das Volumen der Kugel mit der Länge d des Durchmessers subtrahiert.

$$V = \frac{\pi}{6} D^3 - \frac{\pi}{6} d^3$$

$$V = \frac{\pi}{6} \left(D^3 - d^3\right)$$

Das Volumen V_1 des rechts abgefrästen Teils der Hülle ist die Differenz der Volumina des Kugelabschnitts mit der Länge h der Höhe und des Kugelabschnitts mit der Länge h_1 der Höhe.
► $h = \frac{D-a}{2}$, $h_1 = \frac{d-a}{2}$

$$V_1 = \frac{\pi}{6} \cdot \left(\frac{D-a}{2}\right)^2 \cdot \left(3D - 2\frac{D-a}{2}\right) - \frac{\pi}{6}\left(\frac{d-a}{2}\right)^2 \cdot \left(3d - 2\frac{d-a}{2}\right)$$

Die Terme werden ausmultipliziert und vereinfacht. Dazu werden Nebenrechnungen angegeben.

$$\frac{D^2 - 2aD + a^2}{4}(2D + a) = \frac{2D^3 - 3aD^2 + a^3}{4}$$

Analog erhält man den vereinfachten Term für den Subtrahenden.

$$\frac{d^2 - 2ad + a^2}{4}(2d + a) = \frac{2d^3 - 3ad^2 + a^3}{4}$$

Damit bestimmt man das Volumen des rechts abgefrästen Teils der Hülle.

$$V_1 = \frac{\pi}{6}\left[\frac{2(D^3 - d^3) - 3a(D^2 - d^2)}{4}\right]$$

Da dieses Teil zweimal vorhanden ist, muss das errechnete Volumen mit 2 multipliziert werden.

$$V_1 = \frac{\pi}{3}\left[\frac{2(D^3 - d^3) - 3a(D^2 - d^2)}{4}\right]$$

Das Volumen V_2 des oben abgefrästen Teils der Hülle ist die Differenz der Volumina des Kugelabschnitts mit der Länge H der Höhe und des Kugelabschnitts mit der Länge H_1 der Höhe.
► $H = \frac{D-b}{2}$, $H_1 = \frac{d-b}{2}$

$$V_2 = \frac{\pi}{6}\left(\frac{D-b}{2}\right)^2 \left(3D - 2 \cdot \frac{D-b}{2}\right) - \frac{\pi}{6}\left(\frac{d-b}{2}\right)^2 \left(3d - 2 \cdot \frac{d-b}{2}\right)$$

Dieses Teil ist zweimal vorhanden, also muss die Differenz mit 2 multipliziert werden.
Nach entsprechender Rechnung erhält man in Analogie zum Volumen der rechts und links abgefrästen Teile den zugehörigen Ausdruck.

$$V_2 = \frac{\pi}{3}\left[\frac{2(D^3 - d^3) - 3b(D^2 - d^2)}{4}\right]$$

Nun muss $V_R = V - (V_1 + V_2)$ berechnet werden. Bevor $V_1 + V_2$ von V subtrahiert wird, wird der Term für $V_1 + V_2$ mit 2 erweitert.

$$V_1 + V_2 = \frac{\pi}{3}\left[\left(D^3 - d^3\right) - \frac{3(a+b)(D^2 - d^2)}{4}\right]$$

Die ersten beiden Summanden im Term für V_R werden zusammengefasst.

$$V_R = \frac{\pi}{6}\left(D^3 - d^3\right) - \frac{\pi}{6} 2\left[\left(D^3 - d^3\right) - \frac{3(a+b)(D^2 - d^2)}{2}\right]$$

266

Durch Multiplikation des Faktors $\frac{\pi}{6}$ vor der Klammer auf der rechten Seite mit $\frac{6}{4}$ wird eine 4 im Nenner erzeugt.

► $\frac{\pi}{6} \cdot \frac{6}{4} = \frac{\pi}{4}$.

Diese Operation wird in der Klammer durch Multiplikation der Summanden mit $\frac{4}{6}$ kompensiert.

$$V_R = \frac{\pi}{6} \cdot \frac{6}{4} \cdot \left[\frac{4}{6}(d^3 - D^3) + \frac{2}{3} \cdot \frac{3(a+b)(D^2 - d^2)}{2}\right]$$

$$V_R = \frac{\pi}{4}\left[\frac{2}{3}(d^3 - D^3) + aD^2 - ad^2 + bD^2 - bd^2\right]$$

Zu b) Setzt man die vorgegebenen Werte in den erhaltenen Ausdruck ein, so erhält man für das Volumen des Restes 547,815 cm³.

► $D = 19\,\text{cm}$, $d = 17{,}5\,\text{cm}$, $a = 15\,\text{cm}$, $b = 16\,\text{cm}$

$V = 547{,}815\,\text{cm}^3$

267

20.

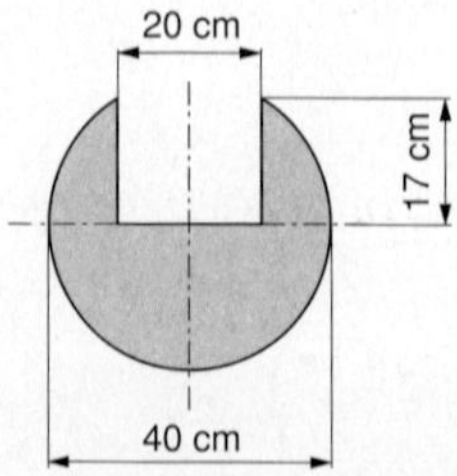

In eine volle Stahlkugel $\left(\varrho = 7{,}8\,\frac{\text{g}}{\text{cm}^3}\right)$ wird eine Nut nach nebenstehender Zeichnung eingefräst. Berechnen Sie die Masse des Restkörpers.

Der ausgefräste Körper ist Teil einer Kugelschicht. Seine Höhe bis zum Begrenzungskreis ist 17 cm lang.

Die Länge x der Höhe bis zum Bogen kann berechnet werden.

$x \cdot (40\,\text{cm} - x) = 10^2\,\text{cm}^2$

$x = 2{,}68\,\text{cm}$

Damit kann festgestellt werden, welchen Abstand y die Grundfläche des Teils der Kugelschicht von dem dazu parallelen Durchmesser der Kugel hat.

$y = 20\,\text{cm} - 17\,\text{cm} - 2{,}68\,\text{cm}$

$y = 0{,}32\,\text{cm}$

Die Durchmesser der Begrenzungskreise der Kugelschicht sind gleich groß, $d_1 = d_2$. Die Höhe der Kugelschicht beträgt 20 cm.

$d_1 = 2 \cdot 17{,}32\,\text{cm}$

$d_1 = 34{,}64\,\text{cm}$

► $V = \frac{\pi h}{24}(3d_1^2 + 3d_2^2 + 4h^2)$

$$V = \frac{\pi \cdot 20\,\text{cm}}{24}(3 \cdot 34{,}64^2\,\text{cm}^2 + 3 \cdot 34{,}64^2\,\text{cm}^2 + 4 \cdot 20^2\,\text{cm}^2)$$

$V = 23\,037{,}24\,\text{cm}^3$

Das Volumen des Teilstücks der Kugelschicht ist dem Anteil der Höhe am Durchmesser der Schicht proportional, deshalb erhält man das Volumen des Teilstücks durch Multiplikation des Gesamtvolumens mit $\frac{17}{34{,}64}$.

$23\,037{,}24\,\text{cm}^3 \cdot \frac{17}{34{,}64} = 11\,305{,}805\,\text{cm}^3$

Das Volumen der Kugel wird berechnet.

$V = \frac{\pi}{6}\,40^3\,\text{cm}^3 \Rightarrow V = 33\,510{,}322\,\text{cm}^3$

Das Volumen des Teilstücks der Schicht muss vom Volumen der Kugel subtrahiert werden.

$33\,510{,}322\,\text{cm}^3 - 11\,305{,}805\,\text{cm}^3 = 22\,204{,}517\,\text{cm}^3$

Nun kann die Masse des Restkörpers berechnet werden. Sie beträgt 173,195 kg.

$m = 22{,}205\,\text{dm}^3 \cdot 7{,}8\,\frac{\text{kg}}{\text{dm}^3} = 173{,}195\,\text{kg}$

Volumenberechnung nach der Keplerschen Fassregel

Sind Körper nicht geradlinig begrenzt, kann ihr Volumen häufig nur näherungsweise bestimmt werden. J. Kepler (1571–1630) stellte dafür eine Formel auf, die er für die Berechnung des Volumen von Fässern nutzte.

Merke:

Stehen A_1 für den Flächeninhalt der Grundfläche eines Körpers, A_m für den Flächeninhalt einer Mittelfläche und A_2 für den Flächeninhalt seiner Deckfläche sowie h für seine Höhe, so gilt:

$$\boldsymbol{V = \frac{h}{6}(A_1 + 4A_m + A_2).}$$

Mithilfe dieser Formel können aber auch die Volumina aller bisher betrachteten Körper berechnet werden.

Merke:

Für ein Fass mit dem Grundkreisdurchmesser d_1, dem Deckkreisdurchmesser d_2 und dem Durchmesser D des Mittelkreises hat die Keplersche Fassregel die Gestalt:

$$\boldsymbol{V = \frac{\pi}{6} h \left(\frac{d_1^2}{4} + D^2 + \frac{d_2^2}{4}\right)} \quad \text{oder} \quad \boldsymbol{V = \frac{\pi}{24} h\,(d_1^2 + 4D^2 + d_2^2).}$$

1. Berechnen Sie mithilfe der Keplerschen Fassregel das Volumen folgender Körper:
a) Kugel **b)** Fass (näherungsweise), Maßangaben in mm

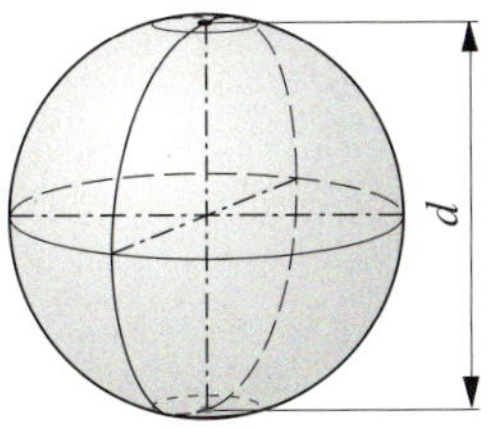

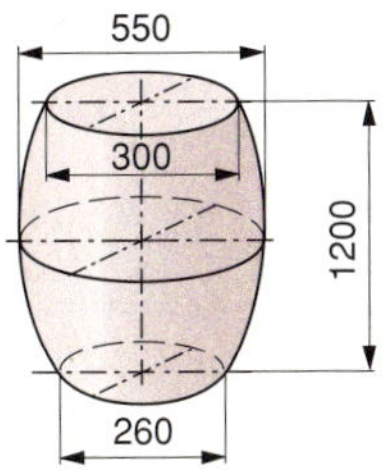

Zu a)
Für die Kugel ist $A_1 = A_2 = 0$ und $A_m = \frac{\pi}{4} d^2$.

$$V = \frac{d}{6}\left(4 \cdot \frac{\pi}{4} \cdot d^2\right) \Rightarrow V = \frac{\pi}{6} d^3$$

Zu b)
Es wird die spezielle Keplersche Regel angewendet.

$$V = \frac{\pi}{24}\, 120\,\text{cm}\,(676\,\text{cm}^2 + 12\,100\,\text{cm}^2 + 900\,\text{cm}^2)$$

$$V = 214\,822{,}11\,\text{cm}^3 = 214{,}822\,\text{dm}^3$$

2. Leiten Sie mithilfe der Keplerschen Fassregel die Formeln für die Volumina folgender Körper ab:
a) Prisma **b)** Kegel **c)** Quadratische Pyramide **d)** Kegelstumpf

Zu a)
Beim Prisma sind Grund-, Deck- und Mittelfläche kongruent. G stehe für ihren Flächeninhalt.

$$V = \frac{h}{6}(G + 4G + G)$$

$$V = G \cdot h$$

267 **Zu b)**
Die Deckfläche hat den Flächeninhalt 0.
Der Durchmesser der Grundfläche hat die Länge d. Der Durchmesser der Mittelfläche hat die Länge $\frac{1}{2}d$.

$$V=\frac{h}{6}\left(\frac{\pi}{4}d^2+4\cdot\frac{\pi}{4}\cdot\frac{d^2}{4}\right)$$

$$V=\frac{h}{6}\cdot\frac{\pi}{4}(d^2+d^2)\Rightarrow \underline{\underline{V=\frac{\pi}{12}hd^2}}$$

Zu c)
Die Deckfläche hat den Flächeninhalt 0.
Die Grundfläche hat den Flächeninhalt a^2, wenn die Kante die Länge a hat.

Die Mittelfläche hat den Flächeninhalt $\frac{a^2}{4}$.

$$V=\frac{h}{6}\left(a^2+4\frac{a^2}{4}\right)$$

$$V=\frac{h}{6}2a^2\Rightarrow \underline{\underline{V=\frac{a^2h}{3}}}$$

Zu d)
Zunächst wird die Länge des Durchmessers der Mittelfläche bestimmt. Aus der Proportion $\frac{h}{2}:x=h:\frac{d_2-d_1}{2}$ folgt $D=\frac{d_1+d_2}{2}$.

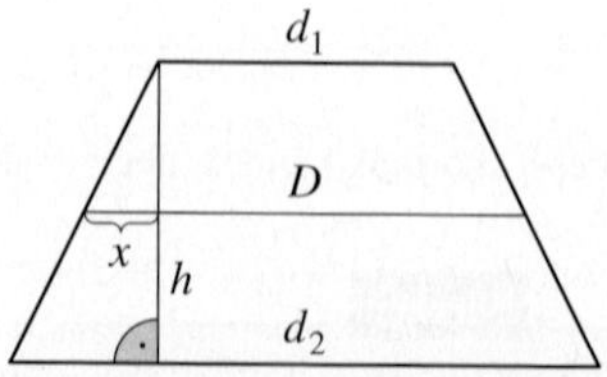

Daraus wird der Flächeninhalt der Mittelfläche berechnet.

$$A_{\text{m}}=\frac{\pi}{4}\cdot\frac{(d_1+d_2)^2}{4}=\frac{\pi}{4}\cdot\frac{(d_1^2+2d_1d_2+d_2^2)}{4}$$

Nun wird zunächst die Summe $A_1+4A_1A_2+A_2$ bestimmt.

$$A_1+4A_1A_2+A_2=\frac{\pi}{4}(d_1^2+d_1^2+2d_1d_2+d_2^2+d_2^2)$$

Nimmt man $\frac{1}{2}$ in die Klammer hinein, erhält man einen äquivalenten Ausdruck.

$$A_1+4A_1A_2+A_2=\frac{\pi}{2}\left(\frac{d_1^2}{2}+\frac{d_2^2}{2}+d_1d_2+\frac{d_2^2}{2}+\frac{d_2^2}{2}\right)$$

$$=\frac{\pi}{2}(d_1^2+d_1d_2+d_2^2)$$

Nun kann die Fassregel angewendet werden.

$$V=\frac{h}{6}\cdot\frac{\pi}{2}(d_1^2+d_1d_2+d_2^2)$$

Man erhält die Formel für das Volumen des Kegelstumpfs.

$$\underline{\underline{V=\frac{\pi\cdot h}{12}(d_1^2+d_1d_2+d_2^2)}}$$

Wiederholungsfragen zu 13

1. Welche geometrischen Körper kennen Sie, welches sind ihre Gemeinsamkeiten und Unterschiede?

Man unterscheidet Körper ohne Spitze und Körper mit Spitze. Körper ohne Spitze mit kongruenten Grund- und Deckflächen sind die Prismen mit Quader und Würfel als Spezialfällen sowie die Zylinder. Körper ohne Spitze, deren Grund- und Deckflächen einander ähnlich sind, sind Pyramiden- und Kegelstumpf. Körper mit Spitze sind Pyramide und Kegel.

2. Wie kann man den Rauminhalt eines Körpers messen?

Um den Rauminhalt eines Körpers festzustellen, vergleicht man ihn mit einem Vergleichskörper, einem so genannten Einheitswürfel. Man stellt fest, wie oft dieser Einheitswürfel im Körper enthalten ist. Dazu setzt man zuerst die Grundfläche des Körpers mit solchen Einheitswürfeln aus und stellt sodann solche Schichten aus Einheitswürfeln übereinander. Man füllt den Körper also mit Einheitswürfeln aus, deren Kantenlängen geeignet gewählt sind.

3. Welche Formel gilt für das Volumen aller Prismen und Kreiszylinder?

Wenn A für den Flächeninhalt der Grundfläche eines Prismas oder Kreiszylinders und h für die Länge von deren Höhe stehen, so gilt für das Volumen V: $\boldsymbol{V = A \cdot h}$.

4. Welche Formel gilt für das Volumen aller spitzen Körper?

Wie bei Prismen und Zylindern werden Grundflächeninhalt und Länge der Höhe miteinander multipliziert, das Produkt aber dann durch 3 dividiert:

$$V = \frac{A \cdot h}{3}.$$

5. Aus welchen Flächen bestehen die Mantelflächen und die Oberflächen von Prismen, Zylindern und Kegeln?

Die Oberfläche eines Körpers besteht aus seinen Mantelflächen und Grund- und Deckfläche.
Die Mantelflächen von Prismen sind entweder Rechtecke (gerade Prismen) oder Parallelogramme (schiefe Prismen). Grund- und Deckfläche sind beim Prisma kongruente Vielecke.
Grund- und Deckfläche eines Zylinders sind krummlinig begrenzt. Sind diese Begrenzungslinien Kreise, so spricht man von einem Kreiszylinder. Die Mantelfläche eines geraden Kreiszylinders ist ein Rechteck, wenn man sie sich senkrecht zur Grundfläche aufgeschnitten denkt.
Die Grundfläche eines Kegels ist ebenfalls krummlinig begrenzt. Wie beim Zylinder spricht man von einem Kreiskegel, wenn die Begrenzungslinie der Grundfläche ein Kreis ist. Denkt man sich die Mantelfläche eines geraden Kreiskegels senkrecht zum Grundkreis und durch die Spitze gehend aufgeschnitten, so erhält man einen Kreisausschnitt, wenn man die Fläche abrollt.

6. Was besagt das Prinzip von Cavalieri?

Dieses Prinzip besagt: Stehen zwei Körper mit flächengleichen Grundflächen auf einer Ebene und schneidet jede dazu parallele Ebene die Körper in inhaltsgleichen Flächen, so sind die Körper rauminhaltsgleich.

7. Wie berechnet man das Volumen und den Inhalt der Mantelflächen von Pyramiden- und Kegelstümpfen?

Pyramiden- und Kegelstümpfe entstehen, wenn von Pyramiden und Kegeln parallel zur Grundfläche die Spitzen, also wiederum Pyramiden oder Kegel, abgeschnitten werden. Um das Volumen des Stumpfs zu bestimmen, berechnet man das Volumen des „großen" Körpers und subtrahiert davon das Volumen der abgeschnittenen Spitze.
Stehen A_1 und A_2 für den Flächeninhalt von Grund- und Deckfläche eines Pyramiden- oder Kegelstumpfs und h für die Länge seiner Höhe, so gilt für sein Volumen V:

$$V = \frac{h}{3}(A_1 + \sqrt{A_1 \cdot A_2} + A_2).$$

Für die Mantelflächen eines Pyramidenstumpfs kann keine allgemein gültige Formel angegeben werden, weil die Grundflächen von Pyramiden sehr unterschiedliche Formen haben. Der Inhalt der Mantelfläche eines Kreiskegelstumpfs kann als Differenz der Inhalte der Mantelflächen zweier Kegel bestimmt werden. Stehen D und d für die Längen von Grundkreisdurchmesser und Deckkreisdurchmesser eines Kreiskegelstumpfes bzw. R und r für die Längen derer Radien und s für seine Seitenlänge, so gilt für den Inhalt M seiner Mantelfläche: $\boldsymbol{M = \frac{\pi s}{2}(D + d)}$ bzw. $\boldsymbol{M = \pi s(R + r)}$.

8. Wie lauten die Formeln für das Volumen und die Oberfläche einer Kugel?

Stehen d bzw. r für die Länge des Durchmessers bzw. des Radius einer Kugel, so lauten die Formeln für das Volumen:

$$V = \frac{\pi}{6}d^3 \text{ bzw. } V = \frac{4}{3}\pi r^3.$$

Für den Oberflächeninhalt gilt: $\boldsymbol{O = \pi d^2}$ bzw. $\boldsymbol{O = 4\pi r^2}$.

267 **9.** Auf welche Weise entstehen Kugelabschnitt, Kugelausschnitt, Kugelschicht und Kugelkeil?

Wird eine Kugel mit einer Ebene geschnitten, entsteht ein Kugelabschnitt oder Kugelsegment. Stellt man über den Grundkreis eines Kugelabschnitts einen Kegel so, dass seine Spitze mit dem Mittelpunkt der Kugel zusammenfällt, so entsteht ein Kugelausschnitt oder Kugelsektor. Die Kugelschicht ist der Körper, der zwischen zwei parallelen, die Kugel schneidenden Ebenen liegt. Zwei Ebenen, die durch den Mittelpunkt der Kugel gehen, schneiden aus der Kugel einen Kugelkeil aus.

10. Was versteht man unter einer Kugelhaube oder Kalotte, einer Kugelzone und einem Kugelzweieck?

Die gekrümmte Oberfläche eines Kugelabschnitts heißt Kugelhaube oder Kalotte.
Die gekrümmte Oberfläche einer Kugelschicht heißt Kugelzone. Das Kugelzweieck ist die Oberfläche eines Kugelkeils.

11. Wie heißt die Keplersche Fassregel zur Volumenberechnung, welche Vorteile hat sie?

Stehen A_1 und A_2 für die Flächeninhalte der Grund- und Deckfläche eines Körpers und A_m für den Flächeninhalt seiner Mittelfläche sowie h für die Länge seiner Höhe, so kann das Volumen V wie folgt berechnet werden:

$$V = \frac{h}{6}(A_1 + 4A_m + A_2).$$

Die Volumina aller im Buch behandelten Körper können mit dieser einzigen Formel berechnet werden. Kepler hat sie auf die Berechnung des Volumens von Fässern angewendet. Da in diesem Fall Grund-, Mittel- und Deckfläche Kreise sind, bekommt die Formel eine spezifische Gestalt:

$$V \approx \frac{\pi}{24} h(d_1^2 + 4D^2 + d_2^2),$$

wobei d_1 und d_2 für die Längen der Durchmesser der Grund- bzw. Deckkreise, D für die Länge des Durchmessers des Mittelkreises und h für die Höhe des Fasses stehen.

14 Bestimmung von Schwerpunkten

Der Begriff des Schwerpunkts ist ursprünglich ein physikalischer Begriff. Doch die Bestimmung von Schwerpunkten ist auch für geometrische Fragestellungen bedeutsam.
Der geometrische Schwerpunkt $S\langle x_s | y_s | z_s \rangle$ von n Raumpunkten $P_i\langle x_i | y_i | z_i \rangle, i = 1, 2, \cdots n$, hat die Koordinaten

$$x_s = \frac{x_1 + x_2 + \cdots + x_n}{n}, \quad y_s = \frac{y_1 + y_2 + \cdots + y_n}{n}, \quad z_s = \frac{z_1 + z_2 + \cdots + z_n}{n}.$$

Analoge Ausdrücke für x_s und y_s gelten für den Schwerpunkt von n Punkten in der x-y-Ebene, für die $z = 0$ ist.

Merke:

- Haben n homogene Körper mit den Schwerpunkten $S_i\langle x_i | y_i | z_i \rangle$ und den Volumina V_i das Gesamtvolumen V, so gilt für die Koordinaten des Schwerpunkts $S\langle x_s | y_s | z_s \rangle$ des Systems:
$$x_s = \frac{V_1 x_1 + V_2 x_2 + \cdots + V_n x_n}{V}, \quad y_s = \frac{V_1 y_1 + V_2 y_2 + \cdots + V_n y_n}{V}, \quad z_s = \frac{V_1 z_1 + V_2 z_2 + \cdots + V_n z_n}{V}.$$
- Besteht eine in der x-y-Ebene liegende Fläche mit dem Flächeninhalt A aus n Teilflächen, welche die Flächeninhalte A_i und deren Schwerpunkte die Koordinaten $\langle x_i | y_i \rangle$ haben, so hat der Schwerpunkt $S\langle x_s | y_s \rangle$ der Gesamtfläche die Koordinaten:
$$x_s = \frac{A_1 x_1 + A_2 x_2 + \cdots + A_n x_n}{A}, \quad y_s = \frac{A_1 y_1 + A_2 y_2 + \cdots + A_n y_n}{A}.$$
- Besteht eine in der x-y-Ebene liegende Figur aus n Strecken mit der Gesamtlänge d, deren Teilstrecken die Längen d_i $(i = 1, 2, \cdots n)$ und deren Schwerpunkte die Koordinaten $\langle x_i | y_i \rangle$ haben, so hat der Schwerpunkt $S\langle x_s | y_s \rangle$ der Gesamtfigur die Koordinaten:
$$x_s = \frac{d_1 x_1 + d_2 x_2 + \cdots + d_n x_n}{d}, \quad y_s = \frac{d_1 y_1 + d_2 y_2 + \cdots + d_n y_n}{d}.$$

Schwerpunkte von Streckenzügen und Kreisbögen

Merke:

- Der Mittelpunkt einer Strecke ist ihr Schwerpunkt.
- Wählt man die Symmetrieachse eines Kreisbogens, die durch den Mittelpunkt M des zugehörigen Kreises und die Mitte des Bogens geht, als y-Achse eines x-y-Koordinatensystems, so gilt für die Koordinaten des Schwerpunktes $S\langle x_s | y_s \rangle$ des Kreisbogens:
$x_s = 0$, $y_s = \frac{r \cdot s}{b}$, wobei r für die Länge des Radius des zugehörigen Kreises, b für die Länge des Bogens und s für die Länge der Sehne zwischen den Bogenendpunkten stehen.

Zur Lösung der Aufgaben 1 bis 6 werden die Formeln zur Bestimmung des Schwerpunkts eines Streckenzugs angewendet. Hierbei wird verwendet, dass der Schwerpunkt einer Strecke deren Mittelpunkt ist. In den Aufgaben 7 bis 9 tritt die Formel für die Bestimmung des Schwerpunkts eines Kreisbogens hinzu.

289 Berechnen Sie die Koordinaten der Schwerpunkte folgender Figuren (alle Maßangaben in mm).

1.

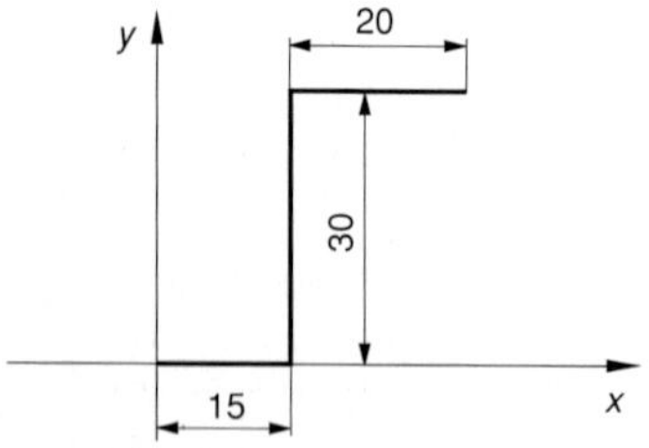

2.

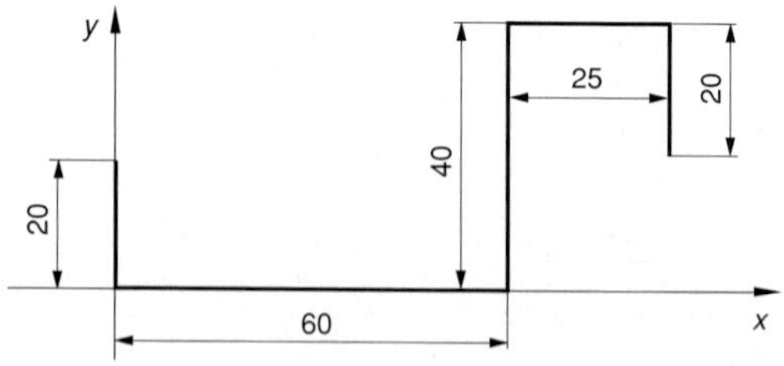

Zu 1. Hier gilt:
$d_1 = 15$; $S_1\langle 7{,}5 | 0\rangle$
$d_2 = 30$; $S_2\langle 15 | 15\rangle$
$d_3 = 20$; $S_3\langle 25 | 30\rangle$
$d = 65$

$$\underline{\underline{x_s}} = \frac{15 \cdot 7{,}5 + 30 \cdot 15 + 20 \cdot 25}{65} = \underline{\underline{16{,}35}}$$

$$\underline{\underline{y_s}} = \frac{15 \cdot 0 + 30 \cdot 15 + 20 \cdot 30}{65} = \underline{\underline{16{,}15}}$$

Zu 2. Hier gilt:
$d_1 = 20$; $S_1\langle 0 | 10\rangle$
$d_2 = 60$; $S_2\langle 30 | 0\rangle$
$d_3 = 40$; $S_3\langle 60 | 20\rangle$
$d_4 = 25$; $S_4\langle 72{,}5 | 40\rangle$
$d_5 = 20$; $S_5\langle 85 | 30\rangle$
$d = 165$

$$\underline{\underline{x_s}} = \frac{20 \cdot 0 + 60 \cdot 30 + 40 \cdot 60 + 25 \cdot 72{,}5 + 20 \cdot 85}{165} = \underline{\underline{46{,}74}}$$

$$\underline{\underline{y_s}} = \frac{20 \cdot 10 + 60 \cdot 0 + 40 \cdot 20 + 25 \cdot 40 + 20 \cdot 30}{165} = \underline{\underline{15{,}76}}$$

3.

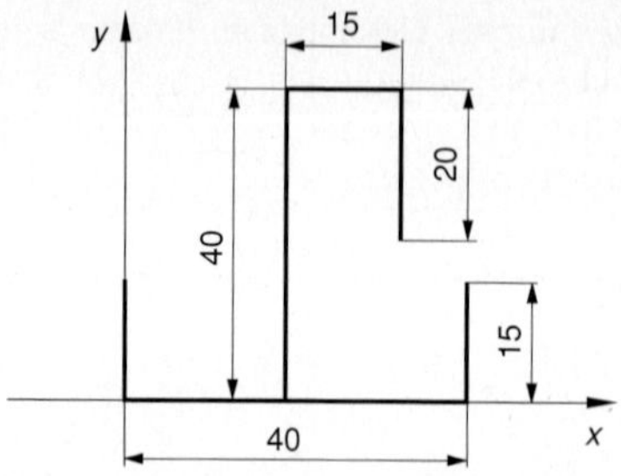

4.

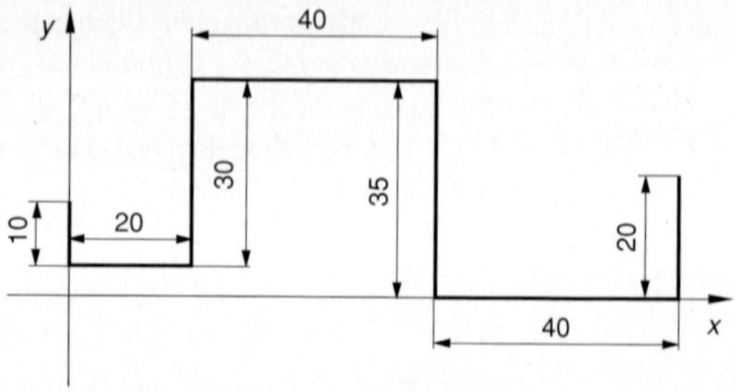

Zu 3. Hier gilt:
$d_1 = 15$; $S_1\langle 0 | 7{,}5\rangle$
$d_2 = 20$; $S_2\langle 10 | 0\rangle$
$d_3 = 40$; $S_3\langle 20 | 20\rangle$
$d_4 = 15$; $S_4\langle 27{,}5 | 40\rangle$
$d_5 = 20$; $S_5\langle 35 | 20\rangle$
$d_6 = 15$; $S_6\langle 40 | 7{,}5\rangle$
$d_7 = 20$; $S_7\langle 30 | 0\rangle$
$d = 145$

$$\underline{\underline{x_s}} = \frac{15 \cdot 0 + 20 \cdot 10 + 40 \cdot 20 + 15 \cdot 27{,}5 + 15 \cdot 40 + 20 \cdot 30}{145} = \underline{\underline{22{,}84}}$$

$$\underline{\underline{y_s}} = \frac{15 \cdot 7{,}5 + 20 \cdot 0 + 40 \cdot 20 + 15 \cdot 40 + 20 \cdot 30 + 15 \cdot 7{,}5 + 20 \cdot 0}{145} = \underline{\underline{15{,}34}}$$

Zu 4. Hier gilt:
$d_1 = 10$; $S_1\langle 0 | 10\rangle$
$d_2 = 20$; $S_2\langle 10 | 5\rangle$
$d_3 = 30$; $S_3\langle 20 | 20\rangle$
$d_4 = 40$; $S_4\langle 40 | 35\rangle$
$d_5 = 35$; $S_5\langle 60 | 17{,}5\rangle$
$d_6 = 40$; $S_6\langle 80 | 0\rangle$
$d_7 = 20$; $S_7\langle 100 | 10\rangle$
$d = 195$

$$\underline{\underline{x_s}} = \frac{10 \cdot 0 + 20 \cdot 10 + 30 \cdot 20 + 40 \cdot 40 + 35 \cdot 60 + 40 \cdot 80 + 20 \cdot 10}{195} = \underline{\underline{49{,}74}}$$

$$\underline{\underline{y_s}} = \frac{10 \cdot 10 + 20 \cdot 5 + 30 \cdot 20 + 40 \cdot 35 + 35 \cdot 17{,}5 + 40 \cdot 0 + 20 \cdot 10}{195} = \underline{\underline{15{,}45}}$$

289

Merke:

- Hat eine Figur eine Symmetrieachse, so liegt ihr Schwerpunkt auf dieser Achse.
- Hat eine Figur zwei sich schneidende Symmetrieachsen, so ist der Schnittpunkt der Achsen der Schwerpunkt der Figur.
- Ist eine Figur symmetrisch bezüglich eines Punktes, so ist dieser Punkt der Schwerpunkt der Figur.

5.

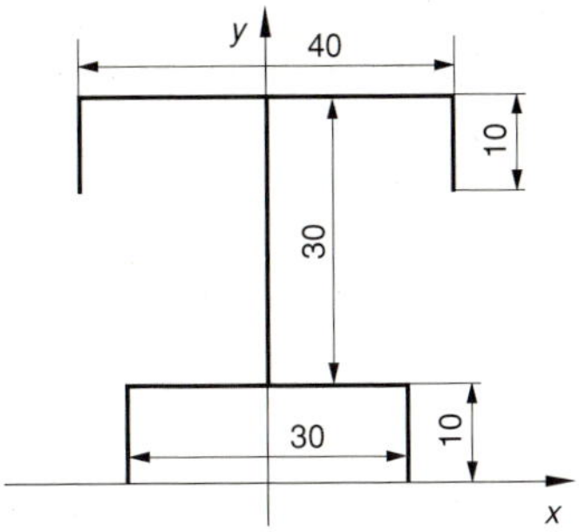

6.

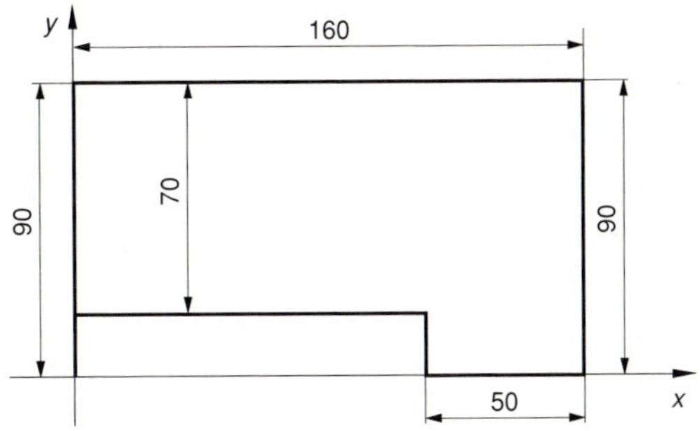

Zu 5. Hier gilt:
$d_1 = 10$; $S_1\langle 15|5\rangle$
$d_2 = 30$; $S_2\langle 0|10\rangle$
$d_3 = 10$; $S_3\langle 15|5\rangle$
$d_4 = 30$; $S_4\langle 0|25\rangle$
$d_5 = 10$; $S_5\langle -20|35\rangle$
$d_6 = 40$; $S_6\langle 0|40\rangle$
$d_7 = 10$; $S_7\langle 20|35\rangle$
$d = 140$

Der Streckenzug ist axialsymmetrisch. Der Schwerpunkt liegt auf der Symmetrieachse, das ist hier die y-Achse. Also ist $\underline{\underline{x_s = 0}}$.

$$\underline{\underline{y_s}} = \frac{10\cdot 5 + 30\cdot 10 + 10\cdot 5 + 30\cdot 25 + 10\cdot 35 + 40\cdot 40 + 10\cdot 35}{140} = \underline{\underline{24{,}64}}$$

Zu 6. Hier gilt:
$d_1 = 90$; $S_1\langle 0|45\rangle$
$d_2 = 160$; $S_2\langle 80|90\rangle$
$d_3 = 110$; $S_3\langle 55|20\rangle$
$d_4 = 20$; $S_4\langle 110|10\rangle$
$d_5 = 50$; $S_5\langle 135|0\rangle$
$d_6 = 90$; $S_6\langle 160|45\rangle$
$d = 520$

$$\underline{\underline{x_s}} = \frac{90\cdot 0 + 160\cdot 80 + 110\cdot 55 + 20\cdot 110 + 50\cdot 135 + 90\cdot 160}{520} = \underline{\underline{81{,}15}}$$

$$\underline{\underline{y_s}} = \frac{90\cdot 45 + 160\cdot 90 + 110\cdot 20 + 20\cdot 10 + 50\cdot 0 + 90\cdot 45}{520} = \underline{\underline{47{,}88}}$$

7.

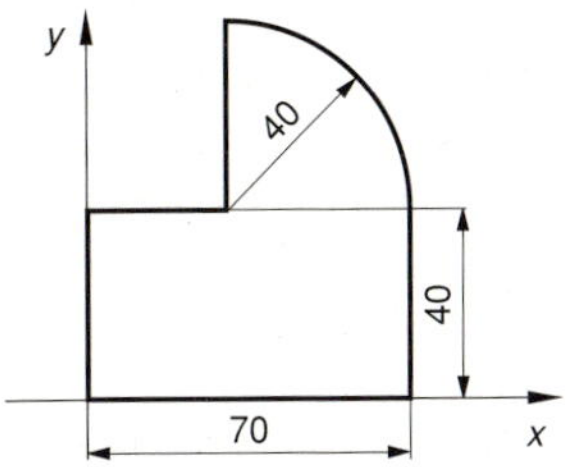

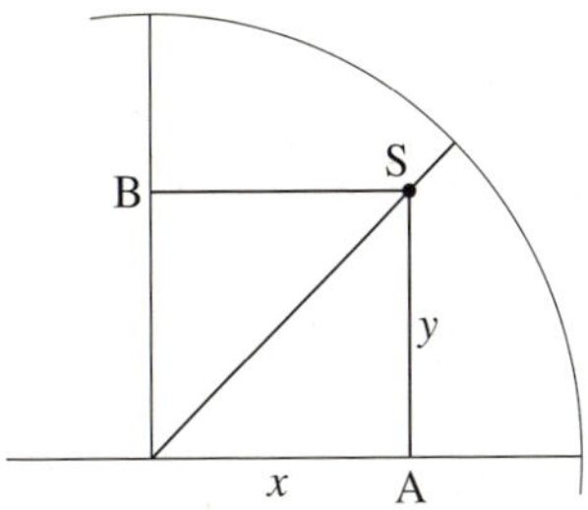

Zu 7.
Zur Bestimmung der Koordinaten des Schwerpunkts des Viertelkreisbogens sind zusätzliche Überlegungen notwendig. Betrachtet man die Mittelsenkrechte auf der Sehne als y-Achse, so gilt für die Ordinate y_0 des Schwerpunkts $y_0 = \frac{r\cdot s}{b}$.

► $r = 40,\; s = r\sqrt{2} = 40\sqrt{2},\; b = \frac{r\pi}{2} = 20\cdot\pi$

$$y_0 = \frac{40\cdot 40\cdot\sqrt{2}}{20\cdot\pi} = 36{,}01$$

289 Nun müssen die Koordinaten des Schwerpunkts des Bogens bezogen auf das vorgegebene Koordinatensystem bestimmt werden. Dazu müssen die Längen $|\overline{SA}| = x$ und $|\overline{SB}| = y = x$ mithilfe des pythagoreischen Lehrsatzes bestimmt werden. Man addiert 25,46 zu den in der Zeichnung vorgegebenen Längen, um dies zu erreichen. Nun gilt:

$d_1 = 40$; $S_1\langle 0|20\rangle$
$d_2 = 70$; $S_2\langle 35|0\rangle$
$d_3 = 30$; $S_3\langle 15|40\rangle$
$d_4 = 40$; $S_4\langle 70|20\rangle$
$d_5 = 40$; $S_5\langle 30|60\rangle$
$b = 62{,}83$; $S_6\langle 55{,}46|65{,}46\rangle$
$d + b = 282{,}83$

$$36{,}01^2 = x^2 + x^2 \Rightarrow x^2 = 648{,}36$$

$$x = y = 25{,}46$$

$$S\langle 30 + 25{,}36|40 + 25{,}46\rangle \Rightarrow S\langle 55{,}46|65{,}46\rangle$$

$$\underline{\underline{x_s}} = \frac{40 \cdot 0 + 70 \cdot 35 + 30 \cdot 15 + 40 \cdot 70 + 40 \cdot 30 + 62{,}83 \cdot 55{,}46}{282{,}83} = \underline{\underline{36{,}72}}$$

$$\underline{\underline{y_s}} = \frac{40 \cdot 20 + 70 \cdot 0 + 30 \cdot 40 + 40 \cdot 70 + 40 \cdot 30 + 62{,}83 \cdot 65{,}46}{282{,}83} = \underline{\underline{32{,}93}}$$

8.

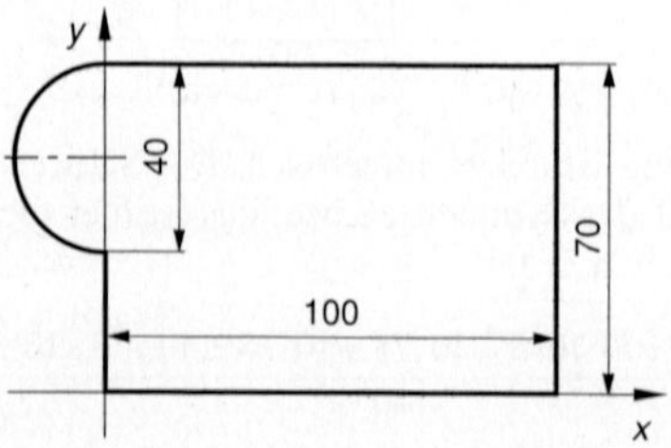

9.

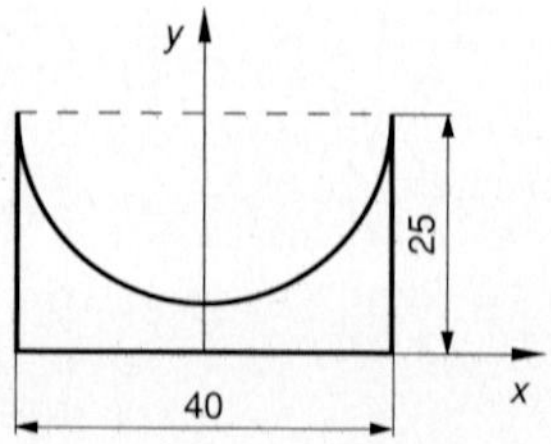

10.

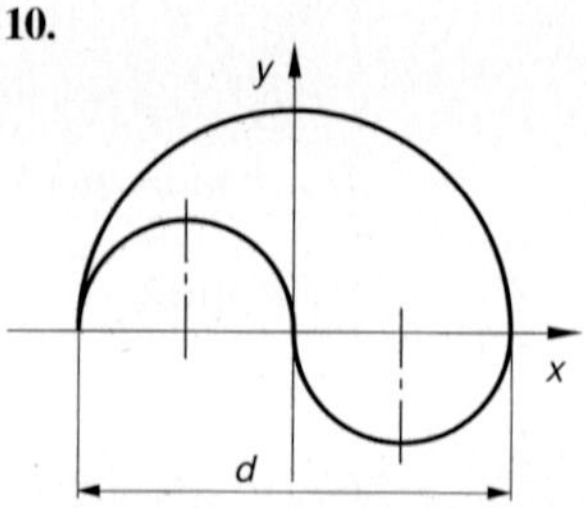

Zu 8.
Die Berechnung der Koordinaten des Schwerpunkts des Bogens erfolgt wie in Aufgabe 7.
Es ist $r = 20, s = 2r = 40, b = r \cdot \pi = 62{,}83$

Damit erhält man $y_0 = \dfrac{20 \cdot 40}{62{,}83} = 12{,}73.$

Nun gilt:
$d_1 = 30$; $S_1\langle 0|15\rangle$
$d_2 = 100$; $S_2\langle 50|0\rangle$
$d_3 = 70$; $S_3\langle 100|35\rangle$
$d_4 = 100$; $S_4\langle 50|70\rangle$
$b = 62{,}83$; $S_b\langle -12{,}73|50\rangle$
$d + b = 362{,}83$

Die Koordinaten des Schwerpunkts des Bogens bezogen auf das vorgegebene Koordinatensystem erhält man durch entsprechende Additionen.
$S_b\langle -12{,}73|50\rangle$

$$\underline{\underline{x_s}} = \frac{30 \cdot 0 + 100 \cdot 50 + 70 \cdot 100 + 10 \cdot 50 + 62{,}83 \cdot (-12{,}73)}{362{,}83} = \underline{\underline{44{,}65}}$$

$$\underline{\underline{y_s}} = \frac{30 \cdot 15 + 100 \cdot 0 + 70 \cdot 35 + 100 \cdot 70 + 62{,}83 \cdot 50}{362{,}83} = \underline{\underline{35{,}94}}$$

Zu 9.
Zur Berechnung der Koordinaten des Schwerpunkts des Halbkreises wird angenommen, dass die Sehne auf der x-Achse liegt.

▶ Aufgaben 7 und 8

▶ $r=20, s=40, b=20\cdot\pi=62{,}83$

Wegen der Symmetrie der Figur zur y-Achse ist die Abszisse des Schwerpunkts der Gesamtfigur wie die des Schwerpunkts des Bogens 0: $\underline{\underline{x_s=0.}}$

Nun gilt:
$d_1=25;\ S_1\langle -20\,|\,12{,}5\rangle$
$d_2=40;\ S_2\langle 0\,|\,0\rangle$
$d_3=25;\ S_3\langle 20\,|\,12{,}5\rangle$
$b=62{,}83;\ S\langle 0\,|\,12{,}27\rangle$
$d+b=152{,}83$

$$y_0=\frac{r\cdot s}{b}$$

$$y_0=12{,}73$$

Die Ordinate des Schwerpunkts des Bogens hat im vorgegebenen Koordinatensystem den Wert $25-12{,}73$, also $12{,}27$.

$$\underline{\underline{y_s}}=\frac{25\cdot 12{,}5+40\cdot 0+25\cdot 12{,}5+62{,}83\cdot 12{,}27}{152{,}83}$$
$$=\underline{\underline{9{,}13}}$$

Zu 10.
Hier müssen die Bogenlängen von drei Halbkreisen und die zugehörigen Schwerpunktskoordinaten berechnet werden.
Es gilt:

$$b_1=\frac{\pi\cdot d}{4};\quad S_1\left\langle -\frac{d}{4}\,\middle|\,\frac{d}{2\pi}\right\rangle$$

$$b_2=\frac{\pi\cdot d}{4};\quad S_2\left\langle -\frac{d}{4}\,\middle|\,-\frac{d}{2\pi}\right\rangle$$

$$b_3=\frac{\pi\cdot d}{2};\quad S_3\left\langle 0\,\middle|\,\frac{d}{\pi}\right\rangle$$

$$b_1=b_2=\frac{\pi\cdot d}{4},\quad b_3=\frac{\pi\cdot d}{2}$$

$$\underline{\underline{x_s}}=\frac{\frac{\pi d}{4}\left(-\frac{d}{2}+\frac{d}{2}\right)+\frac{\pi d}{2}\cdot 0}{\pi\cdot d}=\underline{\underline{0}}$$

$$\underline{\underline{y_s}}=\frac{\frac{\pi d}{4}\left(\frac{d}{2\pi}-\frac{d}{2\pi}\right)+\frac{\pi d}{2}\cdot\frac{d}{\pi}}{\pi d}=\underline{\underline{\frac{d}{2\pi}}}$$

Schwerpunkte von Flächen

Merke:

- Die Schwerpunkte von Strecken, Dreiecken, Parallelogrammen, Kreisen und regelmäßigen Vielecken lassen sich aufgrund der vorliegenden Symmetrien ohne Rechnung angeben.
- Der Schwerpunkt eines Trapezes liegt auf der Verbindungsgeraden der Mitten der parallelen Seiten.
- Um den Schwerpunkt einer Fläche experimentell zu bestimmen, hängt man sie an zweien ihrer Punkte auf und bestimmt die jeweiligen Schwerlinien. Diese schneiden sich im Schwerpunkt des Körpers.

Soll der Schwerpunkt einer Fläche bestimmt werden, die keine Symmetrien aufweist, so versucht man, sie in solche Flächen zu zerlegen, deren Schwerpunkte angegeben werden können. Den Gesamtschwerpunkt der Flächen bestimmt man aus den Teilschwerpunkten und den zu ihnen gehörenden Flächeninhalten nach der am Anfang des Kapitels angegebenen Formel.

Schwerpunkte spezieller Flächen

Dreieck

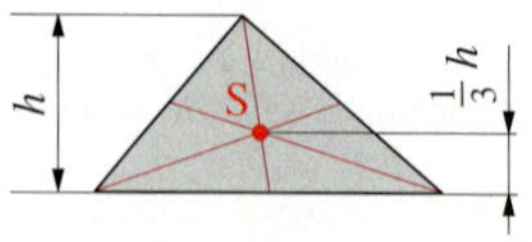

S liegt im Schnittpunkt der Seitenhalbierenden

Rechtwinkliges Trapez

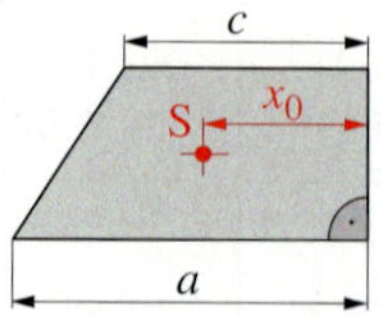

$$x_0 = \frac{a^2 + ac + c^2}{3(a+c)}$$

Kreisausschnitt

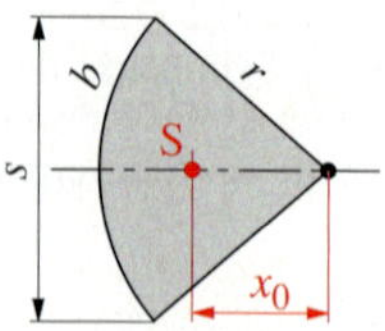

$$x_0 = \frac{2}{3} \cdot \frac{rs}{b}$$

Rechteck und Parallelogramm

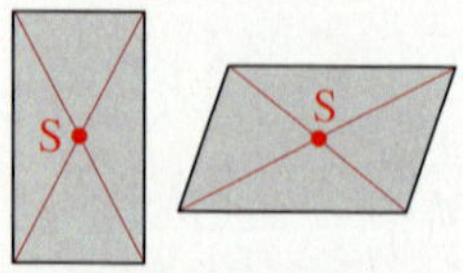

S liegt im Schnittpunkt der Diagonalen

Halbkreis

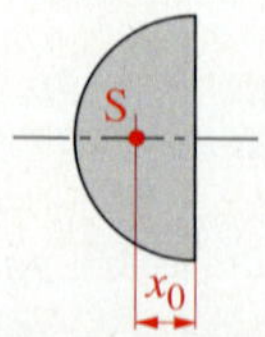

$$x_0 = \frac{4r}{3\pi} = 0{,}424 \cdot r$$

Kreisabschnitt

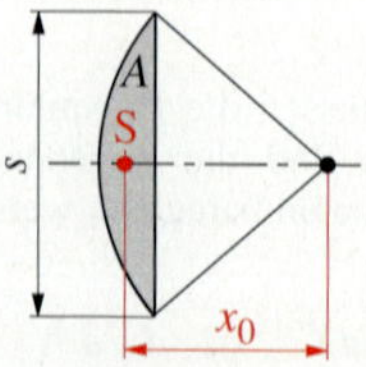

$$x_0 = \frac{s^3}{12A}$$

Trapez

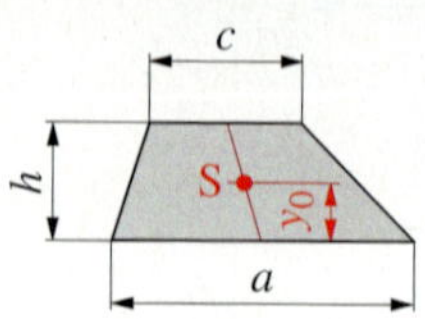

$$y_0 = \frac{h}{3} \cdot \frac{a+2c}{a+c}$$

Viertelkreis

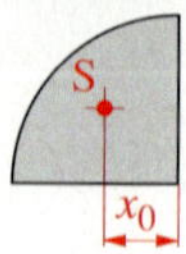

$$x_0 = \frac{4r}{3\pi} = 0{,}424 \cdot r$$

Kreisringfläche

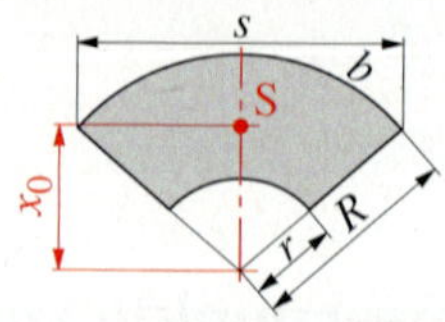

$$x_0 = \frac{2}{3} \cdot \frac{R^3 - r^3}{R^2 - r^2} \cdot \frac{s}{b}$$

290 **1.** Bestimmen Sie die Koordinaten des Schwerpunkts eines Kreissektors, der ein Halbkreis ist, dessen Radius die Länge r hat.

Unter der Annahme, dass die x-Achse eines x-y-Koordinatensystems durch den Mittelpunkt des Kreises geht und die y-Achse die Symmetrieachse des Sektors ist, gilt für die Koordinaten des Schwerpunkts des Sektors:

$x_s = 0$ und $y_s = \frac{2rs}{3b}$, wobei r für die Länge des Radius, s für die Länge der Sehne des Bogens und b für die Länge des Bogens stehen.

► Lehrbuch Kusch 2, Abschnitt 14.2.2

Für einen Sektor, der ein Halbkreis ist, gilt:

$b = r \cdot \pi$, $s = 2r$.

Damit erhält man aus der allgemeinen Formel:

$$\underline{\underline{x_s = 0}}$$

$$\underline{\underline{y_s}} = \frac{2r \cdot 2r}{3r\pi} = \underline{\underline{\frac{4r}{3\pi}}}$$

2.

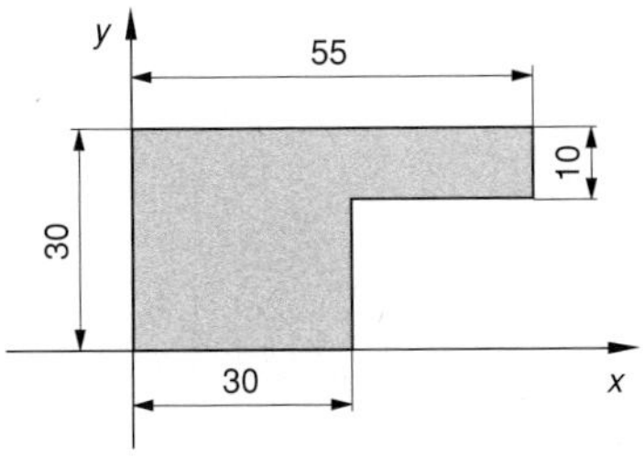

3.

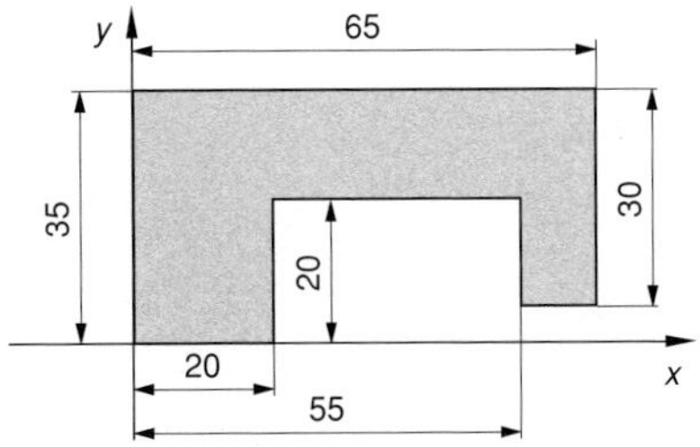

Zu 2.
Es werden zwei Rechtecke betrachtet. Deren Schwerpunkt liegt im Schnittpunkt der Diagonalen. Hier gilt:
$A_1 = 900;\ S_1\langle 15 | 15\rangle$
$A_2 = 250;\ S_2\langle 42{,}5 | 25\rangle$
$A_1 + A_2 = 1150$

$$\underline{\underline{x_s}} = \frac{900 \cdot 15 + 250 \cdot 42{,}5}{1150} = \underline{\underline{20{,}98}}$$

$$\underline{\underline{y_s}} = \frac{900 \cdot 15 + 250 \cdot 25}{1150} = \underline{\underline{17{,}17}}$$

Zu 3.
Es werden drei Rechtecke betrachtet. Die Schwerpunkte liegen im Schnittpunkt ihrer Diagonalen. Hier gilt:
$A_1 = 700, S_1\langle 10 | 17{,}5\rangle$
$A_2 = 525;\ S_2\langle 37{,}5 | 27{,}5\rangle$
$A_3 = 300;\ S_3\langle 60 | 20\rangle$
$A_1 + A_2 + A_3 = 1525$

$$\underline{\underline{x_s}} = \frac{700 \cdot 10 + 525 \cdot 37{,}5 + 300 \cdot 60}{1525} = \underline{\underline{29{,}30}}$$

$$\underline{\underline{y_s}} = \frac{700 \cdot 17{,}5 + 525 \cdot 27{,}5 + 300 \cdot 20}{1525} = \underline{\underline{21{,}43}}$$

4.

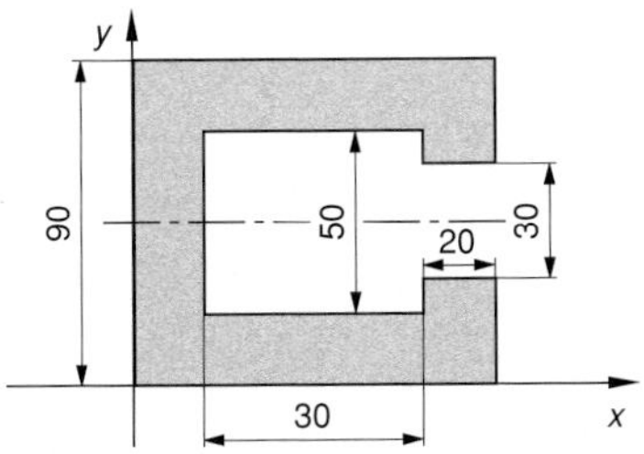

5.

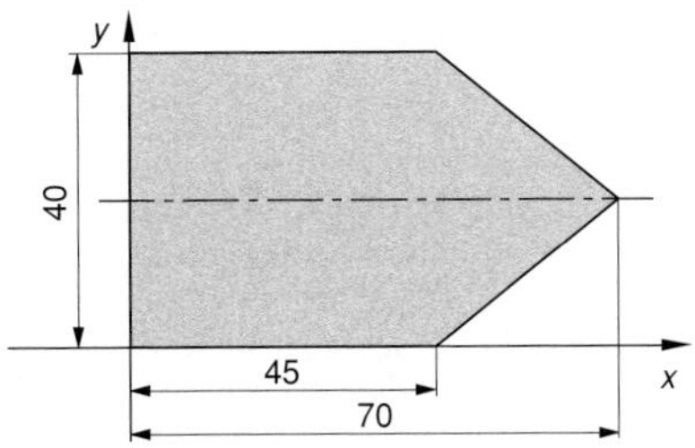

Zu 4.
Es werden fünf Rechtecke betrachtet. Die Schwerpunkte liegen im Schnittpunkt ihrer Diagonalen. Es gilt:
$A_1 = 1800;\ S_1\langle 10 | 45\rangle$
$A_2 = 600;\ S_2\langle 35 | 10\rangle$
$A_3 = 600;\ S_3\langle 35 | 80\rangle$
$A_4 = 600;\ S_4\langle 60 | 15\rangle$
$A_5 = 600;\ S_5\langle 60 | 75\rangle$
$A_1 + A_2 + A_3 + A_4 + A_5 = 4200$

$$\underline{\underline{x_s}} = \frac{1800 \cdot 10 + 600 \cdot 35 + 600 \cdot 35 + 600 \cdot 60 + 600 \cdot 60}{4200} = \underline{\underline{31{,}42}}$$

$$\underline{\underline{y_s}} = \frac{1800 \cdot 45 + 600 \cdot 10 + 600 \cdot 80 + 600 \cdot 15 + 600 \cdot 75}{4200} = \underline{\underline{45}}$$

Zu 5.
Es werden ein Rechteck und ein Dreieck betrachtet. Im Dreieck liegt der Schwerpunkt im Schnittpunkt der Seitenhalbierenden. Es gilt:
$A_1 = 1800;\ S_1\langle 22{,}5 | 20\rangle$
$A_2 = 500;\ S_2\left\langle 45 + \frac{25}{3} \middle| 20\right\rangle$
► Der Schwerpunkt des Dreiecks ist ein Drittel der Länge der Seitenhalbierenden von der Seitenmitte entfernt.
$A_1 + A_2 = 2300$

$$\underline{\underline{x_s}} = \frac{1800 \cdot 22{,}5 + 500 \cdot 53{,}3}{2300} = \underline{\underline{29{,}20}}$$

$$\underline{\underline{y_s}} = \frac{1800 \cdot 20 + 500 \cdot 20}{2300} = \underline{\underline{20}}$$

290

6.

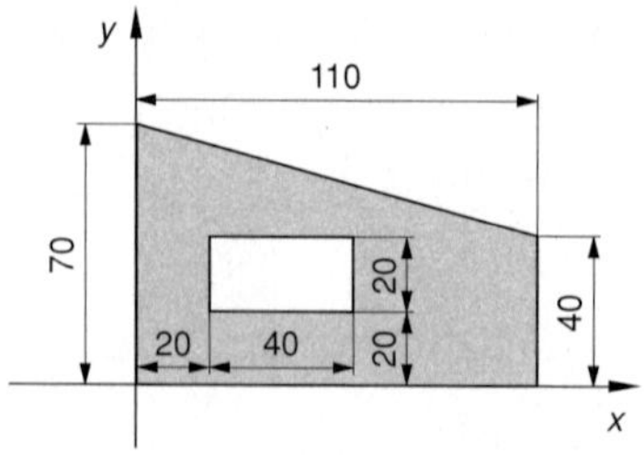

7.

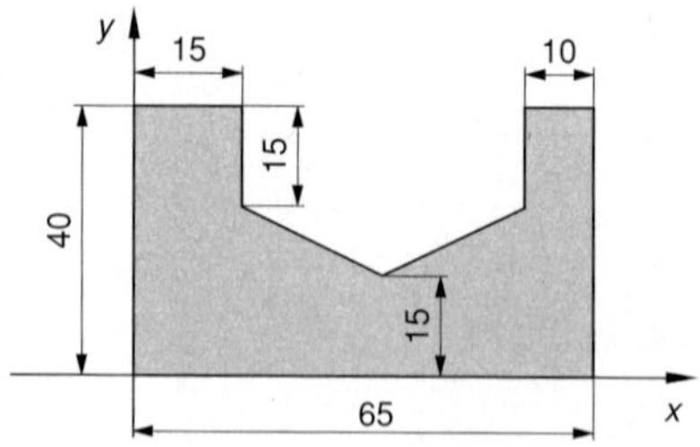

8.

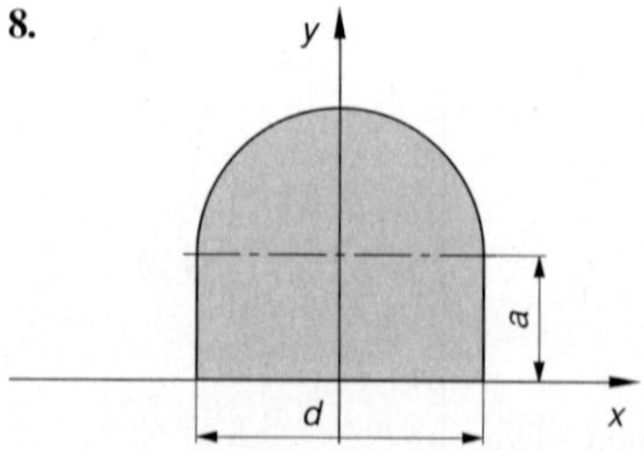

Zu 6.

Von der Fläche eines Trapezes ist die Fläche eines Rechtecks auszusparen.
Die Koordinaten des Schwerpunkts des Trapezes werden mithilfe der Formeln in der voranstehenden Aufstellung ermittelt. Die Abszisse x des Schwerpunkts des rechtwinkligen Trapezes in der Aufstellung ist parallel zu den Grundseiten. Im Bild der vorstehenden Aufgabe entspricht das der Ordinate y_0. Analog folgt aus dem Bild des allgemeinen Trapezes der Aufstellung, dass der dort als y_0 bezeichnete Wert jetzt die Abszisse des Schwerpunkts ist.
Damit kennt man die Koordinaten des Schwerpunkts des Trapezes. Dessen Flächeninhalt A_1 beträgt 6050. Der Flächeninhalt A_2 des auszusparenden Rechtecks beträgt 800. Sein Schwerpunkt liegt im Schnittpunkt seiner Diagonalen.

$A_1 = 6050$; $S_1\langle 50|28{,}18\rangle$
$A_2 = 800$; $S_2\langle 40|30\rangle$
$A_1 - A_2 = 5250$

$$y_0 = \frac{a^2 + ac + c^2}{3(a+c)}$$

$$y_0 = \frac{70^2 + 70 \cdot 40 + 40^2}{3 \cdot 110} = 28{,}18$$

$$x_0 = \frac{h(a+2c)}{3(a+c)}$$

$$x_0 = \frac{110 \cdot 150}{3 \cdot 110} = 50$$

$$\underline{\underline{x_s}} = \frac{6050 \cdot 50 - 800 \cdot 40}{5250} = \underline{\underline{51{,}52}}$$

$$\underline{\underline{y_s}} = \frac{6050 \cdot 28{,}18 - 800 \cdot 30}{5250} = \underline{\underline{27{,}90}}$$

Zu 7.

Hier ist vom Flächeninhalt $65 \cdot 40$ des „großen“ Rechtecks der Flächeninhalt $15 \cdot 40$ des „kleinen“ Rechtecks und der Flächeninhalt $20 \cdot 10$ des Dreiecks zu subtrahieren.

$A_1 = 2600$; $S_1\langle 32{,}5|20\rangle$
$A_2 = 600$; $S_2\langle 35|32{,}5\rangle$
$A_3 = 200$; $S_3\left\langle 35\,\middle|\,25 - \frac{10}{3}\right\rangle$
$A_1 - A_2 - A_3 = 1800$

$$\underline{\underline{x_s}} = \frac{2600 \cdot 32{,}5 - 600 \cdot 35 - 200 \cdot 35}{1800} = \underline{\underline{31{,}39}}$$

$$\underline{\underline{y_s}} = \frac{2600 \cdot 20 - 600 \cdot 32{,}5 - 200 \cdot 21{,}6}{1800} = \underline{\underline{15{,}65}}$$

290

Zu 8.
Hier muss zum Flächeninhalt eines Rechtecks der Flächeninhalt eines Kreisausschnitts addiert werden, der ein Halbkreis ist. Die Figur hat die y-Achse als Symmetrieachse, also ist die Abszisse ihres Schwerpunkts gleich 0.

$$A_1 = a \cdot d;\ S_1\left\langle 0 \middle| \frac{a}{2} \right\rangle$$

$$A_2 = \frac{\pi d^2}{8};\ S_2\left\langle 0 \middle| \frac{2d}{3\pi} + a \right\rangle$$

$$\underline{\underline{x_s = 0}}$$

$$y_s = \frac{ad \cdot \frac{a}{2} + \frac{\pi d^2}{8}\left(\frac{2d}{3\pi} + a\right)}{ad + \frac{\pi d^2}{8}}$$

Zähler: $\frac{a^2 d}{2} + \frac{d^3}{12} + \frac{ad^2\pi}{8} = \frac{d}{2}\left(a^2 + \frac{ad\pi}{4} + \frac{d^2}{6}\right)$

Nenner: $\frac{8ad + \pi d^2}{8} = \frac{d}{2}\left(2a + \frac{\pi d}{4}\right)$

$$\underline{\underline{y_s = \frac{a^2 + \frac{ad\pi}{4} + \frac{d^2}{6}}{2a + \frac{\pi d}{4}}}}$$

9.

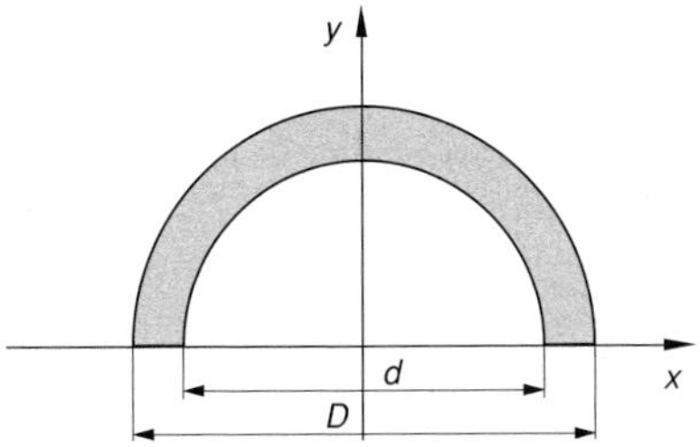

10.

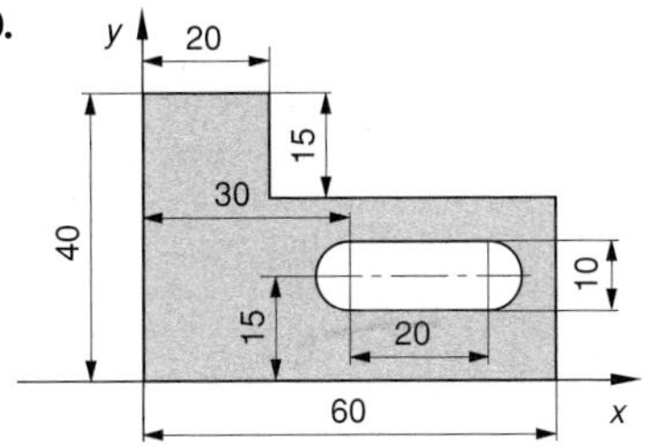

11.

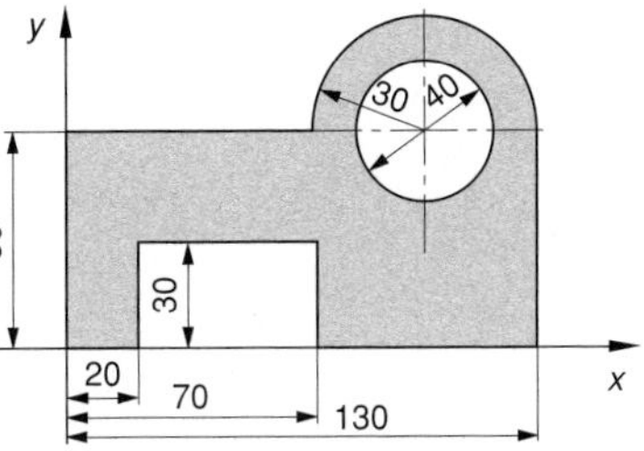

Zu 9.
Die Figur ist symmetrisch zur y-Achse. Die Abszisse ihres Schwerpunkts ist also $\underline{\underline{x_s = 0}}$. In der voranstehenden Aufstellung über die Schwerpunktskoordinaten einiger Flächen ist auch eine Kreisringfläche enthalten.
Die Ordinate muss in zweifacher Weise spezialisiert werden. Zum einen von den Längen der Radien auf die Längen der Durchmesser, zum anderen auf einen Halbkreisring.

► $R = \frac{D}{2},\ r = \frac{d}{2}$

► $s = D,\ b = \frac{D\pi}{2},\ \frac{s}{b} = \frac{2}{\pi}$

$$y_s = \frac{2}{3} \cdot \frac{R^3 - r^3}{R^2 - r^2} \cdot \frac{s}{b}$$

Nebenrechnung:

$$\frac{R^3 - r^3}{R^2 - r^2} = \frac{\frac{D^3}{8} - \frac{d^3}{8}}{\frac{D^2}{4} - \frac{d^2}{4}} = \frac{D^3 - d^3}{D^2 - d^2} \cdot \frac{4}{8}$$

$$y_s = \frac{2}{3} \cdot \frac{4}{8} \cdot \frac{D^3 - d^3}{D^2 - d^2} \cdot \frac{2}{\pi}$$

$$\underline{\underline{y_s = \frac{2}{3\pi} \cdot \frac{D^3 - d^3}{D^2 - d^2}}}$$

290

Zu 10.

Hier werden zwei Rechtecke betrachtet, deren Flächeninhalte addiert werden und von denen die Inhalte des nicht schraffierten Rechtecks und der beiden Halbkreise subtrahiert werden.

$A_1 = 20 \cdot 40$; $S_1\langle 10|20\rangle$
$A_2 = 40 \cdot 25$; $S_2\langle 40|12{,}5\rangle$
$A_3 = 20 \cdot 10$; $S_3\langle 40|15\rangle$

$A_4 = 39{,}27$; $S_4\langle 27{,}88|15\rangle$
$A_5 = 39{,}27$; $S_5\langle 52{,}12|15\rangle$

$A_1 - A_2 - A_3 - A_4 - A_5 = 1521{,}46$

A_4 ist die Fläche des linken Halbkreises mit $d = 10$.

Es ist also $A_4 = \frac{1}{2} \cdot \frac{\pi}{4} \cdot 100 = 39{,}27$.

Die Abszisse des Schwerpunktes errechnet sich aus $x_0 = \frac{4r}{3\pi}$ zu 2,12, d.h. in der Figur zu $30 - 2{,}12$, also 27,88. Analog:

► $50 + 2{,}12 = 52{,}12$

$$x_s = \frac{800 \cdot 10 + 1000 \cdot 40 - 200 \cdot 40 - 39{,}27 \cdot 27{,}88 - 39{,}27 \cdot 52{,}12}{1521{,}46}$$

$\underline{\underline{x_s = 24{,}25}}$

$$y_s = \frac{800 \cdot 20 + 1000 \cdot 12{,}5 - 200 \cdot 15 - 39{,}27 \cdot 15 - 39{,}27 \cdot 15}{1521{,}46}$$

$\underline{\underline{y_s = 15{,}99}}$

Zu 11.

Hier werden von der Summe der Flächeninhalte eines Rechtecks aus $130 \cdot 60$ und des Halbkreisringes die Flächeninhalte des nicht schraffierten Rechtecks und des nicht schraffierten Halbkreises mit $r = 20$ subtrahiert.

$A_1 = 130 \cdot 60$; $S_1\langle 65|30\rangle$
$A_2 = 785{,}40$; $S_2\langle 100|76{,}13\rangle$

$A_3 = 628{,}32$; $S_3\langle 100|51{,}51\rangle$

$A_4 = 30 \cdot 50$; $S_4\langle 55|15\rangle$
$A_1 + A_2 - A_3 - A_4 = 6457{,}08$

$A_2 = \frac{\pi}{2} \cdot 30^2 - \frac{\pi}{2} \cdot 20^2 = 785{,}40$

Für die Ordinate des Schwerpunkts des Ringes erhält man nach der Formel in Aufgabe 9:

$$y_0 = \frac{2}{3\pi} \cdot \frac{D^3 - d^3}{D^2 - d^2} = 16{,}13$$

und damit für die Ordinate dieses Schwerpunkts in der Figur $60 + 16{,}13$, also 76,13.

Für die Ordinate des Halbkreises erhält man aus $y_0 = \frac{4r}{3\pi}$ den Wert 8,49, für die Ordinate dieses Schwerpunkts in der Figur $60 - 8{,}49$, also 51,51.

$$x_s = \frac{7800 \cdot 65 + 785{,}4 \cdot 100 - 628{,}32 \cdot 100 - 1500 \cdot 45}{6457{,}08}$$

$\underline{\underline{x_s = 70{,}50}}$

$$y_s = \frac{7800 \cdot 30 + 785{,}4 \cdot 76{,}13 - 628{,}32 \cdot 51{,}51 - 1500 \cdot 15}{6457{,}08}$$

$\underline{\underline{y_s = 37}}$

291

12. Ein Trapez ABCD ist gleichschenklig, $|\overline{AD}| = |\overline{BC}|$; und seine Höhe hat die Länge h. Zeigen Sie, dass für die Ordinate y_0 seines Schwerpunkts gilt:

$$y_0 = \frac{h}{3} \cdot \frac{a + 2c}{a + c}.$$

Hinweis: Legen Sie den Eckpunkt A des Trapezes in den Ursprung und die Seite a auf die x-Achse eines Koordinatensystems.

Durch Lote von C und D auf a werden die Dreiecke $\triangle AH_1D$ und $\triangle BH_2C$ mit $|\overline{CH_2}| = |\overline{DH_1}| = h$ erzeugt. Die Schwerpunkte dieser Dreiecke haben die Ordinate $h:3$.
Der Schwerpunkt des Rechtecks H_1H_2CD hat die Ordinate $h:2$.

$$y_s = \frac{A_1 \cdot y_1 + A_2 \cdot y_2 + A_3 \cdot y_3}{A_1 + A_2 + A_3}$$

► Formel für die Berechnung der Ordinate des Schwerpunkts einer Fläche aus den Ordinaten der Schwerpunkte ihrer Teilflächen.

291

Die Dreiecke haben den Flächeninhalt
$A_1 = A_2 = \frac{a-c}{2} \cdot \frac{h}{2}$, das Rechteck $A_3 = c \cdot h$.
Für $2 \cdot A_1 + A_3$ erhält man $\frac{a+c}{2} \cdot h$.
Damit kann die Formel zur Berechnung der Ordinate des Schwerpunkts der Gesamtfigur angewendet werden.

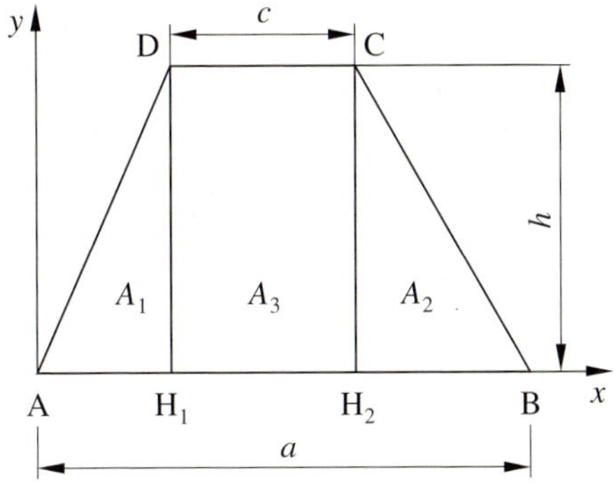

$$y_s = \frac{\frac{a-c}{2} \cdot \frac{h}{2} \cdot \frac{h}{3} + \frac{a-c}{2} \cdot \frac{h}{2} \cdot \frac{h}{3} + c \cdot h \cdot \frac{h}{2}}{\frac{a+c}{2} \cdot h}$$

$$y_s = \frac{(a-c) \cdot \frac{h^2}{6} + c \cdot \frac{h^2}{2}}{\frac{a+c}{2} \cdot h} \quad | : h \quad | \cdot 2$$

$$= \frac{(a-c) \cdot \frac{h}{3} + c \cdot h}{a+c} = \frac{h}{3} \cdot \frac{a-c+3c}{a+c}$$

$$\underline{\underline{y_s = \frac{h}{3} \cdot \frac{a+2c}{a+c}}}$$

13. Bestimmen Sie zeichnerisch die Schwerpunkte folgender Figuren und beschreiben Sie Ihr Vorgehen:
a) Allgemeines Dreieck,
b) allgemeines Trapez,
c) allgemeines Viereck.

Zu a)
Der Schwerpunkt eines Dreiecks ist der Schnittpunkt seiner Seitenhalbierenden, die auch Schwerlinien heißen.
Man zeichnet also ein Dreieck mit selbstgewählten Maßen und konstruiert zwei seiner Seitenhalbierenden. Deren Schnittpunkt ist der Schwerpunkt des Dreiecks.

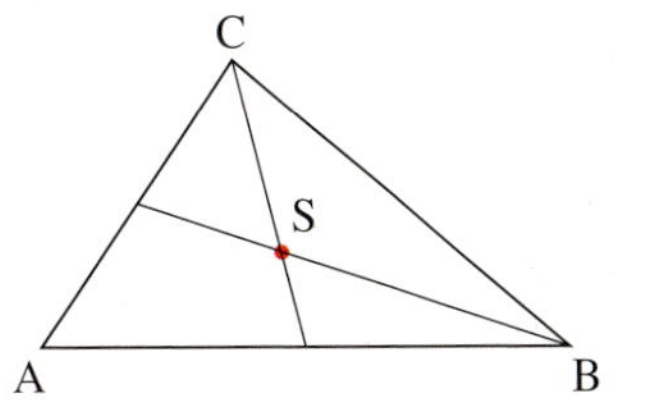

Zu b)
Es werden drei Möglichkeiten genannt.
1. Der Schwerpunkt eines Trapezes liegt auf der Verbindungslinie der Mitten der Grundseiten, denn sie ist die Achse einer schiefen Symmetrie. Durch eine Diagonale entstehen zwei Dreiecke. Deren Schwerpunkte sind wie unter a) beschrieben zu konstruieren. Der Schnittpunkt der Verbindungsgeraden der beiden Schwerpunkte mit der Achse der schiefen Symmetrie ist der Schwerpunkt des Trapezes.
2. Zu jeder der beiden Diagonalen werden die Schwerpunkte der durch sie erzeugten Dreiecke konstruiert. Schneidet man die Verbindungsgerade der zu der einen Diagonalen gehörenden Schwerpunkte mit der Verbindungsgeraden der beiden anderen, so erhält man den Schwerpunkt des Trapezes.

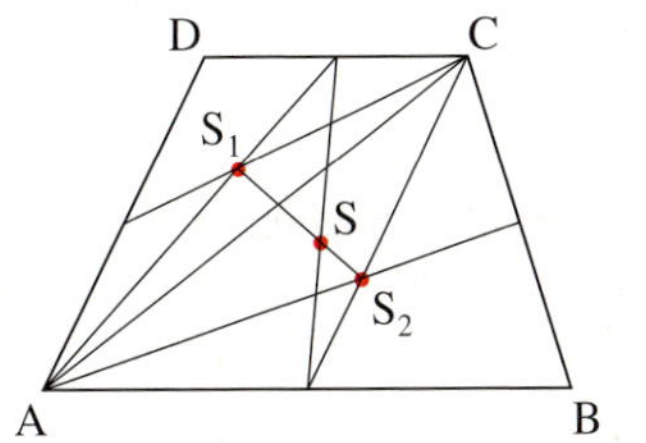

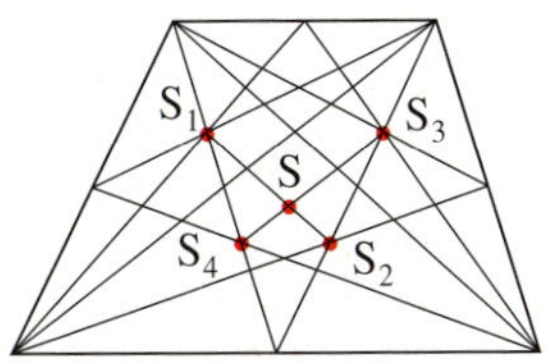

291 3. Man verlängert c um a und a um c, wie in der Zeichnung angegeben. Der Schnittpunkt der Symmetrieachse mit der Verbindungsgeraden der durch die Verlängerungen entstandenen Ecken ist der Schwerpunkt des Trapezes.

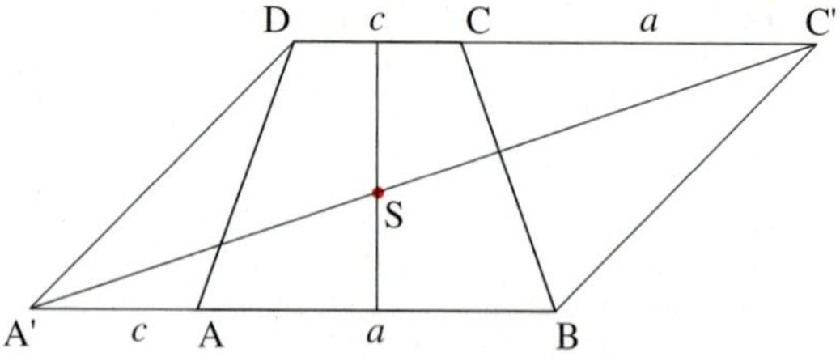

Zu c)
Wie unter b) 2. Möglichkeit beschrieben, zeichnet man zuerst die eine Diagonale und konstruiert die Schwerpunkte S_1 und S_2 der entstandenen Dreiecke. Sodann wiederholt man das Vorgehen anhand der zweiten Diagonale und erhält die Schwerpunkte S_3 und S_4. Der Schnittpunkt von S_1S_2 mit S_3S_4 ist der Schwerpunkt des Vierecks.

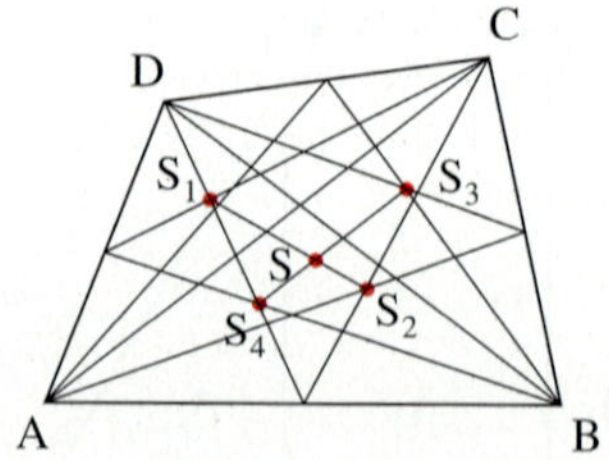

Drehkörper

Körper, die durch Drehung einer Fläche um eine Drehachse erzeugt werden, nennt man Drehkörper. Das Volumen und die Mantelfläche solcher Körper kann mithilfe der Schwerpunkte der gedrehten Fläche bzw. ihrer „äußeren" Begrenzungsstrecke berechnet werden. Mitunter ist dieses Vorgehen rationeller als das übliche.

Merke:

- Das Volumen *V* eines Drehkörpers ist gleich dem Produkt aus dem Flächeninhalt *A* der bewegten Fläche und der Länge des Wegs des Schwerpunkts von A um die Drehachse:
  $V = A \cdot 2\pi r$ oder $V = A \cdot \pi d$. ► **1. Guldinsche Regel**
- Der Flächeninhalt *M* der Mantelfläche eines Drehkörpers ist gleich dem Produkt aus der Länge *l* der begrenzenden Strecke der zu drehenden Fläche und der Länge des Wegs ihres Schwerpunkts S bei der Drehung um die Drehachse:
  $M = l \cdot 2\pi r$ oder $M = l \cdot \pi d$. ► **2. Guldinsche Regel**

Vorbemerkung: Die nachfolgenden Rechnungen zu den Aufgaben 1–10 erfolgen ohne Maßeinheiten.

Maßangaben in mm

1. Dichtungsring (Messing) $\left(\varrho = 8{,}5\,\frac{\text{kg}}{\text{dm}^3}\right)$

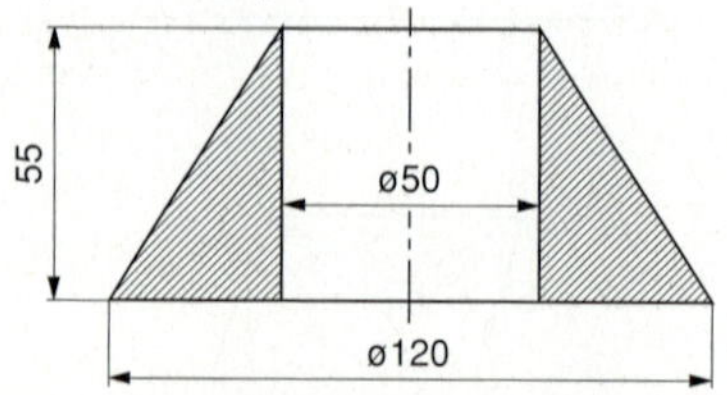

Gesucht: **a)** Masse in kg
b) Inhalt der Mantelfläche in cm^2

2. Ring aus Halbrundstahl $\left(\varrho = 7{,}8\,\frac{\text{kg}}{\text{dm}^3}\right)$

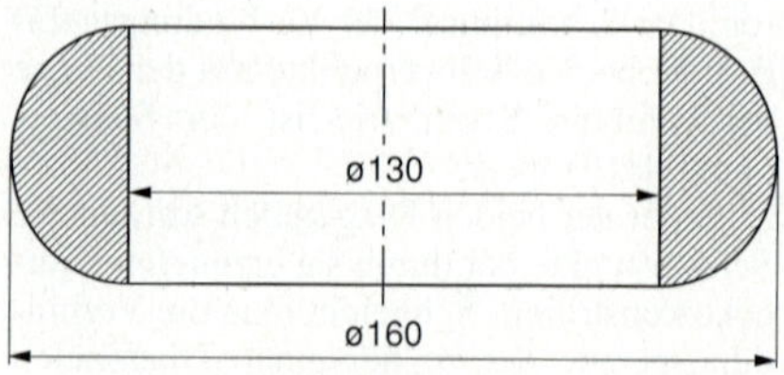

Gesucht: **a)** Rauminhalt in dm^3
b) Masse in kg

291

Zu 1.
Die Höhe des linken Dreiecks auf die Grundseite ist 55 lang. Die Fläche des Dreiecks ist 17,5 · 55, also 962,5. Der Schwerpunkt des Dreiecks hat die Ordinate $h:3$, also 18,33. Die Abszisse des Schwerpunkts ist 11,6. Der Weg, den der Schwerpunkt bei Drehung um die Drehachse zurücklegt, ist also $(50+2\cdot 11{,}6)\cdot\pi$, also $73{,}3\cdot\pi$.
Die linke äußere Begrenzungsstrecke hat die Länge $l=\sqrt{55^2+35^2}$, also 65,19. Ihr Mittelpunkt ist der Schwerpunkt der Strecke. Seine Abszisse ist 35 : 2. Der Weg, den dieser Schwerpunkt bei der Drehung um die Drehachse zurücklegt, ist $(50+2\cdot 35:2)\cdot\pi$, also 267,035. Damit kann die Mantelfläche berechnet werden.

$V=A\cdot\pi\cdot d$

$V=962{,}5\cdot 230{,}28=221\,643{,}29$

$\underline{\underline{m}}=0{,}22164329\,\text{dm}^3\cdot 8{,}5\,\frac{\text{kg}}{\text{dm}^3}=\underline{\underline{1{,}88\,\text{kg}}}$

$M=l\cdot\pi\cdot d$

$M=65{,}19\cdot 267{,}035$

$M=17\,408{,}036$

$\underline{\underline{M=174{,}08\,\text{cm}^2}}$

Zu 2.
Die Fläche des Halbkreises errechnet sich aus $A=\frac{r^2\pi}{2}$ zu 353,43. Der Schwerpunkt des Halbkreises hat die Abszisse $\frac{4r}{3\pi}$, also 6,37.

Der Weg des Schwerpunkts ist $(130+2\cdot 6{,}37)\cdot\pi$, also 448,431.

$V=353{,}43\cdot 448{,}431=158\,488{,}95$

$\underline{\underline{V=0{,}158489\,\text{dm}^3}}$

$m=0{,}158489\cdot 7{,}8\,\frac{\text{kg}}{\text{dm}^3}$

$\underline{\underline{m=1{,}236\,\text{kg}}}$

3. Laufring (Stahl) $\left(\varrho=7{,}8\,\frac{\text{kg}}{\text{dm}^3}\right)$

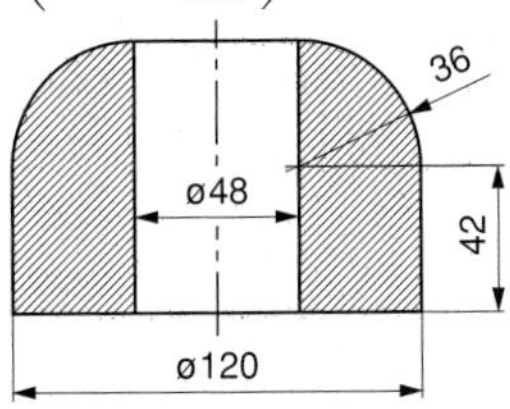

Gesucht: **a)** Masse in kg
b) Inhalt der Mantelfläche in cm^2

4. Messingbuchse $\left(\varrho=8{,}4\,\frac{\text{kg}}{\text{dm}^3}\right)$

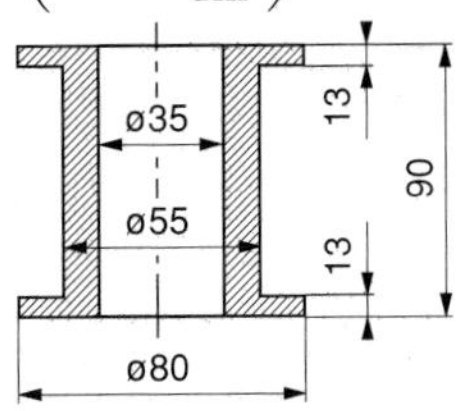

Gesucht: Masse von 12 Stücken in kg

Zu 3.
Die Drehfläche kann in ein Rechteck mit den Seitenlängen 42 und 36 sowie einen Viertelkreis mit $r=36$ zerlegt werden.
Die Abszisse des Schwerpunkts des Rechtecks ist 18. Die Abszisse des Schwerpunkts des Viertelkreises ist $4r:3\pi$, also 15,279.
Damit werden d_1 und d_2 bestimmt. Es ist $d_1=48+2\cdot 18$, also 84, und $d_2=48+2\cdot 15{,}279$, also 78,5577.

► Das Volumen des Drehkörpers entsteht durch die Drehung zweier Flächen, also muss die Summe der beiden dadurch bestimmten Volumina berechnet werden.

$V=A_1 d_1\pi+A_2 d_2\pi$

$V=42\cdot 36\cdot 84\cdot\pi+1017{,}876\cdot 78{,}5577\cdot\pi$

$=650\,215{,}42$

$=0{,}65021542\,\text{dm}^3$

$\underline{\underline{m}}=0{,}65021542\cdot 7{,}8\,\frac{\text{kg}}{\text{dm}^3}=\underline{\underline{5{,}072\,\text{kg}}}$

291 Die Länge l_1 der begrenzenden Strecke ist 42. Der Viertelkreisbogen hat die Länge

$$l_2 = \frac{2r\pi}{4} = 56{,}548.$$

Der Schwerpunkt der Strecke hat die Abszisse 0, der zugehörige Durchmesser d_1 also die Länge 120. Der Schwerpunkt des Viertelkreisbogens hat auf der Symmetrieachse des Bogens einen Abstand von 32,411 zum Mittelpunkt des Kreises. Damit kann sein Abstand x vom senkrechten Radius mithilfe des Lehrsatzes des Pythagoras berechnet werden. Für d_2 erhält man somit: $d_2 = 48 + 2 \cdot 22{,}92$, also 93,836.

► Auch die Mantelfläche ist die Summe der durch eine Strecke und einen Bogen bestimmten Teilflächen.

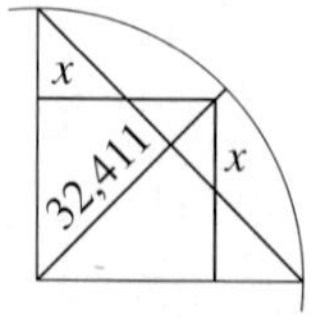

$$x^2 + x^2 = 32{,}411^2 \Rightarrow x = 22{,}92$$

$$\underline{\underline{M}} = 42 \cdot 120 \cdot \pi + 56{,}548 \cdot 93{,}836 \cdot \pi$$

$$= 32503{,}679$$

$$= \underline{\underline{325{,}037\,\text{cm}^2}}$$

Zu 4.
Die Drehfläche kann in drei Teilflächen zerlegt werden, die alle drei Rechtecke sind.
$A_1 = 90 \cdot 10$; $S_1\langle 5|45\rangle$

$$A_2 = A_3 = 13 \cdot \frac{80-55}{2} = 13 \cdot 12{,}5;$$

$$S_2\left\langle \frac{12{,}5}{2} \middle| \frac{13}{2} \right\rangle; \; S_3\left\langle \frac{12{,}5}{2} \middle| \frac{193}{2} \right\rangle$$

Wie in Aufgabe 3 muss die entsprechende Summe gebildet werden.

Die Längen der Durchmesser für die Drehung der Schwerpunkte sind:
$d_1 = 45$, $d_2 = d_3 = 67{,}5$

$$V = 900 \cdot 45 \cdot \pi + 2 \cdot (162{,}5 \cdot 67{,}5 \cdot \pi)$$

$$= 196153{,}19$$

$$m = 0{,}19615319 \cdot 8{,}4\,\frac{\text{kg}}{\text{dm}^3} = 1{,}647686\,\text{kg}$$

$$\underline{\underline{12 \cdot m = 19{,}772\,\text{kg}}}$$

5. Ring aus Stahl
$\left(\varrho = 7{,}8\,\frac{\text{kg}}{\text{dm}^3}\right)$

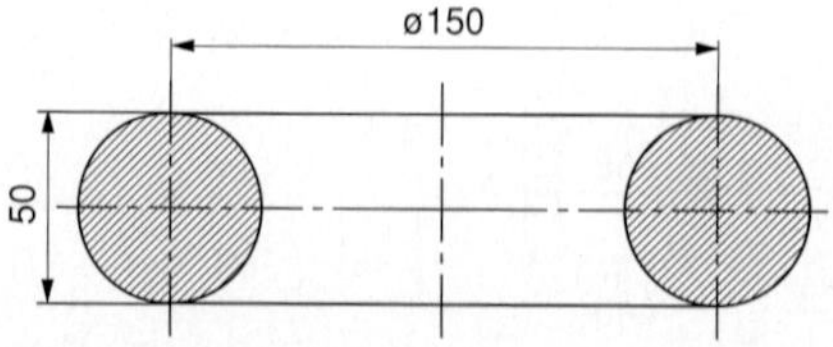

Gesucht: **a)** Rauminhalt in dm^3
b) Masse in kg

6. Schwungrad aus Stahlguss
$\left(\varrho = 7{,}8\,\frac{\text{kg}}{\text{dm}^3}\right)$

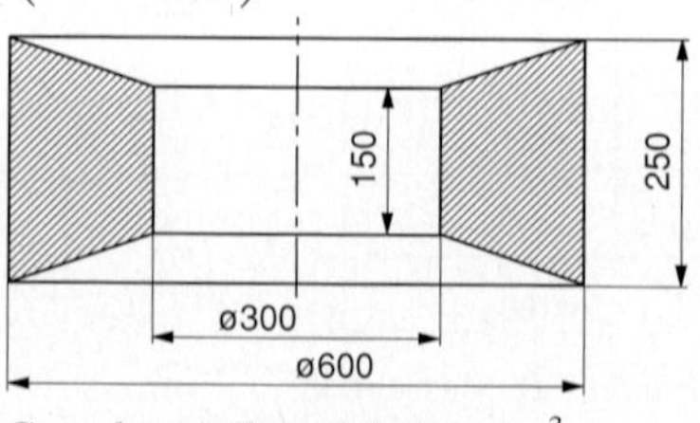

Gesucht: **a)** Rauminhalt in dm^3
b) Masse in kg

Zu 5.
Die Drehfläche ist ein Kreis mit $d = 50$. Sein Flächeninhalt A ergibt sich aus der Formel $A = \frac{\pi}{4} d^2$. Die Koordinaten seines Schwerpunkts sind $\langle 0|0\rangle$. Der Weg, den der Schwerpunkt bei der Drehung zurücklegt, ergibt sich aus der Formel $u = d \cdot \pi$.

$$V = \frac{\pi}{4} 2500 \cdot 150 \cdot \pi$$

$$V = \frac{2500 \cdot 150 \cdot \pi^2}{4}$$

$$\underline{\underline{V}} = 925275{,}41$$

$$= \underline{\underline{0{,}92527541\,\text{dm}^3}}$$

$$\underline{\underline{m}} = 0{,}92527541 \cdot 7{,}8\,\frac{\text{kg}}{\text{dm}^3} = \underline{\underline{7{,}217\,\text{kg}}}$$

291

Zu 6.

Die Drehfläche ist ein gleichschenkliges Trapez. Sein Flächeninhalt wird nach der Formel $A = \frac{a+c}{2} \cdot h$ berechnet. Für den Abstand y_0 seines Schwerpunkts von der längeren Grundseite gilt:

$y_0 = \frac{h}{3} \cdot \frac{a+2c}{a+c}$. Damit kann der Weg des Schwerpunkts bestimmt werden.

$$A = \frac{250+150}{2} \cdot 150 = 30000$$

$$y_0 = 50 \cdot \frac{250+300}{400} = 68{,}75$$

$$d = 300 + 2 \cdot (150 - 68{,}75) = 462{,}5$$

$$\underline{\underline{V}} = 30000 \cdot 462{,}5 \cdot \pi$$
$$= 43589598$$
$$= \underline{\underline{43{,}589598\,\text{dm}^3}}$$

$$\underline{\underline{m}} = 43{,}589598 \cdot 7{,}8\,\frac{\text{kg}}{\text{dm}^3} = \underline{\underline{340\,\text{kg}}}$$

292

7. Keilriemenrad aus Stahlguss $\left(\varrho = 7{,}8\,\frac{\text{kg}}{\text{dm}^3}\right)$

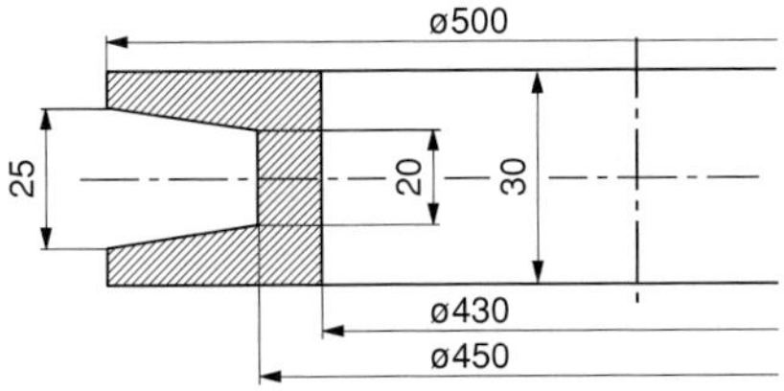

Berechnen Sie: **a)** Rauminhalt in dm^3
b) Masse in kg

8. Schwungrad aus Grauguss $\left(\varrho = 7{,}3\,\frac{\text{kg}}{\text{dm}^3}\right)$

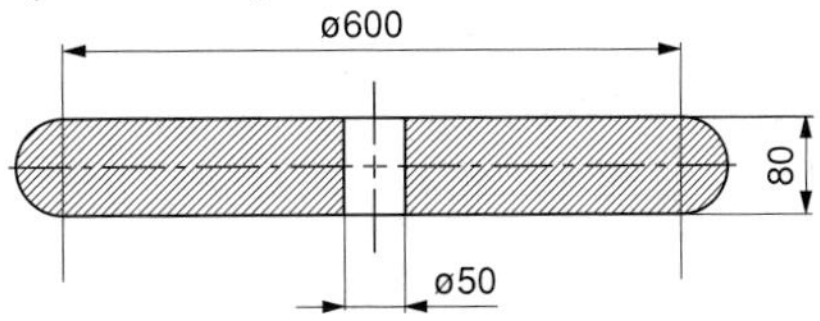

Berechnen Sie: **a)** Rauminhalt in dm^3
b) Masse in kg

Zu 7.

Das Keilriemenrad kann als Zusammensetzung eines Rechtecks mit den Seitenlängen 30 und 10 mit zwei Trapezen mit den Längen $a = 5$, $c = 2{,}5$ und $h = (500 - 450) : 2 = 25$ betrachtet werden. Der Abstand des Schwerpunkts des Rechtecks von der Drehachse ist $215 + 5$, der Weg des Schwerpunkts also $2 \cdot 220 \cdot \pi$.
Für die Schwerpunktkoordinate y_0 eines Trapezes gilt:

$y_0 = \frac{h}{3} \cdot \frac{a+2c}{a+c}$, also $y_0 = 11{,}1$.

Der Weg, den dieser Schwerpunkt zurückzulegen hat, beträgt $(450 + 2 \cdot 11{,}1) \cdot \pi$.

Nachdem das Volumen zu $0{,}69283899\,\text{dm}^3$ errechnet wurde, kann die Masse m bestimmt werden. Sie beträgt 5,404 kg.

$$A_1 = 300$$

$$A_2 = \frac{5+2{,}5}{2} \cdot 25$$
$$= 93{,}75$$

► Beide Trapeze sind flächengleich und ihre Schwerpunkte müssen den gleichen Weg zurücklegen.

$$\underline{\underline{V}} = 300 \cdot 440 \cdot \pi + 2 \cdot 93{,}75 \cdot 472{,}2 \cdot \pi$$
$$= 692838{,}99$$
$$= \underline{\underline{0{,}69283899\,\text{dm}^3}}$$

$$\underline{\underline{m}} = 0{,}69283899\,\text{dm}^3 \cdot 7{,}8\,\frac{\text{kg}}{\text{dm}^3}$$
$$= \underline{\underline{5{,}404\,\text{kg}}}$$

292

Zu 8.
Das Schwungrad kann als Zusammensetzung eines Rechtecks mit den Seitenlängen 275 und 80 mit einem Halbkreis mit $d=80$ betrachtet werden.

Der Abstand des Schwerpunkts des Rechtecks von der Drehachse beträgt $25+275:2$, der Weg, den der Schwerpunkt zurückzulegen hat, also $(50+275)\cdot\pi$.
Für die Schwerpunktkoordinate x_0 des Halbkreises gilt:

$$x_0=\frac{4r}{3\pi}=\frac{4\cdot 40}{3\pi}=16{,}98.$$

Der Weg, den er zurückzulegen hat, beträgt $(600+2\cdot 16{,}98)\cdot\pi$.

$$A_1=275\cdot 80=22000$$

$$A_2=\frac{\pi}{8}\cdot 80^2=2513{,}2741$$

$$\underline{\underline{V}}=22000\cdot 325\cdot\pi+2513{,}2741\cdot 633{,}96\cdot\pi$$
$$=27467935$$
$$=\underline{\underline{27{,}467935\,\text{dm}^3}}$$

$$\underline{\underline{m}}=27{,}467935\,\text{dm}^3\cdot 7{,}3\,\frac{\text{kg}}{\text{dm}^3}$$
$$=\underline{\underline{200{,}516\,\text{kg}}}$$

9. Standfuß aus Grauguss $\left(\varrho=7{,}3\,\frac{\text{kg}}{\text{dm}^3}\right)$

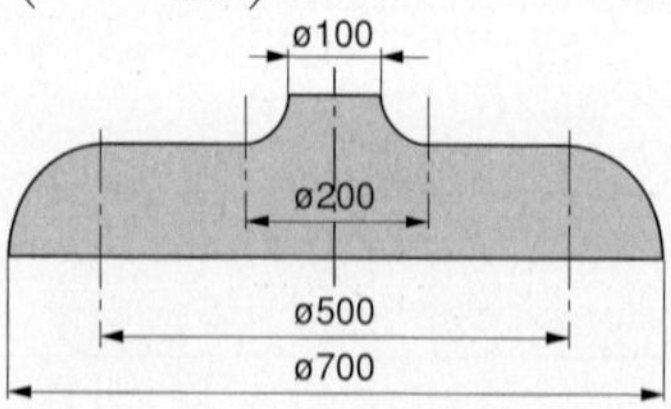

Berechnen Sie: **a)** Rauminhalt in dm^3
b) Masse in kg

10. Deckel aus Grauguss $\left(\varrho=7{,}3\,\frac{\text{kg}}{\text{dm}^3}\right)$

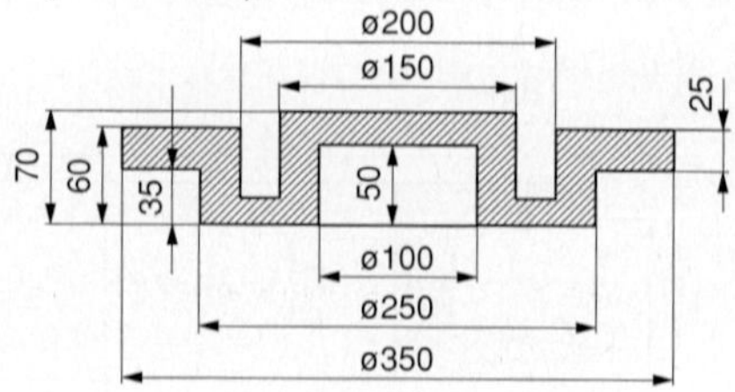

Berechnen Sie: **a)** Rauminhalt in dm^3
b) Masse in kg

Zu 9.
Es werden die Rechtecke R_1 mit den Seitenlängen 150 und 100, R_2 mit den Seitenlängen 100 und 150 sowie die Viertelkreise mit den Radien $r_1=100$ und $r_2=50$ betrachtet. Der Flächeninhalt des nicht schraffierten Viertelkreises muss von der Summe der Flächeninhalte der anderen Flächen subtrahiert werden.
Der Schwerpunkt von R_1 hat von der Drehachse den Abstand $100+75$, der Schwerpunkt von R_2 hat den Abstand 50. Damit kann der Weg der Schwerpunkte um die Drehachse bestimmt werden.
Die Schwerpunktkoordinaten x_0 der Viertelkreise werden nach der Formel $x_0=\frac{4r}{3\pi}$ berechnet. Man erhält 42,44 und 21,22. Bei der Bestimmung der Abstände dieser Schwerpunkte von der Drehachse muss man bedenken, dass für den Abstand l des Schwerpunkts des nicht schraffierten Viertelkreises von der Drehachse gilt:
$l=(50-21{,}22)+50$, also 78,78.

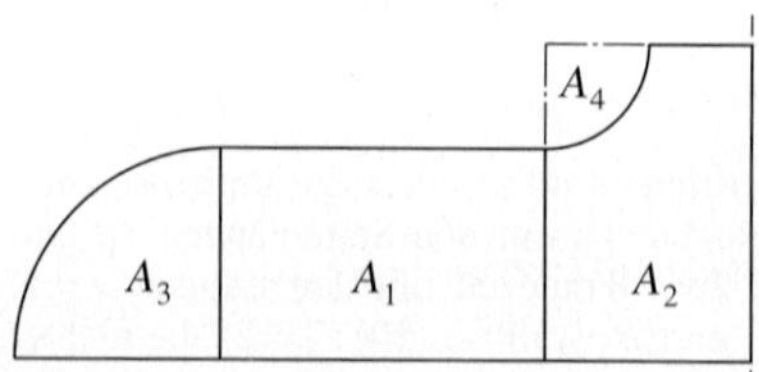

$A_1=15000$, $A_2=15000$,
$A_3=7853{,}9816$, $A_4=1963{,}4954$

$u_1=175\cdot 2\cdot\pi$
$u_2=50\cdot 2\cdot\pi$

$u_3=(250+42{,}44)\cdot 2\cdot\pi$

$u_4=78{,}78\cdot 2\cdot\pi$

$$V=15000\cdot 350\cdot\pi+15000\cdot 100\cdot\pi+$$
$$+7853{,}98\cdot 584{,}88\cdot\pi-1963{,}4954\cdot 157{,}56\cdot\pi$$

Man erhält für das Volumen 34,66174 dm^3 und für die Masse 253,031 kg.

$V = 3466174$
$= 34{,}66174\,dm^3$

$m = 34{,}66174\,dm^3 \cdot 7{,}3\,\frac{kg}{dm^3} = 253{,}031\,kg$

Zu 10.
Es werden wie nebenstehend angegeben fünf Rechtecke betrachtet. Man erhält für ihre Flächeninhalte:
$A_1 = 25 \cdot 50 = 1250$, $A_2 = 75 \cdot 60 = 4500$,
$A_3 = 25 \cdot 40 = 1000$, $A_4 = 20 \cdot 50 = 1000$,
$A_5 = 25 \cdot 10 = 250$.

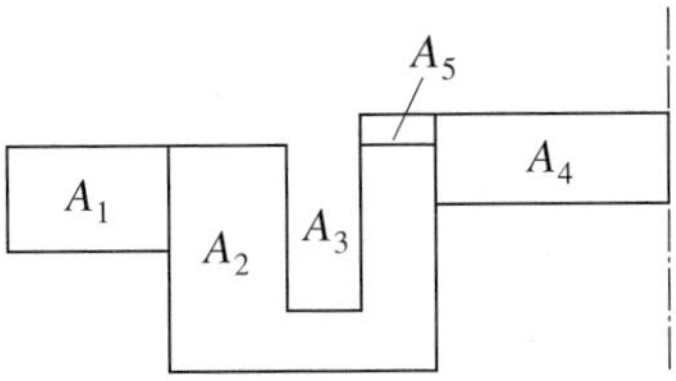

Die Abstände der zugehörigen Schwerpunkte von der Drehachse sind:
$r_1 = 125 + 25 = 150$, $r_2 = 50 + 37{,}5 = 87{,}5$,
$r_3 = 50 + 25 + 12{,}5 = 87{,}5$, $r_4 = 25$,
$r_5 = 50 + 12{,}5 = 62{,}5$.

Hieraus bestimmt man die Wege u_i, welche die Schwerpunkte um die Drehachse zurücklegen.
$u_1 = 300 \cdot \pi$, $u_2 = 175 \cdot \pi$, $u_3 = 175 \cdot \pi$,
$u_4 = 50 \cdot \pi$, $u_5 = 125 \cdot \pi$.
$V = 1250 \cdot 300 \cdot \pi + 4500 \cdot 175 \cdot \pi - 1000 \cdot 175 \cdot \pi +$
$+ 250 \cdot 125 \cdot \pi$
$V = 3357577{,}1$
$V = 3{,}3575771\,dm^3$

$m = 3{,}3575771\,dm^3 \cdot 7{,}3\,\frac{kg}{dm^3} = 24{,}510\,kg$

Wiederholungsfragen zu 14

1. Wo liegt der Schwerpunkt einer Strecke?

Der Mittelpunkt einer Strecke ist auch ihr Schwerpunkt.

2. Wie findet man zeichnerisch den Schwerpunkt
a) eines Dreiecks,
b) eines Parallelogramms,
c) eines regelmäßigen Vielecks?

Den Schwerpunkt eines Dreiecks findet man als Schnittpunkt seiner Seitenhalbierenden.
Den Schwerpunkt eines Parallelogramms findet man als Schnittpunkt seiner Diagonalen oder auch als Schnittpunkt der Verbindungslinien der Mitten gegenüberliegender Seiten.
Den Schwerpunkt eines regelmäßigen Vielecks findet man als Mittelpunkt seines Um- oder seines Inkreises.

3. Wie könnte man zeichnerisch den Schwerpunkt eines nicht regelmäßigen Fünfecks bestimmen?

Wenn ABCDE das Fünfeck ist, zeichnet man zwei Diagonalen, z. B. $\overline{AC}$ und $\overline{AD}$, konstruiert sodann die Schwerpunkte S_1 und S_2 der Dreiecke $\triangle ABC$ und $\triangle ACD$ sowie die Schwerpunkte S_3 des Dreiecks $\triangle ADE$ und S_4 des Dreiecks $\triangle BCD$. Die Geraden S_1S_2 und S_3S_4 schneiden sich im Schwerpunkt des Fünfecks.

292 **4.** Wie berechnet man die Koordinaten des Schwerpunkts eines Streckenzuges?

Hat man n_i Strecken mit den Schwerpunkten $S_i\langle x_i \mid y_i\rangle$ und den Längen d_i und hat die Gesamtstrecke die Länge d, so gilt für die Koordinaten des Schwerpunkts $S\langle x_s \mid y_s\rangle$ des Streckenzuges:

$$\boldsymbol{x_s = \frac{d_1 x_1 + d_2 x_2 + \cdots + d_n x_n}{d}} \quad \text{und} \quad \boldsymbol{y_s = \frac{d_1 y_1 + d_2 y_2 + \cdots + d_n y_n}{d}}.$$

5. Wie berechnet man die Koordinaten des Schwerpunkts einer Fläche, die aus mehreren Teilflächen zusammengesetzt ist?

Hat man n_i Teilflächen mit den Schwerpunktskoordinaten $S_i\langle x_i \mid y_i\rangle$ und den Flächeninhalten A_i und hat die Gesamtfläche den Flächeninhalt A, so gilt für die Koordinaten des Schwerpunkts $S\langle x_s \mid y_s\rangle$ der Gesamtfläche:

$$\boldsymbol{x_s = \frac{A_1 x_1 + A_2 x_2 + \cdots + A_n x_n}{A}} \quad \text{und} \quad \boldsymbol{y_s = \frac{A_1 y_1 + A_2 y_2 + \cdots + A_n y_n}{A}}$$

6. Wie werden Volumen und Mantelflächeninhalt von Drehkörpern mithilfe der Guldinschen Regeln berechnet?

Hat die zu drehende Fläche den Flächeninhalt A und legt ihr Schwerpunkt bei der Drehung um die Achse den Weg u zurück, so liefert das Produkt $A \cdot u$ das Volumen des Drehkörpers: $V = A \cdot u$. Da u für den Umfang eines Kreises mit dem Durchmesser d steht, ist $\boldsymbol{V = A \cdot \pi \cdot d}$ bzw. $\boldsymbol{V = A \cdot \pi \cdot 2r}$.
Besteht die zu drehende Fläche aus mehreren Teilflächen A_i, so müssen die Produkte aus den Inhalten der Teilflächen und den Wegen ihrer Schwerpunkte gebildet und die Summe dieser Produkte errechnet werden, z. B. $V = A_1 \cdot \pi \cdot d_1 + A_2 \cdot \pi \cdot d_2 + \cdots + A_n \cdot \pi \cdot d_n$.
Den Mantelflächeninhalt eines Drehkörpers erhält man mithilfe der begrenzenden Strecken bzw. Bögen der zu drehenden Fläche. Steht l für die Länge einer begrenzenden Strecke l oder eines begrenzenden Bogens, so erhält man den Mantelflächeninhalt als Produkt aus l und dem Weg, den der Schwerpunkt von l bei der Drehung um die Drehachse zurücklegt:
$\boldsymbol{M = l \cdot \pi \cdot d}$ bzw. $\boldsymbol{M = l \cdot \pi \cdot 2r}$.
Besteht die Begrenzung aus mehreren Strecken oder Bögen, so geht man analog zu dem gleichen Fall bei der Volumenbestimmung vor, z. B.:
$M = l_1 \cdot \pi \cdot d_1 + l_2 \cdot \pi \cdot d_2 + \cdots + l_n \cdot \pi \cdot d_n$.

15 Trigonometrie

Dreiecke können konstruiert werden, wenn hinreichend viele Seitenlängen und Winkelgrößen bekannt sind. Die fehlenden Stücke können in solchen Fällen aber auch berechnet werden. Auskunft über Möglichkeiten und Vorgehensweisen gibt die Trigonometrie. Sie bedient sich der Winkelfunktionen oder trigonometrischen Funktionen. Diese Funktionen spiegeln Beziehungen von Seitenlängen und Winkelgrößen an rechtwinkligen Dreiecken wider. Da jedes Dreieck, das nicht rechtwinklig ist, sich durch eine Dreieckshöhe in zwei rechtwinklige Teildreiecke zerlegen lässt, sind die trigonometrischen Funktionen auch zur Berechnung allgemeiner Dreiecke geeignet.

Merke:

Für Winkelmaße α mit $0° < \alpha < 90°$ gilt in einem rechtwinkligen Dreieck $\triangle ABC$ mit dem rechten Winkel bei C:

$\mathbf{\sin\alpha = \frac{a}{c}}$, $\mathbf{\cos\alpha = \frac{b}{c}}$, $\mathbf{\tan\alpha = \frac{a}{b}}$ sowie

$\mathbf{\frac{\sin\alpha}{\cos\alpha} = \tan\alpha}$ und $\mathbf{\sin^2\alpha + \cos^2\alpha = 1}$.

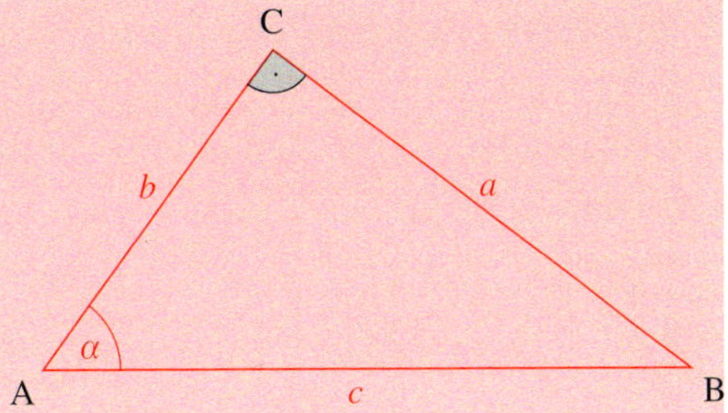

Die Sinusfunktion

1. $\sin\alpha$ und $\sin\beta$ sollen für jedes der nebenstehenden Dreiecke durch das Verhältnis der Seitenlängen ausgedrückt werden. 306

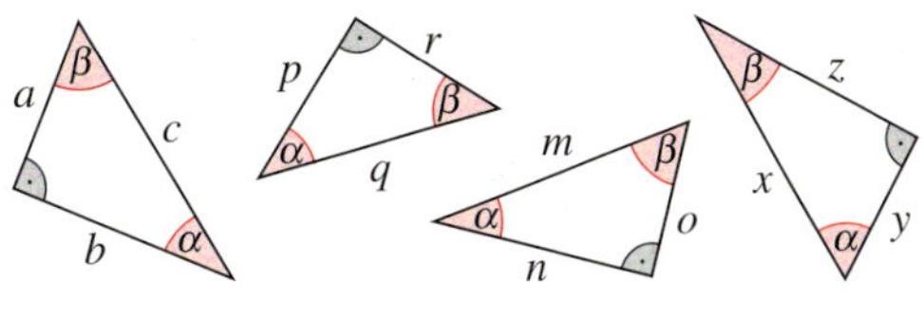

Für den $\sin\alpha$ gilt:

1. Dreieck: $\sin\alpha = \frac{a}{c}$ 2. Dreieck: $\sin\alpha = \frac{r}{q}$ 3. Dreieck: $\sin\alpha = \frac{o}{m}$ 4. Dreieck: $\sin\alpha = \frac{z}{x}$

Für den $\sin\beta$ gilt:

1. Dreieck: $\sin\beta = \frac{b}{c}$ 2. Dreieck: $\sin\beta = \frac{p}{q}$ 3. Dreieck: $\sin\beta = \frac{n}{m}$ 4. Dreieck: $\sin\beta = \frac{y}{x}$

2. Bestimmen Sie mithilfe des Taschenrechners (TR) die Sinuswerte folgender Winkel:
a) 10° **b)** 25° **c)** 30° **d)** 55° **e)** 80°

► Der TR muss auf Gradmaß DEG eingestellt sein.

Zu a) $\sin 10° = 0{,}1736481$ **Zu b)** $\sin 25° = 0{,}4226182$ **Zu c)** $\sin 30° = 0{,}5$ **Zu d)** $\sin 55° = 0{,}819152$
Zu e) $\sin 80° = 0{,}9848077$

Vorbemerkung zur Übung Nr. 3: Zur Umrechnung von Winkelgrößen, die in Grad, Minuten und Sekunden gegeben sind, in Gradmaße mit Dezimalstellen bedient man sich folgender Formeln:

$1' = \left(\frac{1}{60}\right)^\circ$, also $m' = \left(\frac{m}{60}\right)^\circ$ und $1'' = \left(\frac{1}{3600}\right)^\circ$, also $s'' = \left(\frac{s}{3600}\right)^\circ$.

306 **3.** Bestimmen Sie mithilfe des Taschenrechners:

a) $\sin\ 5^\circ 20'$	**d)** $\sin 78^\circ 20'$	**g)** $\sin 24^\circ 15'$	**k)** $\sin 63^\circ 17'$
b) $\sin 12^\circ 30'$	**e)** $\sin 38^\circ 50'$	**h)** $\sin 29^\circ 35'$	**l)** $\sin 78^\circ 29'$
c) $\sin 35^\circ 10'$	**f)** $\sin 64^\circ 40'$	**i)** $\sin 62^\circ 25'$	**m)** $\sin 84^\circ 43'$

► Der TR muss auf Gradmaß DEG eingestellt sein.

Zu a) $5^\circ 20' = 5{,}\overline{3}^\circ$, $\sin 5{,}\overline{3}^\circ = 0{,}0929498$
Zu b) $12^\circ 30' = 12{,}5^\circ$, $\sin 12{,}5^\circ = 0{,}2164396$
Zu c) $35^\circ 10' = 35{,}1\overline{6}^\circ$, $\sin 35{,}1\overline{6}^\circ = 0{,}5759568$
Zu d) $78^\circ 20' = 78{,}\overline{3}^\circ$, $\sin 78{,}\overline{3}^\circ = 0{,}9793406$
Zu e) $38^\circ 50' = 38{,}8\overline{3}^\circ$, $\sin 38{,}8\overline{3}^\circ = 0{,}6270571$
Zu f) $64^\circ 40' = 64{,}\overline{6}^\circ$, $\sin 64{,}\overline{6}^\circ = 0{,}9038337$
Zu g) $24^\circ 15' = 24{,}25^\circ$, $\sin 24{,}25^\circ = 0{,}4107188$
Zu h) $29^\circ 35' = 29{,}58\overline{3}^\circ$, $\sin 29{,}58\overline{3}^\circ = 0{,}4936889$
Zu i) $62^\circ 25' = 62{,}41\overline{6}$, $\sin 62{,}41\overline{6}^\circ = 0{,}8863383$
Zu k) $63^\circ 17' = 63{,}28\overline{3}^\circ$, $\sin 63{,}28\overline{3}^\circ = 0{,}8932406$
Zu l) $78^\circ 29' = 78{,}48\overline{3}^\circ$, $\sin 78{,}48\overline{3}^\circ = 0{,}9798666$
Zu m) $84^\circ 43' = 84{,}71\overline{6}^\circ$, $\sin 84{,}71\overline{6}^\circ = 0{,}9957715$

4. Bestimmen Sie mithilfe des Taschenrechners die Winkelmaße für folgende Sinuswerte:

a) $\sin\alpha = 0{,}9976$	**d)** $\sin\delta = 0{,}7547$	**g)** $\sin\gamma = 0{,}9261$	**k)** $\sin\beta = 0{,}2656$
b) $\sin\beta = 0{,}9563$	**e)** $\sin\alpha = 0{,}6494$	**h)** $\sin\varepsilon = 0{,}3776$	**l)** $\sin\gamma = 0{,}5707$
c) $\sin\gamma = 0{,}0987$	**f)** $\sin\beta = 0{,}8056$	**i)** $\sin\alpha = 0{,}8996$	**m)** $\sin\delta = 0{,}0506$

► Umkehrtaste $\boxed{\sin^{-1}}$ des TR

Zu a) 86,03°	**Zu d)** 49°	**Zu g)** 67,83°	**Zu k)** 15,40°
Zu b) 73°	**Zu e)** 40,5°	**Zu h)** 22,19°	**Zu l)** 34,80°
Zu c) 5,66°	**Zu f)** 53,67°	**Zu i)** 64,11°	**Zu m)** 2,9°

5. Berechnen Sie die fehlenden Stücke folgender rechtwinkliger Dreiecke (c ist Hypotenuse):

a) $a = 12{,}7\,\text{cm}$	**b)** $b = 15{,}9\,\text{dm}$	**c)** $c = 112{,}3\,\text{m}$	**d)** $c = 58{,}3\,\text{dm}$
$\alpha = 24^\circ$	$\beta = 65^\circ$	$\beta = 48^\circ 20'$	$\alpha = 74^\circ 35'$
$b = ?$	$a = ?$	$a = ?$	$a = ?$
$c = ?$	$c = ?$	$b = ?$	$b = ?$

Zu a)
Nach der Definition der Sinusfunktion ist $\sin\alpha = \frac{a}{c}$. Durch Umstellung nach c kann c berechnet werden.
Für β gilt $\beta = 90^\circ - \alpha$, also $\beta = 66^\circ$.
Berechnung von b ähnlich wie c.

$$c = \frac{a}{\sin\alpha}$$
$$\underline{\underline{c = 31{,}22\,\text{cm}}}$$
$$b = c \cdot \sin 66^\circ$$
$$\underline{\underline{b = 28{,}52\,\text{cm}}}$$

Zu b)
Die Definitionsgleichung des Sinus für $\sphericalangle\beta$ wird nach c umgestellt.
α wird bestimmt und a berechnet.
$\alpha = 90^\circ - 65^\circ$, $\alpha = 25^\circ$.

$$c = \frac{b}{\sin\beta} \Rightarrow \underline{\underline{c = 17{,}54\,\text{dm}}}$$
$$a = c \cdot \sin\alpha \quad \underline{\underline{a = 7{,}41\,\text{dm}}}$$

Zu c)
Zunächst wird b berechnet.
► $48^\circ 20' = 48{,}\overline{3}^\circ$
$\alpha = 90^\circ - 48{,}\overline{3}^\circ$, $\alpha = 41{,}\overline{6}^\circ$
Nun kann a berechnet werden.

$$b = c \cdot \sin 48{,}\overline{3}^\circ \Rightarrow \underline{\underline{b = 83{,}89\,\text{m}}}$$
$$a = c \cdot \sin 41{,}\overline{6}^\circ \Rightarrow \underline{\underline{a = 74{,}66\,\text{m}}}$$

Zu d)
Zunächst wird a bestimmt.
$34^\circ 35' = 74{,}58\overline{3}^\circ$
$\beta = 90^\circ - 74{,}58\overline{3}^\circ$, $\beta = 15{,}41\overline{6}$
Nun kann b berechnet werden.

$$a = c \cdot \sin 74{,}58\overline{3}^\circ \Rightarrow \underline{\underline{a = 56{,}20\,\text{dm}}}$$
$$b = c \cdot \sin 15{,}41\overline{6}^\circ \Rightarrow \underline{\underline{b = 15{,}50\,\text{dm}}}$$

6. In einem rechtwinkligen Dreieck kennt man: 306
a) $a:c=3:4$ **b)** $b:c=3:7$
Wie groß sind die Winkel α und β?

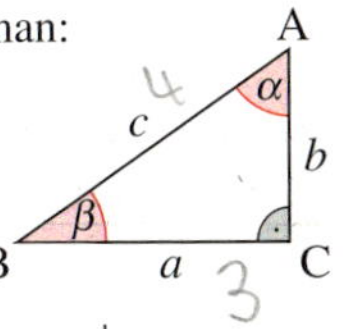

Zu a)
Das Verhältnis $a:c$ entspricht dem $\sin\alpha$. Den Winkel $\sphericalangle\alpha$ erhält man mithilfe der Umkehrtaste sin⁻¹ des Taschenrechners.
Für $\sphericalangle\beta$ gilt: $\beta=90^\circ-\alpha$

$\sin\alpha=\frac{3}{4}$

$\alpha=48{,}6^\circ$

$\beta=90^\circ-48{,}6^\circ=41{,}4^\circ$

Zu b)
Das Verhältnis $b:c$ entspricht dem $\sin\beta$. Den Winkel $\sphericalangle\beta$ erhält man mithilfe der Umkehrtaste sin⁻¹.
Für $\sphericalangle\alpha$ gilt: $\alpha=90^\circ-\beta$

$\sin\beta=\frac{3}{7}\Rightarrow\beta=25{,}38^\circ$

$\alpha=90^\circ-25{,}38^\circ=64{,}62^\circ$

7. Eine Straße hat 12,5% Steigung. Wie groß ist ihr Steigungswinkel?

12,5% Steigung bedeutet:
$a:b=12{,}5:100$
$=0{,}125$ ► nebenstehende Zeichnung
Es ist aber $\frac{a}{b}=\tan\alpha$, d. h. $\tan\alpha=0{,}125$.

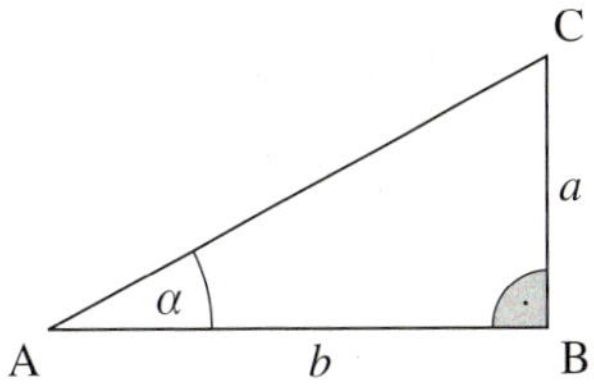

Mithilfe der Umkehrtaste tan⁻¹ erhält man α.

$\tan\alpha=0{,}125\Rightarrow\alpha=7{,}125^\circ$

8. Eine Wetterwarte lässt einen Messballon aufsteigen. Ein Beobachter, der 650 m entfernt ist, sieht den Messballon unter einem Winkel von 24° zur Horizontalen. Wie weit war der Messballon vom Beobachter entfernt, wenn er senkrecht aufgestiegen ist? 307

Die Skizze zeigt, dass die gesuchte Entfernung der Länge der Hypotenuse eines rechtwinkligen Dreiecks entspricht. Die Größe des zweiten spitzen Winkels in diesem Dreieck beträgt 180° – 24°, also 66°. Da die Länge der Gegenkathete zu dem Winkel von 66° bekannt ist, kann die Länge der Hypotenuse mithilfe der Sinusfunktion berechnet werden.

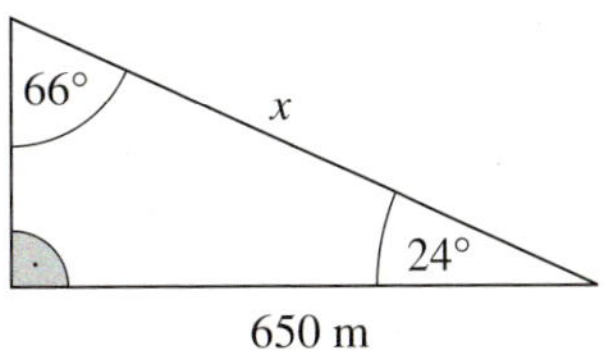

$\sin 66^\circ=\frac{650\,\text{m}}{x}\Rightarrow x=\frac{650\,\text{m}}{\sin 66^\circ}$

$x=711{,}51\,\text{m}$

9. Berechnen Sie das Winkelmaß α und die Spannweite a der Brücke, $e=8{,}75\,\text{m}$, $h=1{,}85\,\text{m}$.

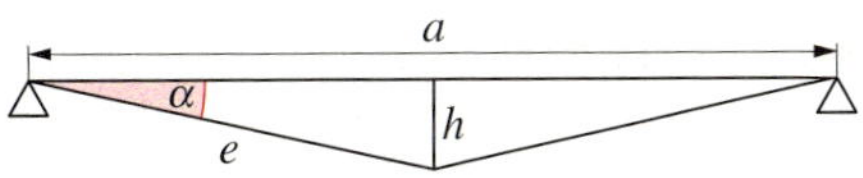

Man entnimmt der Skizze:
$\sin\alpha=\frac{h}{e}$. Hieraus erhält man die Größe von α.
Der Winkel $\sphericalangle(e,h)$ ist $90^\circ-12{,}20^\circ$ groß, also 77,8°. Mithilfe des $\sin 77{,}8^\circ$ erhält man $\frac{a}{2}$ und a.

$\sin\alpha=\frac{1{,}85\,\text{m}}{8{,}75\,\text{m}}\Rightarrow\alpha=12{,}20^\circ$

$\sin 77{,}8^\circ=\frac{\frac{a}{2}}{e}\Rightarrow a=2e\sin 77{,}8^\circ$

$a=17{,}10\,\text{m}$

307 **10.** Eine Straße ist nach 1 250 m Länge um 13,2 m gestiegen. Wie groß ist der Steigungswinkel?

Man entnimmt der Skizze, dass $\sin\alpha$ durch das Verhältnis 13,2 : 1 250 bestimmt ist.

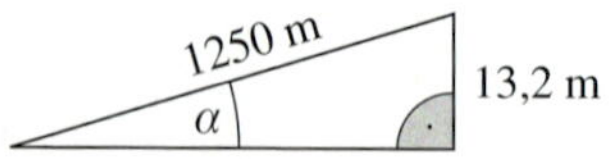

Mithilfe der sin⁻¹-Taste bestimmt man die Größe von $\sphericalangle\alpha$.

$\sin\alpha = \frac{13{,}2}{1250} \Rightarrow \underline{\underline{\alpha = 0{,}6051^\circ}}$

11. Mit welchem Steigungswinkel muss eine Bergstraße angelegt werden, um auf 12 km Länge eine Höhe von 800 m zu überwinden?

Man entnimmt der Skizze, dass die Größe des Steigungswinkels durch die Höhenmeter und die Länge der Fahrtstrecke bestimmt ist.

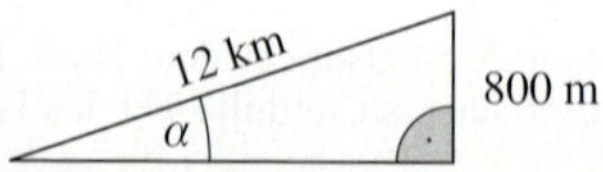

Mithilfe der sin⁻¹-Taste bestimmt man die Größe des Steigungswinkels.

$\sin\alpha = \frac{800}{12000} \Rightarrow \underline{\underline{\alpha = 3{,}82^\circ}}$

12. Zwei Orte A und B liegen auf demselben Breitengrad. Wie weit sind die Orte voneinander entfernt, wenn ihre Längengrade λ_1 und λ_2 ($\lambda > 0$ westl. von Greenwich, $\lambda < 0$ östl. von Greenwich) bekannt sind ($r = 6365$ km)?

a) $\lambda_1 = +64^\circ 52'$, $\lambda_2 = +\ 7^\circ 40'$ **b)** $\lambda_1 = +\ 17^\circ 30'$, $\lambda_2 = +157^\circ 51'$ **c)** $\lambda_1 = +5^\circ 25'$, $\lambda_2 = -6^\circ\ 9'$ **d)** $\lambda_1 = -24^\circ 6'$, $\lambda_2 = -\ 8^\circ 26'$

► Die von den beiden Orten jeweils begrenzten Bögen auf dem Breitengrad, dessen zugehöriger Kreis einen Radius von 6 365 km hat, werden nach der Formel $b = \frac{\alpha}{180^\circ} \cdot \pi \cdot r$ berechnet. ► Lehrbuch Kusch 2, Abschnitt 12.1

Zur Berechnung der Größen der jeweils zu den Orten A und B gehörenden Winkel α muss man beachten: Liegen beide Orte auf derselben Seite von Greenwich, so wird von der Maßzahl des größeren Längengrads die des kleineren subtrahiert. Liegen beide Orte auf verschiedenen Seiten von Greenwich, so müssen die Maßzahlen der Längengrade addiert werden.

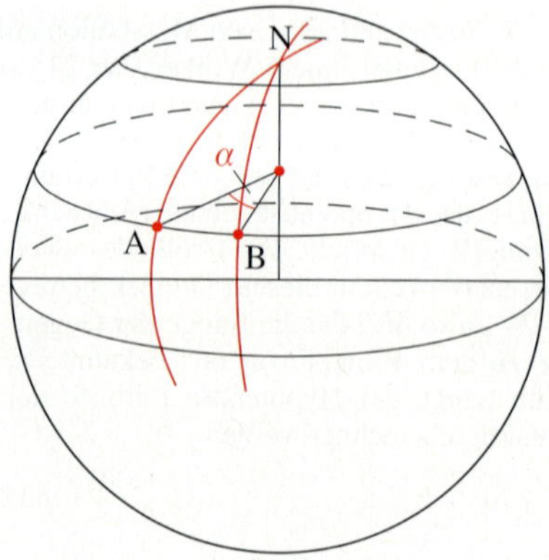

Zu a)
$64^\circ 52' - 7^\circ 40' = 57^\circ 12' = 57{,}2^\circ$

$\underline{\underline{b}} = \frac{57{,}2^\circ}{180^\circ} \cdot \pi \cdot 6365\text{ km} = \underline{\underline{6354{,}259\text{ km}}}$

Zu b)
$157^\circ 51' - 17^\circ 30' = 140^\circ 21' = 140{,}35^\circ$

$\underline{\underline{b}} = \frac{140{,}35^\circ}{180^\circ} \cdot \pi \cdot 6365\text{ km} = \underline{\underline{15591{,}511\text{ km}}}$

Zu c)
$5^\circ 25' + 6^\circ 9' = 11^\circ 34' = 11{,}5\overline{6}^\circ$

$\underline{\underline{b}} = \frac{11{,}5\overline{6}^\circ}{180^\circ} \cdot \pi \cdot 6365\text{ km} = \underline{\underline{1284{,}943\text{ km}}}$

Zu d)
$24^\circ 6' - 8^\circ 26' = 15^\circ 40' = 15{,}\overline{6}^\circ$

$\underline{\underline{b}} = \frac{15{,}\overline{6}^\circ}{180^\circ} \cdot \pi \cdot 6365\text{ km} = \underline{\underline{1740{,}413\text{ km}}}$

Die Cosinusfunktion 307

1. Drücken sie $\cos\alpha$ und $\cos\beta$ wie in Übung 1 zur Sinusfunktion durch das Verhältnis der Seitenlängen aus.

Für den $\cos\alpha$ gilt:

1. Dreieck: $\cos\alpha=\frac{b}{c}$ 2. Dreieck: $\cos\alpha=\frac{p}{q}$ 3. Dreieck: $\cos\alpha=\frac{n}{m}$ 4. Dreieck: $\cos\alpha=\frac{y}{x}$

Für den $\cos\beta$ gilt:

1. Dreieck: $\cos\beta=\frac{a}{c}$ 2. Dreieck: $\cos\beta=\frac{r}{q}$ 3. Dreieck: $\cos\beta=\frac{o}{m}$ 4. Dreieck: $\cos\beta=\frac{z}{x}$

2. Bestimmen Sie mithilfe des Taschenrechners ▶ Vorbemerkung Übung Nr. 3 zur Sinusfunktion:

a) $\cos\ 3°\,20'$ **c)** $\cos 24°\,40'$ **e)** $\cos 84°\,37'$
b) $\cos 18°\,30'$ **d)** $\cos 78°\,15'$ **f)** $\cos\ 7°\,14'$

▶ Der TR muss auf Gradmaß DEG eingestellt sein.

Zu a) $3°\,20' = 3{,}\bar{3}°,\ \cos 3{,}\bar{3}° = 0{,}9983081$
Zu b) $18°\,30' = 18{,}5°,\ \cos 18{,}5° = 0{,}9483236$
Zu c) $24°\,40' = 24{,}\bar{6}°,\ \cos 24{,}\bar{6}° = 0{,}9087511$
Zu d) $78°\,15' = 78{,}25°,\ \cos 78{,}25° = 0{,}2036417$
Zu e) $84°\,37' = 84{,}61\bar{6}°,\ \cos 84{,}61\bar{6}° = 0{,}0938187$
Zu f) $7°\,14' = 7{,}2\bar{3}°,\ \cos 7{,}2\bar{3}° = 0{,}9920416$

3. Bestimmen Sie mittels Taschenrechner die Winkelmaße für folgende Cosinuswerte:

a) $\cos\alpha=0{,}6713$ **c)** $\cos\gamma=0{,}9945$ **e)** $\cos\varepsilon=0{,}9409$
b) $\cos\beta=0{,}8843$ **d)** $\cos\delta=0{,}0843$ **f)** $\cos\alpha=0{,}3843$

▶ Umkehrtaste $\boxed{\cos^{-1}}$ des TR.

Zu a) 47,70° **Zu b)** 27,83° **Zu c)** 6,01° **Zu d)** 85,16° **Zu e)** 19,80° **f)** 67,40°

4. Berechnen Sie die fehlenden Stücke folgender rechtwinkliger Dreiecke (Hypotenuse ist c):

a) $a=17{,}8\,\text{cm}$, $\alpha=15°\,20'$, $b=?$, $c=?$
b) $b=9{,}4\,\text{dm}$, $\alpha=63°\,10'$, $a=?$, $c=?$
c) $c=25{,}6\,\text{cm}$, $\beta=48°\,15'$, $a=?$, $b=?$
d) $a=1{,}07\,\text{km}$, $\beta=9°\,24'$, $b=?$, $c=?$

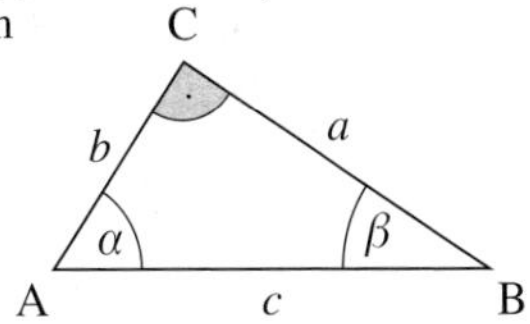

Zu a)

Nach Definition des cos gilt: $\cos\beta=\frac{a}{c}$. β kann aus $90° - 15{,}\bar{3}°$ berechnet werden, $\beta=74{,}\bar{6}°$. Durch Umstellung nach c kann c bestimmt werden.

$\cos 74{,}\bar{6}° = \frac{17{,}8\,\text{cm}}{c}$

$\underline{\underline{c=67{,}31\,\text{cm}}}$

Aus $\cos\alpha=\frac{b}{c}$ kann nun b berechnet werden.

$\cos 15{,}3° = \frac{b}{67{,}31\,\text{cm}} \Rightarrow \underline{\underline{b=64{,}92\,\text{cm}}}$

Zu b)

Aus $\cos\alpha=\frac{b}{c}$ kann c berechnet werden.

$\cos 63{,}1\bar{6}° = \frac{9{,}4\,\text{dm}}{c} \Rightarrow \underline{\underline{c=20{,}82\,\text{dm}}}$

Der Winkel β ist $90° - 63{,}1\bar{6}°$, also $26{,}8\bar{3}°$ groß. Damit kann a berechnet werden.

$\cos 26{,}8\bar{3}° = \frac{a}{20{,}82\,\text{dm}} \Rightarrow \underline{\underline{a=18{,}58\,\text{dm}}}$

307 **Zu c)**

Aus $\cos\beta = \frac{a}{c}$ kann a berechnet werden.

$$\cos 48{,}25^\circ = \frac{a}{25{,}6\,\text{cm}} \Rightarrow \underline{\underline{a = 17{,}05\,\text{cm}}}$$

Der Winkel α ist $90^\circ - 48{,}25^\circ$, also $41{,}75^\circ$ groß. Damit kann b berechnet werden.

$$\cos 41{,}75^\circ = \frac{b}{25{,}6\,\text{cm}} \Rightarrow \underline{\underline{b = 19{,}10\,\text{cm}}}$$

Zu d)

Aus $\cos\beta = \frac{a}{c}$ kann c berechnet werden.

$$\cos 9{,}4^\circ = \frac{1{,}07\,\text{km}}{c} \Rightarrow \underline{\underline{c = 1{,}085\,\text{km}}}$$

Der Winkel α ist $90^\circ - 9{,}4^\circ$, also $80{,}6^\circ$ groß. Damit kann b berechnet werden.

$$\cos 80{,}6^\circ = \frac{b}{1{,}085\,\text{km}} \Rightarrow \underline{\underline{b = 0{,}177\,\text{km}}}$$

5. Eine Bahnstrecke hat auf einer Karte (1:30000) die Länge $l = 7{,}6$ cm. Wie lang ist sie, wenn die Steigung mit 4,5% angegeben ist?

Bedenkt man den Maßstab der Karte, ist die horizontale Entfernung des Ausgangspunkts der Bahnlinie von ihrem Endpunkt 2280 m groß.

► 1 cm auf der Karte entspricht 300 m in der Natur.

4,5% Steigung bedeutet: $h:b = 4{,}5:100$ oder $h = \frac{4{,}5 \cdot b}{100}$. ► nebenstehende Skizze

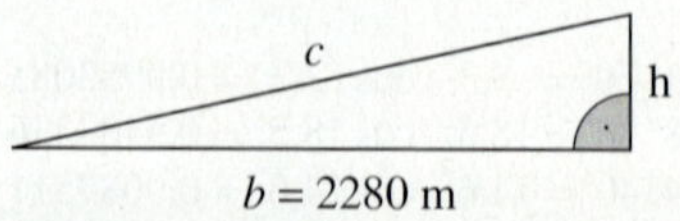

$$h = \frac{4{,}5 \cdot 2280\,\text{m}}{100} = 102{,}5\,\text{m}$$

Mithilfe des pythagoreischen Lehrsatzes kann nun c berechnet werden.

$$c^2 = 2280^2\,\text{m}^2 + 102{,}5^2\,\text{m}^2$$
$$\underline{\underline{c = 2282{,}303\,\text{m}}}$$

6. Wie groß ist der Steigungswinkel (α) der Sparren, und welche Länge hat die Höhe des Daches, wenn die Sparren an der Dachtraufe 0,4 m überstehen?

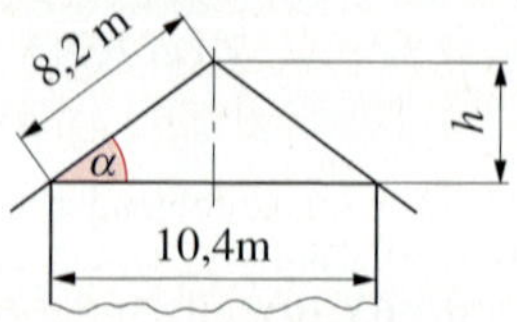

Die Länge der Sparren bis zur Traufe beträgt 7,8 m. Mithilfe der Definition des $\cos\alpha$ kann die Größe des Winkels α berechnet werden.

$$\cos\alpha = \frac{5{,}2\,\text{m}}{7{,}8\,\text{m}} \Rightarrow \underline{\underline{\alpha = 48{,}19^\circ}}$$

Nun wird mithilfe des $\sin\alpha$ die Länge der Höhe berechnet.

$$\sin 48{,}19^\circ = \frac{h}{7{,}8\,\text{m}} \Rightarrow \underline{\underline{h = 5{,}814\,\text{m}}}$$

Die Tangensfunktion

1. Drücken Sie $\tan\alpha$ und $\tan\beta$ wie in Übung 1 zur Sinusfunktion durch das Verhältnis der Seitenlängen aus.

Für den $\tan\alpha$ gilt:

1. Dreieck: $\tan\alpha = \frac{a}{b}$ 2. Dreieck: $\tan\alpha = \frac{r}{p}$ 3. Dreieck: $\tan\alpha = \frac{o}{n}$ 4. Dreieck: $\tan\alpha = \frac{z}{y}$

Für den $\tan\beta$ gilt:

1. Dreieck: $\tan\beta = \frac{b}{a}$ 2. Dreieck: $\tan\beta = \frac{p}{r}$ 3. Dreieck: $\tan\beta = \frac{n}{o}$ 4. Dreieck: $\tan\beta = \frac{y}{z}$

2. Bestimmen Sie mittels Taschenrechner $\tan 25°$, $\tan 50°$, $\tan 75°$. 307

► Der TR muss auf Gradmaß DEG eingestellt sein.

$\tan 25° = 0{,}4663076$, $\tan 50° = 1{,}1917536$, $\tan 75° = 3{,}7320508$.

3. Bestimmen Sie mittels Taschenrechner ► Vorbemerkung Übung Nr. 3 zur Sinusfunktion:

a) $\tan 4°20'$ **c)** $\tan 14°10'$ **e)** $\tan 45°45'$
b) $\tan 7°40'$ **d)** $\tan 25°50'$ **f)** $\tan 73°53'$

► Der TR muss auf Gradmaß DEG eingestellt sein.

Zu a) $4°20' = 4{,}\overline{3}°$, $\tan 4{,}\overline{3}° = 0{,}0757754$
Zu b) $7°40' = 7{,}\overline{6}°$, $\tan 7{,}\overline{6}° = 0{,}1346129$
Zu c) $14°10' = 14{,}1\overline{6}°$, $\tan 14{,}1\overline{6}° = 0{,}2524199$
Zu d) $25°50' = 25{,}8\overline{3}°$, $\tan 25{,}8\overline{3}° = 0{,}4841368$
Zu e) $45°45' = 45{,}75°$, $\tan 45{,}75° = 1{,}0265287$
Zu f) $73°53' = 73{,}88\overline{3}°$, $\tan 73{,}88\overline{3}° = 3{,}46080$

4. Bestimmen Sie mittels Taschenrechner die Winkelmaße für folgende Tangenswerte: 308

a) $\tan\alpha = 0{,}0612$ **c)** $\tan\gamma = 0{,}6330$ **e)** $\tan\varepsilon = 5{,}558$
b) $\tan\beta = 0{,}3217$ **d)** $\tan\delta = 0{,}9601$ **f)** $\tan\alpha = 22{,}02$

► Umkehrtaste $\boxed{\tan^{-1}}$ des TR

Zu a) 3,50° **Zu b)** 17,83° **Zu c)** 32,33° **Zu d)** 43,83° **Zu e)** 79,80° **Zu f)** 87,40°

5. Berechnen Sie die fehlenden Stücke folgender rechtwinkliger Dreiecke (Hypotenuse ist c):

a) $a = 9{,}4\,\text{dm}$, $\alpha = 23°20'$, $b = ?$, $c = ?$

b) $b = 27{,}2\,\text{cm}$, $\alpha = 47°10'$, $a = ?$, $c = ?$

c) $a:b = 3:4$, $\alpha = ?$, $\beta = ?$

d) $a = b = 7{,}3\,\text{cm}$, $\alpha = ?$, $h_c = ?$, $c = ?$

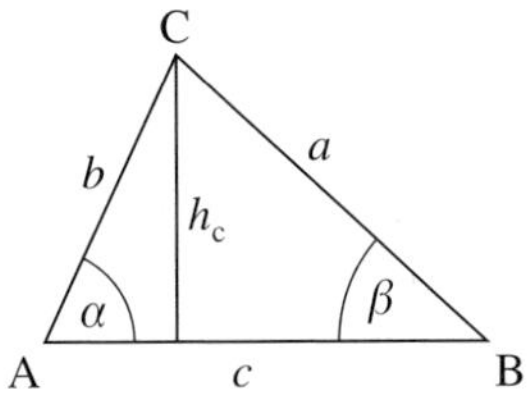

Zu a)

Die Länge der Kathete b kann mittels des $\tan\alpha$ berechnet werden.

$$\tan\alpha = \frac{a}{b} \Rightarrow b = \frac{a}{\tan\alpha} \Rightarrow \underline{\underline{b = 21{,}80\,\text{dm}}}$$

Die Länge der Hypotenuse c wird mithilfe des $\sin\alpha$ berechnet.

$$\sin\alpha = \frac{a}{c} \Rightarrow c = \frac{a}{\sin\alpha} \Rightarrow \underline{\underline{c = 23{,}73\,\text{dm}}}$$

Zu b)

Die Aufgabe wird analog zur Aufgabe a) gelöst.

$$\tan\alpha = \frac{a}{b} \Rightarrow a = b \cdot \tan\alpha \Rightarrow \underline{\underline{a = 29{,}34\,\text{cm}}}$$

$$\sin\alpha = \frac{a}{c} \Rightarrow c = \frac{a}{\sin\alpha} \Rightarrow \underline{\underline{c = 40{,}09\,\text{cm}}}$$

Zu c)

Das Verhältnis $a:b$ beschreibt den $\tan\alpha$.

Mithilfe der $\boxed{\tan^{-1}}$-Taste kann daraus α ermittelt werden.

$$\tan\alpha = \tfrac{3}{4} \Rightarrow \underline{\underline{\alpha = 36{,}87°}}$$

Der Winkel $\sphericalangle\beta$ ist $90° - 36{,}87°$ groß.

$$\underline{\underline{\beta = 53{,}13°}}$$

308 **Zu d)**

Aus $a:b=1$ wird die Größe von α ermittelt.

$\tan\alpha = 1 \Rightarrow \alpha = 45°$

Im gleichschenklig-rechtwinkligen Dreieck ist die Höhe auf c Symmetrieachse, halbiert also den Winkel von 90°, weswegen übrigens auch $\alpha=\beta=45°$ gilt, und außerdem $\frac{c}{2}=h_c$. Über $\sin\alpha$ kann nun h_c und schließlich c berechnet werden.

$\sin\alpha = \frac{h_c}{b} \Rightarrow h_c = b\cdot\sin\alpha \Rightarrow \underline{\underline{h_c = 5{,}16\,\text{cm}}}$

$c = 2\cdot h_c \Rightarrow \underline{\underline{c = 10{,}32\,\text{cm}}}$

6. Bestimmen Sie die Winkel α und β eines rechtwinkligen Dreiecks aus:

a) $a=5{,}3\,\text{cm}$, $b=7{,}5\,\text{cm}$ **b)** $a=17{,}3\,\text{m}$, $b=24{,}4\,\text{m}$ **c)** $a=46{,}7\,\text{dm}$, $b=3{,}7\,\text{m}$

Die Tangensfunktion eines spitzen Winkels in einem rechtwinkligen Dreieck ist erklärt als das Verhältnis von Gegenkathete zu Ankathete,

$\tan\alpha = \frac{a}{b}$ und $\tan\beta = \frac{b}{a}$.

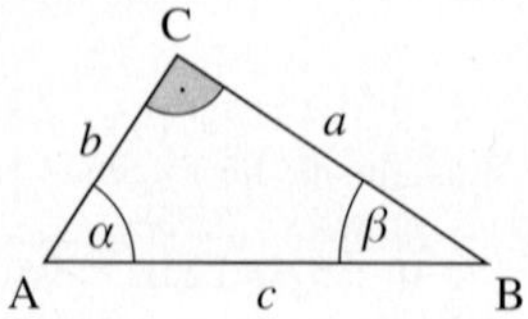

Zu a)

$\tan\alpha = \frac{5{,}3}{7{,}5} \Rightarrow \underline{\underline{\alpha = 35{,}25°}}$

Auch: $\beta = 90° - \alpha$

$\tan\beta = \frac{7{,}5}{5{,}3} \Rightarrow \underline{\underline{\beta = 54{,}75°}}$

Zu b)

$\tan\alpha = \frac{17{,}3}{24{,}4} \Rightarrow \underline{\underline{\alpha = 35{,}34°}}$

Auch: $\beta = 90° - \alpha$

$\tan\beta = \frac{24{,}4}{17{,}3} \Rightarrow \underline{\underline{\beta = 54{,}66°}}$

Zu c)

$\tan\alpha = \frac{46{,}7}{3{,}7} \Rightarrow \underline{\underline{\alpha = 85{,}47°}}$

Auch: $\beta = 90° - \alpha$

$\tan\beta = \frac{3{,}7}{46{,}7} \Rightarrow \underline{\underline{\beta = 4{,}53°}}$

Aufgaben zu den Winkelfunktionen

1. In einem rechtwinkligen Dreieck sind bekannt:

a) $a = 47\,\text{cm}$, $h_c = 38\,\text{cm}$ **b)** $a = 24{,}6\,\text{cm}$, $p = 21{,}3\,\text{cm}$ **c)** $c = 24{,}7\,\text{cm}$, $h_c = 8{,}4\,\text{cm}$ **d)** $\alpha = 64°\,20'$, $A = 353\,\text{cm}^2$

e) q, α **f)** p, h_c **g)** A, c **h)** a, p

Berechnen Sie die fehlenden Seiten und Winkel.

Zu a)

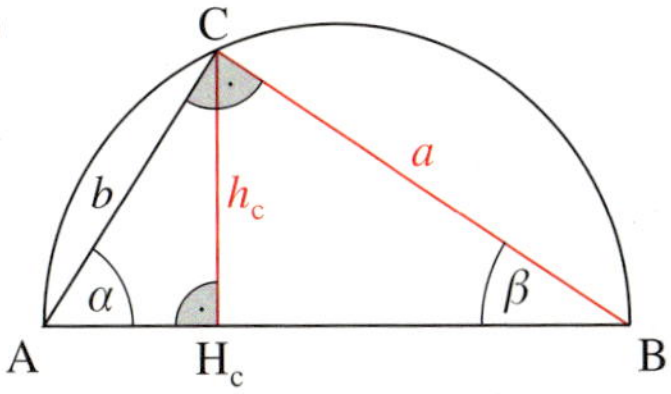

Auch die Teildreiecke $\triangle AH_cC$ und $\triangle BH_cC$ sind rechtwinklig bei H_c.
h_c ist in beiden Dreiecken Kathete.

Auf den Winkel α kann mehrfach die Sinusfunktion angewendet werden.

$\sin\beta = \frac{h_c}{a} \Rightarrow \underline{\underline{\beta = 53{,}95°}}$

$\alpha = 90° - 53{,}95° = \underline{\underline{36{,}05°}}$

$\sin\alpha = \frac{h_c}{b} \Rightarrow b = \frac{h_c}{\sin\alpha} = \underline{\underline{b = 64{,}57\,\text{cm}}}$

$\sin\alpha = \frac{a}{c} \Rightarrow c = \frac{a}{\sin\alpha} \Rightarrow \underline{\underline{c = 79{,}87\,\text{cm}}}$

Zu b)

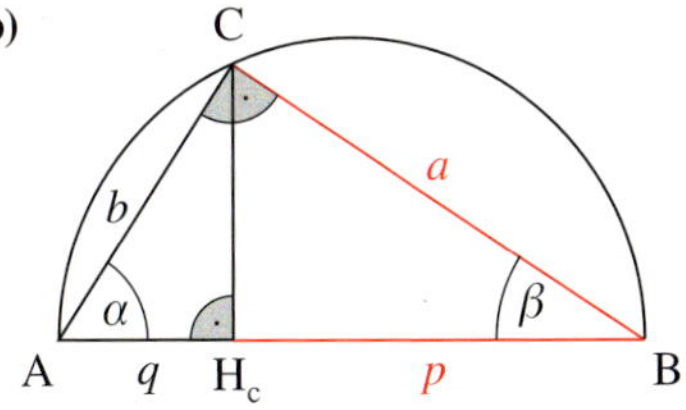

Wieder kann man mit den Teildreiecken $\triangle AH_cC$ und $\triangle BH_cC$ arbeiten.
p steht für die Länge von $\overline{BH_c}$.

$\cos\beta = \frac{p}{\alpha} \Rightarrow \underline{\underline{\beta = 30°}}$

$\alpha = 90° - 30° = \underline{\underline{60°}}$

$\tan\alpha = \frac{a}{b} \Rightarrow b = \frac{a}{\tan\alpha} \Rightarrow \underline{\underline{b = 14{,}20\,\text{cm}}}$

$\sin\alpha = \frac{a}{c} \Rightarrow c = \frac{a}{\sin\alpha} \Rightarrow \underline{\underline{c = 28{,}41\,\text{cm}}}$

Zu c)
Da c und h_c nicht Seiten eines rechtwinkligen Dreiecks sind, können die Definitionen der Winkelfunktionen nicht unmittelbar angewendet werden. Aber mithilfe von Sätzen aus der Satzgruppe des Pythagoras kann z. B. q berechnet werden.

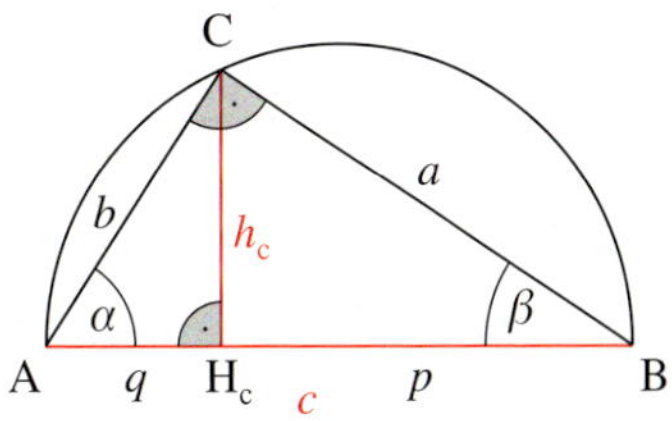

► $h^2 = p \cdot q$ Höhensatz
► $c = p + q$ Voraussetzung

$p \cdot q = 8{,}4^2\,\text{cm}^2$ (1)
$p = 24{,}7\,\text{cm} - q$ (2)

Aus (2) in (1):

$(24{,}7\,\text{cm} - q) \cdot q = 70{,}56\,\text{cm}^2$

$q^2 - 24{,}7\,\text{cm} + 70{,}56\,\text{cm}^2 = 0$

Hieraus gewinnt man eine quadratische Gleichung, die nach der Lösungsformel ausgerechnet wird.
Die Lösungen sind symmetrisch: Steht q_1 für q, so steht q_2 für p und umgekehrt.

$q_{1,2} = 12{,}35\,\text{cm} \pm \sqrt{12{,}35^2\,\text{cm}^2 - 70{,}56\,\text{cm}^2}$

$q_{1,2} = 12{,}35\,\text{cm} \pm 9{,}05\,\text{cm}$

$q_1 = 21{,}4\,\text{cm},\ q_2 = 3{,}3\,\text{cm}$

Nun kann auf den Winkel α des Teildreiecks $\triangle AH_cC$ die Tangensfunktion angewendet und α bestimmt werden, womit die Möglichkeit geschaffen wird, auch a, b und $\sphericalangle\beta$ zu berechnen.

$\tan\alpha = \frac{h}{q} \Rightarrow \underline{\underline{\alpha = 21{,}43°}}$

$\sin\alpha = \frac{a}{c} \Rightarrow \underline{\underline{a = 9{,}02\,\text{cm}}}$

$\tan\alpha = \frac{a}{b} \Rightarrow \underline{\underline{b = 22{,}98\,\text{cm}}}$

► $\beta = 90° - \alpha$

$\underline{\underline{\beta}} = 90° - 21{,}43° = \underline{\underline{68{,}57°}}$

308 **Zu d)**

Hier sind keine Seiten- oder andere Streckenlängen gegeben. Man muss entsprechende Größen aus der Maßzahl des Flächeninhalts des rechtwinkligen Dreiecks zu gewinnen suchen.

$a \cdot b = 2A$ ► $a \perp b$

$a \cdot b = 706\,\text{cm}^2$ (1)

$\frac{a}{b} = \tan\alpha = 2{,}0809438$

$a = b \cdot 2{,}0809438$ (2)

Aus (2) in (1):

$b \cdot 2{,}0808438 \cdot b = 706\,\text{cm}^2 \quad |:2{,}0809438$

Die entstehende Gleichung ist rein quadratisch. Sie kann durch Wurzelziehen gelöst werden.

$b^2 = 339{,}27\,\text{cm}^2$

$\underline{\underline{b = 18{,}42\,\text{cm}}}$

Nun kann zunächst a berechnet werden.

$\tan\alpha = \frac{a}{b} \Rightarrow \underline{\underline{a = 38{,}33\,\text{cm}}}$

Sodann erhält man c aus a und $\sin\alpha$.

$\sin\alpha = \frac{a}{c} \Rightarrow \underline{\underline{c = 42{,}53\,\text{cm}}}$

Die Größe des Winkels β erhält man als Differenz aus 90° und der Größe von α.

$\underline{\underline{\beta}} = 90° - 64{,}3° = \underline{\underline{25{,}6°}}$

Zu e)

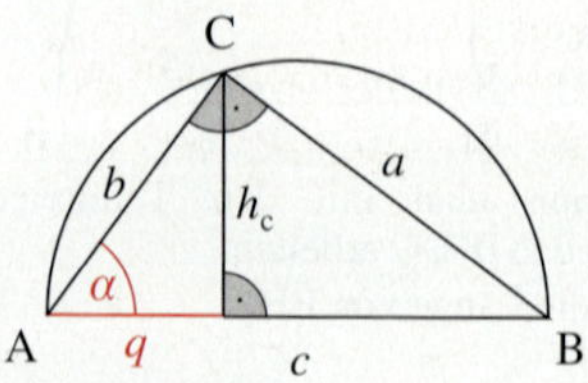

Aus q und α kann man b bestimmen.

$\cos\alpha = \frac{q}{b} \Rightarrow b = \frac{q}{\cos\alpha}$

Da α und b nun bekannt sind, bestimmt man a.

$\tan\alpha = \frac{a}{b} \Rightarrow a = b \cdot \tan\alpha$

Aus a und α bestimmt man c.

$\sin\alpha = \frac{a}{c} \Rightarrow c = \frac{a}{\sin\alpha}$

Die Größe von $\measuredangle\beta$ erhält man als Differenz von α zu 90°.

$\beta = 90° - \alpha$

Zu f)

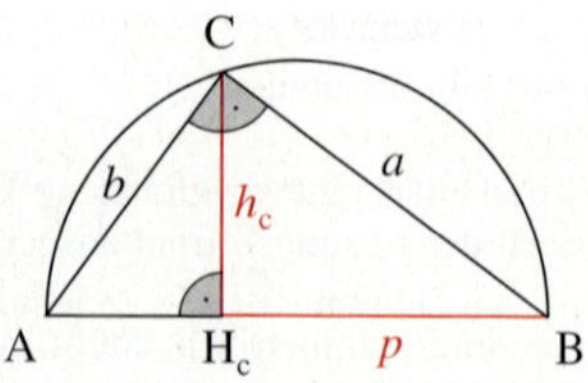

Aus p und h_c kann die Größe von $\measuredangle\beta$ bestimmt werden.

$\tan\beta = \frac{h_c}{p} \Rightarrow \beta$

Die Größe von $\measuredangle\alpha$ erhält man als Differenz von 90° und β.

$\alpha = 90° - \beta$

Da β und p bekannt sind, kann a berechnet werden.

$\cos\beta = \frac{p}{a} \Rightarrow a = \frac{p}{\cos\beta}$

Da a und α bekannt sind, kann b berechnet werden.

$\tan\alpha = \frac{a}{b} \Rightarrow b = \frac{a}{\tan\alpha}$

Da a und α bekannt sind, kann auch c berechnet werden.

$\sin\alpha = \frac{a}{c} \Rightarrow c = \frac{a}{\sin\alpha}$

Zu g)
Da außer c keine weitere Seitenlänge bekannt ist, muss mithilfe des Flächeninhalts A eine solche berechnet werden. Es bietet sich zunächst h an, da mit c die Länge einer Grundlinie des Dreiecks gegeben ist.

$$A=\frac{g\cdot h}{2}=\frac{c\cdot h}{2}\Rightarrow h=\frac{2\cdot A}{c}$$

h ist durch den Höhensatz mit p und q verknüpft, die Summe aus p und q ist aber auch gleich c.

$$h^2=p\cdot q \qquad (1)$$
$$c=p+q$$
$$p=c-q \qquad (2)$$

(2) in (1):

Löst man das System (1) (2) mithilfe der Lösungsformel für quadratische Gleichungen, so erhält man symmetrische Lösungen, für die gilt:
$q_1=q$ und $q_2=p$.

$$h^2=(c-q)\cdot q$$
$$q^2-cq+h^2=0$$
$$q_{1,2}=\frac{c}{2}\pm\sqrt{\frac{c^2}{4}-h^2}$$
$$q=\frac{c}{2}+\sqrt{\frac{c^2}{4}-h^2},\quad p=\frac{c}{2}-\sqrt{\frac{c^2}{4}-h^2}$$

Nun kann mittels h und q die Größe des Winkels α bestimmt werden.

$$\tan\alpha=\frac{h}{q}\Rightarrow\alpha$$

Die Größe von β ergibt sich aus $90°-\alpha$.

$$\beta=90°-\alpha$$

Die fehlenden Seitenlängen b und a erhält man über $\sin\alpha$.

$$\sin\alpha=\frac{h}{b}\Rightarrow b=\frac{h}{\sin\alpha}$$
$$\sin\alpha=\frac{a}{c}\Rightarrow a=c\cdot\sin\alpha$$

Zu h)
Mittels a und p kann die Größe des Winkels β bestimmt werden.

$$\cos\beta=\frac{p}{a}\Rightarrow\beta$$

► $90°-\beta=\alpha$

$$\alpha=90°-\beta$$

c erhält man mithilfe von $\sin\alpha$.

$$\sin\alpha=\frac{a}{c}\Rightarrow c=\frac{a}{\sin\alpha}$$

b erhält man mithilfe von $\tan\alpha$.

$$\tan\alpha=\frac{a}{b}\Rightarrow b=\frac{a}{\tan\alpha}$$

2. In einem gleichschenkligen Dreieck (c: Grundseite) sind bekannt:

a) $c=43{,}4\,\text{cm}$, $a=28{,}7\,\text{cm}$	**b)** $c=33\,\text{m}$, $\alpha=74°55'$	**c)** $b=5{,}2\,\text{cm}$, $\gamma=122°40'$	**d)** $a=16{,}3\,\text{m}$, $\alpha=73°23'$
e) $h_a=11\,\text{cm}$, $c=23{,}2\,\text{cm}$	**f)** $h_a=19{,}3\,\text{cm}$, $\alpha=42°30'$	**g)** $h_c=43{,}6\,\text{cm}$, $\gamma=137°40'$	**h)** c, γ

Berechnen Sie die fehlenden Seiten und Winkel und den Flächeninhalt.

Bei der Lösung der Aufgaben a)–d) sowie g) und h) wird die Länge h der Höhe h auf c berechnet. Diese Höhe ist Symmetrieachse des gleichschenkligen Dreiecks und halbiert sowohl die Grundseite als auch den Winkel an der Spitze.

Zu a)
Mit a und c sind die Längen aller Seiten bekannt, denn es ist $a=b$. Die Größe des Winkels α erhält man mithilfe des $\cos\alpha$.

$$\cos\alpha=\frac{\frac{c}{2}}{b}\Rightarrow \underline{\underline{\alpha=40{,}88°}}$$

$\sphericalangle\beta$ ist genau so groß wie $\sphericalangle\alpha$. $\sphericalangle\gamma$ erhält man als Differenz von 180° und 2α.

$$\beta=\alpha=40{,}88° \quad\text{und}\quad \underline{\underline{\gamma}}=180°-2\alpha=\underline{\underline{98{,}24°}}$$

h erhält man aus $\sin\alpha$.

$$\sin\alpha=\frac{h}{a}\Rightarrow \underline{\underline{h=18{,}78\,\text{cm}}}$$

Für den Flächeninhalt A gilt $A=\frac{c\cdot h}{2}$.

$$\underline{\underline{A}}=\frac{43{,}3\,\text{cm}\cdot 18{,}78\,\text{cm}}{2}=\underline{\underline{407{,}60\,\text{cm}^2}}$$

308

Zu b)

Die Länge von b erhält man mittels $\cos\alpha$.

$\cos\alpha = \frac{\frac{c}{2}}{b} \Rightarrow b = \frac{c}{2\cos\alpha} \Rightarrow \underline{\underline{b = 63{,}41\,\text{cm}}}$

Es gilt: $a = b$, $\beta = \alpha$ und $\gamma = 180° - 2\alpha$.

$\underline{\underline{a = 63{,}41\,\text{m}}}$, $\underline{\underline{\beta = 74{,}916°}}$, $\underline{\underline{\gamma = 30{,}17°}}$

h ermittelt man mittels $\sin\alpha$.

$\sin\alpha = \frac{h}{a} \Rightarrow h = a \cdot \sin\alpha \Rightarrow \underline{\underline{h = 61{,}22\,\text{m}}}$

Den Flächeninhalt ermittelt man nach der bekannten Formel.

$A = \frac{33\,\text{m} \cdot 61{,}22\,\text{m}}{2} = \underline{\underline{1010{,}219\,\text{m}^2}}$

Zu c)

Da die Höhe den Winkel an der Spitze halbiert, kennt man die Größe von $\frac{1}{2}\gamma$. Damit kann c bestimmt werden.
Außerdem ist $a = b$ und $\alpha = 90° - \frac{1}{2}\gamma$.

$\sin 61{,}3° = \frac{c}{2 \cdot 5{,}2} \Rightarrow \underline{\underline{c = 9{,}13}}$

$\underline{\underline{a = 5{,}2\,\text{cm}}}$, $\underline{\underline{\alpha = 28{,}6°}}$

Für h gilt $\sin\alpha = \frac{h}{b}$.

$\cos 61{,}3° = \frac{h}{b} \Rightarrow \underline{\underline{h = 2{,}5\,\text{cm}}}$

Für A die bekannte Formel.

$\underline{\underline{A}} = \frac{9{,}13\,\text{cm} \cdot 2{,}5\,\text{cm}}{2} = \underline{\underline{11{,}413\,\text{cm}^2}}$

Zu d)

Es ist $b = a$.

$\underline{\underline{b = 16{,}3\,\text{m}}}$

c erhält man über $\cos\alpha$.

$\cos\alpha = \frac{\frac{1}{2}c}{a} \Rightarrow \underline{\underline{c = 9{,}323\,\text{m}}}$

Es ist $\beta = \alpha$ und $\gamma = 180° - 2\alpha$.

$\underline{\underline{\beta = 73{,}383°}}$, $\underline{\underline{\gamma = 33{,}234°}}$

h ermittelt man über $\sin\alpha$ und A nach der bekannten Formel.

$\sin\alpha = \frac{h}{b} \Rightarrow \underline{\underline{h = 15{,}619\,\text{m}}}$

$\underline{\underline{A}} = \frac{9{,}323\,\text{m} \cdot 15{,}619\,\text{m}}{2} = \underline{\underline{72{,}808\,\text{m}^2}}$

Zu e)

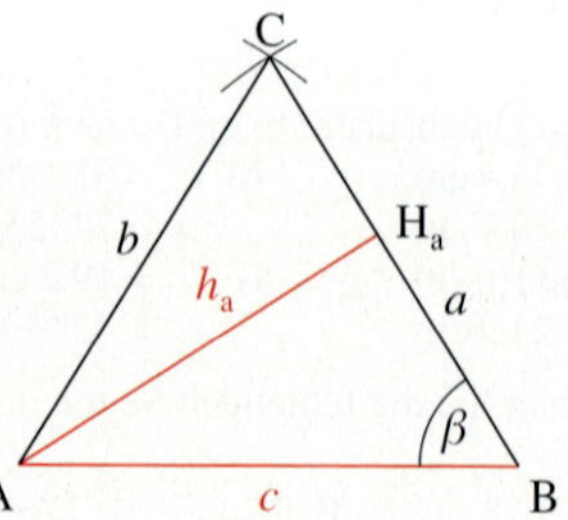

Das Teildreieck $\triangle ABH_a$ ist rechtwinklig. Aus Gegenkathete und Hypotenuse lässt sich $\sphericalangle\beta$ berechnen.

$\sin\beta = \frac{h}{c} \Rightarrow \underline{\underline{\beta = 28{,}30°}}$

$\alpha = \beta$ und $\gamma = 180° - 2\alpha$

$\alpha = \beta$, $\underline{\underline{\gamma}} = 180° - 2 \cdot 28{,}30° = \underline{\underline{123{,}4°}}$

a erhält man mittels $\sin\gamma$.

$\sin\gamma = \frac{h}{a} \Rightarrow \underline{\underline{a = 13{,}18\,\text{cm}}}$

$A = \frac{a \cdot h_a}{2}$

$\underline{\underline{A}} = \frac{13{,}18\,\text{cm} \cdot 11\,\text{cm}}{2} = \underline{\underline{72{,}49\,\text{cm}^2}}$

308

Zu f)
Es werden die Bezeichnungen der Zeichnung in Aufgabe e) verwendet.

$\beta = \alpha$ | $\beta = 42{,}3°$

c erhält man über $\sin\beta$. | $\sin\beta = \frac{h}{c} \Rightarrow \underline{\underline{c = 28{,}66}}$

$\gamma = 180° - 2\alpha$ | $\underline{\underline{\gamma}} = 180° - 2 \cdot 42{,}3° = \underline{\underline{95{,}3°}}$

b erhält man über $\sin\gamma$. | $\sin\gamma = \frac{h}{b} \Rightarrow \underline{\underline{b = 19{,}38}}$

$A = \frac{h_a \cdot a}{2}$, ► $a = b$ | $\underline{\underline{A}} = \frac{19{,}3\,\text{cm} \cdot 19{,}38\,\text{cm}}{2} = \underline{\underline{187{,}02\,\text{cm}^2}}$

Zu g)

Planfigur

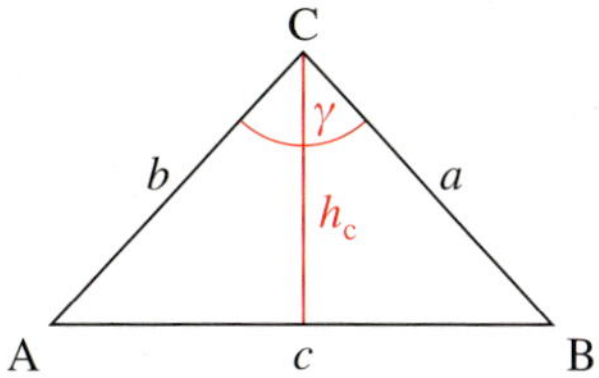

Aus der Planfigur entnimmt man, dass gilt:
$\alpha = \beta = 90° - \frac{1}{2}\gamma$ und h_c halbiert $\sphericalangle\gamma$ und c. | $\underline{\underline{\alpha}} = 90° - 68{,}83° = \underline{\underline{21{,}16°}}$

b erhält man über $\sin\alpha$. | $\sin\alpha = \frac{h}{b} \Rightarrow \underline{\underline{b = 120{,}75\,\text{cm}}}$

c erhält man über $\cos\alpha$. | $\cos\alpha = \frac{\frac{1}{2}c}{b} \Rightarrow \underline{\underline{c = 225{,}21\,\text{cm}}}$

Zu h)
Wie in Aufgabe g) gilt:
$\alpha = \beta = 90° - \frac{1}{2}\gamma$ | $\alpha = \beta = 90° - \frac{\gamma}{2}$

b erhält man über $\cos\alpha$. | $\cos\alpha = \frac{\frac{1}{2}c}{b} \Rightarrow \underline{\underline{b = \frac{c}{2\cos\alpha}}}$

h erhält man über $\tan\alpha$. | $\tan\alpha = \frac{h}{\frac{1}{2}c} \Rightarrow \underline{\underline{h = \frac{c \cdot \tan\alpha}{2}}}$

Für A die bekannte Formel. | $\underline{\underline{A}} = \frac{c \cdot c \cdot \tan\alpha}{2 \cdot 2} = \underline{\underline{\frac{c^2 \tan\alpha}{4}}}$

3. Eine 15,4 m hohe Tanne wirft einen 33,6 m langen Schatten. Unter welchem Winkel treffen die Sonnenstrahlen den Erdboden?

Die Skizze zeigt, dass von einem rechtwinkligen Dreieck die beiden Katheten gegeben sind. Die gesuchte Winkelgröße wird mithilfe der Umkehrtaste $\boxed{\tan^{-1}}$ der Tangensfunktion ermittelt.

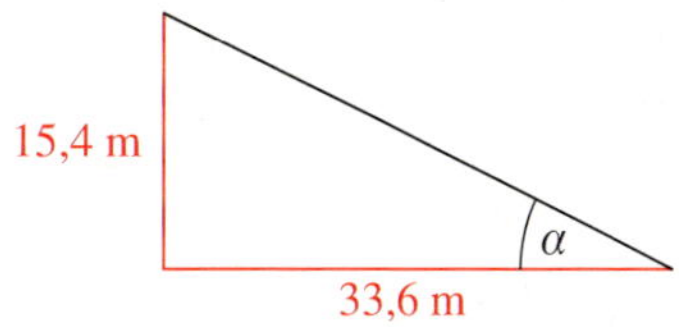

$\tan\alpha = \frac{15{,}4\,\text{m}}{33{,}6\,\text{m}} \Rightarrow \underline{\underline{\alpha = 24{,}62°}}$

308 **4.** Wie weit ist eine 2,8 m hohe Messlatte vom Betrachter entfernt, wenn der Erhebungswinkel $1{,}\overline{6}^\circ$ beträgt? (Augenhöhe = 1,5 m).

Die Skizze verweist auf die Katheten eines rechtwinkligen Dreiecks. Mithilfe des $\tan 1{,}\overline{6}^\circ$ wird die gesuchte Entfernung x ermittelt.

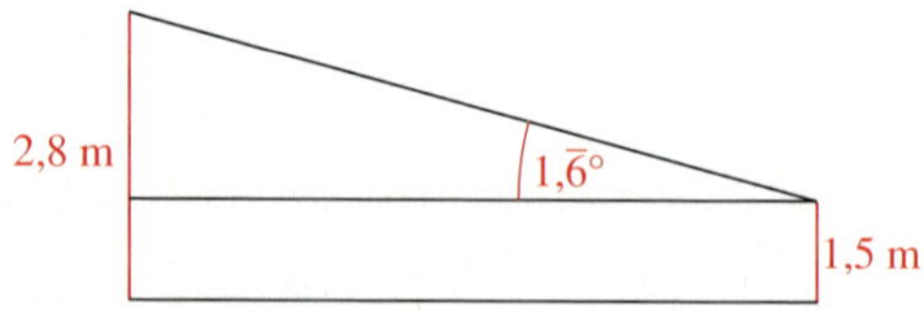

$$\tan 1{,}\overline{6}^\circ = \frac{1{,}3\,\text{m}}{x} \Rightarrow \underline{\underline{x = 44{,}68\,\text{m}}}$$

5. Ein gerader Kegel hat einen Durchmesser von 26 cm und einen Spitzenwinkel $\gamma = 33{,}16°$. Wie groß ist sein Rauminhalt?

Wie die Skizze zeigt, ist die Höhe h des Kegels mithilfe des $\tan \frac{1}{2}\gamma$ zu bestimmen.

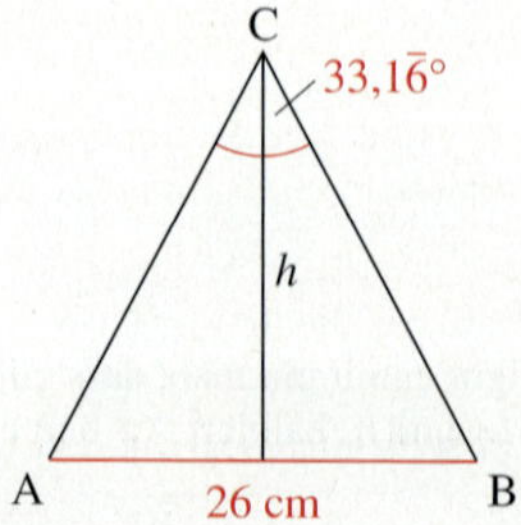

Für das Volumen V spitzer Körper gilt $V = \frac{G \cdot h}{3}$, wobei G für den Flächeninhalt der Grundfläche steht.

$$\tan \frac{1}{2}\gamma = \frac{\frac{1}{2}d}{h} \Rightarrow h = \frac{d}{2\tan\frac{1}{2}\gamma} \Rightarrow \underline{\underline{h = 43{,}65\,\text{cm}}}$$

$$\underline{\underline{V}} = \frac{\pi \cdot d^2 \cdot h}{4 \cdot 3} = \underline{\underline{7725{,}019\,\text{cm}^3}}$$

6. Wie hoch ist ein Baum, wenn sein Schatten 58 m lang ist und die Sonnenstrahlen mit dem Erdboden einen Winkel von 23,5° (Sonnenhöhe) bilden?

Die Skizze verweist auf den $\tan 23{,}5°$, mit dessen Hilfe die gesuchte Höhe h ermittelt werden kann.

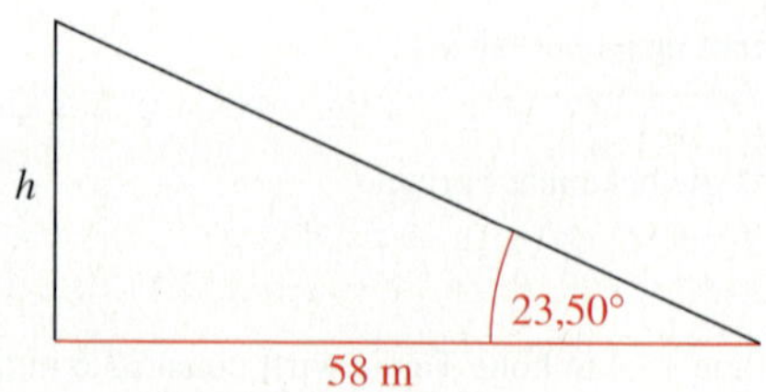

$$\tan 23{,}5° = \frac{h}{58\,\text{m}} \Rightarrow \underline{\underline{h = 25{,}22\,\text{m}}}$$

7. Berechnen Sie für ein rechtwinkliges Dreieck ohne Bestimmung des Winkels die Werte für $\cos\alpha$, $\tan\alpha$ aus:

a) $\sin\alpha = 0{,}4975$ **b)** $\sin\alpha = 0{,}9621$

► Es muss der Sinus eines Winkels durch den Cosinus bzw. Tangens ausgedrückt werden.

Zu a)

Es ist: $\cos\alpha = \sqrt{1 - \sin^2\alpha}$

$\tan\alpha = \frac{\sin\alpha}{\sqrt{1 - \sin^2\alpha}}$

$$\underline{\underline{\cos\alpha}} = \sqrt{1 - 0{,}24750622} = \underline{\underline{0{,}8674639}}$$

$$\underline{\underline{\tan\alpha}} = \frac{0{,}4975}{0{,}8674639} = \underline{\underline{0{,}5735109}}$$

Zu b) 308

Ansätze wie unter a)

$$\cos\alpha = \sqrt{1-0{,}9256364} = 0{,}2726968$$

$$\tan\alpha = \frac{0{,}9621}{0{,}2726968} = 3{,}5280942$$

8. Berechnen Sie für ein rechtwinkliges Dreieck ohne Bestimmung des Winkels die Werte für $\sin\alpha$, $\tan\alpha$ aus:

a) $\cos\alpha = 0{,}1507$ **b)** $\cos\alpha = 0{,}8962$

► Es muss der Cosinus eines Winkels durch den Sinus und den Tangens ausgedrückt werden.

Zu a)

Es ist: $\sin\alpha = \sqrt{1-\cos^2\alpha}$

$$\tan\alpha = \frac{\sqrt{1-\cos^2\alpha}}{\cos\alpha}$$

$$\sin\alpha = \sqrt{1-0{,}0227104} = 0{,}9885795$$

$$\tan\alpha = \frac{0{,}9885795}{0{,}1507} = 6{,}5599173$$

Zu b)

Ansätze wie unter a)

$$\sin\alpha = \sqrt{1-0{,}8031744} = 0{,}4436502$$

$$\tan\alpha = \frac{0{,}4436502}{0{,}8962} = 0{,}4950348$$

9. Berechnen Sie für ein rechtwinkliges Dreieck ohne Bestimmung des Winkels die Werte für $\sin\alpha$, $\cos\alpha$ aus:

a) $\tan\alpha = 0{,}3476$ **b)** $\tan\alpha = 6{,}6912$

► Es muss der Tangens eines Winkels durch den Sinus und den Cosinus ausgedrückt werden.

Es ist: $\sin\alpha = \dfrac{\tan\alpha}{\sqrt{1+\tan^2\alpha}}$ und $\cos\alpha = \dfrac{1}{\sqrt{1+\tan^2\alpha}}$.

Zu a)

$$\sin\alpha = \frac{0{,}3476}{1{,}0586906} = 0{,}3283301 \quad \text{und} \quad \cos\alpha = \frac{1}{1{,}0586906} = 0{,}944563$$

Zu b)

$$\sin\alpha = \frac{6{,}6912}{6{,}7655123} = 0{,}989016 \quad \text{und} \quad \cos\alpha = \frac{1}{6{,}7655123} = 0{,}1478084$$

10. Zwei Höhenlinien sind auf einer Karte (1 : 30000) 4 mm voneinander entfernt. Das Gelände hat an dieser Stelle einen Neigungswinkel von **a)** $17\frac{1}{2}^\circ$, **b)** $4\frac{1}{2}^\circ$, **c)** 23°. Wie groß ist der Höhenunterschied zwischen beiden Linien?

Die Entfernung beider Linien beträgt in der Natur $4 \cdot 30000$ mm, also 120 m.
In nebenstehender Skizze bezeichnen A und B die senkrechten Projektionen der Höhenlinien auf die Zeichenebene.
Die gesuchte Höhe x kann mithilfe des Tangens des Neigungswinkels ermittelt werden.

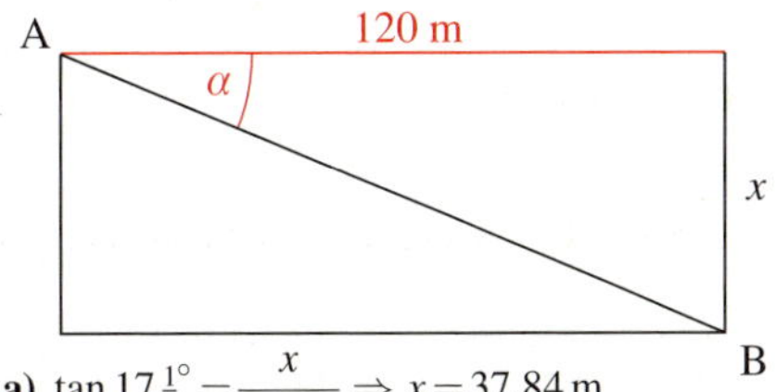

Zu a) $\tan 17\frac{1}{2}^\circ = \dfrac{x}{120\,\text{m}} \Rightarrow x = 37{,}84\,\text{m}$

Zu b) $\tan 4\frac{1}{2}^\circ = \dfrac{x}{120\,\text{m}} \Rightarrow x = 9{,}44\,\text{m}$

Zu c) $\tan 23^\circ = \dfrac{x}{120\,\text{m}} \Rightarrow x = 50{,}94\,\text{m}$

308 **11.** Ein kugelförmiger Wasserbehälter ruht auf einem 15 m hohen Stahlgerüst. Sein Durchmesser wird von einem Punkt, der in waagerechter Richtung 250 m vom Fußmittelpunkt des Gerüstes entfernt ist, unter einem Winkel von 2,5° gesehen (Augenhöhe 1,60 m). Berechnen Sie den Durchmesser des Wasserbehälters unter der Annahme, dass der Sehstrahl den höchsten Punkt des Behälters trifft.

Die Lösung erfolgt in zwei Schritten.

Zunächst wird der Winkel α berechnet.
► nebenstehende Skizze.

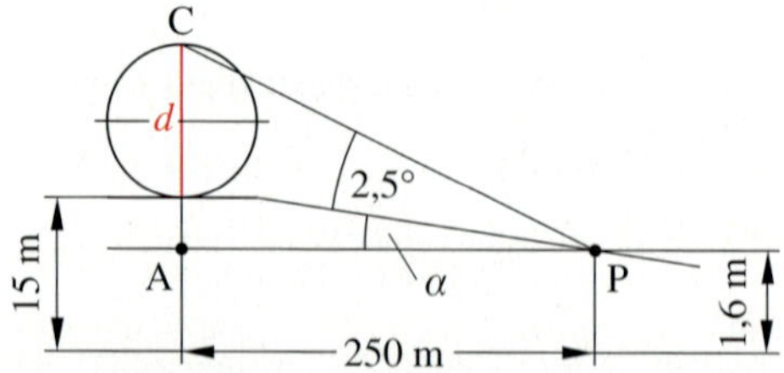

Seine Gegenkathete hat die Länge $15\,\text{m} - 1{,}6\,\text{m}$, seine Ankathete die Länge 250 m.

$$\tan\alpha = \frac{13{,}4\,\text{m}}{250\,\text{m}} \Rightarrow \alpha = 3{,}07°$$

$$\tan(\alpha + 2{,}5°) = \frac{13{,}4\,\text{m} + d}{250\,\text{m}}$$

Im rechtwinkligen Dreieck $\triangle$APC kann nun d berechnet werden. ► Annahme beachten
Der Durchmesser beträgt 10,98 m.

$$d + 13{,}4\,\text{m} = 250 \cdot \tan 5{,}57°$$

$$\underline{\underline{d = 10{,}98\,\text{m}}}$$

309 **12.** Von einem Ballon, der in 3 400 m Höhe schwebt, erscheint ein Haus unter einem Tiefenwinkel von 29,63°. Wie weit ist es vom Beobachter entfernt?

Mithilfe des $\sin 29{,}63°$ kann die Entfernung Ballon – Haus berechnet werden.

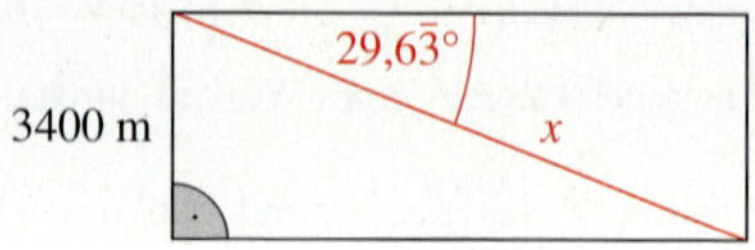

Das Haus ist 6 876,36 m vom Beobachter entfernt.

$$\sin 29{,}63° = \frac{3400\,\text{m}}{x} \Rightarrow \underline{\underline{x = 6876{,}36\,\text{m}}}$$

13. Es soll die Breite eines Flusses bestimmt werden. Zu diesem Zweck wird am Ufer eine Standlinie $|\overline{AB}| = 30\,\text{m}$ abgesteckt. Punkt A genau gegenüber (also senkrecht zur Standlinie) steht ein Baum C, der von B unter dem Winkel $\sphericalangle$ABC von 34,3° gesehen wird.

Mithilfe des $\tan 34{,}3°$ kann die Breite b des Flusses berechnet werden.

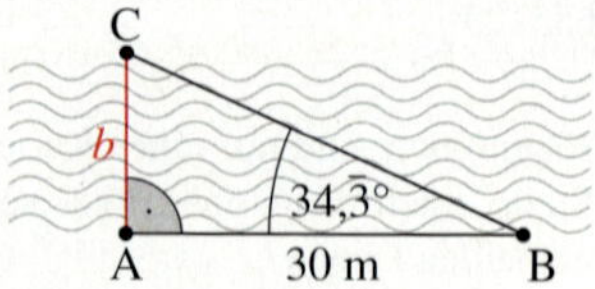

$$\tan 34{,}3° = \frac{b}{30} \Rightarrow \underline{\underline{b = 20{,}49\,\text{m}}}$$

14. Von einem Kirchturm ($h = 68\,\text{m}$) erblickt man ein Auto unter dem Senkungswinkel α von 6,416°. Wie weit ist das Auto vom Beobachter entfernt?

Mithilfe von $\sin 6{,}416°$ kann die Entfernung des Autos vom Beobachter bestimmt werden.

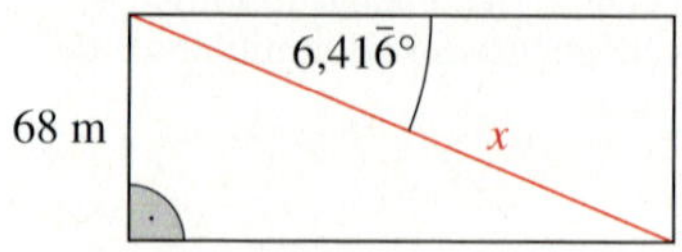

$$\sin 6{,}416° = \frac{68}{x} \Rightarrow \underline{\underline{x = 608{,}52\,\text{m}}}$$

15. Vom Fenster eines Hauses, das 25 m vom Ufer eines Flusses entfernt ist, erscheinen beide Ufer unter den Senkungswinkeln α von 17,3° und β von 42,25°. Wie breit ist der Fluss? 309

Die Lösung erfolgt in zwei Schritten.

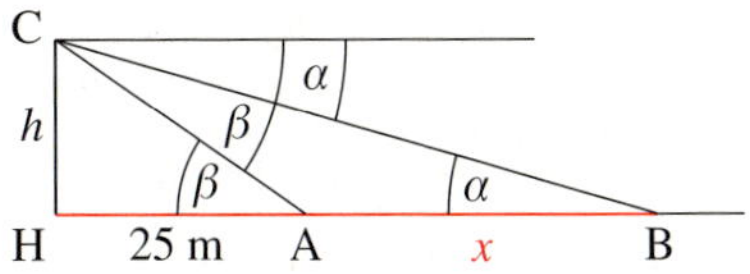

Zunächst wird die Höhe h des Fensters berechnet.
Der Winkel $\sphericalangle$HAC ist genau so groß wie $\sphericalangle\beta$ als Wechselwinkel an geschnittenen Parallelen.

$$\tan 42{,}25° = \frac{h}{25} \Rightarrow h = 22{,}71\,\text{m}$$

Nun wird die Entfernung $|\overline{\text{HB}}| = x$ bestimmt.
Der Winkel $\sphericalangle$HBC ist genau so groß wie $\sphericalangle\alpha$ (Wechselwinkel).

$$\tan 17{,}3° = \frac{h}{x} \Rightarrow x = 72{,}764\,\text{m}$$

Die Breite b des Flusses ergibt sich als Differenz von 25 m zu 72,764 m.

$$\underline{\underline{b}} = 72{,}764\,\text{m} - 25\,\text{m} = \underline{\underline{47{,}764\,\text{m}}}$$

16. Zwei Kräfte $F_1 = 280\,\text{N}$ und $F_2 = 140\,\text{N}$ greifen rechtwinklig an einem Punkt an. Wie groß ist die Resultierende, und welchen Winkel bildet sie mit den Richtungen der Kräfte F_1 und F_2?

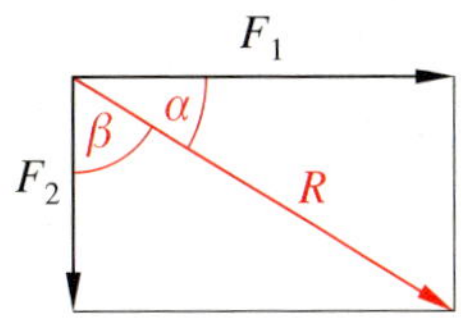

Die Resultierende wird mithilfe des pythagoreischen Lehrsatzes ermittelt.

$$R^2 = 280^2\,\text{N}^2 + 140^2\,\text{N}^2$$
$$\underline{\underline{R = 313{,}05\,\text{N}}}$$

Die Größen von α und β werden mithilfe des Tangens berechnet.

$$\tan\alpha = \frac{140}{280} \Rightarrow \underline{\underline{\alpha = 26{,}57°}}$$

$$\tan\beta = \frac{280}{140} \Rightarrow \underline{\underline{\beta = 63{,}43°}}$$

17. Eine Kraft $F = 755\,\text{N}$ ist in zwei senkrecht aufeinander wirkende Komponenten zu zerlegen, sodass sie mit einer der Komponenten einen Winkel $\sphericalangle\alpha$ von 23,3° bildet. Wie groß sind die Komponenten?

Beide Komponenten sind aus dem Dreieck $\triangle$ABC mithilfe von Sinus und Cosinus zu berechnen.

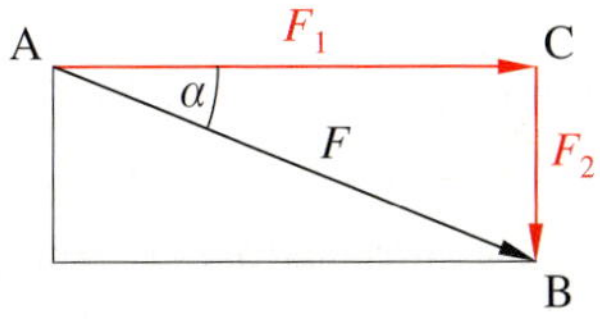

$$\sin 23{,}3° = \frac{F_2}{F} \Rightarrow \underline{\underline{F_2 = 299{,}04\,\text{N}}}$$

$$\cos 23{,}3° = \frac{F_1}{F} \Rightarrow \underline{\underline{F_1 = 693{,}25\,\text{N}}}$$

309 **18.** Auf einer schiefen Ebene ($\alpha = 18{,}3°$) steht ein Wagen ($F_G = 34\,500\,\text{N}$). Wie groß sind die Kräfte F_1 und F_2, in die F_G parallel und senkrecht zur schiefen Ebene zerlegt werden kann?

Der Winkel $\sphericalangle(F_2 F_G)$ ist genau so groß wie $\sphericalangle\alpha$, denn seine Schenkel stehen senkrecht auf den Schenkeln von $\sphericalangle\alpha$.
Der Winkel $\sphericalangle(F_1 F_G)$ ist dann $90° - \alpha$.

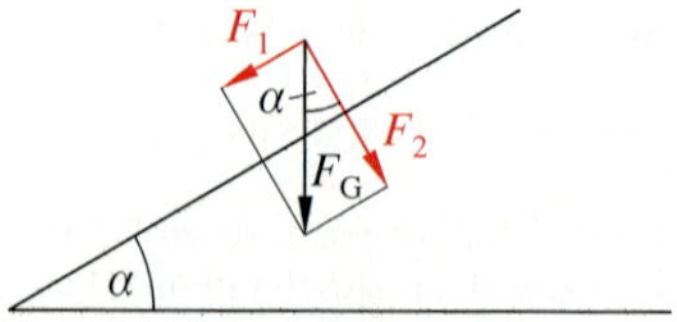

$\cos\alpha = \frac{F_2}{F_G}$ $\quad$ $\cos 18{,}3° = \frac{F_2}{34\,500} \Rightarrow \underline{\underline{F_2 = 32\,755{,}179\,\text{N}}}$

$\cos(90° - \alpha) = \frac{F_1}{F_G}$ $\quad$ $\cos 71{,}6° = \frac{F}{34\,500} \Rightarrow \underline{\underline{F_1 = 10\,851{,}775\,\text{N}}}$

19. Eine schiefe Ebene hat die Länge $l = 8{,}6\,\text{m}$ und die Höhe 4,1 m. Wie groß ist ihr Winkel? Wie groß ist die Komponente der Schwerebeschleunigung, die längs der Ebene wirkt? ($g = 9{,}81\,\text{m}\cdot\text{s}^{-2}$)

Der Winkel α der schiefen Ebene ergibt sich aus dem Verhältnis der Höhe h zur Länge l der schiefen Ebene, d. h. mithilfe des Sinus.

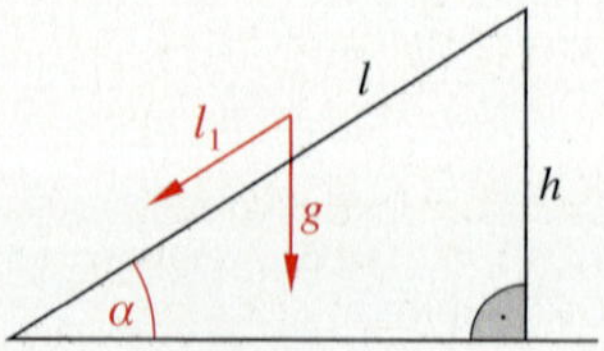

$\sin\alpha = \frac{4{,}1}{8{,}6} \Rightarrow \underline{\underline{\alpha = 28{,}47°}}$

Die gesuchte Komponente x erhält man dann wie in Aufgabe 18 über den $\cos(90° - \alpha)$.

$\cos 61{,}53° = \frac{x}{9{,}81} \Rightarrow \underline{\underline{x = 4{,}676\,\frac{\text{m}}{\text{s}^2}}}$

20. Wie viel Kilometer beträgt die Länge des Breitenkreises von Berlin? ($\varphi = 52{,}5°, r = 6370\,\text{km}$)

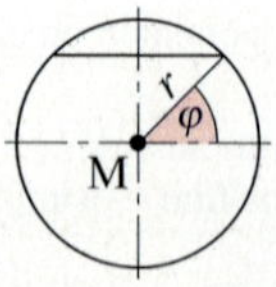

Steht R für den Radius des Breitenkreises von Berlin, so gilt $\frac{R}{r} = \cos\varphi$.
Die Länge dieses Breitenkreises ist sein Umfang u.

$R = 6370 \cdot \cos 52{,}5° \Rightarrow \underline{\underline{R = 3877{,}8103\,\text{km}}}$

$u = 2\pi R \Rightarrow \underline{\underline{u = 24\,365{,}001\,\text{km}}}$

21. Mit welcher Geschwindigkeit dreht sich Berlin um die Erdachse?

Berlin bewegt sich in 24 h um 24 365,001 km.
► Aufgabe 20
In einer Stunde also den 24. Teil davon.

$\frac{24\,365{,}001\,\text{km}}{24\,\text{h}} = \underline{\underline{1015{,}208\,\frac{\text{km}}{\text{h}}}}$

309

22. Welcher Breitenkreis hat die Länge 23 000 km?

► Bild zu Aufgabe 20
Steht R für den Radius des gesuchten Breitenkreises, so gilt $2\pi R = 23000\,\text{km}$.
Den Breitengrad erhält man aus
$\cos\varphi = \frac{R}{r}$.

$R = \frac{23000\,\text{km}}{2\pi} = 3660{,}5637\,\text{km}$

$\cos\varphi = \frac{3660{,}5637}{6370} \Rightarrow \underline{\underline{\varphi = 54{,}92^\circ}}$

23. Wie weit ist Essen ($\varphi = 51{,}46^\circ$) von der Erdachse entfernt?

► Bild zu Aufgabe 20
Seht R für die Länge des Radius des Breitenkreises, auf dem Essen liegt, so gilt
$\cos 51{,}46^\circ = \frac{R}{r}$.

$\cos 51{,}46^\circ = \frac{R}{6370\,\text{km}} \Rightarrow \underline{\underline{R = 3968{,}318\,\text{km}}}$

24. Ein Dampfer fährt schon 32 Stunden auf dem 42. Breitengrad. Wie hoch war die Durchschnittsgeschwindigkeit, wenn sich seine Position gegenüber der geographischen Länge um $17^\circ 40'$ geändert hat?

Zunächst muss der Radius R des 42. Breitengrads bestimmt werden, um die Länge dieses Breitengrades berechnen zu können.
► Bild zu Aufgabe 20
Nun wird der Umfang u des Breitenkreises berechnet.
Die Strecke s, die der Dampfer zurückgelegt hat, ergibt sich aus der Proportion
$s : u = 17{,}6^\circ : 360^\circ$.
Die Durchschnittsgeschwindigkeit v ergibt sich aus $\frac{s}{t} = v$.

$\cos 42^\circ = \frac{R}{6370} \Rightarrow R = 4733{,}833\,\text{km}$

$u = 2\pi R \quad \Rightarrow u = 29743{,}547\,\text{km}$

$s = \frac{17{,}6^\circ \cdot u}{360^\circ} \quad \Rightarrow s = 1459{,}637\,\text{km}$

$\underline{\underline{v}} = \frac{1459{,}637\,\text{km}}{32\,\text{h}} = \underline{\underline{45{,}614\,\frac{\text{km}}{\text{h}}}}$

25. In einem Kreis gehört zu einer Sehne $s = 21{,}3\,\text{cm}$ ein Mittelpunktswinkel α von $38{,}3^\circ$. Wie lang ist der Halbmesser des Kreises, und wie weit ist die Sehne vom Mittelpunkt entfernt?

Das Dreieck △ABM ist gleichschenklig, und h halbiert die Sehne und den Mittelpunktswinkel. Das Dreieck △AHM ist rechtwinklig. Auf seine Seiten und Winkel können die Winkelfunktionen angewendet werden.

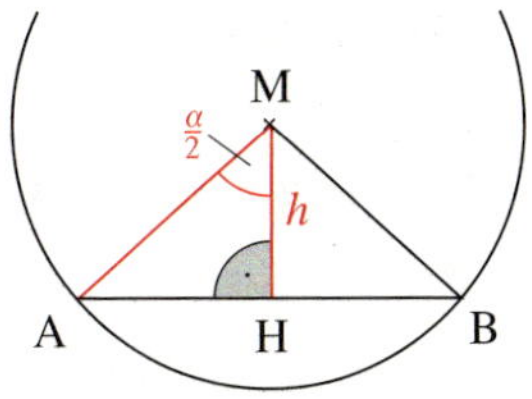

$\sin\frac{\alpha}{2} = \frac{s}{2r}$

$\tan\alpha = \frac{s}{2h}$

$\sin 19{,}16^\circ = \frac{10{,}65}{r} \Rightarrow \underline{\underline{r = 32{,}45\,\text{cm}}}$

$\tan 19{,}16^\circ = \frac{10{,}65}{h} \Rightarrow \underline{\underline{h = 30{,}64\,\text{cm}}}$

309

26. Ein Rhombus hat die Seite $a = 9{,}4\,\text{cm}$ und den Winkel α von $58°$. Wie lang sind seine Diagonalen?

Das Dreieck $\triangle ABD$ ist gleichschenklig, und die Diagonalen stehen senkrecht aufeinander und halbieren einander sowie die Innenwinkel des Rhombus.
Das Dreieck $\triangle ABM$ ist rechtwinklig. Auf seine Seiten und Winkel können die Winkelfunktionen angewendet werden.

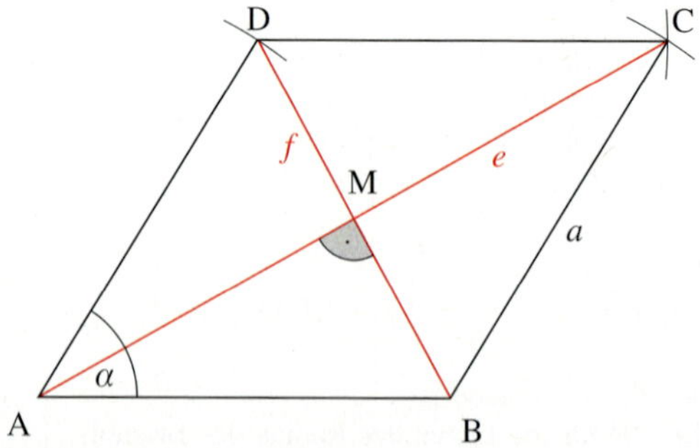

$$\cos\frac{\alpha}{2} = \frac{e}{2a} \qquad \cos 29° = \frac{e}{18{,}8} \Rightarrow \underline{\underline{e = 16{,}44\,\text{cm}}}$$

$$\sin\frac{\alpha}{2} = \frac{f}{2a} \qquad \sin 29° = \frac{f}{18{,}8} \Rightarrow \underline{\underline{f = 9{,}11\,\text{cm}}}$$

27. Ein Rhombus hat die Diagonalen $e = 32\,\text{cm}$ und $f = 41\,\text{cm}$. Wie lang sind seine Seiten, und wie groß sind seine Winkel?

Die Lösung benutzt die Eigenschaften, die in Aufgabe 26 erwähnt wurden.

$$\tan\frac{\alpha}{2} = \frac{f}{2} : \frac{e}{2} = \frac{f}{e} \qquad \tan\frac{\alpha}{2} = \frac{41}{32} \Rightarrow \underline{\underline{\alpha = 104{,}06°}}$$

$$\underline{\underline{\beta}} = 180° - 104{,}06° = \underline{\underline{75{,}94°}}$$

$$\sin\frac{\alpha}{2} = \frac{f}{2a} \qquad \sin 52{,}03° = \frac{41}{2a} \Rightarrow \underline{\underline{a = 26\,\text{cm}}}$$

28. Zwei Orte haben $14°\,20'$ Breitenunterschied und sollen durch einen Tunnel verbunden werden. Wie lang würde er werden, und wie tief läge seine tiefste Stelle unter der Erdoberfläche?

Die Skizze zeigt in einem Schnitt durch die Erdkugel ein gleichschenkliges Dreieck, dessen Basis durch den Tunnel der Länge l gebildet wird und dessen andere Seiten Radien der Erdkugel sind.
Daraus gewinnt man die Lösungsansätze.

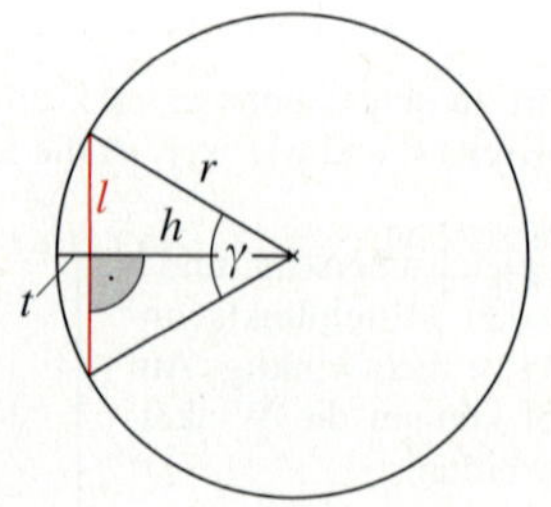

$$\sin\frac{\varphi}{2} = \frac{l}{2r} \qquad \sin 7{,}1\overline{6}° = \frac{l}{12740} \Rightarrow \underline{\underline{l = 1589{,}39\,\text{km}}}$$

$$\cos\frac{\varphi}{2} = \frac{h}{r} \qquad \cos 7{,}1\overline{6}° = \frac{h}{6370} \Rightarrow \underline{\underline{h = 6320{,}327\,\text{km}}}$$

$$t = r - h \qquad \underline{\underline{t}} = 6370\,\text{km} - 6320{,}337\,\text{km} = \underline{\underline{49{,}673\,\text{km}}}$$

309

29. Wie lang ist der Riemen?
$R = 530\,\text{mm}$
$r = 310\,\text{mm}$
$a = 3800\,\text{mm}$

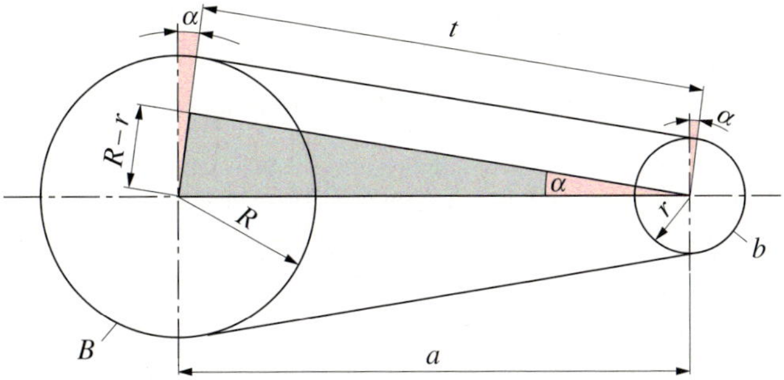

Die Strecke t liegt als eine Kathete in dem schraffierten rechtwinkligen Dreieck. Von diesem Dreieck kennt man die Länge a der Hypotenuse und die Länge $R - r$ der anderen Kathete. t kann mithilfe des pythagoreischen Lehrsatzes berechnet werden. Die Größe des Winkels α kann mittels des Sinus bestimmt werden.

$t^2 = a^2 - (R - r)^2$

$t^2 = 3800^2\,\text{mm}^2 - 220^2\,\text{mm}^2$

$t = 3793{,}6262\,\text{mm}$

$\sin\alpha = \dfrac{R - r}{a} = \dfrac{220}{3800} \Rightarrow \alpha = 3{,}32°$

Mithilfe der Größe von α können die Längen B und b der Bögen bestimmt werden, die zur Länge des Riemens gehören.

► $b = \dfrac{\alpha}{180°} \cdot \pi \cdot r$

Der zu B gehörende Zentriwinkel beträgt $180° + 2 \cdot 3{,}32°$, also $186{,}64°$.

$B = \dfrac{186{,}64°}{180°} \cdot \pi \cdot 530\,\text{mm} = 1726{,}447\,\text{mm}$

Der zu b gehörende Zentriwinkel beträgt ebenfalls $186{,}64°$.

$b = \dfrac{186{,}64°}{180°} \cdot \pi \cdot 310\,\text{mm} = 1009{,}82\,\text{mm}$

Es ist $l = 2t + B + b$.

$l = 7587{,}26\,\text{mm} + 1726{,}447\,\text{mm} + 1009{,}82\,\text{mm}$
$= 10323{,}527\,\text{mm}$
$= \underline{\underline{10{,}324\,\text{m}}}$

30. Der Umfang eines regelmäßigen Neunecks beträgt 27 cm. Wie lang ist der Durchmesser des Umkreises?

Der Winkel an der Spitze eines Bestimmungsdreiecks des Neunecks beträgt 360° : 9, also 40°.
Die Grundseite des Bestimmungsdreiecks hat die Länge 27 cm : 9, also 3 cm.
Die Höhe auf die Grundseite halbiert den Winkel an der Spitze und die Grundseite. r kann mithilfe des Sinus bestimmt werden.

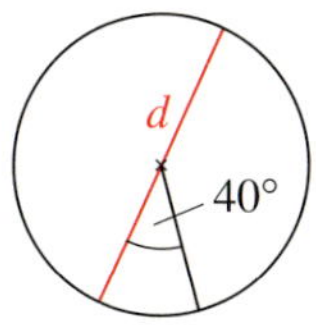

► nicht maßgerecht

$\sin 20° = \dfrac{1{,}5}{r} \Rightarrow r = 4{,}386\,\text{cm}$

$d = 2r$.

$\underline{\underline{d = 8{,}77\,\text{cm}}}$

309 **31.** In einen Kreis ($d = 14\,\text{cm}$) zeichnet man regelmäßige Vielecke. Wie groß ist der Flächeninhalt des
a) Siebenecks **b)** Achtecks **c)** Neunecks **d)** Zehnecks **e)** Fünfzehnecks?

Die Flächeninhaltsbestimmung der Vielecke erfolgt immer über die Berechnung des Flächeninhalts eines Bestimmungsdreiecks.
Haben die Seiten eines Bestimmungsdreiecks die Längen r und s und ist α der Winkel an der Spitze des Dreiecks, so ist, wenn h für die Länge der Höhe des Dreiecks steht:

$$h_n = r \cdot \cos\frac{\alpha}{2};\quad s_n = 2r\sin\frac{\alpha}{2} \text{ und } A_\triangle = \frac{s_n \cdot h_n}{2} = r^2 \sin\frac{\alpha}{2}\cos\frac{\alpha}{2} \text{ und } A_n = n \cdot r^2 \cdot \sin\frac{\alpha}{2}\cos\frac{\alpha}{2}$$

In den Bestimmungsdreiecken der regelmäßigen n-Ecke sind die Winkel α an der Spitze $\frac{360°}{n}$ groß.

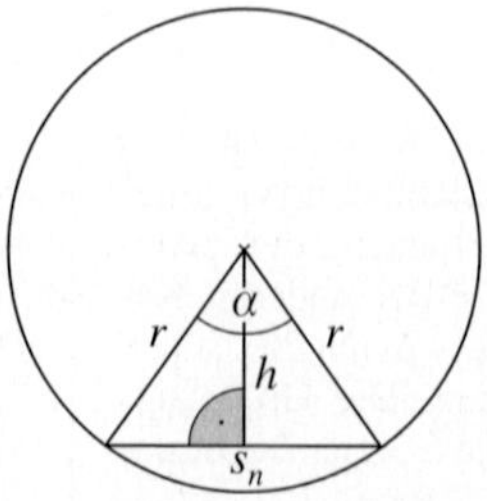

Zu a)
$\alpha = 360° : 7 = 51{,}428°;\ \frac{\alpha}{2} = 25{,}714°$
$A_7 = 7 \cdot A_\triangle$

$A_\triangle = 49\,\text{cm}^2 \cdot \sin 25{,}714° \cdot \cos 25{,}714° = 19{,}15\,\text{cm}^2$
$\underline{\underline{A_7 = 134{,}08\,\text{cm}^2}}$

Zu b)
$\alpha = 360° : 8 = 45°;\ \frac{\alpha}{2} = 22{,}5°$
$A_8 = 8 \cdot A_\triangle$

$A_\triangle = 49\,\text{cm}^2 \cdot \sin 22{,}5° \cdot \cos 22{,}5° = 17{,}324\,\text{cm}^2$
$\underline{\underline{A_8 = 138{,}593\,\text{cm}^2}}$

Zu c)
$\alpha = 360° : 9 = 40°;\ \frac{\alpha}{2} = 20°$
$A_9 = 9 \cdot A_\triangle$

$A_\triangle = 49\,\text{cm}^2 \cdot \sin 20° \cdot \cos 20° = 15{,}75\,\text{cm}^2$
$\underline{\underline{A_9 = 141{,}73\,\text{cm}^2}}$

Zu d)
$\alpha = 360° : 10 = 36°;\ \frac{\alpha}{2} = 18°$
$A_{10} = 10 \cdot A_\triangle$

$A_\triangle = 49\,\text{cm}^2 \cdot \sin 18° \cdot \cos 18° = 14{,}40\,\text{cm}^2$
$\underline{\underline{A_{10} = 144\,\text{cm}^2}}$

Zu e)
$\alpha = 360° : 15 = 24°;\ \frac{\alpha}{2} = 12°$
$A_{15} = 15 \cdot A_\triangle$

$A_\triangle = 49\,\text{cm}^2 \cdot \sin 12° \cdot \cos 12° = 9{,}965\,\text{cm}^2$
$\underline{\underline{A_{15} = 149{,}48\,\text{cm}^2}}$

Vermischte Aufgaben zur Wiederholung

310 **1.** Ein Fesselballon hängt an einem 250 m langen Seil. Das Seil bildet mit dem Erdboden einen Winkel von 70°. Berechnen Sie den seitlichen Abtrieb durch den Wind.

Wenn x für den Abtrieb steht, kann x mithilfe des Kosinus berechnet werden.

$\cos 70° = \frac{x}{250} \Rightarrow \underline{\underline{x = 85{,}505\,\text{m}}}$

2.

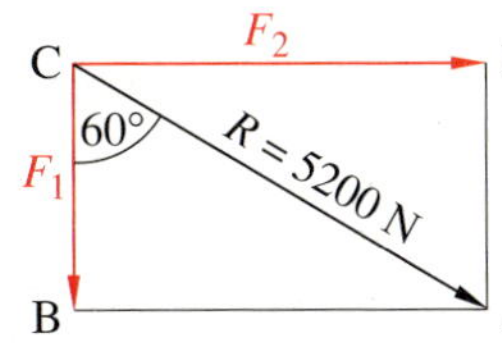

Berechnen Sie die Kräfte F_1 und F_2.

Sowohl F_1 als auch F_2 kann mithilfe des Kosinus berechnet werden.

$$\cos 60° = \frac{F_2}{5200} \Rightarrow \underline{\underline{F_2 = 2600\,\text{N}}}$$

$$\cos 30° = \frac{F_1}{5200} \Rightarrow \underline{\underline{F_1 = 4503{,}33\,\text{N}}}$$

3. Eine Leiter ist 12,5 m lang und wird gegen eine Wand gelehnt; ihr Fuß ist 2,6 m von der Wand entfernt. Welchen Winkel α bilden Leiter und Boden?

Die Längen von Ankathete und Hypotenuse sind bekannt, also kann der Kosinus angewendet werden.

$$\cos\alpha = \frac{2{,}6}{12{,}5} \Rightarrow \underline{\underline{\alpha = 78°}}$$

4.

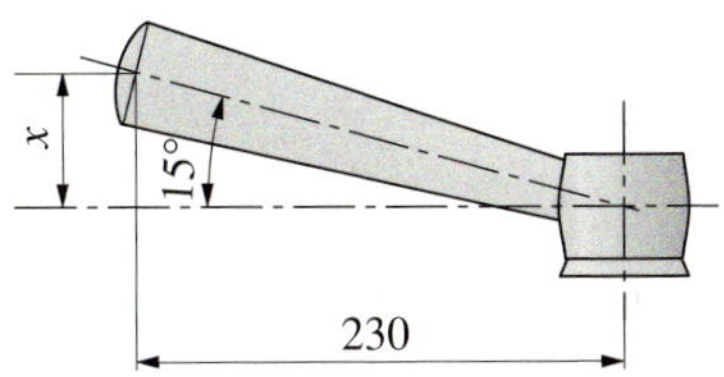

Berechnen Sie das Maß x des Kugelgriffes.

Die Strecke x ist Gegenkathete zum Winkel α von 15°, dessen Ankathete die Länge 230 mm hat.

$$\tan\alpha = \frac{x}{230} \Rightarrow \underline{\underline{x = 61{,}63\,\text{mm}}}$$

5. Das Fenster eines Hauses liegt 12 m über dem waagerechten Erdboden. In einiger Entfernung steht ein Fabrikschornstein, um dessen Spitze ein Kranz roter Lampen zur Flugsicherung angebracht ist. Vom Fenster misst man den Senkungswinkel zum Fußpunkt des Schornsteins und erhält $\alpha = 15{,}6°$. Die roten Lampen werden unter dem Erhebungswinkel $\beta = 35{,}3°$ gesehen.
Berechnen Sie die Höhe des Schornsteins.

Um aus dem rechtwinkligen Dreieck $\triangle ABC$ die Länge $|\overline{BC}|$ bestimmen zu können, muss man zunächst aus dem Dreieck $\triangle ABF$ die Länge der Kathete $|\overline{AB}|$ berechnen.

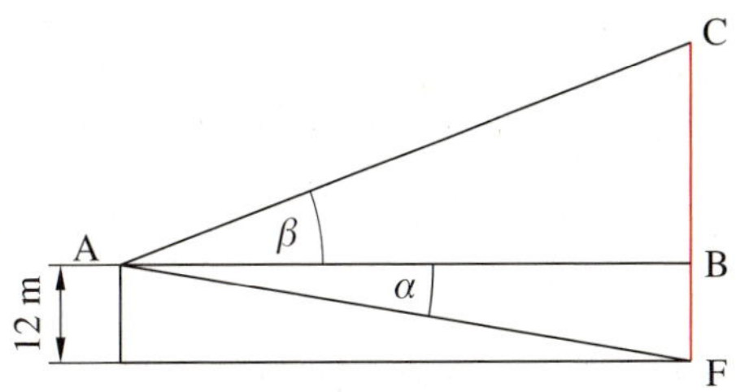

Sodann wird $|\overline{BC}|$ mithilfe des Tangens berechnet.

$$\tan 15{,}6° = \frac{12}{|\overline{AB}|} \Rightarrow |\overline{AB}| = 42{,}98\,\text{m}$$

$$\tan 35{,}3° = \frac{|\overline{BC}|}{|\overline{AB}|} \Rightarrow |\overline{BC}| = 30{,}47\,\text{m}$$

$h = 12\,\text{m} + |\overline{BC}|$
Der Schornstein ist 42,47 m hoch.

$$\underline{\underline{h}} = 12\,\text{m} + 30{,}47\,\text{m} = \underline{\underline{42{,}47\,\text{m}}}$$

310 **6.** Ein Wassergraben soll 1,40 m tief werden. Der Böschungswinkel beträgt zu beiden Seiten 32°. Wie lang sind Sohle und schräge Grabenseite, wenn die obere Breite des Wassergrabens 15 m beträgt?

Der Querschnitt des Wassergrabens ist ein gleichschenkliges Trapez, dessen lange Grundseite 15 m, dessen Innenwinkel an der langen Grundseite 32° und dessen Höhe 1,40 m betragen.
Die Länge l der schrägen Grabenseite ermittelt man mithilfe des $\sin 32°$.

Sodann bestimmt man die Länge s der Strecken, um welche die lange Grundseite länger ist als die kurze.
Die kurze Seite ist $15\,\text{m} - 2 \cdot 2{,}24\,\text{m}$, also 10,52 m lang.

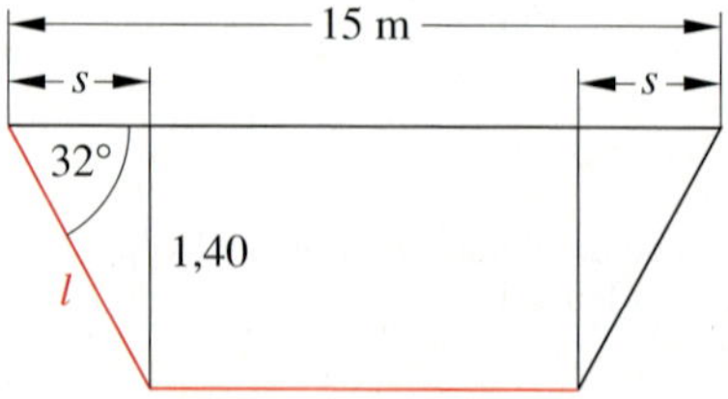

$$\sin 32° = \frac{1{,}40}{l} \Rightarrow l = 2{,}64\,\text{m}$$

$$\cos 32° = \frac{s}{2{,}64} \Rightarrow s = 2{,}24$$

7. Eine Verkehrsampel hängt 9 m über der Mitte einer Straßenkreuzung. Ihr Schatten ist 14 m von der Kreuzungsmitte entfernt. Berechnen Sie die Größe des Höhenwinkels zur Sonne.

Im rechtwinkligen Dreieck $\triangle ABC$ ist die Größe des Winkels α zu bestimmen.

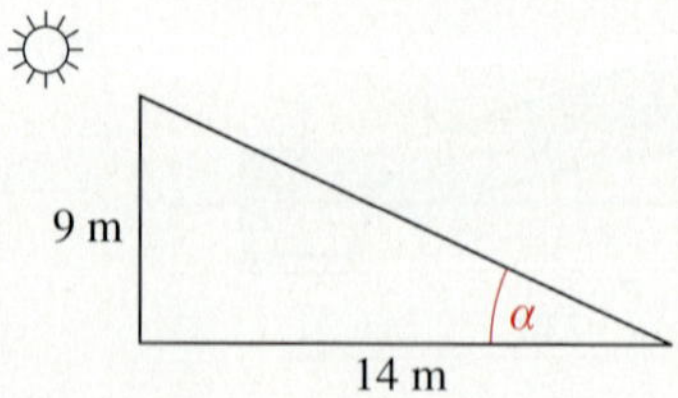

$$\tan \alpha = \frac{9}{14} \Rightarrow \alpha = 32{,}74°$$

8. Für eine Eisenbahnstrecke soll ein 600 m langer Geländeeinschnitt von nebenstehendem Querschnitt hergestellt werden.
Wie viel m^3 Erdreich müssen fortgeschafft werden?

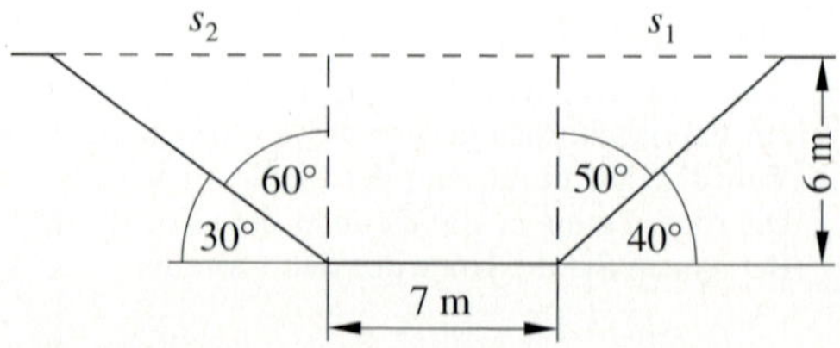

Der Querschnitt des Geländeeinschnitts ist ein Trapez. Der Flächeninhalt des Trapezes muss berechnet werden, um schließlich das Volumen des auszuhebenden Erdreichs bestimmen zu können.

Die kurze Grundseite hat die Länge 7 m, die Höhe beträgt 6 m.
Die Längen s_1 und s_2, um welche die lange Grundseite länger ist als die kurze, werden mithilfe des Tangens berechnet.

$$\tan 50° = \frac{s_1}{6} \Rightarrow s_1 = 7{,}15\,\text{m}$$

$$\tan 60° = \frac{s_2}{6} \Rightarrow s_2 = 10{,}39\,\text{m}$$

Die lange Grundseite ist $7\,\text{m} + 7{,}15\,\text{m} + 10{,}39\,\text{m}$, also 24,54 m lang.

► $A = \frac{a+c}{2} \cdot h$

$$A = \frac{7\,\text{m} + 24{,}54\,\text{m}}{2} \cdot 6\,\text{m} = 94{,}62\,\text{m}^2$$

► $V = A \cdot l$

$$V = 94{,}62\,\text{m}^2 \cdot 600\,\text{m} = 56772\,\text{m}^3$$

9. Auf der Dachmitte eines 28 m hohen Hauses steht senkrecht eine Stabantenne. Ein Beobachter steht 67 m von der Vorderseite des 10 m breiten Hauses entfernt. Wie lang ist die Antenne, wenn er den Höhenwinkel zur Antenne mit 30° misst? Die Augenhöhe beträgt 1,60 m.

Die Skizze zeigt, dass die Länge $|\overline{AC}|$ mithilfe $\tan 30°$ berechnet werden kann.

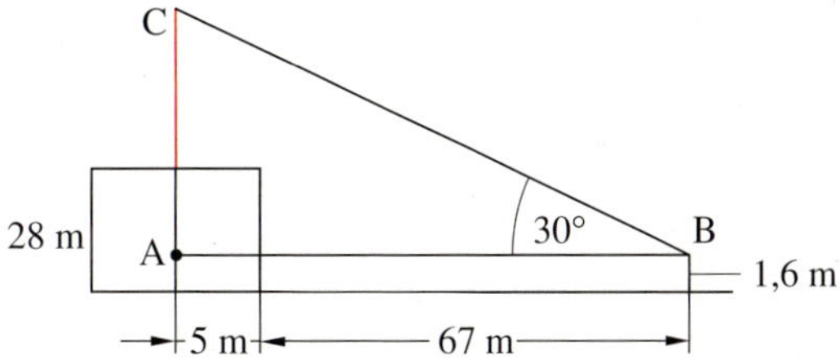

Um die Länge der Antenne zu finden, muss man zu $|\overline{AC}|$ die Augenhöhe addieren und von der Summe dann die Haushöhe subtrahieren.

$$\tan 30° = \frac{|\overline{AC}|}{72} \Rightarrow |\overline{AC}| = 41{,}57\,\text{m}$$

$$41{,}57\,\text{m} + 1{,}6\,\text{m} - 28\,\text{m} = \underline{\underline{15{,}17\,\text{m}}}$$

10. Eine Straße hat die Neigung 3% (12%). Berechnen Sie die Größe des Neigungswinkels.

Die Angabe 3% Neigung bedeutet, dass das Verhältnis $a:b$ gleich $3:100$ ist.

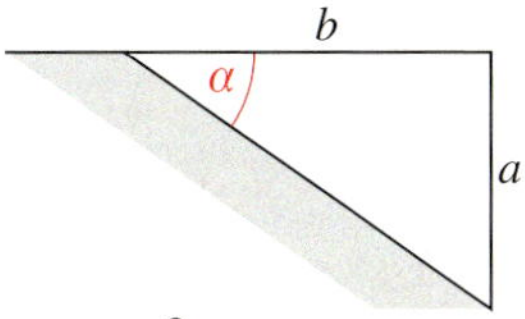

Das Verhältnis $a:b$ ist aber auch der Tangens des Neigungswinkels.

$$\tan\alpha = \frac{3}{100} \Rightarrow \underline{\underline{\alpha = 1{,}718°}}$$

Analog berechnet man den Neigungswinkel für die Neigung von 12%.

$$\tan\alpha = \frac{12}{100} \Rightarrow \underline{\underline{\alpha = 6{,}842°}}$$

11. Ein 5 m langer Fahnenmast wirft auf einen waagerechten Platz einen Schatten von 8,4 m Länge. Berechnen Sie die Größe des Höhenwinkels zur Sonne.

Aus den angegebenen Längen lässt sich der Tangens des Höhenwinkels und damit auch die Größe des Winkels selbst bestimmen.

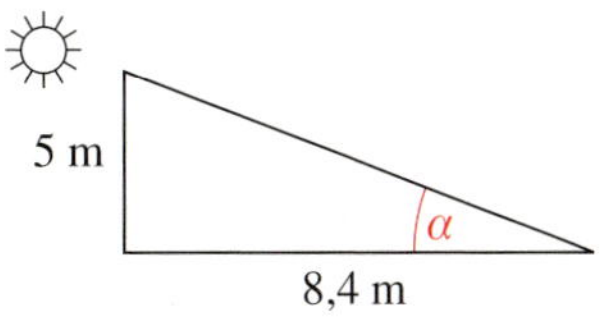

$$\tan\alpha = \frac{5}{8{,}4} \Rightarrow \underline{\underline{\alpha = 30{,}76°}}$$

12. Eine Schraube hat einen Durchmesser von 10 mm und eine Ganghöhe von 2 mm. Berechnen Sie die Größe des Steigungswinkels.

Die Ganghöhe einer Zylinderschraube resultiert aus dem Weg, den ein Punkt des Zylinders bei einer vollen Umdrehung der Schraube zurücklegt.

Aus den angegebenen Längen lässt sich das Verhältnis der Länge s des von einem Punkt der Schraube zurückgelegten Weges zur Ganghöhe, damit der Tangens des Steigungswinkels und somit auch die Größe des Winkels selbst bestimmen.

$s = \pi \cdot d$ ► $d = 10\,\text{mm}$

$s = 31{,}416\,\text{mm}$

$$\tan\alpha = \frac{2}{31{,}416} \Rightarrow \underline{\underline{\alpha = 3{,}64°}}$$

310

13. Bei Ölbohrungen wird die Mächtigkeit (Stärke) verschiedener Gesteinsschichten untersucht. Bei 823 m stellt man eine Sandschicht fest, die man bei 983 m wieder verließ. Das Fallen (d.h. der Neigungswinkel) der Sandschicht beträgt 30°. Berechnen Sie die mittlere Mächtigkeit der Sandschicht.

Die Länge der senkrechten Bohrung durch die Sandschicht beträgt 983 m – 823 m, also 160 m. Die mittlere Mächtigkeit m entspricht der Breite der Sandschicht. m ist mithilfe cos 30° zu berechnen.

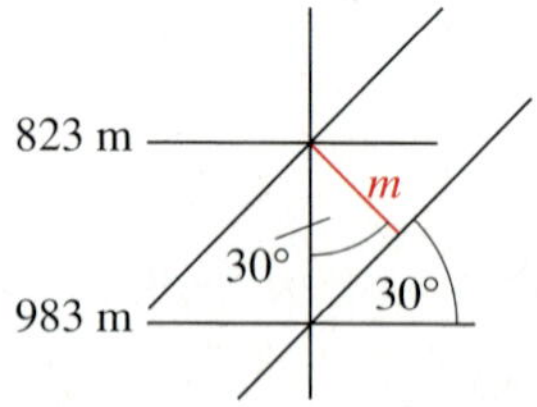

$\cos 30° = \frac{m}{160} \Rightarrow \underline{\underline{m = 138{,}56\,\text{m}}}$

14. Welche Kräfte entstehen im Druckstab bei $\alpha = 35°, 40°, 45°$?

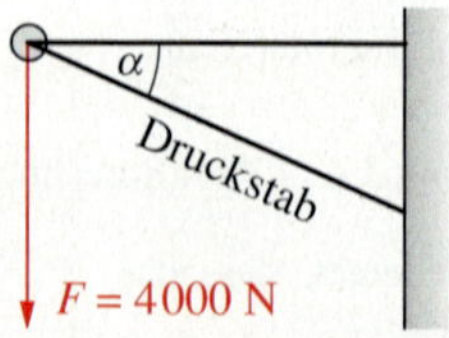

Die Kraft F wird in eine Komponente F_1 zerlegt, die auf den Druckstab wirkt, und eine andere F_2, die rechtwinklig zur Mauer von der Mauer weg wirkt.
Um die auf den Druckstab wirkende Kraft zu bestimmen, berechnet man $\sin\alpha$.

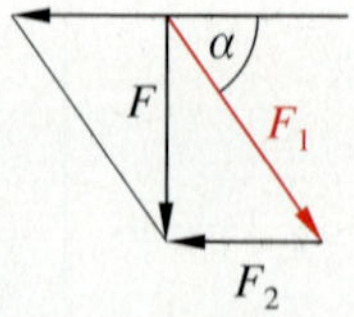

$\sin 35° = \frac{4000\,\text{N}}{F_1} \Rightarrow \underline{\underline{F_1 = 6973{,}787\,\text{N}}}$

$\sin 40° = \frac{4000\,\text{N}}{F_1} \Rightarrow \underline{\underline{F_1 = 6222{,}895\,\text{N}}}$

$\sin 45° = \frac{4000\,\text{N}}{F_1} \Rightarrow \underline{\underline{F_1 = 5656{,}854\,\text{N}}}$

311

15. Der Querschnitt eines Wasserkanals ist ein gleichschenkliges Trapez. Die Böschung hat einen Neigungswinkel von 40°. Die Höhe beträgt 5,50 m und die Sohlenbreite 12 m. Wie viel m³ Wasser befinden sich bei 5 m Wasserstand in einem 10 m langen Teilstück?

Um die Länge c der oberen Wasserschicht des Trapezes zu bestimmen, muss man zunächst die Länge x der Strecken $\overline{DE}$ und $\overline{CF}$ berechnen.

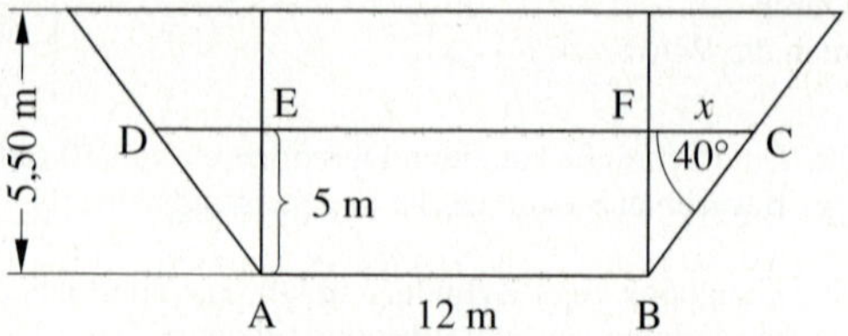

► $|\overline{DC}| = c$

$\tan 40° = \frac{5}{x} \Rightarrow x = 5{,}96\,\text{m}$

Es gilt $c = 12\,\text{m} + 2 \cdot x$.

$c = 23{,}92\,\text{m}$

► $A = \frac{a+c}{2} \cdot h$

$A = \frac{12\,\text{m} + 23{,}92\,\text{m}}{2} \cdot 5\,\text{m} = 89{,}8\,\text{m}^2$

► $V = A \cdot l$

$\underline{\underline{V}} = 89{,}8\,\text{m}^2 \cdot 10\,\text{m} = \underline{\underline{898\,\text{m}^3}}$

311

16. Berechnen Sie beim nebenstehenden Hochofen die Größe der Neigungswinkel α und β.

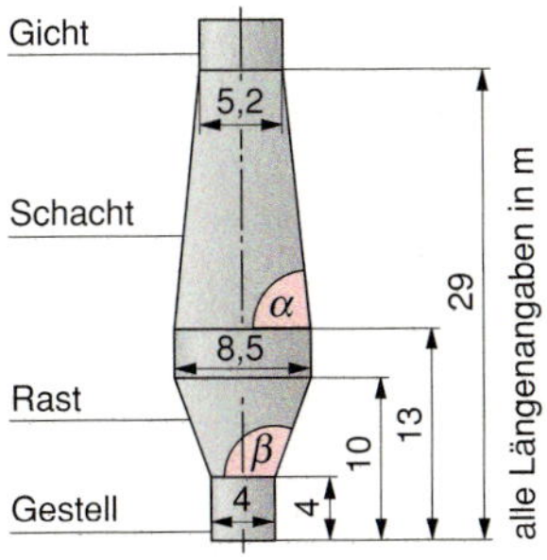

Der Winkel $\sphericalangle\alpha$ liegt in einem Trapez mit den Grundseitenlängen 8,5 m und 5,2 m. Fällt man von dessen rechter oberer Ecke das Lot auf die untere Grundseite, so entsteht ein rechtwinkliges Dreieck, in dem α durch das Verhältnis der Länge der Höhe des Trapezes zu der Kathete mit der Länge $(8{,}5:2\,\text{m} - 5{,}2:2\,\text{m})$ bestimmt ist. Es ist also $\tan\alpha$ anwendbar.

$$\tan\alpha = \frac{16\,\text{m}}{1{,}65\,\text{m}} \Rightarrow \underline{\underline{\alpha = 84{,}11^\circ}}$$

Analog verfährt man bei der Bestimmung von Winkel $\sphericalangle\beta$. Hier hat man ebenfalls ein Trapez. Fällt man von seiner rechten unteren Ecke das Lot auf die obere Grundseite, so ist $\beta_1 = (\beta - 90^\circ)$ bestimmt durch die Längen $(4{,}25\,\text{m} - 2\,\text{m})$ und 6 m der Katheten des so entstehenden rechtwinkligen Dreiecks.

$$\tan\beta_1 = \frac{2{,}25}{6} \Rightarrow \beta_1 = 20{,}56^\circ$$

Hieraus ergibt sich β aus $\beta = 90^\circ + \beta_1$ zu $\underline{\underline{\beta = 110{,}56^\circ}}$

17. Ein Wagen hat ein Gewicht (Gewichtskraft) von $F_G = 20000\,\text{N}$. Der Neigungswinkel der schiefen Ebene beträgt $\alpha = 35^\circ$. Berechnen Sie (ohne Reibung) die Normalkraft F_N und die Hangabtriebskraft F_H

a) mithilfe von Variablen,

b) für die angegebenen Werte.

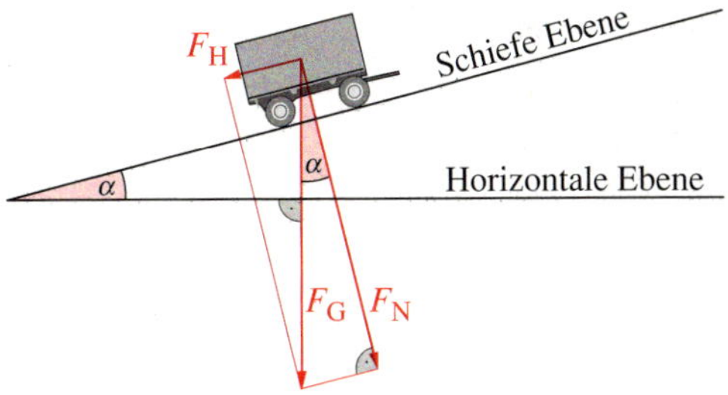

Zu a)
Für die Bestimmung von F_N wird $\cos\alpha$ benutzt.

$$\cos\alpha = \frac{F_N}{F_G} \Rightarrow F_N = F_G \cdot \cos\alpha$$

Für die Bestimmung von F_H wird $\sin\alpha$ benutzt.

$$\sin\alpha = \frac{F_H}{F_G} \Rightarrow F_H = F_G \cdot \sin\alpha$$

Zu b)
Durch Einsetzen der gegebenen Werte erhält man die Werte von F_N und F_H.

$$\underline{\underline{F_N = 16383{,}041\,\text{N}}}$$
$$\underline{\underline{F_H = 11471{,}529\,\text{N}}}$$

18. Ein Keil mit dem Winkel α wird durch die Kraft $R = 1200\,\text{N}$ in ein Werkstück hineingetrieben. Berechnen Sie unter Vernachlässigung der Reibung die Wangenkräfte F, die für die Spaltwirkung des Keiles verantwortlich sind

a) mithilfe von Variablen,

b) für $\alpha = 35^\circ$ und $\alpha = 15^\circ$.

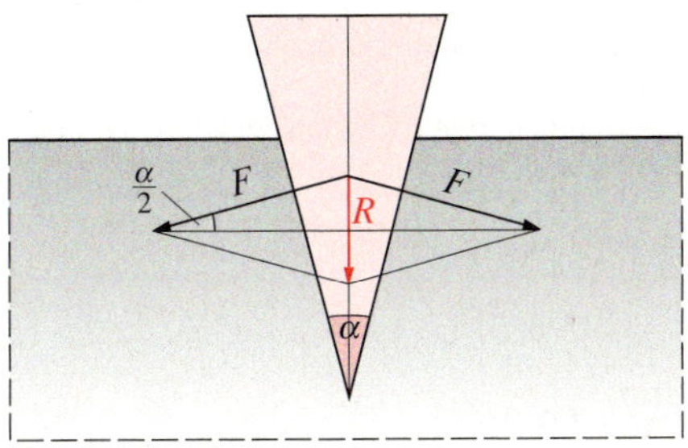

311

Zu a)
In dem Kräfteparallelogramm liegt ein rechtwinkliges Dreieck mit einer Kathete der Länge $\frac{1}{2}R$, der Hypotenuse mit der Länge F und dem der Kathete gegenüber liegenden spitzen Winkel $\frac{1}{2}\alpha$.

$$\sin\frac{\alpha}{2}=\frac{R}{2F} \Rightarrow F=\frac{R}{2\cdot\sin\frac{\alpha}{2}}$$

Zu b)
Durch Einsetzen der angegebenen Werte erhält man die gesuchten Werte.

$$\underline{\underline{F_1}}=\frac{1200}{2\cdot\sin 17{,}5^\circ}=\underline{\underline{1995{,}306\,\text{N}}}$$

$$\underline{\underline{F_2}}=\frac{1200}{2\cdot\sin 7{,}5^\circ}=\underline{\underline{4596{,}779\,\text{N}}}$$

19. Berechnen Sie die Gesamtlänge l des gekreuzten Riemens:
a) mithilfe von Variablen,
b) für $D=900\,\text{mm}$, $d=250\,\text{mm}$ und $a=2500\,\text{mm}$.

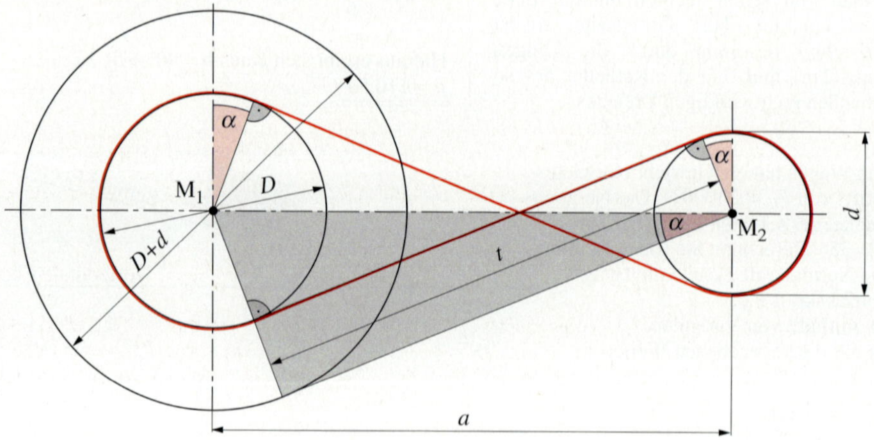

Die Strecke t liegt als eine Kathete in dem schraffierten rechtwinkligen Dreieck. Von diesem Dreieck kennt man die Länge a der Hypotenuse und die Länge $\frac{D+d}{2}$ der anderen Kathete.

Es gilt:

$$\sin\alpha=\frac{D+d}{2a}$$

Hieraus lässt sich mittels der Umkehrtaste $\boxed{\sin^{-1}}$ die Größe des Winkels $\sphericalangle\alpha$ berechnen.

Zu a)
t kann nun mithilfe des pythagoreischen Lehrsatzes oder über $\cos\alpha$ berechnet werden.

$$\cos\alpha=\frac{t}{a} \Rightarrow t=a\cdot\cos\alpha$$

Mithilfe der Größe von α können auch die Bogenlängen B und b zum Zentriwinkel α der Kreise mit den Durchmessern D und d berechnet werden, die noch zur Länge des Riemens gehören.

$$B=\frac{\alpha}{180^\circ}\cdot\pi\cdot\frac{D}{2};\ b=\frac{\alpha}{180^\circ}\cdot\pi\cdot\frac{d}{2}$$

Zur Gesamtlänge des Riemens gehören $2b$ und $2B$ sowie außerdem die Halbkreislängen $\frac{D}{2}\cdot\pi$ und $\frac{d}{2}\cdot\pi$.

Es gilt:

$$l=2t+2(B+b)+\frac{\pi}{2}(D+d)$$

$$\underline{\underline{l}}=2t+2\frac{D+d}{2}\cdot\frac{\alpha}{180^\circ}\cdot\pi+\frac{D+d}{2}\cdot\pi$$

$$=\underline{\underline{2a\cos\alpha+(D+d)\cdot\pi\left(\frac{\alpha}{180^\circ}+\frac{1}{2}\right)}}$$

▶ $\sin\alpha=\frac{1150}{5000} \Rightarrow \alpha=13{,}3^\circ$

311

Zu b)
Durch Einsetzen der angegebenen Werte erhält man die gesuchte Größe.

$\underline{\underline{l}} = (4865{,}95 + 266{,}89 + 1806{,}42)\,\text{mm}$
$= \underline{\underline{6939{,}26\,\text{mm}}}$

Der Sinussatz

Die trigonometrischen Funktionen sind wichtige Hilfsmittel, wenn Berechnungen an solchen Dreiecken auszuführen sind, die nicht rechtwinklig sondern spitz- oder stumpfwinklig sind. Solche Dreiecke können durch jede ihrer Höhen in rechtwinklige Dreiecke zerlegt werden. Dadurch entstehen Möglichkeiten, die trigonometrischen Funktionen zur Berechnung von Seitenlängen, Winkelgrößen u. a. Stücken anzuwenden. Sind drei Größen eines Dreiecks gegeben, von denen mindestens eine die Länge einer Seite ist, können alle anderen Stücke berechnet werden. Z. B. verhalten sich je zwei Seitenlängen eines Dreiecks wie die Sinus ihrer Gegenwinkel:

Merke:

In jedem Dreieck $\triangle ABC$ gilt:

$$\frac{a}{b} = \frac{\sin\alpha}{\sin\beta}; \quad \frac{a}{c} = \frac{\sin\alpha}{\sin\gamma}; \quad \frac{b}{c} = \frac{\sin\beta}{\sin\gamma}.$$ ► **Sinussatz**

Anmerkung: Die drei Gleichungen werden häufig zu einer fortlaufenden Proportion zusammengefasst ► Lehrbuch Kusch 1, Abschnitt 2.3.5:

$$a:b:c = \sin\alpha : \sin\beta : \sin\gamma \quad \text{oder} \quad \frac{a}{b}:\frac{b}{c}:\frac{c}{a} = \frac{\sin\alpha}{\sin\beta}:\frac{\sin\beta}{\sin\gamma}:\frac{\sin\gamma}{\sin\alpha}$$

Bei den folgenden Aufgaben muss gelegentlich von einem Sinuswert auf zugehörige Dreieckswinkel α mit $0° < \alpha < 180°$ geschlossen werden. Wegen $\sin\alpha = \sin(180° - \alpha)$ muss man von Fall zu Fall überprüfen, ob α oder $180° - \alpha$ oder sogar beide als Lösungen für Winkelgrößen im jeweiligen Zusammenhang infrage kommen.

1. Berechnen Sie die fehlenden Größen (Seiten, Winkel, Flächeninhalt) folgender Dreiecke aus: 328

a) $a = 24\,\text{cm}$ $\alpha = 10°\,30'$ $\beta = 72°\,50'$	**b)** $c = 32{,}4\,\text{cm}$ $\alpha = 40°\,50'$ $\beta = 19°\,10'$	**c)** $a = 49\,\text{m}$ $b = 23{,}5\,\text{m}$ $\alpha = 74°\,20'$	**d)** $a = 29{,}2\,\text{dm}$ $b = 11{,}4\,\text{dm}$ $\beta = 12°\,35'$
e) $a = 35{,}4\,\text{cm}$ $c = 39\,\text{cm}$ $h_b = 25\,\text{cm}$	**f)** $a = 11\,\text{cm}$ $h_b = 2{,}4\,\text{m}$ $\alpha = 153°\,10'$	**g)** $p = 5\,\text{cm}$ $q = 2{,}8\,\text{cm}$ $h_c = 4\,\text{cm}$	**h)** $b = 29{,}2\,\text{dm}$ $h_b = 11{,}4\,\text{dm}$ $\alpha = 12°\,35'$
i) $r = 50{,}5\,\text{cm}$ $h_b = 11{,}4\,\text{cm}$ $\alpha = 23°\,10'$	**k)** $b + c = 9\,\text{dm}$ $h_a = 3{,}8\,\text{dm}$ $\gamma = 56°$	**l)** $b = 49\,\text{m}$ $w_\alpha = 55\,\text{m}$ $\gamma = 80°$	**m)** $w_\gamma = 5{,}3\,\text{m}$ $\alpha = 80°\,17'$ $\gamma = 57°\,12'$

Zu a)

$a:b = \sin\alpha : \sin\beta$

$b = \dfrac{a\sin\beta}{\sin\alpha}$

$a:c = \sin\alpha : \sin\gamma$

► $\gamma = 180° - 10{,}5° - 72{,}83° = 96{,}67°$

$A = \dfrac{a \cdot b \cdot \sin\gamma}{2}$

$\underline{\underline{b}} = \dfrac{24\,\text{cm} \cdot 0{,}9554502}{0{,}1822355} = \underline{\underline{125{,}83\,\text{cm}}}$

$\underline{\underline{c}} = \dfrac{24\,\text{cm} \cdot 0{,}9932383}{0{,}1822355} = \underline{\underline{130{,}81\,\text{cm}}}$

$\underline{\underline{A}} = \dfrac{24\,\text{cm} \cdot 125{,}83\,\text{cm} \cdot 0{,}9932383}{2} = \underline{\underline{1499{,}74\,\text{cm}^2}}$

328

Zu b)

$a:c = \sin\alpha : \sin\gamma$

$a = \dfrac{c \cdot \sin\alpha}{\sin\gamma}$ ► $\underline{\underline{\gamma}} = 180° - 40{,}83° - 19{,}17° = \underline{\underline{120°}}$

$\underline{\underline{a}} = \dfrac{32{,}4\,\text{cm} \cdot 0{,}6538608}{0{,}866025} = \underline{\underline{24{,}46\,\text{cm}}}$

$a:b = \sin\alpha : \sin\beta$

$b = \dfrac{a \cdot \sin\beta}{\sin\alpha}$

$\underline{\underline{b = 12{,}28\,\text{cm}}}$

$A = \dfrac{b \cdot c \cdot \sin\alpha}{2}$

$\underline{\underline{A = 130{,}068\,\text{cm}^2}}$

Zu c)

$a:b = \sin\alpha : \sin\beta$

$\sin\beta = \dfrac{b \cdot \sin\alpha}{a}$

$\sin\beta = 0{,}4616991 \Rightarrow \beta_1 = 27{,}5°$ oder $\beta_2 = 152{,}5°$

Der Winkel von 152,5° kommt nicht infrage, die Winkelsumme des Dreiecks △ABC kann nicht größer als 180° sein. ► $\alpha = 74{,}33°$

$\underline{\underline{\gamma_1}} = 180° - 74{,}3° - 27{,}5° = \underline{\underline{78{,}2°}}$

$a:c = \sin\alpha : \sin\gamma$

$c = \dfrac{a \cdot \sin\gamma}{\sin\alpha}$

$\underline{\underline{c = 49{,}81\,\text{m}}}$

$A = \dfrac{a \cdot b \cdot \sin\gamma}{2}$

$\underline{\underline{A = 563{,}583\,\text{m}^2}}$

Zu d)

$a:b = \sin\alpha : \sin\beta$

$\sin\alpha = \dfrac{a \cdot \sin\beta}{b}$

$\sin\alpha = 0{,}5580257 \Rightarrow \underline{\underline{\alpha_1 = 33{,}91°}}$ oder $\underline{\underline{\alpha_2 = 146{,}09°}}$

1. Fall: $\underline{\underline{\gamma_1}} = 180° - 12{,}583° - 33{,}91° = \underline{\underline{133{,}51°}}$

$a:c = \sin\alpha : \sin\gamma$

$c = \dfrac{a \cdot \sin\gamma_1}{\sin\alpha}$

$\underline{\underline{c = 37{,}96\,\text{dm}}}$

$A = \dfrac{a \cdot b \cdot \sin\gamma_1}{2}$

$\underline{\underline{A = 120{,}71\,\text{dm}^2}}$

2. Fall: $\underline{\underline{\gamma_2}} = 180° - 12{,}583° - 146{,}09° = \underline{\underline{21{,}33°}}$

$c = \dfrac{a \cdot \sin\gamma_2}{\sin\alpha}$

$\underline{\underline{c = 19{,}04\,\text{dm}}}$

$A = \dfrac{a \cdot b \cdot \sin\gamma_2}{2}$

$\underline{\underline{A = 60{,}57\,\text{dm}^2}}$

Zu e)

Hier werden die rechtwinkligen Teildreiecke, die durch die Höhe entstehen, in die Berechnungen einbezogen. Das Teildreieck $\triangle ABH_b$ ist nach SsW eindeutig bestimmt. Für das Gesamtdreieck △ABC gibt es jedoch zwei Lösungen.

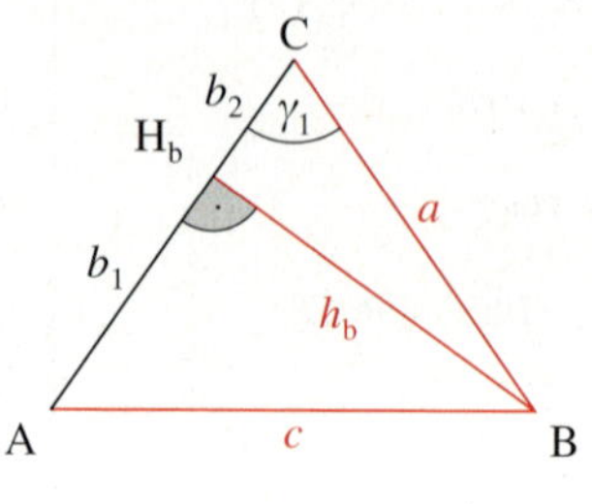

328

$\sin\alpha = \frac{h_b}{c}$

$\sin\gamma = \frac{h_b}{a}$

$\underline{\underline{\alpha_1 = 39{,}87^\circ}}$ oder $\alpha_2 = 140{,}13^\circ$

Der zweite Wert kommt nicht infrage, weil die Winkelsumme im Dreieck $\triangle ABH_b$ größer als 180° wäre.

$\underline{\underline{\gamma_1 = 44{,}93^\circ}}$ oder $\underline{\underline{\gamma_2 = 135{,}07^\circ}}$

Der zweite Winkel liefert die zweite Lösung der Aufgabe.

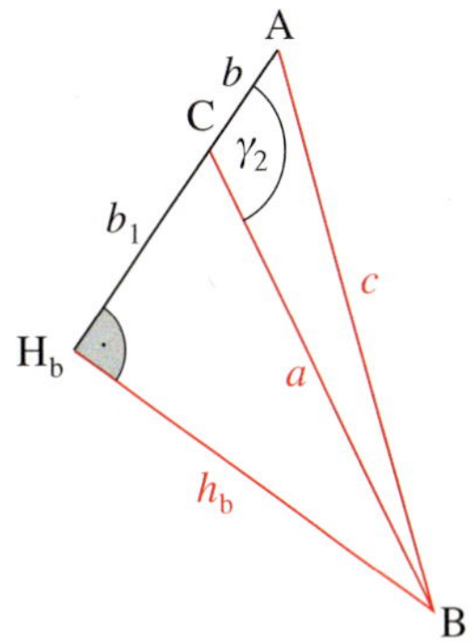

1. Fall: $\underline{\underline{\beta_1}} = 180^\circ - 39{,}87^\circ - 44{,}93^\circ = \underline{\underline{95{,}2^\circ}}$

$\cos\alpha = \frac{b_1}{c} \Rightarrow b_1 = c\cdot\cos\alpha$ $\qquad b_1 = 29{,}93\,\text{cm}$

$\cos\gamma = \frac{b_2}{a} \Rightarrow b_2 = a\cdot\cos\gamma$ $\qquad b_2 = 25{,}06\,\text{cm}$

$b = b_1 + b_2$ $\qquad \underline{\underline{b = 54{,}99\,\text{cm}}}$

$A = \frac{b\cdot h_b}{2}$ $\qquad \underline{\underline{A = 687{,}375\,\text{cm}^2}}$

2. Fall: $\underline{\underline{\beta_2}} = 180^\circ - 39{,}87^\circ - 135{,}07^\circ = \underline{\underline{5{,}06^\circ}}$

$\cos(180^\circ - 135{,}07^\circ) = \frac{b_1}{a}$ $\qquad b_1 = a\cdot\cos 44{,}93^\circ \Rightarrow b_1 = 25{,}06\,\text{cm}$

$\cos 39{,}87^\circ = \frac{b_2}{c}$ $\qquad b_2 = c\cdot\cos 39{,}87^\circ \Rightarrow b_2 = 29{,}93\,\text{cm}$

$b = b_2 - b_1$ $\qquad \underline{\underline{b}} = 29{,}93\,\text{cm} - 25{,}06\,\text{cm} = \underline{\underline{4{,}87\,\text{cm}}}$

$A = \frac{b\cdot h_b}{2}$ $\qquad \underline{\underline{A = 60{,}875\,\text{cm}^2}}$

Zu f)

Das Vorgehen gleicht dem in Aufgabe e). Allerdings liegt h_b außerhalb des Dreiecks.

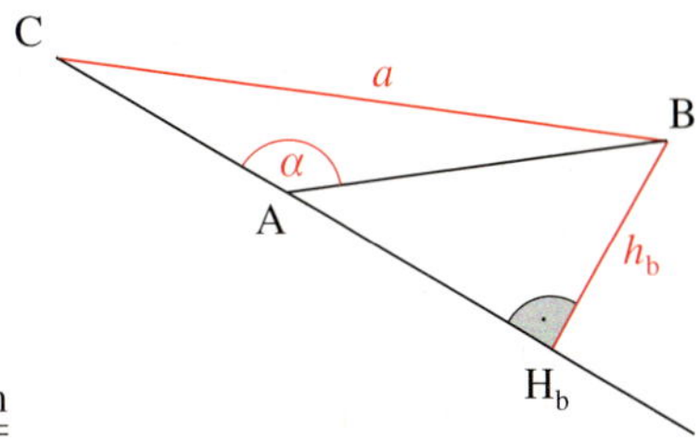

$\sin\alpha = \frac{h_b}{c} \Rightarrow c - \frac{h_b}{\sin\alpha}$ $\qquad \underline{\underline{c = 5{,}32\,\text{cm}}}$

$\sin\gamma = \frac{h_b}{a}$ $\qquad \underline{\underline{\gamma = 12{,}60^\circ}}$ oder $\gamma = 167{,}4^\circ$

Der 2. Winkel kommt nicht infrage, weil die Winkelsumme des Dreiecks $\triangle CH_bB$ größer als 180° wäre.

$\beta = 180^\circ - \alpha - \gamma$ $\qquad \underline{\underline{\beta = 14{,}23^\circ}}$

$\cos(180^\circ - \alpha) = \frac{b_1}{c} \Rightarrow b_1 = c\cdot(-\cos\alpha)$ $\qquad b_1 = 4{,}75\,\text{cm}$

► $\cos(180^\circ - \alpha) = -\cos\alpha$

$\cos\gamma = \frac{b_2}{a} \Rightarrow b_2 = a\cdot\cos\gamma$ $\qquad b_2 = 10{,}74\,\text{cm}$

$b = b_2 - b_1$ $\qquad \underline{\underline{b = 5{,}99\,\text{cm}}}$

$A = \frac{b\cdot h_b}{2}$ $\qquad \underline{\underline{A = 7{,}188\,\text{cm}^2}}$

328

Zu g)
p und q sind Abschnitte, die von h_c auf c erzeugt werden.

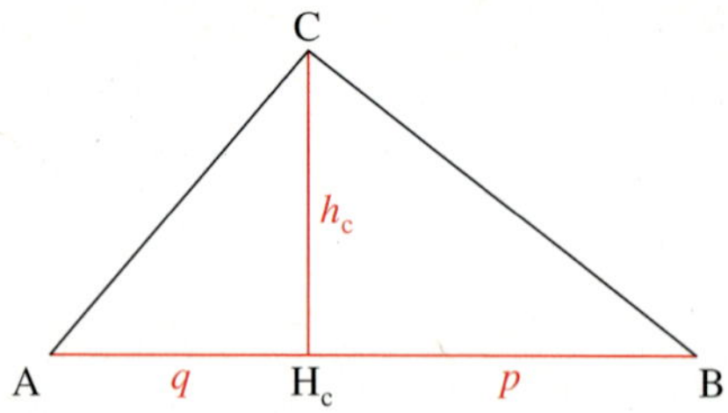

$\tan\alpha = \frac{h_c}{q}$	$\underline{\underline{\alpha = 55°}}$
$\tan\beta = \frac{h_c}{p}$	$\underline{\underline{\beta = 38{,}66°}}$
$p + q = c$	$\underline{\underline{c = 7{,}8\,\text{cm}}}$
$\gamma = 180° - \alpha - \beta$	$\underline{\underline{\gamma = 86{,}34°}}$
$\sin\alpha = \frac{h_c}{b} \Rightarrow b = \frac{h_c}{\sin\alpha}$	$\underline{\underline{b = 4{,}88\,\text{cm}}}$
$\sin\beta = \frac{h_c}{a} \Rightarrow a = \frac{h_c}{\sin\beta}$	$\underline{\underline{a = 6{,}40\,\text{cm}}}$
$A = \frac{c \cdot h_c}{2}$	$\underline{\underline{A = 15{,}6\,\text{cm}^2}}$

Zu h)
Die Höhe h_b liegt außerhalb des Dreiecks.
Aus dem Teildreieck $\triangle ABH_b$ werden zunächst c und b berechnet.

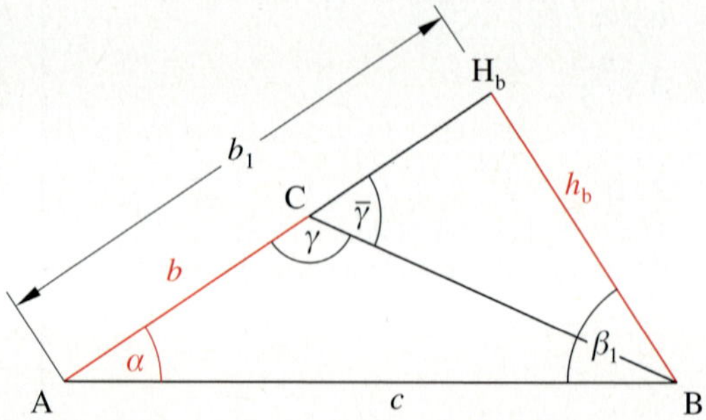

$\sin\alpha = \frac{h_b}{c} \Rightarrow c = \frac{h_b}{\sin\alpha}$	$\underline{\underline{c = 52{,}32\,\text{dm}}}$
$\beta_1 = 90° - \alpha$	$\beta_1 = 77{,}417°$
$\tan\beta_1 = \frac{b_1}{h_b} \Rightarrow b_1 = h_b \cdot \tan\beta$	$b_1 = 51{,}07\,\text{dm}$
$b_2 = b_1 - b$	$b_2 = 21{,}87\,\text{dm}$
$\tan\overline{\gamma} = \frac{h_b}{b_2}$	$\overline{\gamma} = 27{,}53°$
$\gamma = 180° - \overline{\gamma}$	$\underline{\gamma = 152{,}47°}$
$\beta = 180° - \alpha - \gamma$	$\underline{\underline{\beta = 14{,}926°}}$
$a : c = \sin\alpha : \sin\gamma \Rightarrow a = \frac{c \cdot \sin\alpha}{\sin\gamma}$	$\underline{\underline{a = 24{,}23\,\text{dm}}}$
$A = \frac{b \cdot h_b}{2}$	$\underline{\underline{A = 166{,}44\,\text{dm}^2}}$

328

Zu i)

► r ist der Radius des Umkreises.
Die angegebenen Längen und die Winkelgröße legen nahe, dass $\sphericalangle\beta$ stumpf sein könnte. Die Planfigur trägt dem Rechnung.

Planfigur

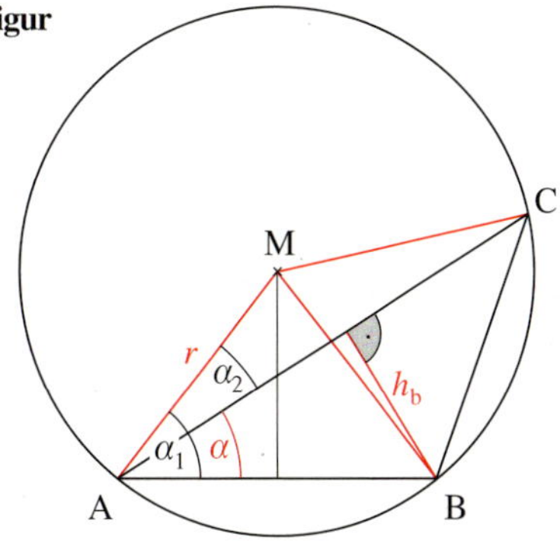

$\sin\alpha = \frac{h_b}{c} \Rightarrow c = \frac{h_b}{\sin\alpha}$ $\qquad$ $\underline{\underline{c = 28{,}98\,\text{cm}}}$

$\cos\alpha_1 = \frac{c}{2r}$ $\qquad$ $\alpha_1 = 73{,}33°$

$\alpha_2 = \alpha_1 - \alpha$ $\qquad$ $\alpha_2 = 50{,}16°$

$\cos\alpha_2 = \frac{b}{2r}$ $\qquad$ $\underline{\underline{b = 64{,}70\,\text{cm}}}$

Um a zu berechnen, benutzt man den Kosinussatz:

$a^2 = b^2 + c^2 - 2bc\cos\alpha.$ $\qquad$ $\underline{\underline{a = 39{,}73\,\text{cm}}}$

Jetzt hat man die Längen aller Seiten und kann nun den Kosinussatz auch zur Berechnung der Winkelgröße β benutzen.

$\cos\beta = \frac{c^2 + a^2 - b^2}{2ac}$ $\qquad$ $\underline{\underline{\beta = 140{,}15°}}$

$\gamma = 180 - 140{,}15° - 23{,}16° = 16{,}69°$ $\qquad$ $\underline{\underline{\gamma = 16{,}67°}}$

$A = \frac{b \cdot h_2}{2}$ $\qquad$ $\underline{\underline{A = 368{,}79\,\text{cm}^2}}$

Zu k)

Der $\sin\gamma$ liefert b, und damit kann c bestimmt werden.

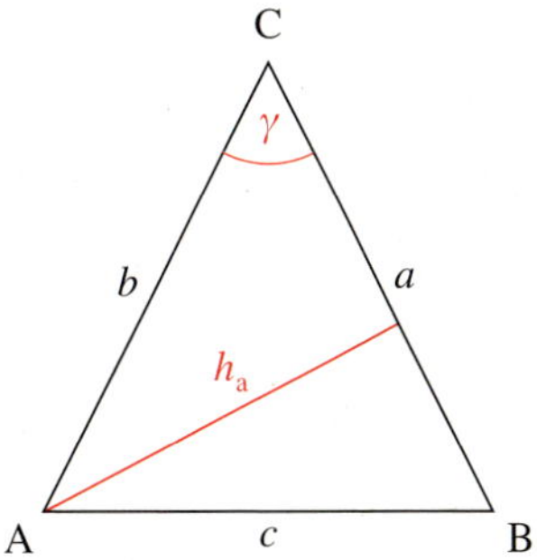

$\sin\gamma = \frac{h_a}{b} \Rightarrow b = \frac{h_a}{\sin\gamma}$ $\qquad$ $\underline{\underline{b = 4{,}58\,\text{dm}}}$

$c = 9\,\text{dm} = b$ $\qquad$ $\underline{\underline{c = 4{,}42\,\text{dm}}}$

$b : c = \sin\beta : \sin\gamma$

$\sin\beta = \frac{b \cdot \sin\gamma}{c}$ $\qquad$ $\underline{\underline{\beta = 59{,}21°}}$ oder $\underline{\underline{\beta = 120{,}79°}}$

328

1. Fall: $\alpha = 180° - 56° - 59{,}21°$ — $\underline{\underline{\alpha = 64{,}79°}}$

$a : b = \sin\alpha : \sin\beta \Rightarrow a = \dfrac{b \cdot \sin\alpha}{\sin\beta}$ — $\underline{\underline{a = 4{,}82\,\text{dm}}}$

$A = \dfrac{a \cdot h_a}{2}$ — $\underline{\underline{A = 9{,}158\,\text{dm}^2}}$

2. Fall: $\alpha = 180° - 56° - 120{,}79°$ — $\underline{\underline{\alpha = 3{,}21°}}$

$\underline{\underline{a = 0{,}2989\,\text{dm}}}$

$\underline{\underline{A = 0{,}568\,\text{dm}^2}}$

Zu l)
w_α steht für die Länge der Winkelhalbierenden des Winkels $\sphericalangle\alpha$. Zunächst muss entweder die Länge der Seite c oder die Größe eines weiteren Innenwinkels des Dreiecks bestimmt werden. Dazu ist der 1. Schritt die Bestimmung der Größe von β.

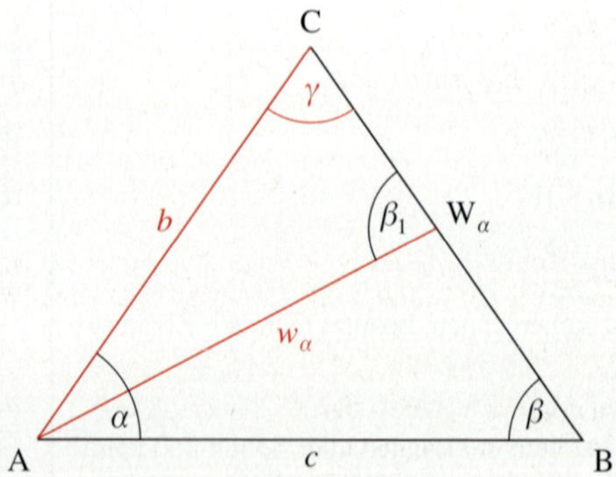

$b : w_\alpha = \sin\beta : \sin\gamma$

$\sin\beta_1 = \dfrac{b \cdot \sin\gamma}{w_\alpha}$ — $\underline{\underline{\beta_1 = 61{,}33°}}$ oder $\beta_1 = 118{,}67°$

Der 2. Wert kommt nicht infrage, die Winkelsumme des Dreiecks $\triangle AW_\alpha C$ wäre größer als 180°.

$\dfrac{\alpha}{2} = 180° - \beta_1 - \gamma$ — $\underline{\underline{\alpha = 77{,}34°}}$

$\beta = 180° - \alpha - \gamma$ — $\underline{\underline{\beta = 22{,}66°}}$

$a : b = \sin\alpha : \sin\beta$

$a = \dfrac{b \cdot \sin\alpha}{\sin\beta}$ — $\underline{\underline{a = 124{,}09\,\text{m}}}$

$a : c = \sin\alpha : \sin\gamma$

$c = \dfrac{a \cdot \sin\gamma}{\sin\alpha}$ — $\underline{\underline{c = 125{,}25\,\text{m}}}$

$A = \dfrac{a \cdot b \cdot \sin\gamma}{2}$ — $\underline{\underline{A = 2994{,}0175\,\text{m}^2}}$

328

Zu m)
Zunächst kann die Größe von β berechnet werden. Sodann wendet man den Sinussatz auf eins der Teildreiecke an, die durch w_γ erzeugt wurden, um die Länge einer Dreiecksseite zu bestimmen.

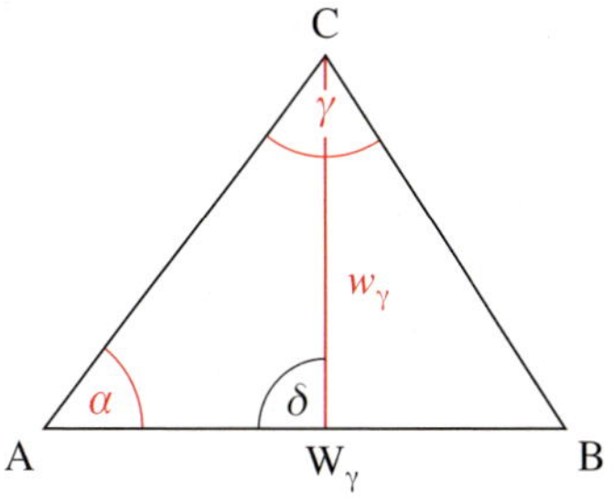

$\beta = 180° - \alpha - \gamma$ — $\underline{\underline{\beta = 42{,}42°}}$

$\delta = 180° - \alpha - \frac{1}{2}\gamma$ — $\delta = 71{,}12°$

$b : w_\gamma = \sin\delta : \sin\alpha$

$b = \dfrac{w_\gamma \sin\delta}{\sin\alpha}$ — $\underline{\underline{b = 5{,}088\,\text{m}}}$

$a : b = \sin\alpha : \sin\beta$ — $\underline{\underline{a = 7{,}434\,\text{m}}}$

$a : c = \sin\alpha : \sin\gamma$ — $\underline{\underline{c = 6{,}330\,\text{m}}}$

$A = \dfrac{a \cdot b \cdot \sin\gamma}{2}$ — $\underline{\underline{A = 15{,}897\,\text{m}^2}}$

2. Eine Kraft $F = 480\,\text{N}$ ist in zwei Komponenten zu zerlegen, deren Richtung mit der Richtung der gegebenen Kraft die Winkel der Größe 10,3° und 36,83° bildet. Wie groß sind die Beträge der Komponenten?

Auf das Parallelogramm der Kräfte wird zweimal der Sinussatz angewendet.
Dabei gilt für die Winkelgröße γ:
$\gamma = 180° - 10{,}3° - 36{,}83° = 132{,}87°$.

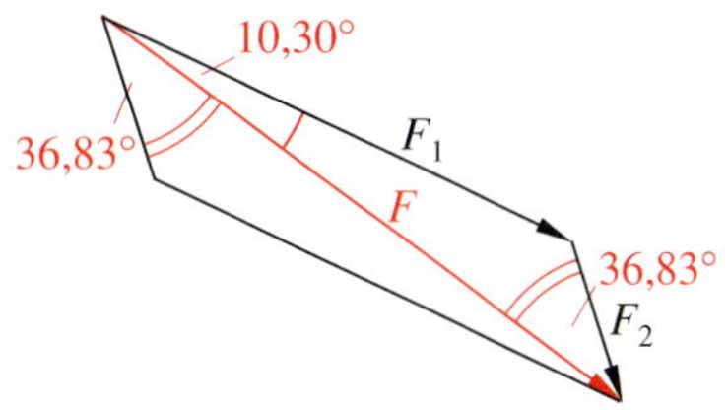

$\dfrac{F_1}{F} = \dfrac{\sin 36{,}83°}{\sin 132{,}87°}$

$F_1 = \dfrac{480\,\text{N} \cdot \sin 36{,}83°}{\sin 132{,}87°}$ — $\underline{\underline{F_1 = 392{,}63\,\text{N}}}$

$\dfrac{F_2}{F} = \dfrac{\sin 10{,}3°}{\sin 132{,}87°}$

$F_2 = \dfrac{480\,\text{N} \cdot \sin 10{,}3°}{\sin 132{,}87°}$ — $\underline{\underline{F_2 = 117{,}478\,\text{N}}}$

3. Zwei Punkte A und B am Ufer eines Flusses sind 45 m voneinander entfernt. Am anderen Ufer steht ein Baum C. Es werden folgende Winkel gemessen: $|\sphericalangle \text{CAB}| = 72{,}3°$ und $|\sphericalangle \text{CBA}| = 83{,}83°$. Wie breit ist der Fluss?

Der $\overline{\text{AB}}$ gegenüberliegende Winkel γ ist $180° - 72{,}3° - 83{,}83°$, also 23,87° groß.
Zur Berechnung von h wird zunächst b bestimmt.

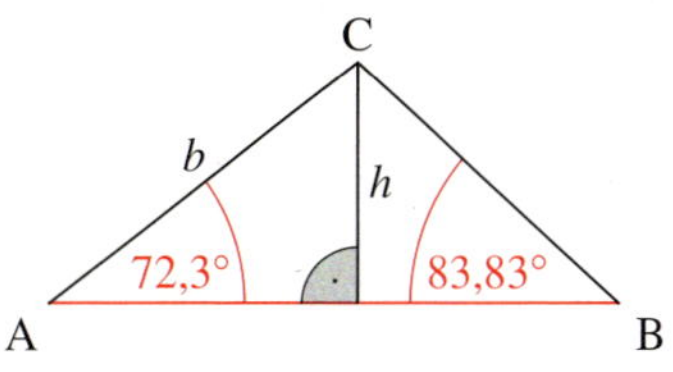

$\dfrac{b}{45\,\text{m}} = \dfrac{\sin 85{,}83°}{\sin 23{,}87°}$ — $b = 110{,}81\,\text{m}$

$\sin 72{,}3° = \dfrac{h}{110{,}81\,\text{m}}$ — $\underline{\underline{h = 105{,}56\,\text{m}}}$

328

4. Auf der Spitze eines Turmes steht eine 7 m lange Stabantenne. Das obere Ende erscheint unter dem Erhebungswinkel der Größe 55,3°, das untere Ende unter dem Erhebungswinkel der Größe 51,3°. Die Augenhöhe befindet sich bei beiden Messungen 1,5 m höher als der Fußpunkt des Turmes. Wie hoch ist der Turm, und wie weit ist der Beobachter vom Turm entfernt?

Die Strecke $\overline{AC}$ liegt sowohl im rechtwinkligen Dreieck $\triangle ABC$ als auch im Dreieck $\triangle ABD$.

► nebenstehende Skizze

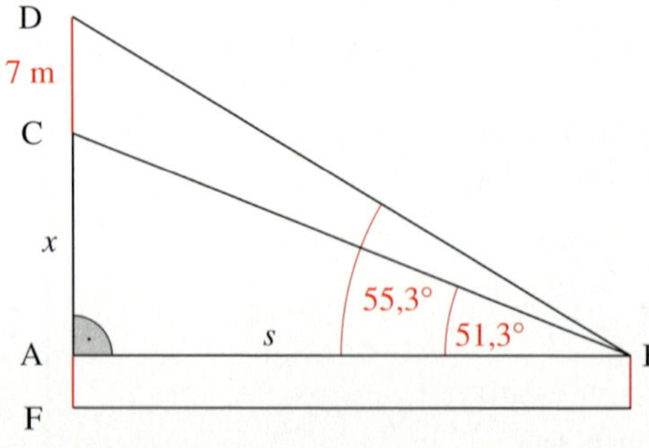

► F Fußpunkt des Turmes

Allerdings ist auch die Länge s von $\overline{AB}$ unbekannt.
Man kann aber zwei Gleichungen mit den zwei Variablen x und s aufstellen, die nach den bekannten Methoden gelöst werden können.

► Lehrbuch Kusch 1, Abschnitt 2.4

$\tan 51{,}3° = \frac{x}{s} \Rightarrow s = \frac{x}{\tan 51{,}3°}$

$\tan 55{,}3° = \frac{x + 7\,\text{m}}{s} \Rightarrow s = \frac{x + 7\,\text{m}}{\tan 55{,}3°}$

$\frac{x}{\tan 51{,}3°} = \frac{x + 7\,\text{m}}{\tan 55{,}3°}$ ► Gleichsetzungsmethode

$x \cdot \tan 55{,}3° = (x + 7\,\text{m}) \cdot \tan 51{,}3°$

$x \cdot (\tan 55{,}3° - \tan 51{,}3°) = 7\,\text{m} \cdot \tan 51{,}3°$

$x = 44{,}57\,\text{m}$

Die Höhe des Turms ist $x + 1{,}5\,\text{m}$, also 46,07 m.

$\underline{\underline{x + 1{,}5\,\text{m}}} = \underline{\underline{46{,}07\,\text{m}}}$

Die Länge s erhält man mithilfe $\tan 51{,}3°$ aus dem Dreieck $\triangle ABC$.

$\tan 51{,}3° = \frac{x}{s} \Rightarrow \underline{\underline{s = 35{,}80\,\text{m}}}$

5. Um die Höhe einer Bergkuppe P zu bestimmen, steckt man eine waagerechte Standlinie $|\overline{AB}| = 250\,\text{m}$ ab und misst folgende Winkel:

$\alpha = 79°\,40'$, $\beta = 58°\,10'$, $\gamma = 27°\,50'$

Wie hoch liegt P über A?

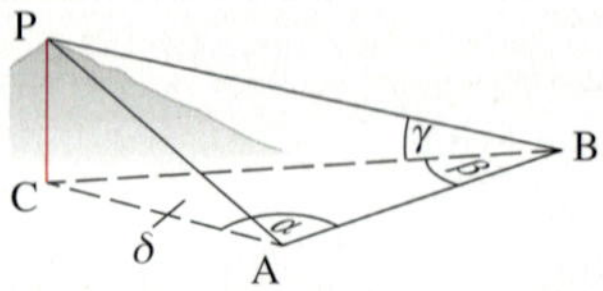

Die Höhe h der Bergkuppe entspricht der Kathete $\overline{PC}$ im rechtwinkligen Dreieck $\triangle CBP$.
Um ihre Länge bestimmen zu können, benötigt man die Länge $|\overline{CB}|$. Diese erhält man aus dem Dreieck $\triangle ABC$.

$\delta = 180° - 79{,}6° - 58{,}16°$

$\delta = 42{,}17°$

$\frac{|BC|}{|AB|} = \frac{\sin 79{,}6°}{\sin 42{,}17°}$

$|\overline{BC}| = 366{,}36\,\text{m}$

$\tan \gamma = \frac{h}{|\overline{BC}|} \Rightarrow h = |\overline{BC}| \cdot \tan 27{,}83°$

$\underline{\underline{h = 193{,}43\,\text{m}}}$

6. Wie groß ist ein Kreisabschnitt in einem Kreis mit $r = 16\,\text{cm}$, wenn die zugehörige Sehnenlänge s genau 23,5 cm beträgt? 328

► Der Flächeninhalt A eines Kreisabschnitts wird nach der Formel berechnet:
$A = \frac{br}{2} - \frac{s(r-h)}{2}$, wobei b für die Länge des Bogens, r für die Länge des Radius, s für die Länge der Sehne und h für die Länge der Höhe des Abschnitts stehen. ► Lehrbuch Kusch 2, Abschnitt 12.2

Um die Formel anwenden zu können, müssen b und h berechnet werden.

► $b = \frac{\alpha}{180°} \cdot \pi \cdot r$

Dazu benötigt man die Größe des Zentriwinkels α.

$\sin\frac{\alpha}{2} = \frac{s}{2r} \Rightarrow \sin\frac{\alpha}{2} = 0{,}734 \Rightarrow \alpha = 94{,}51°$

$b = \frac{94{,}51°}{180°} \cdot \pi \cdot 16\,\text{cm}$

$b = 26{,}39\,\text{cm}$

$h = r - H$ und $\frac{H}{r} = \cos\frac{\alpha}{2}$

$H = 10{,}86\,\text{cm}$

$h = 5{,}14\,\text{m}$

Nun kann der Flächeninhalt A des Kreisabschnitts nach vorstehender Formel berechnet werden.

$A = \frac{26{,}39\,\text{cm} \cdot 16\,\text{cm}}{2} - \frac{23{,}5\,\text{cm}(16\,\text{cm} - 5{,}14\,\text{cm})}{2}$

$\underline{\underline{A = 83{,}515\,\text{cm}^2}}$

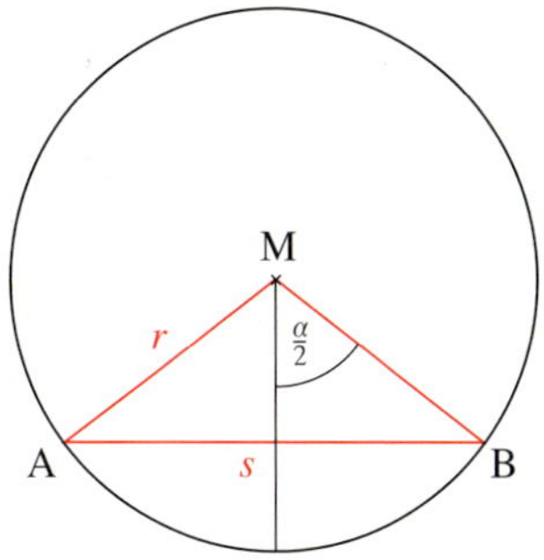

7. Berechnen Sie den Flächeninhalt A von folgenden Dreiecken:

a) $a = 15\,\text{cm}$, $b = 17{,}3\,\text{cm}$, $\beta = 25°\,10'$

b) $b \cdot c = 120\,\text{cm}^2$, $a = 7\,\text{cm}$, $r = 8{,}3\,\text{cm}$

c) $r = 48{,}6\,\text{m}$, $\gamma = 55°\,10'$, $\alpha = 47°\,10'$

d) $\varrho = 10\,\text{cm}$, $b + c = 197\,\text{cm}$, $a = 68\,\text{cm}$

Zu a)

Um die Formel $A = \frac{a \cdot b \cdot \sin\gamma}{2}$ anwenden zu können, muss γ berechnet werden. Das erfolgt über die Berechnung von h_c und α.

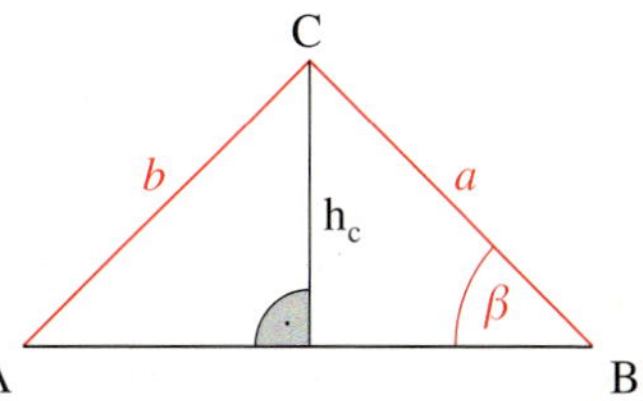

$\sin\beta = \frac{h_c}{a}$

$h_c = 6{,}38\,\text{cm}$

$\sin\alpha = \frac{h_c}{b} = \frac{6{,}38}{17{,}3}$

$\alpha = 21{,}64°$ oder $\alpha = 158{,}36°$. Der zweite Wert kommt nicht infrage, weil die Winkelsumme im $\triangle ABC$ größer als 180° wäre.

$\gamma = 180° - 21{,}64° - 25{,}16°$

$\gamma = 133{,}19°$

$A = \frac{a \cdot b \cdot \sin\alpha}{2}$

$\underline{\underline{A = 94{,}60\,\text{cm}^2}}$

328 **Zu b)**

Der Inhalt A der Dreiecksfläche ist durch

$A=\frac{a\cdot h_a}{2}$ bestimmt.

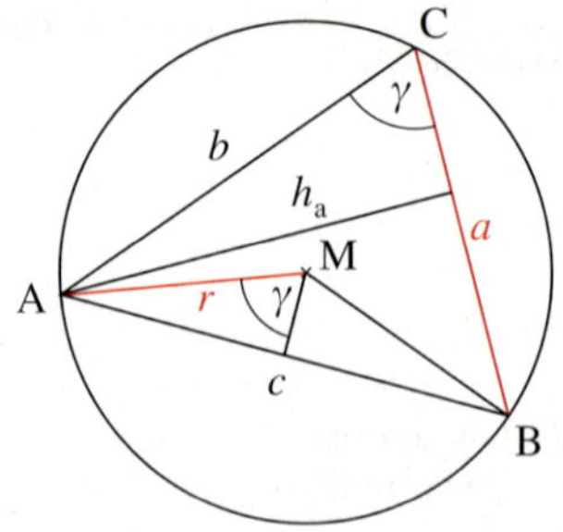

Für h_a findet man:

$\sin\gamma=\frac{h_a}{b}$, also $h_a=b\cdot\sin\gamma$, und außerdem

$\sin\gamma=\frac{c}{2r}$. ► Der Zentriwinkel ist doppelt so groß wie der Peripheriewinkel über dem gleichen Bogen.

Damit formt man den Ausdruck für A um und setzt die gegebenen Werte ein.

$A=\frac{a\cdot h_a}{2}=\frac{a\cdot b\cdot\sin\gamma}{2}$

$A=\frac{a\cdot b\cdot c}{4r}$

$\underline{\underline{A=25{,}30\,\text{cm}^2}}$

Zu c)

Alle Winkelgrößen sind bekannt, denn $\beta=180^\circ-\alpha-\gamma$, also $\beta=77{,}6^\circ$.

Sobald man mindestens eine Seitenlänge kennt, kann der Sinussatz für die Berechnung der beiden anderen eingesetzt werden.

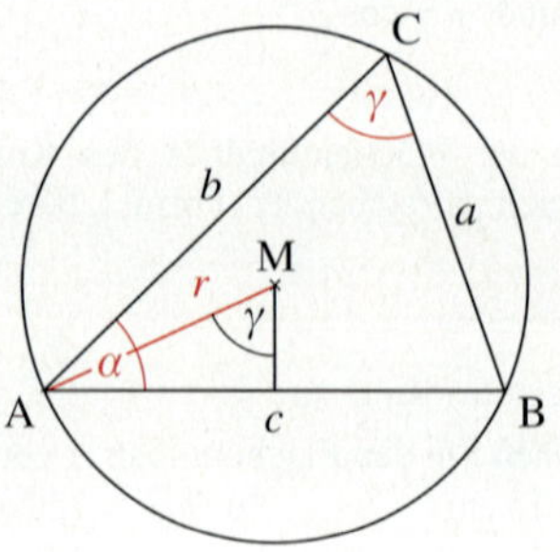

Man kann c mithilfe $\sin\gamma$ berechnen:

$\sin\gamma=\frac{\frac{1}{2}c}{r}$, also $c=2r\cdot\sin\gamma$.

$c=79{,}78\,\text{m}$

Nun werden a und b berechnet.

$a:c=\sin\alpha:\sin\gamma$

$b:c=\sin\beta:\sin\gamma$

$a=71{,}28\,\text{m}$

$b=94{,}95\,\text{m}$

Der Flächeninhalt beträgt

$A=\frac{a\cdot b\cdot\sin\gamma}{2}$

$\underline{\underline{A=2777{,}659\,\text{m}^2}}$

Zu d)

► ϱ ist der Radius des Inkreises des Dreiecks. Er wird durch die Lote auf die Seiten dargestellt.

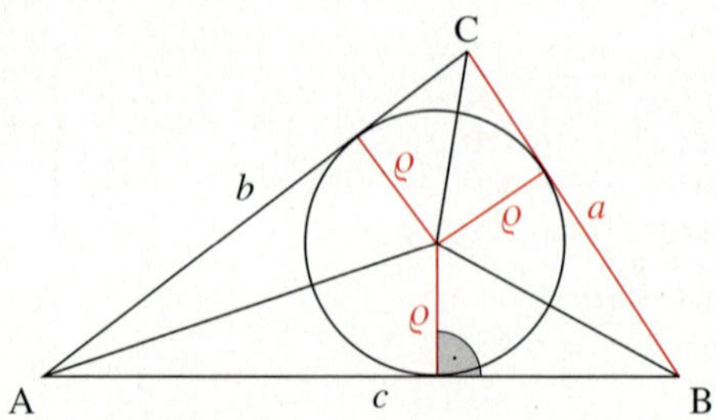

Der Flächeninhalt des Dreiecks △ABC setzt sich aus den Flächeninhalten der Teildreiecke △MBC, △MCA und △MAB zusammen, wo M für den Mittelpunkt des Inkreises steht.

$A_{MBC}=\frac{a\cdot\varrho}{2}$, $A_{MCA}=\frac{b\cdot\varrho}{2}$,

$A_{MAB}=\frac{c\cdot\varrho}{2}$

$A_{MBC}+A_{MCA}+A_{MAB}=$

$=\frac{a\cdot\varrho}{2}+\frac{b\cdot\varrho}{2}+\frac{x\cdot\varrho}{2}=\frac{\varrho}{2}(a+b+c)$

$\underline{\underline{A=1325\,\text{cm}^2}}$

Der Cosinussatz

Der Cosinussatz ermöglicht die Berechnung von Dreiecken, wenn die Längen aller Seiten oder die Längen zweier Seiten und die Größe des von ihnen eingeschlossenen Winkels bekannt sind.

Merke:

In jedem Dreieck △ABC gilt:

$$\boldsymbol{a^2 = b^2 + c^2 - 2bc\cos\alpha}$$
$$\boldsymbol{b^2 = c^2 + a^2 - 2ca\cos\beta}$$ ▶ **Cosinussatz**
$$\boldsymbol{c^2 = a^2 + b^2 - 2ab\cos\gamma}$$

In Worten: Das Quadrat der Länge einer Seite ist gleich der Summe der Quadrate der Längen der beiden anderen Seiten, vermindert um das doppelte Produkt aus den Längen dieser Seiten und dem Cosinus des von ihnen eingeschlossenen Winkels.

In den Formeln des Cosinussatzes wird jeweils eine Seite in Abhängigkeit von den beiden anderen und dem von diesen eingeschlossenen Winkel dargestellt. Jede dieser Formeln kann nach dem in ihr vorkommenden Winkel umgestellt werden, sodass der jeweilige Winkel in Abhängigkeit von den drei Seiten dargestellt ist.

Merke:

Für alle α mit $90° < \alpha < 180°$ gilt $\boldsymbol{\cos\alpha = -\cos(180 - \alpha)}$.

Vergleicht man die Formeln des Cosinussatzes miteinander, so erkennt man, dass sie durch **zyklische Vertauschung** auseinander hervorgehen. Ersetzt man die Variablen in einer der Formeln durch die im Alphabet jeweils folgenden, wobei auf c wieder a folgen soll, erhält man wieder eine Formel des Cosinussatzes.

1. Berechnen Sie die fehlenden Größen (Seiten, Winkel, Flächeninhalt) folgender Dreiecke: 329

a) $b = 58\,\text{cm}$, $c = 98\,\text{cm}$, $\alpha = 81°\,10'$	**b)** $a = 34\,\text{m}$, $c = 41\,\text{m}$, $\beta = 44°\,20'$	**c)** $a = 17{,}4\,\text{dm}$, $b = 15{,}8\,\text{dm}$, $\gamma = 112°\,50'$	**d)** $a = 450\,\text{mm}$, $b = 380\,\text{mm}$, $c = 632\,\text{mm}$
e) $b = 46{,}4\,\text{cm}$, $s_b = 61{,}1\,\text{cm}$, $\gamma = 14°\,10'$	**f)** $s_c = 40{,}2\,\text{cm}$, $s_b = 15{,}8\,\text{cm}$, $a = 30{,}2\,\text{cm}$	**g)** $b = 314\,\text{m}$, $w_\alpha = 124\,\text{m}$, $\alpha = 137°\,50'$	**h)** $s_a = 4{,}8\,\text{cm}$, $b = 5{,}1\,\text{cm}$, $\gamma = 59°\,40'$

Zu a)

Zunächst berechnet man a mithilfe des Cosinussatzes, wobei man die Formel benutzt, auf deren linker Seite die Länge derjenigen Dreiecksseite steht, die dem gegebenen Winkel gegenüber liegt.

$$a^2 = b^2 + c^2 - 2bc\cos\alpha$$
$$a^2 = 58^2\,\text{cm}^2 + 98^2\,\text{cm}^2 - 2\cdot 58\,\text{cm}\cdot 98\,\text{cm}\cdot 0{,}1535608$$
$$\underline{\underline{a = 105{,}94\,\text{cm}}}$$

Sodann bestimmt man β ebenfalls mit dem Cosinussatz.

$$\cos\beta = \frac{c^2 + a^2 - b^2}{2ac} \qquad \underline{\underline{\beta = 32{,}75°}}$$

$$\gamma = 180° - \alpha - \beta \qquad \underline{\underline{\gamma = 66{,}08°}}$$

$$A = \frac{b\cdot c\cdot \sin\alpha}{2} \qquad \underline{\underline{A = 2\,808{,}292\,\text{cm}^2}}$$

329

Zu b)

$b^2 = c^2 + a^2 - 2ca\cos\beta$

$b^2 = 41^2\,\text{m}^2 + 34^2\,\text{m}^2 - 2\cdot 41\,\text{m}\cdot 34\,\text{m}\cdot\cos 44{,}3°$

$\underline{\underline{b = 29{,}03\,\text{m}}}$

$\cos\alpha = \dfrac{b^2 + c^2 - a^2}{2bc}$ $\quad\underline{\underline{\alpha = 54{,}93°}}$

$\gamma = 180° - \alpha - \beta$ $\quad\underline{\underline{\gamma = 80{,}74°}}$

$A = \dfrac{a\cdot c\cdot\sin\beta}{2}$ $\quad\underline{\underline{A = 487{,}09\,\text{m}^2}}$

Zu c)

$c^2 = a^2 + b^2 - 2ab\cos\gamma$

$c^2 = 17{,}4^2\,\text{dm}^2 + 15{,}8^2\,\text{dm}^2 - 2\cdot 17{,}4\,\text{dm}\cdot 15{,}8\,\text{dm}\cdot\cos 112{,}83°$

$\underline{\underline{c = 27{,}67\,\text{dm}}}$

$\cos\alpha = \dfrac{b^2 + c^2 - a^2}{2bc}$ $\quad\underline{\underline{\alpha = 35{,}42°}}$

$\beta = 180° - \alpha - \gamma$ $\quad\underline{\underline{\beta = 31{,}75°}}$

$A = \dfrac{a\cdot b\cdot\sin\gamma}{2}$ $\quad\underline{\underline{A = 126{,}688\,\text{dm}^2}}$

Zu d)

Zweimal wird ein Cosinussatz nach dem eingeschlossenen Winkel umgestellt.

$a^2 = b^2 + c^2 - 2bc\cos\alpha$

► zyklische Vertauschung

$\cos\alpha = \dfrac{b^2 + c^2 - a^2}{2bc} \Rightarrow \underline{\underline{\alpha = 44{,}71°}}$

Die Größe des 3. Winkels ergibt sich aus der Winkelsumme des Dreiecks.

$\cos\beta = \dfrac{c^2 + a^2 - b^2}{2ca} \Rightarrow \underline{\underline{\beta = 36{,}45°}}$

$\gamma = 180° - 44{,}71° - 36{,}45° = \underline{\underline{98{,}84°}}$

$A = \dfrac{b\cdot c\cdot\sin\alpha}{2}$ $\quad\underline{\underline{A = 84478{,}531\,\text{mm}^2}}$

Zu e)

Um aus dem Teildreieck $\triangle BCM_b$ mithilfe des Sinussatzes a errechnen zu können, braucht man die Größe des Winkel δ. Man erhält sie über die Berechnung von β_1.

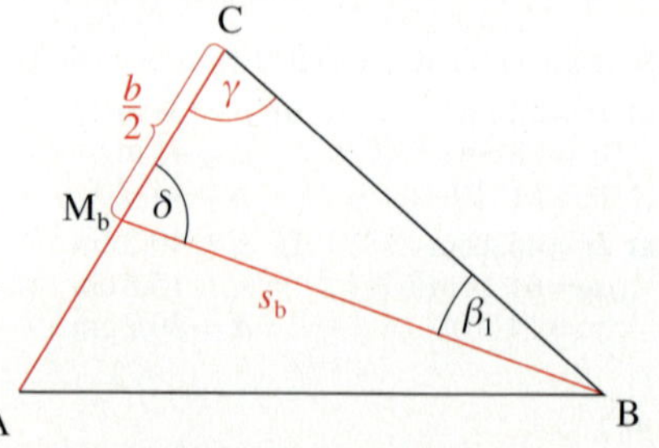

$\dfrac{\frac{1}{2}b}{s_b} = \dfrac{\sin\beta_1}{\sin\gamma}$

$\sin\beta_1 = \dfrac{b\cdot\sin\gamma}{2s_b}$

$\sin\beta_1 = \dfrac{46{,}4\cdot\sin 14{,}16°}{122{,}2} \Rightarrow \beta_1 = 5{,}33°,\ \beta_2 = 174{,}67°$

Der 2. Wert ist unbrauchbar, denn der kleineren Seite liegt auch der kleinere Winkel gegenüber.

► Lehrbuch Kusch 2, Abschnitt 3.5

$\delta = 180° - 5{,}33° - 14{,}16°$ $\quad\delta = 160{,}5°$

$a^2 = \left(\dfrac{b}{2}\right)^2 + s_b^2 - 2bs_b\cos\delta$

$a^2 = 23{,}2^2\,\text{cm}^2 + 61{,}1^2\,\text{cm}^2 - 2\cdot 23{,}2\,\text{cm}\cdot 61{,}1\,\text{cm}\cdot\cos 160{,}5°$

$\underline{\underline{a = 83{,}33\,\text{cm}}}$

329

$c^2 = a^2 + b^2 - 2ab\cos\gamma$

$c^2 = 83{,}33^2\,\text{cm}^2 + 46{,}4^2\,\text{cm}^2 - 2 \cdot 83{,}33\,\text{cm} \cdot 46{,}4\,\text{cm} \cdot \cos 14{,}16°$

$\underline{\underline{c = 39{,}98\,\text{cm}}}$

$a^2 = b^2 + c^2 - 2bc\cos\alpha$

$\cos\alpha = \dfrac{b^2 + c^2 - a^2}{2bc} \Rightarrow \underline{\underline{\alpha = 149{,}37°}}$

$\beta = 180° - \alpha - \gamma$

$\underline{\underline{\beta = 16{,}46°}}$

$A = \dfrac{a \cdot b \cdot \sin\gamma}{2}$

$\underline{\underline{A = 473{,}15\,\text{cm}^2}}$

Zu f)

Die Seitenhalbierenden eines Dreiecks schneiden sich in einem Punkt, der jede Halbierende im Verhältnis 1 : 2 teilt.

► Lehrbuch Kusch 2, Abschnitt 6.1

► $|\overline{SC}| = \frac{2}{3}s_c$, $|\overline{SB} = \frac{2}{3}s_b|$

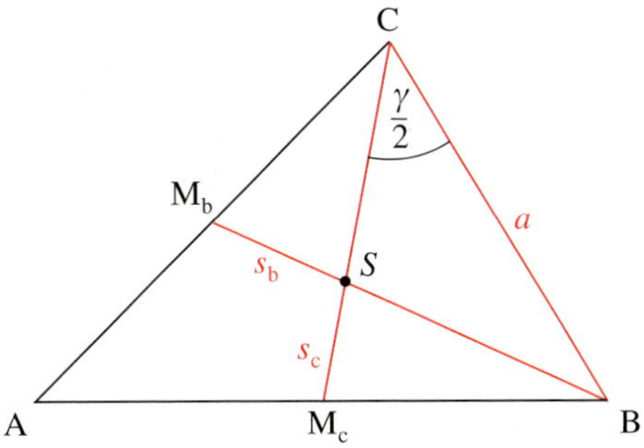

Zunächst wird mithilfe des Cosinussatzes die Größe von γ_2 ermittelt.

$\left(\frac{2}{3}s_b\right)^2 = a^2 + \left(\frac{2}{3}s_c\right)^2 - 2 \cdot a \cdot \frac{2}{3}s_c \cos\gamma_2$

$10{,}53^2 = 30{,}2^2 + 26{,}8^2 - 2 \cdot 30{,}2 \cdot 26{,}8 \cdot \cos\gamma_2$

$\gamma_2 = 20{,}18°$

Nun wird $\frac{1}{2}c$ und c berechnet.

$\left(\dfrac{c}{2}\right)^2 = a^2 + s_c^2 - 2 \cdot a \cdot s_c \cdot \cos\gamma_2$

$\left(\dfrac{c}{2}\right)^2 = 30{,}2^2\,\text{cm}^2 + 40{,}2^2\,\text{cm}^2 - 2 \cdot 30{,}2\,\text{cm} \cdot 40{,}2\,\text{cm} \cdot \cos 20{,}18°$

$\underline{\underline{c = 31{,}56\,\text{cm}}}$

Der Winkel β kann nun aus dem Dreieck $\triangle CM_cB$ bestimmt werden.

$s_c^2 = a^2 + \left(\dfrac{c}{2}\right)^2 - 2 \cdot a \cdot \dfrac{c}{2} \cdot \cos\beta$

$40{,}2^2 = 30{,}2^2 + 15{,}78^2 - 2 \cdot 30{,}2 \cdot 15{,}78 \cdot \cos\beta$

$\underline{\underline{\beta = 118{,}51°}}$

Es folgt die Berechnung von b.

$b^2 = a^2 + c^2 - 2ac\cos\beta$

$b^2 = 30{,}2^2\,\text{cm}^2 + 31{,}56^2\,\text{cm}^2 - 2 \cdot 30{,}2\,\text{cm} \cdot 31{,}56\,\text{cm} \cdot \cos 118{,}51°$

$\underline{\underline{b = 53{,}08\,\text{cm}}}$

Die Größe des Winkels α kann mithilfe des Cosinussatzes berechnet werden.

$\cos\alpha = \dfrac{b^2 + c^2 - a^2}{2bc}$

$\underline{\underline{\alpha = 29{,}99°}}$

$\gamma = 180° - \alpha - \beta$

$\underline{\underline{\gamma = 31{,}5°}}$

$A = \dfrac{a \cdot c \cdot \sin\beta}{2}$

$\underline{\underline{A = 418{,}77\,\text{cm}^2}}$

329 **Zu g)**

Es sind wieder mehrere Schritte notwendig, bevor man die Größe von Winkel β kennt.

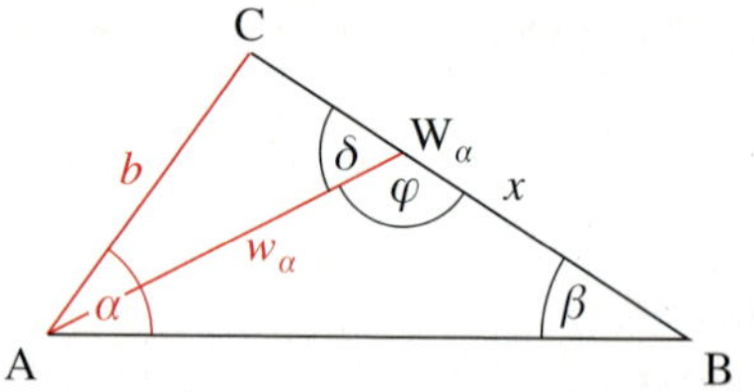

Dazu wird zunächst die Länge $|\overline{CW_\alpha}| = x$ und danach der Winkel δ berechnet.

$x^2 = b^2 + w_\alpha^2 - 2bw_\alpha \cos\frac{1}{2}\alpha$

$b^2 = x^2 + w_\alpha^2 - 2xw_\alpha \cos\delta$

$x^2 = 314^2\,\text{mm}^2 + 124^2\,\text{mm}^2 - 2\cdot 314\,\text{mm}\cdot 124\,\text{mm}\cdot\cos 68{,}916°$

$x = 293{,}28\,\text{mm}$

$\cos\delta = \dfrac{293{,}28^2 + 124^2 - 314^2}{2\cdot 293{,}28\cdot 124} \Rightarrow \delta = 87{,}80°$

Der Nebenwinkel φ von δ ist $180° - 87{,}80°$ groß.

$\varphi = 92{,}20°$

Für β gilt: $\beta = 180° - \frac{1}{2}\alpha - \varphi$

$\underline{\underline{\beta = 18{,}88°}}$

Für γ gilt: $\gamma = 180° - \alpha - \beta$

$\underline{\underline{\gamma = 23{,}29°}}$

Nun können mithilfe des Sinussatzes c und mithilfe des Cosinussatzes a berechnet werden.

$\dfrac{c}{w_\alpha} = \dfrac{\sin\varphi}{\sin\beta}$

$c = \dfrac{124\,\text{mm}\cdot\sin 92{,}20°}{\sin 18{,}88°} = \underline{\underline{382{,}92\,\text{mm}}}$

$a^2 = b^2 + c^2 - 2bc\cos\alpha$

$a^2 = 314^2\,\text{mm}^2 + 382{,}92^2\,\text{mm}^2 - 2\cdot 314\,\text{mm}\cdot 382{,}92\,\text{mm}\cdot\cos 137{,}83°$

$\underline{\underline{a = 650{,}78\,\text{mm}}}$

$A = \dfrac{a\cdot b\cdot\sin\gamma}{2}$

$A = \dfrac{650{,}78\,\text{mm}\cdot 314\,\text{mm}\cdot\sin 23{,}29°}{2}$

$\underline{\underline{A = 40\,397{,}478\,\text{mm}^2}}$

Zu h)

Zunächst werden die Winkel $\delta = |\sphericalangle AM_aC|$ und $\alpha_1 = |\sphericalangle M_aAC|$ berechnet. Dabei ist zu beachten, dass das Teildreieck $\triangle AM_aC$ nicht eindeutig bestimmt ist, weil der gegebene Winkel nicht der größeren Seite gegenüber liegt.

► Lehrbuch Kusch 2, Abschnitt 3.4

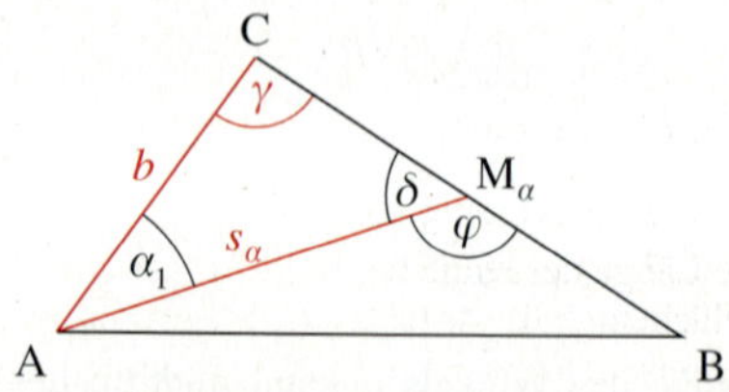

$\dfrac{b}{s_a} = \dfrac{\sin\delta}{\sin\gamma}$

$\sin\delta = \dfrac{5{,}1\,\text{cm}\cdot\sin 59{,}6°}{4{,}8\,\text{cm}} \Rightarrow \delta_1 = 66{,}50°,\ d_2 = 113{,}5°$

1. Fall: $\delta_1 = 66{,}5°$

$\alpha_1 = 180° - \gamma - \delta$

$\alpha_1 = 53{,}83°$

$\dfrac{b}{\frac{1}{2}a} = \dfrac{\sin\delta}{\sin\alpha}$

$\dfrac{a}{2} = \dfrac{5{,}1\,\text{cm}\cdot\sin 53{,}83°}{\sin 66{,}5°} \Rightarrow a = \underline{\underline{8{,}98\,\text{cm}}}$

Zur Berechnung von c wird der Cosinussatz auf das Dreieck $\triangle ABM_a$ angewendet.

► $\varphi = 180° - \delta = 113{,}5°$

$c^2 = 4{,}49^2\,\text{cm}^2 + 4{,}8^2\,\text{cm}^2 - 2\cdot 4{,}49\,\text{cm}\cdot 4{,}8\,\text{cm}\cdot\cos 113{,}5°$

$\underline{\underline{c = 7{,}77\,\text{cm}}}$

β wird mithilfe des Cosinussatzes berechnet.

$\cos\beta = \dfrac{c^2 + a^2 - b^2}{2ca}$

$\underline{\underline{\beta = 34{,}51°}}$

$\alpha = 180° - \beta - \gamma$

$\underline{\underline{\alpha = 85{,}82°}}$

$A = \dfrac{b\cdot a\cdot\sin\gamma}{2}$

$\underline{\underline{A = 19{,}76\,\text{cm}^2}}$

329

2. Fall: $\delta_2 = 113{,}5^\circ$

$\alpha_2 = 180^\circ - \gamma - \delta$ | $\alpha_2 = 6{,}83^\circ$

$\frac{b}{\frac{1}{2}\alpha} = \frac{\sin\delta}{\sin\alpha}$ | $\frac{a}{2} = \frac{5{,}1\,\text{cm} \cdot \sin 6{,}83^\circ}{\sin 113{,}5^\circ} = 0{,}66\,\text{cm} \Rightarrow \underline{\underline{a = 1{,}32\,\text{cm}}}$

$\varphi = 180^\circ - \delta$ | $\varphi = 66{,}5^\circ$

Cosinussatz für c: | $c^2 = 0{,}66^2\,\text{cm}^2 + 4{,}8^2\,\text{cm}^2 - 2 \cdot 0{,}66\,\text{cm} \cdot 4{,}8\,\text{cm} \cdot \cos 66{,}5^\circ$

$\underline{\underline{c = 4{,}58\,\text{cm}}}$

$A = \frac{a \cdot b \cdot \sin\gamma}{2}$ | $\underline{\underline{A}} = \frac{1{,}32\,\text{cm} \cdot 5{,}1\,\text{cm} \cdot \sin 59{,}6^\circ}{2} = \underline{\underline{2{,}91\,\text{cm}^2}}$

2. Ein Parallelogramm (Seiten, Winkel, Diagonalen, Flächeninhalt) ist zu berechnen aus:

a) $b = 16{,}1\,\text{cm}$	**b)** $a = 23{,}1\,\text{cm}$	**c)** $a = 6{,}3\,\text{m}$	**d)** $a = 93\,\text{dm}$
$c = 44{,}2\,\text{cm}$	$b = 15{,}1\,\text{cm}$	$b = 5{,}1\,\text{m}$	$e = 151\,\text{dm}$
$\gamma = 99^\circ 50'$	$\alpha = 71^\circ 40'$	$e = 9{,}1\,\text{m}$	$f = 61\,\text{dm}$

Zu a)
Aus der Definition und den Eigenschaften des Parallelogramms folgt:
$a = c = 44{,}2\,\text{cm}$; $b = d = 16{,}1\,\text{cm}$;
$\alpha = \gamma = 99{,}83^\circ$, $\beta = \delta = 180^\circ - 99{,}83^\circ = 80{,}16^\circ$
e und f werden mithilfe des Cosinussatzes berechnet.

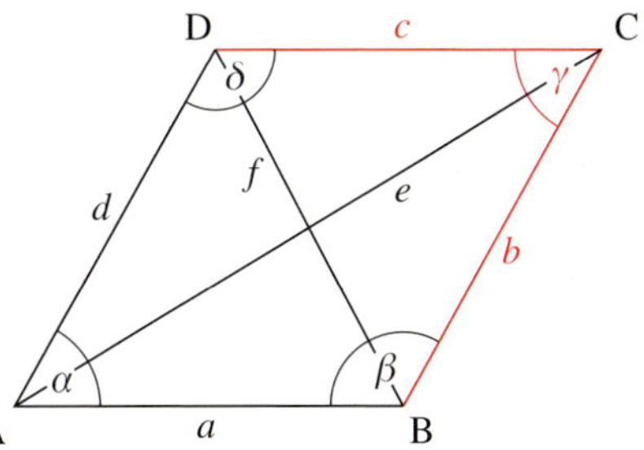

$e^2 = a^2 + b^2 - 2ab\cos\beta$ | $e^2 = 44{,}2^2\,\text{cm}^2 + 16{,}1^2\,\text{cm}^2 - 2 \cdot 44{,}2\,\text{cm} \cdot 16{,}1\,\text{cm} \cdot \cos 80{,}16^\circ$

$\underline{\underline{e = 44{,}38\,\text{cm}}}$

$f^2 = a^2 + b^2 - 2ab\cos\gamma$ | $f^2 = 44{,}2^2\,\text{cm}^2 + 16{,}1^2\,\text{cm}^2 - 2 \cdot 44{,}2\,\text{cm} \cdot 16{,}1\,\text{cm} \cdot \cos 99{,}83^\circ$

$\underline{\underline{f = 49{,}56\,\text{cm}}}$

Für die Länge der Höhe h gilt: $h = d \cdot \sin\alpha$. | $\underline{\underline{h}} = 16{,}1\,\text{cm} \cdot \sin 99{,}83^\circ = \underline{\underline{15{,}86\,\text{cm}}}$

Der Flächeninhalt A wird nach der Formel $A = a \cdot h$ berechnet. | $\underline{\underline{A}} = 44{,}2\,\text{cm} \cdot 15{,}86\,\text{cm} = \underline{\underline{701{,}172\,\text{cm}^2}}$

Zu b)
Die Berechnungen erfolgen analog denen in Aufgabe a).

$a = c = 23{,}1\,\text{cm}$; $b = d = 15{,}1\,\text{cm}$;
$\alpha = \gamma = 71{,}6^\circ$, $\beta = \delta = 180^\circ - 71{,}6^\circ = 108{,}3^\circ$

$e^2 = a^2 + b^2 - 2ab\cos\beta$ | $e^2 = 23{,}1^2\,\text{cm}^2 + 15{,}1^2\,\text{cm}^2 - 2 \cdot 23{,}1\,\text{cm} \cdot 15{,}1\,\text{cm} \cdot \cos 108{,}3^\circ$

$\underline{\underline{e = 31{,}32\,\text{cm}}}$

$f^2 = a^2 + b^2 - 2ab\cos\gamma$ | $f^2 = 23{,}1^2\,\text{cm}^2 + 15{,}1\,\text{cm} - 2 \cdot 23,1\,\text{cm} \cdot 15{,}1\,\text{cm} \cdot \cos 71{,}6^\circ$

$\underline{\underline{f = 23{,}29\,\text{cm}}}$

$h = d \cdot \sin\alpha$ | $h = 14{,}33$

$A = a \cdot h$ | $\underline{\underline{A = 331{,}11\,\text{cm}^2}}$

329 **Zu c)**
Die Berechnungen orientieren sich an der Figur zu Aufgabe a).
Die Größe von Winkel β wird aus dem Cosinussatz errechnet:
$e^2 = a^2 + b^2 - 2ab\cos\beta$
$\alpha = 180° - \beta$

Für die Länge von f wird der Cosinussatz angewendet: $f^2 = a^2 + b^2 - 2ab\cos\alpha$.

$h = d \cdot \sin\alpha$

$A = a \cdot h$

$a = c = 6{,}3\,\text{m};\ b = d = 5{,}1\,\text{m}$

$$\cos\beta = \frac{a^2 + b^2 - e^2}{2ab} \Rightarrow \underline{\underline{\beta = 105{,}44°}}$$

$\underline{\underline{\alpha = 74{,}56°}}$

$f^2 = 6{,}3^2\,\text{cm}^2 + 5{,}1^2\,\text{cm}^2 - 2 \cdot 6{,}3\,\text{m} \cdot 5{,}1\,\text{m} \cdot \cos 74{,}56°$

$\underline{\underline{f = 6{,}79\,\text{m}}}$

$h = 4{,}92\,\text{m}$

$\underline{\underline{A = 30{,}97\,\text{m}^2}}$

Zu d)
Für die hier anstehenden Berechnungen muss man von der Eigenschaft eines Parallelogramms Gebrauch machen, dass die Diagonalen einander halbieren. Dann kann zunächst die Größe von α_1 mithilfe des Cosinussatzes berechnet werden.

$$\left(\frac{f}{2}\right)^2 = \left(\frac{e}{2}\right)^2 + a^2 - 2\frac{e}{2}a\cos\alpha_1$$

Auch die Länge von b wird mithilfe des Cosinussatzes berechnet.
$b^2 = e^2 + a^2 - 2ea\cos\alpha$
► $d = b$
Nun kann aus dem Dreieck $\triangle ACD$ die Größe des Winkels α_1 mithilfe des Cosinussatzes berechnet werden.
► $c = a = 93\,\text{dm}$
$\gamma = \alpha = \alpha_1 + \alpha_2$

$\delta = \beta = 180° - \alpha$

$h = d \cdot \sin\alpha$

$A = a \cdot h$

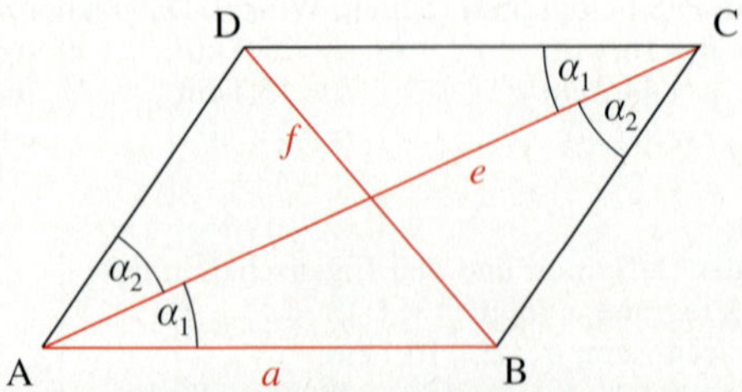

$$\cos\alpha_1 = \frac{75{,}5^2\,\text{dm}^2 + 93^2\,\text{dm}^2 - 30{,}5^2\,\text{dm}^2}{2 \cdot 75{,}5\,\text{dm} \cdot 93\,\text{dm}} \Rightarrow \underline{\underline{\alpha_1 = 17{,}14°}}$$

$b^2 = 151^2\,\text{dm}^2 + 93^2\,\text{dm}^2 - 2 \cdot 151\,\text{dm} \cdot 93\,\text{dm} \cdot \cos 17{,}14°$

$\underline{\underline{d = b = 67{,}91\,\text{dm}}}$

$$\cos\alpha_2 = \frac{151^2\,\text{dm}^2 + 67{,}91^2\,\text{dm}^2 - 93^2\,\text{dm}^2}{2 \cdot 151\,\text{dm} \cdot 67{,}91\,\text{dm}} \Rightarrow \underline{\underline{\alpha_2 = 23{,}81°}}$$

$\underline{\underline{\gamma = \alpha = 40{,}95°}}$

$\underline{\underline{\delta = \beta = 139{,}05°}}$

$h = 44{,}51\,\text{dm}$

$\underline{\underline{A = 4\,139{,}265\,\text{dm}^2}}$

3. Ein Trapez (Seiten, Winkel, Diagonalen, Flächeninhalt) ist zu berechnen aus:

a) $a = 41\,\text{cm}$
$b = 23\,\text{cm}$
$c = 9{,}6\,\text{cm}$
$\beta = 81°\,30'$

b) $a = 49{,}3\,\text{m}$
$c = 13{,}4\,\text{m}$
$h_a = 41{,}9\,\text{m}$
$\beta = 48°\,50'$

c) $a = 61{,}3\,\text{dm}$
$b = 58{,}2\,\text{dm}$
$c = 19{,}8\,\text{dm}$
$e = 45{,}2\,\text{dm}$

Es ist eine Vielzahl von Schritten nötig, um die gesuchten Größen berechnen zu können.

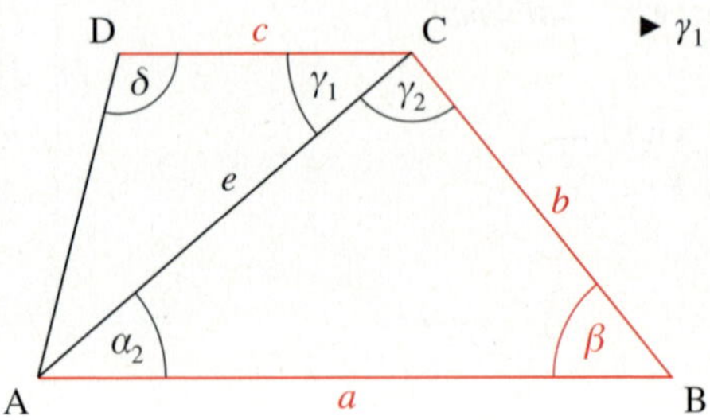

► $\gamma_1 = d_2$

329

Zu a)

Zunächst werden e und α_2 mithilfe des Cosinussatzes berechnet:

$e^2 = a^2 + b^2 - 2ab\cos\beta$ $\qquad e^2 = 41^2\,\text{cm}^2 + 23^2\,\text{cm}^2 - 2\cdot 41\,\text{cm}\cdot 23\,\text{cm}\cdot\cos 81{,}5°$

$\underline{\underline{e = 43{,}95\,\text{cm}}}$

$\cos\alpha_2 = \dfrac{b^2 + c^2 - a^2}{2bc}$ $\qquad \underline{\underline{\alpha_2 = 31{,}17°}}$

Mit α_2 kennt man γ_2 und damit γ, sodass nun auch f berechnet werden kann.

$\gamma_2 = 180° - \alpha_2 - \beta$ $\qquad \gamma_2 = 67{,}33°$

$\gamma = \alpha_2 + \gamma_2$ $\qquad \underline{\underline{\gamma = 98{,}5°}}$

$f^2 = b^2 + c^2 - 2bc\cos\gamma$ $\qquad f^2 = 23^2\,\text{cm}^2 + 9{,}6^2\,\text{cm}^2 - 2\cdot 23\,\text{cm}\cdot 9{,}6\,\text{cm}\cdot\cos 98{,}5°$

$\underline{\underline{f = 26{,}20\,\text{cm}}}$

$d^2 = c^2 + e^2 - 2ce\cos\alpha$ $\qquad d^2 = 9{,}6^2\,\text{cm}^2 + 43{,}95^2\,\text{cm}^2 - 2\cdot 9{,}6\,\text{cm}\cdot 43{,}95\,\text{cm}\cdot\cos 31{,}17°$

$\underline{\underline{d = 36{,}08\,\text{cm}}}$

Die Größe von Winkel δ erhält man aus dem Cosinussatz:

$e^2 = c^2 + d^2 - 2cd\cos\delta$ $\qquad \cos\delta = \dfrac{9{,}6^2\,\text{cm}^2 + 36{,}08^2\,\text{cm}^2 - 43{,}95^2\,\text{cm}^2}{2\cdot 36{,}08\,\text{cm}\cdot 9{,}6\,\text{cm}} \Rightarrow \delta = 140{,}91°$

$\alpha = 360° - \beta - \gamma - \delta$ $\qquad \underline{\underline{\alpha = 39{,}09°}}$

$h = d\cdot\sin\alpha$ $\qquad h = 36{,}08\,\text{cm}\cdot\sin 39{,}09° = 22{,}75\,\text{cm}$

$A = \dfrac{a+c}{2}\cdot h$ $\qquad \underline{\underline{A}} = \dfrac{41\,\text{cm} + 9{,}6\,\text{cm}}{2}\cdot 22{,}75\,\text{cm} = \underline{\underline{575{,}575\,\text{cm}^2}}$

Zu b)

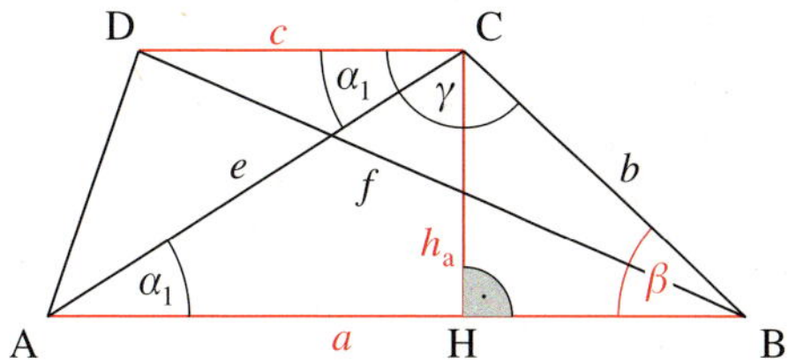

Aus dem Dreieck △HBC kann die Länge von b berechnet werden.

$\sin\beta = \dfrac{h}{b} \Rightarrow b = \dfrac{h}{\sin\beta} \Rightarrow \underline{\underline{b = 55{,}66\,\text{m}}}$

Außerdem ist $\gamma = 180° - \beta$. $\qquad \underline{\underline{\gamma = 131{,}17°}}$

$f^2 = b^2 + c^2 - 2bc\cos\gamma$ $\qquad f^2 = 55{,}66^2\,\text{m}^2 + 13{,}4^2\,\text{m}^2 - 2\cdot 55{,}66\,\text{m}\cdot 13{,}4\,\text{m}\cdot\cos 131{,}17°$

$\underline{\underline{f = 65{,}27\,\text{m}}}$

$e^2 = a^2 + b^2 - 2ab\cos\beta$ $\qquad e^2 = 49{,}3^2\,\text{m}^2 + 55{,}66^2\,\text{m}^2 - 2\cdot 49{,}3\,\text{m}\cdot 55{,}66\,\text{m}\cdot\cos 48{,}83°$

$\underline{\underline{e = 43{,}77\,\text{m}}}$

Es gilt: $|\sphericalangle ACD| = |\sphericalangle BAC| = \alpha_1$ und

$\cos\alpha_1 = \dfrac{a^2 + f^2 - b^2}{2af}$ $\qquad \alpha_1 = 73{,}19°$

$d^2 = c^2 + e^2 - 2ce\cos 73{,}19°$ $\qquad d^2 = 13{,}4^2\,\text{m}^2 + 43{,}77^2\,\text{m}^2 - 2\cdot 13{,}4\,\text{m}\cdot 43{,}77\,\text{m}\cdot\cos 73{,}19°$

$\underline{\underline{d = 41{,}91\,\text{m}}}$

329

$|\sphericalangle BAD| = \alpha$ aus dem Cosinussatz:

$f^2 = a^2 + d^2 - 2ad\cos\alpha$

$\delta = 180° - \alpha$

$A = \frac{a+c}{2} \cdot h$

$\cos\alpha = \frac{49{,}3^2\,m^2 + 41{,}91^2\,m^2 - 65{,}17^2\,m^2}{2 \cdot 49{,}3\,m \cdot 41{,}91\,m} \Rightarrow \underline{\underline{\alpha = 90{,}83°}}$

$\underline{\underline{\delta = 89{,}17°}}$

$\underline{\underline{A}} = \frac{49{,}3\,m + 13{,}4\,m}{2} \cdot 41{,}9\,m = \underline{\underline{1313{,}565\,m^2}}$

Zu c)
Um die Größe von $\sphericalangle\beta$ zu bestimmen, wird der Cosinussatz auf das Dreieck $\triangle ABC$ angewendet.

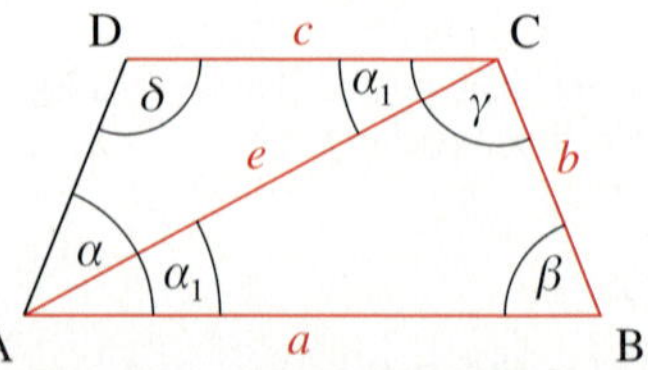

$e^2 = a^2 + b^2 - 2ab\cos\beta$

$\cos\beta = \frac{61{,}3^2\,dm^2 + 58{,}2^2\,dm^2 - 45{,}2^2\,dm^2}{2 \cdot 61{,}3\,dm \cdot 58{,}2\,dm} \Rightarrow \underline{\underline{\beta = 44{,}36°}}$

$\gamma = 180° - \beta$

$\underline{\underline{\gamma = 135{,}64°}}$

$f^2 = b^2 + c^2 - 2bc\cos\gamma$

$f^2 = 58{,}2^2\,dm^2 + 19{,}8^2\,dm^2 - 2 \cdot 58{,}2\,dm \cdot 19{,}8\,dm \cdot \cos 135{,}64°$

$\underline{\underline{f = 73{,}67\,dm}}$

$|\sphericalangle BAC| = |\sphericalangle ACD| = \alpha_1$

$\cos\alpha_1 = \frac{a^2 + e^2 - b^2}{2ae}$

$\alpha_1 = 64{,}19°$

$d^2 = e^2 + c^2 - 2ec\cos\alpha$

$d^2 = 45{,}2^2\,dm^2 + 19{,}8^2\,dm^2 - 2 \cdot 45{,}2\,dm \cdot 19{,}8\,dm \cdot \cos 64{,}19°$

$\sphericalangle\delta$ aus Dreieck $\triangle ACD$ mithilfe Cosinussatz:

$\underline{\underline{d = 40{,}69\,dm}}$

$\sphericalangle\delta\; e^2 = d^2 + c^2 - 2de\cos\delta$

$\cos\delta = \frac{40{,}69^2\,dm^2 + 19{,}8^2\,dm^2 - 45{,}2^2\,dm^2}{2 \cdot 40{,}69\,dm \cdot 19{,}8\,dm} \Rightarrow \underline{\underline{\delta = 89{,}83°}}$

$\alpha = 180° - \delta$

$\underline{\underline{\alpha = 90{,}17°}}$

$h = d \cdot \sin\alpha$

$h = 40{,}96\,dm$

$A = \frac{a+c}{2} \cdot h$

$\underline{\underline{A}} = \frac{61{,}3\,dm + 19{,}8\,dm}{2} \cdot 40{,}96\,dm = \underline{\underline{1660{,}928\,dm^2}}$

4. Zwei Kräfte ($F_1 = 390\,N$ und $F_2 = 140\,N$) wirken an einem Punkt unter dem Winkel der Größe 54,16°. Wie groß ist der Betrag der Resultierenden R, und welche Winkel bildet ihre Richtung mit der Richtung beider Kräfte?

Im Parallelogramm der Kräfte ist $\alpha = 180° - 54{,}16°$, also 125,83°.
Mithilfe des Cosinussatzes kann der Betrag von R berechnet werden.

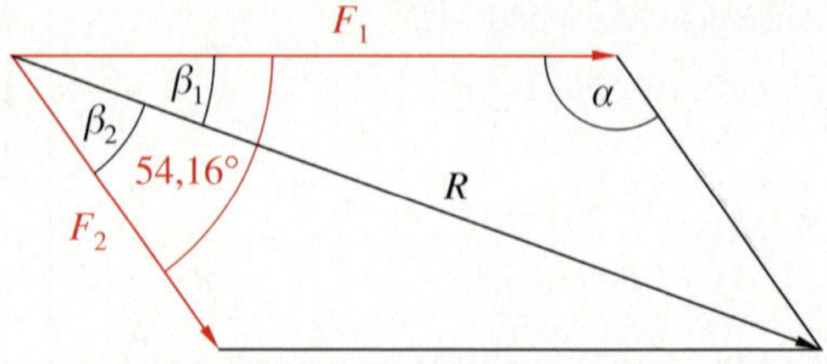

$R^2 = F_1^2 + F_2^2 - 2F_1F_2\cos 125{,}83°$

$R^2 = 390^2\,N^2 + 140^2\,N^2 - 2 \cdot 390\,N \cdot 140\,N \cdot \cos 125{,}83°$

$\underline{\underline{R = 485{,}416\,N}}$

$|\sphericalangle F_1 R| = \beta_1$ mithilfe des Cosinussatzes.

$F_2^2 = F_1^2 + R^2 - 2F_1R\cos\beta_1$

$\beta_2 = 54{,}16° - \beta_1$

$\cos\beta_1 = \frac{390^2 + 485{,}416^2 - 140^2}{2 \cdot 390 \cdot 485{,}416} \Rightarrow \underline{\underline{\beta_1 = 13{,}52°}}$

$\underline{\underline{\beta_2 = 40{,}64°}}$

5. Zwei Orte A und B liegen auf verschiedenen Seiten eines Sees. Zwei Straßen, die von A und B geradlinig ausgehen, treffen sich in C unter einem Winkel von 57,6°. Wie weit ist A von B entfernt (Luftlinie), wenn die Entfernung von B bis C 5,4 km und von A bis C 8,4 km beträgt? 329

Die Entfernung $|\overline{AB}|$ kann aus dem Dreieck $\triangle ABC$ mithilfe des Cosinussatzes berechnet werden.

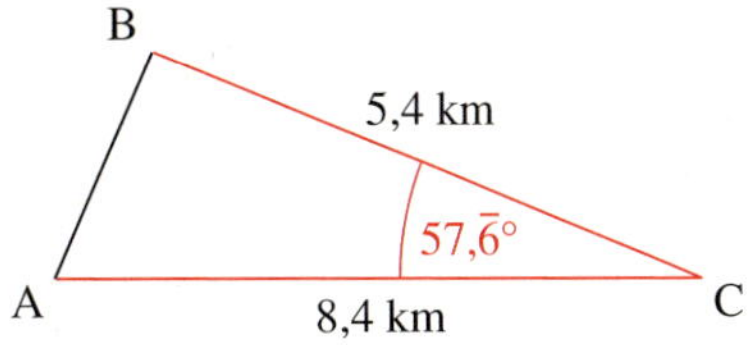

$$|\overline{AB}|^2 = |\overline{AC}|^2 + |\overline{BC}|^2 - 2\,|\overline{AC}| \cdot |\overline{BC}| \cos 57{,}6°$$

$$|\overline{AB}|^2 = 8{,}4^2\,\text{km}^2 + 5{,}4^2\,\text{km}^2 - 2 \cdot 8{,}4\,\text{km} \cdot 5{,}4\,\text{km} \cdot \cos 57{,}6°$$

$$\underline{\underline{|\overline{AB}| = 7{,}155\,\text{km}}}$$

6. Von einem Schiff, das nach Norden fährt, sieht man einen Leuchtturm in 4,5 sm Entfernung in Richtung N 23° 50′ W. Nach 7,2 sm geradliniger Fahrt wird der Leuchtturm erneut angepeilt. In welcher Richtung erscheint er dann, und wie weit ist das Schiff von ihm entfernt? (1 sm = 1,852 km)

In der Skizze erkennt man ein Dreieck, von dem die Längen zweier Seiten und die Größe des von den Seiten eingeschlossenen Winkels bekannt sind. Sowohl die Länge von $\overline{BC}$ als auch die Größe von β können mithilfe des Cosinussatzes berechnet werden.

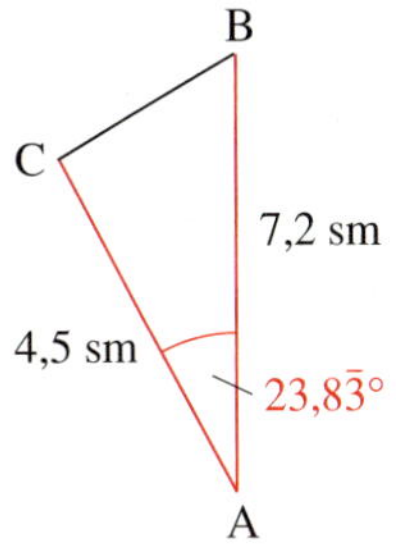

$$|\overline{BC}|^2 = |\overline{AC}|^2 + |\overline{AB}|^2 - 2\,|\overline{AC}| \cdot |\overline{AB}| \cos 23{,}83°$$

$$|\overline{BC}|^2 = 4{,}5^2\,\text{sm}^2 + 7{,}2^2\,\text{sm}^2 - 2 \cdot 4{,}5\,\text{sm} \cdot 7{,}2\,\text{sm} \cdot \cos 23{,}83°$$

$$\underline{\underline{|\overline{BC}|}} = 3{,}58\,\text{sm} = \underline{\underline{6{,}630\,\text{km}}}$$

$$|\overline{AC}|^2 = |\overline{AB}|^2 + |\overline{BC}|^2 - 2\,|\overline{AB}| \cdot |\overline{BC}| \cos\beta$$

$$\cos\beta = \frac{7{,}2^2 + 3{,}58^2 - 4{,}5^2 - 4{,}5^2}{2 \cdot 7{,}2 \cdot 3{,}58} \Rightarrow \underline{\underline{\beta = 30{,}53°}}$$

Der Leuchtturm erscheint unter S 30° 32′ W.

7. Zwei Schiffe A und B nehmen um 13.30 Uhr Funkverbindung auf. A hat eine Geschwindigkeit von $16\,\frac{\text{sm}}{\text{h}}$, B von $18\,\frac{\text{sm}}{\text{h}}$. Um 18.30 Uhr treffen sie zusammen. Ihre Wege schneiden sich unter einem Winkel von 67,6°. Wie weit (km) waren sie um 13.20 Uhr voneinander entfernt, wenn sie immer in gleiche Richtung gefahren sind?

Beide Schiffe sind 5 h 10 min, also $5{,}1\overline{6}$ h unterwegs. A hat in dieser Zeit 82,6 sm zurückgelegt, B 92,9 sm.

Die Länge $|\overline{AB}|$ im Dreieck $\triangle ABC$ kann mithilfe des Cosinussatzes berechnet werden.

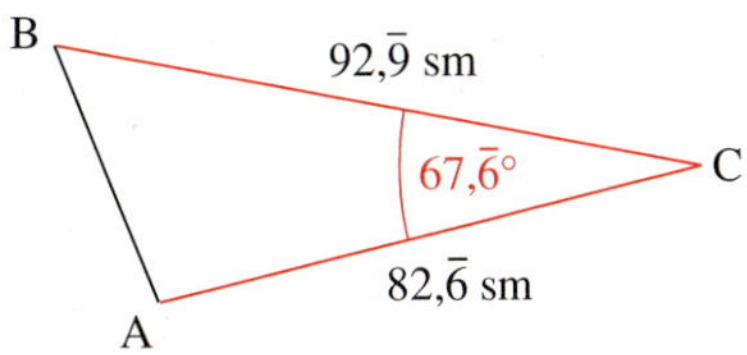

$$|\overline{AB}|^2 = |\overline{AC}|^2 + |\overline{BC}|^2 - 2\,|\overline{AC}| \cdot |\overline{BC}| \cos 67{,}6°$$

$$|\overline{AB}|^2 = 82{,}6^2\,\text{sm}^2 + 92{,}9^2\,\text{sm}^2 - 2 \cdot 82{,}6\,\text{sm} \cdot 92{,}9\,\text{sm} \cdot \cos 67{,}6°$$

$$\underline{\underline{|\overline{AB}|}} = 98{,}155\,\text{sm} = \underline{\underline{181{,}784\,\text{km}}}$$

329 **8.** Zwei geradlinige Arme eines Flussdeltas, die einen Winkel von 39,6° bilden, schneiden ein dreieckiges Stück Land ab. Wie groß ist die Fläche des Landes, wenn die Arme 17,4 km und 34,3 km lang sind?

Der Flächeninhalt des abgeschnittenen Dreiecks kann nach der Formel

$A = \frac{b \cdot c \cdot \sin\alpha}{2}$ berechnet werden.

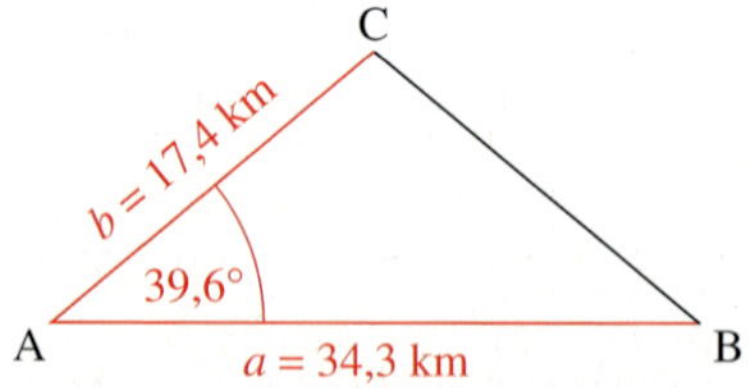

$$\underline{\underline{A}} = \frac{17{,}4\,\text{km} \cdot 34{,}3\,\text{km} \cdot \sin 39{,}6°}{2} = \underline{\underline{190{,}481\,\text{km}^2}}$$

9. Die Mantellinien ($s_1 = 10{,}2\,\text{cm}$; $s_2 = 16{,}5\,\text{cm}$) eines schiefen Kegels bilden einen Spitzenwinkel von 108,16°. Wie schwer ist der Kegel, wenn er aus Stahl $\left(\varrho = 7{,}8\,\frac{\text{kg}}{\text{dm}^3}\right)$ ist?

Auch für den Rauminhalt V eines schiefen Kegels ist $V = \frac{A \cdot h}{3}$. Die Masse m eines Körpers errechnet sich aus $m = V \cdot \varrho$.

Die Skizze zeigt einen Schnitt durch die Spitze des Kegels senkrecht zur Grundfläche. Man entnimmt ihr, dass man die Länge d des Durchmessers des Grundkreises des Kegels mithilfe des Cosinussatzes berechnen kann. Anschließend kann auch die Größe von α mittels des Cosinussatzes bestimmt werden.

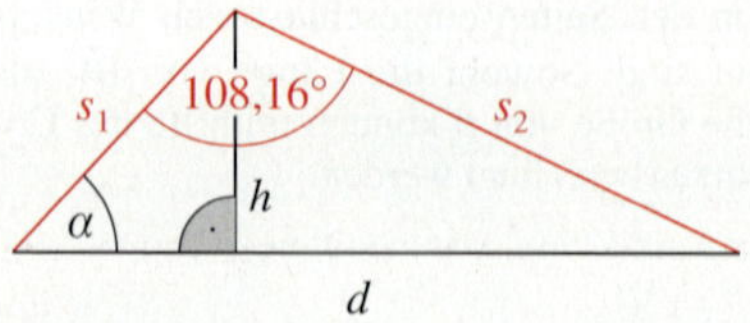

$$d^2 = 10{,}2^2\,\text{cm}^2 + 16{,}5^2\,\text{cm}^2 - 2 \cdot 10{,}2\,\text{cm} \cdot 16{,}5\,\text{cm} \cdot \cos 108{,}16°$$

$$d = 21{,}94\,\text{cm}$$

$A = \frac{\pi}{4} d^2$ | $A = 377{,}96\,\text{cm}^2$

$\cos\alpha = \frac{s_1^2 + d^2 - s_2^2}{2 s_1 d}$ | $\alpha = 45{,}60°$

$h = 10{,}2\,\text{cm} \cdot \sin\alpha$ | $h = 7{,}29\,\text{cm}$

$V = \frac{A \cdot h}{3}$ | $V = \frac{377{,}96\,\text{cm}^2 \cdot 7{,}29\,\text{cm}}{3} = 918{,}296\,\text{cm}^3$

$m = V \cdot \varrho$ | $\underline{\underline{m}} = 0{,}918296\,\text{dm}^3 \cdot 7{,}8\,\frac{\text{kg}}{\text{dm}^3} = \underline{\underline{7{,}162\,\text{kg}}}$

10. Zwei Kräfte $F_1 = 253\,\text{N}$ und $F_2 = 174\,\text{N}$ können durch die Resultierende $R = 364\,\text{N}$ ersetzt werden. Welchen Winkel bilden beide Kräfte?

Die Größen der Winkel zwischen F_1 und R sowie zwischen F_2 und R können mithilfe des Cosinussatzes berechnet werden.

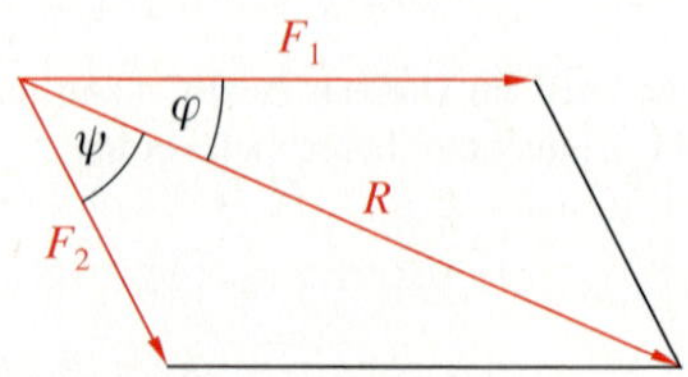

$$174^2 = 253^2 + 364^2 - 2 \cdot 253 \cdot 364 \cdot \cos\varphi$$

$$\cos\varphi = \frac{253^2 + 364^2 - 174^2}{2 \cdot 253 \cdot 364} \Rightarrow \underline{\underline{\varphi = 25{,}51°}}$$

Die Größe des Winkels α zwischen F_1 und F_2 ist deren Summe.
$\alpha = \varphi + \psi$

$253^2 = 174^2 + 364^2 - 2 \cdot 174 \cdot 364 \cdot \cos\psi$

$\cos\psi = \dfrac{174^2 + 364^2 - 253^2}{2 \cdot 174 \cdot 364} \Rightarrow \underline{\underline{\psi = 38{,}77°}}$

$\underline{\underline{\alpha = 64{,}28°}}$

11. Zwei Pkw A und B $\left(\text{A}: 55\,\dfrac{\text{km}}{\text{h}}, \text{B}: 68\,\dfrac{\text{km}}{\text{h}}\right)$ fahren gleichzeitig von einem Kreuzungspunkt in verschiedene Richtungen geradlinig ab. Die Straßen bilden einen Winkel von 106,6°. Wie weit sind die beiden Pkw nach 25 Minuten voneinander entfernt?

Der Pkw A hat nach 25 Minuten den Weg s_1 von $\dfrac{25}{60}\,\text{h} \cdot 55\,\dfrac{\text{km}}{\text{h}}$, also 22,92 km zurückgelegt, der Pkw B entsprechend den Weg s_2 von 28,3 km.

Die Entfernung e von A und B nach 25-minütiger Fahrt kann mithilfe des Cosinussatzes ermittelt werden.

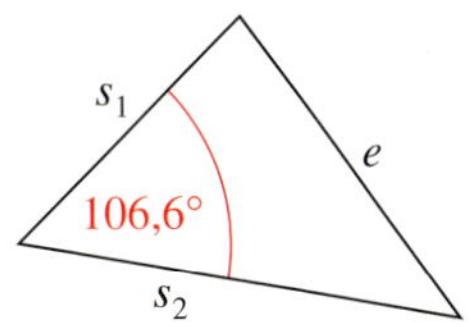

$e^2 = s_1^2 + s_2^2 - 2 s_1 s_2 \cos 106{,}6°$

$e^2 = 22{,}92^2\,\text{km}^2 + 28{,}3^2\,\text{km}^2 - 2 \cdot 22{,}92\,\text{km} \cdot 28{,}3\,\text{km} \cdot \cos 106{,}6°$

$\underline{\underline{e = 41{,}210\,\text{km}}}$

12. Zeigen Sie, dass die Gleichung $\cos\alpha = -\cos(180° - \alpha)$ auch für Winkelmaße $0° < \alpha < 90°$ gilt.

Am Einheitskreis gilt:
Ist $\text{P}\langle x|y\rangle$ ein Punkt auf der Peripherie des Kreises im 1. Quadranten, so gilt für seine Koordinaten $x = \cos\alpha$ und $y = \sin\alpha$. Für die Koordinaten $\text{Q}\langle -x|y\rangle$ des Spiegelpunktes von P an der y-Achse gilt dann $-x = \cos(180° - \alpha)$ und $y = \sin\alpha$.
Damit erhält man $-\cos\alpha = \cos(180° - \alpha)$ oder $\cos\alpha = -\cos(180° - \alpha)$.

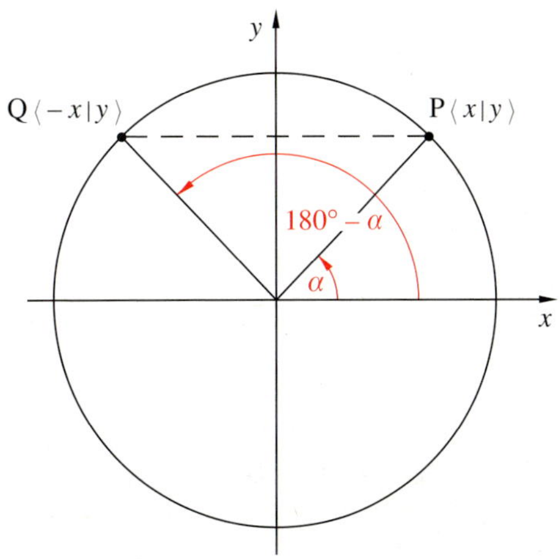

329

Vermischte Aufgaben zur Wiederholung

1. Ein Flussdampfer ist mit einer Kette R an einem im Fluss stehenden Eisenträger befestigt. Infolge der Strömung herrscht in der Kette eine Zugkraft von 2 800 N. Da die Kette schadhaft ist, muss der Dampfer zusätzlich mit zwei Seilen am Ufer verankert werden. Berechnen Sie die Zugkräfte in den Seilen für $\alpha = 38°\,10'$ und $\beta = 21°\,50'$.

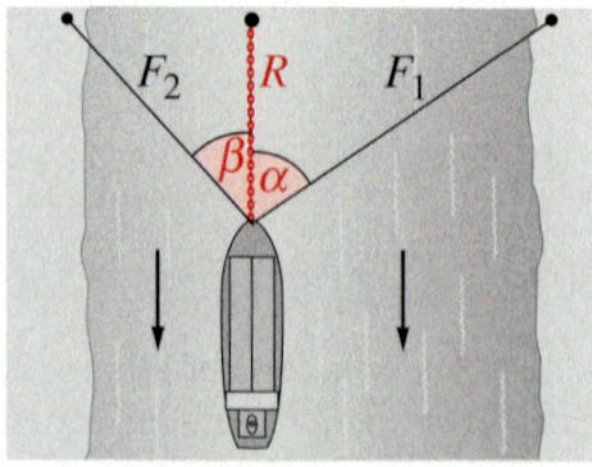

Ergänzt man die Figur zu einem Kräfteparallelogramm, so erkennt man, wie die Größen der Innenwinkel der entstandenen Dreiecke bestimmt sind.

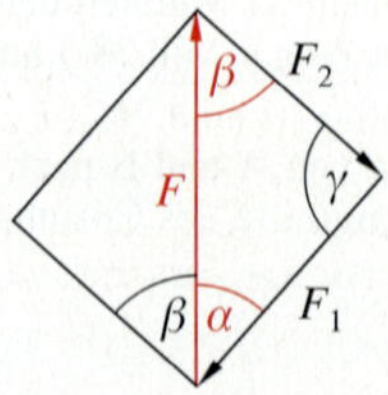

Für $\sphericalangle\gamma$ gilt: $\gamma = 180° - \alpha - \beta$

$\gamma = 180° - 38{,}1\overline{6}° - 21{,}8\overline{3}° = 120°$

Nun kann zweimal der Sinussatz angewendet werden.

$\frac{R}{F_2} = \frac{\sin\gamma}{\sin\alpha}$

$\underline{\underline{F_2}} = \frac{2800\,\text{N}\cdot\sin 38{,}16°}{\sin 120°} = \underline{\underline{1997{,}935\,\text{N}}}$

$\frac{R}{F_1} = \frac{\sin\gamma}{\sin\beta}$

$\underline{\underline{F_1}} = \frac{2800\,\text{N}\cdot\sin 21{,}83°}{\sin 120°} = \underline{\underline{1202{,}438\,\text{N}}}$

330

2. Von einem Dreieck kennt man die Länge der Seite a und die Größen der beiden anliegenden Winkel β und γ. Berechnen Sie allgemein den Dreiecksflächeninhalt A.

Man wird wegen a und β die Formel $A = \frac{c\cdot a\cdot\sin\beta}{2}$ anwenden wollen. Dazu muss aber noch c in Abhängigkeit von a und α sowie γ ausgedrückt werden.

▶ $\alpha = 180° - \beta - \gamma$

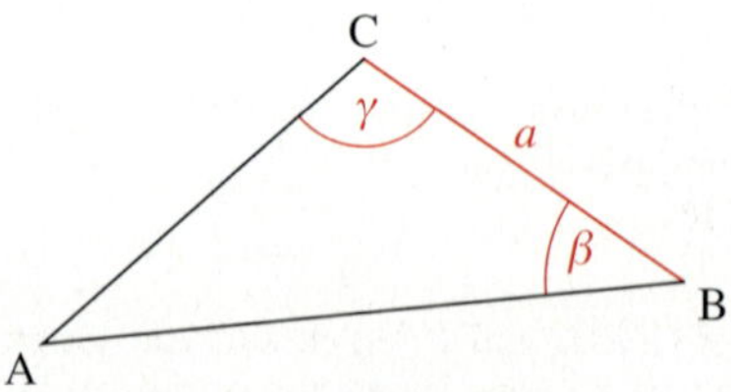

$\frac{a}{c} = \frac{\sin\alpha}{\sin\gamma} \Rightarrow c = \frac{a\sin\gamma}{\sin\alpha}$

$\underline{\underline{A}} = \frac{a\sin\gamma}{\sin\alpha}\cdot\frac{a\sin\beta}{2} = \underline{\underline{\frac{a^2\sin\beta\sin\gamma}{2\sin(180° - \beta - \gamma)}}}$

3. Eine Stahlkonstruktion wird mit 30 kN belastet. Berechnen Sie die Stabkräfte F_1 und F_2.

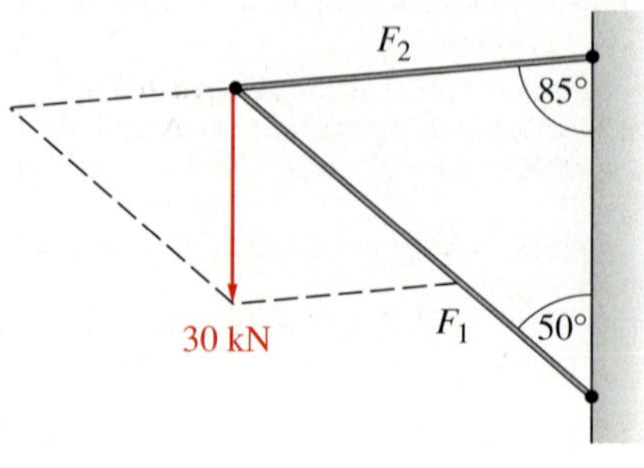

330

Im Parallelogramm der Kräfte ist
$\alpha = 180° - 85° - 50° = 45°$.
Damit ist die zweimalige Anwendung des Sinussatzes möglich.

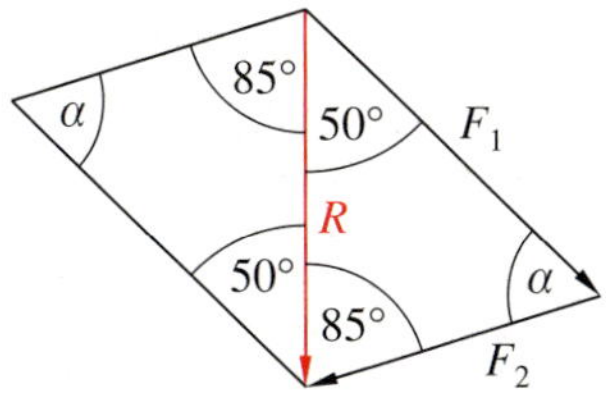

$$\frac{F_2}{R} = \frac{\sin 50°}{\sin 45°} \qquad \underline{\underline{F_2}} = \frac{30\,\text{kN} \cdot \sin 50°}{\sin 45°} = \underline{\underline{32{,}500\,\text{kN}}}$$

$$\frac{F_1}{R} = \frac{\sin 85°}{\sin 45°} \qquad \underline{\underline{F_1}} = \frac{30\,\text{kN} \cdot \sin 85°}{\sin 45°} = \underline{\underline{42{,}264\,\text{kN}}}$$

4. Zwei Stahlseile, die an der Decke einer Fabrikhalle befestigt sind, halten eine Last. Welche Zugkräfte F_1 und F_2 herrschen in den Stahlseilen, wenn die angehängte Last eine Gewichtskraft von 13 kN hat?

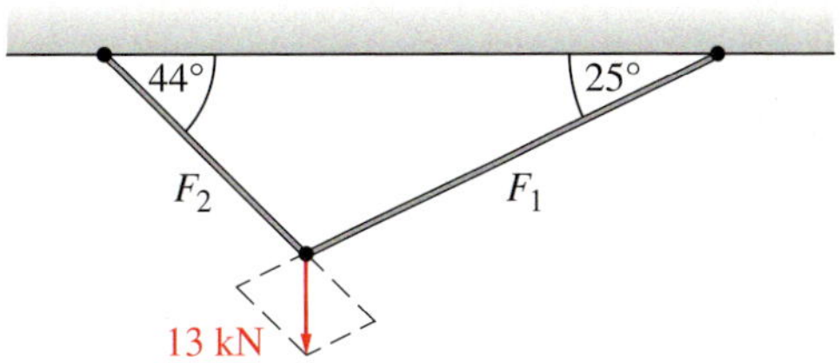

Nebenstehend ist das Parallelogramm der Kräfte größer herausgezeichnet, damit die Größen der verschiedenen Winkel deutlicher hervorgehoben werden können.

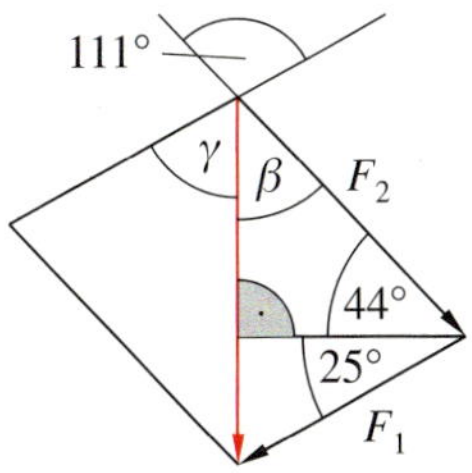

$\beta = 90° - 44° \qquad \beta = 46°$

$\gamma = 111° - 46° \qquad \gamma = 65°$

$$\frac{F_2}{R} = \frac{\sin\gamma}{\sin 69°} \qquad \underline{\underline{F_2}} = \frac{13\,\text{kN} \cdot \sin 65°}{\sin 69°} = \underline{\underline{12{,}6202\,\text{kN}}}$$

$$\frac{F_1}{R} = \frac{\sin\beta}{\sin 69°} \qquad \underline{\underline{F_1}} = \frac{13\,\text{kN} \cdot \sin 46°}{\sin 69°} = \underline{\underline{10{,}0167\,\text{kN}}}$$

5. Zwei Orte A und B liegen auf dem gleichen Längengrad. Ein Erdsatellit überfliegt in unbekannter Höhe diesen Längengrad und wird dabei unter folgenden Erhebungswinkeln gesehen:
von A aus in nördlicher Richtung unter 42°, von B aus in südlicher Richtung unter 61°.
Der Ort A liegt 31°20′ nördlicher Breite, der Ort B 60°10′ nördlicher Breite. Berechnen Sie den Abstand des Körpers von der Erdoberfläche ($r = 6370\,\text{km}$).

Die Skizze verdeutlicht, dass es sich um komplexe Sachverhalte handelt.

Der Mittelpunktswinkel φ zum Bogen $\overset{\frown}{AB}$ auf dem gemeinsamen Längengrad von A und B beträgt $60°10' - 31°20'$, also $28°50'$ oder $28{,}83°$.

Da das Dreieck $\triangle$AMB gleichschenklig ist, ist

$\alpha = \dfrac{180° - 28{,}83°}{2}$, also $\alpha = 75{,}58°$.

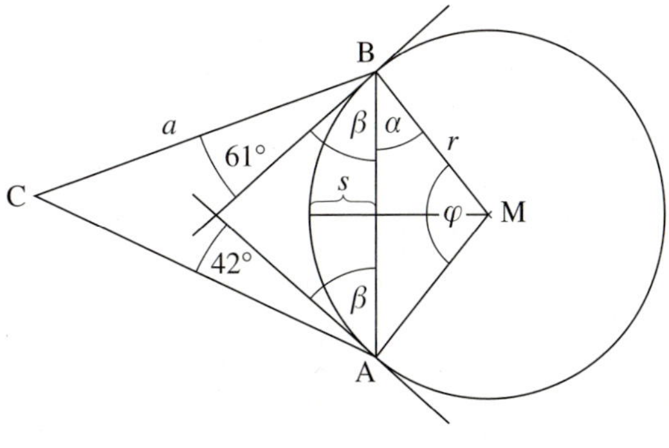

330

Da die angegebenen Erhebungswinkel von den Tangenten an die Erdkugel in A und B aus gemessen werden, muss die Größe der in der Skizze mit β bezeichneten Winkel bestimmt werden. Es ist $\beta = 90° - 75{,}58°$, also $\beta = 14{,}42°$. $|\overline{AB}|$ wird mithilfe des Cosinussatzes berechnet:

$\varphi = 28{,}83°$
$\alpha = 75{,}58°$
$\beta = 14{,}42°$

$|\overline{AB}|^2 = r^2 + r^2 - 2 \cdot r \cdot r \cdot \cos 28{,}83°.$

$|\overline{AB}|^2 = 2 \cdot 6370^2\,\text{km}^2 - 2 \cdot 6370\,\text{km}^2 \cdot \cos 28{,}83°$
$|\overline{AB}| = 3171{,}5398\,\text{km}$

Die Winkel an der Seite $\overline{AB}$ des Dreiecks $\triangle ABC$ sind $42° + 14{,}42°$ und $61° + 14{,}42°$, also $56{,}42°$ und $75{,}42°$ groß. Der Winkel bei C ist also nach dem Satz über die Innenwinkelsumme im Dreieck $48{,}16°$ groß. Das erlaubt den Ansatz

$$\frac{a}{|\overline{AB}|} = \frac{\sin 56{,}42°}{\sin 48{,}16°}.$$

$$a = \frac{|\overline{AB}| \cdot \sin 56{,}42°}{\sin 48{,}16°} = 3546{,}6013\,\text{km}$$

Nun kann die Länge h der Höhe von C auf $\overline{AB}$ berechnet werden: $h = a \cdot \sin 75{,}42°$.

$h = 3432{,}3905\,\text{km}$

h bezeichnet aber nicht die Höhe H des Satelliten über der Erde, dazu muss von h die Länge s der Erhebung der Erdoberfläche über die Strecke $\overline{AB}$ subtrahiert werden. Es gilt:

$s = r \cdot \left(1 - \cos\frac{\varphi}{2}\right)$, also $s = 200{,}54\,\text{km}$.

$H = h - s$
$H = 3432{,}3905\,\text{km} - 200{,}54\,\text{km}$
$\underline{\underline{H = 3231{,}850\,\text{km}}}$

6. Zwei Schiffe A und B liegen an der Küste vor Anker. Wie weit ist A von B entfernt?
$a = 35\,\text{m}$ $\gamma = 23°\,40'$
$\alpha = 84°\,20'$ $\delta = 58°\,30'$
$\beta = 108°\,10'$

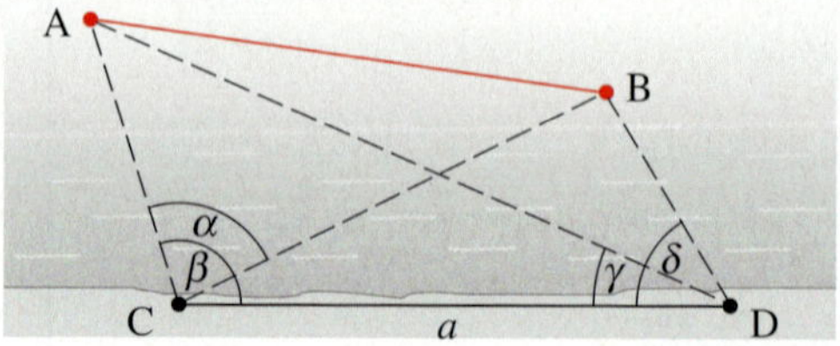

Mithilfe des Sinussatzes werden die Längen der Diagonalen $\overline{DA}$ und $\overline{CB}$ berechnet.

$|\sphericalangle BCA| = 180° - 108{,}16° - 23{,}6° = 48{,}24°$

$$\frac{35\,\text{m}}{|\overline{DA}|} = \frac{\sin 48{,}24°}{\sin 108{,}16°}$$

$\Rightarrow |\overline{DA}| = 44{,}37\,\text{m}$

$|\sphericalangle CBD| = 180° - (108{,}16° - 84{,}3) - 58{,}5°$
$= 97{,}64°$

$$\frac{|\overline{CB}|}{35\,\text{m}} = \frac{\sin 58{,}5°}{\sin 97{,}64°}$$

$\Rightarrow |\overline{CB}| = 30{,}11\,\text{m}$

Nun wird der Cosinussatz auf das Dreieck $\triangle ACD$ und sodann auf $\triangle ABC$ angewendet.

$|\overline{AC}|^2 = a^2 + |\overline{DA}|^2 - 2a\,|\overline{DA}|\cos 23{,}6°$

$|\overline{AC}|^2 = 1225\,\text{m}^2 + 1968{,}70\,\text{m}^2 - 2 \cdot 35\,\text{m} \cdot 44{,}37\,\text{m} \cdot \cos 23{,}6°$
$|\overline{AC}| = 18{,}62\,\text{m}$

$|\overline{AB}|^2 = |\overline{CB}|^2 + |\overline{AC}|^2 - 2\,|\overline{CB}| \cdot |\overline{AC}|\cos 84{,}3°$

$|\overline{AB}|^2 = 906{,}61\,\text{m}^2 + 346{,}7\,\text{m}^2 - 2 \cdot 30{,}11\,\text{m} \cdot 18{,}62\,\text{m} \cdot \cos 84{,}3°$
$\underline{\underline{|\overline{AB}| = 33{,}79\,\text{m}}}$

7. Aus einer Ebene erhebt sich senkrecht ein 120 m hohes Plateau. Ein Kind ist über den Rand gestürzt und in unbekannter Höhe hängengeblieben. Mithilfe eines Seiles will man es vom oberen Rand des Plateaus bergen. Von einem beliebigen Punkt in der Ebene misst man folgende Höhenwinkel: bis zur Plateaukante 39° 20′ und bis zum Kind 30° 30′. Berechnen Sie die Mindestlänge des Seiles. 330

Stehen a für die Länge der Strecke $\overline{AB}$ und x für die Länge der Strecke $\overline{CD}$, so kann durch zweimalige Anwendung des Tangens in den rechtwinkligen Dreiecken $\triangle ABC$ und $\triangle ABD$ die Länge x berechnet werden.

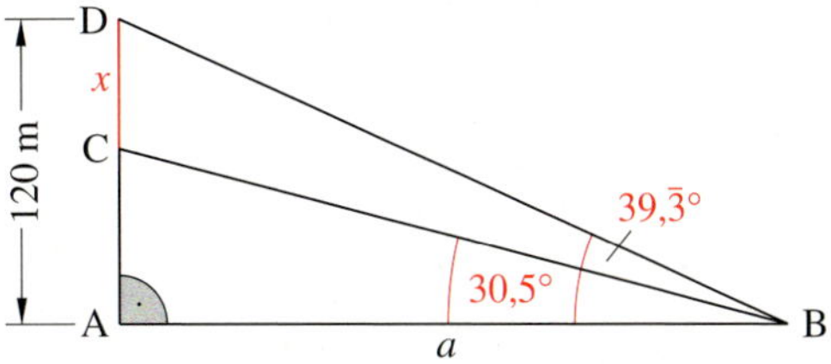

$$\frac{120\,\text{m} - x}{a} = \tan 30{,}5°$$

► Beide Gleichungen nach a umstellen und gleichsetzen.

$$\frac{120\,\text{m}}{a} = \tan 39{,}3°$$

$$\frac{120\,\text{m} - x}{\tan 30{,}5°} = \frac{120\,\text{m}}{\tan 39{,}3°} \quad \Big| \cdot \tan 30{,}5° \quad \Big| \cdot \tan 39{,}3°$$

$$(120\,\text{m} - x) \cdot \tan 39{,}3° = 120\,\text{m} \cdot \tan 30{,}5°$$

$$\underline{\underline{x}} = -\frac{120\,\text{m}(\tan 30{,}5° - \tan 39{,}3°)}{\tan 39{,}3°} = \underline{\underline{33{,}64\,\text{m}}}$$

Die Mindestlänge des Seils beträgt ungefähr 34 m.

8. Auf einem hohen Sockel steht ein Standbild. Um die Höhe des Standbildes zu messen, wird auf der waagerechten Straßenebene auf einer Seite des Standbildes eine Strecke $|\overline{AB}| = a$ abgesteckt, die mit dem Standbild auf einer Geraden liegt. Von ihrem hinteren Endpunkt A misst man zur Spitze des Standbildes den Höhenwinkel β. Vom vorderen Endpunkt B sind die entsprechenden Höhenwinkel zum Fuß und zur Spitze des Standbildes γ und δ. Berechnen Sie die Höhe des Standbildes:

a) mithilfe von Variablen,
b) für $a = 4\,\text{m}$, $\beta = 27°\,50'$, $\gamma = 24°\,30'$, $\delta = 38°\,40'$.

Sowohl die Länge h der Höhe des Sockels als auch die Länge H der Höhe von Sockel und Standbild liegen als Katheten in rechtwinkligen Dreiecken. Um aber die Definition des Tangens auf diese Dreiecke anwenden zu können, müssen die Längen für y und x der beiden anderen Katheten $\overline{DB}$ und $\overline{CB}$ bestimmt werden.

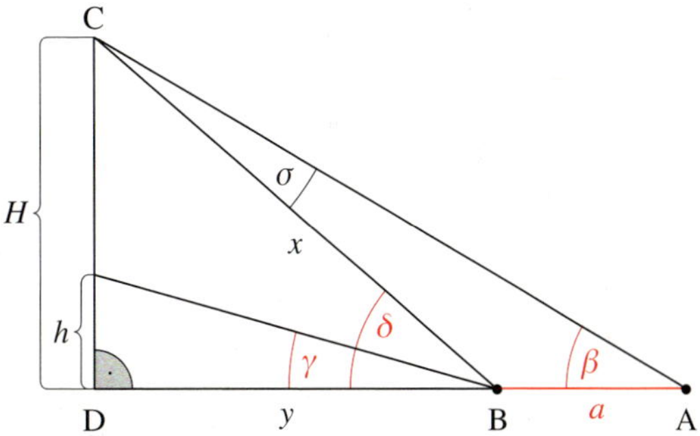

$$\sigma = \delta - \beta$$

$$\frac{a}{x} = \frac{\sin\sigma}{\sin\beta}$$

$$x = \frac{a \cdot \sin\beta}{\sin\sigma}$$

$$y : x = \cos\delta \Rightarrow y = x \cdot \cos\delta$$

Dann ist $\frac{H}{y} = \tan\delta$ und $\frac{h}{y} = \tan\gamma$

$$H = y \cdot \tan\delta = x \cdot \cos\delta \cdot \tan\delta$$

$$h = y \cdot \tan\gamma = x \cdot \cos\delta \cdot \tan\gamma$$

Gesucht ist $H - h$.

$$H - h = x \cdot \cos\delta \cdot (\tan\delta - \tan\gamma)$$

Setzt man die gegebenen Werte in diesen Ausdruck ein, erhält man für die Höhe des Standbilds 2,67 m.

$$\underline{\underline{H - h}} = \frac{a \cdot \sin\beta \cdot \cos\delta \cdot (\tan\delta - \tan\gamma)}{\sin(\delta - \beta)} = \underline{\underline{2{,}67\,\text{m}}}$$

330 **9.** Um die Höhe eines Balkons festzustellen, werden von seiner Plattform aus bei der Augenhöhe a über dieser Fuß- und Endpunkt einer Straßenlaterne von der Höhe b anvisiert. Die gemessenen Tiefenwinkel sind α und β. Haus und Straßenlaterne liegen auf einer Waagerechten. Berechnen Sie die Höhe des Balkons

a) mithilfe von Variablen,

b) für $a=170\,\text{cm}$, $b=5\,\text{m}$, $\alpha=40°\,50'$, $\beta=29°\,30'$.

Setzt man x für die Länge der Höhe des Hauses bis zum Balkon und y für die Entfernung des Fußpunkts der Laterne bis zum Haus, so ist $\frac{(x+a)}{y}=\tan\alpha$ und $\frac{y}{c}=\cos\alpha$.

Könnte man c durch gegebene Größen ausdrücken, so wäre x berechenbar.

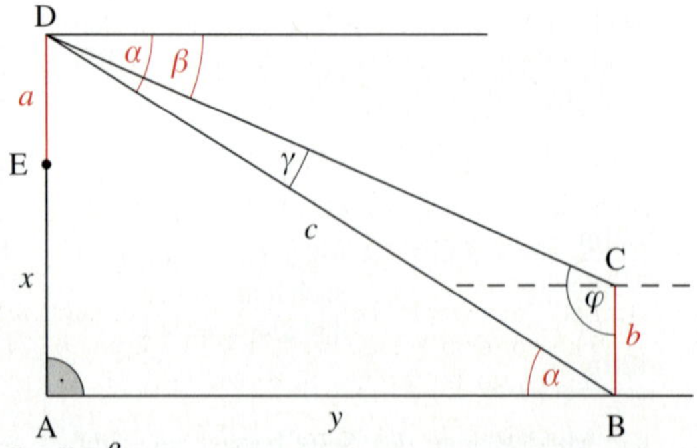

$$\gamma=\alpha-\beta$$

$$\varphi=90°+\beta$$

c liegt auch im Dreieck ΔBCD. Von diesem ist $|\overline{BC}|=b$ bekannt, die Größen von $\sphericalangle\gamma$ und $\sphericalangle\varphi$ können bestimmt werden.
Der Sinussatz liefert den Wert für c.

$$\frac{b}{c}=\frac{\sin\gamma}{\sin\varphi}$$

$$c=\frac{b\cdot\sin(90°+\beta)}{\sin\gamma}$$

Aus $x+a=y\cdot\tan\alpha$ erhält man durch Einsetzen der berechneten Größen den gesuchten allgemeinen Ausdruck für x.

$$x+a=c\cdot\cos\alpha\cdot\tan\alpha$$

$$=\frac{b\cdot\sin(90°+\beta)\cdot\cos\alpha\cdot\tan\alpha}{\sin(\alpha-\beta)}$$

Setzt man in diesem die gegebenen Werte für die Variablen, erhält man für die Höhe des Balkons über der Straße 12,82 m.

$$\underline{\underline{x}}=\frac{b\cdot\sin(90°+\beta)\cdot\cos\alpha\cdot\tan\alpha}{\sin(\alpha-\beta)}-a=\underline{\underline{12{,}82\,\text{m}}}$$

331 **10.** Die Plattform C eines Leuchtturmes hat die Höhe h. Um die Entfernung zweier Segelschiffe A und B zu bestimmen, misst man die Tiefenwinkel α und β. Der Winkel, unter dem beide Schiffe erscheinen (Sehwinkel), wird als γ gemessen. Berechnen Sie die Entfernung $|\overline{AB}|$

a) mithilfe von Variablen,

b) für $h=60\,\text{m}$, $\alpha=15°\,40'$, $\beta=12°\,10'$, $\gamma=98°\,30'$.

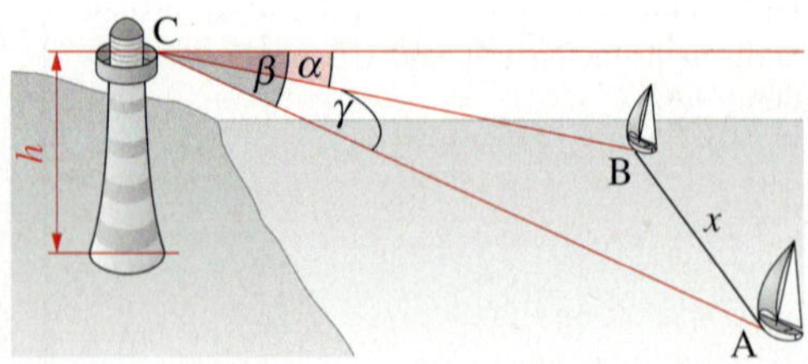

Verbindet man den Fußpunkt F des Leuchtturms mit den Standorten der Segelschiffe, so entstehen zwei rechtwinklige Dreiecke, aus denen man die Längen $\overline{AC}$ und $\overline{BC}$ berechnen kann. In diesen Dreiecken findet man die Größen der Winkel α und β wieder als Wechselwinkel an geschnittenen Parallelen.

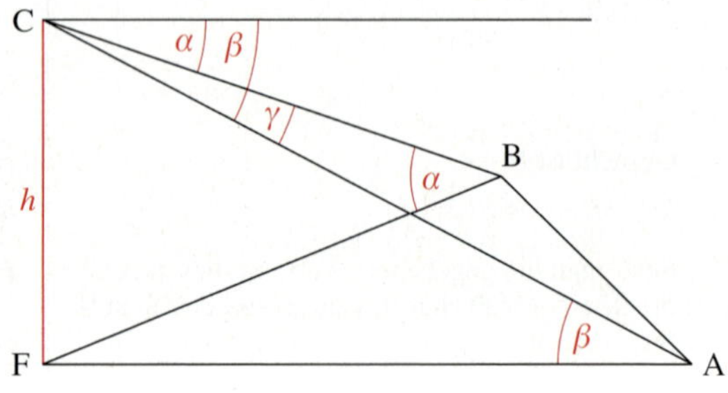

$\dfrac{h}{|\overline{AC}|} = \sin\beta$

$\dfrac{h}{|\overline{BC}|} = \sin\alpha$

Auf das Dreieck $\triangle$ABC kann nun der Cosinussatz angewendet werden:

$|\overline{AB}|^2 = |\overline{AC}|^2 + |\overline{BC}|^2 - 2\,|\overline{AC}|\cdot|\overline{BC}|\cos\gamma.$

Setzt man für die Variablen die gegebenen Werte, so erhält man $|\overline{AB}| = 386{,}12\,\text{m}$.

$|\overline{AC}| = \dfrac{h}{\sin\beta}$

$|\overline{BC}| = \dfrac{h}{\sin\alpha}$

$|\overline{AB}|^2 = \dfrac{h^2}{\sin^2\beta} + \dfrac{h^2}{\sin^2\alpha} - 2\dfrac{h}{\sin\beta}\cdot\dfrac{h}{\sin\alpha}\cdot\cos\gamma$

$|\overline{AB}| = \sqrt{h^2\left(\dfrac{1}{\sin^2\beta} + \dfrac{1}{\sin^2\alpha} - \dfrac{2\cos\gamma}{\sin\beta\cdot\sin\alpha}\right)}$

$|\overline{AB}| = h\cdot\sqrt{\dfrac{1}{\sin^2\beta} + \dfrac{1}{\sin^2\alpha} - \dfrac{2\cos\gamma}{\sin\beta\cdot\sin\alpha}}$

11. Ein Fischdampfer befand sich in Seenot und trieb mit einer durchschnittlichen Geschwindigkeit von 5 kn vor dem Winde nach NO. Er wurde von einem Dampfer, der mit 7 kn nach N 53° 10′ W fuhr, aus 5,4 sm Entfernung in Richtung N 81° 20′ O gesichtet. Nach 1 Stunde traf der Dampfer ein Rettungsschiff, das 19 kn Fahrt lief. Welchen Kurs hatte das Rettungsschiff? $\left(1\,\text{kn} = 1\,\dfrac{\text{sm}}{\text{h}} \mathrel{\widehat{=}} 1{,}852\,\dfrac{\text{km}}{\text{h}}\right)$

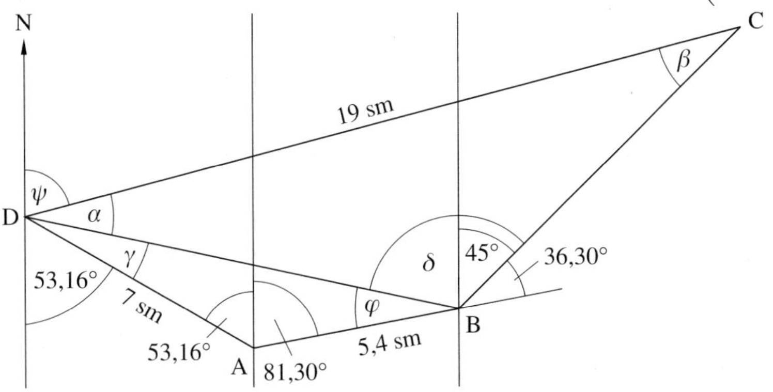

Die Arbeitsschritte sind hier – bezogen auf die voranstehende Skizze – die folgenden (gerechnet in sm):

(1) $|\overline{BD}|$ mithilfe Cosinussatz

$|\overline{BD}|^2 = 5{,}4^2 + 7^2 - 2\cdot 5{,}4\cdot 7\cdot\cos 134{,}46°$

$|\overline{BD}| = 11{,}45\,\text{sm}$

(2) φ mit Cosinussatz

$\cos\varphi = \dfrac{11{,}45^2 + 5{,}4^2 - 7^2}{2\cdot 11{,}45\cdot 5{,}4} \Rightarrow \varphi = 25{,}87°$

(3) $\delta = 180° - \varphi - 36{,}3°$

$\delta = 117{,}83°$

(4) β mit Sinussatz:

$\dfrac{11{,}45}{19} = \dfrac{\sin\beta}{\sin 117{,}34°}$

$\sin\beta = \dfrac{11{,}45\cdot\sin 117{,}34°}{19} \Rightarrow \beta = 32{,}20°$ oder $147{,}80°$

Der 2. Wert ist unbrauchbar, weil die Winkelsumme im Dreieck $\triangle$DBC größer als 180° wäre.

(5) $\alpha = 180° - \beta - \delta$

$\alpha = 29{,}97°$

(6) γ mit Cosinussatz:

$5{,}4^2 = 11{,}45^2 + 7^2 - 2\cdot 11{,}45\cdot 7\cdot\cos\gamma$

$\cos\gamma = \dfrac{11{,}45^2 + 7^2 - 5{,}4^2}{2\cdot 11{,}45\cdot 7} \Rightarrow \gamma = 19{,}67°$

(7) $\psi = 180° - 53{,}16° - 25{,}87° - 19{,}67°$

Das Rettungsschiff fährt den Kurs N 77,2° O.

$\psi = 77{,}2°$

331

12. Leiten Sie an einem Dreieck $\triangle ABC$ unter Benutzung der Höhen h_a und h_b die Formeln $b^2 = c^2 + a^2 - 2ac\cos\beta$ und $c^2 = a^2 + b^2 - 2ab\cos\gamma$ des Cosinussatzes her.

Für h_a:

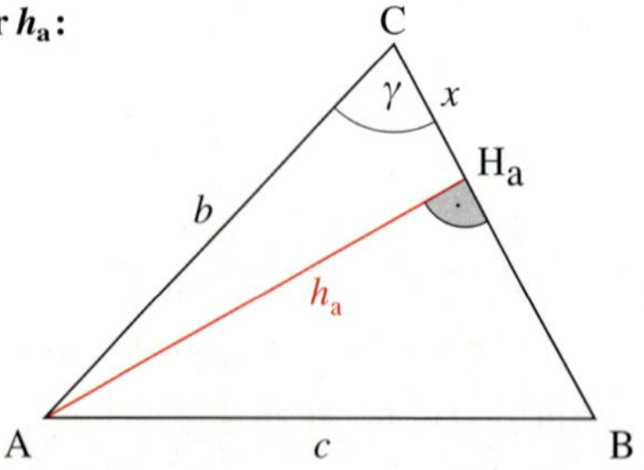

Im Dreieck $\triangle AH_aC$ gilt nach Pythagoras:

$b^2 = h_a^2 + x^2$

Im Dreieck $\triangle ABH_a$ gilt nach Pythagoras:

$c^2 = h_a^2 + (a-x)^2$

$= h_a^2 + a^2 - 2ax + x^2$

Wegen $h_a^2 + x^2 = b^2$ und $x = b \cdot \cos\gamma$ gilt

$\underline{\underline{c^2 = a^2 + b^2 - 2ab \cdot \cos\gamma}}$

Für h_b:

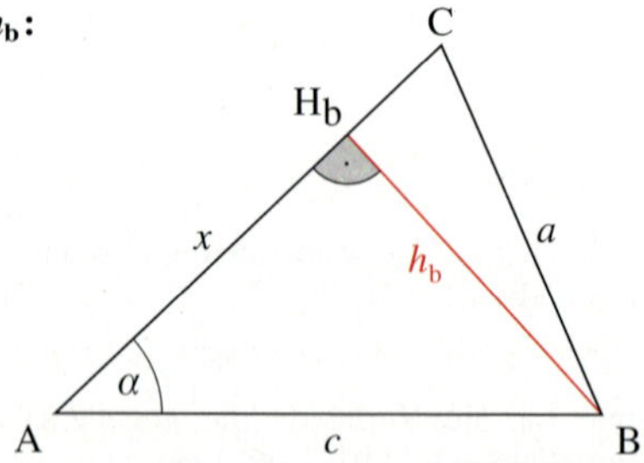

Im Dreieck $\triangle ABH_b$ gilt nach Pythagoras:

$c^2 = h_b^2 + x^2$

Im Dreieck $\triangle BCH_b$ gilt nach Pythagoras:

$a^2 = h_b^2 + (b-x)^2$

$= h_b^2 + b^2 - 2bx + x^2$

Wegen $h_b^2 + x^2 = c^2$ und $x = c \cdot \cos\alpha$ gilt

$\underline{\underline{a^2 = b^2 + c^2 - 2bc \cdot \cos\alpha}}$

Winkelmaße

Hat man ein Gradmaß mit Angabe von Minuten in ein Gradmaß mit Dezimalbrüchen umzurechnen, so gilt:

$$1' = \left(\frac{1}{60}\right)^\circ, \quad \text{also} \quad \mathrm{m}' = \mathrm{m} \cdot \left(\frac{1}{60}\right)^\circ = \left(\frac{\mathrm{m}}{60}\right)^\circ.$$

Hat man ein Gradmaß mit Angabe von Minuten und Sekunden in ein Gradmaß mit Dezimalbrüchen umzuwandeln, so gilt:

$$1'1'' = \left(\frac{1}{60}\right)^\circ + \left(\frac{1}{3600}\right)^\circ, \quad \text{also} \quad \mathrm{m}'\mathrm{n}'' = \left(\frac{\mathrm{m}}{60}\right)^\circ + \left(\frac{\mathrm{n}}{3600}\right)^\circ.$$

1. Bestimmen Sie als Dezimalbruch das Winkelmaß von:

a) $10°\,1'$ **b)** $10°\,10'$ **c)** $105°\,17'$ **d)** $45°\,10'$ **e)** $30°\,20'\,30''$

Zu a) $10° + \left(\frac{1}{60}\right)^\circ = \underline{\underline{10{,}01\overline{6}°}}$ **Zu b)** $10° + \left(\frac{10}{60}\right)^\circ = \underline{\underline{10{,}1\overline{6}°}}$ **Zu c)** $105° + \left(\frac{17}{60}\right)^\circ = \underline{\underline{105{,}28\overline{3}°}}$

Zu d) $45° + \left(\frac{10}{60}\right)^\circ = \underline{\underline{45{,}1\overline{6}°}}$ **Zu e)** $30° + \left(\frac{20}{60}\right)^\circ + \left(\frac{30}{3600}\right)^\circ = \underline{\underline{30{,}341\overline{6}°}}$

Winkelfunktionswerte für Winkel zwischen 0° und 180° (Taschenrechner!)

Merke:

Für alle Winkelmaße α mit $0° \leq \alpha \leq 180°$ gilt:

- $\sin\alpha = \sin(180° - \alpha)$,
- $\cos\alpha = -\cos(180° - \alpha)$,
- $\tan\alpha = \dfrac{\sin\alpha}{\cos\alpha}$, $\alpha \neq 90°$.

331

1. Bestimmen Sie:
a) $\sin 92{,}16°$ **b)** $\sin 163{,}25°$ **c)** $\sin 131{,}12°$

Zu a) $\underline{\underline{0{,}9992894}}$ **Zu b)** $\underline{\underline{0{,}2881962}}$ **Zu c)** $\underline{\underline{0{,}7533338}}$

2. Welche Werte kann das Winkelmaß α haben, wenn:
a) $\sin\alpha = 0{,}12186$ **b)** $\sin\alpha = 0{,}90630$ **c)** $\sin\alpha = 0{,}81915$

Zu a) $\underline{\underline{7° \text{ oder } 173°}}$ **Zu b)** $\underline{\underline{65° \text{ oder } 115°}}$ **Zu c)** $\underline{\underline{55° \text{ oder } 125°}}$

3. Bestimmen Sie:
a) $\cos 94{,}16°$ **b)** $\cos 144{,}25°$ **c)** $\cos 98{,}19°$

Zu a) $\underline{\underline{-0{,}0725419}}$ **Zu b)** $\underline{\underline{-0{,}8115739}}$ **Zu c)** $\underline{\underline{-0{,}1424561}}$

4. Welchen Wert hat das Winkelmaß α, wenn
a) $\cos\alpha = -0{,}98480$ **b)** $\cos\alpha = -0{,}32886$ **c)** $\cos\alpha = -0{,}88539$

Zu a) $\underline{\underline{170°}}$ **Zu b)** $\underline{\underline{109{,}2°}}$ **Zu c)** $\underline{\underline{152{,}30°}}$

5. Bestimmen Sie:
a) $\tan 91{,}66°$ **b)** $\tan 144{,}84°$ **c)** $\tan 177{,}19°$

Zu a) $\underline{\underline{-34{,}505872}}$ **Zu b)** $\underline{\underline{-0{,}7043773}}$ **Zu c)** $\underline{\underline{-0{,}0490831}}$

6. Welchen Wert hat das Winkelmaß α, wenn:
a) $\tan\alpha = -0{,}66188$ **b)** $\tan\alpha = -1{,}81149$ **c)** $\tan\alpha = -0{,}27169$

Zu a) $\underline{\underline{146{,}5°}}$ **Zu b)** $\underline{\underline{118{,}9°}}$ **Zu c)** $\underline{\underline{164{,}8°}}$

7. Welchen Wert hat das Winkelmaß α, wenn:
a) $\sin\alpha = -0{,}10745$ **b)** $\cos\alpha = -0{,}92934$ **c)** $\tan\alpha = -2{,}21133$
d) $\sin\alpha = 0{,}92502$ **e)** $\cos\alpha = 0{,}09871$ **f)** $\tan\alpha = 5{,}63829$

Zu a) Im Intervall $0° \leq \alpha \leq 180°$ gibt es keinen Winkel α, dessen Sinus negativ ist.
► Graph der Funktion, Lehrbuch Kusch 2, Abschnitt 15.5

Zu b) $\underline{\underline{158{,}33°}}$ **Zu c)** $\underline{\underline{114{,}33°}}$ **Zu d)** $\underline{\underline{67{,}67° \text{ oder } 112{,}33°}}$
Zu e) $\underline{\underline{84{,}34°}}$ **Zu f)** $\underline{\underline{79{,}94°}}$

Winkel im Bogenmaß

Der Graph ein und derselben Winkelfunktion kann sehr unterschiedlich aussehen, je nachdem welchen Maßstab man für die Darstellung der Winkelgrößen auf der Abszissenachse eines Koordinatensystems wählt.
Diese Willkür wird mithilfe des Bogenmaßes eines Winkels überwunden.

Merke:

- Das **Bogenmaß** eines Winkels $\sphericalangle\alpha$ ist die Zahl für $\frac{\pi}{180°}\cdot\alpha$. Es ist eine reelle Zahl. Am Einheitskreis entspricht das Bogenmaß von $\sphericalangle\alpha$ für $\alpha > 0°$ der Maßzahl der Länge des zugehörigen Bogens.
- Jedem positiven oder negativen Winkelmaß entspricht genau ein Bogenmaß.
- Jeder reellen Zahl als Bogenmaß entspricht genau ein Winkelmaß.
- Mithilfe der Formel $b = \frac{\pi}{180°}\cdot\alpha$ kann jedes Winkelmaß in das zugehörige Bogenmaß umgerechnet werden und umgekehrt durch die Formel $\alpha = \frac{b}{\pi}\cdot 180°$ jedes Bogenmaß in ein Winkelmaß.

332 **1.** Berechnen Sie das Bogenmaß für die Winkelmaße:
a) 60° **b)** 45° **c)** 54,5° **d)** 114,7° **e)** 125° 25′
f) 185° 16′ **g)** 1° **h)** 30′ **i)** 30″ **k)** 180°

Zu a) $\frac{1}{3}\pi$ **Zu b)** $\frac{1}{4}\pi$ **Zu c)** $0{,}3027\pi$ **Zu d)** $0{,}6372\pi$
Zu e) $0{,}6967592\pi$ **Zu f)** $1{,}0292593\pi$ **Zu g)** $0{,}005\pi$ **Zu h)** $0{,}0027\pi$
Zu i) $0{,}000462962\pi$ **Zu j)** π

2. Berechnen Sie im Bogenmaß:
a) $\frac{54{,}6° + 125{,}3°}{0{,}4}$ **b)** $\frac{127{,}4° - 27{,}4°}{0{,}5}$ **c)** $\frac{215{,}45° - 17{,}25°}{114}$

Zu a) $\frac{0{,}9529497 + 2{,}1874787}{0{,}4} = 7{,}85$ **Zu b)** $\frac{2{,}2235495 - 0{,}4782202}{0{,}5} = 3{,}4906586$

Zu c) $\frac{3{,}7603119 - 0{,}3010693}{114} = 0{,}0303442$

3. Die Schreibweise x rad bedeutet: x ist das Bogenmaß eines Winkels. Rechnen Sie das Bogenmaß in Gradmaß um:
a) 1,57080 rad **b)** 2,96706 rad **c)** 2,27189 rad
d) 1,75595 rad **e)** 5,41763 rad **f)** 4,01721 rad

Zu a) 90° **Zu b)** 170° **Zu c)** 130,17° **Zu d)** 100,61°
Zu e) 310,41° **Zu f)** 230,17°

4. Berechnen Sie die Bogenlängen der Kreisausschnitte mit: 332

a) $\alpha = 45°\,20' = 45{,}3°$; $r = 25{,}4\,\text{cm}$ **b)** $\alpha = 115°\,15' = 115{,}25°$; $r = 20{,}5\,\text{m}$

c) $\alpha = 195°\,15'\,10'' = 195{,}2527$; $r = 170\,\text{m}$ **d)** $\alpha = 17°\,20' = 17{,}3°$; $r = 6370\,\text{km}$

Die Formel zur Berechnung der Länge b des Bogens mit dem Zentriwinkel α im Kreis mit dem Radius r lautet:

$$b = \frac{\alpha}{180°} \cdot \pi \cdot r.$$

Zu a) $\underline{\underline{20{,}082\,\text{cm}}}$ **Zu b)** $\underline{\underline{41{,}236\,\text{m}}}$ **Zu c)** $\underline{\underline{579{,}326\,\text{m}}}$ **Zu d)** $\underline{\underline{1923{,}370\,\text{km}}}$

5. Berechnen Sie das Bogenmaß des Winkels für:

a) $b = 17{,}2\,\text{m}$; $r = 12{,}57\,\text{m}$ **b)** $b = 28{,}4\,\text{cm}$; $r = 354{,}6\,\text{cm}$

Aus $b = \frac{\alpha}{180°} \cdot \pi \cdot r$ folgt für das Bogenmaß $\frac{\alpha}{180°} \cdot \pi = \frac{b}{r}$.

Zu a) $\underline{\underline{1{,}3683373}}$ **Zu b)** $\underline{\underline{0{,}0800902}}$

6. Berechnen Sie das Gradmaß des Winkels für:

a) $b = 7{,}5\,\text{m}$; $r = 25\,\text{m}$ **b)** $b = 25\,\text{cm}$; $r = 76\,\text{cm}$

Aus $b = \frac{\alpha}{180°} \cdot \pi \cdot r$ folgt für das Bogenmaß $\alpha = \frac{b \cdot 180°}{\pi \cdot r}$.

Zu a) $\underline{\underline{17{,}19°}}$ **Zu b)** $\underline{\underline{18{,}85°}}$

7. Bestimmen Sie mithilfe des TR die Funktionswerte der sin-, cos- und tan-Funktion für die Bogenmaße

a) $\frac{\pi}{2}$ **b)** $\frac{3\pi}{2}$ **c)** $-\pi$ **d)** -3 **e)** $0{,}57$ **f)** $1{,}6$ **g)** $4{,}17$ **h)** $-5{,}11$

► Der TR muss von Gradmaß (DEG) auf Bogenmaß (RAD) umgestellt werden. Durch Drücken der Tasten für die trigonometrischen Funktionen erscheinen dann die entsprechenden Funktionswerte für die eingegebenen Argumente.

Zu a)

$x = \frac{\pi}{2}$

$\underline{\underline{\sin x = 1}}$

$\underline{\underline{\cos x = 0}}$

$\underline{\underline{\tan x \Rightarrow \text{E}}}$ ► nicht definiert

► Bei Eingabe von $\frac{\pi}{2}$ als Dezimalzahl erfasst man nur einen endlichen Abschnitt des unendlichen nichtperiodischen Dezimalbruchs für π. Deshalb kann es vorkommen, dass ein TR doch noch einen sehr kleinen negativen Wert für $\frac{\pi}{2}$ anzeigt.

Zu b)

$x = \frac{3\pi}{2}$

$\underline{\underline{\sin x = -1}}$

$\underline{\underline{\cos x = 0}}$

$\underline{\underline{\tan x \Rightarrow \text{E}}}$ ► nicht definiert ► Aufgabe a)

Zu c)

$x = -\pi$

$\underline{\underline{\sin x = 0}}$

$\underline{\underline{\cos x = -1}}$

$\underline{\underline{\tan x = 0}}$

332

Zu d)
$x=-3$

$\sin x=-0{,}14112$
$\cos x=-0{,}9899925$
$\tan x=0{,}1425465$

Zu e)
$x=0{,}57$

$\sin x=0{,}539632$
$\cos x=0{,}8419009$
$\tan x=0{,}6409685$

Zu f)
$x=1{,}6$

$\sin x=0{,}9995736$
$\cos x=-0{,}0291995$
$\tan x=0{,}6409685$

Zu g)
$x=4{,}17$

$\sin x=-0{,}8564779$
$\cos x=-0{,}5161835$
$\tan x=1{,}6592507$

Zu h)
$x=-5{,}11$

$\sin x=0{,}9219886$
$\cos x=0{,}3872168$
$\tan x=2{,}3810656$

Additionstheoreme und Summen von trigonometrischen Funktionen

Merke:

Für alle Winkelmaße α und β gilt:

- $\sin(\alpha+\beta)=\sin\alpha\cos\beta+\cos\alpha\sin\beta$
- $\sin(\alpha-\beta)=\sin\alpha\cos\beta-\cos\alpha\sin\beta$
- $\cos(\alpha+\beta)=\cos\alpha\cos\beta-\sin\alpha\sin\beta$
- $\cos(\alpha-\beta)=\cos\alpha\cos\beta-\sin\alpha\sin\beta$

Für alle Winkelmaße α und β, für die $\tan\alpha, \tan\beta, \tan(\alpha+\beta)$ und $\tan(\alpha-\beta)$ definiert sind, gilt:

- $\tan(\alpha+\beta)=\dfrac{\tan\alpha+\tan\beta}{1-\tan\alpha\tan\beta}$
- $\tan(\alpha-\beta)=\dfrac{\tan\alpha-\tan\beta}{1+\tan\alpha\tan\beta}$

342 **1.** Berechnen Sie mithilfe der Tabelle spezieller Sinus-, Cosinus- und Tangenswerte aus Lehrbuch Kusch 2, Abschnitt 15.2:
a) $\sin 15°, \sin 75°, \sin 105°$,
b) $\cos 15°, \cos 75°, \cos 105°$.

342

Zu a)
$\sin 15° = \sin(45° - 30°)$ ► Additionstheorem des Sinus

$$\sin(45° - 30°) = \sin 45° \cos 30° - \cos 45° \sin 30° = \tfrac{1}{2}\sqrt{2} \cdot \tfrac{1}{2}\sqrt{3} - \tfrac{1}{2}\sqrt{2} \cdot \tfrac{1}{2} = \tfrac{1}{4}\sqrt{2}\left(\sqrt{3} - 1\right) = \underline{\underline{0{,}258819}}$$

$\sin 75° = \sin(45° + 30°)$

$$\sin(45° + 30°) = \sin 45° \cos 30° + \cos 45° \sin 30° = \tfrac{1}{2}\sqrt{2} \cdot \tfrac{1}{2}\sqrt{3} + \tfrac{1}{2}\sqrt{2} \cdot \tfrac{1}{2} = \tfrac{1}{4}\sqrt{2}\left(\sqrt{3} + 1\right) = \underline{\underline{0{,}9659258}}$$

$\sin 105° = \sin(60° + 45°)$

$$\sin(60° + 45°) = \sin 60° \cos 45° + \cos 60° \sin 45° = \tfrac{1}{2}\sqrt{3} \cdot \tfrac{1}{2}\sqrt{2} + \tfrac{1}{2} \cdot \tfrac{1}{2}\sqrt{2} = \tfrac{1}{4}\sqrt{2}\left(\sqrt{3} + 1\right) = \underline{\underline{0{,}9659258}}$$

Zu b)
$\cos 15° = \cos(45° - 30°)$ ► Additionstheorem des Cosinus

$$\cos(45° - 30°) = \cos 45° \cos 30° + \sin 45° \sin 30° = \tfrac{1}{2}\sqrt{2} \cdot \tfrac{1}{2}\sqrt{3} + \tfrac{1}{2}\sqrt{2} \cdot \tfrac{1}{2} = \tfrac{1}{4}\sqrt{2}\left(\sqrt{3} + 1\right) = \underline{\underline{0{,}9659258}}$$

$\cos 75° = \cos(45° + 30°)$

$$\cos(45° + 30°) = \cos 45° \cos 30° - \sin 45° \sin 30° = \tfrac{1}{2}\sqrt{2} \cdot \tfrac{1}{2}\sqrt{3} - \tfrac{1}{2}\sqrt{2} \cdot \tfrac{1}{2} = \tfrac{1}{4}\sqrt{2}\left(\sqrt{3} - 1\right) = \underline{\underline{0{,}258819}}$$

$\cos 105° = \cos(60° + 45°)$

$$\cos(60° + 45°) = \cos 60° \cos 45° - \sin 60° \sin 45° = \tfrac{1}{2} \cdot \tfrac{1}{2}\sqrt{2} - \tfrac{1}{2}\sqrt{3} \cdot \tfrac{1}{2}\sqrt{2} = \tfrac{1}{4}\sqrt{2}\left(1 - \sqrt{3}\right) = \underline{\underline{-0{,}258819}}$$

2. Berechnen Sie nach dem zutreffenden Additionstheorem:

a) $\sin(45° + \alpha)$	**d)** $\cos(90° + \alpha)$	**g)** $\tan(30° + \alpha)$
b) $\sin(30° - \alpha)$	**e)** $\cos(60° - \alpha)$	**h)** $\tan(45° - \alpha)$
c) $\sin(90° - \alpha)$	**f)** $\cos(45° + \alpha)$	**i)** $\tan(60° + \alpha)$

Zu a)
$\sin(45° + \alpha) = \sin 45° \cos\alpha + \cos 45° \sin\alpha$

$\tfrac{1}{2}\sqrt{2}\cos\alpha + \tfrac{1}{2}\sqrt{2}\sin\alpha = \underline{\underline{\tfrac{1}{2}\sqrt{2}(\cos\alpha + \sin\alpha)}}$

Zu b)
$\sin(30° - \alpha) = \sin 30° \cos\alpha - \cos 30° \sin\alpha$

$\tfrac{1}{2}\cos\alpha - \tfrac{1}{2}\sqrt{3}\sin\alpha = \underline{\underline{\tfrac{1}{2}\left(\cos\alpha - \sqrt{3}\sin\alpha\right)}}$

Zu c)
$\sin(90° - \alpha) = \sin 90° \cos\alpha - \cos 90° \sin\alpha$

$\underline{\underline{\cos\alpha}}$

Zu d)
$\cos(90° + \alpha) = \cos 90° \cos\alpha - \sin 90° \sin\alpha$

$\underline{\underline{-\sin\alpha}}$

Zu e)
$\cos(60° - \alpha) = \cos 60° \cos\alpha + \sin 60° \sin\alpha$

$\tfrac{1}{2}\cos\alpha + \tfrac{1}{2}\sqrt{3}\sin\alpha = \underline{\underline{\tfrac{1}{2}\left(\cos\alpha + \sqrt{3}\sin\alpha\right)}}$

Zu f)
$\cos(45° + \alpha) = \cos 45° \cos\alpha - \sin 45° \sin\alpha$

$\tfrac{1}{2}\sqrt{2}\cos\alpha - \tfrac{1}{2}\sqrt{2}\sin\alpha = \underline{\underline{\tfrac{1}{2}\sqrt{2}(\cos\alpha - \sin\alpha)}}$

342

Zu g)

$$\tan(30^\circ+\alpha)=\frac{\tan 30^\circ+\tan\alpha}{1-\tan 30^\circ\cdot\tan\alpha}=\frac{\frac{1}{3}\sqrt{3}+\tan\alpha}{1-\frac{1}{3}\cdot\sqrt{3}\cdot\tan\alpha}$$

Zu h)

$$\tan(45^\circ-\alpha)=\frac{\tan 45^\circ-\tan\alpha}{1+\tan 45^\circ\cdot\tan\alpha}=\frac{1-\tan\alpha}{1+\tan\alpha}$$

Zu i)

$$\tan(60^\circ+\alpha)=\frac{\tan 60^\circ+\tan\alpha}{1-\tan 60^\circ\cdot\tan\alpha}=\frac{\sqrt{3}+\tan\alpha}{1-\sqrt{3}\cdot\tan\alpha}$$

3. Erproben Sie die sechs Formeln der Additionstheoreme mit den Winkelgrößen:

a) $\alpha=90^\circ$, $\beta=60^\circ$
b) $\alpha=45^\circ$, $\beta=30^\circ$
c) $\alpha=45^\circ$, $\beta=15^\circ$
d) $\alpha=90^\circ$, $\beta=30^\circ$
e) $\alpha=90^\circ$, $\beta=45^\circ$
f) $\alpha=60^\circ$, $\beta=30^\circ$

Zu a) $\alpha=90^\circ$, $\beta=60^\circ$

$$\sin(90^\circ+60^\circ)=\sin 90^\circ\cos 60^\circ+\cos 90^\circ\sin 60^\circ$$
$$=1\cdot\cos 60$$

$$\sin 150^\circ=\cos 60^\circ=0{,}5$$

$$\sin(90^\circ-60^\circ)=\sin 90^\circ\cos 60^\circ-\cos 90^\circ\sin 60^\circ$$
$$=\cos 60^\circ$$

$$\sin 30^\circ=\cos 60^\circ=0{,}5$$

$$\cos(90^\circ+60^\circ)=\cos 90^\circ\cos 60^\circ-\sin 90^\circ\sin 60^\circ$$
$$=-\sin 60^\circ$$

$$\cos 150^\circ=-\sin 60^\circ=-0{,}8660254$$

$$\cos(90^\circ-60^\circ)=\cos 90^\circ\cos 60^\circ+\sin 90^\circ\sin 60^\circ$$
$$=\sin 60^\circ$$

$$\cos 30^\circ=\sin 60^\circ=0{,}8660254$$

$$\tan(90^\circ+60^\circ)=$$

► Die Formeln $\tan(\alpha\pm\beta)=\dfrac{\tan\alpha\pm\tan\beta}{1\mp\tan\alpha\cdot\tan\beta}$ können nicht unmittelbar angewendet werden, weil $\tan 90^\circ$ nicht definiert ist. Anstelle derer kann man die Formeln

$$\tan(a\pm\beta)=\frac{\sin(\alpha\pm\beta)}{\cos(\alpha\pm\beta)},\ \cos(\alpha\pm\beta)\neq 0$$

verwenden. Man erhält:

$$\tan(90^\circ+60^\circ)=\frac{\sin 150^\circ}{\cos 150^\circ}=-0{,}57735$$

$$\tan(90^\circ-60^\circ)=\frac{\sin 30^\circ}{\cos 30^\circ}=0{,}57735$$

Zu b) $\alpha=45^\circ$, $\beta=30^\circ$

$$\sin(45^\circ+30^\circ)=\sin 45^\circ\cos 30^\circ+\cos 45^\circ\sin 30^\circ$$
$$=0{,}7071067\cdot 0{,}8660254+0{,}7071067\cdot 0{,}5$$
$$=0{,}9659257$$

$$\sin 75^\circ=\sin(45^\circ+30^\circ)=0{,}9659257$$

$$\sin(45^\circ-30^\circ)=\sin 45^\circ\cos 30^\circ-\cos 45^\circ\sin 30^\circ$$
$$=0{,}7071067\cdot 0{,}8660254-0{,}7071067\cdot 0{,}5$$
$$=0{,}258819$$

$$\sin 15^\circ=\sin(45^\circ-30^\circ)=0{,}258819$$

$$\cos(45^\circ+30^\circ)=\cos 45^\circ\cos 30^\circ-\sin 45^\circ\sin 30^\circ$$
$$=0{,}7071067\cdot 0{,}8660254-0{,}7071067\cdot 0{,}5$$
$$=0{,}258819$$

$$\cos 75^\circ=\cos(45^\circ+30^\circ)=0{,}258819$$

$$\cos(45^\circ-30^\circ)=\cos 45^\circ\cos 30^\circ+\sin 45^\circ\sin 30^\circ$$
$$=0{,}7071067\cdot 0{,}8660254+0{,}7071067\cdot 0{,}5$$
$$=0{,}9659258$$

$$\cos 15^\circ=\cos(45^\circ-30^\circ)=0{,}9659258$$

$$\tan(45^\circ+30^\circ)=\frac{\tan 45^\circ+\tan 30^\circ}{1-\tan 45^\circ\cdot\tan 30^\circ}$$
$$=\frac{1+0{,}5773502}{1-1\cdot 0{,}5773502}=3{,}7320506$$

$$\tan 75^\circ=\tan(45^\circ+30^\circ)=3{,}7320506$$

$$\tan(45^\circ-30^\circ)=\frac{\tan 45^\circ-\tan 30^\circ}{1+\tan 45^\circ\cdot\tan 30^\circ}$$
$$=\frac{1-0{,}5773502}{1+0{,}5773502}=0{,}2679491$$

$$\tan 15^\circ=\tan(45^\circ-30^\circ)=0{,}2679491$$

342

Zu c) $\alpha=45°$, $\beta=15°$

$\sin(45°+15°)=\sin 45° \cos 15° + \cos 45° \sin 15°$
$=0{,}7071067 \cdot 0{,}9659258 + 0{,}7071067 \cdot 0{,}258819$
$=0{,}8660252$

$\sin 60° = \sin(45°+15°) = 0{,}8660254$

$\sin(45°-15°)=\sin 45° \cos 15° - \cos 45° \sin 15°$
$=0{,}7071067 \cdot 0{,}9659258 - 0{,}7071067 \cdot 0{,}258819$
$=0{,}5$

$\sin 30° = \sin(45°-15°) = 0{,}5$

$\cos(45°+15°)=\cos 45° \cos 15° - \sin 45° \sin 15°$
$=0{,}7071067 \cdot 0{,}9659258 - 0{,}7071067 \cdot 0{,}258819$
$=0{,}5$

$\cos 60° = \cos(45°+15°) = 0{,}5$

$\cos(45°-15°)=\cos 45° \cos 15° + \sin 45° \sin 15°$
$=0{,}7071067 \cdot 0{,}9659258 + 0{,}7071067 \cdot 0{,}258819$
$=0{,}8660254$

$\cos(45°-15°) = \cos 30° = 0{,}8660254$

$$\tan(45°+15°) = \frac{\tan 45° + \tan 15°}{1 - \tan 45° \cdot \tan 15°} = \frac{1+0{,}2679491}{1-0{,}2679491} = 1{,}7320507$$

$\tan 60° = \tan(45°+15°) = 1{,}7320507$

$$\tan(45°-15°) = \frac{\tan 45° - \tan 15°}{1 + \tan 45° \cdot \tan 15°} = \frac{1-0{,}2679491}{1+0{,}2679491} = 0{,}5773503$$

$\tan 30° = \tan(45°-15°) = 0{,}5773503$

Zu d) $\alpha=90°$, $\beta=30°$

$\sin(90°+30°)=\sin 90° \cos 30° + \cos 90° \sin 30° = \cos 30°$

$\sin(90°+30°) = \cos 30° = 0{,}8660254$

$\sin(90°-30°)=\sin 90° \cos 30° - \cos 90° \sin 30° = \cos 30°$

$\sin(90°-30°) = \cos 30° = 0{,}8660254$

$\cos(90°+30°)=\cos 90° \cos 30° - \sin 90° \sin 30° = -\sin 30°$

$\cos(90°+30°) = -\sin 30° = -0{,}5$

$\cos(90°-30°)=\cos 90° \cos 30° + \sin 90° \sin 30° = \sin 30°$

$\cos(90°-30°) = \sin 30° = 0{,}5$

$$\tan(90°+30°) = \frac{\sin 120°}{\cos 120°} = -1{,}7320508$$

► Aufgabe a)

$$\tan(90°-30°) = \frac{\sin 60°}{\cos 60°} = 1{,}7320508$$

► Aufgabe a)

Zu e) $\alpha=90°$, $\beta=45°$

$\sin(90°+45°)=\sin 90° \cos 45° + \cos 90° \sin 45° = \cos 45°$

$\sin(90°+45°) = \cos 45° = 0{,}7071067$

$\sin(90°-45°)=\sin 90° \cos 45° - \cos 90° \sin 45° = \cos 45°$

$\sin(90°-45°) = \cos 45° = 0{,}7071067$

$\cos(90°+45°)=\cos 90° \cos 45° - \sin 90° \sin 45° = -\sin 45°$

$\cos(90°+45°) = -\sin 45° = -0{,}7071067$

$\cos(90°-45°)=\cos 90° \cos 45° + \sin 90° \sin 45° = \sin 45°$

$\cos(90°-45°) = \sin 45° = 0{,}7071067$

Zu f) $\alpha=60°$, $\beta=30°$

$\sin(60°+30°)=\sin 60° \cos 30° + \cos 60° \sin 30°$
$=0{,}8660254 \cdot 0{,}8660254 + 0{,}5 \cdot 0{,}5$
$=1$

$\sin(60°+30°) = \sin 90° = 1$

$\sin(60°-30°)=\sin 60° \cos 30° - \cos 60° \sin 30°$
$=0{,}8660254 \cdot 0{,}8660254 - 0{,}5 \cdot 0{,}5$
$=0{,}5$

$\sin(60°-30°) = \sin 30° = 0{,}5$

$\cos(60°+30°)=\cos 60° \cos 30° - \sin 60° \sin 30°$
$=0{,}5 \cdot 0{,}8660254 - 0{,}8660254 \cdot 0{,}5$
$=0$

$\cos(60°+30°) = \cos 90° = 0$

$\cos(60°-30°)=\cos 60° \cos 30° + \sin 60° \sin 30° = 0{,}8660254$

$\cos(60°-30°) = \cos 30° = 0{,}8660254$

342

$\tan(90° + 45°) = \dfrac{\sin 135°}{\cos 135°} = -1$

► Aufgabe a)

$\tan(90° - 45°) = \dfrac{\sin 45°}{\cos 45°} = 1$

► Aufgabe a)

$\tan(60° + 30°) = \tan 90°$

► Hier kann nicht mit $\dfrac{\sin(\alpha+\beta)}{\cos(\alpha+\beta)}$ gearbeitet werden, weil $\cos 90° = 0$, und durch 0 darf man nicht dividieren. Aber auch die Formel für $\tan(\alpha+\beta)$ kann nicht angewendet werden, weil $\tan 90°$ nicht definiert ist und sich auch nicht definieren lässt.

$$\tan(60° - 30°) = \frac{\tan 60° - \tan 30°}{1 + \tan 60° \cdot \tan 30°}$$

$$= \frac{1{,}7320508 - 0{,}5773502}{1 + 1{,}7320508 \cdot 0{,}5773502} = 0{,}5773503$$

$$\tan(60° - 30°) = \tan 30° = 0{,}5773502$$

4. Bestimmen Sie:
a) $\cos(60° + \alpha) + \cos(60° - \alpha)$
b) $\sin(30° + \alpha) - \sin(30° - \alpha)$
c) $\cos(45° + \alpha) + \cos(45° - \alpha)$

Zu a)
Die Additionstheoreme für $\cos(\alpha+\beta)$ und $\cos(\alpha-\beta)$ werden angewendet, die entstehenden Terme werden addiert.

$$\cos(60° + \alpha) = \cos 60° \cos\alpha - \sin 60° \sin\alpha$$
$$\cos(60° - \alpha) = \cos 60° \cos\alpha + \sin 60° \sin\alpha$$
$$\cos(60° + \alpha) + \cos(60° - \alpha) = 2 \cdot \cos 60° \cos\alpha = \underline{\underline{\cos\alpha}}$$

Zu b)
Die Differenz der Additionstheoreme des Sinus wird gebildet.

$$\sin(30° + \alpha) = \sin 30° \cos\alpha + \cos 30° \sin\alpha$$
$$\sin(30° - \alpha) \sin 30° \cos\alpha - \cos 30° \sin\alpha$$
$$\sin(30° + \alpha) - \sin(30° - \alpha) = 2 \cdot \cos 30° \sin\alpha = 2 \cdot \tfrac{1}{2}\sqrt{3} \cdot \sin\alpha = \underline{\underline{\sqrt{3} \cdot \sin\alpha}}$$

Zu c)
Lösungsgang wie unter a).

$$\cos(45° + \alpha) = \cos 45° \cos\alpha - \sin 45° \sin\alpha$$
$$\cos(45° - \alpha) = \cos 45° \cos\alpha + \sin 45° \sin\alpha$$
$$\cos(45° + \alpha) + \cos(45° - \alpha) = 2 \cdot \cos 45° \cos\alpha = 2 \cdot \tfrac{1}{2}\sqrt{2} \cos\alpha = \underline{\underline{\sqrt{2} \cos\alpha}}$$

Merke:

Für alle Winkelmaße α und β gilt:

- $\sin 2\alpha = 2 \sin\alpha \cos\alpha$; $\cos 2\alpha = \cos^2\alpha - \sin^2\alpha$; $\tan 2\alpha = \dfrac{2\tan\alpha}{1 - \tan^2\alpha}$;

  $\sin\alpha + \sin\beta = 2 \sin\dfrac{\alpha+\beta}{2} \cos\dfrac{\alpha-\beta}{2}$; $\sin\alpha - \sin\beta = 2 \cos\dfrac{\alpha+\beta}{2} \sin\dfrac{\alpha-\beta}{2}$;

  $\cos\alpha + \cos\beta = 2 \cos\dfrac{\alpha+\beta}{2} \cos\dfrac{\alpha-\beta}{2}$; $\cos\alpha - \cos\beta = -2 \sin\dfrac{\alpha+\beta}{2} \sin\dfrac{\alpha-\beta}{2}$.

Für alle Winkelmaße $\alpha, \beta, \alpha+\beta$ und $\alpha-\beta$, für welche die tan-Funktion erklärt ist, gilt:

- $\tan\alpha + \tan\beta = \dfrac{\sin(\alpha+\beta)}{\cos\alpha \cos\beta}$; $\tan\alpha - \tan\beta = \dfrac{\sin(\alpha-\beta)}{\cos\alpha \cos\beta}$.

342

5. Berechnen Sie folgende Summen durch Einführung von $\xi+\eta=\alpha$ und $\xi-\eta=\beta$:
a) $\sin(\xi+\eta)-\sin(\xi-\eta)$ **b)** $\cos(\xi+\eta)+\cos(\xi-\eta)$ **c)** $\tan(\xi+\eta)+\tan(\xi-\eta)$

Zu a)
Durch die angegebenen Ersetzungen erhält man eine der voranstehenden Formeln.
Aus $\alpha=\xi+\eta$ und $\beta=\xi-\eta$ erhält man
$\frac{\alpha+\beta}{2}=\xi$ und $\frac{\alpha-\beta}{2}=\eta$.

$$\sin\alpha-\sin\beta=2\cos\frac{\alpha+\beta}{2}\sin\frac{\alpha-\beta}{2}$$
$$\sin(\xi+\eta)-\sin(\xi-\eta)=2\cos\xi\sin\eta$$

Zu b)
Man geht wie unter a) vor.

$$\cos\alpha+\cos\beta=2\cos\frac{\alpha+\beta}{2}\cos\frac{\alpha-\beta}{2}$$
$$\cos(\xi+\eta)+\cos(\xi-\eta)=2\cos\xi\cos\eta$$

Zu c)
Für alle Winkelmaße $\alpha,\beta,\alpha+\beta$ und $\alpha-\beta$, für welche die tan-Funktion erklärt ist, gilt die voranstehende Formel.
Mit den Ersetzungen wie unter a) erhält man die nebenstehende Beziehung.

$$\tan\alpha+\tan\beta=\frac{\sin(\alpha+\beta)}{\cos\alpha\cdot\cos\beta}$$
$$\tan(\xi+\eta)+\tan(\xi-\eta)=\frac{\sin 2\xi}{\cos(\xi+\eta)\cos(\xi-\eta)}$$

6. Setzen Sie in der Summenformel $\tan(\alpha+\beta)$ für $\beta=\alpha$ und berechnen Sie den Ausdruck.

$$\tan(\alpha+\beta)=\frac{\tan\alpha+\tan\beta}{1-\tan\alpha\cdot\tan\beta}$$

$$\tan 2\alpha=\frac{2\cdot\tan\alpha}{1-\tan^2\alpha} \blacktriangleright \beta=\alpha$$

7. Setzen Sie in der Summenformel $\cos(\alpha+\beta)$ α für β und berechnen Sie den Ausdruck.

$$\cos(\alpha+\beta)=\cos\alpha\cos\beta-\sin\alpha\sin\beta$$

$$\underline{\underline{\cos 2\alpha}}=2\sin\alpha\cos\alpha$$
$$=\cos^2\alpha-\sin^2\alpha \blacktriangleright \sin^2\alpha+\cos^2\alpha=1$$
$$=2\cos^2\alpha-1=\underline{\underline{1-\sin^2\alpha}}$$

8. Ersetzen Sie in der Gleichung $\tan 2\alpha=\frac{2\tan\alpha}{1-\tan^2\alpha}$ α durch $\frac{\alpha}{2}$. Berechnen Sie nach der Umformung $\tan\frac{\alpha}{2}$.

Die Ersetzung ergibt eine Beziehung zwischen dem Tangens eines Winkels und dem Tangens des halben Winkels.

$$\tan\alpha=\frac{2\tan\frac{\alpha}{2}}{1-\tan^2\frac{\alpha}{2}}$$

Löst man diese Gleichung nach $\tan\frac{\alpha}{2}$ auf, erhält man eine quadratische Gleichung.

$$\tan\alpha\left(1-\tan^2\frac{\alpha}{2}\right)=2\tan\frac{\alpha}{2}$$
$$\tan^2\frac{\alpha}{2}+\frac{2}{\tan\alpha}\cdot\tan\frac{\alpha}{2}-1=0$$

Sie wird mithilfe der Lösungsformel gelöst.

$$\tan\frac{\alpha}{2}=-\frac{1}{\tan\alpha}\pm\sqrt{\frac{1}{\tan^2\alpha}+1}$$

342

Die Gleichung (1) gilt z. B. für alle Winkelmaße α mit $\alpha \in (-180°; 180°)$ und $\alpha \neq 0$. Hierbei muss das negative Wurzelvorzeichen für Winkelmaße α mit $\alpha \in (-180°; 0°)$ und das positive Wurzelvorzeichen für die Winkelmaße α mit $\alpha \in (0°; 180°)$ verwandt werden. Analoges gilt für alle Intervalle, die man durch ganzzahlige Verschiebung der offenen Intervalle $(-180°; 180°)$, $(-180°; 0°)$, $(0°; 180°)$ um 360° erhält, wobei α kein ganzzahliges Vielfaches von 180° sein darf. Daher kann man sich in den nachfolgenden Berechnungen auf das Intervall $(-180°; 180°)$ beschränken.

Weil hier $|\sin\alpha| = -\sin\alpha$ für $\alpha \in (-180°; 0°)$ und $|\sin\alpha| = \sin\alpha$ für $\alpha \in (0°; 180°)$ gilt, erhält man aus (2) die Gleichung (3).

► $-\frac{1}{\tan\alpha} + \frac{1}{\sin\alpha} = -\frac{\cos\alpha}{\sin\alpha} + \frac{1}{\sin\alpha} = \frac{1-\cos\alpha}{\sin\alpha}$

► $\sin^2\alpha + \cos^2\alpha = 1$

Nun kann man $\tan^2\alpha$ bilden und schließlich aus der so erhaltenen Gleichung die Wurzel ziehen.

► $\frac{1}{\tan^2\alpha} + 1 = \frac{\cos^2\alpha}{\sin^2\alpha} + 1 = \frac{\cos^2\alpha + \sin^2\alpha}{\sin^2\alpha} = \frac{1}{\sin^2\alpha}$

Setzt man in (1) den Term $\frac{1}{\sin^2\alpha}$ für den Radikanden, so erhält man durch Wurzelziehen

$$\tan\frac{\alpha}{2} = -\frac{1}{\tan\alpha} \pm \frac{1}{\sin\alpha} \tag{2}$$

$$\tan\frac{\alpha}{2} = -\frac{1}{\tan\alpha} + \frac{1}{\sin\alpha} \tag{3}$$

$$\tan\frac{\alpha}{2} = \frac{1-\cos\alpha}{\sin\alpha} \tag{4}$$ ► Erweitern mit $1+\cos\alpha$

$$= \frac{\sin\alpha}{1+\cos\alpha}$$

$$\tan^2\frac{\alpha}{2} = \frac{1-\cos\alpha}{\sin\alpha} \cdot \frac{\sin\alpha}{1+\cos\alpha} = \frac{1-\cos\alpha}{1+\cos\alpha}$$

$$\left|\tan\frac{\alpha}{2}\right| = \sqrt{\frac{1-\cos\alpha}{1+\cos\alpha}}$$

$$\Rightarrow \tan\frac{\alpha}{2} = \pm\sqrt{\frac{1-\cos\alpha}{1+\cos\alpha}}$$

► negatives Vorzeichen für $\alpha \in (-180°; 0°)$

► positives Vorzeichen für $\alpha \in (0°; 180°)$

9. Bestimmen Sie: **a)** $\sin\alpha + \sin(120° + \alpha) + \sin(240° + \alpha)$
b) $\sin(\alpha - 120°) + \sin\alpha + \sin(\alpha + 120°)$

Zu a)

Zunächst wird $\sin(120° + \alpha)$ berechnet.
Es folgt $\sin(240° + \alpha)$.
Nun werden beide zu $\sin\alpha$ addiert.
► $\sin 240° = -\sin 120°$.
► $\cos 120° = \cos 240° = -0{,}5$.
Der Summenwert ist also unabhängig von der Größe von α gleich 0.

$\sin(120° + \alpha) = \sin 120° \cos\alpha + \cos 120° \sin\alpha$
$\sin(240° + \alpha) = \sin 240° \cos\alpha + \cos 240° \sin\alpha$
$\sin\alpha + \sin(120° + \alpha) + \sin(240° + \alpha)$
$= \cos\alpha(\sin 120° + \sin 240°) + \sin\alpha(\cos 120° + \cos 240° + 1)$
$= \cos\alpha \cdot 0 \qquad + \sin\alpha \cdot 0$
$= 0$

Zu b)

Zunächst wird $\sin(\alpha - 120°)$ berechnet.
Es folgt $\sin(\alpha + 120°)$.
Nun werden beide zu $\sin\alpha$ addiert.
► $2\sin\alpha \cdot (-0{,}5) = -\sin\alpha$
Auch hier ist die Summe unabhängig von der Größe von α gleich 0.

$\sin(\alpha - 120°) = \sin\alpha\cos 120° - \cos\alpha\sin 120°$
$\sin(\alpha + 120°) = \sin\alpha\cos 120° + \cos\alpha\sin 120°$
$\sin(\alpha - 120°) + \sin\alpha + \sin(\alpha + 120°)$
$= \sin\alpha + 2\sin\alpha\cos 120°$
$= \sin\alpha - \sin\alpha = 0$

10. Berechnen Sie $\sin 2\alpha$ und $\cos 2\alpha$ aus:
a) $\sin\alpha = \frac{1}{2}\sqrt{2}$ **b)** $\sin\alpha = \frac{1}{2}\sqrt{3}$ **c)** $\cos\alpha = \frac{1}{2}\sqrt{3}$ **d)** $\cos\alpha = 0{,}7880$

342

- $\sin 2\alpha = 2\sin\alpha\cos\alpha$
- $\cos 2\alpha = 1 - 2\sin^2\alpha$
- „Merke“ vor Aufgabe 5
- Aufgabe 7

Aus $\sin^2\alpha + \cos^2\alpha = 1$ folgt für alle Winkelmaße α:

$|\sin\alpha| = \sqrt{1-\cos^2\alpha}$

$|\cos\alpha| = \sqrt{1-\sin^2\alpha}$

Da in den folgenden 4 Aufgaben entweder ein Sinus- oder ein Cosinuswert gegeben ist, muss der jeweils andere Funktionswert zuerst berechnet werden, bevor man die Aufgaben lösen kann.

Zu a)

$|\sin 2\alpha| = 2|\sin\alpha|\cdot|\cos\alpha|$

- $\sin\alpha = \frac{1}{2}\sqrt{2}$
- $|\cos\alpha| = \sqrt{1-\sin^2\alpha} = \sqrt{1-\left(\frac{1}{2}\sqrt{2}\right)^2}$
- $\cos 2\alpha = 1 - 2\sin^2\alpha$

$|\sin 2\alpha| = 2\cdot\frac{1}{2}\sqrt{2}\cdot\sqrt{1-\left(\frac{1}{2}\sqrt{2}\right)^2} = \sqrt{2}\cdot\frac{1}{\sqrt{2}} = 1$

Daraus folgt:

$\underline{\underline{\sin 2\alpha = 1 \text{ für } \sin 2\alpha \geq 0}}$

$\underline{\underline{\sin 2\alpha = -1 \text{ für } \sin 2\alpha < 0}}$

$\underline{\underline{\cos 2\alpha}} = 1 - 1 = \underline{\underline{0}}$

Zu b)

$|\sin 2\alpha| = 2|\sin\alpha|\cdot|\cos\alpha|$

- $\sin\alpha = \frac{1}{2}\sqrt{3}$
- $|\cos\alpha| = \sqrt{1-\sin^2\alpha} = \sqrt{1-\frac{3}{4}} = \frac{1}{2}$
- $\cos 2\alpha = 1 - 2\sin^2\alpha$

$|\sin 2\alpha| = 2\cdot\frac{1}{2}\sqrt{3}\cdot\sqrt{1-\frac{3}{4}} = \sqrt{3}\cdot\frac{1}{4} = \sqrt{3}\cdot\frac{1}{2}$

Daraus folgt:

$\underline{\underline{\sin 2\alpha = \frac{1}{2}\sqrt{3} \text{ für } \sin 2\alpha \geq 0}}$

$\underline{\underline{\sin 2\alpha = -\frac{1}{2}\sqrt{3} \text{ für } \sin 2\alpha < 0}}$

$\underline{\underline{\cos 2\alpha}} = 1 - 2\cdot\frac{3}{4} = \underline{\underline{-\frac{1}{2}}}$

Zu c)

$|\sin 2\alpha| = 2|\sin\alpha|\cdot|\cos\alpha|$

- $\cos\alpha = \frac{1}{2}\sqrt{3}$
- $|\sin\alpha| = \sqrt{1-\cos^2\alpha} = \sqrt{1-\frac{3}{4}} = \frac{1}{2}$
- $\cos 2\alpha = \cos^2\alpha - \sin^2\alpha = \cos 2\alpha - (1-\cos^2\alpha) = 2\cos^2\alpha - 1$

$|\sin 2\alpha| = 2\cdot\sqrt{1-\frac{3}{4}}\cdot\frac{1}{2}\sqrt{3} = 2\cdot\frac{1}{2}\cdot\frac{1}{2}\sqrt{3} = \frac{1}{2}\sqrt{3}$

Daraus folgt:

$\underline{\underline{\sin 2\alpha = \frac{1}{2}\sqrt{3} \sin 2\alpha \geq 0}}$

$\underline{\underline{\sin 2\alpha = -\frac{1}{2}\sqrt{3} \text{ für } \sin 2\alpha < 0}}$

$\underline{\underline{\cos 2\alpha}} = 2\cdot\frac{3}{4} - 1 = \underline{\underline{\frac{1}{2}}}$

Zu d)

$|\sin 2\alpha| = 2|\sin\alpha|\cdot|\cos\alpha|$

- $\cos\alpha = 0{,}7880$
- $|\sin\alpha| = \sqrt{1-\cos^2\alpha}$
- $\cos 2\alpha = 2\cos^2\alpha - 1$

$|\sin 2\alpha| = 2\cdot\sqrt{1-0{,}7880^2}\cdot 0{,}7880$

$|\sin 2\alpha| = 0{,}9703041$

$\underline{\underline{\sin\alpha = 0{,}9703041 \text{ für } \sin\alpha \geq 0}}$

$\underline{\underline{\sin\alpha = -0{,}9703041 \text{ für } \sin\alpha < 0}}$

$\underline{\underline{\cos 2\alpha}} = 2\cdot 0{,}620944 - 1 = \underline{\underline{0{,}241888}}$

343

11. Berechnen Sie $\tan 2\alpha$ aus:
a) $\tan\alpha = \frac{1}{3}\sqrt{3}$
b) $\tan\alpha = \sqrt{3}$

Zu a)

$\tan 2\alpha = \frac{2\tan\alpha}{1-\tan^2\alpha}$ und $\tan\alpha = \frac{1}{3}\sqrt{3}$

$\underline{\underline{\tan 2\alpha}} = \frac{2\cdot\frac{1}{3}\cdot\sqrt{3}}{1-\frac{1}{3}} = \frac{2}{3}\sqrt{3}\cdot\frac{3}{2} = \underline{\underline{\sqrt{3}}}$

Zu b)

$\tan\alpha = \sqrt{3}$

$\underline{\underline{\tan 2\alpha}} = \frac{2\cdot\sqrt{3}}{1-3} = \frac{2\cdot\sqrt{3}}{-2} = \underline{\underline{-\sqrt{3}}}$

12. Berechnen Sie $\sin 3\alpha$.

Man zerlegt 3α in $2\alpha+\alpha$ und wendet auf diese Summe das Additionstheorem des Sinus an. Sodann ersetzt man alle cos-Terme durch sin-Terme.

► $\sin 2\alpha = 2\sin\alpha\cos\alpha$

► $\cos 2\alpha = \cos^2\alpha - \sin^2\alpha$ oder wegen $\cos^2\alpha + \sin^2\alpha = 1$, also $\cos^2\alpha = 1-\sin^2\alpha$, $\cos 2\alpha = 1-2\sin^2\alpha$.

$\sin(2\alpha+\alpha) = \sin 2\alpha\cos\alpha + \cos 2\alpha\sin\alpha$

$\underline{\underline{\sin 3\alpha}} = 2\sin\alpha\cos^2\alpha + (1-2\sin^2\alpha)\sin\alpha$
$= 2\sin\alpha(1-\sin^2\alpha) + \sin\alpha - 2\sin^3\alpha$
$= \underline{\underline{3\sin\alpha - 4\sin^3\alpha}}$

13. Man kennt $\sin 30° = 0{,}5$ und $\cos 30° = \frac{1}{2}\sqrt{3}$.
Berechnen Sie die Winkelfunktionswerte des sin und cos für:

a) $\alpha = 60°$ **c)** $\alpha = 7{,}5°$ **e)** $\alpha = 75°$
b) $\alpha = 15°$ **d)** $\alpha = 22{,}5°$ **f)** $\alpha = 37°\,30'$

Zu a)

$\sin 60° = \sin 2\cdot 30°$

► $\sin 2\alpha = 2\sin\alpha\cos\alpha$

$\underline{\underline{\sin 2\cdot 30°}} = 2\cdot 0{,}5\cdot\frac{1}{2}\sqrt{3} = \underline{\underline{\frac{1}{2}\sqrt{3}}}$

$\cos 60° = \cos 2\cdot 30°$

► $\cos 2\alpha = \cos^2\alpha - \sin^2\alpha$

$\underline{\underline{\cos 2\cdot 30°}} = \frac{3}{4} - \frac{1}{4} = \underline{\underline{\frac{1}{2}}}$

Zu b)

Hierbei verwendet man die Formeln

$\sin\frac{\alpha}{2} = +\sqrt{\frac{1-\cos\alpha}{2}}$ für $\sin\frac{\alpha}{2} > 0$

$\sin\frac{\alpha}{2} = -\sqrt{\frac{1-\cos\alpha}{2}}$ für $\sin\frac{\alpha}{2} < 0$

$\cos\frac{\alpha}{2} = +\sqrt{\frac{1+\cos\alpha}{2}}$ für $\cos\frac{\alpha}{2} > 0$

$\cos\frac{\alpha}{2} = -\sqrt{\frac{1+\cos\alpha}{2}}$ für $\cos\frac{\alpha}{2} < 0$

Weil $\sin 30°$ und $\cos 30°$ jeweils größer als 0 sind, gilt das + vor den Wurzelzeichen.

► $\sin 15° = \sin\frac{30°}{2}$

$\underline{\underline{\sin\frac{30°}{2}}} = \sqrt{\frac{1-\frac{1}{2}\sqrt{3}}{2}} = \underline{\underline{0{,}258819}}$

$\underline{\underline{\cos\frac{30°}{2}}} = \sqrt{\frac{1+\frac{1}{2}\sqrt{3}}{2}} = \underline{\underline{0{,}9659258}}$

Zu c)

$\sin 7{,}5° = \sin\frac{15°}{2}$ | $\sin\frac{15°}{2} = \sqrt{\frac{1-0{,}9659258}{2}} = 0{,}1305262$

$\cos 7{,}5° = \cos\frac{15°}{2}$ | $\cos\frac{15°}{2} = \sqrt{\frac{1+0{,}9659258}{2}} = 0{,}9914448$

Zu d)

$\sin 22{,}5° = \sin(15° + 7{,}5°)$

$\sin(15° + 7{,}5°) = \sin 15° \cos 7{,}5° + \cos 15° \sin 7{,}5°$
$= 0{,}258819 \cdot 0{,}9914448 + 0{,}9659258 \cdot 0{,}1305262$
$= 0{,}3826833$

$\cos 22{,}5° = \cos(15° + 7{,}5°)$

$\cos(15° + 7{,}5°) = \cos 15° \cos 7{,}5° - \sin 15° \sin 7{,}5°$
$= 0{,}9659258 \cdot 0{,}9914448 - 0{,}258819 \cdot 0{,}1305262$
$= 0{,}9238794$

Zu e)

$\sin 75° = \sin(60° + 15°)$

$\sin(60° + 15°) = \sin 60° \cos 15° + \cos 60° \sin 15°$
$= \frac{1}{2}\sqrt{3} \cdot 0{,}9659258 + \frac{1}{2} \cdot 0{,}258819$
$= 0{,}9659257$

$\cos 75° = \cos(60° + 15°)$

$\cos(60° + 15°) = \cos 60° \cos 15° - \sin 60° \sin 15°$
$= 0{,}5 \cdot 0{,}9659258 - 0{,}8660254 \cdot 0{,}258819$
$= 0{,}2587575$

Zu f)

$\sin 37{,}5° = \sin\frac{75°}{2}$ | $\sin\frac{75°}{2} = \sqrt{\frac{1-0{,}258819}{2}} = 0{,}6087614$

$\cos 37{,}5° = \cos\frac{75°}{2}$ | $\cos\frac{75°}{2} = \sqrt{\frac{1+0{,}258819}{2}} = 0{,}7933533$

Goniometrische Gleichungen

Gleichungen, in denen die Variablen auch als Argumente von trigonometrischen Funktionen vorkommen, heißen goniometrische Gleichungen. Gegeben sind also Funktionswerte, und gesucht werden die zugehörigen Winkelgrößen oder Bogenmaße. Um solche Gleichungen lösen zu können, muss oft eine trigonometrische Funktion durch eine andere ersetzt werden. Das Ziel der Umformung ist die Herstellung der Form $f(\alpha) = c$ oder $f(x) = c, \alpha$ Gradmaß, x Bogenmaß, $c \in \mathbb{R}$, wobei f für sin, cos oder tan steht. Aus einer solchen Gleichung, wenn also f und c bekannt sind, kann mithilfe der Umkehrtasten des Taschenrechners für die trigonometrischen Funktionen ein Winkelmaß für α oder ein Bogenmaß für x bestimmt werden. Dabei muss der TR auf Gradmaß – DEG – bzw. Bogenmaß – RAD – eingestellt sein.

▶ Z. B. bestimmt man aus $\sin\alpha = c$ mit dem TR ein Winkelmaß für α, indem man c eingibt und die Taste [$\sin^{-1}$] drückt. Der TR zeigt dann ein Winkelmaß für α im Intervall $[-90°; 90°]$ an.

Wegen der Periodizität der Winkelfunktionen gibt es aber unendlich viele Winkelgrößen für α, welche die Gleichung erfüllen.

Merke:

- Ist α_1 eine mit der Umkehrtaste $\boxed{\sin^{-1}}$ ermittelte Lösung der Gleichung $\sin\alpha = c$, dann erhält man wegen $\sin(180° - \alpha) = \sin\alpha$ eine zweite Lösung $\alpha_2 = 180° - \alpha_1$. Alle Lösungen der Gleichung erhält man durch Addition ganzzahliger Vielfacher von 360° zu α_1 und α_2.
- Ist α_1 eine mit der Umkehrtaste $\boxed{\cos^{-1}}$ ermittelte Lösung der Gleichung $\cos\alpha = c$, dann erhält man wegen $\cos\alpha = \cos(-\alpha)$ eine zweite Lösung $\alpha_2 = -\alpha_1$. Alle Lösungen der Gleichung erhält man durch Addition ganzzahliger Vielfacher von 360° zu α_1 und α_2.
- Ist α_1 eine mit der Umkehrtaste $\boxed{\tan^{-1}}$ ermittelte Lösung der Gleichung $\tan\alpha = c$, so erhält man alle Lösungen der Gleichung durch Addition ganzzahliger Vielfacher von 180°.

343 Bestimmen Sie für das Intervall von 0° bis 360° die Lösungen der folgenden Gleichungen:

1. $\tan\alpha \cdot \tan 2\alpha = 1$

$\tan 2\alpha$ wird durch einen äquivalenten Ausdruck mit $\tan\alpha$ ersetzt.

► $\tan 2\alpha = \dfrac{2\tan\alpha}{1 - \tan^2\alpha}$

Im Intervall [0°; 360°] hat die Ausgangsgleichung vier Lösungen:

$\alpha_1 = 30°$, $\alpha_2 = 210°$, $\alpha_3 = 150°$, $\alpha_4 = 330°$

$$\tan\alpha \cdot \frac{2\tan\alpha}{1 - \tan^2\alpha} = 1 \quad | \cdot (1 - \tan^2\alpha)$$

$$2\tan^2\alpha = 1 - \tan^2\alpha$$

$$3\tan^2\alpha = 1$$

$$\tan^2\alpha = \tfrac{1}{3} \Rightarrow |\tan\alpha| = \sqrt{\tfrac{1}{3}}$$

$$\tan\alpha = \sqrt{\tfrac{1}{3}} \Rightarrow \boxed{\tan^{-1}}\ \sqrt{\tfrac{1}{3}} = 30°$$

$$\tan\alpha = -\sqrt{\tfrac{1}{3}} \Rightarrow \boxed{\tan^{-1}}\ -\sqrt{\tfrac{1}{3}} = -30°$$

Alle Lösungen: $30° + k \cdot 180°$ und $-30° + k \cdot 180°$; $k \in \mathbb{Z}$

2. $\sin\alpha - \frac{3}{2}\cos\alpha = 0$

Die Nullstellen $90° + k \cdot 180°$ der Cosinusfunktion können keine Lösungen sein, weil die Sinusfunktion an diesen Stellen die Werte 1 oder −1.
Daher kann die Gleichung durch $\cos\alpha$ dividiert werden.

► $\dfrac{\sin\alpha}{\cos\alpha} = \tan\alpha$

Im Intervall [0°; 360°] hat die Gleichung die Lösungen $\alpha_1 = 56{,}31°$, $\alpha_2 = 236{,}31°$.

$$\frac{\sin\alpha}{\cos\alpha} = \frac{3}{2}$$

$$\tan\alpha = \frac{3}{2} \Rightarrow \boxed{\tan^{-1}}\ \frac{3}{2} = 56{,}31°$$

Alle Lösungen: $56{,}31° + k \cdot 180°$; $k \in \mathbb{Z}$

3. $\cos^2\alpha = \frac{4}{9}$

Beide Seiten werden radiziert.

Im Intervall [0°; 360°] hat die Gleichung die Lösungen:

$\alpha_1 = 48{,}19°$, $\alpha_2 = 311{,}81°$, $\alpha_3 = 131{,}18°$,
$\alpha_4 = 228{,}19°$

$$|\cos\alpha| = \tfrac{2}{3}$$

$\cos\alpha = \frac{2}{3} \Rightarrow \boxed{\cos^{-1}}\ \frac{2}{3} = 48{,}19°$,
zweite Lösung: $\alpha = -48{,}19°$

Alle Lösungen: $48{,}19° + k \cdot 360°$;
$-48{,}19° + k \cdot 360°$; $k \in \mathbb{Z}$

$\cos\alpha = -\frac{2}{3} \Rightarrow \boxed{\cos^{-1}}\ -\frac{2}{3} = 131{,}18°$,
zweite Lösung: $\alpha = -131{,}18°$

Alle Lösungen: $131{,}18° + k \cdot 360°$; $-131{,}18° + k \cdot 360°$

343

4. $\sin^2\alpha = \frac{3}{4}$

Beide Seiten werden radiziert.

$|\sin\alpha| = \frac{\sqrt{3}}{2}$

$\sin\alpha = \frac{\sqrt{3}}{2} \Rightarrow \boxed{\sin^{-1}}\ \frac{\sqrt{3}}{2} = 60°$,
zweite Lösung: $\alpha_2 = 180° - 60° = 120°$

Alle Lösungen: $60° + k \cdot 360°$; $120° + k \cdot 360°$; $k \in \mathbb{Z}$

$\sin\alpha = -\frac{\sqrt{3}}{2} \Rightarrow \boxed{\sin^{-1}}\ -\frac{\sqrt{3}}{2} = -60°$,
zweite Lösung: $\alpha_4 = 180° - (-60°) = 240°$

Alle Lösungen: $-60° + k \cdot 360°, 240° + k \cdot 360°$; $k \in \mathbb{Z}$

Im Intervall $[0°; 360°]$ hat die Gleichung die Lösungen:
$\underline{\underline{\alpha_1 = 60°}}$, $\underline{\underline{\alpha_2 = 120°}}$, $\underline{\underline{\alpha_3 = 300°}}$, $\underline{\underline{\alpha_4 = 240°}}$

5. $\tan^2\alpha = \frac{1}{3}$

► Aufgabe 1
Beide Seiten werden radiziert.

$|\tan\alpha| = \frac{1}{\sqrt{3}}$

$\tan\alpha = \frac{1}{\sqrt{3}} \Rightarrow \boxed{\tan^{-1}}\ \frac{1}{\sqrt{3}} = 60°$

$\tan\alpha = -\frac{1}{\sqrt{3}} \Rightarrow \boxed{\tan^{-1}}\ -\frac{1}{\sqrt{3}} = -60°$

Alle Lösungen: $60° + k \cdot 180°$ und $-60° + k \cdot 180°$; $k \in \mathbb{Z}$

Im Intervall $[0°; 360°]$ hat die Gleichung die Lösungen:
$\underline{\underline{\alpha_1 = 60°}}$, $\underline{\underline{\alpha_2 = 120°}}$, $\underline{\underline{\alpha_3 = 240°}}$, $\underline{\underline{\alpha_4 = 300°}}$

6. $\sin\alpha - \frac{5}{4}\cos\alpha = 0$

Wie in Aufgabe 2 kann die Gleichung durch $\cos\alpha$ dividiert werden.

$\tan\alpha = \frac{5}{4} \Rightarrow \boxed{\tan^{-1}}\ \frac{5}{4} = 51{,}34°$

Alle Lösungen: $51{,}34° + k \cdot 180°$; $k \in \mathbb{Z}$

Im Intervall $[0°; 360°]$ hat die Gleichung die Lösungen $\underline{\underline{\alpha_1 = 51{,}34°}}$, $\underline{\underline{\alpha_2 = 231{,}34°}}$.

7. $\sin\alpha + \frac{3}{5}\tan\alpha = 0$

Die Funktionen sin und tan haben an den gleichen Stellen $\alpha = k \cdot 180°$ Nullstellen. Diese Nullstellen sind Lösungen der Gleichung. Davon liegen aber nur $\underline{\underline{\alpha_1 = 0°}}$, $\underline{\underline{\alpha_2 = 180°}}$ und $\underline{\underline{\alpha_3 = 360°}}$ im Intervall $[0°; 360°]$

► $\alpha \neq k \cdot 180°$

► $\tan\alpha = \frac{\sin\alpha}{\cos\alpha}$

$\sin\alpha + \frac{3\sin\alpha}{5\cos\alpha} = 0 \quad |\cdot\cos\alpha \quad |:\sin\alpha$

$\cos\alpha = -\frac{3}{5} \Rightarrow \boxed{\cos^{-1}}\ -\frac{3}{5} = 126{,}87°$,
zweite Lösung: $\alpha = -126{,}87°$

Alle Lösungen: $126{,}87° + k \cdot 360°$; $-126{,}87° + k \cdot 360°$; $k \in \mathbb{Z}$

Im Intervall $[0°; 360°]$ liegen außer den bereits angeführten die Lösungen:
$\underline{\underline{\alpha_4 = 126{,}87°}}$, $\underline{\underline{\alpha_5 = 233{,}13°}}$

343

8. $\frac{4}{3}\sin\alpha + \tan\alpha = 0$

► Aufgabe 7
Von den Stellen $\alpha = k \cdot 180°$ liegen nur $\underline{\underline{\alpha_1 = 0°}}$, $\underline{\underline{\alpha_2 = 180°}}$ und $\underline{\underline{\alpha_3 = 360°}}$ im Intervall $[0°; 360°]$.

Im Intervall $[0°; 360°]$ liegen außer den bereits angeführten die Lösungen $\underline{\underline{\alpha_4 = 138{,}59°}}$, $\underline{\underline{\alpha_5 = 221{,}41°}}$.

► $\alpha \neq k \cdot 180°$

$\frac{4}{3}\sin\alpha + \frac{\sin\alpha}{\cos\alpha} = 0 \quad |:\sin\alpha \;|\cdot\cos\alpha$

$\cos\alpha = -\frac{3}{4} \Rightarrow \boxed{\cos^{-1}} -\frac{3}{4} = 138{,}59°$,
zweite Lösung: $\alpha = -138{,}59°$
Alle Lösungen: $138{,}59° + k \cdot 360°$; $-138{,}59° + k \cdot 360°$; $k \in \mathbb{Z}$

9. $3\sin\alpha = 1 + 4\cos\alpha$

$\sin\alpha$ wird durch $\pm\sqrt{1-\cos^2\alpha}$ ausgedrückt. Die Gleichung wird quadriert und in die Normalform einer quadratischen Gleichung umgeformt.

$\pm 3 \cdot \sqrt{1-\cos^2\alpha} = 1 + 4\cos\alpha$

$9(1-\cos^2\alpha) = 1 + 8\cos\alpha + 16\cos^2\alpha$

$25\cos^2\alpha + 8\cos\alpha - 8 = 0$

$\cos^2\alpha + \frac{8}{25}\cos\alpha - \frac{8}{25} = 0$

$\cos_{1,2}\alpha = \frac{-4}{25} \pm \sqrt{\frac{16}{625} + \frac{8 \cdot 25}{625}}$

Im Intervall $[0°; 360°]$ liegen $64{,}66°$ und $295{,}34°$. Wegen der vollzogenen Quadratur muss auf Scheinlösungen geprüft werden.
► Lehrbuch Kusch 1, Abschnitt 2.3.4
Nur $\underline{\underline{\alpha_1 = 64{,}66°}}$ ist eine Lösung der Gleichung.

$\cos_1\alpha = \frac{10{,}7}{25} \Rightarrow \boxed{\cos^{-1}} \frac{10{,}7}{25} = 64{,}66°$;
zweite Lösung: $\alpha = -64{,}66°$
Alle Lösungen: $64{,}66° + k \cdot 360°$; $-64{,}66° + k \cdot 360°$; $k \in \mathbb{Z}$

Im Intervall $[0°; 360°]$ liegen $138{,}42°$ und $221{,}58°$. Jedoch nur $\underline{\underline{\alpha_2 = 221{,}58°}}$ ist eine Lösung der Gleichung.

$\cos\alpha = -\frac{18{,}7}{25} \Rightarrow \boxed{\cos^{-1}} -\frac{18{,}7}{25} = 138{,}42°$,
zweite Lösung: $\alpha = -138{,}42°$
Alle Lösungen: $138{,}42° + k \cdot 360°$; $-138{,}42° + k \cdot 360°$; $k \in \mathbb{Z}$

10. $\sin\alpha + \frac{1}{3}\sqrt{3}\cos\alpha = 1$

$\sin\alpha$ wird durch $\pm\sqrt{1-\cos^2\alpha}$ ausgedrückt.
Die Gleichung wird quadriert.
Die entstehende Gleichung wird nach $\cos\alpha$ geordnet.

$\pm\sqrt{1-\cos^2\alpha} = 1 - \frac{1}{3}\sqrt{3}\cos\alpha$
$1 - \cos^2\alpha = 1 - \frac{2}{3}\sqrt{3}\cos\alpha + \frac{1}{3}\cos^2\alpha$
$\frac{4}{3}\cos^2\alpha - \frac{2}{3}\sqrt{3}\cos\alpha = 0 \quad |\cdot 3$

$4\cos^2\alpha - 2 \cdot \sqrt{3}\cos\alpha = 0$
$\cos\alpha(4\cos\alpha - 2 \cdot \sqrt{3}) = 0$

$\cos\alpha$ wird ausgeklammert, beide Faktoren werden gleich 0 gesetzt.

Im Intervall $[0°; 360°]$ liegen $90°$ und $270°$.

$\cos\alpha = 0 \Rightarrow \boxed{\cos^{-1}}\ 0 = 90°$, zweite Lösung $\alpha = -90°$
Alle Lösungen: $90° + k \cdot 360°$; $-90° + k \cdot 360°$; $k \in \mathbb{Z}$

Im Intervall $[0°; 360°]$ liegen $30°$ und $330°$.
Da die Gleichung quadriert wurde, müssen die gefundenen Winkelwerte auf Scheinlösungen überprüft werden.
Nur $\underline{\underline{\alpha_1 = 30°}}$ und $\underline{\underline{\alpha_2 = 90°}}$ sind Lösungen der Gleichung.

$4\cos\alpha = 2 \cdot \sqrt{3}$
$\cos\alpha = \frac{1}{2}\sqrt{3} \Rightarrow \boxed{\cos^{-1}} \frac{1}{2}\sqrt{3} = 30°$,
zweite Lösung: $\alpha = -30°$
Alle Lösungen: $30° + k \cdot 360°$; $-30° + k \cdot 360°$; $k \in \mathbb{Z}$

343

11. $2\sin\alpha+5\cos\alpha=-1$

$\sin\alpha$ wird durch $\pm\sqrt{1-\cos^2\alpha}$ ersetzt.
Die Gleichung wird quadriert.
Die Gleichung wird nach $\cos\alpha$ geordnet und in die Normalform einer quadratischen Gleichung überführt.

$\pm 2\cdot\sqrt{1-\cos^2\alpha}=-1-5\cos\alpha$

$4(1-\cos^2\alpha)=1-10\cos\alpha+25\cos^2\alpha$

$\cos^2\alpha+\frac{10}{29}\cos\alpha-\frac{3}{29}=0$

$\cos_{1,2}\alpha=-\frac{5}{29}\pm\sqrt{\frac{25+3\cdot 29}{29^2}}$

Im Intervall [0°; 360°] liegen 78,90° und 281,10°.

$\cos_1\alpha=0{,}1925174\Rightarrow$ [cos⁻¹] $0{,}1925174=78{,}90°$;
zweite Lösung: $\alpha=-78{,}90°$
Alle Lösungen: $78{,}90°+k\cdot 360°$; $-78{,}90°+k\cdot 360°$; $k\in\mathbb{Z}$

Im Intervall [0°; 360°] liegen 122,50° und 237,5°.

$\cos_2\alpha=0{,}537345\Rightarrow$ [cos⁻¹] $0{,}537345=122{,}50°$,
zweite Lösung: $\alpha=-122{,}5°$
Alle Lösungen: $122{,}50°+k\cdot 360°$;
$-122{,}50°+k\cdot 360°$; $k\in\mathbb{Z}$

Die Überprüfung auf Scheinlösungen zeigt, dass nur 122,5° und 281,1° Lösungen der Gleichung sind.

12. $\sin\alpha+\sin\beta=1{,}444$
$\alpha+\beta=93{,}5°$

Es gilt: $\sin\alpha+\sin\beta=2\sin\frac{\alpha+\beta}{2}\cos\frac{\alpha-\beta}{2}$.

Da die Größe $\alpha+\beta$ bekannt ist, kann die Gleichung nach $\cos\frac{\alpha-\beta}{2}$ umgestellt werden.
Man erhält Werte für $\alpha-\beta$, und da $\alpha+\beta$ bekannt ist, können α und β berechnet werden.

$\cos\frac{\alpha-\beta}{2}=\frac{1{,}444}{2\cdot\sin 46{,}75°}$

$\cos\frac{\alpha-\beta}{2}=0{,}99\Rightarrow$ [cos⁻¹] $0{,}99=7{,}58°$,

zweite Lösung: $\frac{\alpha-\beta}{2}=-7{,}58°$
Alle Lösungen: $\alpha-\beta=15{,}16°+k\cdot 720°$;
$\alpha-\beta=-15{,}16°+k\cdot 720°$; $k\in\mathbb{Z}$

$\alpha-\beta=15{,}16°+k\cdot 720°$
$\alpha+\beta=93{,}5°$ (+)
$2\alpha=108{,}66°+k\cdot 720°$
Alle Lösungen: $\alpha=54{,}33°+k\cdot 360°$
$\alpha-\beta=-15{,}16°+k\cdot 720°$
$\alpha+\beta=93{,}5°$ (+)
$2\alpha=78{,}34°+k\cdot 720°$
Alle Lösungen: $\alpha=39{,}17°+k\cdot 360°$; $k\in\mathbb{Z}$

Im Intervall [0°; 360°] liegen $\alpha_1=54{,}33°$ und $\beta_1=93{,}5°-54{,}33°=39{,}17°$ sowie $\alpha_2=39{,}17°$ und $\beta_2=54{,}33°$.

13. $\cos\alpha\cdot\cos\beta=\frac{1}{4}\sqrt{6}$
$\alpha-\beta=15°$

Man sucht nach einem Ausdruck, in dem $\cos(\alpha-\beta)$ vorkommt und darüber hinaus noch $\cos\alpha$ oder $\cos(\alpha+\beta)$. Solche Terme gibt es in den Additionstheoremen des Cosinus.

Man addiert die Additionstheoreme des cos.

$\cos(\alpha+\beta)=\cos\alpha\cos\beta-\sin\alpha\sin\beta$
$\cos(\alpha-\beta)=\cos\alpha\cos\beta+\sin\alpha\sin\beta$ (+)
$\cos(\alpha+\beta)+\cos(\alpha-\beta)=2\cdot\cos\alpha\cos\beta$

Es gilt also:
$\cos(\alpha+\beta)+\cos 15°=2\cos\alpha\cdot\cos\beta$
Damit erhält man die Ausgangsgleichung.
► $\alpha-\beta=15°$

$\cos(\alpha+\beta)=\frac{1}{2}\sqrt{6}-\cos 15°$
$\cos(\alpha+\beta)=0{,}26\Rightarrow$ [cos⁻¹] $0{,}26=75°$,
zweite Lösung: $(\alpha+\beta)=-75°$
Alle Lösungen: $75°+k\cdot 360°$, $-75°+k\cdot 360°$; $k\in\mathbb{Z}$

343 Nun kann man mithilfe von $\alpha-\beta=15^\circ$ die Lösungen der Gleichung ermitteln.

Im Intervall $[0^\circ;\, 360^\circ]$ liegen $\alpha_1=45^\circ$, $\alpha_2=225^\circ$, $\alpha_3=150^\circ$, $\alpha_4=330^\circ$. Daraus ergeben sich wegen $\beta=\alpha-15^\circ$ für β die Werte: $\beta_1=30^\circ$, $\beta_2=210^\circ$, $\beta_3=135^\circ$, $\beta_4=315^\circ$.
Die Winkelgrößenpaare $(45^\circ;\, 30^\circ)$, $(225^\circ;\, 210^\circ)$, $(150^\circ;\, 135^\circ)$ und $(330^\circ;\, 315^\circ)$ sind Lösungspaare der Gleichung.

$$\begin{array}{r} \alpha+\beta=75^\circ+k\cdot 360^\circ \\ \alpha-\beta=15^\circ \\ \hline 2\alpha=90^\circ+k\cdot 360^\circ \\ \alpha=45^\circ+k\cdot 180^\circ \end{array} \quad +$$

$$\begin{array}{r} \alpha+\beta=-75^\circ+k\cdot 360^\circ \\ \alpha-\beta=15^\circ \\ \hline 2\alpha=-60^\circ+k\cdot 360^\circ \\ \alpha=-30^\circ+k\cdot 180^\circ \end{array} \quad +$$

Wiederholungsfragen zu 15

1. Was versteht man am rechtwinkligen Dreieck unter den Winkelfunktionen?

Die Längenverhältnisse $\frac{a}{c}$, $\frac{b}{c}$ und $\frac{a}{b}$ in einem rechtwinkligen Dreieck mit dem rechten Winkel bei C sind nur von der Größe des Winkels α $(0^\circ<\alpha<90^\circ)$ abhängig. Sie sind Funktionen des Winkels α. Sie heißen der Reihe nach $\sin\alpha$, $\cos\alpha$ und $\tan\alpha$.

Es gilt: $\sin\alpha=\frac{a}{c}=\frac{\text{Gegenkathete}}{\text{Hypotenuse}}$, $\cos\alpha=\frac{b}{c}=\frac{\text{Ankathete}}{\text{Hypotenuse}}$, $\tan\alpha=\frac{\text{Gegenkathete}}{\text{Ankathete}}$

2. Wie werden die trigonometrischen Funktionen am Einheitskreis definiert?

Es wird ein Kreis benutzt, dessen Mittelpunkt im Koordinatenursprung O liegt und dessen Radius die Länge 1 Längeneinheit hat. Trägt man nun einen Winkel α so an, dass sein Scheitel im Koordinatenursprung und dessen einer Schenkel auf der positiven Richtung der x-Achse liegt, so schneidet der freie Schenkel von $\sphericalangle\alpha$ die Peripherie des Kreises in einem Punkt $P\langle x|y\rangle$.

Für alle Winkel α mit $0^\circ<\alpha<360^\circ$ gilt:
Liegt ein Punkt $P\langle x|y\rangle$ auf dem Einheitskreis um den Ursprung O eines kartesischen Koordinatensystems und bildet die Strecke $\overline{OP}$ mit der positiven Richtung der x-Achse einen positiv orientierten Winkel $\sphericalangle\alpha$, so ist $x=\cos\alpha$,
$y=\sin\alpha$ und $\tan\alpha=\frac{y}{x}=\frac{\sin\alpha}{\cos\alpha}$.

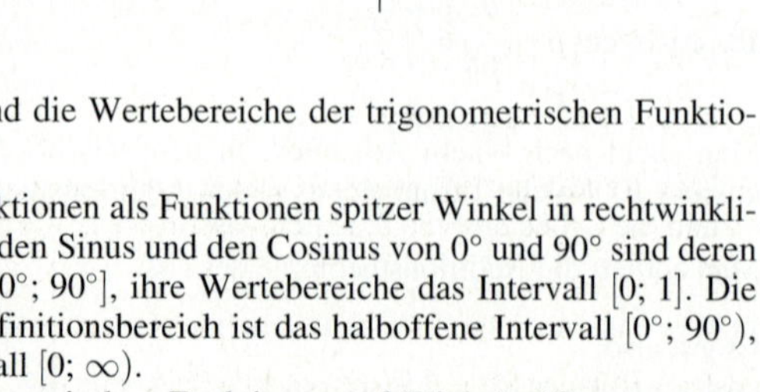

3. Was wissen Sie über die Definitionsbereiche und die Wertebereiche der trigonometrischen Funktionen?

Ursprünglich wurden die trigonometrischen Funktionen als Funktionen spitzer Winkel in rechtwinkligen Dreiecken erklärt. Nach Festsetzungen über den Sinus und den Cosinus von 0° und 90° sind deren Definitionsbereiche das geschlossene Intervall $[0^\circ;\, 90^\circ]$, ihre Wertebereiche das Intervall $[0;\, 1]$. Die Tangensfunktion ist für 90° nicht erklärt. Ihr Definitionsbereich ist das halboffene Intervall $[0^\circ;\, 90^\circ)$, ihr Wertebereich das ebenfalls halboffene Intervall $[0;\, \infty)$.
Mithilfe des Einheitskreises können die trigonometrischen Funktionen auf Winkelgrößen von mehr als 90° erweitert werden.
Die sin- und die cos-Funktionen sind damit für alle positiven und negativen Winkelmaße erklärt. Die tan-Funktion ist nur für Winkelmaße α mit $\alpha\neq 90^\circ+k\cdot 180^\circ$, $k\in\mathbb{Z}$ erklärt.
Der Wertebereich der sin- und cos-Funktion ist $[-1;\, 1]$, derjenige der tan-Funktion ist $(-\infty;\, +\infty)$.

4. Erklären Sie das Bogenmaß eines Winkels am Einheitskreis.

Das Bogenmaß eines Winkels $\sphericalangle\alpha$ ist die Zahl für $\frac{\alpha}{180°} \cdot \pi, \alpha$ in Grad gemessen. Es ist eine reelle Zahl.

Am Einheitskreis entspricht das Bogenmaß von $\sphericalangle\alpha$ für $\alpha > 0°$ der Maßzahl der Länge des zugehörigen Bogens auf der Peripherie des Einheitskreises.

5. Wie berechnet man die Bogenlänge eines Winkels?

Für die Länge b des Bogens, den ein Zentriwinkel $\sphericalangle\alpha$ aus der Peripherie eines Kreises mit dem Radius der Länge r bzw. dem Durchmesser der Länge d ausschneidet, gilt:

$$\boldsymbol{b = \frac{\alpha}{180°} \cdot \pi \cdot r} \quad \text{bzw.} \quad \boldsymbol{b = \frac{\alpha}{360°} \cdot \pi \cdot d}.$$

6. Skizzieren Sie die Graphen der trigonometrischen Funktionen im Intervall von 0° bis 360°.

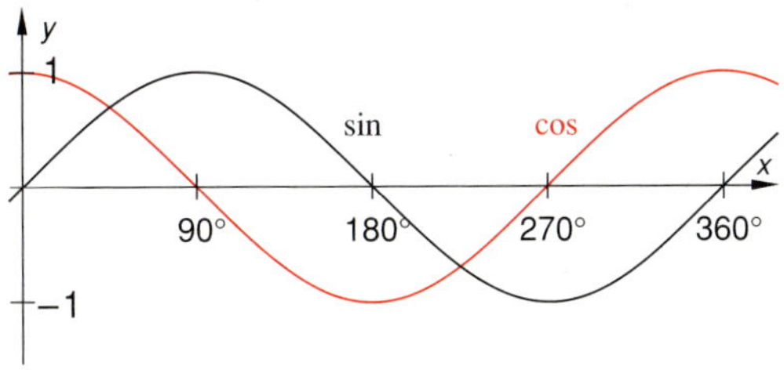

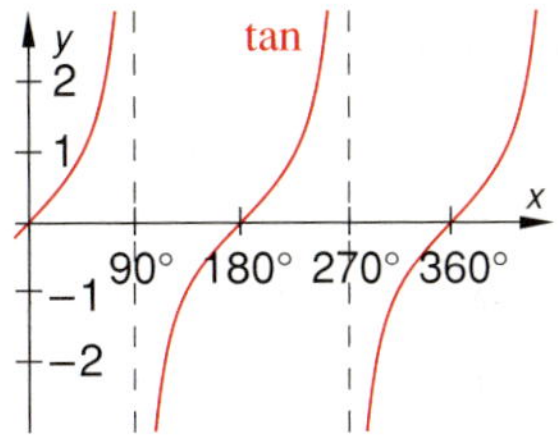

7. Wie lautet der Sinussatz, in welchen Fällen wendet man ihn an?

Je zwei Seiten eines Dreiecks verhalten sich wie die Sinus ihrer Gegenwinkel:

$$\boldsymbol{\frac{a}{c} = \frac{\sin\alpha}{\sin\gamma}; \quad \frac{a}{b} = \frac{\sin\alpha}{\sin\beta}; \quad \frac{b}{c} = \frac{\sin\beta}{\sin\gamma}}.$$

Der Sinussatz ermöglicht die Berechnung fehlender Stücke eines Dreiecks in den Fällen:

1. Es sind die Längen zweier Seiten und die Größe eines Winkels gegeben, der nicht von den gegebenen Seiten eingeschlossen wird.
2. Es sind die Länge einer Seite und die Größen der beiden anliegenden Winkel gegeben.

8. Wie lautet der Cosinussatz, in welchen Fällen wendet man ihn an?

Das Quadrat der Länge einer Seite ist gleich der Summe aus den Quadraten der Längen der beiden anderen Seiten, vermindert um das Doppelte des Produkts aus den Längen dieser Seiten und dem Cosinus des von ihnen eingeschlossenen Winkels:

$$\boldsymbol{a^2 = b^2 + c^2 - 2bc\cos\alpha}$$

$$\boldsymbol{b^2 = c^2 + a^2 - 2ca\cos\beta}$$

$$\boldsymbol{c^2 = a^2 + b^2 - 2ab\cos\gamma}$$

Man wendet ihn an, wenn die Längen aller drei Seiten eines Dreiecks oder die Längen zweier Seiten und die Größe des von ihnen eingeschlossenen Winkels bekannt sind.

9. Wie kann man den Flächeninhalt eines Dreiecks mithilfe des Sinus berechnen?

Jede Höhe zerlegt ein Dreieck in zwei rechtwinklige Dreiecke, auf die man die Definition des Sinus anwenden kann. So erhält man $h_c = b \cdot \sin\alpha$, $h_a = c \cdot \sin\beta$ und $h_b = a \cdot \sin\gamma$. Setzt man diese Terme in der Formel für den Flächeninhalt A eines Dreiecks für h, so erhält man:

$$\boldsymbol{A = \frac{c \cdot b \cdot \sin\alpha}{2} = \frac{a \cdot c \cdot \sin\beta}{2} = \frac{b \cdot a \cdot \sin\gamma}{2}}.$$

343 **10.** Nennen Sie eines der Additionstheoreme.

$\boldsymbol{\sin(\alpha+\beta)=\sin\alpha\cos\beta+\cos\alpha\sin\beta}$ ► Additionstheorem des Sinus

11. Wodurch zeichnen sich goniometrische Gleichungen aus?

In goniometrischen Gleichungen kommen Argumente von Winkelfunktionen als Variable vor. Gegeben sind also Funktionswerte, und gesucht werden die zugehörigen Winkelmaße oder Bogenlängen. Goniometrische Gleichungen haben wegen der Periodizität der Winkelfunktionen unendlich viele Lösungen, wenn man das Lösungsintervall nicht eingrenzt, z. B. auf das Intervall $[0°; 360°]$.

12. Wie löst man goniometrische Gleichungen?

Man formt sie mit dem Ziel um, eine Gleichung der Form $f(\alpha)=c$ oder $f(x)=c$ zu erhalten,
► α Gradmaß, x Bogenmaß, $c\in\mathbb{R}$.

Dabei muss man häufig eine trigonometrische Funktion durch eine andere äquivalente ersetzen.

Stichwortverzeichnis